普通高等教育"十一五"国家级规划教材

# 信息光学

余向阳 编著

 中山大学出版社
·广州·

版权所有　翻印必究

图书在版编目（CIP）数据

信息光学/余向阳编著. —广州：中山大学出版社，2015.9（2017.6重印）
ISBN 978-7-306-03822-7

Ⅰ. ①信… Ⅱ. ①余… Ⅲ. ①信息光学 Ⅳ. ①O438

中国版本图书馆 CIP 数据核字（2010）第 250184 号

出 版 人：徐　劲
策划编辑：李海东
责任编辑：李海东
封面设计：曾　斌
责任校对：何　凡
责任技编：黄少伟
出版发行：中山大学出版社
电　　话：编辑部 020-84111996，84113349，84111997，84110779
　　　　　发行部 020-84111998，84111981，84111160
地　　址：广州市新港西路 135 号
邮　　编：510275　　传　真：020-84036565
网　　址：http://www.zsup.com.cn　E-mail：zdcbs@mail.sysu.edu.cn
印 刷 者：广东省农垦总局印刷厂
规　　格：787mm×960mm　1/16　34 印张　850 千字
版次印次：2015 年 9 月第 1 版　2017 年 6 月第 2 次印刷
定　　价：88.00 元

如发现本书因印装质量影响阅读，请与出版社发行部联系调换

# 前　言

信息光学，早期也称为傅里叶光学，是现代光学和信息处理的重要组成部分，其核心内容是基于波动方程的光波的传播和重构。信息光学是以傅里叶变换和线性系统分析为工具，以光的传播为处理对象，以提取光学信息为目标，综合数学、光学和信息论的一门学科，在光学、光学工程、光电工程、信息处理、图像处理等领域得到广泛的应用。近年来，信息光学发展很快，理论体系已日趋成熟、完整，成为光学和信息科学的重要分支，在许多领域有着重要的实际应用。

本书是作者在中山大学物理科学与工程技术学院多年对高年级本科生讲授"信息光学"课程和对研究生讲授"光信息处理原理与技术"所编写的讲义的基础上经修订完善而成的。全书共分9章：第1章的内容主要为信息光学的数学基础，包括光学中常用非初等函数和初等函数、函数的变换、δ函数、周期函数和复数函数；第2章的的内容主要为空域的傅里叶变换，包括一维和二维函数的傅里叶变换、傅里叶变换的性质和MATLAB实现、卷积和卷积定理、相关和相关定理、傅里叶变换的基本定理；第3章的内容主要为线性系统和光场傅里叶分析，包括线性系统的概念和分析分法、光场的解析信号表示及复振幅空间描述、二维光场的傅里叶分析、函数的抽样和复原；第4章的内容主要为标量衍射理论，包括标量电场、基尔霍夫衍射理论、衍射在空间频域的描述、衍射的菲涅耳和夫琅禾费近似、菲涅耳和夫琅禾费衍射的计算；第5章的内容主要为光学系统的成像分析，包括成像系统概述、透镜的相位变换及傅里叶变换性质、透镜的空间滤波特性、光学系统的一般模型、衍射受限光学系统成像的空域分析；第6章的内容主要为光学成像系统的传递函数，包括光学系统成像的像质评价、光学传递函数的概念、衍射受限的相干及非相干成像系统的传递函数、线扩散函数和刃边扩散函数、相干与非相干成像系统的比较；第7章的内容主要为部分相干光的干涉和衍射，包括互相干函数和相干度、光的时间相干性和空间相干性、在准单色条件下的干涉和互强度、互相干的传播和广义惠更斯原理、范西泰特—策尼克定理；第8章的内容主要为光学全息，包括光学全息概述、全息照相的基本原理、基本全息图及几种典型的全息图、全息记录介质、计算全息；第9章的内容主要为光学信息处理技术，包括相干光学信息处理及应用、非相干光学信息处理、部分相干光学信息处理、非线性光信息处理。

本教材为光信息科学与技术、光电信息科学与工程、电子科学与技术、光电工程、物理学、应用物理学、电子学等专业的高年级本科生及相关专业的研究生而编写。对这些专业的学生来说，通常已有了"基础光学"等相关课程基础，进入高年级或研究生后，需要更专门地学习光信息处理原理和技术的内容。通过本课程的学习，使学生系统学习信息光学基础知识，结合光学信息处理技术，培养学生理论用于实践的方法和创新思路，提高学生解决实际问题的能力，为从事光学信息处理工作和近代光学信息处理技术的学习打下基础。

本教材各章节的编排前后连贯，逻辑性强，章节内容的安排既注重知识之间的有机联系，又考虑各自的独立性，书中图表丰富，推演过程详细，便于理解和掌握，便于读者自学,也便于老师根据不同授课对象、对课程的不同要求以及学时数的多少选取适当的讲授内容。为了加强对学生能力的锻炼,每章都附有相当数量的习题,这些习题的涉及面也比较广,老师在教学过程可以进行适当的选择。完成一定量的习题,有利于学生加深对概念的理解,提高分析、解决问题的能力。

作者在教学和本书编写过程中,一直得到中山大学物理科学与工程技术学院和教务处的大力支持,中山大学出版李海东编辑为本书的正式出版付出大量的精力。在此,向他们表示诚挚的感谢。

由于作者水平有限,对一些问题的理解不透彻,因此书中难免有错误和缺点,以及存在疏漏和不妥之处,恳请读者不吝批评指正。

在本书的编写过程中,作者参阅了不少国内外文献资料,主要的参考文献在书后列出,但书中有些具体的引用没有一一标出。在此,对这些文献的作者致以真挚的谢意。

需要本书配套的授课电子课件和习题解答的老师,可通过电子邮件 cesyxy@mail.sysu.edu.cn 与作者联系。

作　者<br>
2015 年 8 月于中山大学康乐园

# 目 录

**第1章 信息光学的数学基础** ⋯⋯⋯⋯⋯⋯⋯⋯⋯⋯⋯⋯⋯⋯⋯⋯⋯⋯⋯⋯⋯⋯⋯ 1
  1.1 光学中常用的非初等函数 ⋯⋯⋯⋯⋯⋯⋯⋯⋯⋯⋯⋯⋯⋯⋯⋯⋯⋯⋯⋯⋯⋯ 1
    1.1.1 矩形函数 ⋯⋯⋯⋯⋯⋯⋯⋯⋯⋯⋯⋯⋯⋯⋯⋯⋯⋯⋯⋯⋯⋯⋯⋯⋯⋯ 1
    1.1.2 阶跃函数 ⋯⋯⋯⋯⋯⋯⋯⋯⋯⋯⋯⋯⋯⋯⋯⋯⋯⋯⋯⋯⋯⋯⋯⋯⋯⋯ 4
    1.1.3 符号函数 ⋯⋯⋯⋯⋯⋯⋯⋯⋯⋯⋯⋯⋯⋯⋯⋯⋯⋯⋯⋯⋯⋯⋯⋯⋯⋯ 7
    1.1.4 三角形函数 ⋯⋯⋯⋯⋯⋯⋯⋯⋯⋯⋯⋯⋯⋯⋯⋯⋯⋯⋯⋯⋯⋯⋯⋯⋯ 10
    1.1.5 斜坡函数 ⋯⋯⋯⋯⋯⋯⋯⋯⋯⋯⋯⋯⋯⋯⋯⋯⋯⋯⋯⋯⋯⋯⋯⋯⋯⋯ 12
    1.1.6 圆域函数 ⋯⋯⋯⋯⋯⋯⋯⋯⋯⋯⋯⋯⋯⋯⋯⋯⋯⋯⋯⋯⋯⋯⋯⋯⋯⋯ 13
    1.1.7 非初等函数的运算和复合 ⋯⋯⋯⋯⋯⋯⋯⋯⋯⋯⋯⋯⋯⋯⋯⋯⋯⋯⋯ 14
  1.2 光学中常用的初等函数 ⋯⋯⋯⋯⋯⋯⋯⋯⋯⋯⋯⋯⋯⋯⋯⋯⋯⋯⋯⋯⋯⋯⋯ 15
    1.2.1 sinc 函数 ⋯⋯⋯⋯⋯⋯⋯⋯⋯⋯⋯⋯⋯⋯⋯⋯⋯⋯⋯⋯⋯⋯⋯⋯⋯⋯ 16
    1.2.2 高斯函数 ⋯⋯⋯⋯⋯⋯⋯⋯⋯⋯⋯⋯⋯⋯⋯⋯⋯⋯⋯⋯⋯⋯⋯⋯⋯⋯ 18
    1.2.3 贝塞尔函数 ⋯⋯⋯⋯⋯⋯⋯⋯⋯⋯⋯⋯⋯⋯⋯⋯⋯⋯⋯⋯⋯⋯⋯⋯⋯ 22
    1.2.4 宽边帽函数 ⋯⋯⋯⋯⋯⋯⋯⋯⋯⋯⋯⋯⋯⋯⋯⋯⋯⋯⋯⋯⋯⋯⋯⋯⋯ 26
  1.3 函数的变换 ⋯⋯⋯⋯⋯⋯⋯⋯⋯⋯⋯⋯⋯⋯⋯⋯⋯⋯⋯⋯⋯⋯⋯⋯⋯⋯⋯⋯ 26
    1.3.1 一维函数的变换 ⋯⋯⋯⋯⋯⋯⋯⋯⋯⋯⋯⋯⋯⋯⋯⋯⋯⋯⋯⋯⋯⋯⋯ 26
    1.3.2 可分离变量的二维函数 ⋯⋯⋯⋯⋯⋯⋯⋯⋯⋯⋯⋯⋯⋯⋯⋯⋯⋯⋯⋯ 28
    1.3.3 几何变换 ⋯⋯⋯⋯⋯⋯⋯⋯⋯⋯⋯⋯⋯⋯⋯⋯⋯⋯⋯⋯⋯⋯⋯⋯⋯⋯ 30
  1.4 $\delta$ 函数 ⋯⋯⋯⋯⋯⋯⋯⋯⋯⋯⋯⋯⋯⋯⋯⋯⋯⋯⋯⋯⋯⋯⋯⋯⋯⋯⋯⋯⋯⋯ 34
    1.4.1 广义函数 ⋯⋯⋯⋯⋯⋯⋯⋯⋯⋯⋯⋯⋯⋯⋯⋯⋯⋯⋯⋯⋯⋯⋯⋯⋯⋯ 34
    1.4.2 $\delta$ 函数的定义 ⋯⋯⋯⋯⋯⋯⋯⋯⋯⋯⋯⋯⋯⋯⋯⋯⋯⋯⋯⋯⋯⋯⋯⋯ 35
    1.4.3 $\delta$ 函数的性质 ⋯⋯⋯⋯⋯⋯⋯⋯⋯⋯⋯⋯⋯⋯⋯⋯⋯⋯⋯⋯⋯⋯⋯⋯ 43
    1.4.4 $\delta$ 函数的导数 ⋯⋯⋯⋯⋯⋯⋯⋯⋯⋯⋯⋯⋯⋯⋯⋯⋯⋯⋯⋯⋯⋯⋯⋯ 46
    1.4.5 复合 $\delta$ 函数 ⋯⋯⋯⋯⋯⋯⋯⋯⋯⋯⋯⋯⋯⋯⋯⋯⋯⋯⋯⋯⋯⋯⋯⋯ 49
    1.4.6 用 $\delta$ 函数描述光学过程的一个例子 ⋯⋯⋯⋯⋯⋯⋯⋯⋯⋯⋯⋯⋯ 49
  1.5 周期函数 ⋯⋯⋯⋯⋯⋯⋯⋯⋯⋯⋯⋯⋯⋯⋯⋯⋯⋯⋯⋯⋯⋯⋯⋯⋯⋯⋯⋯⋯ 51
    1.5.1 周期函数的含义 ⋯⋯⋯⋯⋯⋯⋯⋯⋯⋯⋯⋯⋯⋯⋯⋯⋯⋯⋯⋯⋯⋯⋯ 51
    1.5.2 余弦函数和正弦函数 ⋯⋯⋯⋯⋯⋯⋯⋯⋯⋯⋯⋯⋯⋯⋯⋯⋯⋯⋯⋯⋯ 53
    1.5.3 梳状函数 ⋯⋯⋯⋯⋯⋯⋯⋯⋯⋯⋯⋯⋯⋯⋯⋯⋯⋯⋯⋯⋯⋯⋯⋯⋯⋯ 54
    1.5.4 周期性函数的 MATLAB 实现 ⋯⋯⋯⋯⋯⋯⋯⋯⋯⋯⋯⋯⋯⋯⋯⋯⋯ 58
  1.6 复数和复值函数 ⋯⋯⋯⋯⋯⋯⋯⋯⋯⋯⋯⋯⋯⋯⋯⋯⋯⋯⋯⋯⋯⋯⋯⋯⋯⋯ 59
    1.6.1 复数 ⋯⋯⋯⋯⋯⋯⋯⋯⋯⋯⋯⋯⋯⋯⋯⋯⋯⋯⋯⋯⋯⋯⋯⋯⋯⋯⋯⋯ 59
    1.6.2 复值函数 ⋯⋯⋯⋯⋯⋯⋯⋯⋯⋯⋯⋯⋯⋯⋯⋯⋯⋯⋯⋯⋯⋯⋯⋯⋯⋯ 60

1.6.3 几个常用的关系式和恒等式 ········································ 63
习题 1 ················································································ 64

# 第 2 章 空域的傅里叶变换 ···················································· 67
## 2.1 一维函数的傅里叶变换 ················································ 67
### 2.1.1 傅里叶级数 ······················································ 67
### 2.1.2 傅里叶积分定理 ················································ 75
### 2.1.3 傅里叶变换 ······················································ 77
### 2.1.4 极限情况下的傅里叶变换 ······································ 82
### 2.1.5 $\delta$ 函数的傅里叶变换 ············································ 84
### 2.1.6 常用一维函数傅里叶变换对 ·································· 91
## 2.2 二维函数的傅里叶变换 ················································ 92
### 2.2.1 二维函数傅里叶变换的定义 ·································· 93
### 2.2.2 极坐标系中的二维傅里叶变换 ································ 94
### 2.2.3 常用二维函数的傅里叶变换对 ································ 96
## 2.3 傅里叶变换的性质 ······················································ 96
### 2.3.1 傅里叶变换的基本性质 ········································ 96
### 2.3.2 虚、实、奇和偶函数的傅里叶变换 ·························· 99
## 2.4 傅里叶变换的 MATLAB 实现 ········································ 100
### 2.4.1 符号傅里叶变换 ················································ 100
### 2.4.2 傅里叶变换的数值计算 ········································ 101
## 2.5 卷积和卷积定理 ·························································· 107
### 2.5.1 卷积的定义 ······················································ 107
### 2.5.2 卷积的计算 ······················································ 108
### 2.5.3 普通函数与 $\delta$ 函数的卷积 ······································ 116
### 2.5.4 卷积的效应 ······················································ 118
### 2.5.5 卷积运算的基本性质 ············································ 120
### 2.5.6 卷积的 MATLAB 实现 ········································ 122
## 2.6 相关和相关定理 ·························································· 123
### 2.6.1 互相关 ···························································· 124
### 2.6.2 自相关 ···························································· 126
### 2.6.3 归一化互相关函数和自相关函数 ······························ 128
### 2.6.4 有限功率函数的相关 ············································ 128
### 2.6.5 相关的计算方法 ················································ 128
### 2.6.6 相关的 MATLAB 实现 ········································ 132
## 2.7 傅里叶变换的基本定理 ················································ 134
### 2.7.1 卷积定理 ·························································· 134
### 2.7.2 列阵定理 ·························································· 135
### 2.7.3 互相关定理 ······················································ 136

  2.7.4 自相关定理 ········································································ 137
  2.7.5 巴塞伐定理 ········································································ 137
  2.7.6 广义巴塞伐定理 ·································································· 137
  2.7.7 导数定理或微分变换定理 ····················································· 138
  2.7.8 积分变换定理 ···································································· 138
  2.7.9 转动定理 ··········································································· 139
  2.7.10 矩定理 ············································································ 139
 习题 2 ······························································································ 140

# 第 3 章 线性系统和光场的傅里叶分析 ··············································· 143
 3.1 线性系统的概念 ············································································ 143
  3.1.1 信号和信息 ········································································ 143
  3.1.2 系统的概念 ········································································ 143
  3.1.3 线性系统 ··········································································· 145
  3.1.4 线性空不变系统 ·································································· 147
 3.2 线性系统的分析方法 ····································································· 147
  3.2.1 正交函数系 ········································································ 148
  3.2.2 基元函数的响应 ·································································· 150
  3.2.3 线性空不变系统的传递函数 ·················································· 155
  3.2.4 基元函数的传递函数 ··························································· 156
 3.3 光场解析信号表示 ········································································ 159
  3.3.1 单色光场的数学形式和复数表示 ············································ 159
  3.3.2 准单色光场的复数表示 ························································ 161
  3.3.3 多色光场的复数表示 ··························································· 163
 3.4 光场的复振幅空间描述 ·································································· 165
  3.4.1 球面波的复振幅 ·································································· 166
  3.4.2 球面波的近轴近似 ······························································· 167
  3.4.3 平面波的复振幅 ·································································· 170
 3.5 光场的空间傅里叶分析 ·································································· 174
  3.5.1 平面波的空间频率 ······························································· 174
  3.5.2 球面波的空间频率 ······························································· 178
  3.5.3 复振幅分布的空间频谱和角谱 ··············································· 179
  3.5.4 局域空间频率 ···································································· 180
  3.5.5 复杂光波的分解 ·································································· 181
 3.6 函数抽样与函数复原 ···································································· 183
  3.6.1 函数的离散 ········································································ 183
  3.6.2 一维抽样定理 ···································································· 184
  3.6.3 二维抽样定理 ···································································· 191
  3.6.4 空间—带宽积 ····································································· 193

3.6.5 线性光学系统的分辨率 ········· 196
习题3 ········· 196

## 第4章 标量衍射理论 ········· 200
### 4.1 从矢量电场到标量电场 ········· 203
4.1.1 波动方程 ········· 203
4.1.2 亥姆霍兹方程 ········· 204
### 4.2 基尔霍夫衍射理论 ········· 205
4.2.1 惠更斯—菲涅耳原理 ········· 205
4.2.2 格林定理 ········· 207
4.2.3 基尔霍夫积分定理 ········· 208
4.2.4 基尔霍夫衍射公式 ········· 210
4.2.5 菲涅耳—基尔霍夫衍射公式 ········· 213
4.2.6 球面波的衍射理论 ········· 214
### 4.3 衍射在空间频域的描述 ········· 217
4.3.1 从空间域到空间频域 ········· 217
4.3.2 谱频的传播效应 ········· 217
4.3.3 角谱的传播 ········· 220
4.3.4 孔径对角谱的效应 ········· 221
4.3.5 传播现象作为一种线性空间滤波器 ········· 223
### 4.4 衍射的菲涅耳近似和夫琅禾费近似 ········· 224
4.4.1 菲涅耳近似 ········· 224
4.4.2 夫琅禾费近似 ········· 226
4.4.3 衍射区域的划分 ········· 227
4.4.4 衍射屏被会聚球面波照射时的菲涅耳衍射 ········· 228
4.4.5 衍射的巴俾涅原理 ········· 229
### 4.5 菲涅耳衍射的计算 ········· 231
4.5.1 周期性物体的菲涅耳衍射 ········· 232
4.5.2 矩形孔的菲涅耳衍射 ········· 236
4.5.3 特殊矩形孔的菲涅耳衍射 ········· 244
4.5.4 圆孔的菲涅耳衍射 ········· 247
### 4.6 夫琅禾费衍射的计算 ········· 249
4.6.1 矩形孔和狭缝 ········· 249
4.6.2 衍射光栅 ········· 255
4.6.3 圆形孔径 ········· 265
习题4 ········· 270

## 第5章 光学系统的成像分析 ········· 275
### 5.1 成像系统概述 ········· 275

5.2 透镜的结构及变换作用 ·············································· 277
　5.2.1 透镜的结构 ·················································· 278
　5.2.2 透镜的成像 ·················································· 279
　5.2.3 透镜的相位变换作用 ········································ 280
　5.2.4 薄透镜的厚度函数 ·········································· 281
　5.2.5 薄透镜的相位变换及其物理意义 ··························· 283
5.3 透镜的傅里叶变换性质 ·············································· 284
　5.3.1 透镜的一般变换特性 ········································ 285
　5.3.2 物在透镜之前 ················································ 287
　5.3.3 物在透镜后方 ················································ 291
5.4 透镜的空间滤波特性 ················································ 292
　5.4.1 透镜的截止频率、空间—带宽积和视场 ··················· 293
　5.4.2 透镜孔径引起的渐晕效应 ··································· 295
5.5 光学系统的一般模型 ················································ 297
　5.5.1 孔径光阑和视场光阑 ········································ 297
　5.5.2 入射光瞳和出射光瞳 ········································ 299
　5.5.3 入射窗和出射窗 ············································· 300
　5.5.4 黑箱模型 ····················································· 301
5.6 衍射受限系统成像的空域分析 ······································ 302
　5.6.1 衍射受限系统的点扩散函数 ································ 302
　5.6.2 正薄透镜的点扩散函数 ······································ 304
　5.6.3 单色光照明衍射受限系统的成像规律 ····················· 306
　5.6.4 准单色光照明衍射受限系统的成像规律 ·················· 307
习题 5 ······································································ 310

## 第 6 章 光学成像系统的传递函数 ········································ 316
6.1 光学成像系统像质评价概述 ········································ 316
　6.1.1 星点检验法 ·················································· 317
　6.1.2 图像分辨率板法 ············································· 319
6.2 光学传递函数概述 ··················································· 325
6.3 衍射受限相干成像系统的传递函数 ································ 327
　6.3.1 相干传递函数 ················································ 327
　6.3.2 相干传递函数的计算 ········································ 329
　6.3.3 相干传递函数的角谱解释 ··································· 334
6.4 衍射受限系统非相干成像的传递函数 ····························· 335
　6.4.1 非相干成像系统的光学传递函数 ··························· 335
　6.4.2 OTF 和 CTF 的关系 ········································ 339
　6.4.3 衍射受限的 OTF 的计算 ··································· 339
　6.4.4 有像差系统的传递函数 ····································· 343

6.5 线扩散函数和刃边扩散函数 ............................................. 345
 6.5.1 线扩散函数和刃边扩散函数的概念 ............................. 345
 6.5.2 相干及非相干线扩散函数和相干及非相干刃边扩散函数 ........... 347
6.6 相干与非相干成像系统的比较 ........................................... 349
习题 6 ...................................................................... 350

## 第 7 章 部分相干光的干涉和衍射 ............................................ 354
7.1 概述 .................................................................. 354
7.2 互相干函数和相干度 ................................................... 355
 7.2.1 概述 ........................................................... 355
 7.2.2 两束部分相干光的干涉 ......................................... 356
 7.2.3 互相干函数的谱 ............................................... 358
7.3 空间相干性 ........................................................... 359
 7.3.1 杨氏干涉 ...................................................... 360
 7.3.2 两球面波的干涉 ............................................... 360
 7.3.3 光源宽度对双孔干涉的影响 ..................................... 362
 7.3.4 光场的空间相干性 ............................................. 365
7.4 时间相干性 ........................................................... 367
 7.4.1 光源的发光特性 ............................................... 367
 7.4.2 迈克耳逊干涉仪 ............................................... 368
 7.4.3 时间相干性的描述 ............................................. 370
 7.4.4 相干时间和相干长度 ........................................... 373
7.5 准单色条件下的干涉和互强度 ........................................... 375
 7.5.1 准单色光的干涉 ............................................... 375
 7.5.2 傅里叶变换光谱技术 ........................................... 377
 7.5.3 准单色光的互强度 ............................................. 379
7.6 互相干函数的传播和广义惠更斯原理 ..................................... 382
 7.6.1 互相干函数的传播定律 ......................................... 382
 7.6.2 互相干函数的波动方程 ......................................... 385
 7.6.3 互谱函数的传播 ............................................... 386
7.7 范西泰特—策尼克定理及其应用 ......................................... 386
 7.7.1 范西泰特—策尼克定理 ......................................... 387
 7.7.2 相干面积 ...................................................... 390
 7.7.3 范西泰特—策尼克定理的应用例子 ............................... 393
习题 7 ...................................................................... 397

## 第 8 章 光学全息 .......................................................... 402
8.1 全息术概述 ........................................................... 402
 8.1.1 全息术的发展简史 ............................................. 402

8.1.2　全息照相的基本特点 …………………………………………………… 404
　　8.1.3　全息图的类型 ………………………………………………………… 405
　　8.1.4　光学全息的应用 ……………………………………………………… 406
　　8.1.5　基本术语 ……………………………………………………………… 406
8.2　全息照相的基本原理 ……………………………………………………………… 409
　　8.2.1　全息照相的基本过程 …………………………………………………… 409
　　8.2.2　波前记录 ……………………………………………………………… 410
　　8.2.3　记录过程的线性条件 …………………………………………………… 411
　　8.2.4　波前再现 ……………………………………………………………… 412
　　8.2.5　同轴全息图 …………………………………………………………… 414
　　8.2.6　离轴全息图 …………………………………………………………… 416
8.3　基本全息图 ………………………………………………………………………… 419
　　8.3.1　基元全息图 …………………………………………………………… 419
　　8.3.2　平面波全息图 ………………………………………………………… 421
　　8.3.3　点源全息图 …………………………………………………………… 427
　　8.3.4　菲涅耳全息图和夫琅禾费全息图 ……………………………………… 435
　　8.3.5　傅里叶变换全息图 …………………………………………………… 435
8.4　其他几种类型的全息图 …………………………………………………………… 440
　　8.4.1　像全息图 ……………………………………………………………… 440
　　8.4.2　彩虹全息 ……………………………………………………………… 444
　　8.4.3　体积全息 ……………………………………………………………… 448
　　8.4.4　模压全息图 …………………………………………………………… 455
8.5　全息记录介质 ……………………………………………………………………… 457
　　8.5.1　记录介质的特性曲线 …………………………………………………… 457
　　8.5.2　常见的全息记录介质 …………………………………………………… 458
8.6　计息全息 …………………………………………………………………………… 465
　　8.6.1　计算全息图的制作 …………………………………………………… 465
　　8.6.2　计算全息图的绘制与再现 ……………………………………………… 467
　　8.6.3　迂回相位全息图 ……………………………………………………… 467
　　8.6.4　计算全息干涉图 ……………………………………………………… 470
　　8.6.4　相息图 ………………………………………………………………… 472
习题 8 ……………………………………………………………………………………… 473

# 第 9 章　光学信息处理技术 …………………………………………………………… 476
9.1　引　言 ……………………………………………………………………………… 476
9.2　相干光信息处理 …………………………………………………………………… 477
　　9.2.1　阿贝成像理论和阿贝—波特实验 ……………………………………… 477
　　9.2.2　空间频率滤波的傅里叶分析 …………………………………………… 479
　　9.2.3　空间滤波器的种类及应用 ……………………………………………… 486

9.2.4 基于相干照明的空间滤波系统 ………………………………………… 491
9.2.5 多重像的产生 …………………………………………………………… 493
9.3 相干光信息处理的应用 …………………………………………………………… 494
9.3.1 相关光学系统 …………………………………………………………… 494
9.3.2 图像的相加和相减 ……………………………………………………… 495
9.3.3 图像边缘增强 …………………………………………………………… 497
9.3.4 光学图像识别 …………………………………………………………… 500
9.3.5 图像消模糊 ……………………………………………………………… 501
9.3.6 综合孔径成像 …………………………………………………………… 502
9.4 非相干光信息处理 ………………………………………………………………… 503
9.4.1 相干光与非相干光处理的比较 ………………………………………… 503
9.4.2 基于衍射的非相干光处理 ……………………………………………… 504
9.4.3 基于几何光学的非相干光处理 ………………………………………… 509
9.5 部分相干光信息处理 ……………………………………………………………… 511
9.5.1 白光处理系统的工作原理 ……………………………………………… 512
9.5.2 相关检测和图像相减 …………………………………………………… 514
9.5.3 黑白图像的假彩色编码 ………………………………………………… 515
9.6 非线性光信息处理 ………………………………………………………………… 520
9.6.1 $\theta$ 调制 ……………………………………………………………………… 520
9.6.2 半色调网屏技术 ………………………………………………………… 522
习题 9 ………………………………………………………………………………………… 525

**参考文献** ……………………………………………………………………………………… 530

# 第1章 信息光学的数学基础

信息光学是在光的波动性的物理基础上，用数学的方法来描述与处理光信息问题，这便会涉及许多数学方面的知识。本章介绍信息光学中常用的一些数学基础知识，以方便学习和深入理解后续的课程内容。

## 1.1 光学中常用的非初等函数

在现代光学尤其是信息光学中，经常会用到一些非初等函数和特殊函数，用来描述各种物理量，如光场的分布、透射率函数等。掌握和熟悉它们的定义、数学表达式、功能和图形，有助于分析和理解许多光学现象。我们知道，在高等数学中，初等函数是指在自变量的定义域内，能用单一分析式子表示的函数，而这一分析式子是由常数和基本初等函数经过有限次的四则运算（加、减、乘、除）以及有限次的函数复合步骤所形成的。基本初等函数有幂函数、指数函数、对数函数、三角函数和反三角函数。非初等函数是指在自变量的定义域中不能用单一分析式子表示的函数。这一节介绍在信息光学中常用的非初等函数的定义、性质以及习惯使用的符号。给出了一些函数在 MATLAB 中的表示和画出这些函数图形的程序，运行这些程序并观察函数的图形有助于对这些函数有更为直观的感觉，同时可以掌握在计算机中如何使用和表达这些函数。这些函数在信息处理中有着广泛的应用。

由于光信息处理中常用到二维非初等函数，掌握其定义与图形是极为重要的。所以这一节除了给出常用一维非初等函数的定义外，还给出了其相应二维非初等函数的定义。要特别注意的是，二维函数除了可以在直角坐标系中描述外，还可以在极坐标系中描述，对具有圆对称性的函数而言，这样做通常有利于运算的简化。

信息光学中常用到的一些非初等函数，它们的数学表达式虽然都比较简单，但所涉及的问题常常已超出了经典函数的范畴。在这些函数中，有的函数存在间断点，有的函数值有突变，有的函数则是广义函数（见 1.4）的傅里叶变换等。所以，运用这些函数时，要特别小心谨慎。

### 1.1.1 矩形函数

矩形函数（rectangle function）是在光信息处理中很有用的非初等函数之一，习惯上用 rect 或 ∏ 表示。信号脉冲如光脉冲、电脉冲等的形状为矩形时，就可用矩形函数来描述，所以矩形函数也常称为矩形脉冲。对一个具有确定形状的脉冲，通常可以用脉冲的宽度、高度和脉冲面积（即一维函数曲线下所包含的面积，也即函数在整个定义域上的积分值）这三个参数来描述，这三个参数中两个确定了，另一个也就确定了。把描述脉冲形状的某些参数取单位值 1 时，会使问题变得简洁、方便又不会失去其特性，这就是所谓的单位脉冲（或单位函数),有时也称为标准脉冲(或标准函数)。单位脉冲通常先设定脉冲面积为1,如果脉冲面积无法定义,就设定高度为1,当然也可将宽度设定为1。

一维单位矩形函数的定义为:

$$\text{rect}(x) = \begin{cases} 1 & |x| < 1/2 \\ 1/2 & |x| = 1/2 \\ 0 & |x| > 1/2 \end{cases}。 \tag{1.1.1}$$

式(1.1.1)所表示的函数,中心在 $x=0$ 点,在区间($-1/2$,$1/2$)内函数值为1,否则为0。$x = -1/2$,$1/2$ 处为不连续点(间断点)。在处理实际问题时,不连续点需要作特别的处理,其函数值不计入所处理的问题中,而且不连续点处函数值的取值具体是多少,通常也不影响对问题的处理,所以原则上不连续点处函数值的取值可以是任意的,具体的取值通常根据具体问题的需要。如式(1.1.1)的形式是不连续点的函数值取其左右数值的平均值,即为1/2,这是信号处理中常用的取法,对有类似间断点特性的函数,如阶跃函数(见1.1.2)、符号函数(见1.2.3)也是适用的。这样可使这些函数有统一的表示,并可建立这些函数之间的代数关系。

由于在不连续点处函数值的定义不同,在文献中,单位矩形函数有三个差别微小的表达式,但也都是常用的形式。另两种表达式的定义是:

$$\text{rect}(x) = \begin{cases} 1 & |x| \leq 1/2 \\ 0 & |x| > 1/2 \end{cases} \quad (\text{不连续点处的函数值为1}), \tag{1.1.2}$$

$$\text{rect}(x) = \begin{cases} 1 & |x| < 1/2 \\ 0 & |x| > 1/2 \end{cases} \quad (\text{不连续点处的函数值没有定义})。 \tag{1.1.3}$$

式(1.1.1)~(1.1.3)就是一个高度、宽度和面积都为1($S = \int_{-\infty}^{\infty} \text{rect}(x)\text{d}x = 1$)的单位矩形脉冲,其图形如图1.1.1(a)所示。

单位矩形函数通过平移和缩放,可得到一般形式矩形函数的表达式:

$$h\text{rect}\left(\frac{x - x_0}{a}\right) = \begin{cases} h & |x - x_0|/a < 1/2 \\ h/2 & |x - x_0|/a = 1/2 \\ 0 & |x - x_0|/a > 1/2 \end{cases}。 \tag{1.1.4}$$

式中:$a(a>0)$,$h$ 和 $x_0$ 分别为矩形的宽度、高度和中心点,其图形如图1.1.2(b)所示。显然,矩形的面积为 $S = \int_{-\infty}^{\infty} h\text{rect}\left(\frac{x-x_0}{a}\right)\text{d}x = |ha|$。

在 MATLAB 中,一维矩形函数可用函数 rectpuls 来实现。

格式1:y = rectpuls(x)

功能:产生单位高度为1、宽度为1、中心为0的矩形。注意:在 MATLAB 中,该函数间断点的值规定为 rectpuls($-0.5$) = 1 和 rectpuls(0.5) = 0。

格式2:y = rectpuls(x, a)

功能:产生指定宽度为 a 的矩形。

**例1.1.1** 用 MATLAB 画出中心在原点的单位矩形脉冲和中心在1.5、脉宽为2、高度为2的矩形脉冲。

**解**:运行如下 MATLAB 程序,所得结果如图1.1.1(a)和图1.1.1(b)所示。

x1 = −1.5 : 0.001 : 1.5； y1 = rectpuls(x1)； x0 = 1.5；
x2 = 0 : 0.001 : 3.0； a = 2； y2 = 2 * rectpuls(x2 − x0, a)；
figure(1)
plot(x1, y1, ′k′, ′LineWidth′, 2)； axis([ −1.5 1.5 −0.1 2.1])； set(gca, ′Ytick′, [0 0.5 1.0 1.5 2.0]′)； xlabel(′x′)； ylabel(′rect(x)′)
figure(2)
plot(x2, y2, ′k′, ′LineWidth′, 2)； axis([0 3.0 −0.1 2.1])； set(gca, ′Ytick′, [0 0.5 1.0 1.5 2.0]′)； xlabel(′x′)； ylabel(′h * rect((x − x0)/w)′)

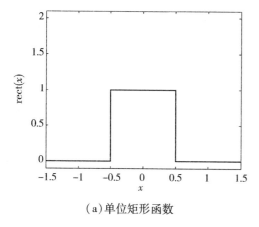

(a) 单位矩形函数

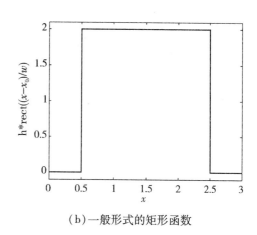

(b) 一般形式的矩形函数

图 1.1.1 一维矩形函数

矩形函数与某函数相乘后，可限制该函数自变量的取值范围，起到截取函数的作用，即可以用来以任意幅度 $h$ 和任意宽度 $a$ 截取某个函数的任一段。所以，矩形函数也称为门函数 (gating function)，或矩形窗口函数。例如，乘积 $\sin(\pi x)\text{rect}(x - \frac{1}{2})$ 表示正弦函数只出现在区间 $(0, 1)$ 内，其图形如图 1.1.2 所示，图中实线部分表示被矩形函数截断的正弦函数部分。这也提供了函数在一段区间内的简洁表达方式，如：

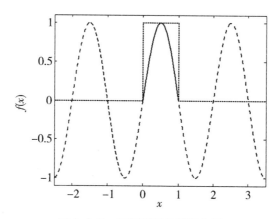

图 1.1.2 矩形函数的截断作用

$$f(x) = \sin(\pi x)\operatorname{rect}\left(x - \frac{1}{2}\right)\begin{cases} 0 & x < 0 \\ \sin(\pi x) & 0 < x < 1 \\ 0 & x > 1 \end{cases}。$$

脉冲函数可表示电路中的门脉冲、激光器输出的光脉冲等，也可表示理想的低通、带通滤波器等。无限大不透明屏上单个狭缝的透射率（在空间域，变量 $x$ 为空间坐标，矩形宽度 $a$ 为缝狭的宽度）、照相机快门（在时间域，变量 $x$ 为时间坐标，矩形宽度 $a$ 就是曝光时间）都可用一维矩形函数来描述。

二维矩形函数定义为两个一维矩形函数的乘积，其一般形式为：

$$h\operatorname{rect}\left(\frac{x-x_0}{a}, \frac{y-y_0}{b}\right) = h\operatorname{rect}\left(\frac{x-x_0}{a}\right)\operatorname{rect}\left(\frac{y-y_0}{b}\right)$$

$$= \begin{cases} h & |x-x_0|/a < 1/2, \ |y-y_0|/b < 1/2 \\ h/2 & |x-x_0|/a = 1/2, \ |y-y_0|/b = 1/2 \\ 0 & |x-x_0|/a \geq 1/2, \ |y-y_0|/b > 1/2 \end{cases}。 \qquad (1.1.5)$$

式中：$a(a>0)$，$b(b>0)$ 分别为矩形的宽度和长度。式（1.1.5）所表示的函数，在 $x-y$ 平面上以 $(x_0, y_0)$ 为中心的 $a \times b$ 的矩形区域内，其函数值为 $h$，在不连续点处的函数值为 $h/2$，在其他处的函数值为 $0$。函数所形成的长方体的体积为 $=abh$。由此可见，用二维函数来描述一个具有确定形状的脉冲时，可用脉冲的宽度、长度、高度和脉冲体积（指二维函数曲面所包含的体积）这四个参数来描述。脉冲体积等于 1 时为单位脉冲。可用 MATLAB 画出二维矩形函数的三维图，图 1.1.3 显示了一个中心在原点且 $a=b=h=1$ 的二维单位矩形函数的图形。

在光学中，矩形孔可用二维矩形函数来表示，所以可用来描述无限大不透明屏上矩形孔的透射率。一幅图像可以用二维函数来表示，用二维矩形函数与其相乘时，就可以截取矩形孔范围内的函数值，其他位置的函数值则被置零，这在图像处理中常会用到。

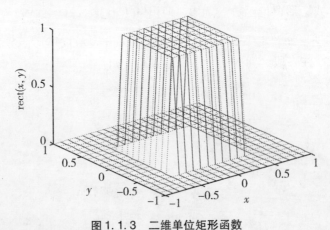

图 1.1.3　二维单位矩形函数

## 1.1.2　阶跃函数

阶跃函数（step fucction）用 step 或 H 表示。为了纪念英国著名的电气工程师海维赛德（Heaviside，1850—1925），阶跃函数又称海维赛德函数。一维单位阶跃函数的定义为：

$$\text{step}(x) = \begin{cases} 1 & x > 0 \\ 1/2 & x = 0 \\ 0 & x < 0 \end{cases} \text{。} \quad (1.1.6)$$

该函数在原点 $x=0$ 处有一个不连续点。如 1.1.1 节中所述，不连续点处函数的取值是无关紧要的。同样，单位阶跃函数也有三种常用的形式，另两种定义是：

$$\text{step}(x) = \begin{cases} 1 & x \geq 0 \\ 0 & x < 0 \end{cases} \text{,} \quad (1.1.7)$$

$$\text{step}(x) = \begin{cases} 1 & x > 0 \\ 0 & x < 0 \end{cases} \text{。} \quad (1.1.8)$$

单位阶跃函数的图形如图 1.1.4(a)所示。式(1.1.6)的定义式不连续点处的函数值取 1/2 的一个原因是为了适应傅里叶变换的要求。在第 2 章可以看到，虽然阶跃函数的三种定义都有相同的傅里叶变换，但从相应的傅里叶变换复原到连续函数的逆过程的总是海维赛德函数形式，即在 $x=0$ 时它的值是 1/2。由于上述三个定义都在 $x=0$ 有一个跳跃的不连续点，即 $f(0^+) \neq f(0^-)$，根据傅里叶变换的定义(见 2.1.2)，在跳跃的不连续点，逆傅里叶变换的值是函数值在该点的平均值。对单位阶跃函数来说，这个平均值就是左边和从右边趋近间断点时函数的平均值，即在 $x=0$ 时的平均值就是 1/2。

单位阶跃函数可通过位移和改变方向得到更为一般形式的阶跃函数，其形式如下：

$$\text{step}\left(\frac{x-x_0}{a}\right) = \begin{cases} 1 & x/a > x_0/a \\ 1/2 & x/a = x_0/a \\ 0 & x/a < x_0/a \end{cases} \text{。} \quad (1.1.9)$$

该函数在 $x=x_0$ 处有一个间断点。常数 $a$ 的正负号决定阶跃函数的射向，$a>0$ 时从 $x_0$ 点起自左向右的函数值为 1，$a<0$ 时则相反，如图 1.1.4(b)所示。由于常数 $a$ 绝对值的大小没有意义，所以阶跃函数的宽度与面积的概念也就没有意义。

阶跃函数和矩形函数之间存在下列关系式：

$$\text{rect}\left(\frac{x-x_0}{a}\right) = \text{step}\left(x - x_0 + \frac{a}{2}\right) - \text{step}\left(x - x_0 - \frac{a}{2}\right) \text{。} \quad (1.1.10)$$

当它们都为中心在原点的单位函数时，有：

$$\text{rect}(x) = \text{step}\left(x + \frac{1}{2}\right) - \text{step}\left(x - \frac{1}{2}\right) \text{。} \quad (1.1.11)$$

在 MATLAB 中，阶跃函数可用海维赛德函数 heaviside 来实现。

格式：heaviside(x)

功能：产生阶跃函数，x 为一维的矩阵。

**例 1.1.2** 用 MATLAB 画出标准阶跃函数和 $\text{step}\left(\dfrac{x-2}{-3}\right)$ 的图形。

**解**：运行如下 MATLAB 程序，所得结果如图 1.1.4 所示。

```
clear
x = -3:0.01:3;   y = heaviside(x);   y1 = heaviside((x-2)/(-3));
figure(1)
plot(x,y,'k','LineWidth',2);   axis([-3 3 -0.1 1.1]);   xlabel('x');   ylabel('step(x)')
```

figure(2)
plot(x,y1,'k','LineWidth',2); axis([-3 3 -0.1 1.1]); xlabel('x'); ylabel('step(x-2)/(-3)')

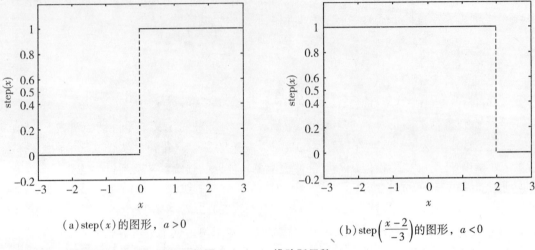

(a) step($x$)的图形，$a>0$    (b) step$\left(\dfrac{x-2}{-3}\right)$的图形，$a<0$

图1.1.4　一维阶跃函数

阶跃函数不是绝对可积的，它不满足狄里赫利(Dirichlet,1805—1859,德国科学家)充分条件，因此不能直接求出其傅里叶变换式(见第2章有关内容)。但是，可以把阶跃函数看成指数衰减函数，即

$$f(x)=\begin{cases}e^{-x/a} & x\geqslant 0\\ 0 & x<0\end{cases} \tag{1.1.12}$$

当$a\to\infty$时的极限(图1.1.5)，即

$$\text{step}(x)=\lim_{a\to\infty}e^{-x/a}。 \tag{1.1.13}$$

阶跃函数与某函数相乘，当$x>x_0$时，乘积等于该函数；当$x<x_0$时，乘积恒等于0；在$x=x_0$处，取函数值的一半。如乘积step$(x-1)\cos(2\pi x)$，当$x>1$时，等于$\cos(2\pi x)$；当$x<1$时，则恒等于0(图1.1.6)。

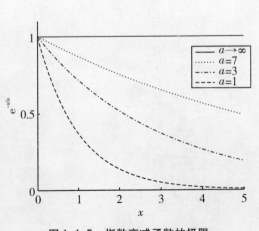

图1.1.5　指数衰减函数的极限

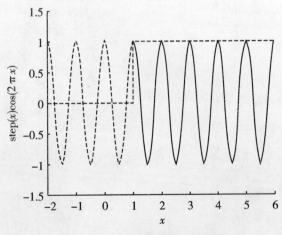

图1.1.6　阶跃函数为一个开关

二维阶跃函数定义为两个一维阶跃函数的乘积：

$$\text{step}\left(\frac{x-x_0}{a}, \frac{x-y_0}{b}\right) = \text{step}\left(\frac{x-x_0}{a}\right)\text{step}\left(\frac{y-y_0}{b}\right)。 \tag{1.1.14}$$

可用 MATLAB 画出二维阶跃函数的三维图（图1.1.7）。

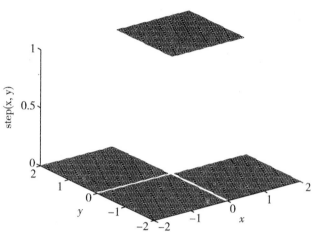

图 1.1.7　二维阶跃函数

阶跃函数起着开关的作用，可用来在某点（$x=x_0$，称为开关点）"开"或"关"另一个函数。所以，阶跃函数可用来表示一个开关信号，也可用来表示突然打开的快门。

## 1.1.3　符号函数

符号函数（signum functions）又称为正负号函数，用 sgn 表示，读作"signum"。一维标准符号函数的定义为：

$$\text{sgn}(x)\begin{cases}+1 & x>0 \\ 0 & x=0 \\ -1 & x<0\end{cases}。 \tag{1.1.15}$$

函数的取值由 $x$ 的正负号决定，原点 $x=0$ 为不连续点，其跃度为2，函数图形如图1.1.8所示。与矩形函数和阶跃函数一样，符号函数在不连续点的取值是无关紧要的。因此符号函数也有三种常用的形式，另两种定义是：

$$\text{sgn}(x)\begin{cases}+1 & x\geq 0 \\ -1 & x<0\end{cases}, \tag{1.1.16}$$

$$\text{sgn}(x)\begin{cases}+1 & x>0 \\ -1 & x<0\end{cases}。 \tag{1.1.17}$$

单位符号函数也可通过位移和反向得到更一般的形式，即

$$\text{sgn}\left(\frac{x-x_0}{a}\right) = \begin{cases}+1 & x/a > x_0/a \\ 0 & x/x = x_0/a \\ -1 & x/a < x_0/a\end{cases}。 \tag{1.1.18}$$

式中：常数 $a$ 的正、负号决定符号函数在 $x = x_0$ 处的取向，即函数在不连续点 $x = x_0$ 处是上跃还是下跃（图1.1.9）。

与阶跃函数一样，常数 $a$ 的取值的大小是没有意义的。因此，符号函数的宽度与面积的概念也是没有意义的。显然，符号函数也不是绝对可积的，它不满足狄里赫利收敛条件，因此，只有极限意义下的傅里叶变换。

符号函数与阶跃函数和矩形函数之间存在下列关系式：

$$\mathrm{sgn}(x - x_0) = 2\mathrm{step}(x - x_0) - 1, \tag{1.1.19}$$

$$\mathrm{rect}(x - x_0) = \frac{1}{2}\left[\mathrm{sgn}\left(x - x_0 + \frac{1}{2}\right) - \mathrm{sgn}\left(x - x_0 - \frac{1}{2}\right)\right]. \tag{1.1.20}$$

在 MATLAB 中，符号函数可用函数 sign 来实现。

格式：y = sign(x)

功能：产生符号函数，x 为一维的矩阵。

**例1.1.3** 用 MATLAB 画出中心在原点处、不连续点分别处于 1 和 -1 处上跃和下跃符号函数的图形。

**解**：运行如下 MATLAB 程序，得到中心在原点处的标准符号函数的图形（图1.1.8）。

```
x = -2:0.01:2;   y = sign(x);
plot(x,y,'k','LineWidth',2);   axis([-2 2 -1.1 1.1]);   xlabel('x');   ylabel('sgn(x)')
```

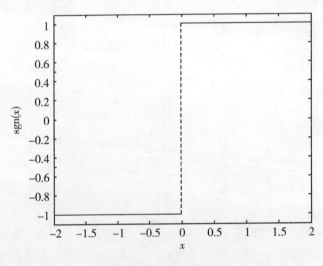

图1.1.8 一维符号函数

运行如下 MATLAB 程序，得到不连续点分别处于 1 和 -1 处上跃和下跃符号函数的图形（图1.1.9）。

```
x = -3:0.001:3;   x0 = 1;   y = sign(x - x0);
figure(1)
plot(x,y,'k','LineWidth',2);   axis([-3 3 -1.1 1.1]);   xlabel('x, a >0');   ylabel('sgn(x/a)')
figure(2)
```

x = -3:0.001:3; x0 = -1; y1 = sign(-x + x0);
plot(x,y1,'k','LineWidth',2); axis([-3 3 -1.1 1.1]); xlabel('x, a<0'); ylabel('sgn(x/a)')

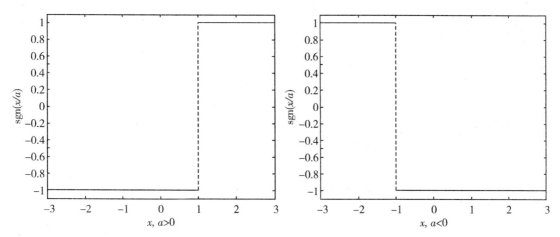

图 1.1.9　不同取向的符号函数

二维符号函数定义为两个一维符号函数的乘积，其表达式如下：

$$\text{sgn}\left(\frac{x-x_0}{a}, \frac{x-y_0}{b}\right) = \text{sgn}\left(\frac{x-x_0}{a}\right)\text{sgn}\left(\frac{y-y_0}{b}\right)。 \quad (1.1.21)$$

可用 MATLAB 画出二维符号函数的三维图，其图形如图 1.1.10 所示。

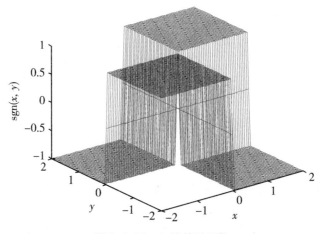

图 1.1.10　二维符号函数

符号函数可用来改变一个量或一个函数在某些点的正负，某函数与符号函数相乘，结果使该函数在某点的极性（正负号）发生翻转。例如，一个量取绝对值可以表示成 $|c| = c\text{sgn}(c)$。符号函数与普通的"+"、"-"号不同，它可以参与运算。在光学中，某孔径的一半嵌有 π 位相板，与另一半的相位相反，此孔径的复振幅透射率就可用符号函数来描述。

## 1.1.4 三角形函数

三角形函数(triangle function)可用 tri 或 Λ 表示。一维单位三角形函数的定义为：

$$\text{tri}(x) = \begin{cases} 1 - |x| & |x| \leq 1 \\ 0 & |x| > 1 \end{cases} \tag{1.1.22}$$

它表示高为1、底为2、宽度为1(半高宽，中心点处最大值一半的宽度)、面积为1的等腰三角形，其图形如图1.1.11(a)所示。函数的中心在原点，不连续点在 $x = +1$，$-1$ 处。

单位三角形函数经过位移和扩展后，得到一般形式的三角形函数：

$$\text{tri}\left(\frac{x - x_0}{a}\right) = \begin{cases} 1 - |x - x_0|/a & |x - x_0|/a \leq 1 \\ 0 & |x - x_0|/a > 1 \end{cases} \tag{1.1.23}$$

或写成：

$$\text{tri}\left(\frac{x - x_0}{a}\right) = \begin{cases} 1 + |x - x_0|/a & -1 \leq |x - x_0|/a \leq 0 \\ 1 - |x - x_0|/a & 0 < |x - x_0|/a \leq 1 \\ 0 & \text{其他} \end{cases} \tag{1.1.24}$$

式中：$a > 0$，表示的函数是以 $x_0$ 为中心、底边长为 $2a$、高度为1的等腰三角形，其图形如图1.1.11(b)所示。$a$ 的正负不影响三角形函数的图形。显然，三角形的面积为 $a$，即 $S = \int_{-\infty}^{\infty} \text{tri}\left(\frac{x - x_0}{a}\right) dx = a$。

矩形函数的自卷积为三角形函数(卷积的概念见2.5.1)，即 $\text{rect}(x) * \text{rect}(x) = \text{tri}(x)$。tri 函数与 $\text{sinc}^2$ 函数(见1.2.1)互为傅里叶变换对。

在 MATLAB 中，一维三角形函数可用函数 tripuls 来实现。

格式：y = tripuls(x), y = tripuls(x, a), y = tripuls(x, a, s)

功能：产生三角形信号。x 为一维向量，当 a, s 都缺省时，产生单位高度、底边为1，中心为 x = 0 的三角形。三角形的底边宽度为 2a。s 表示三角形的倾斜度，$-1 < s < 1$。当 s = 0 时，产生对称的三角形。

**例1.1.4** 用 MATLAB 画出中心在原点的单位三角形和中心坐标为(1, 0)、宽度为2的等腰三角形。

**解**：运行如下 MATLAB 程序，所得结果如图1.1.11所示。

```
x1 = -2:0.001:2;   a = 4;   x0 = 1;   x2 = -1:0.001:3;
y1 = tripuls(x1,2);   y2 = tripuls(x2-x0,a);
figure(1)
plot(x1,y1,'k','LineWidth',2);   xlabel('x');   ylabel('tri(x)');   set(gca,'Ytick',[0 0.5 1.0])
figure(2)
plot(x2,y2,'k','LineWidth',2);   xlabel('x');   ylabel('tri(x)');   set(gca,'Ytick',[0 0.5 1.0])
```

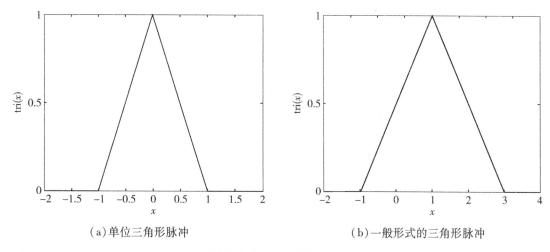

(a) 单位三角形脉冲　　　　　　　　(b) 一般形式的三角形脉冲

图 1.1.11　一维三角函数

二维三角形函数定义为两个一维三角形函数的乘积，其表达式如下：

$$\mathrm{tri}\left(\frac{x-x_0}{a},\frac{y-y_0}{b}\right)=\mathrm{tri}\left(\frac{x-x_0}{a}\right)\mathrm{tri}\left(\frac{y-y_0}{b}\right)$$

$$=\begin{cases}(1-|x-x_0|/a)(1-|y-y_0|/b) & |x-x_0|/a\leqslant 1,\ |y-y_0|/b\leqslant 1\\ 0 & |x-x_0|/a>1,\ |y-y_0|/b>1\end{cases} \quad (1.1.25)$$

式中：$a>0$，$b>0$。其函数图形如图 1.1.12 所示，在 $x=x_0$ 或 $y=y_0$ 的截面是一维三角形函数；在 $x=y$ 的截面则是一对抛物线，构成一个曲线四棱形，其体积为 $ab$。二维三角形函数的形状初看起来像一个角锥体，但从图中可以看出，实际上并不是。它垂直于任一轴的截面总是三角形，但沿一对角线的截面则由两段抛物线构成。此外，从顶到底其等高线的形状并不是保持不变的。

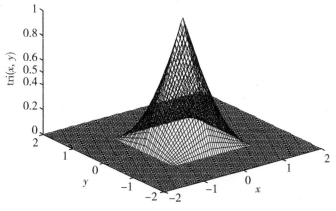

图 1.1.12　二维三角函数

二维三角形函数可用来表示一个极限光瞳为矩形的非相干成像系统的光学传递函数。

## 1.1.5 斜坡函数

一维单位斜坡函数(ramp functions)的定义为:

$$R(x) = \begin{cases} x & x \geq 0 \\ 0 & x < 0 \end{cases} \tag{1.1.26}$$

函数的不连续点在 $x=0$ 处,当 $x \geq 0$ 时,$R(x)$ 的斜率为 1,其图形如图 1.1.13(a)所示。斜坡函数没有宽度、高度和面积的概念。这里称为单位斜坡函数,是由于式(1.1.26)所定义的斜坡函数 $R(x)$ 的斜率为 1,即有"单位斜率"。

单位斜坡函数经过平移与扩展后,其一般形式为:

$$R\left(\frac{x-x_0}{a}\right) = \begin{cases} (x-x_0)/a & x/a \geq x_0/a \\ 0 & x/a < x_0/a \end{cases} \tag{1.1.27}$$

函数的不连续点在 $x=x_0$ 处,在非零部分的斜率为 $1/a$。其图形如图 1.1.13(b)所示。

斜坡函数可由变量 $x$ 和阶跃函数相乘而得到,即

$$R(x) = x\,\text{step}(x)。 \tag{1.1.28}$$

一般形式的斜坡函数可由阶跃函数的积分得到:

$$R\left(\frac{x-x_0}{a}\right) = \frac{1}{a}\int_{x_0}^{x} \text{step}\left(\frac{\alpha-x_0}{a}\right)d\alpha。 \tag{1.1.29}$$

式中:$\alpha$ 为积分形式变量。

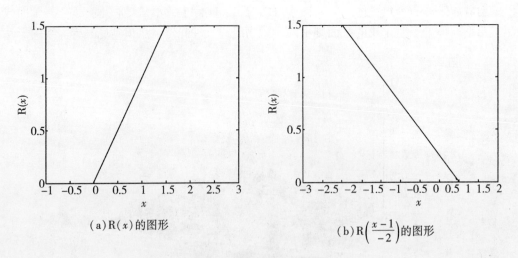

(a) $R(x)$ 的图形      (b) $R\left(\dfrac{x-1}{-2}\right)$ 的图形

图 1.1.13 一维斜坡函数

斜坡函数与阶跃函数适当地组合可以得到三角形函数,如:

$$\text{tri}(x) = R(x+1) - 2R(x) + R(x-1), \tag{1.1.30a}$$

$$\text{tri}(x) = R(x+1) - 2R(x)[\text{step}(x+1) - \text{step}(x-1)], \tag{1.1.30b}$$

$$\text{tri}(x) = R(x+1)[\text{step}(x+1) - \text{step}(x)] + [1 - R(x)][\text{step}(x) - \text{step}(x-1)], \tag{1.1.30c}$$

$$\text{tri}\left(\frac{x-1}{2}\right) = \text{R}\left(\frac{x+1}{2}\right)\text{step}\left(\frac{x-1}{-1}\right) + \text{R}\left(\frac{x-3}{-2}\right)\text{step}\left(\frac{x-1}{1}\right). \tag{1.1.30d}$$

二维斜坡函数定义为两个一维斜坡函数的乘积:

$$\text{R}\left(\frac{x-x_0}{a}, \frac{x-y_0}{b}\right) = \text{R}\left(\frac{x-x_0}{a}\right)\text{R}\left(\frac{y-y_0}{b}\right). \tag{1.1.31}$$

其函数图形如图 1.1.14 所示。

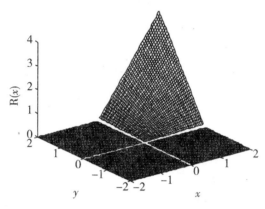

图 1.1.14 二维斜坡函数

## 1.1.6 圆域函数

圆域函数(circle function)也称圆柱函数或柱状函数,记为 circ 或 cylc。在直角坐标系中,中心在原点、圆域的半径为 1、高度等于 1 的圆域函数定义为:

$$\text{circ}(\sqrt{x^2+y^2}) = \begin{cases} 1 & 0 < \sqrt{x^2+y^2} < 1 \\ \frac{1}{2} & \sqrt{x^2+y^2} = 1 \\ 0 & \sqrt{x^2+y^2} > 1 \end{cases}. \tag{1.1.32}$$

函数的不连续点在 $x^2+y^2=1$ 处。更一般的形式是:

$$\text{circ}(\sqrt{(x-x_0)^2+(y-x_0)^2}/a) = \begin{cases} 1 & 0 < \sqrt{(x-x_0)^2+(y-x_0)^2} < a \\ \frac{1}{2} & \sqrt{(x-x_0)^2+(y-x_0)^2} = a \\ 0 & \sqrt{(x-x_0)^2+(y-x_0)^2} > a \end{cases}. \tag{1.1.33}$$

上式表示中心在 $(x_0, y_0)$,圆域的半径为 $a$,高度等于 1 的圆柱形。函数图形如 1.1.15 所示。

在极坐标系中,式(1.1.32)和式(1.1.33)分别变为:

$$\text{circ}(r) = \begin{cases} 1 & 0 \leq r < 1 \\ 1/2 & r = 1 \\ 0 & r > 1 \end{cases} \tag{1.1.34}$$

和

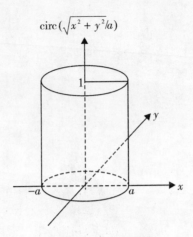

图 1.1.15 圆域函数

$$\text{circ}\left(\frac{r-r_0}{a}\right) = \begin{cases} 1 & 0 \leqslant r - r_0 < a \\ 1/2 & r - r_0 = a \\ 0 & r - r_0 > a \end{cases} \quad \circ \tag{1.1.35}$$

在极坐标系中，圆域函数只与半径有关，而与极角无关，是关于中心点径向对称的。这类函数看上去像是一维的，虽然从纯数学的角度来说是这样的，但实际上并非完全如此，所以使用时要特别小心。函数的体积可用极坐标 $r$-$\theta$ 平面上的积分求得：

$$\int_0^{2\pi} d\theta \int_0^\infty \text{circ}(r/a) r dr = 2\pi \int_0^a r dr = \pi a^2 \circ \tag{1.1.36}$$

在光学中，圆域函数可以用来描述无限大不透明屏上圆孔的透射率。圆域函数在 MATLAB 中可以用函数 cylinder 来实现。

## 1.1.7 非初等函数的运算和复合

与初等函数一样，非初等函数之间也可以进行四则运算和复合。

加减的运算相当于函数的线性组合而得到新的函数。如图 1.1.16 所示，图中实线表示的函数可通过虚线所表示的单位阶跃函数和单位斜坡函数的四则运算而组合得到。图 1.1.16(a) 和图 1.1.16(b) 所表示的信号的解析式分别为：

$$f(x) = \text{step}(x) - R(x) + R(x-1), \tag{1.1.37}$$

$$f(x) = R(x+1) - R(x) - 2\text{step}(x-1) + R(x-1) - R(x-2) \circ \tag{1.1.38}$$

同一个函数，通常可能会有多种不同非初等函数的组合，如式(1.1.37)表示的函数，也可以表示为：

$$f(x) = R(-x+1) - R(-x) - \text{step}(-x) \circ \tag{1.1.39}$$

下面以图 1.1.16(b) 为例说明用作图的方法实现函数四则运算的过程。先画出信号 $R(x+1)$，然后减去信号 $R(x)$，这样得到在区间 $-\infty < x < 1$ 上的函数，并且该函数在 $x > 1$ 时等于 1；然后，减去函数 $2\text{step}(x-1)$，这样得到的函数在 $x > 1$ 时等于 $-1$。再加上斜坡函数 $R(x-1)$，得到在区间 $1 < x < 2$ 上的函数，由于这个函数在 $x > 2$ 时等于零，减去 $R(x-2)$，以抵消信号 $R(x-1)$ 的影响。这样，得到用实线表示的运算结果。

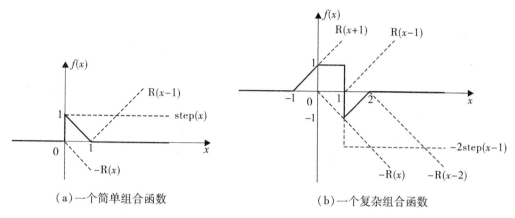

(a) 一个简单组合函数　　　　(b) 一个复杂组合函数

图 1.1.16　函数的四则运算

函数的相乘除通常称为某一函数对另一函数的调制，如函数

$$f(x) = \sum_{m=-\infty}^{\infty} \text{rect}\left(\frac{x - mx_0}{a}\right)\sin^2(kx)$$

表示周期为 $x_0$、宽度为 $a$ 的矩形波被频率为 $k$ 的 $\sin^2$ 函数所调制，其图形如图 1.1.17 所示。

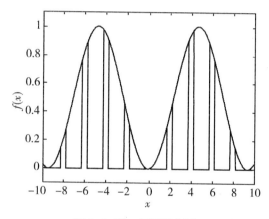

图 1.1.17　矩形调制波

初等函数关于复合函数的定义为：若 $y$ 是 $\alpha$ 的函数，而 $\alpha$ 又是 $x$ 的函数，$\alpha = \varphi(x)$，则 $y$ 称为 $x$ 的复合函数，$\alpha$ 为中间变量，记作 $y = f(\alpha) = f[\varphi(x)]$。无中间变量的函数称为简单函数。这个定义也适用于非初等函数的复合。

## 1.2　光学中常用的初等函数

有一些函数，如 sinc 函数、高斯函数等并不属于非初等函数，但在光学中也经常用到。这一节介绍在光学中常用的一些其他函数。

## 1.2.1 sinc 函数

sinc 函数(sinc function)是光信息处理中常用的函数之一,读作"sink(辛克)"。sinc 函数与矩形函数互为傅里叶变换对,两者有着密切的关联,由于这种紧密的联系,所以它在信息光学中经常用到。

一维单位 sinc 函数的定义为:

$$\mathrm{sinc}(x) = \frac{\sin \pi x}{\pi x}。 \tag{1.2.1}$$

上式表示中心在原点的单位 sinc 函数,其图形如图 1.2.1 所示。从式(1.2.1)可以看出,当 $x=0$ 时,函数分子和分母都为 0,这时的 sinc 函数为不定式。由洛必达法则,分别对分子和分母求导,可得:

$$\lim_{x \to 0} \frac{\sin \pi x}{\pi x} = \lim_{x \to 0} \frac{\pi \cos \pi x}{\pi} = 1。$$

所以,$\mathrm{sinc}(0) = 1$。当 $x$ 为非零的整数 $n$,即 $x = \pm n (n = 1, 2, \cdots)$ 时,$\mathrm{sinc}(n) = 0$,也就是说,在所有的非零整数点,sinc 函数值为零。由图 1.2.1 可见,sinc 函数在纵轴上最大值为 1,第一级两个零点($n = \pm 1$)之间的宽度等于 2,称为 sinc 函数的主瓣宽度。在 $|x| > 1$ 区间是一个振幅为双曲线 $\frac{1}{\pi x}$ 所包络的正弦函数。整个曲线的总面积(包括正波瓣和负波瓣)等于 1,即 $S = \int_{-\infty}^{\infty} \mathrm{sinc}(x) \mathrm{d}x = 1$。

经过平移和扩展,可以得到如下一般形式的 sinc 函数:

$$\mathrm{sinc}\left(\frac{x - x_0}{a}\right) = \frac{\sin[\pi(x - x_0)/a]}{\pi(x - x_0)/a}。 \tag{1.2.2}$$

式中:$a > 0$。函数在 $x = x_0$ 处有最大值为 1,零点位于 $x - x_0 = \pm na (n = 1, 2, \cdots)$ 处,主瓣宽度为 $2a$,面积等于 $a$,即 $\int_{-\infty}^{\infty} \mathrm{sinc}\left(\frac{x - x_0}{a}\right) \mathrm{d}x = a$。

式(1.2.1)的定义式中含有 π 是布雷斯维尔(Bracewell)定义的。这样做可以更方便地确定函数零点的位置。因为不含 π 因子时,零点出现在 $x_0 \pm n\pi a$ 处;含有 π 因子时,零点出现在 $x_0 \pm na$ 处。显然,当自变量 $x$ 为角度时,sinc 函数定义式中不含有 π,即

$$\mathrm{sinc}\left(\frac{x - x_0}{a}\right) = \frac{\sin[(x - x_0)/a]}{(x - x_0)/a}。 \tag{1.2.3}$$

在 MATLAB 中,一维 sinc 函数可用函数 sinc 来实现。

格式:y = sinc(x)

功能:产生主瓣宽度为、幅度为 1 的单位 sinc 函数。

例 1.2.1 用 MATLAB 画出标准 sinc 函数的图形。

解:运行如下 MATLAB 程序,所得结果如图 1.2.1 所示。

```
x = -10:0.01:10;
y = sinc(x);
plot(x,y,'k','LineWidth',2)
```

```
grid on
ylim([-0.3 1.1])
xlabel('x'); ylabel('sinc(x)')
```

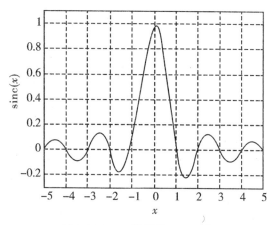

图 1.2.1　一维单位 sinc 函数

在数学上，sinc 函数是一个重要的积分核，由 sinc 函数构成的数列是 $\delta$ 型函数列（见 1.4）。在一定条件下 sinc 函数的性质类似于 $\delta$ 函数，如 sinc 函数自卷积仍为 sinc 函数，即

$$\text{sinc}(x) * \text{sinc}(x) = \text{sinc}(x)。 \quad (1.2.4)$$

又如，一个带限函数 $f(x)$，其傅里叶变换为 $F(\xi)$，它的频谱在有限区域之内不为零。若它的全带宽为 $W$，则对于 $|\xi| \geqslant W/2$，$F(\xi) \equiv 0$；若 $W \leqslant 1/|a|$，则有：

$$f(x) * \frac{1}{|a|}\text{sinc}(x/a) = f(x)。 \quad (1.2.5)$$

二维 sinc 函数定义为两个一维 sinc 函数的乘积，即

$$\text{sinc}\left(\frac{x-x_0}{a}, \frac{y-y_0}{b}\right) = \text{sinc}\left(\frac{x-x_0}{a}\right)\text{sinc}\left(\frac{y-y_0}{b}\right)。 \quad (1.2.6)$$

式中：$a>0$；$b>0$。可用 MATLAB 画出二维 sinc 函数的三维图形（图 1.2.2），由图中可见，零点位于 $x-x_0 = \pm na$，$y-y_0 = \pm mb$（$n$，$m$ 为正整数）处。二维 sinc 函数的体积为 $ab$。

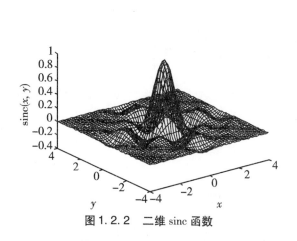

图 1.2.2　二维 sinc 函数

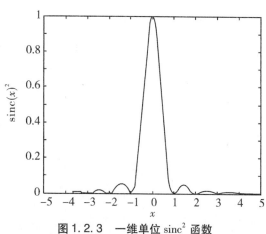

图 1.2.3　一维单位 $\text{sinc}^2$ 函数

sinc 函数的平方 sinc² 也是光信息处理中的常用函数，其定义为：
$$\text{sinc}^2(x) = \left(\frac{\sin\pi x}{\pi x}\right)^2 \text{。} \tag{1.2.7}$$
其函数图形如图 1.2.3 所示。与 sinc 函数一样，sinc² 函数也可以平移和扩展以得到一般的形式。标准 sinc² 函数的零点与标准 sinc 函数的零点在相同的位置，而且面积或体积也相等。

在物理上，一维和二维 sinc 函数分别可用来描述单缝(即一维矩形函数)和矩形孔(即二维矩形函数)的夫琅禾费衍射的振幅分布。sinc² 函数可用来描述单缝和矩形孔的夫琅禾费衍射的强度分布，以及描述非相干照射时点扩散函数或具有矩形瞳函数的成像系统的非相干脉冲响应。

### 1.2.2 高斯函数

在光学中会经常用到高斯函数(Gaussian fucction)。在 1.1.1 中我们知道要用一个函数描述脉冲时，有三个参数：宽度、高度和脉冲面积。高斯函数也需要用这三个参数来描述。由于其宽度有几种不同的定义，所以高斯函数的定义也比较复杂，在使用中也容易出现混淆。这里作较为详细的讲述。

中心在原点处的一般形状的一维高斯函数可以表示如下：
$$f(x) = h e^{-bx^2} \text{。} \tag{1.2.8}$$
式中：$h$ 为 $x=0$ 处的函数值，称为脉冲的高度或峰值；$b$ 是与脉冲宽度有关的参数，具体的值与宽度的定义有关。

由积分式 $\int_{-\infty}^{+\infty} e^{-bt^2} = \sqrt{\pi/b}$ ($b>0$ 为任意常数)，得到由式(1.2.8)所定义的高斯脉冲的面积为：
$$S = \int_{-\infty}^{+\infty} h e^{-bt^2} = h\sqrt{\pi/b} \text{。} \tag{1.2.9}$$

下面来看看几种高斯函数的定义。第一种是把高度 $h=1$、面积 $S=1$ 的高斯脉冲定义为单位高斯脉冲。由式(1.2.9)可得 $b=\pi$，所以一维单位高斯函数的表达式为：
$$\text{Gaus}(x) = e^{-\pi x^2} \text{。} \tag{1.2.10}$$
其图形如图 1.2.4 所示。这个定义也是根据布雷斯维尔的建议，在指数中加入 $\pi$ 因子。式(1.2.10)所定义的标准高斯脉冲，可以认为其脉冲的宽度为 1，这个宽度通常称为自然宽度，这里用 $a$ 表示。在保持脉冲面积为 1 时，以自然宽度表示的高斯脉冲为：
$$\text{Gaus}(x/a) = \frac{1}{a} e^{-\pi x^2/a^2} \text{。} \tag{1.2.11}$$
通常，用 Gaus 表示自然宽度定义的高斯函数。

第二种是把脉冲宽度定义为最大峰值一半处的宽度，称为半极大全宽度(FWHM, full width at half maxium)，简称半高宽，这里用 $a_1$ 表示。当高斯脉冲面积为 $S$ 时，这样定义的高斯函数可表示为：
$$f(x) = \sqrt{\frac{4\ln 2}{\pi}} \frac{S}{a_1} e^{-\frac{4\ln 2}{a_1^2} x^2} \text{。} \tag{1.2.12}$$
其峰值为 $h_1 = \sqrt{\frac{4\ln 2}{\pi}} \frac{S}{a_1}$。

在光学中，用高斯函数表示光脉冲时，还有一种常用的表示方式，就是用脉冲中心峰值强度的 1/e 处的脉冲的半宽度，这里用 $a_2$ 表示，所以第三种高斯脉冲的定义为：

$$f(x) = \frac{1}{\sqrt{\pi}} \frac{S}{a_2} e^{-\frac{x^2}{a_2^2}} \text{。} \tag{1.2.13}$$

可得脉冲的高度为 $h_2 = \frac{1}{\sqrt{\pi}} \frac{S}{a_2}$。

高斯函数还有一种常用的表示方式，在统计学中表示正态分布时常用到，即高斯分布就是"零均值正态（误差）分布"。设标准偏差为 $a_3$，这时高斯函数可表示为：

$$f(x) = \frac{1}{\sqrt{2\pi}} \frac{S}{a_3} e^{-\frac{x^2}{2a_3^2}} \text{。} \tag{1.2.14}$$

其峰值为 $h_3 = \frac{1}{\sqrt{2\pi}} \frac{S}{a_3}$。

在保持脉冲面积不变的情况下（这里不失一般性，可令 $S=1$），有两种确定高斯脉冲函数的方法。一是令脉冲高度 $h_1 = h_2 = h_3 = 1$，这时，后三种定义式都与标准高斯脉冲的定义式（1.2.10）相同，这时有：

$$a_1 = \sqrt{\frac{4\ln 2}{\pi}} = 0.9394, \quad a_2 = \frac{1}{\sqrt{\pi}} = 0.5642, \quad a_3 = \frac{1}{\sqrt{2\pi}} = 0.3989,$$

如图 1.2.4 所示。二是令脉冲宽度 $a_1 = a_2 = a_3 = 1$，这时有：

$$h_1 = \sqrt{\frac{4\ln 2}{\pi}} = 0.9394, \quad h_2 = \frac{1}{\sqrt{\pi}} = 0.5642, \quad h_3 = \frac{1}{\sqrt{2\pi}} = 0.3989,$$

如图 1.2.5 所示。

不同定义的脉冲宽度之间的关系为：

$$a_1 = \sqrt{4\ln 2}\, a_2 = 1.6651 a_2, \quad a_1 = 2\sqrt{2\ln 2}\, a_3 = 2.3548 a_3,$$

以及

$$a_1 = \sqrt{\frac{4\ln 2}{\pi}} a \approx 0.9394a, \quad a_2 = \sqrt{\frac{1}{\pi}} a \approx 0.5642a, \quad a_3 = \sqrt{\frac{1}{2\pi}} a \approx 0.3989a \text{。}$$

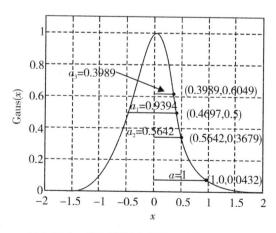

图 1.2.4　单位高斯脉冲及四种定义的宽度

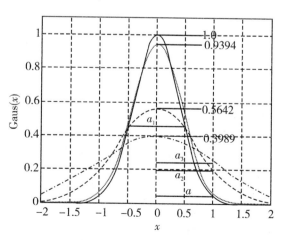

图 1.2.5　宽度相同的四种定义的高斯脉冲

在 MATLAB 中，一维高斯函数可用 gaussmf 来实现。

格式：y = gaussmf(x, [a3 x0])

功能：产生依赖于参数 $a_3$ 和 $x_0$ 的高斯函数。在 MATLAB 中这个高斯函数的定义是按式 (1.2.14) 定义，即 $f(x, x_0, a_3) = e^{-\frac{(x-x_0)^2}{2a_3^2}}$。

**例 1.2.2** 用 MATLAB 画出高斯函数 $\mathrm{Gaus}(x)$ 和 $\mathrm{Gaus}\left(\frac{x-1}{2}\right)$ 的图形。

**解**：$\mathrm{Gaus}(x)$ 和 $\mathrm{Gaus}\left(\frac{x-1}{2}\right)$ 是以单位高斯函数为基础的，这意味着 $a$ 分别等于 1 和 2。MATLAB 中定义的函数 gaussmf 是以式 (1.2.13) 为基础的，这样可得 $a_3$ 分别等于 $\sqrt{\frac{1}{2\pi}}$ 和 $2\sqrt{\frac{1}{2\pi}}$。运行如下 MATLAB 程序，所得结果如图 1.2.6 所示。

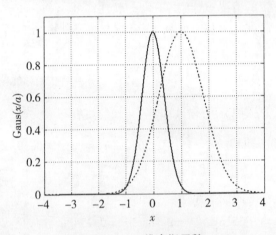

图 1.2.6 一维高斯函数

```
clear
a1 = 1;    a31 = sqrt(1/2/pi)*a1;
x = -4:0.001:4;    y1 = gaussmf(x,[a31 0]);
a2 = 2;    a32 = sqrt(1/2/pi)*a2;
y2 = gaussmf(x,[a32 1]);
plot(x,y1,'k',x,y2,'k:','LineWidth',2)
axis([-4 4 0 1.1]);    xlabel('x');    ylabel('Gaus(x/a)');    grid on
```

高斯函数与 $\mathrm{sinc}^2$ 函数主瓣的形状很相似，而 $\mathrm{sinc}^2$ 函数的主瓣与 sinc 的主瓣也很相似，sinc 的主瓣又接近于三角形函数。图 1.2.7 把这几个函数画在一起，可以很好地看到这种相似性。

二维高斯函数的定义为：

$$\mathrm{Gaus}\left(\frac{x-x_0}{a}, \frac{y-y_0}{b}\right) = \mathrm{Gaus}\left(\frac{x-x_0}{a}\right) \mathrm{Gaus}\left(\frac{y-y_0}{b}\right) = e^{-\pi\left[\frac{(x-x_0)^2}{a^2} + \frac{(y-y_0)^2}{b^2}\right]} \text{。} \qquad (1.2.15)$$

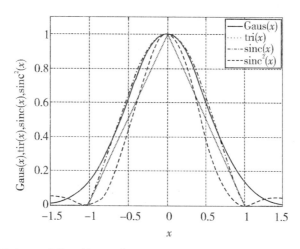

图 1.2.7　高斯函数、$\mathrm{sinc}^2$ 函数、$\mathrm{sinc}$ 函数和三角函数的相似性

式中：$a>0$；$b>0$。其函数图形如图 1.2.8 所示。该函数曲线下的体积等于 $ab$。若 $a=b=1$，且中心在原点，脉冲体积为 1 的二维单位高斯函数可表示为：

$$\mathrm{Gaus}(x, y) = \mathrm{e}^{-\pi(x^2+y^2)}。 \tag{1.2.16}$$

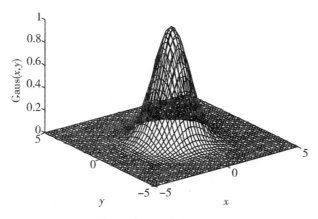

图 1.2.8　二维高斯函数

激光器发出的高斯光束常可用高斯函数来描述。二维高斯函数可用来描述基横模激光束在垂直于传播方向的振幅分布。例如功率为 $P_0$、半径为 $w$ 的高斯光束的强度分布为：

$$I(x, y) = \frac{2P_0}{\pi w^2} \mathrm{e}^{-2\frac{x^2+y^2}{w^2}}。 \tag{1.2.17}$$

式中：$\dfrac{2P_0}{\pi w^2}$ 为归一化因子，可以证明 $I(x, y)$ 在 $x-y$ 平面上的积分值为 $P_0$。

在极坐标中，二维径向对称的高斯函数可表示为：

$$\mathrm{Gauss}(r/r_0) = \mathrm{e}^{-\pi r^2/r_0^2}。 \tag{1.2.18}$$

式中：$r = \sqrt{x^2+y^2}$。虽然上式与一维高斯函数具有完全相同的形式，但依然要注意它们之间在表示具体问题时的区别。例如一维高斯函数的面积为：

$$\int_{-\infty}^{\infty} \text{Gaus}(x/a)dx = \int_{-\infty}^{\infty} e^{-\pi x^2/a^2}dx = a; \qquad (1.2.19)$$

而在极坐标下其体积则是：

$$\int_0^{2\pi} d\varphi \int_{-\infty}^{\infty} \text{Gaus}(r/r_0)rdr = \int_0^{\infty} e^{-\pi r^2/r_0^2}rdr = r_0^2 \text{。} \qquad (1.2.20)$$

高斯函数在数理统计和概率论中表示正态分布事件的分布函数，在线性系统分析中也具有重要的应用。高斯函数还有一些重要的性质，如：它是光滑函数，非常"光滑"，可以无穷次求导，且其各阶导数都是连续的，属"性质特别好"的一类函数；高斯函数的傅里叶变换也是高斯函数。

在光学信息处理中，基于衍射的非相干处理的"切趾术"也会用到高斯函数。

### 1.2.3 贝塞尔函数

贝塞尔函数（Bessel function）是常用的一类特殊函数。1732 年瑞士科学家伯努利（Daniel Bernoulli，1700—1782）研究直悬链的摆动问题，以及 1764 年瑞士科学家欧拉（Euler，1707—1783）研究拉紧圆膜的振动问题时，都涉及这类函数。1824 年，德国数学家贝塞尔（Bessal，1784—1846）在研究天文学问题时又遇到了这类函数，并首次系统地研究了这类函数，因此人们称这类函数为贝塞尔函数。贝塞尔函数被广泛应用到数学、物理学和其他科学技术领域之中。贝塞尔函数与圆域函数有着密切的关系。在光学中，由于许多光学元件和系统都具有圆对称孔径，因此在光学系统中，不管是理想光学成像系统还是实际光学成像系统，其点扩散函数和像点附近三维光场分布的计算、圆对称孔径的夫琅禾费衍射和菲涅耳衍射的计算都离不开贝塞尔函数。贝塞尔函数有许多类，这里仅讲述与信息光学密切相关的第一类贝塞尔函数。

拉普拉斯方程在柱坐标系下的分离变量会得到如下形式的方程：

$$\frac{d^2y}{dx^2} + \frac{1}{x}\frac{dy}{dx} + \left(1 - \frac{v^2}{x^2}\right)y = 0, \qquad (1.2.21)$$

称为 $v$ 阶贝塞尔方程，其中 $v$ 可以是任何复数。这个方程的通解有三种形式，即第一、二、三类贝塞尔函数，分别称为贝塞尔函数、诺依曼函数、汉克尔函数，又分别称为第一、二、三类柱函数。这里只讨论第一类贝塞尔函数。

当 $v \neq$ 整数时，方程(1.2.22)的一个通解为如下递推公式：

$$y(x) = c_1 J_v(x) + c_2 J_{-v}(x) \text{。} \qquad (1.2.22)$$

式中：$c_1$ 和 $c_2$ 为任意常数；$J_v(x)$ 定义为 $v$ 阶贝塞尔函数。$J_v(x)$ 和 $J_{-v}(x)$ 的级数表达式分别为：

$$J_v(x) = \sum_{k=0}^{\infty} \frac{(-1)^k (x/2)^{v+2k}}{k!\Gamma(v+k+1)}, \qquad (1.2.23a)$$

$$J_{-v}(x) = \sum_{k=0}^{\infty} \frac{(-1)^k (x/2)^{-v+2k}}{k!\Gamma(-v+k+1)} \text{。} \qquad (1.2.23b)$$

当 $x$ 很小时，保留级数中的前几项，当 $x \to 0$，可以只保留级数中的 $k=0$ 项，这样有：

$$J_v(x) \approx \frac{(x/2)^v}{\Gamma(v+1)} \to 0 \quad (v \neq -1, -2, -3, \cdots) \text{。} \qquad (1.2.24)$$

同理可得:

$$J_{-v}(x) \approx \frac{(x/2)^{-v}}{\Gamma(-v+1)} \to \infty \quad (v \neq -1, -2, -3, \cdots)_\circ \tag{1.2.25}$$

由上两式可见,当 $v$ 不为整数和零时,$J_v(x)$ 和 $J_{-v}(x)$ 的行为是完全不同的,是线性无关的两个特解。故方程的通解是两者的线性组合。

式(1.2.23)中的 $\Gamma(x)$ 称为伽马函数,满足如下关系:

$$\Gamma(v+k+1) = (v+k)(v+k-1)\cdots(v+2)(v+1)\Gamma(v+1)_\circ \tag{1.2.26}$$

当 $v$ 为正整数或零时,有:

$$\Gamma(v+k+1) = (v+k)! \tag{1.2.27}$$

当 $v$ 为整数时,有:

$$\Gamma(-v+k+1) = \infty \quad (k=0, 1, \cdots, v-1)_\circ \tag{1.2.28}$$

则 $\Gamma$ 函数的定义如下:

$$\Gamma(p) = \int_0^\infty e^{-x} x^{p-1} dx_\circ \tag{1.2.29}$$

$\Gamma$ 函数具有以下性质:

$$\Gamma(0) = \infty, \tag{1.2.30}$$

$$\Gamma(1) = 1, \tag{1.2.31}$$

$$\Gamma(p+1) = p\Gamma(p) \quad (p \text{ 为任意有限实数}), \tag{1.2.32}$$

$$\Gamma(p+1) = p! \quad (p \text{ 为正整数})_\circ \tag{1.2.33}$$

对任意实数 $p$,$\Gamma(p)$ 值可以通过查 $\Gamma$ 函数表计算得到。在 MTALAB 中,可以调用函数 gamma(p) 来计算。

当 $v = m$,$m$ 为整数时,式(1.2.23)中的级数实际上从 $k = m$ 项开始,这时有:

$$J_m(x) = \sum_{k=0}^\infty \frac{(-1)^k (x/2)^{m+2k}}{k! \Gamma(m+k+1)} = \sum_{k=0}^\infty \frac{(-1)^k (x/2)^{m+2k}}{k!(m+k)!} \quad (m \geq 0), \tag{1.2.34}$$

$$J_{-m}(x) = \sum_{k=m}^\infty \frac{(-1)^k (x/2)^{-m+2k}}{k! \Gamma(-m+k+1)} = (-1)^m \sum_{l=0}^\infty \frac{(-1)^l (x/2)^{m+2l}}{l! \Gamma(m+l+1)} \quad (l = k - m)_\circ \tag{1.2.35}$$

$J_m(x)$ 通常也称为贝塞尔函数。零阶和 1 阶的贝塞尔函数表示式为:

$$J_0(x) = 1 - \left(\frac{x}{2}\right)^2 + \frac{1}{(2!)^2}\left(\frac{x}{2}\right)^4 - \frac{1}{(3!)^2}\left(\frac{x}{2}\right)^6 + \cdots, \tag{1.2.36}$$

$$J_1(x) = \frac{x}{2} - \frac{1}{2!}\left(\frac{x}{2}\right)^3 + \frac{1}{2!\,3!}\left(\frac{x}{2}\right)^5 - \cdots_\circ \tag{1.2.37}$$

特别地,有:

$$J_0(0) = 1, \quad J_m(0) = 0 \ (m = 1, 2, 3, \cdots)_\circ \tag{1.2.38}$$

当 $x$ 很大时,有:

$$J_v(x) = \sqrt{\frac{2}{\pi x}} \cos\left(x - \frac{\pi}{4} - \frac{v\pi}{2}\right) + O(x^{-3/2})_\circ \tag{1.2.39}$$

图 1.2.9 显示了贝塞尔函数 $J_0(x)$,$J_1(x)$,$J_2(x)$ 和 $J_3(x)$ 的图形。可以从各种数学手册中查到贝塞尔函数的值。在 MATLAB 中,可以调用函数 besselj(n, x) 来计算贝塞尔函数。

格式: Jn = besselj(n, x)

功能：函数返回第一类贝塞尔函数值 Jn，n 是阶数，x 是一维数组。

**例 1.2.3**  用 MATLAB 画出贝塞尔函数 $J_0(x)$，$J_1(x)$，$J_2(x)$ 和 $J_3(x)$ 的图形。

**解**：运行如下 MATLAB 程序，所得结果如图 1.2.9 所示。

```
x = 0:0.01:15;
J0 = besselj(0,x);   J1 = besselj(1,x);   J2 = besselj(2,x);   J3 = besselj(3,x);
plot(x,J0,x,J1,'--',x,J2,':',x,J3,'-.','LineWidth',1.5,'Color','k')
xlabel('x');   ylabel('J_n');   legend('J_0','J_1','J_2','J_3')
```

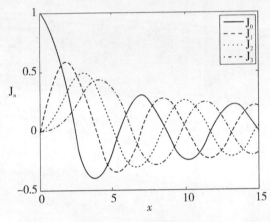

图 1.2.9  贝塞尔函数

贝塞尔函数的性质大多可从其母函数导出。贝塞尔函数的母函数定义为：

$$u = \sum_{m=-\infty}^{\infty} J_m(x) t^m \text{。} \tag{1.2.40}$$

其指数形式为：

$$u = e^{x(t-1/t)/2} \text{。} \tag{1.2.41}$$

下面是贝塞尔函数的几个常用性质，都可以通过其母函数证明，这里没有给出证明过程。

**性质 1**

$$J_{-m}(x) = (-1)^m J_m(x), \tag{1.2.42}$$

$$J_m(-x) = (-1)^m J_m(x) \text{。} \tag{1.2.43}$$

这表明 $J_m(x)$ 和 $J_{-m}(x)$ 是线性相关的，因而它们不能组成式(1.2.23)的通解。由式(1.2.43)容易看出，当 $m$ 为偶数时，$J(-x) = J(x)$，这时 $J(x)$ 为偶函数；当 $m$ 为奇数时，$J(-x) = -J(x)$，这时 $J(x)$ 为奇函数。

**性质 2**

$$\frac{d}{dx}\left[\frac{J_m(x)}{x^m}\right] = \frac{J_{m-1}(x)}{x^m}, \tag{1.2.44}$$

$$\frac{d}{dx}[x^m J_m(x)] = x^m J_{m-1}(x), \tag{1.2.45}$$

$$\frac{d}{dx}[J_m(x)] = \frac{1}{2}[J_{m-1}(x) - J_{m+1}(x)], \tag{1.2.46}$$

$$\mathrm{J}_m(x) = \frac{x}{2m}[\mathrm{J}_{m-1}(x) + \mathrm{J}_{m+1}(x)]。 \tag{1.2.47}$$

特别地,有:

$$\frac{\mathrm{d}}{\mathrm{d}x}[\mathrm{J}_0(x)] = -\mathrm{J}_1(x), \tag{1.2.48}$$

$$\frac{\mathrm{d}}{\mathrm{d}x}[x\mathrm{J}_1(x)] = x\mathrm{J}_0(x)。 \tag{1.2.49}$$

式(1.2.49)表明,可以用 $\mathrm{J}_0(x)$ 来表示 $\mathrm{J}_1(x)$ 的导数。这在计算圆孔衍射艾里斑中心点的光强时会得到应用。

**性质3**

$$\int_0^x \alpha^{m+1} \mathrm{J}_m(\alpha) \mathrm{d}\alpha = x^{m+1} \mathrm{J}_{m+1}(x)。 \tag{1.2.50}$$

特别地,有:

$$\int_0^x \alpha \mathrm{J}_0(\alpha) \mathrm{d}\alpha = x\mathrm{J}_1(x)。 \tag{1.2.51}$$

式中:$\alpha$ 是积分形式变量。

**性质4**

$$\cos(x\sin\varphi) = \mathrm{J}_0(x) + 2[\mathrm{J}_2(x)\cos(2\varphi) + \mathrm{J}_4(x)\cos(4\varphi) + \cdots], \tag{1.2.52}$$

$$\sin(x\sin\varphi) = 2[\mathrm{J}_1(x)\cos(\varphi) + \mathrm{J}_3(x)\cos(3\varphi) + \mathrm{J}_5(x)\cos(5\varphi) + \cdots], \tag{1.2.53}$$

$$\frac{1}{2\pi}\int_0^{2\pi} \cos(x\sin\varphi - m\varphi)\mathrm{d}\varphi = \mathrm{J}_m(x), \tag{1.2.54}$$

$$\frac{(-\mathrm{i})^{-m}}{2\pi}\int_0^{2\pi} \mathrm{e}^{\mathrm{i}(x\cos\varphi + m\varphi)}\mathrm{d}\varphi = \mathrm{J}_m(x)。 \tag{1.2.55}$$

当 $m=0$ 时,可得到零阶贝塞尔函数的一个积分性质为:

$$\int_0^{2\pi} \mathrm{e}^{\mathrm{i}x\cos\varphi}\mathrm{d}\varphi = 2\pi\mathrm{J}_0(x)。 \tag{1.2.56}$$

性质3和性质4在研究圆对称物体衍射问题时有着重要的应用。

**性质5**

$$\mathrm{e}^{\mathrm{i}x\sin\varphi} = \sum_{m=-\infty}^{\infty} \mathrm{J}_m(x)\mathrm{e}^{\mathrm{i}m\varphi}, \tag{1.2.57}$$

$$\mathrm{e}^{\mathrm{i}x\cos\varphi} = \sum_{m=-\infty}^{\infty} \mathrm{i}^m \mathrm{J}_m(x)\mathrm{e}^{-\mathrm{i}m\varphi}。 \tag{1.2.58}$$

通常方程的零点会具有重要的意义,下面讨论一下贝塞尔函数的零点分布。贝塞尔函数的零点就是方程 $\mathrm{J}_m(x)=0$ 的根。我们用 $\mu_k^{(m)}$ 表示贝塞尔函数 $\mathrm{J}_m(x)$ 的第 $k$ 个正零点。贝塞尔函数的零点分布具有如下特征:

(1) 贝塞尔函数的零点是关于原点对称分布的,也就是说其零点必正负成对,而且零点位置的绝对值相等。这是因为由式(1.2.43)可知,如果有 $\mathrm{J}_m(\mu_k^{(m)})=0$,则必有 $\mathrm{J}_m(-\mu_k^{(m)})=0$。

(2) 贝塞尔函数有无限多个零点。从(1.2.39)可以看到,贝塞尔函数的渐近公式含有余弦函数。余弦函数有无限多个零点,因此贝塞尔函数也有无限多个零点。

(3) 在 $\mathrm{J}_m(x)$ 两个相邻的零点之间有且只有一个 $\mathrm{J}_{m-1}(x)$ 的零点,反之亦然。

(4) $\mathrm{J}_{m-1}(x)$ 的最小正零点 $\mu_1^{(m-1)}$ 比 $\mathrm{J}_m(x)$ 的最小正零点 $\mu_1^{(m)}$ 更小。

(5) 当 $m \geq 1$ 时，$x=0$ 都是 $J_m(x)$ 的零点。这由 $J_m(x)$ 的定义式可以看出。

### 1.2.4 宽边帽函数

宽边帽函数(sombrero functions)的定义为：

$$\text{Somb}(r/d) = \frac{2J_1(\pi r/d)}{\pi r/d} \text{。} \tag{1.2.59}$$

式中：$J_1(\pi r/d)$ 为一阶贝塞尔函数。宽边帽函数是二维 sinc 函数的极坐标形式，因而虽然在极坐标系中看起来像一维函数，但实际上是二维函数。如图 1.2.10(a) 所示，其形状如一个宽边帽，所以形象地称之为宽边帽函数。图 1.2.10(b) 是其径向截面图。它可用于描述一个具有圆形极限光瞳的成像系统的相干脉冲响应。宽边帽函数与圆域函数互为傅里叶变换对。

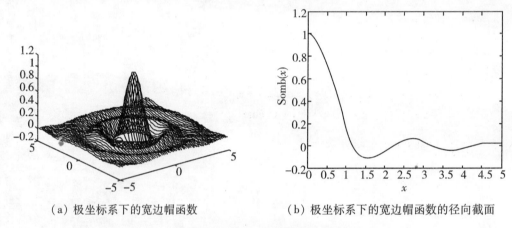

(a) 极坐标系下的宽边帽函数　　(b) 极坐标系下的宽边帽函数的径向截面

图 1.2.10　宽边帽函数

宽边帽函数的平方也是一个重要的函数，其形式如下：

$$\text{Somb}^2(r/d) = \left[\frac{2J_1(\pi r/d)}{\pi r/d}\right]^2 \text{。} \tag{1.2.60}$$

它可以用来描述圆形极限光瞳成像系统的非相干脉冲响应函数。$\text{Somb}(r/d)$ 和 $\text{Somb}^2(r/d)$ 中心的纵坐标都是 1，体积等于 $4d^2/\pi$。

## 1.3　函数的变换

把一个函数通过某种变换得到另一个函数，称为函数的变换。

### 1.3.1　一维函数的变换

单位函数的定义清晰、标准，图形简单，但在实际应用中会遇到各种各样的图形，这些复杂的图形通常是单位函数图形的位置、宽度和高度等发生了变化。这就可以通过把单位函数进行比例缩放、平移、反演或四则运算来构造更复杂的函数。下面以矩形函数为例进行讨论，一般形式的矩形函数可以表示为：

$$f(x) = h\operatorname{rect}\left(\frac{x-x_0}{a}\right) + y_0 = \begin{cases} h + y_0 & \left|\frac{x-x_0}{a}\right| < \frac{1}{2} \\ \frac{h}{2} + y_0 & \left|\frac{x-x_0}{a}\right| = \frac{1}{2} \\ y_0 & \left|\frac{x-x_0}{a}\right| > \frac{1}{2} \end{cases} \quad (1.3.1)$$

式中：$h$ 为纵向缩放因子（其绝对值通常称为高度），确定函数的纵向缩放比例，当 $h<0$ 时，表示以 $f(x)=y_0$ 为轴反演；$y_0$ 为纵向平移量；$x_0$ 为横向平移量；$a$ 为横向缩放因子（其绝对值通常称为宽度），确定函数的横向缩放比例，当 $a<0$ 时，表示以 $x=x_0$ 为轴反演。图 1.3.1 为一般形式的矩形函数的图形。

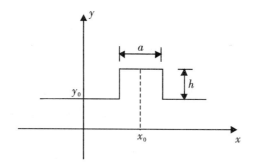

图 1.3.1 一般形式的矩形函数

对于 $\operatorname{rect}\left(\frac{x-x_0}{a}\right)$，$\operatorname{tri}\left(\frac{x-x_0}{a}\right)$，$\operatorname{sinc}\left(\frac{x-x_0}{a}\right)$，$\operatorname{Gaus}\left(\frac{x-x_0}{a}\right)$ 这类以 $x=x_0$ 为轴对称的函数，参数 $a$ 只表示横向缩放的比例，因而可取绝对值。

对于 $\operatorname{step}\left(\frac{x-x_0}{a}\right)$，$\operatorname{sgn}\left(\frac{x-x_0}{a}\right)$ 这类函数，由于其定义域为无穷大，因此参数 $a$ 不表示横向放大，$a<0$ 时只表示函数图形以 $x=x_0$ 为轴反演。

**例 1.3.1** 作出一般阶跃函数 $f(x) = -2\operatorname{step}\left(\frac{x-2}{-3}\right) + 1$ 的图形。

**解**：如图 1.3.2 所示，先画出标准阶跃函数 $\operatorname{step}(x)$ 的图形，然后经过横向位移、反演、纵向缩放和纵向位移后，就可得到函数 $f(x) = -2\operatorname{step}\left(\frac{x-2}{-3}\right) + 1$ 的图形。

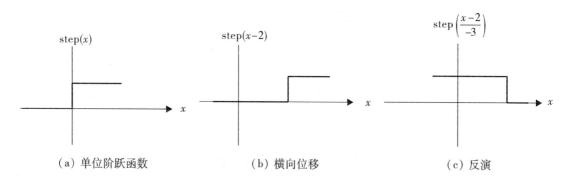

(a) 单位阶跃函数　　　(b) 横向位移　　　(c) 反演

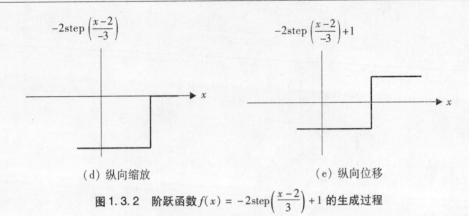

图 1.3.2  阶跃函数 $f(x) = -2\text{step}\left(\dfrac{x-2}{3}\right)+1$ 的生成过程

## 1.3.2 可分离变量的二维函数

含一个自变量的函数称为一维函数，含两个自变量的函数就称为二维函数。一维函数的图形通常为一曲线，二维函数的图形通常是空间中的曲面。

在信息光学中，通常要处理的都是二维函数，尤其常遇到的是那些可分离变量的二维函数。应用可分离变量的二维函数，可使得许多问题的处理变得简单，因此二维非初等函数都定义成可分离变量的。在后面讨论二维傅里叶变换和二维卷积时，常会用到二维函数的可分离变量性。为此，有必要对二维函数的可分离变量性作详细一些的讨论。

如果二维函数 $f(x,y)$ 能够被分成两个一维函数的乘积，而每个函数只依赖于一个坐标，则称此二维函数在指定坐标系下是可分离变量的，可表示为：

$$f(x,y) = f_x(x)f_y(y)。 \tag{1.3.2}$$

其中，$f_x(x)$ 只是 $x$ 的函数，$f_y(y)$ 只是 $y$ 的函数。具有可分离性质的二维函数可使二维问题转化成一维问题来处理，从而使问题得到简化。我们知道，同一函数可以在不同的坐标系中来处理，坐标系的选择也是为了有利于问题的简化。如具有圆对称性质的量，在极坐标系中描述就更有利于运算的简化。二维函数的可分离变量性也是与坐标系的选择有关的。前面所定义的一些非初等函数如矩形函数、三角函数等在直角坐标系中是可分离变量的，但在极坐标系中就不具有可分离变量性了。有时，既使在同一坐标系中，坐标轴转动后，函数也会成为不可分离变量的。但二维的高斯函数无论在直角坐标系中，还是在极坐标系中都是可分离变量的，这是一个大多数函数所没有的性质。

图 1.3.3 给出由一维三角形函数和一维矩形函数构成的一个二维可分离变量的函数的图形。

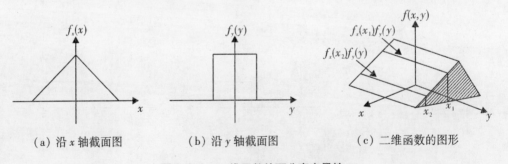

图 1.3.3  二维函数的可分离变量性

二维函数的定积分可以看作求在积分限所定义的区域内位于相应曲面"下方"的体积。这个体积的值是可正可负的，是由函数的性态所决定。如果二维函数是可分离变量的，则其体积为：

$$\int_a^b \int_c^d f(\alpha,\beta) \mathrm{d}\alpha \mathrm{d}\beta = \int_a^b f_\alpha(\alpha) \mathrm{d}\alpha \cdot \int_c^d f_\beta(\beta) \mathrm{d}\beta 。 \tag{1.3.3}$$

式中：$\alpha, \beta$ 是对应于变量 $x, y$ 的积分形式变量。从式(1.3.3)可以看到，可分离变量函数的体积就是变量分离后两个一维函数面积的乘积。

对可分离变量的二维函数，若固定某一个变量的值，如对变量 $x$ 某个特定的值 $x_1$，其对应的函数值 $f_x(x_1) = C$ 就是一个特定的常数，这时二维函数就变为：

$$f(x, y) = f_x(x_1) f_y(y) = C f_y(y) 。 \tag{1.3.4}$$

因此，可以把函数沿直线 $x = x_1$ 的"高度"看作由常数 $C$ 确定的，而函数的形式或函数图形的形状是由 $f_y(y)$ 所确定。所以，对不同的特定的 $x$ 值，函数的形状不变，改变的仅是"高度"。因此，可以这样来理解二维函数的图形。当 $x$ 在整个定义域范围内变化时，二维函数的形状是由 $f_y(y)$ 所确定，其高度则是由 $f_x(x)$ 的值所调制。当然，高度调制函数 $f_x(x)$ 和形状函数 $f_y(y)$ 是可以互换的，这种互换不会改变函数的性态。

如果二维函数其中一维恒为常数 1，则这时二维函数在形式上就与一维函数的形式相同，但实际上与一维函数是不一样的，需要特别注意。下面举两个在光学中常见的例子来说明。

例如，由式(1.1.14)所定义的二维阶跃函数，让其中的一维，如 $y$ 方向为常数 1，这样有：

$$f(x, y) = \mathrm{step}\left(\frac{x - x_0}{\alpha}\right) 。 \tag{1.3.5}$$

这种形式的二维阶跃函数也称为直边函数，可以理解为如果在 $y$ 方向上等于常数，则在 $x$ 方向上等同于一维阶跃函数，即相当于一维阶跃函数在 $y$ 方向上延伸。其函数图形如图 1.3.4 所示。光学中，在研究直边衍射和像质评价时，阶跃函数用来描述衍射屏和成像物体，二维阶跃函数可表示无穷大平面的振幅透射系数或刀口滤波器函数。即可用来描述光学直边（或刀口）的透射率。阶跃函数表示的光强分布，一边暗、一边亮，很像刀口检查仪的刀口，所以阶跃函数也称为刀口函数。

再如，由式(1.1.5)所定义的二维矩形函数，让其中的一维，如 $y$ 方向为常数 1 时，有：

$$f(x, y) = \mathrm{rect}\left(\frac{x - x_0}{a}\right) 。 \tag{1.3.6}$$

其函数图形如图 1.3.5 所示。它可用于描述光学最常用的狭缝。

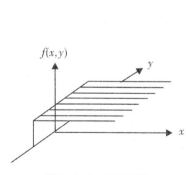

图 1.3.4　直边函数

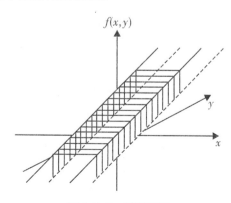

图 1.3.5　狭缝函数

## 1.3.3 几何变换

几何变换也称为坐标变换。这与我们熟悉的解析几何中的坐标变换概念是相同的。所谓坐标变换是指：平面上不同的坐标系 $x-y$ 和 $\alpha-\beta$，平面上任意一点 $P$，它在坐标系 $x-y$ 下的坐标是 $(x, y)$，在坐标系 $\alpha-\beta$ 下的坐标是 $(\alpha, \beta)$，$x-y$ 和 $\alpha-\beta$ 间的关系如何？或者说，如何用 $(\alpha, \beta)$ 来表示 $(x, y)$？也可以反过来，如何用 $(x, y)$ 来表示 $(\alpha, \beta)$？坐标系 $\alpha-\beta$ 是由坐标系 $x-y$ 经过某种运动后所得到的。数学上严格的定义为：

$$g(\alpha, \beta) = \iint f(x,y)\delta[x - \varphi_1^{-1}(\alpha,\beta), y - \varphi_2^{-1}(\alpha,\beta)]\mathrm{d}x\mathrm{d}y 。 \tag{1.3.7}$$

式中：$f(x, y)$ 为输入函数，即变换前在坐标系 $x-y$ 中的函数；$\varphi_1^{-1}(\alpha, \beta)$，$\varphi_2^{-1}(\alpha, \beta)$ 被定义为从一个坐标系 $x-y$ 到另一个坐标系 $\alpha-\beta$ 的坐标变换。对 $\alpha = \varphi_1(x, y)$，$\beta = \varphi_2(x, y)$，逆坐标变换为：

$$x = \varphi_1^{-1}(\alpha, \beta), \qquad y = \varphi_2^{-1}(\alpha, \beta) 。 \tag{1.3.8}$$

即坐标变换通过如下映射关系来实现：

$$x = \varphi_1^{-1}(\alpha, \beta) \Leftrightarrow \varphi_1(x, y) = \alpha, \quad y = \varphi_2^{-1}(\alpha, \beta) \Leftrightarrow \varphi_2(x, y) = \beta 。$$

使用几何变换恢复原始的输入函数可表示为：

$$g(\alpha, \beta) = f[\varphi_1^{-1}(\alpha, \beta), \varphi_2^{-1}(\alpha, \beta)] = f(x, y) 。 \tag{1.3.9}$$

在数学上，坐标变换的目的最初主要用来简化方程或积分等数学运算形式。例如，在球坐标系中对一个球体进行积分比在直角坐标系中更容易。在物理上，则可用带相位全息片的光学系统来实现几何变换。坐标变换在光信息处理中得到广泛的应用，如光学几何变换可用于照明光的重新分布、成像系统的像差矫正和畸变补偿、光束整形以及含不变量的模式识别等。

新旧坐标系的坐标变换关系为线性时，称为坐标线性变换，如位移变换、缩放变换和旋转变换等。

### 1. 位移变换

位移变换是最简单的几何变换，对坐标轴进行平移运动，即坐标轴的方向不变，原点移动。在轴的平移下用新坐标系坐标表示旧坐标系坐标的公式为：

$$x = \alpha + c_1, \qquad y = \beta + c_2 。 \tag{1.3.10}$$

将上式移项可得在轴的平移下用旧坐标系坐标表示新坐标系坐标的公式为：

$$\alpha = x - c_1, \qquad \beta = y - c_2 。 \tag{1.3.11}$$

即选择函数：

$$\varphi_1(x) = \alpha = x - c_1, \qquad \varphi_2(y) = \beta = y - c_2, \tag{1.3.12}$$

其逆坐标变换为：

$$\varphi_1^{-1}(\alpha) = x = \alpha + c_1, \qquad \varphi_2^{-1}(\beta) = y = \beta + c_2 。 \tag{1.3.13}$$

将式(1.3.13)代入式(1.3.7)，并应用 $\delta$ 函数的筛选性质（见 1.4.3），可得：

$$g(\alpha, \beta) = \iint f(x, y)\delta[x - (\alpha + c_1), y - (\beta + c_2)]\mathrm{d}x\mathrm{d}y = f(\alpha + c_1, \beta + c_2) 。$$

$$\tag{1.3.14}$$

待定参数 $c_1$，$c_2$ 由函数 $f$ 和 $g$ 的具体形态决定。

### 2. 缩放变换

当映射关系为：

$$\varphi_1^{-1}(\alpha) = x = a\alpha, \quad \varphi_2^{-1}(\beta) = y = b\beta, \tag{1.3.15}$$

$$\varphi_1(x) = \alpha = x/a, \quad \varphi_2(y) = \beta = y/b \tag{1.3.16}$$

时，由式(1.3.7)可得缩放变换函数为：

$$g(\alpha, \beta) = f(a\alpha, b\beta)。 \tag{1.3.17}$$

### 3. 旋转变换

坐标轴的旋转，即原点不动，坐标轴旋转某一角度。而轴旋转 $\theta$ 后，用新坐标系坐标表示旧坐标系坐标的公式为：

$$x = \alpha\cos\theta - \beta\sin\theta, \quad y = \alpha\sin\theta + \beta\cos\theta。 \tag{1.3.18}$$

如果反过来，旧坐标系可由新坐标系旋转 $-\theta$ 得到，这样将式(1.3.18)新旧坐标系的坐标互换，同时以 $-\theta$ 代 $\theta$，便可得到在轴的旋转下用旧坐标系坐标表示新坐标系坐标的公式：

$$\alpha = x\cos\theta + y\sin\theta, \quad \beta = -x\sin\theta + y\cos\theta。 \tag{1.3.19}$$

由此可得旋转坐标变换映射关系为：

$$x = \alpha\cos\theta - \beta\sin\theta = \varphi_1^{-1}(\alpha, \beta) \Leftrightarrow \varphi_1(x, y) = x\cos\theta + y\sin\theta = \alpha,$$

$$y = \alpha\sin\theta + \beta\cos\theta = \varphi_2^{-1}(\alpha, \beta) \Leftrightarrow \varphi_2(x, y) = -x\sin\theta + y\cos\theta = \beta。$$

由式(1.3.7)可得旋转变换函数为：

$$g(\alpha, \beta) = f(\alpha\cos\theta - \beta\sin\theta, \alpha\sin\theta + \beta\cos\theta)。 \tag{1.3.20}$$

### 4. 一般形式的坐标线性变换

通过对函数的平移、比例缩放或旋转，可以形成一般形式的函数。除此之外，在一特定坐标系中把一个函数旋转或倾斜或对函数同时施行旋转和倾斜，这些操作可以通过对函数进行自变量的坐标线性变换来实现，从而产生更为复杂的函数，这在光学变换中有着十分重要的应用。

从上面所述几种几何变换可以看到，二维函数的一般的变换，可以通过适当地选择函数 $\varphi_1^{-1}(\alpha, \beta)$ 和 $\varphi_2^{-1}(\alpha, \beta)$（可以理解为新的坐标系 $\alpha - \beta$），由式(1.3.7)就可得到变换后的函数为：

$$g(\alpha, \beta) = f[\alpha(x, y), \beta(x, y)]。 \tag{1.3.21}$$

即用函数 $\varphi_1^{-1}(\alpha, \beta)$ 和 $\varphi_2^{-1}(\alpha, \beta)$ 分别替换二维函数 $f(x, y)$ 中的自变量 $x$ 和 $y$。如果函数 $g(\alpha, \beta)$ 是函数 $f(x, y)$ 的平移、缩放、旋转和倾斜后的变形，那么这样的变形可以用如下形式的新坐标 $\alpha$ 和 $\beta$ 对原坐标 $x$，$y$ 进行线性变换来实现：

$$x = \varphi_1^{-1}(\alpha, \beta) = a_1\alpha + b_1\beta + c_1, \tag{1.3.22a}$$

$$y = \varphi_2^{-1}(\alpha, \beta) = a_2\alpha + b_2\beta + c_2。 \tag{1.3.22b}$$

式中：$a_1$，$b_1$，$c_1$ 和 $a_2$，$b_2$，$c_2$ 是实常数，为待定系数。这样的操作称为二维函数的坐标线性变换。下面举几个例子来说明这种变换操作。

（1）狭缝函数的线性坐标变换。狭缝函数可以用二维矩形函数来表示，其中的一维为常

数,另一维为一维矩形函数,如图1.3.6(a)所示。在旧坐标系 $x-y$ 中有:
$$f(x, y) = f(x)f(y) = f(x) = \text{rect}(x), \tag{1.3.23}$$
此函数在 $x$ 方向是宽度为 1 的一维矩形函数,即 $f(x) = \text{rect}(x)$,在 $y$ 方向为均匀分布,即 $f(y) = 1$,这是一个与 $y$ 无关的可分离变量的函数。为了得到新坐标系中函数 $f(x) = \text{rect}(x)$ 在旧坐标系中的坐标变换的表示,由式(1.3.22a)对式(1.3.23)作坐标线性变换,则在新坐标系 $\alpha-\beta$ 中的狭缝函数为:
$$g(\alpha, \beta) = f(a_1\alpha + b_1\beta + c_1) = \text{rect}(a_1\alpha + b_1\beta + c_1)。 \tag{1.3.24}$$
从上式可以看出,函数 $g(\alpha, \beta)$ 在坐标系 $\alpha-\beta$ 中是不能分离变量的。根据矩形函数的定义,有:
$$g(\alpha, \beta) = \text{rect}(a_1\alpha + b_1\beta + c_1) = \begin{cases} 1 & |a_1\alpha + b_1\beta + c_1| < 1/2 \\ \frac{1}{2} & |a_1\alpha + b_1\beta + c_1| = 1/2 \\ 0 & \text{其他} \end{cases} \tag{1.3.25}$$

上式中的表达式 $a_1\alpha + b_1\beta + c_1 = \pm\frac{1}{2}$ 可表示为:
$$\beta = -\frac{a_1}{b_1}x + \frac{\pm(1/2) - c_1}{b_1}。 \tag{1.3.26}$$

上式确定了 $\alpha-\beta$ 坐标系中,该二维狭缝函数取值为 1 的区域,是两条斜率为 $-\frac{a_1}{b_1}$,$y$ 轴截距为 $\frac{\pm(1/2) - c_1}{b_1}$,$x$ 轴截距为 $\frac{\pm(1/2) - c_1}{a_1}$ 的平行直线方程。图1.3.6(b)显示了当 $a_1 > 0$,$b_1 < 0$,$c_1 < 0$ 时,$\alpha-\beta$ 坐标系中二维狭缝函数 $g(\alpha, \beta)$ 的分布是一个倾斜的条带。斜带的角度由下式确定:
$$\theta_1 = \tan^{-1}(-a_1/b_1)。 \tag{1.3.27}$$
按通常的习惯,$\theta_1$ 的正方向按逆时针计算。如果 $a_1$ 和 $b_1$ 符号相反,则式(1.3.26)所表示的直线的斜率为正;符号相同,则该直线的斜率为负。如果 $a_1$ 和 $c_1$ 符号相反,则该直线的 $\alpha$ 轴截距向左移;符号相同,则 $\alpha$ 轴截距向右移。

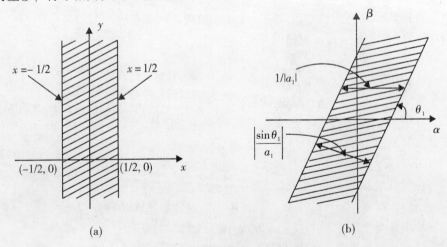

图1.3.6 狭缝函数的线性坐标变换

（2）二维矩形函数的线性坐标变换。下面再讨论对二维矩形函数进行平移、扩展和倾斜的线性坐标变换。在直角坐标系 $x$-$y$ 中，其图形如图 1.3.7(a) 所示。二维矩形函数可表示分离变量的形式：

$$f(x, y) = \text{rect}(x, y) = \text{rect}(x)\text{rect}(y) \text{。} \tag{1.3.28}$$

由式(1.3.22)对其作线性坐标变换，于是在 $\alpha$-$\beta$ 直角坐标系中有：

$$\begin{aligned} g(\alpha, \beta) &= \text{rect}(a_1\alpha + b_1\beta + c_1)\text{rect}(a_2\alpha + b_2\beta + c_2) \\ &= \begin{cases} 1 & |a_1\alpha + b_1\beta + c_1| < 1/2 \text{ 及 } |a_2\alpha + b_2\beta + c_2| < 1/2 \\ 1/2 & |a_1\alpha + b_1\beta + c_1| = 1/2 \text{ 及 } |a_2\alpha + b_2\beta + c_2| = 1/2 \\ 0 & \text{其他} \end{cases} \end{aligned} \tag{1.3.29}$$

显然，表达式

$$|a_1\alpha + b_1\beta + c_1| = 1/2, \quad |a_2\alpha + b_2\beta + c_2| = 1/2$$

是两组相交的平行直线的方程。只要 $a_1b_2 - a_2b_1 \neq 0$，这两组平行线将部分重叠，重叠区域便是函数 $g(\alpha, \beta)$ 的值为 1 的区域。图 1.3.7(b) 显示了当 $a_1 > 0$，$a_2 > 0$，$b_1 < 0$，$b_2 > 0$，$c_1 < 0$，$c_2 > 0$ 时函数 $g(\alpha, \beta)$ 的分布。从图中可以看出，二维矩形函数经过上述线性坐标变换后，通常将变为横截面为平行四边形的斜方柱函数。在图 1.3.7(b) 中，角度 $\theta_1 = \arctan(-a_1/b_1)$，$\theta_2 = \arctan(-a_2/b_2)$。如果 $a_2$ 和 $b_2$ 的符号相反，则围成第二个矩形函数的直线有正的斜率；如果 $a_2$ 和 $b_2$ 的符号相同，则围成第二个矩形函数的直线有负的斜率。

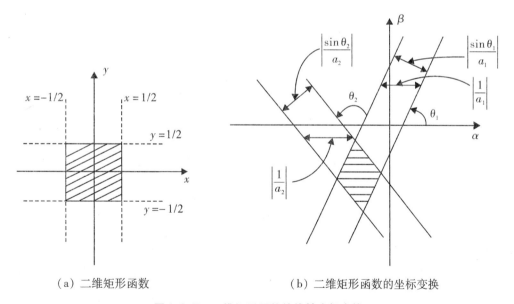

（a）二维矩形函数　　　　（b）二维矩形函数的坐标变换

图 1.3.7　二维矩形函数的线性坐标变换

除了坐标线性变换外，还有坐标非线性变换。常见的如对数变换，坐标变换关系为 $\alpha = \varphi(x) = \ln x$，逆变换为 $x = \varphi^{-1}(\alpha) = e^\alpha$。这种变换可用于比例不变的模式识别。

实际上，"变换"这种操作是广义的，如由直角坐标系变换到极坐标系的极坐标变换、由空域或时域到时间频域或空间频域的傅里叶变换等。再如，对一个光学系统，无论成像与否，都是以光速将大量信息从输入面变换到输出面。在光信息的处理、通信等许多方面都涉及各种各样的变换。可以说，变换贯穿光信息处理的各个方面。

## 1.4 $\delta$ 函数

为了描述像质点、点电荷、点光源、非常窄的脉冲等在质量或能量上高度集中的一种极限状态,英国理论物理学家、量子力学的创始人之一狄拉克(Dirac,1902—1984)于1927年引入了 $\delta$ 函数(Delta function),故 $\delta$ 函数也常被称为狄拉克 $\delta$ 函数。$\delta(x)$ 这一记号则是由基尔霍夫(Kirchholff)首次使用的,当时还缺乏严格的证明。直到20多年以后,施瓦兹(Schwartz)才建立了 $\delta$ 函数的严格理论。$\delta$ 函数不是普通函数,而是广义函数。$\delta$ 函数之所以被称为"广义函数"或"奇异函数",一方面是它没有普通意义下的函数值,而是一种极限状态,并且它的极限值也和普通函数不同,不是收敛到定值,而是收敛到无穷大,所以,它不能用通常意义下"函数值的对应关系"来定义;另一方面,$\delta$ 函数也不能像普通函数那样进行四则运算和乘幂运算,它对别的函数的作用只能通过积分来确定,即其性质完全由它在积分中的作用表现出来。事实上,$\delta$ 函数根本不是一个函数,而是一种更一般的实体,数学上称之为"泛函"或"广义泛函"。函数是将一个数(函数的自变量)映射为另一个数(函数的值),泛函则是将一个函数映射为一个数。定积分就是泛函的一个简单例子,如 $\int_{-\infty}^{\infty} f(x) \mathrm{d}x$ 就是将任何给定的函数 $f(x)$ 映射为其面积之值。之所以依然称之为"函数",一方面是它已成为通常的称谓,虽然严格说来并不正确;另一方面,还可以把 $\delta$ 函数与普通函数联系起来,用普通函数来描述它的一些性质。由于 $\delta$ 函数的引入,使得许多数学、物理问题的表述与证明变得简洁明了,并且把离散的和连续的数学问题联系了起来。$\delta$ 函数是物理学中一种非常有力的数学工具。在信息光学中,$\delta$ 函数可以用来对任一个复杂函数进行"脉冲分割",将其分解成点基元函数的线性组合。

### 1.4.1 广义函数

通常有如下几个原因,需要对经典数学分析中的经典函数进行扩充。例如,在物理上,一些集中分布的量如质量、点电荷和点光源等,它们的密度分布函数除在某一点处为无穷大外,其余处均为零。在经典函数中,这样的分布函数是不存在的;但是由该分布函数求出来的量却是物理上存在的,且为常量,通常归一化为单位量1。这类函数可以用广义函数中的一种,即 $\delta$ 函数来描述。$\delta$ 函数在经典函数中是一个奇异函数。另外,一些常用函数如1、$x$、$\cos x$ 和 $\sin x$,它们的傅里叶变换在经典函数的概念中都是不存在的;再者,经典函数的运算在处理有些问题时十分不灵活,受限制很大,如连续函数不一定能求导,有的即使一阶导数存在,高阶导数却不一定存在。因此,有必要引入广义函数的概念。

广义函数与经典函数概念的主要区别在于:经典函数是"点(数值)与点的对应",广义函数是"函数与点对应"。例如经典函数 $y=f(x)$,对自变量 $x$ 在某一点的值,就有一个唯一确定的函数值 $y$ 与之对应;但对于广义函数来说,在某一点的函数值是没有意义的,它是从总的结果来研究函数的性质。一个函数的定积分就可以看成函数(被积函数)与数值(积分值)的对应,不同的被积函数就有不同的积分结果。当然函数的定积分并不意味着它就是广义函数,但是借助积分的形式可以表示广义函数,如:

$$\int_{-\infty}^{\infty} g(x)\psi(x)\mathrm{d}x = [g(x),\psi(x)]。 \tag{1.4.1}$$

式中：$g(x)$为广义函数，其表示方法与普通函数相同；$\psi(x)$为普通函数，通常称为基本函数或检验函数；$[g(x),\psi(x)]$是一个数值的记号，可简记为$[g,\psi]$。

经典函数的自变量一般是一个点。例如，一维函数是数轴$x$上的一点，二维函数是平面$x-y$上的点，三维函数是空间$x-y-z$上的点等，自变量的变化范围是一个区间或区域，称为定义域。广义函数的自变元是一个函数，如可以是连续函数、绝对可积函数、平方可积函数等。某一类函数的集合$\Psi(x)$就构成了一个函数类，称为基本函数空间。例如，所有连续函数的集合构成了连续函数空间，它就相当于自变元$\psi(x)$的定义域，其中某个$\psi(x)$则称为基本函数或检验函数。

综上所述，经典函数是自变量的值与函数值一一对应的；广义函数$g(x)$则可以粗略地理解为，$g(x)$将某一类函数$\Psi(x)$中的$\psi(x)$指定为一个数值$[g,\psi]$。对于任何一个广义函数，式(1.4.1)左端的普通积分只是定义着一个数值，而该数值是广义函数作用于基本函数（或检验函数）的结果。基本函数是普通的经典函数，不过对它的要求比较高。它是性质"足够好"的一类函数，一般要求它无穷次可微、连续，以及它仅在某个有限区间之内有非零的值，或当$x \to \pm\infty$时，$\psi(x) \to 0$。

采用式(1.4.1)的积分形式来定义广义函数时，该积分式可能积得出来，也可能积不出来；但不管怎样，它都定义着一个广义函数。如果$[g,\psi]$积分得到一个确定数值，那么原则上可以求出广义函数$g(x)$；即使$g(x)$的函数形式没有被具体表示出来，也认为$g(x)$是已知的。但通常不一定要由$[g,\psi]$之值求出$g(x)$的具体表达式。如果两个广义函数$g_1(x)$和$g_2(x)$分别对同一个基本函数$\psi(x)$作用所得到的数值相等，即

$$[g_1(x),\psi(x)] = \int_{-\infty}^{\infty} g_1(x)\psi(x)\mathrm{d}x = \int_{-\infty}^{\infty} g_2(x)\psi(x)\mathrm{d}x = [g_2(x),\psi(x)], \tag{1.4.2}$$

则这两个广义函数$g_1(x)$和$g_2(x)$相等，可简记为：

$$g_1(x) = g_2(x)。 \tag{1.4.3}$$

要特别注意的是，两个广义函数相等，并不意味着在某个$x=x_0$处，$g_1(x_0)$和$g_2(x_0)$的函数值相等，只是表明式(1.4.2)两端的积分值相等。从式(1.4.2)可以看出广义函数运算的基本特点，即一切运算都是通过积分进行的。

## 1.4.2 $\delta$函数的定义

$\delta$函数的定义有许多种，下面仅给出三种常见的形式。

### 1. 积分表达式

$\delta$函数的积分表达式类似于普通函数形式。一维$\delta$函数的定义为：

$$\begin{cases} \delta(x-x_0) = \begin{cases} \infty & x = x_0 \\ 0 & x \neq x_0 \end{cases} \\ \int_{-\infty}^{\infty} \delta(x-x_0)\mathrm{d}x = 1 \end{cases} \tag{1.4.4}$$

二维 δ 函数的定义为：

$$\begin{cases} \delta(x-x_0,\ y-y_0) = \begin{cases} \infty & x=x_0,\ y=y_0 \\ 0 & x\neq x_0,\ y\neq y_0 \end{cases}; \\ \iint_{-\infty}^{\infty} \delta(x-x_0,\ y-y_0)\mathrm{d}x\mathrm{d}y = 1 \end{cases} \quad (1.4.5)$$

或简写为：

$$\delta(x-x_0,\ y-y_0) = \delta(x-x_0)\delta(y-y_0)。 \quad (1.4.6)$$

上式表明，二维 δ 函数可以表示成两个一维 δ 函数的乘积，是可分离变量的。式(1.4.5)定义的 δ 函数，在 $(x\neq x_0,\ y\neq y_0)$ 点处处为零，在 $(x=x_0,\ y=y_0)$ 点处为无穷大的奇异函数，所以 $(x=x_0,\ y=y_0)$ 点可称为奇异点。尽管 $\delta(x_0,y_0)$ 趋于无穷大，但对它的积分却等于1，对应着 δ 函数的"体积"(对一维 δ 函数则为"面积")或"强度"等于1，所以，δ 函数又常被称为单位脉冲函数，二维 $\delta(x-x_0,\ y-y_0)$ 就表示了位于 $x-y$ 平面点 $(x_0,y_0)$ 处的一个单位脉冲。从这个定义式还可以看出 δ 函数与普通函数的类似之处，即保留了数值对应关系的含义。

用积分表达式定义 δ 函数只是表明，在一个很小很小的范围内它不为零，而它在这个范围内的形状没有规定。也就是说 δ 函数的形状如何是无关紧要的，因此允许它有各种形状，甚至可以有轻微的振荡。另外，根据积分性质，式(1.4.4)和式(1.4.5)中的积分限不一定从 $-\infty$ 到 $+\infty$，只要把 δ 函数不为零的那个关键点包括在某个积分区间内即可；由于 δ 函数是奇异函数，本身没有确定的值，但是它作为被积函数中的一个乘积因子，其积分结果却有明确的值。这样，可将 δ 函数用长度等于1(δ 函数的积分值)的有向线段来表示。数值1不是 δ 函数的值，而是表示 δ 函数与整个 $x$ 轴围成的面积，如图1.4.1所示。

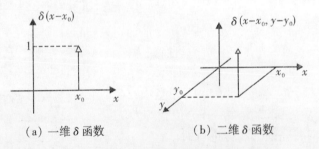

(a) 一维 δ 函数　　　　(b) 二维 δ 函数

图 1.4.1　δ 函数的图形表示

### 2. 函数序列表达式

在物理和工程应用上，常会把 δ 函数直观形象地定义为某个函数序列的极限。如果有一个函数序列 $\{g_m(x)\}$，由该函数序列的极限

$$\lim_{m\to\infty}\int_{-\infty}^{\infty} g_m(x)\psi(x)\mathrm{d}x = \int_{-\infty}^{\infty} g(x)\psi(x)\mathrm{d}x = [g(x),\psi(x)] \quad (1.4.7)$$

对某类函数 $\psi(x)$ 存在，显然这个极限是决定于函数序列 $g_m(x)$ 和 $\psi(x)$ 的一个数值，因此它就定义了一个 $g(x)$。这样构成的函数 $g(x)$ 称为 $g_m(x)$ 的极限，即

$$g(x) = \lim_{m\to\infty} g_m(x)。 \quad (1.4.8)$$

式(1.4.8)是一个广义极限，不必要求在通常意义下存在。

当然，并不是任何一个函数序列的极限都是 δ 函数。如果给定的函数序列 $g_m(x)$ 对某类函数 $\psi(x)$ 式(1.4.7)的极限存在，并且使值 $[g(x),\psi(x)]$ 等于 $\psi(0)$，则它的极限就是 δ 函数，而以 δ 函数为极限的函数序列就称为 δ 式函数序列，或 δ 函数型序列。

可用下面两个条件来判别一个函数序列是否为 δ 式函数序列。对一个函数序列 $\{g_m(x)\}$，如果 $\int_{-\infty}^{\infty} g_m(x)\mathrm{d}x = 1$，及

$$\lim_{m\to\infty}\int_{-\infty}^{\infty} g_m(x)\psi(x)\mathrm{d}x = \int_{|x|>\varepsilon}\psi(x)g_m(x)\mathrm{d}x = \psi(0)，\tag{1.4.9}$$

那么它就是 δ 式函数序列。

矩形脉冲函数序列和高斯脉冲函数序列是两个常用的函数序列，其图形如图 1.4.2 所示。从图中可以看到，随着 $m$ 的增大，所取的矩形函数和高斯函数对应的曲线变得越来越窄，峰值越来越高，而曲线覆盖的面积始终等于1。当 $m\to\infty$ 时，函数峰值也将趋于无限大。

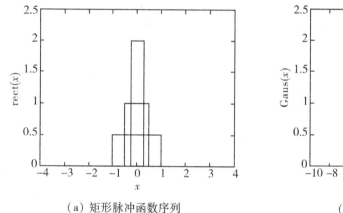

（a）矩形脉冲函数序列　　　　　　（b）高斯脉冲函数序列

图 1.4.2　表示 δ 函数的函数序列

下面以矩形脉冲函数序列为例，从数学上加以说明图 1.4.2(a)所示的矩形脉冲函数序列。对

$$\delta_\varepsilon(x) = \begin{cases} 1/\varepsilon & -\varepsilon/2 \leqslant x \leqslant \varepsilon/2 \\ 0 & \text{其他} \end{cases}，\tag{1.4.10}$$

由积分的中值定理，可得：

$$\int_{-\infty}^{\infty}\delta_\varepsilon(x)\psi(x)\mathrm{d}x = \frac{1}{\varepsilon}\int_{-\varepsilon/2}^{\varepsilon/2}\psi(x)\mathrm{d}x = \psi(\alpha) \quad (-\varepsilon/2 < \alpha < \varepsilon/2)。$$

当 $\varepsilon\to 0$ 时，$\psi(\alpha) = \psi(0)$，即

$$\lim_{\varepsilon\to 0}\int_{|x|\leqslant\varepsilon/2}\delta_\varepsilon(x)\psi(x)\mathrm{d}x = \psi(0)。\tag{1.4.11}$$

$\psi(x)$ 是性质"足够好"的函数。于是，由式(1.4.10)，可以把 δ 函数看成矩形脉冲序列 $\delta_\varepsilon(x)$ 当 $\varepsilon\to 0$ 时的极限：

$$\delta(x) = \lim_{\varepsilon\to 0}\delta_\varepsilon(x)。\tag{1.4.12}$$

这是一个广义极限，在通常意义下它不一定存在。

下面列举了一些一维 $\delta$ 函数常用的 $\delta$ 式函数序列，以方便使用：

$$\delta(x) = \lim_{m \to \infty} m \,\mathrm{rect}(mx), \tag{1.4.13}$$

$$\delta(x) = \lim_{m \to \infty} m \,\mathrm{sinc}(mx), \tag{1.4.14}$$

$$\delta(x) = \lim_{m \to \infty} \left( \frac{1}{\pi} \frac{1 - \cos mx}{mx^2} \right) = \lim_{\alpha \to \infty} \left[ \frac{1}{2\pi} \frac{\sin^2(mx/2)}{m(x/2)} \right], \tag{1.4.15}$$

$$\delta(x) = \lim_{m \to \infty} m \,\mathrm{e}^{-\pi m^2 x^2}, \tag{1.4.16}$$

$$\delta(x) = \lim_{m \to \infty} \frac{m}{\sqrt{\mathrm{i}\pi}} \mathrm{e}^{\mathrm{i} m^2 x^2}, \tag{1.4.17}$$

$$\delta(x) = \lim_{m \to 0^+} \left( \frac{1}{\pi} \frac{m}{m^2 + x^2} \right) \quad (m > 0). \tag{1.4.18}$$

对连续函数，则有：

$$\delta(x) = \frac{1}{2\pi} \int_{-\infty}^{\infty} \mathrm{e}^{\mathrm{i} kx} \mathrm{d}k, \tag{1.4.19}$$

$$\delta(x) = \frac{1}{2\pi} \int_{-\infty}^{\infty} \cos kx \,\mathrm{d}k. \tag{1.4.20}$$

作为一个例子，下面证明式(1.4.18)。这个极限是广义极限，可理解为：

$$\int_{m_1}^{m_2} \psi(x) \delta(x) \mathrm{d}x = \lim_{m \to 0^+} \int_{m_1}^{m_2} \psi(x) \frac{1}{\pi} \frac{m}{m^2 + x^2} \mathrm{d}x_\circ$$

当区间 $[m_1, m_2]$ 中不含有 $x = 0$ 点时，上式右端极限显然为 0；当区间 $[m_1, m_2]$ 中含有 $x = 0$ 点时，必有 $m_1 < 0$，$m_2 > 0$，则有：

$$\int_{m_1}^{m_2} \frac{1}{\pi} \frac{m}{m^2 + x^2} \mathrm{d}x = \frac{1}{\pi} \lim_{m \to 0^+} \left( \arctan \frac{x}{m} \Big|_{m_1}^{m_2} \right) = \frac{1}{\pi} \lim_{m \to 0^+} \left( \arctan \frac{m_2}{m} - \arctan \frac{m_1}{m} \right)$$

$$= \frac{1}{\pi} \left[ \frac{\pi}{2} - \left( -\frac{\pi}{2} \right) \right] = 1_\circ$$

所以，式(1.4.18)是 $\delta$ 式函数序列。

对于二维函数，若存在任一函数序列 $g_m(x, y)$，$g_m(x, y)$ 在 $m \to \infty$ 时具有无穷大极值，且对于任何 $m$，均有 $g_m(x, y)$ 曲面下的体积等于 1。于是二维 $\delta$ 函数可定义为：

$$\begin{cases} \lim_{n \to \infty} g_m(x, y) = \begin{cases} \infty & x = 0, y = 0 \\ 0 & x \neq 0, y \neq 0 \end{cases}, \\ \lim_{n \to \infty} \iint_{-\infty}^{\infty} g_m(x, y) \mathrm{d}x \mathrm{d}y = 1 \end{cases} \tag{1.4.21}$$

$$\delta(x, y) = \lim_{m \to \infty} g_m(x, y)_\circ \tag{1.4.22}$$

上述定义表明，二维 $\delta$ 函数可以用一个二维函数序列 $g_m(x, y)$ 的极限来表示，这个极限具有单位脉冲的性质。常用的二维 $g_m(x, y)$ 函数序列如下：

$$\delta(x, y) = \lim_{m \to \infty} m^2 \mathrm{rect}(mx) \mathrm{rect}(my), \tag{1.4.23}$$

$$\delta(x, y) = \lim_{m \to \infty} m^2 \mathrm{e}^{-m^2 \pi (x^2 + y^2)}, \tag{1.4.24}$$

$$\delta(x, y) = \lim_{m \to \infty} m^2 \mathrm{sinc}(mx) \mathrm{sinc}(my), \tag{1.4.25}$$

$$\delta(x, y) = \lim_{m \to \infty} \frac{m^2}{\pi} \mathrm{circ}(m \sqrt{x^2 + y^2}), \tag{1.4.26}$$

$$\delta(x, y) = \lim_{m\to\infty} m \frac{J_1(2\pi m \sqrt{x^2+y^2})}{\sqrt{x^2+y^2}}。 \tag{1.4.27}$$

式(1.4.23)~(1.4.25)是可在直角坐标系中进行分离变量的,式(1.4.26)和式(1.4.27)是圆对称的。实际应用时,可根据具体的问题,选择适合的定义式。

### 3. 广义函数表达式

由式(1.4.1)关于广义函数的定义可知,$\delta$ 函数就是一个广义函数。它赋予检验函数 $\psi(x)$ 以一个数值 $[g, \psi]$,这个值不是任意的值,是 $\psi(x)$ 在 $x=0$ 点处的函数值 $\psi(0)$,因此有:

$$\int_{-\infty}^{\infty} \delta(x)\psi(x)\mathrm{d}x = \psi(0)。 \tag{1.4.28}$$

当坐标原点为 $x_0$ 时,有:

$$\int_{-\infty}^{\infty} \delta(x-x_0)\psi(x)\mathrm{d}x = \psi(x_0)。 \tag{1.4.29}$$

对二维函数,则有:

$$\iint_{-\infty}^{\infty} \delta(x,y)\psi(x,y)\mathrm{d}x\mathrm{d}y = \psi(0,0)。 \tag{1.4.30}$$

$\psi(x, y)$ 在原点处连续。式(1.4.30)表示,$\delta$ 函数在该式左端积分中的作用,就是赋予 $\psi(x, y)$ 在 $(x=0, y=0)$ 处的数值 $\psi(0, 0)$。任何不同形式的函数,如果它在积分中的作用和式(1.4.28)或式(1.4.30)相同,就可认为它们与 $\delta$ 函数相等。坐标原点为 $(x_0, y_0)$ 时,有:

$$\iint_{-\infty}^{\infty} \delta(x-x_0, y-y_0)\psi(x,y)\mathrm{d}x\mathrm{d}y = \psi(x_0, y_0)。 \tag{1.4.31}$$

### 4. 极坐标系中的 $\delta$ 函数

要将直角坐标系 $x$-$y$ 中的 $\delta$ 函数变换为极坐标系 $r$-$\varphi$ 中的 $\delta$ 函数,不仅要保证二者脉冲位置相同,还要保证二者强度(即曲面下的"体积")相同,这样的坐标变换才是等价的。式(1.4.6)所表示的二维 $\delta$ 函数,在极坐标系有如下变换关系式:

$$\delta(x-x_0, y-y_0) = \delta(\boldsymbol{r}-\boldsymbol{r}_0) = \frac{1}{r}\delta(r-r_0, \varphi-\varphi_0) = \frac{\delta(r-r_0)}{r}\delta(\varphi-\varphi_0)。 \tag{1.4.32}$$

式中:$\boldsymbol{r}$ 与 $\boldsymbol{r}_0$ 分别为相应于点 $(r, \varphi)$ 和 $(r_0, \varphi_0)$ 的矢量;$r_0 = \sqrt{x_0^2+y_0^2}\,(r_0>0)$;$\varphi_0 = \tan^{-1}\dfrac{y_0}{x_0}$ $(0\leq\varphi_0\leq 2\pi)$。式(1.4.32)可以推导如下:

$$\begin{aligned}\delta(\boldsymbol{r}-\boldsymbol{r}_0) &= \lim_{\substack{\Delta r\to 0 \\ \Delta\varphi\to 0}} \frac{1}{r\Delta r\Delta\varphi}\mathrm{Gaus}\left(\frac{r-r_0}{\Delta r}, \frac{\varphi-\varphi_0}{\Delta\varphi}\right)\\ &= \frac{1}{r}\left[\lim_{\Delta r\to 0}\frac{1}{\Delta r}\mathrm{Gaus}\left(\frac{r-r_0}{\Delta r}\right)\right]\left[\lim_{\Delta\varphi\to 0}\frac{1}{\Delta\varphi}\mathrm{Gaus}\left(\frac{\varphi-\varphi_0}{\Delta\varphi}\right)\right] = \frac{\delta(r-r_0)}{r}\delta(\varphi-\varphi_0)。\end{aligned} \tag{1.4.33}$$

式(1.4.32)右端的积分为:

$$\int_0^{\infty}\frac{\delta(r-r_0)}{r}r\mathrm{d}r\int_0^{2\pi}\delta(\varphi-\varphi_0)\mathrm{d}\varphi = \int_0^{\infty}\delta(r-r_0)\mathrm{d}r\int_0^{2\pi}\delta(\varphi-\varphi_0)\mathrm{d}\varphi = 1。$$

可见式(1.4.32)两端不仅脉冲位置对应,而且强度也相同,所以坐标变换关系成立,也证明了式(1.4.32)是成立的,证明过程应用了δ函数的积分性质式(1.4.4)。

δ函数位于坐标原点时,则有:

$$\delta(\boldsymbol{r}) = \frac{1}{\pi r}\delta(r) 。 \tag{1.4.34}$$

上式右端的积分为:

$$\frac{1}{\pi}\int_0^\infty \frac{\delta(r)}{r} r \mathrm{d}r \int_0^{2\pi} 1 \mathrm{d}\varphi = \frac{1}{\pi}\left[\frac{1}{2}\int_{-\infty}^\infty \frac{\delta(r)}{r} r \mathrm{d}r\right]\int_0^{2\pi} 1 \mathrm{d}\varphi = 1 。$$

可见其曲面下的体积为1,证明了式(1.4.34)是成立的。在式(1.4.32)和(1.4.34)右端所表达的在极坐标系下的δ函数,函数形式上是一维函数,但实际是上二维的,使用时要特别注意。这两个函数的示意图如图1.4.3所示。

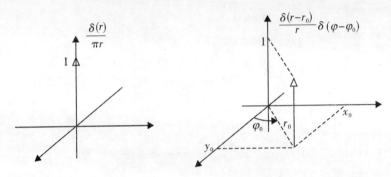

图1.4.3 极坐标下的二维δ函数

对于径向对称函数,如果需要描述一个中心从原点移到某一点$(r_0, \varphi_0)$时,一般来说,在平移后的形式变量中,必须用$\sqrt{r^2 + r_0^2 - 2rr_0\cos(\varphi - \varphi_0)}$来代替$r$。例如,函数$f(\boldsymbol{r}) = g(r)$的中心移到了$(r_0, \varphi_0)$,则有:

$$f(\boldsymbol{r} - \boldsymbol{r}_0) = g\left[\sqrt{r^2 + r_0^2 - 2rr_0\cos(\varphi - \varphi_0)}\right], \tag{1.4.35}$$

已不再是径向对称的。要特别注意的是,不能只简单地将原函数的$r$用$r - r_0$、$\varphi$用$\varphi - \varphi_0$代替。有时,需要变换到直角坐标系,会更加清晰。因为利用$h(x, y) = g(\sqrt{x^2 + y^2})$可把方程(1.4.35)简洁地表示为:

$$f(\boldsymbol{r} - \boldsymbol{r}_0) = h(x - x_0, y - y_0) = g\left[\sqrt{(x - x_0)^2 + (y - y_0)^2}\right] 。 \tag{1.4.36}$$

图1.4.4显示了函数$f(\boldsymbol{r}) = \mathrm{circ}(r)$移动前和移动后的俯视图。

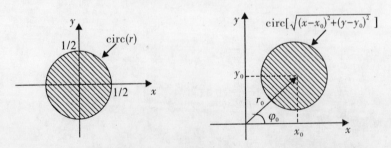

图1.4.4 中心位于原点和中心平移到点$(x_0, y_0)$圆域函数的俯视图

下面我们再来看看函数 $\delta(r-r_0)$ 的形态, 它形式上是与一维 $\delta$ 函数相同的, 所以 $\delta(r-r_0)$ 初看起来似乎表示一个平移了 $r_0$ 的量, 但实际上并非如此。如图 1.4.5 所示, $\delta(r-r_0)$ 实际上表示一个"箍状" $\delta$ 函数, 并且其体积为:

$$\int_0^{2\pi}\int_0^{\infty}\delta(\alpha-r_0)\alpha \mathrm{d}\alpha \mathrm{d}\beta = 2\pi\int_0^{\infty}\alpha\delta(\alpha-r_0)\mathrm{d}\alpha = 2\pi r_0。 \qquad (1.4.37)$$

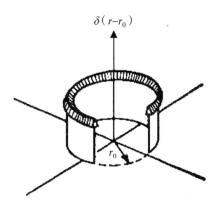

图 1.4.5 函数 $\delta(r-r_0)$ 示意

所以, 当处理一个径向对称函数, 以及进行平移时, 都需要特别小心。

表 1.4.1 给出二维 $\delta$ 函数在两种坐标系中的位置对应关系。

表 1.4.1 $\delta$ 函数在直角坐标系和极坐标系中的位置关系

| 直角坐标系 $x-y$ | 极坐标系 $r-\varphi$ | 直角坐标系 $x-y$ | 极坐标系 $r-\varphi$ |
|---|---|---|---|
| $\delta(x, y)$ | $\delta(r)$ | $\delta(x-x_0, y-y_0)$ | $\delta(r-\sqrt{x_0^2+y_0^2}, \varphi-\varphi_0)$ |
| $\delta(x-x_0, y)$ | $\delta(r-x_0, \varphi)$ | $\delta(x+x_0, y)$ | $\delta(r-x_0, \varphi-\pi)$ |
| $\delta(x, y-y_0)$ | $\delta(r-y_0, \varphi-\pi/2)$ | $\delta(x, y+y_0)$ | $\delta(r-y_0, \varphi-3\pi/2)$ |

### 5. $\delta$ 函数的坐标线性变换

对 $\delta(x)$ 作坐标线性变换 $x=a_1\alpha+b_1\beta+c_1$, 得到:

$$g(\alpha, \beta) = \delta(a_1\alpha+b_1\beta+c_1)。 \qquad (1.4.38)$$

令 $a_1=1$, $b_1=0$, $c_1=-\alpha_0$, 得到:

$$g(\alpha, \beta) = \delta(\alpha-\alpha_0)。 \qquad (1.4.39)$$

这个 $\delta$ 的性态就如一个在 $\alpha$ 方向的一维 $\delta$ 函数, 而与变量 $\beta$ 无关。也就是说, 对任何 $\beta$ 值, $g(\alpha, \beta)$ 是一个位于 $\alpha=\alpha_0$ 的单位面积的 $\delta$ 函数。它的体积在 $\alpha$ 方向高度集中, 而在 $\beta$ 方向均匀分布。把 $g(\alpha, \beta)=\delta(\alpha-\alpha_0)$ 看作一个位于直线 $\alpha=\alpha_0$ 并沿该直线具有质量密度 $\dfrac{\mathrm{d}m}{\mathrm{d}\beta}=1$ 的线质量。这个质量密度沿 $\beta$ 方向积分, 就得到与 $g(\alpha, \beta)$ 相联系的总质量, 也就是 $g(\alpha, \beta)$ 的二重积分。如果令 $\dfrac{\mathrm{d}m}{\mathrm{d}\beta}$ 表示体积、质量或强度的 $\beta$ 分布, 则总体积、质量或强度为:

$$m = \int_{-\infty}^{\infty}\frac{\mathrm{d}m}{\mathrm{d}\beta}\mathrm{d}\beta = \iint_{-\infty}^{\infty}g(\alpha,\beta)\mathrm{d}\alpha\mathrm{d}\beta。 \qquad (1.4.40)$$

也可以把 $g(\alpha, \beta)$ 看作一个沿着 $\alpha$ 方向、位于 $\alpha_0$ 点的强度，而总强度由适当的积分给出。

更为一般地，我们来看看式(1.4.38)所表示的更一般的 $\delta$ 函数的性态。只要宗量不为零，这个函数就是零。因此，可以把它看成位于直线：

$$a_1\alpha + b_1\beta + c_1 = 0 \tag{1.4.41}$$

的线质量。式(1.4.38)可以改写成：

$$g(\alpha, \beta) = \frac{1}{|a_1|}\delta\left(\alpha + \frac{b_1\beta}{a_1} + \frac{c_1}{a_1}\right) = \frac{1}{|b_1|}\delta\left(\frac{a_1\alpha}{b_1} + \beta + \frac{c_1}{b_1}\right)。 \tag{1.4.42}$$

这时线质量在 $\alpha$ 方向和 $\beta$ 方向分别具有密度：

$$\frac{\mathrm{d}m}{\mathrm{d}\alpha} = \frac{1}{|a_1|}, \quad \frac{\mathrm{d}m}{\mathrm{d}\beta} = \frac{1}{|b_1|}。 \tag{1.4.43}$$

旋转坐标系 $\alpha-\beta$ 得到新坐标系 $\alpha'-\beta'$，在新坐标中线质量平行于 $\beta'$ 轴而垂直于 $\alpha'$ 轴（见图1.4.6）。

由式(1.3.19)有：

$$\alpha' = \alpha\cos\theta + \beta\sin\theta, \quad \beta' = -\alpha\sin\theta + \beta\cos\theta。 \tag{1.4.44}$$

式中：$\cos\theta = a_1/k_1$；$\sin\theta = b_1/k_1$；$k_1 = \sqrt{a_1^2 + b_1^2}$。其与原坐标的关系为：

$$\alpha = \frac{a_1\alpha' - b_1\beta'}{k_1}, \quad \beta = \frac{b_1\alpha' + a_1\beta'}{k_1}。 \tag{1.4.45}$$

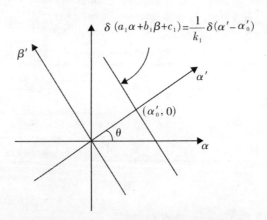

图1.4.6 $\delta$ 函数的线性坐标变换

于是，在新坐标系下 $g(\alpha, \beta)$ 可表示为：

$$g'(\alpha', \beta') = g\left(\frac{a_1\alpha' - b_1\beta'}{k_1}, \frac{b_1\alpha' + a_1\beta'}{k_1}\right) = \delta\left(\frac{a_1^2\alpha' - a_1 b_1\beta'}{k_1} + \frac{b_1^2\alpha' + a_1 b_1\beta'}{k_1} + c_1\right)$$

$$= \delta(k_1\alpha' + c_1) = \frac{1}{k_1}\delta(\alpha' - \alpha_0')。 \tag{1.4.46}$$

式中：$\alpha_0' = c_1/k_1$。在坐标系 $\alpha'-\beta'$ 中，$g'(\alpha', \beta')$ 表示一个位于直线 $\alpha' = \alpha_0'$ 的线质量，它在 $\beta'$ 方向的密度为：

$$\frac{\mathrm{d}m}{\mathrm{d}\beta'} = \frac{1}{k_1}。 \tag{1.4.47}$$

如果用一个函数 $f(\alpha, \beta)$ 乘以 $\delta(a_1\alpha + b_1\beta + c_1)$，就相当于 $f(\alpha, \beta)$ 乘以一个线质量，它

位于直线 $a_1\alpha + b_1\beta + c_1 = 0$ 上，但它的密度依赖于函数 $f(\alpha, \beta)$。如同上面的处理方法，有：

$$g(\alpha, \beta) = f(\alpha, \beta)\delta(a_1\alpha + b_1\beta + c_1) = \frac{1}{|a_1|}f\left(\frac{-b_1\beta}{a_1} - \frac{c_1}{a_1}, \beta\right)\delta\left(\alpha + \frac{b_1\beta}{a_1} + \frac{c_1}{a_1}\right)$$

$$= \frac{1}{|b_1|}f\left(\alpha, \frac{-a_1\beta}{b_1} - \frac{c_1}{b_1}\right)\delta\left(\frac{a_1\alpha}{b_1} + \beta + \frac{c_1}{b_1}\right)。 \tag{1.4.48}$$

在旋转过的新坐标系 $\alpha' - \beta'$ 中，有：

$$g'(\alpha', \beta') = g\left(\frac{a_1\alpha' - b_1\beta'}{k_1}, \frac{b_1\alpha' + a_1\beta'}{k_1}\right) = f\left(\frac{a_1\alpha' - b_1\beta'}{k_1}, \frac{b_1\alpha' + a_1\beta'}{k_1}\right)\frac{1}{k_1}\delta(\alpha' - \alpha'_0)$$

$$= \frac{1}{k_1}f\left(\frac{a_1\alpha'_0 - b_1\beta'}{k_1}, \frac{b_1\alpha'_0 + a_1\beta'}{k_1}\right)\delta(\alpha' - \alpha'_0)。 \tag{1.4.49}$$

这是位于直线 $\alpha' = \alpha'_0$ 的线质量，它在 $\beta'$ 方向的密度为：

$$\frac{\mathrm{d}m}{\mathrm{d}\beta'} = \frac{1}{k_1}f\left(\frac{a_1\alpha'_0 - b_1\beta'}{k_1}, \frac{b_1\alpha'_0 + a_1\beta'}{k_1}\right)。 \tag{1.4.50}$$

对二维 $\delta(x, y)$ 我们作线性坐标变换 $x = a_1\alpha + b_1\beta + c_1$，$y = a_2\alpha + b_2\beta + c_2$，得：

$$g(\alpha, \beta) = \delta(a_1\alpha + b_1\beta + c_1, a_2\alpha + b_2\beta + c_2)。 \tag{1.4.51}$$

上式可以改写为：

$$g(\alpha, \beta) = \frac{1}{|a_1b_2 - a_2b_1|}\delta\left(\alpha - \frac{b_1c_2 - b_2c_1}{a_1b_2 - a_2b_1}\right)\delta\left(\beta - \frac{a_2c_1 - a_1c_2}{a_1b_2 - a_2b_1}\right)$$

$$= \frac{1}{|D|}\delta(\alpha - \alpha_0)\delta(\beta - \beta_0)。 \tag{1.4.52}$$

式中：$D$，$\alpha_0$，$\beta_0$ 与前面的定义是一样的。于是 $g(\alpha, \beta)$ 就可以简单看成一个位于 $(\alpha_0, \beta_0)$ 点、体积为 $1/|D|$ 的二维 $\delta$ 函数，或者可以看成一个位于点 $(\alpha_0, \beta_0)$、质量为 $1/|D|$ 的点质量。

## 1.4.3 $\delta$ 函数的性质

下面给出 $\delta$ 函数常用的一些基本性质，它们可从 $\delta$ 函数的定义中得到证明。

### 1. 积分性质

由 $\delta$ 函数的定义可得到 $\delta$ 函数的积分性质。对一维 $\delta$ 函数，有：

$$\int_{-\infty}^{\infty}\delta(x)\mathrm{d}x = 1; \tag{1.4.53}$$

对二维 $\delta$ 函数，有：

$$\iint_{-\infty}^{\infty}\delta(x,y)\mathrm{d}x\mathrm{d}y = 1。 \tag{1.4.54}$$

当坐标原点位移时，有：

$$\int_{-\infty}^{\infty}\delta(x \pm x_0)\mathrm{d}x = 1, \tag{1.4.55}$$

$$\iint_{-\infty}^{\infty}\delta(x \pm x_0, y \pm y_0)\mathrm{d}x\mathrm{d}y = 1。 \tag{1.4.56}$$

当 $a$ 为任意实常数时，则有：

$$\int_{-\infty}^{\infty} a\delta(x \pm x_0)\,\mathrm{d}x = a, \tag{1.4.57}$$

$$\iint_{-\infty}^{\infty} a\delta(x \pm x_0, y \pm y_0)\,\mathrm{d}x\mathrm{d}y = a。\tag{1.4.58}$$

#### 2. 筛选性质

如果函数 $f(x)$ 在 $x_0$ 点连续，则有：

$$\int_{-\infty}^{\infty} f(x)\delta(x - x_0)\,\mathrm{d}x = f(x_0); \tag{1.4.59}$$

对二维函数，如果函数 $f(x,y)$ 在 $(x_0, y_0)$ 点连续，则有：

$$\iint_{-\infty}^{\infty} f(x,y)\delta(x - x_0, y - y_0)\,\mathrm{d}x\mathrm{d}y = f(x_0, y_0)。\tag{1.4.60}$$

这个性质实际上就是采用广义函数定义 $\delta$ 函数的定义式，表明随着参量 $x_0$，$y_0$ 的不同，$\delta$ 函数能从函数 $f(x,y)$ 所有的值中筛选出 $f(x_0, y_0)$。利用这个性质，可以把函数分解为 $\delta$ 函数的线性组合，而每一个这样的 $\delta$ 函数都产生它自己的脉冲响应。

**推论 1**

$$\int_{-\infty}^{\infty} f(x)\delta(x \pm x_0)\,\mathrm{d}x = f(\mp x_0)。\tag{1.4.61}$$

**推论 2**

若 $f(x)$ 定义在区间 $(a, b)$ 内，则有：

$$\int_{-\infty}^{\infty} f(x)\delta(x - x_0)\,\mathrm{d}x = \begin{cases} f(x_0) & a < x_0 < b \\ 0 & \text{其他} \end{cases}。\tag{1.4.62}$$

#### 3. 坐标缩放性质

$\delta$ 函数的坐标缩放性质就是 $\delta$ 函数的尺度变换特性，可表示为：

$$\delta(ax) = \frac{1}{|a|}\delta(x), \tag{1.4.63}$$

$$\delta(ax, by) = \frac{1}{|ab|}\delta(x, y)。\tag{1.4.64}$$

式中：$a$，$b$ 为任意实常数。下面证明式(1.4.63)。

**证明**：令 $ax = X$。对式(1.4.63)的左端应用检验函数 $\psi(x)$。若 $a > 0$，则 $|a| = a$，有：

$$\int_{-\infty}^{\infty} \psi(x)\delta(ax)\,\mathrm{d}x = \frac{1}{a}\int_{-\infty}^{\infty} \psi(X/a)\delta(X)\,\mathrm{d}X = \frac{1}{|a|}\psi(0);$$

若 $a < 0$，则 $|a| = -a$，有：

$$\int_{-\infty}^{\infty} \psi(x)\delta(ax)\,\mathrm{d}x = \frac{1}{a}\int_{\infty}^{-\infty} \psi(X/a)\delta(X)\,\mathrm{d}X = \frac{1}{-a}\psi(0) = \frac{1}{|a|}\psi(0)。$$

同样，对式(1.4.63)的右端也应用检验函数 $\psi(x)$，有：

$$\int_{-\infty}^{\infty} \psi(x)\frac{1}{|a|}\delta(ax)\,\mathrm{d}x = \frac{1}{|a|}\int_{-\infty}^{\infty} \psi(x)\delta(x)\,\mathrm{d}x = \frac{1}{|a|}\psi(0)。$$

可见，式(1.4.63)左右两端的广义函数分别作用于同一个检验函数 $\psi(x)$ 的积分值相等，所以，这两个广义函数相等。

**推论 1**

$$\delta(ax - x_0) = \frac{1}{|a|}\delta\left(x - \frac{x_0}{a}\right), \tag{1.4.65}$$

或

$$\delta\left(\frac{x - x_0}{a}\right) = \frac{1}{|a|}\delta(x - x_0)。 \tag{1.4.66}$$

**推论 2**

取 $a = -1$ 时，有：

$$\delta(-x) = \delta(x)。 \tag{1.4.67}$$

可见，$\delta$ 函数是偶函数。

### 4. 可分离变量性

在直角坐标系下，有：

$$\delta(x - x_0, y - y_0) = \delta(x - x_0)\delta(y - y_0)。 \tag{1.4.68}$$

在极坐标系下，有：

$$\delta(\boldsymbol{r} - \boldsymbol{r}_0) = \frac{\delta(r - r_0)}{r}\delta(\varphi - \varphi_0) \quad (r_0 > 0,\ 0 < \varphi_0 < 2\pi), \tag{1.4.69}$$

$$\delta(\boldsymbol{r}) = \frac{\delta(r)}{\pi r} \quad (r_0 > 0)。 \tag{1.4.70}$$

同时有：

$$\int_0^\infty \delta(r - r_0)\,\mathrm{d}r = 1 \quad (r_0 > 0), \tag{1.4.71}$$

$$\int_0^{2\pi} \delta(\varphi - \varphi_0)\,\mathrm{d}r = 1 \quad (0 < \varphi_0 < 2\pi)。 \tag{1.4.72}$$

### 5. 乘积性质

若函数 $f(x)$ 是在 $x_0$ 处连续的普通函数，则有：

$$f(x)\delta(x - x_0) = f(x_0)\delta(x - x_0); \tag{1.4.73}$$

对二维函数 $f(x, y)$ 在 $(x_0, y_0)$ 处连续，则有：

$$f(x, y)\delta(x - x_0, y - y_0) = f(x_0, y_0)\delta(x - x_0, y - y_0)。 \tag{1.4.74}$$

该特性也称为 $\delta$ 函数的抽样特性。它表示任一个连续函数与 $\delta$ 函数相乘，其结果只能是抽取该函数在 $\delta$ 函数所在点处的值，这个离散点为 $f(x_0)\delta(x - x_0)$ 或 $f(x_0, y_0)\delta(x - x_0, y - y_0)$。这样就把一个连续函数与离散点联系起来，可以对离散点进行分析运算。但要注意，式(1.4.73)和式(1.4.74)是一个广义等式，它不表示左右两边函数值的对应相等，只表明左右两边的广义函数分别作用于同一个检验函数时的积分值相等。

**推论 1**

当 $x_0 = 0$ 时，有：

$$f(x)\delta(x) = f(0)\delta(x); \tag{1.4.75}$$

当 $x_0 = 0$，$y_0 = 0$ 时，有：

$$f(x, y)\delta(x, y) = f(0, 0)\delta(x, y)。 \tag{1.4.76}$$

**推论 2**

当 $f(x) = x$，由式(1.4.73)得：

$$x\delta(x - x_0) = x_0\delta(x - x_0)\text{。} \tag{1.4.77}$$

若 $x_0 = 0$，则有：

$$x\delta(x) = 0\text{。} \tag{1.4.78}$$

上式表明，$x\delta(x)$ 作为被积函数中的一个因子与零的作用相同。引入 $\delta$ 函数以后，可以把奇异函数(如分母可以为零的函数)当成普通函数来运算而不会得到错误的结果。

**推论 3**

$$\delta(x)\delta(x - x_0) = 0 \quad (x_0 \neq 0)\text{，} \tag{1.4.79}$$

$$\delta(x, y)\delta(x - x_0, y - y_0) = 0 \quad (x_0 \neq 0, y_0 \neq 0)\text{。} \tag{1.4.80}$$

**推论 4**

$\delta(x, y)\delta(x, y)$ 无定义。

#### 6. 积分形式

$\delta$ 函数可以由某些普通函数的积分式来表示，如：

$$\delta(x) = \frac{1}{2\pi}\int_{-\infty}^{\infty} \cos kx \, dk\text{，} \tag{1.4.81}$$

$$\delta(x) = \frac{1}{2\pi}\int_{-\infty}^{\infty} e^{\pm ikx} dk\text{。} \tag{1.4.82}$$

上两式表明，$\delta$ 函数可以由等振幅的所有频率的正弦波(用余弦函数表示)来合成。也就是说，$\delta$ 函数可分解成包含所有频率的等振幅的无数正弦波。

#### 7. $\delta$ 函数是单位阶跃函数的一阶导数

单位阶跃函数的一阶导数为 $\delta$ 函数，即

$$\delta(x) = \frac{dH(x)}{dx}\text{。} \tag{1.4.83}$$

用分部积分法可以证明上式：

$$\int_{-\infty}^{\infty} \psi(x)\frac{dH(x)}{dx}dx = \psi(\infty) - \int_{-\infty}^{\infty} \psi\varphi(x)dx = \psi(\infty) - [\psi(\infty) - \psi(0)]$$

$$= \psi(0) = \int_{-\infty}^{\infty} \psi(x)\delta(x)dx\text{。} \tag{1.4.84}$$

比较上式左右两边，就得到式(1.4.83)。$H(x)$ 在 $x = 0$ 处为第一类间断点，因此对存在第一类间断点的不连续函数求导时，在间断点处就出现一个 $\delta$ 函数。

### 1.4.4 $\delta$ 函数的导数

一维 $\delta$ 函数的 $n$($n$ 为正整数)阶导数定义为：

$$\delta^{(n)}(x) = \frac{d^{(n)}\delta(x)}{dx} = \frac{d^n\delta(x)}{dx^n}\text{。} \tag{1.4.85}$$

由于 $\delta$ 函数是一个广义函数，其导数也是要利用它的积分性质来描述。如果有一个具有 $n$ 阶

导数的函数 $f(x)$，其 $n$ 阶导数为：

$$f^{(n)}(x) = \frac{\mathrm{d}^n f(x)}{\mathrm{d}x^n}。 \tag{1.4.86}$$

式中：$n$ 为正整数。对实常数 $x_0$，要求 $f(x)$ 至少在前 $n$ 个导数在点 $x = x_0$ 连续，这样，就可以利用下列性质定义 $\delta$ 函数的导数：

$$\delta^{(n)}(x - x_0) = 0 \quad (x \neq x_0), \tag{1.4.87a}$$

$$\int_{x_1}^{x_2} f(\alpha) \delta^{(n)}(\alpha - x_0) \mathrm{d}\alpha = (-1)^n f^{(n)}(x_0) \quad (x_1 < x_0 < x_2)。 \tag{1.4.87b}$$

式中：$f^{(n)}(x_0) = \left. \dfrac{\mathrm{d}^n f(x)}{\mathrm{d}x^n} \right|_{x=x_0}$。

为了说明 $\delta$ 函数导数的意义，将 $\delta$ 函数定义为普通函数序列 $f_m(x)$，并要求 $f_m(x)$ 必须是连续可微的。于是有：

$$\delta^{(n)}(x) = \lim_{m \to \infty} f_m^{(n)}(x)。 \tag{1.4.88}$$

式中：$f_m^{(n)}(x)$ 是函数序列 $f_m(x)$ 的 $n$ 阶导数。取函数序列 $f_m(x) = m\mathrm{rect}(mx)$，于是有：

$$\delta(x) = \lim_{m \to \infty} m\,\mathrm{rect}(mx) = \lim_{a \to 0} \frac{1}{a} \mathrm{rect}(x/a) = \lim_{a \to 0} \frac{1}{a} [\mathrm{step}(x + a/2) - \mathrm{step}(x - a/2)]。 \tag{1.4.89}$$

式中：$a = 1/m$，为简化起见，$m$，$a$ 均取为正。对上式求一阶导数，有：

$$\delta^{(1)}(x) = \lim_{a \to 0} \frac{1}{a} \cdot \frac{\mathrm{d}}{\mathrm{d}x} [\mathrm{step}(x + a/2) - \mathrm{step}(x - a/2)]。 \tag{1.4.90}$$

由于 $\delta$ 函数可以表示为阶跃函数导数的形式，即

$$\delta(x - x_0) = \frac{\mathrm{d}}{\mathrm{d}x} \mathrm{step}(x - x_0)。 \tag{1.4.91}$$

所以得：

$$\delta^{(1)}(x) = \lim_{a \to 0} \frac{1}{a} [\delta(x + a/2) - \delta(x - a/2)]。 \tag{1.4.92}$$

由上式可以理解 $\delta$ 函数一阶导数的意义。上式方括号中的表达式由两个 $\delta$ 函数构成：一个是正 $\delta$ 函数，位于 $x = -a/2$ 处，面积为 $1/a$；另一个是负 $\delta$ 函数，位于 $x = a/2$ 处，面积也为 $1/a$。这两个 $\delta$ 函数的面积刚好等于矩形函数的跃度，并且当 $a \to 0$ 时趋于无穷大。另外，当 $a \to 0$ 时，这两个 $a \to 0$ 的间距趋于零。$\delta$ 函数的一阶导数也常称为偶极子。于是，偶极子由一个正 $\delta$ 函数和一个负 $\delta$ 函数构成，每个都位于原点，面积为无穷大，几何上常用一对单位高度的半箭头表示。$\delta^{(1)}(x)$ 的图形（如图 1.4.7 所示）类似于无限接近原点的奇脉冲对，但由于 $a \to 0$，故每一个脉冲的面积趋于无穷大，所以图中箭头高度不再代表 $\delta$ 函数的面积。$\delta$ 函数导数的性态不容易想象，也不容易图示。通过对其一阶导数的描述，可以直观地理解 $\delta$ 函数导数的含义。

一阶导数 $\delta^{(1)}(x)$ 也是广义函数，有如下性质：

$$\delta^{(1)}(x) = 0 \quad (x \neq 0), \tag{1.4.93}$$

$$\int_{-\infty}^{\infty} \delta^{(1)}(x) \mathrm{d}x = 0, \tag{1.4.94}$$

$$x\delta^{(1)}(x) = -\delta(x)。 \tag{1.4.95}$$

注意,式(1.4.95)并不能写为 $\delta^{(1)}(x) = -\delta(x)/x$,因为这一表达式在一维情况下是无定义的。

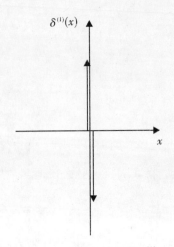

图 1.4.7 $\delta$ 函数一阶导数 $\delta^{(1)}(x)$

若 $f(x)$ 有界且在 $x=x_0$ 处可微,则有:

$$\int_{-\infty}^{\infty} \delta^{(1)}(x-x_0)f(x)\mathrm{d}x = -f^{(1)}(x_0)。 \tag{1.4.96}$$

当 $x_0=0$,$f(x)$ 有界且在 $x=0$ 处可微,则有:

$$\int_{-\infty}^{\infty} \delta^{(1)}(x)f(x)\mathrm{d}x = -f^{(1)}(0)。 \tag{1.4.97}$$

这一性质称为 $\delta$ 函数一阶导数的筛选性质。用分部积分法,可证明上式:

$$\int_{-\infty}^{\infty} \delta^{(1)}(x)f(x)\mathrm{d}x = \delta(x)f(x)\Big|_{-\infty}^{\infty} - \int_{-\infty}^{\infty} \delta(x)f^{(1)}(x)\mathrm{d}x = -f^{(1)}(0)。$$

这是因为 $f(x)$ 在 $x$ 的有限区间之外为零;或者当 $x\to\pm\infty$ 时,$f(x)\to 0$,即 $f(+\infty)=f(-\infty)=0$。

若 $f(x)$ 有界且在 $x=x_0$ 处的 $n$ 阶导数 $f^{(n)}(x)$ 存在,则有:

$$\int_{-\infty}^{\infty} \delta^{(n)}(x-x_0)f(x)\mathrm{d}x = (-1)^n f^{(n)}(x_0)。 \tag{1.4.98}$$

这一性质称为 $\delta$ 函数 $n$ 阶导数的筛选性质。当 $x_0=0$ 且函数 $f(x)$ 在 $x=0$ 处至少可微 $n$ 次,则有:

$$\int_{-\infty}^{\infty} \delta^{(n)}(x)f(x)\mathrm{d}x = (-1)^n f^{(n)}(0)。 \tag{1.4.99}$$

同样,用分部积分法,可以证明上式。

对 $n$ 阶导数,还有如下性质:

$$\int_{-\infty}^{\infty} \delta^{(n)}(x)\mathrm{d}x = 0 \text{(这表明,$\delta$ 函数任何阶导数的总面积恒等于零)}, \tag{1.4.100}$$

$$\frac{(-1)^n x^n}{n!}\delta^{(n)}(x) = \delta(x), \tag{1.4.101}$$

$$\delta^{(n)}[a(x-x_0)] = |a|^{-1}a^{-n}\delta^{(n)}(x-x_0) \quad \text{(缩放性质)}, \tag{1.4.102}$$

$$\delta^{(n)}\left(\frac{x-x_0}{a}\right) = a^n |a| \delta^{(n)}(x-x_0), \tag{1.4.103}$$

$$\delta^{(n)}(-x) = (-1)^n \delta^{(n)}(x)。 \tag{1.4.104}$$

### 1.4.5 复合 δ 函数

形如 $\delta[f(x)]$ 和 $\delta^{(n)}[f(x)]$ 的广义函数称为复合 δ 函数。假定 $f(x)$ 为无限可微函数,方程 $f(x)=0$ 有 $m$ 个非重实根 $x_1, x_2, \cdots, x_i, \cdots, x_m$,若 $f'(x)$ 在任一实根 $x_i$ 处不为零,则在 $x_i$ 附近足够小的邻域可得出:

$$\delta[f(x)] = \delta[f'(x_i)(x-x_i)] = \frac{\delta(x-x_i)}{|f'(x_i)|};$$

若 $f'(x)$ 在 $m$ 个实根处皆不为零,则应该有:

$$\delta[f(x)] = \sum_{i=1}^{m} \frac{\delta(x-x_i)}{|f'(x_i)|} \quad (f'(x) \neq 0)。 \tag{1.4.105}$$

从 δ 函数的这一性质可以看出,当 $f(x) \neq 0$ 时,显然 $\delta[f(x)] = 0$;当 $f(x)=0$ 时,即方程 $f(x)=0$ 的解 $x=x_i$ 处有一个 δ 函数,不过这时 δ 函数在该点处的面积不为 1,而是 $\frac{1}{f'(x)}$。这个性质也可以理解为 $\delta[f(x)]$ 是由 $m$ 个脉冲构成的脉冲系列,各脉冲位置由方程 $f(x)=0$ 的 $m$ 个实根确定,各脉冲的强度则由系数 $|f'(x_i)|^{-1}$ 来确定。图 1.4.8 示意了 $\delta[\sin(\pi x)]$ $= \frac{1}{\pi} \sum_{m=-\infty}^{\infty} \delta(x-m)$ 的图形。

由这一性质,还可以得到:

$$\delta(x^2 - a^2) = \frac{1}{2|a|}[\delta(x+a) + \delta(x-a)]。 \tag{1.4.106}$$

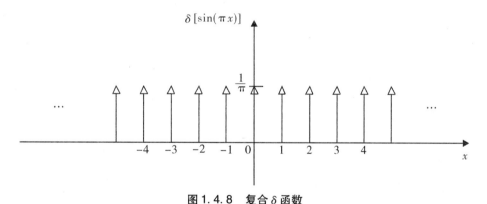

图 1.4.8　复合 δ 函数

### 1.4.6 用 δ 函数描述光学过程的一个例子

为了更好地理解 δ 函数的物理意义及其应用,分析如图 1.4.9 所示的一束平行光通过凸透镜 L 后,会聚于焦点 F 的照度,即通过单位面积的光通量。

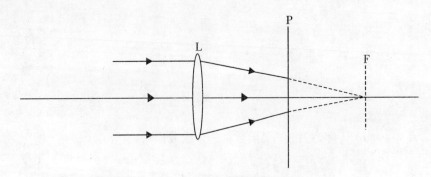

图 1.4.9 用 $\delta$ 函数表示后焦面上的照度分布

在透镜 L 与焦平面之间放置一个与透镜轴线垂直的屏 P，如果忽略衍射效应，显然在屏 P 上可以看到清楚的圆形亮斑。把屏 P 逐渐向后焦面移动，亮斑会变得越来越小，这意味着屏上的照度 $A(x,y)$ 越来越大。在屏 P 与后焦面完全重合时，屏上焦点处的值为无限大，而在焦点外为 0，即

$$\begin{cases} A(x,y) = \begin{cases} \infty & (x=0, y=0) \\ 0 & (x\neq 0, y\neq 0) \end{cases} \\ \iint_{-\infty}^{\infty} A(x,y) \mathrm{d}x\mathrm{d}y = C \end{cases} \tag{1.4.107}$$

式中：$C$ 是常量，其值等于通过透镜的全部光通量。这种情况下的照度就无法用普通函数来描述了。如果将照度 $A(x,y)$ 归一化，则 $C=1$，则上式与式(1.4.1)的 $\delta$ 函数定义是相同的，即后焦面上的照度可用 $\delta$ 函数来描述。而后焦面上的这点，实际上也就是一个点光源。所以空间任一点处的点光源也可以用 $\delta$ 函数来描述。

从上面的描述可以看到，可以用二维 $\delta(x,y)$ 函数和 $\delta(x-x_0, y-y_0)$ 函数分别表示 $x_0=0$，$y_0=0$ 和点 $x_0=x_0$，$y_0=y_0$ 处的点光源；当其中的一维为常数，特别地为常数 1 时，$s(x,y)=\delta(x)$ 或 $s(x,y)=\delta(x-x_0)$ 则分别表示与 $y$ 轴重合或与 $y$ 轴平行的线光源（或无限细的狭缝）。注意，这与一维的 $s(x)=\delta(x)$ 或 $\delta(x-x_0)$ 为一维时的点光源是不同的。$s(x,y)=\delta(x-x_0)$ 是 $x$ 方向上的一维 $\delta$ 函数，对每一个 $y$ 值 $s(x,y)$ 都是一个位于点 $x=x_0$ 处、面积为 1 的 $\delta$ 函数。它在 $x$ 方向高度集中，在 $y$ 方向均匀分布。所以，$s(x,y)=\delta(x-x_0)$ 是一个位于直线 $x=x_0$ 上、具有强度密度 $\dfrac{\mathrm{d}I}{\mathrm{d}y}=1$ 的线光源。

当然，实际上线光源不一定沿坐标轴方向放置，可以是在二维坐标平面的任意方位，这可用式(1.4.38)对 $\delta$ 函数作坐标的线性变换。由式(1.4.42)和式(1.4.43)可得，该线光源在 $\alpha$ 轴方向和 $\beta$ 轴方向分别具有不同的强度密度：

$$\frac{\mathrm{d}I}{\mathrm{d}\alpha} = \frac{1}{|a|}, \quad \frac{\mathrm{d}I}{\mathrm{d}\beta} = \frac{1}{|b|} \tag{1.4.108}$$

显然，沿着该直线的强度密度为：

$$\frac{\mathrm{d}I}{\mathrm{d}l} = \frac{1}{\sqrt{a^2+b^2}} \tag{1.4.109}$$

更一般的情况是，线光源不是平面上的直线，而是一条曲线 $r=w(\alpha,\beta)$。这时，$\delta[w(\alpha,\beta)]$ 是一个位于曲线 $r=w(\alpha,\beta)=0$ 上的线强度。若沿曲线 $w(x,y)=0$ 的弧长增量为

$\mathrm{d}l = \sqrt{(\mathrm{d}\alpha)^2 + (\mathrm{d}\beta)^2}$,并令

$$w_\alpha = \frac{\partial w(\alpha, \beta)}{\partial \alpha}, \quad w_\beta = \frac{\partial w(\alpha, \beta)}{\partial \beta}, \tag{1.4.110}$$

于是得:

$$\frac{\mathrm{d}I}{\mathrm{d}l} = \frac{1}{\sqrt{w_\alpha^2 + w_\beta^2}}, \tag{1.4.111}$$

从而得:

$$\delta[w(\alpha, \beta)] = \frac{1}{\sqrt{w_\alpha^2 + w_\beta^2}} \delta(r)。 \tag{1.4.112}$$

如果对 $\alpha$ 解 $w(\alpha, \beta) = 0$,并用 $\alpha_m$ 表示第 $m$ 个根,则有:

$$\delta[w(\alpha, \beta)] = \sum_m \frac{1}{|w_\alpha|} \delta(\alpha - \alpha_m)。 \tag{1.4.113}$$

同样,如果对 $\beta$ 解 $w(\alpha, \beta) = 0$,并用 $\beta_m$ 表示第 $m$ 个根,则有:

$$\delta[w(\alpha, \beta)] = \sum_m \frac{1}{|w_\beta|} \delta(\beta - \beta_m)。 \tag{1.4.114}$$

## 1.5 周期函数

信息或信号通常表现为一个序列,周期函数是这种序列表达的一种有效方式,所在在光学及信息处理中,经常会涉及周期函数。

### 1.5.1 周期函数的含义

如果函数 $f(x)$ 对无穷区间 $(-\infty, \infty)$ 内的一切 $x$,每分隔一定距离 $L_0$,$f(x)$ 函数按相同规律重复变化,称 $f(x)$ 为周期函数,可表示为:

$$f(x) = f(x + mL_0)。 \tag{1.5.1}$$

式中:$m$ 为任意整数;$L_0$ 为函数重复的周期,其倒数 $\xi_0 = 1/L_0$,称为周期函数 $f(x)$ 的基频,有时也称为周期函数的频率。从式(1.5.1)可以看出,周期函数在一个固定周期间隔 $mL_0$ 后严格地重复其本身。如果自变量是空间坐标,则 $x$ 和 $L_0$ 具有长度量纲,频率的量纲是长度的倒数,常用周/米(cyc/m)或周/毫米(cyc/mm)作单位。通常称 $\xi_0$ 为基波的空间频率,或简称为空间频率(spatial frequency)。周期函数的基波的空间频率表示每单位长度内函数重复的次数。$k_0 = 2\pi\xi_0$ 是空间圆频率,但它已不再具有时间圆频率的物理意义了。它的单位仍可理解为单位长度内的线对数,它与空间频率具有相同的意义,只是数值上差了 $2\pi$ 倍。如果空间周期正好等于光波的波长 $\lambda$,那么空间圆频率在数值上就等于角波数 $k(=2\pi/\lambda)$。

如果是时间变量,则有:

$$f(t) = f(t + mT_0)。 \tag{1.5.2}$$

式中:$T_0$ 为函数重复的周期,其倒数 $\nu_0 = 1/T_0$,称为周期函数 $f(t)$ 基波的时间频率,通常也简称为频率,单位是周/秒或赫兹(Hz)。基波的时间频率表示单位时间函数重复的次数。圆频率或角频率的定义为 $\omega_0 = 2\pi\nu_0$,表示单位时间角度的变化量,其单位为弧度/秒。

由于在信息光学中主要涉及的是空间频率,所以,后面的描述也主要以空间坐标和空间频率为主。

任意形状的函数 $f(x)$ 都可以构造出周期为 $L_0$ 的周期性函数 $f(x) = f(x + mL_0)$，如图 1.5.1 所示。显然，不满足式(1.5.1)的函数称为非周期函数或无周期函数。但许多非周期函数可以看成周期函数的线性组合。

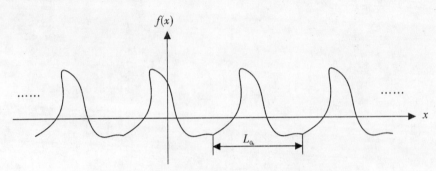

图 1.5.1　周期为 $L_0$ 的任意形状的周期函数

如图 1.5.2 所示的两个周期分别为 $L_{01}$ 和 $L_{02}$ 的周期函数 $f_1(x)$ 和 $f_2(x)$。如果 $L_{02}/L_{01} = L_0$ 是一个有理数，则其和 $f(x) = f_1(x) + f_2(x)$ 也是一个周期函数。如图 1.5.2 中两个函数的周期分别为 1 和 2 时，图 1.5.3 显示了其和的函数，显示其周期为 2。

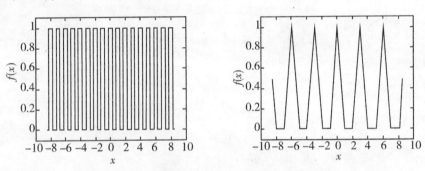

图 1.5.2　周期分别为 $L_{01}$ 和 $L_{02}$ 的两个周期函数

如果两个周期函数的周期比 $L_0$ 不是一个有理数，则它们就不再是周期函数。由两个或两个以上不可公约的周期函数之和构成的函数称为殆周期函数。如图 1.5.4 所示，是当 $L_{01} = 1$，$L_{02} = \sqrt{6}$ 时的殆周期函数的图形。当 $x$ 增大时，这个函数将非常接近于重复其自身，但它永远也不会完全重复它自身，因为不存在这样一个数 $L_0$，使得 $f(x) = f(x + mL_0)$。

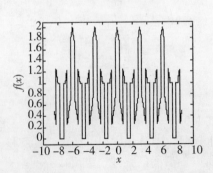

图 1.5.3　周期比为 $L_0 = 2$ 的两个周期函数之和

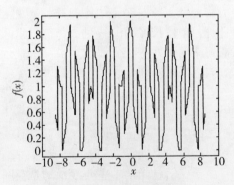

图 1.5.4　殆周期函数

1.1.1 中讲述的非初等函数也可以构造出其周期函数，其中有一些是光信息处理中常见的。例如，周期性的矩形函数 $\text{rect}(x+mL_0)$，可用来描述矩形光脉冲序列、平行狭缝构成的多缝、线光栅等。

## 1.5.2 余弦函数和正弦函数

余弦函数 cos 和正弦函数 sin 是典型的连续型周期函数，在光学中被广泛应用。单位余弦函数和正弦函数的表达式为：

$$\cos(2\pi x) = \sin\left(2\pi x + \frac{\pi}{2}\right), \quad (1.5.3)$$

$$\sin(2\pi x) = \cos\left(2\pi x - \frac{\pi}{2}\right)。 \quad (1.5.4)$$

上两式表示幅度为 1、周期为 $2\pi$ 的余弦函数和正弦函数。$x$ 以弧度为单位时，有更为简洁的形式 $\cos(x)$ 和 $\sin(x)$。由于正弦函数与余弦函数只差 $\pi/2$ 相角，有时并不作严格的区分。下面以余弦函数为例加以说明。

一般形式的余弦函数的表达式为：

$$A_0 \cos(2\pi m \xi_0 x - \varphi_0) = A_0 \cos(m k_0 x - \varphi_0) \quad (m=0,\ \pm 1,\ \pm 2,\ \cdots)。 \quad (1.5.5)$$

式中：$A_0$ 为振幅；$\xi_0$ 为频率（基频）；$k_0$ 为圆频率；$\varphi_0$ 的值决定了函数在点 $x=0$ 处的函数值，称为初始相位，即 $\cos(\varphi_0) = B_0/A_0$，$B_0$ 为函数与纵轴交点的坐标值。从图 1.5.5 中可以看到，余弦函数在间隔 $mL_0$ 之后，严格地重复其本身。余弦函数当其宗量等于 $\pi$ 的整数倍时，函数值为零，即 $2\pi m \xi_0 x - \varphi_0 = m\pi$，可求得曲线与 $x$ 轴相交的位置为 $\dfrac{(m\pi+\varphi_0)L_0}{2\pi m}$，$L_0 = 1/\xi_0$ 为余弦函数的周期。

在光学中，余弦函数或正弦函数可用来描述光场、余弦光栅等。

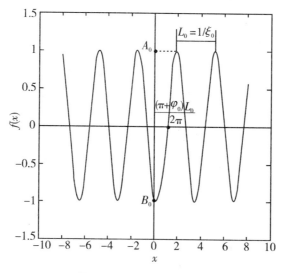

图 1.5.5　任意余弦函数

### 1.5.3 梳状函数

经常会应用到周期性的 $\delta$ 函数,所以引入一个专门的名称,称为梳状函数(comb function),用符号 comb 或 Ⅲ 表示。一维单位梳状函数定义为:

$$\text{comb}(x) = \sum_{m=-\infty}^{\infty} \delta(x-m)。 \tag{1.5.6}$$

式中: $m$ 为整数。这是一排相距为 1、面积为 1 的 $\delta$ 函数,所以又称为单位脉冲序列或单位脉冲梳,其图形如图 1.5.6(a) 所示。经过平移和扩缩后,可以得一般的形式如下:

$$\text{comb}\left(\frac{x-x_0}{a}\right) = \sum_{m=-\infty}^{\infty} \delta\left(\frac{x-x_0}{a} - m\right) = |a| \sum_{m=-\infty}^{\infty} \delta(x-x_0-ma)。 \tag{1.5.7}$$

式中: $a, x_0$ 均为实常数。上式表示间隔为 $|a|$、面积为 $|a|$ 的 $\delta$ 函数的无穷序列,其图形如图 1.5.6(b) 所示。

显然,梳状函数也是广义函数,其性质可由 $\delta$ 函数的定义和性质直接推出。

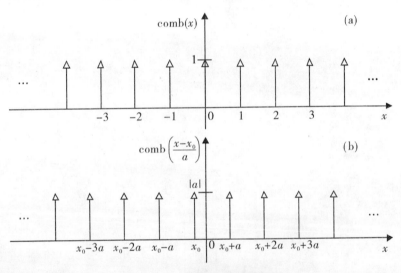

图 1.5.6　一维梳状函数的图形

**筛选性质:**

设 $f(x)$ 是定义在无穷区间 $(-\infty, \infty)$ 的连续函数,则有:

$$\int_{-\infty}^{\infty} \text{comb}(x) f(x) \mathrm{d}x = \sum_{m=-\infty}^{\infty} f(m)。 \tag{1.5.8}$$

利用这一性质,可求出连续函数 $f(x)$ 在脉冲所在位置的 $m$ 个函数值之和。

**缩放性质:**

$$\text{comb}(ax) = \frac{1}{|a|} \sum_{m=-\infty}^{\infty} \delta(x - m/a)。 \tag{1.5.9}$$

式中: $a$ 为实常数。当 $a>1$ 时,脉冲间隔压缩,$\delta$ 函数的面积也变小;当 $a<1$ 时,脉冲间隔放大,$\delta$ 函数的面积也变大。

**平移性质：**

$$\mathrm{comb}(ax - x_0) = \frac{1}{|a|} \sum_{m=-\infty}^{\infty} \delta\left(x - \frac{x_0}{a} - \frac{m}{a}\right). \tag{1.5.10}$$

式中：$a$，$x_0$ 均为实常数。式(1.5.10)表明，除了常数 $a$ 的缩放作用之外，系统的坐标原点向左平移了 $x_0/a$。

**乘法性质：**

设 $f(x)$ 是定义在无穷区间 $(-\infty, \infty)$ 的连续函数，则有：

$$f(x)\mathrm{comb}(x) = \sum_{m=-\infty}^{\infty} f(m)\delta(x-m) = f_s(x). \tag{1.5.11}$$

乘法性质表明，连续函数 $f(x)$ 与 $\mathrm{comb}(x)$ 相乘，结果是强度为 $f(m)$ 的脉冲序列。这就将连续分布的函数 $f(x)$ 变成了离散分布的函数 $f_s(x)$，实现了对连续函数的抽样。因此，上述性质也可称为 $\mathrm{comb}(x)$ 的抽样性质。图 1.5.7 示意了应用 $\mathrm{comb}(x)$ 函数对连续函数 $f(x)$ 的抽样。用 $\mathrm{comb}(x)$ 函数作用于普通函数，除了可以实现对连续函数等间隔抽样，还可以实现普通函数图形的重复排列，用于描述周期性变化的光场。

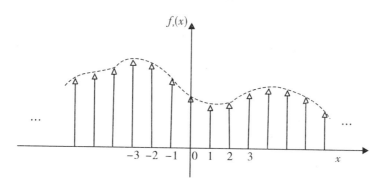

图 1.5.7 梳状函数的抽样性质

二维梳状函数的定义为：

$$\frac{1}{|ab|}\mathrm{comb}\left(\frac{x}{a}, \frac{y}{b}\right) = \frac{1}{|a|}\mathrm{comb}\left(\frac{x}{a}\right)\frac{1}{|b|}\mathrm{comb}\left(\frac{y}{b}\right) = \sum_{m,n} \delta(x-ma, y-nb). \tag{1.5.12}$$

式中：$m$，$n$ 为整数。从式(1.5.12)可以看出，与二维 $\delta$ 函数一样，二维梳状函数也是可以分离变量的，并具有缩放性质。二维梳状函数是分布在 $x$-$y$ 平面的矩形格点上，间隔为 $(a, b)$ 的二维单位脉冲阵列，其函数图形如图 1.5.8 所示。

在二维坐标中，二维 $\delta$ 函数如式(1.4.6)所定义，如果其中的一维为常数，则这时二维 $\delta$ 函数表现为梳状函数，即在二维问题中的 $\delta(x-x_0)$ 不是表示一点，而是表示一条线，如图 1.5.9 所示。

二维梳状函数与普通二维函数相乘，可实现对普通函数等间距抽样，即

$$f(x,y)\mathrm{comb}(x/a, y/b) = ab\sum_{m,n=-\infty}^{\infty} f(ma, nb)\delta(x-ma, y-nb). \tag{1.5.13}$$

这一性质在图像的抽样理论中有着重要的应用。

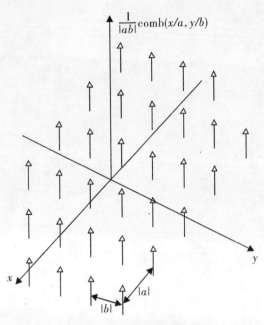
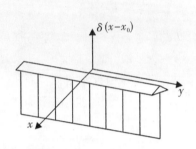

图 1.5.8  二维梳状函数　　　　　　图 1.5.9  二维 $\delta$ 线函数

对二维梳状函数 $\mathrm{comb}(x,y)$ 作线性坐标变换，由式(1.3.22)可得：

$$g(\alpha,\beta) = \mathrm{comb}(a_1\alpha + b_1\beta + c_1,\ a_2\alpha + b_2\beta + c_2)$$

$$= \sum_{m=-\infty}^{\infty}\sum_{n=-\infty}^{\infty}\delta(a_1\alpha + b_1\beta + c_1 - m,\ a_2\alpha + b_2\beta + c_2 - n)$$

$$= \frac{1}{|D|}\sum_{m=-\infty}^{\infty}\sum_{n=-\infty}^{\infty}\delta(\alpha - \alpha_0 - b_2 m/D + b_1 n/D)\delta(\beta - \beta_0 + a_2 m/D - a_1 n/D) \,\circ \quad (1.5.14)$$

式中：$D$，$\alpha_0$，$\beta_0$ 与前面定义相同。上式可以看作倾斜的 $\delta$ 函数阵列，其中每一个 $\delta$ 函数具有体积 $1/|D|$。

如果一个函数 $f(x,y)$ 可以写成如下形式：

$$f(x,y) = f(x + d_1 m + e_1 n,\ y + d_2 m + e_2 n) \quad (d_1,d_2,e_1,e_2\text{ 是实常数},m,n\text{ 为整数})\,\circ$$
(1.5.15)

则此函数称为斜周期函数。显然，式(1.5.14)是斜周期函数，其中：

$$d_1 = -\frac{b_2}{D},\quad d_2 = \frac{b_1}{D},\quad e_1 = \frac{a_2}{D},\quad e_2 = -\frac{a_1}{D}\,\circ$$

$\alpha_0 = \beta_0 = 0$ 时的图形如图 1.5.10 所示。相应于 $m$ 和 $n$ 为常数值的直线构成一个斜格子，并且 $g(\alpha,\beta)$ 的点质量位于这些直线的交点上。这个与格子相联系的另一个格子称为倒格子。

如果给出函数

$$g(\alpha,\beta) = \mathrm{comb}(a_1\alpha + b_1\beta,\ a_2\alpha + b_2\beta)$$

$$= \frac{1}{|D|}\sum_{m=-\infty}^{\infty}\sum_{n=-\infty}^{\infty}\delta(\alpha - b_2 m/D + b_1 n/D)\delta(\beta + a_2 m/D - a_1 n/D) \quad (1.5.16)$$

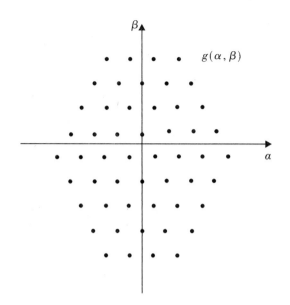

**图 1.5.10 斜周期梳状函数**

及与其相联系的格子，相应的倒格子是与下述函数相联系的：

$$G(\xi, \eta) = \frac{1}{|D|}\mathrm{comb}\left(\frac{b_2\xi}{D} - \frac{a_2\eta}{D}, -\frac{b_1\xi}{D} + \frac{a_1\eta}{D}\right)$$

$$= \sum_{m=-\infty}^{\infty}\sum_{n=-\infty}^{\infty}\delta(\xi - a_1 m - a_2 n)\delta(\eta - b_1 m - b_2 n)。 \quad (1.5.17)$$

式中：$\xi, \eta$ 分别是相应于空间变量的空间频率变量。倒格子中 $m$ 为常数的直线垂直于原来格子中 $n$ 为常数的直线，反之亦然。这两个格子互为倒格子。其示意图如图 1.5.11 所示。

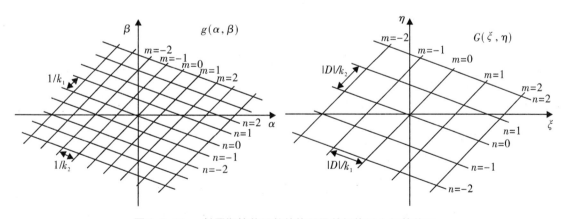

**图 1.5.11 斜周期梳状函数的格子及其倒格子之间的关系**

对原格子，平行直线族的垂直间距为 $1/k_1$ 和 $1/k_2$，倒格子对应的间距为 $|D|/k_2$ 和 $|D|/k_1$，其中 $k_1 = \sqrt{a_1^2 + b_1^2}$，$k_2 = \sqrt{a_2^2 + b_2^2}$。

$\delta$ 函数可用来描述点光源或线光源。如果在同一条直线上排列无穷多个等距离的点光源，便可用无穷多个等间距的一维 $\delta$ 函数之和来表示。一维梳状函数还可用于描述一维细缝光栅的振幅透射系数。同样，如果在一个平面纵横两个方向上排列无穷多个各自等距离的点光源，则可用无穷多个等间隔排列的二维δ函数之和来表示。

### 1.5.4 周期性函数的 MATLAB 实现

**1. 周期性矩形函数**

在 MATLAB 中，用函数 square 来产生周期性矩形脉冲信号序列。

格式1：square(a∗x)

格式2：square(a∗x, duty)

功能：格式1产生指定周期、峰值为±1的周期方波。常数 a 为横轴的尺度因子，用于调整脉冲的周期，当 a=1 时，周期为 $2\pi$。格式2产生指定周期、峰值为±1、占空比为 duty 的周期方波。

占空比是一个周期内信号为正的部分所占的比例。图 1.5.12 分别是周期为 $2\pi$、周期为 1 和占空比为 70% 的的周期性矩形信号。

**2. 周期性三角形函数**

在 MATLAB 中，用函数 sawtooh 来产生周期性锯齿或三角形脉冲信号序列。

格式1：sawtooth(a∗x)

格式2：sawtooth(a∗x, width)

功能：格式1产生指定周期、峰值为±1的周期锯齿波。常数 a 为横轴的尺度因子，用于调整脉冲的周期，当 a=1 时，周期为 $2\pi$。格式2产生指定周期、峰值为±1的周期性三角形脉冲。width 是值为 1 到周期之间的常数，用于指定在一个周期内，三角形脉冲最大值出现的位置。当 width=0.5 时，则得到标准的对称三角形脉冲。

图 1.5.13 分别是周期为 $2\pi$、周期为 1 的锯齿波和周期为 2 的对称三角形信号。

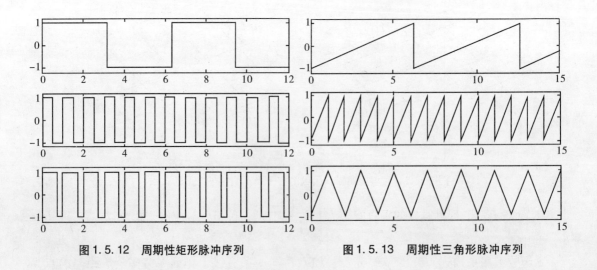

图 1.5.12 周期性矩形脉冲序列　　图 1.5.13 周期性三角形脉冲序列

### 3. 周期性脉冲信号序列的产生函数

在 MATLAB 中,可用函数 pulstran 对连续函数或脉冲原型进行采样而得到周期性脉冲信号序列。

格式 1:y = pulstran(x, d, 'func')

格式 2:y = pulstran(x, d, 'func', p1, p2, ...)

格式 3:y = pulstran(x, d, p, h)

功能:格式 1 返回的是对一连续函数'func'进行采样而得到的周期性脉冲。函数'func'必须能接受数给 x 作为其输入参数。函数'func'的输入参数为 x 给定的值减去偏移量 d,这样函数'func'求 length(d) 次值,其和由 y 返回,即 y = func(x − d(1)) + func(x − d(2)) + …。当 d 是一个列数为 2 的向量时,可以给上面的求和式中的每一项加一增益系数,其中 d 的第一列为延迟量,第二列为相应的增益系数。注意:一行向量将被认为是延迟参数。

格式 2 可以给函数'func'传递必要的参数,函数调用的形式为 func(x, d, p1, p2, ...)

格式 3 用于对脉冲原型的采样产生一脉冲序列。序列以 h 的采样率,由对 p 给定的脉冲原型的多项延迟插值之和进行采样得到的。p 被设定在间隔[0, (length(p) − 1)/h]之内,在此间隔之外采样数据都为 0。缺省情况下延迟由线性插值产生,这时格式为 pulstran(x, d, p),h = 1。要指定另外的插值方法时,则需用格式 pulstran(…, 'method',)。

图 1.5.14 是用函数 pulstran 产生的周期性矩阵脉冲信号序列、三角形脉冲信号序列和高斯脉冲信号序列。从图中可以看出,用函数 pulstran 可以更方便灵活地产生各种周期性脉冲信号序列。

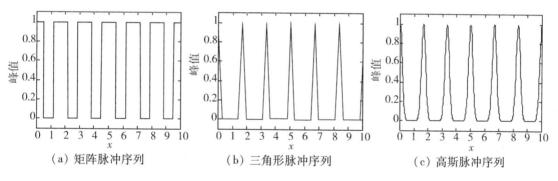

(a) 矩阵脉冲序列　　(b) 三角形脉冲序列　　(c) 高斯脉冲序列

图 1.5.14　周期性脉冲序列

## 1.6　复数和复值函数

在光学和信息处理中经常用到复数和复值函数,很好地理解它们的概念和性质是十分重要的。

### 1.6.1　复数

一对有序常实数 $u, v$ 定义为复数 $w$ 时,可表示为:

$$w = u + \mathrm{i}v \text{。} \tag{1.6.1}$$

式中：$u, v$ 分别称为复数 $w$ 的实部和虚部，也常记作 $u = \mathrm{Re}\{w\}, v = \mathrm{Im}\{w\}$；符号 i（有些文献上也用 j 表示）是表示复数的一个符号，称为虚数单位，且有 $\mathrm{i} = \sqrt{-1}$。虚部为零的复数就是实数，因此，全体实部是全体虚数的一部分。实部等于零而虚部不等零的复数称为纯虚数。两个复数相等，是指当且仅当它们的实部与虚部分别相等。式(1.6.1)所表示的复数 $w$ 的复共轭定义如下：

$$w^* = u - \mathrm{i}v \text{。} \tag{1.6.2}$$

式中：上标"$*$"表示复共轭。

令复数 $w = u + \mathrm{i}v$ 对应于平面上的点 $(u, v)$，则在一切复数构成的集合与平面之间建立一一对应的关系，这个平面称为复平面。复平面的水平轴称为实数轴，垂直轴称为虚数轴。实数对应于实数轴上的点，纯虚数对应于虚数轴上的点（除去坐标原点）。也就是说，在直角坐标系中，复数 $w$ 可表示复平面的一个点，如图 1.6.1 所示。对应于复数 $w$ 的点也简称为点 $w$。点 $w$ 到原点的距离 $r$ 称为复数 $w$ 的模或绝对值，通常记作 $r = |w|$。当 $|w| \neq 0$ 时，原点到点 $w$ 的向量 $\overrightarrow{Ow}$ 与正实轴所成的角 $\varphi$ 称为复数 $w$ 的幅角或相位，即取反时针为正方向。幅角是多值的，同一复数的不同幅角相差 $2\pi$ 倍。取值于区间 $[-\pi, \pi]$ 内的幅角称为幅角的主值，通常记作 $\arg(w)$。于是有 $-\pi \leq \arg(w) \leq \pi$，$\arg(w) = \arg(w) + 2m\pi$，其中 $m = 0, \pm 1, \pm 2, \cdots$。

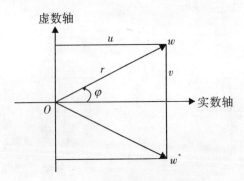

图 1.6.1 复平面及复数的极坐标

如果转化成极坐标的形式，引入极坐标变量 $(r, \varphi)$，则有：

$$w = u + \mathrm{i}v = r\mathrm{e}^{\mathrm{i}\varphi} = r(\cos\varphi + \mathrm{i}\sin\varphi) \text{。} \tag{1.6.3}$$

式中：

$$r = |w| = \sqrt{u^2 + v^2}; \tag{1.6.4}$$

$$\varphi = \arg(w) = \arctan(v/u) \text{。} \tag{1.6.5}$$

式中：$r$ 和 $\varphi$ 都是实常数，且 $r > 0$。

复数是没有大小的，因此，复数比较大小时只能用模来比较。

### 1.6.2 复值函数

如果复数的实部与虚部都是变量，如 $u, v$ 为 $x$ 的函数 $u(x), v(x)$，则 $w(x)$ 为复值函数：
$$w(x) = u(x) + \mathrm{i}v(x)。 \tag{1.6.6}$$
其极坐标形式为：
$$w(x) = r(x)\mathrm{e}^{\mathrm{i}\varphi(x)} = r(x)[\cos\varphi(x) + \mathrm{i}\sin\varphi(x)]。 \tag{1.6.7}$$
式中：$r(x)$ 和 $\varphi(x)$ 都是实值函数，且有：
$$r(x) = |w(x)| = \sqrt{u^2(x) + v^2(x)}, \tag{1.6.8}$$
$$\varphi(x) = \arg w(x) = \arctan\frac{v(x)}{u(x)}。 \tag{1.6.9}$$

如图 1.6.2 所示，可以在复平面用相矢量表示一个或多个实变数的复值函数。相矢量常被用来表示一个具有常数模和线性相位的复指数函数。这时矢量的大小和方向角都是变量。相矢量的虚部和实部分别为：
$$\mathrm{Re}\{w(x)\} = u(x) = r(x)\cos\varphi(x), \quad \mathrm{Im}\{w(x)\} = v(x) = r(x)\sin\varphi(x)。$$

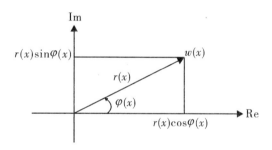

图 1.6.2　相矢量的复平面表示

图 1.6.1 和图 1.6.2 分别是复数和复值函数的几何解释。图 1.6.1 给出了一个复数的全部信息，但图 1.6.2 并不能描述出复值函数的全部信息。因此，对于复值函数则需用其他的图示方法来描述。通常用两种方法，一是单独图示实分量和虚分量，二是单独图示模和相位。同一个复值函数，这两种图示的方法的图形是不同的，但都给出了一个复值函数的全部信息。下面举一例来加以说明。

在光学中，光场常用复指数函数来表示，其一般形式为：
$$A(x) = A_0 \mathrm{e}^{\alpha_0 x + \mathrm{i}(2\pi\xi_0 x - \varphi_0)}。 \tag{1.6.10}$$
式中：$A_0$，$\xi_0$，$\alpha_0$，$\varphi_0$ 为实常数。其三角函数的形式为：
$$A(x) = A_0 \mathrm{e}^{\alpha_0 x}\cos(2\pi\xi_0 x - \varphi_0) + \mathrm{i}A_0 \mathrm{e}^{\alpha_0 x}\sin(2\pi\xi_0 x - \varphi_0)。 \tag{1.6.11}$$
显然其模和相位分别为：
$$r(x) = |w(x)| = A\mathrm{e}^{\alpha x}, \quad \arg(w) = \varphi(x) = 2\pi\xi_0 x - \varphi_0。 \tag{1.6.12}$$

可见，复指数函数是变量 $x$ 的复值函数，因此需要用两个实信号 $A_0 \mathrm{e}^{\alpha_0 x}\cos(2\pi\xi_0 x - \varphi_0)$ 和 $A_0 \mathrm{e}^{\alpha_0 x}\sin(2\pi\xi_0 x - \varphi_0)$ 或模 $A_0 \mathrm{e}^{\alpha_0 x}$ 和相位 $2\pi\xi_0 x - \varphi_0$ 来表示复指数信号随变量 $x$ 的变化规律。它们的图形如图 1.6.3 所示。

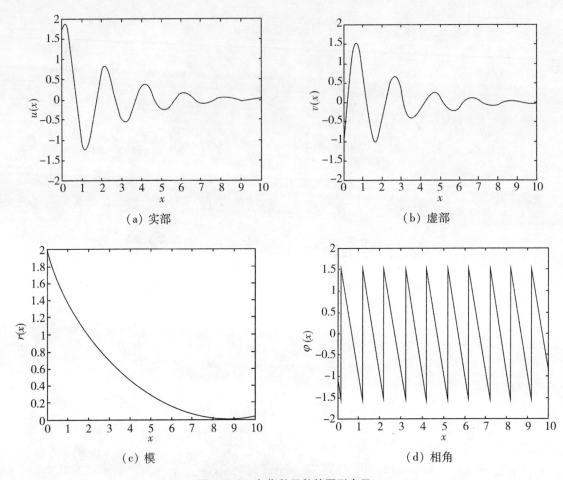

图 1.6.3 复指数函数的图形表示

从图中可以看出,复指数函数的实部和虚部是按指数规律变化的正弦振荡信号。当 $\alpha_0 > 0$ 时,信号按指数规律增长;当 $\alpha_0 < 0$ 时,信号按指数规律衰减。

当式(1.6.10)中实指数系数 $\alpha_0 = 0$ 和初始相角 $\varphi_0 = 0$ 时,则有:

$$A(x) = A_0 e^{i2\pi\xi_0 x} \text{。} \tag{1.6.13}$$

这是纯虚指数函数。其三角函数形式为:

$$A(x) = A_0 \cos(2\pi\xi_0 x) + iA_0 \sin(2\pi\xi_0 x) \text{。} \tag{1.6.14}$$

其实部、虚部、模和相角分别为:

$$\text{Re}\{A(x)\} = A_0 \cos(2\pi\xi_0 x), \tag{1.6.15a}$$

$$\text{Im}\{A(x)\} = A_0 \sin(2\pi\xi_0 x), \tag{1.6.15b}$$

$$r(x) = |w(x)| = A, \tag{1.6.16a}$$

$$\arg(w) = \varphi(x) = 2\pi\xi_0 x \text{。} \tag{1.6.16b}$$

其图形如图 1.6.4 所示。

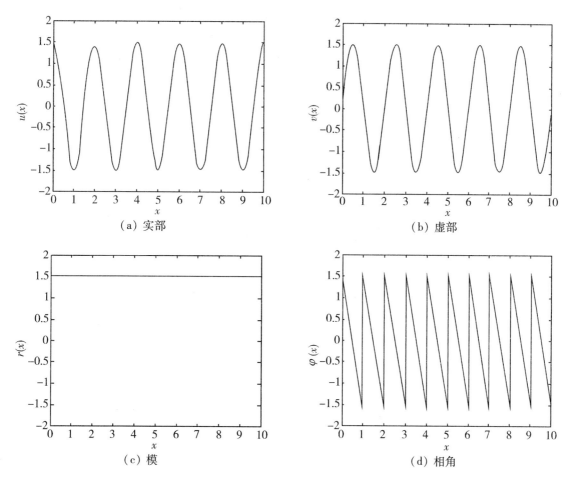

图 1.6.4 纯复指函数的图形表示

如果复值函数的实分量和虚分量或者模和相位为两个变量 $x, y$ 的函数,这时二维复值函数可表示为:

$$w(x, y) = u(x, y) + iv(x, y), \tag{1.6.17a}$$

或

$$w(x, y) = r(x, y) e^{i\varphi(x, y)}。\tag{1.6.17b}$$

一维复值函数所建立的概念对二维复值函数也是有效的。但其图形则变得复杂,需要三维图形才能表达。

### 1.6.3 几个常用的关系式和恒等式

在高等数学中,我们知道对任意实变量 $x$,有如下关系可以把复变量值的指数函数与三角函数相关联:

$$e^{ix} = \cos x + i\sin x, \tag{1.6.18}$$

$$\sin x = \frac{e^{ix} - e^{-ix}}{2i}, \quad \cos x = \frac{e^{ix} + e^{-ix}}{2}。\tag{1.6.19}$$

式(1.6.18)和式(1.6.19)是常用的关系式，称为欧拉(Euler)公式。

用马克劳林(Maclaurin)级数对 $e^{ix}$，$\sin x$ 和 $\cos x$ 进行展开，得：

$$e^{ix} = 1 + ix + \frac{(ix)^2}{2!} + \frac{(ix)^3}{3!} + \frac{(ix)^4}{4!} + \frac{(ix)^5}{5!} + \frac{(ix)^6}{6!} + \cdots, \quad (1.6.20)$$

$$\cos x = 1 - \frac{x^2}{2!} + \frac{x^4}{4!} - \frac{x^6}{6!} + \cdots, \quad (1.6.21)$$

$$\sin x = x - \frac{x^3}{3!} + \frac{x^5}{5!} - \frac{x^7}{7!} + \cdots。 \quad (1.6.22)$$

由欧拉公式，很容易得到如下一些很有用的恒等式。

$$e^{\pm i\pi m} = -1 \quad (m\text{ 为奇整数}), \quad (1.6.23)$$

$$e^{\pm i2\pi m} = 1 \quad (m\text{ 为整数}), \quad (1.6.24)$$

$$e^{\pm i\pi m/2} = \begin{cases} \pm i & m = 1, 5, 9, 13, \cdots \\ \mp i & m = 3, 7, 11, 15, \cdots \end{cases}。 \quad (1.6.25)$$

以上各式当 $m=1$ 时，有：

$$e^{\pm i\pi} = -1, \; e^{\pm i2\pi} = 1, \quad e^{\pm i\pi/2} = i。 \quad (1.6.26)$$

用图形来理解复数的一些性质，是很用帮助的。从图 1.6.5 可见，数 $-1$ 离原点距离为 1，相角为 $\pi$ 或 $-\pi$（或为 $\pm\pi$ 的任意奇倍数）。别外，数 1 离原点距离也是 1，但相角为 $2\pi$（或为 $\pm 2\pi m$，$m$ 为任意整数）。虚数 i 离原点也是单位距离，而相角是 $\pi/2$。

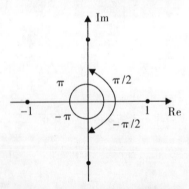

图 1.6.5　$e^{ix}$ 几个恒等式图解说明

在 MATLAB 中，对复数 $w$ 有几个常用的函数：$w$ 复共轭 $\text{conj}(w)$，$w$ 的实部和虚部分别为 $\text{real}(w)$ 和 $\text{imag}(w)$，$w$ 的幅值和相角分别为 $\text{abs}(w)$ 和 $\text{angle}(w)$。

# 习　题　1

1.1　试用 MATLAB 画出下列函数的图形。

(1) $\text{rect}\left(\dfrac{x-3}{1.5}\right)$；　　(2) $\text{sinc}^2 x$；　　(3) $\text{tri}\left(\dfrac{x-2}{3}\right)$；

(4) $\text{sgn}\left(\dfrac{x+2}{-3}\right)$；　　(5) $\text{step}\left(\dfrac{x-2}{4}\right)$；　　(6) $\text{Gaus}\left(\dfrac{x-3}{5}\right)$。

1.2 求下列函数的四则运算，并画出其图形。

(1) $\text{rect}\left(\dfrac{x}{3}\right) - \text{rect}\left(\dfrac{x}{2}\right)$; (2) $\text{tri}\left(\dfrac{x}{3}\right) - \text{tri}\left(\dfrac{x}{2}\right)$; (3) $\text{tri}(x)\text{rect}(x)$;

(4) $\text{sinc}(x)\delta(x)$; (5) $\text{sinc}(x)\delta(x-1)$; (6) $(3x+5)\delta(x+2)$;

(7) $\dfrac{1}{a}\text{comb}(x/a)\text{rect}\left(\dfrac{x-a}{3a}\right)$。

1.3 已知函数 $f(x) = \text{rect}(x+1) + \text{rect}(x-1)$，求以下函数并画出它们的图形。

(1) $f(x-1)$; (2) $f(x) \cdot \text{sgn}(x)$。

1.4 已知函数 $E(x) = \widetilde{E}\text{e}^{-\text{i}2\pi\xi_0 x}$，求函数 $|E(x)|^2$，$E(x) + E^*(x)$ 和 $|E(x) + E^*(x)|^2$，并画出它们的示意图。

1.5 已知连续函数 $f(x)$。

(1) 若 $x_0 > a > 0$，利用 $\delta$ 函数可筛选出函数在 $x = x_0 \pm a$ 的值，试写出运算式；

(2) 若 $a > 0$，求 $f(x)[\delta(x+a) - \delta(x-a)]$，并作出示意图；

(3) 若 $a > 0$，求 $f(x)\delta(ax - x_0)$；

(4) 若 $a > 0$，求 $f(x) \cdot \text{comb}\left(\dfrac{x-x_0}{a}\right)$。

1.6 用高斯函数序列如何定义 $\delta$ 函数。用 MATLAB 画出图 1.4.2 两个序列所表示的 $\delta$ 函数示意图。

1.7 画出函数 $f(r) = \left[\dfrac{1}{2} + \dfrac{1}{2}\text{sgn}(\cos ar^2)\right]\text{circ}(r/r_0)$ 的图形，并求出各环带的半径。

1.8 写出下列各图中所示图形的函数表达式。

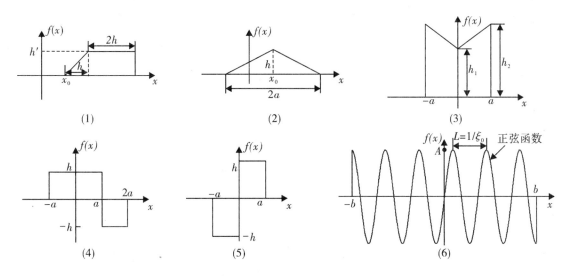

1.9 证明下列各式。

(1) $\text{comb}\left(x - \dfrac{1}{2}\right) = \text{comb}\left(x + \dfrac{1}{2}\right)$; (2) $\text{comb}(x) = \lim\limits_{m \to \infty}\left|\dfrac{\sin(m\pi x)}{\sin(\pi x)}\right|$;

(3) $\delta(ax, by) = \dfrac{1}{|ab|}\delta(x, y)$；

(4) $\text{comb}(ax)\text{comb}(bx) = \dfrac{1}{|ab|}\sum\limits_{m=-\infty}^{\infty}\sum\limits_{n=-\infty}^{\infty}\delta(x-m/a,\ y-n/b)$;

(5) $\sin(x^2 - \dfrac{\pi}{2})\cdot\delta(x) = -\delta(x)$;     (6) $\delta(x) = \lim\limits_{k\to\infty}\dfrac{\sin(kx)}{kx}$;

(7) $(x^3+3)\delta(x) = 3\delta(x)$;     (8) $e^{-2x}\delta(x) = \delta(x)$;

(9) $\delta(x) = \dfrac{1}{2\pi}\int_{-\infty}^{\infty}\cos(kx)\mathrm{d}x$;     (10) $\dfrac{1}{2\pi}\int_{-\infty}^{\infty}\delta(x-2)\cos(\dfrac{\pi x}{4})\mathrm{d}x = 0$。

1.10 证明：

(1) $\delta(x,\ y) = \dfrac{1}{\pi r}\delta(r)$;     (2) $\delta(x-x_0,\ y-y_0) = \dfrac{1}{r}\delta(r-r_0,\ \varphi-\varphi_0)$;

(3) $\int_{-\infty}^{\infty}\delta^{(1)}(x)f(x)\mathrm{d}x = -f^{(1)}(0)$。

1.11 证明：(1) $J_0'(x) = -J_1(x)$；(2) $J_{-n}(x) = (-1)^n J_n(x)$；(3) $J_{1/2} = \sqrt{\dfrac{2}{\pi x}}\sin x$。

1.12 求：(1) $\dfrac{\mathrm{d}}{\mathrm{d}x}J_0(ax)$；(2) $\dfrac{\mathrm{d}}{\mathrm{d}x}[xJ_1(ax)]$。

# 第 2 章 空域的傅里叶变换

在数学中,利用某种变换手段可以把较复杂的运算转化为较简单的运算。如 1.3 中所涉及的函数变换、坐标变换等。再如积分运算,是把一个函数变成另一个函数的变换,就可称为积分变换。傅里叶变换就是最常用的积分变换之一。在科学技术的许多领域,傅里叶变换起着重要的作用。如同其他变换一样,傅里叶变换可以被单纯看作数学泛函;但在许多时候,傅里叶变换的结果又与它所起源的函数一样有着明确的物理意义。例如,波形和谱互为傅里叶变换,而光的、电的或声的一个波形,或与这个波形所对应的谱,都可以是物理可测量的对象。类似这样的关系,在物理学中经常遇到,使傅里叶变换成为物理学中最为有用的工具之一。随着电磁理论、电子通信以及电信号理论和技术的发展,傅里叶变换得到了广泛的应用。在传统模拟信号传输和处理的时代,傅里叶变换是分析连续信号和系统的主要数学工具。随着数学信号时代的来临,傅里叶变换也产生了相应的处理离散信号的离散傅里叶变换及其快速算法,即快速傅里叶变换,这有利于计算机的实现与处理。傅里叶变换是光信息处理中应用最广的一种变换,借助傅里叶变换,可把要在空间域中解决的问题转换到空间频域中去解决。在光信息处理的许多方面都要用到傅里叶变换,如模拟光学分析、变换和处理,数字图像处理等。建立在傅里叶分析基础上的信息光学(早年就称为傅里叶光学)直接促进了图像科学、应用光学、光纤通信和光电子学的发展。可以认为,信息光学是光学、光电子学、信息论的交叉科学,而傅里叶变换是这些领域的数理基础。

## 2.1 一维函数的傅里叶变换

由于英国科学家牛顿(Newton,1642—1727)和德国科学家莱布尼茨(Leibniz,1646—1716)等人在 17 世纪和 18 世纪对科学作出的杰出贡献,数学得到了巨大的发展。在函数、极限、微积分和级数理论的基础上,法国数学家傅里叶(Fourier,1768—1830)于 1822 年发表了论文《热的解析理论》。在该论文中,傅里叶提出了著名的傅里叶级数,即周期函数可展开成无限多个正弦函数和余弦函数的和,随后又把函数的展开从周期函数推广到了非周期函数,并提出了傅里叶积分。傅里叶级数和傅里叶积分的提出,奠定了傅里叶变换的基础。

### 2.1.1 傅里叶级数

对于形如式(1.5.1)的周期函数 $f(x) = f(x + mL_0)$,当它满足狄里赫利条件,即函数在一个周期 $[-L_0/2, L_0/2]$ 内连续或只有第一类间断点,或只有有限个极值点,那么函数 $f(x)$ 便可在区间 $[-L_0/2, L_0/2]$ 内展开成傅里叶级数。傅里叶级数的三角函数展开形式为:

$$f(x) = \frac{a_0}{2} + \sum_{m=1}^{\infty} \left[ a_m \cos(2\pi m \xi_0 x) + b_m \sin(2\pi m \xi_0 x) \right]$$

$$= \frac{a_0}{2} + \sum_{m=1}^{\infty} [a_m \cos(mk_0 x) + b_m \sin(mk_0 x)]. \tag{2.1.1}$$

式中：

$$a_0 = \frac{2}{L_0} \int_{-L_0/2}^{L_0/2} f(x) \,\mathrm{d}x, \tag{2.1.2a}$$

$$a_m = \frac{2}{L_0} \int_{-L_0/2}^{L_0/2} f(x) \cos(2\pi m \xi_0 x) \,\mathrm{d}x = \frac{2}{L_0} \int_{-L_0/2}^{L_0/2} f(x) \cos(mk_0 x) \,\mathrm{d}x \ (m = 1,2,3,\cdots), \tag{2.1.2b}$$

$$b_m = \frac{2}{L_0} \int_{-L_0/2}^{L_0/2} f(x) \sin(2\pi m \xi_0 x) \,\mathrm{d}x = \frac{2}{L_0} \int_{-L_0/2}^{L_0/2} f(x) \sin(mk_0 x) \,\mathrm{d}x \ (m = 1,2,3,\cdots), \tag{2.1.2c}$$

称为傅里叶系数；频率 $\xi_0 = 1/L_0$ 称为周期函数 $f(x)$ 的基频；$\xi_m = m\xi_0 (m = 0, \pm 1, \pm 2, \cdots)$ 称为周期函数 $f(x)$ 的谐频，或称为频率；$k_0 = 2\pi\xi_0$ 为圆频率。由于周期函数只包含 $0$，$\pm\xi_0$，$\pm 2\xi_0$，$\cdots$ 频率分量，频率的取值是离散的，所以周期函数只有离散频谱。

如果令式(2.1.1)中傅里叶系数 $a_m$，$b_m$ 为：

$$a_m = A_m \cos\phi_m, \qquad b_m = -A_m \sin\phi_m, \tag{2.1.3}$$

式中：$A_m$ 和 $\phi_m$ 分别表示频率为 $\xi_m$ 的振幅和相位。由三角函数和角公式可得：

$$a_m \cos(2\pi m \xi_0 x) + b_m \sin(2\pi m \xi_0 x)$$
$$= A_m \cos\phi_m \cos(2\pi m \xi_0 x) - A_m \sin\phi_m \sin(2\pi m \xi_0 x) = A_m \cos(2\pi m \xi_0 x + \phi_m). \tag{2.1.4}$$

由式(2.1.3)可得：

$$A_m = \sqrt{a_m^2 + b_m^2}, \qquad \phi_m = \arctan(-b_m/a_m). \tag{2.1.5}$$

由式(2.1.5)计算的第 $m$ 次频率分量的相位 $\phi_m$ 时，要根据 $a_m$ 和 $b_m$ 的正负号来确定 $\phi_m$ 所处的象限。例如，若 $a_m = -1$ 和 $b_m = -1$，$\phi_m$ 应该位于第三象限，所以 $\phi_m = \arctan(1/-1) = -135°$，而不是 $\phi_m = \arctan(1/-1) = \arctan(-1) = -45°$。

这样可将式(2.1.1)改写成另一种紧凑的三角型函数傅里叶级数：

$$f(x) = \frac{a_0}{2} + \sum_{m=1}^{\infty} A_m \cos(2\pi m \xi_0 x + \phi_m). \tag{2.1.6}$$

上式表明一个周期函数可以表示为直流分量(其频率为零)和频率为 $\xi_0$，$2\xi_0$，$\cdots$，$m\xi_0$，$\cdots$，幅度为 $A_1$，$A_2$，$\cdots$，$A_m$，$\cdots$ 的一系列正弦分量(谐波)之和，相位为 $\phi_1$，$\phi_2$，$\cdots$，$\phi_m$，$\cdots$。如果用图形把式(2.1.6)表示出来，用横轴表示频率、纵轴表示振幅或相位的大小，就可以得到两张图，一张是 $A_m \sim \xi$ 的振幅频谱(amplitude spectrum)图(简称振幅谱)，另一张是 $\phi_m \sim \xi$ 相位频谱(phase spectrum)图(简称相位谱)，二者合在一起称为周期函数 $f(x)$ 的频谱图，简称频谱(见例 2.1.1)。一般相位频谱图用得不多，所以，通常说到频谱时，如果没有特别申明，就是指振幅谱。

三角函数形式的傅里叶级数含义比较明确，但运算上常感觉不够方便，因而经常采用指数函数的形式，即可以等效地把周期函数 $f(x)$ 展成指数函数形式的傅里叶级数。由欧拉公式(1.6.19)，式(2.1.1)可写成：

$$f(x) = \frac{a_0}{2} + \sum_{m=1}^{\infty} \left[ \frac{1}{2}(a_m - \mathrm{i}b_m) \mathrm{e}^{\mathrm{i}2\pi m\xi_0 x} + \frac{1}{2}(a_m + \mathrm{i}b_m) \mathrm{e}^{-\mathrm{i}2\pi m\xi_0 x} \right]. \tag{2.1.7}$$

令

$$c_0 = \frac{a_0}{2}, \quad c_m = \frac{1}{2}(a_m - \mathrm{i}b_m), \quad c_{-m} = c_m^* = \frac{1}{2}(a_m + \mathrm{i}b_m), \tag{2.1.8}$$

显然有：

$$c_m = \frac{1}{L_0}\int_{-L_0/2}^{L_0/2} f(x)\mathrm{e}^{-\mathrm{i}2\pi m\xi_0 x}\mathrm{d}x \ (m = 0, \pm 1, \pm 2, \cdots)_{\circ} \tag{2.1.9}$$

于是，傅里叶级数的复指数函数形式为：

$$f(x) = c_0 + \sum_{m=1}^{\infty}\left[c_m\mathrm{e}^{\mathrm{i}2\pi m\xi_0 x} + c_{-m}\mathrm{e}^{-\mathrm{i}2\pi m\xi_0 x}\right] = \sum_{m=-\infty}^{\infty} c_m\mathrm{e}^{\mathrm{i}2\pi m\xi_0 x}_{\circ} \tag{2.1.10}$$

由式(2.1.8)可以看出，$c_m$ 和 $c_{-m}$ 一般是频率 $\xi(=m\xi_0)$ 的复函数，它们的复指数形式为：

$$c_m = \frac{1}{2}(a_m - \mathrm{i}b_m) = |c_m|\mathrm{e}^{\mathrm{i}\varphi_m}, \quad c_{-m} = \frac{1}{2}(a_m + \mathrm{i}b_m) = |c_{-m}|\mathrm{e}^{\mathrm{i}\varphi_{-m}}_{\circ} \tag{2.1.11}$$

式中：$\varphi_m$ 和 $\varphi_{-m}$ 分别是 $c_m$ 和 $c_{-m}$ 的幅角。显然有：

$$|c_m| = |c_{-m}| = \frac{1}{2}\sqrt{a_m^2 + b_m^2}, \quad \varphi_m = \arctan(-b_m/a_m), \quad \varphi_{-m} = \arctan(b_m/a_m)_{\circ}$$
$$\tag{2.1.12}$$

比较式(2.1.5)和式(2.1.12)有：

$$|c_m| = |c_{-m}| = \frac{1}{2}A_m, \quad \phi_m = \varphi_m = -\varphi_{-m^{\circ}} \tag{2.1.13}$$

由此可见，$A_m$，$\phi_m$ 与 $|c_m|(|c_{-m}|)$，$\varphi_m(\varphi_{-m})$ 的物理意义是相同的，都是随频率变化的振幅与相位，其关系图都称为振幅谱和相位谱。有时为了区分，也把 $\xi \sim |c_m|(|c_{-m}|)$ 图称为复振幅频谱，把 $\xi \sim c_{\pm m}$ 图称为复系数频谱。采用式(2.1.6)的紧凑的三角型傅里叶级数和式(2.1.10)的复数形式的傅里叶级数在本质是相同的，所提供的信息也是完全一致的。但两种表示方式依然是有差别的。从例2.1.2可以看到这种差别。

**例2.1.1** 求如图2.1.1所示的周期指数衰减信号的紧凑三角函数型级数，画出其振幅谱和相位谱。

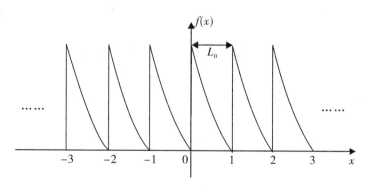

图2.1.1 周期指数衰减函数

**解**：从图中可以看出，周期为 $L_0 = 1$，这样可得 $\xi_0 = 1/L_0 = 1$，由式(2.1.2)可求得傅里叶变换系数 $a_m$ 和 $b_m$：

$$a_0 = \frac{2}{L_0}\int_0^{L_0} f(x)\,\mathrm{d}x = 2\int_0^1 \mathrm{e}^{-x}\,\mathrm{d}x = 2(1-\mathrm{e}^{-1}) = 1.2642,$$

$$a_m = \frac{2}{L_0}\int_0^{L_0} f(x)\cos(2\pi m\xi_0 x)\,\mathrm{d}x = 2\int_0^1 \mathrm{e}^{-x}\cos(2\pi mx)\,\mathrm{d}x$$

$$= \frac{2\mathrm{e}^{-x}}{1+(2\pi m)^2}\left[-1\cos(2\pi mx)+2\pi m\sin(2\pi mx)\right]\Big|_0^1$$

$$= \frac{2\mathrm{e}^{-1}}{1+(2\pi m)^2}\left[-1\cos(2\pi m)+2\pi m\sin(2\pi m)\right] - \frac{2}{1+(2\pi m)^2}(-1\cos 0+2\pi m\sin 0)$$

$$= 2(1-\mathrm{e}^{-1})\frac{1}{1+(2\pi m)^2} = 1.2642\frac{1}{1+(2\pi m)^2},$$

$$b_m = \frac{2}{L_0}\int_0^{L_0} f(x)\sin 2\pi m\xi_0 x\,\mathrm{d}x = 2\int_0^1 \mathrm{e}^{-x}\sin 2\pi mx\,\mathrm{d}x$$

$$= \frac{2\mathrm{e}^{-x}}{1+(2\pi m)^2}(-1\sin 2\pi mx - 2\pi m\cos 2\pi mx)\Big|_0^1$$

$$= \frac{2\mathrm{e}^{-1}}{1+(2\pi m)^2}(-1\sin 2\pi m - 2\pi m\cos 2\pi m) - \frac{2}{1+(2\pi m)^2}(-1\sin 0 - 2\pi m\cos 0)$$

$$= \frac{-2\mathrm{e}^{-1}2\pi m + 2\pi m}{1+(2\pi m)^2} = 2(1-\mathrm{e}^{-1})\frac{2\pi m}{1+(2\pi m)^2} = 1.2642\frac{2\pi m}{1+(2\pi m)^2}。$$

其图形如图 2.1.2(a) 和 (b) 所示。上面的计算应用了积分式 $\int \mathrm{e}^{ax}\cos bx\,\mathrm{d}x = \frac{\mathrm{e}^{ax}}{a^2+b^2}[a\cos(bx)+b\sin(bx)]$ 和 $\int \mathrm{e}^{ax}\sin bx\,\mathrm{d}x = \frac{\mathrm{e}^{ax}}{a^2+b^2}[a\sin(bx)-b\cos(bx)]$。

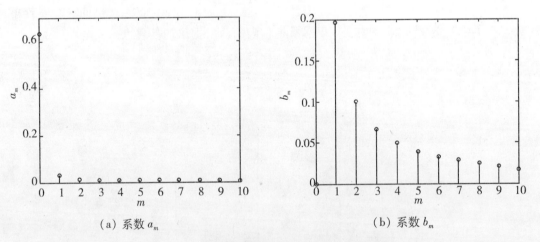

(a) 系数 $a_m$    (b) 系数 $b_m$

图 2.1.2　周期指数衰减函数的傅里叶变换系数

这样，由式 (2.1.5) 可求得振幅谱 $A_m$ 和相位谱 $\phi_m$：

$$A_m = \sqrt{a_m^2 + b_m^2} = 1.2642\frac{1}{\sqrt{1+(2\pi m)^2}},$$

$$\phi_m = \arctan(-b_m/a_m) = \arctan(-2\pi m) = -\arctan(2\pi m)。$$

其图形如图 2.1.3(a) 和 (b) 所示，图中的一系列与纵轴平行的垂直线段，表示各谐波分量振

幅 $A_m$ 的大小或相位量 $\phi_m$ 的值。把 $A_m$ 和 $\phi_m$ 代入式(2.1.6)，就可得到函数 $f(x)$ 紧凑型三角函数的傅里叶级数展开式：

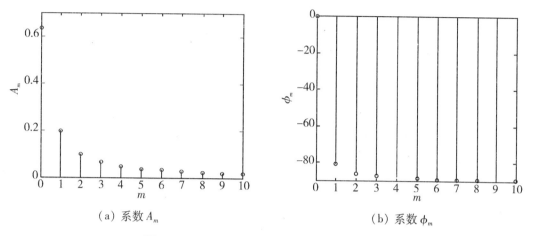

(a) 系数 $A_m$        (b) 系数 $\phi_m$

图 2.1.3   周期指数衰减函数的振幅谱和相位谱

$$f(x) = \frac{a_0}{2} + \sum_{m=1}^{\infty} A_m \cos(2\pi m \xi_0 x + \phi_m)。$$

$$= 0.6321 + 0.6321 \sum_{m=1}^{\infty} \frac{2}{\sqrt{1+(2\pi m)^2}} \cos[2\pi m x - \arctan(2\pi m)]。$$

当 $m = 0, 1, 2, 3, 4, 5, 6, 7, \cdots$，有：

$f(x) = 0.6321 + 0.1987\cos(2\pi x - 80.96°) + 0.1003\cos(4\pi x - 85.45°)$
$+ 0.0670\cos(2\pi x - 86.96°) + 0.0503\cos(2\pi x - 87.72°) + 0.0402\cos(2\pi x - 88.18°)$
$+ 0.0335\cos(2\pi x - 88.48°) + 0.0287\cos(2\pi x - 88.70°) + \cdots。$

**例 2.1.2**   求如图 2.1.4 所示的周期性矩形脉冲的紧凑型三角级数和复数形式的傅里叶级数的振幅频图和相位频谱。

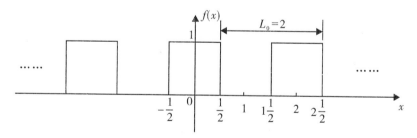

图 2.1.4   周期性矩形函数

**解**：由图 2.1.4 可知，单个矩形的宽度 $a = 1$，高度 $h = 1$，周期 $L_0 = 2$，基频为 $\xi_0 = 1/L_0$ $= 1/2$。其在 $(-1/2, 1/2)$ 区间上的数学表达式为式(1.1.1)。由式(2.1.2)可得：

$$a_0 = \frac{2}{L_0} \int_{-w/2}^{w/2} f(x) \mathrm{d}x = \int_{-1/2}^{1/2} 1 \mathrm{d}x = 1,$$

$$a_m = \frac{2}{L_0} \int_{-w/2}^{w/2} f(x) \cos(2\pi m \xi_0 x) \mathrm{d}x = \int_{-1/2}^{1/2} \cos(\pi m x) \mathrm{d}x = \frac{1}{\pi m} \sin(\pi m x) \Big|_{-1/2}^{1/2}$$

$$= \frac{1}{\pi m}[\sin(\pi m/2) - \sin(-\pi m/2)] = \frac{2}{\pi m}\sin(\pi m/2) = \begin{cases} 0 & m = 2,4,6,8,\cdots \\ \dfrac{2}{\pi m} & m = 1,5,9,13,\cdots \\ -\dfrac{2}{\pi m} & m = 3,7,11,15,\cdots \end{cases},$$

$$b_m = \frac{2}{L}\int_{-w/2}^{w/2} f(x)\sin(2\pi m\xi_0 x)\mathrm{d}x = \int_{-1/2}^{1/2}\sin(\pi mx)\mathrm{d}x = 0。$$

将上面的结果代入式(2.1.1)，可得：

$$f(x) = \frac{1}{2} + \frac{2}{\pi}\left[\cos(\pi x) - \frac{1}{3}\cos(3\pi x) + \frac{1}{5}\cos(5\pi x) - \frac{1}{7}\cos(7\pi x) + \cdots\right]。$$

可见 $b_m = 0$ 时，全部正弦项都是零，在三角函数级数中仅有余弦项出现。因此，这个级数已经就是紧凑形式了，但谐波振幅交替为负。按定义振幅 $A_m$ 总是正的，这个负号可用适当的相位吸收掉。由三角函数关系式 $-\cos x = \cos(x - \pi)$ 就可以将上式的级数表示为：

$$f(x) = \frac{1}{2} + \frac{2}{\pi}\Big[\cos(2\pi\xi_0 x) + \frac{1}{3}\cos(2\pi 3\xi_0 x - \pi) + \frac{1}{5}\cos(2\pi 5\xi_0 x)$$

$$+ \frac{1}{7}\cos(2\pi 7\xi_0 x - \pi)\cdots\Big]。$$

从上式可以看出，式中包含的奇次谐频的项越多，就越接近于原函数 $f(x)$，从图 2.1.5 可以很好地看出这种效应。

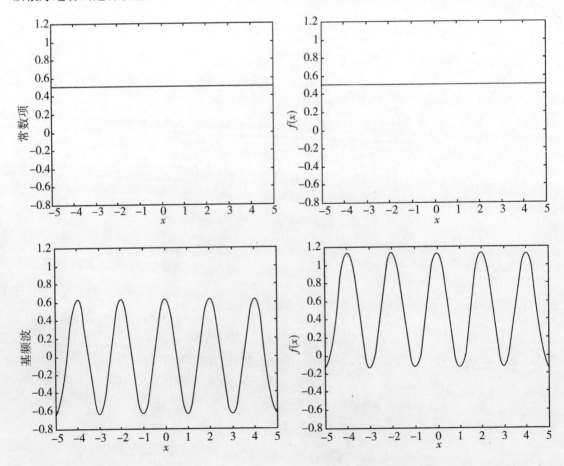

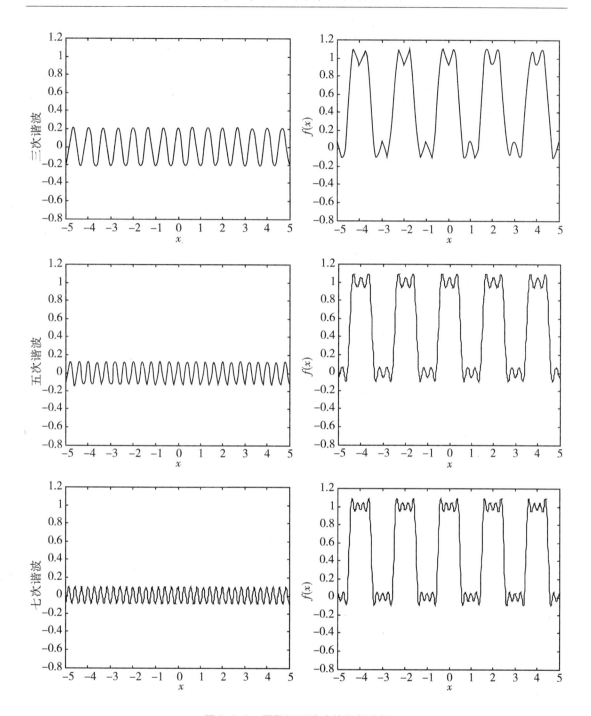

图 2.1.5　周期矩形脉冲的级数分解

由式(2.1.5)可得：

$$A_m = \sqrt{a_m^2 + b_m^2} = |a_m| = \frac{2}{\pi m}|\sin(\pi m/2)| = \begin{cases} 0 & m = 2, 4, 6, 8, \cdots \\ \dfrac{2}{\pi m} & m = 1, 3, 5, 7, \cdots \end{cases}。$$

所以可得：

$$\phi_m = \begin{cases} 0 & m \neq 3, 7, 11, 15, \cdots \\ -\pi & m = 3, 7, 11, 15, \cdots \end{cases}$$

振幅谱 $A_m$ 和相位谱 $\phi_m$ 如图2.1.6(b)和(c)所示。将上面 $A_m$ 和 $\phi_m$ 代入式(2.1.6)可得紧凑型的表达式。然而，如果允许振幅 $A_m$ 取负值，在这个特殊情况下，就可能简化画图的工作。如果可以这样做，就不需要处理振幅前的负号。这意味着所有分量的相位都是零，而能除掉相位谱仅考虑振幅谱，即 $a_m$，其图形如图2.1.6(a)所示。可见，这样做并没有丢失任何信息，图2.1.6(a)的振幅谱包含了傅里叶三角级数展开的全部信息。因此，只要在全部正弦项都没有时 ($b_m = 0$)，允许 $A_m$ 取负值是有利的，这就可以用单一的谱表达频谱的全部信息。

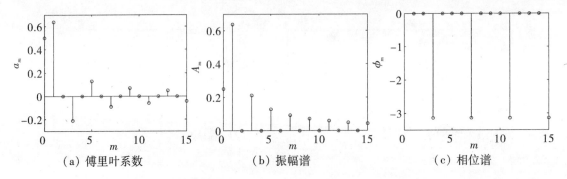

(a) 傅里叶系数　　　　(b) 振幅谱　　　　(c) 相位谱

图2.1.6　周期性矩形函数的傅里叶系数、振幅谱和相位谱

下面求复指数函数的形式。由式(2.1.12)可得：

$$|c_m| = |c_{-m}| = \frac{1}{2}\sqrt{a_m^2 + b_m^2} = \begin{cases} 0 & m = 2, 4, 6, 8, \cdots \\ \dfrac{1}{\pi m} & m = 1, 3, 5, 7, \cdots \end{cases},$$

$$\varphi_m = \arctan(-b_m/a_m) = \begin{cases} 0 & m \neq 3, 7, 11, 15, \cdots \\ -\pi & m = 3, 7, 11, 15, \cdots \end{cases},$$

$$\varphi_{-m} = \arctan(b_m/a_m) = \begin{cases} 0 & m \neq -3, -7, -11, -15, \cdots \\ -\pi & m = -3, -7, -11, -15, \cdots \end{cases}$$

如果采用复振幅的形式来作频谱图，振幅不取绝对值，振幅本身是带有正、负号的，这时的频谱图如图2.1.6(a)所示，图中 $a_m$ 的负号并不表示有什么负振幅的存在，而是说明它带有 $\pi$ 的相位值。

矩形脉冲的频谱图也可以按复数形式傅里叶系数 $c_m$ 作出。如图2.1.7(a)所示，这里频率范围从 $-\infty \to +\infty$，对称于纵轴。与图2.1.6相比，它有如下不同：一是出现了负频率，频率范围扩展到了 $-\infty$；二是各谐波分量的振幅减小了一半，即频率为 $m\xi_0$ 的谐波振幅一分为二，一半放在正频率 $m\xi_0$ 处，另一半放在负频率 $-m\xi_0$ 处；三是各次谐波分量的相位值不变，正频率处和负频率处的幅角大小相等，而方向相反。不过，这些区别只是形式上的不同，在本质上没有什么差别。但要注意，在由图2.1.7求谐波振幅值时，必须把图示之值加倍。

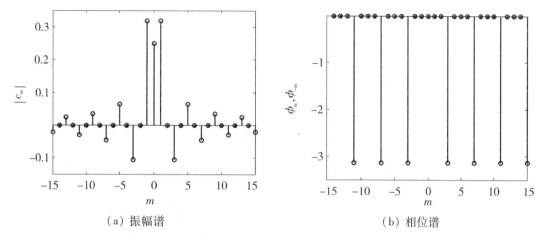

(a) 振幅谱　　　　　　　　　　　(b) 相位谱

图 2.1.7　周期性矩形函数的傅里叶变换复数形式的频谱

当然，实际上负频率是不存在的，负频率是在数学运算过程中，把三角函数用复指数函数表示时引进的。一个实函数展成复指数形式的傅里叶级数，其和也必然是实函数，这只是复指数函数成对地以共轭形式出现才有可能。也就是说，有一个正的 $m$ 次谐波出现，那么必须同时有一个负 $m$ 次谐波与之对应。所以，从数学上来说，出现 $-m$（负频率）是很自然的。但是，在物理上，特别是时间域内，出现负频率则是不可思议的。不过，这里引入负频率的概念，既不是要研究负频率的物理现象，也不是要去测量负频率的大小，而只是引入对谐波分量的一种表示方法。必要时可以给负频率赋予新的解释。例如，若把复系数 $c_m$ 表示的复振幅看成一个旋转矢量的话，那么正、负频率则表示两个方向相反的旋转矢量。在空间域内谐波的空间频率表示沿某一方向传播的平面波，正频率和负频率则是对应着两个不同传播方向的平面波。因此，负频率谐波与正频率谐波可以同等看待，从负频率谐波中同样可以得到该次谐波的振幅和相位信息。

由图 2.1.6 可见，周期函数的振幅频谱有三个特征：一是离散性，它们是一些离散的点列；二是谐波性，每一条谱线仅出现在基频及其整数倍的诸谐频率上，而不是出现在基频的非整数倍的频率上；三是收敛性，由傅里叶系数的性质知，当 $m\to\infty$，$a_m$，$b_m\to 0$，即虽然各频率上的谱线或高或低，但它的总趋势是随着谐波的次数 $m$ 的增大，振幅逐渐减小，当 $m\to\infty$ 时，振幅趋于零。

## 2.1.2　傅里叶积分定理

任何一个非周期函数都可以看成由某个周期函数当 $L_0\to\infty$ 时转化而来。非周期性函数的展开问题可由傅里叶积分定理得到。

傅里叶积分定理可以表达如下：设 $f(x)$ 在 $(-\infty, +\infty)$ 上满足下列条件：① $f(x)$ 在任一有限区间上满足狄里赫利条件；② $f(x)$ 在无限区间 $(-\infty, +\infty)$ 上绝对可积，即积分 $\int_{-\infty}^{\infty}|f(x)|\mathrm{d}x$ 收敛。则有：

$$f(x) = \int_{-\infty}^{\infty}\left[\int_{-\infty}^{\infty}f(\alpha)\mathrm{e}^{-\mathrm{i}2\pi\xi\alpha}\mathrm{d}\alpha\right]\mathrm{e}^{\mathrm{i}2\pi\xi x}\mathrm{d}\xi = \frac{1}{2\pi}\int_{-\infty}^{\infty}\left[\int_{-\infty}^{\infty}f(\alpha)\mathrm{e}^{-\mathrm{i}k\alpha}\mathrm{d}\alpha\right]\mathrm{e}^{\mathrm{i}kx}\mathrm{d}k \quad (2.1.14)$$

成立，而左端的 $f(x)$ 在它的间断点 $x$ 处，应以 $\dfrac{f(x+0)+f(x-0)}{2}$ 来代替。

式(2.1.14)是傅里叶积分公式的复数形式，利用欧拉公式可得到傅里叶积分的三角公式为：

$$f(x) = \frac{1}{2\pi}\int_{-\infty}^{\infty}\left[\int_{-\infty}^{\infty}f(\alpha)\cos k(x-\alpha)\mathrm{d}\alpha\right]\mathrm{d}k。 \quad (2.1.15\mathrm{a})$$

由于积分 $\int_{-\infty}^{\infty}f(\alpha)\cos k(x-\alpha)\mathrm{d}\alpha$ 是 $k$ 的偶函数，式(2.1.15a)又可写为：

$$f(x) = \frac{1}{\pi}\int_{0}^{\infty}\left[\int_{-\infty}^{\infty}f(x)\cos k(x-\alpha)\mathrm{d}\alpha\right]\mathrm{d}k。 \quad (2.1.15\mathrm{b})$$

当 $f(x)$ 为奇函数时，可得到傅里叶正弦积分公式为：

$$f(x) = \frac{2}{\pi}\int_{0}^{\infty}\left[\int_{0}^{\infty}f(\alpha)\sin k\alpha \mathrm{d}\alpha\right]\sin kx\mathrm{d}k;$$

当 $f(x)$ 为偶函数时，可得到傅里叶余弦积分公式为：

$$f(x) = \frac{2}{\pi}\int_{0}^{\infty}\left[\int_{0}^{\infty}f(\alpha)\cos k\alpha \mathrm{d}\alpha\right]\cos kx\mathrm{d}k。 \quad (2.1.17)。$$

特别地，如果 $f(x)$ 仅在 $(0,+\infty)$ 上有定义，且满足傅里叶积分存在定理的条件，就可以采用类似于傅里叶级数中的奇延拓或偶延拓的方法，得到 $f(x)$ 相应的傅里叶正弦积分式或傅里叶余弦积分式。

**例2.1.3** 求函数 $f(x) = \begin{cases} 1, & |x|\leq 1 \\ 0, & \text{其他} \end{cases}$ 的傅里叶积分表达式。

**解**：根据傅里叶积分公式的复数形式(2.1.14)，有：

$$f(x) = \frac{1}{2\pi}\int_{-\infty}^{\infty}\left[\int_{-\infty}^{\infty}f(\alpha)\mathrm{e}^{-\mathrm{i}k\alpha}\mathrm{d}x\right]\mathrm{e}^{\mathrm{i}kx}\mathrm{d}k = \frac{1}{2\pi}\int_{-\infty}^{\infty}\left[\int_{-1}^{1}(\cos k\alpha - \mathrm{i}\sin k\alpha)\mathrm{d}\alpha\right]\mathrm{e}^{\mathrm{i}kx}\mathrm{d}k$$

$$= \frac{1}{\pi}\int_{-\infty}^{\infty}\left[\int_{0}^{1}\cos k\alpha\mathrm{d}\alpha\right]\mathrm{e}^{\mathrm{i}kx}\mathrm{d}k = \frac{1}{\pi}\int_{-\infty}^{\infty}\frac{\sin k}{k}(\cos k\alpha + \mathrm{i}\sin k\alpha)\mathrm{d}k = \frac{2}{\pi}\int_{-\infty}^{\infty}\frac{\sin k\cos kx}{k}\mathrm{d}k。$$

上式的结果是 $x\neq \pm 1$ 时的情形。当 $x=\pm 1$ 时，$f(x)$ 的取值应为 $\dfrac{f(\pm 1+0)+f(\pm 1-0)}{2} = \dfrac{1}{2}$，这样有：

$$f(x) = \frac{2}{\pi}\int_{-\infty}^{\infty}\frac{\sin k\cos kx}{k}\mathrm{d}k = \begin{cases} f(x) & x\neq \pm 1 \\ 1/2 & x = \pm 1 \end{cases},$$

即

$$\int_{0}^{\infty}\frac{\sin k\cos kx}{k}\mathrm{d}k = \begin{cases} \pi/2 & |x|<1 \\ \pi/4 & |x|=1 \\ 0 & |x|>1 \end{cases}。$$

当然也可用傅里叶积分的三角公式来计算上例。例中，由于 $f(x)$ 为偶函数，可用傅里叶余弦积分公式(2.1.15b)来计算。利用 $f(x)$ 的傅里叶积分表达式可以推证一些广义积分的结果。如著名的狄里赫利积分：

$$\int_{0}^{\infty}\frac{\sin k}{k}\mathrm{d}k = \frac{\pi}{2}。 \quad (2.1.18)$$

## 2.1.3 傅里叶变换

从以上分析表明，不管是周期性变化还是非周期性变化的物理量，都可以在空间（或时间）域中用函数 $f(x)$（或 $f(t)$）来描述，也可以在空间（或时间）频率域来描述，二者是等效的。傅里叶变换的方法正是提供了这两个域之间变换的手段。傅里叶变换可以从傅里叶级数展开和积分定理演变得到。

对非周期性函数或连续函数 $f(x)$ 的傅里叶变换，可以从傅里叶积分定理得到。将式 (2.1.14) 中方括号内的积分表示为：

$$F(\xi) = \int_{-\infty}^{\infty} f(\alpha) e^{-i2\pi\xi\alpha} d\alpha。 \tag{2.1.19}$$

将上式中的积分变量 $\alpha$ 用 $x$ 代换，便可得到函数 $f(x)$ 傅里叶变换（Fourier transform）：

$$F(\xi) = \int_{-\infty}^{\infty} f(x) e^{-i2\pi\xi x} dx。 \tag{2.1.20}$$

上式所确定的 $F(\xi)$ 就称为函数 $f(x)$ 的傅里叶正变换，简称为傅里叶变换。$F(\xi)$ 是函数 $f(x)$ 的频谱函数（spectrum density）或频谱密度函数，也可简记为：

$$F(\xi) = F\{f(x)\}。 \tag{2.1.21}$$

将上式代入式 (2.1.14)，可得：

$$f(x) = \int_{-\infty}^{\infty} F(\xi) e^{i2\pi\xi x} d\xi。 \tag{2.1.22}$$

上式称为 $F(\xi)$ 的傅里叶逆变换（inverse Fourier transform），也可简记为：

$$f(x) = F^{-1}\{F(\xi)\}。 \tag{2.1.23}$$

可见，非周期函数 $f(x)$ 在满足一定条件下可以进行傅里叶变换。从式 (2.1.20) 和式 (2.1.22) 可以看出，傅里叶正变换和傅里叶逆变换在形式上非常类似，其差别仅在于积分号内指数项的正、负不同。实际上，哪个变换式用正号，哪个变换式用负号，是无关要紧的，只要一个为正，另一个一定为负就行；哪个变换式称为正变换，哪个变换式称为逆变换，也是相对的。所以，可把式 (2.1.20) 和式 (2.1.22) 称为傅里叶变换对，简记为：

$$f(x) \leftrightarrow F(\xi)。$$

$F(\xi)$ 称为 $f(x)$ 的象函数，$f(x)$ 称为 $F(\xi)$ 的象原函数，它们具有相同的奇偶性。式 (2.1.20) 和式 (2.1.22) 中的 $e^{\pm i2\pi\xi x}$ 称为傅里叶的核，它表示一个频率为 $\xi$ 的谐波成分。

在数学上，傅里叶变换存在的条件是，函数 $f(x)$ 必然满足狄里赫利条件，即 $f(x)$ 分段连续，在任意有限区间内只存在有限个极值点和有限个第一类间断点，并且在 $(-\infty, +\infty)$ 区间绝对可积，则式 (2.1.20) 和式 (2.1.22) 的积分变换成立。

从傅里叶变换和逆变换的定义式可以看出，它们实际上表示对一个函数进行特殊的积分运算。这样，符号 $F$ 和 $F^{-1}$ 不仅仅是一个简单代号，还表示一种运算，可以看作一个算符或算子。$F$ 就是表示函数 $f(x)$ 乘以因子 $e^{-i2\pi\xi x}$ 的无穷积分，$F^{-1}$ 则表示函数 $f(\xi)$ 乘以因子 $e^{+i2\pi\xi x}$ 的无穷积分。

频谱函数 $F(\xi)$ 通常是一个复函数，是所对应频率的复振幅，可以表示成：

$$F(\xi) = |F(\xi)| e^{i\Phi(\xi)}。 \tag{2.1.24}$$

式中：$|F(\xi)|$ 为 $F(\xi)$ 的模，称为振幅频谱（amplitude spectrum）函数；$\Phi(\xi)$ 为 $F(\xi)$ 的幅

角，称为相位频谱（phase spectrum）函数。$|F(\xi)|^2$ 称为 $f(x)$ 的傅里叶变换功率谱（power spectrum）。

比较式(2.1.10)和(2.1.22)可知，非周期函数也可分解成为各谐波分量 $e^{i2\pi\xi x}$ 之和，只是其谐波频率可以连续取值。在式(2.1.10)中，$c_m$ 表示 $m$ 次谐波的复振幅，它是离散量；复振幅 $F(\xi)$ 是密度函数，$F(\xi)d\xi$ 是在频率范围内 $d\xi$ 内复振幅的平均值，它表示中心频率为 $\xi$ 的谐波的振幅和相位。频谱函数 $F(\xi)$ 反映了频率为 $\xi$ 的谐波所占比重大小，故可称它为权因子。

如果自变量不用频率 $\xi$，而用圆频率 $k$，则式(2.1.20)和式(2.1.22)的另外一种形式为：

$$F(k) = \int_{-\infty}^{\infty} f(x) e^{-ikx} dx, \tag{2.1.25}$$

$$f(x) = \frac{1}{2\pi} \int_{-\infty}^{\infty} F(k) e^{ikx} dk. \tag{2.1.26}$$

式(2.1.25)、式(2.1.26)与式(2.1.20)、式(2.1.22)这两种形式是通用的；但要注意，式(2.1.25)与式(2.1.22)相比，多了系数 $\frac{1}{2\pi}$。

还有一种形式的傅里叶正变换和逆变换是完全对称的，即

$$F(k) = \frac{1}{\sqrt{2\pi}} \int_{-\infty}^{\infty} f(x) e^{-ikx} dx, \tag{2.1.27}$$

$$f(x) = \frac{1}{\sqrt{2\pi}} \int_{-\infty}^{\infty} F(k) e^{ikx} dk. \tag{2.1.28}$$

当函数 $f(x)$ 为奇函数时，由式(2.1.16)可得到 $f(x)$ 的傅里叶正弦变换为：

$$F_s(k) = \int_0^{\infty} f(x) \sin kx \, dx; \tag{2.1.29}$$

$f(x)$ 的傅里叶正弦逆变换为：

$$f(x) = \frac{2}{\pi} \int_0^{\infty} F_s(k) \sin kx \, dk. \tag{2.1.30}$$

当函数 $f(t)$ 为偶函数时，由式(2.1.17)可得到 $f(x)$ 的傅里叶余弦变换为：

$$F_c(k) = \int_0^{\infty} f(x) \cos kx \, dx; \tag{2.1.31}$$

$f(x)$ 的傅里叶余弦逆变换为：

$$f(x) = \frac{2}{\pi} \int_0^{\infty} F_c(k) \cos kx \, dk. \tag{2.1.32}$$

在物理学中用物理量表示的信号都是用实函数来描述的，而任何一个实函数都可以进行奇偶分解，即实函数是由偶函数部分与奇函数部分组成的。这样的实函数的傅里叶变换就可以应用式(2.1.31)和式(2.1.32)。

**例2.1.4** 一般形式的高斯函数 $f(x) = he^{-bx^2}$，也称为钟形函数，其中 $h>0$，$b>0$，求其傅里叶变换。

**解**：根据式(2.1.20)，有：

$$F(\xi) = F\{f(x)\} = \int_{-\infty}^{\infty} he^{-bx^2} e^{-i2\pi\xi x} dx = h \int_{-\infty}^{\infty} e^{-b(x^2 + i2\pi\xi x/b)} dx$$

$$= h\mathrm{e}^{-\pi^2\xi^2/b} \int_{-\infty}^{\infty} \mathrm{e}^{-b(x+\mathrm{i}\pi\xi/b)^2} \mathrm{d}x = h\sqrt{\pi/b}\,\mathrm{e}^{-\pi^2\xi^2/b}_{\circ} \tag{2.1.33}$$

最后一步用了积分关系:$\int_{-\infty}^{\infty} \mathrm{e}^{-b(x+\mathrm{i}\pi\xi/b)^2}\mathrm{d}x = \sqrt{\pi/b}_{\circ}$

对由式(1.2.10)定义的单位高斯脉冲,显然有:

$$F(\xi) = F\{\mathrm{Gaus}(x)\} = F\{\mathrm{e}^{-\pi x^2}\} = \mathrm{e}^{-\pi\xi^2}_{\circ} \tag{2.1.34}$$

可见,单位高斯函数在两个域中的形式是完全一样的。

对由式(1.2.12)用半高度 $a_1$ 所定义的高斯脉冲,当脉冲面积 $S=1$ 时,有 $h = \sqrt{\dfrac{4\ln 2}{\pi a_1^2}}$, $b = \dfrac{4\ln 2}{a_1^2}$,代入式(2.1.33),可得:

$$F(\xi) = \mathrm{e}^{-\frac{\pi^2 a_1^2}{4\ln 2}\xi^2}_{\circ} \tag{2.1.35}$$

从上式可求得频谱函数半高宽(FWHM)为 $\dfrac{4\ln 2}{\pi a_1}$。由此可见,虽然高斯函数的傅里叶变换仍然是一个高斯函数,但在两个域中的宽度是不同的,是互成反比的。图2.1.8显示了 $a_1 = 1$ 时高斯函数函数及其频谱函数。

在光学中,从激光器输出的激光短脉冲常可以用高斯函数来表示。从高斯函数的傅里叶变换关系可知,高斯脉冲的脉宽越短,其频谱就越宽;反之亦然。

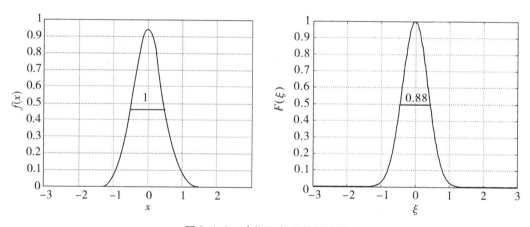

图2.1.8 高斯函数及其频谱图

由1.2.2可知,高斯函数有几种不同的表示形式。在作傅里叶变换时,尤其是直接查傅里叶变换对表时,要特别注意高斯函数的表达形式。

**例2.1.5** 线性调频信号(chirp signal)或编码脉冲信号可用函数 $\mathrm{e}^{\pm\mathrm{i}\pi x^2}$ 表示,求该函数的傅里叶变换。

**解**:根据式(2.1.20),有:

$$F(\xi) = \int_{-\infty}^{\infty} \mathrm{e}^{\pm\mathrm{i}\pi x^2}\mathrm{e}^{-\mathrm{i}2\pi\xi x}\mathrm{d}x = \int_{-\infty}^{\infty} \mathrm{e}^{\mathrm{i}(\pm\pi x^2 - 2\pi\xi x)}\mathrm{d}x = \int_{-\infty}^{\infty} \mathrm{e}^{\mathrm{i}[\pm(\sqrt{\pi}x)^2 - 2\pi\xi x \pm (\sqrt{\pi}\xi)^2]}\mathrm{e}^{\mp\mathrm{i}\pi\xi^2}\mathrm{d}x$$

$$= \mathrm{e}^{\mp\mathrm{i}\pi\xi^2} \int_{-\infty}^{\infty} \mathrm{e}^{\pm\mathrm{i}\pi(x-\xi)^2}\mathrm{d}x_{\circ}$$

令 $\alpha = \sqrt{x}(x-\xi)$，由积分公式 $\int_0^\infty \cos\alpha^2 d\alpha = \int_0^\infty \sin\alpha^2 d\alpha = \frac{1}{2}\sqrt{\frac{\pi}{2}}$，有：

$$F(\xi) = \frac{e^{\mp i\pi\xi^2}}{\sqrt{\pi}} \int_{-\infty}^\infty e^{\pm i\alpha^2} d\alpha = \frac{2e^{\mp i\pi\xi^2}}{\sqrt{\pi}} \int_0^\infty e^{\pm i\alpha^2} d\alpha$$

$$= \frac{2e^{\mp i\pi\xi^2}}{\sqrt{\pi}} \int_0^\infty (\cos\alpha^2 \pm i\sin\alpha^2) d\alpha = e^{\pm i\pi/4} e^{\mp i\pi\xi^2}. \tag{2.1.36}$$

可见函数 $e^{\pm i\pi x^2}$ 的傅里叶变换与原函数的形式是相同的，但有一个相移。原函数及其傅里叶变换的实部和虚部的图形如图 2.1.9 所示。

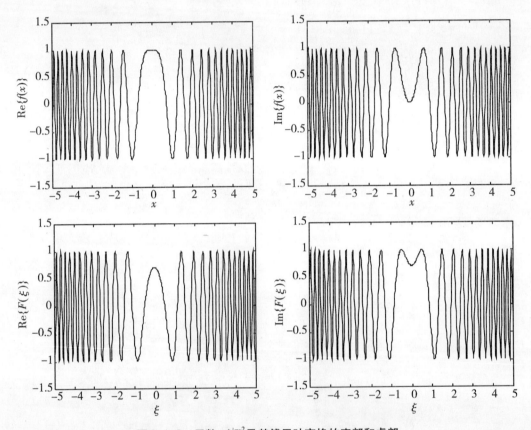

图 2.1.9 函数 $e^{\pm i\pi x^2}$ 及其傅里叶变换的实部和虚部

线性调频是指频率随自变量作线性变化的。在 MATLAB 中可以用函数 chirp 得到线性调频信号。

**例 2.1.6** 求指数衰减函数 $f(x) = \begin{cases} e^{-\alpha x} & x \geq 0 \\ 0 & x < 0 \end{cases}$（其中 $\alpha > 0$）的傅里叶变换。

**解**：根据式(2.1.24)，有：

$$F(k) = \int_{-\infty}^\infty f(x) e^{-ikx} dx = \int_0^\infty e^{-\alpha x} e^{-ikx} dx = \int_0^\infty e^{-(\alpha+ik)x} dx = \frac{1}{\alpha + ik}$$

$$= \frac{\alpha - ik}{\alpha^2 + k^2} = \frac{\alpha}{\alpha^2 + k^2} - i\frac{k}{\alpha^2 + k^2}. \tag{2.1.37}$$

它的振幅和相位分别为：

$$|F(k)| = \frac{1}{\sqrt{\alpha^2 + k^2}}, \qquad \arg[F(k)] = -\arctan(k/\alpha)。$$

图 2.1.10 显示指数衰减函数及其振幅谱和相位谱。

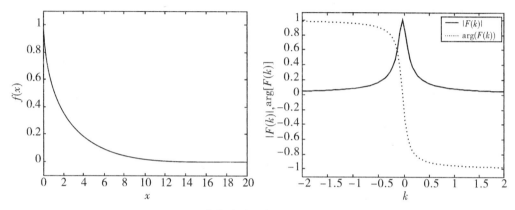

图 2.1.10　指数衰减函数及其振幅谱和相位谱

光吸收中的朗伯—比尔定理就是一个指数衰减函数，其光强度随吸收长度呈现指数衰减。从其频谱图可以看出，这种情况下，只有一定频率范围的光才被吸收，而且有一个尖锐的吸收峰。

**例 2.1.7**　求矩形函数 $f(x) = A_0 \text{rect}\left(\dfrac{x}{a/2}\right)$ 的傅里叶变换。

**解**：根据式(2.1.20)，有：

$$F(\xi) = \int_{-\infty}^{\infty} f(x) e^{-i2\pi\xi x} dx = A_0 \int_{-a/4}^{a/4} e^{-i2\pi\xi x} dx = \frac{A_0}{-i2\pi\xi} e^{-i2\pi\xi x} \Big|_{-a/4}^{a/4}$$

$$= \frac{A_0}{-i2\pi\xi}(e^{-i\pi\xi a/2} - e^{i\pi\xi a/2}) = \frac{A_0 a}{2} \frac{\sin(\pi\xi a/2)}{\pi\xi a/2} = \frac{A_0 a}{2}\text{sinc}(\pi\xi a/2)。 \qquad (2.1.38)$$

图 2.1.11 显示了矩形函数及其振幅频谱图，其相位谱为零。从频谱图可以看到，它是一个连续谱，在每一个频率区间都有非零分量。当矩形函数的宽度 $a$ 增加时，其频谱的宽度减小；当宽度 $a$ 减小时，其频谱的宽度增大。

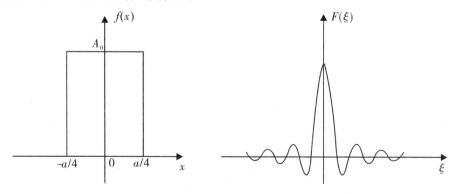

图 2.1.11　矩形函数及其频谱

如果函数平移到 $x_0$，即

$$f(x) = A_0 \text{rect}\left(\frac{x - x_0}{a/2}\right),$$

其傅里叶变换为：

$$F(\xi) = \int_{-\infty}^{\infty} f(x) e^{-i2\pi\xi x} dx = \frac{A_0 a}{2} \frac{\sin(\pi\xi a/2)}{\pi\xi a/2} = \frac{A_0 a}{2} \text{sinc}(\pi\xi a/2) e^{-i2\pi\xi x_0}。 \quad (2.1.39)$$

振幅谱与未移动时是相同的，相位谱则不再为零。每一个指数分量相位移动的大小正比于它的频率，比例常数为 $2\pi x_0$，这个相移又使函数从原点移动一个量 $x_0$（图 2.1.12）。

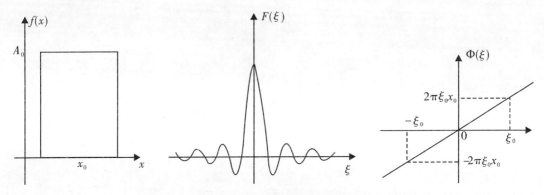

图 2.1.12 平移后矩形函数及其振幅谱和相位谱

**例 2.1.8** 求矩形函数 $f(x) = \begin{cases} 0 & x \geq 1 \\ 1 & 0 \leq x < 1 \end{cases}$ 的正弦变换和余弦变换。

**解**：根据式(2.1.28)，矩形函数的正弦变换为：

$$F_s(k) = \int_0^{\infty} f(x) \sin kx \, dx = \frac{1 - \cos k}{k}; \quad (2.1.40)$$

根据式(2.1.30)，矩形函数的余弦变换为：

$$F_c(k) = \int_0^{\infty} f(x) \cos kx \, dx = \frac{\sin k}{k}。 \quad (2.1.41)$$

从上面结果可看到，在半无限区间上的同一函数 $f(x)$，其正弦变换和余弦变换是结果是不同的。

## 2.1.4 极限情况下的傅里叶变换

由前述内容可知，傅里叶变换存在是要一定条件的，但这种要求通常不是严格的。例如，当被变换的函数是一个物理量的精确描述时，变换的存在性问题确实可以忽略。物理可实现性是变换存在的一个有效的充分条件。为了简单方便，常常需要用一个简单的数学表达式来描述一个物理量，如用 $\sin(2\pi\xi x)$ 描述谐波和纯交流、用 $\delta(x)$ 描述冲激、用 $\text{step}(x)$ 描述阶跃过程等。但严格地讲，可以证明，上面三个函数的傅里叶变换都是不存在的。当然，它们之中也没有一个是物理可实现的，如波形 $\sin(2\pi\xi x)$ 要求达到无穷远的过去，冲激 $\delta(x)$ 则要求在一个无限短的范围内必须具有无穷大的值，阶跃 $\text{step}(x)$ 要求在无限长的 $x$ 内保持稳定。但在适当的情况下，我们常常可以得到相当近似的形式，使用这种简单的数学表达式是因为它们比那些只有少许差别但可以实现的函数更精炼。然而，以上这些函数没有傅里叶变换，即傅里叶积分不能对所有的 $x$ 都收敛，这就是要具体考虑变换存在条件的重要性。

在有限区间内有无穷多个最大值和最小值的函数，通常其傅里叶变换是不存在的。如函数 $\sin(1/x)$（如图2.1.13所示），随着 $x\to 0$，它的振荡频率不断增加。在许多实际问题中，这种振荡行为的特性通常并不重要，重要的是在有限区间内具有无穷多个极大值和极小值的这类函数，其傅里叶变换是否确实存在。当它的"有界变差"存在时，变换就存在。所谓有界变差是指：如果函数 $f(x)$ 对任意的划分方法：$a<x_1<x_2<\cdots<x_{n-1}<b$，都存在一个数 $C$，使得：

$$|f(x_1)-f(a)|+|f(x_2)-f(x_1)|+\cdots+|f(b)-f(x_{m-1})|\leq C$$

成立，那么就说函数 $f(x)$ 在区间 $a\leq x\leq b$ 上是有界变差的。任意绝对可积的函数都是有界变差的。然而，有一些在有限区间具有无穷多个最大值且变差无界的函数，其变换是存在的，要求函数满足李普希茨（Lipschitz，1832—1903，德国数学家）条件（指一个函数 $f(x)$，如果对所有 $|h|<\varepsilon$，有 $|f(h)-f(0)|\leq B|h|^\beta$，其中 $B$ 和 $\beta$ 与 $h$ 无关，$\beta>0$，且 $\alpha$ 是存在有限 $B$ 时所有 $\beta$ 的上界，那么函数 $f(x)$ 在 $x=0$ 满足 $\alpha$ 阶的李普希茨条件。）就涵盖了这种情况。因此，有些在物理上很有用的函数，但按2.1.3所定义的普通意义上的傅里叶变换（可称为狭义傅里叶变换）是不存在的，这就需要把狭义傅里叶变换推广到在极限情况下的（可称为广义傅里叶变换）。

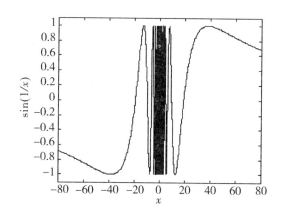

图2.1.13　一个具有无穷多极大值的函数

由狭义傅里叶变换的存在条件可以验证周期函数的傅里叶变换是不存在的，这是由于周期函数在无穷区间的积分不是绝对收敛的。然而，物理上认为周期函数具有"线谱"。线谱可以用周期函数的傅里叶级数的系数来表示，因此可以拓展傅里叶变换的数学概念使之与物理观点相一致，即可以把周期函数看作傅里叶变换中的一个特例。在极限情况下，周期函数与某种广义函数构成了傅里叶变换对。

$\delta$ 函数这样的"广义函数"可以用来表示脉冲，显然 $\delta$ 函数的狭义傅里叶变换是不存在的。但可以用一个傅里叶变换存在的函数序列代替脉冲函数，这样相应的变换序列也许趋于一个极限。也可能会有变换的序列并不趋于一个极限的情况。例如，既有脉冲又有周期的函数,就会发生这种情况。下面是一个严格的定义。

假设 $f(x)$ 是一个无法确定其狭义傅里叶变换的函数,如果可用一个函数序列来表示 $f(x)$:

$$f(x) = \lim_{m \to \infty} f_m(x), \tag{2.1.41}$$

则对于函数序列中的每一个函数 $f_m(x)$ 来说,它的狭义傅里叶变换

$$F_m(\xi) = F\{f_m(x)\} \tag{2.1.42}$$

都存在,且当 $m \to \infty$ 时,函数序列 $F(\xi)$ 也有确定的极限,则称该极限为函数在极限意义下的傅里叶变换(或广义傅里叶变换)。所以,极限意义下的傅里叶变换为:

$$F\{f(x)\} = \lim_{m \to \infty} F\{f_m(x)\}。 \tag{2.1.43}$$

在实际应用中,一般并不在概念上刻意区分广义傅里叶变换与狭义傅里叶变换,只是在求解时,采用不同的方法。

**例 2.1.9** 求符号函数 $\mathrm{sgn}(x)$ 的傅里叶变换。

**解**:首先选择适当的函数序列。例如,可以取:

$$f_m(x) = \begin{cases} e^{-x/m} & x > 0 \\ 0 & x = 0 \\ -e^{x/m} & x < 0 \end{cases}。$$

根据符号函数的定义,显然有:

$$\mathrm{sgn}(x) = \lim_{m \to \infty} f_m(x) = \begin{cases} +1 & x > 0 \\ 0 & x = 0 \\ -1 & x < 0 \end{cases}。$$

然后求上式的傅里叶变换,由傅里叶变换的定义可得:

$$\begin{aligned} F\{f_m(x)\} &= \int_{-\infty}^{\infty} f_m(x) e^{-i2\pi\xi x} dx = -\int_{-\infty}^{0} e^{x/m} e^{-i2\pi\xi x} dx + \int_{0}^{\infty} e^{-x/m} e^{-i2\pi\xi x} dx \\ &= \frac{-i4\pi\xi}{(1/m)^2 + (2\pi\xi)^2}。 \end{aligned}$$

对上式取极限,就可得到符号函数的傅里叶变换为:

$$F\{\mathrm{sgn}(x)\} = \lim_{m \to \infty} F\{f_m(x)\} = \begin{cases} \dfrac{1}{i\pi\xi} & \xi \neq 0 \\ 0 & \xi = 0 \end{cases}。 \tag{2.1.44}$$

## 2.1.5 δ 函数的傅里叶变换

$\delta$ 函数本身就是一个广义函数,显然,狭义傅里叶变换的求解方法是不适用的,需要用广义傅里叶变换的定义及方法来求 $\delta$ 函数的傅里叶变换。

首先选取择适当的函数序列,如可以选取 $f_m(x) = m e^{-\pi(mx)^2}$ [见式(1.4.16)]。这样,显然有:

$$\delta(x) = \lim_{m \to \infty} f_m(x) = \lim_{m \to \infty} m e^{-\pi(mx)^2}。$$

然后求序列函数 $f_m(x)$ 的傅里叶变换:

$$F_m(\xi) = F\{f_m(x)\} = m\int_{-\infty}^{\infty} e^{-\pi(mx)^2} e^{-i2\pi\xi x} dx$$

$$= me^{-\pi\xi^2/m^2} \int_{-\infty}^{\infty} e^{-[(\sqrt{\pi}mx)^2 + i2\pi\xi x + (i\sqrt{\pi}\xi/m)^2]} dx = me^{-\pi\xi^2/m^2} \int_{-\infty}^{\infty} e^{-(\sqrt{\pi}mx + i\sqrt{\pi}\xi/m)^2} dx_\circ$$

令 $\alpha = \sqrt{\pi}mx + i\sqrt{\pi}\xi/m$，查积分公式表有 $\int_{-\infty}^{\infty} e^{-\alpha^2} d\alpha = 2\int_{0}^{\infty} e^{-\alpha^2} d\alpha = \sqrt{\pi}$。这样，便可得到 $F_m(\xi) = e^{-\pi(\xi/m)^2}$。对其取极限，可得 $F\{\delta(x)\} = \lim_{m\to\infty} F\{f_m(x)\} = 1$，这就是 $\delta$ 函数的广义傅里叶变换。即 $\delta$ 函数的傅里叶变换是常数 1。可以证明常数 1 的傅里叶逆变换就是 $\delta(x)$ 函数，即有下面的变换对：

$$F\{\delta(x)\} = \int_{-\infty}^{\infty} \delta(x) e^{-i2\pi\xi x} dx = 1, \tag{2.1.45}$$

$$F\{1\} = \int_{-\infty}^{\infty} 1 \cdot e^{-i2\pi\xi x} dx = \delta(\xi)_\circ \tag{2.1.46}$$

图 2.1.14 图示了 $\delta(x)$ 函数及其频谱。

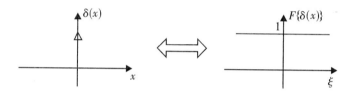

**图 2.1.14** $\delta(x)$ 函数及其频谱

用上述方法可以求得其他一些非初等函数的广义傅里叶变换。例如，阶跃函数 step($x$) 可根据其与符号函数的关系式来求得其傅里叶变换：

$$F\{\text{step}(x)\} = \frac{1}{2} F\{1 + \text{sgn}(x)\} = \frac{1}{2}\left[\delta(\xi) - \frac{i}{\pi\xi}\right]_\circ \tag{2.1.47}$$

**例 2.1.10** 求梳状函数的傅里叶变换。

**解**：梳状函数可表示为：

$$\text{comb}(x/a) = \sum_{m=-\infty}^{\infty} \delta\left(\frac{x}{a} - m\right) = \sum_{m=-\infty}^{\infty} \delta\left[\frac{1}{a}(x - ma)\right] = a\sum_{m=-\infty}^{\infty} \delta(x - ma)_\circ$$

所以，$\text{comb}(x/a)$ 是周期为 $a$ 的周期函数，可将其展开成傅里叶级数，即有：

$$\text{comb}(x/a) = \sum_{m=-\infty}^{\infty} c_m e^{i2\pi mx/a}_\circ$$

式中：

$$c_0 = \frac{1}{a}\int_{-a/2}^{a/2} f(x) dx = \frac{1}{a}\int_{-a/2}^{a/2} a\sum_{m=-\infty}^{\infty} \delta(x - ma) dx = \int_{-a/2}^{a/2} \delta(x) dx = 1;$$

$$c_m = \frac{1}{a}\int_{-a/2}^{a/2} f(x) e^{-i2\pi mx/a} dx = \frac{1}{a}\int_{-a/2}^{a/2} a\sum_{m=-\infty}^{\infty} \delta(x - ma) e^{-i2\pi mx/a} dx = \int_{-a/2}^{a/2} \delta(x) e^{-i2\pi mx/a} dx = 1_\circ$$

所以有 $\text{comb}(x/a) = \sum_{m=-\infty}^{\infty} e^{i2\pi mx/a}$。这样，梳状函数的傅里叶变换为：

$$F\{\text{comb}(x/a)\} = \sum_{n=-\infty}^{\infty} F\{e^{i2\pi mx/a}\} = \sum_{n=-\infty}^{\infty} \int_{-\infty}^{\infty} e^{i2\pi mx/a} e^{-i2\pi\xi x} dx = \sum_{m=-\infty}^{\infty} \delta\left\{\xi - \frac{m}{a}\right\}$$

$$= a\sum_{m=-\infty}^{\infty}\delta(a\xi - m) = a\text{comb}(a\xi)。 \tag{2.1.48}$$

$a = 1$ 时，则有：

$$F\{\text{comb}(x)\} = \text{comb}(\xi)。 \tag{2.1.49}$$

**例 2.1.11** 求偶脉冲对和奇脉冲对的傅里叶变换。

**解**：习惯上用符号 $\delta\delta(x)$ 或 $\text{II}(x)$ 表示偶脉冲对，用 $\delta_\delta(x)$ 或 $\text{I}_1(x)$ 表示奇脉冲对，其定义分别如下：

$$\delta\delta(x) = \delta(x+1) + \delta(x-1), \tag{2.1.50}$$

$$\delta_\delta(x) = \delta(x+1) - \delta(x-1)。 \tag{2.1.51}$$

经位移和缩放后，有：

$$\delta\delta\left(\frac{x-x_0}{a}\right) = |a|[\delta(x-x_0+a) + \delta(x-x_0-a)], \tag{2.1.52}$$

$$\delta_\delta\left(\frac{x-x_0}{a}\right) = |a|[\delta(x-x_0+a) - \delta(x-x_0-a)]。 \tag{2.1.53}$$

它们的图形分别如图 2.1.15 和图 2.1.16 所示。很容易看出，偶脉冲对是偶函数，奇脉冲对是奇函数，即

$$\delta\delta(x) = \delta\delta(-x), \quad \delta_\delta(x) = -\delta_\delta(-x); \tag{2.1.54}$$

$$\int_{-\infty}^{\infty}\delta\delta(x/a)\,dx = 2|a|, \quad \int_{-\infty}^{\infty}\delta_\delta(x/a)\,dx = 0。 \tag{2.1.55}$$

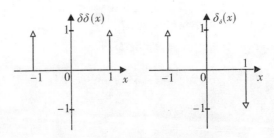

图 2.1.15 偶、奇脉冲对的图形

偶、奇脉冲对可以用来表示天空的双星、两个分开一定距离的点光源。

偶、奇脉冲对是由两个 $\delta$ 函数的和、差构成的。因此，由 $\delta$ 函数的定义和性质，不难得到偶、奇脉冲对的一些性质，如筛选性质、乘积性质和复制性质等。

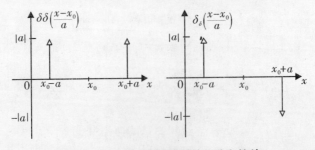

图 2.1.16 偶、奇脉冲对的位移和缩放

如果用函数$f(x)$作用于$\delta\delta\left(\dfrac{x-x_0}{a}\right)$，当$x_0$是实数，$a$是非零的实数，$f(x)$在点$x=x_0\pm a$连续，则有：

$$f(x)\delta\delta\left(\dfrac{x-x_0}{a}\right) = |a|[f(x_0-a)\delta(x-x_0+a)+f(x_0+a)\delta(x-x_0-a)], \quad (2.1.56)$$

$$f(x)\delta_\delta\left(\dfrac{x-x_0}{a}\right) = |a|[f(x_0-a)\delta(x-x_0+a)-f(x_0+a)\delta(x-x_0-a)]。\quad (2.1.57)$$

由此可得：

$$\int_{-\infty}^{\infty} f(x)\delta\delta\left(\dfrac{x-x_0}{a}\right)\mathrm{d}x = |a|[f(x_0-a)+f(x_0+a)], \quad (2.1.58)$$

$$\int_{-\infty}^{\infty} f(x)\delta_\delta\left(\dfrac{x-x_0}{a}\right)\mathrm{d}x = |a|[f(x_0-a)-f(x_0+a)]。\quad (2.1.59)$$

这表明，脉冲可用于一个函数在两个地方的抽样，即"筛选"出它在两点的值。这个性质如图 2.1.17 所示。

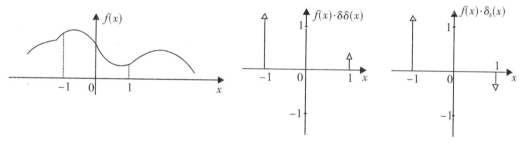

图 2.1.17　一个函数与脉冲对的乘积

偶、奇脉冲对的傅里叶变换可以从傅里叶变换的定义求得。如对偶脉冲对有：

$$F\{\delta\delta(x)\} = \int_{-\infty}^{\infty} \delta\delta(x)\mathrm{e}^{-\mathrm{i}2\pi x\xi}\mathrm{d}x = \mathrm{e}^{\mathrm{i}2\pi x\xi}+\mathrm{e}^{-\mathrm{i}2\pi x\xi} = 2\cos(2\pi\xi)$$

和

$$F\{2\cos 2\pi\xi\} = \int_{-\infty}^{\infty} 2\cos 2\pi\xi\mathrm{e}^{\mathrm{i}2\pi x\xi}\mathrm{d}\xi = \int_{-\infty}^{\infty}(\mathrm{e}^{\mathrm{i}2\pi x\xi}+\mathrm{e}^{-\mathrm{i}2\pi x\xi})\mathrm{e}^{\mathrm{i}2\pi x\xi}\mathrm{d}\xi$$

$$= \int_{-\infty}^{\infty}\mathrm{e}^{\mathrm{i}2\pi(x+1)\xi}\mathrm{d}\xi + \int_{-\infty}^{\infty}\mathrm{e}^{\mathrm{i}2\pi(x-1)\xi}\mathrm{d}\xi = \delta(x+1)+\delta(x-1) = \delta\delta(x)。$$

同时，可求得奇脉冲对的傅里叶变换为$\mathrm{i}2\sin(2\pi\xi)$。所以，偶、奇脉冲对分别与余弦函数和正弦函数构成傅里叶变换对，即

$$\delta\delta(x)\leftrightarrow 2\cos(2\pi\xi), \quad (2.1.60)$$
$$\delta_\delta(x)\leftrightarrow \mathrm{i}2\sin(2\pi\xi)。\quad (2.1.61)$$

频率为$\xi_0$的余弦函数$A_0\cos(2\pi\xi_0 x)$，则其频谱是偶脉冲对，即

$$F\{\cos(2\pi\xi_0 x)\} = \dfrac{A_0}{2\xi_0}\int_{-\infty}^{\infty}(\mathrm{e}^{\mathrm{i}2\pi\xi_0 x}+\mathrm{e}^{-\mathrm{i}2\pi\xi_0 x})\mathrm{e}^{-\mathrm{i}2\pi x\xi}\mathrm{d}(\xi_0 x)$$

$$= \dfrac{A_0}{2}[\delta(\xi+\xi_0)+\delta(\xi-\xi_0)] = \dfrac{A_0}{2\xi_0}\delta\delta(\xi/\xi_0)。\quad (2.1.62)$$

其图形如图 2.1.18 所示。由此可见，$A_0\cos(2\pi\xi_0 x)$的频率由两个$\delta$函数组成，位于$\xi=\pm\xi_0$

处，每个 δ 函数的面积为 $A_0/2$。

同样，对正弦函数 $A_0\sin(2\pi\xi_0 x)$，则其频谱为奇脉冲对，即

$$F\{\sin(2\pi\xi_0 x)\} = \frac{A_0}{2i\xi_0}\int_{-\infty}^{\infty}(e^{i2\pi\xi_0 x} - e^{-i2\pi\xi_0 x})e^{-i2\pi\xi x}d(\xi_0 x)$$

$$= \frac{A_0}{2i}[\delta(\xi+\xi_0) - \delta(\xi-\xi_0)] = \frac{A_0}{2i\xi_0}\delta_\delta(\xi/\xi_0)。 \tag{2.1.63}$$

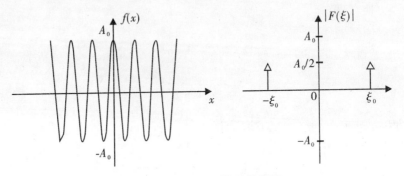

图 2.1.18 余弦函数及其谱频

对形式为 $A_0\cos(2\pi\xi_0 x)$ 的余弦函数，其相位谱为零。如果这个函数作一个平移，则其相位谱就不再为零。平移后的余弦函数为：

$$f(x) = A_0\cos(2\pi\xi_0 x - \phi_0) = A_0\cos 2\pi\xi_0(x-x_0)。 \tag{2.1.64}$$

式中：$\phi_0 = 2\pi\xi_0 x_0$。其傅里叶变换为：

$$F\{\cos[2\pi\xi_0(x-x_0)]\} = \frac{A_0}{2}[\delta(\xi+\xi_0) + \delta(\xi-\xi_0)]e^{-i2\pi\xi x_0}$$

$$= \frac{A_0}{2\xi_0}\delta\delta(\xi/\xi_0)e^{-i2\pi\xi x_0}。 \tag{2.1.65}$$

从式(2.1.65)可见，平移后的振幅谱与未平移的余弦函数的振幅谱是相同的，其相位谱为：

$$\Phi(\xi) = 2\pi\xi x_0 = \phi_0\xi/\xi_0。 \tag{2.1.66}$$

平移后的余弦函数及其傅里叶变换的振幅谱和相位谱如图 2.1.19 所示。平移后的余弦函数的频谱也是由两个指数分量构成，这些分量的相位移动了 $\pm\phi_0$，这刚好把函数沿时间轴移动一个量 $x_0$，而这时的振幅谱的 δ 函数仅仅筛选出 $\Phi(\xi)$ 在 $\xi = \pm\xi_0$ 处的值。

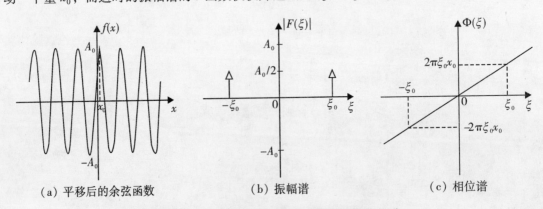

(a) 平移后的余弦函数　　(b) 振幅谱　　(c) 相位谱

图 2.1.19 平移后余弦函数及其振幅谱和相位谱

余弦函数的频率越高,它的频谱沿 $\xi$ 轴延伸得越远;反之,频率越低,频谱也变得越窄。对于零频的情况,频谱只是一个位于原点的 $\delta$ 函数。这样的关系如图 2.1.20 所示。

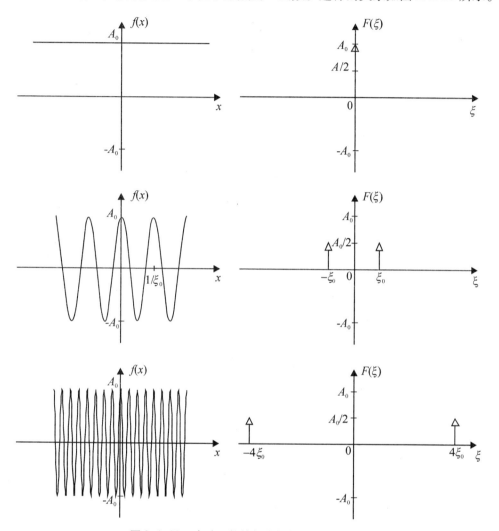

图 2.1.20　余弦函数的频率与频谱之间的关系

下面再来讨论几个不同频率余弦函数之和的傅里叶变换。如对函数
$$f(x) = A_0 + A_1\cos(2\pi\xi_1 x) + A_2\cos(2\pi\xi_2 x) + A_3\cos(2\pi\xi_3 x) + A_4\cos(2\pi\xi_4 x) \quad (2.1.67)$$
作傅里叶变换后,得到其频谱函数为:
$$F(\xi) = A_0\delta(\xi) + \frac{A_1}{2\xi_1}\delta\delta\left(\frac{\xi}{\xi_1}\right) + \frac{A_2}{2\xi_2}\delta\delta\left(\frac{\xi}{\xi_2}\right) + \frac{A_3}{2\xi_3}\delta\delta\left(\frac{\xi}{\xi_3}\right) + \frac{A_4}{2\xi_4}\delta\delta\left(\frac{\xi}{\xi_4}\right)。 \quad (2.1.68)$$

其频谱如图 2.1.21 所示。从图中可以看出,频谱 $F(\xi)$ 的全宽度直接正比于 $f(x)$ 的高频率分量的频率。这在物理上就意味着,仅包含慢变分量的函数具有窄频谱,而具有快变分量的函数其频谱的全宽度也较宽。

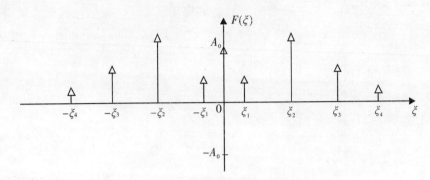

图 2.1.21 几个不同频率余弦函数之和的频谱

**例 2.1.12** 求周期为 $L_0$ 的矩形脉冲序列的傅里叶变换。

**解**：如图 2.1.22 所示的周期为 $L_0$ 的矩形脉冲序列，由单个矩形脉冲的傅里叶变换可以方便地得到：

$$F(\xi) = \frac{A_0}{2}\mathrm{sinc}\left(\frac{\xi}{2\xi_0}\right)\sum_{m=-\infty}^{\infty}\delta(\xi-m\xi_0) = \frac{A_0}{2}\sum_{m=-\infty}^{\infty}\mathrm{sinc}\left(\frac{m}{2}\right)\delta(\xi-m\xi_0)。 \quad (2.1.69)$$

式中：$\xi_0 = 1/L_0$ 是 $f(x)$ 的基频。函数图形和振幅谱如图 2.1.22 所示。这种情况时的相位谱为零。

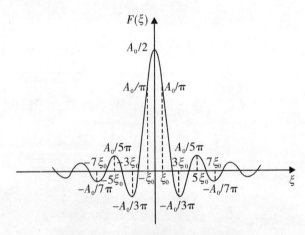

图 2.1.22 周期性矩形脉冲的频谱

从振幅谱中可以看出，其频率含有基频及其奇次谐频成分。因而，可以想到，原函数 $f(x)$ 可以展开为含有这些频率成分的函数。如：

$$f(x) = \frac{A_0}{2}\sum_{m=-\infty}^{\infty}\mathrm{sinc}\left(\frac{m}{2}\right)\mathrm{e}^{\mathrm{i}2\pi m\xi_0 x} = \frac{A_0}{2} + \frac{A_0}{\pi}(\mathrm{e}^{\mathrm{i}2\pi\xi_0 x} + \mathrm{e}^{-\mathrm{i}2\pi\xi_0 x})$$

$$-\frac{A_0}{3\pi}[\mathrm{e}^{\mathrm{i}2\pi(3\xi_0)x} + \mathrm{e}^{-\mathrm{i}2\pi(3\xi_0)x}] + \frac{A_0}{5\pi}[\mathrm{e}^{\mathrm{i}2\pi(5\xi_0)x} + \mathrm{e}^{-\mathrm{i}2\pi(5\xi_0)x}] - \frac{A_0}{7\pi}[\mathrm{e}^{\mathrm{i}2\pi(7\xi_0)x} + \mathrm{e}^{-\mathrm{i}2\pi(7\xi_0)x}] + \cdots$$

$$= \frac{A_0}{2} + \frac{2A_0}{\pi}\left[\cos(2\pi\xi_0 x) - \frac{1}{3}\cos(2\pi 3\xi_0 x) + \frac{1}{5}\cos(2\pi 5\xi_0 x) - \frac{1}{7}\cos(2\pi 7\xi_0 x) + \cdots\right]。$$

$$(2.1.70)$$

显然,上述函数是如下复值函数的实部:

$$w(x) = \frac{A_0}{2} + \frac{2A_0}{\pi}\left[e^{i2\pi\xi_0 x} - \frac{1}{3}e^{i2\pi(3\xi_0)x} + \frac{1}{5}e^{i2\pi(5\xi_0)x} - \frac{1}{7}e^{i2\pi(7\xi_0)x} + \cdots\right]。 \quad (2.1.71)$$

从复值函数来理解,$f(x)$在任意位置的值由把$w(x)$的相矢量分量加在一起然后把所得的和投影在实数轴上来确定。

如前面看到的一样,平移对频谱是会产生影响的。如上述矩形脉冲序列沿正方向移动了1/4周期,则其频谱为:

$$\begin{aligned} F(\xi) &= \frac{A_0}{2}\mathrm{sinc}\left(\frac{\xi}{2\xi_0}\right)e^{-i(\pi\xi/2\xi_0)}\sum_{m=-\infty}^{\infty}\delta(\xi - m\xi_0) \\ &= \frac{A_0}{2}\sum_{m=-\infty}^{\infty}\mathrm{sinc}(m/2)e^{-i(\pi\xi/2\xi_0)}\delta(\xi - m\xi_0)。 \end{aligned} \quad (2.1.72)$$

由上式可得到其振幅谱和相位谱:

$$A(\xi) = \frac{A_0}{2}\mathrm{sinc}\left(\frac{\xi}{2\xi_0}\right)\sum_{m=-\infty}^{\infty}\delta(\xi - m\xi_0), \quad (2.1.73)$$

$$\Phi(\xi) = \frac{\pi\xi}{2\xi_0}。 \quad (2.1.74)$$

由上两式可见,平移后的振幅谱没有变化;相位谱不再是零,每一谐频分量的相位都发生了移动,所移动的量正比于它的频率,这就引起了所有分量都在时间上移动一个相当的量。同样,振幅谱的$\delta$函数仅仅筛选出$\Phi(\xi)$在$\xi = \pm m\xi_0$的那些值,于是,第$m$个谐分量的相位被移动了$m(\pi/2)$弧度。即把一次谐频分量在$x$轴上移动1/4周期需要$\pi/2$弧度的相移,而把三次谐频分量移动同样的大小需要$3(\pi/2)$弧度的相移,等等。

## 2.1.6 常用一维函数傅里叶变换对

下面整理了一些常用一维函数的傅里叶变换对,以方便使用。
(1)$\delta$的函数:

$$F\{\delta(x)\} = 1, \quad (2.1.75)$$

$$F\{a\delta(x)\} = a, \quad (2.1.76)$$

$$F\{\delta(x \pm x_0)\} = e^{\pm i2\pi x_0\xi}。 \quad (2.1.77)$$

(2)常数:

$$F\{a\} = a\delta(\xi)。 \quad (2.1.78)$$

(3)矩形函数:

$$F\{\mathrm{rect}(x)\} = \mathrm{sinc}(\xi), \quad (2.1.79)$$

$$F\left\{h \cdot \mathrm{rect}\left(\frac{x - x_0}{a}\right)\right\} = hae^{-i2\pi x_0\xi}\mathrm{sinc}(a\xi), \quad (2.1.80)$$

$$F\left\{\sum_m h_m \cdot \mathrm{rect}\left(\frac{x - x_{0m}}{a_m}\right)\right\} = \sum_m h_m a_m e^{-i2\pi x_{0m}\xi}\mathrm{sinc}(a_m\xi)。 \quad (2.1.81)$$

(4)sinc 函数:

$$F\{\mathrm{sinc}(x)\} = \mathrm{rect}(\xi)。 \quad (2.1.82)$$

(5) 三角函数：
$$F\{\operatorname{tri}(x)\} = \operatorname{sinc}^2(\xi)。 \qquad (2.1.83)$$

(6) 符号函数：
$$F\{\operatorname{sgn}(x)\} = \frac{1}{\mathrm{i}\pi\xi}。 \qquad (2.1.84)$$

(7) 阶跃函数：
$$F\{\operatorname{step}(x)\} = \frac{1}{2}\delta(\xi) + \frac{1}{\mathrm{i}2\pi\xi}。 \qquad (2.1.85)$$

(8) 斜坡函数：
$$F\{R(x)\} = -\frac{1}{4\pi}\left[\frac{\mathrm{i}}{\xi}\delta(\xi) + \frac{1}{\pi\xi^2}\right]。 \qquad (2.1.86)$$

(9) 指数函数：
$$F\{\mathrm{e}^{-|x|}\} = \frac{2}{1+(2\pi\xi)^2}。 \qquad (2.1.87)$$

(10) 函数 $x^k$
$$F\{x^k\} = \left(\frac{-1}{\mathrm{i}2\pi}\right)^k \delta^{(k)}(\xi)。 \qquad (2.1.88)$$

(11) 函数 $\mathrm{e}^{\pm \mathrm{i}\pi x^2}$：
$$F\{\mathrm{e}^{\pm \mathrm{i}\pi x^2}\} = \mathrm{e}^{\pm \mathrm{i}\pi/4}\mathrm{e}^{\mp \mathrm{i}\pi\xi^2}。 \qquad (2.1.89)$$

(12) 复指数函数：
$$F\{\mathrm{e}^{\pm \mathrm{i}2\pi\xi_0 x}\} = \delta(\xi \mp \xi_0)。 \qquad (2.1.90)$$

(13) 余弦函数和正弦函数：
$$F\{\cos(2\pi\xi_0 x)\} = \frac{1}{2}[\delta(\xi-\xi_0) + \delta(\xi+\xi_0)] = \frac{1}{2|\xi_0|}\delta\delta(\xi/\xi_0)。 \qquad (2.1.91)$$

$$F\{\sin(2\pi\xi_0 x)\} = \frac{1}{2\mathrm{i}}[\delta(\xi-\xi_0) - \delta(\xi+\xi_0)] = \frac{\mathrm{i}}{2|\xi_0|}\delta_\delta(\xi/\xi_0)。 \qquad (2.1.92)$$

(14) 梳状函数：
$$F\{\operatorname{comb}(x)\} = \operatorname{comb}(\xi)。 \qquad (2.1.93)$$

(15) 高斯函数：
$$F\{\operatorname{Gaus}(x)\} = \operatorname{Gaus}(\xi)。 \qquad (2.1.94)$$

(16) 双曲正割函数：
$$F\{\operatorname{sech}(\pi x)\} = \operatorname{sech}(\pi\xi)。 \qquad (2.1.95)$$

(17) 平方根的倒数：
$$F\{1/\sqrt{x}\} = \{1/\sqrt{\xi}\}。 \qquad (2.1.96)$$

我们注意到，后四个函数的原函数与傅里叶变换后的函数形式是一样的。

## 2.2 二维函数的傅里叶变换

傅里叶变换除了具有许多非常实用的独特性质外，在分析线性现象时还是一个极为有用的工具。由于光学系统几乎都是用二维空间变量来描述的，所以，需要讨论二维傅里叶变换及其基本定理。习惯上，时间变量用 $t$ 表示，相应的频率变量用 $\nu$ 或 $\omega$ 表示；空间变量通常用 $x$，$y$，$z$ 表示，相应的空间频率变换用 $\xi$，$\eta$，$\zeta$ 表示。空间圆频率用 $k$ 表示，各方向的分量分别用 $k_x$，$k_y$，$k_z$ 表示。

## 2.2.1 二维函数傅里叶变换的定义

由一维傅里叶变换的定义很容易推广到含两个变量的二维函数 $f(x,y)$ 的傅里叶变换。如果非周期复函数 $f(x,y)$ 在整个无限平面 $x$-$y$ 上满足狄里赫利条件，即连续可积的，其二维傅里叶变换的定义为：

$$F(\xi,\eta) = \iint_{-\infty}^{\infty} f(x,y) e^{-i2\pi(\xi x+\eta y)} dxdy 。 \tag{2.2.1}$$

式中：$\xi$，$\eta$ 是与函数 $F$ 对应的直角坐标的两个坐标变量。变换结果 $F(\xi,\eta)$ 也是两个自变量的函数，称为 $f(x,y)$ 的傅里叶变换谱，$\xi$ 和 $\eta$ 分别称为沿 $x$ 方向和 $y$ 方向的空间频率。

逆傅里叶变换的定义为：

$$f(x,y) = \iint_{-\infty}^{\infty} F(\xi,\eta) e^{i2\pi(\xi x+\eta y)} d\xi d\eta 。 \tag{2.2.2}$$

即函数 $f(x,y)$ 可以用其谱函数 $F(\xi,\eta)$ 来表示，$f(x,y)$ 和 $F(\xi,\eta)$ 构成傅里叶变换对，$f(x,y)$ 称为 $F(\xi,\eta)$ 的原函数，$F(\xi,\eta)$ 称为 $f(x,y)$ 的象原函数。$F(\xi,\eta)$ 通常为复函数，可写成：

$$F(\xi,\eta) = |F(\xi,\eta)| e^{i\Phi(\xi,\eta)} 。 \tag{2.2.3}$$

式中：模 $|F(\xi,\eta)|$ 为 $f(x,y)$ 的傅里叶变换振幅谱；幅角 $\Phi(\xi,\eta)$ 为 $f(x,y)$ 的傅里叶变换相位谱。$|F(\xi,\eta)|^2$ 为 $f(x,y)$ 的傅里叶变换功率谱。

由式(2.2.1)和式(2.2.2)定义的 $f(x,y)$ 的傅里叶变换在通常数学意义下不一定存在，其存在必须满足一定的条件。函数 $f(x,y)$ 存在傅里叶变换的充分条件通常有下列几点：① 函数 $f(x,y)$ 必须对整个无限平面 $x$-$y$ 绝对可积，即 $\iint_{-\infty}^{\infty} |f(x,y)| dxdy < \infty$；② 函数 $f(x,y)$ 必须在平面 $x$-$y$ 上的每一个有限区域内局部连续，即仅存在有限个不连续点和有限个极大点和极小点；③ 函数 $f(x,y)$ 必须没有无穷大间断点。这些存在条件是从数学角度提出来的，这里不作严格的证明。但有两点需要作如下的简单说明：①如果函数 $f(x,y)$ 存在间断点，则假定该点附近函数值有限，且其左、右极限存在，分别记为 $f(x-0, y-0)$ 和 $f(x+0, y+0)$，并令

$$\iint_{-\infty}^{\infty} F(\xi,\eta) e^{i2\pi(\xi x+\eta y)} d\xi d\eta = \begin{cases} f(x,y) \\ \dfrac{1}{2}[f(x-0,y-0)+f(x+0,y+0)] \end{cases}, \tag{2.2.4}$$

即当 $(x,y)$ 为连续点时积分值为 $f(x,y)$，当 $(x,y)$ 为间断点时积分值为 $\dfrac{1}{2}[f(x-0,y-0)+f(x+0,y+0)]$。②应用傅里叶变换的各个领域中的大量事实证明，作为空间函数而实际存在的物理量，总具有保证其傅里叶变换存在的基本条件。可以说，物理上的可能就是傅里叶变换存在的有力充分条件。这可以参看 2.1.3 节中极限条件下的傅里叶变换的有关论述。对一维函数傅里叶变换的推广的定义与方法，同样适用于二维函数的傅里叶变换。

## 2.2.2 极坐标系中的二维傅里叶变换

**1. 极坐标系中傅里叶变换的定义**

设空间域中和所对应的空间频率域中,坐标变换公式为:

$$\begin{cases} x = r\cos\theta \\ y = r\sin\theta \\ r = \sqrt{x^2 + y^2} \\ \theta = \arctan(y/x) \\ \mathrm{d}x\mathrm{d}y = r\mathrm{d}r\mathrm{d}\theta \end{cases} \Leftrightarrow \begin{cases} \xi = \rho\cos\varphi \\ \eta = \rho\sin\varphi \\ \rho = \sqrt{\xi^2 + \eta^2} \\ \varphi = \arctan(\xi/\eta) \\ \mathrm{d}\xi\mathrm{d}\eta = \rho\mathrm{d}\rho\mathrm{d}\varphi \end{cases} \quad (2.2.5)$$

式中:$x-y$ 和 $r-\theta$ 分别为空间域的直角坐标和极坐标;$\xi-\eta$ 和 $\rho-\varphi$ 分别为空间频率域的直角坐标和极坐标。由式(2.2.5)就可从直角坐标系中的二维傅里叶变换公式导出极坐标系中的二维傅里叶变换公式。傅里叶变换式中的指数因子在极坐标系中表示为:

$$\mathrm{e}^{-\mathrm{i}2\pi(\xi x + \eta y)} = \mathrm{e}^{-\mathrm{i}2\pi r\rho\cos(\theta - \varphi)}。 \quad (2.2.6)$$

将式(2.2.5)和式(2.2.6)应用到式(2.2.1)和式(2.2.2),并令

$$f(x, y) = f(r\cos\theta, r\sin\theta) = g(r, \theta), \quad F(\xi, \eta) = F(\rho\cos\varphi, \rho\sin\varphi) = G(\rho, \varphi),$$

于是极坐标系中二维傅里叶变换和傅里叶逆变换分别为:

$$G(\rho,\varphi) = \int_0^{2\pi}\int_{-\infty}^{\infty} rg(r,\theta)\mathrm{e}^{-\mathrm{i}2\pi r\rho\cos(\theta-\varphi)}\mathrm{d}r\mathrm{d}\theta, \quad (2.2.7)$$

$$g(r, \theta) = \int_0^{2\pi}\int_{-\infty}^{\infty} \rho G(\rho,\varphi)\mathrm{e}^{\mathrm{i}2\pi r\rho\cos(\theta-\varphi)}\mathrm{d}\rho\mathrm{d}\varphi。 \quad (2.2.8)$$

**2. 可分离变量函数的变换**

对可分离变量的二维函数,可将较复杂的二维函数的计算转化为较简单的一维函数的计算。可以证明,可分离变量函数的傅里叶变换,其频谱函数在频域中也是可分离变量函数,即式(1.3.2)的傅里叶变换为:

$$F(\xi, \eta) = F_\xi(\xi)F_\eta(\eta)。 \quad (2.2.9)$$

由上式可见,对于在直角坐标系中的可分离变量函数 $f(x, y)$,其频谱函数 $F(\xi, \eta)$ 可以由二维积分简化为一维积分求解。

在极坐标系中可分离变量函数为:

$$g(r, \theta) = g_r(r)g_\varphi(\theta); \quad (2.2.10)$$

其傅里叶变换为:

$$\begin{aligned} G(\rho,\varphi) &= \int_0^{\infty}\int_0^{2\pi} rg_r(r)g_\theta(\theta)\mathrm{e}^{-\mathrm{i}2\pi r\rho\cos(\theta-\varphi)}\mathrm{d}r\mathrm{d}\theta \\ &= \int_0^{\infty} rg_r(r)\left\{\int_0^{2\pi} g_\theta(\theta)\mathrm{e}^{-\mathrm{i}2\pi r\rho\cos(\theta-\varphi)}\mathrm{d}\theta\right\}\mathrm{d}r。 \end{aligned} \quad (2.2.11)$$

由贝塞尔函数关系式(1.2.43)和(1.2.58)可得式(2.2.11)中的指数因子为:

$$\mathrm{e}^{-\mathrm{i}2\pi r\rho\cos(\theta-\varphi)} = \sum_{m=-\infty}^{\infty} \mathrm{i}^m \mathrm{J}_m(-2\pi\rho)\mathrm{e}^{-\mathrm{i}m(\theta-\varphi)} = \sum_{m=-\infty}^{\infty} (-\mathrm{i})^m \mathrm{J}_m(2\pi\rho)\mathrm{e}^{-\mathrm{i}m(\theta-\varphi)}。 \quad (2.2.12)$$

于是有:

$$F\{g(r,\theta)\} = \sum_{m=-\infty}^{\infty} (-\mathrm{i})^m \mathrm{e}^{\mathrm{i}m\varphi} \int_0^{2\pi} g_\theta(\theta) \mathrm{e}^{-\mathrm{i}m\theta} \mathrm{d}\theta \int_0^\infty r g_r(r) \mathrm{J}_m(2\pi r\rho) \mathrm{d}r \, . \quad (2.2.13)$$

令

$$c_m = \frac{1}{2\pi} \int_0^{2\pi} g_\theta(\theta) \mathrm{e}^{-\mathrm{i}m\theta} \mathrm{d}\theta, \quad (2.2.14)$$

$$\mathrm{H}_m\{g_r(r)\} = 2\pi \int_0^{2\pi} r g_r(r) \mathrm{J}_m(2\pi r\rho) \mathrm{d}r, \quad (2.2.15)$$

于是式(2.2.13)可写成：

$$F\{g(r,\theta)\} = \sum_{m=-\infty}^{\infty} (-\mathrm{i})^m c_m \mathrm{e}^{\mathrm{i}m\varphi} \mathrm{H}_m\{g_r(r)\} \, . \quad (2.2.16)$$

式中：$\mathrm{H}_m\{g_r(r)\}$ 是函数 $g_r(r)$ 的 $m$ 阶第三类贝塞尔函数，也称为汉开尔(Hankel，1839—1873，德国数学家)函数。式(2.2.16)表明，在极坐标系中可分离变量的函数 $g(r,\theta) = g_r(r)g_\theta(\theta)$，其频谱函数在极坐标系中也是可分离变量的，即可以写成只含 $\varphi$ 的函数和只含 $\rho$ 的函数的乘积。

### 3. 圆对称函数的傅里叶—贝塞尔变换

由于许多光学系统都具有圆对称性，因而圆对称函数在信息光学中具有重要的应用。在极坐标系中，圆对称函数是可分离变量函数的，它在极坐标系中只有一个变量，即半径 $r$，可表示为：

$$g(r,\theta) = g_r(r), \quad g_\theta(\theta) = 1 \, . \quad (2.2.17)$$

将上式代入式(2.2.14)，可得：

$$c_m = \frac{1}{2\pi} \int_0^{2\pi} \mathrm{e}^{-\mathrm{i}m\theta} \mathrm{d}\theta = \begin{cases} 1 & m = 0 \\ 0 & m \neq 0 \end{cases} \, . \quad (2.2.18)$$

再将上式代入式(2.2.15)，可得：

$$G(\rho) = F\{g_r(r)\} = \mathrm{H}_0\{g_r(r)\} = 2\pi \int_0^\infty r g_r(r) \mathrm{J}_0(2\pi r\rho) \mathrm{d}r \, . \quad (2.2.19)$$

从式(2.2.19)可以看到，傅里叶变换后得到的结果不再依赖角度 $\varphi$，仅是半径 $\rho$ 的函数，而且，通过计算式(2.2.19)可知其结果也是圆对称的，所以圆对称函数的傅里叶变换也是圆对称的。由于这一变换经常用到，又与贝塞尔函数有关，所以常被称为傅里叶—贝塞尔变换(Fourier-Bessel transform)，用符号 $B\{\cdots\}$ 表示，即 $g_r(r)$ 的傅里叶变换也可以写成 $G(\rho) = B\{g_r(r)\}$。傅里叶变换中的所有性质在傅里叶—贝塞尔变换中都有着完全对应的性质。

同理，可以得到圆对称函数 $G(\rho)$ 的傅里叶逆变换为：

$$g_r(r) = F^{-1}\{G(\rho)\} = B^{-1}\{G(\rho)\} = 2\pi \int_0^\infty \rho G(\rho) \mathrm{J}_0(2\pi r\rho) \mathrm{d}\rho \, . \quad (2.2.20)$$

可见，圆对称函数的变换式(2.2.19)和逆变换式(2.2.20)在形式上完全相似。

由傅里叶积分定理可以直接推出，在 $g_r(r)$ 连续的每一个 $r$ 值有：

$$BB^{-1}\{g_r(r)\} = B^{-1}B\{g_r(r)\} = g_r(r) \, . \quad (2.2.21)$$

此外，由缩放与反演定理可直接证明：

$$B\{g_r(ar)\} = \frac{1}{a^2} G(\rho/a) \, . \quad (2.2.22)$$

**例 2.2.1** 求圆域函数 $g_r(r) = circ(r/a)$ 的傅里叶—贝塞尔变换。

**解**：由式(1.1.35)圆域函数的定义及式(2.2.19)可得：

$$G(\rho) = B\{g_r(r)\} = 2\pi \int_0^a r J_0(2\pi r\rho) dr \text{。} \tag{2.2.23}$$

令 $r' = 2\pi r\rho$，作变量代换，并利用式(1.2.43)和式(1.2.58)，可得：

$$B\{g_r(r)\} = \frac{1}{2\pi\rho^2} \int_0^{2\pi a\rho} r' J_0(r') dr' = \frac{a J_1(2\pi a\rho)}{\rho} = (\pi a^2) \frac{2 J_1(2\pi a\rho)}{(2\pi a\rho)} \text{。} \tag{2.2.24}$$

$G(\rho)$ 仅是 $\rho$ 的函数，也是圆对称的，其变换结果的就是 1.2.4 中的宽边帽函数。它在直角坐标系中为：

$$G(\xi, \eta) = (\pi a^2) \frac{2 J_1(2\pi a \sqrt{\xi^2 + \eta^2})}{(2\pi a \sqrt{\xi^2 + \eta^2})} \text{。} \tag{2.2.25}$$

其图形如图 1.2.10 所示，中央峰值为 $\pi$，零点位置是不等距的。

在讨论圆孔的夫琅禾费衍射和光学系统分辨本领时都会用到圆域函数的傅里叶—贝塞尔变换。

### 2.2.3 常用二维函数的傅里叶变换对

下面列举了傅里叶光学中一些常用二维函数的傅里叶变换对，供应用时参考(其中有一些可直接从傅里叶变换定义式求解，另一些则由傅里叶变换的基本定理导出)：

$$1 \leftrightarrow \delta(\xi, \eta) \text{，} \tag{2.2.26}$$

$$e^{i2\pi(ax+by)} \leftrightarrow \delta(\xi - a, \eta - b) \text{，} \tag{2.2.27}$$

$$\delta(x - x_0, y - y_0) \leftrightarrow e^{-i2\pi(\xi x_0 + \eta y_0)} \text{，} \tag{2.2.28}$$

$$rect(x) rect(y) \leftrightarrow sinc(\xi) sinc(\eta) \text{，} \tag{2.2.29}$$

$$tri(x) tri(y) \leftrightarrow sinc^2(\xi) sinc^2(\eta) \text{，} \tag{2.2.30}$$

$$comb(x) comb(y) \leftrightarrow comb(\xi) comb(\eta) \text{，} \tag{2.2.31}$$

$$e^{-\pi(x^2 + y^2)} \leftrightarrow e^{-\pi(\xi^2 + \eta^2)} \text{，} \tag{2.2.32}$$

$$circ(\sqrt{x^2 + y^2}) \leftrightarrow \frac{J_1(2\pi \sqrt{\xi^2 + \eta^2})}{\sqrt{\xi^2 + \eta^2}} \text{，} \tag{2.2.33}$$

$$sgn(x) sgn(y) \leftrightarrow \frac{1}{i\pi\xi} \frac{1}{i\pi\eta} \text{，} \tag{2.2.34}$$

$$e^{i\pi(x^2 + y^2)} \leftrightarrow e^{i\frac{\pi}{2}} e^{-i\pi(\xi^2 + \eta^2)} \text{。} \tag{2.2.35}$$

## 2.3 傅里叶变换的性质

光学信息处理通常需要用二维空间变量来描述。因此下面讨论傅里叶变换的性质时，都采用二维变量函数的形式。

### 2.3.1 傅里叶变换的基本性质

下面简要列出傅里叶变换的一些基本数学性质，这些性质在信息光学中有着广泛应用。

这里，假定函数 $f(x,y)$，$g(x,y)$，$h(x,y)$ 存在傅里叶变换 $F(\xi,\eta)$，$G(\xi,\eta)$，$H(\xi,\eta)$，即有如下傅里叶变换对：

$$f(x,y) \leftrightarrow F(\xi,\eta), \quad g(x,y) \leftrightarrow G(\xi,\eta), \quad h(x,y) \leftrightarrow H(\xi,\eta)。$$

### 1. 线性性质

设 $a$，$b$ 为任意常数，则有：

$$F\{af(x,y) + bg(x,y)\} = aF(\xi,\eta) + bG(\xi,\eta), \tag{2.3.1a}$$

函数线性组合的傅里叶变换等于它们各自傅里叶变换的线性组合。这也表明傅里叶变换是一个线性变换。这一性质对傅里叶逆变换也成立，即

$$F^{-1}\{aF(\xi,\eta) + bG(\xi,\eta)\} = af(x,y) + bg(x,y)。 \tag{2.3.1b}$$

当 $a = b = 1$ 时，有：

$$F\{f(x,y) + g(x,y)\} = F(\xi,\eta) + G(\xi,\eta)。 \tag{2.3.1c}$$

上式也称为傅里叶变换中的相加定理。

### 2. 反演（翻转）性质

傅里叶变换的反演性质是指：

$$F\{f(-x,-y)\} = F(-\xi,-\eta)。 \tag{2.3.2}$$

即函数 $f(-x,-y)$ 的图形以 $f(x,y)$ 为镜像。这个性质表明，$f(-x,-y)$ 翻转时，它的频谱也将作相应的翻转。也就是说，坐标轴方向的选取并不改变函数的频谱。

### 3. 对称性质

函数 $f(x,y)$ 的傅里叶变换为 $F(\xi,\eta)$，对 $F(-x,-y)$ 进行傅里叶变换的结果为：

$$F\{F(-x,-y)\} = f(\xi,\eta)。 \tag{2.3.3}$$

式(2.3.3)称为傅里叶变换的对称性。可以理解如下：当频谱函数 $f(\xi,\eta)$ 与函数 $f(x,y)$ 的图形相同时，它所对应的原函数就是 $F(-x,-y)$，其函数形式与 $F(\xi,\eta)$ 相同，只是自变量不同且异号，所以在一个傅里叶变换对中，频谱函数与原函数在函数形式上是对称的。其中一个是原函数，另一个则是频谱函数。从式(2.3.2)和式(2.3.3)两对变换式可以看出，频谱函数 $F(\xi,\eta)$ 的逆变换是 $f(x,y)$，由翻转性质可得到它的正变换则是 $f(-x,-y)$。这说明傅里叶变换与其逆变换在数学上并没有什么本质的区别，改变某个域内坐标轴的方向，正变换就变成逆变换。在光学信息处理中，用该性质来分析空域到频域、频域到空域的变换将带来很大的方便。

### 4. 迭次傅里叶变换

以两次连续傅里叶变换和逆变换为例，有：

$$F\{F\{f(x,y)\}\} = F^{-1}\{F^{-1}\{f(x,y)\}\} = f(-x,-y)。 \tag{2.3.4}$$

对函数连续作两次傅里叶变换或逆变换，得其"镜像"，或称倒立像。这一性质实际上也反映了傅里叶变换的对称性。

如果对函数连续进行变换和逆变换，则重新得到原函数，即

$$F\{F^{-1}\{f(x,y)\}\} = F^{-1}\{F\{f(x,y)\}\} = f(x,y)。 \tag{2.3.5}$$

式(2.3.5)又称为积分定理。从光学成像系统的角度来看,式(2.3.4)和式(2.3.5)并没有本质的区别。因为这两个定理所描述的物场分布$f(x,y)$处于光学成像系统的输入面,像场分布$F\{F^{-1}\{f(x,y)\}\}$或$F^{-1}\{F\{f(x,y)\}\}$(或$F\{F\{f(x,y)\}\}$,$F^{-1}\{F^{-1}\{f(x,y)\}\}$)位于输出面。式(2.3.4)表明输入面和输出面采用的坐标系取向相同,式(2.3.5)则表明输出面相对于输入面采用反演坐标系。我们知道,坐标系的不同不会改变光学系统的成像性质。

### 5. 坐标缩放性质

傅里叶变换的坐标缩放性质又可称为相似性定理或尺度变换定理,可表示为:

$$F\{f(ax, by)\} = \frac{1}{|ab|}F(\xi/a, \eta/b). \tag{2.3.6}$$

即原函数在空域坐标$(x,y)$中"伸展"($a,b>1$时)或"收缩"($a,b<1$时),将导致其频谱函数在频域坐标$(\xi,\eta)$中的"收缩"或"伸展",整个频谱幅度也将变化$1/|ab|$倍。例如,在单缝的夫琅禾费衍射(一维)中,当缝变宽(空域坐标伸展)时,衍射花样向中心收缩(即频域坐标收缩);当缝变窄时,衍射花样从中心向外伸展。当$a=b=-1$时,式(2.3.6)即为式(2.3.2)。

显然,频谱函数的有效宽度和原函数的有效宽度之间存在反比关系。在一维情形下,有:

$$\Delta\xi\Delta x = 1. \tag{2.3.7}$$

式(2.3.7)称为傅里叶变换的反比定理。

### 6. 平移特性

设$x_0,y_0$为实常数,在空域中坐标平移为$\pm x_0,\pm y_0$,则位移特性可表示为:

$$F\{f(x\pm x_0, y\pm y_0)\} = F(\xi, \eta)e^{\pm i2\pi(\xi x_0 + \eta y_0)}. \tag{2.3.8}$$

原函数在空域中的平移,将导致频谱函数在频域中的一个线性相移,即相当于它的傅里叶变换乘以相位因子$e^{\pm i2\pi(\xi x_0 + \eta y_0)}$。

设$\xi_0,\eta_0$为实常数,在频域中坐标平移为$\pm\xi_0,\pm\eta_0$,则频移特性可表示为:

$$F^{-1}\{F(\xi\pm\xi_0, \eta\pm\eta_0)\} = f(x, y)e^{\mp i2\pi(\xi_0 x + \eta_0 y)} \tag{2.3.9a}$$

或

$$F\{f(x, y)e^{\mp i2\pi(\xi_0 x + \eta_0 y)}\} = F(\xi\pm\xi_0, \eta\pm\eta_0). \tag{2.3.9b}$$

式(2.3.9)又称为频率搬移定理。式(2.3.9a)表示频谱函数$F(\xi,\eta)$沿频率轴的平移,相当于原函数$f(x,y)$乘以因子$e^{\mp i2\pi(\xi_0 x + \eta_0 y)}$。在信息处理中,函数$f(x,y)$与因子$e^{\mp i2\pi(\xi_0 x + \eta_0 y)}$相乘,就相当于与频率为$\xi_0,\eta_0$的正弦函数或余弦函数相乘。如果$\xi_0,\eta_0$很大,就使$f(x,y)$所描述的信号变成高频信息,这个过程通常称为调制,所以频移特性又称为调制特性。式(2.3.9b)表示原函数在空域中的相移会引起频谱函数在频域中的平移。

### 7. 复共轭函数的傅里叶变换

复共轭函数的傅里叶变换和逆变换为:

$$F\{f^*(x, y)\} = F^*(-\xi, -\eta), \tag{2.3.10}$$

$$F^{-1}\{F^*(\xi, \eta)\} = f^*(x, y). \tag{2.3.11}$$

在光信息处理中，信号的波形或光强分布等都是实函数。从这个性质可知，如果 $f(x, y)$ 是非负的实函数，由于实函数的共轭是其自身，这样有：

$$F(\xi, \eta) = F^*(-\xi, -\eta)。 \tag{2.3.12a}$$

具有上述性质的函数称为厄米函数（Hermite function）。所以，对于这些函数的频谱 $F(\xi, \eta)$，只要知道 $\xi \geq 0$，$\eta \geq 0$ 的函数值即可；当 $\xi < 0$，$\eta < 0$ 时，其频谱就可由式（2.3.12a）确定。

如果 $f(x, y)$ 为纯虚函数，由于虚函数的共轭是其自身取负值，这样有：

$$F(\xi, \eta) = -F^*(-\xi, \eta)。 \tag{2.3.12b}$$

### 2.3.2 虚、实、奇和偶函数的傅里叶变换

复函数 $f(x, y)$ 的傅里叶变换可以改写成：

$$\begin{aligned}F(\xi, \eta) &= \iint_{-\infty}^{\infty} f(x, y) \mathrm{e}^{-\mathrm{i}2\pi(\xi x + \eta y)} \mathrm{d}x\mathrm{d}y \\ &= \iint_{-\infty}^{\infty} f(x, y) \cos[2\pi(\xi x + \eta y)] \mathrm{d}x\mathrm{d}y + \mathrm{i}\iint_{-\infty}^{\infty} f(x, y) \sin[2\pi(\xi x + \eta y)] \mathrm{d}x\mathrm{d}y。\end{aligned} \tag{2.3.13}$$

令

$$f(x, y) = f_R(x, y) + \mathrm{i}f_I(x, y)。 \tag{2.3.14}$$

式中：$f_R(x, y)$ 和 $f_I(x, y)$ 分别为 $f(x, y)$ 的实部和虚部。将式（2.3.14）代入式（2.3.13），有：

$$\begin{aligned}F(\xi, \eta) &= \iint_{-\infty}^{\infty} f(x, y) \mathrm{e}^{-\mathrm{i}2\pi(\xi x + \eta y)} \mathrm{d}x\mathrm{d}y \\ &= \left\{ \iint_{-\infty}^{\infty} f_R(x, y) \cos[2\pi(\xi x + \eta y)] \mathrm{d}x\mathrm{d}y + \iint_{-\infty}^{\infty} f_I(x, y) \sin[2\pi(\xi x + \eta y)] \mathrm{d}x\mathrm{d}y \right\} \\ &\quad + \mathrm{i}\left\{ \iint_{-\infty}^{\infty} f_I(x, y) \cos[2\pi(\xi x + \eta y)] \mathrm{d}x\mathrm{d}y - \iint_{-\infty}^{\infty} f_R(x, y) \sin[2\pi(\xi x + \eta y)] \mathrm{d}x\mathrm{d}y \right\} \\ &= F_R(\xi, \eta) + \mathrm{i}F_I(\xi, \eta)。\end{aligned} \tag{2.3.15}$$

式中：$F_R(\xi, \eta)$ 和 $F_I(\xi, \eta)$ 分别为 $F(\xi, \eta)$ 的实部和虚部。下面是几种特殊情况的结果。

（1）$f(x, y)$ 是实函数，这样有：

$$F_R(\xi, \eta) = F_R(-\xi, -\eta), \quad F_I(\xi, \eta) = -F_I(-\xi, -\eta)。 \tag{2.3.16}$$

即 $F(\xi, \eta)$ 的实部是偶函数，虚部是奇函数。

（2）$f(x, y)$ 是实偶函数，这样有：

$$F(\xi, \eta) = 2\iint_0^{\infty} f(x, y) \cos[2\pi(\xi x + \eta y)] \mathrm{d}x\mathrm{d}y。 \tag{2.3.17}$$

式（2.3.17）称为函数 $f(x, y)$ 的余弦变换，有时可记为 $F_c(\xi, \eta)$，也是实偶函数，其逆变换为：

$$f(x, y) = 2\iint_0^{\infty} F(\xi, \eta) \cos[2\pi(\xi x + \eta y)] \mathrm{d}\xi\mathrm{d}\eta。 \tag{2.3.18}$$

（3）$f(x, y)$ 是实奇函数，这样有：

$$F(\xi, \eta) = -2\mathrm{i}\iint_0^{\infty} f(x, y) \sin[2\pi(\xi x + \eta y)] \mathrm{d}x\mathrm{d}y。 \tag{2.3.19}$$

式(2.3.19)称为函数 $f(x, y)$ 的正弦变换,有时可记为 $F_s(\xi, \eta)$,且为虚奇函数,其逆变换为:

$$f(x, y) = 2\mathrm{i} \iint_0^\infty F_s(\xi, \eta) \sin[2\pi(\xi x + \eta y)] \mathrm{d}\xi \mathrm{d}\eta \text{。} \quad (2.3.20)$$

由以上各式可以看出,傅里叶变换不改变函数的奇偶性。

## 2.4 傅里叶变换的 MATLAB 实现

由于傅里叶变换就是以空间(或时间)为变量的"信号"与以频率为变量的"频谱"函数之间的一种变换关系,当变量空间(或时间)和频率取连续值或离散值时,就形成不同形式的傅里叶变换对。前面讨论的都是变量取连续值的情况,即连续空间(或时间)、连续频率的傅里叶变换对。另外还有离散空间(或时间)、连续频率的序列傅里叶变换对和离散空间(或时间)、离散频率的离散傅里叶变换对。

要在计算机上实现傅里叶变换的各种运算,其所涉及的变量都是离散的。上面提到的三种傅里叶变换对中,空(时)域或频域只要有一个是连续的,就不可能在计算机上进行运算和实现。因此,在计算机上的数值计算只能处理离散傅里叶变换(DFT, discrete Fourier transform)。

下面介绍在 MATLAB 中实现傅里叶变换的各种方法。

### 2.4.1 符号傅里叶变换

用 MATLAB 实现符号傅里叶变换有两种方法:一是用函数 fourier 和 ifourier;二是根据式(2.1.20)和式(2.1.22)定义,用积分函数 int 实现。这里介绍第一种方法,第二种方法读者可参看有关 MATLAB 使用的书籍。

格式1:Fw = fourier(fx)

格式1:Fw = fourier(fx, v)

格式3:Fw = fourier(fx, u, v)

功能:求"x 域"函数 fx 的傅里叶变换 Fw。x 是 x 为自变量的"x 域"函数,Fw 是以角频率为自变量的"频域"函数。格式1返回以默认独立变量 x 对符号函数 f 的傅里叶变换,返回函数以 w 为默认变量。格式2返回变换为 v 的函数。格式3对指定函数表达式作关于变量 u 的傅里叶变换,且变换结果为 v 的函数。

格式1:fx = ifourier(Fw)

格式2:fx = ifourier(Fw, v)

格式3:fx = ifourier(Fw, u, v)

功能:求"频域"函数 Fw 的傅里叶逆变换 fx。格式1,如果 Fw = F(w),则返回参量为 x 的函数 f(x);如果 F = F(x),则返回参量为 x 的函数 f(x)。格式2指定变换结果为 v 的函数。格式3对参量 u 进行傅里叶变换,返回参量为 v 的函数。

**例 2.4.1** 求函数 $f(x) = \begin{cases} 1 & x \geqslant 1 \\ 0 & x < 0 \end{cases}$ 的傅里叶变换。

**解**：傅里叶变换的程序如下。
symsx w；
fx = sym('Heaviside(x)')；
Fw = fourier(fx,x,w)
% 求傅里叶逆变换进行验算
fx = ifourier(Fw,w,x)
运算结果如下：
Fw = pi * dirac(w) - i/w
fx = heaviside(x)
在 MATLAB 中，单位阶跃函数用 heaviside( ) 表示，$\delta$ 函数用 dirac( ) 表示。

**例 2.4.2** 求函数矩形函数的傅里叶变换。

**解**：傅里叶变换的程序如下。
symsx w
symsalpha positive           %   alpha 取正
fx = sym('heaviside(x + alpha/2) - heaviside(x - alpha/2)')；
Fw = fourier(fx,x,w)
% 求傅里叶逆变换进行验算
fx = ifourier(Fw,w,x)
运算结果如下：
Fw = 2/w * sin(1/2 * alpha * w)
fx = heaviside(x + 1/2 * alpha) - heaviside(x - 1/2 * alpha)

**例 2.4.3** 求函数 $f(x) = \begin{cases} e^{-(x-x_0)} & x \geq x_0 \\ 0 & x < x_0 \end{cases}$ 的傅里叶变换。

**解**：傅里叶变换的程序如下。
symsx x0 w
fx = exp(-(x - x0)) * sym('heaviside(x - x0)')；
Fw = fourier(fx,x,w)
运算结果如下：
Fw = exp(-i * x * w)/(1 + i * w)

## 2.4.2 傅里叶变换的数值计算

### 1. 离散傅里叶变换

对连续函数 $f(x)$ 等间隔取样，可得到一个离散序列，设共采集了 $M$ 个样，则这个离散序列 $f(m)$ 可表示为 $\{f(0), f(1), f(2), \cdots, f(M-1)\}$。基于这种描述方式，令 $m$ 为离散实变量，$k$ 为离散频率变量，可将离散傅里叶正变换定义为：

$$F(k) = F\{f(m)\} = \sum_{m=0}^{M-1} f(m) e^{-i2\pi km/M} = \sum_{m=0}^{M-1} f(m) W_M^{mk} \quad (k = 0, 1, \cdots, M-1);$$

(2.4.1)

将离散傅里叶逆变换定义为：

$$f(m) = \frac{1}{M}\sum_{m=0}^{M-1} F(k)\mathrm{e}^{\mathrm{i}2\pi kx/M} = \frac{1}{M}\sum_{m=0}^{M-1} F(k) W_M^{-mk} \quad (m=0,1,\cdots,M-1)\text{。} \quad (2.4.2)$$

式中：$W_M = \mathrm{e}^{-\mathrm{i}2\pi/M}$；$f(m)$ 和 $F(k)$ 都是长度为 $M$ 的有限长度序列，互为傅里叶变换对。

离散傅里叶级数（DFS, discrete Fourier series）是周期序列，只有 $M$ 个独立的复值，只要知道一个周期的内容，其他的内容也就知道了。由于长度为 $M$ 的有限长序列可以看作周期为 $M$ 的周期序列的一个周期，因此利用离散傅里叶级数计算周期序列的一个周期，就可以得到有限长序列的离散傅里叶变换。一个周期为 $M$ 的周期序列 $\tilde{f}(M)$，对于所有 $m$ 满足：

$$\tilde{f}(m) = \tilde{f}(m+kM)\text{。} \quad (2.4.3)$$

式中：$k$ 为整数。可以把 DFS 中的时域周期序列 $\tilde{f}(m)$ 看作有限长序列 $f(m)$ 的周期延拓，同时把频域周期序列 $\tilde{F}(k)$ 也看作有限长序列 $F(k)$ 的周期延拓，对 DFS 的定义式取主值区间，就得到有限长序列的离散傅里叶变换对：

$$f(m) = \tilde{f}(m) R_M(m), \quad (2.4.4)$$

$$F(k) = \tilde{f}(k) R_M(k) \quad (0 \leq k \leq M-1)\text{。} \quad (2.4.5)$$

式中：

$$R_M(m) = \begin{cases} 1 & 0 \leq m \leq M-1 \\ 0 & \text{其他} \end{cases}\text{。} \quad (2.4.6)$$

二维函数的离散傅里叶变换对为：

$$F(k,l) = \frac{1}{M}\sum_{m=0}^{M-1}\sum_{n=0}^{M-1} f(m,n)\mathrm{e}^{-\mathrm{i}2\pi(km+ln)/M} \quad (k,l=0,1,\cdots,M-1), \quad (2.4.7)$$

$$f(m,n) = \frac{1}{M}\sum_{k=0}^{M-1}\sum_{l=0}^{M-1} F(k,l)\mathrm{e}^{\mathrm{i}2\pi(km+ln)/M} \quad (m,n=0,1,\cdots,M-1)\text{。} \quad (2.4.8)$$

应注意，在上述两个表达式中都已包含 $1/M$，因为式（2.4.7）与式（2.4.8）是一个傅里叶变换对，这些常数倍乘项的组合是任意的。比方说，在正变换的等式中可以将常数因子变为 $1/M^2$，此时所对应的傅里叶逆变换等式中常数因子由原来的 $1/M$ 变成为 1。

不论是一维还是二维离散傅里叶变换，其定义域是从 0 变到 $M-1$，而不是从 $-M/2$ 变到 $M/2$，因而将会影响傅里叶频谱图像。一维和二维离散函数的傅里叶频谱、相位、能量谱与前面的定义是相同的，唯一的差别是独立变量是离散的。因为在离散的情况下，$F(k)$ 和 $F(k,l)$ 两者总是存在的，所以和连续的情况不同，不必考虑关于离散傅里叶变换的存在性。

下面介绍一个离散傅里叶变换和逆变换的 MATLAB 程序。

(1) 离散傅里叶变换的 MATLAB 实现。

```
function [Xk] = dft(xn,N)
n = [0:1:N-1];          k = [0:1:N-1];
WN = exp(-i*2*pi/N);    nk = n'*k;
WNnk = WN.^nk;          Xk = xn*WNnk;
```

(2) 离散傅里叶逆变换的 MATLAB 实现。
```
function [xn] = idft(Xk,N)
n = [0:1:N-1];            k = [0:1:N-1];
WN = exp(-i*2*pi/N);      nk = n'*k;
WNnk = WN.^(-nk);         xn = (Xk*WNnk)/N;
```

**2. 快速傅里叶变换**

离散傅里叶变换是信息处理中最基本的方法，但直接计算 DFT 时，其运算量与变换长度 $M$ 的平方成正比。所以当 $M$ 较大时，计算量迅速增大。快速傅立叶变换(FFT, fast Fourier transform) 便是针对 DFT 计算量很大的矛盾而提出的。所有快速算法的思想都一样，就是尽量减少乘法运算。求一个 $M$ 点的 DFT 要完成 $M \times M$ 次复数乘法和 $M \times (M-1)$ 次复数加法，当 $M$ 很大时，其计算量是相当大的。1965 年，库利(Cooley)和图基(Tukey)巧妙地利用 $W_M$ 因子的周期性和对称性，构造了一个 DFT 的快速算法，即 FFT，从而使得 DFT 的运算真正得到广泛应用。

由于二维离散傅里叶变换可以分解成两个一维傅里叶变换进行计算，因此在讨论 FFT 算法时，可从一维傅里叶变换入手。式(2.4.1)所要求的复数乘法和加法的次数与 $M^2$ 成正比。容易得出，对 $\xi$ 的 $M$ 个值中的每一个，要作 $f(x)$ 与 $e^{-i2\pi km/M}$ 的 $M$ 次复数乘法及对这个乘积作 $M-1$ 次加法。如果先计算 $e^{-i2\pi km/M}$ 项，然后存储在一个表格中备用，那么在这些项中不再考虑直接用 $k$ 和 $m$ 相乘来完成运算。将式(2.4.2)分解可使得复数乘法和加法的次数正比于 $M \log_2 M$。当 $M$ 比较大时，后者的计算量将会减少很多。FFT 算法有很多种，如基 -2FFT 算法和基 -4FFT 算法等，但实际上可分成两大类：时间抽取法(DIT-FFT, decimation-in-time)和频率抽取法(DIP-FFT, decimation-in-frequency)。其基本思想是一致的，只是划分方式略有差异而已。这里仅对时间抽取基 -2FFT 算法的原理作一简单介绍。

设序列 $f(M)$ 的长度 $M$ 是 2 的整数幂次方，即 $M = 2^C$，$C$ 为正整数。如果 $M$ 不满足此关系，可以通过人为增加若干零值点来达到这一要求。这种 $M$ 为 2 的整数幂的 FFT 称为时间抽取基 -2FFT。

先将序列 $f(m)$ 按 $m$ 的奇偶分成两个子序列，即

$$\begin{cases} f(2s) = f_1(s) \\ f(2s+1) = f_2(s) \end{cases} \quad (s = 0, 1, \cdots, \frac{M}{2}-1). \tag{2.4.9}$$

则式(2.4.1)变为：

$$F(k) = \sum_{m=0}^{M-1} f(m) W_M^{mk} = \sum_{s=0}^{\frac{M}{2}-1} f(2s) W_M^{2sk} + \sum_{s=0}^{\frac{M}{2}-1} f(2s+1) W_M^{(2s+1)k}$$
$$= \sum_{s=0}^{\frac{M}{2}-1} f_1(s) (W_M^2)^{sk} + W_M^k \sum_{s=0}^{\frac{M}{2}-1} f_2(s) (W_M^2)^{sk}. \tag{2.4.10}$$

由于 $W_M^2 = e^{-i\frac{2\pi}{M} \cdot 2} = e^{-i\frac{2\pi}{M/2}} = W_{M/2}$，故式(2.4.10)可表示为：

$$F(k) = \sum_{s=0}^{\frac{M}{2}-1} f_1(s) W_{M/2}^{sk} + W_M^k \sum_{s=0}^{\frac{M}{2}-1} f_2(s) W_{M/2}^{sk} = F_1(k) + F_2(k). \tag{2.4.11}$$

式中：$F_1(k)$ 和 $F_2(k)$ 分别是 $f_1(s)$ 和 $f_2(s)$ 的 $M/2$ 点的 DFT。一个 $M$ 点的 DFT 被分解为两个

$M/2$ 点，这两个 $M/2$ 点的 DFT 按式(2.4.11)可合成为一个 $M$ 点的 DFT。但 $f_1(s)$，$f_2(s)$ 和 $F_1(k)$，$F_2(k)$ 的列长都是 $M/2$，即 $s$，$k$ 满足 $s$，$k=0$，$1$，$\cdots$，$\frac{M}{2}-1$，而 $F(k)$ 的列长为 $M$，所以按式(2.4.11)计算得到的只是 $F(k)$ $(k=0, 1, \cdots, M-1)$ 的前一半项数的结果。要用 $F_1(k)$，$F_2(k)$ 来表示全部的 $F(k)$ 值，还必须应用系数 $W$ 的周期性，即 $W_{M/2}^{sk} = W_{M/2}^{s(k+M/2)}$，这样有：

$$F\left(\frac{M}{2}+k\right) = \sum_{s=0}^{\frac{M}{2}-1} f_1(s) W_{M/2}^{s\left(\frac{M}{2}+k\right)} = \sum_{s=0}^{\frac{M}{2}-1} f_1(s) W_{M/2}^{sk}, \tag{2.4.12}$$

即

$$F_1\left(\frac{M}{2}+k\right) = F_1(k)。 \tag{2.4.13}$$

同理可得：

$$F_2\left(\frac{M}{2}+k\right) = F_2(k)。 \tag{2.2.14}$$

式(2.4.13)和式(2.4.14)表明：后半部分 $k$ 值 $(M/2 \leq k \leq M-1)$ 所对应的 $F_1(k)$，$F_2(k)$ 完全重复了前半部分 $k$ 值 $(0 \leq k \leq \frac{M}{2}-1)$ 所对应的 $F_1(k)$，$F_2(k)$ 值。考虑到 $W_M^k$ 的对称性，即

$$W_M^{\left(\frac{M}{2}+k\right)} = W_M^{M/2} W_M^k = -W_M^k。 \tag{2.4.15}$$

将式(2.4.13)～(2.4.15)代入式(2.4.11)中，就可以将 $F(k)$ 的表达式分为前后两部分。前半部分和后半部分分别为：

$$F(k) = F_1(k) + W_N^k F_2(k) \quad (k=0, 1, \cdots, \frac{M}{2}-1), \tag{2.4.16}$$

$$F\left(\frac{M}{2}+k\right) = F_1\left(\frac{M}{2}+k\right) + W_M^{\left(\frac{M}{2}+k\right)} F_2\left(\frac{M}{2}+k\right) \quad (k=0, 1, \cdots, \frac{M}{2}-1)。 \tag{2.4.17}$$

由此可见，只要求出区间 $[0, \frac{M}{2}-1]$ 内各个整数 $k$ 值所对应的 $F_1(k)$，$F_2(k)$ 值，即可求出 $[0, M-1]$ 区间内的全部 $F(k)$ 值，从而大大节省了运算时间，这也正是 FFT 能大量节省计算时间的关键所在。

需要注意的是，FFT 算法并不是一种新的变换，而只是 DFT 变换的快速算法，因而 DFT 的理论、性质和约束条件在 FFT 中都适用。

数值计算已经在科学与工程领域得到了广泛的应用，用计算机来计算傅里叶变换，建立快速而有效的算法，已是傅里叶变换中的重要课题。

MATLAB 不仅提供了一维快速傅里叶变换和逆变换的函数 fft 和 ifft，同时还提供了多维快速傅里叶变换和逆变换的函数 fft2，ifft2，fftn 和 ifftn。下面简单介绍一下。

(1) 一维快速傅里叶变换函数 fft。

格式：X = fft(x, N)

功能：采用 FFT 算法计算序列向量 x 的 N 点 DFT 变换，当 N 默认时，fft 函数自动按 x 的长度计算 DFT。当 N 为 2 的整数次幂时，fft 按基 2 算法计算，否则用混合算法。

(2) 一维快速傅里叶逆变换函数 ifft。

格式：x = ifft(X, N)

功能:采用 FFT 算法计算序列向量 X 的 N 点 IDFT 变换。

(3) 二维快速傅里叶变换函数 fft2。

格式:X = fft2(x)

功能:返回矩阵 x 的二维 DFT 变换。

(4) 二维快速傅里叶逆变换函数 fft2。

格式:x = fft2(X)

功能:返回矩阵 X 的二维 IDFT 变换。

(5) 将零频分量移至频谱中心的函数 fftshift。

格式:Y = fftshift(X)

功能:用来重新排列 X = fft(x) 的输出。当 X 为向量时,它把 X 的左右两半进行交流,从而将零频分量移至频谱中心。如果 X 是二维傅里叶变换的结果,它同时把 X 左右和上下进行交换。

下面举一些例子来说明。

**例 2.4.4** 根据 12 个等距横坐标 $x_m = \dfrac{2\pi m}{6} - \pi$ ($m = 1, 2, \cdots, 12$),求解点集 $\{x_m/2\}_{m=1}^{12}$ 对应的离散傅里叶变换。

**解:** 先用向量表示点集 $\{x_m/2\}_{m=1}^{12}$ 对应的向量。

x = zeros(1,12);

form = 1:12

x(m) = (m*pi/6 - pi)/2;

end

fft(x)

运行结果如下:

ans =

1.5708   -1.5708 + 5.8623i   -1.5708 + 2.6207i   -1.5708 + 1.5708i   -1.5708 + 0.9069i

-1.5708 + 0.4209i   -1.5708   -1.5708 - 0.4209i   -1.5708 - 0.9069i   -1.5708

-1.5708i

-1.5708 - 2.6207i   -1.5708 - 5.8623i

这就是 $c_m$ 的值。

**例 2.4.5** 设 $x(m)$ 是由两个正弦信号及白噪声的叠加,试用 fft 函数对其作频谱分析。

**解:** 程序清单如下:

M = 256;

f1 = .1;f2 = .2;fs = 1;

a1 = 5;   a2 = 3;

w = 2*pi/fs;

x = a1*sin(w*f1*(0:M-1)) + a2*sin(w*f2*(0:M-1)) + randn(1,M);

% 应用 FFT 求频谱

X = fft(x);   y = ifft(X);

f = -0.5:1/N:0.5-1/M;
figure(1)
plot(x(1:M/4),'k','LineWidth',2);title('原始信号')
set(gca,'Ytick',[-8 -4 0 4 8]')
figure(2)
plot(f,fftshift(abs(X)),'k','LineWidth',2);  title('频域信号')
set(gca,'Xtick',[-0.5 -0.25 0 0.25 0.5]')
set(gca,'Ytick',[0 100 200 300 400 500]')
figure(3)
plot(real(y(1:M/4)),'k','LineWidth',2);  title('空域信号')
set(gca,'Ytick',[-8 -4 0 4 8]')

运行结果如图 2.4.1 所示。该程序同时完成了傅里叶变换与傅里叶逆变换。

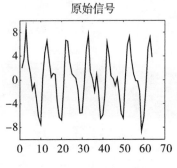
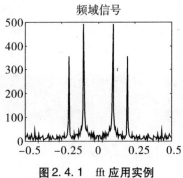
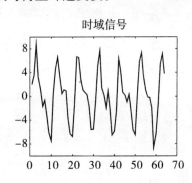

图 2.4.1 fft 应用实例

**例 2.4.7** 函数 $f(x) = 2e^{-3x}(x \geq 0)$ 的连续傅里叶变换为 $F(\xi) = \dfrac{2}{3+i\xi}$，求其离散傅里叶变换并与连续傅里叶变换作比较。

**解**：MALTAB 计算程序如下：

```
clear
M = 128;   x0 = linspace(0,3,M);
f = 2*exp(-3*x0);        Ts = x0(2) - x0(1);
Ws = 2*pi/X;     F = fft(x);
Fc = fftshift(F)*X;
W = Ws*(-M/2:(M/2)-1)/M;
Fa = 2./(3+i*W);
plot(W,abs(Fa),'k',W,abs(Fc),'.k')
xlabel('频率,\xi');   ylabel('|F(\xi)|')
```

运行的结果如图 2.4.2 所示。

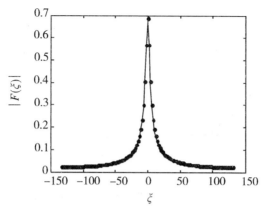

图 2.4.2 指数函数连续与离散的傅里叶变换

函数 fftshift 用于将 $F$ 进行半值翻转,以便使得 $F_c$ 的第 $(M/2)+1$ 个元素成为最终结果的直流成分,该元素左边的元素是负频率成分,左边的元素则是正频率成分。$W$ 用于创建频率轴,且 $W(M/2+1)$ 处的频率为 0。从图 2.4.2 可以看出,在低频部分,FFT 近似的效果很好;但在接近奈奎斯特频率(见 3.6.3)的高频部分表现出了一定的频率偏差。

## 2.5 卷积和卷积定理

在数学上,卷积(convolution)代表一种运算,也是一个由含参变量的无穷积分定义的函数。卷积在物理上有着广泛的意义,如可以用它来描述一个观测仪器在一些变量的小范围上对某些物理量进行加权平均的操作。通常,加权函数的形式不随变量中心值的改变而变化,观测到的量是所要求的量的分布和加权函数的卷积,而不是所要求的物理量本身的值。卷积运算在线性系统理论、光学成像理论和傅里叶变换及应用中经常用到。

### 2.5.1 卷积的定义

两个一维复函数 $f(x)$ 和 $h(x)$ 的卷积由下式含参量变量的无穷积分定义:

$$g(x) = \int_{-\infty}^{\infty} f(\alpha) h(x-\alpha) \mathrm{d}\alpha = f(x) * h(x)。 \quad (2.5.1)$$

同样,两个二维复函数 $f(x,y)$ 和 $h(x,y)$ 的卷积为:

$$g(x,y) = \iint_{-\infty}^{\infty} f(\alpha,\beta) h(x-\alpha, y-\beta) \mathrm{d}\alpha \mathrm{d}\beta = f(x,y) * h(x,y)。 \quad (2.5.2)$$

式中:* 号表示卷积运算;$\alpha$ 和 $\beta$ 实际上就是自变量 $x$ 和 $y$,只是为了明确参与卷积积分运算的是哪个量,而把 $x$ 和 $y$ 形式上写成了 $\alpha$ 和 $\beta$,故可以把卷积运算看成含参量 $x,y$ 的积分运算,运算结果是 $x,y$ 的函数。$x,y$ 可以看成参变量,$\alpha,\beta$ 则是积分变量,这两者均为实数。卷积是一种无穷积分运算,也有积分存在条件的问题。与傅里叶变换相似,可以认为在物理上实现的可能性为卷积存在提供了充分条件。即如果 $f(x,y)$ 和 $h(x,y)$ 描述的是两个真实的物理量,则其卷积 $f(x,y) * h(x,y)$ 总是存在的。

对卷积的理解可以有多种途径。最简单的理解是把卷积运算看作当允许 $x$ 变化时,寻求

$f(\alpha)$ 和 $h(x-\alpha)$ 的乘积的面积的运算，其结果用第三个函数 $g(x)$ 表示；也可以理解为，对给定的函数 $h(x)$，则对每一个函数 $f(x)$，只要上述积分存在，就有一个 $g(x)$，所以，可以认为 $g(x)$ 是函数 $f(x)$ 的一个泛函。要注意的是在计算过程中，必须知道在整个 $x$ 定义域内的 $f(x)$，即需计算出函数 $f(x)$ 在 $x=x_1$ 处的函数值 $f(x_1)$。从物理角度上理解，卷积描述了一个观测仪器在一些变量的小范围上对某些物理量进行加权平均的操作。经常遇到的情况是，加权函数的形式不随变量中心值的改变而变化，观测到的量是所要求的量的分布和加权函数的卷积，而不是所要求的物理量本身的值。所以物理观测都以这种方式受到仪器分辨能力的限制，也正是这个原因，在物理上就经常会遇到卷积的操作。其他一些术语如叠加积分、Dubhamel 积分、Borel 定理、加权连续平均、互相关函数、平滑、模糊、扫描及弥散等都与卷积密切相关。如线光源照射的夫琅禾费单缝衍射为：

$$I_\mathrm{i}(x_\mathrm{i}) = \lim_{\Delta\alpha\to 0}\sum_{k=-\infty}^{\infty} I_\mathrm{o}(\alpha_k)\Delta\alpha I(x_\mathrm{i}-\alpha_k) = \int_{-\infty}^{\infty} I_\mathrm{o}(\alpha) I(x_\mathrm{i}-\alpha)\mathrm{d}\alpha。 \qquad (2.5.3)$$

式中：$x_\mathrm{i}$ 表示像面坐标；$\alpha$ 是物面坐标 $x_\mathrm{o}$ 的形式积分参量；$I_\mathrm{o}(x)$ 为线光源的强度分布，即物强度分布函数；$I(x_\mathrm{i})$ 表示在物平面某点单位强度点光源对应的像强度；$I_\mathrm{i}(x_\mathrm{i})$ 表示像平面光强度分布。由式(2.5.1)卷积的定义可知，式(2.5.3)就是 $I_\mathrm{o}(x)$ 与 $I(x_\mathrm{i})$ 的卷积。也就是说，光学系统像平面上的光强分布是物的光强分布与单位强度点光源对应的像强度分布的卷积。

## 2.5.2 卷积的计算

卷积的计算通常有两种方法，即图解法和解析法。

### 1. 图解法和卷积的几何解释

由卷积的定义可知，卷积是一种积分运算。由定积分的几何意义可知，可以把卷积理解为求两个函数 $f(\alpha)$ 和 $h(x-\alpha)$ 重叠部分的面积，这个面积的值随着 $x$ 的取值不同而不同。所以，以 $x$ 为横轴、面积值为纵坐标作出的图形就是卷积的结果 $g(x)$。由于在卷积运算中有 $h(x-\alpha)$ 这一项，使其与两个一般函数乘积的积分不同，要理解卷积的几何意义，就需要理解 $h(x-\alpha)$ 的含义。下面用两个简单的函数的卷积为例，用图解分析的方法来示意卷积的运算过程。

设有如下两个函数：

$$f(x) = \begin{cases} 1 & 0 \leqslant x \leqslant 3 \\ 0 & \text{其他} \end{cases}, \quad h(x) = \begin{cases} 2 & -1 \leqslant x \leqslant 2 \\ 0 & \text{其他} \end{cases},$$

函数图形如图 2.5.1 所示。

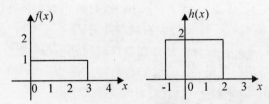

图 2.5.1 函数图形

根据式(2.5.1)卷积的定义,用图解法进行卷积运算可分解为如下 5 个步骤。

(1) 置换变量。将函数 $f(x)$ 和 $h(x)$ 中的自变量 $x$ 换成积分变量 $\alpha$,得到函数 $f(\alpha)$ 和 $h(\alpha)$,如图 2.5.2 所示。这里坐标轴也相应变为虚设积分变量 $\alpha$。

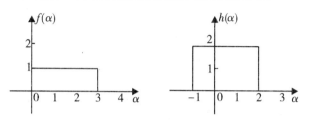

图 2.5.2 置换变量

(2) 折叠。把任一函数 $f(\alpha)$ 或 $h(\alpha)$ 相对纵轴作其镜像(或反射像),即绕纵轴转 180°。这里选择 $h(\alpha)$,得到镜像 $h(-\alpha)$,如图 2.5.3 所示(卷积又因此而得名为折积)。图中以虚线的形式画出了函数 $f(\alpha)$ 的图形。

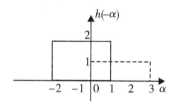

图 2.5.3 折叠和重叠

(3) 平移。将函数 $h(-\alpha)$ 沿着 $x$ 轴平移,就可得到函数 $h(x-\alpha)$,也就是用 $h(x-\alpha)$ 扫过 $f(\alpha)$,称 $h(x-\alpha)$ 为扫描函数,所以位移过程也称为扫描,如图 2.5.4(左边)所示。其具体做法是:再选取一个与 $\alpha$ 轴平行的 $x$ 轴,并在其上任取一点作为坐标原点,这个原点就是 $h(-\alpha)$ 平移的起点。$h(-\alpha)$ 沿着 $x$ 轴平移就得到 $h(x-\alpha)$。当 $h(-\alpha)$ 向左移动时,$x<0$;当 $h(x-\alpha)=h(-\alpha)$ 时,$x=0$。

(4) 相乘。将函数 $f(\alpha)$ 与平移后的函数 $h(x-\alpha)$ 逐点(即对所有的 $\alpha$)相乘得到 $f(\alpha)h(x-\alpha)$。图 2.5.4 左边的阴影部分就是这两个函数重叠部分的积。

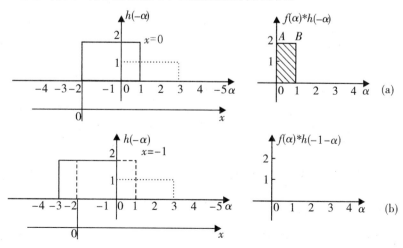

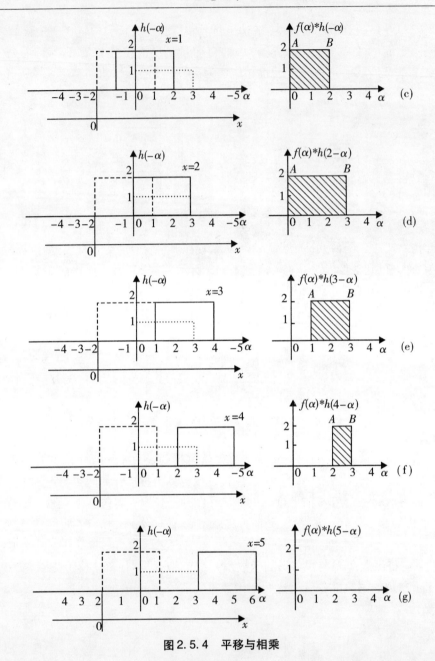

图 2.5.4 平移与相乘

在图解过程中函数 $f(\alpha)$ 是不动的，而函数 $h(x-\alpha)$ 必须沿 $x$ 轴来回移动，得到相对于不同 $x$ 的两函数乘积。在 $x=0$ 的情况下，当 $\alpha<0$ 时，$f(x)=0$，故 $f(\alpha)h(-\alpha)=0$；当 $\alpha>1$ 时，$h(-\alpha)=0$，故 $f(\alpha)h(-\alpha)=0$；只有在区间 $0<\alpha<1$ 内，$f(\alpha)$ 和 $h(-\alpha)$ 均不等于 0，即 $f(\alpha)$ 和 $h(-\alpha)$ 存在着重叠面积，这时乘积 $f(\alpha)h(-\alpha)\neq0$，两函数相乘的结果就是图 2.5.4 中的直线 $AB$（通常情况是任意曲线）。

(5) 积分：$f(\alpha)h(x-\alpha)$ 曲线下的面积即为对应于给定 $x$ 值时的卷积值。

卷积的积分区间是从 $-\infty$ 到 $+\infty$。当选择 $x=0$ 时，由上面的分析可知，在区间 $0<\alpha<1$ 之外，上述两函数的值为零，其积分也必然为零；只在区间 $0<\alpha<1$ 内，两个函数具有重

叠部分时的积分才不为零。所以卷积就是求上述乘积曲线下的面积,即图 2.5.4(右边)中的阴影部分。其结果就是这两个函数在 $x=0$ 处的卷积 $g(0)$ 的值。

同理,重新选择平移量,如 $x=1$。这时,可把 $h(-\alpha)$ 向右移动一个单位,得到 $h(1-\alpha)$。重复上述步骤(3)~(5),就可得到 $x=1$ 时两函数的卷积结果 $g(1)$。

$x$ 的取值范围是 $-\infty$ 到 $+\infty$,选取 $x$ 在这个范围内所有可能的值,按上述步骤进行计算,就可得到每个 $x$ 的卷积结果 $g(x)$,如图 2.5.5 所示。图 2.5.5 是计算了 $x=-2,-1,0,1,2,3,4,5,6$ 时的两函数的卷积值 $g(-2),g(-1),\cdots,g(5),g(6)$ 的值绘制成的 $g(x)$ 的曲线。该曲线就是上述两个函数卷积的结果。

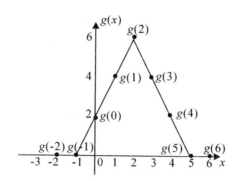

图 2.5.5　图解法计算两函数卷积

### 2. 解析法

直接计算式(2.5.1)所定义的卷积积分就是解析法。从上面的图解法求卷积可以看到,卷积的结果通常不是一条完整的曲线,而是分段的,不同的段有不同的函数表达式,一个积分式显然只能得到一个积分结果,所以必须分段积分。因此,与一般积分相比,计算卷积的困难在于积分区间的分段和确定每段区间的上下限。也就是说,卷积结果还没有出来就要知道它是由几段曲线组成的,显然这是一件不容易确定的事。因此,解析法通常也要依赖于图解法的方法,即先用图解法大致看看两图形重叠部分的变换趋势,看看有无突变的情况。一个经典而较古老的做法是先在一张较厚的纸上画出 $f(\alpha)$ 的图形,然后在一张透明纸上画出 $h(-\alpha)$ 的图形,并把它重叠在 $f(\alpha)$ 的图形上来回移动。观察重叠区间的变化,以确定每段积分的区间。由于 $h(x-\alpha)$ 在积分过程中沿着 $x$ 轴移动,随着 $x$ 的不同,$f(\alpha)$ 和 $h(x-\alpha)$ 两个图形和重叠区域不一样,这也就意味着积分区间的变化,这必然会影响积分的结果。下面仍然以上面两个函数的卷积为例,说明用解析法计算卷积的过程。观察图 2.5.4 可以看出,积分区域可分为四段。

（1）$x \leqslant -1$。在这个区域内,$f(\alpha)$ 和 $h(x-\alpha)$ 无重叠,也就是 $f(\alpha)$ 和 $h(x-\alpha)$ 之积为零,所以卷积的结果也为零。

（2）$-1 < x \leqslant 2$。在这个区域内,$f(\alpha)$ 和 $h(x-\alpha)$ 之积为 2,这样,其卷积的结果为:

$$g(x) = \int_{-\infty}^{\infty} f(\alpha)h(x-\alpha)d\alpha = \int_{0}^{x+1} 2d\alpha = 2(x+1)。$$

可见,在该区间内卷积的结果是一条直线。

（3）$2 < x \leqslant 5$。在这个区域内,$f(\alpha)$ 和 $h(x-\alpha)$ 之积为 2,由上述方法确定的积分上、下限分别为 3 和 $x-2$,这样,其卷积的结果为:

$$g(x) = \int_{-\infty}^{\infty} f(\alpha)h(x-\alpha)\mathrm{d}\alpha = \int_{x-2}^{3} 2\mathrm{d}\alpha = 2(5-x)。$$

在该区间内卷积的结果也是一条直线。

(4) $x>5$。在这个区域内，$f(\alpha)$ 和 $h(x-\alpha)$ 之积为零，这样，其卷积的结果也为零。

这样，在整个 $x$ 区间，$f(x)$ 和 $h(x)$ 卷积的结果为：

$$f(x)*h(x) = \begin{cases} 0 & x \leqslant -1 \\ 2(x+1) & -1 < x \leqslant 2 \\ 2(5-x) & 2 < x \leqslant 5 \\ 0 & x > 5 \end{cases}$$

其图形如图 2.5.5 所示。

从上面积分式可以看出，积分的计算并不复杂，但积分的上、下限的确定是有些复杂的。下面分析一下这个区域内，积分的上、下限是怎么确定的。

由于函数 $f(\alpha)$ 仅在区间 $[0,3]$ 有非零值，因此积分区域不会超出这个区间。函数 $h(\alpha)$ 仅在区间 $[-1,2]$ 有非零值，所以 $h(-\alpha)$ 的非零值区域就为 $[-2,1]$，这样函数 $h(x-\alpha)$ 的非零值区域显然为 $[-2+x,1+x]$，$x$ 是变化的，这是一个动态的区域，但其变化范围是受到限定的。在 $-1 < x \leqslant 2$ 内，$h(x-\alpha)$ 的上限变化范围为 $0\sim 3$，下限变化范围为 $-3\sim 0$。为了确定积分的上、下限，图 2.5.6 画出了 $f(\alpha)$ 和 $h(x-\alpha)$ 的相对位置，从图中可以看出，当 $\alpha \in (-2+x, 0)$ 时，$f(\alpha)=0$，所以 $f(\alpha)$ 和 $h(x-\alpha)$ 之积为零；当 $\alpha \in (x+1,3)$ 时，$h(x-\alpha)=0$，所以 $f(\alpha)$ 和 $h(x-\alpha)$ 之积也为零；可此可知，只有在 $0 < \alpha < x+1$ 范围内，$f(\alpha)$ 和 $h(x-\alpha)$ 的积才不为零。通过以上的分析，可以得到在区间 $-1 < x \leqslant 2$ 内，卷积积分的上、下限分别为 $x+1$ 和 $0$。

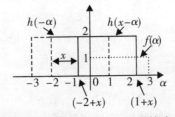

图 2.5.6 卷积积分上、下限的确定

下面总结一下确定积分限的一般规律。如果两个函数非零值的上限分别是 $A_1$ 和 $A_2$，下限分别是 $B_1$ 和 $B_2$，确定卷积积分上、下限的原则是：积分上限取两个上限中最小的，即 $\min[A_1, A_2]$；积分下限取两个下限中最大的，即 $\max[B_1, B_2]$。在上例中，$f(\alpha)$ 和 $h(x-\alpha)$ 的非零值的上、下限分别为 $[0,3]$ 和 $[-2+x, 1+x]$。根据上面的原则，可以确定在区段 $-1 < x \leqslant 2$ 内，卷积积分的上、下限为 $x+1$ 和 $0$。根据这个原则，可以确定其他区段卷积积分的上、下限。

从上面的计算可以看出，卷积的计算是比较复杂，不管是用解析法还是图解法，都是比较繁琐的。实际计算时，通常是把两个方法结合起来，会相对简便一些，即用图解法进行积分区间的分段，用解析法计算 $f(\alpha)h(x-\alpha)$ 的积分值。随着计算机技术的发展，现在也可以借用计算机方便地进行复杂的计算，这将在 2.5.5 节讲述。

为了进一步掌握用上述方法进行卷积的计算，下面举几个例子。

**例 2.5.1** 求函数 $f(x) = \mathrm{rect}\left(\dfrac{x-1}{2}\right)$ 和 $h(x) = \mathrm{tri}(x)\mathrm{step}(x)$ 的卷积 $g(x)$。这两个函数的图形如图 2.5.7 所示。

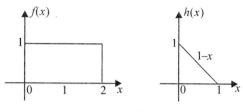

图 2.5.7 函数的图形

**解**：按照前面介绍的卷积运算的步骤进计算。

第一步：将两个函数的自变量 $x$ 换成积分变量 $\alpha$，即有 $f(\alpha)$，$h(\alpha)$。然后将 $h(\alpha)$ 翻转成 $h(-\alpha)$，$f(\alpha)$ 和 $h(-\alpha)$ 的图形如图 2.5.8(a) 所示。

第二步：沿 $\alpha$ 轴将 $h(-\alpha)$ 平移 $x$，得到 $h(x-\alpha)$。这相当于改变 $x$ 的值，用 $h(x-\alpha)$ 扫过 $f(\alpha)$。图 2.5.8(b) 为 $x$ 的平移量为 0、0.5、1、1.5、2、2.5、3 时的示意图，每个位置对应于图 2.5.8(c) 相同点的卷积函数值。例如，当 $x = 0.5$ 时，这个点的卷积值就是 $f(\alpha)h(0.5-\alpha)$ 曲线下的面积，即 $g(0.5) = \int_{-\infty}^{\infty} f(\alpha)h(0.5-\alpha)\mathrm{d}\alpha$。

第三步：将扫过 $\alpha$ 轴的函数 $h(x-\alpha)$ 乘以函数 $f(\alpha)$，得到 $f(\alpha)h(x-\alpha)$，求这个乘积的积分就可得到两个函数卷积的结果。从图 2.5.8 的几何图解可以看出，卷积计算在不同区间内分段进行。

(1) 当 $x \leq 0$ 和 $x \geq 3$ 时，$g(x) = f(x) * h(x) = 0$；

(2) 当 $0 < x \leq 1$ 时，$g(x) = \int_0^x (1 + \alpha - x)\mathrm{d}\alpha = x - \dfrac{x^2}{2}$；

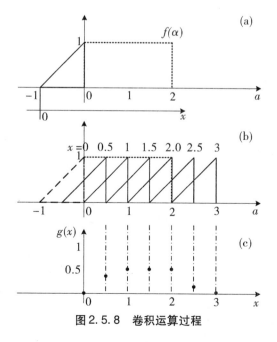

图 2.5.8 卷积运算过程

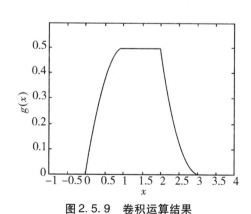

图 2.5.9 卷积运算结果

(3) 当 $1 < x \leq 2$ 时，$g(x) = \int_{x-1}^{x}(1+\alpha-x)\mathrm{d}\alpha = \dfrac{1}{2}$；

(4) 当 $2 < x < 3$ 时，$g(x) = \int_{x-1}^{2}(1+\alpha-x)\mathrm{d}\alpha = \dfrac{9}{2} - 3x + \dfrac{x^2}{2}$。

这样，可求得二函数卷积运算的结果为：

$$g(x) = f(x) * h(x) = \begin{cases} 0 & x \leq 0 \\ x - \dfrac{x^2}{2} & 0 < x \leq 1 \\ \dfrac{1}{2} & 1 < x \leq 2 \\ \dfrac{9}{2} - 3x + \dfrac{x^2}{2} & 2 < x < 3 \\ 0 & x \geq 3 \end{cases}$$

$g(x)$ 函数的图形如图 2.5.9 所示。

**例 2.5.2** 求矩形函数 $f(x) = \mathrm{rect}\left(\dfrac{x+1}{2}\right)$ 和 $h(x) = \mathrm{rect}\left(\dfrac{x-1}{2}\right)$ 的卷积 $g(x)$。这两个函数的图形如图 2.5.10 所示。

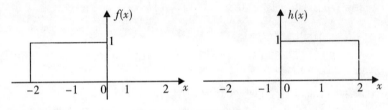

图 2.5.10 函数的图形

**解**：根据卷积的定义，有：

$$g(x) = f(x) * h(x) = \int_{-\infty}^{\infty} \mathrm{rect}\left(\dfrac{\alpha+1}{2}\right)\mathrm{rect}\left(\dfrac{x-\alpha-1}{2}\right)\mathrm{d}\alpha = \int_{-2}^{0}\mathrm{rect}\left(\dfrac{x-\alpha-1}{2}\right)\mathrm{d}\alpha$$

上式的积分限为 $-2 \leq \alpha \leq 0$，而其中积分函数的表达式可由 $\mathrm{rect}\left(\dfrac{\alpha-1}{2}\right)$ 经翻转并平移 $x$ 后得到，即

$$\mathrm{rect}\left(\dfrac{x-\alpha-1}{2}\right) = \begin{cases} 1 & x-2 \leq \alpha \leq x \\ 0 & \text{其他} \end{cases}$$

如图 2.5.11 所示，只有当 $-2 \leq x \leq 0$ 和 $0 \leq x \leq 2$ 时，函数乘积曲线下的积分面积不等于 0；当 $x$ 超过上述界限时，积分面积都为 0。这样便有：

$$g(x) = \begin{cases} 0 & -\infty \leq x \leq -2 \\ \int_{-2}^{x}\mathrm{d}\alpha = 2+x = 2(1+x/2) & -2 < x \leq 0 \\ \int_{x}^{2}\mathrm{d}\alpha = 2-x = 2(1-x/2) & 0 \leq x < 2 \\ 0 & 2 \leq x \leq \infty \end{cases} = 2\mathrm{tri}\left(\dfrac{x}{2}\right)。$$

卷积结果的函数图形如图 2.5.11 所示。

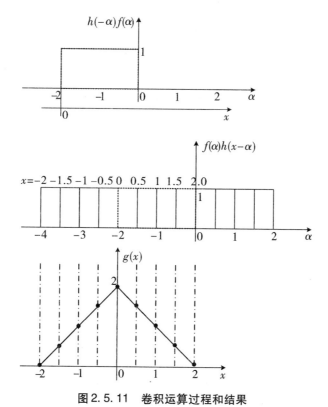

图 2.5.11 卷积运算过程和结果

**例 2.5.3** 求矩形函数 $f(x) = \text{rect}(x)$ 和 $h(x) = \text{rect}(x)$ 的卷积 $g(x)$。

**解**：根据卷积的定义，有：

$$g(x) = f(x) * h(x) = \int_{-\infty}^{\infty} \text{rect}(x)\text{rect}(x-\alpha)\mathrm{d}\alpha = \int_{-1/2}^{1/2} \text{rect}(x+\alpha)\mathrm{d}\alpha。$$

上式的积分限为 $-1/2 \leq \alpha \leq 1/2$，而其中积分函数的表达式可由 $\text{rect}(x+\alpha)$ 经翻转并平移 $x$ 后得到，即：

$$\text{rect}(x+\alpha) = \begin{cases} 1 & -\dfrac{1}{2}-x \leq \alpha \leq \dfrac{1}{2}x \\ 0 & \text{其他} \end{cases}。$$

如图 2.5.12 所示，只有当 $-1/2 \leq x \leq 0$ 和 $0 \leq x \leq 1/2$ 时，函数乘积曲线下的积分面积不等于 0；当 $x$ 超过上述界限时，积分面积都为 0。当 $\alpha = -1/2$ 时，有 $0 \leq x \leq 1$；$\alpha = 1/2$ 时，有 $-1 \leq x \leq 0$。这样便有：

$$g(x) = \begin{cases} 0 & -\infty \leq x \leq -1 \\ \int_{-1/2}^{x+1/2} \mathrm{d}\alpha = 1+x & -1 < x \leq 0 \\ \int_{x-1/2}^{1/2} \mathrm{d}\alpha = 1-x & 0 \leq x \leq 1 \\ 0 & 1 \leq x \leq \infty \end{cases} = \text{tri}(x)。$$

卷积结果的函数图形如图 2.5.12 所示。

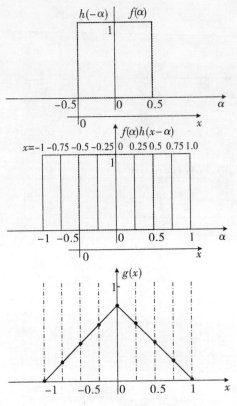

图 2.5.12 卷积运算过程和结果

### 2.5.3 普通函数与 δ 函数的卷积

设 $f(x,y)$ 为任一连续函数，则有：

$$f(x,y) * \delta(x-x_0, y-y_0) = \iint_{-\infty}^{\infty} f(\alpha,\beta) \delta(x-x_0-\alpha, y-y_0-\beta) \mathrm{d}\alpha \mathrm{d}\beta$$
$$= f(x-x_0, y-y_0)。 \tag{2.5.4}$$

一维函数的情形为：

$$f(x) * \delta(x-x_0) = \int_{-\infty}^{\infty} f(\alpha) \delta(x-x_0-\alpha) \mathrm{d}\alpha = f(x-x_0)。 \tag{2.5.5}$$

在原点处为：

$$f(x,y) * \delta(x,y) = f(x,y), \tag{2.5.6}$$
$$f(x) * \delta(x) = f(x)。 \tag{2.5.7}$$

这一性质也是 δ 函数的卷积特性，又称为复制特性。从式(2.5.4)可以看出，任一普通函数 $f(x,y)$ 与 $\delta(x-x_0, y-y_0)$ 函数卷积运算的结果仍然是普通函数，其结果是该函数的再现，在数学上就是把该函数中的自变量 $x, y$ 分别由 δ 函数的宗量 $x-x_0, y-y_0$ 所代换。δ 函数在卷积运算中是一个单位元，相当于 1。显然，这和函数 $f(x,y)$ 与 $\delta(x-x_0, y-y_0)$ 的乘积的结果式(1.4.74)是不同的，这里的卷积结果是把函数 $f(x,y)$ 平移到脉冲所在的空间位置。从物理实际过程来看,这一卷积结果是:当点源平移时,成像系统所得到的像斑分布不发生变化。把这个结论推广到函数 $f(x,y)$ 与多个脉冲函数的卷积情况时,卷积结果可在每个脉冲所在位置产生 $f(x,y)$ 的图像。这一性质可以用来描述各种重复性的结构。例如,可以表示双缝、多缝、光栅等衍射屏的透射率函数。

如果一个函数 $f(x)$ 与一个 $\delta$ 函数卷积,结果只是 $f(x)$ 在这个 $\delta$ 函数位置上的"复制",对于一个 $\delta$ 函数序列也是如此。例如,一个函数 $f(x)$,是如图 2.5.13(a) 所示宽度为 $l$、高度为 $h$ 的矩形;一个函数 $h(x)$,是由三个 $x$ 轴上相隔 $L$ 的 $\delta$ 函数组成,可表示为 $h(x) = \delta(x+L) + \delta(x) + \delta(x-L)$,如图 2.5.13(b) 所示。函数 $f(x)$ 和函数 $h(x)$ 的卷积为:

$$g(x) = f(x) * h(x) = \int_{-\infty}^{\infty} f(\alpha) h(x-\alpha) d\alpha$$

$$= \int_{-\infty}^{\infty} f(\alpha) [\delta(x+L-\alpha) + \delta(x-\alpha) + \delta(x-L-\alpha)] d\alpha$$

$$= f(x+L) + f(x) + (x-L)。 \quad (0 \leq x \leq l)$$

上式的最后一步是由 $\delta$ 函数的筛选特性得到的,其结果如图 2.5.13(c) 所示。

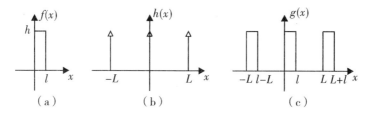

图 2.5.13 普通与 $\delta$ 函数的卷积

**例 2.5.4** 求梳状函数 $f(x) = \dfrac{1}{4} \text{comb}(x/4)$ 和矩形 $h(x) = \text{rect}(x/2)$ 的卷积。

**解**:根据卷积的定义,有:

$$g(x) = f(x) * h(x) = \frac{1}{4} \int_{-\infty}^{\infty} \sum_{m=-\infty}^{\infty} \delta\left(\frac{\alpha}{4} - m\right) \text{rect}\left(\frac{x-\alpha}{2}\right) d\alpha$$

$$= \sum_{m=-\infty}^{\infty} \int_{-\infty}^{\infty} \delta(\alpha - 4m) \text{rect}\left(\frac{x-\alpha}{2}\right) d\alpha = \sum_{m=-\infty}^{\infty} \text{rect}\left(\frac{x-4m}{2}\right)。 \quad (4m-1 < x < 4m+1)$$

卷积运行结果的函数形状如图 2.5.14 所示,这正是罗奇(Ronchi)光栅的强度透射率。

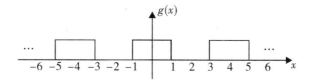

图 2.5.14 卷积运算结果

$\delta$ 函数与 $\delta$ 函数的卷积为:

$$\delta(x-x_0) * \delta(x) = \int_{-\infty}^{\infty} \delta(\alpha-x_0) \delta(x-\alpha) d\alpha = \delta(x-x_0)。 \quad (2.5.8)$$

**证明**:设 $\psi(x)$ 为检验函数,于是有:

$$\int_{-\infty}^{\infty}\psi(x)\Big[\int_{-\infty}^{\infty}\delta(\alpha-x_0)\delta(x-\alpha)\mathrm{d}\alpha\Big]\mathrm{d}x = \int_{-\infty}^{\infty}\delta(\alpha-x_0)\Big[\int_{-\infty}^{\infty}\psi(x)\delta(x-\alpha)\mathrm{d}x\Big]\mathrm{d}\alpha$$
$$=\int_{-\infty}^{\infty}\delta(\alpha-x_0)\psi(\alpha)\mathrm{d}\alpha = \int_{-\infty}^{\infty}\delta(x-x_0)\psi(x)\mathrm{d}x_{\circ}$$

比较等式的两边就可得到:

$$\int_{-\infty}^{\infty}\delta(\alpha-x_0)\delta(x-\alpha)\mathrm{d}\alpha = \delta(x-x_0)_{\circ}$$

显然:

$$\delta(x)*\delta(x) = \delta(x)_{\circ} \tag{2.5.9}$$

由式(1.4.87b)和式(1.4.103)出发,可以得到 $\delta$ 函数导数的卷积性质如下:

$$f(x)*\delta^{(m)}(x) = f^{(m)}(x)_{\circ} \tag{2.5.10}$$

于是,$\delta$ 函数导数的卷积等于一个微分运算。由这一性质可得到函数导数的卷积。如果给定了卷积 $g(x)=f(x)*h(x)$,求 $f^{(m)}(x)$ 和 $h^{(n)}(x)$ 的卷积。由式(2.5.10)并利用交换性质得到:

$$f^{(m)}(x)*h^{(n)}(x) = [f(x)*\delta^{(m)}(x)]*[h(x)*\delta^{(n)}(x)]$$
$$=f(x)*h(x)*\delta^{(m)}(x)*\delta^{(n)}(x) = g(x)*\delta^{(m+n)}(x) = g^{(m+n)}(x)_{\circ} \tag{2.5.11}$$

可见,一个函数的 $m$ 阶导数和另一个函数的 $n$ 阶导数的卷积由这两个函数卷积的 $m+n$ 阶导数给出。

## 2.5.4 卷积的效应

通过上述讨论可知,卷积后会产生两个效应:

(1) 展宽效应。函数的宽度通常是指函数不为零的一个有限区间,卷积的宽度即卷积的非零值范围。由卷积的几何意义很明显可以看出,只要 $f(x)$ 和 $h(x)$ 在非零范围有重叠,则二者的卷积就不为零。所以,一般来说,卷积的宽度等于被卷积两函数的非零值范围之和(即等于被卷积函数宽度之和)。

(2) 平滑效应。卷积的结果总是比参与卷积的函数中的任何一个函数更平滑。也就是说,经过卷积后,参与卷积的函数的细微结构在一定程度上被消除了,函数本身的起伏振荡变得平缓圆滑,所以卷积运算具有"磨光"作用。卷积的平滑程度取决于参与卷积的函数的分布特性。在数学上有一条关于卷积的定理,即在某些相当普遍的条件下,$m$ 个函数的卷积,当 $m\to\infty$ 时(在实用上,一般 $m=10$ 也就可以了),趋于高斯函数形式。

矩形函数 $\mathrm{rect}(x/a)$、三角函数 $\mathrm{tri}(x/a)$ 这一类有界函数就是良好的平滑函数,宽度 $a$ 越大,平滑展宽效果越好。如果 $f(x)$ 和 $h(x)$ 均为有界函数,其宽度分别为 $a_1$ 和 $a_2$,则其卷积也是有界函数,且宽度扩展到 $a=a_1+a_2$。

例如,若 $f(x)$ 是一个变化很剧烈的函数,$h(x)$ 是宽度为 $a$ 的矩形函数,则有:

$$g(x) = f(x)*h(x) = f(x)*\mathrm{rect}(x/a) = \int_{-\infty}^{\infty}f(\alpha)\mathrm{rect}\Big(\frac{x-\alpha}{a}\Big)\mathrm{d}\alpha = \int_{x-a/2}^{x+a/2}f(\alpha)\mathrm{d}\alpha_{\circ}$$

上式是以某区段内的积分值来表示卷积函数在某点 $x$ 的值。这样,卷积的结果将比原来函数 $f(x)$ 本身的起伏变得平缓。可以把 $f(x)$ 看成某一线状光源的光强空间分布,把 $\mathrm{rect}(x/a)$ 看成宽度等于 $a$ 的一个光电探测狭缝,狭缝在空间某一位置接收到的光强度,是光强分布函数在狭缝范围内的积分。如果光电之间的转换是线性的,则由一定宽度的狭缝探测后所显示的光强分布 $g(x)$ 要比原来的光强分布平缓。狭缝愈宽,平滑化愈严重,$g(x)$ 已失去 $f(x)$ 的细节,如图 2.5.15 所示。在图中,我们可以看到,如果令 $f(x)$ 表示一个任意函数,而 $h(x)$ 是一个 $\delta$ 函数,由式(2.5.7)可知,$g(x) = f(x) * \delta(x) = f(x)$,从图 2.2.15(a)可以看出,并不产生光滑作用,$g(x)$ 准确地再生了 $f(x)$。如果 $h(x)$ 不再是一个 $\delta$ 函数,但相对于 $f(x)$ 的精细结构来说,仍然是非常狭窄。这样,无论 $h(x)$ 的确切形状怎样,$f(x)$ 都将以相当高的忠实程度再生,尽管可能产生某种光滑作用。当 $h(x)$ 变得更宽时,可把卷积看作 $f(x)$ 的更加光滑的变换;最终,如果 $h(x)$ 变得很宽时,可把卷积看作 $f(x)$ 的细节将被完全洗掉(图 2.5.15 很好地展示了这种情况)。

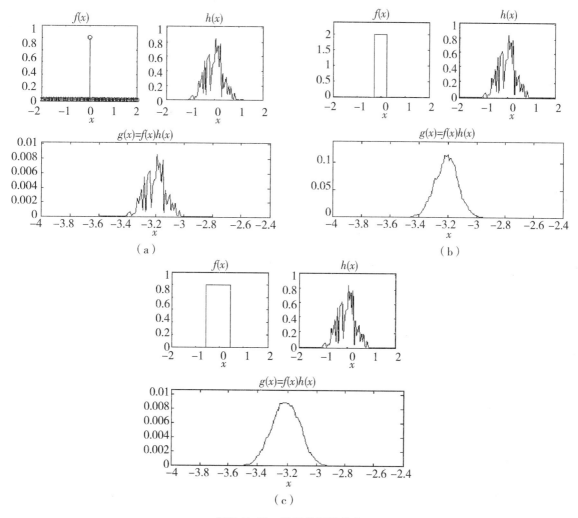

图 2.5.15 卷积的平滑效应

由于 $\delta$ 函数与普通函数的卷积的结果只重建原来的函数,因此 $\delta$ 函数是非平滑函数,不具有平滑和展宽的作用。

sinc 函数的自卷积仍然为 sinc,即 $\mathrm{sinc}(x) * \mathrm{sinc}(x) = \mathrm{sinc}(x)$。当 $\mathrm{sinc}(x/a)$ 用一个有限带

宽函数 $f(x)$ 与其卷积时，如果 $f(x)$ 的带宽 $W$ 和 sinc 函数的主瓣宽度 $a$ 满足 $aW \leq 1$ 时，则有：
$$\frac{1}{a}f(x) * \mathrm{sinc}(x/a) = f(x)。$$

所以，sinc 函数与带限函数的卷积既无平滑效应，又无展宽效应，只能重建原来的带限函数。

光学中的一些现象可以用卷积效应来解释。例如，一个无像差光学系统的成像过程可以看成卷积运算的结果，点物通过光学成像系统后，之所以得到一个像斑，而不是一个像点，是由于系统光瞳的衍射造成的，在数学上就是卷积运行的结果。

### 2.5.5 卷积运算的基本性质

#### 1. 卷积的分配律

函数线性组合的卷积等于卷积的线性组合，即卷积满足分配律。设 $a$，$b$ 是任意常数，则对于函数 $f_1(x,y)$，$f_2(x,y)$ 和 $h(x,y)$ 有：
$$[af_1(x,y) + bf_2(x,y)] * h(x,y) = af_1(x,y) * h(x,y) + bf_2(x,y) * h(x,y); \tag{2.5.12}$$

同样有：
$$h(x,y) * [af_1(x,y) + bf_2(x,y)] = ah(x,y) * f_1(x,y) + bh(x,y) * f_2(x,y)。 \tag{2.5.13}$$

这一性质可以推广到 $m$ 个函数线性叠加的情形。利用卷积的线性性质可以证明，两个复函数的卷积可以转化为几个实函数卷积的线性叠加。

#### 2. 卷积的交换律

卷积满足交换律，即两个函数卷积时的先后次序不影响卷积的结果，即
$$f(x,y) * h(x,y) = h(x,y) * f(x,y)。 \tag{2.5.14}$$
这一性质表明，在卷积运算中，取任何一个函数为扫描函数，其结果是相同的。

#### 3. 卷积的结合律

多个函数卷积时，函数相互的次序不影响其结果，即卷积满足结合律：
$$[f(x,y) * h_1(x,y)] * h_2(x,y) = f(x,y) * [h_1(x,y) * h_2(x,y)]。 \tag{2.5.15}$$

#### 4. 复函数的卷积

设 $f(x,y)$ 和 $h(x,y)$ 都是复函数，它们可以表示为：
$$f(x,y) = f_R(x,y) + if_I(x,y), \quad h(x,y) = h_R(x,y) + ih_I(x,y)。$$
这样，$f(x,y)$ 和 $h(x,y)$ 的卷积可以表示为：
$$g(x,y) = [f_R(x,y) + if_I(x,y)] * [h_R(x,y) + ih_I(x,y)]。$$
利用卷积的线性特性可将上式进一步写成：
$$\begin{aligned}g(x,y) &= [f_R(x,y) + if_I(x,y)] * [h_R(x,y) + ih_I(x,y)] \\ &= [f_R(x,y) * h_R(x,y) - f_I(x,y) * h_I(x,y)]\end{aligned}$$

$$+\mathrm{i}[f_R(x, y) * h_I(x, y) + f_I(x, y) * h_R(x, y)]$$
$$= g_R(x, y) + \mathrm{i}g_I(x, y)。 \tag{2.5.16}$$

可见，复函数的卷积运算的结果仍然是复函数。

### 5. 可分离变量

对于直角坐标系下的两个可分离变量的二元函数，其二维卷积也是可分离变量的函数。换言之，若有：

$$f(x, y) = f_x(x)f_y(y), \quad h(x, y) = h_x(x)h_y(y),$$

则

$$g(x, y) = f(x, y) * h(x, y) = \iint_{-\infty}^{\infty} f(\alpha, \beta) h(x-\alpha, y-\beta) \mathrm{d}\alpha \mathrm{d}\beta$$
$$= \int_{-\infty}^{\infty} f_x(\alpha) h_x(x-\alpha) \mathrm{d}\alpha \cdot \int_{-\infty}^{\infty} f_y(\beta) h_y(y-\beta) \mathrm{d}\beta = g_x(x)g_y(y)。 \tag{2.5.17}$$

但是如果 $f(x, y)$ 和 $h(x, y)$ 只有一个函数是可分离变量的，则卷积是不可分离变量的。如 $f(x, y)$ 不是可分离变量的，$h(x, y)$ 可分离变量，则有：

$$g(x, y) = \int_{-\infty}^{\infty} \left[ \int_{-\infty}^{\infty} f(\alpha, \beta) h_x(x-\alpha) \mathrm{d}\alpha \right] h_y(y-\beta) \mathrm{d}\beta。$$

### 6. 平移不变性

若 $f(x, y) * h(x, y) = g(x, y)$，则有：

$$f(x-x_0, y-y_0) * h(x, y) = f(x, y) * h(x-x_0, y-y_0) = g(x-x_0, y-y_0)。$$
$$\tag{2.5.18}$$

式中：$x_0$，$y_0$ 为实常数。卷积平移不变性表明，当 $f(x, y)$ 和 $h(x, y)$ 中任一函数在 $x$，$y$ 方向上分别平移 $x_0$，$y_0$ 后，其卷积所产生的函数图像的形状和大小不变，只在 $x$，$y$ 方向上同样分别平移了 $x_0$，$y_0$。如果参与卷积的两个函数分别发生平移，则卷积函数形式不变，只是发生相应的平移，平移量等于两个函数平移量之代数和。

### 7. 坐标缩放性质

若 $f(x, y) * h(x, y) = g(x, y)$，则有：

$$f(ax, by) * h(ax, by) = \frac{1}{|ab|} g(ax, by) \quad (a \neq 0, b \neq 0)。 \tag{2.5.19}$$

注意，尽管式中各函数的宗量具有 $ax$，$by$ 的形式，但这里的卷积运算仍以 $x$，$y$ 为参变量，即所有函数的图像都是对应于 $x$，$y$ 的曲线。这一性质表明，在卷积过程中不能随便进行变量置换，否则将导致错误的结论，即 $f(ax, by) * h(ax, by) = g(ax, by)$。当自变量的比例改变了，而又没有相应的公式可借助时，应从定义出发进行运算。

### 8. 卷积的面积

对两个一维函数的卷积，卷积的面积是指卷积的结果在整个区间上的积分值，若 $g(x) = f(x) * h(x)$，则有：

$$\int_{-\infty}^{\infty} g(x)\,\mathrm{d}x = \int_{-\infty}^{\infty}\left[\int_{-\infty}^{\infty} f(\alpha) h(\beta-\alpha)\,\mathrm{d}\alpha\right]\mathrm{d}x = \int_{-\infty}^{\infty} f(\alpha)\,\mathrm{d}\alpha \cdot \int_{-\infty}^{\infty} h(\beta)\,\mathrm{d}\beta \,. \quad (2.5.20)$$

上式可以用来检验卷积的结果是否正确。

#### 9. 常数与函数的卷积

若函数 $f(x)$ 的积分值 $\int_{-\infty}^{\infty} f(x)\,\mathrm{d}x = C$，常数 $a$ 与函数 $f(x)$ 的卷积为：

$$a * f(x) = \int_{-\infty}^{\infty} af(x-\alpha)\,\mathrm{d}\alpha = a\int_{-\infty}^{\infty} f(x')\,\mathrm{d}x' = aC \,。 \quad (2.5.21)$$

上式表明，在一定的条件下，常数与某一函数的卷积为另一常数。

### 2.5.6 卷积的 MATLAB 实现

从 2.5.3 节中卷积的计算可以看出，计算卷积是件非常沉闷与乏味的事。如果用计算机来计算，则计算会变得简单又有意思。

#### 1. 用符号积分的方法

从卷积的定义可知，卷积的计算也是一种积分计算，故可用 MATLAB 求积分的函数 int 来计算卷积。

格式：fI = int(f, x, a, b)

功能：给出函数 f 对指定变量 x 的的定积分。x 缺省时，积分对 findsym 确认的变量进行。a, b 分别是积分的上、下限，允许它们取任何值或符号表达式。求解无穷积分时，允许将 a, b 设置成 -Inf 或 Inf。如果得出的结果不是确切的，还要用 vpa( ) 函数取得定积分的解。

**例 2.5.5** 求函数 $f(x) = \dfrac{1}{L}\mathrm{e}^{-x/L}$ 和 $h(x) = \mathrm{e}^{-x/L}(x>0)$ 的卷积。

**解**：下面是 MATLAB 实现的程序。

syms L x alpha
fx = exp( -x/L)/L;　　hx = exp( -x);
fh_ alpha = subs(fx,x,alpha) *subs(hx,x,x - alpha);
gx = int(fh_ alpha,alpha,0,x);　　gx = simple(gx)

运行结果如下：

-1/(L-1)/exp(x) +1/(L-1)/exp(x/L)

**例 2.5.6** 求函数 $f(x) = \mathrm{step}(x) - \mathrm{step}(x-1)$ 和 $h(x) = x\mathrm{e}^{-x}(x>0)$ 的卷积。

**解**：下面是 MATLAB 实现的程序。

syms alpha;
x = sym('x','positive');　　fx = sym('heaviside(x) - heaviside(x - 1)');
hx = x *exp( -x);
gx = int(subs(fx,x,alpha) *subs(hx,x,x - alpha),alpha,0,x);　　gx = collect(gx,'heaviside(x - 1)')

运行结果如下：
gx = (x*exp(1-x)-1)*heaviside(x-1)+1-t*exp(-x)-exp(-x)

#### 2. 卷积的数值计算

卷积的数值计算实际上是卷积被近似为一个求和过程。当卷积函数是连续时，就意味着在计算卷积求和前，函数需要离散化。当离散化的间隔（采样间隔）较小时，求和的结果便能够非常接近卷积的准确表达式。

离散卷积的原理基本上与连续卷积相同，其差别仅仅在于与抽样间隔对应的离散增量处发生位移，以及用求和代替积分。由于离散傅里叶变换和它的逆变换是周期函数，为使离散卷积定理与这个周期性质一致起来，即在计算离散卷积时，让卷积与两个离散函数具有同样的周期 $M$，并使之满足下式：

$$M \geq A + B - 1_{\circ} \tag{2.5.22}$$

式中：$A$ 和 $B$ 分别是离散函数 $f(x)$ 和 $h(x)$ 的周期。上式确保了卷积的各个周期免于重叠的危险。这种重叠称为交叠误差。这种情况只会在离散卷积中出现。欲使之具有周期 $M$，必须对 $f(x)$ 和 $h(x)$ 用 0 值元素进行扩充：

$$f_e(x) = \begin{cases} f(x) & 0 \leq x \leq A-1 \\ 0 & A \leq x \leq M-1 \end{cases}, \quad h_e(x) = \begin{cases} h(x) & 0 \leq x \leq B-1 \\ 0 & B \leq x \leq M-1_{\circ} \end{cases} \tag{2.5.23}$$

则一维离散卷积为：

$$f_e(x) * h_e(x) = \sum_{m=0}^{M-1} f_e(x) h_e(x-m) \quad (x = 0,1,\cdots,M-1)_{\circ} \tag{2.5.24}$$

由上式可知，它用 $x = 0, 1, \cdots, M-1$ 处的值描述 $f_e(x) * h_e(x)$ 的一个整周期。

推广至二维情形，设 $f(x,y)$ 和 $h(x,y)$ 分别是具有 $A \times B$ 和 $C \times D$ 个样本值的二维离散函数。和一维情况相同，为了形成卷积，必须把 $f(x,y)$ 和 $h(x,y)$ 延伸为 $x$ 和 $y$ 方向上分别具有周期为 $M$ 和 $N$ 的函数，而 $M$ 和 $N$ 的选取必须满足

$$M \geq A + C - 1, \quad N \geq B + D - 1_{\circ} \tag{2.5.25}$$

延伸的办法与一维情况类似，即

$$f_e(x,y) = \begin{cases} f(x,y) & 0 \leq x \leq A-1, \ 0 \leq y \leq B-1 \\ 0 & A \leq x \leq M-1, \ B \leq y \leq M-1 \end{cases}, \tag{2.5.26}$$

$$h_e(x,y) = \begin{cases} h(x,y) & 0 \leq x \leq C-1, \ 0 \leq x \leq D-1 \\ 0 & C \leq x \leq M-1, \ D \leq x \leq M-1_{\circ} \end{cases} \tag{2.5.27}$$

则二维离散卷积为：

$$f_e(x,y) * h_e(x,y) = \sum_{m=0}^{M-1} \sum_{n=0}^{M-1} f_e(m,n) h_e(x-m, y-n) \quad (x,y = 0,1,\cdots,M-1)_{\circ} \tag{2.5.28}$$

MATLAB 中的 conv 函数可以进行离散时间卷积，只需要给定两个离散函数 $f$ 和 $h$ 即可。conv 函数的格式为：y = conv(f, h)。离散函数 $f(m)$ 和 $h(m)$ 必须长度有限。

## 2.6 相关和相关定理

两个函数之间的相互关联性在数学上可用相关运算来描述。相关（correlation）和卷积类似，它既是一个由含参变量的无穷积分定义的函数，又代表一种运算。相关在部分相干理论、

信号检测、模式识别等方面都有重要的应用。相关与卷积都与傅里叶变换有着密切的联系。

## 2.6.1 互相关

### 1. 互相关的定义

两个一维复函数 $f(x)$ 和 $h(x)$ 的互相关(crosscorrelation)函数定义为:

$$R_{fh}(x) = \int_{-\infty}^{\infty} f(\alpha) h^*(\alpha - x) d\alpha = f(x) \star h^*(x)。 \quad (2.6.1)$$

式中: $h^*(x)$ 为 $h(x)$ 的复共轭函数。同样,两个二维复函数 $f(x, y)$ 和 $h(x, y)$ 的互相关函数定义为:

$$R_{fh}(x, y) = \iint_{-\infty}^{\infty} f(\alpha, \beta) h^*(\alpha - x, \beta - y) d\alpha d\beta = f(x, y) \star h^*(x, y)。 \quad (2.6.2)$$

式中: 上标 * 表示函数的复共轭; ★ 表示相关运算。令 $\alpha - x = \alpha'$, $\beta - y = \beta'$, 则可得到互相关定义的另一种形式(可略去"'"):

$$R_{fh}(x, y) = \iint_{-\infty}^{\infty} f(\alpha + x, \beta + y) h^*(\alpha, \beta) d\alpha d\beta = f(x, y) \star h^*(x, y)。 \quad (2.6.3)$$

对一维函数为:

$$R_{fh}(x) = \int_{-\infty}^{\infty} f(\alpha + x) h^*(\alpha) d\alpha = f(x) \star h^*(x)。 \quad (2.6.4)$$

从相关的定义可以看出,相关与卷积无论是数学运算或是物理含义,都是迥然不同的,但两者之间也有一定的联系。可以把互相关表达成为卷积的形式,即有:

$$R_{fh} = f(x, y) \star h^*(x, y) = f(x, y) * h^*(-x, -y)。 \quad (2.6.5)$$

对一维函数为:

$$R_{fh} = f(x) \star h(x) = f(x) * h^*(-x)。 \quad (2.6.6)$$

式(2.6.6)简单证明如下。按照相关定义,有:

$$f(x) \star h(x) = \int_{-\infty}^{\infty} f(\alpha) h^*(\alpha - x) d\alpha = \int_{-\infty}^{\infty} f(\alpha) h^*[-(x - \alpha)] d\alpha = f(x) * h^*(-x)。$$

当 $h(x)$ 是偶函数时,有:

$$f(x) \star h(x) = f(x) * h^*(x)。 \quad (2.6.7)$$

当函数 $f$ 和 $h$ 为实函数时,它们的互相关则为:

$$R_{fh}(x) = \int_{-\infty}^{\infty} f(\alpha) h(\alpha - x) d\alpha = f(x) \star h(x) \quad (2.6.8)$$

及

$$R_{fh}(x, y) = \iint_{-\infty}^{\infty} f(\alpha, \beta) h(\alpha - x, \beta - y) d\alpha d\beta = f(x, y) \star h(x, y)。 \quad (2.6.9)$$

### 2. 互相关的性质

(1) 互相关运算不满足交换律,即

$$R_{hf}(x, y) \neq R_{fh}(x, y)。 \quad (2.6.10)$$

若 $f$, $h$ 先后次序互换,则有:

$$R_{hf}(x, y) = R_{fh}^*(-x, -y)。 \quad (2.6.11)$$

当 $f$ 和 $h$ 都为实函数时,则有:

$$R_{hf}(x, y) = R_{fh}(-x, -y)。 \tag{2.6.12}$$

（2）互相关函数 $R_{fh}(x, y)$ 满足下面的不等式：

$$|R_{fh}(x, y)|^2 \leqslant R_{ff}(0, 0)R_{hh}(0, 0)。 \tag{2.6.13}$$

式中：$R_{ff}$ 和 $R_{hh}$ 为函数的自相关，其定义见 2.6.2 节。

（3）当 $|x| \to +\infty$ 时，$R_{fh}(x)$ 趋于零，即

$$\lim_{|x| \to \infty} R_{fh}(x) = 0。 \tag{2.6.14}$$

互相关是两个函数（信号）存在多少相似性或关联性的量度。两个完全不同的、毫无关联的信号，对所有位置，它们互相关的值为零。如果两个信号由于某种物理上的联系在一些部位存在相似性，则在相应位置上就存在非零的互相关值。图 2.6.1 图示了两个函数相关的例子，在 $x = x_0$ 处的函数值是互相关的峰值。

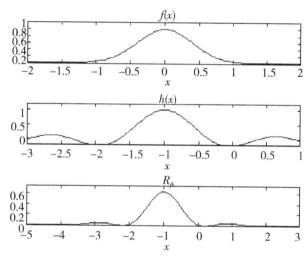

图 2.6.1　两个实函数的互相关

在信息处理中的许多方面，都会应用到互相关函数的性质。如图 2.6.2 是两个具有相同频率但幅度和初始相位不同的余弦信号，从其互相关函数可以看出互相关函数的一个重要特性：两个均值为零且有相同频率的周期信号，其互相关函数 $R_{fh}(x)$ 保留原信号的频率信息。

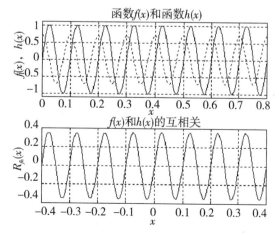

图 2.6.2　两个同频率周期函数的互相关

## 2.6.2 自相关

### 1. 自相关的定义

复函数 $f(x,y)$ 自相关(autocorrelation)的定义为:

$$R_{ff}(x,y) = \iint_{-\infty}^{\infty} f(\alpha,\beta)f^*(\alpha-x,\beta-y)\mathrm{d}\alpha\mathrm{d}\beta = f(x,y) \star f^*(x,y), \quad (2.6.15\mathrm{a})$$

或

$$R_{ff}(x,y) = \iint_{-\infty}^{\infty} f(\alpha+x,\beta+y)f^*(\alpha,\beta)\mathrm{d}\alpha\mathrm{d}\beta = f(x,y) \star f^*(x,y)。 \quad (2.6.15\mathrm{b})$$

一维函数的自相关定义为:

$$R_{ff}(x) = \int_{-\infty}^{\infty} f(\alpha)f^*(\alpha-x)\mathrm{d}\alpha = f(x) \star f^*(x) = \int_{-\infty}^{\infty} f(\alpha+x)f^*(\alpha)\mathrm{d}\alpha。 \quad (2.6.16)$$

由于 $f(\alpha-x,\beta-y)$ 是通过由 $f(\alpha,\beta)$ 平移 $x$ 和 $y$ 距离而形成的,它们之间的相关性就反映了函数 $f(\alpha,\beta)$ 变化的快慢。

同互相关一样,自相关与卷积的关系为:

$$R_{ff}(x,y) = f(x,y) * f^*(-x,-y)。 \quad (2.6.17)$$

### 2. 自相关的性质

(1) 自相关函数是厄米的。即复自相关函数是厄米函数:

$$R_{ff}(x,y) = R_{ff}^*(-x,-y)。 \quad (2.6.18)$$

显然,对于实函数 $f(x,y)$,自相关函数是实的偶函数,即

$$R_{ff}(x,y) = R_{ff}(-x,-y)。 \quad (2.6.19)$$

复自相关函数 $R_{ff}$ 可以是复函数或实函数,但不能是虚函数。

(2) 自相关函数的模在原点处有最大值,即

$$|R_{ff}(x,y)| \leqslant R_{ff}(0,0)。 \quad (2.6.20)$$

这一性质的证明要用到施瓦兹(Schwarz)不等式,即对两个任意的复函数 $f(x,y)$ 和 $h(x,y)$ 存在以下关系:

$$\left|\iint_{-\infty}^{\infty} f(x,y)h(x,y)\mathrm{d}x\mathrm{d}y\right|^2 \leqslant \iint_{-\infty}^{\infty} |f(x,y)|^2\mathrm{d}x\mathrm{d}y \iint_{-\infty}^{\infty} |h(x,y)|^2\mathrm{d}x\mathrm{d}y。$$

$$(2.6.21)$$

(3) 当 $|x| \to +\infty$ 时,$R_{ff}(x)$ 趋于零,即

$$\lim_{|x| \to \infty} R_{ff}(x) = 0。 \quad (2.6.22)$$

自相关是两个相同函数图像的重叠程度的量度。在原点处,即当 $x=0$ 时,两个相同函数完全重叠时,显然 $R_{ff}(0)$ 最大,自相关有一极大峰值,称为自相关峰(autocorrelation peak)。当 $x \neq 0$ 时,两个函数沿 $x$ 轴错开,它们在各点处的相似程度减小;随着 $x$ 的增加,相似程度愈来愈小;当 $x \to \infty$ 时,两个函数没有一点相似,故 $R_{ff}(\infty) = 0$。由于只有相同函数的图形才能完全重合,故相同函数间自相关的相关程度比不同函数之间的互相关的相关程度要高得多。

自相关函数是自变量相差某一大小时,函数值之间相关程度的量度。当 $x = y = 0$ 时,$f(\alpha,\beta)f^*(\alpha-x,\beta-y)$ 就等于 $|f(\alpha,\beta)|^2$,对于每个 $(\alpha,\beta)$ 点,这个值总是正的,且

$R_{ff}(0,0)$有最大值。当信号相对本身有平移时,就改变了位移为零时具有的逐点相似性,相关程度减小。但是,只要信号本身在不同部分存在相似结构,相应部位还会产生不为零的自相关值。当位移足够大时,自相关值可能趋于零。图 2.6.3 图示了一个实函数自相关的例子。

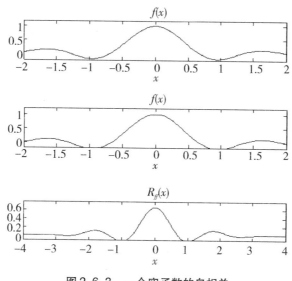

图 2.6.3 一个实函数的自相关

自相关在物理学的许多领域都有着广泛的应用,如图 2.6.4 显示了带有白噪声干扰的正弦信号和白噪声信号的自相关函数。从图中可以看出,含有周期成分的噪声的自相关函数在相对位移 $\alpha = 0$ 时有最大值,且在 $\alpha$ 较大时仍具有明显的周期性,其频率和周期信号的相同;不含周期成分的纯噪声信号在 $\alpha = 0$ 时具有最大值,但在 $\alpha$ 稍微较大时很快衰减至零。自相关的这一性质被用来识别随机信号中是否含有周期成分并用于确定所含周期成分的频率。

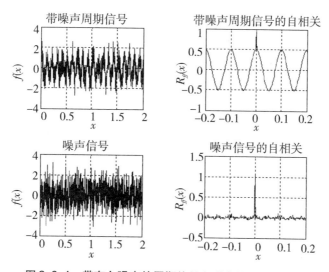

图 2.6.4 带有白噪声的周期信号和噪声信号的自相关

### 2.6.3 归一化互相关函数和自相关函数

在实际应用中,经常会用到归一化互相关函数和归一化自相关函数,它们的定义如下:

$$\gamma_{fh}(x, y) = \frac{R_{fh}(x, y)}{\sqrt{R_{ff}(0, 0)R_{hh}(0, 0)}}, \tag{2.6.23}$$

$$\gamma(x, y) = \frac{R_{ff}(x, y)}{R_{ff}(0, 0)}。 \tag{2.6.24}$$

显然,对于归一化的互相关函数和自相关函数有:

$$0 \leq |\gamma_{fh}(x, y)| \leq 1, \tag{2.6.25}$$

$$0 \leq |\gamma(x, y)| \leq 1。 \tag{2.6.26}$$

### 2.6.4 有限功率函数的相关

我们把 $|f(x, y)|^2$, $|h(x, y)|^2$, $|f(x, y)h(x, y)|$ 称为功率函数,其积分通常代表总能量,积分收敛则表示能量有限。在前面给出的互相关定义中,要求函数 $f(x, y)$ 和 $h(x, y)$ 是有限能量函数,即其函数的平方是绝对可积的:

$$\iint_{-\infty}^{\infty} |f(x, y)|^2 \mathrm{d}x\mathrm{d}y < \infty, \quad \iint_{-\infty}^{\infty} |h(x, y)|^2 \mathrm{d}x\mathrm{d}y < \infty。 \tag{2.6.27}$$

有些函数,如周期函数、平稳随机函数等并不满足这一条件,但满足下述极限:

$$\lim_{L, W \to \infty} \frac{1}{4LW} \int_{-L}^{L} \int_{-W}^{W} |f(x, y)|^2 \mathrm{d}x\mathrm{d}y < \infty, \quad \lim_{L, W \to \infty} \frac{1}{4LW} \int_{-L}^{L} \int_{-W}^{W} |h(x, y)|^2 \mathrm{d}x\mathrm{d}y < \infty。$$

$$\tag{2.6.28}$$

在系统中能量传递的平均功率为有限值的这类函数称为有限功率函数。当两个复函数 $f(x, y)$ 和 $h(x, y)$ 都是有限功率函数时,它们的互相关定义为:

$$R_{fh}(x, y) = \langle f(\alpha, \beta)h^*(\alpha-x, \beta-y) \rangle$$

$$= \lim_{L, W \to \infty} \frac{1}{4LW} \int_{-L}^{L} \int_{-W}^{W} f(\alpha, \beta)h(\alpha-x, \beta-y) \mathrm{d}\alpha\mathrm{d}\beta。 \tag{2.6.29}$$

式中:尖括号表示求平均。

有限功率函数 $f(x, y)$ 的自相关定义为:

$$R_{ff}(x, y) = \langle f(\alpha, \beta)f^*(\alpha-x, \beta-y) \rangle$$

$$= \lim_{L, W \to \infty} \frac{1}{4LW} \int_{-L}^{L} \int_{-W}^{W} f^*(\alpha-x, \beta-y)f(\alpha, \beta) \mathrm{d}\alpha\mathrm{d}\beta。 \tag{2.6.30}$$

上式适用于功率有限的信号,而式(2.6.15)适用于能量有限的信号。

### 2.6.5 相关的计算方法

与计算卷积一样,相关的计算也可用图解法和解析法来进行,两者的步骤也基本相同。下面简要介绍一下相关的计算方法。

### 1. 图解法

由相关定义,在函数 $f(x)$ 和 $h(x)$ 的相关运算中,$f(x)$ 需取共轭,但 $h(x)$ 不需要翻转,只须作平移,再作两函数的乘积和积分。与卷积运算相比较,在相关运算中,函数 $f(x,y)$ 要取复共轭,图形不需要翻转,但位移、相乘和积分这三个过程在两种运算中都是需要的。

(1) 平移。$f(\alpha - x)$ 沿 $x$ 轴位移(扫描):当 $x > 0$ 时,$f(\alpha - x)$ 右移;当 $x < 0$ 时,$f(\alpha - x)$ 右移。

(2) 相乘。$f(\alpha - x)$ 和 $h(\alpha)$ 相乘,也就是确定出两函数重叠的部分,因为重叠部分,其乘积才不为零。

(3) 积分。求 $R_{fh}(x) = \int_{-\infty}^{\infty} f(\alpha) h(\alpha - x) d\alpha$,即 $f(\alpha)$ 和 $h(\alpha - x)$ 重叠部分的面积。

### 2. 解析法

用解析法计算相关,与卷积计算一样,也要进行区间的分段和确定积分上、下限,其方法和规则与卷积计算一样,这里不再赘述。

下面我们举几个例子来说明相关的计算。

**例 2.6.1** 有两个矩形函数 $f(x) = \text{rect}\left(\dfrac{x+1}{2}\right)$ 和 $h(x) = \text{rect}\left(\dfrac{x-1}{2}\right)$,求互相关:$f(x) \star h(x)$ 和 $h(x) \star f(x)$。

**解**:由互相关的定义,有:

$$g(x) = f(x) \star h(x) = \int_{-\infty}^{\infty} \text{rect}\left(\frac{\alpha+1}{2}\right)\text{rect}\left(\frac{\alpha-x-1}{2}\right)d\alpha = \int_{-2}^{0} \text{rect}\left(\frac{x+\alpha-1}{2}\right)d\alpha$$

其中,$\text{rect}\left(\dfrac{x+\alpha-1}{2}\right) = \begin{cases} 1 & -x \leq \alpha \leq 2-x \\ 0 & \text{其他} \end{cases}$。根据积分区间和矩形函数的性质,可得:$\alpha = -2$ 时,有 $2 \leq x \leq 4$;$\alpha = 0$ 时,有 $0 \leq x \leq 2$。

分析图 2.6.5 可以看到,只有当 $-4 < x < 0$ 时,函数乘积曲线下的积分面积才不等于零。当 $x$ 超过上述界限时,积分面积都等于零。所以,有:

$-2 \leq x \leq 0$ 时,$\int_{x}^{0} d\alpha = -x = 2\left(1 - \dfrac{x+2}{2}\right)$;

$-4 < x < -2$ 时,$\int_{-2}^{x+2} d\alpha = 4 - x = 2\left(1 + \dfrac{x+2}{2}\right)$。

这样,最后得到:$g(x) = f(x) \star h(x) = \begin{cases} 0 & x > 0 \\ \int_{x}^{0} d\alpha = 2\left(1 - \dfrac{x+2}{2}\right) & -2 < x \leq 0 \\ \int_{-2}^{x+2} d\alpha = 2\left(1 + \dfrac{x+2}{2}\right) & -4 < x < 2 \\ 0 & x < -4 \end{cases} = 2\text{tri}\left(\dfrac{x+2}{2}\right)$。

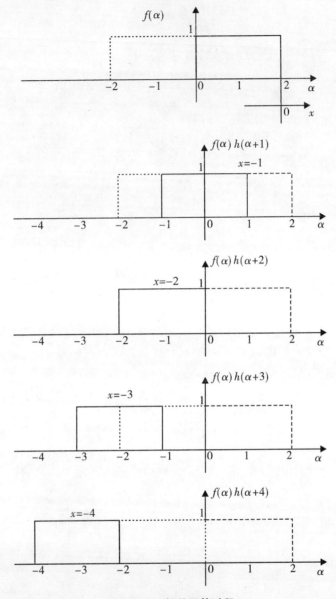

图 2.6.5 相关运算过程

相关计算的结果如图 2.6.6(a)所示。

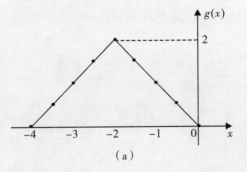
（a）

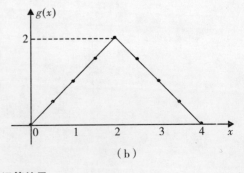
（b）

图 2.6.6 相关运算结果

用类似的方法，可得 $g(x) = h(x) \star f(x) = 2\mathrm{tri}\left(\dfrac{x-2}{2}\right)$。其函数图形如图 2.6.6(a) 和 (b) 所示。上述结果与例 2.5.2 的运算结果比较，可以看出，相关运算后的函数图形保持不变，但发生了一定的位移。

**例 2.6.2** 求矩形函数 $\mathrm{rect}(x)$ 的自相关。

**解**：由自相关定义，可得：

$$g(x) = \int_{-\infty}^{\infty} \mathrm{rect}(\alpha)\mathrm{rect}(x+\alpha)\,\mathrm{d}\alpha = \int_{-1/2}^{1/2} \mathrm{rect}(x+\alpha)\,\mathrm{d}\alpha_\circ$$

其中，$\mathrm{rect}(x+\alpha) = \begin{cases} 1 & -(1/2+x) \leq \alpha \leq (1/2-x) \\ 0 & \text{其他} \end{cases}$。由函数的积分区间和矩形函数的性质，可得：$\alpha = -1/2$ 时，有 $0 \leq x \leq 1$；$\alpha = 1/2$ 时，有 $-1 \leq x \leq 0$。由图 2.6.7 可见：

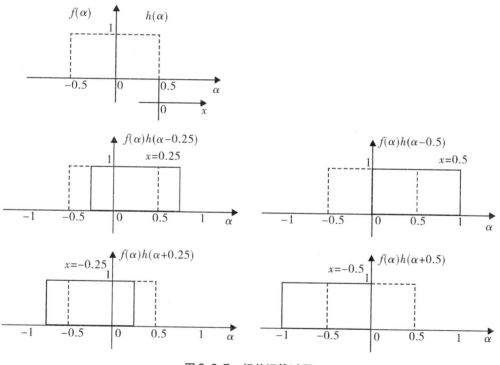

图 2.6.7 相关运算过程

$-1 \leq x \leq 0$ 时，$\int_{-1/2}^{1/2+x} \mathrm{d}\alpha = 1 + x$；

$0 \leq x \leq 1$ 时，$\int_{x-1/2}^{1/2} \mathrm{d}\alpha = 1 - x_\circ$

这样，最后得到：

$$g(x) = \mathrm{rect}(x) \star \mathrm{rect}(x) = \begin{cases} \int_{-1/2}^{x+1/2} \mathrm{d}\alpha & -1 \leq x \leq 0 \\ \int_{x-1/2}^{1/2} \mathrm{d}\alpha & 0 \leq x \leq 1 \end{cases} = \mathrm{tri}(x)_\circ$$

可见，矩形函数的自相关是一个三角函数，其函数图形如图 2.6.8 所示。

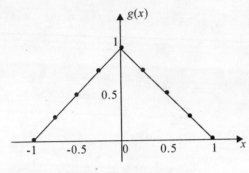

图2.6.8 相关运算结果

## 2.6.6 相关的MATLAB实现

### 1. 用符号积分的方法

与卷积一样,相关的计算也是一种积分计算,因而也可以用MATLAB求积分的函数 int 来计算相关。下面举例说明。

**例2.6.3** 求函数 $f(x) = A_1\cos(k_1 x + \phi_1) + A_2\cos(k_2 x + \phi_2)$ 的自相关。

**解**:下面是MATLAB实现的程序。

```
syms A1 A2 k1 k2 x1 x2 t phi L;
fx = A1*cos(k1*x + x1) + A2*cos(k2*x + x2);
Rxx = limit(int(fx*subs(fx,x,x+phi),x,0,L)/L,L,inf);
Rxx = simple(Rxx)
```

运行结果如下:

Rxx = 1/2*A1^2*cos(w1*phi) + 1/2*A2^2*cos(w2*phi)

### 2. 相关的数值计算

相关的数值计算,首先要将函数离散化。对已知表达式的函数,离散化函数后,计算得到相关的结果是离散化的,没有解析的表达式,但通过图示,可以很好地理解相关的结果。如果是两组离散的数据,直接导入离散的数据就可计算。在离散情况下,与离散卷积一样,要使相关及两个离散函数都具有相同的周期,以免产生交叠误差。

两个离散数据 $x_m$, $y_m (m = 1, 2, \cdots, M)$,$x_m$ 数据序列的自相关函数定义为:

$$R_{xx}(k) = \frac{1}{M}\sum_{l=1}^{M-[k]-1} x(l)x(k+l) \quad (0 \leq k \leq M-1)。 \quad (2.6.26)$$

类似地,$x_m$, $y_n$ 两个数据序列互相关函数定义为:

$$R_{xy}(k) = \frac{1}{M}\sum_{l=1}^{M-[k]-1} x(l)y(k+l) \quad (0 \leq k \leq M-1)。 \quad (2.6.27)$$

两个离散函数相关运算的MATLAB的相关实现用函数 xcorr。

格式1:Rxx = xcorr(x, M)

格式2:Rxy = xcorr(x, y, M)

功能:格式1用于计算自相关,格式2用于计算互相关。如果两个离散函数有相同的长度M,则相关序列y(m)的长度为2M-1;若长度不同,则短者自动补零。

**例2.6.4** 计算函数$f(x) = xe^{-4x}\sin3x$的自相关以及与$h(x) = xe^{-4x}\cos3x$的互相关。

**解**:下面是MATLAB实现的程序。

```
x=0:0.02:5;   M=100;   x1=[-M:M];
fx=x.*exp(-3*x).*cos(2*x);   hx=x.*exp(-3*x).*sin(2*x);
Rxx=xcorr(fx,M);    Rxy=xcorr(fx,hx,M);
figure(1)
stem(x,fx,'k');   xlabel('(a)f(x)')
figure(2)
stem(x,hx,'k');   xlabel('(b)h(x)')
figure(3)
stem(x1,Rxx,'k');   xlabel('(c)f(x)的自相关')
figure(4)
stem(x1,Rxy,'k');   xlabel('(d)f(x)和h(x)的互相关')
```

运行结果如图2.6.9所示。

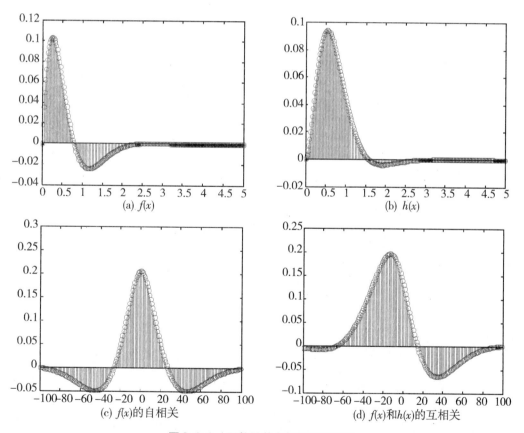

图2.6.9 函数及其自相关和互相关

## 2.7 傅里叶变换的基本定理

下面把与傅里叶变换有关的一些基本定理作一个罗列,以方便使用。对每个定理作一个基本的解释,但不给出数学证明。

### 2.7.1 卷积定理

卷积定理(convolution theorem)描述了两个函数卷积与傅里叶变换的关系:
$$F\{f(x,y)*h(x,y)\}=F(\xi,\eta)H(\xi,\eta), \tag{2.7.1}$$
$$F\{f(x,y)h(x,y)\}=F(\xi,\eta)*H(\xi,\eta)。 \tag{2.7.2}$$

即两函数卷积的傅里叶变换等于两函数各自傅里叶变换的乘积,而两个函数乘积的傅里叶变换等于两函数各自傅里叶变换的卷积。换言之,通过傅里叶变换,可将空间域(或频域)中的卷积运算对应频域(或空间域)中的乘积运算。这一特性在傅里叶光学中非常有实用价值,它将傅里叶变换和卷积运算联系起来了,为空间频率滤波和光学信息处理提供了理论依据。另外,该定理为复杂的卷积运算提供了一条捷径:先求二函数各自的傅里叶变换,再相乘,然后对该乘积取逆傅里叶变换。

**例 2.7.1** 由卷积定理证明式(2.5.21)。

**解**:由卷积定理有:
$$F\{a*f(x)\}=F\{a\}F\{f(x)\}=a\delta(\xi)F(\xi)。$$

上式右端实际上是表示一个点,该点可用位于 $\xi=0$ 处的函数 $F$ 表示,由式(1.4.75)可得上式右端为 $aF(0)\delta(\xi)$。由傅里叶变换定义可得:
$$aF(0)=a\int_{-\infty}^{\infty}f(x)\mathrm{e}^{-2\pi\xi\cdot 0}\mathrm{d}x=a\int_{-\infty}^{\infty}f(x)\mathrm{d}x=aC,$$

所以有:
$$F\{a*f(x)\}=aC\delta(\xi)。$$

对上式求傅里叶逆变换,可得:
$$a*f(x)=F^{-1}\{aC\delta(\xi)\}=aC。$$

**例 2.7.2** 求三角函数 tri($x$) 的傅里叶变换。

**解**:由于两个矩形函数的卷积为三角函数,即
$$\mathrm{tri}(x)=\mathrm{rect}(x)*\mathrm{rect}(x),$$

应用卷积定理,有:
$$F\{\mathrm{tri}(x)\}=F\{\mathrm{rect}(x)*\mathrm{rect}(x)\}=F\{\mathrm{rect}(x)\}F\{\mathrm{rect}(x)\}$$
$$=\mathrm{sinc}(\xi)\mathrm{sinc}(\xi)=\mathrm{sinc}^{2}(\xi)。$$

**例 2.7.3** 求单位高斯函数 Gaus($x$) 的自卷积。

**解**:应用卷积定理,有:
$$F\{\mathrm{Gaus}(x)*\mathrm{Gaus}(x)\}=F\{\mathrm{Gaus}(x/3)\}F\{\mathrm{Gaus}(x/4)\}$$
$$=3\mathrm{Gaus}(3\xi)\cdot 4\mathrm{Gaus}(4\xi)=12\mathrm{Gaus}(5\xi)。$$

所以,

$$\text{Gaus}(x) * \text{Gaus}(x) = F^{-1}\{12\text{Gaus}(5\xi)\} = \frac{12}{5}\text{Gaus}(x/5)_{\circ}$$

### 2.7.2 列阵定理

在光信息处理中,有时会遇到这样一类问题,如通过一个小孔的平移来构成同形的取向相同的多孔的衍射屏。对于多孔的情况,在数学上可用与卷积有关的列阵定理来表示。假定某个小孔的透射率为 $t_0(x, y)$,其频谱为 $T_0(\xi, \eta)$,如图 2.7.1 所示。

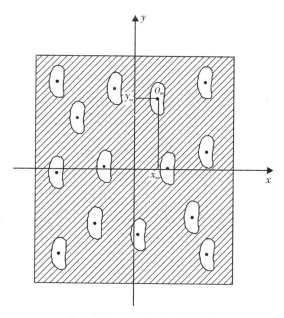

**图 2.7.1 多孔构成的衍射屏**

取第 $m$ 小孔内的某一个点 $O_m(x_m, y_m)$ 来代表某个小孔的位置,这样 $M$ 个多孔的透射率函数为:

$$t(x, y) = \sum_{m=1}^{M} t_m(x - x_m, y - y_m)_{\circ} \tag{2.7.3}$$

应用 $\delta$ 函数筛选性质(式(1.4.60)),上式可以改写为 $t_0(x, y)$ 和一阵列 $\delta$ 函数的卷积,即

$$t(x, y) = t_0(x, y) * \sum_{m=1}^{M} \delta(x - x_m, y - y_m)_{\circ} \tag{2.7.4}$$

对上式作傅里叶变换并由卷积定理(式(2.7.1)),可得:

$$T(\xi, \eta) = F\{t_0(x, y)\} F\left\{\sum_{m=1}^{M} \delta(x - x_m, y - y_m)\right\}$$

$$= T(\xi, \eta) \sum_{m=1}^{M} e^{-i2\pi(\xi x_m + \eta y_m)}_{\circ} \tag{2.7.5}$$

上式即为列阵定理。它说明取向相同的同形孔径构成的阵列,其频谱等于单个基元孔径频谱与排列成同样组态的点源列阵的频谱的乘积。

特别地,如果小孔是周期性排列的,则函数 $t(x, y)$ 是函数 $t_0(x, y)$ 平移 $L_{0x}$, $L_{0y}$ 的整数倍。因为卷积是一个平移运算过程,这样,周期性分布的多孔透射率函数可表示为:

$$t(x, y) = t_0(x, y) * \sum_{m=1}^{M} \delta(x - mL_{0x}, y - mL_{0y})_\circ \tag{2.7.6}$$

对上式作傅里叶变换并由卷积定理式(2.7.1),可得:

$$T(\xi, \eta) = F\{t_0(x, y)\} F\left\{\sum_{m=1}^{M} \delta(x - mL_{0x}, y - mL_{0y})\right\}$$

$$= T_0(\xi, \eta) \sum_{m=1}^{M} e^{-i2\pi(\xi mL_{0x} + \eta mL_{0y})}_\circ \tag{2.7.7}$$

## 2.7.3 互相关定理

互相关定理(cross-correlation theorem)又称为维纳—辛钦定理(Wiener-Khintchine theorem),可表示如下:

$$F\{f(x, y) \star h(x, y)\} = F^*(\xi, \eta) H(\xi, \eta), \tag{2.7.8}$$

$$F\{f^*(x, y) g(x, y)\} = F^*(\xi, \eta) \star G(\xi, \eta)_\circ \tag{2.7.9}$$

习惯上 $F^*(\xi, \eta) H(\xi, \eta)$ 称为函数 $f(x, y)$ 和 $h(x, y)$ 的互谱能量密度(简称为互谱密度),有时也称为互功率谱(mutual power spectrum)。所以,两个函数的互相关函数与它们的互谱密度构成傅里叶变换对。

式(2.7.8)和式(2.7.9)表示的互相关定理只适用于能量有限的信号。对能量无限、功能有限的信号,互相关定理也同样成立。设:

$$f_{L_0}(x) = \begin{cases} f(x) & |x| \leq L_0 \\ 0 & \text{其他} \end{cases}, \text{且有:} F\{f_{L_0}(x)\} = F_{L_0}(\xi);$$

$$h_{L_0}(x) = \begin{cases} h(x) & |x| \leq L_0 \\ 0 & \text{其他} \end{cases}, \text{且有:} F\{h_{L_0}(x)\} = H_{L_0}(\xi)_\circ$$

则互相关定理可表示为:

$$F\left\{\lim_{L_0 \to \infty} \frac{1}{2L_0} \int_{-L_0}^{L_0} f(\alpha) h_{L_0}^*(\alpha - x) d\alpha\right\} = \lim_{L_0 \to \infty} \frac{1}{2L_0} [F_{L_0}(\xi) H_{L_0}(\xi)], \tag{2.7.10}$$

$$F\left\{\lim_{L_0 \to \infty} \frac{1}{2L_0} \left[\int_{-L_0}^{L_0} (x) h_{L_0}^*(x)\right]\right\} = \lim_{L_0 \to \infty} \frac{1}{2L_0} \int_{-L_0}^{L_0} F_{L_0}(\beta) H_{L_0}^*(\beta - \xi) d\beta = F_{L_0}(\xi) \star H_L^*(\xi)_\circ \tag{2.7.11}$$

**例2.7.4** 已知 $f(x) = \delta(x + 1) - \delta(x - 1)$,求该函数的卷积和自相关,并绘出其图形。

**解**:根据 $\delta$ 函数、卷积和相关运算的有关性质,有

$$f(x) * f(x) = [\delta(x + 1) - \delta(x - 1)] * [\delta(x + 1) - \delta(x - 1)]$$

$$= \delta(x + 1) * \delta(x + 1) - \delta(x + 1) * \delta(x - 1) - \delta(x - 1) * \delta(x + 1) + \delta(x - 1) * \delta(x - 1)$$

$$= \delta(x + 2) - 2\delta(x) + \delta(x - 2),$$

$$f(x) \star f(x) = f(x) * f(-x) = [\delta(x + 1) - \delta(x - 1)] * [\delta(-x + 1) - \delta(-x - 1)]$$

$$= \delta(x + 1) * \delta[-(x - 1)] - \delta(x + 1) * \delta[-(x + 1)] - \delta(x - 1) * \delta[-(x - 1)]$$

$$+ \delta(x + 1) * \delta[-(x + 1)] = -\delta(x + 2) + 2\delta(x) - \delta(x - 2)_\circ$$

$f(x)$, $f(x) * f(x)$, $f(x) \star f(x)$ 的图形如图2.7.2所示。

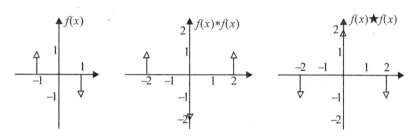

图 2.7.2　例 2.7.4 中函数的图形

## 2.7.4　自相关定理

自相关定理(autocorrelation theorem)表示如下：

$$F\{f(x,y) \star f(x,y)\} = |F(\xi,\eta)|^2, \qquad (2.7.12)$$

$$F\{|f(x,y)|^2\} = F(\xi,\eta) \star F(\xi,\eta)。 \qquad (2.7.13)$$

即信号的自相关函数与其功率谱函数之间存在傅里叶变换关系。

对于能量无限、功率有限的函数，自相关定理为：

$$F\{f_{L_0}(x) \star f_{L_0}(x)\} = |F_{L_0}(\xi)|^2, \qquad (2.7.14)$$

$$F\left\{\lim_{L_0 \to \infty} \frac{1}{2L_0} |f_{L_0}(x)|^2\right\} = F_{L_0}(\xi) \star F_{L_0}(\xi)。 \qquad (2.7.15)$$

## 2.7.5　巴塞伐定理

巴塞伐定理(Parseval theorem)表示如下：

$$\iint_{-\infty}^{\infty} |f(x,y)|^2 \mathrm{d}x\mathrm{d}y = \iint_{-\infty}^{\infty} |F(\xi,\eta)|^2 \mathrm{d}\xi\mathrm{d}\eta。 \qquad (2.7.16)$$

巴塞伐定理与函数的自相关运算相对应。在实际应用中，积分 $\iint_{-\infty}^{\infty} |f(x,y)g|^2 \mathrm{d}x\mathrm{d}y$ 和 $\iint_{-\infty}^{\infty} |F(\xi,\eta)|^2 \mathrm{d}\xi\mathrm{d}\eta$ 都可以表示某种能量。这个定理表明对能量计算既可在空间域中进行，也可以在频域中进行，两者完全等价。从物理意义上看这是能量守恒的体现，故也称为能量积分定理。由于该定理首先由瑞利在研究黑体辐射时得到应用，故工程中也称为瑞利定理。应用巴塞伐定理可以计算某种复杂的积分。

**例 2.7.5**　计算积分 $\int_{-\infty}^{\infty} \mathrm{sinc}^4 x \mathrm{d}x$。

**解**：由于 $F\{\mathrm{sinc}^2 x\} = \mathrm{tri}(\xi)$，应用巴塞伐定理有：

$$\int_{-\infty}^{\infty} \mathrm{sinc}^4 x \mathrm{d}x = \int_{-\infty}^{\infty} |\mathrm{sinc}^2 x|^2 \mathrm{d}x = \int_{-\infty}^{\infty} |\mathrm{tri}(\xi)|^2 \mathrm{d}\xi = 2\int_0^1 (1-\xi)^2 \mathrm{d}\xi = 2/3。$$

## 2.7.6　广义巴塞伐定理

广义巴塞伐定理(generalized Parseval theorem)表示如下：

$$\iint_{-\infty}^{\infty} f(x,y) h^*(x,y) \mathrm{d}x\mathrm{d}y = \iint_{-\infty}^{\infty} F(\xi,\eta) H^*(\xi,\eta) \mathrm{d}\xi\mathrm{d}\eta 。 \tag{2.7.17}$$

广义巴塞伐定理与函数的互相关运算相对应。广义巴塞伐定理同样可以用来计算一些较复杂的积分。

**例 2.7.6** 计算积分 $\int_{-\infty}^{\infty} \mathrm{sinc}^2 x \cos x \mathrm{d}x$。

**解**：应用广义巴塞伐定理有：

$$\int_{-\infty}^{\infty} \mathrm{sinc}^2 x \cos x \mathrm{d}x = \int_{-\infty}^{\infty} \mathrm{tri}(\xi) \delta\delta(\xi) \mathrm{d}\xi$$

$$= \frac{1}{2} \left[ \int_{-\infty}^{\infty} \mathrm{tri}(\xi) \delta\left(\xi + \frac{1}{2}\right) \mathrm{d}\xi + \int_{-\infty}^{\infty} \mathrm{tri}(\xi) \delta\left(\xi - \frac{1}{2}\right) \mathrm{d}\xi \right]$$

$$= [\mathrm{tri}(-1/2) + \mathrm{tri}(1/2)]/2 = 1/2 。$$

### 2.7.7 导数定理或微分变换定理

导数定理或微分变换定理（differential transform theorem）表示如下：设

$$f^{(m,n)}(x,y) = \frac{\partial^{(m+n)} f(x,y)}{\partial x^m \partial y^n}, \quad F^{(m,n)}(\xi,\eta) = \frac{\partial^{(m+n)} f(\xi,\eta)}{\partial \xi^m \partial \eta^n},$$

则有：

$$F\{f^{(m,n)}(x,y)\} = (\mathrm{i}2\pi\xi)^m (\mathrm{i}2\pi\eta)^n F(\xi,\eta), \tag{2.7.18}$$

$$F^{-1}\{F^{(m,n)}(\xi,\eta)\} = (-\mathrm{i}2\pi x)^m (-\mathrm{i}2\pi y)^n f(x,y)。 \tag{2.7.19}$$

如果是 $\delta$ 函数，令 $\delta^{(m,n)}(x,y) = \frac{\partial^{(m+n)} \delta(x,y)}{\partial x^m \partial y^n}$，则有：

$$F\{\delta^{(m,n)}(x,y)\} = (\mathrm{i}2\pi\xi)^m (\mathrm{i}2\pi\eta)^n。 \tag{2.7.20}$$

导数定理是设计微分滤波器的理论基础，在数字信号处理和光学信息处理中都具有重要的应用。应用导数定理，还可以方便地计算某些非初等函数的导数。

**例 2.7.7** 计算矩形函数 $f(x) = \mathrm{rect}(x)$ 的导数 $f'(x)$。

**解**：由于 $F\{f(x)\} = \mathrm{sinc}(\xi)$，由导数定理可得：

$$F\{f'(x)\} = (\mathrm{i}2\pi\xi)\mathrm{sinc}(\xi) = 2\mathrm{i}\sin(\pi\xi)。$$

所以，

$$f'(x) = 2\mathrm{i}F^{-1}\{\sin(\pi\xi)\} = \delta\left(x + \frac{1}{2}\right) - \delta\left(x - \frac{1}{2}\right)。$$

### 2.7.8 积分变换定理

这里，只看一维情况下的积分变换定理（integarl transform theorem）：

$$F\left\{\int_{-\infty}^{x} f(\alpha) \mathrm{d}\alpha\right\} = \begin{cases} \dfrac{1}{\mathrm{i}2\pi\xi} F(\xi) & \xi \neq 0 \\ \dfrac{F(0)}{2} \delta(\xi) & \xi = 0 \end{cases} 。 \tag{2.7.21}$$

该定理表明，$f(x)$ 在 $(-\infty, x)$ 区间积分的傅里叶变换，除了在 $\xi = 0$ 处有一强度为 $F(0)/2$

的脉冲外,在区间其他地方与 $F(\xi)$ 成正比,与 $\xi$ 成反比。简单证明如下,由阶跃函数性质,有:

$$\int_{-\infty}^{x} f(\alpha)\,\mathrm{d}\alpha = \int_{-\infty}^{\infty} f(\alpha)\,\mathrm{step}(x-\alpha)\,\mathrm{d}\alpha = f(x) * \mathrm{step}(x),$$

$$F\left\{\int_{-\infty}^{x} f(\alpha)\,\mathrm{d}\alpha\right\} = F(\xi)\left[\frac{1}{\mathrm{i}2\pi\xi} + \frac{1}{2}\delta(\xi)\right] = \frac{1}{\mathrm{i}2\pi\xi}F(\xi) + \frac{F(0)}{2}\delta(\xi)。$$

得证。

通过傅里叶变换可以将函数的积分运算简化成除法运算,这一性质在微分方程和积分方程理论中非常有用。

### 2.7.9 转动定理

设 $F\{f(r,\varphi)\} = F(\rho,\phi)$,则有:

$$F\{f(r,\varphi+\theta)\} = F(\rho,\phi+\theta)。 \tag{2.7.22}$$

转动定理(rotational theorem)表明在极坐标中当函数在空间域中转动 $\theta$ 角时,其频谱函数在频域中也转动了同样的 $\theta$ 角。

### 2.7.10 矩定理

函数 $f(x,y)$ 的 $m+n$ 阶矩定义为如下积分:

$$M_{m,n} = \iint_{-\infty}^{\infty} x^m y^n f(x,y)\,\mathrm{d}x\mathrm{d}y。 \tag{2.7.23}$$

它完全由函数 $f(x,y)$ 的傅里叶变换 $F(0,0)$ 的性态决定。或者说,$F(\xi,\eta)$ 在原点附近的性态,包含了关于函数 $f(x,y)$ 的各阶矩的信息。矩定理(moment theorem)实际上是傅里叶变换微分定理的一种应用。

**1. 零阶矩定理**

当 $m=n=0$,即有:

$$M_{0,0} = \iint_{-\infty}^{\infty} f(x,y)\,\mathrm{d}x\mathrm{d}y = F(0,0)。 \tag{2.7.24}$$

上式也称为体积对应关系。同样还有:

$$f(0,0) = \iint_{-\infty}^{\infty} F(\xi,\eta)\,\mathrm{d}\xi\mathrm{d}\eta 。 \tag{2.7.25}$$

显然,$\iint_{-\infty}^{\infty} f(x,y)\,\mathrm{d}x\mathrm{d}y$ 和 $\int_{-\infty}^{\infty} F(\xi,\eta)\,\mathrm{d}\xi\mathrm{d}\eta$ 这两个积分分别表示曲面 $f(x,y)$ 和 $F(\xi,\eta)$ 所覆盖的体积。

**2. 一阶矩定理**

当 $m=1, n=0$ 或 $m=0, n=1$,即有:

$$M_{1,0} = \iint_{-\infty}^{\infty} x f(x,y)\,\mathrm{d}x\mathrm{d}y = \frac{\mathrm{i}}{2\pi} F^{(1,0)}(0,0), \tag{2.7.26}$$

$$M_{0,1} = \iint_{-\infty}^{\infty} yf(x, y)\,\mathrm{d}x\mathrm{d}y = \frac{\mathrm{i}}{2\pi}F^{(0,1)}(0, 0)。 \qquad (2.7.27)$$

当函数 $f(x, y)$ 表示某随机变量的概率密度时,其一阶矩就是该随机变量统计平均(数学期望)。

### 3. 二阶矩定理

这里有三种情况:当 $m = n = 1$,$m = 2$,$n = 0$ 和 $m = 0$,$n = 2$ 时,分别有:

$$M_{1,1} = \iint_{-\infty}^{\infty} xyf(x, y)\,\mathrm{d}x\mathrm{d}y = \left(\frac{\mathrm{i}}{2\pi}\right)\left(\frac{\mathrm{i}}{2\pi}\right)F^{(1,1)}(0, 0), \qquad (2.7.28)$$

$$M_{2,0} = \iint_{-\infty}^{\infty} x^2 f(x, y)\,\mathrm{d}x\mathrm{d}y = \left(\frac{\mathrm{i}}{2\pi}\right)^2 F^{(2,0)}(0, 0), \qquad (2.7.29)$$

$$M_{0,2} = \iint_{-\infty}^{\infty} y^2 f(x, y)\,\mathrm{d}x\mathrm{d}y = \left(\frac{\mathrm{i}}{2\pi}\right)^2 F^{(0,2)}(0, 0)。 \qquad (2.7.30)$$

二阶矩在概率论中称为均方值。

**例 2.7.8** 计算积分 $\int_{-\infty}^{\infty} x^2 \mathrm{e}^{-\pi x^2}\,\mathrm{d}x$。

**解**:由于 $F\{\xi\} = \mathrm{e}^{-\pi\xi^2}$,从而有:

$$F^{(2)}(0) = -2\pi。$$

所以,

$$\int_{-\infty}^{\infty} x^2 \mathrm{e}^{-\pi x^2}\,\mathrm{d}x = \left(\frac{\mathrm{i}}{2\pi}\right)^2 F^{(2)}(0) = \frac{1}{2\pi}。$$

# 习 题 2

**2.1** 把下列函数表示成指数傅里叶级数,并画出频谱。

(1) $f(x) = \sum_{m=-\infty}^{\infty} \mathrm{rect}(x - 2m)$;  (2) $g(x) = \sum_{m=-\infty}^{\infty} \mathrm{tri}(x - 2m)$。

**2.2** 证明下列傅里叶变换关系式。

(1) $F\{\mathrm{rect}(x)\mathrm{rect}(y)\} = \mathrm{sinc}(\xi)\mathrm{sinc}(\eta)$;  (2) $F\{\Lambda(x)\Lambda(y)\} = \mathrm{sinc}^2(\xi)\mathrm{sinc}^2(\eta)$;

(3) $F\{1\} = \delta(\xi, \eta)$;  (4) $F\{\mathrm{sgn}(x)\mathrm{sgn}(y)\} = \left(\frac{1}{\mathrm{i}\pi\xi}\right)\left(\frac{1}{\mathrm{i}\pi\eta}\right)$。

**2.3** 求下列函数的傅里叶变换。

(1) $\mathrm{step}(x)\cos(k_0 x)$;  (2) $1/x$;

(3) $F\{m\delta(\sin mx)\}$;  (4) $F\{\mathrm{e}^{-\pi(x^2+y^2)/a^2}\}$;

(5) $\mathrm{sinc}(2x - 5)$;  (6) $\mathrm{rect}\left(x^2 - \frac{1}{2}\right)$;

(7) $-\mathrm{rect}\left(\frac{1}{3}\right) \cdot \sin(x)$;  (8) $\dfrac{\cos(\pi x)}{\pi\left(x - \dfrac{1}{2}\right)}$。

**2.4** 求 $x$ 和 $xf(2x)$ 的傅里叶变换。

2.5 求宽度为 $a$、高度为 $h$，周期为 $L_0$ 的周期性矩形脉冲的紧凑型三角级数和复数形式的傅里叶级数的振幅频谱和相位频谱。

2.6 求如下图所示的一维正弦相位光栅的透射率函数 $f(x) = e^{i a \sin x}$ 的傅里叶展开式。

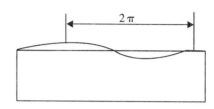

题 2.6 图

2.7 求下列函数的傅里叶逆变换，画出函数及其逆变换式的图形。
(1) $H(\xi) = \text{tri}(\xi+1) - \text{tri}(\xi-1)$；　　(2) $G(\xi) = \text{rect}(\xi/3) - \text{rect}(\xi)$。

2.8 证明下列傅里叶变换定理。
(1) 在所在 $f(x,y)$ 连续的点上 $FF\{f(x,y)\} = F^{-1}F^{-1}\{f(x,y)\} = f(-x,-y)$；
(2) $F\{f(x,y)h(x,y)\} = F\{f(x,y)\} * F\{g(x,y)\}$。

2.9 给定实常数 $a$ 和一个任意带限函数 $f(x)$，$f(x)$ 的傅里叶变换有一个全宽度 $L$，即对 $|\xi| > L/2$，$F(\xi) \equiv 0$。(1) 当 $|a| < 1/L$ 时，证明：$\dfrac{1}{|a|}\text{sinc}(x/a) * f(x) = f(x)$。(2) 当 $|a| > 1/L$ 时，这个关系式是否还成立？

2.10 证明下列傅里叶—贝塞尔变换关系式。
(1) 若 $f_r(r) = \delta(r - r_0)$，则 $B\{f_r(r)\} = 2\pi r_0 J_0(2\pi r_0 \rho)$；
(2) 若 $a \leqslant r \leqslant 1$ 时 $f_r(r) = 1$，而在其他地方为零，则 $B\{f_r(r)\} = \dfrac{J_1(2\pi\rho) - a J_1(2\pi a \rho)}{\rho}$；
(3) 若 $B\{f_r(r)\} = F(\rho)$，则 $B\{f_r(r)\} = \dfrac{1}{a^2}\left(\dfrac{\rho}{a}\right)$；
(4) $B\{e^{-\pi r^2}\} = e^{-\pi \rho^2}$。

2.11 设 $g(r, \varphi)$ 在极坐标中可分离变量。证明：若 $g(r, \varphi) = g_r(r) e^{im\varphi}$，则：
$$F\{g(r, \varphi)\} = (-i)^m e^{im\phi} H_m\{g_r(r)\}。$$
其中 $H_m\{\}$ 为 $m$ 阶汉克尔变换，见式(2.2.18)。

2.12 计算下列各式的一维卷积。
(1) $\text{rect}\left(\dfrac{x-1}{2}\right) * \delta(2x-3)$；　　(2) $\text{rect}\left(\dfrac{x+3}{2}\right) * \delta(x-4) * \delta(x-1)$；
(3) $\text{rect}\left(\dfrac{x-1}{2}\right) * \text{comb}(x)$；　　(4) $\sin\left(\dfrac{\pi x}{2}\right) * \text{rect}(x)$。

2.13 求矩形函数 $f(x) = \text{rect}\left(\dfrac{x+1}{2}\right)$ 和 $h(x) = \text{rect}\left(\dfrac{x-1}{2}\right)$ 的卷积 $g(x)$。

2.14 试用卷积定理计算下列各式。
(1) $\text{sinc}(x) * \text{sinc}(x)$；　　(2) $F\{\text{comb}(x) * \text{tri}(4x)\}$；
(3) $F\{\text{sinc}(x)\text{sinc}(2x)\}$。

2.15 用宽度为 $a$ 的狭缝，对平面上强度分布

$$f(x) = 2 + \cos(2\pi\xi_0 x)$$

扫描，在狭缝后用光电探测器记录。求输出强度分布。

2.16 利用梳状函数与矩形函数的卷积表示光栅的透射率。假定缝宽为 $a$，光栅常数为 $d$，缝数为 $N$。

2.17 计算下面函数的相关。

(1) $\text{rect}\left(\dfrac{x+1}{2}\right) \star \text{rect}\left(\dfrac{x-1}{2}\right)$；

(2) $\text{tri}(2x-1) \star \text{tri}(2x-1)$。

2.18 应用傅里叶定理求下面积分。

(1) $\displaystyle\int_{-\infty}^{\infty} e^{-\pi x^2} \cos(2\pi a x) \, dx$；

(2) $\displaystyle\int_{-\infty}^{\infty} \text{sinc}^2(x) \sin(\pi x) \, dx$。

2.19 求函数 $f(x) = \text{rect}(x)$ 和 $f(x) = \text{tri}(x)$ 的一阶和二阶导数。

2.20 试求下图所示函数的一维自相关。

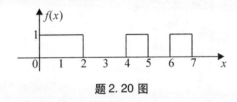

题 2.20 图

2.21 两个 sinc 信号有 0.5 的位移量，用 *MATLAB* 求这两个函数的相互关函数，画出它们的图形，并用互相关函数计算位移量的大小。

2.22 试计算函数 $f(x) = \text{rect}(x-3)$ 的一阶矩。

2.23 证明实函数 $f(x, y)$ 的自相关是实的偶函数，即 $R_{ff}(x, y) = R_{ff}(-x, -y)$。

2.24 求下列广义函数的傅里叶变换。

(1) $\text{step}(x)$；

(2) $\text{sgn}(x)$；

(3) $\sin(2\pi\xi x)$；

(4) $\dfrac{1}{2}\text{rect}\left(\dfrac{x-1}{2}\right)$；

(5) $\text{rect}(x-2) e^{i 2\pi x}$；

(6) $\dfrac{1}{2}\text{rect}(x/2) + \text{tri}(x)$。

2.25 求下列函数的傅里叶逆变换，并画出函数及其逆变换式的图形。

(1) $H(x) = \text{tri}(x+1) - \text{tri}(x-1)$；

(2) $G(x) = \text{rect}(x/3) - \text{rect}(x)$。

2.26 表达式

$$p(x, y) = g(x, y) * [\text{comb}(x/L_{0x}) \text{comb}(y/L_{0y})]$$

定义了一个周期函数，它在 $x$ 方向上的周期为 $L_{0x}$，在 $y$ 方向上的周期为 $L_{0y}$。

(1) 证明 $p$ 的傅里叶变换可以写为：

$$P(\xi, \eta) = \sum_{m=-\infty}^{\infty} \sum_{n=-\infty}^{\infty} G\left(\dfrac{m}{L_{0x}}, \dfrac{n}{L_{0y}}\right) \delta\left(\xi - \dfrac{m}{L_{0x}}, \eta - \dfrac{n}{L_{0y}}\right)$$

其中 $G$ 是 $g$ 的傅里叶变换。

(2) 当 $g(x, y) = \text{rect}\left(2\dfrac{x}{L_{0x}}\right) \text{rect}\left(2\dfrac{y}{L_{0y}}\right)$ 时，画出函数 $p(x, y)$ 的图形，并求出对应的傅里叶变换 $P(\xi, \eta)$。

# 第3章 线性系统和光场的傅里叶分析

在 20 世纪 30 年代后期,光学就与通信、信息学相关联了。进入 21 世纪以后,这种关联更加密切。可以从各个角度来说明这种关联,但其中最为重要而基本的应该是二者都可用类似的方法即傅里叶分析和系统理论来描述各自感兴趣的系统。在经典光学中,并不使用这样的数学理论和方法;但在光信息处理中,傅里叶分析和线性系统理论就成为了主要的数学手段。所以,需要学习线性系统的有关知识。

## 3.1 线性系统的概念

### 3.1.1 信号和信息

信号(signal)通常是指随空间或时间变化的某种物理量。文字、语言、图像或数据常被称为消息(message)。在消息中包含有一定的信息(information)。信息一般不能直接传送,需要借助一定形式的信号(如光信号、电信号、声信号等)才能传送和处理。因此,信号是消息的表现形式,它是信息传输的客观对象;消息则是信号的具体内容,它蕴涵于信号中。从这个意义上说,信号与信息是等同的。因此,这两个词经常不加区分地使用,如提到的光信息时常就可理解为光信号。而光信号通常是随空间和时间变化的,在数学中可以表示为空间和时间的函数。从这个意义上说,信号与函数又是等同的。在光信息处理中,主要处理与空间坐标有关的函数关系。

信号在系统中按一定规律运动、变化,系统在输入信号的驱动下对信号进行加工、处理并发送、输出信号。因此,从系统论的角度来说,对信息的传输与处理可以看成一个系统,如一个光学系统就是对光信息的传输与处理。通常,作为一个系统,就是把收集到的信息转换成所需要的输出信息。由此可见,信号的概念是与系统的概念紧密相连的。例如,光学系统(如光学成像系统)所传递和处理的信息是光场随空间变化的复振幅分布或光强度分布,可表示为二维空间坐标的函数 $f(x,y)$;常见的通信系统传递和处理的信号是随时间变化的函数,即调制的电压和电流波形,从数学角度来看,这类信号是独立变量 $t$ 的函数 $f(t)$,是一维信号。

### 3.1.2 系统的概念

光学与通信的很多现象与问题都可抽象为对函数 $f$ 实施一定的变换,形成另一函数 $g$ 的运算过程。这种实现函数变换的运算过程称为系统。在这种意义下的系统,既可以是特定功能的元器件组,如通信网络、光学透镜组等,也可以是与实际无关的物理现象。所以,广义地说,系统是若干相互作用和相互依赖的事物组成的具有特定功能的整体。一个具有特定功能的完整系统可以分为三大部分：输入→系统→输出。输入是指施加于系统的作用，称为系统的输入激励（excitation）；输出是要求系统完成的功能，称为系统的输出响应（response）。可见，系统的特性决定对某一输入激励会产生什么样的输出响应。当研究一个系统的性质时，不必过多地关心系统内部的结构，只需知道其输入端和输出端的性质就行了。

分析一个系统，首先要对系统建立数学模型，然后运用数学方法进行求解，最后又回到系统，对结果作出物理解释，并赋予其物理意义。所谓系统的模型是指系统物理特性的抽象，以数学表达式或具有物理特性的符号图形来表征系统特性。为了用简洁的语言来分析物理系统，最常用的方法是寻找一个数学模型，使其在数学意义上能恰当地描述该系统的性质和状态。在傅里叶光学中，常常采用一种算符把光学系统的激励与对此产生的响应联系起来，系统的作用就是完成数学上的某种变换或运算。如图3.1.1所示，算符$L\{\cdots\}$表示系统的作用，激励函数$f(x_o, y_o)$通过系统后变成相应的响应函数$g(x_i, y_i)$，两函数之间满足下列关系：

$$g(x_i, y_i) = L\{f(x_o, y_o)\} \leftarrow f(x_o, y_o)。 \tag{3.1.1}$$

式中：下标"o"、"i"分别标识输入函数和输出函数，一般来说，输入函数和输出函数通常是不同的坐标系，这两个函数宗量的物理意义和量可以不同；算符$L$的性质则要针对具体的系统而定。

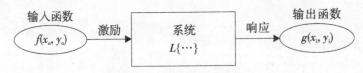

图3.1.1 系统的算符表示

实际存在的系统是多样性的，系统的分类也比较复杂，从数学模型的差异来看，可有以下划分：

（1）连续系统和离散系统。输入和输出均为连续信号的系统称为连续系统，输入和输出均为离散信号的系统称为离散系统。

（2）线性系统和非线性系统。线性系统是指具有线性特性的系统。所谓线性（linearity）特性是指齐次性与叠加性。若系统输入增加$k$倍，输出也增加$k$倍，这就是齐次性（homogeneity），也称为均匀性；若有几个输入同时作用于系统，而系统总的输出等于每一个单独作用所引起的输出之和，这就是叠加性（superposition property）。系统同时具有齐次性和叠加性便呈现线性特性。一般线性系统必须具有以下特性：①分解性（decomposition）；②零输入线性；③零状态线性。凡不具备上述特性的系统则为非线性系统。

（3）空间不变系统和空间变系统。只要初始状态不变，系统的输出仅取决于输入而与输入的起始作用点无关，这种特性称为空间不变性。具有空间不变特性的系统为空间不变系统（space invariant system），简称空不变系统。不具有空不变特性的系统为空间变系统（space varying system）。

（4）因果系统和非因果系统。因果系统（causal system）是指其响应不会超前激励的系统，非因果系统（noncausal system）是指响应能领先于激励的系统，它的输出取决于输入的将来值。

本教材的内容主要涉及线性系统和线性空不变系统。

## 3.1.3 线性系统

下面讨论有关线性系统的性质。

**1. 线性系统的定义**

光是一种电磁波,其在空间的传播可由波动方程来描述。如果波动方程是线性微分方程,那么假定有两个独立的函数都能满足同一个给定的微分方程,则这两个函数的和也必然是这个微分方程的解,这也是光的叠加原理的数学基础,满足光叠加原理的光学现象为线性光学。在线性光学范围内所研究的各种光学系统都是线性系统。例如,可以把光学成像过程看作由"物"(object)光分布到"像"(image)光分布的一个线性变换。

如对一个二维系统,其一般形式为输入一组二维函数 $f_1(x_o, y_o)$, $f_2(x_o, y_o)$, $\cdots$, $f_m(x_o, y_o)$, $\cdots$, 到输出一组二维函数 $g_1(x_i, y_i)$, $g_2(x_i, y_i)$, $\cdots$, $g_n(x_i, y_i)$, $\cdots$ 的映射, 其中 $-\infty < x_o, y_o < \infty$, $-\infty < x_i, y_i < \infty$, 是连续的空间变量。这种映射可以用算子 $L_k\{\cdot\}$ ($k = 1, 2, \cdots$,) 来表示。这样,输入函数组和输出函数组的关系可表示为:

$$g_1(x_i, y_i) = L_1\{f_1(x_o, y_o), f_2(x_o, y_o), \cdots, f_m(x_o, y_o), \cdots\},$$
$$g_2(x_i, y_i) = L_2\{f_1(x_o, y_o), f_2(x_o, y_o), \cdots, f_m(x_o, y_o), \cdots\},$$
$$\vdots$$
$$g_n(x_i, y_i) = L_k\{f_1(x_o, y_o), f_2(x_o, y_o), \cdots, f_m(x_o, y_o), \cdots\},$$
$$\vdots \quad (3.1.2)$$

映射可由多到少,或由少到多,特别地,可以是如式(3.1.1)所示的一对一映射。一般地,二维系统为非因果系统,因为空间变量相对于某参考系可以为负。但如果二维系统服从叠加律,该二维系统为相加的线性系统,在一对一映射的情况下,即

$$g_1(x_i, y_i) = L\{f_1(x_o, y_o)\}$$
$$g_2(x_i, y_i) = L\{f_2(x_o, y_o)\},$$
$$\vdots$$
$$g_m(x_i, y_i) = L\{f_m(x_o, y_o)\},$$
$$\vdots \quad (3.1.3)$$

如果有:

$$\sum_{m=1}^{M} c_m g_m(x_i, y_i) = L\{\sum_{m=1}^{M} c_m f_m(x_o, y_o)\}, \quad (3.1.4)$$

则称此系统为线性系统(linear system)。可见,一个输入函数 $f(x_o, y_o)$ 作用于线性系统,它的响应函数 $g(x_i, y_i)$ 不一定相同,但是叠加的原理是成立的,也就是线性系统具有叠加性质,即系统对多个激励的线性组合的整体响应等于单个激励所产生的响应的线性组合。

系统同时具有齐次性和叠加性便呈现线性特性,如图 3.1.2 所示。

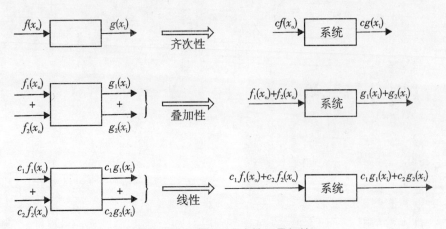

图 3.1.2 线性 = 齐次性 + 叠加性

图 3.1.3 示意了两个输入函数经过线性系统作用后的输出响应过程。

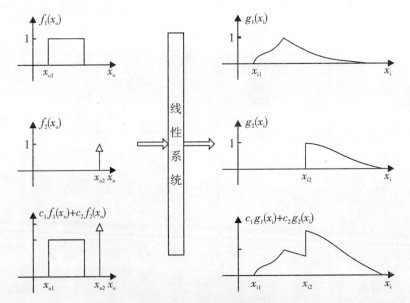

图 3.1.3 线性系统示意

对于具有连续激励的系统而言,式(3.1.4)求和可写成积分形式:

$$g(x_i, y_i) = \iint_{-\infty}^{\infty} cg(\alpha_i, \beta_i) d\alpha_i d\beta_i = L\left\{ \iint_{-\infty}^{\infty} cf(\alpha_o, \beta_o) d\alpha_o d\beta_o \right\}。 \quad (3.1.5)$$

式中:$\alpha_i$,$\beta_i$ 和 $\alpha_o$,$\beta_o$ 分别为输出函数 $g$ 和输入函数 $f$ 所在平面坐标的积分参变量。式(3.1.4)和式(3.1.5)表明,一个线性组合整体输入线性系统,则系统的总响应是单个响应的同样的线性组合。也就是说,系统对任意输入的响应能够用它对此输入分解成的某些基元函数的响应表示出来。在一定条件下,光学系统、电路系统等都可以看成线性系统。

线性系统必须满足叠加性和齐次性。叠加性是系统成为线性系统的必要条件。但齐次性在通常情况下不一定能满足,这是因为齐次是输入信号的缩放因子不变,这在实际的物理过程中通常是难以保证的。不过,这并不影响系统的线性性质,因为比例因子通常也是可以方便地通过某种物理器件来调节而满足系统的均匀性。

一个线性系统输出函数和输入函数的形式通常是不相同；如果相同，则有：
$$g(x, y) = cf(x, y)。 \tag{3.1.6}$$
式中：$c$ 是任意常数。使输出函数与输入函数具有这样的性质的系统，是线性系统的一个子类，它的数学模型是一个齐次线性方程。在物理上，电子学中的线性放大器或衰减器就属于这类系统。后面可以看到，在光学中的一个理想成像系统，物像能如实地反映原来的物，即形状完全相似，只是大小、正倒不同，显然它也是这类系统。

### 3.1.4 线性空不变系统

如果系统的输入函数 $f(x_o, y_o)$ 发生一个平移，成为 $f(x_o - x_0, y_o - y_0)$ 时，系统相应的输出函数 $g(x_i, y_i)$ 也只是平移，即成为 $g(x_i - x_0, y_i - y_0)$，该系统就具有平移不变性，即如果
$$L\{f(x_o, y_o)\} = g(x_i, y_i),$$
则有：
$$L\{f(x_o - x_0, y_o - y_0)\} = g(x_i - x_0, y_i - y_0)。 \tag{3.1.7}$$
式中：$x_0$，$y_0$ 为实常数。上式表明对于平移不变系统，当输入函数沿 $x_o$，$y_o$ 轴移动时，输出函数仅改变位置，其大小和形状都不变，即其输入和输出的变换关系是不随空间位置而变化的。图3.1.4 以一维函数为例，说明了这一平移不变性。若系统又是线性的，则为线性空间平移不变系统，简称为线性空不变系统（linear space invariant, LSI）。

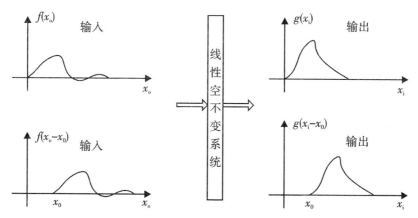

图3.1.4 线性空不变系统的平移不变效应

线性空不变系统具有很特别的性质和重要应用。如在光学中，理想成像系统是一个线性空不变系统，空间平移的不变特性是理想成像系统所必备的。

## 3.2 线性系统的分析方法

各类信号一般都是很复杂的，通常直接对它们进行处理比较困难，而且物理意义也不明显。如果能把一个复杂信号分解成许多简单分量的组合，就可以简化信号的处理，而且也会

凸显其物理意义。从数学上来说，就是将描述复杂信号的函数分解为某些初等函数（称为基元函数或基函数）的线性组合。这实际上与我们熟悉的在高等数学中的函数展开是一样的。但在信息处理中，经常遇到的是一些"性质不够好的"非初等函数，如矩形函数、三角函数等，高等数学中的函数展开由于限制条件苛刻（如要求函数具有任意阶导数）而一般无法采用这类函数。

利用线性系统的齐次性和叠加性可方便地求出系统对任意复杂输入的响应，这就是所谓的线性系统的分析方法。首先把一个复杂输入函数分解成多个更加基本的称为基元函数的线性组合。所谓基元，就是不能再分解的最基本的函数单元。基元函数的选取主要考虑如下两方面的因素：一是是否任何输入函数都可以比较方便地分解成为这些基元函数的线性组合，二是系统的基元函数是否能比较方便地求得。把选定好的基元函数的响应函数经线性组合，就可以得到复杂输入函数所对应的输出函数。

要实现对任意信号的分解，要解决两个问题。一是能否选择一种合适的基元函数$\{\psi_m(x)\}$，几乎可以把任何函数$f(x)$在某个区间$[a, b]$上展开为函数$\psi_m(x)$的级数之和：

$$f(x) = c_1\psi_1(x) + c_2\psi_2(x) + \cdots + c_m\psi_m(x) + \cdots。 \tag{3.2.1}$$

式中：$c_m$是系数（实数或复数）。二是若这种函数系$\{\psi_m(x)\}$存在，能否很方便地求出系数$c_m$。

## 3.2.1 正交函数系

### 1. 正交函数的概念

把信号分解为正交函数分量是常用的一种数学手段，因为按正交函数展开的方法可以很好地解决上述两个问题。这与把一个矢量分解为正交分量的思想是类似的。我们知道，在直角坐标系中，如果沿$x$，$y$，$z$轴正方向的单位矢量分别是$\boldsymbol{e}_x$，$\boldsymbol{e}_y$，$\boldsymbol{e}_z$，则任意矢量$\boldsymbol{A}$可以表示为：$\boldsymbol{A} = \boldsymbol{e}_x x_0 + \boldsymbol{e}_y y_0 + \boldsymbol{e}_z z_0$，其中$x_0$，$y_0$，$z_0$分别是沿$x$，$y$，$z$轴的分量。可以把正交矢量空间的概念推广到正交函数系。

复函数$\{\psi_m(x)\}$在$[a, b]$区间上，其每个函数都绝对平方可积，且满足下述条件：

$$\int_a^b \psi_m(x)\psi_n^*(x)\mathrm{d}x = \begin{cases} 0, & m \neq n \\ \mu_m, & m = n \end{cases}。 \tag{3.2.2}$$

式中：$\mu_m$为实常数；$\psi_n^*(x)$为$\psi_n(x)$的复共轭函数。则称复函数$\{\psi_m(x)\}$为$[a, b]$区间上的正交函数系。如果对所有的$m$都有$\mu_m = 1$，则$\{\psi_m(x)\}$是区间$[a, b]$上的标准正交函数系，或称为正交归一函数系。如果不是标准的，即$\mu_m \neq 1$，则可以加上适当的权因子使函数系$\{\psi_m(x)\}$标准化，显然函数系$\{\psi_m(x)/\sqrt{\mu_m}\}$是标准的。所以，一切正交函数都是可以归一化的。满足正交性的函数系很多，但对线性系统最重要的是正弦函数系、余弦函数系和复指数函数系。

正弦函数系、余弦函数系为：

$$\psi_m = \sin(2\pi m\xi_0 x) \quad (m = 0, 1, 2, \cdots)， \tag{3.2.3}$$
$$\psi_m = \cos(2\pi m\xi_0 x) \quad (m = 0, 1, 2, \cdots)。 \tag{3.2.4}$$

式中：$\xi_0$为基频。该函数系在区间$[-L_0/2, L_0/2]$上正交（$L_0 = 1/\xi_0$），但不是归一的。若每项分别乘以一个常数因子，则可使其归一化。

复指数函数系为：

$$\psi_m = e^{i2\pi m \xi_0 x} \quad (m = 0, \pm 1, \pm 2, \cdots)_\circ \tag{3.2.5}$$

这个复指数函数系在区间$[-1/2\xi_0, 1/2\xi_0]$上正交。函数系中的函数共同周期是$1/\xi_0$。由积分

$$\int_{-1/2\xi_0}^{1/2\xi_0} e^{i2\pi m \xi_0 x} (e^{i2\pi n \xi_0 x})^* dx = \begin{cases} 0 & m \neq n \\ 1/\xi_0 & m = n \end{cases} \tag{3.2.6}$$

可知，复指数函数系是非归一正交函数系。

正弦函数系、余弦函数系和复指数函数系是实现函数分解的最主要的基元函数。这些函数系都在等于周期$\xi_0$的整数倍的区间上正交，即

$$b - a = m\xi_0 \quad (m = 1, 2, 3, \cdots)_\circ \tag{3.2.7}$$

**2. 函数的正交展开**

可以用正交函数系$\{\psi_m(x)\}$中的各函数（即基元函数）的线性组合表示位于区间$[a, b]$的任一复函数$f(x)$，即

$$f(x) = c_1\psi_1(x) + c_2\psi_2(x) + \cdots + c_m\psi_m(x) + \cdots = \sum_{m=1}^{\infty} c_m\psi_m(x)_\circ \tag{3.2.8}$$

式中：复值系数$c_m$是级数每一项的权重因子。根据具体问题，展开式可以是有限项，也可以是无穷项。如果系数$c_m$仅由函数$f(x)$求出，且各系数之间又无关，那么式(3.2.8)就很容易确定下来。因此，关键问题是如何求得系数$c_m$。为此将式(3.2.8)两边同乘以$\psi_n^*(x)$，并在区间$[a, b]$上积分，即

$$\int_a^b f(x)\psi_n^*(x)dx$$

$$= \int_a^b c_1\psi_1(x)\psi_n^*(x)dx + \int_a^b c_2\psi_2(x)\psi_n^*(x)dx + \cdots + \int_a^b c_m\psi_m(x)\psi_n^*(x)dx + \cdots$$

$$= \sum_{m=1}^{\infty} \int_a^b c_m\psi_m(x)\psi_n^*(x)dx_\circ \tag{3.2.9}$$

式中：$n = 1, 2, \cdots, m, \cdots$。由正交条件，当$m = n$时有：

$$\int_a^b f(x)\psi_m^*(x)dx = c_m\int_a^b \psi_m(x)\psi_m^*(x)dx_\circ \tag{3.2.10}$$

由式(3.2.10)就可求得式(3.2.8)中的每一项系数为：

$$c_m = \frac{1}{\mu_m}\int_a^b f(x)\psi_m^*(x)dx_\circ \tag{3.2.11}$$

显然，每一项的系数与其他系数无关，可分别单独计算，而且对于给定函数$f(x)$和正交函数系$\{\psi_m(x)\}$，这些系数是唯一的。若正交函数是归一的，则有：

$$c_m = \int_a^b f(x)\psi_m^*(x)dx_\circ \tag{3.2.12}$$

由式(3.2.11)或式(3.2.12)计算出的系数$c_m$叫作函数$f(x)$按正交系展开的傅里叶系数，简称为广义傅里叶系数；相应的级数式(3.2.8)则称为正交系展开的傅里叶级数，简称广义傅里叶级数。系数$c_m$与其他系数无关，在实际应用中就非常方便。当用有限项和式去近似无穷级数和时，必然会产生一定的误差。如果误差太大不能满足精度要求，就可以多取几项，

而前面求出的系数仍然是有效的，不必从头开始计算。因为各系数间是"无关"的。

按正交函数系展开方法，其正交函数系应该是完备的。所谓"完备的"，是指正交函数系如果在 $\{\psi_m(x)\}$ 以外，再也找不到另一个平方可积的函数 $g(x)$ 能和函数系中所有的函数正交，那么 $\{\psi_m(x)\}$ 就是区间 $[a,b]$ 上的完备正交函数系。也就是说，该正交函数系 $\{\psi_m(x)\}$ 中，包含了所有与每一个基元函数 $\psi_m(x)$ 相正交的函数，除此之外，再也没有与该函数系正交的函数了。如三角函数系和指数函数系就是完备的正交函数系。由完备的正交函数系所展开的傅里叶级数是唯一的。在近似计算中，若取有限项和

$$f_m(x) = c_1\psi_1(x) + c_2\psi_2(x) + \cdots + c_m\psi_m(x)。 \tag{3.2.13}$$

近似代替式(3.2.8)的无穷级数和，这时误差的均方值最小。由式(3.2.8)与式(3.2.13)之差构成的误差函数 $e_m = f(x) - f_m(x)$，其均方误差最小：

$$\varepsilon_m = \frac{1}{b-a}\int_a^b e_m^2(x)\mathrm{d}x = \frac{1}{b-a}\int_a^b [f(x) - f_m(x)]^2 \mathrm{d}x。 \tag{3.2.14}$$

上面定义的基元函数是可数函数序列。如果要把函数 $f(x)$ 展开成连续的、非可数的基元函数的线性组合，则需用连续变量 $\xi$ 代替离散值 $m\xi_0$，将求和的展开式改成积分的形式，即有：

$$f(x) = \int_{-\infty}^{\infty} W(\xi)\psi(x;\xi)\mathrm{d}\xi。 \tag{3.2.15}$$

式中：$W(\xi)$ 是权重函数，与式(3.2.8)中的 $c_m$ 类似。函数 $\psi(x;\xi)$ 正交性的条件为：

$$\int_{-\infty}^{\infty} \psi(x;\xi)\psi^*(x;\xi')\mathrm{d}x = \mu(\xi)\delta(\xi-\xi')。 \tag{3.2.16}$$

显然，若 $\xi \neq \xi'$，上式积分等于零。这里正交性适用的区间是无穷大。如果对所有 $\xi$，都有 $\mu(\xi) = 1$，则

$$\int_{-\infty}^{\infty} \psi(x;\xi)\psi^*(x;\xi')\mathrm{d}x = \delta(\xi-\xi'), \tag{3.2.17}$$

则 $\psi(x;\xi)$ 在 $(-\infty,\infty)$ 区间上构成正交函数系。由 $\delta$ 函数的筛选性，可确定权重函数为：

$$W(\xi) = \int_{-\infty}^{\infty} f(x)\psi^*(x;\xi')\mathrm{d}x。 \tag{3.2.18}$$

上式与计算无穷级数系数 $c_m$ 的公式(3.2.12)是类似的。

在光学中常用的正交函数是很多的，如在成像理论中把像差展开成为勒让德(Legendre)多项式、泽尼克(Zernike)多项式等，也都是正交函数系。且它们都是连续的。随着计算科学的发展，离散的正交函数系的理论和应用也越来越普遍，如函数值在 +1 和 -1 间跳变的沃尔什函数就是这类正交系。当然，在作线性系统分析时，究竟选择什么函数作为分解基元，还需考虑系统的物理性质。

### 3.2.2 基元函数的响应

线性系统最基本的特性就是它满足叠加原理，即对同时作用的几个激励函数的响应恒等于每个激励函数单独作用时对其产生的响应之和。根据这一原理，就可以把系统对任一复杂激励的响应用它对某种"基元"激励的响应表示出来。具体来说，可以把一个复杂激励分解成基元激励的线性组合，而每一个基元激励所产生的响应是已知的，或极容易求出，那么根

# 第3章 线性系统和光场的傅里叶分析

据叠加原理,总响应就可以看成各个基元激励所产生响应的线性组合。

在线性系统的理论中,常见的基元函数有 $\delta$ 函数、正弦函数或余弦函数和复指数函数等。下面我们来看看常用基元函数在线性系统中的响应。

**1. $\delta$ 函数的响应**

当系统的输入函数 $f(x_o, y_o)$ 用 $\delta(x_o, y_o)$ 函数为基元函数来表示时,设在输入平面 $x_o$-$y_o$ 上任意一点 $(x_{o0}, y_{o0})$ 的 $\delta$ 函数为 $\delta(x_o - x_{o0}, y_o - y_{o0})$,那么经过线性系统 $L$ 后的输出 $L\{\delta(x_o - x_{o0}, y_o - y_{o0})\}$ 就称为系统的 $\delta$ 函数的响应函数,也称为系统的脉冲响应函数(impulse response function)或点扩散函数(point spread function, PSF)。在光学中,可以这样理解 $L\{\delta(x_o - x_{o0}, y_o - y_{o0})\}$ 的物理意义:输入平面上位于 $(x_{o0}, y_{o0})$ 点的单位脉冲(如点光源),通过光学系统后得到的光场分布是 $L\{\delta(x_o - x_{o0}, y_o - y_{o0})\}$。例如,在存在像差且通光孔径有限大的光学成像系统中,输入平面上可用 $\delta$ 函数表示的一点物通过系统后,在输出像面上不是形成一个像点,而是扩展成一个弥散的像斑,这是把脉冲响应函数称为点扩散函数的原因。把所有点扩散函数叠加起来,就可以得到输出的像。

显然,脉冲响应函数是一个关于输入—输出平面坐标上的四元函数,可以记为:

$$L\{\delta(x_o - x_{o0}, y_o - y_{o0})\} = h(x_i, y_i; x_{o0}, y_{o0})。 \quad (3.2.19)$$

如果是在原点处输入 $\delta(x_o, y_o)$,则输出为:

$$L\{\delta(x_o, y_o)\} = h(x_i, y_i; 0, 0)。 \quad (3.2.20)$$

要注意,一般来说,$h(x_i, y_i; x_{o0}, y_{o0})$ 和 $h(x_i, y_i; 0, 0)$ 具有不同的函数形式。

对于线性空不变系统来说,式(3.2.19)就变为:

$$L\{\delta(x_o - x_{o0}, y_o - y_{o0})\} = h(x_i - x_{o0}, y_i - y_{o0}; 0, 0) = h(x_i - x_{i0}, y_i - y_{i0}; 0, 0)。 \quad (3.2.21)$$

上式的第二个等式成立,是因为对线性空不变系统,有 $x_{o0} = x_{i0}$, $y_{o0} = y_{i0}$,之所以标记不同的下标是因为下标依然起着输入和输出不同平面的标识作用。由此可见,$h$ 只依赖于输出点坐标 $x_i$, $y_i$ 与脉冲输入点坐标 $x_{o0}$, $y_{o0}$ 在 $x_o$, $y_o$ 方向的相对间距,而与坐标本身的绝对数值无关。因此,线性空不变系统的脉冲响应函数式(3.2.21)可以简化为:

$$L\{\delta(x_o - x_{o0}, y_o - y_{o0})\} = h(x_i - x_{i0}, y_i - y_{i0})。 \quad (3.2.22)$$

在坐标原点时为:

$$L\{\delta(x_o, y_o)\} = h(x_i, y_i)。 \quad (3.2.23)$$

在光学中,如当点光源在物场中移动时,其像斑只改变位置,而不改变其函数形式。这一特性称为等晕性(isoplanatism)。当同一个脉冲输入分别作用于不同的线性不变系统时,将产生不同的脉冲响应,因此线性不变系统的作用可以用脉冲响应来表征。至于脉冲响应的具体表达式,则要根据具体的系统去寻求。后面我们可以看到,一个星点经光学成像系统所成的像是艾里(Airy)圆斑,该圆斑的光强分布函数就是系统的强度脉冲响应,即点扩散函数。

下面说明 $\delta$ 函数作为基元函数时,其线性系统的分解与综合过程。根据 $\delta$ 函数的筛选性质,可以把系统输入函数写成:

$$f(x_o, y_o) = \iint_{-\infty}^{\infty} f(x_{o0}, y_{o0}) \delta(x_o - x_{o0}, y_o - y_{o0}) dx_{o0} dy_{o0}。 \quad (3.2.24)$$

式中：$x_{o0}$，$y_{o0}$ 是遍及平面 $x_o$-$y_o$ 的点，也可以看成积分参变量，因此这个积分式可以看成函数 $f(x_o, y_o)$ 在 $x_o$-$y_o$ 坐标平面上不同位置 $(x_{o0}, y_{o0})$ 的许多 $\delta$ 函数的线性叠加，即把 $f(x_{o0}, y_{o0})$ 看成一个加在基元函数 $\delta(x_o-x_{o0}, y_o-y_{o0})$ 上的权重因子。这种利用 $\delta$ 函数来对系统输入函数进行分解的方法，称为脉冲分解。

为了求出输入函数 $f(x_o, y_o)$ 响应系统后的输出函数，将式(3.2.24)代入式(3.1.1)有：

$$g(x_i, y_i) = L\{f(x_o, y_o)\} = L\left\{\iint_{-\infty}^{\infty} f(x_{o0}, y_{o0})\delta(x_o-x_{o0}, y_o-y_{o0})\mathrm{d}x_{o0}\mathrm{d}y_{o0}\right\}。 \quad (3.2.25)$$

由线性系统的齐次性，可以先把算符 $L\{\cdot\}$ 直接作用到各个基元函数上，再把各个基元函数的响应叠加起来，便有：

$$g(x_i, y_i) = \iint_{-\infty}^{\infty} f(x_{o0}, y_{o0}) L\{\delta(x_o-x_{o0}, y_o-y_{o0})\} \mathrm{d}x_{o0}\mathrm{d}y_{o0}。 \quad (3.2.26)$$

上式中 $L\{\delta(x_o-x_{o0}, y_o-y_{o0})\}$ 由式(3.2.19)所定义，这样，显然系统的输出可以写为：

$$g(x_i, y_i) = \iint_{-\infty}^{\infty} f(x_{o0}, y_{o0}) h(x_i, y_i; x_{o0}, y_{o0})\} \mathrm{d}x_{o0}\mathrm{d}y_{o0}。 \quad (3.2.27)$$

式(3.2.27)有时也称为"叠加积分(superposition integral)"，描述了线性系统输入和输出的变换关系。这样，线性系统的性质完全由它对脉冲的响应来表征。只要知道了系统的脉冲响应，就可以通过叠加积分求出系统的输出。但要完全确定一个线性系统，就需要知道系统对于输入平面所有可能位置上 $\delta$ 函数输入的脉冲响应，这在通常情况下是困难的，只有对于线性系统的一个重要子类——线性不变系统，才可以比较方便地得到。对线性空不变系统，应用式(3.2.22)，并注意到 $x_{o0} = x_{i0}$，$y_{o0} = y_{i0}$（更一般的情况是，如一垂直放大率为 $M$ 的光学系统，$x_{i0} = Mx_{o0}$，$y_{i0} = My_{o0}$，但物理上通过对输入平面和输出平面取合适的标度，可以使得 $M=1$，所以，这样做并不失一般性），使得叠加积分式(3.2.27)具有特别形式，即

$$g(x_i, y_i) = \iint_{-\infty}^{\infty} f(x_{i0}, y_{i0}) h(x_i-x_{i0}, y_i-y_{i0})\} \mathrm{d}x_{i0}\mathrm{d}y_{i0} = f(x_i, y_i) * h(x_i, y_i)。 \quad (3.2.28)$$

上式表明，LSI 系统的输出函数（如像分布）可以表示为输入函数（如物分布）与系统脉冲响应在输出平面上的一个二维卷积，即这一特殊形式的叠加积分正是卷积积分。由此可见，脉冲响应函数完全描述了 LSI 系统的性态，故也称 $h$ 为 LSI 系统输入—输出关系的空域描述。

在物理上，输入平面和输出平面通常是不同的两个平面，需要建立两个坐标系。如果只关心输入平面和输出平面之间的关系，把输入函数和输出函数放在同一坐标系中有时会更加方便。如果这样，就需对输入平面和输出平面作归一化，可以不管两者是否表示同一物理量，从而使得数值上有 $x_o = x_i = x$，$y_o = y_i = y$。实际上，对线性空不变系统，在数学上是要求输入函数与输出函数具有相同的宗量，从而无需区分输入平面坐标 $x_o$，$y_o$ 和输出平面坐标 $x_i$，$y_i$，而统一用 $x$，$y$ 来表示，这时有：

$$g(x, y) = L\{f(x, y)\}， \quad (3.2.29)$$

$$h(x-x_0, y-y_0) = L\{f(x-x_0, y-y_0)\}， \quad (3.2.30)$$

$$g(x, y) = \iint_{-\infty}^{\infty} f(x_0, y_0) h(x-x_0, y-y_0) \mathrm{d}x_0\mathrm{d}y_0 = f(x, y) * h(x, y)。 \quad (3.2.31)$$

在本课程的学习中，要特别注意关于平面的标识与含义的理解。虽然在数学上，甚至有

时在物理上，可以不区分不同的平面。但在后续课程中，我们可以体会到，在处理具体物理系统时，有时明确地标识不同的平面对理解问题并使得求解过程明晰化是很有意义。虽然我们有时无法非常严格地区分是明确标识好还是不标识更好，或者如何做到完全的统一规范标志。作为基础教材，本书的做法是尽可能地标识不同的平面。基本原则是：对纯数学的表述，尽量用统一宗量 $x$, $y$；需要区分不同平面时，用下标"1, 2, …"标识。对具体的物理过程，尽量标识以区分不同平面，并对下标赋予一定的意义，如物面通常为输入面，用下标"o"(object)标识；像面通常为输出面，用下标"i"(image)标识。

### 2. 复指数函数的响应

输入函数为空间频率为 $\xi_0$, $\eta_0$ 的复指数函数时，可表达为：

$$f(x, y) = e^{i2\pi(\xi_0 x + \eta_0 y)} \text{。} \tag{3.2.32}$$

经过线性空不变系统 $L$ 的响应后，可得到输出函数 $g$。对线性空不变系统，输入输出用统一的宗量表示，即有：

$$g(x, y; \xi_0, \eta_0) = L\{f(x, y)\} = L\{e^{i2\pi(\xi_0 x + \eta_0 y)}\} \text{。} \tag{3.2.33}$$

若输入函数为平移形式 $e^{i2\pi[\xi_0(x-x_0) + \eta_0(y-y_0)]}$（其中 $x_0$, $y_0$ 是实常数，为在 $x$, $y$ 方向的平移量）时，则由线性性质可得：

$$L\{e^{i2\pi[\xi_0(x-x_0) + \eta_0(y-y_0)]}\} = L\{e^{i2\pi(\xi_0 x + \eta_0 x)} e^{-i2\pi(\xi_0 x_0 + \eta_0 y_0)}\}$$
$$= e^{-i2\pi(\xi_0 x_0 + \eta_0 y_0)} L\{e^{i2\pi(\xi_0 x + \eta_0 x)}\} = e^{-i2\pi(\xi_0 x_0 + \eta_0 y_0)} g(x, y; \xi_0, \eta_0) \text{。} \tag{3.2.34}$$

对线性空不变系统，由平移不变性可得：

$$L\{e^{i2\pi[\xi_0(x-x_0) + \eta_0(y-y_0)]}\} = g(x-x_0, y-y_0; \xi_0, \eta_0) \text{。} \tag{3.2.35}$$

上式与式(3.2.34)比较可得：

$$g(x-x_0, y-y_0; \xi_0, \eta_0) = e^{-i2\pi(\xi_0 x_0 + \eta_0 y_0)} g(x, y; \xi_0, \eta_0) \text{。} \tag{3.2.36}$$

函数 $g(x-x_0, y-y_0; \xi_0, \eta_0)$ 是 $g(x, y; \xi_0, \eta_0)$ 的平移形式，那么它的显函数形式是什么呢？对于给定的 $\xi_0$, $\eta_0$ 和 $x_0$, $y_0$，$e^{-i2\pi(\xi_0 x_0 + \eta_0 y_0)}$ 是一个复常数，$g(x, y; \xi_0, \eta_0)$ 一般是复函数，表示成复指数形式为：

$$g(x, y; \xi_0, \eta_0) = H(x, y; \xi_0, \eta_0) e^{i\Phi(x, y; \xi_0, \eta_0)} \text{。} \tag{3.2.37}$$

式中：$H(x, y; \xi_0, \eta_0)$ 和 $\Phi(x, y; \xi_0, \eta_0)$ 分别为 $g(x, y; \xi_0, \eta_0)$ 的振幅函数和相位函数，它们也是 $x$, $y$ 和 $\xi_0$, $\eta_0$ 的函数。同理，$g(x-x_0, y-y_0; \xi_0, \eta_0)$ 可以表示为：

$$g(x-x_0, y-y_0; \xi_0, \eta_0) = H(x-x_0, y-y_0; \xi_0, \eta_0) e^{i\Phi(x-x_0, y-y_0; \xi_0, \eta_0)} \text{。} \tag{3.2.38}$$

式(3.2.37)和式(3.2.38)两式相除可得：

$$\frac{g(x-x_0, y-y_0; \xi_0, \eta_0)}{g(x, y; \xi_0, \eta_0)} = \frac{H(x-x_0, y-y_0; \xi_0, \eta_0) e^{i\Phi(x-x_0, y-y_0; \xi_0, \eta_0)}}{H(x, y; \xi_0, \eta_0) e^{i\Phi(x, y; \xi_0, \eta_0)}}$$
$$= \frac{H(x-x_0, y-y_0; \xi_0, \eta_0)}{H(x, y; \xi_0, \eta_0)} e^{i[\Phi(x-x_0, y-y_0; \xi_0, \eta_0) - \Phi(x, y; \xi_0, \eta_0)]} \text{。} \tag{3.2.39}$$

上式与式(3.2.36)比较，有：

$$\frac{H(x-x_0, y-y_0; \xi_0, \eta_0)}{H(x, y; \xi_0, \eta_0)} = 1, \tag{3.2.40}$$

$$\Phi(x-x_0, y-y_0; \xi_0, \eta_0) - \Phi(x, y; \xi_0, \eta_0) = -2\pi(\xi_0 x + \eta_0 y) \text{。} \tag{3.2.41}$$

由式(3.2.40)可知，$H(x-x_0, y-y_0; \xi_0, \eta_0) = H(x, y; \xi_0, \eta_0)$，这意味着输入函数在不

同点 $(x_0, y_0)$ 作用于系统所产生的响应函数,其振幅处处是相等的,因而振幅函数 $H$ 与坐标变量 $x$, $y$ 和点 $(x_0, y_0)$ 无关,它仅是参量 $\xi_0$, $\eta_0$ 的函数,所以有:

$$H(x-x_0, y-y_0; \xi_0, \eta_0) = H(x, y; \xi_0, \eta_0) = H(\xi_0, \eta_0)。 \tag{3.2.42}$$

由式(3.2.41)可知,由不同点 $(x_0, y_0)$ 输出的相位函数之增量为常量,这说明相位函数是坐标 $x$, $y$ 的线性函数,当然也是参量 $\xi_0$, $\eta_0$ 的函数。初始相位的取值可以是任意的,不失一般性的,可令 $\Phi(x-x_0, y-y_0; \xi_0, \eta_0) = 0$,所以,相位函数为:

$$\Phi(x, y; \xi_0, \eta_0) = 2\pi(\xi_0 x + \eta_0 y)。 \tag{3.2.43}$$

由以上分析可知, $g(x, y; \xi_0, \eta_0)$ 的函数形式必然有如下的形式:

$$g(x, y; \xi_0, \eta_0) = H(\xi_0, \eta_0) e^{-i2\pi(\xi_0 x + \eta_0 y)}。 \tag{3.2.44}$$

与式(3.2.33)比较,有:

$$g(x, y; \xi_0, \eta_0) = L\{e^{i2\pi(\xi_0 x + \eta_0 y)}\} = H(\xi_0, \eta_0) e^{-i2\pi(\xi_0 x + \eta_0 y)} = H(\xi_0, \eta_0) f(x, y)。 \tag{3.2.45}$$

由此可见,线性空不变系统的输入是复指数函数时,输出也同样是复指数函数,输出函数的形式不变,只是复振幅有变化。这种形式不变的函数称为系统的特征函数。复指数函数就是线性空不变系统的特征函数。

### 3. 余弦函数的响应

余弦函数可以表示成复指数函数的形式,所以,可以应用上面的结果来讨论余弦函数的响应。当输入为余弦函数:

$$f(x, y) = \cos 2\pi(\xi_0 x + \eta_0 y), \tag{3.2.46}$$

其输出为:

$$\begin{aligned} g(x, y; \xi_0, \eta_0) &= L\{f(x, y)\} = L\{\cos 2\pi(\xi_0 x + \eta_0 y)\} \\ &= \frac{1}{2} L\{e^{i2\pi(\xi_0 x + \eta_0 y)} + e^{-i2\pi(\xi_0 x + \eta_0 y)}\} \\ &= \frac{1}{2} L\{e^{i2\pi(\xi_0 x + \eta_0 y)}\} + \frac{1}{2} L\{e^{-i2\pi(\xi_0 x + \eta_0 y)}\} \\ &= \frac{1}{2} H(\xi_0, \eta_0) e^{i2\pi(\xi_0 x + \eta_0 y)} + \frac{1}{2} H(-\xi_0, -\eta_0) e^{-i2\pi(\xi_0 x + \eta_0 y)}。 \end{aligned} \tag{3.2.47}$$

假定某个线性空不变系统 $H(\xi_0, \eta_0)$ 具有厄米性,即 $H(\xi_0, \eta_0) = H^*(-\xi_0, -\eta_0)$, $H(-\xi_0, -\eta_0) = H^*(\xi_0, \eta_0)$,这样式(3.2.47)变为:

$$\begin{aligned} g(x, y; \xi_0, \eta_0) &= \frac{1}{2} H(\xi_0, \eta_0) e^{i2\pi(\xi_0 x + \eta_0 y)} + \frac{1}{2} [H(\xi_0, \eta_0) e^{i2\pi(\xi_0 x + \eta_0 y)}]^* \\ &= \text{Re}\{H(\xi_0, \eta_0) e^{i2\pi(\xi_0 x + \eta_0 y)}\}。 \end{aligned} \tag{3.2.48}$$

通常 $H(\xi_0, \eta_0)$ 为复数,可令复振幅

$$H(\xi_0, \eta_0) = A(\xi_0, \eta_0) e^{i\Phi(\xi_0, \eta_0)}, \tag{3.2.49}$$

将上式代入式(3.2.48)可得:

$$\begin{aligned} g(x, y; \xi_0, \eta_0) &= \frac{1}{2} A(\xi_0, \eta_0) e^{i\Phi(\xi_0, \eta_0)} e^{i2\pi(\xi_0 x + \eta_0 y)} + \frac{1}{2} A(\xi_0, \eta_0) e^{-i\Phi(\xi_0, \eta_0)} e^{-i2\pi(\xi_0 x + \eta_0 y)} \\ &= A(\xi_0, \eta_0) \cos[2\pi(\xi_0 x + \eta_0 y) + \Phi(\xi_0, \eta_0)]。 \end{aligned} \tag{3.2.50}$$

上式表明,满足一定条件的线性空不变系统,当输入是一个余弦函数时,其输出仍然是同频

率的余弦函数,只不过输出的振幅和相位都有了改变。

上述过程中的参量 $\xi_0$,$\eta_0$ 表示空间频率,其取值是完全任意的,实际上它就是频率变量,可以去掉下标直接用 $\xi$,$\eta$ 表示,就是频率坐标了。

从上面可以看出,复指数函数和余弦函数,其系统的特征函数与系统的输入函数是相同的。一般来讲,如果一个线性空不变系统的特征函数为 $\psi(x, y; \xi, \eta)$,系统的输入函数形式也为 $\psi(x, y; \xi, \eta)$,则对应的输出为:

$$L\{\psi(x, y; \xi, \eta)\} = H(\xi, \eta)\psi(x, y; \xi, \eta)。 \tag{3.2.51}$$

式中:$H(\xi, \eta)$ 是一个复比例常数。它表示系统特征函数所对应的输出与该特征函数之比,它与坐标变量 $x$,$y$ 无关,仅取决于参量 $\xi$,$\eta$ 的大小,可以把它用复数形式表示成:

$$H(\xi, \eta) = A(\xi, \eta)e^{i\Phi(\xi,\eta)}。 \tag{3.2.52}$$

式中:$A(\xi, \eta)$ 为 $H(\xi, \eta)$ 的振幅,它表示输出函数衰减或增益的大小;$\Phi(\xi, \eta)$ 为 $H(\xi, \eta)$ 的相位。这样,式(3.2.51)变为:

$$L\{\psi(x, y; \xi, \eta)\} = A(\xi, \eta)e^{i\Phi(\xi,\eta)}\psi(x, y; \xi, \eta)。 \tag{3.2.53}$$

以后我们将看到 $H(\xi, \eta)$,$A(\xi, \eta)$ 和 $\Phi(\xi, \eta)$ 更多的含义。

对一个线性空不变系统,如果输入函数 $f(x, y)$ 满足:

$$L\{f(x, y)\} = af(x, y), \tag{3.2.54}$$

则称 $f(x, y)$ 为算符 $L\{\cdots\}$ 所表示的系统的本征函数(eigen function);$a$ 通常为复常数,称为此本征函数的本征值(eigen value)。也就是说,系统的本征函数是一个特定的输入函数,相应的输出函数与输入函数之比为一个复常数。

如果基元函数是线性空不变系统的本征函数,它们就可以形式不变地通过线性空不变系统。即这些基元函数是一个线性空不变系统的一个特定的输入函数,该输入函数通过该系统时不改变其函数形式,而只可能被衰减、放大或产生相移,其变化量大小决定于相应的本征值。

## 3.2.3 线性空不变系统的传递函数

上一小节用基元函数的响应函数来表征线性系统的方法,是在空间域中对系统进行分析。我们也可以在空间频域中来分析线性系统,此时需要用传递函数来表征线性系统的特性。

对线性空不变系统,其傅里叶变换形式特别简单,在信息光学中有着重要的应用。对输入函数 $f(x, y)$、输出函数 $g(x, y)$ 和响应函数 $h(x, y)$ 作傅里叶变换,变换后的结果即其相应的谱函数分别为输入频谱函数 $F(\xi, \eta)$、输出频谱函数 $G(\xi, \eta)$ 和响应频谱函数 $H(\xi, \eta)$,由于是线性空不变系统,它们在数学上的宗量是一致的。对式(3.2.31)进行傅里叶变换,并利用卷积定理,可得:

$$G(\xi, \eta) = H(\xi, \eta)F(\xi, \eta)。 \tag{3.2.55}$$

式中:$\xi$,$\eta$ 为空间频率坐标。式(3.2.55)在空间频域描述了系统对输入函数的变换作用。当然,要特别注意的是,在空间频域中,式(3.2.55)只有对线性空不变系统才成立。因此,对线性空不变系统可采用两种方法来处理:一是在空间域通过输入函数与脉冲响应函数的卷积求得输出函数;二是在空间频域求出输入函数和响应函数的频谱函数的乘积,再对该乘积作傅里叶逆变换,从而得到输出函数。第一种方法由于涉及复杂的卷积计算,因而在空间域中直接计算输出函数也就变得复杂;第二种方法虽然要经过正、逆两次变换和一次乘积运算,但由于可以利用傅里叶变换性质和傅里叶变换对偶表,或利用快速傅里叶变换,因而常可以使傅里叶变换、求积、傅里叶逆变换这些运算过程远比卷积运算方便。因此,在空间频域中研究线性空不变系统不仅简单,而且具有重要的理论意义和很高的实用价值,同时也有利于深入理解系统的物理本质。这是我们强调线性空不变系统重要性的原因。

从式(3.2.55)可以得到输出频谱函数和输入频谱函数的比值:

$$H(\xi,\eta) = \frac{G(\xi,\eta)}{F(\xi,\eta)} = F\{h(x,y)\}。 \tag{3.2.56}$$

我们称频谱响应函数 $H(\xi,\eta)$ 为空不变系统的传递函数(transfer function),它表示系统在频域中对信号的传递能力。这就是说,脉冲响应的频谱密度可以表征系统对输入函数中不同频率的基元成分的传递能力。在频域中分析一个系统,实际上就是研究输入函数中不同频率的基元函数的作用。这种作用表现在输出函数与输入函数中同一频率基元成分权重的相对变化上。传递函数 $H(\xi,\eta)$ 一般都是复函数,其模的作用在于改变输入函数中各种频率基元成分的模,其辐角的作用在于改变这些基元成分的初相位。输入函数中任一频率的基元成分就是通过模与初相位的上述变化,形成系统的输出函数中同一频率基元成分,这些基元成分线性叠加即合成输出函数。

也可以从另一个角度来理解线性空不变系统的脉冲响应的频谱函数 $H(\xi,\eta)$ 能够描述系统对输入函数中不同频率的基元函数的传递能力。由于从空间频域研究一个系统的性能,实际就是要知道该系统对不同基元函数 $e^{i2\pi(\xi_0 x+\eta_0 y)}$ 的传递能力,如果可以找到一个具有均匀频谱密度的输入函数,则相应的输出函数中各种频率的基元成分的权重,即这个输入函数的频谱函数就可直接用来量度这种传递能力或频率响应特性。由于位于原点的脉冲信号 $\delta(x,y)$ 是具有均匀频谱密度的,系统对应于输入函数 $\delta(x,y)$ 的输出函数就是系统的原点脉冲响应。因此,原点脉冲响应的频谱密度恰好可以用来表征系统对不同频率的基元函数的传递能力,因而自然就把它定义为线性空不变系统的传递函数。

### 3.2.4 基元函数的传递函数

可以从频域分析的角度来研究线性空不变系统的基元函数的响应。

#### 1. 输入函数为 $\delta$ 函数

当输入函数为单个 $\delta$ 函数时,即

$$f(x,y) = \delta(x-x_0, y-y_0), \tag{3.2.57}$$

对上式作傅里叶变换,可得其频谱函数为:

$$F(\xi,\eta) = F\{\delta(x-x_0, y-y_0)\}$$
$$= \iint_{-\infty}^{\infty} \delta(x-x_0, y-y_0) e^{-i2\pi(\xi x+\eta y)} dxdy = e^{-i2\pi(\xi x_0+\eta y_0)}。 \tag{3.2.58}$$

由式(3.2.55)可得输出函数的频谱为:

$$G(\xi,\eta) = H(\xi,\eta)F(\xi,\eta) = H(\xi,\eta)e^{-i2\pi(\xi x_0+\eta y_0)}。 \tag{3.2.59}$$

对上式作傅里叶逆变换,可得输出函数为:

$$g(x, y) = F^{-1}\{G(\xi, \eta)\} = \iint_{-\infty}^{\infty} H(\xi, \eta) e^{-i2\pi(\xi x_0 + \eta y_0)} e^{i2\pi(\xi x + \eta y)} d\xi d\eta$$

$$= \iint_{-\infty}^{\infty} H(\xi, \eta) e^{i2\pi[\xi(x-x_0) + \eta(y-y_0)]} d\xi d\eta = h(x-x_0, y-y_0)。 \quad (3.2.60)$$

由此可见,对于线性空不变系统,脉冲($\delta$函数)的输出函数就是脉冲响应函数$h(x-x_0, y-y_0)$,它与传递函数构成一个傅里叶变换对,这样$\delta$函数的传递函数为:

$$H(\xi, \eta) = \iint_{-\infty}^{\infty} h(x-x_0, y-y_0) e^{-i2\pi(\xi x + \eta y)} dx dy。 \quad (3.2.61)$$

当输入函数处于坐标原点时,有更为简单的形式:

$$f(x, y) = \delta(x, y), \quad (3.2.62)$$

$$F(\xi, \eta) = F\{\delta(x, y)\} = \iint_{-\infty}^{\infty} \delta(x, y) e^{-i2\pi(\xi x + \eta y)} d\xi d\eta = 1, \quad (3.2.63)$$

$$g(x, y) = F^{-1}\{G(\xi, \eta)\} = \iint_{-\infty}^{\infty} H(\xi, \eta) e^{i2\pi(\xi x + \eta y)} d\xi d\eta = h(x, y), \quad (3.2.64)$$

$$H(\xi, \eta) = \iint_{-\infty}^{\infty} h(x, y) e^{-i2\pi(\xi x + \eta y)} dx dy。 \quad (3.2.65)$$

### 2. 输入函数为复指数函数

输入函数为具有确定空间频率$\xi_0$,$\eta_0$的复指数函数时,即

$$f(x, y) = e^{i2\pi(\xi_0 x + \eta_0 y)}, \quad (3.2.66)$$

对上式作傅里叶变换,得到其频谱函数为:

$$F(\xi, \eta) = F\{f(x, y)\} = \delta(\xi - \xi_0, \eta - \eta_0)。 \quad (3.2.67)$$

由式(3.2.55)可得输出函数的频谱为:

$$G(\xi, \eta) = H(\xi, \eta) F(\xi, \eta) = H(\xi, \eta) \delta(\xi - \xi_0, \eta - \eta_0)$$

$$= H(\xi_0, \eta_0) \delta(\xi - \xi_0, \eta - \eta_0)。 \quad (3.2.68)$$

对上式作傅里叶逆变换,得到输出函数为:

$$g(x, y) = F^{-1}\{G(\xi, \eta)\} = \iint_{-\infty}^{\infty} H(\xi, \eta) \delta(\xi - \xi_0, \eta - \eta_0) e^{i2\pi(\xi x + \eta y)} d\xi d\eta$$

$$= H(\xi_0, \eta_0) e^{i2\pi(\xi_0 x + \eta_0 y)}。 \quad (3.2.69)$$

上式与式(3.2.67)的输入函数$f(x, y)$比较,输出函数$g(x, y)$经过线性空不变系统时有:

$$g(x, y) = L\{f(x, y)\} = L\{e^{i2\pi(\xi_0 x + \eta_0 y)}\} = H(\xi_0, \eta_0) e^{i2\pi(\xi_0 x + \eta_0 y)}$$

$$= H(\xi_0, \eta_0) f(x, y)。 \quad (3.2.70)$$

由上式可看出,复指数函数可以形式不变地通过线性空不变系统,输出函数与输入函数只差一个复比例常数,所以复指数输入函数是线性空不变系统的本征函数,而相应的比例常数$H(\xi_0, \eta_0)$则为该本征函数的本征值。$\xi_0$,$\eta_0$在频率空间变化,这个本征值的函数$H(\xi_0, \eta_0)$便是该线性空不变换系统的传递函数$H(\xi, \eta)$。

### 3. 余弦函数的传递函数

在研究余弦函数之前,先来看看基元函数是实函数的线性系统。这样的基元函数常用于非相干成像系统中,它可以把一个实值输入变换为一个实值输出,且其傅里叶变换具有厄米

函数特性,即

$$H(\xi, \eta) = H^*(-\xi, -\eta)。 \tag{3.2.71}$$

如果用 $A(\xi, \eta)$ 和 $\Phi(\xi, \eta)$ 分别表示传递函数的模和幅角,分别称为振幅传递函数和相位传递函数,于是有:

$$H(\xi, \eta) = A(\xi, \eta) e^{-i\Phi(\xi,\eta)}, \tag{3.2.72}$$

$$H^*(-\xi, -\eta) = A(-\xi, -\eta) e^{i\Phi(-\xi,-\eta)}。 \tag{3.2.73}$$

将式(3.2.72)和式(3.2.73)代入式(3.2.71),可得:

$$A(\xi, \eta) = A(-\xi, -\eta), \tag{3.2.74}$$

$$\Phi(\xi, \eta) = -\Phi(-\xi, -\eta)。 \tag{3.2.75}$$

即振幅传递函数是偶函数,而相位传递函数是奇函数。

余弦函数就是这类系统的本征函数,如果把系统的输入函数写成如下形式的余弦函数形式:

$$f(x, y) = \cos[2\pi(\xi_0 x + \eta_0 y)], \tag{3.2.76}$$

对上式作傅里叶变换,得到其频谱函数为:

$$F(\xi, \eta) = F\{\cos[2\pi(\xi_0 x + \eta_0 y)]\} = \frac{1}{2}[\delta(\xi-\xi_0, \eta-\eta_0) + \delta(\xi+\xi_0, \eta+\eta_0)]。 \tag{3.2.77}$$

由式(3.2.56)可得输出函数的频谱为:

$$\begin{aligned}G(\xi, \eta) &= H(\xi, \eta) F(\xi, \eta) \\ &= \frac{1}{2} H(\xi, \eta) [(\xi-\xi_0, \eta-\eta_0) + \delta(\xi+\xi_0, \eta+\eta_0)] \\ &= \frac{1}{2} H(\xi, \eta) [\delta(\xi-\xi_0, \eta-\eta_0) + \delta(\xi+\xi_0, \eta+\eta_0)]。\end{aligned} \tag{3.2.78}$$

对上式作傅里叶逆变换得:

$$\begin{aligned}g(x, y) &= L^{-1}\{G(\xi, \eta)\} \\ &= \frac{1}{2} \iint_{-\infty}^{\infty} H(\xi, \eta) [\delta(\xi-\xi_0, \eta-\eta_0) + \delta(\xi+\xi_0, \eta+\eta_0)] e^{i2\pi(\xi x+\eta y)} d\xi d\eta \\ &= \frac{1}{2} [H(\xi_0, \eta_0) e^{i2\pi(\xi_0 x+\eta_0 y)} + H(-\xi_0, -\eta_0) e^{-i2\pi(\xi_0 x+\eta_0 y)}]。\end{aligned} \tag{3.2.79}$$

应用式(3.2.71)~(3.2.73)到上式,可得到输出函数为:

$$\begin{aligned}g(x, y) &= \frac{1}{2}\{A(\xi_0, \eta_0) e^{i[2\pi(\xi_0 x+\eta_0 y)+\Phi(\xi_0,\eta_0)]} + H(\xi_{0\_0}, \eta_{0\_0}) e^{-i[2\pi(\xi_0 x+\eta_0 y)+\Phi(\xi_0,\eta_0)]}\} \\ &= A(\xi_0, \eta_0) \cos[2\pi(\xi_0 x+\eta_0 y) + \Phi(\xi_0, \eta_0)],\end{aligned} \tag{3.2.80}$$

即

$$L\{\cos[2\pi(\xi_0 x+\eta_0 y)]\} = A(\xi_0, \eta_0) \cos[2\pi(\xi_0 x+\eta_0 y) + \Phi(\xi_0, \eta_0)]。 \tag{3.2.81}$$

显然,把 $\xi_0$, $\eta_0$ 看成任意频率变量 $\xi$, $\eta$,式(3.2.81)也是成立的,即

$$L\{\cos[2\pi(\xi x+\eta y)]\} = A(\xi, \eta) \cos[2\pi(\xi x+\eta y) + \Phi(\xi, \eta)]。 \tag{3.2.82}$$

上式表明,对脉冲函数是实函数线性空不变系统,余弦输入函数将产生同频率的余弦输出函数;但可能产生与频率有关的振幅衰减和相移,其大小取决于传递函数的模和幅角。

## 3.3 光场解析信号表示

从波动光学的观点来看,光是由高频交变的电磁场在空间传播形成的一种波动,是特定波段的电磁波。光波具有一切波动的基本特性,如:光波的传播具有时空的双重周期性,它的时间周期(或时间频率)和空间周期(或空间频率)由波的传播速度相联系;光的波动过程总伴随着能量的传输。如果描述光波的波动方程的解具有线性性质,那么任何复杂的波都可用波动方程的基本解的线性组合来表示。对于光波的描述,既可以在时间—空间域中进行,也可以在时间频域和空间频域中进行,前者采用的即是经典波动光学的分析方法,后者采用的则是傅里叶光学的分析方法。这一节讨论光场在时间域和时间频域中的数学描述。

在线性系统中研究光波的问题时,常常把一个实函数表示成一个复函数,这样使用起来更为方便。单色光场和多色光场的复值表示,有时也称为解析信号表示法。对于单色光场,由已知的实函数构造一个相应的复函数比较容易;对于多色光场,就不那么简单明了了。

假设空间某点 $P(x,y,z)$ 在时刻 $t$ 的光场可以用一个实标量函数 $u^r(x,y,z;t)$ 来描述,则对于线性系统,常常把 $u^r(x,y,z;t)$ 表示成与之相关联的一个复函数:

$$u(x,y,z;t) = u^r(x,y,z;t) + \mathrm{i} u^i(x,y,z;t)。 \qquad (3.3.1)$$

式中:$u^r(x,y,z;t)$,$u^i(x,y,z;t)$ 分别表示 $u(x,y,z;t)$ 的实部和虚部;$u(x,y,z;t)$ 称为 $u^r(x,y,z;t)$ 的解析信号(analytic signal)。

$u(x,y,z;t)$,$u^r(x,y,z;t)$ 和 $u^i(x,y,z;t)$ 也常简写为 $u(P;t)$,$u^r(P;t)$ 和 $u^i(P;t)$。当只讨论与时间变量有关的光场时,可简写为 $u(t)$,$u^r(t)$,$u^i(t)$;当只讨论与空间变量有关的光场时,可简写为 $u(P)$,$u^r(P)$,$u^i(P)$。

### 3.3.1 单色光场的数学形式和复数表示

单色光场是指单频率的光波。某一时刻在空间坐标为 $(x,y,z)$ 某点 $P$ 的光波振动的大小,其实函数的形式通常用余弦函数表示如下:

$$u^r(P;t) = \widetilde{U}(P)\cos[2\pi v_0 t - \varphi(P)], \qquad (3.3.2a)$$

或

$$u^r(x,y,z;t) = \widetilde{U}(x,y,z)\cos[2\pi v_0 t - \varphi(x,y,z)]。 \qquad (3.3.2b)$$

式中:$\widetilde{U}(P)$ 和 $\varphi(P)$ 分别是在 $P(x,y,z)$ 点的光场的振幅和初始相位,对于单色光场它们是只与空间坐标有关的实常数;$v_0$ 为光的时间频率。式(3.3.2)所表示的在时间上无限的光波便是理想的单色光,这个光场的复数形式可表示为:

$$u(P;t) = \widetilde{U}(P)\mathrm{e}^{-\mathrm{i}[2\pi v_0 t - \varphi(P)]}。 \qquad (3.3.3)$$

用欧拉公式(1.6.20)把上式的复指数表达成三角函数,则其实部正好等于式(3.3.2)所表达的原来的实光场 $u^r(P;t)$。显然,式(3.3.3)所表达的这个光场的复振幅为:

$$U(P) = \widetilde{U}(P)\mathrm{e}^{\mathrm{i}\varphi(P)}。 \qquad (3.3.4)$$

这个复振幅表示了单色光场的振幅与相位。$U(P)$ 是位置 $P$ 点的坐标 $(x,y,z)$ 的复值函数,有时也称为相幅矢量(phaser)。这里矢量指的是复平面上的矢量，其大小为 $\widetilde{U}(x, y, z)$，而幅角为 $\varphi(x, y, z)$。显然，在单一频率的情况下，由于随时间变化部分的函数关系是已知的，所以实际上用复振幅 $U(P)$ 来描述光场即可。

式(3.3.3)和式(3.3.4)中指数上的正负号表示两种不同的描述方式，两者实质上完全等效。为了使 $\nu_0, \varphi$ 具有明确的物理含义，且尊重习惯，我们这里选用负号。

一个实函数表示成一个复函数，其虚部不是任意的，而是与原来的实光场密切相关的。那么用什么样的方法，才能得到如式(3.3.3)那样的复数表示呢？这个问题在频域可以看得更清楚。对式(3.3.1)应用欧拉公式，可得：

$$u^r(P; t) = \frac{\widetilde{U}(P)}{2}[e^{i[2\pi\nu_0 t - \varphi(P)]} + e^{-i[2\pi\nu_0 t - \varphi(P)]}] \text{。} \tag{3.3.5}$$

对上式等号两边作时间变量的傅里叶变换，可得：

$$U^r(P; \nu) = F\{u^r(P; t)\} = \frac{\widetilde{U}(P)}{2}[e^{-i\varphi(P)}\delta(\nu - \nu_0) + e^{i\varphi(P)}\delta(\nu + \nu_0)] \text{。} \tag{3.3.6}$$

式中：$U^r(P; \nu)$ 是单色实光场的傅里叶时间频率谱。然后，再对式(3.3.3)所表示的复光场 $u(P; t)$ 作时间变量的傅里叶变换，有：

$$u(P; \nu) = F\{u(P; t)\} = \widetilde{U}(P)e^{-i\varphi(P)}\delta(\nu - \nu_0) \text{。} \tag{3.3.7}$$

$u^r(t), U^r(\nu)$ 和 $U(\nu)$ 的傅里叶频谱分别如图 3.3.1 所示。因此，从实光场 $u^r$ 变到复光场 $u$，通过频域中的比较可以看出，是去掉实光场的负频成分，加倍实光场的正频成分。由此可见，单色复光场是只有正频分量的单边谱。

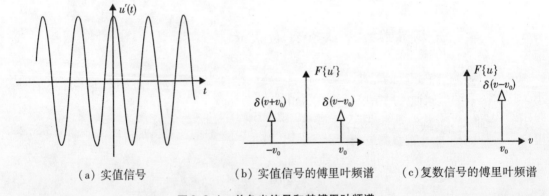

(a) 实值信号　　　　(b) 实值信号的傅里叶频谱　　(c) 复数信号的傅里叶频谱

图 3.3.1　单色光信号和其傅里叶频谱

由式(3.3.7)可以看到，式(3.3.3)采用了正频分量来构成一个复指数函数。实际上，也可以用负频分量来定义单色光的复数表示，这时应为：

$$u(x, y, z; t) = \widetilde{U}(x, y, z)e^{i[2\pi\nu_0 t - \varphi(x,y,z)]} \text{。} \tag{3.3.8}$$

即相当于去掉正频分量，将负频分量加倍。虽然物理上并不存在负频率，但从数学角度来看，实函数 $u^r$ 的频谱中正频分量或负频分量均携带了单色光的全部信息。

要注意的是，用式(3.3.3)表示光场时，在复指数中真正表示光场的，仍然是函数的实部(或虚部)。一个实值物理量不能等同于一个复值函数。在运算过程中，只有作线性运算，如波函数的叠加、微分和积分等复函数运算时,复函数运算结果的实部才代表所求的物理量,由复数形式(3.3.3)代替式(3.3.1)是可以的,不会出现歧义的结果;对于非线性运算,一般应当先取出实部再作运算。另外,当运算涉及单色场矢量的乘积或乘方时,如能量密度和玻印矢量,也会出现问题,这时必须取场矢量的实部。

例如,对式(3.3.2)对时间求导:

$$\frac{\mathrm{d}u^{\mathrm{r}}}{\mathrm{d}t} = -2\pi\nu_0 \widetilde{U}\sin(2\pi\nu_0 t - \varphi)_\circ \tag{3.3.9}$$

如果用复数形式(3.3.8),则有:

$$\frac{\mathrm{d}u}{\mathrm{d}t} = \mathrm{i}2\pi\nu_0 \widetilde{U}\mathrm{e}^{-\mathrm{i}(2\pi\nu_0 t - \varphi)}_\circ \tag{3.3.10}$$

取上式的实部,得就到了式(3.3.9),可见,用实数形式与复数形式是相同的。之所以采用复数形式,更多的是由于在涉及线性运算时,复数形式更为方便。

当有些情况采用实数形式和复数形式有区别的,这里就必须采用实数形式。如有两个实光场:

$$u^{\mathrm{r}} = \widetilde{U}\cos(2\pi\nu_0 t - \varphi_1), \tag{3.3.11a}$$

$$v^{\mathrm{r}} = \widetilde{V}\cos(2\pi\nu_0 t - \varphi_2)_\circ \tag{3.3.11b}$$

两式相乘有:

$$u^{\mathrm{r}}v^{\mathrm{r}} = \frac{\widetilde{U}\widetilde{V}}{2}\cos[(4\pi\nu_0 t - \varphi_2 - \varphi_1) + \cos(\varphi_2 - \varphi_1)]_\circ \tag{3.3.12}$$

直接用复数形式相乘,则有:

$$uv = \widetilde{U}\widetilde{V}\mathrm{e}^{\mathrm{i}(4\pi\nu_0 t + \varphi_2 + \varphi_1)}_\circ \tag{3.3.13}$$

比较式(3.3.12)和式(3.3.13),可以看到有一时间无关的直流项 $\cos(\varphi_2 - \varphi_1)$ 在式(3.3.13)中没有出现,另外,式(3.3.13)的实部是式(3.3.12)的2倍。因而采用复数形式造成了误差。一般来说,两个复数的实部不等于这两个复数乘积的实部,也就是说,如果 $u$ 和 $v$ 是两个任意复数,则通常有:

$$u^{\mathrm{r}} + v^{\mathrm{r}} = \mathrm{Re}\{u + v\}, \tag{3.3.14}$$

$$\mathrm{Re}\{u\} \cdot \mathrm{Re}\{v\} \neq \mathrm{Re}\{uv\}_\circ \tag{3.3.15}$$

### 3.3.2 准单色光场的复数表示

实际的照射光源都不会是理想单色的,总具有一定的频带宽度,称为非单色光。对非单色光,复振幅 $U$ 不再只是坐标的函数,也是时间的函数。这时,由于不同频率的光波是独立进行传播的,光振动的振幅和相位随时间发生各自的变化,而且这种变化具有统计无关的性质。所以,非单色光照射的情形要复杂得多。为简单起见,这里只讨论准单色光的情况。如果一个非单色光,当其频谱宽度 $\Delta\nu$ 与中心频率 $\nu_0$ 相比,满足如下关系:

$$\frac{\Delta\nu}{\nu_0} \ll 1 \tag{3.3.16}$$

时,则称为准单色光(quasi-monochromatic light)。

对准单色光而言，复振幅的振幅 $\widetilde{U}(t)$ 和相位 $\varphi(t)$ 是时间的慢变函数，这样，其用实函数 $u^r(t)$ 的形式可表示为：

$$u^r(t) = \widetilde{U}(t)\cos[2\pi\nu_0 t + \varphi(t)] \text{。} \tag{3.3.17}$$

准单色光实信号也称为窄带信号，信号示意如图 3.3.2 所示，图中虚线为其包络 $\widetilde{U}(t)$。

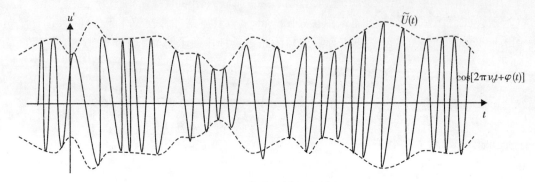

图 3.3.2　准单色光场及其包络

把由式(3.3.17)表示的准单色光的解析信号写成如下形式：

$$u(t) = \widetilde{U}(t)e^{i\varphi(t)}e^{-i2\pi\nu_0 t} = U(t)e^{-i2\pi\nu_0 t} \text{。} \tag{3.3.18}$$

式中：$U(t)$ 为复振幅，即复包络为：

$$U(t) = \widetilde{U}(t)e^{i\varphi(t)} \text{。} \tag{3.3.19}$$

图 3.3.3 显示了准单色光场的频谱图，其中(a)为包络 $\widetilde{U}(t)$ 的频谱 $\widetilde{U}(\nu)$，(b)为实信号 $u^r(t)$ 的频谱，(c)为解析信号 $u(t)$ 的频谱。与图 3.3.1 相比，可以看出，准单色光频谱与单色光相比被展宽了。类似于单色光构造解析信号的方法，将 $u^r(t)$ 的负频分量去掉，正频分量加倍就得到了解析信号 $u(t)$。

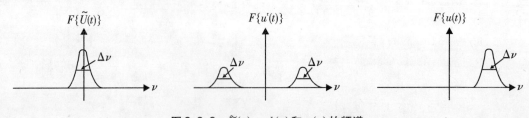

图 3.3.3　$\widetilde{U}(t)$，$u^r(t)$ 和 $u(t)$ 的频谱

$\widetilde{U}(\nu)$ 的傅里叶逆变换为：

$$\widetilde{U}(t) = \int_0^\infty \widetilde{U}(\nu)e^{i2\pi(\nu-\nu_0)t}d\nu \text{。} \tag{3.3.19}$$

令 $\mu = \nu - \nu_0$，$g(\mu) = \widetilde{U}(\mu + \nu_0)$，则有：

$$\widetilde{U}(t) = \int_0^\infty g(\mu)e^{i2\pi\mu t}d\mu \text{。} \tag{3.3.20}$$

由于准单色光要求谱振幅只在 $\nu \approx \nu_0$ 附近才显著不为0，那么上式的积分是低频分量的叠加。

再者，准单色光条件要求 $\Delta\nu \ll \nu_0$，故准单色光的振幅 $\widetilde{U}(t)$、相位 $\varphi(t)$ 和 $\cos(2\pi\nu_0 t)$ 相比变化缓慢，因此它们都是时间的慢变函数。所以，在准单色光的条件下，可以把 $\widetilde{U}(t)$ 看成一个振幅包络，它调制了一个频率为 $\nu_0$ 的波。也就是说，在与 $\tau_c = 1/\Delta\nu$ 相当的时间间隔内，$\widetilde{U}(t)$ 与 $\varphi(t)$ 只有微小的变化。然而，在 $\tau_c$ 的时间间隔外它们将有显著的变化，$\tau_c$ 称为相干时间。相干时间表示准单色光复振幅和相位基本保持不变的时间间隔的上限。

### 3.3.3 多色光场的复数表示

如果实多色光场表示为 $u^r(t)$，其傅里叶逆变换为：

$$u^r(t) = \int_{-\infty}^{+\infty} U^r(\nu) e^{i2\pi\nu t} d\nu \text{。} \tag{3.3.21}$$

由于 $u^r(t)$ 是一个实函数，故 $u^r(t)$ 的频谱函数 $U^r(\nu)$ 应是一个厄米函数，即

$$U^r(\nu) = [U^r(-\nu)]^* \text{。} \tag{3.3.22}$$

由上式也可看出，$U^r(\nu)$ 的负频率分量与正频率分量载有同样的信息，亦即仅正频率（或负频率分量）就携带了实函数的全部信息。因此，只用正频率分量并不会丢失光场的任何信息。令

$$U^r(\nu) = \widetilde{U}(\nu) e^{i\varphi(\nu)}, \tag{3.3.23}$$

则有：

$$\widetilde{U}(\nu) = \widetilde{U}(-\nu), \quad \varphi(\nu) = -\varphi(-\nu) \text{。} \tag{3.3.24}$$

即 $\widetilde{U}(\nu)$ 是偶函数，$\varphi(\nu)$ 是奇函数。将式(3.3.24)代入式(3.3.21)，并取其中对应的正频率项和负频率项相加，利用欧拉公式，可将式(3.3.21)最后表示成：

$$u^r(t) = 2\int_0^{+\infty} \widetilde{U}(\nu) \cos[2\pi\nu t + \varphi(\nu)] d\nu \text{。} \tag{3.3.25}$$

式(3.3.25)是包含所有正频率分量的积分。若把这些频率分量都相移 $\pi/2$，则可定义函数 $u^i(t)$ 为：

$$u^i(t) = 2\int_0^{+\infty} \widetilde{U}(\nu) \sin[2\pi\nu t + \varphi(\nu)] d\nu \text{。} \tag{3.3.26}$$

因而与 $u^r(t)$ 相关联的解析信号可写成：

$$u(t) = u^r(t) + iu^i(t) = 2\int_0^{\infty} \widetilde{U}(\nu) e^{i(2\pi\nu t + \varphi)} d\nu$$

$$= 2\int_0^{\infty} U^r(\nu) e^{i2\pi\nu t} d\nu = \int_0^{\infty} U(\nu) e^{i2\pi\nu t} d\nu \text{。} \tag{3.3.27}$$

这样，$U(\nu)$ 与 $U^r(\nu)$ 的关系可以表示成：

$$U(\nu) = \begin{cases} 2U^r(\nu) & \nu > 0 \\ 0 & \nu < 0 \end{cases} \text{。} \tag{3.3.28}$$

式(3.3.27)表明，去掉实函数 $u^r(t)$ 的所有负频率分量，并把正频率分量的幅值加倍后叠加起来，就得到了解析信号 $u(t)$；反之，实函数 $u^r(t)$ 可由它的解析信号 $u(t)$ 唯一确定：

$$u^r(t) = \text{Re}[u(t)] \text{。} \tag{3.3.29}$$

同样，实函数 $u^i(t)$ 可由它的解析信号 $u(t)$ 唯一确定，因为从 $u^r(t)$ 中把第一个傅里叶分量的相位变化 $\pi/2$ 后，就可得到 $u^i(t)$。因此，积分式(3.3.25)和(3.3.26)称为同源的傅里叶积分，亦称为相缔合的函数(associated function)。

在上面构造解析信号时，只考虑去掉 $u^r(t)$ 的负频率分量而将其正频率分量加倍。那么 $u^r(t)$ 的零频分量将如何处理呢？当 $u^r(t)$ 包含有常数项时，就属于这种情况。这时在频域中，对应于 $\nu=0$ 处的一个 $\delta$ 函数，这在构造解析信号时应该保留，即要求：

$$U(\nu) = \begin{cases} 2U^r(\nu) & \nu > 0 \\ U^r(\nu) & \nu = 0 \\ 0 & \nu < 0 \end{cases} \tag{3.3.30}$$

若用符号函数表示，则有：

$$\mathrm{sgn}(\nu) = \begin{cases} 1 & \nu > 0 \\ 0 & \nu = 0 \\ -1 & \nu < 0 \end{cases} \tag{3.3.31}$$

则式(3.3.30)可写为：

$$U(\nu) = [1 + \mathrm{sgn}(\nu)] U^r(\nu) \tag{3.3.32}$$

因此，

$$u(t) = \int_{-\infty}^{\infty} [1 + \mathrm{sgn}(\nu)] U^r(\nu) \mathrm{e}^{\mathrm{i}2\pi\nu t} \mathrm{d}\nu \tag{3.3.33}$$

由此可见，在构造解析信号时，应该去掉 $u^r(t)$ 的负频率分量，保留零频分量，加倍正频率分量。

现在从式(3.3.32)出发，讨论解析信号的另一个表示方法。将式(3.3.32)两边作傅里叶逆变换：

$$\begin{aligned} u(t) &= F^{-1}\{U(\nu)\} = F^{-1}\{U^r(\nu)\} + F^{-1}\{\mathrm{sgn}(\nu) U^r(\nu)\} \\ &= u^r(t) + F^{-1}\{\mathrm{sgn}(\nu)\} * F^{-1}\{U^r(\nu)\} \\ &= u^r(t) + \frac{\mathrm{i}}{\pi t} * u^r(t) = u^r(t) - \frac{\mathrm{i}}{\pi} \int_{-\infty}^{\infty} \frac{u^r(\alpha)}{\alpha - t} \mathrm{d}\alpha \end{aligned} \tag{3.3.34}$$

上式中的被积函数在 $\alpha = t$ 时有一奇点，式中的积分要取柯西积分主值，即

$$\frac{1}{\pi} \int_{-\infty}^{\infty} \frac{u^r(\alpha)}{\alpha - t} \mathrm{d}\alpha = \frac{1}{\pi} \lim_{\varepsilon \to 0} \left[ \int_{-\infty}^{t-\varepsilon} \frac{u^r(\alpha)}{\alpha - t} \mathrm{d}\alpha + \int_{t+\varepsilon}^{\infty} \frac{u^r(\alpha)}{\alpha - t} \mathrm{d}\alpha \right] \tag{3.3.35}$$

上式所表示的积分称为希尔伯特(Hilbert)变换。函数 $u^r(t)$ 的希尔伯特变换用 $H\{u^r(t)\}$ 来表示。由式(3.3.34)和式(3.3.35)可以看出，解析信号 $u(t)$ 的虚部 $u^i(t)$ 不是任意的，而是实信号 $u^r(t)$ 的希尔伯特变换，即

$$u^i(t) = H\{u^r(t)\} = \frac{1}{\pi} \int_{-\infty}^{\infty} \frac{u^r(\alpha)}{\alpha - t} \mathrm{d}\alpha \tag{3.3.36}$$

根据解析信号的这一性质，我们又得到了一个由实信号构造解析信号的方法：给定一个实信号 $u^r(t)$，对它实行希尔伯特变换而得到 $u^i(t)$，则所求的解析信号为 $u(t) = u^r(t) - \mathrm{i}u^i(t)$。

函数 $u^r(t)$ 的希尔伯特变换可以看作函数 $u^r(t)$ 与 $-\frac{1}{\pi t}$ 的卷积，这样式(3.3.31)又可表达为：

$$u^i(t) = H\{u^r(t)\} = u^r(t) * \left(-\frac{1}{\pi t}\right) \tag{3.3.37}$$

换言之,希尔伯特变换可以看作一个线性空不变系统,该系统的脉冲响应为:

$$h(t) = -\frac{1}{\pi t}。 \tag{3.3.38}$$

于是式(3.3.34)可以写成:

$$u(t) = \left[\delta(t) + \frac{i}{\pi t}\right] * u^r(t)。 \tag{3.3.39}$$

与脉冲响应 $h(t)$ 相应的传递函数为:

$$H(\nu) = F\left\{-\frac{1}{\pi t}\right\} = -i\,\text{sgn}(\nu)。 \tag{3.3.40}$$

若设解析信号的虚部 $u^i(t)$ 的频谱为 $U^i(\nu)$,则有:

$$U^i(\nu) = i\,\text{sgn}(\nu) U^r(\nu) = H(\nu) U^r(\nu)。 \tag{3.3.41}$$

从上式可以看到,解析函数 $u(t)$ 的虚部可以看成将实部 $u^r(t)$ 通过一个时间不变线性滤波器而得到,滤波器的传递函数为 $H(\nu)$,这个滤波器称为希尔伯特滤波器。图 3.3.4 图示了从一个已知的实信号 $u^r(t)$ 构造解析信号 $u(t)$ 的过程。

这里讨论用解析函数来表示非单色信号,它是单色复数表示方法在非单色情况下的推广,是目前光学研究中普遍采用的方法,在涉及复杂运算时用解析形式有利于运算的简化;采用实数光场表示非单色信号时,其好处是形式上简单和直观。

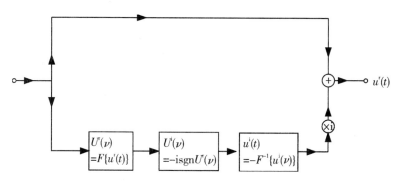

图 3.3.4 从一个实信号构造一个解析信号的过程

## 3.4 光场的复振幅空间描述

这一节讨论两种常用的光场复振幅的空间描述,即球面波和平面波的空间数学描述。

信息光学中处理的光信号大多为定态光场。定态光场是指具有如下性质的光场:①光场中点的振动是时间频率相同的简谐振动;②光场中各点振动的振幅不随时间变化,在空间形成稳定分布。

对于单色光场,式(3.3.3)中时间因子 $e^{\pm i2\pi\nu t}$ 是与空间坐标无关的。这样,光振动被分解成与空间有关和与时间有关的两部分。在研究光的空间分布时,就可以忽略与时间有关的这一项,与空间有关的部分称为复振幅。复振幅的引入便于许多光学问题如干涉、衍射等的计算,如用复振幅表示光强就十分方便:

$$I = |U(x, y, z)|^2 = U(x, y, z) U^*(x, y, z)。 \tag{3.4.1}$$

从复振幅的定义可知,复振幅表达式包含两部分:振幅因子和相位因子。这两部分对光信息的处理都有着重要的意义,需要深入理解其数学表达和物理意义。下面我们讨论单色光场的空间部分。光波最基本的形式有球面波、平面波和柱面波。由于任意复杂的光波都能表示为这些基本光波的合成,所以,在对实际光波进行分解或综合时,它们将充当基本单元的角色,把复杂光波与基本光波联系起来,进而深入地探讨和理解实际问题的物理意义。我们这里只讨论信息光学中常用的球面波和平面波。

### 3.4.1 球面波的复振幅

一个复杂的光源可以看作许多点光源的组合,所以点光源是一个基本的光源。从点光源发出的光,其波面为球面,因而可以用球面波来描述点光源。在直角坐标系中,空间任意一点 $P(x, y, z)$ 的球面波的复振幅可表示为:

$$U(x, y, z) = \frac{a_0}{r} e^{i\boldsymbol{k}\cdot\boldsymbol{r} + \varphi_0} \tag{3.4.2}$$

式中:$\boldsymbol{k}$ 为波矢量(简称波矢),也称为传播矢量,其方向代表波面波线方向,即波的传播方向,波矢 $\boldsymbol{k}$ 的方向与传播方向是相同的,其大小为 $k = |\boldsymbol{k}| = 2\pi/\lambda$($\lambda$ 为波长),$k$ 表示单位长度上产生的相位变换,称为波的传播常数,简称波数;$\boldsymbol{r}$ 是点 $P$ 的矢径,即表示观察点 $P$ 离开点光源的距离;"·"表示两个矢量的标量积;$a_0$ 表示距点光源单位距离处的振幅,即 $a_0$ 是在 $\varphi_0 = 0$(取初始相位为零)、$r = 1$ 处的振幅值。

由于坐标原点选择是可以任意的,总可使 $\varphi_0 = 0$。当 $\boldsymbol{k}$ 与 $\boldsymbol{r}$ 方向一致时,$\boldsymbol{k}\cdot\boldsymbol{r} = kr$;当 $\boldsymbol{k}$ 与 $\boldsymbol{r}$ 方向相反时,$\boldsymbol{k}\cdot\boldsymbol{r} = -kr$。所在单色球面波在空间任意一点 $P$ 所产生的复振幅可以写成:

$$U(x, y, z) = \frac{a_0}{r} e^{i\boldsymbol{k}\cdot\boldsymbol{r}} = \begin{cases} \dfrac{a_0}{r} e^{ikr} & \text{发散球面} \\ \dfrac{a_0}{r} e^{-ikr} & \text{会聚球面} \end{cases} \tag{3.4.3}$$

由上式可以看出,在某一确定的瞬间 $t_0$,相位 $\varphi = \pm kr - 2\pi\nu t_0 = $ 常数(初始相位为零)的面是相位间隔相等的等相位面,是一组等间距的同心球面,各点上的振幅与该点到球心的距离成反比。图 3.4.1 示意了取球面波中心为坐标原点时,$xOz$ 平面内的一组波面线。

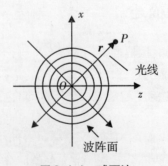

图 3.4.1 球面波

## 3.4.2 球面波的近轴近似

如果所关心的问题是某个平面上的光场分布情况,如衍射场中的孔径所在的平面和观察平面、成像系统中的物平面和像平面等,那么,在一个选定平面内,如何描述光场呢?式(3.4.3)是在三维空间中球面波的数学描述。如果 $r$ 是从坐标原点到观察点 $P(x,y,x)$ 的矢径,即当点光源位于坐标原点时,式(3.4.3)中的矢径大小为 $r$ 的模:

$$r = |\boldsymbol{r}| = \sqrt{x^2 + y^2 + z^2}。 \tag{3.4.4}$$

一般地,如果矢径 $\boldsymbol{r}$ 是从球面波中心,而不再是从原点到 $P(x,y,z)$ 的矢径,即如果点光源或会聚点不在坐标原点,而在空间某一位置 $S_0(x_0,y_0,z_0)$,则有:

$$r = \sqrt{(x-x_0)^2 + (y-y_0)^2 + (z-z_0)^2}。 \tag{3.4.5}$$

这时式(3.4.3)就是中心在任意点球面波复振幅的一般表达式。

下面以发散球面波为例来分析球面波在直角坐标系的数学表达,如图 3.4.2 所示,以点源 $S_0(x_0,y_0,z_0)$ 所在的平面 $x_0$-$y_0$ 为 $z$ 轴方向的零点,这样在平面内点光源的坐标为 $S_0(x_0,y_0)$;$x_0$-$y_0$ 平面原点 $O_0$ 到 $P$ 点的矢径为 $\boldsymbol{r}_0$,$S_0$ 点到 $x$-$y$ 平面原点 $O$ 的矢径为 $\boldsymbol{r}'$,$S_0$ 点到 $P$ 点的矢径为 $\boldsymbol{r}$,这些矢径的大小为:

$$r_0 = \sqrt{x^2 + y^2 + d^2},\quad r' = \sqrt{x_0^2 + y_0^2 + d^2},\quad r = \sqrt{(x-x_0)^2 + (y-y_0)^2 + d^2}。 \tag{3.4.6}$$

式中:$d$ 为平面 $x_0$-$y_0$ 到平面 $x$-$y$ 的距离。将(3.4.6)的第三个式子代入式(3.4.3),可得到点光源 $S_0$ 所发出的发散球面波在平面 $x$-$y$ 上复振幅的直角坐标表达式:

$$U(x,y) = \frac{a_0}{r}\mathrm{e}^{\mathrm{i}kr} = \frac{a_0 \mathrm{e}^{\mathrm{i}k\sqrt{(x-x_0)^2+(y-y_0)^2+d^2}}}{\sqrt{(x-x_0)^2 + (y-y_0)^2 + d^2}}。 \tag{3.4.7}$$

用上式来处理光学的许多问题时会很复杂,计算时很不方便。这时就需要根据所研究的问题,对式(3.4.7)作适当的简化处理。光学中最常见的近似是近轴近似,也常称为傍轴近似。下面讨论的近轴近似下球面波的表达。

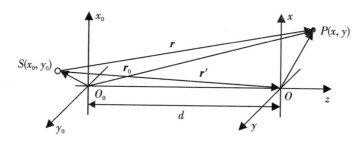

图 3.4.2 离轴发散球面波的直角坐标分析

将式(3.4.6)改写为:

$$r_0 = d\sqrt{1 + \frac{x^2+y^2}{d^2}},\quad r' = d\sqrt{1 + \frac{x_0^2+y_0^2}{d^2}},\quad r = d\sqrt{1 + \frac{(x-x_0)^2+(y-y_0)^2}{d^2}}。 \tag{3.4.8}$$

将上式作泰勒展开，即按下列公式对式(3.4.8)中根号内的项作二项式展开：

$$(1+x)^m = 1 + mx + \frac{m(m-1)}{2}x^2 + \cdots \quad (|x|<1)。 \tag{3.4.9}$$

在 $m=1/2$ 时，有：

$$(1+x)^{\frac{1}{2}} = 1 + \frac{1}{2}x - \frac{1}{8}x^2 + \cdots \quad (|x|<1)。 \tag{3.4.10}$$

当该光波传播过程满足近轴条件时，可只考虑在 $x_0$-$y_0$ 平面上一点 $S_0$ 对 $x$-$y$ 平面上一点 $P$ 张角不大的范围，这意味着点光源 $S_0$ 和观察点 $P$ 离 $z$ 轴的距离 $|\overrightarrow{O_0 S_0}|$ 和 $|\overrightarrow{OP}|$ 都远远小于其纵向间距 $d$，即

$$|\overrightarrow{O_0 S_0}| = \sqrt{x_0^2 + y_0^2} \ll d, \qquad |\overrightarrow{OP}| = \sqrt{x^2 + y^2} \ll d; \tag{3.4.11}$$

同时也满足：

$$x - x_0 \ll d, \qquad y - y_0 \ll d。 \tag{3.4.12}$$

即有：

$$\frac{x^2+y^2}{d^2} \ll 1, \quad \frac{x_0^2+y_0^2}{d^2} \ll 1, \quad \frac{(x-x_0)^2}{d^2} \ll 1, \quad \frac{(y-y_0)^2}{d^2} \ll 1。 \tag{3.4.13}$$

显然在近轴近似下，式(3.4.8)满足按式(3.4.10)展开的条件，这样可得：

$$r' = d\left[1 + \frac{x^2+y^2}{2d^2} - \frac{(x^2+y^2)^2}{8d^4} + \cdots\right], \tag{3.4.14a}$$

$$r_0 = d\left[1 + \frac{x_0^2+y_0^2}{2d^2} - \frac{(x_0^2+y_0^2)^2}{8d^4} + \cdots\right], \tag{3.4.14b}$$

$$r = d\left[1 + \frac{(x-x_0)^2+(y-y_0)^2}{2d^2} - \frac{[(x-x_0)^2+(y-y_0)^2]^2}{8d^4} + \cdots\right]。 \tag{3.4.14c}$$

在近轴近似下，上式中的高阶项的贡献很小，可以略去，这样可得：

$$r_0 = d + \frac{x^2+y^2}{2d}, \quad r' = d + \frac{x_0^2+y_0^2}{2d}, \quad r = d + \frac{(x-x_0)^2+(y-y_0)^2}{2d}。 \tag{3.4.15}$$

这样，式(3.4.7)变为：

$$U(x,y) = \frac{a_0 e^{ikd}}{d} e^{i(k/2d)[(x-x_0)^2+(y-y_0)^2]}。 \tag{3.4.16}$$

在上式的振幅项中的 $r$ 已用 $d$ 代替，作这种近似是由于所观察的区域振幅随 $r$ 的变化（相对于 $\varphi$ 随 $r$ 的变化）是比较缓慢的，可以认为各点的振幅近似相等，即对振幅中的 $r$ 可作进一步近似，使 $r \approx d$。但在相位项中，却不能作 $r \approx d$ 的近似。这是因为相位变化量的影响是以 $2\pi$ 为周期的，这对光波波长来说是相对小的，但对波数 $k = \frac{2\pi}{\lambda}$ 却是一个很大的量，所以，只要 $\frac{k}{2d}[(x-x_0)^2+(y-y_0)^2]$ 与 $2\pi$ 相比不是很小，近似 $r \approx d$ 便不可取，否则 $r$ 的误差对相位值的影响会变得显著。所以，在相位项中 $r$ 的近似要多取一级，也就是保留式(3.4.14)中的第二项，从而得到球面波的二次相位因子。在近轴近似中，高次项的略去也是依此道理。当平面上复振幅分布的表达式中含有这样的相位因子时，就可以认为距离平面 $z$ 处发出的球面波经过这个平面。对确定波长的光，对确定的 $d$，式(3.4.16)中的项 $e^{ikd}$ 是常相位因子。

式(3.4.16)是在近轴条件下，中心在轴外点 $S_0(x_0, y_0)$ 的发散球面在平面 $x$-$y$ 上复振

幅的分布。观察平面位于点源右方，$d>0$，其相位 $\varphi(x,y)>0$。由式(3.4.16)可见，球面波在 $x$-$y$ 平面上的复振幅函数的特征是含有直角坐标变量的二次项，故称其相位为二次型相位因子，其等相位线族方程由下式确定：

$$\varphi = \frac{k}{2d}[(x-x_0)^2 + (y-y_0)^2] = 2m\pi \quad (m=0, \pm 1, \pm 2, \cdots)。 \tag{3.4.17}$$

上式可化为标准式：

$$(x-x_0)^2 + (y-y_0)^2 = 2m\lambda d = C \quad (m=0, \pm 1, \pm 2, \cdots)。 \tag{3.4.18}$$

上式称为等相位线方程。$C$ 为常数，表示 $x$-$y$ 平面上相位相同点的轨迹，不同 $C$ 值所对应的等相位线构成一族同心圆，圆心坐标为 $(x_0, y_0)$，半径为 $\sqrt{2m\lambda d}$。它们是球面波与 $x$-$y$ 平面的交线，相位相距 $2\pi$ 的同心圆之间的距离不相等，由中心向外愈来愈密。

对于会聚球面的情况，也就是 $d<0$，即观察平面位于点源左方，会聚球面波的复振幅可以写成：

$$U(x,y) = \frac{a_0 e^{-ik|d|}}{|d|} e^{-i(k/2|d|)[(x-x_0)^2 + (y-y_0)^2]}。 \tag{3.4.19}$$

即经过 $x$-$y$ 平面向 $(x_0, y_0)$ 处会聚的球面波在平面 $x$-$y$ 上产生的复振幅分布。

由式(3.4.16)和式(3.4.19)可得到的发散球面波和会聚球面波的相位因子分别为：

$$\varphi(x,y) = (k/2d)[(x-x_0)^2 + (y-y_0)^2], \tag{3.4.20a}$$

$$\varphi(x,y) = -(k/2|d|)[(x-x_0)^2 + (y-y_0)^2]。 \tag{3.4.20b}$$

如果球面中心在 $x_0$-$y_0$ 平面的原点处，即 $x_0 = y_0 = 0$，则有：

$$\varphi(x,y) = (k/2d)(x^2 + y^2), \tag{3.4.21a}$$

$$\varphi(x,y) = -(k/2|d|)(x^2 + y^2)。 \tag{3.4.21b}$$

这样，式(3.4.16)和式(3.4.19)变为：

$$U(x,y) = \frac{a_0}{d} e^{ikd} e^{i(k/2d)(x^2+y^2)}, \tag{3.4.22}$$

$$U(x,y) = \frac{a_0 e^{-ik|d|}}{|d|} e^{-i(k/2|d|)(x^2+y^2)}。 \tag{3.4.23}$$

式(3.4.22)和式(3.4.23)代表一对共轭球面波，它们在 $x$-$y$ 平面上等相位线的分布形式相同。对发散球面波，作为等相位线的同心圆，在空间上外圈对应的波前超前，内圈对应的波前滞后；会聚球面波情形相反(图3.4.3)。

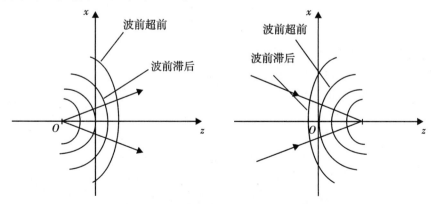

图3.4.3　发散球面波和会聚球面波相位因子

在近轴近似下，如果再加上远场条件，就可以对球面波的复振幅作进一步的近似。如果点光源位置 $S_0$ 满足远场条件，即

$$|\overrightarrow{O_0 S_0}|^2 = x_0^2 + y_0^2 \ll \lambda d, \tag{3.4.24}$$

将式(3.4.16)中的指数部分的二次因子作如下展开：

$$\frac{(x-x_0)^2 + (y-y_0)^2}{2d} = \frac{x_0^2 + y_0^2}{2d} - \frac{x_0 x + y_0 y}{d} + \frac{x^2 + y^2}{2d}, \tag{3.4.25}$$

把上式代入式(3.4.16)，有：

$$U(x,y) = \frac{a_0 e^{ikd}}{d} e^{i2\pi \left(\frac{x_0^2 + y_0^2}{2\lambda d} - \frac{x_0 x + y_0 y}{\lambda d} + \frac{x^2 + y^2}{2\lambda d}\right)}. \tag{3.4.26}$$

由式(3.4.24)的远场条件，项 $\dfrac{x_0^2 + y_0^2}{2\lambda d}$ 可以略去，式(3.4.26)变为：

$$U(x,y) = \frac{a_0}{d} e^{ikd} e^{-i2\pi \left(\frac{x_0}{\lambda d} x + \frac{y_0}{\lambda d} y\right)} e^{ik\frac{x^2 + y^2}{2d}}. \tag{3.4.27}$$

由图 3.4.2 可知。如果令 $r'$ 对 $x$（及 $x_0$）、$y$（及 $y_0$）轴的方向角分别为 $\alpha$ 和 $\beta$，并注意到 $r'$ 是从 $S_0(x_0,y_0)$ 点到 $x$-$y$ 平面原点 $O$ 处的矢径，在近轴条件下，有：

$$\frac{x_0}{d} = -\cos\alpha, \quad \frac{y_0}{d} = -\cos\beta. \tag{3.4.28}$$

将此关系代入式(3.4.27)，可得：

$$U(x,y) = \frac{a_0}{d} e^{ikd} e^{i2\pi \left(\frac{\cos\alpha}{\lambda} x + \frac{\cos\beta}{\lambda} y\right)} e^{ik\frac{x^2 + y^2}{2d}}. \tag{3.4.29}$$

式(3.4.29)右边含有两个相位因子，前者等同于一列倾斜平面波的相位因子，后者等同于一列中心在轴上的球面波相位因子。所以，一个中心离轴的球面波函数，就相当于中心在轴上的球面波函数与一个倾斜平面波函数的乘积，其倾斜角由球面波中心离轴的情况来决定。

这种波面中心在轴外 $(x_0, y_0)$ 点，并满足远场条件，观察平面为 $x$-$y$，则这种情形下的球面波的相位因子为：

$$\varphi(x,y) = e^{-i\frac{k}{d}(x_0 x + y_0 y)} e^{i\frac{k}{2d}(x^2 + y^2)} \approx e^{-i2\pi \left(\frac{\cos\alpha}{\lambda} x + \frac{\cos\beta}{\lambda} y\right)} e^{i\frac{k}{2d}(x^2 + y^2)}. \tag{3.4.30}$$

### 3.4.3　平面波的复振幅

当球面波的波面曲率半径趋于无限大时，球面波就成了平面波。

**1. 沿任一方向传播的平面波（三维平面波）**

如果等相位是平面，光波便是平面波。平面波是最简单的一种理想光源，在各向同性介质中，平面波光场的等相面与传播方向垂直。各点的振幅为常数。点光源发出的光波经透镜准直，或者把光源移到无穷处，都可近似地获得平面波。下面讨论平面波的数学表示方法。令 $r$ 为空间某一点 $P(x,y,z)$ 的位置矢量，$n$ 为某一固定方向上的单位矢量，即为光的传播方向。如果在各个时刻，在与单位矢量 $n$ 相垂直的各个平面上有 $n \cdot r =$ 常数，也就是说该光波的振幅和相位在任意时刻在某一平面上总是常数时，即其等相位面为平面的波，就是平面波。这时，式(3.4.3)的 $U(x,y,z) = a_0$，相位为：

$$\varphi(P) = \boldsymbol{k} \cdot \boldsymbol{r} + \varphi_0 = k\boldsymbol{n} \cdot \boldsymbol{r} + \varphi_0 \text{。} \tag{3.4.31}$$

由于波矢 $\boldsymbol{k}$ 的方向代表波面法线方向，即波的传播方向，所以波矢 $\boldsymbol{k}$ 的传播方向与 $\boldsymbol{n}$ 是相同的，再由于坐标原点选择是可以任意的，总可使 $\varphi_0 = 0$。这样，频率为 $\nu$ 的平面波的数学表达式如下：

$$u(x, y, z, t) = a_0 \mathrm{e}^{\mathrm{i}\boldsymbol{k} \cdot \boldsymbol{r}} \mathrm{e}^{\pm \mathrm{i}2\pi\nu t} = a_0 \mathrm{e}^{\mathrm{i}k\boldsymbol{n} \cdot \boldsymbol{r}} \mathrm{e}^{\pm \mathrm{i}2\pi\nu t} = U(x, y, z) \mathrm{e}^{\pm \mathrm{i}2\pi\nu t} \text{。} \tag{3.4.32}$$

式中：$U(x, y, z)$ 为平面波的复振幅，即平面波的空间描述为：

$$U(x, y, z) = a_0 \mathrm{e}^{\mathrm{i}\boldsymbol{k} \cdot \boldsymbol{r}} = a_0 \mathrm{e}^{\mathrm{i}kr \cdot \boldsymbol{n}} \text{。} \tag{3.4.33}$$

上式表示垂直于等相位面的沿任意方向 $\boldsymbol{n}$ 传播的平面波，如图 3.4.4 所示。

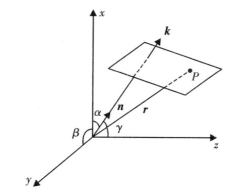

图 3.4.4 沿法线 $\boldsymbol{n}$ 方向传播的三维平面波

在直角坐标系中，若 $\boldsymbol{n}$ 的方向余弦为 $\cos\alpha$，$\cos\beta$，$\cos\gamma$，则 $\boldsymbol{n}$ 用分量 $n_x$，$n_y$，$n_z$ 表示为：

$$\boldsymbol{n} = \boldsymbol{e}_x n_x + \boldsymbol{e}_y n_y + \boldsymbol{e}_z n_z = \boldsymbol{e}_x \cos\alpha + \boldsymbol{e}_y \cos\beta + \boldsymbol{e}_z \cos\gamma \text{。} \tag{3.4.34}$$

而

$$\boldsymbol{k} = \boldsymbol{e}_x k_x + \boldsymbol{e}_y k_y + \boldsymbol{e}_z k_z = k\boldsymbol{n} = \boldsymbol{e}_x k\cos\alpha + \boldsymbol{e}_y k\cos\beta + \boldsymbol{e}_z k\cos\gamma \text{。} \tag{3.4.35}$$

式中：

$$k_x = k\cos\alpha, \quad k_y = k\cos\beta, \quad k_z = k\cos\gamma \tag{3.4.36}$$

为波矢 $\boldsymbol{k}$ 在 $x$，$y$，$z$ 方向的分量。由于 $\boldsymbol{k}$ 的方向与 $\boldsymbol{n}$ 是相同的，所以 $\boldsymbol{k}$ 的方向余弦也是 $\cos\alpha$，$\cos\beta$，$\cos\gamma$，方向余弦有如下关系：

$$\cos^2\alpha + \cos^2\beta + \cos^2\gamma = 1 \text{。} \tag{3.4.37}$$

由矢量法则可得 $P$ 点的相位函数为：

$$\begin{aligned}\varphi(x, y, z) &= \boldsymbol{k} \cdot \boldsymbol{r} = (\boldsymbol{e}_x k_x + \boldsymbol{e}_y k_y + \boldsymbol{e}_z k_z) \cdot (\boldsymbol{e}_x x + \boldsymbol{e}_y y + \boldsymbol{e}_z z) = xk_x + yk_y + zk_z \\ &= k(x\cos\alpha + y\cos\beta + z\cos\gamma) \text{。}\end{aligned} \tag{3.4.38}$$

可见，对于平面波来说，$P$ 点的相位是坐标变量 $x$，$y$，$z$ 的线性函数。

$\alpha$，$\beta$，$\gamma$ 分别是波矢 $\boldsymbol{k}$ 与 $x$，$y$，$z$ 轴的夹角，决定了波矢的方向。在光学中，也常用这三个角的余角表示波矢的方向，即 $\theta_x = \dfrac{\pi}{2} - \alpha$，$\theta_y = \dfrac{\pi}{2} - \beta$，$\theta_z = \dfrac{\pi}{2} - \gamma$，$\theta_x$，$\theta_y$，$\theta_z$ 就分别表示波矢 $\boldsymbol{k}$ 与 $yOz$，$xOz$ 和 $xOy$ 三个坐标平面的夹角，如图 3.4.5 所示。

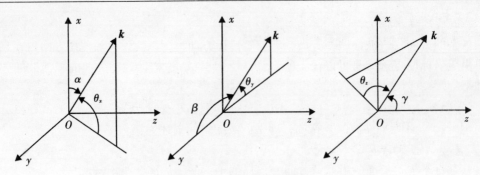

图 3.4.5 波矢方向的表示

将式(3.4.38)代入式(3.4.33)，就得到沿任一方向传播的平面波的复振幅在直角坐标下的表示为：

$$U(x, y, z) = a_0 e^{ik(x\cos\alpha + y\cos\beta + z\cos\gamma)} \quad (3.4.39)$$

由式(3.4.37)可以看到，$\alpha$，$\beta$，$\gamma$ 只有两个独立的，即

$$\cos\gamma = \sqrt{1 - \cos^2\alpha - \cos^2\beta} \quad (3.4.40)$$

将上式代入式(3.4.39)，可得：

$$U(x, y, z) = a_0 e^{ikz\cos\gamma} e^{ik(x\cos\alpha + y\cos\beta)} = a_0 e^{ikz\sqrt{1-\cos^2\alpha-\cos^2\beta}} e^{ik(x\cos\alpha + y\cos\beta)}$$
$$= A e^{ik(x\cos\alpha + y\cos\beta)} \quad (3.4.41)$$

式中：

$$A = a_0 e^{ikz\sqrt{1-\cos^2\alpha-\cos^2\beta}} \quad (3.4.42)$$

对于确定方向传播的平面波，$\alpha$，$\beta$ 是确定的。如果选定观察平面为离原点 $d$ 处的 $x$-$y$ 平面（如图 3.4.6 所示），这样式(3.4.41)中的第一个指数项中的相位因子是一个常相位因子，它说明 $x$-$y$ 平面上每一点都有一常量相位 $kd\sqrt{1-\cos^2\alpha-\cos^2\beta}$。这个常量相位反映了平面上各点的光振动的差别，因而可以与 $a_0$ 合并成一个复数常量，即式(3.4.42)为常数：

$$A_0 = a_0 e^{ikd\sqrt{1-\cos^2\alpha-\cos^2\beta}} \quad (3.4.43)$$

这样，由式(3.4.39)可得平面波的复振幅为：

$$U(x, y) = A_0 e^{ik(x\cos\alpha + y\cos\beta)} \quad (3.4.44)$$

$A_0$ 是与 $x$，$y$ 无关的复常数，表示平面波在 $x$-$y$ 平面上产生的均匀相移，其大小随着 $x$-$y$

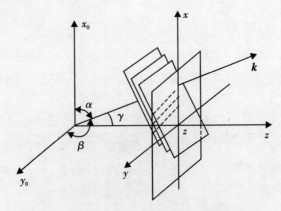

图 3.4.6 平面波在 $x$-$y$ 平面上的等相位线

平面在 $z$ 轴位置 $d$ 以及平面波传播方向余弦 $\cos\alpha$, $\cos\beta$ 而变化。参变量 $d$ 可以有不同的取值，$d$ 不同的取值就确定了不同的观察平面。

### 2. 沿一平面传播的平面波（二维平面波）

当波的传播方向与 $yOz$, $xOz$, $xOy$ 三个平面某一平面相平行时，波矢 $\boldsymbol{k}$ 与所平行的平面的夹角为 $0°$，与对应坐标轴的夹角为 $90°$。这样，由式(3.4.39)表示的三维平面波就只含两个位置变量，成为二维平面波。如 $\boldsymbol{k}$ 与 $y$ 轴和 $x$ 轴的夹角 $\beta$ 和 $\alpha$ 都为 $90°$ 时的二维平面波分别为：

$$U(x,\ z) = a_0 \mathrm{e}^{\mathrm{i}k(x\cos\alpha + z\cos\gamma)} = A_x \mathrm{e}^{\mathrm{i}kx\cos\alpha}, \tag{3.4.45}$$

$$U(y,\ z) = a_0 \mathrm{e}^{\mathrm{i}k(y\cos\beta + z\cos\gamma)} = A_y \mathrm{e}^{\mathrm{i}ky\cos\beta} \text{。} \tag{3.4.46}$$

式中：$A_x = a_0 \mathrm{e}^{\mathrm{i}kz\sqrt{1-\cos^2\alpha}}$；$A_y = a_0 \mathrm{e}^{\mathrm{i}kz\sqrt{1-\cos^2\beta}}$。$x-z$ 平面上的二维平面波如图 3.4.7 所示。

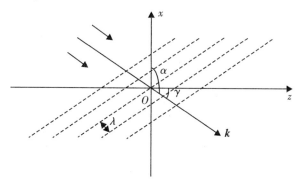

图 3.4.7　沿 $x-z$ 传播的平面波

### 3. 沿 $z$ 方向传播的平面波（一维平面波）

当传播方向沿某一坐标轴时，则波函数中只保留一个位置变量，即波矢量 $\boldsymbol{k}$ 平行于 $yOz$, $xOz$, $xOy$ 三个平面中的两个，这样就得到一维平面波。通常选择 $z$ 为传播方向，则有 $\alpha = \beta = 90°$，$\gamma = 0°$。这样一维平面波的复振幅为：

$$U(z) = a_0 \mathrm{e}^{\mathrm{i}kz} = A_z \text{。} \tag{3.4.47}$$

此时，相位函数 $\varphi(z) = kz$，只随 $z$ 变化，而与变量 $x$, $y$ 无关，因此，这种情形的等相位面是垂直于 $z$ 轴的。

对于确定方向传播的平面波，如果选定观察平面为离原点 $d$ 处的 $x-y$ 平面（如图 3.4.8 所示），则有：

$$A_0 = a_0 \mathrm{e}^{\mathrm{i}kd} = A_{0z} \text{。} \tag{3.4.48}$$

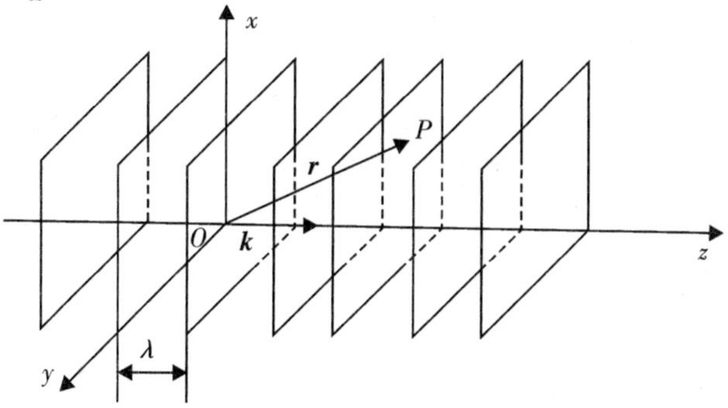

图 3.4.8　沿 $z$ 轴传播的平面波

## 3.5 光场的空间傅里叶分析

上一节,讨论了光波的空间描述,现在用傅里叶的分析方法来讨论光波的空间频域的数学描述。由于历史的原因,提到频率通常会习惯地认为就是时间频率,它表示特定波形在单位时间内重复的次数。由此,可以类推出空间频率的定义,即表示特定波形在单位距离内重复的次数。例如,对于一列平面波谐波,空间频率表示单位长度内波峰的个数。要注意的是,当引入空间频率概念时,为了同时表征光波传播方向,可以把光波空间频率定义为矢量形式,它在不同坐标轴上有相应的空间频率分量,其分量值既可为正,也可为负;相应的周期值也可正、可负。这是时间频率所没有的特性。

空间频率(spatial frequency)是信息光学中最为基本的物理概念,需要深入理解其物理含义。空间频率是傅里叶空间中的变量,是单位线度或单位角度空间分布周期的倒数,其单位通常为1/毫米(1/米)或1/毫弧度(1/度)。

如果有一个复杂的物体,通常它(或由它反射)的光波是由大量的具有不同空间频率的平面波的叠加。如果该物体是具有高度细节的物体,那么该光波将包含有许多高空间频率的成分。

空间频率是近代光学中的一个重要概念。因为在光学中可处理的图像都是随着空间坐标变化的图形,引入空间频率的概念后,就可以采用傅里叶分析的方法来处理光学问题。

### 3.5.1 平面波的空间频率

下面讨论平面波的空间频率。先看二维平面波的情况,由式(3.4.45),在 $z$ 轴方向某处二维平面波的等相位线方程为:

$$\varphi(x) = kx\cos\alpha = C。 \tag{3.5.1}$$

不同的 $C$ 对应的等相位线是一些垂直于 $x$ 轴的平行直线(图3.5.1)。图3.5.1(b)中的直线 $11'$, $22'$, $33'$, …,便是由式(3.5.1)确定的一组等相位面,当两个等相位面的相距为波长 $\lambda$ 时,则意味着这个相邻线之间的相位差为 $2\pi$,即

$$\Delta\varphi = kL_x\cos\alpha = 2\pi。 \tag{3.5.2}$$

那么图中等相位线族方程为:

$$\varphi = kx\cos\alpha = 2m\pi \quad (m=0, \pm1, \pm2, \cdots)。 \tag{3.5.3}$$

图3.5.1所示的是相位依次相差 $2\pi$ 的几个波面与 $x-y$ 平面相交得出的等相位线。这些等相位线上的距离相等,是与 $x$ 轴垂直的等间距平行线。由于等相位线上的光振动相同(振幅相等,相位差为 $2\pi$ 的整数倍),因此,复振幅在 $x-y$ 平面上周期分布的空间周期可用相位差 $2\pi$ 的两相邻等相位线的间距 $L_x$ 表示。这便直观地表明了光波复振幅 $U(x)$ 在观察平面上的周期性分布。

为了描述光波复振幅 $U(x)$ 的周期性分布,可以引入空间周期 $L_x$ 和空间频率 $\xi$。由式(3.5.2)可得:

$$kL_x\cos\alpha = 2\pi。 \tag{3.5.4}$$

则:

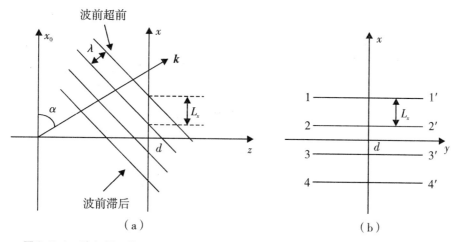

**图 3.5.1** 波矢量 $k$ 位于 $x_0$-$z$ 平面的平面波(a)和在 $x$-$y$ 平面上的空间频率(b)

$$L_x = \frac{2\pi}{k\cos\alpha} = \frac{\lambda}{\cos\alpha}。 \tag{3.5.5}$$

空间周期 $L_x$ 的倒数表示单位长度内变化的周期数,因而可以定义

$$\xi = \frac{1}{L_x} = \frac{\cos\alpha}{\lambda} \tag{3.5.6}$$

为 $x$ 方向的空间频率。显然,由于等相位线平行于 $y$ 轴,可以认为,沿 $y$ 方向的空间周期 $L_y = \infty$,因而 $y$ 方向的空间频率为:

$$\eta = \frac{1}{L_y} = 0。 \tag{3.5.7}$$

这样,可用空间频率来描述二维单色平面波。由式(3.5.6)可得:$\cos\alpha = \xi\lambda$,代入式(3.4.45),并注意到 $k\lambda = 2\pi$,可得:

$$U(\xi) = A_x e^{i2\pi\xi x}。 \tag{3.5.8}$$

上式用空间频率表示了 $x$-$y$ 平面上光波的复振幅分布。即对于方向余弦为 $\cos\alpha$ 的单色平面波,在 $x$-$y$ 平面上复振幅的周期分布可以用 $x$,$y$ 方向的空间频率($\xi = \frac{\cos\alpha}{\lambda}$,$\eta = 0$)来描述。这样,由于空间频率与传播方向余弦之间的对应关系,式(3.5.8)也就表示了一个传播方向余弦为 $\cos\alpha = \lambda\xi$,$\cos\beta = 0$ 的单色平面波。

空间频率有正负值,其正负表示了平面波不同的传播方向。由式(3.5.6)可知,$\xi$ 对于单色平面光波的取值是随着 $\alpha$ 的变化而变化,亦即随着光波矢量 $k$ 的方向变化而变化。$\alpha$ 为锐角时,$\cos\alpha > 0$,空间频率为正值,表明 $x$-$y$ 平面上相位沿 $x$ 正向增加(图 3.5.1);如果传播矢量与 $x$ 轴成钝角,则 $\cos\alpha < 0$,空间频率为负值,表明 $x$-$y$ 平面上相位沿 $x$ 正向减小(图 3.5.2)。因此,在上面两种情况中,光波传播到 $x$-$y$ 平面时,沿 $x$ 方向各点光振动发生的先后次序是相反的。这也可看出,空间频率的正、负表示了平面波不同的传播方向。

空间频率 $\xi$ 的模量(绝对值)$|\xi|$ 表示复振幅在 $x$ 轴方向单位长度上变化的周期数。

同理,由式(3.4.46)可以得到 $y$ 方向的空间频率为:

$$\eta = \frac{1}{L_y} = \frac{\cos\beta}{\lambda}; \tag{3.5.9}$$

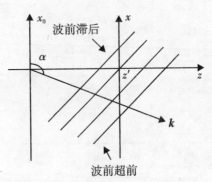

图 3.5.2 空间频率为负值的平面波

这时，$x$ 方向的空间频率为：

$$\xi = \frac{1}{L_x} = 0 \text{。} \tag{3.5.10}$$

用空间频率来重新表达式(3.4.46)，可得：

$$U(\eta) = A_y \mathrm{e}^{\mathrm{i}2\pi\eta y} \text{。} \tag{3.5.11}$$

对平面波，一般情况是在空间任一方向传播，方向余弦为($\cos\alpha$，$\cos\beta$，$\cos\gamma$)的三维平面波，这时 $x$-$y$ 平面上的等相位线是平行的斜线。图 3.4.6 表示相位差为 $2\pi$ 的等相位线，从图中可以看出，$x$-$y$ 平面上沿 $x$ 方向和 $y$ 方向的复振幅都是周期性变化的。在观察平面 $x$-$y$ 上光场的复振幅由式(3.4.41)表示，等相位线方程为 $k(x\cos\alpha + y\cos\beta) = C$，$C$ 为常数，不同 $C$ 值所对应的等相位线构成一组平行直线，如图 3.4.6 所示，也就是 $x$-$y$ 平面上的复振幅就表现在等相位线为平行斜线的相位分布上，相位值沿图中箭头的方向增加。实际上是一种以相位 $2\pi$ 为周期的分布。图中虚线是一组等距离的平行斜线，表示相位相差 $2\pi$ 的一组波面与 $x$-$y$ 平面的交线，也就是等相位线。由于相位相差 $2\pi$ 的各点的光振动是相同的，所以平面上复振幅分布的基本特点就是以相位 $2\pi$ 为周期的周期性分布。图 3.4.6 显示了三维平面波在直角坐标的波面传播示意图。图中虚线是平面波在 $x$-$y$ 平面上的等相位线，如图 3.5.3 所示。

仍设坐标原点处初相位为零，则一组等相位线方程可写为：

$$k(x\cos\alpha + y\cos\beta) = 2m\pi \quad (m = 0, \pm1, \pm2, \cdots); \tag{3.5.12}$$

标准化为：

$$y = -\frac{\cos\alpha}{\cos\beta}x + \frac{m\lambda}{\cos\beta} \quad (m = 0, \pm1, \pm2, \cdots) \text{。} \tag{3.5.13}$$

它表示观察平面 $x$-$y$ 上一组等间隔平行斜线。这些代表平面光波波阵面的平行斜线，在 $x$，$y$ 轴方向上具有空间周期 $L_x$，$L_y$ 和空间频率 $\xi$，$\eta$，分别为：

$$L_x = \frac{\lambda}{\cos\alpha}, \quad L_y = \frac{\lambda}{\cos\beta}; \tag{3.5.14}$$

$$\xi = \frac{1}{L_x} = \frac{\cos\alpha}{\lambda}, \quad \eta = \frac{1}{L_y} = \frac{\cos\beta}{\lambda} \text{。} \tag{3.5.15}$$

空间频率分量有时也可以用 $\alpha$，$\beta$ 的余角 $\theta_x$，$\theta_y$ 表示，则空间频率也可表达为：

$$\xi = \frac{\sin\theta_x}{\lambda}, \quad \eta = \frac{\sin\theta_y}{\lambda} \text{。} \tag{3.5.16}$$

在图3.4.6中，等相位线族的法线记为 $\boldsymbol{n}$，$\boldsymbol{n}$ 与 $\boldsymbol{k}$ 在 $x$-$y$ 平面内的分量 $\boldsymbol{k}_{xy}$ 平行且同方向，$\boldsymbol{n}$ 与 $x$ 轴的夹角为 $\varphi$，则有：

$$\tan\varphi = \frac{\xi}{\eta}。 \tag{3.5.17}$$

显然，在 $x$-$y$ 平面内，沿 $\boldsymbol{n}$ 方向的空间频率 $f_n$ 具有最大的模值：

$$|f_n| = \sqrt{\xi^2 + \eta^2}； \tag{3.5.18}$$

相应的空间周期为：

$$\frac{1}{|f_n|} = \frac{1}{\sqrt{\xi^2 + \eta^2}}。 \tag{3.5.19}$$

将式(3.5.15)应用到式(3.4.41)，可得由空间频率($\xi$，$\eta$)表示的在观察平面 $x$-$y$ 上平面波的复振幅为：

$$U(\xi, \eta) = A\mathrm{e}^{\mathrm{i}2\pi(\xi x + \eta y)}。 \tag{3.5.20}$$

式(3.5.20)描述了传播方向余弦为 $\cos\alpha = \lambda\xi$，$\cos\beta = \lambda\eta$ 的单色平面波。显然，式(3.5.20)和式(3.4.41)是平面波的两种表达方式，实际上，二者是完全等效的，其中 $\cos\alpha$，$\cos\beta$ 和 $\xi$，$\eta$ 互相对应。这也表明，式(3.5.20)所表示的平面波必然对应 $x$-$y$ 平面上空间频率 $\xi$，$\eta$ 的平面波。同理，式(3.4.41)所表示的平面波的传播方向肯定由波矢量 $\boldsymbol{k}$ 来决定，而 $\boldsymbol{k}$ 对 $x$ 轴和 $y$ 轴的方向余弦分别为 $\cos\alpha$ 和 $\cos\beta$。所以，式(3.5.20)和式(3.4.41)从不同的侧面描述了平面光波。

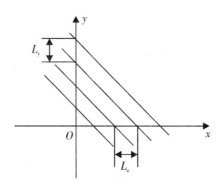

图3.5.3　任意方向传播的平面波在 $x$-$y$ 平面上的空间频率

三维平面波是在整个空间传播，如果不在固定 $z$ 轴，则传播方向余弦为($\cos\alpha$，$\cos\beta$，$\cos\gamma$)，沿 $x$，$y$，$z$ 方向上的空间周期 $L_x$，$L_y$，$L_z$ 为：

$$L_x = \frac{\lambda}{\cos\alpha}, \quad L_y = \frac{\lambda}{\cos\beta}, \quad L_z = \frac{\lambda}{\cos\gamma}。 \tag{3.5.21}$$

相应的空间频率 $\xi$，$\eta$，$\zeta$ 为：

$$\xi = \frac{\cos\alpha}{\lambda}, \quad \eta = \frac{\cos\beta}{\lambda}, \quad \zeta = \frac{\cos\gamma}{\lambda}。 \tag{3.5.22}$$

由于 $-1 \leqslant \cos\alpha$，$\cos\beta$，$\cos\gamma \leqslant 1$，所以空间频率 $\xi$，$\eta$，$\zeta$ 可取正值、零及负值。由式(3.4.39)，单色平面波复振幅可以表示为：

$$U(\xi, \eta, \zeta) = A_0 \mathrm{e}^{\mathrm{i}2\pi(\xi x + \eta y + \zeta z)}。 \tag{3.5.23}$$

一组空间频率 $\xi$，$\eta$，$\zeta$ 取值不同，表明了波的传播方向不同。当一组空间频率 $\xi$，$\eta$，$\zeta$

给定时，波的传播方向就唯一确定了。当波的传播方向与 $z$ 轴的夹角确定，即取值范围限定于 $0 \leqslant \gamma \leqslant \pi/2$ 或 $\pi/2 \leqslant \gamma \leqslant \pi$ 时，方向余弦 $\cos\alpha$，$\cos\beta$，$\cos\gamma$ 中只有两个是独立的。以 $0 \leqslant \gamma \leqslant \pi/2$ 为例，由式(3.4.40)可得：

$$\zeta = \frac{\cos\gamma}{\lambda} = \sqrt{\frac{1}{\lambda^2} - \xi^2 - \eta^2} \text{。} \tag{3.5.24}$$

式中：$1/\lambda$ 是平面波沿传播方向的空间频率。特别地，对一维平面波有：

$$\zeta = 1/\lambda \text{。} \tag{3.5.25}$$

一般来说，物理量的空间周期性分布都可以用空间频率来描述，但不同的情况会有不同的含义。例如，对非相干照明的平面上的光强分布，也是可以利用傅里叶分析从而用空间频率来描述的。但这种情况下的空间频率不再和单色平面波有关，$e^{i2\pi(\xi x + \eta y)}$ 不再对应于沿某一方向传播的平面波。

### 3.5.2 球面波的空间频率

球面波的等相位面满足条件 $kr =$ 常数。而它的振幅与 $r$ 成反比，当球面波向外传播时，其能量是随着传播距离的增加而减小的。当球面波传播一段很长的距离后，球面波将退化为平面波，如图 3.5.4 所示。

对球面波复振幅分布的空间频率描述，由于振幅 $a_0/r$ 是非周期性的，在一定条件下近似为 $a_0/d$，成为一个常量，故无空间频率可言。至于相位，虽然它在三维空间具有周期性，但在观察平面上，其等相位线族为空间不等间隔的二次曲线，相位因子的空间频率不是一个常数，而是空间坐标的函数。当满足远场条件时，球面波的复振幅用式(3.4.29)表示，如果还满足

$$x^2 + y^2 \ll \lambda d, \tag{3.5.26}$$

这样，式(3.4.29)中的 $k(x^2 + y^2)/2d$ 项也可以略去，则有：

$$U(x, y) = \frac{a_0}{d} e^{ikd} e^{i2\pi\left(\frac{\cos\alpha}{\lambda}x + \frac{\cos\beta}{\lambda}y\right)} = \frac{a_0}{d} e^{ikd} e^{i2\pi(\xi x + \eta y)} \text{。} \tag{3.5.27}$$

可见，经过上述一系列近似后，一列球面波也就变成在观察平面的限定范围内，具有空间频率 $\xi$，$\eta$ 的一列平面波。如图 3.5.4 所示，是来自远处小光源的光波在一个小的观察范围内可用平面波看待的数学描述。

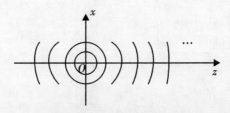

图 3.5.4 远处小光源发出的球面波可以近似为平面波

### 3.5.3 复振幅分布的空间频谱和角谱

如果用 $a(x, y)$ 来表示在 $x$-$y$ 平面上的物体分布函数,在相干照明下,$a(x, y)$ 就表示了 $x$-$y$ 平面上的复振幅分布,其模代表了每一点的振幅大小,辐角代表每一点初始相位。由傅里叶变换可得:

$$a(x, y) = \iint_{-\infty}^{\infty} A(\xi, \eta) e^{i2\pi(\xi x + \eta y)} d\xi d\eta。 \tag{3.5.28}$$

式中:$A(\xi, \eta)$ 是 $a(x, y)$ 的频谱。式(3.5.28)表明,物函数 $a(x, y)$ 可以是由无限多个指数函数 $e^{i2\pi(\xi x + \eta y)}$ 为基元函数叠加而成的,叠加时任一确定频率指数函数的权重是 $A(\xi, \eta)d\xi d\eta$。也就是说,傅里叶核 $e^{i2\pi(\xi x + \eta y)}$ 代表一个单位振幅简谐平面波在 $x$-$y$ 平面上的复振幅分布,这个简谐平面的空间频率为 $(\xi, \eta)$。这些指数基元函数在物平面上的取向和周期随空间频率 $(\xi, \eta)$ 的不同而不同。

指数基元函数 $e^{i2\pi(\xi x + \eta y)}$ 代表一个传播方向余弦为 $\cos\alpha = \lambda\xi$,$\cos\beta = \lambda\eta$ 的单位振幅的单色平面波。因此,式(3.5.28)表示的物函数 $a(x, y)$ 可以看作不同方向传播的单色平面波分量的线性叠加。这些平面波分量的传播方向和空间频率 $(\xi, \eta)$ 相对应,其相应的振幅和常数相位取决于频谱 $A(\xi, \eta)$。所以,$A(\xi, \eta)$ 就称为复振幅空间分布 $a(x, y)$ 的空间频谱。如果用方向余弦表示 $A(\xi, \eta)$,则有:

$$A(\xi, \eta) = A\left(\frac{\cos\alpha}{\lambda}, \frac{\cos\beta}{\lambda}\right) = \iint_{-\infty}^{\infty} a(x, y) e^{-i2\pi\left(\frac{\cos\alpha}{\lambda}x + \frac{\cos\beta}{\lambda}y\right)} dxdy。 \tag{3.5.29}$$

这样将平面波的空间频率 $(\xi, \eta)$ 与特定的传播方向 $(\cos\alpha, \cos\beta)$ 相对应,表征了以方向余弦 $(\cos\alpha, \cos\beta)$ 传播的单位空间频率所具有的基元平面波复振幅的大小,$A\left(\frac{\cos\alpha}{\lambda}, \frac{\cos\beta}{\lambda}\right)$ 称为复振幅分布 $a(x, y)$ 在 $x$-$y$ 平面上的角谱。从角谱的概念,使我们可以进一步理解到单色光场某一平面上的场分布可以看作不同方向传播的单色平面波的叠加,在叠加时各平面波成分有自己的振幅和常量相位,其值分别取决于角谱的模和幅角。与空间频谱 $A(\xi, \eta)$ 相比,$A\left(\frac{\cos\alpha}{\lambda}, \frac{\cos\beta}{\lambda}\right)$ 中的 $\alpha$,$\beta$ 明确表示出了波矢 $k$ 的传播方向上的方位角的大小。不过,在傅里叶光学中,使用更多的仍是空间频谱 $A(\xi, \eta)$。

当复振幅分布 $a(x, y)$ 为 $(x, y)$ 的空间周期函数时,它的空间频谱 $A(\xi, \eta)$ 是离散函数,则 $a(x, y)$ 可以分为空间频率 $(\xi, \eta)$ 呈离散分布的一系列三维简谐平面波的线性叠加;当 $a(x, y)$ 为非周期函数时,它的空间频谱 $A(\xi, \eta)$ 是空间频率 $\xi$,$\eta$ 的连续函数,于是 $a(x, y)$ 可以表示为空间频率 $\xi$,$\eta$ 连续变化的一系列三维简谐平面波的线性叠加。

在光波的空间傅里叶分析中,三维简谐平面波的这种简谐波构成傅里叶分析的基础,称为基元光波。这种以三维简谐平面波作为基元光波的分析方法被称为平面波基元分析法或余弦基元分析法。之所以选择简谐平面波作为傅里叶分析的基元函数,是因为简谐平面波是一种定态光波,它在传播过程中,时间频率不变,振幅为常数,相位随空间坐标和时间坐标线性变化,函数形式简单,方便数学处理。特别是,对于线性系统来说,简谐平面波的波函数是系统的本征函数,它通过系统传播时,波函数形式不变,这使得复杂波在系统中传播的物理过程变得十分明晰。应用基元分析方法,只要求出了系统对基元光波的响应,即可得出对任意复杂输入的输出。从这个意义上,系统的作用完全可由它对基元函数的响应性质来表征。因此,以简谐平面波作为基元函数是一种合理的选择。

### 3.5.4 局域空间频率

在傅里叶分析中,构成函数的每一频率成分的基元函数扩展到整个 $x-y$ 空间域,这样就无法把空间位置与特定的空间频率联系起来。但有时也会遇到空间频率局域化的情况。例如,图像的某一局部由类似光栅的一组平行线段构成,图像在局部表现出的周期性特点可以引入与位置关联的局部空间频率来描述。

一个复函数可以表示为:
$$g(x, y) = a(x, y) e^{i\varphi(x,y)} \circ \tag{3.5.30}$$

式中:$a(x, y)$ 和 $\varphi(x, y)$ 分别是振幅和相位的空间分布,它们都是实函数。假如振幅部分是空间坐标 $x, y$ 的慢变函数,则函数 $g(x, y)$ 的局域空间频率可定义为 $\varphi(x, y)$ 沿 $x$ 和 $y$ 方向的变化率:

$$\xi_l = \frac{1}{2\pi}\frac{\partial}{\partial x}\varphi(x, y), \quad \eta_l = \frac{1}{2\pi}\frac{\partial}{\partial y}\varphi(x, y) \circ \tag{3.5.31}$$

对 $g(x, y)$ 为零的区域,$\xi_l$,$\eta_l$ 定义为零。例如,单位振幅、空间频率为 $(\xi, \eta)$ 的单色平面波可表示为:

$$g(x, y) = e^{i 2\pi(\xi x + \eta y)} \circ \tag{3.5.32}$$

由式(3.5.31)可得其局域空间频率为:

$$\xi_l = \frac{1}{2\pi}\frac{\partial}{\partial x}[2\pi(\xi x + \eta y)] = \xi, \quad \eta_l = \frac{1}{2\pi}\frac{\partial}{\partial y}[2\pi(\xi x + \eta y)] = \eta \circ \tag{3.5.33}$$

显然,当 $x-y$ 平面上只有单一频率成分时,局部空间频率在整个 $x-y$ 平面处相等,并等于 $(\xi, \eta)$。又如,对二次相位函数

$$g(x, y) = e^{i\pi\alpha(x^2 + y^2)}, \tag{3.5.34}$$

由式(3.5.31)可得其局域空间频率为:

$$\xi_l = \alpha x, \quad \eta_l = \alpha y \circ \tag{3.5.35}$$

从上式可以看到,局域空间频率与空间位置有着密切的关系。对用二次相位函数表示的单色球面波,局部空间频率随空间坐标线性增大。当函数为空间有限时,在边缘处局域空间频率达到最大。

再如,对一个在有限空域的二次相位指数函数,这个函数叫作"有限啁啾"函数:

$$g(x, y) = e^{i\pi\beta(x^2 + y^2)} \text{rect}\frac{x}{2L_x} \text{rect}\frac{y}{2L_y} \circ \tag{3.5.36}$$

由式(3.5.31)可得其局部空间频率为:

$$\xi_l = \beta x \text{rect}\frac{x}{2L_x}, \quad \eta_l = \beta y \text{rect}\frac{y}{2L_y} \circ \tag{3.5.37}$$

从上式可以看出,在这种情况下局域空间频率也依赖于 $x-y$ 平面内的位置;在一个大小为 $2L_x \times 2L_y$ 的矩形内,$\xi_l$ 随 $x$ 坐标线性变化,$\eta_l$ 随 $y$ 坐标线性变化。因此这个函数(以及更多其他函数)和局域空间频率与 $x-y$ 平面内坐标的位置有关。

局域空间频率在光学中有专门的物理意义。相干光波前的复振幅的局域空间频率相当于

该波前在几何光学描述情况下的光线方向。

## 3.5.5 复杂光波的分解

光波按其波动特征,可分为简单波和复杂波。简单波又称为定态波,简谐平面波、简谐球面波和简谐柱面波都是定态光波的例子。不满足定态波条件的光波就是复杂波。实际光源发出的光波通常是复杂波,即在时间参量上包含各种时间频率,在空间分布上等相面具有复杂的形状。研究复杂波的一种有效方法是把它分解为一系列简谐平面波的线性组合,通过对各个简谐平面波成分传播规律的分析,最后综合出复杂波的传播规律。对复杂波分解的理论依据是波动方程的线性性质和波的叠加原理。此外,由于简谐平面波函数的集合构成了数学上的正交完备系,因此,凡是符合傅里叶变换存在条件的一切复杂波,都可以应用傅里叶变换作为分解手段。对复杂波的分解,先将空间各考察点处的振动分解为各种时间频率的简谐振动的线性组合,即时间域分解;然后,将每个简谐波分解为一系列不同空间频率的平面波的线性组合,即空间域分解;最后将复杂波表示为一系列简单平面波的线性组合。

设 $a(x, y, z; t)$ 表示一个复杂波在空间考察点 $(x, y, z)$ 处的振动函数,通过时间域的傅里叶变换,可求出该复杂振动的时间频谱 $A(x, y, z; \nu)$,即

$$A(x, y, z; \nu) = \int_{-\infty}^{\infty} a(x, y, z; t) e^{i2\pi\nu t} dt。 \qquad (3.5.38)$$

复杂波 $a(x, y, z; t)$ 可以表示为:

$$a(x, y, z; t) = \int_{-\infty}^{\infty} A(x, y, z; \nu) e^{-i2\pi\nu t} dt。 \qquad (3.5.39)$$

上式表明,复杂波 $a(x, y, z; t)$ 可以分解为一系列频率为 $\nu$,振幅密度为 $A(x, y, z; \nu)$ 的简振波的线性叠加。利用波动微分方程的线性性质很容易证明,如果复杂波 $a(x, y, z; t)$ 满足波动方程,则通过傅里叶分解得到的每一单频成分 $A(x, y, z; \nu)e^{-i2\pi\nu t}$ 也仍然满足同一波动方程,构成一个波动,说明这种分解是合理的。

复杂波经过上面的时间域分解后,成了一系列简谐波 $A(x, y, z; \nu)e^{-i2\pi\nu t}$ 的线性叠加,但在空间域中,每个简谐波仍然是复杂的。为此可对每个简谐波作空间域的傅里叶分解,将其分解为一系列不同空间频率的简谐平面波的线性叠加。设简谐波复振幅 $A(x, y, z; \nu)$ 的空间频谱为 $A'(\xi, \eta, \zeta; \nu)$,则有:

$$A'(\xi, \eta, \zeta; \nu) = \iiint_{\infty} A(x, y, z; \nu) e^{-i2\pi(\xi x + \eta y + \zeta z)} dxdydz, \qquad (3.5.40)$$

$$A(x, y, z; \nu) = \iiint_{\infty} A'(\xi, \eta, \zeta; \nu) e^{i2\pi(\xi x + \eta y + \zeta z)} d\xi d\eta d\zeta。 \qquad (3.5.41)$$

式(3.5.41)表示,复杂波 $A(x, y, z; \nu)$ 被分解为一系列空间频率为 $(\xi, \eta, \zeta)$,振幅密度为 $A'(\xi, \eta, \zeta; \nu)$ 的简谐平面波的叠加。

用空间频率分解时,将 $A(x, y, z; \nu)$ 作为简谐波,即将 $\nu$ 作为常数,可以不考虑时间相位因子 $e^{-i2\pi\nu t}$。另外,对于任何简谐波来说,三个空间频率分量并不独立,它们和时间频率 $\nu$ 之间由速度 $v$ 相联系,即有:

$$\xi^2 + \eta^2 + \zeta^2 = (\nu/v)^2。 \qquad (3.5.42)$$

因此,在利用式(3.5.40)计算 $A(x, y, z; \nu)$ 的空间频率 $A'(\xi, \eta, \zeta; \nu)$ 时,实际上只需

进行二维的傅里叶变换。

这样，综合上述时间频率分解和空间频率分解，可将复杂波表示为：

$$a(x, y, z; t) = \iiiint_{\infty} A'(\xi, \eta, \zeta; \nu) e^{-i2\pi(\xi x + \eta y + \zeta z - \nu t)} d\xi d\eta d\zeta d\nu \text{。} \quad (3.5.43)$$

从上面分析可知，函数 $A$，$A'$ 和 $a$ 都能够描述同一个波动。只不过波函数 $a$ 是在空间—时间域描述波动；$A$ 是在空间域和时间频率域描述波动，称 $A$ 为波函数 $a$ 在确定的空间考察点$(x, y, z)$的时间频谱函数；$A'$是在空间频率域和时间频率域描述同一波动，称 $A'$ 为波函数 $a$ 的空间—时间频谱函数。所以，$a$，$A$，$A'$ 这三个函数，只要知道其中任何一个，便可以通过傅里叶变换或逆变换，求出其他两个。

**例 3.5.1** 有一平面波以速度 $v$ 沿 $z$ 方向传播，在 $z = 0$ 处的振动如图 3.5.5(a)所示。时间振动函数为 $\text{rect}(t/\tau) e^{-i2\pi\nu_0 t}$。在 $x-y$ 平面上有一个宽为 $l_x$，高为 $l_y$ 的矩形光栏，使通过光栏的光波成为空间—时间域的复杂波，其波函数可表示为：

$$a(x, y; t) = \text{rect}(x/l_x, y/l_y) \text{rect}(t/\tau) e^{-i2\pi\nu_0 t} \text{。}$$

对其进行分解。

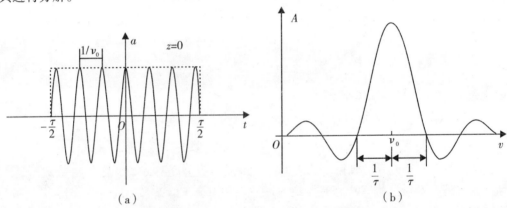

图 3.5.5 有限长余弦信号(a)及其时间频谱(b)

**解**：首先求出它的时间频谱[图 3.5.5(b)]：

$$A(x, y; \nu) = \int_{-\infty}^{\infty} a(x, y; t) e^{i2\pi\nu t} dt = \tau \text{rect}(x/l_x, y/l_y) \text{sinc}[(\nu - \nu_0)\tau] \text{。}$$

于是复杂波 $a(x, y; t)$ 可以表示为一系列简谐波的线性叠加：

$$a(x, y; t) = \text{rect}(x/l_x, y/l_y) \int_{-\infty}^{\infty} \tau \text{sinc}[(\nu - \nu_0)\tau] e^{-i2\pi\nu t} d\nu \text{。}$$

其中，频率为 $\nu$ 的简谐波成分的振幅密度为 $\tau \text{sinc}[(\nu - \nu_0)\tau]$，其分布图如图 3.5.5(b)所示。

再求 $A$ 的空间频谱函数 $A'$：

$$A'(\xi, \eta; \nu) = \iint_{\infty} A(x, y; \nu) e^{-i2\pi(\xi x + \eta y)} d\xi d\eta$$

$$= \tau \text{sinc}[(\nu - \nu_0)\tau] \iint_{\infty} \text{rect}(x/l_x, y/l_y) e^{-i2\pi(\xi x + \eta y)} dx dy \text{。}$$

这样，$a(x, y; t)$ 可表示为一系列具有不同振幅密度和不同空间频率 $(\xi, \eta)$（即不同传播方向）的简谐平面波的线性叠加：

$$a(x, y; t) = \tau l_x l_y \iiint_\infty \text{sinc}[(\nu-\nu_0)\tau]\text{sinc}(l_x\xi)\text{sinc}(l_y\eta)e^{i2\pi(\xi x+\eta y-\nu t)}d\xi d\eta d\nu。$$

在上式中,各简谐平面波分量虽然表示为二维形式,但由于$(\xi, \eta, \zeta)$满足公式(2.5.42),所以实质上是三维简谐平面波。

## 3.6 函数抽样与函数复原

宏观的物理过程通常总是连续变化的,描述这些物理过程的物理量的时间或空间分布也是连续变化的。但在对一个物理过程或图像进行观测、记录、传送和处理时,由于物理器件的信息容量总是有限的,因而不能用连续的方式进行。例如,使用 CCD 摄像机拍摄连续变化的图像时,每秒钟也只能记录有限幅的图像,而其中每幅图像也是用一些离散分布的数值来表示的,这些数值的点数多少则取决于 CCD 的像素数。

将一个连续变化的物理量用它的一些离散分布的数值来表示,称为抽样(也称为采样或取样),这些抽样值的表达式也是离散的。即一个连续函数可用它在一个离散点集中的函数值,即抽样值来表示。从直观上来看,抽样的间隔越小,离散点序列就越接近原来的连续函数。但是,抽样间隔越小,则抽样序列的量就越大,这对于信号的检测、传送、存储和处理都提出了更高的要求。如何选择一个合理的抽样间隔,以便做到既不丢失信息,又不对检测、处理等过程提出过分的要求,并由这样的抽样值恢复一个连续函数呢?用对物理量进行抽样过程中所得到的抽样值函数(或称为样本函数)来表示原来的物理过程,有多大的准确性?选择什么样的抽样函数对被测函数抽样,才能使抽样值函数更精确地反映被测函数?如何从抽样值函数复原出真实的连续变化的函数来?这些就是抽样定理要讨论的问题。抽样是制作计算全息图的一个重要的必不可少的步骤,抽样定理是计算全息技术中的重要理论基础之一。

### 3.6.1 函数的离散

要对一个连续函数$f(x)$离散化,一种方法就是对它进行等间隔抽样,即连续函数$f(x)$和序列$f_m(m)$之间满足

$$f_m(m) = f_m(x_0 + mL_0) \quad (m = 0, 1, 2, \cdots, M-1)。 \tag{3.6.1}$$

式中:$x_0$为抽样的起始点;$m$为抽样点序号;$L_0$是抽样间隔,即$x = x_0 + mL_0$;$f_m(m)$是离散的抽样值序列,即离散函数。显然,$L_0$越小,抽样序列$f_m(m)$就能越准确地反映原来的连续函数$f(x)$。如果$x_0 = 0$,则有:

$$f_m = f_m(mL_0)。 \tag{3.6.2}$$

所以,离散信号的表示方法,就是用自变量的有限离散值$mL_0$去代替连续变量$x$。如一个连续函数为$f(x) = e^{-ax^2}\cos(2\pi bx)$,它的离散函数则是$f_m(m) = e^{-a(mL_0)^2}\cos[2\pi b(mL_0)]$。离散函数与连续函数是部分与整体的关系,这个部分如何能全面地反映整体,需要用到本节所讲述的抽样定理。

在信息处理中,由于每个点都可以看成一个信号,所以这些离散点就构成信号序列。下面以正弦函数为例进一步说明。连续正弦波函数表达式为:

$$f(x) = A_0 \sin(2\pi\xi_0 x + \varphi_0). \tag{3.6.3}$$

式中：$A_0$，$\xi_0$ 和 $\varphi_0$ 分别为正弦波的振幅、基频和起始相位，这三个常量确定了一个正弦波。

正弦型序列的定义如下：

$$f_s(mL_0) = A_0 \sin(2\pi\xi_0 mL_0 + \varphi_0). \tag{3.6.4}$$

它是如图 3.6.1(b) 所示的离散点列。这里的幅值 $A_0$ 和初相位 $\varphi_0$ 的含义与连续信号相同，但要注意的是，对正弦序列有两个频率：基频 $\xi_0$ 和取样频率 $1/L_0$，由式(3.6.4)可以看出，量 $\xi_0 L_0$ 表示两个相邻样点值的变化量。与连续正弦信号不同，离散正弦信号是否为周期性函数是有条件的。由周期函数的定义可知：

$$A_0 \sin(2\pi\xi_0 mL_0 + \varphi_0) = A_0 \sin(2\pi\xi_0 mL_0 + 2\pi + \varphi_0) = A_0 \sin\left[2\pi\xi_0 L_0\left(m + \frac{1}{\xi_0 L_0}\right) + \varphi_0\right]$$
$$= A_0 \sin[2\pi\xi_0 L_0(m+N) + \varphi_0] = A_0 \sin(2\pi\xi_0 mL_0 + \varphi_0). \tag{3.6.5}$$

由上式可见，离散的正弦函数是否为周期序列，取决于比值 $\frac{1}{\xi_0 L_0}$ 是正整数、有理数还是无理数。如果 $\frac{1}{\xi_0 L_0}$ 是正整数，其周期为 $N = \frac{1}{\xi_0 L_0}$，这是因为它符合式(3.6.1)所给出的定义，是周期序列；如果 $\frac{1}{\xi_0 L_0}$ 不是正整数而是有理数，即 $\frac{1}{\xi_0 L_0} = \frac{N}{m}$，则正弦序列仍为周期序列，其周期为 $N = \frac{m}{\xi_0 L_0}$。如果 $\frac{1}{\xi_0 L_0}$ 为无理数，这时正弦序列就不再是周期序列，但其包络仍为正弦函数。从图 3.6.1 中可以看出，对图 3.6.1(a)，其连续频率 $\xi_0 = \frac{1}{0.02} = 50$ 周/s；对图 3.6.1(b)，量 $\xi_0 L_0 = \frac{1}{N} = \frac{1}{12}$ 周。

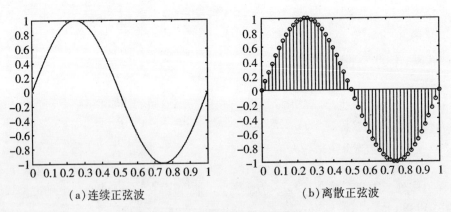

(a) 连续正弦波　　　　　　　　(b) 离散正弦波

图 3.6.1　连续和离散的正弦波

对余弦序列有：

$$f_m(m) = A_0 \cos(2\pi\xi_0 mL_0 + \varphi_0). \tag{3.6.6}$$

其特性与正弦序列相同。

## 3.6.2　一维抽样定理

如果函数 $f(x)$ 的傅里叶变换 $F(\xi)$ 局限于 $|\xi| \leq \xi_H$ 之内，此频率域之外则为 0，即

$$F\{f(x)\} = F(\xi) = \begin{cases} F(\xi) & |\xi| \leq \xi_H \\ 0 & |\xi| > \xi_H \end{cases}, \quad (3.6.7)$$

这种函数称为频带限制(bandlimited)函数,如图 3.6.2 所示。具有式(3.6.7)这种特性的函数,其傅里叶变换定义式(2.1.20)可表示为:

$$f(x) = \int_{-\xi_H}^{\xi_H} F(\xi) e^{i2\pi\xi x} d\xi \, . \quad (3.6.8)$$

在信息光学中,频带限制函数是经常遇到的。如经过一个有限孔径光学系统的光学信号是空间频率受限的,就可以用这种函数描述。

同样,如果函数 $f(x)$ 是平方可积的复值函数,当 $x$ 局限于 $|L| \leq L_H$ 之内,除此之外,其值为 0,即

$$f(x) = \begin{cases} f(x) & |x| \leq L_H \\ 0 & |x| > L_H \end{cases}, \quad (3.6.9)$$

这种函数称为空间限制函数,如图 3.6.3 所示。

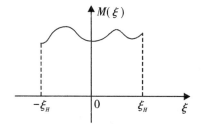
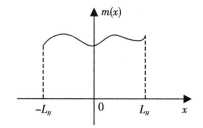

图 3.6.2 频带限制函数　　　　图 3.6.3 空间限制函数

分析函数的抽样过程的基本工具是梳状函数。考察一个频带限制在 $(0, \xi_H)$ 内的连续物理量 $f(x)$。假定将 $f(x)$ 和周期性为 $L_0$ 的 $\delta$ 函数即梳状函数

$$\text{comb}(x/L_0) = L_0 \sum_{m=-\infty}^{\infty} \delta(x - mL_0) \quad (3.6.10)$$

相乘,乘积函数便是均匀间隔为 $L_0$ 的 $\delta$ 函数序列,这些 $\delta$ 函数的强度等于相应坐标上 $f(x)$ 的值,它表示对函数 $f(x)$ 的取样。由梳状函数的乘法性质式(1.5.11),有:

$$f_s(x) = f(x) \text{comb}(x/L_0) \, . \quad (3.6.11)$$

$f_s(x)$ 称为取样函数,上述关系如图 3.6.4(a)、(c)、(e)所示。

假设 $f(x)$ 和 $f_s(x)$ 的频谱分别为 $F(\xi)$ 和 $F_s(\xi)$。对式(3.6.11)用傅里叶变换,由卷积定理[式(2.7.2)]可得:

$$F_s(\xi) = F(\xi) * F\{\text{comb}(x/L_0)\} \, . \quad (3.6.12)$$

由梳状函数的傅里叶变换式(2.1.48),可得:

$$F_s(\xi) = F(\xi) * L_0 \text{comb}(L_0\xi) = F(\xi) * \sum_{m=-\infty}^{\infty} \delta(\xi - m/L_0) \, . \quad (3.6.13)$$

由卷积关系,上式可写成:

$$F_s(\xi) = \sum_{m=-\infty}^{\infty} F(\xi - m/L_0) = \sum_{m=-\infty}^{\infty} F(\xi - m\xi_s) \, . \quad (3.6.14)$$

式中: $\xi_s = 1/L_0$,称为取样频率。式(3.6.14)表明,取样信号 $f_s(x)$ 的频谱 $F_s(\xi)$ 是无穷多个间隔为 $\xi_s$ 的 $F(\xi)$ 相叠加而成。这就意味着 $F_s(\xi)$ 中包含 $F(\xi)$ 的全部信息。那么如何由

$F_s(\xi)$ 恢复原函数 $f(x)$ 呢？这就要需要由抽样定理来回答这个问题。

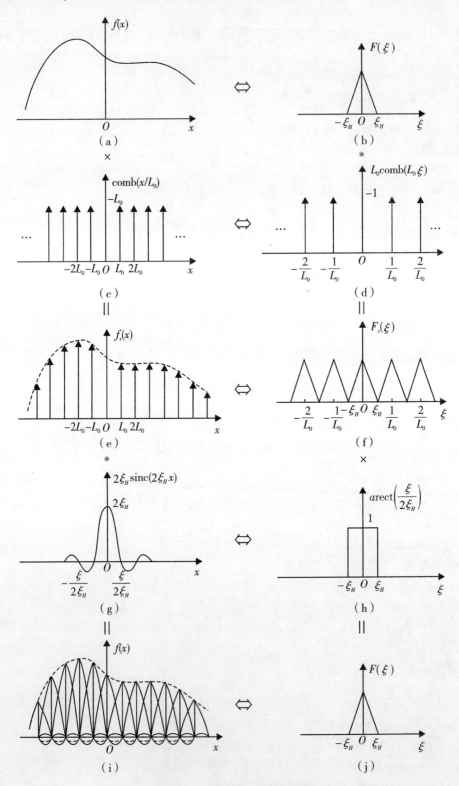

图 3.6.4　抽样定理的图解分析

抽样定理最初由怀特克(Whittaker)提出，后来由著名信息论学者香农(Shannon，1919—2001)应用在信息论的研究中而广为人知。抽样定理适用于带限函数类，所谓带限函数是指这类函数的傅里叶变换只在频率空间的有限区域上不为零。抽样定理告诉我们：如果对某一带宽有限的连续物理量(如模拟信号)进行取样，且取样速率达到一定数值时，那么根据这些取样值就能准确地确定原信号。抽样定理表明：一个频带限制在$(0, \xi_H)$内的连续信号$f(x)$，$\xi_H$为连续信号$f(x)$的最高频率，也称为截止频率。如果以$\frac{1}{2\xi_H}$为间隔对它进行等间隔取样，则$f(x)$将被所得到的取样值完全确定。此定理称为均匀抽样定理，因为它用在均匀间隔$\frac{1}{2\xi_H}$上给定信号的取样值来表征信号。这意味着，若$f(x)$的频谱在某频率$\xi_H$之上为零，则$f(x)$中的全部信息完全包含在其间隔不大于$\frac{1}{2\xi_H}$的均匀取样里。换句话说，在信号最高频率分量的每一个周期内起码应取样两次。在当今的通信和计算机中的信息处理中，往往都不是用连续方式来描述一个函数，而用该函数所在区域内的抽样值的一个序列(阵列)来描述，其基本原因就在于：①任何实际的检测与记录系统都是抽样系统；②任何信息处理系统(如计算机、光学系统等)的信息处理容量都是有限的。但是，只要我们所采用的离散抽样序列值能准确地描述这个连续函数，那么这种方式就是可行的。全息术的发明者伽伯(Gabor)曾说过，任何一个光波前到达孔径上，它包含着低于$\xi$线对/cm 的空间变化时，如果以$\frac{1}{2\xi}$(cm)的间距对该波前的幅度抽样，那么便可以完全确定这个波前。伽伯的这段论述是用光学术语形象地描绘了抽样定理的基本含义。

同样，用图解法也可以说明上述结论的的正确性。由式(3.6.11)可见，取样信号$f_s(x)$的频谱$F_s(\xi)$是$F(\xi)$和一系列周期性$\delta$函数的卷积，图3.6.4(f)所示的$F_s(\xi)$也正是由$f(x)$的频谱$F(\xi)$和梳状函数的频谱卷积所得到的结果。由图3.6.4(f)可见，只要$\xi_s \geq 2\xi_H$，$F(\xi)$就周期性地重复而不重叠。因而$f_s(x)$中包含了$f(x)$的全部信息。

需要注意，若取样间隔$L_0 > \frac{1}{2\xi_H}$，则$F(\xi)$与卷积$\delta$函数在相邻的周期内存在重叠(亦称混叠)，因此不能由$F_s(\xi)$恢复$F(\xi)$。可见，$L_0 = \frac{1}{2\xi_H}$是取样的最大间隔，它被称为奈奎斯特间隔。

下面再来说明如何从已取样信号$f_s(x)$来恢复原基带信号$f(x)$。将抽样频谱函数$F_s(\xi)$作为输入，通过一个低通滤波器(如一个孔屏)插入频率平面内的合适位置上，在这个滤波器的输出端可获得与原物相同的频谱。即只要抽样$F_s(\xi)$函数的频谱不产生混叠，总可以选择一个适当的滤波函数，使$F_s(\xi)$中的$m=0$的项无畸变通过，而滤掉其他各项，这时滤波器的输出就是复原的原函数的频谱函数$F(\xi)$。我们考察以最小所需的频率$(2\xi_H)$，对信号$f(x)$取样，此时有：

$$L_0 = \frac{1}{2\xi_H}, \quad \xi_s = \frac{1}{L_0} = 2\xi_H \text{。} \tag{3.6.15}$$

所以，式(3.6.14)变成：

$$F_s(\xi) = \sum_{m=-\infty}^{\infty} F(\xi - 2m\xi_H) \text{。} \tag{3.6.16}$$

将 $F_s(\xi)$ 通过截止频率为 $\xi_H$ 的低通滤波器，便可得到频谱 $F(\xi)$。选择带宽为 $2\xi_H$ 的矩形函数作为滤波函数：

$$H(\xi) = \text{rect}\left(\frac{\xi}{2\xi_H}\right)。 \quad (3.6.17)$$

此滤波器截止频率为 $\xi_H$，增益为 $L_0 = \frac{1}{2\xi_H}$。显然，低通滤波器的这种作用等于用一门函数，这个函数也可称为传输函数。用式(3.6.17)的门函数 $H(\xi)$ 去乘式(3.6.16)的 $F_s(\xi)$，并由矩形函数的截取性质，可得：

$$F_s(\xi)H(\xi) = \sum_{m=-\infty}^{\infty} F(\xi - m2\xi_H)\text{rect}\left(\frac{\xi}{2\xi_H}\right) = F(\xi - 0 \times 2\xi_H) = F(\xi)。 \quad (3.6.18)$$

这样，使取样信号 $F_s(\xi)$ 通过低通滤波器便得出信号 $F(\xi)$。由式(3.2.55)可知，函数 $H(\xi)$ 也就是传递函数。

为了得到原函数 $f(x)$，对式(3.6.18)作傅里叶逆变换，并由卷积定理，可得：

$$f(x) = f_s(x) * F\{H(\xi)\} = f_s(x) * h(x) = f_s(x) * 2\xi_H \text{sinc}(2\xi_H x)。 \quad (3.6.19)$$

由式(3.6.11)，由 $\delta$ 函数的筛选性质[式(1.4.59)]，可知取样函数序列值为：

$$f_s(x) = f(x)\text{comb}(x/L_0) = f(x)L_0\sum_{m=-\infty}^{\infty}\delta(x-mL_0) = L_0\sum_{m=-\infty}^{\infty}f(mL_0)\delta(x-mL_0)。$$
$$(3.6.20)$$

式中：$f(mL_0)$ 是 $f(x)$ 的第 $m$ 个取样函数。将式(3.6.20)代入式(3.6.19)，并由 $L_0 = \frac{1}{2\xi_H}$ 和 $\delta$ 函数的卷积性质，有：

$$f(x) = \sum_{m=-\infty}^{\infty} f(mL_0)\delta(x-mL_0) * \text{sinc}(2\xi_H x) = \sum_{m=-\infty}^{\infty} f(mL_0)\delta(x-mL_0) * \text{sinc}(x/L_0)$$

$$= \sum_{m=-\infty}^{\infty} f(mL_0)\text{sinc}\left(\frac{x-mL_0}{L_0}\right) = \sum_{m=-\infty}^{\infty} f(mL_0)\text{sinc}(2\xi_H x - m)$$

$$= \sum_{m=-\infty}^{\infty} f(mL_0)\text{sinc}\left[2\xi_H\left(x-\frac{m}{2\xi_H}\right)\right] = \sum_{m=-\infty}^{\infty} f(mL_0)\frac{\sin[\pi(x-mL_0)/L_0]}{\pi(x-mL_0)/L_0}。 \quad (3.6.21)$$

式(3.6.21)也称为内插公式，这时 sinc 函数也被称为取样函数。此式表示，当取样速率不低于奈奎特速率时，低通信号 $f(x)$ 可以由其所有的取样值 $f(mL_0)$ 重建，即每个样值乘以取样函数的合成波形即为原信号 $f(x)$，如图3.6.4(g)所示。

下面以正弦波函数为例，来说明抽样定理。式(3.6.3)和式(3.6.4)分别为连续正弦波和离散正弦波的表达式，由离散点列 $f_s(mL_0)$ 能否恢复出正弦波 $f(x)$，要看由 $f_s(mL_0)$ 能否唯一地确定 $A_0$，$\xi_0$ 和 $\varphi_0$ 三个常量。显然这与在该正弦波的一个周期 $1/\xi_0$ 范围内抽样点数的多少有关。那么，抽样间隔与正弦波的周期或频率 $\xi$ 应满足什么关系才能正确地抽样？根据抽样定理，若 $L_0 < \frac{1}{2\xi_0}$ 或 $\xi_0 < \frac{1}{2L_0}$，则由 $f_s(mL_0)$ 可以唯一地确定正弦波 $f(x)$；若 $L_0 \geq \frac{1}{2\xi_0}$ 或 $\xi_0 \geq \frac{1}{2L_0}$，则由 $f_s(mL_0)$ 不能唯一地得到正弦波 $f(x)$，即由 $f_s(mL_0)$ 可以恢复出两个以上的正弦波。下面分三种情况加以说明。

(1) 抽样间隔 $L_0 = \dfrac{1}{2\xi_0}$ 时，将其代入式(3.6.4)，得到离散的信号为：

$$f_s(mL_0) = A_0 \sin(m\pi + \varphi_0) = (-1)^m A_0 \sin\varphi_0 \text{。} \tag{3.6.22}$$

它是正负交替、绝对值相等的离散点列。由该离散信号恢复正弦波不是唯一的：当 $m=0$ 时，$f_s(0) = A_0 \sin\varphi_0$；也可以取另一组 $A_{01}$ 和 $\varphi_{01}$，使 $A_{01}\sin\varphi_{01} = f_s(0)$，如图 3.6.5 所示。这就说明由离散值 $f_s(0)$ 可以恢复出另一个频率为 $\xi_{01}$、振幅为 $A_{01}$ 和相位为 $\varphi_{01}$ 的正弦波：

$$f_s(x) = A_{01}\sin(2\pi\xi_{01}x + \varphi_{01}) \text{。} \tag{3.6.23}$$

该正弦波的离散函数与式(3.6.4)的离散函数完全相同，即

$$\begin{aligned} f_{s1}(mL_{01}) &= A_{01}\sin\left(2\pi m\xi_{01}\dfrac{1}{2\xi_{01}} + \varphi_{01}\right) = A_{01}\sin(m\pi + \varphi_{01}) \\ &= (-1)^m A_{01}\sin\varphi_{01} = (-1)^m A_0 \sin\varphi_0 = f_s(mL_0) \text{。} \end{aligned} \tag{3.6.24}$$

由此可见，当 $L_0 = \dfrac{1}{2\xi_0}$ 时，由 $f_s(mL_0)$ 不能唯一地恢复正弦函数。

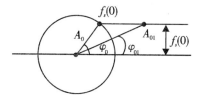

图 3.6.5　同一个 $f_s(0)$，而 $A_{01}$，$\varphi_{01}$ 和 $A_0$，$\varphi_0$ 不同

(2) 抽样间隔 $L_0 > \dfrac{1}{2\xi_0}$ 时，同样可以找到大于 $\dfrac{1}{2L_0}$ 的某个频率 $\xi_{01}$，如 $\xi_{01} + \dfrac{m_1}{L_0}$（$m_1$ 是大于零的整数）的正弦波 $f_{s1}(x) = A_0\sin(2\pi\xi_{01} + \varphi_0)$，使其离散信号 $f_{s1}(mL_0)$ 和 $f_s(mL_0)$ 相同。这是因为

$$\begin{aligned} f_{s1}(mL_0) &= A_0\sin(2\pi\xi_{01}mL_0 + \varphi_0) = A_0\sin\left[2\pi\left(\xi_0 + \dfrac{m_1}{L_0}\right)mL_0 + \varphi_0\right] \\ &= A_0\sin(2\pi\xi_0 mL_0 + 2\pi m m_1 + \varphi_0) = A_0\sin(2\pi\xi_0 mL_0 + \varphi_0) = f_s(mL_0) \text{。} \end{aligned} \tag{3.6.25}$$

上式说明，另一个不同的正弦波 $f_{s1}(x)$ 和 $f_s(x)$ 有相同的离散函数。当然，也可以找到小于或等于 $\dfrac{1}{2L_0}$ 的某个频率 $\xi_{01}$ 的正弦波，使其和 $f_s(x)$ 有相同的离散函数。不过在这种情况下，只要能找出一个不同于 $f_s(x)$ 的正弦波就说明了问题。所以当 $L_0 > \dfrac{1}{2\xi_0}$ 时，由离散信号 $f_s(mL_{01})$ 不能唯一地确定正弦波。

(3) 抽样间隔 $L_0 < \dfrac{1}{2\xi_0}$ 时，由离散信号 $f_s(mL_0)$ 可以唯一地确定正弦波 $f_s(x)$。任取离散信号 $f_s(mL_0)$ 三个点上的值可计算出参量 $A_0$，$\xi_0$，$\varphi_0$。例如，取 $m=0$ 和 $\pm 1$ 三个点上的离散值：$f_s(-L_0)$，$f_s(0) \neq 0$，$f_s(L_0)$，且 $0 < 2\pi\xi_0 L_0 < \pi$。由式(3.6.4)，有：

$$f_s(mL_0) = A_0\sin(2\pi\xi_0 mL_0 + \varphi_0) = A_0\sin(2\pi\xi_0 mL_0)\cos\varphi_0 + A_0\cos(2\pi\xi_0 mL_0)\sin\varphi_0 \text{。} \tag{3.6.26}$$

当 $m=0$ 时，$f_s(0) = A_0\sin\varphi_0$，代入上式，得：

$$f_s(mL_0) = A_0 \sin(2\pi\xi_0 mL_0)\cos\varphi_0 + f_s(0)\cos(2\pi\xi_0 mL_0)。 \quad (3.6.27)$$

再以 $m = \pm 1$ 代入上式,分别求出 $f_s(-L_0)$,$f_s(0)$ 和 $f_s(L_0)$,在

$$f_s(-L_0) + f_s(L_0) = 2f_s(0)\cos(2\pi\xi_0 mL_0)$$

中,只有 $\xi_0$ 是待求的参量,因而 $\xi_0$ 也就被唯一地确定了。再由 $f_s(0) = A_0\sin\varphi_0$ 和 $f_s(L_0) - f_s(-L_0) = 2A_0\cos\varphi_0\sin(2\pi\xi_0 mL_0)$ 两式联立,求出参量 $A_0$ 和 $\varphi_0$。这样一来,$A_0$,$\xi_0$,$\varphi_0$ 就被 $f_s(L_0) - f_s(-L_0) = 2f_s(0)\cos(2\pi\xi_0 mL_0)$ 三个离散值唯一确定。这时由 $f_s(mL_0)$ 恢复出的正弦波只能是 $f_s(x)$。

当 $f_s(0) = 0$ 时,$\varphi_0 = 0$ 或 $\pi$。由 $f_s(\Delta)$ 的正负可以确定 $\varphi_0$ 是 0 还是 $\pi$,再由 $f_s(2L_0)$ 和 $f_s(L_0)$ 求出 $\xi_0$ 和 $A_0$。这样一来,三个参量 $\xi_0$,$A_0$,$\varphi_0$ 就被三个离散值 $f_s(0)$,$f_s(L_0)$,$f_s(2L_0)$ 唯一确定。

由此可见,要对正弦波正确地抽样,抽样间隔 $L_0$ 必须小于该正弦波的半周期,或抽样频率 $\xi_0(=1/L_0)$ 大于该正弦波的两倍频率,即 $2\xi_0$。这正是抽样定理所要求的。

下面以对取样函数 sinc 的取样与重构过程为例加以说明。由式(1.2.1)取样函数 $f(x) = \text{sinc}(x/\pi) = \dfrac{\sin x}{x}$,其傅里叶变换为:$F(\xi) = \begin{cases} \pi & |\xi| < 1 \\ 0 & |\xi| > 1 \end{cases}$,即带宽 $\xi_H = 1$,是一个带宽有限的信号。为了不失真地重构 $f(x)$,由抽样定理可知,取样间隔 $L_s$ 应满足 $L_s < \dfrac{\pi}{\xi_H} = \pi$,临界取样间隔为 $\dfrac{\pi}{\xi_H} = \pi$。当取样间隔 $0 < L_s < \pi$ 时,为过取样;当 $L_s = \pi$ 时,为临界取样;当 $L_s > \pi$ 时,为欠取样。图3.6.5显示了这三种取样情况的结果。图3.6.5(a)和(b)分别是 $L_s = 0.5\pi$ 和 $L_s = \pi$ 时的情形,这时取样周期满足抽样定理,从图中可以看出,重构信号与原信号的误差较小。图3.6.6(c)是 $L_s = 2\pi$ 时的情形,从图中可以看出,在欠取样的状态下,由抽样信号恢复出的重构信号与原信号有较大的误差。这说明不符合奈奎斯特抽样定理的取样信号是不能够有效恢复原信号的。

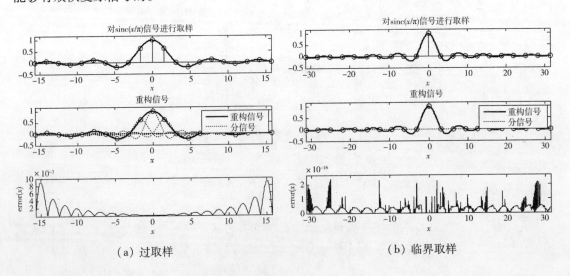

(a) 过取样　　　　　　　　　　　(b) 临界取样

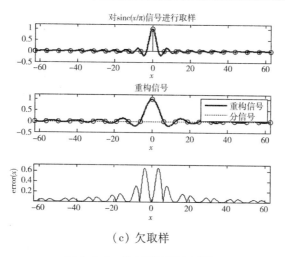

(c) 欠取样

图 3.6.6　信号的取样与重构

## 3.6.3　二维抽样定理

从上述可知，抽样过程是通过原函数与一个抽样函数相乘来实现的。显然，对于如图像函数 $f(x, y)$ 这类二维函数来说，需要用它在 $x$-$y$ 平面内的一个分立点集上的抽样值阵列来表示。因此，比较理想的是采用二维梳状函数作为抽样函数。从直观上看很清楚，如果这些抽样点间隔取得相当小时，那么可以说抽样数据就很接近原图像函数的精确表示。

用二维梳状函数对二维连续函数 $f(x, y)$ 抽样，则抽样函数 $f_s(x, y)$ 由 $\delta$ 函数的阵列构成，即

$$f_s(x, y) = f(x, y)\operatorname{comb}\left(\frac{x}{L_{0x}}, \frac{y}{L_{0y}}\right). \tag{3.6.28}$$

其中，各个 $\delta$ 函数之间的相互间隔在 $x$ 方向上的宽度为 $L_{0x}$，在 $y$ 方向上的宽度为 $L_{0y}$。利用卷积定理，抽样函数 $m_s(x, y)$ 的谱频为：

$$\begin{aligned}F_s(\xi, \eta) &= F(\xi, \eta) * F\left\{\operatorname{comb}\left(\frac{x}{L_x}, \frac{y}{L_y}\right)\right\} = F(\xi, \eta) * L_{0x}L_{0y}\operatorname{comb}(L_{0x}\xi, L_{0y}\eta)\\&= F(\xi, \eta) * \sum_{m=-\infty}^{\infty}\sum_{n=-\infty}^{\infty}\delta\left(\xi - \frac{m}{L_{0x}}, \eta - \frac{n}{L_y}\right) = \sum_{m=-\infty}^{\infty}\sum_{n=-\infty}^{\infty}M\left(\xi - \frac{m}{L_{0x}}, \eta - \frac{n}{L_{0y}}\right).\end{aligned} \tag{3.6.29}$$

上式表明，函数在空间域被抽样，导致函数频谱 $F_s(\xi, \eta)$ 在空间频域的周期性重复，即抽样值函数的频谱由频率平面上无限重复的原函数的频谱所构成，形成排列有序的"频谱岛"，被重复的"频谱岛"中心的间距分别为 $1/L_{0x}$，$1/L_{0y}$，如图 3.6.7 所示。

但是，从图 3.6.7(b) 可以看出，要能从抽样值函数的周期性重复的频谱中恢复原函数的频谱，必须使各重复的频谱彼此分得开，为此，原函数的频谱宽度应是有限的。假定 $f(x, y)$ 是有限带宽函数(bandlimited function)，其频谱在空间频域的一个宽度为 $2\xi_H$ 和 $2\eta_H$ 的有限区域上不为零，即满足：

$$F\{f(x, y)\} = \begin{cases}F(\xi, \eta) & -\xi_H \leq \xi \leq \xi_H, \ -\eta_H \leq \eta \leq \eta_H\\0 & \text{其他}\end{cases} \tag{3.6.30}$$

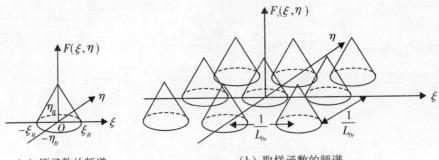

(a) 原函数的频谱　　　　(b) 取样函数的频谱

图 3.6.7　原函数及取样函数的频谱

则只要 $\frac{1}{L_{0x}} \geq 2\xi_H$, $\frac{1}{L_{0y}} \geq 2\eta_H$, 或者抽样间隔

$$L_{0x} \leq \frac{1}{2\xi_H}, \qquad L_{0y} \leq \frac{1}{2\eta_H}, \tag{3.6.31}$$

则 $F_s(\xi, \eta)$ 的各个"频谱岛"就不会出现混叠现象,这样就可能用滤波的方法从 $F_s(\xi, \eta)$ 中分离出原函数的频谱 $F(\xi, \eta)$,再由 $F(\xi, \eta)$ 恢复出原函数 $f(x, y)$。图 3.6.7(a) 表示某二维带限函数的频谱分布。

由式(3.6.29)可知,抽样值函数的"频谱岛"的区域可由频率平面上的每个点 $(m/L_{0x}, n/L_{0y})$ 周期性划出的不为零的有限区域而得到。因此,如果抽样点间隔 $L_{0x}$, $L_{0y}$ 足够小,则各个"频谱岛"区域的间隔 $(1/L_{0x}, 1/L_{0y})$ 就会足够大,就能保证相邻的区域不会重叠。

为了确定各抽样点之间的最大容许间隔,按公式(3.6.30),令 $2\xi_H$, $2\eta_H$ 分别表示正好围住有限区域的最小矩形的频带宽度,并且为了简单起见,设该矩形中心位于坐标原点(即 $m = n = 0$)。由于抽样值函数的频谱沿 $(\xi, \eta)$ 方向周期性重复的间隔为 $1/L_{0x}$ 和 $1/L_{0y}$,所以,如果

$$2\xi_H = \frac{1}{L_{0x}}, \qquad 2\eta_H = \frac{1}{L_{0y}}, \tag{3.6.32}$$

就可保证各"频谱岛"之间不重叠。即抽样点阵的最大容许间隔应为:

$$L_{0x} = \frac{1}{2\xi_H}, \qquad L_{0y} = \frac{1}{2\eta_H}。\tag{3.6.33}$$

上式是二维函数抽样的奈奎斯特判据(Nyquits criterion)。满足此条件的抽样间隔称为临界抽样间隔(critical sampling interval)。与之对应,当

$$L_{0x} < \frac{1}{2\xi_H}, \qquad L_{0y} < \frac{1}{2\eta_H} \tag{3.6.34}$$

时,为过抽样,这将对探测器件提出过高的要求;当

$$L_{0x} > \frac{1}{2\xi_H}, \qquad L_{0y} > \frac{1}{2\eta_H} \tag{3.6.35}$$

时,为欠抽样,这时"频谱岛"之间将有部分重叠。

在确定了临界抽样间隔之后,剩下的问题就是选择具体的滤波器及其传递函数。滤波器的选择有很大余地,只要能使式(3.6.30)成立。不论其有限区域的形状是什么,都存在一个传递函数,使得只让 $F_s(\xi, \eta)$ 中的 $m = n = 0$ 项通过,而同时阻挡其他各项。例如,可以

选择二维矩形函数作为低通滤波器,其传递函数或门函数为:

$$H(\xi, \eta) = \text{rect}\left(\frac{\xi}{2\xi_H}, \frac{\eta}{2\eta_H}\right) = \begin{cases} 1 & \left|\frac{\xi}{2\xi_H}\right| \leq \frac{1}{2}, \left|\frac{\xi}{2\eta_H}\right| \leq \frac{1}{2} \\ 0 & \text{其他} \end{cases} \tag{3.6.36}$$

其傅里叶变换式为:

$$h(x, y) = F^{-1}\{H(\xi, \eta)\} = 4\xi_H \eta_H \text{sinc}(2\xi_H x, 2\eta_H y)。 \tag{3.6.37}$$

上述滤波器将从 $F_s(\xi, \eta)$ 中绝对准确地复原出 $F(\xi, \eta)$,即

$$F_s(\xi, \eta) \text{rect}\left(\frac{\xi}{2\xi_H}, \frac{\eta}{2\eta_H}\right) = F(\xi, \eta)。 \tag{3.6.38}$$

根据卷积定理,上式在空域中的表达式为:

$$F^{-1}\left\{F_s(\xi, \eta) \text{rect}\left(\frac{\xi}{2\xi_H}, \frac{\eta}{2\eta_H}\right)\right\} = f(x, y),$$

亦即

$$f(x, y) = 4\xi_H \eta_H L_{0x} L_{0y} \sum_{m=-\infty}^{\infty} \sum_{n=-\infty}^{\infty} f(mL_{0x}, nL_{0y}) \text{sinc}[2\xi_H(x - mL_{0x}), 2\eta_H(y - nL_{0y})]。$$

$$\tag{3.6.39}$$

再将奈奎斯特判据式(3.6.33)代入上式,最后可得:

$$f(x, y) = \sum_{m=-\infty}^{\infty} \sum_{n=-\infty}^{\infty} f\left(\frac{m}{2\xi_H}, \frac{m}{2\eta_H}\right) \text{sinc}[2\xi_H(x - m/2\xi_H), 2\eta_H(y - n/2\eta_H)]。$$

$$\tag{3.6.40}$$

上式为二维函数的怀特克—香农抽样定理(Whittaker-Shannon Sampling Theorem)。它是一个插值公式,即用抽样点的函数值去计算在抽样点之间所不知道的非抽样点的函数值。这个定理的重要意义在于,它表明在一定条件下,由插值准确恢复一个带限函数是可以实现的。办法是在每一抽样点上放置一个以抽样值为权重的 sinc 函数作为内插函数,并将它们线性组合起来,就得到了这种复原。

上述结果不是唯一可能的抽样定理。因为在讨论中作了两个相当任意的选择:①使用了方形的抽样格点,即等间距抽样;②滤波器(传递函数)选择了矩形函数。如果在这两点上作其他形式的选择,同样能准备地重建原函数形式的抽样,但在数学形式上将会导出别种形式的抽样函数。例如,交错抽样,或带限函数的定义域选为圆形。

严格说来,带限函数在物理上是不存在的。任何在空域中分布在有限范围内的信号(函数),其频谱在频域的分布都是无限的;但随着频率的提高,这些函数的频谱到一定程度后总会大大减小。实际上,由于观察仪器(包括人眼)的通频带总是有限的,即使某函数的频带很宽,观察仪器也感知不到其高频部分,因此实际应用时,可以把它们近似看作带限函数,而忽略高频分量所引起的误差。

### 3.6.4 空间—带宽积

应当指出。如果带限函数 $f(x)$ 在空间上也受到限制(空间区域 $X$),则在区域 $X$ 内可获得 $2\xi_H X$ 个抽样点,即 $f(L_0), f(2L_0), \cdots, f(X)$,共 $2\xi_H X$ 个抽样值。可见,频率限于 $2\xi_H$,空间限于 $X$ 的任何连续函数完全可以由 $2\xi_H X$ 个抽样值共 $2 \cdot (2\xi_H X)$ 个实数来描述。乘积

$2\xi_H X$ 通常称为空间—带积宽。香农最早在他的抽样理论中使用了自由度这个词,多少个抽样点也即多少个自由度,因而人们又称它们为"香农数"。对于空间域内的带限函数的抽样点数称为空间自由数,对于时间域内带限函数的抽样点数就称为时间自由度。

必须注意,任何一个空间函数,如果其空间分布严格限制在 $X$ 区域内,由傅里叶变换理论可知,从理论上讲它的频谱将是无限广延的。反之,若一个函数的频谱严格限制在 $2\xi_H$ 内,则在空间上必然要伸展到无穷远,即函数 $f(x)$ 和它的傅里叶频谱 $F(\xi)$ 不可能二者同时都局限在有限的区域内。不过,可以认为在规定的区域之外,它们的值很小,即

$$F(\xi) \approx 0 \quad (|\xi| \geq \xi_H) \quad \text{或} \quad f(x) \approx 0 \quad (|x| \geq X) \tag{3.6.41}$$

时,上述结论依然有效。伽伯指出,在这些条件下,能处处适当地确定一个函数,$2\xi_H X$ 个独立的函数的抽样值就足够了。因此,若频率和空间都受到限制,在式(3.6.41)的条件下并不会引起函数的严重失真。

用计算机分析和处理一个光场的二维分布时,仍然要依据抽样理论,即必须用一个离散点集的值来描述连续分布的函数。如在对图像抽样时,若抽样过密会导致过大的计算量和存储量,并给成图带来困难;若抽样过疏又无法保证足够的精度。因此,能否选择合理的抽样间隔,以便既做到不丢失信息,又不会对计算和成图设备提出过分的要求,同时又能由一个光波场的二维抽样值恢复一个连续的二维光场分布。从前面可知,光信息的计算需要考虑到两个问题:一是物函数经过抽样后的抽样函数作为系统的输入时,抽样间隔应满足抽样定理的要求,以避免出现频谱的混叠;二是恢复原函数时应该选择合适的空间滤波器,这样才能恢复所需要的波前。在进行光信息的计算时,空间信号(如二维图像)的信息容量可以用空间—带宽积来描述。

任何光学系统都具有有限大小的孔径光阑。因此光学系统都只有有限大小的通频带,超过极限频率的衍射将被孔径光阑挡住,不能参与成像,原则上说光学系统是一个低通滤波器。通常要求光学系统的通带有足够的宽度,以容纳更多的信息,从而获得质量较好的像。从信息传递的角度讲,通频带是越宽越好。此外,通过一个光学系统,一般来说我们只能看到外部空间的一部分,若物体相当大,则不可能看到它的全部。对目视光学而言,有一个视场光阑,视场越大,能够观察到的物体空间就越大,这意味着进入光学系统的信息量也就越大。光学图像在光学仪器中的传递受到两方面的限制:一是孔径光阑挡掉了超过截止频率的高频信息;二是视场光阑限制了视场以外的物空间。因此,可以定义通过光学信道的信息量为:

$$\text{信息量} = \text{频带宽度} \times \text{空间宽度}。 \tag{3.6.42}$$

上面等式的右边就称为空间—带宽积(space-bandwidth product),用 $SW$ 表示。空间—带宽积是空间信号 $f(x,y)$ 在空间域和频谱域中所占的空间量度,其一般表达式为:

$$SW = \iint \mathrm{d}x\mathrm{d}y \iint \mathrm{d}\xi \mathrm{d}\eta。 \tag{3.6.43}$$

空间—带宽积是通过光学信道的信息量的量度。显然,一个光学系统的 $SW$ 越大,意味着通过这个光学系统获得的信息量也越大。

若带限函数 $f(x,y)$ 在频域中的区间 $|\xi| \leq \xi_H$,$|\eta| \leq \eta_H$ 以外恒等于零,那么这个函数在空域 $|x| \leq L'_{0x}$,$|y| \leq L'_{0y}$ 上的那部分可以用多少个实数值来确定呢?根据奈奎斯特判据和抽样定理,要在空域中恢复该函数,则沿 $x$,$y$ 两个方向上的抽样点数分别为:

$$\frac{2L'_{0x}}{L_{0x}} = \frac{2L'_{0x}}{1/(2\xi_H)} = 4L'_{0x}\xi_H, \quad \frac{2L'_{0y}}{L_{0y}} = \frac{2L'_{0y}}{1/(2\eta_H)} = 4L'_{0y}\eta_H。 \tag{3.6.44}$$

在整个这部分空域中的抽样点至少为：

$$(4L'_{0x}L'_{0y})(4\xi_H\eta_H) = 16L'_{0x}L'_{0y}\xi_H\eta_H。 \quad (3.6.45)$$

式中：$4L'_{0x}L'_{0y}$ 表示函数在空域中覆盖的面积；$4\xi_H\eta_H$ 表示函数在频域中覆盖的面积。函数在该区间可由数目为 $16L'_{0x}L'_{0y}\xi_H\eta_H$ 个抽样值来近似表示。当 $f(x,y)$ 是复函数时，每一个抽样值都是复数，它应由两个实数值确定。所以，这时的 $16L'_{0x}L'_{0y}\xi_H\eta_H$ 个复数抽样值应由 $32L'_{0x}L'_{0y}\xi_H\eta_H$ 个实数值确定。根据抽样定理，$x-y$ 平面上任一非抽样点处的准确的函数值，应等于整个空域所有抽样点上内插的 sinc 函数在该点的贡献之和。但由于 sinc 函数衰减很快，离该点足够远位置上的 sinc 函数对其贡献趋于 0，因而在一定精度范围内，只需要该点周围有限数目的抽样值，就可近似确定这一点的函数值。这样，空间—带宽积 $SW$ 为函数在空域和频域所占面积的乘积，即有：

$$SW = 16L'_{0x}L'_{0y}\xi_H\eta_H。 \quad (3.6.46)$$

空间—带宽积是评价系统性能的重要参数，它不仅用于描述空间信号的信息容量，也可以用来描述成像系统、信息处理系统的信息传递和处理能力。例如，成像系统的空间—带宽积就等效于有效视场和系统截止频率所确定的通带面积的乘积。又如，当物体尺寸较大时，用显微镜只能看到被观察物的一部分，显微镜中有效光阑限制了最高能传输的信号空间频率，因而这一成像系统的空间—带宽积就等于有效视场和由系统截止频率所确定的通带面积的乘积。当信号经过传递或处理时，只有系统的 $SW$ 大于信号的 $SW$ 才不会损失信息。当然，系统的 $SW$ 越大，传递信息的能力就越大，但设计和制造就越困难。

对于一个二维函数，如二维分布的图像，$SW$ 用来描述信息的容量，它决定了可分辨像元的数目，这个数目也称为图像的自由度或自由参数 $N$。当 $f(x,y)$ 为实函数时，每个抽样值为一个实数，则自由度为：

$$N = SW = 16L'_{0x}L'_{0y}\xi_H\eta_H； \quad (3.6.47)$$

当 $f(x,y)$ 为复函数时，每个抽样值为一个复数，它要由两个实数表示，这里信号的独立参数的总数增大 1 倍，故其自由度为：

$$N = SW = 32L'_{0x}L'_{0y}\xi_H\eta_H。 \quad (3.6.48)$$

图 3.6.8 所示为一维情况下的空间—带宽积的示意图。从图中可以看出，$SW$ 是一个不变量，当函数（图像）在空间位移或产生频移时，随空间大小变化，带宽依反比关系变化，则 $SW$ 仍具有不变性。当图像发生空间位移、缩放，受到调制或变换等操作时，为了不丢失信息，应使空间—带宽积保持不变。

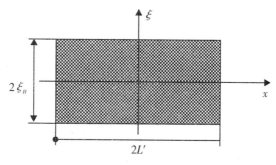

图 3.6.8　一维空间—带宽积

例如，应用空间—带宽积的概念，可以很方便地确定制作全息图时所需的抽样点数。如图像的空间尺寸是 40 nm × 40 nm，最高空间频率 $\xi_H = 10(1/\text{mm})$，$\eta_H = 10(1/\text{mm})$，则该图像的 $SW = 40 \times 40 \times 20 \times 20 = 800^2$，对这样的图像制作计算全息图时，其抽样点总数也是 $800^2$。在用普通的方法，如微型计算机和绘图仪制作计算全息图时，能够达到的空间—带宽积是很有限的，如在早期，常常取 $SW = 64 \times 64 = 4096$，或 $SW = 128 \times 128 = 16384$。对于一般的图像，这个数值比按抽样定理规定的抽样点数少很多，这主要是由于受到计算机存储量、运算速度及绘图仪分辨率的限制，从而不同程度地引入了混叠误差。只用采用高速、大容量计算机和电子束、激光束、激光扫描仪等高分辨成图设备，才有可能制出高质量的计算全息图。

### 3.6.5 线性光学系统的分辨率

让我们来考虑一个具有低通滤波性能的系统的分辨率，即输入平面能被系统分辨开来的两个最小间距（最小分辨长度）的倒数。

由抽样定理可知，对任意输入信号 $f(x,y)$ 来讲，由于系统频率响应特性的限制，其效果都是带限的（不论信号是否具有带限特性），因此，可以用抽样函数 $f_s(x,y)$ 来代替它。尽管 $f_s(x,y)$ 是离散的点阵，但只要抽样点充分稠密，即条件

$$L_{0x} \leq \frac{1}{2\xi_H}, \quad L_{0y} \leq \frac{1}{2\eta_H} \tag{3.6.49}$$

满足时，对于系统输出端而言，$f$ 和 $f_s$ 等价，在输出端并不能觉察出 $f_s$ 的周期结构，或者说 $f_s$ 包含的脉冲是不可分辨的。

反之，当条件(3.6.49)不满足时，$f$ 和 $f_s$ 输出端不再等价，从而在输出端就能觉察出 $f$ 和 $f_s$ 的周期结构，或者讲 $f_s$ 中两个相邻脉冲能够被系统分辨出来。这样一样，系统的最小分辨长度 $\delta_x$，$\delta_y$ 应当与式(3.6.46)表示的 $L'_{0x}$，$L'_{0y}$ 同数量级，从而与带宽成反比：

$$\delta_x \propto 1/\xi_H, \quad \delta_y \leq 1/\eta_H。 \tag{3.6.50}$$

最小分辨长度与空间—带宽积的关系为：

$$\delta_x \delta_y \propto L'_{0x} L'_{0y}/SW。 \tag{3.6.51}$$

可见，在给定输入端面的尺寸 $L'_{0x} L'_{0y}$ 后，$SW$ 越大，最小分辨长度就越小，系统的分辨率就越高，测量过程的失真越小。

# 习 题 3

3.1 下列表征系统的算符哪些是线性的，哪些又是线性空间不变的？

(1) $L\{f(x)\} = \frac{1}{2}\int_{-\infty}^{x} f(\alpha)\text{d}\alpha$；

(2) $L\{f(x)\} = af^2(x) + b(f)$，其中，$a$，$b$ 是任意常数；

(3) $L\{f(x)\} = \left(a\dfrac{\text{d}^2}{\text{d}x^2} + b\dfrac{\text{d}^2}{\text{d}x^2} + c\right) f(x)$，其中，$a$，$b$，$c$ 是任意常数。

3.2 简述什么是系统？什么是线性系统？什么是线性空不变系统？如何在空间域和空

间频率域描述一个线性空不变系统的输出—输入关系？

3.3 利用照相机快门的关和开，对入射光波 $U_o(x)$ 进行调制，若把这种装置作为一个系统看待，其输出可以用 $U_i(x) = U_o(x)\Pi(x)$ 描述，其中 $\Pi(x)$ 为周期性矩形方波。试问这个系统是线性系统吗？它是线性空不变系统吗？

3.4 设在一线性系统上加一个正弦输入：$g(x, y) = \cos[2\pi(\xi x + \eta y)]$。在什么充分条件下，输出是一个空间频率与输入相同的实数值正弦函数？用系统适当的特征表示出输出的振幅和相位。

3.5 证明零阶贝塞尔函数 $2J_0(2\pi\rho_0 r)$ 是任何具有圆对称脉冲响应的线性不变系统的本征函数。它对应的本征值是什么？

3.6 傅里叶系统算符可以看成函数到其他变换式的变换，因此它满足本章所提出的关于系统的定义。试问：

(1) 这个系统是线性的吗？

(2) 你能否具体给出一个表征这个系统的传递函数？如果能够，它是什么？如果不能，为什么不能？

3.7 定义：
$$S_{xy} = \left|\frac{1}{f(0, 0)}\iint_{-\infty}^{\infty} f(x, y) \mathrm{d}x \mathrm{d}y\right|, \quad S_{\xi\eta} = \left|\frac{1}{F(0, 0)}\iint_{-\infty}^{\infty} F(\xi, \eta) \mathrm{d}\xi \mathrm{d}\eta\right|$$

分别为原函数 $f(x, y)$ 及其频谱函数 $F(\xi, \eta)$ 的"等效面积"和"等效带宽"，试证明 $S_{xy} \cdot S_{\xi\eta} = 1$。这个关系式表明函数的"等效面积"和"等效带宽"成反比，称为傅里叶变换反比定理，亦称面积计算定理。

3.8 已知线性不变系统的输入为：$f(x) = \mathrm{comb}(x)$。系统的传递函数为 $\mathrm{rect}(\xi/b)$。当 $b = 1$ 和 $b = 3$ 时，求系统的输出 $g(x)$，并画出函数及其频谱。

3.9 若系统是由一个算符
$$L\{f(x)\} = \left.\int_{-\infty}^{x} f(\alpha)\mathrm{e}^{-\mathrm{i}2\pi\xi\alpha}\mathrm{d}\alpha\right|_{\xi = x/a} = F(x/a)$$
所表征的频谱分析系统。其中 $F(\xi)$ 是 $f(x)$ 的傅里叶变换，而常数 $a$ 具有 $x^2$ 的单位。换言之，输入映射成其傅里叶频谱的定标变形。

(1) 该系统是线性的吗？是空间不变的吗？

(2) 分别对函数 $f_1(x) = \mathrm{rect}(x)$，$f_2(x) = 2\mathrm{rect}(x)$ 和 $f_3(x) = \mathrm{rect}(x - 2)$ 计算输出并作图。

3.10 对一个满足空间不变性的相干光学成像系统，其系统相干点扩散函数为：$h(x) = 7\mathrm{sinc}(7x)$。求该系统相干传递函数 $H(\xi)$，并用频率域方法对下列的每一个输入 $f(x)$，求出系统输出函数 $g(x)$（必要时，可取合理近似）：

(1) $f_1(x) = \cos 4\pi x$；  (2) $f_2(x) = \cos(4\pi x)\mathrm{rect}(x/75)$；

(3) $f_3(x) = [1 + \cos(8\pi x)]\mathrm{rect}(x/75)$；  (4) $f_4(x) = \mathrm{comb}(x) * \mathrm{rect}(2x)$。

3.11 给定正实常数 $\xi_0$ 和实常数 $a$ 和 $b$，求证：

(1) 若 $|b| < \dfrac{1}{2\xi_0}$，则 $\dfrac{1}{|b|}\mathrm{sinc}(x/b) * \cos(2\pi\xi_0 x) = \cos(2\pi\xi_0 x)$；

(2) 若 $|b| > \dfrac{1}{2\xi_0}$，则 $\dfrac{1}{|b|}\mathrm{sinc}(x/b) * \cos(2\pi\xi_0 x) = 0$；

(3) 若 $|b| < |a|$，则 $\operatorname{sinc}(x/b) * \operatorname{sinc}(x/a) = |b|\operatorname{sinc}(x/a)$；

(4) 若 $|b| < \dfrac{|a|}{2}$，则 $\operatorname{sinc}(x/b) * \operatorname{sinc}^2(x/a) = |b|\operatorname{sinc}^2(x/a)$。

3.12 若带限函数 $f(x)$ 的傅里叶变换在带宽 $\xi_H$ 之外恒为零。

(1) 如果 $|a| < \dfrac{1}{\xi_H}$，证明：$\dfrac{1}{|a|}\operatorname{sinc}(x/a) * f(x) = f(x)$。

(2) 如果 $|a| > \dfrac{1}{\xi_H}$，上面的等式还成立吗？

3.13 光学图像微分系统输入图像的振幅分布为 $f(x, y)$，输出图像的振幅分布则为 $g(x, y) = \dfrac{\mathrm{d}^2}{\mathrm{d}x^2} f(x, y)$。试求该系统的传递函数。

3.14 一个线性空不变系统对图(a)所示的输入的响应为图(b)。分别求该系统对图(c)和(d)所示输入的响应。

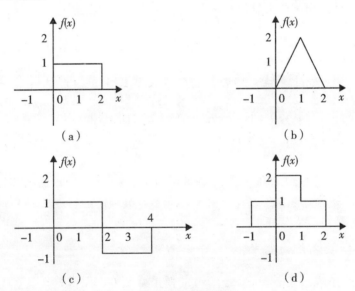

习题 3.14 图

3.15 给定一个线性系统，输入为有限延伸的矩形波：
$$g(x) = \left[\dfrac{1}{3}\operatorname{comb}(x/3)\operatorname{rect}(x/100)\right] * \operatorname{rect}(x)。$$

若系统脉冲响应为：$h(x) = \operatorname{rect}(x-1)$，求系统的输出，并绘出传递函数、脉冲响应、输出及其频谱的图形。

3.16 给定一线性不变系统，输入函数为有限延伸的三角波：
$$g(x) = \left[\dfrac{1}{2}\operatorname{comb}(x/2)\operatorname{rect}(x/50)\right] * \operatorname{tri}(x)。$$

对下列传递函数利用图解方法确定系统的输出：

(1) $H(\xi) = \operatorname{rect}(\xi/2)$；　　(2) $H(\xi) = \operatorname{rect}(\xi/4) - \operatorname{rect}(\xi/2)$。

3.17 简述用三角函数和复指函数来描述光波的异同。光波函数的复共轭函数所表示的光波与原光波比较，其特性如何？

3.18 为什么可采用空间频率来描述平面光波？试写出各种不同近似条件下球面光波在某一平面上复振幅的近似表达式。应用相位因子表达式可以确定光波的哪些特性？

3.19 已知在 MKS 单位制下一标量光波 $u(x, y, z; t)$ 为：

$$u(x, y, z; t) = \frac{1}{2} e^{i2\pi\left(\frac{x+\sqrt{2}z}{1.5\times10^{-6}} - 3\times10^{14}t\right)}。$$

试确定：(1) 表示什么波？(2) 相速度、波长和振幅？(3) 波传播方向和波矢量的大小？(4) 时间频率和空间频率？

3.20 一列波长为 $\lambda$ 的平面波，振幅为 $A_0$，传播方向平行于 $x$-$z$ 平面并与 $z$ 轴的夹角为 $\pi/3$。写出其三维复振幅表达式及 $z=d$ 平面内的复振幅空间频率表达式。并求复振幅分布在 $x$ 轴和 $y$ 轴方向上的空间周期和频率。

3.21 一列波长为 $\lambda$ 的平面波，波矢量 $k$ 与 $x$ 轴和 $y$ 轴的夹角分别为 $2\pi/3$ 和 $\pi/3$。试写出平面 $z=d$ 上的复振幅空间频率表达式。画出该平面上间隔为 $2\pi$ 的等相位线族。求出空间周期及相应的空间频率。

3.22 已知一单色平面波的复振幅表达式为：$U(x, y, z) = Ae^{i(2x-4y-3z)}$。试求此光波的波长以及在传播方向和在 $x, y, z$ 方向上的空间频率。

3.23 轴外点物 $P(x_0, y_0, z_0)$ 发出一列球面光波，写出它在平面 $z=d(d>z_0)$ 上的复振幅表达式。若规定光波沿 $z$ 轴正方向自左向右传播，试分析这个球面光波的共轭光波的特性。

3.24 一波长为 $\lambda$ 的平面波，通过焦距为 $f$ 的薄凸透镜，平面光波传播方向与透镜光轴夹角为 $\theta$。试写出近轴条件，以及透镜后 $d_1 < f$ 和 $d_1 > f$ 处垂直于光轴平面上的复振幅函数。

3.25 若对函数 $h(x) = a\mathrm{sinc}^2(ax)$ 抽样，求允许的最大抽样间隔。

3.26 证明在频率平面上一个半径为 $\xi_H$ 的圆之外没有非零的频谱分量的函数，遵从下述抽样定理：

$$g(x, y) = \sum_{m=-\infty}^{\infty}\sum_{n=-\infty}^{\infty} g\left(\frac{m}{2\xi_H}, \frac{n}{2\xi_H}\right)\frac{\pi}{4}\left\{\frac{J_1\left[2\pi\xi_H\sqrt{(x-m/2\xi_H)^2+(y-n/2\xi_H)^2}\right]}{2\pi\xi_H\sqrt{(x-m/2\xi_H)^2+(y-n/2\xi_H)^2}}\right\}。$$

3.27 设连续函数 $f(x) = \cos(2\pi x)$，对其作等间隔抽样。

(1) 求截止频率 $\xi_H$ 和最大抽样间隔 $L$，写出抽样函数 $m_s(x)$ 及其频谱函数 $M_s(\xi)$ 的表达式，画出它们的图形，并以此说明抽样定理的正确性。

(2) 若用矩阵函数作为滤波器函数，对抽样函数频谱作滤波处理，以恢复原函数。试写出滤波器函数 $H(\xi)$ 以及由抽样函数复原的函数 $f_1(x)$ 的表达式。

(3) 分别取插值的级数 $m=3, 6$ 两个值，求 $f_1(x)$ 在 $x=\pi/3$ 的近似值，并与准确值相较。

3.28 某一成像系统的输入是复数值的物场分布 $U_o(x, y)$，其空间频率含量是无限的，而系统的输出是像场分布 $U_i(x, y)$。可以假定成像系统是一个线性空间不变的低通滤波器，其传递函数在频域上的区间 $|\xi| \le \xi_H$，$|\eta| \le \eta_H$ 之外恒等于零。证明：存在一个由点源的方形阵列所构成的"等效"物体 $U_o'(x, y)$，它与真实物体 $U_o(x, y)$ 产生完全一样的像 $U_i(x, y)$，并且等效物体的场分布可写成：

$$U_o'(x, y) = \sum_{m=-\infty}^{\infty}\sum_{n=-\infty}^{\infty}\left[\iint_{-\infty}^{\infty} U_o(\xi, \eta)\mathrm{sinc}(m-2\xi_H\xi)\mathrm{sinc}(n-2\eta_H\eta)\,\mathrm{d}\xi\mathrm{d}\eta\right]$$
$$\cdot \delta\left(x-\frac{m}{2\xi_H}, y-\frac{n}{2\eta_H}\right)。$$

# 第4章 标量衍射理论

  光的衍射(diffraction)是最普遍存在的光学现象,衍射问题是波动光学中最重要的问题,也是信息光学的基础。光沿直线传播会发生反射和折射,但如果光的传播偏离了直线,这种现象就称为光的衍射。在17世纪以前,人们一直以为光是沿直线传播的。到17世纪中叶,意大利物理学家格里马第(Grimaldi,1618—1663)最早发现了光的衍射现象,才使人们开始改变这一看法。在他逝世后出版的著作《光、色、虹的物理数学》(1665年)中,描述了他所做的光的衍射实验。他使光通过一个小孔(这相当于制造了点光源)引入暗室,在光路中放一直杆,发现在白色屏幕上影子的宽度比假定光以直线传播所应有的宽度要大。他还发现在影子的边缘呈现两三个彩色的条带,当光很强时,色带甚至会进入影子所在区域。后来,格里马第又在一个不透明的板上挖一圆孔代替直杆,这时在屏幕上会呈现出一亮斑,其大小要比光线沿直线传播时稍大一些。格里马第把这种光线会绕过障碍物边缘的现象称为"衍射",从此"衍射"一词正式进入了光学领域中。虽然在当时的科学认知水平下,格里马第没有正确解释这一现象,但他知道所观察到的这一衍射现象是与光的直线传播相矛盾的,也是与当时处在统治地位的光的微粒说相矛盾的。格里马第认为,光是一种稀薄的、感觉不到的光流体,当光遇到障碍物时,就引起这一流体的波动,即把光与水面波进行了类比。他认为光的这种衍射现象正类似于将石子抛入水中时,在石子周围会引起水波一样,由于放在光的传播路程上的障碍物在光流体中引起了波动,就使波传播时会超出几何阴影的边界。所以,在点光源的照射下,一根棒的影子边缘比较模糊,并不像几何投影那样黑白分明,格里马第认为这是光线绕过棒的边缘进入影子的区域而造成的。这是第一次对光的直线传播理论提出了挑战,但在当时这一现象的发现并没有得到科学界的关注。

  英国物理学家胡克(Hooke,1635—1703)也观察到衍射现象,在他所著的被认为是物理光学开始形成的标志之一的《显微术》一书(1667年)中,记载了他所观察到的衍射现象。他写道:"在均匀媒质中,这种运动在各个方向都以同一速度传播,所以发光体的每个脉冲或振动都必然会形成一个球面。这个球面不断扩大,就如同把石块投进水中在水面一点周围的波或环,膨胀为越来越大的圆环一样(尽管要快得多)。由此可见,在均匀媒质中激起的这些球面的所有部分都与射线以直角相交。"

  英国科学家牛顿(Newton,1643—1727)是一位科学巨匠,在科学的许多领域都有伟大的成就,在光学方面也做了许多奠基性的工作,其中尤以色散的研究最为突出。牛顿在衍射方面也做过类似于格里马第的实验。他观察了毛发的影、屏幕的边缘和楔等的衍射,从而得出结论:光粒子能够同物体的粒子相互作用,且在它们通过这些物体边缘时发生倾斜。

  上述对光的衍射现象的解释,由于没有真正认识到光的传播的本质,因而这一切并没有对光学的发展起到应有的影响。光的波动学说的首位倡导者,荷兰物理学家、天文学家和数学家惠更斯(Huygens,1629—1695)发展了胡克的思想,进一步提出光是发光体中微小粒子的振动在弥漫于宇宙空间的以太中的传播过程。在研究光的传播时,他类比了声音在空气中的传播，以光速的有限性论证了光是媒质的一部分依次向其他部分传播的一种运动，且和声波、水波一样是球面波，而不是微粒说所设想的像子弹或箭那样的运动。1678年他向巴黎的法国科学院报告了自己的论点，他写道："假如注意到光线向各个方向以极高的速度传播，以及光线从不同的地点甚至是完全相反的地方发出时，光射线在传播中，一条光线穿过另一条而互相毫无影响，就完全可以明白：当我们看到发光的物体时，决不会是由于这个物体发出的物质迁移所引起的，就像穿过空气的子弹或箭那样。"于是惠更斯设想传播光的以太粒子非常之硬，有极好的弹性，光的传播就像振动沿着一排互相衔接的钢球传播一样，当第一个球受到碰撞，碰撞运动就会以极快的速度传到最后一个球。惠更斯认为，以太波的传播不是以太粒子本身的远距离移动，是振动的传播，于是他接着写道："我们可以设想，以太物质具有弹性，以太粒子不论受到排斥是强还是弱都有相同的快速恢复的性能，所以光总以相同的速度传播。"惠更斯明确地论证了光是一种波动行为，不过，他当时认为是以太纵波，进而以光速的有限性推断光和声波一样必以球面波传播。由此，惠更斯运用子波和波阵面的概念，提出了描述光波在空间中各点传播的原理，即惠更斯原理。他写道："关于波的辐射，还要作进一步的考虑，即传递波的每一个物质粒子，不仅将运动传给从发光点开始所画直线上的下一个粒子，而且还要传给与之接触的并与其运动相对抗的其他一切粒子。结果是，在每个粒子的周围，激起了以该粒子为中心的波。"惠更斯原理把光的传播归结为波面的传播，发展了波动理论，并由它定性地解释了光的衍射现象。但由于他把光看成像声波一样的纵波，因此不能解释偏振现象，他的波动理论也不能真正解释干涉和衍射现象，因为那时还没有建立周期性和相位等概念。

法国物理学家和铁路工程师菲涅耳（Fresnel，1788—1827）对光学很感兴趣，曾发明了一种用于灯塔的螺纹透镜（人称菲涅耳透镜），并专注于光的衍射现象的研究。为了克服惠更斯原理的局限性，基于光的相干性，他认为惠更斯原理中属于同一波面上的各个次波的相位完全相同，所以这些次波传播到空间任一点都是可以相干的。他把惠更斯原理中包络面作图法同杨氏干涉原理相结合，建立了分析光的衍射现象的基本理论，这就是著名的惠更斯—菲涅耳原理。其内容可这样简单叙述：光传播的波面上每点都可以看作一个新的球面波的次波源，空间任意一点的光扰动是所有次波扰动传播到该点的相干叠加。这样，惠更斯—菲涅耳原理克服了惠更斯原理的不足，为定量分析和计算光的衍射光强分布提供了理论依据，成为定量分析光的衍射现象理论的开始。

光的衍射现象进一步证明了光具有波动性，对确定光的波动学说的正确性起了重要作用。1818年法国科学院举行的悬奖征文活动的竞赛题目是："①……利用精密的实验确定光线的衍射效应。②根据实验用数学归纳法推导出光线通过物体附近时的运动情况。"菲涅耳向科学院提交了应征论文，它以严密的数学推理，从横波观点出发，圆满地解释了光的偏振，并用半波带法定量地计算了圆孔、圆板等形状的障碍物所产生的衍射花纹，推出的结果与实验符合得很好。毕奥（Biot）叹服菲涅耳的才能，写道："菲涅耳从这个观点出发，严格把所有衍射现象归于统一的观点，并用公式予以概括，从而永恒确定了它们之间的相互关系。"菲涅耳开创了光学研究的新阶段，他发展了惠更斯和托马斯·杨的波动理论，成为"物理光学的缔造者"。

著名数学家泊松根据菲涅耳的理论推算出：把一个不透光的小的圆盘状物放在光束中，在离这个圆盘一定距离的像屏上，圆盘的阴影中心应当会出现一个亮斑。这是以前人们从未看过或听说过的现象，因而这是荒谬的，泊松也由此宣称他驳倒了菲涅耳的波动理论。这时，阿拉果(Arago，1786—1853，法国科学家)用实验对泊松提出的问题进行了检验，实验非常精彩地证实了菲涅耳理论的结论，在实验上观察到圆盘阴影中心确实有一个亮斑，这就是著名的泊松亮斑。

1860年，英国物理学家麦克斯韦(Maxwell，1831—1879)认为光也是电磁波，从而使人们对光的本性的理解迈出了极为重要的一步。德国物理学家基尔霍夫(Kirchhoff，1824—1887)于1882年在更严密的数学基础上发展了惠更斯和菲涅耳的概念，他成功地证明了菲涅耳赋予次级波源的振幅和相位其实就是光的波动本性的逻辑结论。基尔霍夫把他的数学表述建立在两个假定之上，这两个假定是关于照射到放在光传播途径上的障碍物表面上的光的边值条件。但随后法国数学家庞加莱(Poincaré，1854—1912)于1892年、德国物理学家索末菲(Sommerfeld，1868—1951)于1894年分别证明了这两个假定是互不相容的。因此，基尔霍夫对惠更斯—菲涅耳原理的表达可以看作一级近似。科特勒(Kottler)曾试图通过把基尔霍夫的边值问题重新解释为一个边值跃变(saltus，拉丁文，意为不连续或跃变)问题来解决这些矛盾。索末菲也曾修正过基尔霍夫理论，他利用格林函数理论取消了前述的关于光在边界面上的振幅的两个假定之一，这就是瑞利(Rayleigh，1842—1919，英国物理学家)—索末菲衍射理论。基尔霍夫和瑞利—索末菲理论都作了某些简化和近似，其中最重要的近似是把光当作标量现象来处理，而忽略电磁场的矢量本性。由于电场和磁场的各个分量是通过麦克斯韦方程组耦合起来的，不能对它们独立地进行处理，因此，把光当作标量来处理是不严格的。然而，在大多数情况下，标量理论实际上能够得到精确的结果，只有需要相当精确的结果时，才有必要考虑电磁场的矢量性。矢量场的衍射是科特勒于1923年提出来的。索末菲于1896年首次给出了一个衍射问题的真正严格解，他讨论的是一个平面波入射到一个无限薄的理想导体平面上的二维情形。后来，科特勒对索末菲的解与基尔霍尔标量理论处理的相应结果进行了比较。索末菲把衍射定义为"不能用反射或折射来解释的光线对直线光路的任何偏离"。

衍射是由于光波的横向宽度受到限制而引起的，当限制的尺度与光波的波长在数量级上相近时，衍射最为明显。衍射现象是光的波动性的主要特征和光传播的基本规律之一。深入理解光的衍射现象，是理解光学成像系统和光学信息处理系统特性的基础。光是一种电磁波，可以由电磁场理论来描述其运动规律，即可通过求解一定边界条件的麦克斯韦方程组，来得到衍射光场的分布。这时，光场是用矢量场描述的，称为矢量波衍射(vector wave diffraction)理论。用矢量波方法求解衍射问题，数学运算非常繁杂，只在有高分辨率衍射光栅的理论中，或当光学元件的特征尺寸接近或小于所用光波长时，才必须用到矢量衍射理论。通常情况下，可以把光波场当作标量场来处理，也就是只考虑光矢量的一个横向分量的振幅，而假定任何别的有关分量都可以用同样的方式独立处理，从而忽略电矢量和磁矢量的各个分量按麦克斯韦方程组的耦合关系，并将电矢量视为标量。这种近似的方法称为标量衍射理论(scalar diffraction theory)。在处理实际的问题中，如果满足下述两个条件：衍射孔径比光波波长大得多，以及不要在太靠近孔径的地方观测衍射场，那么就可将所处理问题中的光波当作标量来看待，即只考虑描述光波的电场或磁场的一个横向分量标量复振幅的衍射行为。通常处理光的干涉和衍射问题，以及对一般光学仪器而言，这样的条件都能满足，用标量场衍射理论处理的结果，与实验结果也是符合得很好。所以把光场近似作为标量场来处理是一种简便而有效的方法。基尔霍夫衍射理论和瑞利—索末菲理论都属于标量衍射理论。

# 4.1 从矢量电场到标量电场

## 4.1.1 波动方程

1862 年麦克斯韦提出了电磁场理论的基本方程组,引进了位移电流的概念,概括了 19 世纪以来电磁场研究的实验定律,预言了电磁波的存在,使电磁场的理论达到了前所未有的高度。1865 年他又惊奇地发现,真空中的电磁波传播速度跟光的传播速度一致,因而他断言光的波动性的本质是电磁波,揭示了光波的电磁波本性。此后,光的电磁波理论研究取得了辉煌的成就,并形成了波动光学,即物理光学的理论体系。

光场满足经典电动力学的麦克斯韦方程,在 M.K.S. 单位制中的形式为:

$$\nabla \times \boldsymbol{E} = -\frac{\partial \boldsymbol{B}}{\partial t}, \tag{4.1.1a}$$

$$\nabla \times \boldsymbol{H} = \frac{\partial \boldsymbol{D}}{\partial t} + \boldsymbol{J}, \tag{4.1.1b}$$

$$\nabla \cdot \boldsymbol{B} = 0, \tag{4.1.1c}$$

$$\nabla \cdot \boldsymbol{D} = \rho_\circ \tag{4.1.1d}$$

式中:$\boldsymbol{E}$ 为电场强度(V/m);$\boldsymbol{H}$ 为磁场强度(A/m);$\boldsymbol{D}$ 为电位移($C/m^2$);$\boldsymbol{B}$ 为磁感应强度(T);$\boldsymbol{J}$ 为电流密度($A/m^2$);$\rho$ 为封闭曲面内的自由电荷密度($C/m^3$)。对于金属和半导体,$\boldsymbol{J}$ 和 $\rho$ 是有意义的;但对于绝缘体介质,通常可假设介质中不存在自由电荷,即 $\rho = 0$,本课程涉及的光传播介质都为绝缘体。

表征介质的物性方程为:

$$\boldsymbol{J} = \sigma \boldsymbol{E}, \tag{4.1.2a}$$

$$\boldsymbol{D} = \varepsilon_0 \boldsymbol{E} + \boldsymbol{P}, \tag{4.1.2b}$$

$$\boldsymbol{B} = \mu_0 \boldsymbol{H} + \boldsymbol{M}_\circ \tag{4.1.2c}$$

式中:$\boldsymbol{P}$ 是介质的电极化强度;$\boldsymbol{M}$ 是介质的磁化强度,对非磁介质,$\boldsymbol{M} \approx 0$;$\sigma$ 是介质的电导率,对理想的电介质,$\sigma = 0$,这样 $\boldsymbol{J} = 0$;$\varepsilon_0 = 8.854187816 \times 10^{-12} F/m$,是真空的介电常数;$\mu_0 = 4\pi \times 10^{-7} H/m$,是真空中的电磁系数,且有:

$$\varepsilon_0 \mu_0 = 1/c^2_\circ \tag{4.1.3}$$

式中:$c = 2.99792458 \times 10^8 m/s$,为真空中的光速。

这样,在上述假设条件下,物性方程为:

$$\boldsymbol{D} = \varepsilon_0 \boldsymbol{E} + \boldsymbol{P}, \tag{4.1.4a}$$

$$\boldsymbol{B} = \mu_0 \boldsymbol{H}_\circ \tag{4.1.4b}$$

对式(4.1.4b)求旋度,有:

$$\nabla \times \boldsymbol{B} = \mu_0 \nabla \times \boldsymbol{H}_\circ \tag{4.1.5}$$

将式(4.1.1b)代入式(4.1.5),可得:

$$\nabla \times \boldsymbol{B} = \mu_0 \nabla \times \boldsymbol{H} = \mu_0 \frac{\partial \boldsymbol{D}}{\partial t}_\circ \tag{4.1.6}$$

再将式(4.1.4a)代入式(4.1.6),有:

$$\nabla \times \boldsymbol{B} = \mu_0 \frac{\partial \boldsymbol{D}}{\partial t} = \mu_0 \varepsilon_0 \frac{\partial \boldsymbol{E}}{\partial t} + \mu_0 \frac{\partial \boldsymbol{P}}{\partial t}. \tag{4.1.7}$$

对式(4.1.1a)求旋度,有:

$$\nabla \times \nabla \times \boldsymbol{E} = -\frac{\partial \nabla \times \boldsymbol{B}}{\partial t}. \tag{4.1.8}$$

将式(4.1.7)代入式(4.1.8)可得:

$$\nabla \times \nabla \times \boldsymbol{E} = -\frac{\partial \nabla \times \boldsymbol{B}}{\partial t} = -\mu_0 \varepsilon_0 \frac{\partial^2 \boldsymbol{E}}{\partial t^2} - \mu_0 \frac{\partial^2 \boldsymbol{P}}{\partial t^2}. \tag{4.1.9}$$

根据矢量运算规则,有:

$$\nabla \times \nabla \times \boldsymbol{E} = \nabla(\nabla \cdot \boldsymbol{E}) - \nabla^2 \boldsymbol{E}. \tag{4.1.10}$$

在没有自由电荷的均匀介质中,以及在 $\boldsymbol{P} \ll \varepsilon_0 \boldsymbol{E}$ 的情况下,有 $\nabla \cdot \boldsymbol{E} = 0$,这样可得:

$$\nabla^2 \boldsymbol{E} = \mu_0 \varepsilon_0 \frac{\partial^2 \boldsymbol{E}}{\partial t^2} + \mu_0 \frac{\partial^2 \boldsymbol{P}}{\partial t^2}. \tag{4.1.11}$$

如果光场为线偏振,且介质的极化也在同一方向,则式(4.1.11)的矢量场可简化为标量场。这样式(4.1.11)中的矢量函数可以用相应的标量函数来代替,即

$$\nabla^2 E = \mu_0 \varepsilon_0 \frac{\partial^2 E}{\partial t^2} + \mu_0 \frac{\partial^2 P}{\partial t^2}. \tag{4.1.12}$$

式中:$P$ 为总的极化强度,包括线性极化强度 $P_L$ 与非线性极化强度 $P_{NL}$,即

$$P = P_L + P_{NL} = \varepsilon_0 \chi E + P_{NL}. \tag{4.1.13}$$

在线性光学领域,只涉及线性极化,非线性极化强度可以忽略,即 $P_{NL} = 0$,这样有:

$$P = \varepsilon_0 \chi E. \tag{4.1.14}$$

式中:$\chi$ 称为介质的线性极化率。将式(4.1.14)代入式(4.1.12),可得:

$$\nabla^2 E - \mu_0 \varepsilon_0 (1 + \chi) \frac{\partial^2 E}{\partial t^2} = 0. \tag{4.1.15}$$

由介电常数与线性极化度的关系 $\varepsilon = 1 + \chi$,有:

$$\nabla^2 E - \frac{n^2}{c^2} \frac{\partial^2 E}{\partial t^2} = 0. \tag{4.1.16}$$

式中:$n$ 为介质的折射率;$\nabla^2$ 为拉普拉斯(Laplace,1749—1827,法国数学家、天文学家)算符,在直角坐标系下 $\nabla^2$ 的表达式为:

$$\nabla^2 \equiv \frac{\partial^2}{\partial x^2} + \frac{\partial^2}{\partial y^2} + \frac{\partial^2}{\partial z^2}. \tag{4.1.17}$$

$\nabla$ 为哈密顿(Hamilton)算符,在直角坐标系下的表达式为:

$$\nabla = \boldsymbol{e}_x \frac{\partial}{\partial x} + \boldsymbol{e}_y \frac{\partial}{\partial y} + \boldsymbol{e}_z \frac{\partial}{\partial z}. \tag{4.1.18}$$

### 4.1.2 亥姆霍兹方程

如果用标量函数 $u(P;t)$ 表示在 $t$ 时刻空间某点 $P(x,y,z)$ 的光场振动的大小,由对频率为 $\nu$ 的单色光,光场的振幅可表示为:

$$u(P;t) = U(P)\mathrm{e}^{-\mathrm{i}2\pi\nu t}。 \tag{4.1.19}$$

式中：$U(P)$为光波的慢变部分，通常称为光场的复振幅。对于无源点，$u(P;t)$满足波动方程(4.1.16)，即有：

$$\nabla^2 u - \frac{n}{c^2}\frac{\partial^2 u}{\partial t^2} = 0。 \tag{4.1.20}$$

将式(4.1.19)代入式(4.1.20)，可得：

$$(\nabla^2 + k^2)U(P) = 0。 \tag{4.1.21}$$

式中：

$$k = \frac{n\omega}{c} = \frac{2\pi n\nu}{c} = \frac{2\pi}{\lambda} = nk_0。 \tag{4.1.22}$$

式中：$k$称为角波数，常简称为波数，即$2\pi$长度内所含的波长数目；$k_0$为真空中的角波数。式(4.1.21)就称为亥姆霍兹(Helmholtz，1821—1894，德国物理学家)方程。亥姆霍兹方程可理解为：对单色光场，由于时间因子具有确定不变的形式，因而可以将式(4.1.20)中时间的微分部分略去，光场的分布可由复振幅$U(P)$的方程(4.1.21)来描述。在自由空间中传播的所有单色光，复振幅都必须满足这一方程，所以式(4.1.21)是单色波的波动方程，它表征了自由空间中任一点及其邻域的光场分布的关系。

## 4.2 基尔霍夫衍射理论

### 4.2.1 惠更斯—菲涅耳原理

惠更斯在1678年提出了子波的概念，即波动所到达的面上的每点都是次级子波源，每个子波源发出的次级球面波以一定波速向各个方向扩展，所有这些次级波的包络面形成新的波阵面。这个原理可以用来确定光波的波阵面及传播方向，但不能定量给出衍射光场的光强分布情况。菲涅耳在1818年引入了干涉的概念，补充了惠更斯原理，他认为子波源应是相干的，这样空间某一点的光场就是所有子波干涉的结果。这就是惠更斯—菲涅耳原理，也就是经典的标量衍射理论，可进一步表述为：波前上任何一个未受阻挡的面元，可看作一个子波源，发射波的频率与入射波的频率相同，在其后任意点的光振动，是所有子波叠加的结果。

根据惠更斯—菲涅耳原理，可以建立单色光波在传播途中任意两个面(如图4.2.1中的衍射光栏面即物面$P_o$和观察面即像面$P_i$之间光振动分布的关系。考虑单色点光源$S_0$发出的球面波在真空或各向同性、均匀、透明、无源介质中自由传播，经过光栏面$P_o$上孔径的衍射问题(图4.2.1)，这时面$P_o$即为光波的一个波阵面。$P_o$是从光源$S_0$发出的一个单色球面波阵面$P_o$上的瞬时位置，其半径为$r_0$，略去时间因子项$\mathrm{e}^{-\mathrm{i}\omega t}$，则波阵面上任一点$P_o$(为了明确，下面用正体$\mathrm{P}_o$表示一个波阵面，用$P_o$表示面$\mathrm{P}_o$上任意点，$P_{o0}$表示面$\mathrm{P}_o$上具体的一点)的复振幅可由式(3.4.3)表示的发散的球面波复振幅表示式得到：

$$U_o(P_o) = a_0\frac{\mathrm{e}^{\mathrm{i}kr_0}}{r_0}。 \tag{4.2.1}$$

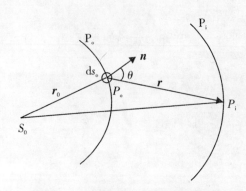

**图 4.2.1 惠更斯—菲涅耳原理示意**

根据惠更斯—菲涅耳原理，可以把波阵面 $P_o$ 上的一个面元 $ds_o$ 看作次波中心（面元的方向规定为其法线方向，并以 $n$ 表示其单位法矢量，$n$ 的方向就是面元 $ds_o$ 的方向，即 $ds_o = nds_o$），这个次波中心以球面子波的形式传播至观察面 $P_i$ 上，这样，波阵面 $P_o$ 上任一点 $P_o$ 处的面元 $ds_o$（包围住 $P_o$ 点的一小块面积）对面 $P_i$ 上任一点 $P_i$ 处光场的贡献 $dU_i(P_i)$ 为：

$$dU_i(P_i) = CK(\theta)U_o(P_o)\frac{e^{ikr}}{r}ds_o = CK(\theta)a_0\frac{e^{ikr_0}}{r_0}\frac{e^{ikr}}{r}ds_o \text{。} \tag{4.2.2}$$

这样，$P_i$ 点的光场复振幅为整个前波面 $P_o$ 上各面元在 $P_i$ 点处的总和，即

$$U_i(P_i) = \iint_{P_o} dU_i(P_i) = C\iint_{P_o} K(\theta)a_0\frac{e^{ikr_0}}{r_0}\frac{e^{ikr}}{r}ds_o \text{。} \tag{4.2.3}$$

式(4.2.3)即为惠更斯—菲涅耳原理的数学表达式。式中：$\theta$ 为 $P_o$ 点处面元 $ds_o$ 外法线 $n$ 与 $r$ 之间的夹角；$r$ 的方向是波的传播方向，即 $\overline{P_oP_i}$ 的连线方向，由 $P_o$ 指向 $P_i$，$r$ 为 $P_o$ 到 $P_i$ 的距离；$K(\theta)$ 为倾斜因子，它体现了不同方向的子波对 $P_i$ 点光场的不同贡献，菲涅耳曾假定 $K(\theta)$ 的取值在 0~1 之间，并假设当 $\theta \geq \pi/2$ 时，$K(\theta) = 0$，以避免倒退波的出现，当 $0 < \theta < \pi/2$ 时，$0 < K(\theta) < 1$，并且有 $K(0) = 1$，$K(\pi/2) = 0$；$e^{ikr}/r$ 为次波源发出的波面；$C$ 是比例系数，为常数，表示入射波振幅与子波源强度之间的关系，菲涅耳曾假设 $C = -i/\lambda$，即波面上任一点作为子波源，再发出子波的相位超前于传到该点光波的相位 $\pi/2$（$e^{-i\pi/2} = -i$），子波的振幅也减小为原来的 $1/\lambda$。

当确定了波阵面 $P_o$ 上任一点的振幅和相位后，实际上就是知道了照明光波的位置、形状和亮度。这样，即使去掉光源，只要知道 $P_o$ 面上位于 $P_o$ 点的复振幅 $U_o(P_o)$，由式(4.2.1)可知，可用 $U_o(P_o)$ 代替式(4.2.3)中的 $a_0 e^{ikr_0}/r_0$，这样惠更斯—菲涅耳原理的数学表达式更一般的形式为：

$$U_i(P_i) = C\iint_{P_o} K(\theta)U_o(P_o)\frac{e^{ikr}}{r}ds_o \text{。} \tag{4.2.4}$$

当用平面波垂直照射时，波阵面 $P_o$ 为平面，各子波源具有相同的源强度和初相位，这时，$U_o(P_o)$ 为常数 $a_0$，则式(4.2.4)可简化为：

$$U_i(P_i) = Ca_0 \iint_{P_o} K(\theta)\frac{e^{ikr}}{r}ds_o \text{。} \tag{4.2.5}$$

原则上，应用式(4.2.3)~(4.2.5)可以计算任意衍射物体的衍射问题。但它是建立在

子波波源的假设之上的，子波波源并不是一个实际的点光源，是虚构的，因而这种处理方法也必然是不够严谨的，缺乏严格的以波动理论为基础的根据，从光辐射的机理或概念上也难以理解和解释，复系数 $C$ 和倾斜因子 $K(\theta)$ 都不确定。一些简单孔径的衍射图样的光强分布应用惠更斯—菲涅耳原理来计算时，可得到符合实际的结果。但要得到更精确的结果，就要用到更严格的基于波动方程的衍射理论。

1882 年，基尔霍夫利用格林定理，并采用球面波作为求解波动方程的格林函数，才导出了一个求解标量衍射问题的比较严格的公式，并给出了复系数 $C$ 和倾斜因子 $K(\theta)$ 的具体形式。基尔霍夫的工作为惠更斯—菲涅耳原理建立了更为坚实的数学基础。

## 4.2.2 格林定理

通过假定衍射屏的边界条件，基尔霍夫利用格林定理公式求解波动方程(4.1.21)。实际上，标量衍射理论要解决的问题就是光场中任一点 $P$ 的复振幅能否用光场中其他各点的复振幅表示出来。例如，由孔径平面上的场分布计算孔径后任一点的复振幅。显然，这是一个根据边界条件求解波动方程的问题。

设 $P$ 是空间任一点，$U(P)$ 和 $G(P)$ 是空间位置坐标的两个任意复函数，$S$ 为包围空间某体积 $V$ 的封闭曲面。假定在 $S$ 面内和 $S$ 面上，$U$ 和 $G$ 是有界的单值连续函数，其一阶、二阶偏导数也是单值连续的，用 $U$ 和 $G$ 构造一矢量：

$$\boldsymbol{F} = G\nabla U - U\nabla G。 \qquad (4.2.6)$$

对 $F$ 求散度：

$$\nabla \cdot \boldsymbol{F} = G\nabla^2 U - U\nabla^2 G。 \qquad (4.2.7)$$

应用高斯定理有：

$$\iiint_V \nabla \cdot \boldsymbol{F} \mathrm{d}v = \oiint_S \boldsymbol{F} \cdot \boldsymbol{n} \mathrm{d}s。 \qquad (4.2.8)$$

所以有：

$$\iiint_V (G\nabla^2 U - U\nabla^2 G)\mathrm{d}v = \oiint_S (G\nabla U - U\nabla G) \cdot \boldsymbol{n}\mathrm{d}s = \oiint_S (G\nabla U - U\nabla G)\mathrm{d}\boldsymbol{s}$$

$$= \oiint_S \left(G\frac{\partial U}{\partial n} - U\frac{\partial G}{\partial n}\right)\mathrm{d}s。 \qquad (4.2.9)$$

式中：$\mathrm{d}\boldsymbol{s} = \boldsymbol{n}\mathrm{d}s$，$\boldsymbol{n}$ 是面元 $\mathrm{d}s$ 上指向 $S$ 外的法向单位矢量。式(4.2.9)的最后一个等式，应用了梯度的定义 $\nabla\psi = \frac{\partial \psi}{\partial n}\boldsymbol{n}$（$\psi$ 为任一标量场），$\frac{\partial}{\partial n}$ 表示沿 $S$ 面上某一点沿向外的法线方向的偏导数。式(4.2.9)即称为格林定理(Green's theorem)，$G$ 称为格林函数。格林定理表征了函数 $U$ 和 $G$ 及其导数在有限空间内分布的整体关系。

格林定理是一个数学定理，用它来讨论衍射问题时，只要适当选取格林函数 $G$ 和封闭曲面 $S$，并将 $U(P)$ 看作单色光场的复振幅，使 $U$ 和 $G$ 都满足亥姆霍兹方程(4.1.21)的微分关系和式(4.2.9)的积分关系，就可以导出基尔霍夫积分定理。由式(4.1.21)有：

$$\nabla^2 U + k^2 U = 0, \qquad (4.2.10\mathrm{a})$$
$$\nabla^2 G + k^2 G = 0。 \qquad (4.2.10\mathrm{b})$$

用 $G$ 乘以式(4.2.10a)的两边，用 $U$ 乘以式(4.2.10b)的两边，再将所得到的两个新的方程两边相减，可得：
$$G\nabla^2 U - U\nabla^2 G = 0。 \tag{4.2.11}$$
若函数 $U$ 和 $G$ 均满足格林定理对函数的要求，将式(4.2.11)代入式(4.2.9)的左边，即可得：
$$\oiint_S \left(G\frac{\partial U}{\partial n} - U\frac{\partial G}{\partial n}\right)\mathrm{d}s = 0。 \tag{4.2.12}$$
上式称为简化的格林定理，是同频率的两个光场在无源点区域内所必须遵循的关系。

### 4.2.3 基尔霍夫积分定理

为了用格林定理来处理衍射问题，需要慎重地选择格林函数 $G$ 和封闭曲面 $S$。基尔霍夫积分定理提供了选择的方法。如图 4.2.2 所示，对于包围观察点 $P_i$ 的体积为 $V$ 的任一封闭曲面 $S$，要用封闭曲面 $S$ 上点 $P_o$ 的光场复振幅值来计算 $P_i$ 点光场的复振幅值 $U(P_i)$。基尔霍夫选择格林函数 $G(P_o)$ 的做法是以 $P_i$ 点为中心(在封闭曲面 $S$ 内，以 $P_i$ 为球心，挖一个半径为 $\varepsilon$ 的小球，$\varepsilon$ 为很小的值)，向外发散同频率的单位振幅的球面波，它在 $S$ 曲面上任意一点 $P_o$ 处 $G(P_o)$ 的大小为：
$$G(P_o) = \frac{\mathrm{e}^{\mathrm{i}kr}}{r}。 \tag{4.2.13}$$
这里略去 $G$ 和 $U$ 的下标 o 和 i(通常我们约定函数名不同时，用坐标标识即可；当函数名相同时，则都要标识)。

式(4.2.13)中，$r$ 为从 $P_i$ 点指向点 $P_o$ 的矢量 $r$ 的长度。显然 $P_i$ 点相当于发散球面波 $G(P_o)$ 的点光源，因而函数 $G(P_o)$ 在 $P_i$ 点的值为无穷大，所以由式(4.2.13)所表示的格林函数在 $P_i$ 点是无界和不连续的，因此 $P_i$ 点是一个奇异点，即式(4.2.13)所表示的格林函数在 $r = 0$ 的 $P_i$ 点是不满足连续可微条件的。由于格林定理要求 $G$ 和 $U$ 及其一阶、二阶偏导数及外法线的方向导数 $\dfrac{\partial U(P_o)}{\partial n}$, $\dfrac{\partial G(P_o)}{\partial n}$ 在被 $S$ 包围的体积 $V$ 中必须是单值连续的才能满足格林定理，这样就需要把 $P_i$ 点这一奇点从积分区域中去除。为此，以 $P_i$ 点为球心作半径为 $\varepsilon$ 的小球面 $S'$ 将 $P_i$ 点包围起来，然后应用格林定理。这时，由于除掉了包含 $P_i$ 点的小球，对于式(4.2.13)所选择的格林函数，式(4.2.12)所选择的积分体积是介于 $S$ 球面和 $S'$ 球面之间的那部分体积，这样积分曲面就由复合曲面 $S$ 和 $S'$ 两部分组成，即
$$S_V = S + S'。 \tag{4.2.14}$$

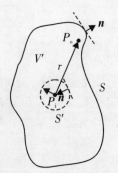

图 4.2.2 积分曲面的选择

图 4.2.2 中 $S$ 面上的外法线方向是由 $S$ 面上指向外侧,而 $S'$ 面上的外法线方向是空腔内 $S'$ 上的点指向 $P_i$,即沿半径指向球心 $P_i$,在这小球空腔内,球心 $P_i$ 指向球面 $S'$ 是某一点的方向,与这一点的外法线方向相同。曲面 $S$ 和 $S'$ 之间所包含的体积为 $V'$,在 $V'$ 内函数 $G(P_o)$ 和 $U(P_o)$ 连续有界,且它们的一阶、二阶偏导数及方向导数 $\dfrac{\partial U(P_o)}{\partial n}$,$\dfrac{\partial G(P_o)}{\partial n}$ 单值连续。这样,由式(4.2.12)按积分域可以表示为两部分的积分:

$$\oiint_S \left[ G(P_o) \frac{\partial U(P_o)}{\partial n} - U(P_o) \frac{\partial G(P_o)}{\partial n} \right] ds + \oiint_{S'} \left[ G(P_o) \frac{\partial U(P_o)}{\partial n} - U(P_o) \frac{\partial G(P_o)}{\partial n} \right] ds = 0_\circ \tag{4.2.15}$$

对 $S$ 面上任一点 $P_o$,对式(4.2.13)求方向导数,有:

$$\frac{\partial G(P_o)}{\partial n} = \frac{\partial G(P_o)}{\partial r} \frac{\partial r}{\partial n} = \cos(\boldsymbol{n}, \boldsymbol{r}) \left( ik - \frac{1}{r} \right) \frac{e^{ikr}}{r}_\circ \tag{4.2.16}$$

式中:$\cos(\boldsymbol{n}, \boldsymbol{r})$ 为外向法线 $\boldsymbol{n}$ 与由 $P_i$ 点指向 $P_o$ 点的矢量 $\boldsymbol{r}$ 之间夹角的余弦。

对于 $P_o$ 点在球面 $S'$ 上的特殊情况,有 $r = \varepsilon$,且 $\boldsymbol{n}$ 与 $\boldsymbol{\varepsilon}$ 方向相反,即有 $\cos(\boldsymbol{n}, \boldsymbol{r}) = -1$,因而有 $\dfrac{\partial}{\partial n} = -\dfrac{\partial}{\partial r}$。所以在 $S'$ 内有:

$$G(P_o) = \frac{e^{ik\varepsilon}}{\varepsilon}, \tag{4.2.17}$$

$$\frac{\partial G(P_o)}{\partial n} = \frac{\partial G(P_o)}{\partial \varepsilon} \frac{\partial \varepsilon}{\partial n} = -\frac{\partial G(P_o)}{\partial \varepsilon} = \left( \frac{1}{\varepsilon} - ik \right) \frac{e^{ik\varepsilon}}{\varepsilon}_\circ \tag{4.2.18}$$

令 $\varepsilon \to 0$,则 $P_0 \to P_i$,便有 $G(P_0) \to G(P_i)$,$U(P_o) \to U(P_i)$,$\dfrac{\partial G(P_o)}{\partial n} \to \dfrac{\partial G(P_i)}{\partial n}$,$\dfrac{\partial U(P_o)}{\partial n} \to \dfrac{\partial U(P_i)}{\partial n}$。这时的 $U(P_i)$ 及其导数 $\dfrac{\partial U(P_i)}{\partial n}$ 在 $P_i$ 点便具有连续性,于是可以计算式(4.2.13)中第二项的积分为:

$$\lim_{\varepsilon \to 0} \oiint_{S'} \left[ G(P_i) \frac{\partial U(P_i)}{\partial n} - U(P_i) \frac{\partial G(P_i)}{\partial n} \right] ds$$

$$= \lim_{\varepsilon \to 0} \oiint_\Omega \left[ \frac{e^{ik\varepsilon}}{\varepsilon} \frac{\partial U(P_i)}{\partial n} - U(P_i) \frac{e^{ikr}}{\varepsilon} \left( \frac{1}{\varepsilon} - ik \right) \right] \varepsilon^2 d\vartheta$$

$$= \lim_{\varepsilon \to 0} \frac{e^{ik\varepsilon}}{\varepsilon} \left[ \frac{\partial U(P_i)}{\partial n} - U(P_i) \left( \frac{1}{\varepsilon} - ik \right) \right] 4\pi \varepsilon^2$$

$$= \lim_{\varepsilon \to 0} 4\pi \left[ \varepsilon e^{ik\varepsilon} \frac{\partial U(P_i)}{\partial n} - U(P_i)(1 - ik\varepsilon) \right] = -4\pi U(P_i)_\circ \tag{4.2.19}$$

式中:$\Omega$ 为 $S'$ 面对 $P_i$ 点所张的立体角,$S'$ 的表面积为 $4\pi\varepsilon^2$。将式(4.2.19)代入式(4.2.15)可得:

$$U(P_i) = \frac{1}{4\pi} \oiint_S \left[ G(P_o) \frac{\partial U(P_o)}{\partial n} - U(P_o) \frac{\partial G(P_o)}{\partial n} \right] ds_\circ \tag{4.2.20}$$

对 $S$ 面上的点 $P_o$ 来说,$G(P_o)$ 由式(4.2.13)确定,将式(4.2.13)代入式(4.2.20),可得:

$$U(P_i) = \frac{1}{4\pi} \oiint_S \left[ \frac{e^{ikr}}{r} \frac{\partial U(P_o)}{\partial n} - U(P_o) \frac{\partial}{\partial n} \left( \frac{e^{ikr}}{r} \right) \right] ds_\circ \tag{4.2.21}$$

式(4.2.21)就是基尔霍夫积分定理,有的文献也称之为亥姆霍兹—基尔霍夫积分定理,因为这一定理亥姆霍兹在声学中也导出过。霍夫积分定理的文字表述为:单色衍射场中任意点 $P_i$ 的复振幅 $U(P_i)$ 可以由包围 $P_i$ 点的任意闭合曲面 $S$ 上的各点波动边界值 $U(P_0)$ 和其外法线方向导数 $\dfrac{\partial U(P_0)}{\partial n}$ 得到。基尔霍夫积分定理在标量衍射理论中起着重要作用,它描述了一个根据边界值求解波动方程的问题。在求解具体问题时,可以根据具体情况选择适当的封闭面为积分公式(4.2.21)的积分面。积分面的选取有很大的灵活性,但要有利于问题的简单化和求解的方便。

### 4.2.4 基尔霍夫衍射公式

基尔霍夫积分定理只是原则上给出了求解任意点 $P_i$ 的复振幅的公式[式(4.2.21)],而实际衍射问题的严格求解是极为复杂的。但是,基尔霍夫证明了在许多情况下,通过某些边界条件的假设,基尔霍夫积分定理可以简化为一近似的形式。下面讨论通过无限大不透明平面屏上光孔的衍射问题,推导出基尔霍夫衍射公式。

如图 4.2.3 所示的平面衍射屏,$\Sigma_0$ 为完全不透明屏 $P_0$ 上的孔径,由 $S_0$ 发出的一个单色球面波照射到孔径 $\Sigma_0$ 上。光波通过孔径将产生衍射,这个衍射问题的处理可归结为求孔径另一侧 $P_i$ 点的场分布。

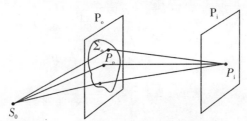

图 4.2.3 单色球面波照射平面衍射屏

上述问题可以用基尔霍夫积分定理来求出 $P_i$ 点光场的复振幅。在应用式(4.2.21)时首先要选择合适的封闭曲面 $S$。如图 4.2.4 所示,基尔霍夫所选择的封闭曲面由两部分组成:一部分是位于孔径 $\Sigma_0$ 后且紧靠屏幕的平面 $S_1$;另一部分是观察点 $P_i$ 为中心、半径为 $R$ 的大球形罩 $S_2$,它是以 $P_i$ 为中心,以 $R$ 为半径的球面的一部分。如果 $R$ 足够大,则球面 $S_2$ 总会与无限大屏相交,从而形成平面 $S_1$,这样 $S_1$ 和 $S_2$ 能够组成一个封闭曲面 $S$,即 $S = S_1 + S_2$。

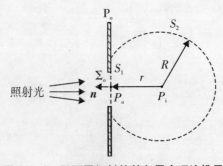

图 4.2.4 平面屏衍射的基尔霍夫理论推导

由式(4.2.20)得：

$$U(P_i) = \frac{1}{4\pi} \oiint_{S_1+S_2} \left[ G(P_o) \frac{\partial U(P_o)}{\partial n} - U(P_o) \frac{\partial G(P_o)}{\partial n} \right] ds \,。 \tag{4.2.22}$$

式中：格林函数 $G(P_o)$ 还是由式(4.2.13)定义的球面波，即由 $\Sigma_o$ 上 $P_o$ 点发出的球面。式(4.2.22)的右边分别是在 $S_1$ 面上和 $S_2$ 面上所作的面积分之和。下面先讨论 $S_2$ 面上的积分。

由于积分面选择的任意性，所以当 $R$ 增大时，$S_2$ 会趋于一个大的半球壳。对于在球形罩 $S_2$ 上所作的积分来说，当 $R$ 增大时，$G(P_o)$ 的值随着 $R$ 的增大而减小，同时 $S_2$ 面上的 $U(P_i)$ 值也因为远离光源所在区域而减小。另外，由于积分面积是按 $R^2$ 而增大的，因而当 $R\to\infty$ 时，在 $S_2$ 面上所作的积分值是否会趋于 0 呢？在 $S_2$ 面上，$r = R$，由式(4.2.13)可得 $S_2$ 面上的光场的振幅为：

$$G(P_o) = \frac{e^{ikR}}{R} \,。 \tag{4.2.23}$$

上式可理解成为由 $P_i$ 点向 $S_2$ 面上发出的发散球面波。

当 $R$ 很大时，即 $\frac{1}{R} \ll k$，这样可得：

$$\frac{\partial G(P_o)}{\partial n} = \frac{\partial G(P_o)}{\partial R} \frac{\partial R}{\partial n} = \left(ik - \frac{1}{R}\right)\frac{e^{ikR}}{R} \approx ik \frac{e^{ikR}}{R}\bigg|_{R很大时} = ikG(P_o)\big|_{R很大时} \,。 \tag{4.2.24}$$

上式中由于 $\boldsymbol{R}$ 和 $\boldsymbol{n}$ 同向，故有 $\frac{\partial R}{\partial n}=1$。这样，式(4.2.22)中 $S_2$ 面上的积分为：

$$\iint_{S_2}\left[G(P_o)\frac{\partial U(P_o)}{\partial n} - U(P_o)\frac{\partial G(P_o)}{\partial n}\right]ds = \iint_{\Omega} G(P_o)\left[\frac{\partial U(P_o)}{\partial n} - ikU(P_o)\right]R^2 d\vartheta$$

$$= \iint_{\Omega} RG(P_o)\left[R\left(\frac{\partial U(P_o)}{\partial n} - ikU(P_o)\right)\right]d\vartheta \,。 \tag{4.2.25}$$

式中：$\Omega$ 是 $S_2$ 对 $P_i$ 点所张的立体角，由对 $S_2$ 的选择方式可知，$\Omega$ 是小于 $4\pi$ 的常量。因为 $|R \cdot G(P_o)|$ 在 $S_2$ 面上是有界的，由式(4.2.23)可得 $|R \cdot G(P_o)| = |e^{ikR}| = 1$，所以，如果在 $S_2$ 面上光场的复振幅满足下列条件：

$$\lim_{R\to\infty} R\left[\frac{\partial U(P_o)}{\partial n} - ikU(P_o)\right] = 0, \tag{4.2.26}$$

那么，由式(4.2.25)可以看出，当 $R\to\infty$ 时，在 $S_2$ 面上的整个积分将趋于零。条件式(4.2.26)称为索末菲辐射条件。

可以证明，点光源照明情况，也就是如果 $U(P_i)$ 是由于球面波照明而产生的复振幅，索末菲辐射条件总是能满足的。由图 4.2.4 可知，当 $R\to\infty$ 时，在 $S_2$ 面上的光振幅、$P_o$ 和 $P_i$ 点之间的距离及屏的影响都可以忽略不计，这样做也不会影响结果的适用性。于是在 $S_2$ 面上的光振动趋于零的速度至少像发散球面波一样快，这样由球面波照明而产生的复振幅分布可近似取为 $U(P_o) \approx \frac{e^{ikR}}{R}$，其方向导数 $\frac{\partial U(P_o)}{\partial \boldsymbol{n}} \approx \left(ik - \frac{1}{R}\right)\frac{e^{ikR}}{R}$，代入式(4.2.26)便得：

$$\lim_{R\to\infty} R\left[\left(ik - \frac{1}{R}\right)\frac{e^{ikR}}{R} - ik\frac{e^{ikR}}{R}\right] = -\lim_{R\to\infty}\frac{e^{ikR}}{R} = 0 \,。 \tag{4.2.27}$$

由此可见，在点光源照明的情形下，如图 4.2.4 所示的衍射装置是满足索末菲辐射条件的。如果入射光波不是单一的球面波，总可以将入射光场表示成球面波的线性组合。因此，索末菲辐射条件在一般照明情况下总是可以满足的。这样，式(4.2.25)的积分为 0，即 $S_2$ 面上的积分正好等于零。现在 $P_i$ 点的值只由 $S_1$ 面上的积分决定，即

$$U(P_i) = \frac{1}{4\pi} \iint_{S_1} \left[ G(P_o) \frac{\partial U(P_o)}{\partial n} - U(P_o) \frac{\partial G(P_o)}{\partial n} \right] ds。 \tag{4.2.28}$$

经过简化得到的式(4.2.28)，其求解依然是困难的。因为虽然 $G(P_o) = \dfrac{e^{ikr}}{r}$ 是已知的，但仍无法准确知道在 $S_1$ 面上 $U(P_o)$ 和 $\dfrac{\partial U(P_o)}{\partial n}$ 的分布。由于屏 $P_o$ 上除了敞开着的孔径之外，其余部分是不透明的，所以对积分式的贡献应该主要来自 $S_1$ 面上位于孔径 $\Sigma$ 内的那些点，被积函数在那里最大。因此，针对 $S_1$ 面上 $U(P_o)$ 和 $\dfrac{\partial U(P_o)}{\partial n}$ 的值，基尔霍夫作了以下两点假设：①在孔径 $\Sigma_o$ 上，光场分布 $U(P_o)$ 及其导数 $\dfrac{\partial U(P_o)}{\partial n}$ 与不存在衍射屏时（自由传播）的值完全相同；②在 $S_1$ 面上除去孔径 $\Sigma_o$ 外的其余部分，即位于衍射屏的几何阴影区内的那一部分上面，也就是在屏背光照面上光场分布 $U(P_o)$ 及其导数 $\dfrac{\partial U(P_o)}{\partial n}$ 恒等于零。

上述两条假设称为基尔霍夫边界条件，是基尔霍夫衍射理论的基础条件之一。第一个假设条件使我们在确定孔径上光场分布 $U(P_o)$ 和 $\dfrac{\partial U(P_o)}{\partial n}$ 时，对衍射屏的存在可以忽略；第二个假设条件使我们在计算式(4.2.28)的积分时，只计算孔径 $\Sigma_o$ 处的场，而不用考虑 $\Sigma_o$ 以外部分的贡献。于是式(4.2.28)中的积分域由 $S_1$ 缩小至 $\Sigma_o$，即

$$U(P_i) = \frac{1}{4\pi} \iint_{\Sigma_o} \left[ G(P_o) \frac{\partial U(P_o)}{\partial n} - U(P_o) \frac{\partial G(P_o)}{\partial n} \right] ds。 \tag{4.2.29}$$

式(4.2.29)就是基尔霍夫衍射公式，它表明在孔径后观察点 $P_i$ 的光场可由孔径内的点的光场分布及其法向导数来表示。

采用基尔霍夫边界条件可以使光场计算得到简化，但要特别注意的是：这两个边界条件中没有一条是严格成立的。首先，由于基尔霍夫同时对阴影区中紧靠屏后的对光场及其法向导数施加边界条件，即 $U(P_o)=0$ 和 $\dfrac{\partial U(P_o)}{\partial n}=0$，这使得基尔霍夫衍射理论本身就存在着内在的不自洽性；其次，衍射屏的存在必然会在一定程度上干扰孔径 $\Sigma_o$ 上的光场分布，因为沿着孔径的边缘场必须满足一定的边界条件，在衍射屏不存在时并不要求具有这些边界条件，而且屏后阴影处的光场强度也不可能完全为零；最后，由于实际的衍射光场总是要扩展到屏后孔径区域之外几个光波长的距离，这使得 $S_1$ 面上除 $\Sigma_o$ 之外的部分不完全是阴影区。实际上，利用亥姆霍兹和拉普拉斯方程，可以证明基尔霍夫的两个假设从数学上讲是矛盾的：如果 $U(P_i)$ 是波动方程的解，$U(P_o)$ 和 $\dfrac{\partial U(P_o)}{\partial n}$ 在任一有限曲面上都等于 0，由于 $\dfrac{\partial U(P_o)}{\partial n}=0$，则可以推论 $U(P_i)$ 在全空间上都为 0，也就是说孔径后的场恒等于 0，这一结论显然是与实际情况不相符合的。尽管有这些矛盾，但如果孔径的线度比光波长大得多，以及观察点离孔径 $\Sigma_o$ 较远，那么这些边缘效应便可忽略不计。由基尔霍夫衍射公式计算所得

到的结果与实验结果符合得很好,因而在实际问题中它得到了广泛的应用。例如,在激光谐振腔稳定传播模式的研究中,就用这一公式来分析光波在反射镜上每次反射后的衍射与传播情况。当然,如果选择别的合适的格林函数,是可以进一步改善基尔霍夫边界条件的,从而也能消除基尔霍夫衍射理论中的内在不自洽性。

### 4.2.5 菲涅耳—基尔霍夫衍射公式

如图 4.2.5 所示,在 $S_0$ 点有一单色点光源,由它发出的光波照射到不透明的平面屏 $P_o$ 的孔径 $\Sigma_o$ 上,现在求 $\Sigma_o$ 右方 $P_i$ 点处光场的复振幅 $U(P_i)$。图中 $P_o$ 为孔径 $\Sigma_o$ 上任意一点,$r_0$ 为 $S_0$ 到 $P_o$ 的距离,$r$ 为 $P_i$ 到 $P_o$ 的距离,相应的位置矢量表示为 $\boldsymbol{r}_0$ 和 $\boldsymbol{r}$。

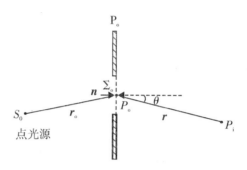

**图 4.2.5 单色点光源照明孔径**

在孔径 $\Sigma_o$ 上点 $P_o$ 的格林函数 $G$,$U$ 可分别取为:

$$G(P_o) = \frac{e^{ikr}}{r} \quad (\text{以 } P_i \text{ 点为点光源的发散球面波}), \tag{4.2.30}$$

$$U(P_o) = A_0 \frac{e^{ikr_0}}{r_0} \quad (\text{以 } S_0 \text{ 点为点光源的发散球面波})。\tag{4.2.31}$$

式中:$A_0$ 是个常数,为入射光在距点源单位处的振幅。设从光源 $S_0$ 和观察点 $P_i$ 到孔径 $\Sigma_o$ 的距离都足够远,也就是这两个距离都远大于波长,即 $r_0 \gg \lambda$,$r \gg \lambda$,于是有 $k = \frac{2\pi}{\lambda} \gg \frac{1}{r_0}$ 以及 $k \gg \frac{1}{r}$,这样,在 $\Sigma_o$ 上 $P_o$ 点的 $G$,$U$ 的方向导数为:

$$\frac{\partial G(P_o)}{\partial n} = \frac{\partial G(P_o)}{\partial r}\frac{\partial r}{\partial n} = \left(ik - \frac{1}{r}\right)\frac{e^{ikr}}{r}\cos(\boldsymbol{n},\boldsymbol{r}) \approx ik\frac{e^{ikr}}{r}\cos(\boldsymbol{n},\boldsymbol{r}), \tag{4.2.32}$$

$$\frac{\partial U(P_o)}{\partial n} = \frac{\partial U(P_o)}{\partial r_0}\frac{\partial r_0}{\partial n} = \left(ik - \frac{1}{r_0}\right)\frac{e^{ikr_0}}{r_0}\cos(\boldsymbol{n},\boldsymbol{r}_0) \approx ik\frac{e^{ikr_0}}{r_0}\cos(\boldsymbol{n},\boldsymbol{r}_0)。\tag{4.2.33}$$

将式(4.2.30)~(4.2.33)代入基尔霍夫公式(4.2.29),就可得到单色点光源照射孔径 $\Sigma_o$ 在 $P_i$ 产生的复振幅分布 $U(P_i)$ 为:

$$\begin{aligned} U(P_i) &= \frac{1}{i\lambda}\iint_{\Sigma_o}\frac{A_0 e^{ik(r+r_0)}}{rr_0}\frac{\cos(\boldsymbol{n},\boldsymbol{r}) - \cos(\boldsymbol{n},\boldsymbol{r}_0)}{2}ds_o \\ &= \frac{1}{i\lambda}\iint_{\Sigma_o}U(P_o)\frac{e^{ikr}}{r}\frac{\cos(\boldsymbol{n},\boldsymbol{r}) - \cos(\boldsymbol{n},\boldsymbol{r}_0)}{2}ds_o。\end{aligned} \tag{4.2.34}$$

上式就是菲涅耳—基尔霍夫衍射公式。由式(4.2.34)可以看出，点光源位置与观察点位置是对等的。若将同一个点光源与观察点位置互换，即将 $S_0$ 和 $P_i$ 点的角色互换，所产生的衍射效果相同。这一结论称为亥姆霍兹互易定理。如果将式(4.2.34)改写成：

$$U(P_i) = \frac{1}{i\lambda} \iint_{\Sigma_o} U(P_o) K(\theta) \frac{e^{ikr}}{r} ds_o, \tag{4.2.35}$$

这样，可以得出惠更斯—基尔霍夫衍射公式(4.2.4)中常数 $C$ 和倾斜因子 $K(\theta)$ 的具体表达式为：

$$C = \frac{1}{i\lambda}, \tag{4.2.36}$$

$$K(\theta) = \frac{\cos(\boldsymbol{n}, \boldsymbol{r}) - \cos(\boldsymbol{n}, \boldsymbol{r}_0)}{2}. \tag{4.2.37}$$

基尔霍夫衍射公式出现了 $1/i = -i = e^{-i\pi/2}$，这表明孔径 $\Sigma_o$ 上任一点的子波波源的振动位相比光源直接传到衍射场中 $P_i$ 点振动的相位要超前 $\pi/2$。由于实验观察到的衍射图样只是光强分布，因而公式中这一项不会影响理论与实验结果的一致性。由此也说明了为什么用惠更斯—菲涅耳原理处理衍射问题时，其结果基本上是准确的。

惠更斯—基尔霍夫衍射公式中的倾斜因子 $K(\theta)$ 可由式(4.2.37)来表达。若 $P_i$ 点在与入射方向相同的一侧，且在近轴近似条件下，则 $\cos(\boldsymbol{n}, \boldsymbol{r}) = \cos(\boldsymbol{n}, \boldsymbol{r}_0) \approx \cos 180° = -1$，这时 $K(\theta) = 0$，即在这一方向不存在波面。由此说明了"倒退波"是不可能存在的，同时这一结果也弥补了惠更斯—菲涅尔原理的不足之处。

当点光源离孔径 $\Sigma_o$ 足够远，$\boldsymbol{n}$ 与 $\boldsymbol{r}$ 之间的夹角 $\theta$ 也不大时，则有 $\cos(\boldsymbol{n}, \boldsymbol{r}) \approx \cos\theta$，$\cos(\boldsymbol{n}, \boldsymbol{r}_0) \approx -1$，这样，式(4.2.34)变为：

$$U(P_i) = \frac{1}{i\lambda} \iint_{\Sigma_o} U(P_o) \frac{e^{ikr}}{r} \frac{1 + \cos\theta}{2} ds_o. \tag{4.2.38}$$

根据基尔霍夫对平面屏假设的边界条件，孔径外的阴影区的 $U_o(P_o) = 0$，因此公式(4.2.35)的积分可以扩展到无穷，从而有：

$$U(P_i) = \frac{1}{i\lambda} \iint_{\infty} U(P_o) K(\theta) \frac{e^{ikr}}{r} ds_o. \tag{4.2.39}$$

一般来说，不论以什么方式改变光波面，或是以一定形式限制波面范围，或是使振幅以一定的分布衰减，或是以一定的空间分布使相位延迟，或者两者兼而有之，都会引起衍射。所以，障碍屏的概念，除去不透明屏上有开孔这种情况外，还可以是具有一定复振幅的透明片。实际上，我们可以把能引起衍射的障碍物统称为衍射屏。

### 4.2.6 球面波的衍射理论

前面介绍的惠更斯—菲涅耳原理、基尔霍夫衍射理论都是球面波的衍射理论。由这些理论确立的衍射公式可以统一由式(4.2.39)表示。由于式(4.2.39)虽然假设了孔径 $\Sigma_o$ 是在点光源照明情况下导出的，但是可以证明，对于更普通的孔径照明情况，即更一般的情形，衍射公式也是成立的。式(4.2.31)表示了一个置于 $S_0$ 点的点光源，由它照明到孔径 $\Sigma_o$ 上 $P_o$ 点，其复振幅为 $U(P_o)$，由于任意的照明总可以分解为无穷多点源的集合，因而对于 $\Sigma_o$ 被非点光源照射的一般情形，总是可以将非点光源分解成若干点光源的集合，每一个点光源发出一定振幅的单色球面波，这时 $U(P_o)$ 的意义就是表示这些球面波传播至衍射孔径上 $P_o$ 点时总的复振幅。从这个观点看，式(4.2.39)也适用于非点光源照射的情形，但这时 $U(P_o)$ 泛指 $P_o$ 点上的复振幅。由于波动方程的线性性质，可以对每个点源应用衍射公式。在基尔霍夫衍射公式中，令

$$h(P_i, P_o) = \frac{1}{i\lambda} \frac{e^{ikr}}{r} K(\theta), \tag{4.2.40}$$

则式(4.2.39)便可以写成：

$$U(P_i) = \frac{1}{i\lambda} \iint_\infty U_o(P_o) K(\theta) \frac{e^{ikr}}{r} ds_o = \iint U(P_o) h(P_i, P_o) ds_o \text{。} \tag{4.2.41}$$

为了理解 $h(P_i, P_o)$ 的物理意义，设想 $\Sigma_o$ 上任意一点 $P_o$，其复振幅为 $U_o(P_o)$，在 $P_o$ 点处的小面元 $ds_o$ 对观察点 $P_i$ 产生的复振幅为 $dU(P_i) = U(P_o) h(P_i, P_o) ds$，当 $U_o(P_o) ds = 1$ 时，$dU(P_i) = h(P_i, P_o)$。由此可见，$h(P_i, P_o)$ 表示在 $P_o$ 点有一个单位脉冲，在观察场 $P_i$ 点产生的复振幅分布，$h(P_i, P_o)$ 就称为脉冲响应或点扩散函数。由式(4.2.41)可知，观察点 $P_i$ 的复振幅 $U_i(P_i)$ 是 $\Sigma_o$ 上所有面元的光振动在 $P_i$ 点引起的复振幅的相干叠加。因此，积分式(4.2.41)具有叠加积分的意义。光波由 $P_o$ 点所在平面传播到 $P_i$ 点所在平面的过程实际上是一个衍射过程，该过程将 $U(P_o)$ 变换成 $U(P_i)$，这等效于一个"系统"的作用。由于满足叠加积分，故该系统还是线性系统。这个线性系统的输入函数为 $U(P_o)$，输出函数为 $U(P_i)$。对于这个系统，$h(P_i, P_o)$ 表征了它的全部特征。

从图4.2.5中可以看出，当点光源 $S_o$ 足够远时，而且入射光在孔径平面上各点的入射角都不大时，则有 $\cos(\boldsymbol{n}, \boldsymbol{r}_o) \approx -1$。此外，如果衍射屏到观察平面的距离 $z$ 远大于孔径的尺度，而且在观察平面上仅考虑一个对孔径上各点张角不大的范围，即在傍轴近似下，又有 $\cos(\boldsymbol{n}, \boldsymbol{r}) \approx 1$。由此，倾斜因子 $K(\theta) \approx 1$。实际上，这些近似式对夹角的要求并不苛刻。如夹角等于18°，$\cos 18° \approx 0.9511$，此时上面的近似式依然有95%以上的精度。由于 $K(\theta) \approx 1$，式(4.2.40)就可以简化为 $h(P_i, P_o) = \frac{1}{i\lambda} \frac{e^{ikr}}{r}$。把孔径所在的平面和观察平面分别标记为 $x_o$-$y_o$ 和 $x_i$-$y_i$（图4.2.6），这样，式(4.2.41)变为：

$$U(x_i, y_i) = \iint_\infty U(x_o, y_o) h(x_i, y_i; x_o, y_o) dx_o dy_o \text{。} \tag{4.2.42}$$

式中：

$$h(x_i, y_i; x_o, y_o) = h(P_i, P_o) = \frac{1}{i\lambda} \frac{e^{ikr}}{r} = \frac{1}{\lambda} \frac{e^{ikr - \frac{\pi}{2}}}{r} \text{。} \tag{4.2.43}$$

上式的意义可以表述为：系统的脉冲响应 $h(P_i, P_o)$ 表示由 $P_o$ 点发出的振幅为 $1/\lambda$、初始相位延迟 $\pi/2$ 的球面波在 $P_i$ 点所产生的复振幅的大小。

由图4.2.6可以看出，$P_i$ 点到 $P_o$ 点之间的距离为：

$$r = \sqrt{(x_i - x_o)^2 + (y_i - y_o)^2 + z^2} \text{。} \tag{4.2.44}$$

将式(4.2.44)代入式(4.2.43)，可得：

$$h(x_i, y_i; x_o, y_o) = h(P_i, P_o) = \frac{1}{i\lambda} \frac{e^{ikr}}{r} = \frac{1}{i\lambda} \frac{e^{ik\sqrt{(x_i - x_o)^2 + (y_i - y_o)^2 + z^2}}}{\sqrt{(x_i - x_o)^2 + (y_i - y_o)^2 + z^2}} \text{。}$$

$$\tag{4.2.45}$$

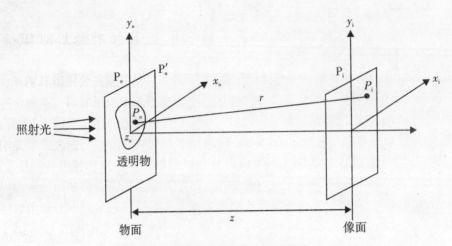

图 4.2.6  衍射孔径和观察平面

从上式可以看出，$h(P_i, P_o)$ 是相对坐标 $(x_i - x_o, y_i - y_o)$ 的函数，可简记为：

$$h(P_i, P_o) = h(x_i - x_o, y_i - y_o) 。 \tag{4.2.46}$$

由以上两式可以看出，脉冲响应函数具有空间不变线性系统所要求的形式，也就是说当孔径 $\Sigma_o$ 上的点 $P_o$（其坐标为 $x_o, y_o$）位置改变时，在输出平面上相应的脉冲响应函数 $h$ 的形式，只改变响应函数中心坐标的值。应用式 (4.2.46)，就可将式 (4.2.42) 改写为：

$$U(P_i) = U_i(x_i, y_i) = \iint_\infty U(x_o, y_o) h(x_i - x_o, y_i - y_o) \mathrm{d}x_o \mathrm{d}y_o 。 \tag{4.2.47}$$

式中：$U_o(x_o, y_o)$ 是衍射屏后光波的复振幅。这里将积分区域扩展至无穷，是为了在计算时便于利用傅里叶变换的相关理论，只要在实际计算时将孔径 $\Sigma_o$ 之外的光场 $U_o(x_o, y_o)$ 均处理为零就行了，而且积分只对物面坐标进行。式 (4.2.47) 所表示的空间不变性在空域的特性由脉冲响应函数 $h(x_i - x_o, y_i - y_o)$ 来描述。$U(P_i)$ 是由 $\Sigma_o$ 面上发出的相干球面子波线性叠加形成，$\Sigma_o$ 上不同点 $P_o$ 发出的子波以权重因子来表征。由卷积的定义可知，式 (4.2.47) 可写成：

$$U(x_i, y_i) = U(x_o, y_o) * h(x_i, y_i) \tag{4.2.48a}$$

或

$$U_i(x, y) = U_o(x, y) * h(x, y) 。 \tag{4.2.48b}$$

式 (4.2.48) 称为基尔霍夫衍射公式的卷积形式，它是球面波衍射理论的数学表达式。要注意的是：式 (4.2.48) 中 $U$ 的下标 "o" 和 "i" 分别表示在 $x_o$-$y_o$ 和 $x_i$-$y_i$ 平面上的光场复振幅，也就是表示输入和输出函数，但数学要求宗量的统一。

光波传播的这一线性性质不仅存在于单色光波在自由空间中的传播，也同样存在于孔径和观察平面之间是非均匀媒质的情况，如两者之间存在光学系统，只是线性系统的脉冲响应函数 $h$ 有不同的形式而已。

孔径平面上透射光场 $U_o$ 和观察平面上的光场 $U_i$ 之间存在着一个卷积积分所描述的关系。于是，我们在忽略倾斜因子的变化后，就可以把光波在衍射孔径后的传播过程看成一个光波通过一个线性不变系统。系统在空间域的特性唯一地由其空间不变的脉冲响应函数 $h$ 所确定。所以，这里我们看到了傅里叶变换与光学信息处理之间的紧密关系。

## 4.3 衍射在空间频域的描述

上一节讨论的衍射问题都是在空间域中进行的,这种描述比较直观,对于平面衍射物可以用式(4.2.39)表示。若衍射屏是挖有开孔 $\Sigma_o$ 的不透明屏,则式中 $U_o(P_o)$(加了下标是为了标志所在平面)既然可以理解为衍射屏前表面的复振幅,也可以理解为衍射屏后表面的复振幅,反正积分范围仅仅是 $\Sigma_o$。有时候也把衍射看作光振动由衍射后表面到观测面的自由传播,这种传播的规律也可用式(4.2.39)来描述。此时公式中的 $U_o(P_o)$ 则代表衍射屏后表面的复振幅,同时积分范围也由 $\Sigma_o$ 扩展到整个平面。下面,以此为基础推导衍射问题的空间频域的描述。

### 4.3.1 从空间域到空间频域

依然采用图 4.2.6 中的坐标标识。某单色光照明衍射屏时,屏前表面的复振幅用 $U_o(x_o, y_o, z_0)$ 表示,孔径函数 $\Sigma_o$ 的复振幅透射率为 $t(x_o, y_o, z_0)$,屏后表面的复振幅用 $U'_o(x_o, y_o, z_0)$ 表示,则有:

$$U'_o(x_o, y_o, z_0) = U_o(x_o, y_o, z_0) t_o(x_o, y_o, z_0)。 \tag{4.3.1}$$

设观测屏与衍射屏的距离为 $z$,由式(4.2.39),观测屏上的复振幅为:

$$U_i(x_i, y_i, z) = \frac{1}{i\lambda} \iint_\infty U'_o(x_o, y_o, z_0) K(\theta) \frac{e^{ikr}}{r} ds_o。 \tag{4.3.2}$$

显然,$U_i(x_i, y_i, z)$ 是 $U_o(x_o, y_o, z_0)$ 通过光孔 $\Sigma_o$ 后 $U'_o(x_o, y_o, z_0)$ 用空间传播的结果。

在 $x_o$-$y_o$ 和 $x_i$-$y_i$ 平面分别对 $U'_o(x_o, y_o, z_0)$ 和 $U_i(x_i, y_i, z)$ 作二维傅里叶逆变换,有:

$$U'_o(x_o, y_o, z_0) = \iint_{-\infty}^{\infty} A'_o(\xi, \eta, z_0) e^{i2\pi(\xi x_o + \eta y_o)} d\xi d\eta, \tag{4.3.3}$$

$$U_i(x_i, y_i, z) = \iint_{-\infty}^{\infty} A_i(\xi, \eta, z) e^{i2\pi(\xi x_i + \eta y_i)} d\xi d\eta。 \tag{4.3.4}$$

式中:$A'_o(\xi, \eta, z_0)$ 和 $A_i(\xi, \eta, z)$ 分别是 $U'_o(x_o, y_o, z_0)$ 和 $U_i(x_i, y_i, z)$ 的频谱函数。如果对 $U_o(x_o, y_o, z_0)$ 作傅里叶分析,则所得到的各频谱分量代表沿不同方向传播的平面波,平面波在传播中只改变相位,那么衍射场中的复振幅 $U_i$ 便是各个频谱分量传播到 $P_i$ 点重新叠加的结果。所以,衍射问题既可以看成空间域中复振幅 $U'_o(x_o, y_o, z_0) \rightarrow U_i(x_i, y_i, z)$ 的传播,又可以看成空间频域中频谱分布 $A'_o(\xi, \eta, z_0) \rightarrow A_i(\xi, \eta, z)$ 的传播。对于给定的光场 $U_o(x_o, y_o, z_0)$ 与孔径 $t(x_o, y_o, z_0)$,对式(4.3.1)作傅里叶变换,即有 $A'_o(\xi, \eta, z_0) = A_o(\xi, \eta, z_0) * T(\xi, \eta, z_0)$,$T(\xi, \eta, z_0)$ 为 $t(x_o, y_o, z_0)$ 的傅里叶频谱。所以,只要 $A_i(\xi, \eta, z)$ 能用 $A'_o(\xi, \eta, z_0)$ 表示出来,就可求得观察屏的衍射光场 $U_i(x_i, y_i, z)$ 了。

### 4.3.2 谱频的传播效应

由 4.3.1 节可以看到,用平面波空间频域处理衍射问题的基本思想是:首先,将已知的

复振幅 $U'_o(x_o, y_o, z_0)$ 的谱频函数 $A'_o(\xi, \eta, z_0)$ 分解为一系列沿不同方向传播的简谐平面波，而 $A'_o(\xi, \eta, z_0)$ 正是空间频率 $\xi_o, \eta_o$ 的平面波成分的复振幅密度。由于平面波在自由空间传播过程中，不改变其波面形状，唯一的变化是产生一个与传播距离有关的相移。如果可以用平面 $x_o-y_o$ 上的频谱 $A'_o(\xi, \eta, z_0)$ 表达在 $x_i-y_i$ 平面上的谱频 $A_i(\xi, \eta, z)$，那么，对 $A_i(\xi, \eta, z)$ 作傅里叶逆变换，也就是将传播到平面 $P_i$ 上、经历了不同相位延迟的所有平面波进行叠加，就可以综合出观察平面 $P_i$ 上的复振幅分布 $U_i(x_i, y_i, z)$，从而得到光波的衍射图形。

为讨论方便又不失一般性，令 $z_0 = 0$，即衍射屏处在 $z = 0$ 的平面上。在无源点上，光场 $U_i$ 满足亥姆霍兹方程(4.1.21)，将式(4.3.4)代入式(4.1.21)，有：

$$(\nabla^2 + k^2) U_i(x_i, y_i, z) = (\nabla^2 + k^2) \left[ \iint_{-\infty}^{\infty} A_i(\xi, \eta, z) e^{i2\pi(\xi x_i + \eta y_i)} d\xi d\eta \right] = 0。 \quad (4.3.5)$$

上式交换微分与积分的次序可得：

$$\iint_{-\infty}^{\infty} (\nabla^2 + k^2) [A_i(\xi, \eta, z) e^{i2\pi(\xi x_i + \eta y_i)}] d\xi d\eta = 0。 \quad (4.3.6)$$

可见，应有：

$$(\nabla^2 + k^2) [A_i(\xi, \eta, z) e^{i2\pi(\xi x_i + \eta y_i)}] = 0。 \quad (4.3.7)$$

注意到 $\nabla^2 = \frac{\partial^2}{\partial x_i^2} + \frac{\partial^2}{\partial y_i^2} + \frac{\partial^2}{\partial z^2}$，$A_i(\xi, \eta, z)$ 与 $x_i, y_i$ 无关，但与空间坐标 $z$ 有关，是 $z$ 的函数，故有：

$$\frac{\partial^2}{\partial x_i^2} A_i(\xi_i, \eta_i, z) = \frac{\partial^2}{\partial y_i^2} A_i(\xi_i, \eta_i, z) = 0, \quad \frac{\partial^2}{\partial z^2} A_i(\xi, \eta, z) \neq 0。 \quad (4.3.8)$$

对因子 $e^{i2\pi(\xi x_i + \eta y_i)}$，有：

$$\left. \begin{array}{l} \dfrac{\partial^2}{\partial x_i^2} e^{i2\pi(\xi x_i + \eta y_i)} = (i2\pi\xi)^2 e^{i2\pi(\xi x_i + \eta y_i)} \\[2mm] \dfrac{\partial^2}{\partial y_i^2} e^{i2\pi(\xi x_i + \eta y_i)} = (i2\pi\eta)^2 e^{i2\pi(\xi x_i + \eta y_i)} \\[2mm] \dfrac{\partial^2}{\partial z^2} e^{i2\pi(\xi x_i + \eta y_i)} = 0 \end{array} \right\}。 \quad (4.3.9)$$

将式(4.3.8)和(4.3.9)代入式(4.3.7)，并消去共同因子 $e^{i2\pi(\xi x_i + \eta y_i)}$，得：

$$\frac{d^2}{dz^2} A_i(\xi, \eta, z) + k^2 [1 - (\lambda\xi)^2 - (\lambda\eta)^2] A_i(\xi, \eta, z) = 0。 \quad (4.3.10)$$

上式是二阶线性非齐次常微分方程，可以采用特征方程法来求解。其特征根为 $\pm ik\sqrt{1-(\lambda\xi)^2-(\lambda\eta)^2}$，其解为前进波 $e^{ikz\sqrt{1-(\lambda\xi)^2-(\lambda\eta)^2}}$ 和后退波 $-e^{-ikz\sqrt{1-(\lambda\xi)^2-(\lambda\eta)^2}}$ 的线性组合。这里只考虑取"+"号的解，这个解显然是方程(4.3.10)的一个基本解，可表示为：

$$A_i(\xi, \eta, z) = C e^{ikz\sqrt{1-(\lambda\xi)^2-(\lambda\eta)^2}}。 \quad (4.3.11)$$

式中：$C$ 是积分常数，由边界条件决定。在 $z = 0$ 时，即孔径平面自然成了 $x_o-y_o$，这样频谱函数为 $A'_o(\xi, \eta, 0)$，故有：

$$A'_o(\xi, \eta, 0) = C。 \quad (4.3.12)$$

所以得到：
$$A_i(\xi, \eta, z) = A'_o(\xi, \eta, 0)e^{ikz\sqrt{1-(\lambda\xi)^2-(\lambda\eta)^2}}。 \quad (4.3.13)$$

式(4.3.13)给出了 $A_i(\xi, \eta, z)$ 和 $A'_o(\xi, \eta, 0)$ 之间的关系式，即频谱传播的规律。它表明，知道了 $z=0$ 平面上光场的频谱就可以求出观察面上的频谱，然后通过傅里叶逆变换求出观察面上的复振幅分布。因而，式(4.3.13)与基尔霍夫衍射公式有同等的价值。

将式(4.3.13)代入式(4.3.4)，即可求得观测平面 $x_i - y_i$ 上衍射光场的复振幅为：

$$U_i(x_i, y_i, z) = \iint_{-\infty}^{\infty} A'_o(\xi, \eta, 0)e^{ikz\sqrt{1-(\lambda\xi)^2-(\lambda\eta)^2}} e^{i2\pi(\xi x_i + \eta y_i)} d\xi d\eta。 \quad (4.3.14)$$

上式就是衍射问题的空间频域描述。如果把描述球面波子波相干叠加的基尔霍夫理论称为衍射的球面波理论，可以把衍射问题的空间频域看作衍射的平面波理论。它描述孔径平面上不同方向传播的平面波分量(与系统的本征函数为复指数函数相对应)在传播距离 $z$ 后，各自引入与频率有关的相移，然后再线性叠加，产生观察平面上的光场分布。式(4.3.14)与式(4.2.47)比较，表面上看二者似乎是没有相同之处的。但我们知道，输入谱频 $A'_o(\xi, \eta, 0)$ 是输入振幅 $U'_o(x_o, y_o, 0)$ 的傅里叶变换，即

$$A'_o(\xi, \eta, 0) = \iint_{-\infty}^{\infty} U'_o(x_o, y_o, 0)e^{-i2\pi(\xi x_o + \eta y_o)} dx_o dy_o。 \quad (4.3.15)$$

将式(4.3.15)代入式(4.3.14)，并改换积分的次序，可得：

$$U_i(x_i, y_i, z) = \iint_{-\infty}^{\infty} U'_o(x_o, y_o, 0) dx_o dy_o \iint_{-\infty}^{\infty} e^{ikz\sqrt{1-(\lambda\xi)^2-(\lambda\eta)^2}} e^{i2\pi[\xi(x_i-x_o)+\eta(y_i-y_o)]} d\xi d\eta。$$
$$(4.3.16)$$

上式等式右边中的后一个积分实际上是 $e^{ikz\sqrt{1-(\lambda\xi)^2-(\lambda\eta)^2}}$ 的傅里叶逆变换，这样可以得到脉冲响应函数为：

$$h(x_i - x_o, y_i - y_o) = F^{-1}\{e^{ikz\sqrt{1-(\lambda\xi)^2-(\lambda\eta)^2}}\}$$
$$= \iint_{-\infty}^{\infty} e^{ikz\sqrt{1-(\lambda\xi)^2-(\lambda\eta)^2}} e^{i2\pi[\xi(x_i-x_o)+\eta(y_i-y_o)]} d\xi d\eta。 \quad (4.3.17)$$

当 $z \gg \lambda$，并且 $z$ 远大于孔径和观察区域的最大线度时，即在傍轴近似下，式(4.3.17)变为：

$$h(x_i - x_o, y_i - y_o) = \frac{e^{ik\sqrt{(x_i-x_o)^2+(y_i-y_o)^2+z^2}}}{i\lambda\sqrt{(x_i-x_o)^2+(y_i-y_o)^2+z^2}}。 \quad (4.3.18)$$

这与式(4.2.43)给出的脉冲响应完全一致。将式(4.3.18)代入式(4.3.16)，可得：

$$U_i(x_i, y_i, z) = \iint_{-\infty}^{\infty} U'_o(x_o, y_o, 0) h(x_i - x_o, y_i - y_o) dx_o dy_o。 \quad (4.3.19)$$

可以看出，式(4.3.19)与式(4.2.47)是完全相同的。这说明，基尔霍夫衍射理论与角谱衍射理论是完全统一的，它们都证明了光传播过程可以看作线性空不变系统。基尔霍夫衍射理论是在空间域讨论光的传播，是把孔径平面光场看作点源的集合，观察平面上的光场分布等于它们所发出的带有不同权重因子的球面子波的相干叠加。球面子波在观察平面上的复振幅分布就是系统的脉冲响应。角谱衍射理论是在频率域讨论光的传播，是把孔径平面的光场分布看成许多不同方向传播的平面波分量的线性组合。观察面上的光场分布仍然是这些平面波分量的相干叠加，但每个平面波分量都有相移。相移的大小决定于系统传递函数，它是系统

脉冲响应的傅里叶变换。两种衍射的一致性，其物理本质在于它们都源于标量的波动方程。

## 4.3.3 角谱的传播

在 3.5.3 节我们引入了角谱的概念，指数基元函数 $e^{i2\pi(\xi x+\eta y)}$ 代表一个传播方向余弦为 $\cos\alpha=\lambda\xi$, $\cos\beta=\lambda\eta$ 的单位振幅的单色平面波。这样，应用平面波的角谱理论，式 (4.3.13) 和式 (4.3.14) 变为：

$$A_i\left(\frac{\cos\alpha}{\lambda},\frac{\cos\beta}{\lambda},z\right)=A_o'\left(\frac{\cos\alpha}{\lambda},\frac{\cos\beta}{\lambda},0\right)e^{ikz\sqrt{1-\cos^2\alpha-\cos^2\beta}}, \quad (4.3.20)$$

$$U_i(x_i,y_i,z)$$
$$=\iint_{-\infty}^{\infty}A_o'\left(\frac{\cos\alpha}{\lambda},\frac{\cos\beta}{\lambda},0\right)e^{ikz\sqrt{1-\cos^2\alpha-\cos^2\beta}}e^{i2\pi\left(\frac{\cos\alpha}{\lambda}x_i+\frac{\cos\beta}{\lambda}y_i\right)}d\left(\frac{\cos\alpha}{\lambda}\right)d\left(\frac{\cos\beta}{\lambda}\right)_\circ \quad (4.3.21)$$

式 (4.3.21) 就是应用平面波角谱理论求解衍射问题的基本公式，该式表明，对初始平面 $z=0$ 上的复振幅分布 $U_o'(x_o,y_o,0)$ 作傅里叶分析，所得的各个空间傅里叶分量可以看作沿不同方向传播的平面波（其方向余弦为 $\cos\alpha$, $\cos\beta$, $\cos\gamma=\sqrt{1-\cos^2\alpha-\cos^2\beta}$）。这些平面波传播到任意一点 $(x_i,y_i,z)$ 上的场复振幅，可以在计及了这些平面波传播到该点所经受的相移之后，再将各个平面波进行求和而得出。

对式 (4.3.20) 作傅里叶逆变换也可以得到式 (4.3.21)，这说明平面波角谱理论的实质是傅里叶分解和综合过程。即可首先将输入函数 $U_o'(x_o,y_o,0)$ 分解为一系列简谐平面波，然后再将传播过程中经历了不同相位延迟的平面波成分相加，最后综合出输出面上衍射光的复振幅。

为了深入理解式 (4.3.20)，下面对该式中的指数因子作一些讨论。当方向余弦满足 $\cos^2\alpha+\cos^2\beta<1$ 时，频率为 $\left(\frac{\cos\alpha}{\lambda},\frac{\cos\beta}{\lambda}\right)$ 的指数基元相当于方向余弦 $\cos\alpha=\lambda\xi$, $\cos\beta=\lambda\eta$ 的平面波。由于方向余弦必然满足 $\cos^2\alpha+\cos^2\beta+\cos^2\gamma=1$，所以，只有在 $\left(\frac{\cos\alpha}{\lambda},\frac{\cos\beta}{\lambda}\right)$ 满足 $\cos^2\alpha+\cos^2\beta<1$ 的指数基元，才能真正对应于沿空间某一确定方向传播方向的平面波。它在传播过程中既不会改变方向，也不会改变振幅，传播一段距离 $z$ 仅仅是改变了各个角谱分量的相对相位，各个角谱分量的值仍为该分量在 $z=0$ 时的值 $A_0\left(\frac{\cos\alpha}{\lambda},\frac{\cos\beta}{\lambda}\right)$。因为每个平面波分量在不同的角度上传播，它们到达给定观察点 $(x_i,y_i,z)$ 所走过的距离 $z\cos\gamma$ 各不相同，因而引起了相对相位延迟，波矢为 $\boldsymbol{k}$，经过点 $(x_o,y_o,0)$ 和 $(x_i,y_i,z)$ 的两个等相面之间的距离为 $z\cos\gamma$，如图 4.3.1 所示。

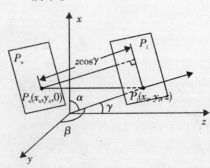

图 4.3.1 平面波分量等相面间的距离

当方向余弦满足 $\cos^2\alpha + \cos^2\beta > 1$ 时,式(4.3.20)中的平方根为虚数,设 $kz\cos\gamma = kz\sqrt{1-\cos^2\alpha-\cos^2\beta} = i\mu z$,于是式(4.3.20)可写为:

$$A_i\left(\frac{\cos\alpha}{\lambda}, \frac{\cos\beta}{\lambda}; z\right) = A_o'\left(\frac{\cos\alpha}{\lambda}, \frac{\cos\beta}{\lambda}, 0\right)e^{-\mu z}。 \tag{4.3.22}$$

式中:$\mu = k\sqrt{\cos^2\alpha + \cos^2\beta - 1} > 0$ 为正实数。显然,对于一切满足 $\cos^2\alpha + \cos^2\beta > 1$ 的 $\left(\frac{\cos\alpha}{\lambda}, \frac{\cos\beta}{\lambda}\right)$,所对应的角谱分量将随着 $z$ 的增加按指数 $e^{-\mu z}$ 急速衰减,在几个波长距离内很快衰减到零。这些角谱分量称为倏逝波(evanescent wave)。

当方向余弦满足 $\cos^2\alpha + \cos^2\beta = 1$ 时,$\cos\gamma = 0$,即 $\gamma = 90°$。该频率对应的指数基元相当于传播方向垂直于 $z$ 轴的平面波,它在 $z$ 轴方向的净能量流为零。

### 4.3.4 孔径对角谱的效应

如图 4.3.2 所示,设在 $z = 0$ 的平面上有一个无穷大的不透明屏,屏上开有一孔 $\Sigma_o$,设孔径的振幅透射率函数为:

$$t(x_o, y_o) = \begin{cases} 1 & 在 \Sigma_o \\ 0 & 其他 \end{cases}。 \tag{4.3.23}$$

$t(x_o, y_o)$ 也称为衍射屏的透射率函数,或称为屏函数。

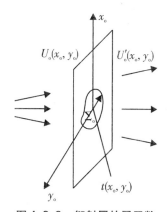

图 4.3.2　衍射屏的屏函数

假设屏的存在不影响入射波的振幅大小且屏的几何阴影内场分布为 0,那么紧靠 $\Sigma_o$ 后的平面上场的复振幅分布为:

$$U_o'(x_o, y_o) = t(x_o, y_o)U_o(x_o, y_o)。 \tag{4.3.24}$$

式中:$U_o(x_o, y_o)$ 为入射至 $\Sigma_o$ 前的光场的复振幅。对 $U_o(x_o, y_o)$ 和 $t(x_o, y_o)$ 作二维傅里叶变换,可得到其频谱函数为:

$$A_o(\xi_o, \eta_o) = \iint_{-\infty}^{\infty} U_o(x_o, y_o)e^{-i2\pi(\xi_o x_o + \eta_o y_o)}dx_o dy_o, \tag{4.3.25}$$

$$T(\xi_o, \eta_o) = \iint_{-\infty}^{\infty} t(x_o, y_o)e^{-i2\pi(\xi_o x_o + \eta_o y_o)}dx_o dy_o。 \tag{4.3.26}$$

对式(4.3.24)两边同时作傅里叶变换,则由卷积定理可得:

$$A'_o(\xi_o, \eta_o) = A_o(\xi_o, \eta_o) * T(\xi_o, \eta_o)_o \tag{4.3.27}$$

上式表明，衍射屏处出射光波的频谱函数 $A'_o$ 由衍射屏处入射光波的频谱函数 $A_o$ 和衍射屏透射率函数的频谱函数 $T$ 的卷积来决定。用角谱来表示时，为：

$$A'_o\left(\frac{\cos\alpha}{\lambda}, \frac{\cos\beta}{\lambda}\right) = A_o\left(\frac{\cos\alpha}{\lambda}, \frac{\cos\beta}{\lambda}\right) * T\left(\frac{\cos\alpha}{\lambda}, \frac{\cos\beta}{\lambda}\right)_o \tag{4.3.28}$$

即透射光的角谱等于入射光的角谱和表征孔径 $\Sigma_o$ 本身特性的角谱的卷积。

例如，当孔径 $\Sigma_o$ 由单位振幅的平面波垂直照明时，显然有 $U_o(x_o, y_o) = 1$，其傅里叶变换为：

$$A_o(\xi_o, \eta_o) = F\{U_o(x_o, y_o)\} = F\{1\} = \delta(\xi_o, \eta_o)_o \tag{4.3.29}$$

由上式可知，只有当 $\xi_o = 0$, $\eta_o = 0$ 或 $\cos\alpha = 0$, $\cos\beta = 0$ 时，$A_o(\xi_o, \eta_o)$ 才不等于 $0$，所以照明光波的频谱或角谱只有一个，它代表沿衍射屏法线方向传播的平面波。当此光波通过衍射屏后，将式(4.3.29)代入式(4.3.27)，并由 $\delta$ 函数的性质，可得：

$$A'_o(\xi_o, \eta_o) = A_o(\xi_o, \eta_o) * T(\xi_o, \eta_o) = \delta(\xi_o, \eta_o) * T(\xi_o, \eta_o) = T(\xi_o, \eta_o)$$
$$\tag{4.3.30a}$$

或

$$A'_o\left(\frac{\cos\alpha}{\lambda}, \frac{\cos\beta}{\lambda}\right) = \delta\left(\frac{\cos\alpha}{\lambda}, \frac{\cos\beta}{\lambda}\right) * T\left(\frac{\cos\alpha}{\lambda}, \frac{\cos\beta}{\lambda}\right) = T\left(\frac{\cos\alpha}{\lambda}, \frac{\cos\beta}{\lambda}\right)_o \tag{4.3.30b}$$

由式(4.3.30)可以看出，在单位振幅的单色平面波垂直照明的情况下，透射光的频谱或角谱就等于孔径函数傅里叶变换。出射光波的频谱由 $\delta(\xi_o, \eta_o)$ 变换为 $T(\xi_o, \eta_o)$，$\delta$ 函数的频谱宽度是无限小的，显然经过孔径 $\Sigma_o$ 后，光波的频谱被展宽了。也就是说，通过衍射屏后，由 $\delta$ 函数所表征的入射光场只是一个值的域谱角谱，变成了孔径函数的傅里叶变换，显然谱域角谱分量增加了，也就是被展宽了。

由此可见，衍射孔径对光波的空间限制，导致了空间频谱的展宽，通光孔越小或越精细，频谱展宽量就越大。特别地，当通光孔由平面光波垂直照明时，透射光波的频谱直接由衍射屏透射率函数的傅里叶变换给出。

**例 4.3.1** 求矩形孔的透射光场的角谱。

**解**：矩形孔的透射率函数可由二维矩形函数来表示，由式(1.1.5)可得单位高度，宽和长分别为 $a$, $b$ 矩形孔的透射率函数为：

$$t(x_o, y_o) = \text{rect}\left(\frac{x_o}{a}, \frac{y_o}{b}\right)_o$$

其傅里叶变换为：

$$T\left(\frac{\cos\alpha}{\lambda}, \frac{\cos\beta}{\lambda}\right) = F\{t(x_o, y_o)\} = ab\,\text{sinc}\left(a\frac{\cos\alpha}{\lambda}, b\frac{\cos\beta}{\lambda}\right)_o$$

用单位振幅的平面波垂直照射孔径时，由式(4.3.30b)，可得透射光场的角谱为：

$$A'_o\left(\frac{\cos\alpha}{\lambda}, \frac{\cos\beta}{\lambda}\right) = T\left(\frac{\cos\alpha}{\lambda}, \frac{\cos\beta}{\lambda}\right) = ab\,\text{sinc}\left(a\frac{\cos\alpha}{\lambda}, b\frac{\cos\beta}{\lambda}\right)_o$$

入射光场为单位振幅的平面波的角谱为 $\delta\left(\frac{\cos\alpha}{\lambda}, \frac{\cos\beta}{\lambda}\right)$，显然，透射光场的角谱 $A'_o\left(\frac{\cos\alpha}{\lambda}, \frac{\cos\beta}{\lambda}\right)$ 较入射光场的角谱分量被大大展宽了。由此可见，当用一定大小的孔径限制

入射光场时,其效果是使入射光场的频谱展宽。孔径越小,频谱展宽越显著,包含的高频成分就愈多。因此,从空间域来看,孔径的作用是限制了入射波面的大小范围;从频域看来,则是展宽了入射光场的角谱。

### 4.3.5 传播现象作为一种线性空间滤波器

可以证明,由式(4.3.19)所描述的光波从 $U'_o(x_o, y_o, z_o)$ 到 $U_i(x_i, y_i, z)$ 的传播过程相当于光波经历一个线性空不变系统的变换。由第3章可知,传递函数理论只能适用于空不变系统。反之,如果一个系统的变换作用具有传递函数,那么这个系统必是空不变系统。

如果把衍射的传播过程视为一种系统的变换,看能否求出这个系统的传递函数,如果可以,就是说明这样的一个过程是空间不变换的。由式(4.3.13)可得:

$$e^{ikz\sqrt{1-(\lambda\xi)^2-(\lambda\eta)^2}} = \frac{A_i(\xi, \eta)}{A'_o(\xi, \eta)}。 \tag{4.3.31}$$

上式与式(3.2.56)相比,就可得到光波传播过程的传递函数为:

$$H(\xi, \eta) = \frac{A_i(\xi, \eta)}{A'_o(\xi, \eta)} = e^{ikz\sqrt{1-(\lambda\xi)^2-(\lambda\eta)^2}}。 \tag{4.3.32}$$

能求出传递函数 $H(\xi, \eta)$ 这个事实,就说明了与自由传播等效的系统是一个线性空不变系统。把 $A'_o(\xi, \eta)$ 和 $A_i(\xi, \eta)$ 分别看作一个系统的输入频谱和输出频谱,由式(4.3.32)给出的输入—输出频谱关系再次说明该系统是线性不变系统,系统在频域的效应由传递函数 $H(\xi, \eta)$ 表征。

当观察平面与孔径平面之间的距离 $z$ 至少大于几个波长时,倏逝波已衰减到极小,可以忽略。传递函数就可以表示为:

$$H(\xi, \eta) = \frac{A_i(\xi, \eta)}{A'_o(\xi, \eta)} = \begin{cases} e^{ikz\sqrt{1-(\lambda\xi)^2-(\lambda\eta)^2}} & \xi^2+\eta^2 \leqslant \frac{1}{\lambda^2} \\ 0 & \text{其他} \end{cases}。 \tag{4.3.33}$$

当空间频率满足 $\xi^2+\eta^2 \leqslant \frac{1}{\lambda^2}$ 时, $H(\xi, \eta)$ 的模等于1,但此时存在与频率有关的相位延迟;对其他的频率成分,即当 $\xi^2+\eta^2 \geqslant \frac{1}{\lambda^2}$ 时, $H(\xi, \eta)$ 的模等于0。这一结果表明,光波的传播相当于经历一个空不变系统,该系统可以看成一个具有(由传递函数表征的)有限带宽的低通空间滤波器,显然这样的低通空间滤波器,在频谱面上,这个滤波器是半径为 $1/\lambda$ 的圆孔,如图4.3.3所示。它的振幅透射率可在频域同平面内可用圆域函数来表示,由式(1.1.32),即有:

$$t(\xi, \eta) = \text{circ}(\lambda\sqrt{\xi^2+\eta^2}); \tag{4.3.34}$$

其截止空间频率为:

$$|\rho_c| = \sqrt{\xi^2+\eta^2} = \frac{1}{\lambda}。 \tag{4.3.35}$$

该滤波器的作用是阻止高频率信息进入衍射光场。例如,在分析一幅图像结构时,比波长还小的精细结构或者空间频率大于 $1/\lambda$ 的信息,在单色光照下不能沿 $z$ 方向向前传播。

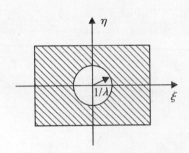

图 4.3.3　传递函数相当于一个圆孔型低通滤波器

## 4.4　衍射的菲涅耳近似和夫琅禾费近似

用基尔霍夫衍射公式来计算衍射问题时,通常在数学处理上是非常困难的,即使对简单的衍射物体也难求出解析的结果。因此,有必要进一步作某些合理的又是实际问题所允许的近似,以便通过比较简单的数学运算就能计算出衍射图样。按照近似条件的不同,可分为菲涅耳近似和夫琅禾费近似,与之相应的衍射现象就分别称为菲涅耳衍射和夫琅禾费衍射。

### 4.4.1　菲涅耳近似

由式(4.2.43)可以看到,响应函数 $h$ 除了与衍射平面和观察平面的坐标有关外,还与 $P_o$ 到 $P_i$ 点的距离 $r$ 有关。当衍射平面和观察平面之间的距离 $z$ 远大于孔径 $\Sigma_o$ 以及观察区域的最大线度时,可以只考虑近轴区域,即傍轴近似,这样可用 $z$ 来代替式(4.2.43)中分母中的 $r$,通常这样处理所产生的误差并不大。然而式(4.2.43)中指数上的 $r$ 就不能简单地用 $z$ 来代替,这是因为 $k$ 是一个很大的量。例如,当 $\lambda = 500$ nm 时,$k > 10^7/\text{m}$,$r$ 的微小变化也会引起表示相位的项 $kr$ 的可观变化(这种变化甚至大于会 $2\pi$)。这样,如果指数部分的 $r$ 由 $z$ 简单取代,将会导致对相位相当敏感的相干光传播的计算结果出现极大的偏差。为了处理指数部分 $r$ 的简化问题,对式(4.2.44)作二项式展开[见式(3.4.14c)],即有:

$$r = z\left[1 + \frac{(x_i - x_o)^2 + (y_i - y_o)^2}{2z^2} - \frac{[(x_i - x_o)^2 + (y_i - y_o)^2]^2}{8z^4} + \cdots\right]_o \tag{4.4.1}$$

上式第二项以后各项均可视为高阶小量而忽略。取式(4.4.1)的前两项,即

$$r \approx z + \frac{(x_i - x_o)^2 + (y_i - y_o)^2}{2z}_o \tag{4.4.2}$$

上式称为菲涅耳近似,该式近似成立的区域称为菲涅耳衍射区。

**1. 菲涅耳衍射的卷积积分表达式**

将式(4.4.2)代入式(4.2.43)的指数部分,这样可得到脉冲响应函数为:

$$h(x_i - x_o, \; y_i - y_o) = \frac{e^{ikz}}{iz\lambda} e^{\frac{ik}{2z}[(x_i - x_o)^2 + (y_i - y_o)^2]}_o \tag{4.4.3}$$

显然,菲涅耳近似的物理实质是用二次曲面来代替球面的惠更斯子波。把式(4.4.3)代入式(4.2.47),就可得到菲涅耳衍射公式:

$$U_\mathrm{i}(x_\mathrm{i},\ y_\mathrm{i})=\frac{\mathrm{e}^{\mathrm{i}kz}}{\mathrm{i}z\lambda}\iint_{-\infty}^{\infty}U_\mathrm{o}(x_\mathrm{o},\ y_\mathrm{o})\mathrm{e}^{\frac{\mathrm{i}k}{2z}[(x_\mathrm{i}-x_\mathrm{o})^2+(y_\mathrm{i}-y_\mathrm{o})^2]}\mathrm{d}x_\mathrm{o}\mathrm{d}y_\mathrm{o}\,。 \tag{4.4.4}$$

与式(4.2.48)式一样,菲涅耳衍射公式也可以写成:

$$U_\mathrm{i}(x_\mathrm{i},\ y_\mathrm{i})=U_\mathrm{o}(x_\mathrm{o},\ y_\mathrm{o})*h(x_\mathrm{i},\ y_\mathrm{i})\,。 \tag{4.4.5}$$

上式称为菲涅耳衍射的卷积积分表达式。

将式(4.4.4)中的被积函数指数中的二项式展开,即:

$$U_\mathrm{i}(x_\mathrm{i},\ y_\mathrm{i})=\frac{\mathrm{e}^{\mathrm{i}kz}\mathrm{e}^{\frac{\mathrm{i}k}{2z}(x_\mathrm{i}^2+y_\mathrm{i}^2)}}{\mathrm{i}\lambda z}\iint_{-\infty}^{\infty}U_\mathrm{o}(x_\mathrm{o},\ y_\mathrm{o})\mathrm{e}^{\frac{\mathrm{i}k}{2z}(x_\mathrm{o}^2+y_\mathrm{o}^2)}\mathrm{e}^{-\frac{\mathrm{i}2\pi}{\lambda z}(x_\mathrm{o}x_\mathrm{i}+y_\mathrm{o}y_\mathrm{i})}\mathrm{d}x_\mathrm{o}\mathrm{d}y_\mathrm{o}\,。 \tag{4.4.6}$$

令 $\xi=\dfrac{x_\mathrm{i}}{\lambda z}$,$\eta=\dfrac{y_\mathrm{i}}{\lambda z}$,则上式变为:

$$\begin{aligned}U_\mathrm{i}(x_\mathrm{i},\ y_\mathrm{i})&=\frac{\mathrm{e}^{\mathrm{i}kz}\mathrm{e}^{\frac{\mathrm{i}k}{2z}(x_\mathrm{i}^2+y_\mathrm{i}^2)}}{\mathrm{i}\lambda z}\iint_{-\infty}^{\infty}U_\mathrm{o}(x_\mathrm{o},\ y_\mathrm{o})\mathrm{e}^{\frac{\mathrm{i}k}{2z}(x_\mathrm{o}^2+y_\mathrm{o}^2)}\mathrm{e}^{-\mathrm{i}2\pi(x_\mathrm{o}\xi+y_\mathrm{o}\eta)}\mathrm{d}x_\mathrm{o}\mathrm{d}y_\mathrm{o}\\ &=\frac{\mathrm{e}^{\mathrm{i}kz}\mathrm{e}^{\frac{\mathrm{i}k}{2z}(x_\mathrm{i}^2+y_\mathrm{i}^2)}}{\mathrm{i}\lambda z}F\left\{U_\mathrm{o}(x_\mathrm{o},\ y_\mathrm{o})\mathrm{e}^{\frac{\mathrm{i}k}{2z}(x_\mathrm{o}^2+y_\mathrm{o}^2)}\right\}_{\xi=x_\mathrm{i}/\lambda z,\eta=y_\mathrm{i}/\lambda z}\,。\end{aligned} \tag{4.4.7}$$

上式可看作菲涅耳衍射公式的傅里叶变换形式。从式(4.4.7)可以看出,除了积分号外与 $\xi$,$\eta$ 无关的部分,函数 $U_\mathrm{i}(x_\mathrm{i},\ y_\mathrm{i})$ 可以由 $U_\mathrm{o}(x_\mathrm{o},\ y_\mathrm{o})\mathrm{e}^{\frac{\mathrm{i}k}{2z}(x_\mathrm{o}^2+y_\mathrm{o}^2)}$ 的傅里叶变换求出,也就是说,菲涅耳衍射可以看作 $U_\mathrm{o}(x_\mathrm{o},\ y_\mathrm{o})\mathrm{e}^{\frac{\mathrm{i}k}{2z}(x_\mathrm{o}^2+y_\mathrm{o}^2)}$ 的傅里叶变换。要注意的是:变换必须在空间频率 $\xi=\dfrac{x_\mathrm{i}}{\lambda z}$,$\eta=\dfrac{y_\mathrm{i}}{\lambda z}$ 处取值,以保证观察平面上有正确的标度。

### 2. 菲涅耳衍射的近似程度

式(4.4.2)是忽略了高次项的,这种近似所要求的精度大小,对孔径、观察区域以及距离 $z$ 的线度是有所限制的。为了使这样的近似不至于导致明显的相位误差,就要求所略去的高阶项对相位变化的贡献远小于 1 rad。若允许在观察平面内 $x_\mathrm{i}$,$y_\mathrm{i}$ 可取任何值,在衍射孔径平面内 $x_\mathrm{o}$,$y_\mathrm{o}$ 也可取任何值,则要求当 $[(x_\mathrm{i}-x_\mathrm{o})^2+(y_\mathrm{i}-y_\mathrm{o})^2]^2$ 取最大值时,$\Delta\varphi$ 仍远小于 1 个弧度,即

$$\Delta\varphi=\frac{k[(x_\mathrm{i}-x_\mathrm{o})^2+(y_\mathrm{i}-y_\mathrm{o})^2]^2}{8z^3}\bigg|_{\max}\ll 1\ \mathrm{rad}, \tag{4.4.8}$$

即有:

$$\frac{2\pi}{\lambda}\frac{[(x_\mathrm{i}-x_\mathrm{o})^2+(y_\mathrm{i}-y_\mathrm{o})^2]^2}{8z^3}\bigg|_{\max}\ll 1\,。 \tag{4.4.9}$$

则

$$z^3\gg\frac{\pi}{4\lambda}[(x_\mathrm{i}-x_\mathrm{o})^2+(y_\mathrm{i}-y_\mathrm{o})^2]^2\bigg|_{\max}\,。 \tag{4.4.10}$$

当满足式(4.4.9)时,式(4.4.2)肯定成立。但要注意的是:式(4.3.9)并不是菲涅耳近似的必要条件,而只是一个充分条件。实际上,只要展开式中的高阶项对式(4.4.4)积分的值的影响可以忽略,菲涅耳近似就能成立。由于 $k$ 值很大,从而 $k/2\pi$ 也很大,所以,只要式(4.4.3)中的子波源坐标$(x_\mathrm{o},\ y_\mathrm{o})$ 与观察坐标$(x_\mathrm{i},\ y_\mathrm{i})$ 有一定差异,则其二次位相因子将振荡很大,以致对积分主要的贡献仅仅来自 $x_\mathrm{i}=x_\mathrm{o}$,$y_\mathrm{i}=y_\mathrm{o}$ 附近的点,在这些点附近相位变化

速度是最小的，因而相位是稳定的，因此在这些点附近的高阶相位项通常就可以忽略。

假定孔径的最大径向范围为 $D_1$，即当 $\sqrt{x_o^2 + y_o^2} > D_o$ 时，$U_o(x_o, y_o) = 0$。再限定观测平面内的观测限制在一个最大径向范围 $D_i$ 内。则量 $(x_i - x_o)^2 + (y_i - y_o)^2$ 的最大值将是：

$$[(x_i - x_o)^2 + (y_i - y_o)^2]|_{max} = (D_o + D_i)^2 \quad (4.4.11)$$

即有：

$$z^3 \gg \frac{\pi(D_o + D_i)^2}{4\lambda}。 \quad (4.4.12)$$

设衍射孔径的半径和轴线附近观察区的半径均为 1 cm，入射光场的波长为 $\lambda = 630$ nm，由式(4.4.12)可得 $z \gg 0.58$ m。如果以取近似值引起的相位变化小于 1/10 rad 作为忽略不计的判据，则要求 $z \gg 1.26$ m。

### 3. 菲涅耳近似和傍轴近似的等价性

菲涅耳衍射可以看作一个线性空不变系统，因而菲涅耳衍射过程必然存在一个相应的传递函数。式(4.3.32)中指数部分在菲涅耳近似下为：

$$ikz\sqrt{1 - (\lambda\xi)^2 - (\lambda\eta)^2} \approx i\frac{2\pi}{\lambda}z\left[1 - \frac{(\lambda\xi)^2 + (\lambda\eta)^2}{2}\right] = ikz - i\pi\lambda z(\xi^2 + \eta^2)。$$

这样菲涅耳近似下的传递函数为：

$$H(\xi, \eta) = e^{ikz\sqrt{1 - (\lambda\xi)^2 - (\lambda\eta)^2}} = e^{ikz}e^{-i\pi\lambda z(\xi^2 + \eta^2)}。 \quad (4.4.13)$$

上式就是菲涅耳近似下的传递函数。式中：$e^{ikz}$ 代表总体的相位延迟，即表示平面波由 $x_o - y_o$ 平面沿 $z$ 轴播到 $x_i - y_i$ 平面所产生的相位延迟，这是任何空间频率成分在传播距离 $z$ 后都会产生的；$e^{-i\pi\lambda z(\xi^2 + \eta^2)}$ 代表和空间频率平方有关的相位色散，表示以 $\xi, \eta$ 沿不同方向传播的平面波分量产生的相位延迟，也表明了在菲涅耳近似条件下的二次相位色散效应。

将式(4.3.32)式中的根号用二项式展开，当采用近轴近似，即 $|\lambda\xi| \ll 1$，$|\lambda\eta| \ll 1$ 时，有：

$$\sqrt{1 - (\lambda\xi_i)^2 - (\lambda\eta_i)^2} \approx 1 - \frac{(\lambda\xi_i)^2}{2} - \frac{(\lambda\eta_i)^2}{2}。 \quad (4.4.14)$$

把上式代入式(4.3.32)，可得：

$$H(\xi, \eta) = e^{ikz\sqrt{1 - (\lambda\xi)^2 - (\lambda\eta)^2}} = e^{ikz}e^{-i\pi\lambda z(\xi^2 + \eta^2)}。 \quad (4.4.15)$$

上式与式(4.4.13)完全一样。这就是说，菲涅耳近似和傍轴近似是等价的。

## 4.4.2 夫琅禾费近似

如果采用比菲涅耳近似更严格的限制条件，即使观察平面离开孔径平面的距离 $z$ 进一步增大，使其不仅满足菲涅耳近似条件，而且满足如下条件：

$$\frac{k}{2z}(x_o^2 + y_o^2)\bigg|_{max} \ll 1 \text{ rad}, \quad (4.4.16)$$

即

$$z \gg \frac{k}{2}(x_o^2 + y_o^2)\bigg|_{max} = \frac{\pi D_o^2}{\lambda}。 \quad (4.4.17)$$

满足式(4.4.17)条件所规定的 $z$ 值范围的衍射称为夫琅禾费衍射,此 $z$ 值所限定的区域称为夫琅禾费衍射区。这样,在式(4.4.7)的变换函数中,因子 $x_o^2 + y_o^2$ 对相位的影响可忽略,观察面上光场的复振幅分布就可直接从孔径上光场的复振幅分布的傅里叶变换求出,即

$$U_i(x_i, y_i) = \frac{e^{ikz}}{i\lambda z} e^{\frac{ik}{2z}(x_i^2+y_i^2)} F\{U_o(x_o, y_o)\}_{\xi = x_i/\lambda z, \eta = y_i/\lambda z}$$

$$= \frac{e^{ikz}}{i\lambda z} e^{i\pi\lambda z(\xi^2+\eta^2)} F\{U_o(x_o, y_o)\}_{\xi = x_i/\lambda z, \eta = y_i/\lambda z}。 \quad (4.4.18)$$

由于在研究实际问题时,往往只需要确定衍射图样的相对强度,所以,由式(4.4.18)就可求得衍射光场的光强分布:

$$I_i = |U_i(x_i, y_i)|^2 \propto (F\{U_o(x_o, y_o)\}_{\xi = x_i/\lambda z, \eta = y_i/\lambda z})^2。 \quad (4.4.19)$$

可见,夫琅禾费衍射图样的分布在系统的傅里叶变换平面上。夫琅禾费近似条件实际上很苛刻。例如,当照射光的波长为 $\lambda = 630$ nm,孔径的最大线度为 $D_o = 2$ mm 时,由该条件算出夫琅禾费近似条件要求 $z \gg 20$ m。如果以取近似值引起的相位变化小于 1/10 rad 作为忽略不计的判据,那么夫琅禾费衍射区就在衍射孔后 $z > 200$ m 处,在其条件不变的情况下,当要求的精度不同时,显然 $z$ 值也不同。实验上要满足这一条件是较为困难的。而要在较近的距离上观察到夫琅禾费衍射,关键在于消除式(4.4.7)中变换函数中的位相因子的影响,如可以采用会聚透镜这样的光学元件来实现近距离的夫琅禾费衍射。

### 4.4.3 衍射区域的划分

衍射会使得某些光线在通孔径后偏离其原来的传播方向,这就会使得在孔径后所观测到的图样(即衍射图样)在大小和形状上都与原孔径不同,这就是衍射效应所导致的现象。当观察面与孔径的距离增加时,这种衍射效应通常来说会更加显著。所观察到的衍射图样在经受连续引入的变化,与孔径的相似性也逐渐消失,然而最终将到达一点。超过这点以后,随着距离的增加,这个图样只有大小变化,但其形状不再变化。虽然对观测衍射的各区的范围和命名在各种文献中会有些不同,但大致的划分如图 4.4.1 所示。

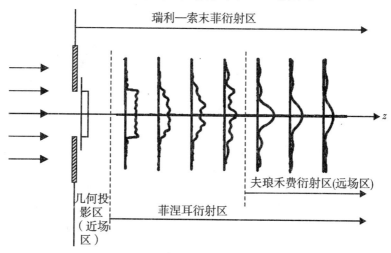

图 4.4.1 衍射区域的近似界定示意

瑞利—索末菲衍射区为衍射孔径右边的全空间，这是因为瑞利—索末菲衍射公式在这个空间处处都是适用。菲涅耳衍射区和夫琅禾费衍射区可根据它们的近似表达式来划分。从图4.4.1中可以看到，夫琅禾费衍射范围包含在菲涅耳衍射范围之内，因而能用来计算菲涅耳衍射的公式都能用来计算夫琅禾费衍射。但是，夫琅禾费衍射的近似表达式已不再具有式(4.4.5)的卷积关系，因而夫琅禾费衍射也不再具有线性空不变性。由于仅对线性空不变系统，其在频域的作用才可以用系统的传递函数表示，因而对夫琅禾费衍射而言，不存在专门的传递函数。不过，由于菲涅耳衍射区包含了夫琅禾费衍射区，因此，菲涅耳衍射过程的传递函数也适用于夫琅禾费衍射。菲涅耳衍射区和夫琅禾费衍射区都是延伸到无穷远的，但在夫琅禾费衍射区中，衍射图样的大小随距离的增加而增加，但其形状不变。

对直径为 $D_o$ 的在夫琅禾费区的圆孔，$x_o^2 + y_o^2 \big|_{max} = \frac{D_o^2}{4}$，由式(4.4.17)有：$\frac{k}{2}(x_o^2 + y_o^2)\big|_{max} = \frac{\pi D_o^2}{4\lambda}$。有时为了简单起见，把夫琅禾费区的条件规定为：$z \gg \frac{D_o^2}{\lambda}$，$D_o^2/\lambda$ 称为远场距离，它不但与衍射孔的线度 $D_o$ 有关，还与波长 $\lambda$ 有关。当单色平面波照射衍射孔时，凡是满足式(4.4.16)，即大于远场距离的范围都属于夫琅禾费衍射，或远场衍射(far field diffraction)，所以夫琅禾费衍射区常称为远场，因为这个区域处于远离孔径的地方。凡是 $z = m\lambda \sim D_o^2/\lambda (m = 1 \sim 10)$ 范围内的衍射，为菲涅耳衍射区；凡是在 $m\lambda$ 之内的，就称为近场距离，而在近场距离之内的衍射称为近场衍射(near field diffraction)，衍射的分布近似入射波的振幅分布，即图样近似为孔径的几何投影，所以，该区不能用菲涅耳公式计算光场分布。

### 4.4.4 衍射屏被会聚球面波照射时的菲涅耳衍射

在某些衍射问题中，例如当照明衍射屏的是会聚球面波时，$U_o(x_o, y_o)$ 中将包含关于 $x_o, y_o$ 的二次相位因子，在一定条件下可以与式(4.4.7)中的 $e^{\frac{ik}{2z}(x_o^2 + y_o^2)}$ 因子相消，使得式(4.4.7)直接变成 $U_o(x_o, y_o)$ 的傅里叶变换形式，这类情况类似于夫琅禾费衍射的计算，这可使菲涅耳衍射的计算得以简化。许多光学仪器像面上的衍射都是这种情况。

如图4.4.2所示，衍射屏 $\Sigma_o$ 和观察屏 $\Sigma_i$ 所在的平面相互平行，它们之间的距离为 $z$。设衍射屏 $\Sigma_o$ 的孔径被会聚球面波照射，其会聚中心 $P_i(x_{i0}, y_{i0})$ 位于观察屏 $\Sigma_i$ 上。为求观察屏上的光场分布，首先要确定衍射屏上的光场复振幅分布。根据光路可逆性原理，照射光波在衍射屏前表面的复振幅分布，可以看成由 $P_i(x_{i0}, y_{i0})$ 点发出的球面波传播到该表面造成的。这个传播过程显然是菲涅耳衍射过程，衍射孔径上的任一点 $P_o(x_o, y_o)$ 和 $P_i(x_{i0}, y_{i0})$ 的距离为 $r$，利用菲涅耳近似可得：

$$r = \sqrt{z^2 + (x_o - x_{i0})^2 + (y_o - y_{i0})^2} \approx z + \frac{(x_o - x_{i0})^2}{2z} + \frac{(y_o - y_{i0})^2}{2z}。 \quad (4.4.20)$$

如果没有衍射屏，则由 $P_i(x_{i0}, y_{i0})$ 点发出的发散球面波自由传播到衍射屏所在平面 $P_o$ 上某点的光场复振幅(即衍射屏前表面)为：

$$U_o(x_o, y_o) = \frac{A_0}{z} e^{-ikz} e^{-\frac{ik}{2z}[(x_o - x_{i0})^2 + (y_o - y_{i0})^2]}。 \quad (4.4.21)$$

设衍射屏的屏函数为 $t(x_o, y_o)$，由式(4.3.24)可得衍射屏后表面的光场复振幅分布为：

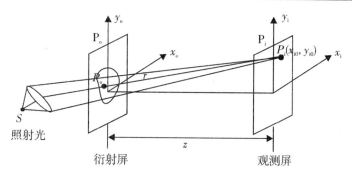

**图 4.4.2 会聚球面波的菲涅耳衍射**

$$U'_o(x_o, y_o) = t(x_o, y_o)U_o(x_o, y_o) = t(x_o, y_o)\frac{A_0}{z}e^{-ikz}e^{-\frac{ik}{2z}[(x_o-x_{i0})^2+(y_o-y_{i0})^2]}。$$

(4.4.22)

这样,观测屏上任一点 $P_i(x_i, y_i)$ 处光场的复振幅分布可按菲涅耳衍射公式(4.4.6)来求解:

$$U_i(x_i, y_i) = \frac{e^{ikz}e^{\frac{ik}{2z}(x_i^2+y_i^2)}}{iz\lambda}\iint_{-\infty}^{\infty}U'_o(x_o, y_o)e^{\frac{ik}{2z}(x_o^2+y_o^2)}e^{-\frac{i2\pi}{\lambda z}(x_o x_i + y_o y_i)}dx_o dy_o$$

$$= \frac{e^{ikz}e^{\frac{ik}{2z}(x_i^2+y_i^2)}}{iz\lambda}\iint_{-\infty}^{\infty}t(x_o, y_o)\frac{A_0}{z}e^{-ikz}e^{-\frac{ik}{2z}[(x_o-x_{i0})^2+(y_o-y_{i0})^2]}e^{\frac{ik}{2z}(x_o^2+y_o^2)}e^{-\frac{i2\pi}{\lambda z}(x_o x_i + y_o y_i)}dx_o dy_o。$$

(4.4.23)

上式整理后得:

$$U_i(x_i, y_i) = \frac{A_0}{i\lambda z^2}e^{-\frac{ik}{2z}(x_{i0}^2+y_{i0}^2)}e^{\frac{ik}{2z}(x_i^2+y_i^2)}\iint_{-\infty}^{\infty}t(x_o, y_o)e^{-i2\pi(\frac{x_i-x_{i0}}{\lambda z}x_o + \frac{y_i-y_{i0}}{\lambda z}y_o)}dx_o dy_o$$

$$= \frac{A_0}{i\lambda z^2}e^{-\frac{ik}{2z}(x_{i0}^2+y_{i0}^2)}e^{\frac{ik}{2z}(x_i^2+y_i^2)}T(\xi, \eta)。$$

(4.4.24)

式中: $\xi = \frac{x_i - x_{i0}}{\lambda z}$; $\eta = \frac{y_i - y_{i0}}{\lambda z}$; $T(\xi, \eta) = F\{t(x_o, y_o)\}$。光场的强度分布为:

$$I_i(x_i, y_i) = |U_i(x_i, y_i)|^2 = \left(\frac{A_0}{\lambda z^2}\right)^2 T^2(\xi, \eta)。$$

(4.4.25)

式(4.4.24)和(4.4.25)表明,当用会聚球面波照明衍射屏时,会聚中心所在平面上的菲涅耳衍射图样与以平行光垂直照射该衍射屏时的夫琅禾费图样一样,只是图样的中心不在原点,而是在会聚波的中心 $P_i(x_{i0}, y_{i0})$。由于衍射图样的中心也是屏函数的傅里叶空间频谱的中心,即 $\xi=0$, $\eta=0$ 的位置,故当用点光源照射衍射屏时,点光源的像平面就是系统的傅里叶变换平面,即频谱平面。在这个频谱上可以进行空间滤波,这在光学信息处理中有着重要的应用。

## 4.4.5 衍射的巴俾涅原理

若有两个衍射屏 $\Sigma_1$ 和 $\Sigma_2$,其中一个衍射屏的开孔部分正好与另一个衍射屏的不透明部分相对应,反之亦然,则这样一对衍射屏称为互补衍射屏或简称为互补屏(complementary screen),如图 4.4.3 所示,其振幅透射率函数有如下关系:

$$t_2(x_o, y_o) = 1 - t_1(x_o, y_o)。$$

所以，互补衍射屏就是透光区域相反的衍射屏，设透光区域面积分别为 $\Sigma_1$ 和 $\Sigma_2$，则 $\Sigma_1 + \Sigma_2 = \Sigma_\infty = \infty$，由积分的线性和可加，则菲涅耳—基尔霍夫衍射公式(4.2.39)可写为：

$$\frac{1}{i\lambda}\iint_{\Sigma_1} U_o(P_o)K(\theta)\frac{e^{ikr}}{r}ds_o + \frac{1}{i\lambda}\iint_{\Sigma_2} U_o(P_o)K(\theta)\frac{e^{ikr}}{r}ds_o = \frac{1}{i\lambda}\iint_{\Sigma_\infty} U_o(P_o)K(\theta)\frac{e^{ikr}}{r}ds_o。$$

(4.4.26)

即有：

$$U_{i1}(P_i) + U_{i2}(P_i) = U_i(P_i)。 \tag{4.4.27}$$

式中：$U_{i1}(P_i)$ 和 $U_{i2}(P_i)$ 分别是衍射屏 $\Sigma_1$ 和 $\Sigma_2$ 开孔区域在观察平面上 $P_i$ 点的光场，而两个屏的开孔部分加起来就不存在不透明的区域。式(4.4.27)表明，两个互补屏在观察点所产生的衍射光场，其振幅之和等于光波自由传播时在该点的复振幅之和。这一结论称为巴俾涅(Babinet)原理，是由巴俾涅于1837年提出的。由于光波自由传播时通常是满足几何光学定律的，光场的复振幅容易计算，所以利用巴俾涅原理可以较方便地由一种衍射屏的衍射场求出其互补屏的衍射场。由图4.4.4可以直观地看出，一对互补屏分别作用于光波场的总效果，相当于一个孔径无限大的衍射屏的作用。所以，由巴俾涅原理，当已知光源发出的光波在自由空间中及透过某个衍射屏的复振幅分布，则二者之差就是该光波透过相应的互补屏的复振幅分布。在远场条件下，一对互补屏引起的衍射图样具有相同的形状，只是中心点的强度大小不同而已。这为分析某些形状复杂的平面物的衍射特性提供了一条便捷的途径。

由式(4.4.27)，可以得出下面两个有用的结论：

(1) 如果 $U_{i1}(P) = 0$ 或 $U_{i2}(P) = 0$，则有：

$$U_{i2}(P_i) = U_i(P_i)，\quad U_{i1}(P_i) = U_i(P_i)。 \tag{4.4.28}$$

因此，若某一个衍射屏存在时，衍射光场的复振幅为零的那些点，在换上它的互补屏时，这些点的复振幅和强度与没有屏时是一样的。

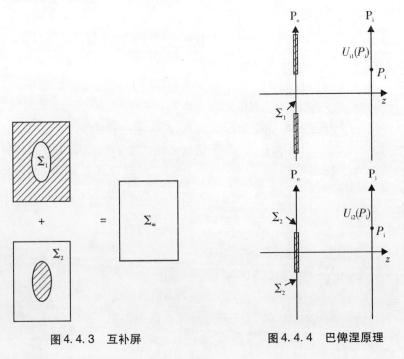

图4.4.3　互补屏　　　　　　图4.4.4　巴俾涅原理

(2) 如果 $U_i(P) = 0$，则有：
$$U_{i1}(P_i) = -U_{i2}(P_i)。 \tag{4.4.29}$$
这就意味着在 $U_i(P_i) = 0$ 处的那些点，$U_{i1}(P_i)$ 和 $U_{i2}(P_i)$ 的大小相等，相位相反（即相位差为 $\pi$）。显然，其强度 $I_{i1}(P_i)$ 和 $I_{i2}(P_i)$ 相等，即 $I_{i1}(P_i) = I_{i2}(P_i)$。换言之，当两个互补屏都不存在时，对光场中强度为零的那些点，互补屏将产生完全相同的光强分布。如图 4.4.5 中置于 $S$ 点的点光源，通过一个理想透镜成像 $P'_i$ 点，在像平面上除了像点 $P'_i$ 及其邻近以外的区域均满足 $U_i(P_i) = 0$。这里如果将互补屏 $\Sigma_1$ 和 $\Sigma_2$ 先后放在光源 $S$ 和透镜 $L$ 之间，那么除了 $P'_i$ 点及其邻域以外，两个互补屏在像平面上所产生的衍射光强分布完全一样。要注意的是，对 $P'_i$ 点及其邻域式(4.4.27)总是成立的。

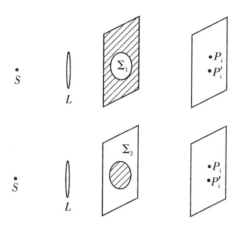

图 4.4.5　理想透镜像平面的巴俾涅原理

巴俾涅原理对这样一类光学系统特别有意义，即衍射屏采用点光源照明，其后装有光学成像系统，在光源的几何像平面上接收衍射图样。这时，自由光场的传播是服从几何光学规律的，它在像平面上除像点外处处是零。利用互补屏可以获得反色图像，可以方便地实现线径的测量、检验。巴俾涅原理也为研究某些衍射问题提供了一个辅助方法，将它用于夫琅禾费衍射最为方便。对于菲涅耳衍射，巴俾涅原理虽然也正确，但两个互补屏的衍射图样不相同。

## 4.5　菲涅耳衍射的计算

从上讨论可知，菲涅耳衍射图样(积分)的计算是十分麻烦的，随着计算机的发展，由数值算法通常可很快算出任一孔径的菲涅耳衍射图样。历史上所采用的菲涅耳衍射积分及考纽螺线(Cornu's sprial)求解的方法，虽然现在在实际问题的计算中已很少使用，但求解过程对于理解光的衍射现象仍十分有益。这一节将以方孔为例来介绍这种方法。

在菲涅耳公式(4.4.4)中，被积函数含有指数函数，其指数是积分变量的二次式，这使菲涅耳衍射积分的求解变得较为困难。只有在某些特殊情况下，才可能求出解析解。根据开孔的形状不同，可以在直角坐标中求解，如矩形、狭缝等开孔，也可以在柱坐标系中求解，如圆形开孔；可以在空间域中求解，也可以在空间频域中求解。这由方便具体问题的求解而决定。

## 4.5.1 周期性物体的菲涅耳衍射

作为菲涅耳衍射公式应用的一个例子,这一节讨论一下1836年由塔尔博特(Fox Talbot)发现的一个现象,即如果用单色平面波垂直照射一个具有周期性透射率函数的图片时,在该透明片后的某些距离上出现该周期函数的像,称为塔尔博特效应。这种不用透镜,就可以对周期物体成像的方法,有时称为傅里叶成像(Fourier imaing)、菲涅耳成像或称自成像(self-maging),是一种衍射现象。塔尔博特效应在当时的出现是令人费解的,但也非常吸引人,特别是用白光照明的情形。而且这种效应也很有用,如可以用于频谱议中。1888年,瑞利应用衍射理论对这一现象进行了分析,他认为,周期光栅自成像只不过是复杂波分解和叠加的结果。20世纪70年代,塔尔博特效应和莫尔技术相结合,在相位物体的测量等方面得到了应用。下面应用菲涅耳衍射理论,在频域上来对塔尔博特效应的原理进行分析。

**1. 余弦光栅的菲涅耳衍射**

一维余弦光栅的振幅透射率函数为:

$$t(x_o) = \frac{1}{2} + \frac{q}{2}\cos(2\pi\xi_0 x_o)。 \tag{4.5.1}$$

用单位单色平面波垂直照射该光栅时,$U'_o(x_o) = t(x_o)$,代入菲涅耳衍射公式(4.4.4),可得在离光栅 $d$ 处平面的衍射光场的复振幅为:

$$U_i(x_i) = \frac{e^{ikd}}{i\lambda d}\iint_{-\infty}^{\infty} t(x_o) e^{\frac{ik}{2d}(x_i - x_o)^2} dx_o。 \tag{4.5.2}$$

由式(2.5.2)卷积定义,上式可写成如下卷积的形式:

$$U_i(x_i) = \frac{e^{ikd}}{i\lambda d} t(x_o) * e^{\frac{ik}{2d}x_i^2}。 \tag{4.5.3}$$

对上式两边同时作傅里叶变换,可得:

$$F\{U_i(x_i)\} = \frac{e^{ikd}}{i\lambda d} F\{t(x_o)\} \cdot F\{e^{\frac{ik}{2d}x_i^2}\}。 \tag{4.5.4}$$

由第2章傅里叶变换的知识,可得:

$$F\{t(x_o)\} = \frac{1}{2}\delta(\xi) + \frac{q}{4}\delta(\xi - \xi_0) + \frac{q}{4}\delta(\xi + \xi_0), \tag{4.5.5}$$

$$F\{e^{\frac{ik}{2d}x_i^2}\} = i\lambda d e^{-i\pi\lambda d\xi^2}。 \tag{4.5.6}$$

将上两式代入式(4.5.4)并应用 $\delta$ 函数的乘积性质,可得:

$$F\{U_i(x_i)\} = \frac{e^{ikd}}{i\lambda d}\left[\frac{1}{2}\delta(\xi) + \frac{q}{4}\delta(\xi - \xi_0) + \frac{q}{4}\delta(\xi + \xi_0)\right] i\lambda d e^{-i\pi\lambda d\xi^2}$$

$$= e^{ikd}\left[\frac{1}{2}\delta(\xi) + \frac{q}{4}e^{-i\pi\lambda d\xi_0^2}\delta(\xi - \xi_0) + \frac{q}{4}e^{-i\pi\lambda d\xi_0^2}\delta(\xi + \xi_0)\right]。 \tag{4.5.7}$$

对上式作傅里叶逆变换,可得:

$$U_i(x_i) = e^{ikd}\left[\frac{1}{2} + \frac{q}{2}e^{-i\pi\lambda d\xi_0^2}\cos(2\pi\xi_0 x_i)\right]。 \tag{4.5.8}$$

上式与式(4.5.1)比较可见,余弦光栅衍射的复振幅除了一个常相位因子 $e^{ikd}$ 和一个调制相

位因子 $e^{-i\pi\lambda d\xi_0^2}$ 之外，与余弦光栅的振幅透射率式(4.5.1)是相同的，当相位因子 $e^{-i\pi\lambda d\xi_0^2}$ 取某些特定值时，就会出现自成像的情况。也就是说，不用透镜，在某个距离将出现光栅的像。观测平面的衍射光强为：

$$I_i = |U_i(x_i, y_i)|^2 = \left|\frac{1}{2} + \frac{q}{2}e^{-i\pi\lambda d\xi_0^2}\cos(2\pi\xi_0 x_i)\right|^2 \text{。} \tag{4.5.9}$$

（1）当

$$e^{-i\pi\lambda d\xi_0^2} = e^{-i\pi 2m} = 1 \quad (m = \pm 1, \pm 2, \cdots), \tag{4.5.10}$$

即

$$d = \frac{2mL_0^2}{\lambda} = md_T \quad (L_0 = 1/\xi_0) \tag{4.5.11}$$

时，衍射光强为：

$$I_i = \left|\frac{1}{2} + \frac{q}{2}\cos(2\pi\xi_0 x_i)\right|^2 \text{。} \tag{4.5.12}$$

将这一结果与式(4.5.1)相比较，发现所观测到的像就是余弦光栅的准确再现。距离 $d_T = \frac{2L_0^2}{\lambda}$ 称为塔尔博特距离。在余弦光栅后的塔尔博特距离 $d_T$ 的整数倍距离处都可以看到与物同样的分布，这个像便称为塔尔博特像。

（2）当

$$e^{-i\pi\lambda z\xi_0^2} = e^{-i\pi(2m+1)} = -1 \quad (m = \pm 1, \pm 2, \cdots), \tag{4.5.13}$$

即

$$d = \frac{(2m+1)L_0^2}{\lambda} = \left(m + \frac{1}{2}\right)d_T \tag{4.5.14}$$

时，衍射光强为：

$$I_i = \left|\frac{1}{2} - \frac{q}{2}\cos(2\pi\xi_0 x_i)\right|^2 \text{。} \tag{4.5.15}$$

这个像与塔尔博特像相比，可见度反转，故称为负塔尔博特像。

（3）当

$$e^{-i\pi\lambda d\xi_0^2} = e^{-i\pi(2m-1)/2} = -i \quad (m = \pm 1, \pm 2, \cdots), \tag{4.5.16}$$

即

$$d = \left(m - \frac{1}{2}\right)\frac{L_0^2}{\lambda} = \left(\frac{m}{2} - \frac{1}{4}\right)d_T \tag{4.5.17}$$

时，衍射光强为：

$$I_i = \left|\frac{1}{2} + i\frac{q}{2}\cos(2\pi\xi_0 x_i)\right|^2 = \frac{1}{4} + \frac{q^2}{4}\cos^2(2\pi\xi_0 x_i) = \frac{1}{4} + \frac{q^2}{8} + \frac{q^2}{8}\cos[2\pi(2\xi_0)x_i] \text{。} \tag{4.5.18}$$

这个像与塔尔博特像相比，频率加倍，可见度减小，故称为负塔尔博特子像。

入射光经余弦振幅光栅衍射后，能够得到三种像在 $z$ 轴上的坐标（图4.5.1）。塔尔博特效应产生的物理原因在于入射单色平面波经光栅衍射后，在塔尔博特效应产生距离上各衍射分量之间的相互相位关系满足一定的条件，使得这些分量相互干涉形成物体的各种塔尔博特像。

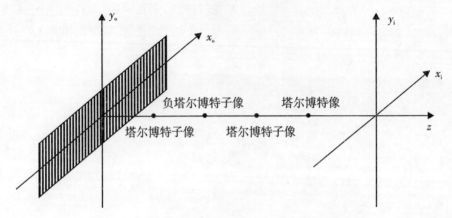

图 4.5.1 余弦光栅的菲涅耳衍射和塔尔博特像的位置

### 2. 矩形光栅的菲涅耳衍射

对于矩形光栅可以作类似的分析。由矩形函数的定义,可得到周期为 $L_0$ 的矩形光栅的振幅透射率为:

$$t(x_o) = \begin{cases} 1 & |x_o - 2nL_0| \leq L_0/2 \\ 0 & |x_o - (2n+1)L_0| \leq L_0/2 \end{cases} \tag{4.5.19}$$

即其振幅透射率在一半方波周期内为 0,在其余处为 1。这种周期方波的傅里叶级数展开为:

$$t(x_o) = \sum_{n=0}^{\infty} A_n \cos(2\pi n x_o/L_0) \tag{4.5.20}$$

由式(2.1.70)可知,上式前两项的系数 $A_0 = \dfrac{1}{2}$,$A_1 = \dfrac{2}{\pi}$,则上式就是余弦光栅。如用单位平面波垂直入射该光栅,则光栅后的复振幅为:

$$U'_o(x_o, z=0) = \sum_{n=0}^{\infty} A_n \cos(2\pi n x_o/L_0) \tag{4.5.21}$$

对上式作傅里叶变换,可得其频谱为:

$$A_o(\xi, z=0) = \sum_{n=0}^{\infty} \frac{A_n}{2} \left[ \delta\left(\xi + \frac{n}{L_0}\right) + \delta\left(\xi - \frac{n}{L_0}\right) \right] \tag{4.5.22}$$

经 $d$ 距离的传播,由式(4.3.31)在菲涅耳近似下的传递函数,可得其频谱并作逆傅里叶变换,有:

$$U_i(x_i, z=d) = \sum_{n=0}^{\infty} A_n \cos\left(\frac{2\pi n x_i}{d}\right) e^{-i\pi \lambda d (n/L_0)^2} \tag{4.5.23}$$

若上式取

$$\pi \lambda d (n/L_0)^2 = 2m\pi \quad (m = 1, 2, \cdots) \tag{4.5.24}$$

当距离满足以下关系:

$$d = \frac{2mL_0^2}{n^2 \lambda} = \frac{m}{n} d_T \tag{4.5.25}$$

时,则有 $U_i(x_i) = t(x_o)$。这就是说,在满足式(4.5.25)的距离上出现自成像关系。

## 3. 任意形状周期性函数的菲涅耳衍射

如图 4.5.2 所示，设有一个周期为 $L_0$ 的一维周期物体，一般的周期函数可表示为单个非周期性函数与梳状函数的卷积，即

$$t(x_o) = t_0(x_o) * \sum_{n=-\infty}^{\infty} \delta(x_o - nL_0) \quad (n = 0, \pm 1, \pm 2, \cdots)_o \tag{4.5.26}$$

用波长为 $\lambda$ 的单色单位振幅平面波垂直照明周期性物体，由于 $U_o(x_o) = 1$，则紧靠周期性物体后的光场分布为：

$$U_o'(x_o) = t(x_o) U_o(x_o) = t(x_o) = t_0(x_o) * \sum_{n=-\infty}^{\infty} \delta(x_o - nL_0)_o \tag{4.5.27}$$

其傅里叶变换为：

$$A_o'(\xi) = T_0(\xi) \sum_{n=-\infty}^{\infty} \delta(\xi - n/L_0)_o \tag{4.5.28}$$

由式(4.3.32)可知在距周期性物体 $d$ 处观测面的频域的复振幅为：

$$A_i(\xi) = H(\xi) A_o'(\xi)_o \tag{4.5.29}$$

由式(4.4.11)，可知在菲涅耳近似下平面波传播的传递函数为：

$$H(\xi) = e^{ikd} e^{-i\pi\lambda d \xi^2}_o \tag{4.5.30}$$

将式(4.5.28)和式(4.5.30)代入式(4.5.29)，得：

$$A_i(\xi) = e^{ikd} e^{-i\pi\lambda d\xi^2} T_0(\xi) \sum_{n=-\infty}^{\infty} \delta(\xi - n/L_0) = T_0(\xi) e^{ikd} \sum_{n=-\infty}^{\infty} \delta(\xi_o - n/L_0) e^{-i\pi\lambda d\xi^2}_o \tag{4.5.31}$$

对上式作傅里叶逆变换，可得：

$$U_i(x_i) = t_0(x_i) e^{ikd} * F\left\{ \sum_{n=-\infty}^{\infty} \delta(\xi - n/L_0) e^{-i\pi\lambda d\xi^2} \right\}_o \tag{4.5.32}$$

式中：

$$F\left\{ \sum_{n=-\infty}^{\infty} \delta(\xi - n/L_0) e^{-i\pi\lambda d\xi^2} \right\} = \sum_{n=-\infty}^{\infty} e^{i2\pi x_i(n/L_0)} e^{-i\pi\lambda d(n/L_0)^2}_o \tag{4.5.33}$$

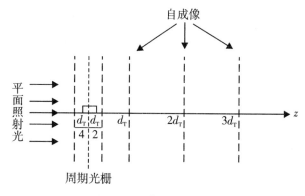

图 4.5.2 塔尔博特效应

所以，有：

$$U_i(x_i) = t_0(x_i)e^{ikd} * \sum_{n=-\infty}^{\infty} e^{i2\pi x_0(n/L_0)} e^{-i\pi\lambda d(n/L_0)^2}。 \tag{4.5.34}$$

从上式可以看出，对于频率为 $n/L_0$ 的平面波分量，在观察平面仅引起了 $e^{ikd}e^{-i\pi\lambda d(n/L_0)^2}$ 的相移。若有 $\pi\lambda d(n/L_0)^2 = 2m\pi$，即当距离 $d$ 满足：

$$d = \frac{2mL_0^2}{n^2\lambda} = \frac{m}{n^2}d_T \quad (m=1, 2, \cdots) \tag{4.5.35}$$

时，则有 $e^{-i\pi\lambda d(n/L_0)^2} = 1$，即不同频率 $n/L_0$ 成分在观察平面上引起的相移，除了一个常数因子外，都是 $2\pi$ 的整数倍。式中，$d_T = 2L_0^2/\lambda$ 称为塔尔博特距离。这时有：

$$\sum_{n=-\infty}^{\infty} e^{i2\pi x_i(n/L_0)} = \sum_{n=-\infty}^{\infty} \delta(x_i - nL_0)， \tag{4.5.36}$$

从而可得：

$$U_i(x_i) = t_0(x_i)e^{ikd} * \sum_{n=-\infty}^{\infty} \delta(x_i - nL_0) = t(x_i)e^{ikd}。 \tag{4.5.37}$$

从上式可以看出，除了一个复常数之外，在 $d = \frac{m}{n^2}d_T$ 处的观测平面上的复振幅和 $z=0$ 处平面上的周期性物体的复振幅是完全相同的。在观察平面上的光强分布为：

$$I_i(x_i) = |U_i(x_i)|^2 = |t(x_i)|^2。 \tag{4.5.38}$$

从上式可以看出，观察平面上的强度布与物体的光强分布是相同的。于是在 $d_T$ 的整数倍的距离上，可观察到物体像。由此可见，任何形状的周期性物体都可以产生塔尔博特效应。不过，要注意的是，塔尔博特效应产生的一个重要条件是用相干光照明。这是由于塔尔博特效应要求各衍射分量之间有正确的相位关系，这一点只有在相干光照明下才有可能实现。另外，塔尔博特效应不仅出现在可见光照明下，也可以在使用微波、红外，以至 $X$ 射线照明下观察到。

例如，物体是周期为 0.05 mm 的光栅，当照明光的波长为 $\lambda = 500$ nm 时，可计算得到塔尔博特距离为 $d_T = 10$ mm，这样，在 $d = 10$ mm，20 mm，30 mm，$\cdots$ 位置可观察到自成像现象。周期光栅的自成像，其原理仍然是复杂波的傅里叶分解和综合过程，在满足式 (4.5.35) 的一系列塔尔博特距离上，各平面波角谱分量的相位迟延都等于 $2\pi$ 的整数倍，它们同相叠加，因而综合出输入平面上物体的自成像。

如果周期物体是一个光栅，在光栅所产生的塔尔博特自成像后放一块周期相同的检测光栅，则可以观察到清晰的莫尔条纹。在两个光栅之间若存在相位物体，由莫尔条纹的改变就可以测量物体的相位变化。这就是塔尔博特干涉仪的原理，这是塔尔博特效应应用的一个重要例子。

### 4.5.2 矩形孔的菲涅耳衍射

设平面衍射孔径为矩形，其透射率函数可由二维矩形函数来描述，取坐标原点位于矩形孔的中心，由式 (1.1.5)，可得矩形孔的透射率函数为：

$$t(x_o, y_o) = \text{rect}(x_o/a, y_o/b)。 \tag{4.5.39}$$

式中：$a$，$b$ 分别是矩形孔沿物面坐标 $x_o$，$y_o$ 方向的宽度，如图 4.5.3 所示。

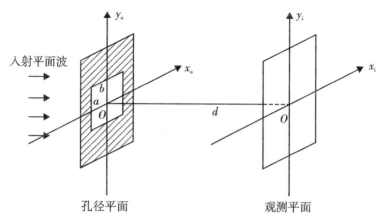

图 4.5.3　矩形孔的衍射

当用单位振幅的单色平面波垂直照射时，紧贴方形孔后的表面的光场复振幅分布为：
$$U'_o(x_o, y_o) = t(x_o, y_o) U_o(x_o, y_o) = \text{rect}(x_o/a, y_o/b)。 \quad (4.5.40)$$
根据菲涅耳衍射公式(4.4.4)，观察平面上的衍射场为：
$$\begin{aligned} U_i(x_i, y_i) &= \frac{e^{ikd}}{i\lambda d} \iint_{-\infty}^{\infty} t(x_o, y_o) e^{\frac{ik}{2d}[(x_i-x_o)^2+(y_i-y_o)^2]} dx_o dy_o \\ &= \frac{e^{ikd}}{i\lambda d} \int_{-a/2}^{a/2} e^{\frac{ik}{2d}(x_i-x_o)^2} dx_o \int_{-b/2}^{b/2} e^{\frac{ik}{2d}(y_i-y_o)^2} dy_o = \frac{e^{ikd}}{i} U_{ix}(x_i) U_{iy}(y_i)。 \end{aligned} \quad (4.5.41)$$

式中：
$$U_{ix}(x_i) = \frac{1}{\sqrt{\lambda d}} \int_{-a/2}^{a/2} e^{\frac{ik}{2d}(x_i-x_o)^2} dx_o; \quad (4.5.42a)$$
$$U_{iy}(y_i) = \frac{1}{\sqrt{\lambda d}} \int_{-b/2}^{b/2} e^{\frac{ik}{2d}(y_i-y_o)^2} dy_o。 \quad (4.5.42b)$$

式(4.5.41)中的积分计算是较为繁杂，需要应用考纽螺线图解法。

相幅矢量 $U_i(x_i, y_i)$ 是 $x_i$ 和 $y_i$ 各维积分贡献的相幅矢量之乘积，它们都是相同的形式的积分。每个积分贡献可分解为两个区域，即由 $x_i = x_o(y_i = y_o)$ 到 $a/2$ 和 $-a/2$ ($b/2$ 和 $-b/2$)这两个区域对观察点所产生的相幅矢量之和。因此，作变数代换：

$$x' = \sqrt{\frac{k}{\pi d}}(x_i - x_o), \quad \begin{cases} x'_1 = \sqrt{\frac{k}{\pi d}}\left(\frac{a}{2} - x_o\right) \\ x'_2 = -\sqrt{\frac{k}{\pi d}}\left(\frac{a}{2} + x_o\right) \end{cases}; \quad (4.5.43a)$$

$$y' = \sqrt{\frac{k}{\pi d}}(x_i - x_o), \quad \begin{cases} y'_1 = \sqrt{\frac{k}{\pi d}}\left(\frac{b}{2} - y_o\right) \\ y'_2 = -\sqrt{\frac{k}{\pi d}}\left(\frac{b}{2} + y_o\right) \end{cases}。 \quad (4.5.43b)$$

那么式(4.5.41)变为：
$$U_i(x_i, y_i) = \frac{e^{ikz}}{iz\lambda} \int_{x'_1}^{x'_2} e^{\frac{i\pi}{2}x'^2} dx' \int_{y'_1}^{y'_2} e^{\frac{i\pi}{2}y'^2} dy' = \frac{e^{ikz}}{i} U_{ix}(x_i) U_{iy}(y_i), \quad (4.5.44)$$

$$U_{ix}(x_i) = \frac{1}{\sqrt{2}}\int_{x'_1}^{x'_2} e^{\frac{i\pi}{2}x'^2} dx', \quad U_{iy}(y_i) = \frac{1}{\sqrt{2}}\int_{y'_1}^{y'_2} e^{\frac{i\pi}{2}y'^2} dy' \text{。} \tag{4.5.45}$$

由欧拉公式有：

$$e^{\frac{i\pi}{2}x'^2} = \cos\left(\frac{\pi}{2}x'^2\right) + i\sin\left(\frac{\pi}{2}x'^2\right), \quad e^{\frac{i\pi}{2}y'^2} = \cos\left(\frac{\pi}{2}y'^2\right) + i\sin\left(\frac{\pi}{2}y'^2\right) \text{。} \tag{4.5.46}$$

这样，式(4.5.45)的积分为：

$$U_{ix}(x_i) = \frac{1}{\sqrt{2}}\int_{x'_1}^{x'_2} e^{\frac{i\pi}{2}x'^2} dx' = \frac{1}{\sqrt{2}}\left(\int_0^{x'_2} e^{\frac{i\pi}{2}x'^2} dx' - \int_0^{x'_1} e^{\frac{i\pi}{2}x'^2} dx'\right)$$

$$= \frac{1}{\sqrt{2}}\{[C(x'_2) - C(x'_1)] + i[S(x'_2) - S(x'_1)]\}, \tag{4.5.47a}$$

$$U_{iy}(y_i) = \frac{1}{\sqrt{2}}\int_{y'_1}^{y'_2} e^{\frac{i\pi}{2}y'^2} dy' = \frac{1}{\sqrt{2}}\left\{\int_0^{y'_2} e^{\frac{i\pi}{2}y'^2} dy' - \int_0^{y'_1} e^{\frac{i\pi}{2}y'^2} dy\right\}$$

$$= \frac{1}{\sqrt{2}}\{[C(y'_2) - C(y'_1)] + i[S(y'_2) - S(y'_1)]\} \text{。} \tag{4.5.47b}$$

式中：$C(\alpha)$，$S(\alpha)$ 称为菲涅耳函数，也称为菲涅耳积分，它们的定义如下：

$$C(\alpha) = \int_0^\alpha \cos(\pi x^2/2) dx, \tag{4.5.48a}$$

$$S(\alpha) = \int_0^\alpha \sin(\pi x^2/2) dx \text{。} \tag{4.5.48b}$$

菲涅耳积分在许多衍射问题中都要用到，为了能给出该积分的数值解，有必要导出它的渐近展开式。将式(4.5.48)中的积分号内的三角函数按式(1.6.21)和式(1.6.22)展开成幂级数，并逐项积分，可得：

$$C(\alpha) = \alpha\left[1 - \frac{1}{2!\cdot 5}\left(\frac{\pi}{2}\alpha\right)^2 + \frac{1}{4!\cdot 9}\left(\frac{\pi}{2}\alpha^2\right)^4 + \cdots\right], \tag{4.5.49a}$$

$$S(\alpha) = \alpha\left[\frac{1}{1!\cdot 3}\left(\frac{\pi}{2}\alpha\right) - \frac{1}{3!\cdot 7}\left(\frac{\pi}{2}\alpha\right)^3 + \frac{1}{5!\cdot 11}\left(\frac{\pi}{2}\alpha^2\right)^5 + \cdots\right] \text{。} \tag{4.5.49b}$$

上两式对所有的 $\alpha$ 值都是收敛的，但只有当 $\alpha$ 很小时才便于计算。当 $\alpha$ 很大时，可采用 $\alpha$ 的负幂级数计算积分，为此，可将式(4.5.48a)改写成：

$$C(\alpha) = C(\infty) - \int_\alpha^\infty \frac{d}{dx}\left(\sin\frac{\pi}{2}x^2\right)\frac{dx}{\pi x} \text{。} \tag{4.5.50}$$

用分部积分法对上式进行积分，得：

$$C(\alpha) = C(\infty) + \frac{1}{\pi\alpha}\left(\sin\frac{\pi}{2}\alpha^2\right) + \int_\alpha^\infty \frac{d}{dx}\left(\cos\frac{\pi}{2}\alpha^2\right)\frac{dx}{\pi^2 x^3} \text{。} \tag{4.5.51}$$

再对上式进行分部积分，并如此继续下去，最后可得：

$$C(\alpha) = C(\infty) - \frac{1}{\pi\alpha}\left[P(\alpha)\cos\left(\frac{\pi}{2}\alpha^2\right) - Q(\alpha)\sin\left(\frac{\pi}{2}\alpha^2\right)\right]; \tag{4.5.52a}$$

同理可得：

$$S(\alpha) = S(\infty) - \frac{1}{\pi\alpha}\left[P(\alpha)\sin\left(\frac{\pi}{2}\alpha^2\right) + Q(\alpha)\cos\left(\frac{\pi}{2}\alpha^2\right)\right] \text{。} \tag{4.5.52b}$$

式中：

$$P(\alpha) = \frac{1}{\pi\alpha^2} - \frac{1\cdot 3\cdot 5}{(\pi\alpha^2)^3} - \frac{1\cdot 3\cdot 5\cdot 7\cdot 9}{(\pi\alpha^2)^3} - \cdots; \tag{4.5.53a}$$

$$Q(\alpha) = 1 - \frac{1\cdot 3}{(\pi\alpha^2)^2} + \frac{1\cdot 3\cdot 5\cdot 7}{(\pi\alpha^2)^4} - \cdots \tag{4.5.53b}$$

由菲涅耳积分的定义式(4.5.48)和欧拉公式(1.6.18)，可得：

$$C(\infty) + iS(\infty) = \int_0^\infty e^{i\frac{\pi}{2}x^2}dx \tag{4.5.54}$$

上式右边积分的解法是复变函数中所讨论一个典型例子，用变量代换：

$$\zeta = x\sqrt{-\frac{i\pi}{2}} = x\frac{i-1}{2}\sqrt{\pi}, \quad x = -\zeta\frac{i+1}{\sqrt{\pi}} \tag{4.5.55}$$

积分路线则相应地从实轴上 $0 \leq x \leq \infty$ 变换成复平面 $\zeta$ 上一条通过原点，并与实轴成45°角的直线。这是因为，如果积分平行于虚轴的直线来取，则随着离原点距离的增加，积分将趋于零。由柯西(Cauchy)留数定理可知，沿过原点任意斜线取积分时的结果都等于沿实轴的积分，这样就有：

$$C(\infty) + iS(\infty) = \frac{i+1}{\sqrt{\pi}}\int_0^\infty e^{-\zeta^2}d\zeta = \frac{i+1}{2} \tag{4.5.56}$$

上式的求解应用了积分式 $\int_0^\infty e^{-\zeta^2}d\zeta = \frac{\sqrt{\pi}}{2}$，由此可得：

$$C(\infty) = \int_0^\infty \cos\left(\frac{\pi}{2}x^2\right)dx = \frac{1}{2}, \tag{4.5.57a}$$

$$C(\infty) = \int_0^\infty \sin\left(\frac{\pi}{2}x^2\right)dx = \frac{1}{2} \tag{4.5.57b}$$

由此，很容易得到下面一些菲涅耳积分的性质：

$$C(0) = S(0) = 0; \tag{4.5.58}$$

$$C(\infty) = S(\infty) = \frac{1}{2}, \quad C(-\infty) = S(-\infty) = -\frac{1}{2}; \tag{4.5.59}$$

$$C(\alpha) = -C(-\alpha), \quad S(\alpha) = -S(-\alpha) \tag{4.5.60}$$

$C(\alpha)$ 和 $S(\alpha)$ 的曲线对两个轴是对称的，如图4.5.4所示。

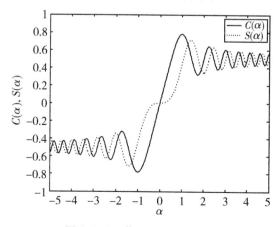

图4.5.4　菲涅耳积分的图形

与式(4.5.49)相比，通过式(4.5.52)、(4.5.53)和(4.5.57)将菲涅耳积分表示为 $\alpha$ 的负幂级数，适用于 $\alpha$ 很大时 $C(\alpha)$ 和 $S(\alpha)$ 的计算。因为当 $\alpha$ 很大，只需考虑负幂级数的有限几项，就可以作为菲涅耳积分的很好的近似值。

现在建立一个以 $C(\alpha)$ 和 $S(\alpha)$ 为轴的直角坐标系，坐标系中某一点 $P$ 的坐标为 $P(C,S)$，当 $\alpha$ 取所有可能的值时，$P$ 点的轨迹描绘出一条曲线，这一曲线称为考纽螺线，如图4.5.5所示。这条曲线即表示出了菲涅耳积分的特性。虽然现在用计算机能快速而方便时菲涅耳积分，但由考纽线来计算菲涅耳积分能给出十分直观的物理图像，因而有且于讨论和分析菲涅耳衍射图样的性质。

由于 $C(0) = S(0) = 0$，所以考纽螺线是通过原点 $O$ 的。又由式(4.5.60)，且 $C(\alpha)$ 和 $S(\alpha)$ 的曲线对两个轴是对称的，则考纽螺线上的弧长 $dl$ 为：

$$(dl)^2 = (dC)^2 + (dS)^2 = \left[\left(\frac{dC}{d\alpha}\right)^2 + \left(\frac{dS}{d\alpha}\right)^2\right](d\alpha)^2$$
$$= \left[\cos^2\left(\frac{\pi}{2}\alpha^2\right) + \sin^2\left(\frac{\pi}{2}\alpha^2\right)\right](d\alpha)^2 = (d\alpha)^2 \text{。} \tag{4.5.61}$$

因此，如果顺着 $\alpha$ 增大的方向测量 $l$，则参量 $\alpha$ 代表从原点量起时考纽螺线的弧长。式(4.5.61)的推导过程中用了含参变量积分的导数公式 $\dfrac{d}{d\alpha}\int_a^\alpha f(x)dx = f(\alpha)$，其中积分下限 $a$ 为任意常数，这里取 $a = 0$。

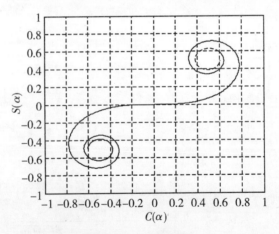

图4.5.5 考纽螺线

设 $\theta$ 是考纽螺线切线同 $C$ 轴的夹角，则

$$\tan\theta = \frac{dS}{dC} = \frac{dS/d\alpha}{dC/d\alpha} = \frac{\sin\left(\frac{\pi}{2}\alpha^2\right)}{\cos\left(\frac{\pi}{2}\alpha^2\right)} = \tan\left(\frac{\pi}{2}\alpha^2\right) \text{。} \tag{4.5.62}$$

因此 $\theta$ 随 $|\alpha|$ 的增大而单调地增大。当 $\alpha = 0$ 时，$\theta = 0$，所以在原点处，切线与 $C$ 轴重合；当 $\alpha^2 = 1$ 时，则 $\theta = \dfrac{\pi}{2}$，因而切线与 $C$ 轴垂直；当 $\alpha^2 = 2$ 时，则 $\theta = \pi$，因而切线再次与 $C$ 轴平行，但指向为负。另外，根据式(4.5.56)~(4.5.58)，考纽螺线的两支分别趋向坐标点 $P^+(1/2, 1/2)$ 和 $P^-(-1/2, -1/2)$。

将式(4.5.47)代入式(4.5.41)，有：

$$U_i(x_i, y_i) = \frac{e^{ikd}}{2i}\{[C(x_2') - C(x_1')] + i[S(x_2') - S(x_1')]\}$$
$$\cdot \{[C(y_2') - C(y_1')] + i[S(y_2') - S(y_1')]\}; \tag{4.5.63}$$

光强分布为：

$$I_i(x_i, y_i) = |U_i(x_i, y_i)|^2 = \frac{1}{4}\{[C(x_2') - C(x_1')] + i[S(x_2') - S(x_1')]\}^2$$
$$\cdot \{[C(y_2') - C(y_1')] + i[S(y_2') - S(y_1')]\}^2 \text{。} \tag{4.5.64}$$

这样，对于给定的参数和坐标 $x_o$，$y_o$，先由式(4.5.43)求出积分限 $x_1'$，$x_2'$，$y_1'$，$y_2'$ 之值，然后求出菲涅耳积分的 $C(x')$，$C(y')$，$S(x')$，$S(y')$ 的值（早期通常查菲涅耳积分的数值表，现在可以用计算机方便地求出），最后将这些数值代入式(4.5.64)就可求得矩形孔的衍射光场强度 $I_i$ 的数值解（之所以是数值解，是因为菲涅耳积分实际上没有解析解，只能用数值积分的方法求出）。式(4.5.63)和式(4.5.64)也可以通过图 4.5.5 所示的考纽螺线通过几何作图的方法求出其数值解。另外，由于菲涅耳积分只能求数值解，人们会用一些不同形式的解析式来作为菲涅耳积分的近似计算公式。

下面由菲涅耳积分来讨论一下菲涅耳近似。考虑处在衍射屏原点处的脉冲响应函数，即式(4.4.3)变为：

$$h(x_i, y_i) = \frac{e^{ikd}}{i\lambda d}e^{\frac{ik}{2d}(x_i^2 + y_i^2)} = \frac{e^{ikd}}{i\lambda d}\left\{\cos\left[\frac{\pi}{\lambda d}(x_i^2 + y_i^2)\right] + i\sin\left[\frac{\pi}{\lambda d}(x_i^2 + y_i^2)\right]\right\} \text{。} \tag{4.5.65}$$

容易验证，上式所表示的二次相位函数对于 $x_i$ 和 $y_i$ 来说，函数下包围的体积为1，这一贡献仅来自式中的正弦函数项。容易证明，一元函数 $f(x) = \cos(\pi x^2)$ 和 $f(x) = \sin(\pi x^2)$ 的曲线与 $x$ 轴包围的面积均为 $1/\sqrt{2}$。由前面的讨论可知，二次相位指数函数积分的模可写为：

$$|I_i| = \left|\int_{-X}^{X} e^{i\pi x^2} dx\right| = |\sqrt{2}C(\sqrt{2}X) + i\sqrt{2}S(\sqrt{2}X)| \text{。} \tag{4.5.66}$$

式(4.5.66)中的 $|I_i| - X$ 的函数关系曲线如图 4.5.6 所示。从图中可以看出，当 $X$ 增大时积分值的大小振荡幅度越来越小。当 $X \to \infty$ 时，由式(4.5.66)式给出的积分的模接近值1；当 $X = 0.5$ 时首次达到1。可以认为，对式(4.5.66)积分有贡献的部分主要来自区间 $-2 < X < 2$；在此范围以外，随着 $|X|$ 的增大，被积函数的振荡频率增高，对总面积的贡献越来越小。

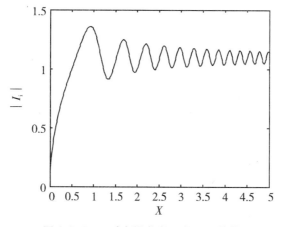

**图 4.5.6 二次相位指数函数积分的模**

上述结果很容易推广到二元函数的情形，将 $k=2\pi/\lambda$ 代入式(4.3.3)中，可得：

$$h(x_i, y_i) = \frac{e^{ikd}}{i\lambda d} e^{i\pi\left[\left(\frac{x}{\sqrt{\lambda d}}\right)^2 + \left(\frac{y}{\sqrt{\lambda d}}\right)^2\right]}。 \quad (4.5.68)$$

因此，式(4.4.4)右边被积函数是 $U_o(x_o, y_o)$ 与一个中心在 $x_i = x_o$，$y_i = y_o$ 的脉冲响应函数的乘积，函数 $h(x_i - x_o, y_i - y_o)$ 是一个随 $x_o$、$y_o$ 变化而振荡的函数。式(4.4.4)所表示的衍射积分主要贡献来自 $x_o - y_o$ 平面上宽为 $4\sqrt{\lambda d}$ 的正方形部分，该正方形的中心点位于 $x_o = x_i$，$y_o = y_i$，面积与 $d$ 成正比，$d$ 表示观察点 $(x_i, y_i)$ 与 $x_o - y_o$ 平面之间的距离。由此看来，观察点的坐标$(x_i, y_i, d)$直接决定了 $x_o - y_o$ 平面上对积分有贡献的正方形的中心和边长。

图 4.5.7 显示了孔径 $\Sigma_o$ 所在平面 $x_o - y_o$ 到观测面 $x_i - y_i$ 之间的区域划分为亮区、暗区和过渡区，可对此作一个定性的讨论。在亮区，如图 4.5.8 中 $A$ 点所示，与亮区的观测点相应的正方形完全位于 $x_o - y_o$ 平面上的开孔处；在过渡区，如图 4.5.8 中 $C$ 点所示，与过渡区中观察点相应的正方形，一部分处于开孔处，另一部分处于 $x_o - y_o$ 平面上不透光的部分；在暗区，如图 4.5.8 中 $B$ 点所示，与暗区中观察点相应的正方形完全位于 $x_o - y_o$ 平面上不透光的部分。正方形中透光部分的大小决定了过渡区中 $U_i(x_i, y_i)$ 的值，因此在过渡区的情况比亮区和暗区要复杂一些。

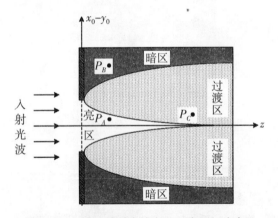 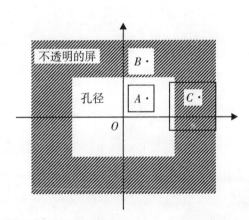

图 4.5.7 在孔径后方的亮区、暗区和过渡区　　图 4.5.8 在孔径后方点 $P$ 处光强计算的说明

当考虑离孔径很近的距离 $d$ 处，但菲涅耳近似依然成立时，这个距离范围称为菲涅耳区深处。为了求解这个问题，可以把式(4.5.41)写成如下等价的形式：

$$U_i(x_i, y_i) = \frac{e^{ikd}}{i\lambda d} \int_{-\infty}^{\infty} \text{rect}(x_o/a) e^{\frac{ik}{2d}(x_i - x_o)^2} dx_o \int_{-\infty}^{\infty} \text{rect}(y_o/b) e^{\frac{ik}{2d}(y_i - y_o)^2} dy_o。 \quad (4.5.68)$$

由于 $d$ 很小，则 $\frac{k}{2d}$ 是一个很大的量。这样，式(4.5.68)中的积分中除了稳相点附近之外，被积函数中的二次相位因子作快速振荡，正负项互相抵消，致使积分的主要贡献来自稳相点附近。可以用所谓的稳相法来求解。

稳相法是求积分的一种渐近估计方法。设有如下形式的积分：

$$I(k) = \int_A^B g(x) e^{ikf(x)} dx。 \quad (4.5.69)$$

其中 $k$ 为实数，$f(x)$ 为实函数，积分中的复数指数可由欧拉公式表达成正弦函数和余弦函数的形式。当 $k \to \infty$ 时，若 $f(x)$ 取有限值，且 $\dfrac{\mathrm{d}f(x)}{\mathrm{d}x} \neq 0$，则正弦函数和余弦函数均作快速振荡，但在

$$\frac{\mathrm{d}f(x)}{\mathrm{d}x} = 0 \tag{4.5.70}$$

附近，被积函数的变化缓慢，因此满足上式的那些点为稳相点，可记为 $x_0$。例如，函数 $\cos(\pi x^2)$ 的稳相点在 $x_0 = 0$ 处。因此，可以将式(4.5.69)所示的积分分成两个区域。在稳相点附近的区域对积分的贡献是主要的；在此区域以外，由于相位因子作快速振荡，对积分的贡献可以忽略。

由 $\dfrac{\mathrm{d}f(x)}{\mathrm{d}x} = 0$ 求出稳相点 $x = x_0$ 以后，将 $f(x)$ 在 $x_0$ 处作泰勒级数展开：

$$f(x) = f(x_0) + f''(x_0) \frac{(x-x_0)^2}{2} + \cdots 。 \tag{4.5.71}$$

由于 $\dfrac{\mathrm{d}f(x)}{\mathrm{d}x} = 0$，所以上式的一次项为零。设在区间 $(A, B)$ 内 $f(x)$ 只有一个稳相点，则可将式(4.5.69)的积分限外推到区间 $(-\infty, \infty)$，显然，这对积分结果是无影响的。将式(4.5.72)的前两项代入式(4.5.69)，可得：

$$I(k) \approx \int_{-\infty}^{\infty} g(x) \mathrm{e}^{\mathrm{i}k[f(x_0) + f''(x_0)\frac{(x-x_0)^2}{2}]} \mathrm{d}x = \mathrm{e}^{\mathrm{i}kf(x_0)} \int_{-\infty}^{\infty} g(x) \mathrm{e}^{\mathrm{i}kf''(x_0)\frac{(x-x_0)^2}{2}} \mathrm{d}x 。 \tag{4.5.72}$$

将 $g(x)$ 在稳相点 $x_0$ 处作泰勒级数展开，即 $g(x) = g(x_0) + g'(x_0)(x - x_0) + \cdots$，取前二项代入上式，可得：

$$\begin{aligned}
I(k) &\approx \mathrm{e}^{\mathrm{i}kf(x_0)} \int_{-\infty}^{\infty} [g(x_0) + g'(x_0)(x - x_0)] \mathrm{e}^{\mathrm{i}kf''(x_0)\frac{(x-x_0)^2}{2}} \mathrm{d}x \\
&= \mathrm{e}^{\mathrm{i}kf(x_0)} \left[ g(x_0) \int_{-\infty}^{\infty} \mathrm{e}^{\mathrm{i}kf''(x_0)\frac{(x-x_0)^2}{2}} \mathrm{d}x + g'(x_0) \int_{-\infty}^{\infty} (x - x_0) \mathrm{e}^{\mathrm{i}kf''(x_0)\frac{(x-x_0)^2}{2}} \mathrm{d}x \right] 。
\end{aligned} \tag{4.5.73}$$

上式中的中括号内的第二项的被积函数为奇函数，故积分为 0，这样可得：

$$\begin{aligned}
I(k) &\approx \mathrm{e}^{\mathrm{i}kf(x_0)} \int_{-\infty}^{\infty} [g(x_0) + g'(x_0)(x - x_0)] \mathrm{e}^{\mathrm{i}kf''(x_0)\frac{(x-x_0)^2}{2}} \mathrm{d}x \\
&= \mathrm{e}^{\mathrm{i}kf(x_0)} g(x_0) \int_{-\infty}^{\infty} \mathrm{e}^{\mathrm{i}kf''(x_0)\frac{(x-x_0)^2}{2}} \mathrm{d}x = \sqrt{\frac{2\pi}{kf''(x_0)}} \mathrm{e}^{\mathrm{i}[kf(x_0) + \frac{\pi}{4}]} 。
\end{aligned} \tag{4.5.74}$$

对于更一般的，如果函数 $f(x)$ 在积分区间 $(A, B)$ 内有 $n$ 个稳相点 $x_1, x_2, \cdots, x_n$，则有：

$$I(k) = \sum_{j=0}^{n} \sqrt{\frac{2\pi}{kf''(x_j)}} \mathrm{e}^{\mathrm{i}[kf(x_j) + \frac{\pi}{4}]} 。 \tag{4.5.75}$$

把上式的结果扩展到二维，并把式(4.5.68)与式(4.5.69)相比，有：

$$g(x_\mathrm{o}, y_\mathrm{o}) = g(x_\mathrm{o}) g(y_\mathrm{o}) = \mathrm{rect}(x_\mathrm{o}/a) \mathrm{rect}(y_\mathrm{o}/b) , \tag{4.5.76}$$

$$f(x_\mathrm{o}, y_\mathrm{o}) = \frac{1}{2d} [(x_\mathrm{i} - x_\mathrm{o})^2 + (y_\mathrm{i} - y_\mathrm{o})^2] 。 \tag{4.5.77}$$

从式(4.5.77)求得稳相点为 $x_\mathrm{i} = x_\mathrm{o}$，$y_\mathrm{i} = y_\mathrm{o}$。采用稳相近似公式(4.5.74)，有：

$$f(x_\mathrm{o}) = f(y_\mathrm{o}) = 0, \quad f''(x_\mathrm{o}) = f''(y_\mathrm{o}) = \frac{1}{d} 。 \tag{4.5.78}$$

这样，由式(4.5.74)可得：

$$U_i(x_i, y_i) = \left(\sqrt{\frac{2\pi d}{k}}\right)^2 \frac{e^{ikd}}{i\lambda d} \text{rect}(x_o/a) \text{rect}(y_o/b) e^{i\frac{\pi}{2}} = e^{ikd} \text{rect}(x_o/a) \text{rect}(y_o/b)_\circ$$

(4.5.79)

上式表明，在菲涅耳区深处的场分布就是孔径的几何投影，$e^{ikd}$ 是平面波传播的相位因子，可见，在这个区域几何光学描述成立。

### 4.5.3 特殊矩形孔的菲涅耳衍射

一些实际的光学衍射问题可以看成矩形孔的变化。

#### 1. 自由空间传播

这相当于孔径为无限大，即 $a = b = \infty$ 的情况，式(4.5.43)变为：$x_1' = y_1' = -\infty$ 和 $x_2' = y_2' = -\infty$。显然，由菲涅耳积分的性质就很容易得到：

$$U_i(x_i, y_i) = \frac{1}{2i} e^{ikd}(1+i)(1+i) = e^{ikd}_\circ$$

(4.5.80)

这就是垂直入射的单位振幅的平面波在自由空间中的传播情况。从这里也说明用菲涅耳积分方法计算矩形孔的衍射问题的自洽性。

#### 2. 直边的衍射

所谓直边衍射，是指衍射屏为半无穷大平面，如图4.5.9所示。从图中可以看出，设 $x_o$ 轴平行于直边，则在 $x_o \leq 0$ 的区域为不透明且无穷大的平面，设观测面和衍射面平行，$z$ 轴与这两个平面垂直且过两个平面坐标系的原点。这样，式(4.5.43)变为：

$$x_1' = -\infty, \quad x_2' = \infty; \quad y_1' = -\sqrt{\frac{2}{\lambda d}} y_i, \quad y_2' = \infty_\circ$$

(4.5.81)

上式的坐标范围形成一个矩形。这样，由菲涅耳积分性质，式(4.5.64)变为：

$$U_i(x_i, y_i) = \frac{e^{ikd}}{2i}(1+i)\left\{\left[\frac{1}{2} - C(y_1')\right] + i\left[\frac{1}{2} - S(y_1')\right]\right\}_\circ$$

(4.5.82)

从上式可以看出，这里衍射光场只与观测点的坐标 $y_i$ 有关。光强分布为：

$$I_i(x_i, y_i) = |U_i(x_i, y_i)|^2 = \frac{1}{2}\left\{\left[\frac{1}{2} - C(y_1')\right]^2 + \left[\frac{1}{2} - S(y_1')\right]^2\right\}_\circ$$

(4.5.83)

上式除了常数1/2以外，大括号中的量就是一个相幅矢量模的平方。这个相幅矢量的终点，可由考纽螺线来确定。下面讨论处于不同位置观测点的光场分布。

(1) 观测点 $P$ 位于半无穷大平面的几何阴影的边缘上，即 $y_1' = 0$，这样，式(4.5.82)和式(4.5.83)变为：

$$U_i(x_i, 0) = \frac{e^{ikd}}{2} \frac{1}{2}(1+i)^2 = \frac{1}{2} e^{ikd},$$

(4.5.84)

$$I_i(x_i, 0) = \frac{1}{4}_\circ$$

(4.5.85)

可见，在几何阴影上的光强度为无直边的强度的1/4。即在几何阴影边界上的光强度为无直边时强度的1/4。这是因为波前的一半被挡掉，光波的振幅减半，其强度减到原来的1/4。

(2) 观测点 $M$ 在阴影区内,且离直边 $L$ 不远处。这时 $y_i < 0$, $y_1' = -\sqrt{\dfrac{2}{\lambda d}}$,考纽螺线上的 $M$ 点相应于 $x' = y_1'$, $C$ 点相应于 $x' \to \infty$,这时有:

$$\left[\frac{1}{2} - C(y_1')\right] + i\left[\frac{1}{2} - S(y_1')\right] = \overline{MC} e^{i\theta}。 \tag{4.5.86}$$

式中:$\theta$ 是 $\overline{MC}$ 与横轴夹角。将上式代入式(4.5.58),可得:

$$I_i(M) = \frac{1}{2}\overline{MC}。 \tag{4.5.87}$$

(3) 当观测点由 $M$ 点移至阴影区深处 $D$ 时,$y_i$ 值增大,因而 $M$ 点沿考纽螺线向 $C$ 点移动,长度 $\overline{MC}$ 逐渐减小,由式(4.5.87)知阴影区中光强度逐渐减小。

若考虑由 $D$ 继续向 $y_i$ 负方向移动,当 $y_i \to -\infty$ 时,$y_1' \to \infty$,则 $M$ 点与 $C$ 点重合,这样有:

$$U_i(x_i, \infty) = 0, \quad I_i(x_i, \infty) = 0。$$

(4) 观察点与几何阴影区的边缘移至照明区域中的 $L$ 点。这时 $y_i > 0$, $y_1' = -\sqrt{\dfrac{2}{\lambda d}}$。在考纽螺线上与 $L$ 点对应的点位于第三象限,$L$ 点的光强为:

$$I_i(L) = \frac{1}{2}\overline{LC}^2。 \tag{4.5.88}$$

当 $y_i$ 由极小的值逐渐加大时,$y_1'$ 的负值的绝对值变得越来越大,$\overline{LC}$ 逐渐变长到 $L$ 点达到 $Q$ 点为止。$Q$ 点处的 $y_1' \approx 1.22$,这时光强度达到最大值:$I_i \approx 1.37$。当 $y_1'$ 由 $-1.22$ 继续减小,直到它达到 $R$ 点为止,$R$ 点处的 $y_1' \approx -1.87$。因此,如果在照明区中观察点由 $R$ 点继续沿 $y_i$ 正向移动时,观测点的相对强度 $I_i/I_{i0}$ 在 1 附近振荡,且振荡幅度不断减小。当 $y_1' \to \infty$ 时,相当于图 4.5.9 中位于照明区且远离阴影边缘的 $B$ 点,光强度为:

$$I_i(B) = \frac{1}{2}\overline{BC}^2 = I_{i0}。 \tag{4.5.89}$$

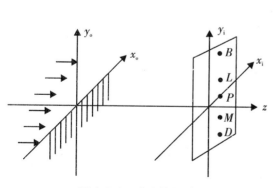

图 4.5.9 直边的衍射

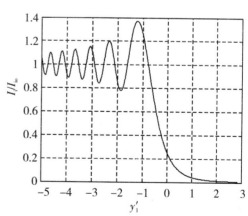

图 4.5.10 直边衍射的光强分布

直边的菲涅耳衍射在照明区内的光强分布不是像几何光学那样均匀分布,而是呈干涉条纹状的分布,在照明区深处则为均匀照明。观察面上的衍射光强分布曲线如图 4.5.10 所示。此曲线相当于观察点的位置是固定的,只改变衍射边的位置。

### 3. 长狭缝的菲涅耳衍射

长狭缝的数学描述也可用特殊的矩形孔来描述。当矩阵孔的某边 $a \to \infty$ 或 $b \to \infty$，而另一边为有限值时，就可以认为是长狭缝，如图 4.5.11 所示。

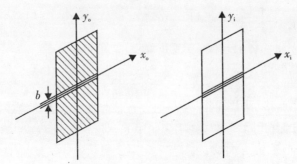

图 4.5.11　长狭缝的菲涅耳衍射

这时，式(4.5.43)变为：

$$x_1' = -\infty, \quad x_2' = \infty; \quad y_1' = -\sqrt{\frac{2}{\lambda d}}(b+y_i), \quad y_2' = -\sqrt{\frac{2}{\lambda d}}(b-y_i)。 \quad (4.5.90)$$

这样，由菲涅耳积分性质，式(4.5.64)变为：

$$U_i(x_i, y_i) = \frac{e^{ikzd}}{2i}(1+i)\{[C(y_2') - C(y_1')] + i[S(y_2') - S(y_1')]\}。 \quad (4.5.91)$$

若令：

$$y_0' = y_2' - y_1' = b\sqrt{\frac{2}{\lambda d}}, \quad (4.5.92)$$

由上式可以看出，对给定观测距离 $y_0'$ 是一个无量纲的常数，其大小反映了孔径尺寸对于孔径间距离的相对大小。这样可得观测平面的光强分布为：

$$I_i(x_i, y_i) = \frac{1}{2}(1+i)[C(y_1'+y_0') - C(y_1')]^2 + [S(y_1'+y_0') - S(y_1')]^2\}。 \quad (4.5.93)$$

光强分布如图 4.5.12 所示，图中垂直虚线为几何阴影的边缘。对于较大的 $y_0'$，相当于观测平面离孔较近时，菲涅耳衍射图基本上由两个直边衍射图组成；对于较小的 $y_0'$，即观测平面离孔较远时，菲涅耳衍射图就趋于夫琅禾费衍射图。

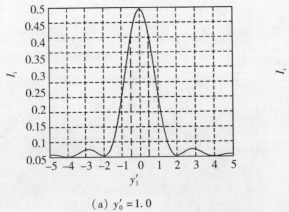
(a) $y_0' = 1.0$

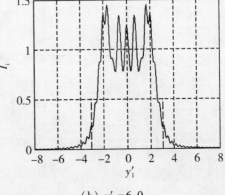
(b) $y_0' = 6.0$

图 4.5.12　长狭缝的菲涅耳衍射图

## 4.5.4 圆孔的菲涅耳衍射

圆孔的菲涅耳衍射的计算是比较复杂的,这里我们只讨论在光轴上圆孔的菲涅耳衍射这一较为简单的特例。如图4.5.13所示,$\Sigma_o$ 是无限大不透明屏上的半径为 $a$ 的一个圆孔,孔的中心位于 $x_o - y_o$ 平面的原点上。在通过圆心并垂直于所在平面的轴线 $S_0$ 上放置一振幅为 $A_0$ 的点光源,求在观测平面 $x_i - y_i$ 上点 $P_i$ 由于圆孔的菲涅耳衍射而产生的光场分布。

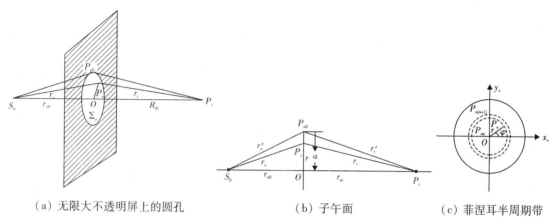

(a) 无限大不透明屏上的圆孔　　(b) 子午面　　(c) 菲涅耳半周期带

**图 4.5.13　圆孔的菲涅耳衍射的计算**

若 $P_o$ 为孔径 $\Sigma_o$ 内任意一点,则由基尔霍夫衍射公式(4.2.35),$P_i$ 点光场的复振幅为:

$$U_i(P_i) = \frac{1}{i\lambda} \iint_{\Sigma_o} U_o(P_o) \frac{e^{ikr}}{r} \cos\theta ds_o \text{。} \tag{4.5.94}$$

式中:$U_o(P_o) = A_0 \dfrac{e^{ikr_o}}{r_o}$,假定 $a \ll r_o$,则有 $\cos\theta \approx 1$,这样上式变为:

$$U_i(P_i) = \frac{1}{i\lambda} \iint_{\Sigma_o} A_0 \frac{e^{ikr_o}}{r_o} \frac{e^{ikr_i}}{r_i} ds = \frac{A_0}{i\lambda} \iint_{\Sigma_o} \frac{e^{ik(r_o+r_i)}}{r_o r_i} ds \text{。} \tag{4.5.95}$$

在极坐标系下上式为:

$$U_i(P_i) = \frac{A_0}{i\lambda} \int_0^{2\pi} d\varphi \int_0^a r \frac{e^{ik(r_o+r_i)}}{r_o r_i} dr \text{。} \tag{4.5.96}$$

由图4.5.16(c)有关系式:

$$r^2 = r_o^2 - r_{o0}^2 = r_i^2 - r_{i0}^2 \text{。} \tag{4.5.97}$$

对上式求微分,可得:

$$rdr = r_o dr_o = r_i dr_i \text{。} \tag{4.5.98}$$

从而有:

$$d(r_i + r_o) = \left(\frac{1}{r_i} + \frac{1}{r_o}\right) r dr \text{。} \tag{4.5.99}$$

再令

$$\alpha = r_i + r_o, \quad \alpha_0 = r_{i0} + r_{o0}, \quad \alpha_1 = \sqrt{r_{i0}^2 + a^2} + \sqrt{r_{i0}^2 + a^2} \text{。}$$

其中 $\alpha_0$ 和 $\alpha_1$ 分别为对应于光由 $S_0$ 经过孔径 $\Sigma_o$ 到达 $P_i$ 点的最小光程和最大光程。这样有:

$$U_\mathrm{i}(P_\mathrm{i}) = \frac{2\pi A_0}{\mathrm{i}\lambda} \int_{\alpha_0}^{\alpha_1} \frac{\mathrm{e}^{\mathrm{i}k\alpha}}{\alpha} \mathrm{d}\alpha。 \tag{4.5.100}$$

在 $r_\mathrm{i} + r_\mathrm{o} \gg a$ 的条件下，上式积分式中的分母 $\alpha$ 可用 $r_{\mathrm{o}0}$ 代替，这样可得：

$$U_\mathrm{i}(P_\mathrm{i}) \approx \frac{2\pi A_0}{\mathrm{i}\lambda r_{\mathrm{o}0}} \int_{\alpha_0}^{\alpha_1} \mathrm{e}^{\mathrm{i}k\alpha} \mathrm{d}\alpha = U_{\mathrm{i}0}(P_\mathrm{i})(1 - \mathrm{e}^{\mathrm{i}\pi m})。 \tag{4.5.101}$$

式中：

$$U_{\mathrm{i}0}(P_\mathrm{i}) = A_0 \frac{\mathrm{e}^{\mathrm{i}k(r_{\mathrm{o}0}+r_{\mathrm{i}0})}}{r_{\mathrm{o}0} + r_{\mathrm{i}0}}; \tag{4.5.102}$$

$$\frac{m\lambda}{2} = \alpha_1 - \alpha_0。 \tag{4.5.103}$$

显然，$U_{\mathrm{i}0}(P_\mathrm{i})$ 就是不存在屏时 $P_\mathrm{i}$ 点的光场，即 $S_0$ 点发出的球面波在 $P_\mathrm{i}$ 点的复振幅的大小。而 $\frac{m\lambda}{2}$ 表示从 $S_0$ 到 $P_\mathrm{i}$ 点透过孔径 $\Sigma_0$ 传播的最大光程和最小光程之间的差。

由式(4.5.101)，$P_\mathrm{i}$ 点的光强为：

$$I_\mathrm{i}(P_\mathrm{i}) = 4I_{\mathrm{i}0}(P_\mathrm{i}) \sin^2 \frac{m\pi}{2}。 \tag{4.5.104}$$

式中：$I_{\mathrm{i}0}(P_\mathrm{i}) = |U_{\mathrm{i}0}(P_\mathrm{i})|^2$，为不存在屏时 $P_\mathrm{i}$ 点的光强。由上式可见，当 $m$ 为偶数时，$I_\mathrm{i}$ 为零；当 $m$ 为奇数时，$I_\mathrm{i}$ 为极大值 $4I_{\mathrm{i}0}$。这就是说，在屏后面的轴上将出现亮斑。这是由于圆屏外面传播的光波在轴上相遇时，当 $m$ 为奇数时，它们同相位，为相干叠加，故形成亮斑。这个现象是法国科学家泊松在 18 世纪首先观察到的，也是菲涅耳用半波带方法讨论圆孔的菲涅耳衍射时曾得到的结果。考虑 $S_0$ 和 $P_\mathrm{i}$ 的位置将圆孔分割成若干同心圆环，每个圆环构成一个带，第 $n$ 个圆的半径 $r_n$ 由下列关系式确定：

$$(S_0 P_{\mathrm{o}n} + P_{\mathrm{o}n} P_\mathrm{i}) - (S_0 O + O P_\mathrm{i}) = \frac{n\lambda}{2}。 \tag{4.5.105}$$

由几何关系可得：

$$\sqrt{r_{\mathrm{i}0}^2 + a^2} + \sqrt{r_{\mathrm{i}0}^2 + a^2} - (r_{\mathrm{i}0} + r_{\mathrm{o}0}) = \frac{n\lambda}{2}。 \tag{4.5.106}$$

可见上两式与式(4.5.103)是相同的。用这样的方法分割出一系列半波带，其中相邻的两个带在 $P_\mathrm{i}$ 点产生的场是反相的，叠加时相消。因此，如果圆孔包含奇数半波带，则 $P_\mathrm{i}$ 点的光强度将取极大值；如果圆孔包含偶数半波带，则 $P_\mathrm{i}$ 点的光强度将取极小值。图 4.5.14 显示了在某个距离上，圆孔尺寸由小到大的菲涅耳衍射图样。

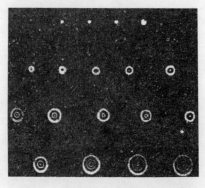

图 4.5.14　圆孔的菲涅耳衍射图

## 4.6 夫琅禾费衍射的计算

为了观测夫琅禾费衍射，要求光源与观测场点相对于衍射屏同时满足远场近似条件，也就是夫琅禾费衍射必须在远距离观测。但实际上，由于受到实验室大小的限制，以及在无限远处光能量太小，因此不可能在太远的距离上观测夫琅禾费衍射。一种简单的解决方法是用透镜将无穷远的物体成像到透镜的后焦面，这样便可在近距离上观测夫琅禾费衍射（这种方法将在第 5 章来讨论）。另一种最简单的做法是用单色平面光波照射衍射屏，并在无限远的垂轴平面上观测衍射图样。这一节夫琅禾费衍射的计算基于后一种方法。并且由式 (4.4.14) 可知，用傅里叶变换来处理夫琅禾费衍射场和衍射屏之间的关系，为计算夫琅禾费衍射图样的光场分布提供了一种简洁的方法。

从公式 (4.4.14) 可知，观察平面上的光场分布正比于衍射孔径后表面的光场分布 $U_o'(x_o, y_o)$ 的傅里叶变换。$U_o'(x_o, y_o)$ 等于入射到孔径上的光场 $U_o(x_o, y_o)$ 与孔径透射率函数 $t(x_o, y_o)$ 的乘积。因此，实际影响衍射现象的因素应当包括两个方面：照明光波的性质和孔径的特性。孔径的概念可以推广到一般透明或半透明的平面物体，其透射率函数通常是复函数，它直接反映了物体的结构特点。光波通过物体时，其振幅和相位分布都要受到物体的调制，从而使透射光波携带物体的信息向前传播；如果物体是仅有光密度变化的透明片，它只改变入射光波的振幅分布，而不改变其相位分布，这类物体称为振幅型物体；如果物体由于折射率不均匀或厚度起伏，只改变入射光波的相位分布，而不改变其相对振幅，这类物体称为相位型物体。在分析衍射问题时，为了能够从衍射图样直接了解物体的透射率的性质，或者对不同物体的衍射图样作比较，有必要排除复杂照明光波的影响。因此，通常约定采用单位振幅的单色平面光波垂直照明孔径，即 $U_o(x_o, y_o) = 1$，这样透过孔径的光场分布 $U_o'(x_o, y_o)$ 为：

$$U_o'(x_o, y_o) = t(x_o, y_o) 。 \tag{4.6.1}$$

由夫琅禾费衍射公式 (4.4.14)，在距离衍射屏为 $d$ 处的观察平面上光场复振幅为：

$$U_i(x_i, y_i) = \frac{e^{ikd}}{i\lambda d} e^{i\pi\lambda d(\xi^2 + \eta^2)} F\{t(x_o, y_o)\}_{\xi = x_i/\lambda d, \eta = y_i/\lambda d} = \frac{e^{ikd}}{i\lambda d} e^{i\pi\lambda d(\xi^2 + \eta^2)} T(\xi, \eta) 。 \tag{4.6.2}$$

式中：$T(\xi, \eta)$ 是物体的空间频谱函数，即物体的透射率函数的傅里叶变换：

$$T(\xi, \eta) = \iint_{-\infty}^{\infty} t(x_o, y_o) e^{-i2\pi(\xi x_o + \eta y_o)} dx_o dy_o 。 \tag{4.6.3}$$

从式 (4.6.2) 可以看到，观察平面上的夫琅禾费衍射图样的复振幅正比于物体的频谱。夫琅禾费衍射的光强分布为：

$$I_i(x_i, y_i) = |U_i(x_i, y_i)|^2 = \frac{T^2(\xi, \eta)}{(\lambda d)^2} \propto T^2(\xi, \eta) 。 \tag{4.6.4}$$

下面讨论几种典型衍射屏的夫琅禾费衍射的例子。

### 4.6.1 矩形孔和狭缝

**1. 矩形孔**

矩形孔的透射率函数见式 (4.5.39)，衍射过程依然如图 4.5.3 所示。由式 (4.6.2) 可得观察平面上的夫琅禾费衍射光场的复振幅为：

$$U_i(x_i,y_i) = \frac{e^{ikd}}{i\lambda d}e^{\frac{ik}{2d}(x_i^2+y_i^2)}F\{t(x_o,y_o)\} = \frac{e^{ikd}}{i\lambda d}e^{\frac{ik}{2d}(x_i^2+y_i^2)}\iint\limits_{\Sigma_o}t(x_o,y_o)e^{-\frac{i2\pi}{\lambda d}(x_ix_o+y_iy_o)}dx_ody_o$$

$$= \frac{e^{ikd}}{i\lambda d}e^{\frac{ik}{2d}(x_i^2+y_i^2)}\int_{-a/2}^{a/2}\int_{-b/2}^{b/2}e^{-\frac{i2\pi}{\lambda d}(x_ix_o+y_iy_o)}dx_ody_o = \frac{e^{ikd}}{i\lambda d}e^{\frac{ik}{2d}(x_i^2+y_i^2)}ab\,\text{sinc}\left(\frac{ax_i}{\lambda d},\frac{by_i}{\lambda d}\right); \quad (4.6.5)$$

衍射的光强分布为：

$$I_i(x_i,y_i) = |U_i(x_i,y_i)|^2 = \left(\frac{ab}{\lambda z}\right)^2\text{sinc}^2\left(\frac{ax_i}{\lambda z},\frac{by_i}{\lambda z}\right) = I_{i0}\text{sinc}^2\left(\frac{ax_i}{\lambda z},\frac{by_i}{\lambda z}\right)。 \quad (4.6.6)$$

式中：

$$I_{i0} = I_{i0}(0,0) = \left(\frac{ab}{\lambda d}\right)^2, \quad (4.6.7)$$

是光强度在$(x_i=0, y_i=0)$点处的值，也是衍射强度的最大值，它与孔径面积的平方成正比，与距离和波长的平方成反比。其图形如图 4.6.1 所示。

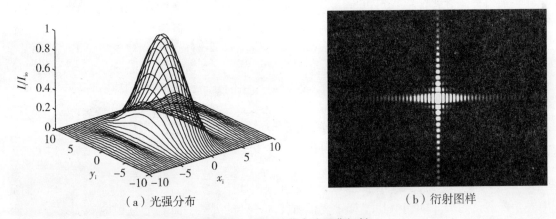

（a）光强分布　　　　　　　　　　（b）衍射图样

图 4.6.1　矩形孔的夫琅禾费衍射

### 2. 单狭缝的夫琅禾费衍射

当矩形中的一边很长，另一边很短时，矩形孔就变成了狭缝，如图 4.6.2 所示。所以狭缝（或称单缝）可视为矩形孔的特殊情形，其夫琅禾费衍射图样可以直接从矩形孔的夫琅禾费衍射图样中导出。当 $a$ 很小，$b$ 很大，即 $b \gg a$ 时，在矩形孔的衍射图样中，$x_i$ 轴方向上的条纹间隔就变大，$y_i$ 轴方向上的条纹间隔就变小。如果 $b \gg a$ 以致 $y_i$ 轴方向上的条纹间隔小到人眼无法分辨，则宏观上 $y_i$ 轴方向上就不存在分离的衍射条纹了。这就是单缝的衍射图样。

可见，单缝相当于一维的矩形孔，由式(4.6.5)可得此时观察平面上的夫琅禾费衍射光场的复振幅为：

$$U_i(x_i) = \frac{e^{ikd}}{i\lambda d}e^{\frac{ik}{2d}x_i^2}F\{t(x_o)\} = \frac{e^{ikd}}{i\lambda d}e^{\frac{ik}{2d}x_i^2}\iint\limits_{\Sigma_o}t(x_o)e^{-\frac{i2\pi}{\lambda d}x_ix_o}dx_o$$

$$= \frac{e^{ikd}}{i\lambda d}e^{\frac{ik}{2d}x_i^2}\int_{-a/2}^{a/2}e^{-\frac{i2\pi}{\lambda d}x_ix_o}dx_o = \frac{e^{ikd}}{i\lambda d}e^{\frac{ik}{2d}x_i^2}a\,\text{sinc}\left(\frac{ax_i}{\lambda d}\right); \quad (4.6.8)$$

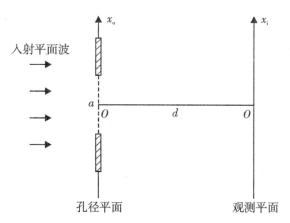

图4.6.2 单缝的衍射

衍射的光强分布为：

$$I_i(x_i) = |U_i(x_i)|^2 = \left(\frac{a}{\lambda d}\right)^2 \mathrm{sinc}^2\left(\frac{ax_i}{\lambda d}\right) = I_{i0}\mathrm{sinc}^2\left(\frac{ax_i}{\lambda d}\right)。 \quad (4.6.9)$$

式中：

$$I_{i0} = I_{i0}(0) = \left(\frac{a}{\lambda d}\right)^2。 \quad (4.6.10)$$

其图形如图4.6.3所示。

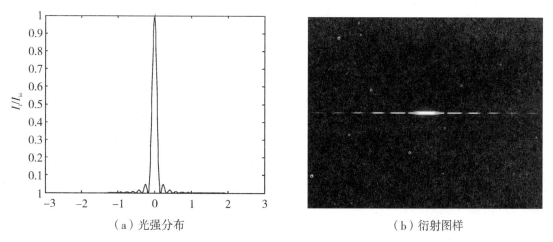

（a）光强分布　　　　　　　　　　（b）衍射图样

图4.6.3 矩形孔沿 $x_i$ 方向的夫琅禾费衍射

所以，对单缝孔径而言，其夫琅禾费衍射图样是一组方向与单缝垂直的线状衍射条纹。在$x_i(y_i)$轴上第一个零点的位置由 $ax_i/\lambda d = \pm 1(by_i/\lambda d = \pm 1)$ 确定，对应地 $x_i = \pm \lambda d/a(y_i = \pm \lambda d/b)$，故中央最大值在 $x_i(y_i)$ 轴上的宽度（称为主瓣宽度）为：$\Delta x_i = 2\lambda d/a(\Delta y_i = 2\lambda d/b)$。在中央最大值两侧，衍射光强周期性地出现零值，沿 $x_i(y_i)$ 轴方向的空间周期为 $\lambda d/a(\lambda d/b)$。

由此可见，矩形孔在某方向上的线度与同一方向上相邻条纹的间隔成反比。矩形孔在某方向的线度越小，该方向上的条纹间隔就越大。综合沿 $x_i$，$y_i$ 轴的衍射图样分布，可得矩形孔的衍射图样。

### 3. 双狭缝

双狭缝由两个宽度为 $a$、距离为 $L_0$ 的单缝组成，其振幅透射率可表示为：

$$t(x_o) = \text{rect}\left(\frac{x_o - L_0/2}{a}\right) + \text{rect}\left(\frac{x_o + L_0/2}{a}\right)。 \quad (4.6.11)$$

当用单位振幅的单色平面波垂直照射双狭缝时，则在离孔径 $d$ 处的观测平面上的夫琅禾费衍射为：

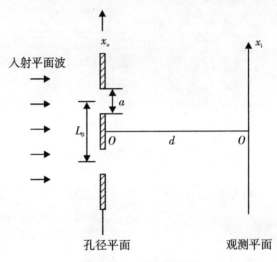

图 4.6.4 双缝的衍射

$$\begin{aligned}
U_i(x_i) &= \frac{e^{ikd}}{i\lambda d}e^{\frac{ik}{2d}x_i^2}F\{t(x_o,y_o)\} = \frac{e^{ikd}}{i\lambda d}e^{\frac{ik}{2d}x_i^2}\int_{-\infty}^{\infty}t(x_o,y_o)e^{-i\frac{2\pi x_i x_o}{\lambda d}}dx_o \\
&= \frac{e^{ikd}}{i\lambda d}e^{\frac{ik}{2d}x_i^2}\Big[\int_{-(a+L_0)/2}^{(a-L_0)/2}e^{-i\frac{2\pi x_i x_o}{\lambda d}}dx_o + \int_{-(a-L_0)/2}^{(a+L_0)/2}e^{-i\frac{2\pi x_i x_o}{\lambda d}}dx_o\Big] \\
&= \frac{e^{ikd}}{i\lambda d}e^{\frac{ik}{2d}x_i^2}L_0\text{sinc}\left(\frac{ax_i}{\lambda d}\right)\left(e^{-i\frac{\pi L_0 x_i}{\lambda d}} + e^{i\frac{\pi L_0 x_i}{\lambda d}}\right) \\
&= \frac{e^{ikd}}{i\lambda d}e^{\frac{ik}{2d}x_i^2}L_0\text{sinc}\left(\frac{ax_i}{\lambda z}\right)\cos\left(\frac{\pi L_0 x_i}{\lambda d}\right)。
\end{aligned} \quad (4.6.12)$$

衍射的光强分布为：

$$I_i(x_i) = |U_i(x_i)|^2 = \left(\frac{L_0}{\lambda d}\right)^2 \text{sinc}^2\left(\frac{ax_i}{\lambda d}\right)\cos^2\left(\frac{\pi L_0 x_i}{\lambda d}\right)。 \quad (4.6.13)$$

由上式可以看出，双狭缝的衍射图为两个无限窄狭缝的杨氏干涉图与一个有限宽度狭缝的衍射图的乘积，这是一种衍射与干涉的综合效应。图 4.6.5(a) 中的实线和虚线分别是单缝衍射和双缝干涉图，图 4.6.5(b) 中显示了单缝衍射图调制两个无限窄狭缝所造成的干涉条纹，图 4.6.4(c) 是双缝衍射图样。

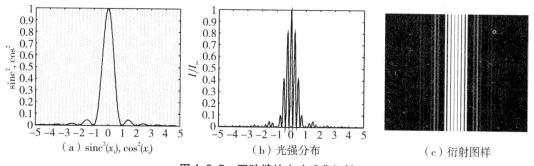

(a) $\text{sinc}^2(x_i), \cos^2(x_i)$　　(b) 光强分布　　(c) 衍射图样

图 4.6.5　双狭缝的夫琅禾费衍射

### 4. 多缝的夫琅禾费衍射

如图 4.4.6 所示的由 $M$ 个全同宽的、平行的狭缝构成的多缝，其透射率函数可用 $M$ 个一维矩形函数之和来表示：

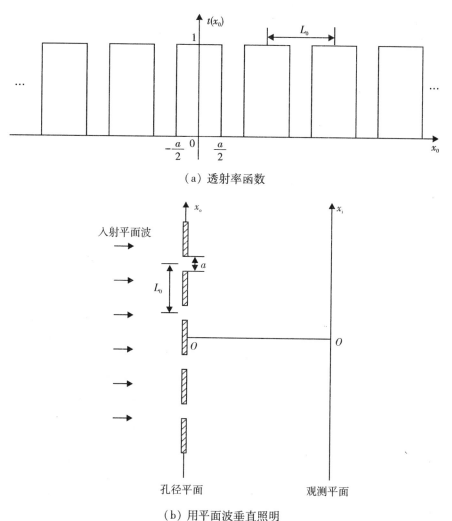

(a) 透射率函数

(b) 用平面波垂直照明

图 4.6.6　多缝衍射

$$t(x_o) = \text{rect}\left(\frac{x_o}{a}\right) + \text{rect}\left(\frac{x_o - L_0}{a}\right) + \text{rect}\left(\frac{x_o - 2L_0}{a}\right) + \cdots + \text{rect}\left[\frac{x_o - (N-1)L_0}{a}\right]$$

$$= \sum_{m=0}^{M-1} \text{rect}\left(\frac{x_0 - nL_0}{a}\right) = \sum_{n=1}^{N/2} \left\{\text{rect}\left[\frac{x_o - (2n-1)L_0/2}{a}\right] + \text{rect}\left[\frac{x_o + (2n-1)L_0/2}{a}\right]\right\}。$$

(4.6.14)

式中：$a$ 为缝的宽度；$L_0$ 为各缝间的间距。

由式(4.6.2)可得衍射光场分布为：

$$U_i(x_i) = \frac{e^{ikd}e^{\frac{ik}{2d}x_i^2}}{i\lambda d} F\{t(x_o, y_o)\} = \frac{e^{ikd}e^{\frac{ik}{2d}x_i^2}}{i\lambda d}\int_{-\infty}^{\infty} t(x_o, y_o) e^{-i\frac{2\pi x_i x_o}{\lambda d}} dx_o$$

$$= \frac{e^{ikd}e^{\frac{ik}{2d}x_i^2}}{i\lambda d} \sum_{m=1}^{M/2}\left[\int_{(2n-1)L_0/2-a/2}^{(2n-1)L_0/2+a/2} e^{-i\frac{2\pi x_i x_o}{\lambda d}} dx_o + \int_{(2m-1)L_0/2-a/2}^{(2m-1)L_0/2+a/2} e^{-i\frac{2\pi x_i x_o}{\lambda d}} dx_o\right]$$

$$= \frac{e^{ikd}e^{\frac{ik}{2d}x_i^2}}{i\lambda d}\text{sinc}\left(\frac{ax_i}{\lambda d}\right)\sum_{m=0}^{M} e^{-i\frac{2\pi mL_0 x_i}{\lambda d}}。 \quad (4.6.15)$$

上式(4.6.15)求和部分为 $e^{-i2\pi m\xi L_0}$ 的等比级数的前 $M$ 项和，即

$$\sum_{m=0}^{M-1} e^{-i2\pi\xi mL_0} = \frac{1 - e^{-i2\pi\xi ML_0}}{1 - e^{-i2\pi\xi ML_0}} = e^{-i(M-1)\pi\xi}\frac{\sin(\pi M\xi L_0)}{\sin(\pi\xi L_0)}。 \quad (4.6.16)$$

式中：$\xi = \frac{x_i}{\lambda d}$。将式(4.6.16)代入式(4.6.15)得：

$$U_i(\xi) = \frac{L_0 e^{ikd}e^{i\pi\lambda\xi^2}e^{-i(M-1)\pi\xi L_0}}{i\lambda d}\text{sinc}(a\xi)\frac{\sin(\pi M\xi L_0)}{\sin(\pi\xi L_0)}; \quad (4.6.17)$$

衍射的光强分布为：

$$I_i(\xi) = |U_i(\xi)|^2 = \left(\frac{a}{\lambda d}\right)^2 \text{sinc}^2(a\xi)\frac{\sin^2(\pi M\xi L_0)}{\sin^2(\pi\xi L_0)}。 \quad (4.6.18)$$

由上式可以看出 $\text{sinc}^2(a\xi)$ 对应于单缝衍射，$\frac{\sin^2(\pi M\xi L_0)}{\sin^2(\pi\xi L_0)}$ 代表多光束的干涉。因此，多缝的夫琅禾费衍射图样是多光束干涉调制单缝衍射的结果，如图 4.4.7 所示。

当 $\pi\xi L_0 = M\pi$ 时，干涉因子的分子和分母都成为零，则按洛毕达法则求得干涉因子取极大值 $M^2$，由此可得：

$$\xi = 0, \pm\frac{1}{L_0}, \pm\frac{2}{L_0}, \cdots。 \quad (4.6.19)$$

式(4.6.19)即是以空间频率 $\xi$ 表示的衍射强度取极大值所在的位置。当干涉因子中的分子为零，而分母不为零时，便得到衍射光强度的极小值。某一主极大和相邻两极小值间的空间频率宽度为 $\Delta\xi$，称为条纹主极大宽度，由 $\pi M\xi L_0 = \pm\pi$，可求得 $\Delta\xi = \frac{2}{ML_0}$。

从上面对单缝、双缝和多缝的夫琅禾费衍射可以看出，狭缝的数目越多，衍射图的条纹越细。如果狭缝数目很大，就是下面要讨论的衍射光栅。

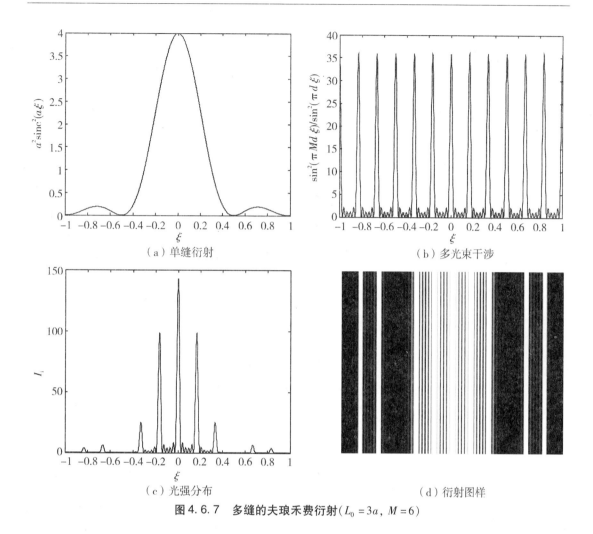

图 4.6.7 多缝的夫琅禾费衍射 ($L_0 = 3a$, $M = 6$)

## 4.6.2 衍射光栅

通常衍射光栅都是基于夫琅禾费衍射效应进行工作的。衍射光栅的夫琅禾费衍射图样称为光栅光谱，它是焦平面上的一条条亮而细的条纹，这些条纹的位置随着照明波长而变。因此，包含有不同波长的复色光经过光栅后，每一个波长都各自形成一套条纹，且彼此错开一定距离，借此可以区分出照明光波的光谱组成，这就是光栅的分光作用。讨论光栅衍射的问题时，会用到 2.7.2 中所讲述的列阵定理。

**1. 线光栅**

光栅通常是指在一块玻璃片上刻上 $M$ 条（通常 $M$ 很大）等宽度、等间隔的平行刻痕或条纹，刻痕部位不透光，刻痕之间的光滑部分透光，这就相当于 $M$ 个许多等宽度的狭缝等间隔地平行排列，这样结构的光栅称为线光栅。这种透明和不透明交替的结构会使入射光波的振幅受到限制，因而这种光栅为透射型振幅光栅。

一种理想的线光栅是不考虑光栅的有限大小，认为光栅是由无穷多个平行狭缝构成的多缝结构的光栅，如图 4.6.6 所示。每条狭缝的宽度相等且为 $a$，相当于一矩形函数的宽度；相邻狭缝的中心距为 $L_0$，为光栅的空间周期，又称为光栅常数（grating constant）。光栅常数要求 $L_0 > a$，$1/L_0$ 即为空间频率，也就是傅里叶变换的基频。

显然，线光栅的透射率函数可表示为：

$$t(x_o) = \text{rect}\left(\frac{x_o}{a}\right) + \text{rect}\left(\frac{x_o - L_0}{a}\right) + \text{rect}\left(\frac{x_o - 2L_0}{a}\right) + \cdots = \sum_{m=-\infty}^{\infty} \text{rect}\left(\frac{x_o - mL_0}{a}\right);$$
(4.6.20)

或表示为一维卷积的形式：

$$t(x_o) = \text{rect}\left(\frac{x_o}{a}\right) * \sum_{m=-\infty}^{\infty} \delta(x_o - mL_0) = \text{rect}\left(\frac{x_o}{a}\right) * \frac{1}{L_0}\text{comb}\left(\frac{x_o}{L_0}\right)。$$
(4.6.21)

当用单位振幅的单色平面波垂直照射时，线光栅的夫琅禾费衍射的复振幅为：

$$U_i(x_i) = \frac{e^{ikd}e^{\frac{ik}{2d}x_i^2}}{i\lambda d}F\{t(x_o)\} = \frac{e^{ikd}e^{\frac{ik}{2d}x_i^2}}{i\lambda d}F\left\{\text{rect}\left(\frac{x_o}{a}\right) * \frac{1}{L_0}\text{comb}\left(\frac{x_o}{L_0}\right)\right\}$$

$$= \frac{e^{ikd}}{i\lambda d}e^{\frac{ik}{2d}x_i^2}F\left\{\text{rect}\left(\frac{x_o}{a}\right)\right\}F\left\{\frac{1}{L_0}\text{comb}\left(\frac{x_o}{L_0}\right)\right\} = \frac{ae^{ikz}e^{\frac{ik}{2z}x_i^2}}{i}\text{sinc}\left(\frac{ax_i}{\lambda d}\right)\text{comb}\left(\frac{L_0 x_i}{\lambda d}\right)$$

$$= \frac{ae^{ikd}e^{\frac{ik}{2d}x_i^2}}{iL_0}\text{sinc}\left(\frac{ax_i}{\lambda d}\right)\sum_{m=-\infty}^{\infty}\delta\left(x_i - \frac{m\lambda d}{L_0}\right);$$
(4.6.22)

衍射的光强分布为：

$$I_i(x_i) = |U_i(x_i)|^2 = a^2\text{sinc}^2\left(\frac{ax_i}{\lambda d}\right)\text{comb}^2\left(\frac{L_0 x_i}{\lambda d}\right)$$

$$= \left(\frac{a}{L_0}\right)^2\text{sinc}^2\left(\frac{ax_i}{\lambda d}\right)\sum_{m=-\infty}^{\infty}\delta\left(x_i - \frac{m\lambda d}{L_0}\right)。$$
(4.6.23)

从上式可以看出，衍射光强分布是由 sinc 函数的平方包络的分立谱组成，在观察平面上得到一排谱点，各谱点的相对强度取决于 $\text{sinc}^2(ax_i/\lambda d)$。由抽样定理可知，式（4.6.23）相当于对 sinc 函数平方的抽样过程。实际上，式（4.6.23）中梳状函数的平方指数也是可以略去的。

从上面的结果可以看到，在光栅衍射中通常 ±1 级衍射是显著的。为此，可以定义衍射效率来描述不同光栅的衍射一级项的相对强度，其定义为：

$$\varsigma = \frac{I_1}{I}。$$
(4.6.24)

式中：$I$ 为入射的能量；$I_1$ 为一级衍射能量。

对无限多个单狭缝光，如式（4.6.20）所表示的振幅透射率在一半方波周期内为 0，在其余处为 1。这种周期方波可用傅里叶级数展开，其展开式的前两项为：

$$t(x_o) = \frac{1}{2} + \frac{2}{\pi}\cos(2\pi\xi_0 x_o) + \cdots = \frac{1}{2} + \frac{1}{\pi}(e^{i2\pi\xi_0 x_o} + e^{-i2\pi\xi_0 x_o}) + \cdots。$$
(4.6.25)

可得其一级衍射效率为：

$$\varsigma = \frac{1}{\pi^2} = 10.1\%。$$
(4.6.26)

前面讨论的夫琅禾费衍射都是由无穷大不透明屏上的孔径产生的,其透射率函数都具有下列形式:

$$t(x_o, y_o) = \begin{cases} 1 & \text{在孔径内} \\ 0 & \text{在孔径外} \end{cases}$$

但也可以把孔径置于有限大小的屏中,如实际的光栅,其整体尺寸及狭缝数目都是有限的,这样有限尺寸的线光栅就是这种情况。若光栅是边长为 $L$ 的正方形,这就相当于用一个二维矩阵函数来截取由式(4.6.21)所表示的无穷多个狭缝的线光栅,其透射率函数可表示为:

$$t(x_o, y_o) = \left[\text{rect}\left(\frac{x_o}{a}\right) * \frac{1}{L_0}\text{comb}\left(\frac{x_o}{L_0}\right)\right]\text{rect}\left(\frac{x_o}{L}, \frac{y_o}{L}\right)。 \tag{4.6.27}$$

用单位振幅的单色平面波垂直照明时,其夫琅禾费衍射的复振幅分布为:

$$\begin{aligned}U(x_i, y_i) &= \frac{e^{ikd}e^{\frac{ik}{2d}(x_i^2+y_i^2)}}{i\lambda d}F\{t(x_o, y_o)\} \\ &= \frac{e^{ikd}e^{\frac{ik}{2d}(x_i^2+y_i^2)}}{i\lambda d}\left[a\text{sinc}\left(a\frac{x_i}{\lambda d}\right) \cdot \text{comb}\left(L_0\frac{x_i}{\lambda d}\right)\right] * L^2\text{sinc}\left(L\frac{x_i}{\lambda d}, L\frac{y_i}{\lambda d}\right) \\ &= \frac{e^{ikd}e^{\frac{ik}{2d}(x_i^2+y_i^2)}}{i\lambda d}\frac{a}{L_0}\sum_{m=-\infty}^{\infty}a\text{sinc}\left(\frac{am}{L_0}\right)\delta\left(\frac{x_i}{\lambda d} - \frac{m}{L_0}\right) * L^2\text{sinc}\left(L\frac{x_i}{\lambda d}, L\frac{y_i}{\lambda d}\right) \\ &= \frac{e^{ikd}e^{\frac{ik}{2d}(x_i^2+y_i^2)}}{i\lambda d}\frac{aL^2}{L_0}\sum_{m=-\infty}^{\infty}a\text{sinc}\left(\frac{am}{L_0}\right)\text{sinc}\left[L\left(\frac{x_i}{\lambda d} - \frac{m}{L_0}\right)\right]\text{sinc}\left(\frac{Ly_i}{\lambda d}\right)。\end{aligned} \tag{4.6.28}$$

如果观察平面上的谱线之间间隔 $\frac{\lambda d}{L}$ 足够大,以至可以忽略各衍射项衍射之间的交叠,图样上不会出各个衍射级之间的重叠,这时,衍射的光强分布为:

$$I_i = |U_i(x_i, y_i)|^2 = \left(\frac{aL^2}{\lambda dL_0}\right)^2 \sum_{m=-\infty}^{\infty} a\text{sinc}^2\left(\frac{am}{L_0}\right)\text{sinc}^2\left[L\left(\frac{x_i}{\lambda d} - \frac{m}{L_0}\right)\right]\text{sinc}^2\left(\frac{Ly_i}{\lambda d}\right)。 \tag{4.6.29}$$

在 $x_i$ 轴的光强为:

$$I_i = |U_i(x_i)|^2 = \left(\frac{aL^2}{\lambda dL_0}\right)^2 \sum_{m=-\infty}^{\infty} a\text{sinc}^2\left(\frac{am}{L_0}\right)\text{sinc}^2\left[L\left(\frac{x_i}{\lambda d} - \frac{m}{L_0}\right)\right]。 \tag{4.6.30}$$

图 4.6.8 显示了衍射光栅在 $x_i$ 轴的光强分布。从图中可以看出,衍射光强的分布是一系列谱,相邻谱线的间隔为 $\frac{\lambda d}{L_0}$,每条谱线宽度为 $\frac{2\lambda d}{L}$。可见光栅常数 $L_0$ 愈小,谱线间隔愈大。而光栅宽度 $L$ 越大(意味着狭缝数越多),谱线越窄,光栅分辨本领越高,也就越接近式(4.6.23)所表示的无穷多个狭缝构成的理想光栅的情况。每条谱线的强度受到单缝衍射强度的调制。

分辨本领是指分辨两条波长很靠近的谱线的能力。如图 4.6.9 所示,波长 $\lambda$ 和 $\lambda_1$ 的第 $m$ 级谱线光强极大值分别位于 $\frac{m\lambda d}{L_0}$ 和 $\frac{m\lambda_1 d}{L_0}$。根据瑞利判据,一条谱线的第一个极小值重合时,两条谱线刚好能分辨,这样能分辨的条件是 $\frac{m\lambda d}{L_0} - \frac{m\lambda_1 d}{L_0} = \frac{\lambda d}{L}$,即有:

$$\frac{\lambda}{\lambda - \lambda_1} = \frac{mL}{L_0}。 \tag{4.6.31}$$

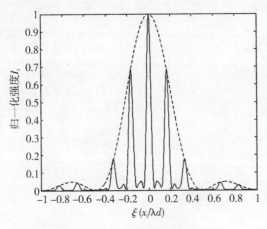

图 4.6.8　线光栅衍射的光强分布　　　　图 4.6.9　线光栅的分辨率

通常把波长 $\lambda$ 与波长差 $\Delta\lambda = |\lambda - \lambda_1|$ 的比值作为光栅分辨本领 $R$ 的量度，由式（4.6.31）可得：

$$R = \frac{\lambda}{\Delta\lambda} = mN_\circ \tag{4.6.32}$$

式中：$N = \dfrac{L}{L_0}$，为光栅上的狭缝数目。由上式可见，光栅的分辨本领正比于谱线的级数 $m$ 和光栅的总缝数 $N$。

### 2. 矩形相位光栅

不考虑光栅有限尺寸的矩形相位光栅的复振幅透射率可以表示为：

$$t(x_\circ, y_\circ) = (e^{i\varphi_2} - e^{i\varphi_1}) \text{rect}\left(\frac{x_\circ}{a}\right) * \frac{1}{L_0}\text{comb}\left(\frac{x_\circ}{L_0}\right) + e^{i\varphi_1}_\circ \tag{4.6.33}$$

式中：$L_0$ 为光栅的周期；$a$ 为相位的条纹宽度；$\varphi_2$ 和 $\varphi_1$ 分别为光栅每个周期内两部分相位延迟（图 4.6.10）。

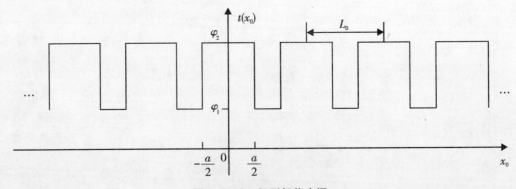

图 4.6.10　矩形相位光栅

对式（4.6.33）作傅里叶变换，利用卷积定理，可以求出光栅的频谱为：

$$T(\xi, \eta) = F\{t(x_o, y_o)\} = (e^{i\varphi_2} - e^{i\varphi_1})a\mathrm{sinc}(a\xi)\mathrm{comb}(L_0\xi)\delta(\eta) + e^{i\varphi_1}\delta(\xi, \eta)。 \tag{4.6.34}$$

用单位振幅的单色平面波垂直照射光栅,其夫琅禾费衍射的复振幅分布为:

$$U(x_i, y_i) = \frac{e^{ikd}e^{\frac{ik}{2d}(x_i^2+y_i^2)}}{i\lambda d}T(\xi, \eta)\Big|_{\xi=\frac{x_i}{\lambda d}, \eta=\frac{y_i}{\lambda d}}$$

$$= \frac{e^{ikd}e^{\frac{ik}{2d}(x_i^2+y_i^2)}}{i\lambda d}\Big[(e^{i\varphi_2}-e^{i\varphi_1})\frac{a}{L_0}\sum_{m=-\infty}^{\infty}\mathrm{sinc}\Big(\frac{am}{L_0}\Big)\delta\Big(\frac{x_i}{\lambda d}-\frac{m}{L_0}, \frac{y_i}{\lambda d}\Big) + e^{i\varphi_1}\delta\Big(\frac{x_i}{\lambda d}, \frac{y_i}{\lambda d}\Big)\Big]。 \tag{4.6.35}$$

忽略各衍射项之间的交叠,则衍射的光强分布为:

$$I(x_i, y_i) = |U(x_i, y_i)|^2 =$$

$$\Big(\frac{1}{\lambda d}\Big)^2 \Big\{2[1-\cos(\varphi_2-\varphi_1)]\Big(\frac{a}{d}\Big)^2 \sum_{m=-\infty}^{\infty}\mathrm{sinc}^2\Big(\frac{am}{L_0}\Big)\delta\Big(\frac{x_i}{\lambda d}-\frac{m}{L_0}, \frac{y_i}{\lambda d}\Big) + \delta\Big(\frac{x_i}{\lambda d}, \frac{y_i}{\lambda d}\Big)\Big\}。 \tag{4.6.36}$$

与振幅光栅一样,如果考虑光栅的有限尺寸,则第一级谱线都会被展宽。

对于方波型相位光栅,其振幅透射率函数为:

$$t(x_o) = e^{i\varphi(x_o)}。 \tag{4.6.37}$$

式中:

$$\varphi(x_o) = \begin{cases} 0 & |x_o - 2mL_0| \leq L_0/2 \\ \pi & |x_o - (2m+1)L_0| \leq L_0/2 \end{cases}。 \tag{4.6.38}$$

则有:

$$t(x_o) = \begin{cases} 1 & |x_o - 2mL_0| \leq L_0/2 \\ -1 & |x_o - (2m+1)L_0| \leq L_0/2 \end{cases}。 \tag{4.6.39}$$

将上式展开成傅里叶级数有:

$$t(x_o) = \frac{2}{i\pi}[e^{i2\pi\xi_0 x_o} - e^{-i2\pi\xi_0 x_o} + \cdots]。 \tag{4.6.40}$$

由此可见,±1级的最大衍射效率为:

$$\varsigma = \frac{4}{\pi^2} = 40.4\%。 \tag{4.6.41}$$

### 3. 余弦型振幅光栅

矩形线光栅是以矩形波的形式对入射光波产生振幅调制的,透射率 $t$ 的取值为 1 或 0。而余弦型振幅光栅的透射率可以是在 0～1 之间,它是以余弦波的形式对入射光波产生振幅调制的。对被宽度为 $L$ 的方孔径所限定的余弦型振幅光栅的透射率函数可表达为:

$$t(x_o, y_o) = \Big[\frac{1}{2} + \frac{q}{2}\cos(2\pi\xi_0 x_o)\Big]\mathrm{rect}\Big(\frac{x_o}{L}, \frac{y_o}{L}\Big)。 \tag{4.6.42}$$

式中:$q$ 是小于1的正数。在方孔外透射率处处等于零。在方孔内沿 $x_o$ 轴方向透射率按余弦规律变化,其函数关系为 $\frac{1}{2} + \frac{q}{2}\cos(2\pi\xi_0 x_o)$。其中,$\frac{q}{2}$ 表示透射率呈余弦变化的幅度,$\xi_0$ 是光栅的频率(要求 $\xi_0 \gg 2L$),光栅的整体尺寸受边长为 $L$ 的方孔限制。图 4.6.11 是余弦型振幅光栅透射率函数示意图。

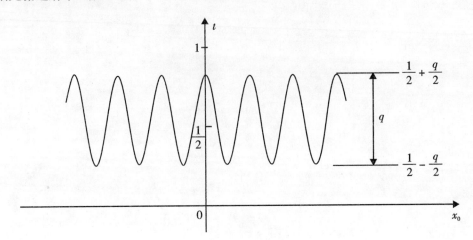

图 4.6.11　余弦型振幅光栅的透射率函数

对式(4.6.42)作傅里叶变换,利用卷积定理,可以求出光栅的频谱为:

$$T(\xi, \eta) = F\{t(x_o, y_o)\} = \left[\frac{1}{2}\delta(\xi, \eta) + \frac{q}{4}\delta(\xi+\xi_0, \eta) + \frac{q}{4}\delta(\xi-\xi_0, \eta)\right]L^2\mathrm{sinc}(L\xi, L\eta)$$

$$= \frac{L^2}{2}\mathrm{sinc}(L\eta)\left\{\mathrm{sinc}(L\xi) + \frac{q}{2}\mathrm{sinc}[L(\xi+\xi_0)] + \frac{q}{2}\mathrm{sinc}[L(\xi-\xi_0)]\right\}。 \quad (4.6.43)$$

对于同一 $x_o$ 值,尽管 $y_o$ 值不同,但透射率是相同的。当用单位振幅的单色平面波垂直照射此光栅时,观察平面上的夫琅禾费衍射光场复振幅:

$$U(x_i, y_i) = \frac{e^{ikd}e^{\frac{ik}{2d}(x_i^2+y_i^2)}}{i\lambda d}T(\xi, \eta)\bigg|_{\xi=\frac{x_i}{\lambda d}, \eta=\frac{y_i}{\lambda d}}$$

$$= \frac{L^2 e^{ikd}e^{\frac{ik}{2d}(x_i^2+y_i^2)}}{i2\lambda d}\mathrm{sinc}\left(\frac{Ly_i}{\lambda d}\right)$$

$$\cdot \left\{\mathrm{sinc}\left(\frac{Lx_i}{\lambda d}\right) + \frac{q}{2}\mathrm{sinc}\left[\left(\frac{L}{\lambda d}(x_i+\xi_0\lambda d)\right)\right] + \frac{q}{2}\mathrm{sinc}\left[\left(\frac{L}{\lambda z}(x_i-\xi_0\lambda d)\right)\right]\right\}。 \quad (4.6.44)$$

上式中的大括号内包含了 3 个 sinc 函数,中央最大值的宽度均为 $2\lambda d/L$,第二、第三个 sinc 函数最大值距原点的间距比 sinc 函数中央最大值的宽度大得多,从而这 3 个 sinc 函数之间的重叠可忽略不计,亦即任一 sinc 函数与其他两个 sinc 函数的交叉乘积均可以忽略。这样光强分布为:

$$I(x_i, y_i) = |U(x_i, y_i)|^2 = \left(\frac{L^2}{2\lambda d}\right)^2\mathrm{sinc}^2\left(\frac{Ly_i}{\lambda d}\right)$$

$$\cdot \left\{\mathrm{sinc}^2\left(\frac{Lx_i}{\lambda d}\right) + \frac{q^2}{4}\mathrm{sinc}^2\left[\left(\frac{L}{\lambda d}(x_i+\xi_0\lambda d)\right)\right] + \frac{q^2}{4}\mathrm{sinc}^2\left[\left(\frac{L}{\lambda d}(x_i-\xi_0\lambda d)\right)\right]\right\}。 \quad (4.6.45)$$

由于上式成立的条件是 $\lambda d\xi_0 \gg \frac{2\lambda d}{L}$,即 $\frac{1}{\xi_0} \ll \frac{L}{2}$,而 $\frac{1}{\xi_0}$ 是正弦光栅的空间周期,即光栅常数,所以,要求光栅总宽度比光栅常数大得多。图 4.6.12 是余弦型振幅光栅夫琅禾费衍图样沿 $x_i$ 轴方向归一化光强分布 $(I_i(x_i, 0)/I_{i0})$ 示意图。

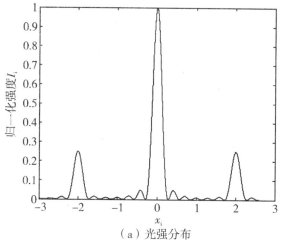

(a) 光强分布　　　　　　　　　(b) 衍射图样

**图 4.6.12　余弦型振幅光栅的夫琅禾费衍射**

从图 4.6.12 中可以看到，余弦振幅光栅将中央衍射图样中的一部分能量转移到附加的两个边旁图样中去了。中央衍射图样称为夫琅禾费衍射的零级分量，两个边旁图样分别称为 ±1 级分量。零级分量到 ±1 级分量之间的空间距离为 $\lambda d \xi_0$，而每个分量的中央主极大宽度为 $2\lambda d/L$。在余弦型振幅光栅的夫琅禾费衍射只有零级和 ±1 级分量。

若用多色平面波垂直入射照明时，所有波长的零级衍射分量的极大值都位于 $x_i = 0$ 处，所以零级的色散和分辨本领都为零，光栅用作分光元件时，零级分量是没有用处的，它只是损耗一部分光能量，因而只需要考虑 ±1 级分量衍射谱线的色散和分辨本领。+1 级极大值的位置由方程

$$x - \lambda d \xi_0 = 0 \tag{4.6.46}$$

确定，故其谱线的色散为：

$$\frac{\mathrm{d}x_i}{\mathrm{d}\lambda} = d\xi_0 。 \tag{4.6.47}$$

设波长 $\lambda$ 和 $\Delta\lambda$ 的 +1 级谱的峰值分别位于 $\lambda d\xi_0$ 和 $(\lambda + \Delta\lambda) d\xi_0$，则由瑞利判据，刚好能分辨的情况为一个波长的 +1 级谱的强度极大值位置与另一个波长的 +1 级谱的强度极小值位置重合，即

$$(\lambda + \Delta\lambda) d\xi_0 - \lambda d\xi_0 = \frac{\lambda d}{L} 。 \tag{4.6.48}$$

整理后得光栅分辨本领为：

$$R = \frac{\lambda}{\Delta\lambda} = \xi_0 L = N 。 \tag{4.6.49}$$

式中：$N$ 为光栅条纹总数。可见正弦型振幅光栅的分辨本领由光栅的总条纹数决定，而与观察距离 $d$ 无关。

从式 (4.6.45) 看出，当 $q = 1$ 时衍射 1 级最强。这时相应的振幅透射率为：

$$t(x_o) = \frac{1}{2} + \frac{1}{2}\cos(2\pi\xi_0 x_o) = \frac{1}{2} + \frac{1}{4}(\mathrm{e}^{\mathrm{i}2\pi\xi_0 x_o} + \mathrm{e}^{-\mathrm{i}2\pi\xi_0 x_o}) 。 \tag{4.6.50}$$

因此，通常光栅的透射波中第 1 级衍射波的振幅为入射波振幅的 1/4，1 级衍射波的能量就

为入射波的能量的 $1/16$。所以，余弦型光栅的最大衍射效率为：

$$\varsigma = \frac{1}{16} = 6.25\% 。 \tag{4.6.51}$$

振幅型光栅的衍射效率之所以很低，主要是由于光栅的材料吸收了大部分的光能量。相位型光栅不吸收光能量，因此可以大大提高其衍射效率。

### 4. 正弦型相位光栅

当光栅完全透明时，振幅调制可以忽略不计。但如果光栅的厚度是有规则变化从而产生周期性的相位调制，这就是透射相位光栅。对于薄的正弦型相位光栅的复振幅透射率函数可表示为：

$$t(x_o, y_o) = e^{\frac{iq}{2}\sin(2\pi\xi_0 x_o)} \text{rect}\left(\frac{x_o}{L}, \frac{y_o}{L}\right) 。 \tag{4.6.52}$$

式中：$q$ 为相位正弦变化的幅度；$\xi_0$ 为变化的频率，要求 $\xi_0 \geq \frac{2}{L}$；$\text{rect}\left(\frac{x_o}{L}, \frac{x_o}{L}\right)$ 表示边长为 $L$ 的正方形孔，作用与正弦型振幅光栅相同。前面的相位因子可以取正值，也可以取负值，当然，作为光学厚度来说，相位因子是不能取负值的。由于相位零点的选取有着很大的任意性，所以，适当选取相位参考点后，就可以把光波通过相位光栅的平均相位延迟（常相位因子）略去。这种正弦型相位光栅是完全透明的，它只对入射光波按式(4.6.52)引起相位延迟，对其振幅不产生衰减。图 4.6.13 是这种光栅的示意图。假定光栅材料的折射率均匀，而厚度呈现正弦变化，它与厚度保持均匀，折射率呈正弦型变化的相位光栅的作用是一样的。

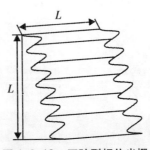

图 4.6.13 正弦型相位光栅

先利用贝塞尔函数的性质，对式(4.6.52)中的相位因子进行变换，即有：

$$e^{\frac{iq}{2}\sin(2\pi\xi_0 x_o)} = \sum_{m=-\infty}^{\infty} J_m\left(\frac{q}{2}\right) e^{i2\pi m\xi_0 x_o} 。 \tag{4.6.53}$$

式中：$J_m(q/2)$ 是 $m$ 阶第一类贝塞尔函数，因其宗量不包含变量 $x_o$，故进行傅里叶变换时可以作为常数处理。对式(4.6.52)作傅里叶变换，利用卷积定理，可以求出光栅的频谱为：

$$T(\xi, \eta) = F\{t(x_o, y_o)\} = F\{e^{(iq/2)\sin(2\pi\xi_0 x_o)}\} * F\{\text{rect}(x_o/L, y_o/L)\}$$

$$= \sum_{m=-\infty}^{\infty} J_m(q/2) F\{e^{i2\pi m\xi_0 x_o}\} * L^2 \text{sinc}(L\xi, L\eta)$$

$$= \sum_{m=-\infty}^{\infty} J_m(q/2) \delta(\xi - m\xi_0, \eta) * L^2 \text{sinc}(L\xi, L\eta)$$

$$= L^2 \mathrm{sinc}(L\eta) \sum_{m=-\infty}^{\infty} \mathrm{J}_m(q/2) \mathrm{sinc}[L(\xi - m\xi_0)]_{\circ} \tag{4.6.54}$$

当用单位振幅的单色平面波垂直照射此光栅时,观察平面上的夫琅禾费衍射光场分布为:

$$U(x_i, y_i) = \frac{e^{ikd} e^{\frac{ik}{2d}(x_i^2 + y_i^2)}}{i\lambda d} F\{t(x_o, y_o)\} = \frac{e^{ikd} e^{\frac{ik}{2d}(x_i^2 + y_i^2)}}{i\lambda d} T(\xi, \eta)\Big|_{\xi = \frac{x_i}{\lambda d}, \eta = \frac{y_i}{\lambda d}}$$

$$\cdot \frac{L^2 e^{ikd} e^{\frac{ik}{2d}(x_i^2 + y_i^2)}}{i\lambda d} \mathrm{sinc}\left(\frac{Ly_i}{\lambda d}\right) \sum_{m=-\infty}^{\infty} \mathrm{J}_m\left(\frac{q}{2}\right) \mathrm{sinc}\left[L\left(\frac{x_i}{\lambda d} - m\xi_0\right)\right]_{\circ} \tag{4.6.55}$$

式中:$m$ 代表各衍射级次。可以看出,全部衍射级次都有可能出现。各级衍射极大值出现的位置由

$$x_i - \lambda dm\xi_0 = 0 \quad (m = 0, \pm 1, \pm 2, \cdots) \tag{4.6.56}$$

决定,于是有:

$$x_i = 0, \pm \lambda d\xi_0, \pm 2\lambda d\xi_0, \cdots \quad (q = 0, \pm 1, \pm 2, \cdots)_{\circ} \tag{4.6.57}$$

第 $m$ 级衍射极大距条纹图样中心的距离为 $\lambda dm\xi_0$,相邻两衍射分量极大值之间的距离为 $\lambda dm\xi_0$,每个衍射级中央最大值的宽度为 $2\lambda d/L$。因此,只要 $\lambda d\xi_0 \gg 2\lambda d/L$,即 $\xi_0 \gg 2/L$ 时,不同衍射级次之间交叉相乘的各项可以忽略。这样,衍射光强分布为:

$$I_i(x_i, y_i) = \left(\frac{L^2}{\lambda d}\right)^2 \mathrm{sinc}^2\left(\frac{Ly_i}{\lambda d}\right) \sum_{m=-\infty}^{\infty} \mathrm{J}_m^2\left(\frac{q}{2}\right) \mathrm{sinc}^2\left[\frac{L}{\lambda d}(x_i - \lambda dm\xi_0)\right]_{\circ} \tag{4.6.58}$$

图 4.6.14 是正弦型相位光栅夫琅禾费衍射图样沿 $x_i$ 轴方向归一化光强分布图,图中 $q = 8$ rad。从图中可以看到,由于正弦型相位光栅的引入,可把能量从零阶分量转移到许多更高阶分量上去。因此,零阶衍射分量的强度不一定最大,非零阶衍射分量的强度有可能比零阶衍射还大。只要 $q/2$ 是 $\mathrm{J}_0$ 的一个根,零阶条纹就完全消失。同样,当选择 $q/2$ 某一阶贝塞尔函数的根时,其对应阶的衍射就消失了。对已确定的 $q$ 值,$m$ 增大到一定程度后,总有 $\mathrm{J}_m^2(q/2)$ 趋近于 0,所以会限制任意高阶衍射级的使用(图 4.6.15)。

薄正弦型相位光栅的各级夫琅禾费衍射光的衍射效率取决于式(4.6.55)中各阶系数的平方,第 $m$ 阶的衍射效率为:

$$\varsigma_m = \mathrm{J}_m^2(q/2)_{\circ} \tag{4.6.59}$$

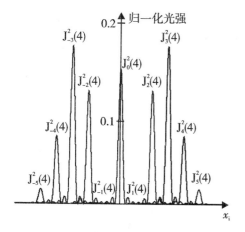

图 4.6.14 正弦型相位光栅的夫琅禾费衍射光强分布

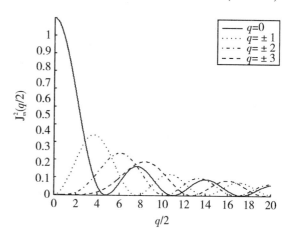

图 4.6.15 对于 $\pm m$ 的 3 个数值,$\mathrm{J}_m^2(q/2)$ 对 $q/2$ 的关系

由式(4.6.52)可见，一个正弦型相位光栅可展开为：

$$t(x_o) = e^{i\frac{q}{2}\sin(2\pi\xi_0 x_o)} = \sum_{m=-\infty}^{\infty} J_m(q/2) e^{i2\pi\xi_0 x_o} \text{。} \tag{4.6.60}$$

1 级衍射的能量为 $J_1^2(q/2)$，$J_1^2(q/2)$ 的极大值为 0.339，故正弦型相位光栅的最大衍射效率为 33.9%。

由于零级衍射分量的色散和分辨本领为零，因此正弦型相位光栅这种能使零级衍射能量向高级次衍射分量转移的特点，正是它优于正弦型振幅光栅和矩形光栅之处。波长为 $\lambda$ 和 $\lambda_1$ 的 $m$ 级分量峰值强度分别位于 $\lambda dm\xi_0$ 和 $\lambda_1 dm\xi_0$，根据瑞利判据，刚好能够分辨的条件是 $\lambda dm\xi_0 - \lambda_1 dm\xi_0 = \lambda d/L$，由此可得正弦型相位光栅的分辨本领为：

$$R = \lambda/\Delta\lambda = \lambda/|\lambda - \lambda_1| = m\xi_0 L = mM\text{。} \tag{4.6.61}$$

式中：$M = \xi_0 L$ 即为相位条纹数目。可见，正弦型相位光栅的分辨本领与测量中所用的衍射级数 $m$ 以及光栅上条纹的总数目成正比，这一性质与线光栅十分相似。

**5. 闪耀光栅**

从上面讨论可知，在大多数光栅的衍射结构中，光能量主要集中在低衍射级上。而在有些光谱应用中，需要将尽可能多的光衍射到某一特定的高衍射级上，以获得更高的信噪比。为此，现代微细加工可以根据需要把光栅线槽刻成特定的形状，如图 4.6.16 所示。采用这种刻线光栅，可使大部分光能量集中在高衍射级上，称为闪耀光栅。

图 4.6.16 闪耀光栅

下面讨论一个简单的例子。假定闪耀光栅是由 $M$ 个小棱镜周期排列而成。图 4.6.17(b) 表示其中一个小棱镜的截面。设每个棱镜的顶角为 $\alpha$，材料的折射率为 $n$。光线分别从 $P$ 与 $Q$ 点处入射到小棱镜上，两束光程差为 $(n-1)\overline{PP'} = (n-1)\alpha x_o$，则相应的相位为 $k(n-1)\alpha x_o$，所以一个小棱镜引起的相位变化为：

$$t_0(x_o) = e^{ik(n-1)\alpha x_o}\text{rect}(x_o/L_0)\text{。} \tag{4.6.62}$$

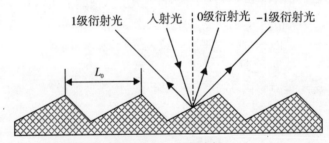

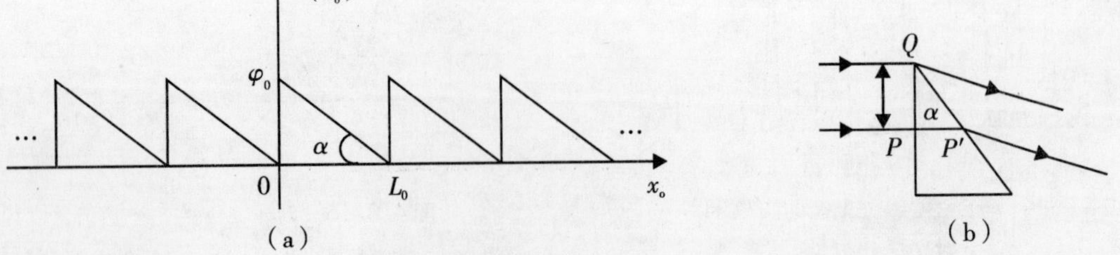

图 4.6.17 由 $N$ 个小棱镜周期排列构成的光栅(a)及其中一小棱镜的截面(b)

这样,如图 4.6.17(a) 所示结构的闪耀光栅的复振幅透射率函数可表示为:

$$t(x_o) = e^{ik(n-1)\alpha x_o} \text{rect}(x_o/L_0) * \sum_{m=1}^{M} \delta(x_o - mL_0) 。 \quad (4.6.63)$$

由式(4.6.2)可得衍射光场分布为:

$$U_i(x_i) = \frac{e^{ikd}e^{\frac{ik}{2d}x_i^2}}{i\lambda d} F\{t(x_o)\} = \frac{e^{ikd}e^{\frac{ik}{2d}x_i^2}}{i\lambda d} \int_{-\infty}^{\infty} t(x_o) e^{-i\frac{2\pi x_i x_o}{\lambda d}} dx_o$$

$$= \frac{e^{ikd}e^{\frac{ik}{2d}x_i^2}}{i\lambda d} \int_{-L_0/2}^{L_0/2} e^{ik(n-1)\alpha x_o} \text{rect}(x_o/L_0) e^{-i\frac{2\pi x_i x_o}{\lambda d}} dx_o * \sum_{m=1}^{M} \delta(x_o - mL_0)$$

$$= \frac{L_0 e^{ikd}e^{\frac{ik}{2d}x_i^2}}{i\lambda d} \text{sinc}\left[\frac{1}{\lambda}(n-1)\alpha L_0 - \frac{L_0 x_i}{\lambda d}\right] \sum_{m=1}^{M} \delta\left(x_o - \frac{m\lambda d}{L_0}\right) 。 \quad (4.6.64)$$

将上式与由无限多个平行狭缝构成的线光栅衍射公式(4.6.22)相比,二者唯一差别仅在于衍射图形的位移。当选取 $\varphi_0 = k(n-1)\alpha x_o$,使其中心像集中在一边的一个级上,如光栅产生第 1 级谱,可称该光栅为第 1 级闪耀。由于能量集中在唯一的谱上,而不是分布在多个谱上,这就克服了其他类型光栅的不足,使光谱的能量集中起来。实现这种光栅常为反射式的,而不是透射式的。

### 4.6.3 圆形孔径

与圆形有关的光阑是常用的光学元件,它的无像差成像可以用其孔径的夫琅禾费衍射求出。

#### 1. 圆孔

圆孔的透射率函数可用圆域函数表示,即 $t(r_o) = \text{circ}(r_o/a)$,其中 $a$ 为圆孔的半径,$r_o$ 为孔径平面上的径向坐标(图 4.6.18)。显然,圆孔是圆对称的孔径,对其透射率函数可用利用傅里叶—贝塞尔变换,由式(1.2.27)可得:

$$B\{t(r_o)\} = \pi r_o^2 \frac{2J_1(2\pi a\rho)}{2\pi a\rho} 。 \quad (4.6.65)$$

用单位振幅的单色平面波垂直照射该孔径时,由式(4.4.18)可得观测平面的衍射光场的复振幅为:

$$U_i(r_i) = \frac{e^{ikd}e^{\frac{ik}{2d}r_i^2}}{i\lambda d} B\{t(r_o)\}\bigg|_{\rho = r_i/\lambda d} = \frac{e^{ikd}}{i\lambda d} e^{\frac{ik}{2d}r_i^2} \pi a^2 \frac{2J_1(2\pi a\rho)}{2\pi a\rho}\bigg|_{\rho = r_i/\lambda d}$$

$$= \frac{\pi a^2 e^{ikd} e^{\frac{ik}{2d}r_i^2}}{i\lambda d} \left[2 \frac{J_1(2\pi ar_i/\lambda d)}{2\pi ar_i/\lambda d}\right] = \frac{ka^2 e^{ikd} e^{\frac{ik}{2d}r_i^2}}{i2d} \left[\frac{2J_1(kar_i/d)}{kar_i/d}\right]; \quad (4.6.67)$$

衍射光场的强分布为:

$$I_i(r_i) = |U_i(r_i)|^2 = \left(\frac{\pi a^2}{\lambda d}\right)^2 \left[2 \frac{J_1(2\pi ar_i/\lambda d)}{2\pi ar_i/\lambda d}\right]^2 。 \quad (4.6.68)$$

在观测平面中心点,即 $r_i = 0$ 处,有:

$$\lim_{r_i \to \infty} \frac{J_1(2\pi ar_i/\lambda d)}{2\pi ar_i/\lambda d} = \frac{1}{2} 。 \quad (4.6.69)$$

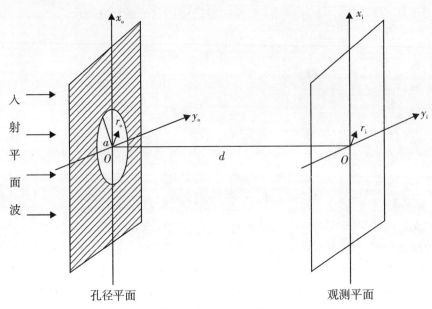

图 4.6.18 圆孔的衍射

所以观测平面的轴上点的光强可以表示为：

$$I_{io}(0) = \left(\frac{\pi a^2}{\lambda d}\right)^2 。 \tag{4.6.70}$$

图 4.6.19(a)和(b)分别是圆孔夫琅禾费衍射图样的光强分布的截面图和三维图，图 4.6.19(c)是在观察面上拍摄的夫琅禾费衍射图样。公式(4.6.68)表示的强度，一般以首先导出它的科学家艾里(Airy,1801—1892)命名，称为艾里函数。相应的衍射图样呈对称分布，是一组明暗相间的同心圆环，中央亮斑为艾里斑(Airy disc)，其半径取决于光强分布第一个零点的位置，为：

$$r_i = 0.61\lambda d/a; \tag{4.6.71}$$

或写成半角宽度为：

$$\Delta\theta = r_i/d = 0.61\lambda/d 。 \tag{4.6.72}$$

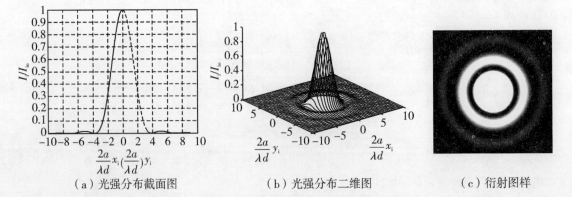

(a) 光强分布截面图　　(b) 光强分布二维图　　(c) 衍射图样

图 4.6.19 圆孔的夫琅禾费衍射

可见，衍射图样的有效尺寸与孔径的线度 $r_0$ 成反比，或反比于相对孔径 $2r_0/d$。从图 4.6.19(c) 可以看出，衍射图样在中心处是一亮斑，周围是一圈圈同心的明暗相间的圆环，亮环的强度随其斑的半径增大而急剧下降，通常只有头一两个亮环能被肉眼看见。

对于圆孔的夫琅禾费衍射，照射光的总能量在衍射图样各个亮环的分配，这对许多实际问题是有意义的。若以观测平面的原点为中心，以 $r_0$ 为半径画一个圆，则在此圆内的能量占衍射斑的总能量 $W$ 的比例 $W(r_0)$ 为：

$$W(r_0) = \frac{1}{W}\int_0^{2\pi}\mathrm{d}\varphi\int_0^{r_0}I(r_\mathrm{i})r_\mathrm{i}\mathrm{d}r_\mathrm{i}。 \qquad (4.6.73)$$

将式(4.6.68)代入上式，可得：

$$W(r_0) = \frac{1}{W}\left(\frac{\pi a^2}{\lambda d}\right)2\pi\int_0^{r_0}\left[2\frac{J_1(2\pi a r_\mathrm{i}/\lambda d)}{2\pi a r_\mathrm{i}/\lambda d}\right]^2 r_\mathrm{i}\mathrm{d}r_\mathrm{i} = \frac{\pi a^2}{2W}\int_0^{2\pi a r_0/\lambda z}\frac{J_1^2(\alpha)}{\alpha}\mathrm{d}\alpha。 \qquad (4.6.74)$$

由贝塞尔函数的性质，有：

$$\frac{J_1^2(x)}{x} = J_0(x)J_1(x) - \frac{\mathrm{d}J_1(x)}{\mathrm{d}x}J_1(x) = -\frac{1}{2}\frac{\mathrm{d}}{\mathrm{d}x}[J_0^2(x) + J_1^2(x)]。 \qquad (4.6.75)$$

将上式应用到式(4.6.74)，并由 $J_0(0) = 1$，$J_1(0) = 0$，可得：

$$W(r_0) = 1 - J_0^2(2\pi a r_0/\lambda d) - J_1(2\pi a r_0/\lambda d)。 \qquad (4.6.76)$$

图 4.6.20 为 $W(r_0)$ 的曲线，具体数据如表 4.6.1 所列。

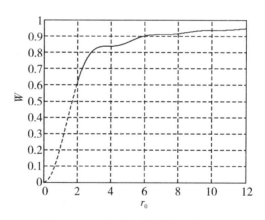

图 4.6.20　衍射图样能量分布曲线

表 4.6.1 列出衍射图样能量分布情况及其极大点和极小点处的数值。从表中可以看出，中央亮斑内的光能量约集中了总入射光能的 84%，第二暗环以内的光能量已集中总光能量的 90% 以上。但由于在中央亮斑以外，总光能仍具有相当大的数值(约占 16%)，它会产生某种程度的像寄生光，这对形成有用像是没有贡献的，在实验上可以通过缩减衍射环的方法来减弱像寄生光。

表 4.6.1　圆孔的夫琅禾费衍射图样能量分布

| 亮环/暗环 | $r = 2ar_i/(\lambda d)$ | $[2J_1(\pi r)/(\pi r)]^2$ | 能量分配 |
| --- | --- | --- | --- |
| 中央亮斑 | 0 | 1 | 83.78% |
| 第一暗环 | $1.220\pi = 3.833$ | 0 | 0 |
| 第一亮环 | $1.635\pi = 5.136$ | 0.0175 | 7.22% |
| 第二暗环 | $2.233\pi = 7.016$ | 0 | 0 |
| 第二亮环 | $\pi = 8.417$ | 0.0042 | 2.77% |
| 第三暗环 | $3.238\pi = 10.174$ | 0 | 0 |
| 第三亮环 | $3.699\pi = 11.620$ | 0.0016 | 1.46% |

## 2. 圆环

圆环形光阑也是常用的光学元件(图 4.6.21),如应用在反射式物镜中。环形光孔可看作两个圆孔之差,如果这两个圆孔的透射率函数分别为 $t_1(r_o) = \mathrm{circ}\left(\dfrac{r_o}{a}\right)$ 和 $t_2(r_o) = \mathrm{circ}\left(\dfrac{r_o}{\varepsilon a}\right)$,$0 < \varepsilon < 1$,则圆环的透射率为:

$$t(r_o) = \mathrm{circ}\left(\frac{r_o}{a}\right) - \mathrm{circ}\left(\frac{r_o}{\varepsilon a}\right)_\circ \tag{4.6.77}$$

上式作傅里叶—贝塞尔变换,可得:

$$B\{t(r_o)\} = a^2 \frac{J_1(2\pi a\rho)}{a\rho} - (\varepsilon a)^2 \frac{J_1(2\pi\varepsilon a\rho)}{\varepsilon a\rho}_\circ \tag{4.6.78}$$

用单位振幅的单色平面波垂直照射该孔径时,由式(4.6.2)可得观测平面的衍射光场的复振幅为:

$$U_i(r_i) = \frac{\pi a^2 e^{ikd} e^{\frac{ik}{2d}r_i^2}}{i\lambda z} \left[ a^2 \frac{J_1(2\pi a\rho)}{a\rho} - (\varepsilon a)^2 \frac{J_1(2\pi\varepsilon a\rho)}{\varepsilon a\rho} \right] \bigg|_{\rho = r_i/\lambda d}$$

$$= \frac{ka^2 e^{ikd} e^{\frac{ik}{2d}r_i^2}}{i2d} \left[ \frac{2J_1(k\pi ar_i/d)}{kar_i/d} - \varepsilon^2 \frac{2J_1(k\varepsilon ar_i/d)}{k\varepsilon ar_i/d} \right]; \tag{4.6.79}$$

光光强分布为:

$$I_i(r_i) = |U_i(r_i)|^2 = \left(\frac{\pi a^2}{\lambda d}\right)^2 \left[ \frac{2J_1(k\pi ar_i/d)}{kar_i/d} - \varepsilon^2 \frac{2J_1(k\varepsilon ar_i/d)}{k\varepsilon ar_i/d} \right]^2_\circ \tag{4.6.80}$$

图 4.6.21 是圆环形夫琅禾费衍射图样光强分布的截面图。其衍射图样也类似于艾里图样,仍然是中心圆斑外面套着一系列圆环,$\varepsilon$ 值越大,圆环越往内收缩,但该圆环的亮度增大。图 4.6.22 画出了三条不同光强分布的曲线,其中实线画的是圆孔($\varepsilon = 0$)的艾里曲线,中间虚线画的是圆环($\varepsilon = 0.5$)的衍射图,最里面的点线画的是圆环成细缝($\varepsilon = 0.8$)时的衍射曲线。

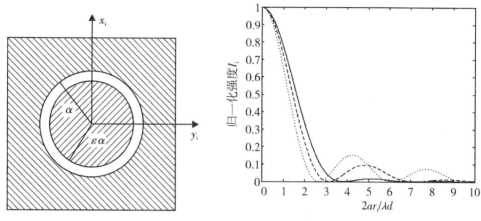

图 4.6.21 圆环形孔径图  　　4.6.22 圆环形夫琅禾费衍射光强分布曲线

在图 4.6.22 中，如用圆环衍射斑中心的光强 $I_{i0}$ 作单位，其值为：

$$I_{i0} = \left(\frac{\pi a^2}{\lambda d}\right)(1-\varepsilon^2)^2 \text{。} \tag{4.6.81}$$

由式(4.6.81)可知，不同 $\varepsilon$ 值的圆环所对应的衍射斑中心的光强度 $I_{i0}$ 是不相同的。

### 3. 椭圆孔径

上面讨论衍射孔径都是有确定形状的。在这些孔径的基础上，经过适当的变化，可得到其他形状孔径的衍射。设有两个孔径 $\Sigma_{o1}$ 和 $\Sigma_{o2}$，其中 $\Sigma_{o2}$ 沿某一方向（如 $x_o$ 方向）的尺寸是 $\Sigma_{o1}$ 的 $\varepsilon$ 倍。孔径 $\Sigma_{o1}$ 和 $\Sigma_{o2}$ 的夫琅禾费衍射分别为：

$$U_{i1}(x_i, y_i) = C \iint_{\Sigma_{o1}} e^{-\frac{ik}{2z}(x_i x_o + y_i y_o)} dx_o dy_o, \quad U_{i2}(x_i, y_i) = C \iint_{\Sigma_{o2}} e^{-\frac{ik}{2z}(x_i x_o + y_i y_o)} dx_o dy_o \text{。}$$
$$\tag{4.6.82}$$

当用单位振幅的单色平面波垂直入射时，式中 C 为常数。如对式(4.6.82)作如下变量变换：

$$x'_o = \frac{x_o}{\varepsilon}, \quad y_o = y'_o,$$

可得：

$$U_{i2}(x_i, y_i) = \varepsilon C \iint_{\Sigma_{o1}} e^{-\frac{ik}{2z}(\varepsilon x_i x'_o + y_i y'_o)} dx'_o dy'_o = \varepsilon U_{i1}(\varepsilon x_i, y_i) \text{。} \tag{4.6.83}$$

上式表明，当孔径沿某一方向按比例 $\varepsilon:1$ 均匀拉伸时，则夫琅禾费衍射图样在同一方向按比例 $1:\varepsilon$ 收缩，且新图样上各点的强度是图样的 $\varepsilon^2$ 倍。由这个结论，可以从圆孔或方孔的夫琅禾费衍射光场分布中，确定出椭圆或矩形孔的夫琅禾费衍射。

# 习 题 4

4.1 波长 $\lambda = 500$ nm 的平行光垂直照射到半径 $r_0 = 1$ mm 的圆孔上,在圆孔的后方观察其衍射,试分别求出满足菲涅耳近似和夫琅禾费近似的最小值(相位变化小于等于 $\pi/10$ 时,可以忽略)。设观察范围是与衍射孔共轴且半径为 29 mm 的圆域。

4.2 用望远镜观察远处两个强度相等的发光点 $S_1$ 和 $S_2$。当 $S_1$ 的像(衍射图样)中央和 $S_2$ 像的第一个强度零点重合时,两像之间的强度极小值与两个像中央强度之比是多少?

4.3 在双缝夫琅禾费衍射实验中,所用光波长 $\lambda = 632.8$ nm,透镜焦距 $f = 50$ cm,观察到两相邻亮条纹之间的距离为 1.5 mm,并且第四级亮纹缺级。试求:(1)双缝的缝距离和缝宽;(2)第一、第二、第三级亮纹的相对亮度。

4.4 设计一块光栅,要求:①使波长 $\lambda = 600$ nm 的第二级谱线的衍射角 $\theta \leqslant 30°$;②色散尽可能大;③第三级谱线缺级;④在波长 $\lambda = 600$ nm 的第二级谱线能分辨 0.02 nm 的波长差。在选定光栅的参数后,问在透镜的焦面上只可能看到波长 600 nm 的几条谱线?

4.5 尺寸为 $a \times b$ 的不透明矩形屏被单位振幅的单色平面波垂直照明,求出紧靠屏后的平面上透射光场的角谱。

4.6 采用单位振幅的单色平面波垂直照明具有下述透射率函数的孔径,求菲涅耳衍射图样在孔径轴上的光强分布。

(1) $t(x_o, y_o) = \text{circ}(\sqrt{x_o^2 + y_o^2})$;  (2) $t(x_o, y_o) = \begin{cases} 1, & a \leqslant \sqrt{x_o^2 + y_o^2} \leqslant 1 \\ 0, & \text{其他} \end{cases}$。

4.7 余弦型振幅光栅的复振幅透射率为 $t(x_o) = a + b\cos(2\pi x_o/L_0)$,$L_0$ 为光栅的周期,$a > b > 0$。观察平面与光栅相距 $d$。当 $d$ 分别取下述值时,确定单色平面波垂直照明光栅,在观察平面上产生的光强分布。

(1) $d = d_T = \dfrac{2L_0^2}{\lambda}$;  (2) $d = \dfrac{d_T}{2} = \dfrac{L_0^2}{\lambda}$;  (3) $d = \dfrac{d_T}{4} = \dfrac{L_0^2}{2\lambda}$。

4.8 如图所示,用向 $P_i$ 点会聚的单色球面波照明孔径 $\Sigma_o$。$P_i$ 点位于孔径后面距离为 $d$ 的观察平面上,坐标为 $(0, a)$。假定观察平面相对孔径的位置是在菲涅耳区内,证明观察平面上光强分布是以 $P_i$ 点为中心的孔径的夫琅禾费衍射图样。

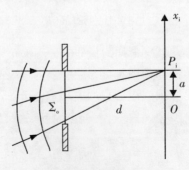

题 4.8 图

4.9 如下图所示,一多缝衍射屏缝数为 $2N$,缝宽为 $a$,缝间不透明部分的宽度依次为

$a$ 和 $3a$。试求在正入射情况下，这一衍射屏的夫琅禾费衍射光强分布公式。

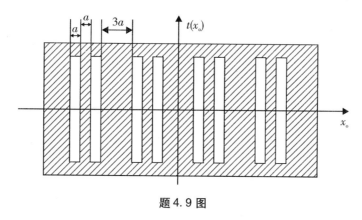

题 4.9 图

4.10 一平行单色光垂直入射到光栅上，在满足 $L_0\sin\theta = 3\lambda$ 时，经光栅相邻两缝沿 $\theta$ 方向衍射的两光束的光程差是多少？经第 1 缝和第 $n$ 缝衍射的两光束的光程差是多少？这时通过任意两缝的光叠加是否都会加强？

4.11 方向余弦为 $\cos\alpha$，$\cos\beta$，振幅为 $A_0$ 的倾斜单色平面波照明一个半径为 $a$ 的圆孔。观察平面位于夫琅禾费区，与孔径相距为 $d$。求衍射图样的光强分布。

4.12 环形孔径的外径为 $2a$，内径为 $2\varepsilon a$（$0 < \varepsilon < 1$）。其透射率函数可以表示为：
$$t(r_o) = \begin{cases} 1, & \varepsilon r_0 \leq r_o \leq a \\ 0, & \text{其他} \end{cases}$$
用单位振幅的单色平面波垂直照明该孔径，求距离为 $d$ 的观察屏上夫琅禾费衍射图样的光强分布。

4.13 如图所示，孔径由两个相同的圆孔构成。它们的半径都为 $a$，中心距离为 $L_0$（$L_0 \gg a$）。采用单位振幅的单色平面波垂直照明孔径，求出相距孔径为 $d$ 的观察平面上夫琅禾费衍射图样的光强分布，画出沿 $x_i$ 方向的截面图。

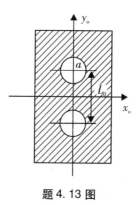

题 4.13 图

4.14 如图所示，边长为 $2a$ 的正方形孔径内再放置一个边长为 $a$ 的正方形掩模，其中心落在 $(x_{o0}, y_{o0})$ 点。采用单位振幅的单色平面波垂直照射，求出与它相距为 $d$ 的观察平面上夫琅禾费衍射图样的光场分布。画出 $x_{o0} = y_{o0} = 0$ 时，孔径频谱在 $x_i$ 方向上的截面图。

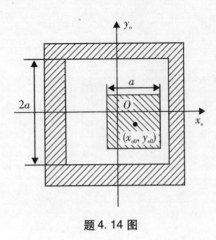

题 4.14 图

4.15 如图所示，孔径由两个相同的矩孔构成，它们的宽度为 $a$，长度为 $b$，中心相距 $L_0$。采用单位振幅的单色平面波垂直照明，求相距为 $d$ 的观察平面上夫琅禾费衍射图样的光强分布。假定 $b=4a$ 及 $d=1.5a$，画出沿 $x_i$ 和 $y_i$ 方向上光强分布的截面图。

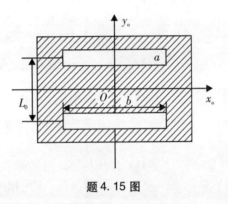

题 4.15 图

4.16 如图所示，半无穷不透明屏的复振幅透射率可用阶跃函数表示，即 $t(x_o) = \text{step}(x_o)$。采用单位振幅的单色平面波垂直照明衍射屏，求相距为 $d$ 的观察平面上夫琅禾费衍射图样的复振幅分布，画出沿 $x_i$ 方向的振幅分布曲线。

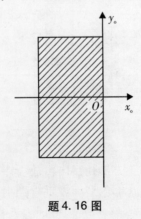

题 4.16 图

4.17 如图所示，为宽度为 $a$ 的单狭缝，它的两半部分之间通过相位介质引入相位差 $\pi$。采用单位振幅的单色平面波垂直照明，求相距为 $d$ 的观察平面上夫琅禾费衍射图样的光强分布，画出沿 $x_i$ 方向的截面图。

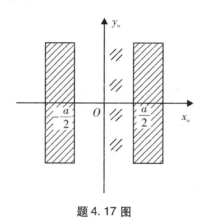

题 4.17 图

4.18 线光栅的缝宽为 $a$，光栅常数为 $L_0$，光栅整体孔径是边长为 $L$ 的正方形。试对下述条件，分别确定 $a$ 和 $L_0$ 之间的关系：(1) 光栅的夫琅禾费衍射图样中缺少偶数级；(2) 光栅的夫琅禾费衍射图样中第三级为极小。

4.19 衍射屏由两个错开的网络构成，其透射率可以表示为：
$$t(x_o, y_o) = \mathrm{comb}(x_o/a)\mathrm{comb}(y_o/b) + \mathrm{comb}[(x_o - 0.1a)/a]\mathrm{comb}(y_o/b)。$$
采用单位振幅的单色平面波垂直照明，求相距为 $L_0$ 的观察平面上夫琅禾费衍射图样的光强分布，画出沿 $x_i$ 方向的截面图。

4.20 如图所示，为透射式锯齿形相位光栅。其折射率为 $n$，齿宽为 $a$，齿形角为 $\alpha$，光栅的整体孔径为边长为 $L$ 的正方形。采用单位振幅的单色平面波垂直照明，求相距光栅为 $z$ 的观察平面上夫琅禾费衍射图样的光强分布。若使用衍射图样中某个一级谱幅值最大，$\alpha$ 角应如何选择？

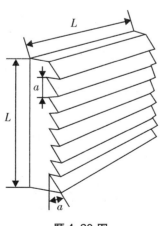

题 4.20 图

4.21 一块闪耀光栅宽 260 nm，每毫米有 300 个刻槽，闪耀角为 77°12′。求：(1) 光束垂直于槽面入射时,对于波长 $\lambda = 500$ nm 的光的分辨本领。(2)光栅的自由光谱范围有多大?(3)试与空气间隔为 1 cm、精确度为 25 的 F－P 干涉仪的分辨本领和自由光谱范围作一比较。

4.22 如图所示,在宽度为 $a$ 的狭缝上放一折射率为 $n$、棱角为 $\alpha$ 的小光楔,由平面单色波垂直照射,如下图所示。求夫琅禾费衍射图样的光强分布以及中央零级极大和极小的方向。

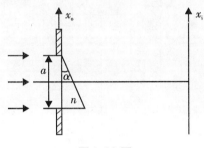

题 4.22 图

4.23 在菲涅耳圆孔衍射中,当点光源 $S_0$ 与观察点 $P_{i0}$ 以及入射波长固定,试以圆孔半径为横轴,观察点 $P_i$ 发出的光强为纵轴,画出大致的光强分布曲线。

4.24 单位振幅的单色平面光波垂直照明半径为 1 的圆孔。试证明:圆孔后通过圆孔中心光轴上的点的光强分布为 $I = 4\sin^2\dfrac{\pi}{2\lambda d}$,其中 $d$ 为圆孔中心到观察点的距离。

4.25 波长 $\lambda = 563.3$ nm 的平行光正入射到直径为 2.6 mm 的圆孔上,与孔相距 1 m 处放一屏幕。问:(1)屏幕上正对圆孔中心的 $P_{i0}$ 点是亮点还是暗点?(2)要使 $P_{i0}$ 点变为与(1)相反的情况,应至少分别把屏幕向前、向后移动多少距离?

4.26 一衍射屏的复振幅透射率系数为 $t(x_o, y_o) = \dfrac{1}{2}[1 + m\cos(2\pi\xi_0 x_o)]$,用单位振幅的平面光波垂直照明该衍射屏。(1)求观察屏上的菲涅耳衍射图样的复振幅分布;(2)讨论观察屏与衍射屏之间的距离满足什么条件时,屏上光振动的相位不随空间位置而变,即在空间里是纯粹调幅的。

4.27 衍射屏是由 $m \times n$ 个圆孔构成的方形列阵,它们的半径都为 $a$,其中心在 $x_o$ 方向间距为 $L_{0x}$,在 $y_o$ 方向间距为 $L_{0y}$。采用单位振幅的单色平面波垂直照明衍射屏,求相距为 $d$ 的观察平面上的夫琅禾费衍射图样的光强分布。

4.28 在透明玻璃板上有大量($N$)无规则分布的不透明小圆颗粒,它们的半径都是 $a$。采用单位振幅的单色平面波垂直照明,求相距为 $d$ 的观察平面上的夫琅禾费衍射图样的光强分布。

# 第 5 章　光学系统的成像分析

光学成像系统可以看成一种光学信息处理系统，采用频谱分析方法和线性系统理论全面研究光学系统成像的过程，已成为现代光学中的一种重要手段，并且是光学信息处理技术的重要理论基础。

前面提到，要在衍射屏后的自由空间观测夫琅禾费衍射，其条件是相当苛刻的。欲在近距离观测夫琅禾费衍射，就需借助会聚透镜来实现。在单色单位平面波垂直照射衍射屏的情况下，夫琅禾费衍射就是衍射屏函数的傅里叶变换。所以透射物体的夫琅禾费衍射就是实现傅里叶运算的物理手段。

## 5.1　成像系统概述

从光学的角度来看，物体是能发射或反射电磁波的任何东西。在这个意义上说，物体与光源是同义的。如果物体是自身发光，则称为初级光源；如果物体被其他光源照明，则称为次级光源。一个空间有限的物体可以看成由许多发出球面波的点光源（空间上无限小的）组成，总波前的形状和性质由构成整个有限物体的所有点光源发出的球面波构造性的干涉决定。从几何光学的观点来看，需要考察的将是一点光源发出的球面波，这个点光源可称为"点物"，所以一个点物就是发出光线的点。人眼或光学接收器可以收集这些光线中的一部分而"看到"一个物体，这就是所谓的像。也就是说，当发自某物体的光线收敛于另一个点时就形成一个像。从波前的角度来看，成像过程是一个球面波汇聚于某"像点"。在光线汇聚于像点之后，光线仍将按各自方向继续前进。这样，离开一个像点的光线与离开一个点物的光线一样发散。所以，从光学真实性来讲，像就是物的复制，人眼完全无法区分收集到的光线是来自一个点物还是一个像点。像有两种，光线确实交汇于一点所形成的像称为实像；光线并不交汇，但光线看起来都来自一个点形成的像称为虚像。人眼无法区别像的虚实。实像可以用一张放在光线交汇处的屏幕进行观察。发散光线落在屏幕上，屏幕只被照亮而不会形成像。如果屏幕位于汇聚光线的交汇位置，那么屏幕上只有一个很小的亮点，这就是实像。如果离开点物的每条光线后来都汇聚于一个实像点，或看起来都发自一个虚像点，那么像是理想的或完美的。理想像是对实际情况的近似，是一种物理的抽象，就像质点、点电荷、点光源一样，它既不存在，也不可能实现。实际上，实际的像只是大部分来自点物的光线在通过成像系统后交汇在理想像点附近。光的波动本质决定了实际像与理想像偏差的最终极限。例如，形成实像时，光波应汇聚于一点。但实际的情况是，波前通过光学系统后不可能保持精确球面，一方面是由于波前在光学系统边缘由于衍射而偏折，另一方面是由于光学系统的质量的缺陷也限制了光线交汇在像点的准确度。光线偏离理想像点的量称为像差。

对光学系统的研究，除特别情况外，通常都要再加一个限制条件：只研究轴对称系统。轴对称性意味着系统中所有球面的球心和开孔的圆心都位于同一条直线上，这条直线称为光轴。如果画出几条被球面镜反射的光线就会看出，这些光线并不交汇在同一个像点上。不过，与平面折射面的情况类似，球面镜确实能形成清晰的像。通常，需要再一次对光线进行某种限制，最通常的方式是只研究与光轴成很小夹角、不会偏离光轴很远的光线，那么这些光线通过光学系统的路径将很贴近光轴，这样的光线称为近轴光线或傍轴光线。只考虑近轴光线将确保来自一个点物的光线将最终交汇于同一像点。由于所有光线都经过同一个像点，那么只要一条离轴光线就可以确定像的位置。光轴也定义了一条光线：它离开物体后以0度角入射到球面镜的顶点，然后以0度角反射回去。所以，离轴光线与光轴相交之处就是像所在的位置。

沿光轴把一个广延物体移动到无穷远处，对镜面来说这个物体将变成一个轴上光点。这样的物体将产生平行于光轴的光线。但如果是位于无穷远处的无穷大物体，那么可以存在轴外点物。一个无穷远处的轴外点物发出的光线到达镜面时也是平行光线，但光线与光轴成一定的夹角。只要这个角度很小，那么仍然可以保持近轴近似，这些平行光线在反射后仍将交于一点。做出几条这样的光线就会发现，这时的像点位于一个经过焦点的平面上，称这个经过焦点的平面为焦平面。从来自无穷远的入射平行光线中选择经过镜面曲率中心的那条光线，该光线与焦平面的交点就确定了像在焦平面上的位置。

常见的简单成像系统有反射镜、单个折射表面和薄透镜，来自点物的光线经过这样的系统发生偏折，从而成像。

许多光学系统的目的是在某种类型的探测器上成像。探测器可以是一张底片、一个固态探测元阵列，甚至可以是人眼视网膜。除成像之外，许多光学系统还"增强"所成之像，否则探测器很难看到。这种像增加强可以采取多种形式，比如放大的像、高亮度的像或大视场的像等。

人眼具有固定的分辨率极限。所以，当一个物体移近眼睛就能看出原来无法分辨的细节。但人眼的近点（明视距离）限制了物距的继续减小。如果物体离眼距离小于近点，因无法聚焦细节反而丢失。这时需要一种能增大物体对眼所成张角的装置。这种装置能够在远点和近点之间的某个位置形成放大的像，而实现此目的最简单的光学系统就是一块透镜。

要形成放大的像，像距必须大于物距。对于正透镜，如果物距稍小于透镜的焦距，那么形成的像将是正立的、放大的虚像。放大镜可以和其他透镜组合起来形成更复杂的光学系统。在这样的系统中，放大镜被称为目镜，但其作用仍然是相同的。

放大镜可以让物离眼睛较近，而像仍保持在明视距离上。放大镜还可以与另一个正透镜组合在一起，让正透镜在靠近放大镜的位置形成一个实的"中间像"。这种组合称为复合型显微镜。最靠近物体的透镜称为物镜。物镜是一个焦距较短、在靠近眼睛的地方形成倒立中间实像的透镜。目镜只是一个简单的放大镜，它以物镜产生的中间实像为物，进而在明视距离上形成更大的虚像。

望远镜的作用是对远处的物产生放大的像。不过，此时的放大必须是角度放大，而不是线性放大。望远镜需要的是长焦距物镜。

由于一个实际的光学系统的横向尺度都是有限的，所以并不是发自某个点物的所有光线都可以通过系统参与成像的。确定哪些光线能真正通过系统是非常重要的。一方面发自物体并通过系统参与成像的那一部分光线决定了像的亮度；另一方面，在实际光学系统中，并不是所有的光线都可以当作近轴光线来处理。非近轴光线也许并不交汇在近轴像点上。所以，像的质量很大程度上取决于哪些光线参与了成像。如果大量非近轴光线参与成像，像的质量可能会严重降低。

像的质量还可能因色差而降低。一般来说，导致色差的原因，是近轴光线应该到达的地方与真实光线实际到达的地方之间产生了差别。因为近轴光线只是光轴附近小倾角实际光线的一种近似。色差取决于折射率随波长改变的变化，即色散。由于一个光学系统的近轴性质，如焦距长度等，均取决于折射率，所以，即使严格的近轴光学系统也会产生色差。

用几何光学的概念分析光学系统时，实际上是把光的波长假定为无限小，从而可以忽略。但实际光的波长总是一定大小的，但只要在一个波长内的振幅和相位的所有变化在空间尺度远大于光的波长，几何光学的处理通常是正确的。通常，如果光波的相位在与一个波长相比的空间尺度上发生大小可与 $2\pi$ 弧度相比的变化时，几何光学的预言就够精确了。

从波动光学的观点出发，光线可定义为穿越空间的一条轨迹或路径，它从波前上任一特定点出发，和光波一道穿过空间运动，在轨迹上的每一点都永远保持与波前垂直。因此，一旦波前确定了，光线的轨迹也就可以确定了，光线画出了各向同性介质中功率的路径。

如果一个光学系统内的两个平面，其中一个平面上的光场分布是另一个平面上的光场分布的像（通常会有放大或缩小），这两个平面就称为共轭面。类似地，如果一个点是另一个点的像，则这两个点为共轭点。

一束沿光轴方向传播进入透镜的光线，不论是厚透镜还是薄透镜，对于傍轴光线，在光轴上存在一点，对正透镜光束将向此点会聚，对负透镜则是从此点发散的。以正透镜为例，原来的平行光束聚焦在透镜后面的一个点，称为透镜的后焦点或第二焦点。通过这一点垂直于光轴的平面叫作后焦面或第二焦面。一束与光轴成任意角度进入透镜的傍轴平行光线将会聚焦于焦面上的一点，其位置取决于光束的初始倾角。类似地，对于正透镜前面光轴上的一个点光源。在透镜前面有一个特殊的点，如果将点光源放在这个点上，则它发出的发散光束就会以平行于光轴的平面的平行光束的形式向透镜后方射出，这个点叫作透镜的前焦点或第一焦点。通过前焦点并垂直于光轴的平面叫作透镜的前焦面或第一焦面。对于负透镜，前焦点、前焦面和后焦点、后焦面的作用倒过来。这里的前焦点是一束原来平行于光轴的光，在透镜的出射方看，显得好像是从这一点发散射出。后焦点的定义为，如果一束入射的光束在通过透镜后变为一束平行或准直光束射出，则原来光束的会聚点就叫后焦点。

## 5.2 透镜的结构及变换作用

透镜具有成像作用，成像作用相当于改变了波面的形状，即改变了波面的相位。如果忽略透镜的吸收和反射造成的光能量损耗，透镜的主要功能就是对波前起到相位变换作用。由于透镜的这种功能，透镜能把平行的或发散的光会聚或成像，这样，利用透镜把发散的光聚焦在后焦面上，就可以观察衍射屏的夫琅禾费衍射。这实际上意味着利用透镜实现了傅里叶变换，或者说透镜具有傅里叶变换的功能。透镜的这两项性质——成像和作为傅里叶变换器，使它成为光学成像系统以及光信息处理的最基本、最重要的元件。透镜的傅里叶变换特性是光学信息处理的基础。正是由于透镜具有傅里叶变换性质，才使傅里叶分析在信息光学中取得了有效的应用。

## 5.2.1 透镜的结构

最常见的透镜表面是球面的。在光学元件中，球面的应用极为广泛。球面的加工相对容易，让一片玻璃与另一片玻璃或某种工具进行无规则的摩擦就可以实现光学元件的抛光和磨削。两者之间放置磨料进行实际磨削，当两个表面以这种方式相互运动时，它们可能具有并始终保持接触的形状就是球面。平面可看成球面的特殊情况，即曲率半径为无穷大的球面。向外弯曲的球面称为"凸"，向内弯曲的球面称为"凹"。只要球面的曲率半径相对大，球面就可以提供适当的成像质量。从解析的角度看，球面可以用很简单的数学进行处理。另外，球面是绝大多数其他光学表面（如非球面表面）很好的一级近似。

顾名思义，透镜是由透明物质制成的，通常是一块曲面玻璃，它的两个表面是凸（凹、平）形的曲面，这种曲面玻璃就称为透镜。应用光学中的符号规定：光线由左到右时，曲率中心在顶点右方的球面的曲率半径 $R$ 为正，曲率中心在顶点左方的 $R$ 为负。焦距 $f$ 为正的透镜称为正透镜，焦距 $f$ 为负的透镜称为负透镜。常见的正透镜有双凸、平凸和正弯月形等[图 5.2.1(a)]，负透镜有双凹、平凹和负弯月形等（图 5.2.1b)]。

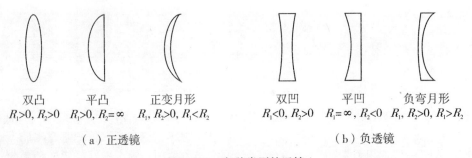

图 5.2.1 各种类型的透镜

对于表面为球面的透镜，不同表面的球面可能半径不同，通过表面的曲率中心作一直线，这条直线就称为透镜的光轴。透镜的法线是从球心到入射光线与顶平面交点的直线。透镜的基点位于光轴上，共有 6 个，分别是第一焦点 $F_1$、第二焦点 $F_2$、第一主点 $P_1$、第二主点 $P_2$、第一节点 $N_1$、第二节点 $N_2$，如图 5.2.2 所示，图中的第一主面和第二主面是分别通过第一主点和第二主点而垂直于光轴的面。

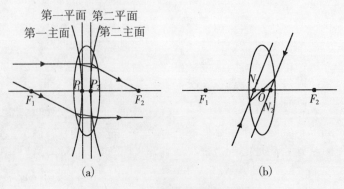

图 5.2.2 透镜的基点及主面

从图 5.2.2(a)可以看出,发自点 $F_1$ 的球面波经过透镜后将以平面波从透镜出射,即一条经过点 $F_1$ 并射向透镜左侧的光线,将平行于光轴从右侧射出;一束平行于光轴传播并射向透镜左侧的光线,从右侧射出,并通过 $F_2$。在前一情况下,发自 $F_1$ 的光线在透镜的每个表面上被折射,但是如果作入射光线和出射光线的延长线便会发现,它们在第一主面上相交。在后一情况中,入射光线和出射光线在第二主面相交。两个主面在光轴附近经常会非常接近于平面,所以通常把它们叫作主平面。

从图 5.2.2(b)可以看出,通过透镜光中 $O$ 点的光线,平行于入射线发出。如果作入射光线和出射光线的延长线,它们分别交光轴于前、后节点。如果透镜两边的介质相同,则节点与主点重合。当然,任一个或两个主点可能位于透镜之外。

如果基点的位置已知,则即使不知道每一表面上折射过程的详细情况,也能确定透镜的性态。因此,可以用两个焦点和两个主平面来有效地模拟一个透镜。这样,通过透镜的所有光线,其性态就好像它们直接传播到第一主面而没有在第一玻璃表面上折射,然后平行于光轴传播到第二主面,最后,直接从这一点出射而没有在第二个玻璃表面上折射一样。

从任一主点到相应焦点的距离,称为透镜的有效焦距 $f$,或简称焦距。按光学习惯,当 $F_1$ 位于 $P_1$ 的左边时,$f$ 为正;当 $F_1$ 位于 $P_1$ 的右边时,$f$ 为负。当透镜置于真空或空气中时,其焦距为:

$$\frac{1}{f} = (n-1)\left[\frac{1}{R_1} + \frac{1}{R_2} - \frac{(n-1)w_0}{nR_1R_2}\right]。 \tag{5.2.1}$$

式中:$n$ 为透镜材料的折射率;$R_1$ 和 $R_2$ 分别是前、后表面的曲率半径;$w_0$ 为透镜的轴上厚度。透镜的前焦距 $f_1$ 是从透镜前顶点到第一焦点的距离,后焦距 $f_2$ 是从透镜后顶点到第二焦点的距离。

对于薄透镜,$w_0$ 很小,可以忽略,则式(5.2.1)可化为:

$$\frac{1}{f} = (n-1)\left(\frac{1}{R_1} + \frac{1}{R_2}\right), \tag{5.2.2}$$

且有 $f_1 \approx f_2 \approx f$。对于薄透镜,通常假定其两个主平面重合,如图 5.2.3 所示。

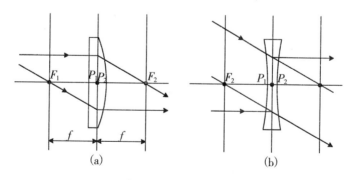

图 5.2.3 正薄透镜(a)和负薄透镜(b)光路的确定

## 5.2.2 透镜的成像

图 5.2.4 显示了单个双凸透镜的几何成像性质。假定基点已知,透镜左边的箭头表示物

体。物上的每一点都发射球面波，它们中的某些被透镜截割并聚焦在像平面上。像位置通过如下方式确定：一束发自点物并平行于光轴的光线，将从透镜出射并通过第二个焦点 $F_2$；一束通过第一焦点 $F_1$ 的光线将由透镜出射并平行于光轴。如果两条这样的光线自物上的同一点发出，则它们在像空间的交点就决定了像平面的位置。可以证明，发自物上同一点的所有其他光线也将通过像平面上的这一点，于是，物上的每一点都被映射成像上的一点。

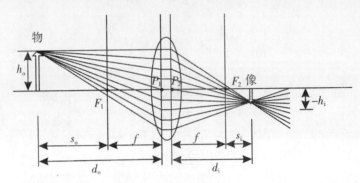

图 5.2.4 单透镜的成像

图 5.2.4 中各符号的认定如下，正负号的规定是：令各距离沿相应的箭头方向为正，否则为负。$h_o$：物高，向上为正；$h_i$：像高，向上为正；$d_o$：物距，是从第一主面到物的距离，物在 $P_1$ 右边时为正；$d_i$：像距，是从第二主面到像的距离，像在 $P_2$ 右边时为正；$s_o$：从 $F_1$ 到物的距离，物在 $F_1$ 的左边为正；$s_i$：从 $F_2$ 到像的距离，物在 $F_2$ 的右边为正。由几何光学的原则，可以证明各参数、距离和高度之间有如下关系：

对正焦距，即 $f>0$ 时，有：

$$\frac{1}{d_o}+\frac{1}{d_i}=\frac{1}{f}。 \tag{5.2.3}$$

上式常称为透镜定律，而满足这个表达式的物平面和像平面称为共轭平面。还有：

$$s_o s_i = f^2。 \tag{5.2.4}$$

像高与物高之比称为横向放大率，它与上述各量之间的关系如下：

$$m=\frac{h_i}{h_o}=\frac{-d_i}{d_o}=\frac{-f}{d_o-f}=\frac{f-d_i}{f}=\frac{-f}{s_o}=\frac{-s_i}{f}。 \tag{5.2.5}$$

对负焦距，即 $f<0$ 时，有：

$$\frac{1}{d_o}+\frac{1}{d_i}=-\frac{1}{|f|}, \tag{5.2.6}$$

$$s_i = \frac{3|f|+2s_o}{s_o/|f|+2}, \tag{5.2.7}$$

$$m=\frac{h_i}{h_o}=-\frac{d_i}{d_o}=\frac{d_i+|f|}{|f|}=\frac{|f|}{d_o+|f|}。 \tag{5.2.8}$$

## 5.2.3 透镜的相位变换作用

正透镜使得发散球面波会聚或发散较慢，而使会聚球面波更快地会聚；负透镜则使得发散球面波更快地发散,而使会聚球面波发散或会聚较慢(图 5.2.5)。

平面波在通过透镜以后会成为一个发散或会聚球面波,这里透镜对光波波面起一个相位变换器的作用。由于透镜的折射率与周围介质的折射率是不同的,光波通过介质时,就会产生相位延迟,也就是说透镜之所以具有对入射光波的相位变换功能,是由它的几何结构及构成它的材料所具有的折射率决定的。透镜能成像的原因是它能够改变光波的空间相位分布。透镜是由光密物质如玻璃构成的,玻璃的折射率约为 1.5,因此光在其中的传播速度小于光在空气中的传播速度。

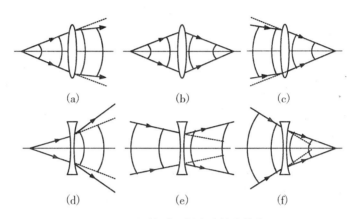

**图 5.2.5　透镜对入射光波的变换作用**

透镜的横向尺度是从光轴到透镜边缘或夹持透镜的镜框边缘的距离。根据透镜形状的不同,每个表面可以具有不同的横向尺度,此横向尺度 $D$ 被称为表面的通光半径。通光半径是从光轴算起,一条光线可以通过该表面的最大光线高度。透镜必须比镜框边缘大一点以便夹持。不过,透镜太大将浪费玻璃。所在,在实际情况中,透镜边缘半径与镜框半径差别很小,通常不作区分,统称为"透镜边缘(len rim)"。

一个透镜的通光半径与该透镜的厚度是相关的。最大通光半径的绝对值等于该表面的曲率半径 $R$。在这种情况下,透镜是一个球体或半球体。不过,通常情况下,透镜要薄得多,通光半径也相应要小。

当各个光线入射点对应的透镜厚度不同时,所形成的相位延迟也不同。但如果一条光线在透镜的一面上从某个坐标点处射入,而在相对的另一面上从近似相同的坐标点处射出,也就是说,光线经过透镜后的出射点和其相对应的入射点在垂直光轴方向上产生的位移可以忽略,光线在透镜内传播的几何路程就是该点处的透镜的厚度。所以,如果可以忽略光在透镜内的偏移,则称此透镜是一个薄透镜。于是,一个薄透镜的作用只是使入射波前受到延迟,延迟的大小正比于透镜各点的厚度。所以薄透镜就是指透镜的最大厚度(透镜两表面在其主轴上的间距)和透镜表面的曲率半径相比可以忽略时的透镜。厚度与物距和像距相比可以忽略不计的透镜在制造上并不困难。

## 5.2.4　薄透镜的厚度函数

正透镜的厚度包括三个部分。两个表面分别在两边产生弧拱,另外必须有一定的边缘厚度。没有边缘厚度的透镜将形成锋利的边缘，不仅使用不便和有危险，透镜还很容易崩裂。对一个标准尺寸（25 mm 通光半径）的透镜，边缘厚度至少 1 mm；对很大的透镜，边缘厚度还要加大以保证透镜强度。通常决定透镜结构的参数有球面曲率半径 $R_1$ 和 $R_2$、中心厚度 $w_0$ 和材料的折射率 $n$ 等。

下面以双凸透镜为例来推导透镜的厚度函数。图 5.2.6(a) 和 (b) 分别是透镜的侧面图和前视图，$z$ 轴与透镜的主光轴重合，曲率半径分别为 $R_1$ 和 $R_2$，中心最大厚度为 $w_0$，折射率为 $n$。设在坐标 $(x, y)$ 处的厚度为 $w(x, y)$，显然 $w$ 是坐标 $(x, y)$ 的函数，称为厚度函数。

若一条近轴光线从透镜的一面上坐标为 $(x, y)$ 点处入射，在薄透镜近似下，忽略光线在透镜内的偏移，光在透镜的另一面上以相同的 $(x, y)$ 坐标出射。

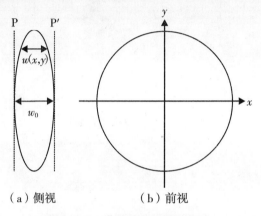

(a) 侧视　　　　(b) 前视

图 5.2.6　薄透镜的侧视和前视

如图 5.2.7 所示，在点 $(x, y)$ 处的透镜厚度记作 $w(x, y)$，表示该薄透镜的厚度函数，对应于 $R_1$ 和 $R_2$ 上的拱高分别为 $w_1(x, y)$ 和 $w_2(x, y)$。对于薄透镜来说表面的曲率半径比透镜最大厚度 $w_0$ 大得多。为了求出厚度函数 $w(x, y)$，将沿垂直于 $z$ 轴的方向剖成三部分（图 5.2.7），于是有：

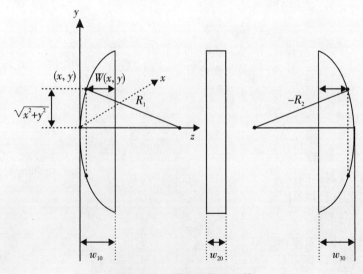

图 5.2.7　厚度函数的计算

$$w(x, y) = w_1(x, y) + w_2(x, y) + w_3(x, y) 。 \tag{5.2.9}$$

式中：$w_1(x, y)$，$w_2(x, y)$，$w_3(x, y)$ 分别表示图 5.2.7 中三部分 $(x, y)$ 坐标处的厚度。

用几何方法可以方便地得到透镜的厚度函数 $w(x, y)$。令光轴为 $z$ 轴，取原点在第一球面的顶点处，这样由前面所述的符号法则有：$R_1 > 0$，$R_2 < 0$。由图 5.2.7 所示的几何关系可得：

$$w_1(x, y) = w_{10} - [R_1 - \sqrt{R_1^2 - (x^2 + y^2)}] , \tag{5.2.10}$$

$$w_3(x, y) = w_{30} - [-R_2 - \sqrt{R_2^2 - (x^2 + y^2)}] 。 \tag{5.2.11}$$

对于傍轴光线有：$\sqrt{x^2 + y^2} \ll R_1$，$\sqrt{x^2 + y^2} \ll -R_2$。上两式变为：

$$w_1(x, y) = w_{10} - R_1\left(1 - \sqrt{1 - \frac{x^2 + y^2}{R_1^2}}\right) \approx w_{10} - \frac{x^2 + y^2}{2R_1} , \tag{5.2.12}$$

$$w_3(x, y) = w_{30} - R_2\left(1 - \sqrt{1 - \frac{x^2 + y^2}{R_2^2}}\right) \approx w_{30} + \frac{x^2 + y^2}{2R_2} , \tag{5.2.13}$$

$$w_2(x, y) = w_{20} 。 \tag{5.2.14}$$

将式(5.2.12)~式(5.2.14)代入式(5.2.9)，可得：

$$w(x, y) = w_0 - \frac{x^2 + y^2}{2}\left(\frac{1}{R_1} - \frac{1}{R_2}\right) 。 \tag{5.2.15}$$

式中：$w_0 = w_{10} + w_{20} + w_{30}$。从式(5.2.15)可以看出，式中所表示的透镜厚度函数实际是用旋转抛物面来近似表示透镜的球面。

## 5.2.5 薄透镜的相位变换及其物理意义

见图 5.2.6(a)，设有一单色平面波沿 $z$ 轴正向入射至薄透镜表面，若入射光波在入射平面 P 内的光场分布为 $U(x, y)$，紧靠透镜之后 P′ 平面内的光场分布为 $U'(x, y)$，则有：

$$U'(x, y) = U(x, y)t(x, y) 。 \tag{5.2.16}$$

式中：$t(x, y) = e^{i\phi(x,y)}$，其中 $\phi(x, y)$ 表示光波经过透镜的相位延迟，这个入射波的波前在透镜上的各点都受到了一个正比于厚度 $w(x, y)$ 的相位延迟，光线通过 $(x, y)$ 点时总的相位延迟为：

$$\phi(x, y) = knw(x, y) + kn_0[w_0 - w(x, y)] 。 \tag{5.2.17}$$

上式右边的第一项是光通过透镜而产生的相位延迟；第二项表示光通过两个平面之间剩下的自由空间区域产生的相位延迟，对放置在空气中的透镜，$n_0 = 1$。因此，透镜的作用可以等效地用一个形式为：

$$t(x, y) = e^{i\phi(x,y)} = e^{ikw_0}e^{ik(n-1)w(x,y)} \tag{5.2.18}$$

的相位变换来表示。将式(5.2.15)代入式(5.2.18)，可得到近轴近似下透镜的透过率函数为：

$$t(x, y) = e^{iknw_0}e^{-ik(n-1)\frac{x^2+y^2}{2}\left(\frac{1}{R_1} - \frac{1}{R_2}\right)} 。 \tag{5.2.19}$$

将式(5.2.2)代入上式，可得：

$$t(x, y) = e^{iknw_0}e^{-ik\frac{x^2+y^2}{2f}} 。 \tag{5.2.20}$$

上式即为透镜的复振幅透射率函数，表示光波通过透镜时，所受到的相位调制。式中右边的第一个指数项表示透镜对于入射光波的常相位延迟，并不影响相位的空间相对分布，即它不会改变光波波面的形状，故常常可略去不予考虑；第二个指数项表示透镜的相位因子，这表明光波通过透镜时$(x,y)$点的相位延迟与该点到透镜中心的距离的平方成反比,而且与透镜的焦距密切相关。

设有一单位振幅的单色平面波沿光轴方向垂直入射至透镜表面,则有 $U(x,y)=1$,由此得到透镜后侧场的复振幅为:

$$U'(x,y) = U(x,y)e^{iknw_0}e^{-ik\frac{x^2+y^2}{2f}} = e^{iknw_0}e^{-ik\frac{x^2+y^2}{2f}}。 \qquad (5.2.21)$$

在傍轴近似下,这是一个球面波的表达式。对于正透镜,焦距$f>0$,这是一个向透镜后方距离$f$处的焦点$F$会聚的球面波,如图5.2.8(a)所示;对于负透镜,焦距$f<0$,这是一个由透镜前方距离$|f|$处的虚焦点$F$发散的球面波,如图5.2.8(b)所示。从这一结果看,由式(5.2.1)定义的参数就是几何光学中所指的焦距,球面透镜之所以对平行光有聚焦作用,是因为它具有式(5.2.18)所示的相位变换作用。也就是透镜使入射波面发生了变化,即由入射平面波变换为球面波,这正是由于透镜具有$e^{-ik\frac{x^2+y^2}{2f}}$的相位因子,能够对入射波前施加相位调制的结果。当然,这一结果是在傍轴近似下得出的。在非傍轴条件下,即使透镜表面是理想球面,透射光也将偏离理想球面波,即透镜产生波像差。

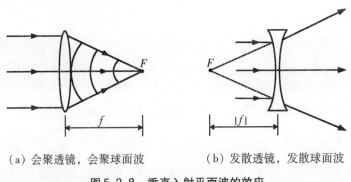

(a) 会聚透镜,会聚球面波  (b) 发散透镜,发散球面波

图 5.2.8 垂直入射平面波的效应

以上结果虽然是根据双凸透镜推导出来的,但只要按照几何光学中关于焦距正负的规则,式(5.2.21)同样适用于如图5.2.1所示的各种形式的透镜。在实际光学系统中,常常不是单个薄透镜,而通常会是更复杂的多镜片结构。只要这种复杂透镜具有能把一个入射球面波变换为另一个球面波或平面波的性能,就可通过分析透镜对入射波前的作用,来看到透镜所起的相位调制作用。

## 5.3 透镜的傅里叶变换性质

会聚透镜(正透镜)最突出和最有用的性质之一,就是它具有进行二维傅里叶变换的功能。傅里叶变换运算一般要使用复杂而昂贵的电子学频谱分析仪才能完成。这种复杂的模拟运算可采用一个简单的光学装置(如一个透镜)来实现,且运算速率非常快捷(理论上为光速)。

从第4章可知,单位振幅平面波垂直照射衍射屏的夫琅禾费衍射,恰好是衍射屏透射率函数的傅里叶变换(除一常量相位因子外)。另外,在会聚光照射下的菲涅耳衍射,通过会聚中心的观测屏上的菲涅耳衍射场分布,也是衍射屏透射率函数的傅里叶变换(除一相位因子外)。这两种途径都能用透镜比较方便地实现。第一种情况可在透镜的后焦面(无穷远照射光源的共轭面)上观测夫琅禾费衍射,第二种情况可在照射光源的共轭面上观测屏函数的夫琅禾费图样。下面分别就透明片(物)放在透镜之前和之后两种情况进行讨论。

## 5.3.1 透镜的一般变换特性

如图 5.3.1 所示,将一个平面透明物置于透镜前方相距 $d_o$ 处的输入平面,即物平面 $P_o$,该物体被某种光源照射后,在物平面前表面的光场复振幅为 $U_o(x_o, y_o)$,那么在透镜后方相距 $d_i$ 处的像平面 $P_i$ 上的光场分布 $U_i(x_i, y_i)$ 为何?

物所在的物平面在物理上即为衍射屏,物平面坐标记为 $x_o$-$y_o$,衍射屏前、后表面分别记为 $P_o$ 和 $P_o'$,假定忽略物的厚度,平面 $P_o$ 和 $P_o'$ 在同一坐标平面 $x_o$-$y_o$ 上。透镜中心所在平面记为 $x_1$-$y_1$,与透镜顶点相切的两个平面记为 $P_1$ 和 $P_1'$,对薄透镜,这两个平面合二为一,同为坐标平面 $x_1$-$y_1$。像平面坐标记为 $x_i$-$y_i$。

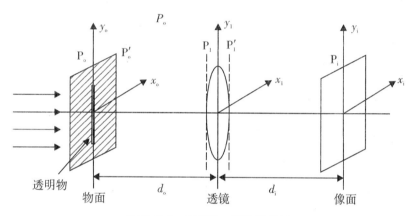

**图 5.3.1 透镜的一般变换关系**

第一步:由光源发出的光照射到物所在的平面上,即衍射屏前表面 $P_o$,在该平面的光场的复振幅为 $U_o(x_o, y_o)$。

第二步:光波从衍射屏前表面透过到达衍射屏后表面,即 $P_o \Rightarrow P_o'$。令物的透射率函数为 $t(x_o, y_o)$,则衍射屏后的平面 $P_o'$ 光场的复振幅为:

$$U_o'(x_o, y_o) = t(x_o, y_o) U_o(x_o, y_o)。 \tag{5.3.1}$$

第三步:光波从衍射屏后表面经过自由空间传播后到达透镜前表面 $P_1$,即 $P_o' \Rightarrow P_1$。这一步为光的衍射过程。当符合菲涅耳近似条件时,由菲涅耳衍射公式(4.4.6)得到平面 $P_1$ 上光场的复振幅为:

$$U_1(x_1, y_1) = \frac{e^{ikd_o}}{i\lambda d_o} e^{\frac{ik}{2d_o}(x_1^2+y_1^2)} \iint_{-\infty}^{\infty} U_o'(x_o, y_o) e^{\frac{ik}{2d_o}(x_o^2+y_o^2)} e^{-\frac{ik}{d_o}(x_1 x_o + y_1 y_o)} dx_o dy_o。 \tag{5.3.2}$$

第四步:光波从透镜的前表面传播到透镜的后表面,即 $P_1 \Rightarrow P_1'$。由透镜的透射率函数式(5.2.20),可得平面 $P_1'$ 上光场的复振幅为:

$$U_1'(x_1, y_1) = t_1(x_1, y_1) U_1(x_1, y_1) = e^{iknw_0} e^{-ik\frac{x_1^2+y_1^2}{2f}} U_1(x_1, y_1)。 \tag{5.3.3}$$

透镜总是有一定的尺寸的,圆形孔径半径为 $r_0$ 的透镜的孔径函数即光瞳函数 $P(x_1, y_1)$ 为:

$$P(x_1, y_1) = \begin{cases} 1 & x_1^2 + y_1^2 < r_0^2 (透镜孔径内) \\ 0 & x_1^2 + y_1^2 > r_0^2 (其他) \end{cases} 。 \tag{5.3.4}$$

这样有:

$$U_1'(x_1, y_1) = U_1(x_1, y_1) e^{iknw_0} e^{-\frac{ik}{2f}(x_1^2 + y_1^2)} P(x_1, y_1) 。 \tag{5.3.5}$$

第五步:从透镜后表面到观测面,即 $P_1' \Rightarrow P_i$。这是最后一步,与第三步类似,也是光场在空间的衍射过程。当符合菲涅耳近似条件时,由菲涅耳衍射公式(4.4.6)得到平面 $P_i$ 上光场的复振幅为:

$$U_i(x_i, y_i) = \frac{e^{ikd_i}}{i\lambda d_i} e^{\frac{ik}{2d_i}(x_i^2 + y_i^2)} \iint_{-\infty}^{\infty} U_1'(x_1, y_1) e^{\frac{ik}{2d_i}(x_1^2 + y_1^2)} e^{-\frac{ik}{d_i}(x_i x_1 + y_i y_1)} dx_1 dy_1 。$$

将式(5.3.5)代入上式,可得:

$$U_i(x_i, y_i) = \frac{e^{ikd_i}}{i\lambda d_i} e^{\frac{ik}{2d_i}(x_i^2 + y_i^2)} e^{iknw_0}$$

$$\cdot \iint_{-\infty}^{\infty} U_1(x_1, y_1) P(x_1, y_1) e^{\frac{ik}{2d_i}(x_1^2 + y_1^2)} e^{-\frac{ik}{d_i}(x_1 x_i + y_1 y_i)} e^{-\frac{ik}{2f}(x_1^2 + y_1^2)} dx_1 dy_1 。 \tag{5.3.6}$$

上式描述了物置于透镜前任一位置时,物光场分布与衍射光场分布之间的一般关系。其中 $d_i$ 不一定是像距,也不一定是焦距,只是透镜到观察面的距离。

如果不考虑透镜孔径对入射场的影响,就可忽略光瞳的影响,即取光瞳函数中光瞳内的区域为 $(-\infty, \infty)$,这里,在整个区域内都有 $P(x_1, y_1) = 1$。再将式(5.3.2)代入式(5.3.6),经整理和简化,最后得到:

$$U_i(x_i, y_i) = \frac{e^{ik(d_i + d_o + nw_0)}}{-\lambda^2 d_o d_i}$$

$$\cdot \iint_{-\infty}^{\infty} U_o'(x_o, y_o) \iint_{-\infty}^{\infty} e^{ik\left[\frac{x_i^2 + y_i^2}{2d_i} + \left(\frac{1}{2d_o} - \frac{1}{2f} + \frac{1}{2d_i}\right)(x_1^2 + y_1^2) + \frac{x_o^2 + y_o^2}{2d_o} - \frac{x_1 x_o + y_1 y_o}{d_o} - \frac{x_1 x_i + y_1 y_i}{d_i}\right]} dx_1 dy_1 dx_o dy_o 。$$

$$\tag{5.3.7}$$

对上式积分号内指数部分的变量 $x_i$ 配平方因子得:

$$\frac{x_i^2}{2d_i} + \left(\frac{1}{2d_o} - \frac{1}{2f} + \frac{1}{2d_i}\right) x_1^2 + \frac{x_o^2}{2d_o} - \frac{x_o x_1}{d_o} - \frac{x_1 x_i}{d_i}$$

$$= \left[\sqrt{\frac{d_i(f - d_o) + d_o f}{d_o d_i f}} x_1 - \sqrt{\frac{d_o f}{d_i[(d_i(f - d_o) + d_o f]}} x_i - \sqrt{\frac{d_i f}{d_o[d_i(f - d_o) + d_o f]}} x_o\right]^2$$

$$- \frac{f x_o x_i}{d_i(f - d_o) + d_o f} + \frac{(f - d_o) x_i^2}{2[d_i(f - d_o) + d_o f]} + \frac{(f - d_i) x_o^2}{2[d_i(f - d_o) + d_o f]} 。 \tag{5.3.8}$$

同理,变量 $y_i$ 也可配成与上式系数相同的平方因子。因此,可应用菲涅耳积分

$$\int_{-\infty}^{\infty} e^{i a \alpha^2} d\alpha = \sqrt{\pi/a} e^{i\pi/4} \tag{5.3.9}$$

应用式(5.3.8)和式(5.3.9)来完成式(5.3.7)中对 $x_1 - y_1$ 平面的积分,可得:

$$U_i(x_i, y_i) = C e^{\frac{ik(f - d_o)(x_i^2 + y_i^2)}{2m}} \iint_{-\infty}^{\infty} U_o'(x_o, y_o) e^{ik\frac{(f - d_i)(x_o^2 + y_o^2)}{2m}} e^{-ik\frac{f(x_o x_i + y_o y_i)}{m}} dx_o dy_o 。 \tag{5.3.10}$$

式中:$C$ 表示式中出现的复常数,

$$m = d_i(f - d_o) + d_o f 。 \tag{5.3.11}$$

令

$$\xi = \frac{f}{m\lambda}x_i, \quad \eta = \frac{f}{m\lambda}y_i, \tag{5.3.12}$$

则式(5.3.10)可以写成:

$$U_i(\xi, \eta) = C e^{\frac{i\pi m\lambda(f-d_o)(\xi^2+\eta^2)}{f^2}} \iint_{-\infty}^{\infty} U_o'(x_o, y_o) e^{ik\frac{(f-d_i)(x_o^2+y_o^2)}{2m}} e^{-i2\pi(x_o\xi+y_o\eta)} dx_o dy_o. \tag{5.3.13}$$

对照傅里叶变换的定义,式(5.3.13)的积分是对 $U_o'(x_o, y_o)$ 和 $e^{ik\frac{(f-d_i)(x_o^2+y_o^2)}{2m}}$ 两函数乘积的傅里叶变换,由卷积定理式(2.7.2),可得:

$$U_i(\xi, \eta) = C e^{\frac{i\pi m\lambda(f-d_o)(\xi^2+\eta^2)}{f^2}} F\{U_o'(x_o, y_o)\} * F\{e^{ik\frac{(f-d_i)(x_o^2+y_o^2)}{2m}}\}. \tag{5.3.14}$$

将式(5.3.1)代入上式,有:

$$\begin{aligned} U_i(\xi, \eta) &= C e^{\frac{i\pi m\lambda(f-d_o)(\xi^2+\eta^2)}{f^2}} F\{t(x_o, y_o)\} * F\{U_o(x_o, y_o)\} * F\{e^{ik\frac{(f-d_i)(x_o^2+y_o^2)}{2m}}\} \\ &= C e^{\frac{i\pi m\lambda(f-d_o)(\xi^2+\eta^2)}{f^2}} T_o(\xi, \eta) * A_o(\xi, \eta) * E_o(\xi, \eta). \end{aligned} \tag{5.3.15}$$

式中:$T_o(\xi, \eta)$,$A_o(\xi, \eta)$,$E_o(\xi, \eta)$ 分别为 $t(x_o, y_o)$,$U_o(x_o, y_o)$,$e^{ik\frac{(f-d_i)(x_o^2+y_o^2)}{2m}}$ 以 $\xi = \frac{f}{m\lambda}x_i$,$\eta = \frac{f}{m\lambda}y_i$ 为坐标的傅里叶变换;$k\frac{(f-d_i)(x_o^2+y_o^2)}{2m}$ 是输出面偏离所产生的附加相位;$\frac{\pi m\lambda(f-d_o)(\xi^2+\eta^2)}{f^2}$ 是物面偏离透镜前焦面的附加相位。式(5.3.15)是输入面 $P_o$ 与输出面 $P_i$ 之间光场分布的一般变换关系,$A_o(\xi, \eta)$ 可以是任意的照射光场,具体到不同情形时,表达式会所有不同。下面就输入面、输出面以及照射光在几种特殊情况下输出面的光场分布进行讨论。

## 5.3.2 物在透镜之前

### 1. 轴上平行光照射

轴上平行光照射,就是轴上点光源位于透镜前无限远处,即平面波照射的情况。设平面波的振幅为常数 $A_0$,则物前平面的复振幅 $U_o(x_o, y_o) = A_0$,其傅里叶变换为:

$$A_o(\xi, \eta) = F\{U_o(x_o, y_o)\} = F\{A_0\} = A_0 \delta(\xi, \eta). \tag{5.3.16}$$

将上式代入式(5.3.15),并由式(2.5.6)可得:

$$U_i(\xi, \eta) = CA_0 e^{\frac{i\pi m\lambda(f-d_o)(\xi^2+\eta^2)}{f^2}} T_o(\xi, \eta) * E_o(\xi, \eta). \tag{5.3.17}$$

下面是输入面和输出面位于几种特殊位置时的表达式。

(1) 输出面偏离透镜后焦面。输出面偏离透镜后焦面位于 $d_i$ 处,由式(2.1.89)可得:

$$E_o(\xi, \eta) = F\{e^{ik\frac{(f-d_i)(x_o^2+y_o^2)}{2m}}\} = i\frac{m\lambda}{f-d_i} e^{-i\frac{\pi m\lambda(\xi^2+\eta^2)}{f-d_i}}. \tag{5.3.18}$$

将上式代入式(5.3.17),便可求得输出面的光场分布。

(2) 输出面位于透镜后焦面。这时有 $d_i = f$,则有 $m = f^2$,$e^{\frac{ik(f-d_i)(x_o^2+y_o^2)}{2m}} = 1$,这样有:

$$E_o(\xi, \eta) = \delta(\xi, \eta). \tag{5.3.19}$$

将上式代入式(5.3.17)可得:

$$U_i(\xi, \eta) = CA_0 e^{i\pi\lambda(f-d_o)(\xi^2+\eta^2)} T_o(\xi, \eta)。 \tag{5.3.20}$$

从上式可以看出，项 $e^{i\pi\lambda(f-d_o)(\xi^2+\eta^2)}$ 是与空间频率 $\xi$，$\eta$ 有关的二次曲面相位弯曲式。可见，物体的透射率函数与输出面位于透镜后焦面内的光场分布不是准确的傅里叶变换关系，但近似满足傅里叶变换，故称为准傅里叶变换。

(3) 输入面位于透镜前焦面且输出面位于透镜后焦面。这时，$d_o = f$，$d_i = f$，显然式 (5.3.20) 中的附加相位为零，这样有：

$$U_i(\xi, \eta) = CA_0 \frac{e^{ik(2f+nw_0)}}{-\lambda f^2} T_o(\xi, \eta)。 \tag{5.3.21}$$

从上式可以看出，由于式中项 $CA_0 \frac{e^{ik(2f+nw_0)}}{-\lambda f^2}$ 与空间频率 $\xi$，$\eta$ 无关，因此，位于透镜前焦面上物的光场分布与其后焦面上的光场分布之间的关系为傅里叶变换关系。

在这种情况下，衍射物体的复振幅分布存在准确的傅里叶变换关系，并且只要照射光源和观测平面满足共轭关系，与照射光源的具体位置无关。由于 $m = f^2$，所以有 $\xi = \frac{x_i}{\lambda f}$，$\eta = \frac{y_i}{\lambda f}$。也就是说，不管照射光源位于何处，均不影响观察面上空间频率与位置坐标的关系。在理论分析中，这种情况是很有意义的。

(4) 输入面紧靠透镜而输出面位于后焦面。如图 5.3.2 所示，透明物体紧靠透镜前表面，这时 $d_o = 0$，$d_i = f$，这时相当于图 5.3.1 中的第三步没有，同上述过程的处理方法，可得：

$$U_i(\xi, \eta) = CA_0 e^{i\pi f\lambda(\xi^2+\eta^2)} T_o(\xi, \eta)。 \tag{5.3.22}$$

从上式可以看出，$e^{i\pi f\lambda(\xi^2+\eta^2)}$ 是与空间频率 $\xi$，$\eta$ 有关的，因此，衍射物体的复振幅透射率与观察面上的场分布不是准确的傅里叶变换关系，有一个二相位因子 $e^{i\pi f\lambda(\xi^2+\eta^2)}$。由于 $m = fd_i$，因观测面上的空间坐标与空间频率的关系为 $\xi = \frac{x_i}{\lambda d_i}$，$\eta = \frac{y_i}{\lambda d_i}$，随 $d_i$ 的值而不同。也就是说，频谱在空间尺度上能按一定比例缩放。这对光学信息处理的应用将带来一定的灵活性，并且也利于充分利用透镜孔径。

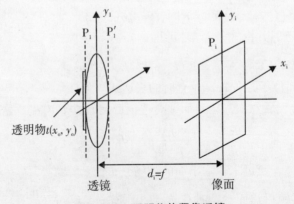

图 5.3.2　透明物体紧靠透镜

## 2. 轴上点光源照射

如图 5.3.3 所示为轴上点光源照射的情形，单色点源 $S_0$ 与透镜的距离为 $d_0$，图中其他标识与图 5.3.1 相同。按照信息光学中的习惯，与一般的应用光学中的符号规则不同，这里的 $d_0$，$d_\text{o}$，$d_\text{i}$ 均为正值。假设透镜孔径很大，抽象为无穷大。

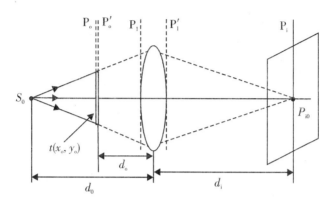

**图 5.3.3　物在透镜之前的变换**

在傍轴近似下，由单色点源发出的球面波在物的前表面 $P_\text{o}$ 上造成的场分布为：

$$U_\text{o}(x_\text{o},\ y_\text{o}) = A_0 e^{\frac{ik}{2(d_0-d_\text{o})}(x_\text{o}^2+y_\text{o}^2)}。 \tag{5.3.23}$$

光波透过物体后，平面 $P'_\text{o}$ 的光场分布为：

$$U'_\text{o}(x_\text{o},\ y_\text{o}) = A_0 e^{\frac{ik}{2(d_0-d_\text{o})}(x_\text{o}^2+y_\text{o}^2)} t(x_\text{o},\ y_\text{o})。 \tag{5.3.24}$$

这样，从输入平面 $P'_\text{o}$ 出射的光场到达透镜前表面 $P_1$ 的衍射过程，由菲涅耳衍射公式 (4.4.4) 可得其复振幅分布为：

$$U_1(x_1,\ y_1) = \frac{A_0}{i\lambda d_\text{o}} \iint\limits_{\Sigma_\text{o}} e^{\frac{ik}{2(d_0-d_\text{o})}(x_\text{o}^2+y_\text{o}^2)} t_\text{o}(x_\text{o},\ y_\text{o}) e^{\frac{ik}{2d_\text{o}}[(x_1-x_\text{o})^2+(y_1-y_\text{o})^2]} dx_\text{o} dy_\text{o}。 \tag{5.3.25}$$

式中：$\Sigma_\text{o}$ 为物函数所在的范围。通过透镜后的场分布为：

$$U'_1(x_1,\ y_1) = U_1(x_1,\ y_1) P(x_1,\ y_1) e^{iknw_0} e^{-\frac{ik}{2f}(x_1^2+y_1^2)}。 \tag{5.3.26}$$

式中：$P(x_1,\ y_1)$ 为式 (5.3.5) 所定义的光瞳函数。由透镜后表面经自由空间衍射到达输出面的光场分布为：

$$U_\text{i}(x_\text{i},\ y_\text{i}) = \frac{e^{ik(d_\text{i}+nw_0)}}{i\lambda d_\text{i}} \iint\limits_{\Sigma_1} U_1(x_1,\ y_1) e^{-\frac{ik}{2f}(x_1^2+y_1^2)} e^{\frac{ik}{2d_\text{i}}[(x_\text{i}-x_1)^2+(y_\text{i}-y_1)^2]} dx_1 dy_1。$$

式中：$\Sigma_1$ 为光瞳函数所确定的范围，在此范围内 $P(x_1,\ y_1)=1$。将式 (5.3.25) 代入上式，可得：

$$U_\text{i}(x_\text{i},\ y_\text{i}) = -\frac{A_0 e^{ik(d_\text{o}+d_\text{i}+nw_0)}}{\lambda^2 d_\text{o} d_\text{i}}$$

$$\cdot \iint\limits_{\Sigma_\text{o}} \iint\limits_{\Sigma_1} t_\text{o}(x_\text{o},\ y_\text{o}) e^{\frac{ik}{2(d_0-d_\text{o})}(x_\text{o}^2+y_\text{o}^2)} e^{-\frac{ik}{2f}(x_1^2+y_1^2)} e^{\frac{ik}{2d_\text{i}}[(x_\text{i}-x_1)^2+(y_\text{i}-y_1)^2]} dx_\text{o} dy_\text{o} dx_1 dy_1。 \tag{5.3.27}$$

当输出面位处点源 $S_0$ 的共轭面上，则由共轭关系的高斯公式 $1/d_0+1/d_\text{i}=1/f$，可对上式进行化简可得：

$$U_i(x_i, y_i) = -\frac{A_0 e^{ik(d_o+d_i+nw_0)}}{\lambda^2 d_o d_i} \iint_{\Sigma_o} \iint_{\Sigma_1} t(x_o, y_o) e^{\frac{ik}{2}(\Delta_{x_i}+\Delta_{y_i})} dx_o dy_o dx_1 dy_1 \text{。} \quad (5.3.28)$$

式中：

$$\begin{aligned}\Delta_{x_i} &= \frac{x_o^2}{d_0-d_o} + \frac{(x_1-x_o)^2}{d_o} - \frac{x_1^2}{f} + \frac{(x_i-x_1)^2}{d_i} \\ &= x_o^2\left(\frac{1}{d_0-d_o}+\frac{1}{d_o}\right) + x_1^2\left(\frac{1}{d_o}+\frac{1}{d_i}-\frac{1}{f}\right) + \frac{x_i^2}{d_i} - \frac{2x_o x_1}{d_o} - \frac{2x_i x_1}{d_i} \\ &= \frac{fd_i x_o^2}{d_o[d_i(f_{\text{eff}}-d_o)+f_{\text{eff}}d_o]} + \frac{x_1^2[d_i(f-d_o)+fd_o]}{d_o f d_i} + \frac{x_i^2}{d_i} - \frac{2x_o x_1}{d_o} - \frac{2x_i x_1}{d_i} \\ &= \left\{x_o\sqrt{\frac{fd_i}{d_o[d_i(f-d_o)+fd_o]}} - x_1\sqrt{\frac{d_i(f-d_o)+fd_o}{d_o f d_i}} + x_i\sqrt{\frac{fd_i}{d_o[d_i(f-d_o)+fd_o]}}\right\}^2 \\ &\quad + \frac{(f-d_o)x_o^2}{d_i(f-d_o)+fd_o} - \frac{2fx_o x_i}{d_i(f-d_o)+fd_o};\end{aligned} \quad (5.3.29)$$

$$\begin{aligned}\Delta_{y_i} &= \left\{y_o\sqrt{\frac{fd_i}{d_o[d_i(f-d_o)+fd_o]}} - y_1\sqrt{\frac{d_i(f-d_o)+fd_o}{d_o f d_i}} + y_i\sqrt{\frac{fd_i}{d_o[d_i(f-d_o)+fd_o]}}\right\}^2 \\ &\quad + \frac{(f-d_o)y_o^2}{d_i(f-d_o)+fd_o} - \frac{2fy_o y_i}{d_i(f-d_o)+fd_o} \text{。}\end{aligned} \quad (5.3.30)$$

公式(5.3.26)要分别对物平面和光瞳平面积分，光瞳平面的积分为：

$$U_1 = \iint_{\Sigma_1} e^{\frac{ik}{2}(\Delta_{x_i}+\Delta_{y_i})} dx_1 dy_1 \text{。} \quad (5.3.31)$$

由于不考虑透镜的有限孔径的影响，对 $\Sigma_1$ 的积分可扩展到无穷。如果令

$$\alpha = d_i(f-d_o) + fd_o,$$

$$\overline{x_i} = x_o\sqrt{\frac{fd_i}{d_o\alpha}} - x_1\sqrt{\frac{\alpha}{d_o f d_i}} + x_i\sqrt{\frac{fd_o}{d_i\alpha}}, \quad d\overline{x_i} = -\sqrt{\frac{\alpha}{d_o f d_i}} dx_1,$$

$$\overline{y_i} = y_o\sqrt{\frac{fd_i}{d_o\alpha}} - y_1\sqrt{\frac{\alpha}{d_o f d_i}} + y_i\sqrt{\frac{fd_o}{d_i\alpha}}, \quad d\overline{y_i} = -\sqrt{\frac{\alpha}{d_o f d_i}} dy_1,$$

则式(5.3.31)可转化为：

$$U_1 = \frac{d_o f d_i}{\alpha} e^{\frac{ik(f-d_o)}{2\alpha}(x_i^2+y_i^2)} e^{-\frac{ik}{\alpha}(x_o x_i + y_o y_i)} \iint_{-\infty}^{\infty} e^{\frac{ik}{2}(\overline{x_i}^2+\overline{y_i}^2)} d\overline{x_i} d\overline{y_i} \text{。} \quad (5.3.32)$$

利用积分公式 $\int_{-\infty}^{\infty} e^{-ax^2} dx = \sqrt{\pi/a}$，可得：

$$U_1 = \frac{i\lambda f d_i d_o}{\alpha} e^{\frac{ik(f-d_o)}{2\alpha}(x_i^2+y_i^2)} e^{-\frac{ik}{\alpha}(x_o x_i + y_o y_i)} \text{。} \quad (5.3.33)$$

将式(5.3.33)代入(5.3.28)式得：

$$U_i(x_i, y_i) = C e^{\frac{ik(f-d_o)(x_i^2+y_i^2)}{2[d_i(f-d_o)+fd_o]}} \iint_{-\infty}^{\infty} t(x_o, y_o) e^{-\frac{ikf(x_o x_i + y_o y_i)}{d_i(f-d_o)+fd_o}} dx_o dy_o \text{。} \quad (5.3.34)$$

这就是输入平面位于透镜前，计算光源共轭面上场分布的一般公式。由于照射光源和观察平面的位置始终保持共轭关系，因此，式(5.3.34)中的 $d_i$ 由照明光源位置决定。当照明光源位于光轴上无穷远，即平面波垂直照射时，$d_i = f$，这里观测平面位于透镜后焦面上。另外，

输入平面的位置决定了 $d_o$ 的大小。下面讨论一下输入平面的两个特殊位置。

### 5.3.3 物在透镜后方

如图 5.3.4 所示，物在透镜的后方，由点光源 $S_0$ 入射到透镜前表面 $P_1$ 的光场分布为 $A_0 e^{\frac{ik}{2d_0}(x_1^2+y_1^2)}$，光源经过透镜出射后到达透镜后表面 $P_1'$ 的光场分布为 $A_0 e^{\frac{ik}{2d_0}(x_1^2+y_1^2)} e^{-\frac{ik}{2f}(x_1^2+y_1^2)}$，从透镜的后表面到达物的前表面 $P_o$ 的光场分布为：

$$U_o(x_o, y_o) = \frac{A_0}{i\lambda d_o} \iint_{\Sigma_1} e^{\frac{ik}{2d_0}(x_1^2+y_1^2)} e^{-\frac{ik}{2f}(x_1^2+y_1^2)} e^{\frac{ik}{2d_o}[(x_o-x_1)^2+(y_o-y_1)^2]} dx_1 dy_1 \text{。} \tag{5.3.35}$$

通过物体后的出射光场分布为：$U_o'(x_o, y_o) = t_o(x_o, y_o) U_o(x_o, y_o)$。这个光场传输到观察平面 $P_i$ 上造成的光场分布为：

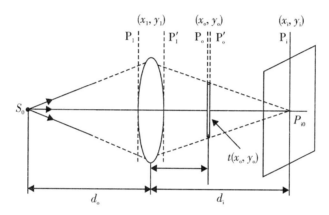

图 5.3.4 物在透镜之后的变换

$$U_i(x_i, y_i) = \frac{1}{i\lambda(d_i-d_o)} \iint_{\Sigma_o} t_o(x_o, y_o) U_o(x_o, y_o) e^{\frac{ik}{2(d_i-d_o)}(x_i-x_o)^2+(y_i-y_o)^2} dx_o dy_o \text{。}$$
$$\tag{5.3.36}$$

将式(5.3.35)代入式(5.3.36)得：

$$U_i(x_i, y_i) = -\frac{A_0}{\lambda^2 d_o(d_i-d_o)} \iint_{\Sigma_1} \iint_{\Sigma_o} t(x_o, y_o) e^{\frac{ik}{2}(\Delta_{x_i}+\Delta_{y_i})} dx_1 dy_1 dx_o dy_o \text{。} \tag{5.3.37}$$

式中：

$$\begin{aligned}
\Delta_{x_i} &= \frac{x_1^2}{d_0} - \frac{x_1^2}{f_{\text{eff}}} + \frac{(x_o-x_1)^2}{d_o} + \frac{(x_i-x_o)^2}{d_i-d_o} \\
&= x_1^2\left(\frac{1}{d_0}+\frac{1}{d_o}-\frac{1}{f}\right) + x_o^2\left(\frac{1}{d_o}+\frac{1}{d_i-d_o}\right) + \frac{x_i^2}{d_i-d_o} - \frac{2x_o x_1}{d_o} - \frac{2x_o x_i}{d_i-d_o} \\
&= x_1^2 \frac{d_i-d_o}{d_o d_i} + x_o^2 \frac{d_i}{d_o(d_i-d_o)} + \frac{x_i^2}{d_i-d_o} - \frac{2x_o x_1}{d_o} - \frac{2x_o x_i}{d_i-d_o} \\
&= \left[x_1\sqrt{\frac{d_i-d_o}{d_o d_i}} - x_o\sqrt{\frac{d_i}{d_0(d_i-d_o)}}\right]^2 + \frac{x_i^2}{d_i-d_o} - \frac{2x_o x_i}{d_i-d_o} ;
\end{aligned} \tag{5.3.38}$$

同理有：

$$\Delta_{y_i} = \left[ y_1 \sqrt{\frac{d_i - d_o}{d_o d_i}} - y_o \sqrt{\frac{d_i}{d_o(d_i - d_o)}} \right]^2 + \frac{y_i^2}{d_i - d_o} - \frac{2y_o y_i}{d_i - d_o} \text{。} \tag{5.3.39}$$

用前面类似推导公式(5.3.34)的方法可得：

$$U_i(x_i, y_i) = C e^{\frac{ik(x_i^2 + y_i^2)}{2(d_i - d_o)}} \iint_{-\infty}^{\infty} t(x_o, y_o) e^{-\frac{ik(x_o x_i + y_o y_i)}{d_i - d_o}} \mathrm{d}x_o \mathrm{d}y_o \text{。} \tag{5.3.40}$$

由式(5.3.35)和式(5.3.38)可以看出，不管衍射物体位于何种位置，只要观测面是照射光源的共轭面，则物面(输入面)和观察面(输出面)之间的关系都是傅里叶变换关系，即观察面上的衍射场都是夫琅禾费型。显然，当 $d_o = 0$ 时，由式(5.3.38)也可导出式(5.3.36)，即物从两面紧贴透镜都是等价的。

表5.3.1列出了上述几种情况变换光路的特点。

表5.3.1 透镜变换光路

| 变换 | 输入面位置 | 光源位置 | 变换平面位置 | 二次相位因子 | 空间频率 |
|---|---|---|---|---|---|
| 傅里叶变换 | 前焦面 $d_o = f$ | $\infty$ | 后焦面 | 无 | $\frac{x_i}{\lambda f}$ |
| | | $d_0$ | $d_i = \frac{d_0 f'}{d_0 - f'}$ | 无 | $\frac{x_i}{\lambda f}$ |
| 准傅里叶变换 | 透镜前 $d_o$ 处 | $\infty$ | 后焦面 | $\frac{k(f - d_o)(x_1^2 + y_1^2)}{2f^2}$ | $\frac{x_i}{\lambda m f}$ |
| | | $d_0$ | $d_i = \frac{d_0 f'}{d_0 - f'}$ | $\frac{k(f - d_o)(x_1^2 + y_1^2)}{2m}$ | $\frac{x_i}{\lambda m f}$ |
| | 紧靠透镜 $d_o = 0$ 处 | $\infty$ | 后焦面 | $\frac{k(x_1^2 + y_1^2)}{2f}$ | $\frac{x_i}{\lambda f}$ |
| | | $d_0$ | $d_i = \frac{d_0 f'}{d_0 - f'}$ | $\frac{k(x_1^2 + y_1^2)}{2d_i}$ | $\frac{x_i}{\lambda d_i}$ |
| | 透镜后 $d_i$ 处 | $\infty$ | 后焦面 | $\frac{k(x_1^2 + y_1^2)}{2(f - d_o)}$ | $\frac{x_i}{\lambda(f - d_o)}$ |
| | | $d_0$ | $d_i = \frac{d_0 f'}{d_0 - f'}$ | $\frac{k(x_1^2 + y_1^2)}{2(d_i - d_o)}$ | $\frac{x_i}{\lambda(d_i - d_o)}$ |

## 5.4 透镜的空间滤波特性

从傅里叶变换的角度上来说，透镜在光学信息处理系统中的作用相当于傅里叶变换器，因此用于空间频谱分析的透镜系统可称为傅里叶变换透镜变换系统，简称为傅里叶透镜系统。它是光学信息处理系统中最常用的基本系统。下面就傅里叶变换透镜作为空间滤波器的功能所呈现的特性作一介绍。

以上讨论透镜的傅里叶变换性质时，都没有考虑透镜孔径的影响。然而在许多实际情况中，透镜孔径的有限大小往往又不能忽视。透镜孔径除了限制入射光束从而影响出射光通量外，还会对形成傅里叶频谱产生影响，从而最终影响成像质量。

## 5.4.1 透镜的截止频率、空间—带宽积和视场

根据透镜前后两个焦面互为傅里叶变换关系的理论，为了获得严格的傅里叶变换，一般都会把处理面(输入面)置于透镜的前焦面，把频谱面(滤波面)置于相应的后焦面。因此透镜的有限大小的孔径必然会限制物体衍射波中的高频成分，从而引起频谱平面上的光场分布偏离物体的傅里叶变换。这种偏离除了与物体衍射波的空间频率有关，还与透镜的相对孔径 $D/f$（$D$ 为透镜的直径）的大小有关。有限大小的透镜对空间频率的限制，相当于透镜也起到空间频率滤波的作用。

如图 5.4.1 所示，设圆对称物体放置在透镜 $L$ 的前焦面，用单色平面波垂直入射照明，物体振幅透射率函数 $t(x_o, y_o)$ 不为零的区域为直径等于 $B$ 的圆形，并设 $D > B$，这样物函数被一个直径为 $B = 2h$ 的圆孔径所限制。

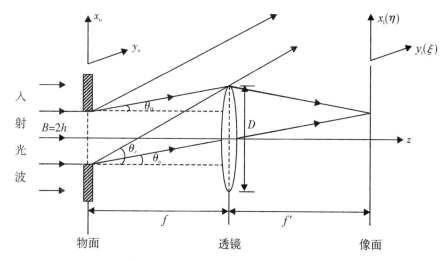

图 5.4.1　透镜对空间频率的限制作用

透镜的有限孔径会限制物面频率成分的传播。仅当某一方向上的平面波分量不受阻挡地通过透镜时，在透镜的后焦面上相应会聚点测得的光场才准确代表物相应空间频率成分的频谱值。由图 5.4.1 可以看出，物体上所有点发出光线的衍射角(方向角)小于等于 $\theta_0$ 角方向传播的光线都可以传播到频谱面上某一点，因此，该点的光场可准确代表这一频率成分的频谱值。由图中几何关系可以看出，满足这一要求的平面波分量的传播方向角的最大值为：

$$\sin\theta_0 = \frac{(D/2)-(B/2)}{f} = \frac{D-B}{2f} \eqno(5.4.1)$$

在小角度情况(即 $B,D \ll f$)时有：$\theta_0 \approx \sin\theta_0$。因透镜是圆形孔径，在圆周方向上都有相应的最大空间频率，由空间频率的定义，有：

$$\xi_0 = \frac{\sin\theta_0}{\lambda} = \frac{D-B}{2\lambda f} \eqno(5.4.2)$$

当方向角大于 $\theta_c$ 时，物体上所有点发出的在该方向传播的光线完全不能通过透镜，这

样在后焦面上没有该频率成分，测得的频谱强度为零。完全不能进入透镜的平面波成分的最小衍射角 $\theta_c$ 的正弦为：

$$\sin\theta_c = \frac{(D/2)+(B/2)}{f} = \frac{D+B}{2f} \quad (5.4.3)$$

在小角度情况下，有 $Q_c \approx \sin\theta_c$。相应的空间频率为：

$$\xi_c = \frac{\sin\theta_c}{\lambda} = \frac{D+B}{2\lambda f} \quad (5.4.4)$$

上式即为透镜 L 的截止频率。

当衍射角介于 $\theta_0$ 和 $\theta_c$ 之间时，物体中的部分光线通过透镜，部分不能通过，因而产生了偏离。

由上述分析，可以得到如下结论：

当 $\xi_c \leq \frac{D-B}{2\lambda f}$ 时，透镜后焦面上可以得到相应的空间频率成分的物体准确的傅里叶谱。

当 $\frac{D-B}{2\lambda f} < \xi_c < \frac{D+B}{2\lambda f}$ 时，透镜后焦面上可以得到的并非准确的傅里叶谱，各空间频率成分受到透镜孔径程度不同的阻拦。

当 $\xi_c \geq \frac{D+B}{2\lambda f}$ 时，虽然物可能有更高的空间频率成分，但因这些分量全部被透镜的有限孔径所阻拦，在焦面上完全得不到物的傅里叶谱中的这些高频成分。从式(5.4.4)可以看出，当傅里叶透镜的孔径增大时，可以减小这一效应的影响。

由上分析可见，透镜除了可以改变光波的相位外，还可以对光波的空间频率进行滤波。

一个信息系统，无论是信息的记录和存储系统，还是信息的传输和处理系统，都存在一个信息容量问题。一般地说，信息容量 $N$ 可由系统的频带宽度 $\Delta\xi$ 与单频线宽 $\delta\xi$ 之比来估算，即

$$N = \Delta\xi/\delta\xi \quad (5.4.5)$$

单频线宽是指由于主动的或被动的各种原因，系统记录或传输的总不可能是理想的单频信息，而是有一定线宽的准单频信息，如有限长度的准单色光、有限尺寸的正弦光栅等。对傅里叶透镜来说，它处理的是光学图像这类空间信息，由图 5.4.1 可知，衍射角在 $-\theta_0$ 到 $\theta_0$ 之间的光线可以完全通过透镜而准确成像，由式(5.4.2)可得通带宽度为：

$$\Delta\xi = 2\xi_0 = \frac{D-B}{\lambda f} \quad (5.4.6)$$

如果物为有限尺寸的正弦光栅，则其衍射发散角为：

$$\Delta\theta = \frac{\lambda}{B\cos\theta} \quad (5.4.7)$$

由空间频率与衍射角的关系式 $\sin\theta = \xi\lambda$，两边求微分可得 $\cos\theta \mathrm{d}\theta = \lambda \mathrm{d}\xi$，因此空域中的发散角对应于频域中的单频线宽为：

$$\mathrm{d}\xi = \frac{\cos\theta}{\lambda}\mathrm{d}\theta$$

将式(5.4.7)代入上式，得：

$$\mathrm{d}\xi = \frac{\cos\theta}{\lambda}\mathrm{d}\theta = \frac{\cos\theta}{\lambda}\frac{\lambda}{B\cos\theta} = \frac{1}{B} = \delta\xi \quad (5.4.8)$$

将式(5.4.6)和式(5.4.8)代入式(5.4.5)，可得到傅里叶变换透镜的信息容量为：

$$N = \frac{\Delta \xi}{\delta \xi} = \Delta \xi B = \frac{D-B}{\lambda f} B = SW。 \quad (5.4.9)$$

信息容量 $N$ 等于带宽 $\Delta \xi$ 与图像空间 $B$ 的乘积，这就是空间—带宽积 $SW$，即傅里叶透镜的信息容量也是用空间—带宽积来表示的。

下面来看看傅里叶变换透镜的视场。由式(5.4.9)可得：

$$\frac{\partial N}{\partial B} = \frac{D}{\lambda f} - \frac{2B}{\lambda f}。$$

当 $\frac{\partial N}{\partial B} = 0$ 时，信息容量为最大。这样可得：$B = D/2$。也就是说，物的线度 $B$（也就是待处理的图片线度，即视场）不宜过大，也不宜过小，取为透镜的一半时最佳。这时有：

$$N_m = SW_m = \frac{f}{4\lambda}\left(\frac{D}{f}\right)^2。 \quad (5.4.10)$$

式中：$D/f$ 为傅里叶透镜的相对孔径，一般不大，为 $1/5 \sim 1/3$。例如，某傅里叶透镜的相对孔径为 $1/3$，焦距 $f = 200$ mm，光波长 $\lambda = 6 \times 10^{-4}$ mm，则图片线度 $B$ 取为 35 mm 为宜，空间—带宽积 $SW = 9 \times 10^3$。

式(5.4.10)所表示的空间—带宽积，可以改写成另外的形式，只要注意关系 $D/2 = B = 2h$，便可得：

$$SW = \frac{2}{\lambda} h \left(\frac{D/2}{f}\right)。 \quad (5.4.11)$$

上式中 $h$ 相当于几何光学的物高，$D/2f$ 相当于孔径角 $\theta$，因此，空间—带宽积等价于几何光学中的拉赫不变量 $J = nh\theta$。$SW$ 大，即 $J$ 大，从信息系统的观点来看，表示传递的信息量大；从成像系统的观点来看，表示视场大或分辨率高；从光能系统的观点来看，表示传递的光能量大。$SW$ 大的系统本身的设计、制造难度也高，故价格也高。

## 5.4.2 透镜孔径引起的渐晕效应

从几何光学的角度来看，视场光阑将限制系统的视场。如果点物离开光轴太远，那么视场光阑将挡住发自该点物的主光线。但是单靠主光线并不能控制视场的大小。即使主光线被挡住了，发自同一点物的其他光线也可能通过系统，从而视场比入射窗要大一些。只有当入射窗与物平面重合时，轴外点物发出的所有光线才能被完全挡住。还有一种更复杂的情况。当从一个轴外物外观察光学系统时，各光阑和透镜边缘好像不再同轴了。所以，除孔径光阑和视场光阑以外的其他光阑也可能挡住一些光线。一些光线被挡住、另一些光线可以通过将产生一种现象，即像的亮度将随着离开光轴的距离增大而逐渐降低。这种现象称为"渐晕(vignetting)"，原指相片的边缘逐渐淡出的现象。渐晕是一种复杂的现象，但可以通过绘出渐晕图来显示在光学系统中所有的透镜边缘和光阑的相对尺寸和位置，从而确定哪些透镜边缘和光阑将限制通过系统的光线。

透镜前后两个焦面互为傅里叶变换关系，为了获得严格的傅里叶变换，需要把处理面（物面）置于透镜的前焦面，把频谱面（像面）置于相应的后焦面。但由于透镜的有限大小，实际上就限制了对物体各种频率成分的传播。由上一节分析可知：物体所有点所发出的光波的低频成分可以全部通过；物体所有点发出的光波的稍高频率成分会通过，有些则不通过；物体中所有点发出的光波的高频成分完全被滤掉。这三种情况相当于透镜孔径投影完全覆盖物体、部分覆盖物体和完全落在透镜孔径投影之外，如图 5.4.2 所示。

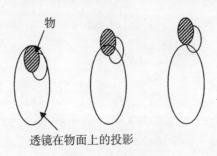

图 5.4.2 透镜的孔径效应

因此，物体的全部空间频率信息就不能全部传递到后焦面上，因此在后焦面就不能得到准确的傅里叶变换，使由透镜实现的傅里叶变换带来误差，频率愈高，误差愈大，从而引起频谱面上的光场分布就会偏离物体的准确傅里叶变换。这就是从傅里叶光学的角度来理解的渐晕现象，所以渐晕就是傅里叶透镜有限孔径对于物面频率成分传播的限制所引起的。显然，物体越靠近透镜或透镜孔径愈大，渐晕效应愈小。渐晕的大小，除了与物体衍射波的空间频率有关外，还与透镜的相对孔径 $D/f$ 的大小有关。为了减少渐晕效应，透镜的孔径应尽可能大，或物体应尽可能靠近透镜。当物面紧贴透镜时($d_1=0$)，透镜孔径产生的渐晕效应最小。

为了考虑透镜孔径的渐晕效应对物体频谱分布的影响，可以定义一个物平面有效光瞳函数 $P_o(x_o, y_o)$。如图 5.4.3 所示，考虑到频谱面上 $A_i(\xi, \eta)$ 处光波复振幅只是沿主光线 $OA$ 传播的平面被透镜孔径所截取的那一部分的扰动，因而可以沿主光线 $OA$ 方向将透镜孔径投射到物平面上，投射中心坐标为($-\xi, -\eta$)。于是有效光瞳函数可表示为 $P_o(x_o+\xi, y_o+\eta)$。最后，物体的频谱分布可由有效光瞳函数所限制的那一部分物体的傅里叶变换求出。由式(5.3.22)可得：

$$U(x_i, y_i) = CF\{t(x_o, y_o)P(x_o+\xi, y_o+\eta)\} = CT(\xi, \eta) * \tilde{P}(\xi, \eta)。 \quad (5.4.11)$$

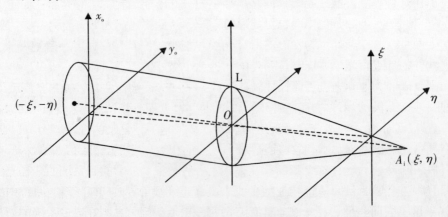

图 5.4.3 有效光瞳函数

式中：$\tilde{P}$ 为 $P$ 的傅里叶变换。由卷积的物理意义可知，卷积的结果使物的频谱图像细节变得模糊。

以上，我们讨论的关于透镜变换的性质，都是在几何光学近轴近似条件下进行的。对于非近轴情况下的傅里叶变换，必须专门设计傅里叶变换透镜才能获得比较理想的傅里叶频谱，即使消除了像差的理想成像系统，仍不能实现理想的傅里叶变换。

## 5.5 光学系统的一般模型

与理想光学系统不同，实际光学系统参与成像的光束宽度和成像范围都是有限的，其限制来自光学元件的尺寸大小。从光学设计的角度看，如何合理地选择成像光束是必须分析的问题。光学系统不同，对参与成像的光束位置和宽度要求也不同。这一节从空域来分析光学成像系统的一般模型。

### 5.5.1 孔径光阑和视场光阑

除透镜边缘之外，光线也可能被一些特别设计的、被称为"光阑"的平面挡住。通常，在光学系统中用一些中心开孔的薄金属片来合理地限制成像光束的宽度、位置和成像范围，这些薄金属片就是光阑。如果光学系统中安放光阑的位置与光学元件的某一面重合，则光学元件的边框就是光阑。光阑对光线的传播不产生任何影响。但开孔尺寸决定了哪些光线可以通过，哪些光线不能。如果光阑外光线高度的值大于光阑的半径，那么光线将被挡住。既然光阑对系统的焦强完全没有贡献，为什么还要在光学系统中设置光阑呢？这是因为光阑可用来控制哪些光可以通过系统。例如，通过调整光阑的大小和在光学系统中的位置，可以在一定程度上控制像差。光阑主要有两类：孔径光阑和视场光阑。

如果通过系统的光线均来自光轴上的某点，那么，对于轴对称系统，挡住最多的光线通过系统的透镜边缘或光阑，就称为"孔径光阑"。从一个复杂的光学系统中的光轴上某点向系统里望，可以看到系统的孔径光阑。可能会看到几个圈，它们是系统中的透镜边缘或光阑孔边的像。这些圈中最小的那个就是孔径光阑。看不到孔径光阑后面的透镜边缘或光阑孔边。要特别注意的是：孔径光阑可能不是限制发自轴外点物的光线的透镜边缘或光阑。另外，孔径光阑的确定将针对某个特定的点物，不同的点物可能具有不同的孔径光阑。

孔径光阑还决定了发自物体的光线中有多少能够实际通过系统参与成像。刚好可以通过的光线的倾角越大，发自点物并能通过系统的光线就越多。可以使用较小的孔径光阑来限制光线的倾角，以使得近轴近似更好地得到满足。这样可以提高成像质量。孔径光阑实际上是系统所接收的光锥的角域，它控制着到达像面的总辐射通量。它可以直接就是系统中某一透镜的边缘，或者是为了所述目的而特意加入的一个开有孔的不透明屏。如在照相机中，可变光圈的作用就是一个具有可变直径的孔径光阑。孔径光阑的作用如图 5.5.1 所示。

有几种方法可以找到一个系统的孔径光阑。一种方法是：要找到系统的孔径光阑，可以追踪一系列发自点物、倾角逐渐增大的光线。最终光线倾角将大到该光线被系统中的某个表面所挡住。这个表面就是孔径光阑。具有略微小一点点的倾角、刚好通过系统的光线叫作边缘光线。虽然这种方法清晰地显示了孔径光阑的物理意义，但它需要太大的计算量。另外，

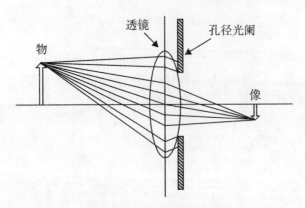

图 5.5.1 孔径光阑的作用

光线倾角的增幅必须很小，否则就有可能越过具有最小倾角的表面，错误地将另一个具有较大倾角的表面当成孔径光阑。这不是一个好的方法。另一个较好的方法是任意追踪一条发自轴上点物的光线，这条光线就是用来确定成像位置的那条光线。由于所有的光线追踪方程都是线性的，这条光线的倾角和光线高度可以按比例缩放。

关于孔径光阑需要注意的几个问题。

(1) 在具体的光学系统中，即使所有的光学元件位置固定不动，但如果物平面位置有了变动，那真正起限制轴上点物光束宽度作用的孔径光阑也可能发生变化。例如，在图 5.5.2 中所示的系统中，当物平面位于 $A$ 处时，限制轴上点物光束最大孔径角 $\theta$ 的是图示中的"光阑"，这时，这个光阑就是孔径光阑；当物平面位置不在 $A$ 处而在 $B$ 处时，原先的"光阑"形同虚设，真正起限制轴上点物孔径角 $\theta$ 大小作用的是透镜的边框，这时透镜的边框就是系统的孔径光阑。

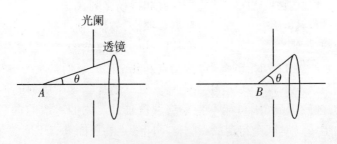

图 5.5.2 物体位置变动后孔径光阑的变化

(2) 如果几块口径一定的透镜组合在一起形成一个镜头，对于位置确定的轴上点物，要找出究竟哪个透镜的边框是孔径光阑。有两种常用的方法：一是从轴上点物追踪一条近轴光线（$\theta$ 角任意），求出光线在每个折射面上的投射高度，然后将得到的投射高度与相应折射面的实际口径去比，比值最大的那个折射面的边框就是这个镜头的孔径光阑；二是将一块透镜经它前面的所有透镜成像并求出像的大小，在这些像中，对给定的轴上点物所张的角最小者，其相应的透镜边框为这个镜头的孔径光阑。

(3) 不同的光学系统其孔径光阑安置的位置通常是不同的。在目视系统中，系统的出射光瞳必须在目镜外的一定位置，便于人眼瞳孔与其衔接；在投影度量光学系统中，为使投影像的倍率不因物距变化而变化，要求系统的出射光瞳或入射光瞳位于无限远处；当仪器不对光阑位置提出要求时，光学设计者所确定的光阑位置应是轴外光束像差校正完善的位置，也就是把光阑位置的选择作为校正像差的一个手段。在遵循了上述原则后，光阑位置若还有余地，则应考虑如何合理地匹配光学系统各元件的口径。

在实际的光学系统中，不仅物面上每一点发出并进入系统参与成像的光束宽度是有限的，而且能够清晰成像的物面大小也是有限的。把能清晰成像的这个物面范围称为光学系统的视场，相应的像面范围称为像方视场。事实上，这个清晰成像的范围也是由光学设计者根据仪器性能要求主动限定的，限定的办法通常是在物面上或在像面上安放一个中间开孔的光阑。光阑孔径的大小就限定了物面或像面的大小，限定了光学系统的成像范围。这个限定成像范围的光阑称为视场光阑。如果主光线在孔径光阑处具有太大的倾角，它就可能无法通过系统。限制主光线最大倾角的光阑或透镜边缘称为"视场光阑"。孔径光阑确定之后，通过正向和反向追踪一条任意的通过系统的主光线，我们就可以确定视场光阑。如照相机中那样，胶片实际上起着视场光阑的作用（图5.5.3）。

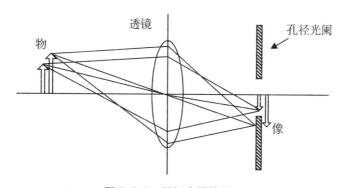

图 5.5.3　视场光阑的作用

根据孔径光阑和视场光阑的定义，这两个光阑绝对不会位于同一个平面上，它们相互补充，对像的质量和亮度都起着非常重要的作用。就像孔径光阑可以深埋在系统中一样，视场光阑也可能深埋在系统内。同时，与确定入射光瞳和出射光瞳一样，我们也可以找出视场光阑在像空间和物空间中的像。视场光阑的像将有助于确定经过系统后在像空间可以看到多大的物空间。

## 5.5.2　入射光瞳和出射光瞳

孔径光阑一般都深深地埋在光学系统里。如果希望两个光学系统高效率地一起使用，即使孔径光阑的位置不方便，也要"光学地"匹配两个系统的孔径光阑。如人眼观察使用的望远镜或其他仪器。在这种情况下，眼球的瞳孔是眼球的孔径光阑。如果瞳孔与仪器的孔径光阑在光学上配合不好，那么，要么仪器收集太多的光线而又把光线浪费在眼球上，要么仪器收集的光线不够。在前一种情况中，成像质量将被不必要地降低；在后一种情况中，像的亮度可能不够。

匹配孔径的问题可以解决，因为一个物体和它所产生的像在光学上是等效的。如果光学系统的一部分把孔径光阑作为物，那么孔径光阑的像就有可能被利用了。孔径光阑作为一个物，可以找出这个物经过部分光学系统所成的像。当两个光学系统组合成一个系统时，除了前一个系统的像即为后一个系统的物这种物像传递关系外，前后两个系统的孔径光阑关系要匹配，即两个孔径光阑对整个系统应该成另一对物像关系。所谓光瞳，就是孔径光阑的像。孔径光阑经孔径光阑前系统所成的像，即在物空间中的像，称为"入射光瞳"（entrance pupil），简称"入瞳"；孔径光阑经孔光阑后系统所成的像，即投射到像空间的孔径光阑的像，称为"出射光瞳"（exit pupil），简称"出瞳"。

由于从物空间看来，入瞳是由孔径光阑前面的全部光学元件所形成的孔径光阑的像。这通常是一个虚像，如图5.5.4(a)所示。因此，入瞳是确定系统所接收光锥角的一个"表观"限制元件。

出瞳是从像空间向回看所见到的由其后面的全部光学元件对孔径光阑所形成的像，如图5.5.4(b)所示。系统像差及其分辨本领往往都与出瞳有关。理论上，对于一个点物，由出瞳投射一个球面波并会聚到(或发散自)一个理解像点。

孔径光阑、入射光瞳和出射光瞳三者是物像关系。

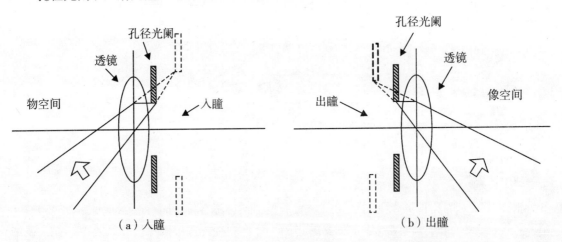

图5.5.4　入瞳和出瞳

## 5.5.3　入射窗和出射窗

视场光阑经它前面的光学系统所成的像，即视场光阑在像空间中的像，称为"入射窗"（entrance window）；视场光阑被其后面的光学系统所成的像，即视场光阑在物空间中的像，称为"出射窗"（exit window）。由于像在光学上等效于物，如果入射窗位于物平面上的话，即视场光阑安放在像面上，入射窗就和物平面重合，那么视场光阑将锐利地裁剪出系统的视场，那么出射窗必定位于像平面，入射窗就是视场光阑本身，即出射窗与像平面重合。因此，入射窗、视场光阑和出射窗三者互为物像关系。

由于孔径光阑和视场光阑不可能位于同一平面，所以视窗（windows）也不可能与光瞳（pupils）重合。有些系统中，如果在像面处无法安放视场光阑，在物面处安放视场光阑又不现实，成像范围的分析就会复杂得多。

## 5.5.4 黑箱模型

对衍射受限光学系统成像规律的研究可以追溯到 1873 年阿贝(Ernst Abbe)或 1896 年瑞利(Lord Rayleigh)提出的理论。阿贝认为,光波通过光学系统的衍射效应是由有限大小的入射光瞳引起的。他认为一个物体所产生的衍射分量只有一部分为有限的入射光瞳所截取,未被截取的分量正是物振幅分布中高频分量部分,因而像的分辨率会下降。这是阿贝在研究显微镜相干成像时首先提出来的。从像空间看过去,瑞利认为,衍射效应来自有限大小的出射光瞳。然而,由于入射光瞳与出射光瞳对整个光学系统来说是共轭的,它们都是实际对光线起限制作用的孔径光阑的像,出射光瞳不过是入射光瞳的几何光学像。所以,这两种看法是完全等价的。

所谓衍射受限系统,是指不考虑系统的几何像差,仅仅考虑系统的衍射限制。大多数光学系统通常不会只有单个透镜,而是由若干个透镜(正透镜或负透镜)和其他光学元件(如棱镜、光阑等)组合成的复合系统;而且,透镜也不一定是薄的。因此,在考察光学系统对成像的影响时,必然在若干个可能对光束起限制作用的通光孔径中,找到对光束起实际限制作用的那个孔径。该孔径可能是某一透镜边框,也可能是光路中某一个特定光阑。由于入射光瞳、孔径光阑和出射光瞳三者相互共轭,当轴的点物确定后,孔径光阑、入射光瞳和出射光瞳由系统元件参数及相对位置决定。由入射光瞳限制的物方光束必定能全部通过系统,成为被出射光瞳所限制的像方光束。

一个成像系统的外部性质可以由入射光瞳或出射光瞳来描述。因此,不管成像系统的详细结构如何,都可以将它归结为下列普遍模型:光波由物平面变换到像平面,可以分为三个过程,即光由物平面到入瞳面,再由入瞳面到出瞳面,最后由出瞳面到像平面(图 5.5.4)。当光波通过成像系统时,波面受到入瞳的限制,变换到空间就成为出瞳对出射波的限制。这两种限制是等价的,是同一种限制在两个空间的反映。这一结论称为光束限制的共轭原理。在考虑光波通过光学系统的衍射效应时,只需考虑其中任何一种限制,通常是考虑出瞳对光波的衍射作用。至于光波从入瞳到出瞳的传播,由于在此过程中波面已不再受到别的限制,故此段传播可以用几何光学很好地描述。有了光瞳的概念,在研究光学成像系统的性质时,可以不去涉及系统的详细结构,而把整个系统的成像看成一个"黑箱"的作用,只需知道黑箱边端(即入瞳平面和出瞳平面)的物理性质,就可以知道像平面上合乎实际的像场分布。

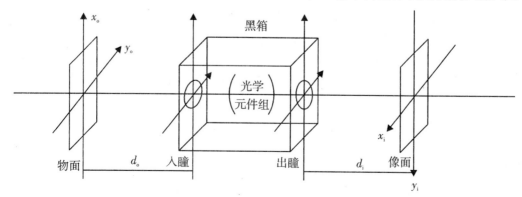

**图 5.5.5　成像系统的普遍模型**

为了确定系统的脉冲响应，首先需要知道这个"黑箱"对点光源发出的球面波的变换作用，即当入瞳平面上输入发散球面波时，出瞳平面透射的波场特性。对于实际光学系统，这一边端性质千差万别，但总的来说，可以分成两类，即衍射受限系统和有像差系统。

## 5.6 衍射受限系统成像的空域分析

任何一个光学系统都由各种有限尺寸的光学元件构成。由前面的分析可知，只有位于光学元件孔径范围内的角谱才能正常透过光学系统。因此，分析衍射受限系统的成像规律是具有重要实际意义的。

在空域中研究光学系统的成像是采用点扩散函数的方法。下面先讨论衍射光学系统的点扩散函数，然后再讨论衍射受限系统的成像特性。

### 5.6.1 衍射受限系统的点扩散函数

当像差很小或者系统的孔径和视场都不大时，实际光学系统就可近似看作衍射受限系统。这时的边端性质比较简单。也就是说，从物平面上任一点源，如果从该点发出的发散球面波通过成像系统后，因该系统受限制，转换成了新的理想球面波，并且在像平面上会聚成一个理想点，则称该成像系统是衍限受限的(diffraction-limited)。因此，衍射受限系统的作用就是将投射到入瞳上的发散球面波变换成出瞳上的会聚球面波。至于有像差的系统，其边端条件是：点光源发出的发散球面波投射到入瞳上，在出瞳处的透射波场将明显偏离理想球面波，偏离程度由波像差决定。

任何物的场分布都可以看作无数小面元的组合，而每个小面元都可看作一个加权的 $\delta$ 函数。对于任何一个衍射受限的成像系统，如果能清楚地了解物平面上任意小面元的光振动通过成像系统后，在像平面上所造成的光振动分布情况，通过线性叠加，原则上就能够求得任何物面光场分布通过系统后的像面光场分布，进而求得像面强度分布，这就是相干照射下的成像过程。所以，这里问题的关键是求出任意小面元的光振动所对应的像场分布。由 3.2 节可知，当该面元的光振动为单位脉冲即 $\delta$ 函数时，对应的这个像场分布函数就是脉冲响应函数或点扩散函数 $h(x_i, y_i; x_o, y_o)$。$h(x_i, y_i; x_o, y_o)$ 表示物平面上点 $(x_o, y_o)$ 的单位脉冲通过成像系统后在像平面上点 $(x_i, y_i)$ 产生的光场分布，一般来说，它既是坐标 $(x_o, y_o)$ 的函数，也是坐标 $(x_i, y_i)$ 的函数。物面上的一个点 $(x_o, y_o)$，经过线性系统 $L$（黑箱），在像面上产生脉冲响应函数，即点扩散函数 $h(x_i, y_i; x_o, y_o)$〔式(3.2.19)〕。对于任意的物函数，可以把它看成由物平面上许多面元组成，每个面元具有相应的点扩散函数。由于成像系统是线性系统，只要能够确定成像系统的点扩散函数 $h(x_i, y_i; x_o, y_o)$，就能完备地描述该成像系统的性质。

假定紧靠物面后的平面 $P'_o$ 的光场复振幅分布为 $U'_o(x_o, y_o)$。由于成像系统可以看成线性系统，根据线性系统理论，可以把物函数 $U'_o(x_o, y_o)$ 分解为无数物面元 $dU'_o(x_o, y_o) = \delta(x_o, y_o)$ 之和。沿光波传播方向，面元 $dU'_o(x_o, y_o)$ 衍射传播到紧靠"黑箱"前表面，其光场面元为 $dU_1(x_1, y_1)$；然后经"黑箱"到达"黑箱"的后表面，其光场分布面元为 $dU'_1(x_1, y_1)$；然后再经过衍射传播到像平面，其光场分布的面元为 $dU_i(x_i, y_i)$，这个像平面的面元就是点扩散函数。即求出了 $dU'_o(x_o, y_o) \leftrightarrow dU_i(x_i, y_i)$ 这样的点源的输入输出关系。

设物的后表面的任意点 $(x_{o0}, y_{o0})$ 发出的单位脉冲为 $\delta(x_o - x_{o0}, y_o - y_{o0})$，其在"黑箱"前表面 $P_1(x_1, y_1)$ 产生的复振幅可由菲涅耳公式(4.4.4)得到：

$$dU_1(x_1, y_1; x_{o0}, y_{o0}) = \frac{e^{ikd_o}}{i\lambda d_o}\iint_{-\infty}^{\infty}\delta(x_o - x_{o0}, y_o - y_{o0})e^{\frac{ik}{2d_o}[(x_1-x_o)^2+(y_1-y_o)^2]}dx_o dy_o$$

$$= \frac{e^{ikd_o}}{i\lambda d_o}e^{\frac{ik}{2d_o}[(x_1-x_{o0})^2+(y_1-y_{o0})^2]}。 \tag{5.6.2}$$

这个波面通过孔径函数为 $P(x_1, y_1)$ 的光瞳。$P(x_1, y_1)$ 是出瞳函数，也常称为光瞳函数，$d_i$ 是光瞳平面到像面的距离，已不是通常意义下的像距。在出瞳平面 $P'_1$ 上的复振幅为 $dU'_1(x_1, y_1; x_{o0}, y_{o0})$，由于点 $(x_{o0}, y_{o0})$ 是任意的，故可省去下标中的"0"，这样有：

$$dU'_1(x_1, y_1; x_o, y_o) = P(x_1, y_1)dU_1(x_1, y_1; x_o, y_o)$$

$$= \frac{e^{ikd_o}}{i\lambda d_o}P(x_1, y_1)e^{\frac{ik}{2d_o}[(x_1-x_o)^2+(y_1-y_o)^2]}。 \tag{5.6.3}$$

由于由出瞳面 $P'_1$ 到观察面 $P_i$，光场的传播满足菲涅耳衍射，于是物平面 $P_o$ 上的单位脉冲在观测面 $P_i$ 上引起的复振幅分布即点扩散函数为：

$$h(x_i, y_i; x_o, y_o) = dU_i(x_i, y_i; x_o, y_o)$$

$$= \frac{e^{ikd_i}}{i\lambda d_i}\iint_{-\infty}^{\infty}dU'_1(x_1, y_1; x_o, y_o)e^{\frac{ik}{2d_i}[(x_i-x_1)^2+(y_i-y_1)^2]}dx_1 dy_1。 \tag{5.6.4}$$

将式(5.6.3)代入上式，可得：

$$h(x_i, y_i; x_o, y_o) = -\frac{e^{ik(d_o+d_i)}}{\lambda^2 d_o d_i}e^{\frac{ik}{2d_i}(x_i^2+y_i^2)}e^{\frac{ik}{2d_o}(x_o^2+y_o^2)}$$

$$\cdot \iint_{-\infty}^{\infty}P(x_1, y_1)e^{\frac{ik}{2}\left(\frac{1}{d_i}+\frac{1}{d_o}-\frac{1}{f}\right)(x_1^2+y_1^2)}e^{-ik\left[\left(\frac{x_i}{d_i}+\frac{x_o}{d_o}\right)x_1+\left(\frac{y_i}{d_i}+\frac{y_o}{d_o}\right)y_1\right]}dx_1 dy_1。 \tag{5.6.5}$$

上式就是满足菲涅耳条件下衍射受限系统的点扩散函数。

如果物像的共轭关系满足高斯公式(5.2.3)，则上式可化为：

$$h(x_i, y_i; x_o, y_o) = -\frac{e^{ik(d_o+d_i)}}{\lambda^2 d_o d_i}e^{\frac{ik}{2d_i}(x_i^2+y_i^2)}e^{\frac{ik}{2d_o}(x_o^2+y_o^2)}$$

$$\cdot \iint_{-\infty}^{\infty}P(x_1, y_1)e^{-ik\left[\left(\frac{x_i}{d_i}+\frac{x_o}{d_o}\right)x_1+\left(\frac{y_i}{d_i}+\frac{y_o}{d_o}\right)y_1\right]}dx_1 dy_1。 \tag{5.6.6}$$

令 $M = d_i/d_o$，$M$ 可理解为类似透镜的横向放大率，这样有：

$$h(x_i, y_i; x_o, y_o) = -\frac{e^{ik(d_o+d_i)}}{\lambda^2 d_o d_i}e^{\frac{ik}{2d_i}(x_i^2+y_i^2)}e^{\frac{ik}{2d_o}(x_o^2+y_o^2)}$$

$$\cdot \iint_{-\infty}^{\infty}P(x_1, y_1)e^{-\frac{i2\pi}{\lambda d_i}[(x_i+Mx_o)x_1+(y_i+My_o)y_1]}dx_1 dy_1。 \tag{5.6.7}$$

令

$$x_o = -\tilde{x}_o/M, \quad y_o = -\tilde{y}_o/M, \tag{5.6.8}$$

则式(5.6.7)变为：

$$h(x_i, y_i; \tilde{x}_o, \tilde{y}_o) = -\frac{e^{ik(d_o+d_i)}}{\lambda^2 d_o d_i}e^{\frac{ik}{2d_i}(x_i^2+y_i^2)}e^{\frac{ik}{2d_o M^2}(\tilde{x}_o^2+\tilde{y}_o^2)}$$

$$\cdot \iint_{-\infty}^{\infty}P(x_1, y_1)e^{-\frac{i2\pi}{\lambda d_i}[(x_i-\tilde{x}_o)x_1+(y_i-\tilde{y}_o)y_1]}dx_1 dy_1。 \tag{5.6.9}$$

令

$$C = -\mathrm{e}^{\mathrm{i}k(d_o+d_i)}\mathrm{e}^{\frac{\mathrm{i}k}{2d_i}(x_i^2+y_i^2)}\mathrm{e}^{\frac{\mathrm{i}k}{2d_oM^2}(x_o^2+y_o^2)} \text{。} \tag{5.6.10a}$$

当透镜的孔径比较大时,能对像面上点$(x_i, y_i)$的光场产生有效贡献的,必定是物面上以几何成像所对应的以物点$(x_o, y_o)$为中心的很小的区域,这样,像点坐标与物点坐标成共轭坐标关系,即有$x_o \approx -x_i/M$, $y_o \approx -y_i/M$,与式(5.6.8)比较有$x_i \approx x_o$, $y_i \approx y_o$,这样,式(5.6.10a)变为:

$$C \approx -\mathrm{e}^{\mathrm{i}k(d_o+d_i)}\mathrm{e}^{\frac{\mathrm{i}k}{2d_i}(x_i^2+y_i^2)}\mathrm{e}^{\frac{\mathrm{i}k}{2d_oM^2}(x_i^2+y_i^2)} \text{。} \tag{5.6.10b}$$

由上式可见,近似后的相位因子不再依赖物点坐标$(x_o, y_o)$,因此因子$C$不会影响像面上的强度分布。这样,式(5.6.9)变为:

$$h(x_i-\tilde{x}_o, y_i-\tilde{y}_o) = \frac{C}{\lambda^2 d_o d_i}\iint_{-\infty}^{\infty} P(x_1, y_1)\mathrm{e}^{-\frac{\mathrm{i}2\pi}{\lambda d_i}[(x_i-\tilde{x}_o)x_1+(y_i-\tilde{y}_o)y_1]}\mathrm{d}x_1\mathrm{d}y_1 \text{。} \tag{5.6.11}$$

由上式可见,积分部分的值只依赖于坐标差$(x_i-\tilde{x}_o, y_i-\tilde{y}_o)$。上式就是满足夫琅禾费衍射条件下衍射受限系统的点扩散函数。从表达式可以看出,在夫琅禾费衍射条件下衍射受限系统是线性空不变系统,这时,系统的脉冲响应就等于夫琅禾费衍射图样。

孔径的衍射作用是否显著,是由孔径线度相对于波长$\lambda$和像距$d_i$的比例决定的。为此,对孔径平面上的坐标$(x_1, y_1)$作$\xi = \frac{x_1}{\lambda d_i}$, $\eta = \frac{y_1}{\lambda d_i}$坐标变换,则式(5.6.11)变为:

$$h(x_i-\tilde{x}_o, y_i-\tilde{y}_o) = MC\iint_{-\infty}^{\infty} P(\lambda d_i\xi, \lambda d_i\eta)\mathrm{e}^{-\mathrm{i}2\pi[(x_i-\tilde{x}_o)\xi+(y_i-\tilde{y}_o)\eta]}\mathrm{d}\xi\mathrm{d}\eta \text{。} \tag{5.6.12}$$

如果孔径大小(光瞳)相对于$\lambda d_i$足够大,则在$\xi, \eta$坐标中,在无限大的区域内$P(\lambda d_i\xi, \lambda d_i\eta) = 1$,即在光瞳内其值为1,在光瞳外其值为0,式(5.6.12)就变为:

$$h(x_i-\tilde{x}_o, y_i-\tilde{y}_o) = MC\iint_{\Sigma_1}\mathrm{e}^{-\mathrm{i}2\pi[(x_i-\tilde{x}_o)\xi+(y_i-\tilde{y}_o)\eta]}\mathrm{d}\xi\mathrm{d}\eta$$

$$= MC\delta(x_i-\tilde{x}_o, y_i-\tilde{y}_o) \text{。} \tag{5.6.13}$$

上式中的因子$C$是复常数,对光强没有贡献,因此上式也表示为:

$$h(x_i-\tilde{x}_o, y_i-\tilde{y}_o) = |M|\delta(x_i-\tilde{x}_o, y_i-\tilde{y}_o) \text{。} \tag{5.6.14}$$

这时,点物成像为一个像点,即理想成像。即当不考虑光瞳有限大小时,点脉冲$\delta(x_o, y_o)$通过衍射受限成像系统后,其响应函数(即输出函数,或像点)仍是点脉冲,其位置在$x_i = \tilde{x}_o = -Mx_o$, $y_i = \tilde{y}_o = -My_o$处。这便是几何光学中点物—像点成像的理想情况。

由点物发出的球面波,在像方得到的将是一个被出射光瞳所限制的球面波,这个球面波是以理想像点为中心的。由于出射光瞳的限制作用,在像平面上将产生以理想像点为中心的出瞳孔径的夫琅禾费衍射图样。式(5.6.12)表明,若略去积分号前面的系数,脉冲响应函数就是光瞳函数的傅里叶变换。即衍射受限系统的脉冲响应是光学系统出瞳的夫琅禾费衍射图样,其中心在几何光学的理想像点$(\tilde{x}_o, \tilde{y}_o)$处。

### 5.6.2 正薄透镜的点扩散函数

图5.6.1所示的是在相干照射下,一个消像差的正薄透镜对透明物成像的情况。物体放

在透镜前距离为 $d_o$ 的输入平面 $x_o - y_o$ 上，观测在透镜后为 $d_i$ 的共轭面 $x_i - y_i$ 上的成像情况。由上节讨论可知，只要求出成像系统对 $\delta$ 函数的响应表达式，将它与每个物面元上的复振幅相乘后求和，就可以得到输出面 $x_i - y_i$ 上的复振幅分布 $U_i(x_i, y_i)$。

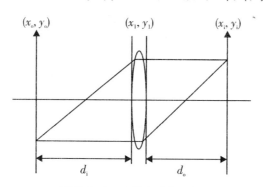

**图 5.6.1　透镜点扩散函数**

物面上的波面传播距离 $d_o$ 后，到达焦距为 $f$ 的透镜，其孔径函数 $P(x_1, y_1)$ 为：

$$P(x_1, y_1) = P_L(x_1, y_1) e^{-\frac{ik}{2f}(x_1^2 + y_1^2)}。 \tag{5.6.15}$$

将上式代入式(5.6.7)，可得：

$$h(x_i, y_i; x_o, y_o) = -\frac{e^{ik(d_o + d_i)}}{\lambda^2 d_o d_i} e^{\frac{ik}{2d_i}(x_i^2 + y_i^2)} e^{\frac{ik}{2d_o}(x_o^2 + y_o^2)}$$

$$\cdot \iint_{-\infty}^{\infty} P_L(x_1, y_1) e^{\frac{ik}{2}\left(\frac{1}{d_i} + \frac{1}{d_o} - \frac{1}{f}\right)(x_1^2 + y_1^2)} e^{-ik\left[\left(\frac{x_i}{d_i} + \frac{x_o}{d_o}\right)x_1 + \left(\frac{y_i}{d_i} + \frac{y_o}{d_o}\right)y_1\right]} dx_1 dy_1。 \tag{5.6.16}$$

当物、像平面为共轭关系时，满足高斯公式，即 $\dfrac{1}{f} = \dfrac{1}{d_i} + \dfrac{1}{d_o}$，这样，式(5.6.16)可简化为：

$$h(x_i, y_i; x_o, y_o) = -\frac{e^{ik(d_o + d_i)}}{\lambda^2 d_o d_i} e^{\frac{ik}{2d_i}(x_i^2 + y_i^2)} e^{\frac{ik}{2d_o}(x_o^2 + y_o^2)}$$

$$\cdot \iint_{-\infty}^{\infty} P_L(x_1, y_1) e^{-ik\left[\left(\frac{x_i}{d_i} + \frac{x_o}{d_o}\right)x_1 + \left(\frac{y_i}{d_i} + \frac{y_o}{d_o}\right)y_1\right]} dx_1 dy_1。 \tag{5.6.17}$$

由式(5.6.8)的坐标关系，可得：

$$h(x_i - \tilde{x}_o, y_i - \tilde{y}_o) = -\frac{e^{ik(d_o + d_i)}}{\lambda^2 d_o d_i} e^{\frac{ik}{2d_i}(x_i^2 + y_i^2)} e^{\frac{ik}{2d_o M^2}(x_o^2 + y_o^2)}$$

$$\cdot \iint_{-\infty}^{\infty} P_L(x_1, y_1) e^{-\frac{i2\pi}{\lambda d_i}\left[(x_i - \tilde{x}_o)x_1 + (y_i - \tilde{y}_o)y_1\right]} dx_1 dy_1。 \tag{5.6.18}$$

上式与式(5.6.10)完全相同。沿用上面的分析方法，可得到完全相同的结果。由此可见，衍射受限系统的成像在夫琅禾费衍射条件下，与薄透镜成像的效果是完全相同的，上节所得出的结论也完全适用于薄透镜成像系统。所以，式(5.6.10)所表达的衍射受限系统的点扩散函数，也就是薄透镜的点扩散函数。

同样，如果 $P_L(\lambda d_i \xi_1, \lambda d_i \eta_1) = 1$，式(5.6.12)也成立，这就是薄透镜几何光学理想成像的情况。

### 5.6.3 单色光照明衍射受限系统的成像规律

给定物分布通过衍射受限系统后，如何求它在像平面上的像分布的复振幅和光强？一个确定的物分布总可以很方便地分解成无数 $\delta$ 函数的线性组合，而每个 $\delta$ 函数可由上节的方式求出点扩散函数。然而，在像平面上将这无数个脉冲响应合成的结果是和物面照射情况有关的：如果物面上的脉冲与脉冲是相干的，那么这些脉冲在像平面上的响应便是相干叠加；如果脉冲与脉冲是非相干的，则这些脉冲在像平面上的响应将是非相干叠加，即强度叠加。所以衍射受限系统的成像特性对于相干照射和非相干照射是不同的。

设物的复振幅分布为 $U_o(x_o, y_o)$，在相干照射下，物面上的各点是完全相干的。参看 3.2 节，可以把系统输入函数即将物分布用 $\delta$ 函数表达，这样在物体后的复振幅分布用 $U'_o(x_o, y_o)$ 表示时，由(3.2.24)可知：

$$U'_o(x_o, y_o) = \iint_{-\infty}^{\infty} U'_o(x_{o0}, y_{o0}) \delta(x_o - x_{o0}, y_o - y_{o0}) dx_{o0} dx_{o0} \text{。} \tag{5.6.19}$$

物面上每一个脉冲通过系统后都形成一个复振幅分布，所有这些分布的相干叠加，便是物通过系统后所得的像 $U(x_i, y_i)$。由式(3.2.25)可得：

$$U_i(x_i, y_i) = L\{U'_o(x_o, y_o)\} = L\left\{\iint_{-\infty}^{\infty} U'_o(x_{o0}, y_{o0}) \delta(x_o - x_{o0}, y_o - y_{o0}) dx_{o0} dx_{o0}\right\}$$

$$= \iint_{-\infty}^{\infty} U'_o(x_{o0}, y_{o0}) L\{\delta(x_o - x_{o0}, y_o - y_{o0})\} dx_{o0} dx_{o0}$$

$$= \iint_{-\infty}^{\infty} U'_o(x_{o0}, x_{o0}) h(x_i, y_i; x_{o0}, x_{o0}) dx_{o0} dy_{o0} \text{。} \tag{5.6.20}$$

满足线性空不变系统时，像点的位置只是物点坐标反演的 $M$ 倍，这样有 $h(x_i, y_i; x_o, y_o) = h(x_i - (-Mx_{o0}), y_i - (-My_{o0}))$，由于点 $(x_{o0}, y_{o0})$ 是任意的，可省略下标中的"0"，则上式变为：

$$U_i(x_i, y_i) = \iint_{-\infty}^{\infty} U'_o(x_o, y_o) h(x_i - (-Mx_o), y_i - (-My_o)) dx_o dy_o \text{。} \tag{5.6.21}$$

作坐标变换 $x_o = -\tilde{x}_o/M, y_o = -\tilde{y}_o/M$，则有：

$$U_i(x_i, y_i) = \frac{1}{M^2} \iint_{-\infty}^{\infty} U'_o(-\tilde{x}_o/M, -\tilde{y}_o/M) h(x_i - \tilde{x}_o, y_i - \tilde{y}_o) d\tilde{x}_o d\tilde{y}_o \text{。} \tag{5.6.22}$$

对理想成像，上式中的 $h$ 满足式(5.6.13)，这样可得到理想像光场分布为：

$$U_i^g(x_i, y_i) = \frac{1}{M} \iint_{-\infty}^{\infty} U'_o(-\tilde{x}_o/M, -\tilde{y}_o/M) \delta(x_i - \tilde{x}_o, y_i - \tilde{y}_o) d\tilde{x}_o d\tilde{y}_o$$

$$= \frac{C}{M} U'_o(-x_i/M, -y_i/M) \text{。} \tag{5.6.23}$$

式中：上标"g"表示理想成像。在理想成像的情形下，全部的物点构成的物分布 $U'_o(-\tilde{x}_o/M, -\tilde{y}_o/M)$ 与物分布 $U'_o(x_o, y_o)$ 是一样的，只是由于 $x_o = -\tilde{x}_o/M, y_o = -\tilde{y}_o/M$，在理想像平面 $x_i - y_i$ 中的坐标读数比在物平面 $x_o - y_o$ 中的坐标读数放大了 $M$ 倍，所以 $U'_o(-\tilde{x}_o/M, -\tilde{y}_o/M)$ 在 $x_i - y_i$ 坐标中与 $U_i^g(x_i, y_i)$ 是一样的。所以式(5.6.23)表明，理想像 $U_i^g(x_i, y_i)$ 的分布形式与物 $U'_o(x_o, y_o)$ 的分布形式是一样的，只是在 $x_i$ 和 $y_i$ 方向放大了 $M$ 倍。因此，

把 $U_i^g(x_i, y_i)$ 叫作 $U_o'(x_o, y_o)$ 的理想像。令

$$\tilde{h}(x_i - \tilde{x}_o, y_i - \tilde{y}_o) = \frac{1}{M} h(x_i - \tilde{x}_o, y_i - \tilde{y}_o), \qquad (5.6.24)$$

将上式代入式(5.6.22)，得：

$$U_i(x_i, y_i) = \iint_{-\infty}^{\infty} \frac{1}{M} U_o'(-\tilde{x}_o/M, -\tilde{y}_o/M) h(x_i - \tilde{x}_o, y_i - \tilde{y}_o) \mathrm{d}\tilde{x}_o \mathrm{d}\tilde{y}_o。 \quad (5.6.25)$$

由于几何像与物有点对点对应关系，即对几何点物$(x_o, y_o)$，其几何像点只出现在像面 $x_i = \tilde{x}_o$，$y_i = \tilde{y}_o$ 的位置上，所以几何像的复振幅分布也可用像面上的坐标 $x_i^g$，$y_i^g$ 为其变量，即式(5.6.24)所表达的形式，将其代入式(5.6.25)，可得

$$U_i(x_i, y_i) = \iint_{-\infty}^{\infty} U_i^g(\tilde{x}_o, \tilde{y}_o) \tilde{h}(x_i - \tilde{x}_o, y_i - \tilde{y}_o) \mathrm{d}\tilde{x}_o \mathrm{d}\tilde{y}_o = U_i^g(x_i, y_i) * \tilde{h}(x_i, y_i)。$$

$$(5.6.26)$$

这是物像关系在空域中的表达式。由式(5.6.26)，便可以理解式(5.6.23)的物理意义为：物 $U_o'(x_o, y_o)$ 通过衍射受限系统后的像分布 $U_i(x_i, y_i)$ 是 $U_o'(x_o, y_o)$ 的理想像 $U_i^g$ 和点扩散函数 $\tilde{h}$ 的卷积。这就表明，不仅对于薄的单透镜系统，而且对于更普遍的情形，衍射受限系统也是可以看成线性空不变系统的。

将式(5.6.12)代入式(5.6.24)，可得：

$$\tilde{h}(x_i - \tilde{x}_o, y_i - \tilde{y}_o) = \iint_{-\infty}^{\infty} P(\lambda d_i \xi, \lambda d_i \eta) \mathrm{e}^{-\mathrm{i}2\pi[(x_i - x_o)\xi + (y_i - y_o)\eta]} \mathrm{d}\xi \mathrm{d}\eta$$

$$= F\{\lambda d_i \xi, \lambda d_i \xi\}。 \qquad (5.6.27)$$

由此可见，在相干照射条件下，对于衍射受限成像系统，表征成像系统特征的点扩散函数 $\tilde{h}(x_i, y_i)$ 仅取决于系统的光瞳函数 $P$。

由于是线性空不变系统，可以用 $\tilde{x}_o = \tilde{y}_o = 0$ 的脉冲响应表示成像系统的特性，即

$$\tilde{h}(x_i, y_i) = \iint_{-\infty}^{\infty} P(\lambda d_i \xi, \lambda d_i \eta) \mathrm{e}^{-\mathrm{i}2\pi(x_i\xi + y_i\eta)} \mathrm{d}\xi \mathrm{d}\eta = F\{P(\lambda d_i \xi, \lambda d_i \eta)\}。 \quad (5.6.28)$$

## 5.6.4 准单色光照明衍射受限系统的成像规律

实际的照射光源都不会是理想单色的，总具有一定的频带宽度，而成为非单色光。这时，由于不同频率的光波是独立进行传播的，光振动的振幅和相位随时间发生各自的变化，而且这种变化具有统计无关的性质。当用准单色光照射时，可设物平面上光振动的分布函数为 $U_o(x_o, y_o; t)$。要得到 $U_o(x_o, y_o; t)$ 在像平面上的响应 $U_i(x_i, y_i; t)$，可先采用傅里叶分析的方法，把 $U_o(x_o, y_o; t)$ 分解成一系统单色波的线性组合，这样就可应用前面对单色光照射下获得的结果，求出一系统对每一单色波的响应，最后再把各个单色波的响应叠加起来，就得到总的响应 $U_i(x_i, y_i; t)$。

下面，我们先分析一下准单色光照射时，光学成像系统的物像关系。先对 $U_i(x_i, y_i; t)$ 求关系变量 $t$ 的傅里叶变换，即

$$\tilde{U}_o(x_o, y_o; \nu) = F\{U_o(x_o, y_o; t)\} = \int_{-\infty}^{\infty} U_o(x_o, y_o; t) \mathrm{e}^{-\mathrm{i}2\pi\nu t} \mathrm{d}t。 \quad (5.6.29)$$

$\tilde{U}_o(x_o, y_o; \nu)$ 是时间频率为 $\nu$ 的单色光波在物平面上的复振幅分布函数。按照前面对单色

光情况的讨论，对于衍射受限成像系统，直接由叠加积分公式便可求得频率为 $\nu$ 的单色平面波在像平面上的响应 $\widehat{U}_i(x_i, y_i; \nu)$ 为：

$$\widehat{U}_i(x_i, y_i; \nu) = \iint_{-\infty}^{\infty} \widehat{U}_o(x_o, y_o; \nu) h(x_i - x_o, y_i - y_o) dx_o dy_o。 \tag{5.6.30}$$

$\widehat{U}_i(x_i, y_i; \nu)$ 又可看成实际输出像 $U_i(x_i, y_i; t)$ 的频谱函数，从而有：

$$U_i(x_i, y_i; t) = F^{-1}\{\widehat{U}_i(x_i, y_i; \nu)\} = \int_{-\infty}^{\infty} \widehat{U}_i(x_i, y_i; \nu) e^{i2\pi\nu t} d\nu$$

$$= \int_{-\infty}^{\infty} \left[\iint_{-\infty}^{\infty} \widehat{U}_o(x_o, y_o; \nu) h(x_i - x_o, y_i - y_o; \nu) dx_o dy_o\right] e^{i2\pi\nu t} d\nu。 \tag{5.6.31}$$

假设系统的性态不随时间改变，并用中心频率为 $\nu_0$ 的准单色光照射，此时，$\widehat{U}_o(x_o, y_o; \nu)$ 只有在 $\nu = \nu_0$ 的窄带范围内不为零，在此范围外可视为零。故在计算式(5.6.31)时，可近似地将脉冲响应函数 $h$ 中的 $\nu$ 用 $\nu_0$ 代替，于是式(5.6.31)可以写成：

$$U_i(x_i, y_i; t) = \iint_{-\infty}^{\infty} \left[\int_{-\infty}^{\infty} \widehat{U}_o(x_o, y_o; \nu) e^{i2\pi\nu t} d\nu\right] h(x_i - x_o, y_i - y_o; \nu_0) dx_o dy_o$$

$$= \iint_{-\infty}^{\infty} U_o(x_o, y_o; t) h(x_i - x_o, y_i - y_o; \nu_0) dx_o dy_o。 \tag{5.6.32}$$

这就把叠加公式(5.6.29)推广到了准单色光情形。

通常光探测器(如肉眼、照相乳胶和光电探测器)都只能感知光的强度，且其响应频率远小于光波频率，故光探测器所感知的像平面上的光强度为：

$$I_i(x_i, y_i) = \langle U_i(x_i, y_i; t) U_i^*(x_i, y_i; t) \rangle。 \tag{5.6.33}$$

式中：尖括号表示对物理量在足够长的时间内求平均。为了求出 $I_i(x_i, y_i)$ 的具体表达式，可将式(5.6.26)代入式(5.6.33)，交换积分和求平均的次序得到：

$$I_i(x_i, y_i) = \left\langle \iint_{-\infty}^{\infty} U_o^g(\tilde{x}_o, \tilde{y}_o; t) \tilde{h}(x_i - \tilde{x}_o, y_i - \tilde{y}_o; \nu_0) d\tilde{x}_o d\tilde{y}_o \right.$$

$$\left. \cdot \iint_{-\infty}^{\infty} U_o^{g*}(\tilde{x}_o', \tilde{y}_o'; t) \tilde{h}(x_i - \tilde{x}_o', y_i - \tilde{y}_o'; \nu_0) d\tilde{x}_o' d\tilde{y}_o' \right\rangle$$

$$= \iint_{-\infty}^{\infty} \iint_{-\infty}^{\infty} \langle U_o^g(\tilde{x}_o, \tilde{y}_o; t) U_o^{g*}(\tilde{x}_o', \tilde{y}_o'; t) \rangle$$

$$\cdot \tilde{h}(x_i - \tilde{x}_o, y_i - \tilde{y}_o; \nu_0) \tilde{h}(x_i - \tilde{x}_o', y_i - \tilde{y}_o'; \nu_0) d\tilde{x}_o d\tilde{y}_o d\tilde{x}_o' d\tilde{y}_o'。 \tag{5.6.34}$$

对于准单色光照射时，在物平面上的复振幅分布函数中，幅值随时间作缓慢变化，而相位部分将因光波频率很高而随时间迅速变化。因此，对于物面上的任意两点 $(\tilde{x}_o, \tilde{y}_o)$ 和 $(\tilde{x}_o', \tilde{y}_o')$ 处的光振动可分别写成：

$$U_i^g(\tilde{x}_o, \tilde{y}_o; t) = U_i^g(\tilde{x}_o, \tilde{y}_o) e^{i\phi(\tilde{x}_o, \tilde{y}_o; t)}, \tag{5.6.35a}$$

$$U_i^g(\tilde{x}_o', \tilde{y}_o'; t) = U_i^g(\tilde{x}_o', \tilde{y}_o') e^{i\phi(\tilde{x}_o', \tilde{y}_o'; t)}。 \tag{5.6.35b}$$

将上式代入式(5.6.34)，则有：

$$\langle U_o^g(\tilde{x}_o, \tilde{y}_o; t) U_o^{g*}(\tilde{x}_o', \tilde{y}_o'; t) \rangle$$

$$= \langle U_o^g(\tilde{x}_o, \tilde{y}_o; t) U_o^{g*}(\tilde{x}_o', \tilde{y}_o'; t) \rangle e^{i[\phi(x_o, y_o; t) - \phi(x_o', y_o'; t)]}。 \tag{5.6.36}$$

随着照射方式的不同，由式(5.6.34)和式(5.6.36)会得出不同意义的结果。当用它照明物面时，物面光场可以是空间完全相干的、部分相干的和非相干的，这里只讨论相干和非相干两种情况。物面光场为空间完全相干时,称作相干照明;非相干时,称作非相干照明。

激光器发出的光波、一个普通光源通过针孔后(点光源)出射的光波等这类光源照射下,物平面上任意两点光振动之间的相位差随时间的变化是恒定的,即式(5.6.36)中的相位差的平均值为常数。不失一般性的,可令这个常数为零,由式(5.6.36)和式(5.6.34)可得:

$$
\begin{aligned}
I_i(x_i, y_i) &= \iint_{-\infty}^{\infty}\iint_{-\infty}^{\infty} U_i^g(\tilde{x}_o, \tilde{y}_o; t) U_i^{g*}(\tilde{x}_o', \tilde{y}_o'; t) \\
&\quad \cdot \tilde{h}(x_i - \tilde{x}_o, y_i - \tilde{y}_o; \nu_0) h^*(x_i - \tilde{x}_o', y_i - \tilde{y}_o'; \nu_0) d\tilde{x}_o d\tilde{y}_o d\tilde{x}_o' d\tilde{y}_o' \\
&= \iint_{-\infty}^{\infty} U_i^g(\tilde{x}_o, \tilde{y}_o; t) \tilde{h}(x_i - \tilde{x}_o, y_i - \tilde{y}_o; \nu_0) d\tilde{x}_o d\tilde{y}_o \\
&\quad \cdot \left[ \iint_{-\infty}^{\infty} U_i^g(\tilde{x}_o', \tilde{y}_o'; t) \tilde{h}(x_i - \tilde{x}_o', y_i - \tilde{y}_o'; \nu_0) d\tilde{x}_o' d\tilde{y}_o' \right]^* \\
&= |U_i^g(\tilde{x}_o, \tilde{y}_o) * \tilde{h}(x_i, y_i)|^2 = |U_i(x_i, y_i)|^2 。
\end{aligned}
\tag{5.6.37}
$$

由于几何像与物相同,像面上的光场空间相干性与物面上的相同。当完全相干时有:

$$
U_i^g(\tilde{x}_o, \tilde{y}_o, t) = \frac{U_i^g(\tilde{x}_o, \tilde{y}_o)}{\sqrt{\langle |U_i^g(\tilde{x}_o=0, \tilde{y}_o=0, t)|^2 \rangle}} = U_i^g(\tilde{x}_o=0, \tilde{y}_o=0, t) 。 \tag{5.6.38}
$$

式(5.6.38)等号右边的分式部分,代表任意一几何像点$(\tilde{x}_o, \tilde{y}_o)$相对原点$(0,0)$像点的复振幅比值;$U_i^g(\tilde{x}_o=0, \tilde{y}_o=0, t)$表示在原点上的几何像点的光振动的大小。对$U_i^g(\tilde{x}_o', \tilde{y}_o', t)$也做同样处理。于是式(5.6.34)中的被积函数可分离变量,从而得到:

$$
I_i(x_i, y_i) = \left| \iint_{-\infty}^{\infty} U_i^g(\tilde{x}_o, \tilde{y}_o; t) \tilde{h}(x_i - \tilde{x}_o, y_i - \tilde{y}_o) d\tilde{x}_o d\tilde{y}_o \right|^2 。 \tag{5.6.39}
$$

上式与(5.6.37)的结果是一致。一般将相干照明的系统叫作相干成像系统。由式(5.6.37)可知,相干成像系统的复振幅是线性的。式(5.6.37)与式(5.6.26)相比可以发现,这二式实际上是一样的,由此可见,照射方式相干照射(coherent illuminaion)时,准单色光波可以看成波长为中心波长的单色光波,因此相干照明成像系统的物像关系仍可用式(5.6.26)描述,不过系统和脉冲响应函数的波长应当换成准单色光波的中心波长。

在漫射光源、扩展光源等这类光源照射下,物平面上各点的光振动随时间的变化都是统计无关的,这种照射方式称为非相干照射(incoherent illuminaion)。这时,式(5.6.36)中的$U_o(x_o, y_o; t) U_o^*(x_o', y_o'; t)$除了在点$(x_o, y_o)$足够小的邻域内不为零外,在其余区域的值全为零。于是,对于物平面上靠得很近的两点的光振动,式(5.6.36)可写成:

$$
\langle U_i^g(\tilde{x}_o, \tilde{y}_o; t) U_i^{g*}(\tilde{x}_o', \tilde{y}_o'; t) \rangle
$$
$$
= \begin{cases} U_i^g(\tilde{x}_o, \tilde{y}_o) U_i^{g*}(\tilde{x}_o', \tilde{y}_o') & (\tilde{x}_o - \tilde{x}_o')^2 + (\tilde{y}_o - \tilde{y}_o')^2 \leq \varepsilon^2 \\ 0 & \text{其他} \end{cases} 。 \tag{5.6.40}
$$

式中:$\varepsilon$为任意小的正数,上式也可写成:

$$
\langle U_i^g(\tilde{x}_o, \tilde{y}_o; t) U_i^{g*}(\tilde{x}_o', \tilde{y}_o'; t) \rangle
$$
$$
= U_i^g(\tilde{x}_o, \tilde{y}_o) U_i^{g*}(\tilde{x}_o', \tilde{y}_o') \delta(\tilde{x}_o - \tilde{x}_o', \tilde{y}_o - \tilde{y}_o') 。 \tag{5.6.41}
$$

将上式代入式(5.6.34),得到非相干照射像面上的光强分布为:

$$
I_i(x_i, y_i) = \iint_{-\infty}^{\infty}\iint_{-\infty}^{\infty} U_i^g(\tilde{x}_o, \tilde{y}_o) U_i^{g*}(\tilde{x}_o', \tilde{y}_o') \tilde{h}(x_i - \tilde{x}_o, y_i - \tilde{y}_o; \nu_0)
$$

$$\cdot \tilde{h}(x_i - \tilde{x}'_o, y_i - \tilde{y}'_o; \nu_0)\delta(\tilde{x}_o - \tilde{x}'_o, \tilde{y}_o - \tilde{y}'_o)\mathrm{d}\tilde{x}_o\mathrm{d}\tilde{y}_o\mathrm{d}\tilde{x}'_o\mathrm{d}\tilde{y}'_o$$

$$= \iint_{-\infty}^{\infty} |U_i^g(\tilde{x}_o, \tilde{y}_o)|^2 |\tilde{h}(x_i - \tilde{x}_o, y_i - \tilde{y}_o; \nu_0)|^2 \mathrm{d}\tilde{x}_o\mathrm{d}\tilde{y}_o = I_i^g(\tilde{x}_o, \tilde{y}_o) * h^1(x_i, y_i)。$$

(5.6.42)

式中：$I_i^g(\tilde{x}_o, \tilde{y}_o) = |U_i^g(\tilde{x}_o, \tilde{y}_o)|^2$ 是物平面上的强度分布；

$$h^1(x_i, y_i) = |\tilde{h}(x_i, y_i)|^2 \tag{5.6.43}$$

称为系统的强度点扩散函数。式(5.6.42)表明，在非相干照射方式下，衍射受限光学系统成像对光强度的变换是线性空不变的，对复振幅的变换则不是线性的。

由上面的讨论可以看到，对于非相干线性空不变成像系统，在理想成像的情况下，物像关系满足下述卷积积分：

$$I_i(x_i, y_i) = \iint_{-\infty}^{\infty} I(x_g, y_g) h_1(x_i - x_g, y_i - y_g) \mathrm{d}x_g\mathrm{d}y_g = I_i^g(x_g, y_g) * h^1(x_i, y_i)。$$

(5.6.44)

式中：$I_i^g$ 是几何光学理想像的强度分布；$h^1$ 为强度脉冲响应（或称为相干脉冲响应、点扩散函数），它是点物产生的像斑的强度分布。式(5.6.44)是点物产生像斑的强度分布，它应该是复振幅点扩散函数绝对值的平方。式(6.6.37)和式(6.6.44)表示，在非相干照射下，线性空不变成像系统的像强分布是理想像的强度分布与强度点扩散函数的卷积。系统的成像特性由 $h^1(x_i, y_i)$ 表示，而 $h^1(x_i, y_i)$ 又由 $\tilde{h}(x_i, y_i)$ 决定。显然，非相干成像系统对光强度是线性的。

# 习 题 5

5.1 为什么双凸透镜、平凸透镜和正弯月形透镜的焦距总是正的，而双凹透镜、平凹透镜和负弯月形透镜的焦距总是负的？

5.2 导出如图所示的透明薄楔形棱镜的相位变换函数和透射率函数，设楔角为 $\alpha$，棱镜材料的折射率为 $n$。

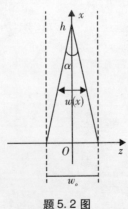

题 5.2 图

5.3 如图所示，求由圆柱体(a)和圆锥体(b)的一部分构成的透镜所引起的相位变换的傍轴近似。

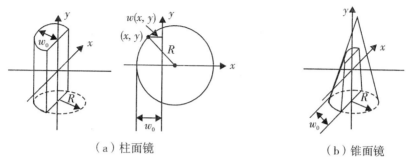

（a）柱面镜　　　　　　　　　（b）锥面镜

题 5.3 图

5.4 如图所示楔形薄透镜，楔角为 $\alpha$，折射率为 $n$，底边厚度为 $w_0$。求其相位变换函数，并利用它来确定平行光束小角度入射时产生的偏向角 $\delta$。

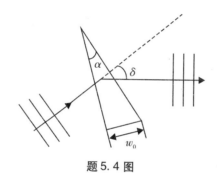

题 5.4 图

5.5 如图所示，点光源 $S_0$ 与楔形薄透镜距离为 $d$，它发出倾角为 $\theta$ 的傍轴球面波照射棱镜，棱镜楔角为 $\alpha$，折射率为 $n$。求透射光波的特征和 $S$ 点虚像的位置。

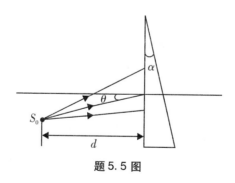

题 5.5 图

5.6 如图所示，一单色光源置于 $S_0$ 点，一厚度为 $w_0$ 的薄介质层垂直于 $z$ 轴放置，$S_0$ 点与薄介质层的距离为 $d$，设薄介质层的横向线度远小于 $d$。（1）写出 $z=0$ 面上光波复振幅的表达式；（2）设薄介质层的折射率为 $n=n_0-n_2(x^2+y^2)$，讨论球面波通过薄介质层后的情况。

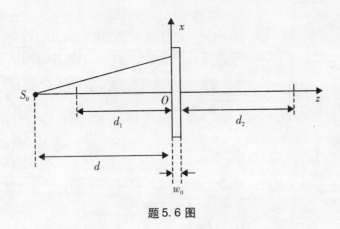

题 5.6 图

5.7 采用如图所示光路对某一维物体作傅里叶分析。它所包含的最低空间频率为 20 线/mm，最高空间频率为 200 线/mm。照明光的波长 $\lambda$ 为 0.6 μm。若希望谱面上最低频率成分与最高频率之间间隔 50 线/mm，透镜的焦距应取多大？

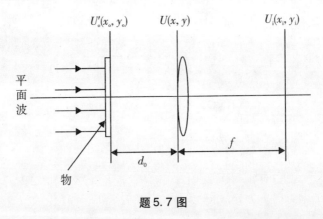

题 5.7 图

5.8 对于如图所示的变换光路，为了消除在物体频谱上附加的相位弯曲，可在紧靠输出平面之前放置一个透镜。问这个透镜的类型以及焦距如何选取？

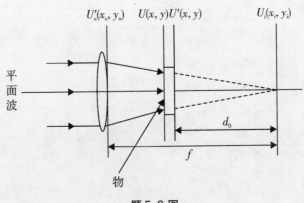

题 5.8 图

5.9 如图所示,单色点光源 $S$ 通过一个会聚透镜成像在光轴上 $S$ 位置。物体(透明片)位于透镜后方,相距物的距离为 $d_i$,波完全相同。求证物体的频谱出现在点光源的像平面上。

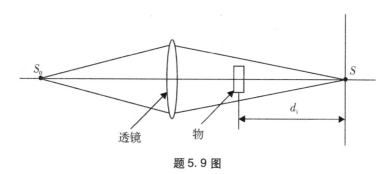

题5.9图

5.10 如图所示,透明片 $t_1(x_1, y_1)$ 和 $t_2(x_2, y_2)$ 分别紧贴在焦距为 $f_1 = 2a$,$f_2 = a$ 的两个透镜之前。透镜 $L_1$、$L_2$ 和观察屏三者间隔相等,都等于 $2a$。如果用单位振幅单色平面波垂直照明,求观察零上的复振幅分布。

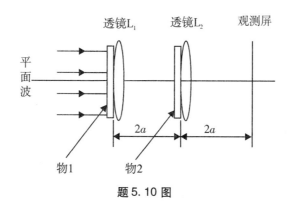

题5.10图

5.11 一个被直径为 $r_0$ 的圆形孔径限制的物函数 $U_0$,把它放在直径为 $D$ 的圆形会聚透镜的前焦面上,假定 $D > r_0$,测量透镜后焦面上的强度分布。

(1)求出所测强度准确代表物体功率谱的最大空间频率的表达式,当 $D = 6$ cm,$r_0 = 2.5$ cm,焦距 $f = 50$ cm 以及 $\lambda = 0.6$ μm 时,计算这个频率的数值;

(2)尽管物体可以在更高的频率上有不为零的频率分量,但该系统在多大的频率以上测得的频谱为零?

5.12 将面积为 10 mm × 10 mm 的透明物体置于一傅里叶变换透镜的前焦面上作频谱分析。用波长 $\lambda = 0.5$ μm 的单色平面波垂直照明,要求在频谱面上测得的强度在频率 140 线/mm 以下能准确代表物体的功率谱,并要求频率为 140 线/mm 与 20 线/mm 在频谱面上的间隔为 30 mm。问该透镜的焦距和口径各为多少?

5.13 如图所示的一双透镜非相干成像系统,由一正透镜和一负透镜构成,可用于如远处砖砌的墙远景成像。可变光阑(孔径光阑)调节到仍能在像中看到远处的物。设砖的最小周期为8 cm,$d_0 = 1000$ cm,$d_1 = 3$ cm,$d_2 = 2$ cm,$f_1 = 10$ cm,$f_2 = -10$ cm,$\lambda = 500$ nm,

$P(r) \approx \mathrm{circ}(r/D)$,$D$ 为直径,透镜 $L_1$ 的直径为 4 cm,透镜 $L_2$ 的直径为 2 cm。求:

(1)像的位置和成像系统的放大率;

(2)忽略所有像差,能在像中观察到砖所允许的最小的 $D$;

(3)等效的单透镜成像系统。

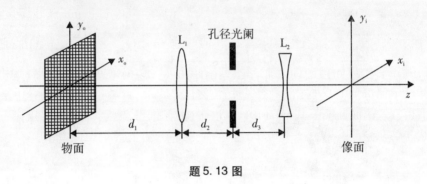

题 5.13 图

5.14 如图所示,用 He – Ne 激光器为光源照明位于焦距为 80 cm 的正透镜后透明物 $t(x_o)$。

(1)比较 $d_o = 8$ cm 和 $d_o = 16$ cm 时焦平面坐标所表示的空间频率的变化;

(2)若 $t(x_o) = \dfrac{1}{2}[1 + \cos(2\pi\xi_0 x_o)]$,且位于 $d_o = 8$ cm 处,求频谱面上的频谱分布。

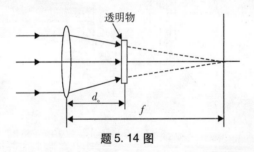

题 5.14 图

5.15 如图所示的衍射屏振幅透射率函数表达式为: $t(r_o) = \dfrac{1}{2}[1 + \cos(ar_o^2)]\mathrm{circ}(r_o/R)$。

(1)这个屏的作用类似于透镜,为什么?

(2)给出此屏的焦距表达式?

(3)用这种屏作成多色物体成像的成像元件会受到什么性质的限制?

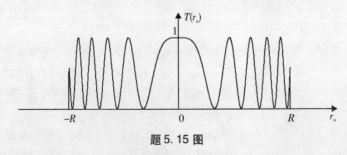

题 5.15 图

5.16 单位振幅的单色平面波垂直照射一个直径为 5 cm、焦距为 80 cm 的透镜。在透镜后面 20 cm 的地方，以光轴为中心放置一个余弦型振幅光栅，其复振幅透射率为：

$$t(x_o, y_o) = \frac{1}{2}(1 + \cos 2\pi \xi_0 x_o) \mathrm{rect}(x_o/L) \mathrm{rect}(y_o/L)。$$

假定 $L = 1$ cm，$\xi_0 = 100$ 线/mm。画出焦平面上沿 $\xi_i$ 轴的强度分布，标出各衍射分量之间的距离和各个分量（第一个零点之间）的宽度的数值。

5.17 一物体的振幅透射率如图所示，通过一光瞳为圆形的透镜成像。透镜的焦距为 10 cm，方波基频是 1000 线/cm，物距为 20 cm，波长为 $10^{-4}$ cm。问在物体用相干光照明和物体用非相干光照明两种情况下，透镜的直径最小应为多少，才会使像平面上出现强度的任何变化？

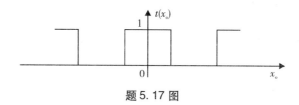

题 5.17 图

# 第6章 光学成像系统的传递函数

光学成像系统是用来传递物的结构、灰度和色彩等信息的系统。从物面到像面的质量完全取决于光学系统的传递特性。其传递能力可以用来评价成像质量的好坏(即像质评价)。光学系统或光学仪器成像质量的评价一直是应用光学领域中的重要问题。检验光学系统的成像质量，传统的方法通常是采用分辨率板法(也称为鉴别率板法)和星点检验法。用分辨率板法评价像质，简便易行，并能评价一个系统分辨景物细微结构的能力，但不能对在可辨范围内的像质好坏作全面的评价。例如，往往有这样的情况，分辨率相同的物镜，粗细线条像的明晰程度可能大不一样。此外，分辨率的等级完全由检验者主观判定，人为因素影响较大。对于较高的像质评价要求，可以用星点检验法。所谓星点检验，就是观测点源通过成像系统时所得像斑的形状。这个像斑就是成像系统的脉冲响应。当成像系统没有像差(或像差很小)时，像斑呈艾里圆；离焦或像差较大时，光强往外分散或像斑不规则。星点检验法可以保证较高的成像质量；缺点是仍属主观检验，并且没有数据说明，只能作抽象的比较。

以上两种方法都是在空域中检验像质。随着空间频谱分析方法和线性系统理论用于光学系统成像分析获得成功，相应地产生了光学传递函数理论，从而使像质评价方法有了很大的改进。对于光学线性系统，以及在一定条件下还是线性空不变的光学系统，可以用线性系统理论来研究它的性能。把输入信息分解成各种空间频率分量，然后考察这些空间频率分量在通过系统传递过程中的丢失、衰减、相位移动等的变化，也就是研究系统空间频率的传递特性即传递函数的性质。这显然是一种全面评价光学系统成像质量的方法。传递函数可由光学系统的设计数据计算得出。虽然计算传递函数的步骤比较麻烦，检验传递函数的仪器也比较复杂，但是随着计算机和高精度光电探测技术的发展，光学传递函数的计算和测量方法日趋完善，并已实用化，成为像质评价的依据。这是现代光学中最重要的成就之一。

## 6.1 光学成像系统像质评价概述

从成像角度来看，成像质量无疑是评价光学系统的品质的重要指标之一。在设计光学仪器时，一般是根据仪器的使用需要，再考虑加工的可能性和制造成本，从而确定出仪器的像差容限，也就是这台仪器允许多大的残余像差。对此，一般采用瑞利判据：与理想球面之间的最大波像差小于 $\lambda/4$（$\lambda$ 为仪器的工作波长）的实际波面可看作无缺陷。在实际的情况中，可根据具体的要求提高或降低此标准。瑞利判据的定量标准是 $S.D$ 值，其定义为被鉴定的光学系统有像差时艾里衍射斑中心的光强 $|U(w\neq 0)|^2$ 和系统无像差时艾里衍射斑中心的光强 $|U(w=0)|^2$ 之比，即

$$S.D = \frac{|U(w\neq 0)|^2}{|U(w=0)|^2} \quad (6.1.1)$$

一般认为 $S.D \geq 0.80$ 即可。$S.D$ 值和波像差的大小关系如表 6.1.1 所示。

表6.1.1　S.D 值和波像差的关系

| 波像差 | 艾里衍射斑中心能量 | S.D 值 |
| --- | --- | --- |
| 0 | 84% | 1.0 |
| $1/16 \lambda$ | 86% | 0.99 |
| $1/8 \lambda$ | 80% | 0.95 |
| $1/4 \lambda$ | 68% | 0.81 |

在光学设计时，还用像差曲线来衡量像差的大小。用瑞利判据和像差曲线等方法衡量像差大小的不足之处是：瑞利判据对光学仪器成像的实际情况反映不够全面。例如，瑞利判据中未考虑波面变形（波像差）来自波面的哪一位置。因为光轴部位的波面变形和光束边缘部位的波面变形对成像质量的影响不同，用像差曲线和衡量成像质量时，也未考虑不同光线成像质量的差别。

对于已制成的实际光学系统或光学仪器，一般以用星点检验法、分辨率板法、光学传递函数法来作像质评价。这一节简单介绍一下星点检验法和分辨率板法。从 6.2 节开始围绕光学传递函数来展开。

## 6.1.1　星点检验法

如果一个光学系统是线性的，对非相干照射的物体或自发光的物体的成像而言，可以把任意的物分布看成无数个具有不同强度的、独立的发光点物的集合，即成像光学系统的作用是把物面上的光强分布转换为像面上的光强分布。每一个发光点物发出的光，通过一个实际的光学系统后，由于衍射、像差和其他因素（如光学元件加工工艺上的疵病）等的影响，物像分布不可能完全一致，在像平面上所得到的像点不是一个理想的几何点，而是一个弥散光斑，称之为星点像。每个星点像与一个点物相对应，正如一个完整的物可以分解成无数个点物一样，一个完整的像也就可以由相应的无数个星点像合成。星点检验就是基于这样的原理。因此，星点像的光强分布函数就决定了该系统的成像质量的优劣程度。另外，星点像的光强分布比较易于描述，所以星点检验法是检验成像光学系统质量最基本、最简单的一种方法。通过考察光学系统对一个点物的成像质量就可以了解和评价光学系统对任意物分布的成像质量。为了评定系统的成像质量，并为改善像质提供必要的信息，通常选用星点（发光点）作为代表性的物体，通过描述它的像的全部特征来反映系统的像质。

传统的星点检验方法是：光源通过聚光镜照亮位于平行光管焦面的星点板小孔，从平行光管出射的平行光经待测物镜，在其焦面上成像，然后用目镜（测量显微镜）对所成的像进行观察。随着 CCD 和计算机技术的发展，光学图像数字化已成为必然的趋势。用计算机采集星点图像，不但能够减轻人眼观察的疲劳，而且可以同时再现焦前、焦面和焦后的星点图像，便于比较、判断像差的性质和大小，也有利于全面理解和掌握像差理论。

星点检验一般在光具座上进行。图 6.1.1 是检验光路示意图，通常由光源、星孔光阑、平行光管、样品夹持器和观察显微镜组成，在这里，形成的星点目标实际是在无穷远处，因此该装置主要用来检查望远物镜和照相物镜的质量。按功能划分，星点检验装置主要由三部分构成，即形成星点目标的装置、要检测的光学系统（或镜头）和目视观察系统。

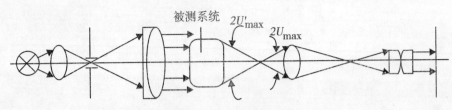

图 6.1.1 星点检验光路

在作星点检验时,星孔直径、观察显微镜的数值孔径和放大率等参数是要特别注意的。

为了保证人眼能分辨清星点像的细节,星点像需要有一定的亮度和对比度。这样,一方面要求照明的光源具有一定的亮度,另一方面需要对被照明孔径的尺寸加以限制。当星孔被限定在有限大小内,星孔每一点发的光在被检物镜的焦平面都会形成一个独立的衍射斑,这样所观察到的星点像实际是无数个彼此错位的衍射斑的叠加。所以,当星孔尺寸大于某个值时,各个衍射斑的彼此错位量就会超出一定限度,星点像的衍射环细节就会消失。根据衍射环宽度的理论估算和试验可以知道,星孔允许的最大角直径 $\alpha_{max}$ 应等于或小于被检光学系统的艾里斑第一暗环的角半径 $\theta_1$ 的 1/2,即

$$\alpha_{max} \leqslant \frac{\theta_1}{2}。 \tag{6.1.2}$$

由式(4.6.72)艾里斑半角宽度的定义可知:

$$\theta_1 = 1.22 \frac{\bar{\lambda}}{D_0}。 \tag{6.1.3}$$

式中:$\bar{\lambda}$ 为照明光源的平均波长,如用白光照明,则取平均波长为 560 nm;$D_0$ 为待检物镜的口径(入瞳直径)。

在理论上,点目标应该是无限小的,因此要求所形成的星点要尽量小。这就要求星点目标形成装置的通光口径要大于待检镜头的入瞳,而且成像质量要好。为了使星点直径尽量小,在图 6.1.1 中的平行光管的焦面要放置针孔(星孔板),针孔直径要小于待检镜头艾里斑中央直径的 1/4,即

$$d_{max} = \alpha_{max} f_0 = 0.61 \frac{\bar{\lambda} f_0}{D_0}。 \tag{6.1.4}$$

式中:$f_0$ 为平行光管物镜焦距;$d_{max}$ 为针孔的最大允许直径。如图 6.1.2 所示。

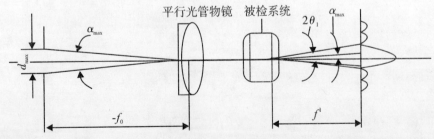

图 6.1.2 星孔最大角直径 $\alpha_{max}$ 与艾里斑角半径 $\theta_1$ 的关系

另外,由于星点像是非常细小的,这就必须用显微镜观察,因此显微像的像质、数值孔径和放大率都要关注。

为了确保被检物镜的出射光束能全部进入观察显微镜,就需要使显微镜的物方最大孔径角 $U_{max}$ 大于或等于被检物镜的像方孔径角 $U'_{max}$,否则由于显微物镜的入瞳切割部分光线无形中减小了被检物镜的通光口径,这样会得到偏离实际的检验结果。被检物镜的相对孔径的大小对应所选显微物镜的数值孔径如表 6.1.2 所示。

表 6.1.2 相对孔径与数值孔径的对应关系

| 被检物镜的相对孔径($D_0/f$) | 数值孔径($N_A$) |
|---|---|
| <1/5 | 0.1 |
| 1/5~1/2.5 | 0.25 |
| 1/2.5~1/1.4 | 0.4 |
| 1/1.4~1/2.5 | 0.65 |

观察显微镜的总放大率的选择原则是:保证人眼能分开星点像的第一和第二衍射亮环(或相邻两个暗环)。

在一般情况下使用白光光源,当需要检查单色像差时,只要配用相应的滤光片。

星点检验法是利用光电扫描法定量测定星点像的光强分布曲线或曲面,以点扩散函数表示检验结果;也可利用照相技术测量出光强灰度分布值,以点扩展函数表示检测结果。比较星点像与理想成像系统的星点像(艾里斑),根据它们的大小、形状和光强分布的差异来评定成像系统的成像质量。星点检测通过观测光学系统对点目标的成像特性,可以检测出镜头的多种像差和缺陷。

## 6.1.2 图像分辨率板法

### 1. 图像分辨率的定义

在衍射受限的光学系统中,由于光的衍射,一个发光点物通过光学系统成像后得到一个衍射光斑;两个独立的发光点通过光学系统成像得到两个光斑,考虑不同间距的两发光点在像面上的衍射像可被分辨与否,就能定量地反映光学的成像质量。作为实际测量参照数据,就需要了解光衍射受限系统所能分辨的最小间距,即理想系统的理论分辨率值。两个衍射图样重叠部分的光强度为两光斑强度之和。随着两个衍射中心点间距的变化,可能出现如图 6.1.3 所示的三种情况。当两发光点物之间的距离较远时,这时两个衍射斑的中心距离较大,中间有明显暗区隔开,亮暗之间的光强对比度 ≈1,如图 6.1.3(a)所示;当两点物逐渐靠近时,两个衍射斑之间有较多的重叠,但重叠部分中心的总光强仍小于两侧的最大光强,即这种情形的对比度在 0~1 之间,如图 6.1.3(b)所示;当两点物靠近某一限度时,两衍射斑之间的总光强大于或等于每个衍射斑中心的最大光强,两衍射斑之间无明暗差别,即对比度为 0,两者"合二为一",如图 6.1.3(c)所示。

人眼观察相邻两点物所成的像时,要能判断出两个像点而不是一个像点,则要求两衍射斑重叠区的中间与两侧最大光强处要有一定量的明暗差别,即对比度大于 1。对比度究竟为多大时人眼才能分辨出是两个像而不是一个像点?这当然是有个体差异的。但为了有一个统一的判断标准,就需要定义一个判据。对于衍射受限的圆形光瞳情况,在非相干照射方式下，瑞利建议了一个分辨判据：对两个强度相等的非相干点源，若一个点源产生的艾里斑中心恰好落在另一个点源所产生的艾里斑的第一个极小点上，则称它们是对于非相干衍射受限系统"刚刚能够分辨"的两个点源，也即认为人眼刚能分辨开这两个像点。由圆孔的夫琅禾费衍射强度分布公式(4.6.68)可知，像斑的归一化强度可表示为：

$$I(r) = \left[\frac{2J_1(2\pi a r_i/(\bar{\lambda}d))}{2\pi a r_i/(\bar{\lambda}d)}\right]^2 = \left[\frac{2J_1(\pi r)}{\pi r}\right]^2 \text{。} \tag{6.1.5}$$

式中：$r = 2ar_i/(\bar{\lambda}d)$。由前可知，第一个暗环的角半径为 $r = 1.22$，所以，如果把两个点源像的中心沿 $r$ 轴方向分别放在 $r = \pm 0.61$ 处，则它们正好满足瑞利分辨判据的条件，且其光强分布可表示为：

$$I(r) = \left\{\frac{2J_1[\pi(r-0.61)]}{\pi(r-0.61)}\right\}^2 + \left\{\frac{2J_1[\pi(r+0.61)]}{\pi(r+0.61)}\right\}^2 \text{。} \tag{6.1.6}$$

图6.1.3所示即此强度分布的剖面图，此时，两个点源的艾里斑图样在其中心处约下降19%。

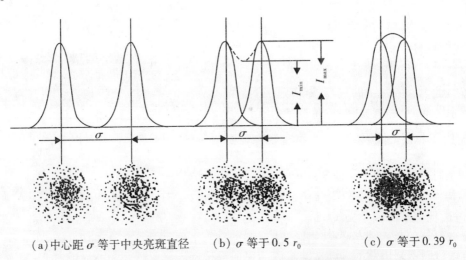

(a) 中心距 $\sigma$ 等于中央亮斑直径　　(b) $\sigma$ 等于 $0.5\,r_0$　　(c) $\sigma$ 等于 $0.39\,r_0$

图6.1.3　两衍射斑中心距不同时的光强分布曲线和光强对比度

按照瑞利判据，当一个点目标的衍射图样的中央亮斑的峰值正好落在另一点目标的衍射图样的第一个暗环处，那么这样的两个点目标被认为是可以分辨的。图6.1.3(b)所表示的正是这种情况，这两个点目标能很好地被分辨。这样一来，能分辨的两点间的间隔恰好等于艾里斑的半径。形成两个可分辨的光斑的两点物之间的最小间距，称为系统的分辨率。这时两点衍射图样的能量合成曲线的能量峰值和谷值之比约为 $1:0.735$，两衍射斑的中心距即分辨的最小线度为：

$$\sigma_0 = 1.22\bar{\lambda}\frac{f'}{D_0} = 1.22\bar{\lambda}F \text{。} \tag{6.1.7}$$

式中：$\bar{\lambda}$ 为波长；$D_0$ 为光瞳口径；$f'$ 为物镜焦距。这就是通常所说的瑞利判据。

对显微镜系统，其分辨率表达为：

$$\sigma_0 = \frac{0.61\bar{\lambda}}{n\sin U} \text{。} \tag{6.1.8}$$

式中：$n\sin U$ 为显微镜的数值孔径。

相对于相干照射方式，两个点源产生的艾里斑必须按复振幅叠加后，再求其合强度，即

$$I(r) = \left\{ \frac{2J_1[\pi(r-0.61)]}{\pi(r-0.61)} + \frac{2J_1[\pi(r+0.61)]}{\pi(r+0.61)} e^{i\varphi} \right\}^2 \text{。} \tag{6.1.9}$$

式中：$\varphi$ 是两点物之间的相位差。显然，$I(r)$ 的值与 $\varphi$ 有关。在图 6.1.4(b) 中画出了 $\varphi=0$，$\pi/2$，$\pi$ 时的光强分布。

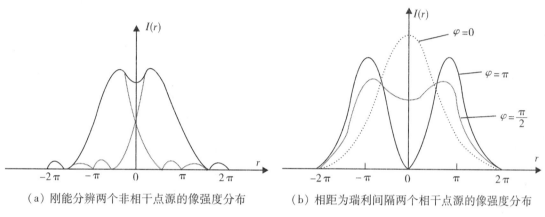

(a) 刚能分辨两个非相干点源的像强度分布　　(b) 相距为瑞利间隔两个相干点源的像强度分布

图 6.1.4　相位对像强度分布的影响

根据图 6.1.4(b) 中的曲线，对系统在相干照射和非相干照射条件下的分辨能力进行比较后，可以得出如下结论：

(1) $\varphi=0$ 时，即两点源同相位时，$I(r)$ 不出现中心凹陷，因而两点物完全不能分辨，其系统的分辨能力不如非相干情形好。

(2) $\varphi=\pi/2$ 时，相干照射的强度 $I(r)$ 与非相干照射所得结果完全相同，从而在两种照射方式下，系统的分辨能力都一样。

(3) $\varphi=\pi$ 时，即两点源相位相反时，相干照射的强度分布 $I(r)$ 的中心凹陷取极小值，远低于 19%，故这两点间的分辨要比非相干照射方式下更清楚。

由此可见，到底哪种照射方式对提高两点源间的分辨更为有利，不可能得出一个普遍适用的结论。故瑞利判据仅适用于非相干成像系统。对于相干成像系统，能否分辨两个点源，则要考虑它们的相位关系。

按照瑞利判据，两衍射斑之间光强的最小值为 73.5%，人眼很易察觉，因此有人认为该判据过于严格，于是提出了另一个判据——道斯(Dawes)判据，如图 6.1.5 所示。根据道斯判据，人眼刚能分辨两个衍射像点的最小中心距为：

$$\sigma_0 = 1.02 \overline{\lambda} F \text{。} \tag{6.1.10}$$

根据道斯判据，两衍射斑之间总光强的最小值为 1.013，两衍射斑之间总光强的最大值为 1.045。除上述两个判据外，斯派罗(Sparrow)还提出了一个判据，即当两个衍射斑之间的总光强刚好不出现下凹时为刚可分辨的极限情况。根据这一判据，两衍射斑之间的最小中心距为：

$$\sigma_0 = \frac{2.976 f' \overline{\lambda}}{\pi D_0} = 0.974 \overline{\lambda} F \text{。} \tag{6.1.11}$$

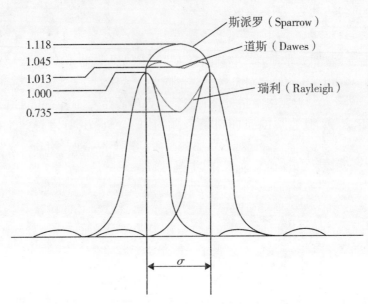

图6.1.5 三种判据的部分合光强分布曲线

实际的光学系统中是有许多种类的,而且用途也不尽相同,因此分辨率的具体表示形式也有所不同。例如,望远系统,由于物体位于无限远处,所以用角距离表示刚能分辨的两点间的最小距离,即以望远物镜后焦面上两衍射斑的中心距 $\sigma_0$ 对物镜后主点的张角 $\alpha$ 表示分辨率:

$$\alpha = \frac{\sigma_0}{f}。 \quad (6.1.12)$$

其瑞利、道斯和斯派罗判据分别为 $1.22\bar{\lambda}/D_0$,$1.02\bar{\lambda}/D_0$ 和 $0.947\bar{\lambda}/D_0$。

照相系统以像面上刚能分辨出的两衍射斑中心距的倒数 $(mm^{-1})$ 表示分辨率:

$$N = \frac{1}{\sigma_0}。 \quad (6.1.13)$$

其瑞利、道斯和斯派罗判据分别为 $1/1.22\bar{\lambda}F$,$1/1.02\bar{\lambda}F$ 和 $1/0.947\bar{\lambda}F$。

在显微系统中则直接以刚能分辨开的两点物间的距离(mm)表示分辨率:

$$\varepsilon = \frac{\sigma_0}{\beta}。 \quad (6.1.14)$$

式中:$\beta$ 为显微物镜的垂轴放大率。其瑞利、道斯和斯派罗判据分别为 $0.61\bar{\lambda}/N_A$,$0.51\bar{\lambda}/N_A$ 和 $0.47\bar{\lambda}/N_A$($N_A$ 为数值孔径)。

### 2. 分辨率板法

星点检验法是基于几何光学的成像理论,而分辨率法是基于光的波动理论。在光学系统设计中,常对极限分辨率提出要求。像点不是绝对的几何"点",而是小光斑,这样相互靠近的两个像点就会有所重叠。所以,像点间的重叠程度就反映了像的质量,也就是光学成像系统的分辨本领,即指能把系统两个靠近的点物或物体细节分辨开的能力,可用分辨率来定量地描述。所以分辨率是评价光学系统成像质量的一个重要指标。对一个无像差的理想光学成像系统，从几何光学的观点来看，每个像点都是一个抽象的几何点，两个点物不管离得多近，像点都可以分辨开来。显然，这样的成像系统的分辨本领是无限的，分辨率是无限大的。事实上，这是不可能的。即使光学系统无像差，通过光学系统后，波面不受破坏，而根据光的衍射理论，一个点物的像不再是"点"，而是一个衍射花样。光学系统能够把这种靠得很近的两个衍射花样分辨出来的能力，称为光学系统的分辨率。由5.6节的分析可知，实际的光学成像系统对点物所成的"像"总会由于孔径光阑的限制产生衍射效应，从而使像点产生重叠而不能分辨开来。因此，对实际的光学系统来说，就需要有一个量来表征系统的像的清晰程度。由于圆形光孔是光学系统中最常用的元件，所以，通常就用圆孔的夫琅禾费衍射特性(即艾里斑)来定义光学系统的分辨率。

由于光的衍射，点目标经过光学系统，哪怕是无像差的理想光学系统，成像后都不会是一个点像，而是一个有一定几何尺寸的衍射图样。这样一来，当光学系统对彼此接近的两个点目标成像时，在像面上形成两个衍射图样。当两个点目标靠得足够近，两个衍射图样就会混淆在一起而无法分开，这意味着这样的两个点目标是无法分辨的，如图6.1.3(c)所示；当两个点目标逐渐分离，使得两个衍射像的图样的能量差大到能够被人眼分开时，就认为这两个点目标是可以分辨的，如图6.1.3(a)所示。光学系统分辨率的测量就是根据以上原理，做成各种形式的分辨率板作为目标物放在物平面位置，观察在被测光学系统像平面上的分辨率板的像，以刚能分辨开两线之间的最小距离——通常用毫米的倒数作为分辨率，即每毫米能分辨的线对数(线对/mm)来表示。

分辨率能以确定的数值作为评价被测系统的综合指标，所以也是长期以来作为检测光学成像系统的质量的有效方法之一。分辨率可以给出数量的大小，它作为评价像质指标比较直观、易于定量测量、使用方便、速度快，应用广泛。例如，照相机性能的检测装置就是采用分辨率评定其像质，通过模拟无限远目标，进行静态及动态分辨率的测试。不过，测量分辨率所得到的光学系统成像质量的信息不如星点检验多，发现像差和误差的灵敏度也不如星点检验高。但对于有较大像差的光学系统，分辨率会随像差变化而发生较明显的变化，因而能用分辨率值区分大像差系统间的像质差异，这是星点检验法所不如的。

分辨率的测试除了通过比较复杂的光学传递函数测定从而确定光学系统的分辨率之外，通常采用比较简便的用平行光管直接测定光学系统的分辨率。当平行光管物镜焦平面上的分辨率板产生的平行光射入被测光学系统时，在被测光学系统的焦平面附近，可观察到分辨率板的像。

如果被检光学系统质量高，在视场里观察到能分辨的单元号码越高。仔细找出尽可能高的分辨单元号码，就可测定分辨率角值。平行光管测量光学系统分辨率的系统就光管来说是自洽的，光管能够将待分辨图案的最高空间频率基本传送出去，系统用于测量同类光学系统的分辨率高低是快速有效的。

直接用人工方法得到两个非常靠近的非相干点光源作为检验光学系统分辨率的目标物是比较困难的。通常采用由不同粗细的黑白线条组成的人工特制图案或实物标本作为目标物来检验光学系统的分辨率。由于各类光学系统的用途、工作条件、要求不同，所以实际制作的分辨率图案在形式上也有很大的不同。

常常采用分辨率板作为目标为检查的极限分辨率。分辨率板由若干组具有不同空间频率的黑白相间的条带组成。如图6.1.6所示为两种典型的常用分辨率图案。每组条带的空间频率相同，但具有不同的方向，用以检查镜头在不同方向下的成像情况。对于望远物镜和显微物镜，通常采用目视观察方法来判断其极限分辨率。首先使分辨率板通过望远镜或显微物镜成像，然后用高分辨显微镜来观察所成的像，判断该物镜能分辨到哪一组条带。由于每组条带都对应一定的空间频率，由此可以知道该物镜的极限分辨率。

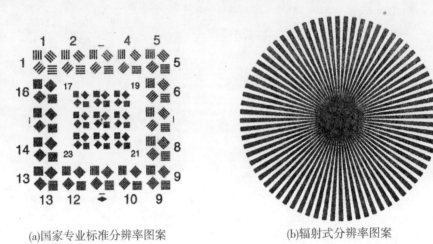

(a)国家专业标准分辨率图案　　　　(b)辐射式分辨率图案

图 6.1.6　两种分辨率图案

对于照相物镜，常采用照相方法。待检查的照相物镜把分辨率板成像在高分辨胶片或干板上，经过冲洗后，判断该物镜能分辨到哪一组条带。

图 6.1.7 给出了 ISO 12233 分辨率板。这是一种专用于数码相机镜头分辨率检测的分辨率板(解析度卡)的标准样张，可以提供实际拍摄的垂直分辨率和水平分辨率等辅助测试。分辨率测试采用了国际标准的 ISO 12233 标准分辨率测试卡进行测试，采取统一拍摄角度和拍摄环境。对于数码摄像头的评测与其他产品不同，不像笔记本、DIY 等有大量软件去测试客观的数据，能够从数据上说明一切。评定数码相机的质量，除了需要有一定的客观数据外，还需要结合实际的使用操作以及样张的拍摄来评定。因此，我们的评测是以客观数据为原则，并结合经验丰富的评测人员的理性分析，以求获得最客观的评测结果。ISO 12233 标准分辨率测试卡遵照该标准的"摄影—电子照相画面—衡量方法"，它具有几乎大部分解析

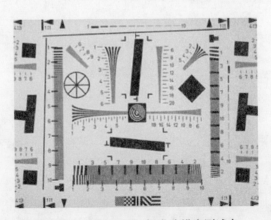

图 6.1.7　ISO 12233 标准分辨率测试卡

度卡所具有的特性。

分辨率作为光学系统成像质量的评价方法并不是一种完善的方法，主要原因有如下几点：

(1) 它只适合于大像差系统。从星点检验法可知，光学系统的分辨率与其像差的大小直接有关，即像差可降低光学系统的分辨率。但在小像差光学系统，如望远物镜、显微物镜中，实际分辨率几乎只与系统的相对孔径，即衍射现象有关，受像差的影响很小。只有在大像差光学系统，如照相物镜、投影物镜中，分辨率是与系统的像差有关的，并常以分辨率作为系统的成像指标。

(2) 与实际的图像会有差异。由于分辨率检测的鉴别率板为黑白相间的条纹，因此，这与实际物体的亮度背景有着很大的差别。而且，对于同一光学系统，使用一块鉴别板来检测其分辨率，由于照明条件和接收器的不同，其检测结果就会有一定的差异。

(3) 会发生伪分辨的情况。对照相物镜等作分辨率检测时，有时会出现鉴别率板的某一组条纹已不能分辨，对更密一组的条纹反而可以分辨的情况，这是因为对比度反转而造成的。因此，用分辨率来评价光学系统的成像质量也不是一种严格可靠的像质评价方法，但由于其指标单一，且便于测量，在光学系统的像质检测中得到了广泛的应用。

## 6.2 光学传递函数概述

6.1 介绍的光学系统成像质量的评价方法，都是基于把物体看作发光点的集合，并以一点物的成像质量来进行评价。而用光学传递函数来评价光学系统的成像质量，是基于把物看作各种空间频率的谱组成的，也就是把物的光场分布函数用傅里叶展开的形式表示。物经具有线性不变性质的光学系统成像，可看作物经光学系统的传递，其传递效果是频率不变，但物的空间频谱和像的空间频谱之对比度的幅度会下降，相位要发生推移，并在某一频率处截止，即对比度为0，因此光学系统可以有效地看作一个空间频率的滤波器。这种对比度的幅度和相位是随频率不同而不同的，其函数关系就是光学传递函数。所以，光学传递函数是从空间频谱的角度来描述成像特性。

由于光学传递函数既与光学系统的像差有关，又与光学系统的衍射效应有关，因此用它来评价光学系统的成像质量，具有客观性和可靠性，并能同时运用于小像差光学系统和大像差光学系统。光学传递函数反映了光学系统对物不同频率成分的传递能力。一般来说，高频部分反映物的细节传递情况，而低频部分则反映物的轮廓情况。

在几何光学中是以点光源作为物的"基元"，并用几何像差来描述光线经过光学系统之后的空间分布的。几何像差虽然反映了光学系统的某些成像品质，但是用几个简单的像差数据来表示实际成像效果十分困难，而且从本质上说，它忽视了光的不可避免的衍射效应。

阿贝和瑞利根据光波动性指出，衍射效应会使光学系统存在一个分辨极限。这样，用分辨率板评价光学系统成像质量时，就会有一个分辨极限。但实际情况表明，除了分辨率测定时的各种条件的复杂性、读取时的主误差以及光学系统的分辨率与接收器(如胶片)之间关系不太明确等问题外，还存在分辨率大小并一定能完全代表光学系统成像质量这样一个根本性的问题。由于分辨率的大小所反映的仅仅是光学系统的分辨极限，并没有反映出在可分辨范围内的整个像质状态。从光学传递函数的角度来说，分辨率不能反映不同空间频率物像之间对比度的变化。这意味着,分辨率虽然能定量地反映出一些成像特性,但它所提供的成像质量信息不多。而星点检验是观察光学系统在像差和衍射综合影响下的像面光能量分布状态,这虽然较全面地反映了成像质量,但由于这种观察提供成像质量的信息又太多而难以加以区分与定量处理。

过去曾经用过的像质评价手段,实际上都是在空间域里进行的,也就是通过一定的空间坐标的函数来描述光学系统的成像品质。实际上,分辨率方法的引入已经初步应用了"空间频率"的概念,它用了有一定空间频率的线条作为物的基元。另外,光学系统存在分辨极限,这就意味着它可以被看作一个低通的空间滤波器,即它只能通过低于某一空间频率的光信号。

空间频率概念被引入光学问题的处理后,就试图开始在频率域中建立评价光学系统成像质量的方法,这个方法主要就是光学传递概念的应用。自从发现分辨率评价的缺陷后,早在1938年由弗里塞把傅里叶处理的方法用于照相底片分辨率试验,提出了应该用亮度呈正弦分布的分辨率板来检验光学系统,并证实了这种分辨率板的像的亮度仍是正弦分布,而且空间频率保持相对不变,只是正弦波的相对振幅有所降低。1946年,杜弗运用傅里叶变换的处理方法来分析光学系统,从此建立了一种新的成像理论,使傅里叶变换在光学中的应用有了较大的发展,并为光学传递函数建立了理论基础。1948年,赛尔温用正弦物来试验光学系统和光学材料。同年,赛德第一次利用通信论的观点,提出了用光学传递函数来评价成像质量。他用一个电影底片上的声带作为近似的正弦物来进行实验,用光电倍增管来测量像的反差,并指出了用光电方法来对光学像进行傅里叶处理的途径。在当时的实验条件下,这些的实验都是比较麻烦的,且精度也不高,理论上也还有不完善之处,所以光学传递函数的概念并没有被普遍接受。

通常,认为霍普金斯的理论和林特贝的实验是光学传递函数研究的开端。上世纪50年代霍普金斯发表了几篇关于光学传递函数方面的重要论文,在杜弗理论的基础上,他完整地提出了光学传递函数的概念和处理方法,并指出了光学传递函数用于像质评价的许多优点。1954年,林特贝系统地提出了用扫描方法测量光学传递函数的几种可能性,为光学传递函数的测量打下了基础。光学传递函数的概念从此得到了光学界的认同,许多学者开始开展了大量的工作。但是,在一段时间内,由于对一些具体问题,如坐标系的选择、空间频率的归一化方式、频率定位面的确定以及变形成像等方面的认识不一致和处理上的差异,还有当时光电测量技术的水平和实验装置精度的限制,所以各国和各实验室对光学传递函数的计算和测量结果很难一致。后来,通过举行多次国际会议进行交流和讨论,统一了看法,找出了误差的来源,并作了改进。1962年8月在慕尼黑举行的第六届国际光学会议(ICO)上通过决定,采用"光学传递函数"(Optical Transfer Function)这一名词,简称OTF。1964年9月在东京举行的第七届国际光学会议上,已有关于光学传递函数理论和测量方面的专题报告和讨论。1968年3月在波士顿、1970年9月在纽约、1974年5月在罗彻斯特先后举行了有关光学传递函数的专题国际会议。

进入20世纪70年代以后,随着大容量高速度数字计算机的发展和高精度光电技术的改进,使光学传递函数的计算和测量工作日趋完善,并开始在实际中得到应用。麦克唐奈的工作大大提高了光学传递函数的计算精度,并使计算在小型计算机上亦能实现。关于光学传递函数的计算已经有了不少有效的计算程序,并已把快速傅里叶变换技术用于光学传递的计算。为了校验光学传递函数测量仪器的精度并与计算结果进行比较,英国科学仪器研究协会

(SIRA)1969年起研制了各种标准透镜,在许多国家的各个实验室进行测量。目前用光学传递函数来评价成像质量已进入实用阶段,各国已制定了光学传递函数的标准和相应的像质标准,在透镜自动设计中已采用光学传递函数作为控制成像质量的价值函数。作为生产检验和实验室用的光学传递函数测量仪器已有多种成熟的商用产品。

由于光学传递函数是建立在把光学系统用为空间滤波器这样一个基础上的,因此光学传递函数的概念和方法不仅对于像质评价,而且对于成像理论的研究、光学像的改善以及光学信息处理等方面,也起了很大的作用。

光学传递函数已在国际上被认定为光学仪器成像质量最为可靠的定量评价方法。光学传递函数能全面反映光学系统的衍射、渐晕及杂散光等影响成像质量的各种因素,客观定量地评介光学系统的像质。鉴于光学传递函数评价像质的方法,在光学系统的设计阶段和光学仪器产品的检验阶段都有重要的应用。国际上和我国都制定了有关光学传递函数的标准。国家标准GB/T 4315.1《光学传递函数 第1部分:术语、符号》包括了光学传递函数的术语、符号;国家标准GB/T 4315.2《光学传递函数 第2部分:测量导则》,规定了成像系统光学传递函数测量装置结构和用途的通用导则,叙述了可能影响光学传递函数测量的各个重要因素,同时规定了测量装置性能要求和环境控制的一般规则等;国家标准GB/T 13742—2009《光学传递函数测量准确度》规定了对光学传递函数测量装置的误差来源进行评价的通用导则,并提出了光学传递测量装置测量准确度的评定导则和评定方法。

光学传递函数的重要性和优点可以总结如下:①定量地反映了光学系统的孔径、光谱成分以有像差大小所引起的综合效果。②用光学传递函数来讨论光学系统时,其可靠性仅依赖于光学系统对于线性空不变性的满足程度。③用光学传递函数分析讨论物像之间的关系时,不受试验物形式的任何限制。④可以用各个不同方位的一维光学传递来分析处理光学系统,大大简化了二维处理。⑤光学传递函数可以根据设计结果直接计算,也能对已制成的光学系统进行测量。它的物理意义明确,可以在光学系统的实际成像效果与某些数据之间建立直接的联系。

## 6.3 衍射受限相干成像系统的传递函数

衍射受限系统是指不存在像差的理想光学系统,系统对点物所成像的光强分布是由衍射效应决定的。在相干照射下的衍射受限系统,对光场复振幅的传递是线性空不变的。系统的输出特性由输入光场与脉冲响应函数的卷积得到,即系统的成像特性在空域中是由点扩散函数来表征的。由于线性空不变系统的变换特性在频域中描述起来更为方便,因此在频域中用点扩散函数的频谱函数来描述系统的成像特性,这个频谱函数就是传递函数。

### 6.3.1 相干传递函数

相干成像系统的物像关系是由式(5.6.26)中的卷积积分描述的,在该式中$\tilde{h}$是衍射受限成像系统对物面复振幅的脉冲响应,也可称为相干脉冲响应函数。卷积积分是把点物看作基元,像点是点物产生的衍射图样的相干叠加。这是从空域的观点来看的。如果从频域来分析成像过程,则是通过选择复指数函数作为物的基元函数,考察系统对各种频率成分的传递特性。我们把相干脉冲响应的傅里叶变换定义为相干传递函数(coherent transfer function, CTF),即有:

$$H(\xi, \eta) = F\{\tilde{h}(x_i, y_i)\}。 \tag{6.3.1}$$

将式(5.6.35)代入上式,并由卷积定理可得:

$$G_i(\xi, \eta) = G^g(\xi, \eta)H(\xi, \eta)。 \tag{6.3.2}$$

式中:$G_i(\xi, \eta) = F\{U_i(x_i, y_i)\}$ 和 $G^g(\xi, \eta) = F\{U^g(x_i, y_i)\}$ 分别为系统统输入频谱和输出频谱。显然,$H(\xi, \eta)$ 表征了衍射受限的相干成像系统在频域中的作用。它使输入频谱 $G^g(\xi, \eta)$ 转化为输出频谱 $G_i(\xi, \eta)$。

在衍射受限系统中,$\tilde{h}(x_i, y_i)$ 由式(5.6.28)决定,将其代入式(6.3.1),可得:

$$H(\xi, \eta) = F\{F\{P(\lambda d_i \xi_1, \lambda d_i \eta_1)\}\}$$

$$= \iiiint_{-\infty}^{\infty} P(\lambda d_i \tilde{x}_1, \lambda d_i \tilde{y}_1) e^{-i2\pi[x\xi_1 + y_i\eta_1]} e^{-i2\pi[x\xi + y\eta]} d\xi_1 d\eta_1 dxdy$$

$$= \iint_{-\infty}^{\infty} P(\lambda d_i \xi_1, \lambda d_i \eta_1) d\xi_1 d\eta_1 \iint_{-\infty}^{\infty} e^{-i2\pi[x(\xi_1+\xi)+y(\eta_1+\eta)]} dxdy$$

$$= \iint_{-\infty}^{\infty} P(\lambda d_i \xi_1, \lambda d_i \eta_1) \delta(\xi_1 + \xi, \eta_1 + \eta) d\xi_1 d\eta_1 = P(-\lambda d_i \xi, -\lambda d_i \eta)。 \tag{6.3.3}$$

上式中右边的光瞳函数的自变量带有负号,这意味着相干传递函数正比于经过坐标反向的光瞳函数。式(6.3.3)把相干传递函数与表示系统物理属性的光瞳函数联系起来了。若将光瞳面上的坐标取反演形式,则式(6.3.3)中的函数 $P$ 中所含的负号可以略去。实际上,光瞳函数大多是对光轴呈中心对称的,故舍去其中的负号不会产生实质性的影响。这样,式(6.3.3)可以写成:

$$H(\xi, \eta) = P(\lambda d_i \xi, \lambda d_i \eta)。 \tag{6.3.4}$$

上式表明,相干传递函数在数值上就等于系统的光瞳函数。当系统的像差一定时,相干传递函数直接由光瞳函数的形状、大小和位置确定。所以,光瞳的选择对成像过程有重大的影响,也是计算 $H(\xi, \eta)$ 的关键。

假如不考虑光瞳(孔径)的有限大小,认为恒有 $P = 1$,则在整个频率平面内都有 $H(\xi, \eta) = 1$。这时像是物的准确复现,没有任何信息丢失,这正是几何光学理想成像的情况。实际上,光瞳函数总是取 1 和 0 两个值,所以相干传递函数的值也是如此,即有:

$$P(\lambda d_i \xi, \lambda d_i \eta) = \begin{cases} 1 & \text{在出瞳内} \\ 0 & \text{在出瞳外} \end{cases} \tag{6.3.5}$$

即

$$H(\xi, \eta) = \begin{cases} 1 & \text{在出瞳内} \\ 0 & \text{在出瞳外} \end{cases} \tag{6.3.6}$$

即相干传递函数取值也是 1 或 0。上两式中,频域坐标 $(\xi, \eta)$ 与空域坐标 $(x, y)$ 之间的关系为:

$$x = \lambda d_i \xi, \quad y = \lambda d_i \eta。 \tag{6.3.7}$$

由于出瞳的孔径沿 $x$ 轴和 $y$ 轴方向的线度是有限的,因此,沿 $x$ 轴和 $y$ 轴方向的空间频率的取值也是有限的,其极大值定义为系统的截止频率(cut-off frequency),记为 $\xi_c$ 和 $\eta_c$,并有:

$$\xi_c = \frac{x_{\max}}{\lambda d_i}, \qquad \eta_c = \frac{y_{\max}}{\lambda d_i}。 \tag{6.3.8}$$

式中：$x_{\max}$ 和 $y_{\max}$ 分别是出瞳沿 $x$ 轴和 $y$ 轴的线度。

对于物分布中的某一空间频率分量 $(\xi, \eta)$，系统能否将它传递到像面上，取决于式(6.3.6)所确定的空域坐标值 $(x, y)$ 是否在光瞳孔径之内。如果在光瞳内，则此频率成分的平面波分量（包括振幅和相位）将毫无衰减地通过系统到达像面；如果在光瞳外，则系统将完全不让这种频率成分的平面波分量通过，在像平面上完全没有这种频率成分，即系统对这种频率不予传递，是截止的，如图 6.3.1 所示。这就意味着，对衍射受限相干成像系统，存在一个有限通频带。在此通频带内，系统允许每一频率分量无畸变地通过；在通频带外，频率响应突然变为零，即通带以外的所有频率分量统统都被衰减掉。因此，衍射受限相干成像系统对输入的各种频率成分的作用相当于一个低通滤波器。由此可见，截止频率是检验光学成像系统质量优劣的重要参数之一。

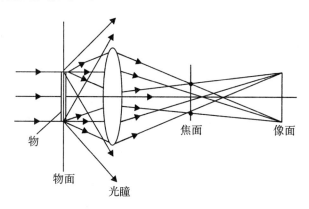

图 6.3.1　光瞳对高级衍射分量的限制

## 6.3.2　相干传递函数的计算

由式(6.3.4)可知，为了求出相干传递函数 $H(\xi, \eta)$，只需先确定光瞳函数 $P(x, y)$，再把其中的 $x, y$ 用 $\lambda d_i \xi, \lambda d_i \eta$ 替换。下面以系统具有规则形状的光瞳的情形为例，说明相干传递函数的计算。

**例 6.3.1**　衍限受限系统的出射光瞳为边长 $l$ 的正方形时（图 6.3.2），求该系统的相干传递函数。

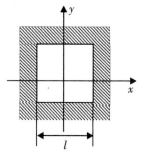

图 6.3.2　正方形出瞳的几何图形

**解**:正方形出瞳的透射率函数 $P(x, y)$ 可用二维矩形函数来描述,即

$$P(x, y) = \text{rect}(x/l)\text{rect}(y/l) = \begin{cases} 1 & |x|/l, |y|/l \leq 1/2 \\ 0 & \text{其他} \end{cases} \quad (6.3.9)$$

由式(6.3.4)可得系统的相干传递函数为:

$$H(\xi, \eta) = P(\lambda d_i \xi, \lambda d_i \eta) = \text{rect}\left(\frac{\lambda d_i \xi}{l}\right)\text{rect}\left(\frac{\lambda d_i \eta}{l}\right) = \begin{cases} 1 & |\xi|, |\eta| \leq \dfrac{l}{2\lambda d_i} \\ 0 & \text{其他} \end{cases} \quad (6.3.10)$$

其函数图形如图 6.3.3(a) 所示。

如果用 $\rho_c$ 表示系统的截止频率,则由(6.3.10)可知沿 $\xi$ 轴和 $\eta$ 轴方向的空间截止频率相等,即

$$\xi_c = \eta_c = \frac{l}{2\lambda d_i} = \rho_c \quad (6.3.11)$$

实际上,对于非圆对称的光瞳在频率平面不同方向上的截止频率数值通常是不相等的。例如,对此例的矩形出瞳,在 $\xi$ 轴和 $\eta$ 轴方向频率高于 $\rho_c$ 的信息不能通过系统,但若适当取向,则可能被系统通过。从图 6.3.3(b) 中可以看出,与 $\xi$ 轴成 45°角的方向上系统有最大截止频率,为:

$$\rho_c^{\max} = \frac{\sqrt{2}l}{2\lambda d_i} = \sqrt{2}\rho_c, \quad (6.3.12)$$

是 $\xi$ 或 $\eta$ 方向的 $\sqrt{2}$ 倍。

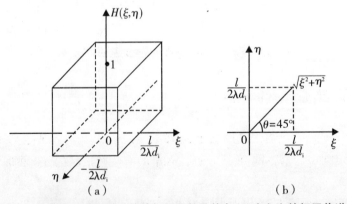

图 6.3.3 出瞳为正方形时系统的相干函数及其在 45°方向上的相干传递函数

当然,实际物面的截止频率还应乘以系统的放大倍率 $|M|$。从图 6.3.4 可以看出,物面的截止频率 $\rho_{co}$ 和像面的截止频率 $\rho_{ci}$ 分别为:

$$\rho_{co} = \frac{\cos\left(\dfrac{\pi}{2} - \theta\right)}{\lambda} = \frac{\sin\theta}{\lambda} \approx \frac{h}{\lambda d_o}, \quad (6.3.13a)$$

$$\rho_{ci} \approx \frac{h}{\lambda d_i} \quad (6.3.13b)$$

由式(6.3.13a)和式(6.3.13b)相比较可得:

$$\rho_{co} = |M|\rho_{ci} \quad (6.3.14)$$

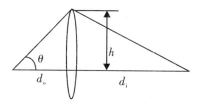

图 6.3.4　物面截止频率与像面截止频率的关系

**例 6.3.2**　衍射受限系统的出瞳为半径为 $D/2$ 的圆形(图 6.3.5)，求该系统的相干传递函数。

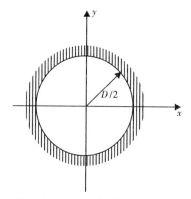

图 6.3.5　圆形出瞳的几何图形

**解**：圆形出瞳的透射率函数 $P(x, y)$ 可以用一个圆域函数来描述，即

$$P(x, y) = \text{circ}\left(\frac{\sqrt{x^2+y^2}}{D/2}\right) = \begin{cases} 1 & x^2+y^2 \leq r^2 = (D/2)^2 \\ 0 & \text{其他} \end{cases} \tag{6.3.15}$$

由式(6.3.4)可得到该系统的相干传递函数为：

$$H(\xi, \eta) = P(\lambda d_i \xi, \lambda d_i \eta) = \text{circ}\left(\frac{\lambda d_i \sqrt{\xi^2+\eta^2}}{D/2}\right)$$

$$= \left(\frac{\sqrt{\xi^2+\eta^2}}{D/(2\lambda d_i)}\right) = \begin{cases} 1 & \sqrt{\xi^2+\eta^2} \leq \dfrac{D}{2\lambda d_i} \\ 0 & \text{其他} \end{cases} \tag{6.3.16}$$

其函数图形如图 6.3.6 所示。

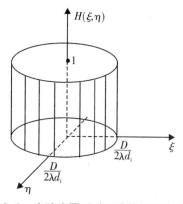

图 6.3.6　出瞳为圆形时系统的相干传递函数

根据出瞳的圆对称性,该系统在所有方向的空间截止频率相等,为:

$$\rho_c = \sqrt{\xi^2 + \eta^2} = \frac{D}{2\lambda d_i}。 \tag{6.3.17}$$

例如,当圆形光瞳的直径为 $D = 20$ mm,像距 $d_i = 10$ cm,用波长 $\lambda = 632.8$ nm 的 He – Ne 激光照射,由式(6.3.17)可以算得空间截止频率为 $\rho_c = 158$ 周/mm。

**例 6.3.3** 如图 6.3.7 所示的是单透镜相干成像系统和双透镜相干成像系统,假定透镜的焦距均为 $f$。在双透镜系统中孔径光阑直径 $a$ 应等于多大,才能使双透镜系统得到与单透镜系统相同的截止频率?

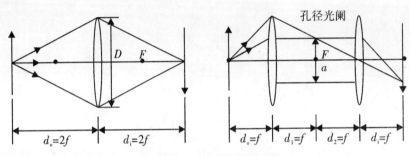

图 6.3.7 两个相干成像系统

**解**:对图 6.3.7 所示单透镜系统,光阑直径即为透镜直径 $D$,像距 $d_i = 2f$。这样,由式(6.3.17)可得其截止频率为:

$$\rho_c = \frac{D}{2\lambda d_i} = \frac{D}{4\lambda f}。 \tag{6.3.18}$$

对于图 6.3.7 中的双透镜系统,因其孔径光阑置于频谱面上,故入瞳和出瞳分别在物方和像方无限远处。又由于入瞳、孔径光阑与出瞳三者互为共轭,故对于这种放大率为 1 的系统,能通过孔径光阑的最高空间频率,也必定能通过入瞳和出瞳。换言之,系统的截止频率可通过孔径光阑的尺寸来计算。

为保证图 6.3.7 物面上每一面元发出的低于某一空间频率的平面波,都毫无阻挡地通过光成像系统,则要求相应的截止频率为:

$$\rho_{c_1} = \frac{a}{2\lambda d_2} = \frac{a}{2\lambda f}。 \tag{6.3.19}$$

当 $\rho_c = \rho_{c_1}$ 时,由式(6.3.18)和式(6.3.19)可以得到 $a = D/2$。

**例 6.3.4** 图 6.3.8 所示为衍射受限的相干成像系统,物体是振幅透射率为 $t(x_o) = \sum_{m=-\infty}^{\infty} \delta(x_o - ml)$ 的理想光栅,光阑缝宽为 $a = 5$ cm,透镜焦距 $f = 5$ cm,照明光波长 $\lambda = 10^{-4}$ cm,成像时的放大倍率 $M = 1$,如果光栅周期 $l = 0.01$ mm,求用单位振幅的平面波垂直照射该物体后像的振幅和强度分布。

**解**:应用式(6.3.2)从频域的角度来求解成像问题,需要知道物的谱频函数和相干传递函数。由题设条件,当 $M = 1$ 时,有 $d_i = 2f = 10$ cm,这里系统的截止频率为:

$$\rho_c = \frac{a}{2\lambda d_i} = \frac{5}{2 \times 10^{-4} \times 10} = 250/\text{mm}。 \tag{6.3.20}$$

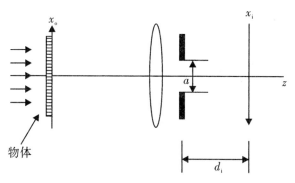

图6.3.8　例6.3.4图

由于光阑为系统的出瞳,可用一维矩形函数表示出瞳函数,这样,由式(6.3.4)可得到系统相干传递函数为:

$$H(\xi) = \text{rect}\left(\frac{\xi}{2\rho_c}\right) = \begin{cases} 1 & |\xi| < \rho_c \\ 0 & \text{其他} \end{cases}。 \tag{6.3.21}$$

在空域中的光瞳函数为:

$$h(x) = F^{-1}\{H(\xi)\} = F^{-1}\left\{\text{rect}\left(\frac{\xi}{2\rho_c}\right)\right\}。 \tag{6.3.22}$$

当用单位振幅平面波垂直照射时,几何光学理想的光场复振幅在空频的分布 $U_g$ 就等于物体的透射率,即入射光场(物)的复振幅分布为:

$$U^g(x_o) = t(x_o) = \sum_{m=-\infty}^{\infty} \delta(x_o - ml)。 \tag{6.3.23}$$

对上式作傅里叶变换,就得到输入光场的频谱函数为:

$$G^g(\xi) = F\{U^g(x_o)\} = \frac{1}{l}\sum_{m=-\infty}^{\infty} \delta\left(\xi - \frac{m}{l}\right)。 \tag{6.3.24}$$

由式(6.3.7)可求得输出光场的频谱函数为:

$$G_i(\xi) = G^g(\xi)H(\xi) = \frac{1}{l}\left[\delta(\xi) + \delta\left(\xi - \frac{1}{l}\right) + \delta\left(\xi + \frac{1}{l}\right)\right]。 \tag{6.3.25}$$

对上式作傅里叶逆变换,并略去常系数,得到像在空域的复振幅分布为:

$$U_i(x_i) = U^g(x_o) * h(x) = 1 + e^{i2\pi x_i/l} + e^{-i2\pi x_i/l} = 1 + 2\cos(2\pi x_i/l)。 \tag{6.3.26}$$

这样函数在空域和频域的作用如图6.3.9所示。图6.3.10显示了像面的强度分布。从图中可以看出,光栅仍能分辨,像与物具有相同的周期,但在两个主极大之间出现极大,光栅条纹已经平滑变形。系统通频带愈宽,像与物愈相似。假如 $\rho_c < 1/l$,物的基频成分也不能传递到像面,将看不到光栅的像。

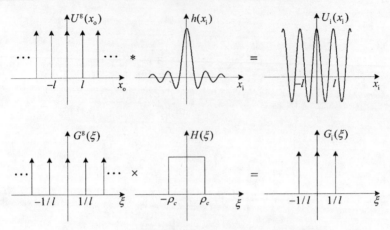

图 6.3.9　光栅相干成像在空域或频域的运算结果

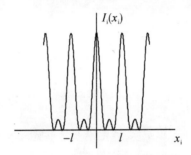

图 6.3.10　光栅成像的强度分布

## 6.3.3　相干传递函数的角谱解释

相干成像系统对于光场复振幅的变换是线性的，所以可用单色光场传播的角谱理论来解释其在频域的效应。把式(6.3.2)改写为：

$$G_i\left(\frac{\sin\theta_x}{\lambda},\frac{\sin\theta_y}{\lambda}\right)(\xi,\eta)=G^g\left(\frac{\sin\theta_x}{\lambda},\frac{\sin\theta_y}{\lambda}\right)H\left(\frac{\sin\theta_x}{\lambda},\frac{\sin\theta_y}{\lambda}\right)。 \tag{6.3.27}$$

式中：$\sin\theta_x=\lambda\xi$，$\sin\theta_y=\lambda\eta$，表示平面波分量的传播方向；$G^g$ 和 $G_i$ 表示物和像的角谱；$H$ 描述系统对各平面波分量在传递过程中的影响。如图 6.3.11 所示，出瞳平面是物体的频谱面，其坐标 $(x,y)$ 与空间频率或平面波分量的传播方向是一一对应的。

在傍轴近似下，由 $(x,y)$ 点发出的光波对于像面上光轴附近很小的区域来说，可看作平面波，其传播方向由 $\sin\theta_x\approx x/d_i$，$\sin\theta_y\approx y/d_i$ 确定。对应的空间频率为：$\xi=\dfrac{\sin\theta_x}{\lambda}\approx\dfrac{x}{\lambda d_i}$，$\eta=\dfrac{\sin\theta_y}{\lambda}\approx\dfrac{y}{\lambda d_i}$。角谱传播时，显然受到有限大小光瞳的截取。光瞳本身的透射率函数就是频域的传递函数。可以把式(6.3.4)改写为：

$$H\left(\frac{\sin\theta_x}{\lambda},\frac{\sin\theta_y}{\lambda}\right)=P(d_i\sin\theta_x,d_i\sin\theta_y)。 \tag{6.3.28}$$

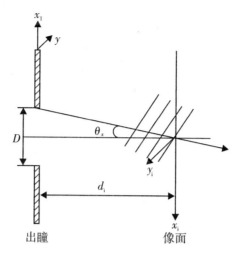

图 6.3.11 用于相干传递函数角谱解释的图示

上式表明倾角 $(\theta_x, \theta_y)$ 超过某一范围的平面波分量将被系统滤掉。如对于直径为 $D$ 的圆形出瞳沿任意方向如 $x$ 方向，这个最大倾角应满足

$$\sin\theta_x \approx \frac{D}{2d_i}。$$

因而截止频率为：

$$\rho_c = \frac{\sin\theta_x}{\lambda} \approx \frac{D}{2\lambda d_i},$$

且在不同方向上 $\rho_c$ 值相同。

## 6.4 衍射受限系统非相干成像的传递函数

当光学系统用非相干光照射时，成像系统的传递函数仍由出瞳确定，但二者之间的关系较为间接，不像相干传递函数那样简单，可直接由光瞳函数确定。比起相干成像理论，非相干光照明的情形更复杂一些，因而其内容更为丰富。在非相干照射下，物面上各点的振幅和相位随时间变化的方式是彼此独立、统计无关的。这样一来，虽然物面上的每一点通过系统仍可得到一个对应的复振幅分布，但由于物面的照射是非相干的，故不能通过对这些复振幅分布的相干叠加得到像的复振幅分布，而应该先由这些复振幅分别求出对应的强度分布，然后将这些强度分布叠加（非相干叠加）而得到像面强度分布。非相干成像系统是强度的线性系统，若成像是空不变的，则非相干成像系统是强度的线性空不变系统。

### 6.4.1 非相干成像系统的光学传递函数

对式(5.6.44)两边进行傅里叶变换并略去无关紧的常数后得：

$$G_i^I(\xi, \eta) = G^{gI}(\xi, \eta) H^I(\xi, \eta)。 \qquad (6.4.1)$$

式中：$G_i^I(\xi, \eta)$，$G^{gI}(\xi, \eta)$ 和 $H^I(\xi, \eta)$ 分别表示像强度、物强度和强度脉冲响应函数的频

谱函数，即
$$G_i^I(\xi, \eta) = F\{I_i(x, y)\}, \quad G^{gI}(\xi, \eta) = F\{I^g(x, y)\}, \quad H^I(\xi, \eta) = F\{h^I(x, y)\}。$$
(6.4.2)

由于 $I_i(x_i, y_i)$，$I^g(x_i, y_i)$ 和 $h^I(x_i, y_i)$ 都是强度分布，因而一定是非负实函数，所以它们的傅里叶变换是厄米函数。以 $G_i^I$ 为例，有：
$$G_i^I(\xi, \eta) = G_i^{I*}(-\xi, -\eta)。 \quad (6.4.3)$$

令
$$G_i^I(\xi, \eta) = A_i^I(\xi, \eta) e^{i\Phi_i^I(\xi,\eta)}, \quad (6.4.4)$$

由式(6.4.3)有：
$$A_i^I(\xi, \eta) e^{i\Phi_i^I(\xi,\eta)} = A_i^I(-\xi, -\eta) e^{i\Phi_i^I(-\xi,-\eta)}。 \quad (6.4.5)$$

由此得到：
$$A_i^I(\xi, \eta) = A_i^I(-\xi, -\eta), \quad \Phi_i^I(\xi, \eta) = -\Phi_i^I(-\xi, -\eta)。 \quad (6.4.6)$$

即 $G_i^I(\xi, \eta)$ 的模是偶函数，幅角是奇函数。

对式(6.4.4)作傅里叶逆变换，得：
$$I_i(x_i, y_i) = F^{-1}\{A_i^I(\xi, \eta) e^{-i\Phi_i^I(\xi,\eta)}\} = \iint_{-\infty}^{\infty} A_i^I(\xi, \eta) e^{-i\Phi_i^I(\xi,\eta)} e^{i2\pi(\xi x_i + \eta y_i)} d\xi d\eta;$$
(6.4.7a)

将式(6.4.6)代入上式，可得：
$$I_i(x_i, y_i) = F^{-1}\{A_i^I(-\xi, -\eta) e^{-i\Phi_i^I(-\xi,-\eta)}\}$$
$$= \iint_{-\infty}^{\infty} A_i^I(-\xi, -\eta) e^{-i\Phi_i^I(-\xi,-\eta)} e^{i2\pi(-\xi x_i - \eta y_i)} d\xi d\eta。 \quad (6.4.7b)$$

式(6.4.7a)和式(6.4.7b)分别对应正频率项与负频率项，由欧拉公式有：
$$A_i^I(\xi, \eta) e^{i\Phi_i^I(\xi,\eta)} e^{i2\pi(\xi x_i + \eta y_i)} + A_i^I(-\xi, -\eta) e^{i\Phi_i^I(-\xi,-\eta)} e^{i2\pi(-\xi x_i - \eta y_i)}$$
$$= A_i^I(\xi, \eta) [e^{i\Phi_i^I(\xi,\eta)} e^{i2\pi(\xi x + \eta y)} + e^{-i\Phi_i^I(-\xi,-\eta)} e^{i2\pi(-\xi x - \eta y)}]$$
$$= A_i^I(\xi, \eta) \cdot 2\cos[2\pi(\xi x + \eta y) + \Phi_i^I(\xi, \eta)]。 \quad (6.4.8)$$

所以，有：
$$I_i(x, y) = \iint_{-\infty}^{\infty} A_i^I(\xi, \eta) \cos[2\pi(\xi x + \eta y) + \Phi_i^I(\xi, \eta)] d\xi d\eta。 \quad (6.4.9)$$

可见，像面上整个光强分布可视为各空间频率的余弦函数分布的光强分量的叠加求和。各余弦分量的模和幅角可以是互不相同的。由于光强度不可能是负值，余弦分量的负值必然截止在零频率分量 $A_i^I(0, 0)$ 上，故总和仍然是正的值。将 $\xi = \eta = 0$ 代入式(6.4.5)，有
$$A_i^I(0, 0) e^{i\Phi_i^I(0,0)} = A_i^I(0, 0) e^{-i\Phi_i^I(0,0)}。 \quad (6.4.10)$$

可得 $\Phi_i^I(0, 0) = 0$，这表明零频时无相位因子。由此可见，$G_i^I(\xi, \eta)$，$G^{gI}(\xi, \eta)$ 和 $H^I(\xi, \eta)$ 零频分量的幅值将大于任何非零分量的幅值，即
$$G_i^I(0, 0) \geq |G_i^I(\xi, \eta)|, \quad G^{gI}(0, 0) \geq |G^{gI}(\xi, \eta)|, \quad H^I(0, 0) \geq |H^I(\xi, \eta)|。$$
(6.4.11)

由于人眼或光探测器对图像的视觉效果在很大程度上取决于像所携带的信息与直流背景的相对比值，即像的清晰与否，主要的不在于包含零频分量在内的总光强有多大，而在于携带有信息的那部分光强相对于零频分量的比值有多大。这就启示我们用零频分量对 $G_i^I(\xi, \eta)$，

$G^{gI}(\xi, \eta)$ 和 $H^I(\xi, \eta)$ 进行归一化,从而得到如下归一化频谱函数:

$$\widetilde{G}_i^I(\xi,\eta) = \frac{G_i^I(\xi,\eta)}{G_i^I(0,0)} = \frac{\iint_{-\infty}^{\infty} I_i(x_i,y_i) e^{-i2\pi(\xi x_i + \eta y_i)} dx_i dy_i}{\iint_{-\infty}^{\infty} I_i(x_i,y_i) dx_i dy_i}, \quad (6.4.12)$$

$$\widetilde{G}^{gI}(\xi,\eta) = \frac{G^{gI}(\xi,\eta)}{G^{gI}(0,0)} = \frac{\iint_{-\infty}^{\infty} I^g(x_i,y_i) e^{-i2\pi(\xi x_i + \eta y_i)} dx_i dy_i}{\iint_{-\infty}^{\infty} I^g(x_i,y_i) dx_i dy_i}, \quad (6.4.13)$$

$$\widetilde{H}^I(\xi,\eta) = \frac{H^I(\xi,\eta)}{H^I(0,0)} = \frac{\iint_{-\infty}^{\infty} h^I(x_i,y_i) e^{-i2\pi(\xi x_i + \eta y_i)} dx_i dy_i}{\iint_{-\infty}^{\infty} h^I(x_i,y_i) dx_i dy_i}. \quad (6.4.14)$$

由式(6.4.1)可得 $G_i^I(0,0) = G^{gI}(0,0) H^I(0,0)$,所以归一化频谱满足:

$$\widetilde{G}_i^I(\xi,\eta) = \widetilde{G}^{gI}(\xi,\eta) \widetilde{H}^I(\xi,\eta). \quad (6.4.15)$$

由于 $\widetilde{G}_{iI}(\xi, \eta)$,$\widetilde{G}_{gI}(\xi, \eta)$ 和 $\widetilde{H}_I(\xi, \eta)$ 一般都是复函数,因而都可用模和幅角来表示,即

$$\widetilde{G}_i^I(\xi, \eta) = |\widetilde{G}_i^I(\xi, \eta)| e^{i\Phi_i^I(\xi,\eta)}, \quad (6.4.16)$$

$$\widetilde{G}^{gI}(\xi, \eta) = |\widetilde{G}^{gI}(\xi, \eta)| e^{i\Phi^{gI}(\xi,\eta)}, \quad (6.4.17)$$

$$\widetilde{H}^I(\xi, \eta) = |\widetilde{H}^I(\xi, \eta)| e^{i\Phi^I(\xi,\eta)} = M(\xi, \eta) e^{i\Phi(\xi,\eta)}. \quad (6.4.18)$$

把 $\widetilde{H}^I(\xi, \eta)$ 称为非相干成像系统的光学传递函数(OTF),它描述非相干成像系统在频域的效应。其模 $M(\xi, \eta)$ 称为调制传递函数,描述了系统对各频率分量对比度的传递特性;其幅角 $\Phi(\xi, \eta)$ 称为相位传递函数,描述了系统对各频率分量施加的相移。由于 $\widetilde{H}^I(\xi, \eta)$ 是厄米型的,它的模和幅角分别为偶函数和奇函数,即有 $M(\xi, \eta) = M(-\xi, -\eta)$,$\Phi(\xi, \eta) = -\Phi(-\xi, -\eta)$,这样,在考察 MTF 或 PTF 的截面时,只需画出正频部分。

由于 $I_i(x_i, y_i)$,$I^g(x_i, y_i)$ 和 $h^I(x_i, y_i)$ 都是非负实函数,它们的归一化频谱 $\widetilde{G}_i^I(\xi, \eta)$,$\widetilde{G}^{gI}(\xi, \eta)$ 和 $\widetilde{H}^I(\xi, \eta)$ 都是厄米函数。余弦函数是这种系统的本征函数,即强度余弦分量在通过系统后仍为同频率的余弦输出,其对比度和相位的变化取决于系统传递函数的模和幅角。换句话说,如果把输入物看作强度透射率呈余弦变化的不同频率的光栅的线性组合,在成像过程中,OTF 改变的影响是改变这些基元的对比度和相对相位。例如,一个余弦输入的光强为:

$$I^g(x_i, y_i) = a + b\cos[2\pi(\xi_0 x_i + \eta_0 y_i) + \Phi^g(\xi_0, \eta_0)], \quad (6.4.19)$$

则其频谱 $G^{gI}(\xi, \eta)$ 为:

$$G^{gI}(\xi, \eta) = F\{I^g(x_i, y_i)\}$$
$$= a\delta(\xi, \eta) + \frac{b}{2}\{\delta(\xi-\xi_0, \eta-\eta_0) e^{i\Phi_g(\xi_0,\eta_0)} + \delta(\xi+\xi_0, \eta+\eta_0) e^{-i\Phi_g(\xi_0,\eta_0)}\}.$$
$$(6.4.20)$$

由于 $I_i(x_i, y_i) = I^g(x_i, y_i) * h^I(x_i, y_i)$,所以有:

$$F\{I_i(x_i, y_i)\} = F\{I^g(x_i, y_i)\} F\{h^I(x_i, y_i)\}$$

$$= G^{\text{gI}}(\xi,\eta)H^{\text{I}}(\xi,\eta) = G^{\text{gI}}(\xi,\eta)H_{\text{I}}(0,0)\widetilde{H}_{\text{I}}(\xi,\eta)$$

$$= H^{\text{I}}(0,0)a\delta(\xi,\eta)\widetilde{H}^{\text{I}}(\xi,\eta) + \frac{1}{2}H^{\text{I}}(0,0)b\,\widetilde{H}^{\text{I}}(\xi,\eta)$$

$$\cdot \{\delta(\xi-\xi_0,\eta-\eta_0)\mathrm{e}^{\mathrm{i}\Phi\mathrm{g}(\xi_0,\eta_0)} + \delta(\xi+\xi_0,\eta+\eta_0)\mathrm{e}^{-\mathrm{i}\Phi\mathrm{g}(\xi_0,\eta_0)}\}。 \tag{6.4.21}$$

对于确定的系统 $H_{\text{I}}(0,0)$ 是一确定的常数,对像强度的相对分布没有影响,所以在对上式作傅里叶逆变换时可将其略去,这样有:

$$I_{\text{i}}(x_{\text{i}},y_{\text{i}}) = a\iint_{-\infty}^{\infty}\delta(\xi,\eta)\widetilde{H}^{\text{I}}(\xi,\eta)\mathrm{e}^{\mathrm{i}2\pi(\xi x_{\text{i}}+\eta y_{\text{i}})}\mathrm{d}\xi\mathrm{d}\eta$$

$$+ \frac{b}{2}\Big\{\iint_{-\infty}^{\infty}\delta(\xi-\xi_0,\eta-\eta_0)\widetilde{H}^{\text{I}}(\xi,\eta)\mathrm{e}^{\mathrm{i}\Phi\mathrm{g}(\xi_0,\eta_0)}\mathrm{e}^{\mathrm{i}2\pi(\xi x_{\text{i}}+\eta y_{\text{i}})}\mathrm{d}\xi\mathrm{d}\eta$$

$$+ \iint_{-\infty}^{\infty}\delta(\xi+\xi_0,\eta+\eta_0)\widetilde{H}_{\text{I}}(\xi,\eta)\mathrm{e}^{-\mathrm{i}\Phi\mathrm{g}(\xi_0,\eta_0)}\mathrm{e}^{\mathrm{i}2\pi(\xi x_{\text{i}}+\eta y_{\text{i}})}\mathrm{d}\xi\mathrm{d}\eta\Big\}$$

$$= a\widetilde{H}^{\text{I}}(0,0) + \frac{b}{2}\{\widetilde{H}^{\text{I}}(\xi_0,\eta_0)\mathrm{e}^{\mathrm{i}\Phi\mathrm{g}(\xi_0,\eta_0)}\mathrm{e}^{\mathrm{i}2\pi(\xi_0 x_{\text{i}}+\eta_0 y_{\text{i}})}$$

$$+ \widetilde{H}^{\text{I}}(-\xi_0,-\eta_0)\mathrm{e}^{-\mathrm{i}\Phi\mathrm{g}(\xi_0,\eta_0)}\mathrm{e}^{-\mathrm{i}2\pi(\xi_0 x_{\text{i}}+\eta_0 y_{\text{i}})}\}。 \tag{6.4.22}$$

将 $\widetilde{H}^{\text{I}}(\xi_0,\eta_0) = M(\xi_0,\eta_0)\mathrm{e}^{\mathrm{i}\Phi(\xi_0,\eta_0)}$ 和 $\widetilde{H}^{\text{I}}(-\xi_0,-\eta_0) = M(-\xi_0,-\eta_0)\mathrm{e}^{\mathrm{i}\Phi(-\xi_0,-\eta_0)} = M(\xi_0,\eta_0)\mathrm{e}^{-\mathrm{i}\Phi(\xi_0,\eta_0)}$,代入上式并令 $\widetilde{H}^{\text{I}}(0,0)=1$,可得:

$$I_{\text{i}}(x_{\text{i}},y_{\text{i}}) = a + bM(\xi_0,\eta_0)\cos[2\pi(\xi_0 x_{\text{i}}+\eta_0 y_{\text{i}}) + \Phi^{\text{g}}(\xi_0,\eta_0) + \Phi(\xi_0,\eta_0)]。 \tag{6.4.23}$$

由于 $(\xi_{\text{g}0},\eta_{\text{g}0})$ 是任意的,故上式可以写成一般形式:

$$I_{\text{i}}(x,y) = a + bM(\xi,\eta)\cos[2\pi(\xi x_{\text{i}}+\eta y_{\text{i}}) + \Phi_{\text{g}}(\xi,\eta) + \Phi(\xi,\eta)]。 \tag{6.4.24}$$

由此可见,余弦条纹通过线性空不变成像系统后,像仍然是同频率的余弦条纹,只是振幅减小了,相位变化了。振幅的减小和相位的变化都取决于系统的光学传递函数在该频率处的取值。

对于呈余弦变化的强度分布,其对比度或调制度定义为:

$$V = \frac{I_{\max}-I_{\min}}{I_{\max}+I_{\min}}。 \tag{6.4.25}$$

式中:$I_{\max}$ 和 $I_{\min}$ 分别是光强度分布的极大值和极小值。物(或理想像)和像的调制度为:

$$V^{\text{g}} = \frac{I_{\max}^{\text{g}}-I_{\min}^{\text{g}}}{I_{\max}^{\text{g}}+I_{\min}^{\text{g}}} = \frac{(a+b)-(a-b)}{(a+b)+(a-b)} = \frac{b}{a}, \tag{6.4.26}$$

$$V_{\text{i}} = \frac{I_{\text{i}\max}-I_{\text{i}\min}}{I_{\text{i}\max}+I_{\text{i}\min}} = \frac{a+bM(\xi,\eta)-a+bM(\xi,\eta)}{a+bM(\xi,\eta)+a-bM(\xi,\eta)} = \frac{b}{a}M(\xi,\eta)。 \tag{6.4.27}$$

将式(6.4.26)代入式(6.4.27)可得:

$$V_{\text{i}} = M(\xi,\eta)V^{\text{g}}。 \tag{6.4.28}$$

光学传递函数 $\widetilde{H}^{\text{I}}(\xi,\eta)$ 的模 $M(\xi,\eta)$ 表示物分布中频率为 $\xi,\eta$ 的余弦基元通过系统后振幅将衰减,即 $M(\xi,\eta) \leq 1$。也就是说,$M(\xi,\eta)$ 表示频率为 $\xi,\eta$ 的余弦物通过系统后调制度的降低,所以 $M(\xi,\eta)$ 称为调制传递函数。

光学传递函数 $\widetilde{H}^{\text{I}}(\xi,\eta)$ 的幅角 $\Phi(\xi,\eta)$ 表示频率为 $\xi,\eta$ 的余弦像分布相对于物(理想

像)的横向位移量,所以 $\Phi(\xi, \eta)$ 称为相位调制传递函数。$\hat{H}^{\text{I}}(\xi, \eta)$ 的幅角 $\Phi(\xi, \eta)$ 显然是余弦像和余弦物(或理想像)的相位差,即

$$\Phi_i(\xi, \eta) = \Phi^g(\xi, \eta) + \Phi(\xi, \eta)。 \tag{6.4.29}$$

即像的对比度等于物的对比度与相应频率的 MTF 的乘积,PTF 给出了相应的相移。空间余弦分布的相位差 $\Phi_i(\xi, \eta)$ 体现了余弦像分布 $I_i(x_i, y_i)$ 相对于其物分布 $I^g(x_i, y_i)$ 移动了多少。当 $\Phi_i(\xi, \eta)$ 为 $2\pi$ 时,表示错开了一个条纹;当 $\Phi_i(\xi, \eta) = \theta$ 时,表示错开了 $\frac{\theta}{2\pi}$ 个条纹。

## 6.4.2  OTF 和 CTF 的关系

$\hat{H}^{\text{I}}(\xi, \eta)$ 和 $H(\xi, \eta)$ 分别描述同一系统采用非相干和相干照射时的传递函数,它们都取决于系统本身的物理性质。由自相关定理和巴塞伐定理可以得到:

$$\hat{H}^{\text{I}}(\xi, \eta) = \frac{H^{\text{I}}(\xi, \eta)}{H^{\text{I}}(0, 0)} = \frac{F\{h^{\text{I}}(x_i, y_i)\}}{\iint_{-\infty}^{\infty} h^{\text{I}}(x_i, y_i) \mathrm{d}x\mathrm{d}y} = \frac{F\{|\tilde{h}(x_i, y_i)|^2\}}{\iint_{-\infty}^{\infty} |\tilde{h}(x_i, y_i)|^2 \mathrm{d}x_i\mathrm{d}y_i}$$

$$= \frac{H(\xi, \eta) \otimes H(\xi, \eta)}{\iint_{-\infty}^{\infty} |H(\alpha, \beta)|^2 \mathrm{d}\alpha\mathrm{d}\beta} = \frac{\iint_{-\infty}^{\infty} H^*(\alpha, \beta) H(\xi + \alpha, \eta + \beta) \mathrm{d}\alpha\mathrm{d}\beta}{\iint_{-\infty}^{\infty} |H(\alpha, \beta)|^2 \mathrm{d}\alpha\mathrm{d}\beta}。 \tag{6.4.29}$$

因此,对于同一系统来说,光学传递函数等于相干传递函数的自相关归一化函数。这一结论对于有像差与无像差的情况都是成立的。

## 6.4.3  衍射受限的 OTF 的计算

对于相干照射的衍射受限系统,将式(6.3.4)代入式(6.4.29)可得:

$$\hat{H}^{\text{I}}(\xi, \eta) = \frac{\iint_{-\infty}^{\infty} P(\lambda d_i \alpha, \lambda d_i \beta) P[\lambda d_i(\xi + \alpha), \lambda d_i(\eta + \beta)] \mathrm{d}\alpha\mathrm{d}\beta}{\iint_{-\infty}^{\infty} P(\lambda d_i \alpha, \lambda d_i \beta) \mathrm{d}\alpha\mathrm{d}\beta}。 \tag{6.4.30}$$

令 $x_1 = \lambda d_i \alpha$,$y_1 = \lambda d_i \beta$,积分变量的替换不会影响积分结果,于是得到:

$$\hat{H}^{\text{I}}(\xi, \eta) = \frac{\iint_{-\infty}^{\infty} P(x, y) P(x + \lambda d_i \xi, y + \lambda d_i \eta) \mathrm{d}x\mathrm{d}y}{\iint_{-\infty}^{\infty} P(x, y) \mathrm{d}x\mathrm{d}y}。 \tag{6.4.31}$$

由于光瞳函数只有 1 和 0 两个值,分母中的 $P^2$ 与 $P$ 是等价的,因此写成了 $P$。上式表明衍射受限系统的 OTF 是光瞳函数的自相关归一化函数,其几何意义解释如下:式中分母是光瞳的总面积 $S_0$,分子则是中心位于 $(-\lambda d_i \xi, -\lambda d_i \eta)$ 的经过平移的光瞳与原光瞳的重叠面积 $S(\xi, \eta)$。求衍射受限系统的 OTF 就是计算归一化的重叠面积,即

$$\hat{H}^{\text{I}}(\xi, \eta) = \frac{\text{出瞳重叠面积}}{\text{出瞳总面积}} = \frac{S(\xi, \eta)}{S_0}。 \tag{6.4.32}$$

如图 6.4.1 所示,重叠面积取决于两个错开的光瞳的相对位置,也就是和频率$(\xi, \eta)$有关。对于简单几何形状的光瞳,不难求得归一化重叠面积的数学表达式;对于复杂的光瞳,可用计算机计算在一系列分立频率上的 OTF。

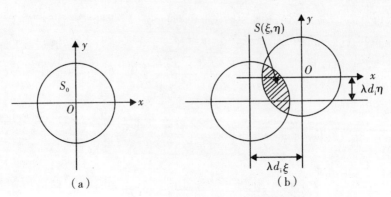

图 6.4.1 衍射受限系统 OTF 的几何解释

由此,我们可以总结衍射受限系统的 OTF 的一些性质:

(1)由于$\hat{H}^I(\xi, \eta)$是实的非负函数,因此衍射受限的非相干成像系统只改变各频率余弦分量的对比,而不改变它们的相位。即只需考虑 MTF 而不必考虑 PTF。

(2)$\hat{H}^I(0, 0) = 1$。当$\xi = 0$,$\eta = 0$时,两个光瞳完全重叠,归一化重叠面积为1,这正是 OTF 归一化的结果。这并不意味着物和像的背景光强相同。由于吸收、反射、散射及光阑挡光等原因,像面背光强总要弱于物面光强。但从对比度考虑,物像方零频分量的对比度都是零,无所谓衰减,所以才有$\hat{H}^I(0, 0) = 1$。

(3)$\hat{H}^I(\xi, \eta) \leq \hat{H}^I(0, 0)$。这从两个光瞳错开后重叠的面积小于完全重叠面积可以看出。

(4)截止频率$\xi_c$,$\eta_c$。两出瞳从完全重合开始,分别朝相反方向平移,直至重叠面积刚好为零时,它们已经移开了$2x_{max}$和$2y_{max}$,于是有$2x_{max} = \lambda d_i \xi$和$2y_{max} = \lambda d_i \eta$,从而求得:

$$\xi_c = \frac{2x_{max}}{\lambda d_i}, \quad \eta_c = \frac{2y_{max}}{\lambda d_i}。 \tag{6.4.33}$$

与相干成像系统相比,非相干成像系统的截止频率是相干成像系统的两倍。在截止频率所规定的范围之外,光学传递函数为零,像面上不出现这些频率成分。

由前面的讨论,尤其是由式(6.4.32),可以将计算 OTF 的步骤总结如下:

(1)确定系统出瞳的形状和大小,计算出瞳总面积$S_0$;

(2)计算出瞳面至像平面之间的距离$d_i$;

(3)任意给定一组$(\xi, \eta)$值,算出$(\lambda d_i \xi, \lambda d_i \eta)$值。将出瞳平移,使其中心落到$(-\lambda d_i \xi, -\lambda d_i \eta)$处,计算移动前后两出瞳的重叠面积;

(4)相继再给定一组$(\xi, \eta)$值,再算出重叠面积,依此类推,就可算出$S(\xi, \eta)$值;

(5)按公式(6.4.32)计算得到$\hat{H}^I(\xi, \eta)$。

例 6.4.1 衍射受限非相干成像系统的光瞳为边长$l$的正方形,求其光学传递函数。

**解**：此时的光瞳函数可表示为：
$$P(x, y) = \text{rect}(x/l)\text{rect}(y/l)。$$

显然光瞳总面积为 $S_0 = l^2$。当 $P(x, y)$ 在 $x, y$ 方向分别位移 $-\lambda d_i \xi$，$-\lambda d_i \eta$ 以后，得 $P(x + \lambda d_i \xi, y + \lambda d_i \eta)$，从图 6.4.2 可以求出 $P(x, y)$ 和 $P(x + \lambda d_i \xi, y + \lambda d_i \eta)$ 的重叠面积 $S(\xi, \eta)$，即

$$S(\xi, \eta) = \begin{cases} (l - \lambda d_i \xi)(l - \lambda d_i \eta) & \xi, \eta > 0 \\ (l + \lambda d_i \xi)(l + \lambda d_i \eta) & \xi, \eta < 0 \\ 0 & \lambda d_i |\xi| > l, \lambda d_i |\eta| < l \end{cases},$$

即

$$S(\xi, \eta) = \begin{cases} (l - \lambda d_i |\xi|)(l - \lambda d_i |\eta|) & \lambda d_i |\xi| < l, \lambda d_i |\eta| < l \\ 0 & \text{其他} \end{cases}。$$

光学传递函数为：

$$\tilde{H}^I(\xi, \eta) = \frac{S(\xi, \eta)}{S_0} = \text{tri}\left(\frac{\xi}{2\rho_c}\right)\text{tri}\left(\frac{\eta}{2\rho_c}\right)。 \tag{6.4.34}$$

式中：$\rho_c = \dfrac{l}{2\lambda d_i}$，是同一系统采用相干照明时的截止频率。非相干系统沿 $\xi$ 和 $\eta$ 轴方向上的截止频率是 $2\rho_c = \dfrac{l}{\lambda d_i}$。

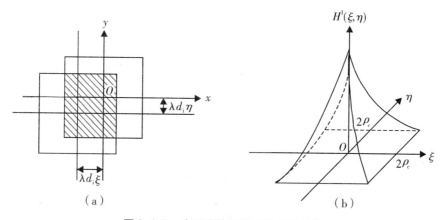

图 6.4.2 方形光瞳衍射受限 OTF 计算

**例 6.4.2** 衍射受限系统的出瞳是直径为 $D$ 的圆，求此系统的非相干光学传递函数。

**解**：由于是圆形光瞳，具有圆对称性，沿任意方向错开相同频率的相移量时重叠面积是相等的，因此 OTF 是圆对称的。这样只要沿 $\xi$ 轴或 $\eta$ 轴计算出 $\tilde{H}^I$，然后绕垂直轴旋转一周就得了 $\tilde{H}^I$ 在频率空间的分布了。参看图 6.4.3(a)，在 $x$ 轴方向移动 $\lambda d_i \xi$ 后，重叠面积被 $AB$ 分成两个面积相等的弓形。根据几何公式，重叠面积为：

$$S(\xi, 0) = \frac{D^2}{2}(\theta - \sin\theta\cos\theta)。$$

其中 $\cos\theta = \dfrac{\lambda d_i \xi / 2}{D/2} = \dfrac{\lambda d_i \xi}{D}$。故在截止频率范围内由式(6.4.32)可得：

$$\hat{H}^1(\xi, 0) = \frac{S(\xi, 0)}{S_0} = \frac{S(\xi, 0)}{\pi D^2/4} = \frac{1}{\pi}(2\theta - \sin 2\theta) = \frac{2}{\pi}(\theta - \sin\theta\cos\theta) \, . \qquad (6.4.35)$$

式中：空间频率 $\xi = \dfrac{D\cos\theta}{\lambda d_i}$。对于空间频率平面任意方向上的径向坐标 $\rho = \sqrt{\xi^2 + \eta^2}$，则 $\hat{H}^1(\xi, \eta)$ 在极坐标中的表达式为：

$$\hat{H}^1(\rho) = \begin{cases} \dfrac{2}{\pi}\left[\arccos\left(\dfrac{\rho}{2\rho_c}\right) - \dfrac{\rho}{2\rho_c}\sqrt{1 - \left(\dfrac{\rho}{2\rho_c}\right)^2}\right] & \rho \leq 2\rho_c \\ 0 & \text{其他} \end{cases} \, . \qquad (6.4.36)$$

式中：$\rho_c = D/2\lambda d_i \xi$，为相干光学传递函数的截止频率。显然，非相干光学传递函数的截止频率为 $\rho_c^1 = 2\rho_c = \dfrac{D}{\lambda d_i}$，也就是两个圆中心距离大于直径 $D$ 时，重叠面积为零。由图 6.3.4 可知，当光瞳位移量 $x_1 = D$ 时，则 $S = 0$，此时对应的空间频率称为截止频率 $\xi_c$。截止空间频率可用来确定测量的最高频率。图 6.4.3(b) 画出了光瞳函数为圆域函数时 $\hat{H}^1(\xi, \eta)$ 的示意图。

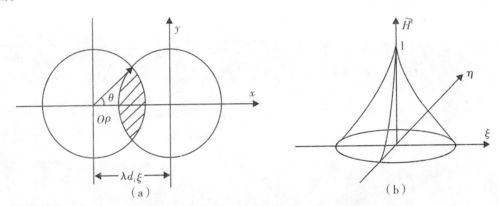

图 6.4.3　圆形光瞳衍射受限的 OTF 计算

对无限远目标成像的光学系统，$d_i$ 取为物镜的焦距 $f'$，而 $F$ 数为 $d_i/D$，则 $\rho_c^1 = 1/(\lambda F)$。物镜相对孔径越大，$F$ 数越小，则截止空间频率越高。对有限距离目标成像的光学系统，如显微镜物空间的截止空间频率可表示为 $\rho_c^1 = 2N_A/\lambda$，其中 $N_A$ 是物镜的数值孔径。

在测量和计算光学传递函数时，为了避开系统特性常数的影响，常把截止空间频率归一化为 1，这样归一化空间频率为：

$$\tilde{\rho} = \frac{\rho}{\rho_c^1} \, . \qquad (6.4.37)$$

表 6.4.1 列出了圆形光瞳衍射受限系统的 MTF 值。

表 6.4.1  圆形光瞳衍射受射限系统的 MTF 值

| $\tilde{\rho}$ | MTF$(\tilde{\rho})$ | $\tilde{\rho}$ | MTF$(\tilde{\rho})$ | $\tilde{\rho}$ | MTF$(\tilde{\rho})$ |
|---|---|---|---|---|---|
| 0.00 | 1.000 | 0.35 | 0.564 | 0.70 | 0.188 |
| 0.05 | 0.936 | 0.40 | 0.505 | 0.75 | 0.144 |
| 0.10 | 0.873 | 0.45 | 0.447 | 0.80 | 0.104 |
| 0.15 | 0.810 | 0.50 | 0.391 | 0.85 | 0.068 |
| 0.20 | 0.747 | 0.55 | 0.337 | 0.90 | 0.037 |
| 0.25 | 0.685 | 0.60 | 0.285 | 0.95 | 0.013 |
| 0.30 | 0.624 | 0.65 | 0.235 | 1.00 | 0.000 |

## 6.4.4 有像差系统的传递函数

上面只讨论了没有像差时相干照射与非相干照射下的光学传递函数，这当然是理想的情况。任何一个实际系统总是有像差的。像差可能来自构成系统的元件，也可能来自成像平面的位置误差，还可能来自理想球面透镜所固有的像差（如球面像差）等。对于有像差的光学系统，不论造成像差的原因是什么，总可以归结为波面对于理想球面波的偏离。传递函数通常都是复函数，在相干或非相干照射下，像差对传递函数的影响将表现在对各频率成分的相位发生影响。

前面研究衍射受限系统时，是通过点扩散函数与光瞳函数傅里叶变换，最后用光瞳函数来描述传递函数。对于有像差的系统，仍然可以采用这种方法，只需要对光瞳函数的概念加以推广，然后用广义光瞳函数来描述有像差系统的传递函数。

如图 6.4.4 所示，在衍射受限系统中，单位脉冲通过系统后投射到光瞳上的是以理想像点为中心的球面波，由于系统像差的存在，使与 $O$ 点等相位的各点形成波面 $\Sigma$，对应的像在实际像面 $P_0$ 上。若系统没有像差，理想波面应该是 $\Sigma_0$，对应的像在理想像面 $P_i$ 上。$\Sigma$ 和 $\Sigma_0$ 每一点的光程差用函数 $\Delta S_\lambda(x,y)$ 表示，称为波像差函数（wavefront aberration function），它的具体形式由系统像差决定，由它引起的相位变化是 $k\Delta S_\lambda$。对一个给出的点物发出的波长为 $\lambda$ 的光，$\Delta S_\lambda$ 是经过光学系统发射到出瞳面上的波阵面，与一个以像点为中心的参考波面之间的光程差。$\Delta S_\lambda$ 提供了一个经出瞳的波阵面相位变化的测量。故可以定义广义光瞳函

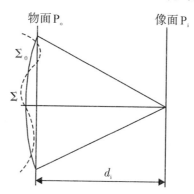

图 6.4.4  像差对于出瞳平面波的影响

数 $P_\lambda(x, y)$ 如下：

$$P_\lambda(x, y) = P(x, y)A_\lambda(x, y)\mathrm{e}^{ik\Delta S_\lambda(x,y)} = \begin{cases} A_\lambda(x, y)\mathrm{e}^{ik\Delta S_\lambda(x,y)} & \text{在出瞳内} \\ 0 & \text{在出瞳外} \end{cases} \quad (6.4.38)$$

式中：$A_\lambda(x, y)$ 为点源的振幅；$P(x, y)$ 为没有像差时的光瞳函数。采用式(6.4.38)定义的一个光学系统出瞳对所讨论的像点有效。

这样，$\tilde{h}(x_i, y_i)$ 可以看作复振幅透射率为 $P_\lambda(x, y)$ 的光瞳被半径为 $d_i$ 的球面波照射后所得的分布，也就是广义光瞳函数 $P_\lambda(x, y)$ 的傅里叶变换。用 $P_\lambda(x, y)$ 代替 $P(x, y)$，就可以得到有像差系统的相干点扩散函数，即

$$\tilde{h}(x_i, y_i) = F\{P_\lambda(\lambda d_i\tilde{x}, \lambda d_i\tilde{y})\} = F\{P_\lambda(\lambda d_i\tilde{x}, \lambda d_i\tilde{y})\mathrm{e}^{ik\Delta S(\lambda d_i x, \lambda d_i y)}\}。 \quad (6.4.39)$$

由上式可知，相干脉冲响应不再单纯是孔径的夫琅禾费衍射图样，必须考虑波像差的影响。若像差是对称的，如球差和离焦，点物的像斑仍具有对称性；若像差是非对称的，如彗差、像散点，点物的像斑也不具有圆对称性。

由前面可知，相干传递函数是相干点扩散函数的傅里叶变换，即有：

$$H_\lambda(\xi, \eta) = P_\lambda(\lambda d_i\xi, \lambda d_i\eta) = P(\lambda d_i\xi, \lambda d_i\eta)\mathrm{e}^{ikW_\lambda(\lambda d_i\xi, \lambda d_i\eta)}。 \quad (6.4.40)$$

由此可见，系统的通频带的范围仍由光瞳的大小决定，截止频率和无像差的情况相同。像差的唯一影响是在通带引入了与频率有关的相位畸变，从而使像质变坏。

在非相干照射下，强度点扩散函数仍然是相干点扩散函数模的平方，即 $h^I = |\tilde{h}|^2$。对于圆形光瞳，$h^I$ 不再是艾里斑的强度分布。由于像差的影响，点扩散函数的峰值明显小于没有像差时系统点扩散函数的峰值。可以把这两个峰值之比作为像差大小的指标，称为斯特列尔(Strehl)清晰度。

同样，由式(6.4.31)可知，有像差非相干系统的光学传递函数 $\hat{H}^I_\lambda$ 应该是广义光瞳函数归一化的自相关函数，即有：

$$\hat{H}^I_\lambda(\xi, \eta) = \frac{\iint_{-\infty}^{\infty} P_\lambda(x,y)P_\lambda(x + \lambda d_i\xi, y + \lambda d_i\eta)\,\mathrm{d}x\mathrm{d}y}{\iint_{-\infty}^{\infty} P_\lambda(x,y)\,\mathrm{d}x\mathrm{d}y}。 \quad (6.4.41)$$

由于广义光瞳函数的相位因子不影响式中的分母的积分值，所以，分母部分依然是光瞳的总面积。在式(6.4.41)中，分子的积分区域不变，还是 $P(x, y)$ 和 $P(x + \lambda d_i\xi, y + \lambda d_i\eta)$ 的重叠区，于是上式可以写为：

$$\hat{H}^I_\lambda(\xi, \eta) = \frac{\iint_{S(\xi,\eta)} \mathrm{e}^{-ik\Delta S(x,y)}\mathrm{e}^{ik\Delta S(x+\lambda d_i\xi, y+\lambda d_i\eta)}\,\mathrm{d}x\mathrm{d}y}{S_0}。 \quad (6.4.42)$$

上式给出了像差引起的相位畸变与 OTF 的直接关系，当波像差为零时，就是衍射受限的 OTF。对于像差不为零的情况，OTF 是复函数。像差不为零不仅影响输入频率成分的对比度，而且也产生相移。利用施瓦兹不等式见式(2.6.21)，令：

$$f = \mathrm{e}^{-ik\Delta S_\lambda(\alpha,\beta)}, \quad h = \mathrm{e}^{ik\Delta S_\lambda(\alpha+\lambda d_i\xi, \beta+\lambda d_i\eta)}, \quad (6.4.43)$$

可得：

$$|\hat{H}^I_\lambda(\xi, \eta)|^2 = \frac{\left|\iint_{S(\xi,\eta)} \mathrm{e}^{-ik\Delta S_\lambda(\alpha,\beta)}\mathrm{e}^{ik\Delta S(\alpha+\lambda d_i\xi, \beta+\lambda d_i\eta)}\,\mathrm{d}\alpha\mathrm{d}\beta\right|^2}{S_0^2}$$

$$\leqslant \frac{\iint\limits_{S(\xi,\eta)} |e^{-ik\Delta S_\lambda(\alpha,\beta)}|^2 d\alpha d\beta \cdot \iint\limits_{S(\xi,\eta)} |e^{ik\Delta S_\lambda(\alpha+\lambda d_i\xi,\beta+\lambda d_i\eta)}|^2 d\alpha d\beta}{S_0^2} = \frac{\left|\iint\limits_{S(\xi,\eta)} d\alpha d\beta\right|^2}{S_0^2}$$

$$= |\hat{H}^{\mathrm{I}}(\xi,\eta)|^2 \text{。} \qquad (6.4.44)$$

由此可见，像差的存在会使光学系统的调制传递函数的值下降，像面光强度分布的各个空间频率分量的对比度降低，也就是像差会进一步降低成像质量。但可以证明，只要是同样大小和形状的出射光瞳，则对于有像差的系统和无像差的系统，其截止空间频率是一样的。

由于 $h^{\mathrm{I}}$ 是实数，无论有无像差，$\hat{H}_{\mathrm{I}}$ 都是厄米型的。

## 6.5 线扩散函数和刃边扩散函数

要得到光学系统的传递函数，一种方法是计算或测量出其点扩散函数，再做傅里叶变换以求得传递函数。这种方法要求得到点扩散函数的精确表达式，在难以得到时，就难以使用了。另一种方法是把大量频率不同的本征函数逐个输入系统，并确定每个本征函数所受到的衰减及其相移，从而得到传递函数。这种方法较第一种方法直接，但测量数目大，有时实现起来也相当困难。一种实用的方法是由线扩散函数(LSF，line spread function)来确定传递函数。

### 6.5.1 线扩散函数和刃边扩散函数的概念

如果系统输入是平行于 $y_o$ 轴的线光源，可分解成线脉冲的组合。线脉冲的复振幅分布可表示为：

$$U_o(x_o, y_o) = \delta(x_o) \text{。} \qquad (6.5.1)$$

如果光学系统为线性空不变系统，对非相干线光源，像面上的光场分布为：

$$L^{\mathrm{I}}(x_i) = \delta(x_i) * h^{\mathrm{I}}(x_i,y_i) = \iint_{-\infty}^{\infty} \delta(x_{i0}) h^{\mathrm{I}}(x_i-x_{i0},y_{i0}) dx_{i0} dy_{i0} = \int_{-\infty}^{\infty} h^{\mathrm{I}}(x_i,y_{i0}) dy_{i0} \text{。}$$
$$(6.5.2)$$

$L^{\mathrm{I}}(x_i)$ 称为非相干线扩散函数，常简称为线扩散函数。上式表明，线扩散函数仅依赖于 $x_i$，其值等于点扩散函数沿 $y_i$ 方向的线积分。

下面以透镜成像为例加以说明。校正好中心的透镜，其轴上点物的像是圆对称的。如图6.5.1(a)所示的像点，图上所示的是点扩散函数的轮廓形状，强度变化没有表示出来，但强度分布对像斑中心 $O$ 呈圆对称。这样，对于从任一方向，通过中心的一条狭缝(如图中虚线)所看到的强度分布，以离 $O$ 点远近表示，分布情况都是一样的。一个点物在像面上造成的强度分布，即为点扩散函数 $h^{\mathrm{I}}(x_i,y_i)$。对通常以沿 $x_i$ 轴的狭缝的强度分布曲线 $h(x_i)$ 作为点扩散函数，其线形如图6.5.1(b)所示。

一个亮狭缝通过光学系统后，光强分布依然是往两侧散开的，散开的情况取决于光学系统的点扩散函数。由于一根亮直线或一个亮狭缝可以看成由许多亮点的集合组成的，这许多沿直线排列的点源的像点的叠加就构成亮直线的光强分布。如果我们把直线像的长度方向取为 $y_i$ 方向，那么沿 $x_i$ 方向上的光强分布 $L^{\mathrm{I}}(x_i)$ 就叫作线扩散函数。图6.5.1(b)同样可以代表亮直线的成像情况，这就是实际成像的强度分布，也就是线扩散函数。点扩散函数的曲线形状和线扩散函数的曲线形状是不一样的。线扩散函数由点扩散函数叠加而成。

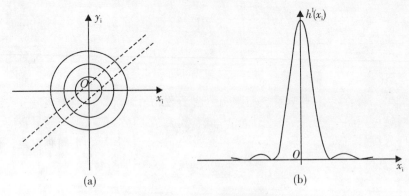

图 6.5.1 点扩散函数的分布

如果物为一狭缝像，实际上在像面上形成的分布就是线扩散函数。如果用一个与狭缝方向平行的刀片放置在像面上，开始时，刀片完全挡住狭缝像，刀片逐渐移动，也就逐渐放入狭缝像的光。如图 6.5.2 中所示的狭缝线扩散函数 $L^I(x_i)$，刀片刃口移动到位置 $x_i$ 时，放入的光通量与图中阴影面积成比例。这样一来，在刀片的整个移动过程中，进入探测器的光通量随刀口位置 $x_i$ 的变化，得到一个函数 $E^I(x_i)$，这个函数称为刃边扩散函数（ESF, edge spread function）。

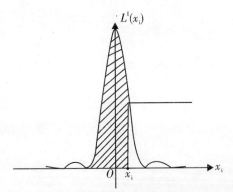

图 6.5.2 由线扩散函数产生的刃边扩散函数

刃边扩散函数 $E^I(x_i)$ 来源于线扩散函数 $L^I(x_i)$，它们的关系是：

$$E^I(x_i) = \int_{-\infty}^{x_i} L^I(\alpha)\,d\alpha 。 \tag{6.5.3}$$

对上式微分可得：

$$\frac{dE^I(x_i)}{dx_i} = L^I(x_i) 。 \tag{6.5.4}$$

刃边扩散函数也可用下面方式导出：对系统输入一个阶跃函数，如均匀照射的直边或刀口形成的光分布。系统的输出叫阶跃响应或刃边扩散函数，即

$$E^I(x_i) = \text{step}(x_i) * h^I(x_i, y_i) = \iint_{-\infty}^{\infty} h^I(\alpha, \beta)\,\text{step}(x_i - \alpha)\,d\alpha\,d\beta$$

$$= \int_{-\infty}^{\infty} \left[\int_{-\infty}^{\infty} h^I(\alpha, \beta)\,d\beta\right] \text{step}(x_i - \alpha)\,d\alpha = \int_{-\infty}^{\infty} L^I(\alpha)\,\text{step}(x_i - \alpha)\,d\alpha = \int_{-\infty}^{x_i} L^I(\alpha)\,d\alpha 。 \tag{6.5.5}$$

## 6.5.2 相干及非相干线扩散函数和相干及非相干刃边扩散函数

无论是相干照射成像系统复振幅点扩散函数还是非相干照射成像系统强度点扩散函数，就其叠加成线扩散函数的方式而言是一样的。如果光学系统为线性空间不变系统，对相干线光源，像面上的光场分布为：

$$L(x_i) - \delta(x_i) * h(x_i, y_i) = \iint_{-\infty}^{\infty} \delta(x_{i0}) h(x_i - x_{i0}, y_{i0}) \mathrm{d}x_{i0} \mathrm{d}y_{i0} = \int_{-\infty}^{\infty} h(x_i, y_{i0}) \mathrm{d}y_{i0} 。 \qquad (6.5.6)$$

$L(x_i)$ 称为相干线扩散函数。在相干照射下的狭缝在像面上产生的复振幅就是相干线扩散函数，其一维傅里叶变换等于系统的传递函数沿 $\xi$ 方向的截面分布，即有：

$$F\{L(x_i)\} = F\left\{\int_{-\infty}^{\infty} h(x_i, \beta) \mathrm{d}\beta\right\} = H(\xi, 0) 。 \qquad (6.5.7)$$

于是改变相干照射的狭缝方向，分别对每一个方向测量线扩散函数，然后作一维傅里叶变换，就可确定相应各个方向的传递函数截面。点扩散为圆对称时，传递函数也是圆对称的，因而只需要一个截面就可能完全确定。如果点扩散函数是对 $x_i$，$y_i$ 可分离变量的，那么传递函数也是可以分离变量的，因而只需要两个截面 $H(\xi, 0)$ 和 $H(\eta, 0)$ 就可以确定。

用线扩散函数的一维傅里叶变换来确定传递函数，有时比由点扩散函数作二维傅里叶变换得到传递函数更为方便。由式(6.5.1)可知，一个平行于 $y_0$ 轴的狭缝在像面上产生的相干线扩散函数为：

$$L(x_i) = F^{-1}\{H(\xi, 0)\} 。 \qquad (6.5.8)$$

上式是相干传递函数沿 $\xi$ 轴截面的一维傅里叶逆变换。在衍射受限系统中的相干传递函数在通频带内为常数，无论孔径形状如何，相干传递函数的截面总是矩形函数，因而 $L(x_i)$ 呈 sinc 函数变化。对于衍射受限系统，$L(x_i)$ 可表示为：

$$L(x_i) = F^{-1}\{P(\lambda d_i \xi, 0)\} 。 \qquad (6.5.9)$$

例如，直径为 $D$ 的圆形光瞳，垂直于孔径的任意截面都是矩形函数，其光瞳函数为：

$$P(\lambda d_i \xi, 0) = \mathrm{rect}\left(\frac{\lambda d_i \xi}{D}\right); \qquad (6.5.10)$$

相干线扩散函数为：

$$L(x_i) = F^{-1}\left\{\mathrm{rect}\left(\frac{\lambda d_i \xi}{D}\right)\right\} = \frac{D}{\lambda d_i} \mathrm{sinc}\left(\frac{D x_i}{\lambda d_i}\right) 。 \qquad (6.5.11)$$

由式(6.5.5)，物面上放置一个刀口或直边，相干光均匀照射，像面上得到的相干刃边扩散函数由式(6.5.5)确定。将式(6.5.9)代入式(6.5.5)得：

$$E(x_i) = \int_{-\infty}^{x_i} \frac{D}{\lambda d_i} \mathrm{sinc}\left(\frac{D}{\lambda d_i}\xi\right) \mathrm{d}\xi 。 \qquad (6.5.12)$$

将上式展开可得：

$$E(x_i) = \frac{1}{2} + \frac{1}{\pi}\left[\frac{\pi D x_i}{\lambda d_i} - \frac{1}{18}\left(\frac{\pi D x_i}{\lambda d_i}\right)^2 + \frac{1}{600}\left(\frac{\pi D x_i}{\lambda d_i}\right)^3 - \cdots\right] 。 \qquad (6.5.13)$$

图 6.5.3 中给出衍射受限的相干线扩散函数与刃边扩散函数。可以看到，刃边扩散函数是振荡的，而直边的像也不再是亮暗严格分明的。

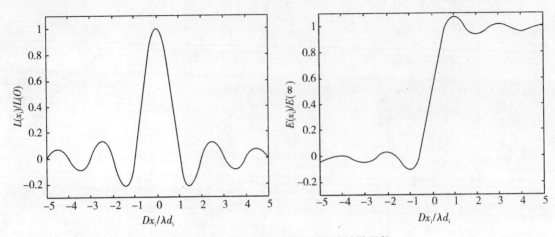

图 6.5.3　相干线扩散函数和刃边扩散函数

在非相干照射下，平行于 $y_o$ 轴的狭缝光源在像平面上产生的线响应函数称为线扩散函数。它与光学传递函数的关系是[参见式(6.5.2)]：

$$L^I(x_i) = F^{-1}\{\hat{H}^I(\xi, 0)\}。 \tag{6.5.14}$$

它是 OTF 沿 $\xi$ 轴截面分布的一维傅里叶变换。虽然线扩散函数与传递函数之间的关系在相干与非相干照射时都是相同的，但由于 OTF 和 CTF 的不同，其线扩散函数也是不同的。例如，相干线扩散函数与孔径形状无关，总是 sinc 函数；OTF 是光瞳自相关的结果，这样，非相干线扩散函数自然就与孔径的形状有关了。

图 6.5.4(a) 画出了系统具有直径为 $D$ 的圆形光瞳的线扩散函数。与相干线扩散函数的主要差别是它没有零点。

非相干刃边扩散函数由非相干线扩散函数的积分给出：

$$E_I(x_i) = \int_{-\infty}^{x_i} L_I(\alpha)\,d\alpha。 \tag{6.5.15}$$

图 6.5.4(b) 画出了非相干刃边扩散函数的曲线，可以看出它没有相干刃边扩散函数中的振荡现象。

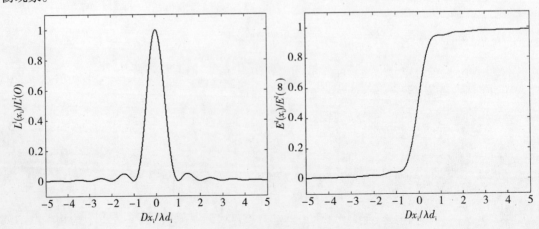

图 6.5.4　非相干线扩散函数与刃边扩散函数

## 6.6 相干与非相干成像系统的比较

前面我们讨论了两类典型的成像系统：相干成像系统和非相干成像系统。没有一个简单而统一的标准来确定哪一种成像方式更优，但可以通过分析比较一些物理量来了解两种系统之间的联系与差异，从而在实际应用中，根据具体情况判断选择哪一种成像方式会优良一些。下面从像强度的频谱比较相干与非相干系统成像性能上的一些不同。

在 6.3 和 6.4 讨论关于方孔和圆孔的相干光学传递函数 CTF 和非相干光学传递函数 OTF 时，我们知道，非相干衍射受限系统的 OTF，其截止频率扩展到相干系统 CTF 的截止频率的两倍处。对于同一个光学成像系统，虽然非相干照射比相干照射在像面上得到更丰富的空间频谱，但不能就此得出非相干照射一定会比采用相干照射得到更好的像的结论。从下面的讨论看到，这一结论一般是不正确的。主要原因是，相干系统截止频率是确定像的复振幅的最高频率分量，而非相干系统截止频率是对像的强度的最高频率分量而言的。虽然这两种情况中，最后的可观察量都是像的强度分布，但由于两种截止频率所描述的物理量不同，所以不能直接对它们进行比较，从而简单地得到结论。即使比较的物理量一致，而要判断绝对好坏也是困难的。

下面分析比较相干照射和非相干照射下像强度分布的频谱特性。由式(5.6.26)和式(5.6.44)可知，在相干和非相干照射下像强度的分布分别为：

$$I_i(x_i, y_i) = |U^g(x_i, y_i) * \tilde{h}(x_i, y_i)|^2, \tag{6.6.1}$$

$$I_i^I(x_i, y_i) = I^g(x_i, y_i) * h^I(x_i, y_i)。 \tag{6.6.2}$$

式中：$I_i$ 和 $I_i^I$ 分别是相干照射下和非相干照射下像面的强度分布；$U^g$ 和 $I^g$ 分别为物(或理想像)的复振幅分布和强度分布。对式(6.6.1)和式(6.6.2)作傅里叶变换，并利用卷积定理和相关定理，便得到相干照射和非相干照射下的频域的像强度分布：

$$G_i(\xi, \eta) = [G^g(\xi, \eta)H(\xi, \eta)] \star [G^g(\xi, \eta)H(\xi, \eta)], \tag{6.6.3}$$

$$G_i^I(\xi, \eta) = [G^g(\xi, \eta) \star G^g(\xi, \eta)][H(\xi, \eta) \star H(\xi, \eta)]。 \tag{6.6.4}$$

式中：$G_i$ 和 $G_i^I$ 分别是相干照射下和非相干照射下像强度的频谱；$G^g$ 是物的复振幅分布的频谱；$H$ 是相干传递函数。

由式(6.6.3)和式(6.6.4)可以看到，在两种情况下，像强度的频谱可能很不相同，但并不能因此而简单地说明一种照射方式比另一种照射方式更好。这是因为成像不仅与照射方式有关，也与系统的结构和物的空间结构有关。这一点可从下面的例题中得到进一步的理解。

**例 6.6.1** 有一单透镜成像系统，其圆形边框的直径为 7.2 cm，焦距为 10 cm，且物和像等大。设物的透射率函数为 $t(x) = |\sin(2\pi x/b)|$，其中 $b = 0.5 \times 10^{-3}$ cm。今用 $\lambda = 600$ nm 的单色光垂直照射该物，试解析说明在相干光和非相干光照射情况下，像面上能否出现强度起伏。如果物的透射率函数为 $t(x) = \sin(2\pi x/b)$，情况又将如何？

**解**：按题设条件，物周期 $T_1 = b/2$，其频率 $\rho_1 = \dfrac{1}{T_1} = \dfrac{2}{b} = 400$ 线/mm，$d_o = d_i = 2\rho = 200$ mm，故 $\rho_c = \dfrac{D}{2\lambda d_i} = 300$ 线/mm，$\rho_c^I = \dfrac{D}{\lambda d_i} = 600$ 线/mm。

显然，在相干照射条件下，$\rho_c < \rho_1$，系统的截止频率小于物的基频，此时系统只允许零频分量通过，其他频谱分量均被挡住，所以物不能成像，像面呈均匀分布；在非相干照射下，$\rho_1 < \rho_c$，系统的截止频率大于物的基频，故零频和基频均能通过系统参与成像，在像面上将有图像存在。基于这种分析，非相干成像要比相干成像好。

但在别的物结构下，情况将发生变化。如物的透射率函数为 $t(x) = \sin(2\pi x/b)$ 时，物周期 $T_1 = b$，其频率 $\rho_1 = \dfrac{1}{b} = 200$ 线/mm。根据上例的数据，显然有 $\rho_1 < \rho_c < \rho_c'$。即在相干照射下，这个呈正弦分布的物函数复振幅能够不受衰减地通过此系统成像。而对于非相干照射方式，物函数的基频也小于其截止频率，故此物函数也能通过系统成像，但其幅度要随空间频率的增加受到逐渐增大的衰减，即对比度降低。由此可见，在这种物结构中，相干照射方式比非相干照射方式要好。

通常，相干照射具有严重的散斑效应，且光学缺陷易在相干照射下观察到，并容易产生一些木纹状的附加干涉花纹，对成像的清晰度带来干扰。另外，相干照射方式与非相干照射方式对锐边的响应也迥然不同。其原因可作如下解释。我们知道，相干成像系统的传递函数为：

$$H(\xi, \eta) = P(\lambda d_i \xi, \lambda d_i \eta) = \begin{cases} 1 & \text{在出瞳外} \\ 0 & \text{在出瞳内} \end{cases}$$

可知，该传递函数具有陡峭的不连续性，且在截止频率确定的通频带内不衰减，因而具有较小的误差。非相干成像系统传递函数为：

$$H^I(\xi, \eta) = [H(\xi, \eta) \star H(\xi, \eta)] / \iint_{-\infty}^{\infty} H(\xi, \eta) \mathrm{d}\xi \mathrm{d}\eta。$$

它的截止频率所确定的通频带内，不像 $H(\xi, \eta)$ 那样恒等于 1，而是随着空间频率的增大逐渐减小，其结果是降低了像的对比度。

# 习 题 6

6.1 如图所示的单透镜和双透镜相干成像系统，所用透镜的焦距都相同。单透镜系统中光阑直径为 $D_1$。为了获得相同的截止频率，双透镜系统中光阑直径 $D_2$ 应为多大？

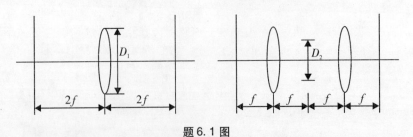

题 6.1 图

6.2 一个余弦型振幅光栅，复振幅透射率为：$t(x_o, y_o) = \dfrac{1}{2}(1 + \cos 2\pi\xi x_o)$。放在如图所示成像系统的物面上，用单色平面波倾斜照明，平面波传播方向在 $x_o z$ 平面内，与 $z$ 轴夹角为 $\theta$。透镜焦距为 $f$，孔径为 $D$。

(1) 求物体透射光场的频谱。

(2) 使像平面出现条纹的最大 $\theta$ 等于多少？求此时像面强度分布。

(3) 若 $\theta$ 采用上述极大值，使像面上出现条纹的最大光栅频率是多少？与 $\theta=0$ 时的截止频率比较，结论如何？

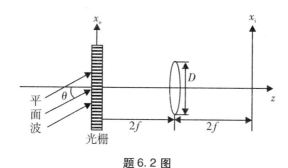

题 6.2 图

6.3 如图所示相干成像系统中，物体复振幅透射率为：$t(x_o, y_o) = \dfrac{1}{2}[1 + \cos(f_a x_o + f_b y_o)]$。为了使像面能得到它的像，问：

(1) 若采用圆形光阑，直径应大于多少？

(2) 若采用矩形光阑，各边边长应各大于多少？

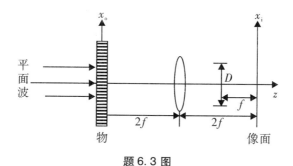

题 6.3 图

6.4 当点扩散函数 $h_I(x_i, y_i)$ 成点对称时，证明 OTF 为实函数，即等于调制传递函数。

6.5 一个非相干成像系统，出瞳由两个正方形孔构成。如图所示，正方形孔的边长 $a=1$ cm，两孔中心距 $b=3$ cm。若光波波长 $\lambda = 0.5$ μm，出瞳与像面距离 $d_i = 10$ cm，求系统的 OTF，并画出沿 $\xi$ 和 $\eta$ 轴的截面图。

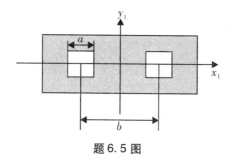

题 6.5 图

6.6 物体的复振幅透射率可以用矩形波表示,它的基频是 50/mm。通过圆形光瞳的透镜成像。透镜焦距为 10 cm,物距为 20 cm,照明波长为 $\lambda = 0.6\ \mu m$。为了使像面出现条纹,在相干照明和非相干照明的条件下,分别确定透镜的最小直径应为多少?

6.7 若余弦光栅的透射率为:$t(x_o, y_o) = a + b\cos(2\pi\xi_0 x_o)$。其中,$a > b > 0$。用相干成像系统对它成像。设光栅频率 $\xi_0$ 足够低,可以通过系统。忽略放大和系统总体衰减,且不考虑像差。求像面的强度分布,并证明同样的强度分布出现在无穷多个离焦的像平面上。

6.8 物体的复振幅透射率为:$t(x_o) = |\cos(2\pi x_o/b)|$,通过光学系统成像。系统的出瞳是半径为 $a$ 的圆孔径,且 $\lambda d_i < a < 2\lambda d_i/b$,其中 $d_i$ 为出瞳到像面的距离,$\lambda$ 为波长。问对该物体成像,采用相干照明和非相干照明,哪一种方式更好?

6.9 在上题中,如果物体换为 $t(x_o) = \cos(2\pi x_o/b)$,结论如何?

6.10 利用施瓦兹不等式证明 OFT 的性质:$|H(\xi, \eta)| \leq |H(0, 0)|$。

6.11 一个非相干成像系统,出瞳为宽为 $2a$ 的狭缝,它到像面的距离为 $d_i$。物体的强度分布为:$I(x_o) = \alpha + \beta\cos(2\pi\xi_0 x_o)$。条纹的方向与狭缝平行。用光波长 $\lambda$ 照明物体,假定物体可以通过系统成像,忽略总体衰减,求像面光强分布。

6.12 如图所示成像系统,光阑为双缝,缝宽为 $a$,中心间隔为 $d$,照明光波长为 $\lambda$。求下述情况下系统的脉冲面积响应和传递函数,画出它们的截面图。

(1) 相干照明;
(2) 非相干照明。

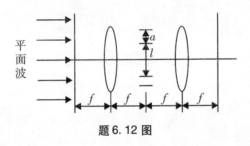

题 6.12 图

6.13 如图所示非相干成像系统,光瞳为边长 $l$ 的正方形。透镜焦距 $f = 50$ mm,光波长 $\lambda = 0.6 \times 10^{-3}$ mm,若物面光分布为:$I_o(x_o) = 1 + \frac{1}{2}\cos(600\pi x_o)$。希望像面光强分布为:

$I_i(x_i) = C\left[1 + \frac{1}{4}\cos(600\pi x_i)\right]$,其中 $C$ 为总体衰减系数。

(1) 画出系统沿 $f_x$ 轴的 OTF 截面图。
(2) 光瞳尺寸 $D$ 应为多少?
(3) 若物面光强分布改为 $I_o(x_o) = 1 + \frac{1}{6}\cos(600\pi x_o)$,求像面的光强度分布 $I_i(x_i)$。

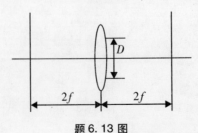

题 6.13 图

6.14 如图所示，它表示非相干成像系统的出瞳是由大量无规则分布的小孔所组成。小孔直径都为 $2a$，出瞳到像面距离为 $d_i$，光波长为 $\lambda$，这种系统可用来实现非相干低通滤波。系统的截止频率近似为多大？

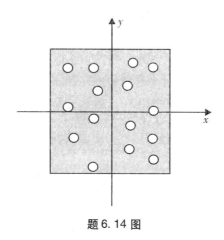

题 6.14 图

6.15 在上题中，出瞳面上小孔改为规则排列，例如构成一个方形列阵，系统的 OFT 发生什么变化？

# 第7章 部分相干光的干涉和衍射

## 7.1 概　述

　　光的衍射以及光学系统的成像都与照射光源的相干性有关。而光的相干性通常是由光的干涉效应来呈现与描述的。当两束或两束以上的光叠加时，在叠加区域光的强度会在极大与极小之间变化，这种现象称为干涉。光场是随时间和空间变化的，所以光的相干性包含了相干的时间效应和空间效应，这两种效应分别来源于光源的单色性程度和有限尺寸，表征了两个时空点之间光振动的相关程度。严格的单色光的叠加总能产生干涉。当然，实际的物理光源产生的光肯定不会是严格单色的，而是其振幅和相位都经受着快速的不规则涨落，以致通常的物理探测的响应速度是跟不上的。如果两束光来自同一光源，则这两束光中的涨落一般来说是相关的，其中完全相关的光束称为相干光束，部分相关的光束称为部分相干光束。而来自不同光源光束间的涨落是完全不相关的，因而这些光束是相互不相干的，这些光束叠加在一起时，在通常实验条件下观察不到干涉现象，总强度处处都等于各光束光强之和。两光束中的涨落之间存在的相关度，决定了两束光叠加所产生的干涉图样的可见度，也称为干涉条纹的调制深度、对比度等。因此，可用干涉图样的可见度来表征光束间的相关度。在许多问题的处理中，为了简便起见，通常会作两种理想化的假设：一种情况是把光源假设为一个理想的点光源，且具有严格的单色性，这样的光振动具有完全的相干性，其干涉条纹的可见度可达到1；另一种情况则假设光源是完全不相干的，这时得不到干涉条纹，干涉条纹的可见度等于0。

　　点光源和单色光都是一种理想化的抽象。严格的单色光在时间上是无限延续的，传播的波列也是无限长的，这自然在实际中是不存在的。任何实际的光源都包含有一定的波长范围和尺寸，严格的点光源实际上也不存在。与此对应，完全不相干的光源也是一种理想化模型，即使采用通常认为完全不相干的太阳光束照射，在一定条件下也能产生干涉效应。例如，在杨氏干涉装置中，只要两个小孔靠得很近（约 0.02 mm），用太阳光来照射双孔，也能观测到干涉条纹。由于严格相干场和严格的非相干场实际上都不可能得到，因此，应研究处于完全相干与完全不相干之间的中间状态，即部分相干光(partial coherent light)，这就是本章所要讲述的内容。

　　部分相干光理论是现代光学中较为活跃的一个研究领域，它既是处理光场统计性质的一种理论（统计光学），又涉及光场的量子力学描述（量子光学）。本章所讲述的部分相干理论的基本概念和规律，只采用对光场的统计描述，而不涉及量子光学处理方法。

　　经典方法研究光的相干性是通过光的干涉来实现的。在线性介质中，麦克斯韦方程组是线性的，因而叠加原理是适用的。光波的叠加将出现许多丰富的物理现象，其中最重要的就是光的干涉。干涉现象是光的波动的基本特征之一。在历史上，光的干涉现象曾经是确证光的波动性的依据。光的波动性最初就是在研究光的干涉现象的基础上建立起来的。

光的干涉是研究光的相干性的重要手段。两束或多束光在相遇的区域内形成稳定的明暗交替或彩色条纹的现象称为光的干涉现象。光的干涉现象是光波叠加后能量再分配的结果。光干涉的理论基础是波的叠加原理。在波叠加原理成立的条件下,考察叠加区内的光强分区分布时,需要区分两种情况:一是非相干叠加,指在观测时间内总光强是各分光强的直接相加;二是相干叠加,指在观测时间内总光强一般不等于各分光强的直接相加。

可见光的时间振动周期在 $10^{-14}$s 的量级,远小于目前探测仪器的响应时间和观测时间,当今任何探测器均无法追踪光场的即时振动,只能显示其时间平均效应——光强,所以干涉问题实质上是一个时间域中的统计平均问题。干涉的形成过程可以根据所考察的时间不同而分为三个层次:场的即时叠加,瞬态干涉,稳定干涉。在线性介质中,场的即时叠加总是存在的,瞬态干涉和稳定干涉则与观测条件有关。不同的观测条件导致了对相干条件的不同提法。稳定干涉是指在一定的时间间隔内,通常这个时间间隔要大大超过光探测器的响应时间,如人眼的视觉暂留时间、照相底片的曝光、光电管的响应时间等。光强的空间分布不随时间改变。强度分布是否稳定是目前我们区别相干和不相干的主要标志。

## 7.2 互相干函数和相干度

### 7.2.1 概述

从微观角度来说,一个发光光源包含有大量微观的辐射基元,光场是由这些辐射基元叠加而成的。因此,实际上难以精确地描述这样的光场,只能将其作为随机过程来讨论它的统计性质。要对这种随机过程作完备的讨论,理论上是可能的,实际上却因过于复杂而难以实现。由于大多数情况下,无需知道光波完整的统计模型,只要知道某些阶的矩即可。例如,只要用二阶矩就可以研究光场的相干性,通过考察光波的二阶统计描述,可引出相干度的概念。引入光的统计特性来描述光的部分相干性,这是因为:①在大部分场合,光是大量、可单独辐射的辐射体所产生辐射的总和,在特定的边界条件下求解麦克斯韦方程不仅困难,也没有什么实际的意义;②光的统计特性中的绝大部分参数是可以用仪器测量的,而对光场本身,目前还没有一种仪器能够直接观测到;③最重要的是,统计方法确实能解释很多光学现象。对相干性的理解,传统上是从迈克尔逊干涉实验和杨氏干涉实验出发,来分别阐述时间相干性和空间相干性。但如何定量地描述相干性,是首先需要解决的问题。条纹可见度并不适用于定量描述相干性,它仅仅是一个对干涉结果的观测量,对理解相干的本质不会有更多的帮助。定量描述相干性的前提是把光场看作随机场,而把随机场的相干函数作为描述场的基本参量。

把一个实际光场看作一个随机场,假定场中的任意两点 $P_1$, $P_2$ 在不同时刻的场值分别为 $u_1(r_1;t_1)$ 和 $u_2(r_2;t_2)$,则互相干函数(mutual coherence function)$\Gamma_{12}$ 的定义为:

$$\Gamma_{12}(r_1, r_2; t_1, t_2) = \langle u_1(r_1; t_1) u_2^*(r_2; t_2) \rangle \text{。} \tag{7.2.1}$$

上式表明随机场中任意两点之间场值乘积(其中一个为共轭值)的集合平均就是随机场的相干函数。$\Gamma_{12}$ 中的下标"12"表示空间两点 $P_1$, $P_2$ 之间的相乘关系。按照点的空间坐标 $r$ 和时间坐标 $t$ 的不同取法,二阶相干性可以分为空间相干性和时间相干性两大范畴。

为了讨论一个具有有限带宽和有限大小的光源发出的光场的相干性问题,就要确定光场中两个不同点 $P_1$, $P_2$ 某一相对时间延迟时的相关性。可以把光场中的两点看作次波源,考察它们发出的两束光波在空间另一点 $Q$ 的干涉现象。时间变量可以通过光程差而得到,因此,在时空坐标中,两个时空点的相关性转化为空间坐标系中 $P_1$, $P_2$ 和 $Q$ 三点的相关性问题。

### 7.2.2 两束部分相干光的干涉

下面通过两束部分相干光的干涉来求互相干函数和相干度的具体表达式,以定量地描述光场的相干性。如图 7.2.1 所示,光源 $S_0$ 具有一定大小并发出多色光,照射到不透明屏的两个小孔 $P_1$ 和 $P_2$ 上,这两个小孔到观察点 $Q$ 的距离分别为 $r_1$ 和 $r_2$。$t$ 时刻通过针孔 $P_1$ 和 $P_2$ 点的光振动解析信号分别为 $u(P_1,t)$ 和 $u(P_2,t)$,它们形成了两个新光场。两个小孔 $P_1$ 和 $P_2$ 实际上是把来自光源 $S_0$ 的光衍射到观测屏上,那么如何求 $P_1$ 和 $P_2$ 两点的光在观测面上 $Q$ 点的光场分布?如果不考虑光的偏振效应,或者假定 $Q$ 点相遇的两束光偏振方向相同,即么,来自 $P_1$ 和 $P_2$ 小孔的解析函数可分别表示为 $K_1 u_1(t-r_1/c)$ 和 $K_2 u_2(t-r_2/c)$,其中:$c$ 为光速;$r_1 = \overline{P_1 Q}$;$r_2 = \overline{P_2 Q}$;$K_1$ 和 $K_2$ 为传播因子,表示单个针孔处单位振幅的子波源产生的衍射光对观测点 $Q$ 处的贡献大小,它们分别与 $r_1$ 和 $r_2$ 成反比,与小孔的大小及光路的几何布局有关。对平均波长为 $\bar{\lambda}$ 的准单色光,并且小孔 $P_1$ 和 $P_2$ 都足够小时,根据惠更斯—菲涅耳原理的数学表达式,可知 $K_1$ 和 $K_2$ 是纯虚数。

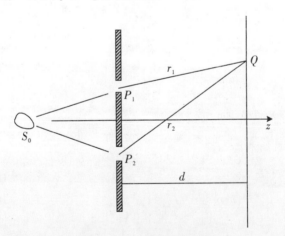

**图 7.2.1 扩展光源的干涉**

由光场的叠加原理,这两个光场在观察屏上 $Q$ 点叠加在一起后的合成光场为:

$$u(Q;t) = K_1 u_1(P_1;t-t_1) + K_2 u_2(P_2;t-t_2). \tag{7.2.2}$$

式中:$t_1 = r_1/c$, $t_2 = r_2/c$。

由于探测器相对光频来说是慢响应的,所以实标量函数 $u^{(r)}(t)$ 随时间的瞬时变化目前在实验上不能用现有的探测器测量出来,实际能测量的是一个时间平均值,这样只能用统计的方法来描述 $Q$ 点的光场。根据随机过程的理论,将实标量函数 $u^{(r)}(t)$ 看成表征过程统计性质的函数系综中的一个典型成员。如果只讨论光场是一个平稳的、各态遍历的随机过程,那么，对于一个平稳过程来讲，统计量与时间原点的选取无关，各态遍历意味着系综平均等于时间平均。因而，对足够长的时间取统计平均后，在观察点 $Q$ 点探测到的光强是时间的平均值，即

$$I(Q) = \langle u(Q; t) u^*(Q; t) \rangle \text{。} \tag{7.2.3}$$

上式中的尖括号表示对时间求平均。将式(7.2.2)代入式(7.2.3)，可得：

$$I(Q) = K_1^2 \langle u_1(P_1; t-t_1) u_1^*(P_1; t-t_1) \rangle + K_2^2 \langle u(P_2; t-t_2) u^*(P_2; t-t_2) \rangle$$
$$+ K_1 K_2 \langle u_1(P_1; t-t_1) u_2^*(P_2; t-t_2) \rangle + K_1 K_2 \langle u_1^*(P_1; t-t_1) u_2(P_2; t-t_2) \rangle \text{。}$$
$$\tag{7.2.4}$$

如果光场是平稳的，也就是说，其统计性质不随时间改变，互相干函数只与时间差 $\tau = t_2 - t_1 = (r_2 - r_1)/c$ 有关。若光场还是各态遍历的，则时间互相干函数等于统计互相干函数，因此得出：

$$\langle u_1(P_1; t-t_1) u_2^*(P_2; t-t_2) \rangle = \langle u_1(P_1, t+\tau) u_2^*(P_2, t) \rangle = \Gamma_{12}(\tau) \text{。} \tag{7.2.5}$$

式中：$\Gamma_{12}(\tau)$ 称为光场的互相干函数。显然有：

$$\langle u_1^*(P_1, t-t_1) u_2(P_2, t-t_2) \rangle = \langle u_1(P_1, t+\tau) u_2^*(P_2, t) \rangle^* = \Gamma_{12}^*(\tau) \text{。} \tag{7.2.6}$$

当 $P_1$ 和 $P_2$ 重合时，互相干函数就成为自相干函数，定义为：

$$\langle u_1(P_1, t+\tau) u_1^*(P_1, t) \rangle = \Gamma_{11}(\tau), \tag{7.2.7}$$

$$\langle u_2(P_2, t+\tau) u_2^*(P_2, t) \rangle = \Gamma_{22}(\tau) \text{。} \tag{7.2.8}$$

由于自相干函数只涉及一个空间点，仅仅是时间差 $\tau$ 的函数，在不至于引起混淆的情况下，可以不再写下标，而记为 $\Gamma(\tau)$。当 $\tau = 0$ 时，便有：

$$\langle u_1(P_1, t) u_1^*(P_1, t) \rangle = \Gamma_{11}(0) = I_1(P_1),$$
$$\langle u_2(P_2, t) u_2^*(P_2, t) \rangle = \Gamma_{22}(0) = I_2(P_2) \text{。} \tag{7.2.9}$$

显然上式中的 $I_1$ 和 $I_2$ 分别是 $P_1$ 和 $P_2$ 点的光强。利用施瓦兹不等式，容易证明：

$$|\Gamma_{12}(\tau)| \leq \sqrt{\Gamma_{11}(0)\Gamma_{22}(0)} = \Gamma(0) \text{。} \tag{7.2.10}$$

单孔 $P_1$ 和 $P_2$ 在 $Q$ 点产生的光强分别为：

$$I_1(Q) = K_1^2 \Gamma_{11}(0) = K_1^2 I_1(P_1), \quad I_2(Q) = K_2^2 \Gamma_{22}(0) = K_2^2 I_2(P_2) \text{。} \tag{7.2.11}$$

这样，式(7.2.4)可以写成：

$$I(Q) = I_1(Q) + I_2(Q) + K_1 K_2 [\Gamma_{12}(\tau) + \Gamma_{12}^*(\tau)]$$
$$= I_1(Q) + I_2(Q) + K_1 K_2 \mathrm{Re}[\Gamma_{12}(\tau)] \text{。} \tag{7.2.12}$$

在许多情况下，需要将互相干函数归一化，即

$$\gamma_{12}(\tau) = \frac{\Gamma_{12}(\tau)}{\sqrt{\Gamma_{11}(0)\Gamma_{22}(0)}} = \frac{\Gamma_{12}(\tau)}{\sqrt{I_1(P_1) I_2(P_2)}} \text{。} \tag{7.2.13}$$

式中：$\gamma_{12}(\tau)$ 称为光场 $u_1(P_1, t)$ 和 $u_2(P_2, t)$ 的复相干度(complex degree of coherence)或相关度(correlativity)。显然有：

$$0 \leq |\gamma_{12}(\gamma)| \leq 1 \text{。} \tag{7.2.14}$$

于是，式(7.2.4)又可表示为：

$$I(Q) = I_1(Q) + I_2(Q) + 2\sqrt{I_1(Q) I_2(Q)} \mathrm{Re}[\gamma_{12}(\tau)] \text{。} \tag{7.2.15}$$

上式就是平稳光场的普遍干涉定律。

对于平均频率为 $\bar{\nu}$ 的准单色光，可将互相干函数和复相干度分别表示如下：

$$\Gamma_{12}(\tau) = |\Gamma_{12}(\tau)| e^{i[2\pi\bar{\nu}\tau + \alpha_{12}(\tau)]}, \quad (7.2.16)$$

$$\gamma_{12}(\tau) = |\gamma_{12}(\tau)| e^{i[2\pi\bar{\nu}\tau + \alpha_{12}(\tau)]}。 \quad (7.2.17)$$

于是，式(7.2.15)可写为：

$$I(Q) = I_1(Q) + I_2(Q) + 2\sqrt{I_1(Q)I_2(Q)} |\gamma_{12}(\tau)| \cos[2\pi\bar{\nu}\tau + \alpha_{12}(\tau)]。 \quad (7.2.18)$$

记：$\delta = 2\pi\bar{\nu}\tau = \dfrac{2\pi}{\lambda}(r_2 - r_1)$，为光波从小孔 $P_1$ 和 $P_2$ 两点的光振动各自传播到达 $Q$ 点而引起相位差（或称为相位延迟），$\alpha_{12}(\tau)$ 为光波在 $P_1$ 和 $P_2$ 两点的光振动有一时间延迟 $\tau$ 的相位差（有时也称为表观或有效相位延迟），它们都与光源性质无关。由于 $r_1$ 和 $r_2$ 比 $\bar{\lambda}$ 大得多，当 $Q$ 点相对 $P_1$ 和 $P_2$ 点位移时，$\delta$ 的变化远比 $r_1$ 和 $r_2$ 的变化大得多。这样，式(7.2.18)中的相位因子 $\alpha_{12}(\tau)$ 和振幅 $|\gamma_{12}(\tau)|$ 因 $Q$ 点位置改变所引起的变化远比 $\cos\delta$ 来得缓慢。式(7.2.18)中的 $I_1$ 和 $I_2$ 为直流分量，第三项为附加在直流分量上的余弦变化量，因 $|\gamma_{12}(\tau)|$ 随 $\delta$ 变化缓慢，可视为常量。

当 $|\gamma_{12}(\tau)|$ 取最大值 1 时，$Q$ 点的光强与频率为 $\bar{\nu}$ 的单色光波在 $P_1$ 和 $P_2$ 点处相位差 $\alpha_{12}(\tau)$ 的完全相干光波生的光强是一样的；当 $|\gamma_{12}(\tau)|$ 取最小值 0 时，$Q$ 点的光强为两光束光波在 $Q$ 点产生的光强的简单相加，没有干涉，因此，$P_1$ 和 $P_2$ 点的光振动是非相干的。当 $0 < |\gamma_{12}(\tau)| < 1$ 时，$P_1$ 和 $P_2$ 点的光振动就是部分相干的，其相干度就是 $|\gamma_{12}(\tau)|$，所以 $|\gamma_{12}(\tau)|$ 称为相干度。可见：

$$\begin{cases} |\gamma_{12}(\tau)| = 1 & \text{完全相干} \\ |\gamma_{12}(\tau)| = 0 & \text{完全不相干。} \\ 0 < |\gamma_{12}(\tau)| < 1 & \text{部分相干} \end{cases}$$

可将 $|\gamma_{12}(\tau)|$ 与 $Q$ 点干涉条纹的可见度联系起来。条纹可见度是针对余弦型条纹而言的，由可见度的定义，可得：

$$V = \dfrac{2\sqrt{I_1(Q)I_2(Q)}}{I_1(Q) + I_2(Q)} |\gamma_{12}(\tau)|。 \quad (7.2.19)$$

上式表明，只要测出两光束在 $Q$ 点产生的光强及干涉条纹的可见度，就可得到复相干度的模 $|\gamma_{12}(\tau)|$。当两束光波在 $Q$ 点的强度相等时，干涉条纹的可见度就等于复相干度的模：

$$V = |\gamma_{12}(\tau)|。 \quad (7.2.20)$$

从基础光学可知，由 $P_1$ 和 $P_2$ 发出的单色光波在 $Q$ 点形成的干涉条纹的可见度的表达式为：

$$V = \dfrac{2\sqrt{I_1(Q)I_2(Q)}}{I_1(Q) + I_2(Q)}。 \quad (7.2.21)$$

所以，$|\gamma_{12}(\tau)|$ 的物理意义是在 $Q$ 点附近的干涉条纹的可见度达到了当 $P_1$ 和 $P_2$ 点的光振动完全相干时的多大程度。

### 7.2.3 互相干函数的谱

对互相干函数作傅里叶变换，可得到互相干函数的频谱表达式，并可定义光谱密度。首先引入截断函数的定义：

$$u_1^{T_0}(P_1; t) = \begin{cases} u_1(P_1; t) & |t| \leq T_0 \\ 0 & |t| > T_0 \end{cases}。 \quad (7.2.22)$$

即讨论限于 $-T_0 < t < T_0$ 区间。式(7.2.22)中 $u_1^{T_0}(P_1;t)$ 是与 $u_1^{(r)T_0}(P_1;t)$ 相应的解析信号。由式(3.3.27)得到 $u_1^{T_0}(P_1;t)$ 的傅里叶变换为:

$$u_1^{T_0}(P_1;t) = \int_0^\infty U_1^{T_0}(P_1;\nu) e^{i2\pi\nu t} d\nu_\circ \tag{7.2.23}$$

式中: $U_1^{T_0}(P_1,\nu) = 2U_1^{(r)T_0}(P_1,\nu)$。同样有:

$$u_2^{T_0}(P_2,t) = \int_0^\infty U_2^{T_0}(P_2,\nu) e^{i2\pi\nu t} d\nu_\circ \tag{7.2.24}$$

于是,互相干函数可以写为:

$$\Gamma_{12}(\tau) = \langle u_1(P_1;t+\tau) u_2^*(P_2;t) \rangle = \lim_{T_0 \to \infty} \frac{1}{2T_0} \int_{-\infty}^\infty u_1(P_1;t+\tau) u_2^*(P_2;t) dt$$

$$= \lim_{T_0 \to \infty} \frac{1}{2T_0} \int_{-\infty}^\infty dt \int_0^\infty \int_0^\infty U_1^{T_0}(P_1;\nu) U_2^{T_0*}(P_2;\nu') e^{i2\pi(\nu-\nu')t} e^{i2\pi\nu\tau} d\nu d\nu'_\circ \tag{7.2.25}$$

由于 $\int_{-\infty}^\infty e^{i2\pi(\nu-\nu')t} dt = \delta(\nu - \nu')$,于是有:

$$\Gamma_{12}(\tau) = \int_0^\infty G_{12}(\nu) e^{i2\pi\nu\tau} d\nu_\circ \tag{7.2.26}$$

式中: $G_{12}(\nu)$ 为互光谱密度(mutual spectrum-density)函数,参照式(7.2.5),其定义为:

$$G_{12}(\nu) = \lim_{T_0 \to \infty} \left[ \frac{U_1^{T_0}(P_1;\nu) U_2^{T_0*}(P_2;\nu)}{2T_0} \right]_\circ \tag{7.2.27}$$

对于自相干函数,有:

$$\Gamma(\tau) = \int_0^\infty G(\nu) e^{i2\pi\nu\tau} d\nu_\circ \tag{7.2.28}$$

式中: $G(\nu)$ 称为光场的功率谱密度函数。如果把 $P_1$ 点随时间变化的光振动看作频率不同的许多单色光振动的线性组合,则频率为 $\nu$ 的单色振动对强度的分布正比于 $G(\nu)$,所以 $G(\nu)$ 也就是光源的光谱分布函数,其定义为:

$$G(\nu) = \lim_{T_0 \to \infty} \frac{U^{T_0}(P,\nu) U^{T_0*}(P,\nu)}{2T_0} = \lim_{T_0 \to \infty} \frac{|U^{T_0}(P,\nu)|^2}{2T_0}_\circ \tag{7.2.29}$$

对于复相干度也有类似的关系:

$$\gamma_{12}(\tau) = \int_0^\infty \hat{G}_{12}(\nu) e^{i2\pi\nu\tau} d\nu_\circ \tag{7.2.30}$$

式中: $\hat{G}_{12}(\nu)$ 为归一化的互谱密度函数,即:

$$\hat{G}_{12}(\nu) = \frac{G_{12}(\nu)}{\sqrt{\Gamma_{11}(0)\Gamma_{22}(0)}}_\circ \tag{7.2.31}$$

显然有:

$$\hat{G}(\nu) = \frac{G(\nu)}{\Gamma(0)}, \tag{7.2.32}$$

$$\int_0^\infty \hat{G}(\nu) d\nu = 1_\circ \tag{7.2.33}$$

## 7.3 空间相干性

空间相干性是指两个空间点光振动的相关程度,也就是说在任一时刻来自空间中这两点的光振动是否有固定的相位联系，是否能形成稳定的干涉图样。这种相干的空间效应是由光源的有限大小引起的，通常称为光源或由光源产生的光波场的空间相干性。下面以单色扩展光源的杨氏干涉实验为例，分析光源线度对干涉条纹可见度的影响，从而分析光源的空间相干性。

## 7.3.1 杨氏干涉

1801年，杨(Young)提出一个观察光的干涉现象的实验装置。如图7.3.1所示，用一单色光源 $S_0$ 照射到开有小孔 $P_0$ 的不透明屏上，再在与这个屏相距为 $R$ 处平行放置开有两个小孔 $P_1$ 和 $P_2$ 的另一个不透明屏。由惠更斯原理，光场中的每一点都可以看作一个次波源，故当小孔 $P_0$ 的直径小到一定程度时，透过小孔 $P_0$ 的光波可以当作自点源 $S_0$ 发出的球面波，$P_0$ 相当于一个点光源。这个点光源发出的球面波传播到下一个有小孔 $P_1$ 和 $P_2$ 的不透明屏透射后，形成两个分别以 $P_1$ 和 $P_2$ 为次级点源的球面子波。这两个球面子波在屏后继续传播，在传播的空间里会相互重叠而发生干涉。在距离双孔屏为 $d$ 处平行放置一个观测屏，在屏上就可以观测到一组平行的直线状条纹，称为干涉条纹。由此可见，杨氏装置的本质就是用一对小孔从球面波的波前提取出了两个相干子波。

## 7.3.2 两球面波的干涉

见图7.3.1，双孔屏所在平面标记为 $x_o$-$y_o$，观测屏所在平面标记为 $x_i$-$y_i$。小孔 $P_0$ 所在平面离双孔 $P_1$ 和 $P_2$ 所在平面的距离为 $R$，$P_0$ 到 $P_1$ 和 $P_2$ 的距离分别为 $R_1$ 和 $R_2$，$P_1$ 和 $P_2$ 的间距为 $d_0$，$P_1$ 和 $P_2$ 到观测屏某点 $Q$ 的距离分别为 $r_1$ 和 $r_2$。假定小孔 $P_1$ 和 $P_2$ 相对于小孔 $P_0$ 对称，即 $R_1 = R_2$，且观测点 $Q$ 靠近光轴（傍轴近似），这样到达 $Q$ 点的两个球面子波强度理论近似相等，记为 $I_0$。

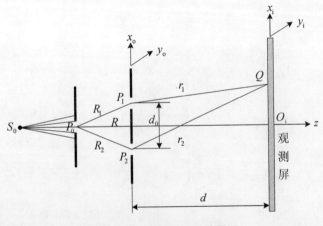

图7.3.1 杨氏双孔干涉原理

由基础光学中的双光束干涉理论，可知：

$$I = 4I_0 \cos^2 \frac{\Delta\varphi}{2}. \tag{7.3.1}$$

杨氏双孔干涉是一种等强度的双球面波干涉，上式表明，观测点 $Q$ 的叠加光强度随着光波相位差呈现余弦平方型周期变化，且条纹可见度为 1，式中的相位差 $\Delta\varphi$ 为：

$$\Delta\varphi = \varphi_2 - \varphi_1 = (k_2 r_2 - k_1 r_1) + (k_2 R_2 - k_1 R_1) = \frac{2\pi}{\lambda}[(n r_2 - n r_1) + (n' R_2 - n' R_1)]$$

$$= \frac{2\pi}{\lambda}(\Delta S_r + \Delta S_R)。 \tag{7.3.2}$$

式中：$\Delta S_r = n(r_2 - r_1)$，$\Delta S_R = n'(R_2 - R_1)$ 分别为双孔屏右边和左边前两束光的光程差；$n$ 和 $n'$ 分别为双孔屏左边和右边介质的折射率，如果实验装置放置在空气中，则有 $n = n'$。当 $R_1 = R_2$ 时，$\Delta S_R = 0$，这样式(7.3.2)变为：

$$\Delta\varphi = \frac{2\pi}{\lambda}n(r_2 - r_1) = \frac{2\pi}{\lambda}\Delta S_r。 \tag{7.3.3}$$

从上式可知，干涉光场中等相位差点的轨迹是以点源 $P_1$ 和 $P_2$ 连线为旋转轴且亮暗相同的空间旋转双曲面族，其在 $x_i - z$ 平面上的投影为一组亮暗相间的余弦平方双曲线条纹。

假定观测点 $Q$ 与双孔 $P_1$ 和 $P_2$ 共面（如同在纸面上），$Q$ 点的坐标为 $x_i$，且 $d \gg d_0$，$x_i$，在傍轴近似下，可得：

$$r_1 = \sqrt{d^2 + \left(x_i - \frac{d_0}{2}\right)^2} \approx d + \frac{1}{2d}\left(x_i - \frac{d_0}{2}\right)^2, \tag{7.3.4a}$$

$$r_2 = \sqrt{d^2 + \left(x_i + \frac{d_0}{2}\right)^2} \approx d + \frac{1}{2d}\left(x_i + \frac{d_0}{2}\right)^2。 \tag{7.3.4b}$$

则有：

$$\Delta S_r = r_2 - r_1 \approx \frac{1}{2d}\left(x_i + \frac{d_0}{2}\right)^2 - \frac{1}{2d}\left(x_i - \frac{d_0}{2}\right)^2 = \frac{d_0}{d}x_i。 \tag{7.3.5}$$

将上式代入式(7.3.3)，可得：

$$\Delta\varphi = \frac{2\pi}{\lambda}\frac{d_0}{d}x_i。 \tag{7.3.6}$$

上式表明，在傍轴条件下，两光波在垂直于 $z$ 轴的某个远场观测平面上任意观测点的相位差（或光程差）仅仅是观测点横向坐标 $x_i$ 的线性函数，因而等相位差（或等光程差）点的轨迹应该是一组平行于 $y_i$ 轴的直线。当 $\Delta\varphi = \pm 2m\pi$ 或 $\Delta S_r = \pm m\bar{\lambda}$ （$m = 0, 1, 2, 3, \cdots$）时，得第 $m$ 级强度极大值，即亮条纹中心位置为：

$$x_{im} = \pm m \frac{\bar{\lambda}}{d_0} d; \tag{7.3.7}$$

当 $\Delta\varphi = \pm(2m+1)\pi$ 或 $\Delta S_r = \pm(2m+1)\bar{\lambda}/2$ （$m = 0, 1, 2, 3, \cdots$）时，得第 $m$ 级强度极小值，即暗条纹中心位置为：

$$x'_{im} = \pm(2m+1)\frac{\bar{\lambda}}{2d_0}d。 \tag{7.3.8}$$

相邻两级亮条纹或暗条纹间距为：

$$\Delta x_i = x_{i(m+1)} - x_{im} = x'_{i(m+1)} - x'_{im} = \frac{\bar{\lambda}d}{d_0}。 \tag{7.3.9}$$

两光束光程差的改变引起干涉条纹移动的数目为：

$$N = \frac{\Delta S_r}{\lambda} = \frac{d_0}{\lambda d}x_i = \frac{x_i}{\Delta x_i}。 \tag{7.3.10}$$

根据杨氏干涉实验，相位延迟 $2\pi$，相当于干涉图在平行于 $P_1P_2$ 方向上移动 $\overline{\lambda}d/d_0$。因此，相对于当 $P_1$ 和 $P_2$ 处单色及同相位照射所形成的干涉条纹，窄带光条纹在平行于双孔连线方向上有一位移量 $\Delta x_i$，它与 $\alpha_{12}(\tau)$ 的关系为 $\dfrac{\alpha_{12}(\tau)}{2\pi} = \dfrac{\Delta x_i}{\lambda d/d_0}$，即：

$$\alpha_{12}(\tau) = \frac{2\pi d_0}{\lambda d}\Delta x_i。 \tag{7.3.11}$$

于是两束窄带光的复相干度的相位可通过测量干涉条纹的位置来确定。

由上讨论可知，球面波杨氏干涉条纹的主要特点如下：

(1) 在傍轴近似下，干涉图样是一组沿双孔连线方向展开的等强度、等间距的余弦平方型直线条纹，如图 7.3.2 所示，条纹间距 $\Delta x_i$ 正比于光波波长 $\lambda$ 及双孔到观测屏的距离 $d$，反比于双孔间距 $d_0$。

(2) 复色光照明时，各级干涉条纹除 0 级（中央亮条纹）外呈现彩色状，并且相对于 0 级条纹位置按波长自小到大展开。

(3) 相遇点出现强度极大或是极小，取决于两光波在该点的总相位差或总光程差的大小。只要由于某种原因使得两光波在该点的总相位差或总光程差发生改变，则该点条纹的亮暗将随之变化，或者说该点的条纹将发生移动，光程差改变几个波长，则条纹移动几个间距。

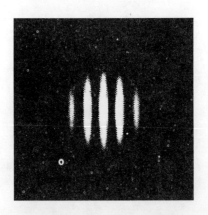

图 7.3.2　杨氏双孔干涉图样

此外，在用普通单色扩展光源发出的光场中提取一个点光源，在激光发明之前是十分必要的。现在由于激光器输出的光束直径可以做到很小，实际上就可以看作一个很理想的点光源。如果在杨氏干涉实验中采用激光器，则只需要让光束会聚点位于 $S_0$ 点即可，而无需再加小孔。因此，通常就可以把 $S_0$ 看成一个点光源，而不管其产生的方式。

### 7.3.3　光源宽度对双孔干涉的影响

不管用何种方式产生的点光源都不是完全理想的，总是有一定的横向宽度，即有一定的光发面积，这样的实际光点源可以看成许多彼此不相干的理想点光源的集合。在杨氏干涉实验中，要使干涉图样有一定的光照度，就需要光源的宽度。如图 7.3.3 所示，无论沿 $y$ 方向怎样移动点光源 $S_0$，则由式(7.3.1)、式(7.3.2)和式(7.3.6)可知，两光波在 $Q$ 的相位差不受影响，因而干涉图样强度分布特征（即条纹形状，亮、暗条纹中心位置，相邻亮、暗条纹的间距等）不变。但沿 $x$ 方向移动点光源 $S_0$ 时，情况就不一样了。这时干涉条纹的位置将相应移动，由式(7.3.7)给出的亮纹条件，点光源位于主光轴上 $S_0$ 点时，中央亮条纹中心正好位于 $O_i$ 点。现假设点光源沿 $x$ 方向平移 $\delta l$ 距离至 $S_0'$ 点时，在小孔 $P_0$ 处也产生相应大小的位移 $\delta x_0$，中央亮条纹中心相应地平移 $\delta x_i$ 距离到 $O_i'$ 点。这样可得：

$$R_2 + r_2 - (R_1 + r_1) = 0 \Rightarrow R_1 - R_2 = r_2 - r_1 \Rightarrow \frac{d_0 \delta x_0}{R} = \frac{d_0 \delta x_i}{d},$$

即有：

$$\delta x_i = \frac{d}{R} \delta x_0 。 \tag{7.3.12}$$

由此可求得因点光源 $S_0$ 的平移所引起的干涉条纹的平移数目为：

$$N = \frac{\delta x_i}{\Delta x_i} = \frac{d_0}{\lambda d} \frac{d}{R} \delta x_0 = \frac{d_0}{\lambda R} \delta x_0 。 \tag{7.3.13}$$

上述结果表明，当点光源 $S_0$ 沿平行双孔连线方向平移时，干涉条纹将沿反方向作相应的平移，平移量大小与点光源的平移量大小成正比。

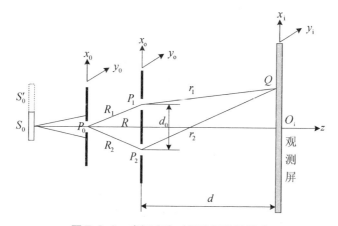

图 7.3.3  光源宽度对双孔干涉的影响

光源的横向宽度对双孔干涉的影响还可以从干涉图样的可见度看出来。假设光源沿 $x$ 方向扩展的线光源代替点光源照明。为简单起见，假定光源发射单色谱线 $\lambda$，有一定宽度的狭缝光源 $S_0$ 可以看成由许多线光源所组成，每一条线光源经过 $P_1$ 和 $P_2$ 后，观测面上都各自产生一套条纹，各套条纹间距都相同，只是相互有了错动。当 $S_0$ 的上、下边缘外的两线元形成的两套条纹相互位移了一个条纹间距时，观测面上的条纹就模糊不清，形成了均匀的照明光场。如图 7.3.4 所示，设光源沿 $x$ 方向的扩展宽度为 $b$，中心位于光轴上 $S_0$ 点，单位宽度的线光源通过双孔之一在观测点 $Q(x_i)$ 引起的光强度为 $I(x_i)$。

如果要得到可观测的干涉条纹，光源 $S_0$ 的宽度 $b$ 应该满足 $b < \Delta x = \dfrac{d\lambda}{2d_0}$，而且 $\dfrac{b}{R} = \alpha <$

$\frac{\Delta x}{d} = \frac{\lambda}{d_0}$,$\alpha$ 是光源线度 $b$ 对双孔平面中心的张角,所以有:

$$b < \frac{R\lambda}{d_0} \text{。} \tag{7.3.14}$$

如果要得到较好清晰程度的干涉条纹,光源的宽度需要进一步变小,通常要求为:

$$b < \frac{1}{4}\frac{R\lambda}{d_0} \text{。} \tag{7.3.15}$$

这虽然是一个近似的条件,却是在实验中用来计算光源所许可宽度的基础。

在双孔 $P_1$ 和 $P_2$ 处光场的复振幅分别为 $\frac{A_{o0}}{R_1}e^{ikR_1}$ 和 $\frac{A_{o0}}{R_2}e^{ikR_2}$,$P_1$ 和 $P_2$ 发生的次级光源传播到观测面 $x_i$ 点的光振幅为:

$$\frac{A_{o0}}{R_1}e^{ikR_1}\frac{e^{ikr_1}}{r_1} + \frac{A_{o0}}{R_2}e^{ikR_2}\frac{e^{ikr_2}}{r_2} \text{。} \tag{7.3.16}$$

这里,忽略了 $P_1$ 和 $P_2$ 的宽度及衍射次级光波随方向变化的效应。在一般的杨氏干涉实验中,$R_1$ 和 $R_2$ 之间、$r_1$ 和 $r_2$ 之间相差不大,可认为式(7.3.16)的分母中,$R_1 \approx R_2$,$r_1 \approx r_2$,可以令式(7.3.16)中的振幅为 $A_{i0}$,这样上式可简化为:

$$A_{i0}e^{ik(R_1+r_1)} + A_{i0}e^{ik(R_2+r_2)} \text{。} \tag{7.3.17}$$

那么在某点 $x_0$ 的线元 $dx_0$ 在观测面 $Q$ 点上的光强分布为:

$$I(x_i)\big|_{x_0} = 2A_{i0}^2\{1 + \cos[\Delta\varphi(x_i)]\} = 2A_{i0}^2\{1 + \cos[k(R_2+r_2-R_1-r_1)]\} \text{。} \tag{7.3.18}$$

在傍轴近似下,有:

$$R_1^2 = R^2 + \left(\frac{d_0}{2} - x_o\right)^2, \quad R_1 = R + \frac{\left(\frac{d_0}{2} - x_o\right)^2}{2R} \text{。} \tag{7.3.19a}$$

$$R_2^2 = R^2 + \left(\frac{d_0}{2} + x_o\right)^2, \quad R_2 = R + \frac{\left(\frac{d_0}{2} + x_o\right)^2}{2R} \text{。} \tag{7.3.19b}$$

相位差 $\Delta\varphi(Q)$ 可表示为:

$$\Delta\varphi(Q) = \frac{2\pi}{\lambda}[(R_2 - R_1) + (r_2 - r_1)] = \frac{2\pi}{\lambda}\left(\frac{d_0}{d}x_i + \frac{d_0}{R}x_0\right) \text{。} \tag{7.3.20}$$

于是整个线光源在 $Q$ 点引起的干涉图样总强度为:

$$I(x_i) = \int_{-b/2}^{b/2} I(x_i)\big|_{x_0}dx_0 = 2I_0\int_{-b/2}^{b/2}\left\{1 + \cos\left[\frac{2\pi}{\lambda}\left(\frac{d_0}{d}x_i + \frac{d_0}{R}x_0\right)\right]\right\}dx_0$$

$$= 2I_0 b\left[1 + \frac{\sin\vartheta}{\vartheta}\cos\left(\frac{2\pi}{\lambda}\frac{d_0}{d}x_i\right)\right] \text{。} \tag{7.3.21}$$

式中:$I_0 = A_{i0}^2$;$\vartheta = \frac{\pi b d_0}{\lambda R}$。从上式可以看出,观测平面上的平均强度为 $2I_0 b$,干涉条纹的位置由 $\cos\left(\frac{2\pi}{\lambda}\frac{d_0}{d}x_i\right)$ 决定,$\frac{\sin\vartheta}{\vartheta}$ 函数是干涉条纹强度分布的包络,表示光源线度对干涉条纹的影响。由此,可得出亮条纹和暗条纹中心强度以及干涉图样的可见度分别为:

$$I_{\max} = 2I_0 b\left(1 + \left|\frac{\sin\vartheta}{\vartheta}\right|\right), \tag{7.3.22}$$

$$I_{\min} = 2I_0 b\left(1 - \left|\frac{\sin\vartheta}{\vartheta}\right|\right), \tag{7.3.23}$$

$$V = \left|\frac{\sin\vartheta}{\vartheta}\right|。 \tag{7.3.24}$$

上式表明，照明光源沿双孔连线方向的扩展宽度影响着杨氏干涉图样的可见度。图 7.3.4 显示了干涉图样可见度 $V$ 随光源宽度 $b$ 的变化关系，可以看出，只有在光源宽度 $b$ 等于 0 的情况下，干涉图样的可见度才等于 1，其余条件下干涉图样的可见度均小于 1。由式(7.3.21)和式(7.3.24)可知，可见度将影响到干涉强度，图 7.3.5 显示了这一结果。

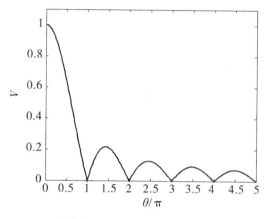

图 7.3.4 可见度随光源宽度的变化

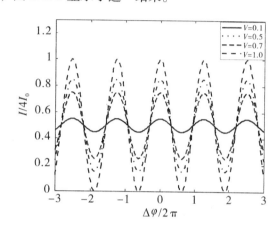

图 7.3.5 可见度对干涉图样的影响

因为 $\vartheta = \dfrac{\pi b d_0}{\lambda R}$，所以当

$$b = m\frac{R}{d_0}\lambda \quad (m = 1, 2, 3, \cdots) \tag{7.3.25}$$

时，由式(7.3.24)可得 $V=0$，干涉图样的可见度降到最低，条纹消失，代之以强度均匀分布。在式(7.3.25)中，取 $m=1$，得干涉图样可见度第一次降为 0 时的光源宽度为：

$$b_1 = \frac{R}{d_0}\lambda。 \tag{7.3.26}$$

当光源宽度 $b \ll b_1$ 时，杨氏干涉图样有较高的可见度；当光源宽度 $b$ 接近 $b_1$ 时，干涉图样消失；继续增大光源宽度到 $b > b_1$，干涉图样又会复现，但可见度以衰减振荡的形式迅速趋于 0，第一峰值仅为 0.21，以致干涉条纹难以辨认。因此，$b_1$ 表征了光源能够产生可分辨杨氏干涉图样的极限宽度，称为光源的临界宽度。当然，需要注意的是，由于临界宽度 $b_1$ 与光的波长 $\lambda$ 和双孔屏到光源所在平面（垂直于纸面的平面）的距离 $R$ 成正比，与双孔间距 $d_0$ 成反比，因此，杨氏干涉图样的可见度并非唯一地由光源的绝对宽度决定，而是由这几个参数共同决定。光源宽度 $l$ 越小，光的波长 $\lambda$ 以及双孔屏到光源平面的距离 $R$ 越大，或双孔间距 $d_0$ 越小，则干涉图样的可见度 $V$ 越高。

### 7.3.4 光场的空间相干性

在杨氏干涉实验中，时间相干性和空间相干性都是起作用。如果在图 7.3.1 中，$S_0$ 是一个窄带扩展光源,那么空间相干效应将是主要的,这时 $P_1$ 和 $P_2$ 点的光振动是不相同的,干涉条纹将取决于 $\Gamma_{12}(\tau)$,通过考察中心条纹附近区域($r_2 - r_1 = 0$,$\tau = 0$)可以决定 $\Gamma_{12}(0)$ 和 $\gamma_{12}(0)$。实际上 $\gamma_{12}(0)$ 是 $P_1$ 和 $P_2$ 两个点在同一时刻的复相干度。这样,在零程差位置形成干涉条纹的能力反映了空间相干效应。

当图 7.3.1 中的 $Q$ 点移向 $O_1$ 点时,在式(7.2.5)和式(7.2.12)中 $\tau = 0$,可得:

$$\Gamma_{12}(0) = \langle u(P_1, t) u^*(P_2, t) \rangle, \tag{7.3.27}$$

$$\gamma_{12}(0) = \frac{\Gamma_{12}(0)}{\sqrt{\Gamma_{11}(0)\Gamma_{12}(0)}} = \frac{\Gamma_{12}(0)}{\sqrt{I_1 I_2}}。\tag{7.3.28}$$

$\Gamma_{12}(0)$ 称为空间互相干函数,$\gamma_{12}(0)$ 称为复空间相干度,它们描述在同一时刻光场中两点的空间相干性。它们一般是复数,可写成:

$$\Gamma_{12}(0) = |\Gamma_{12}(0)| e^{i\alpha_{12}(0)}, \tag{7.3.29}$$

$$\gamma_{12}(0) = |\gamma_{12}(0)| e^{i\alpha_{12}(0)}。\tag{7.3.30}$$

这样,由式(7.2.18),$Q$ 点的光强又可表达为:

$$I(Q) = I_1(Q) + I_2(Q) + 2\sqrt{I_1(Q)I_2(Q)} |\gamma_{12}(0)| \cos[\alpha_{12}(0)]。\tag{7.3.31}$$

光源横向几何线度的大小影响着干涉图样的可见度。对于分波前干涉而言,参与叠加的光波来自同一光源发出的光场中某个波前上的不同点,可见度等于 0 意味着自这些场点取出的次级光波间是不相干的。因此,实际上关注的是在给定照射光波长 $\lambda$ 和光源宽度 $b$ 以及光场中某个波前到光源平面的距离 $R$ 的情况下,从该波前上多大范围内取出的次级光波在空间是相干的。这个取值范围表征了光场的横向相干范围,称为光场的空间相干性。

对于线状光源,空间相干性用给定波前上具有相干性的两个次级波源之最大间距 $d_{\max}$ 表征。由式(7.3.26)可得:

$$d_{\max} \approx \frac{R\lambda}{b_1}。\tag{7.3.32}$$

上式表明,在杨氏干涉实验中,当长度为 $l_1$ 的线状光源沿双孔连线方向放置时,若取双孔间距 $d_0 < d_{\max}$,则两个次级波源相干;反之,则不相干。

对于面光源,空间相干性用相干面积表征,大小定义为给定波前上具有相干性的两个间距最大的次级波源所在处(矩形或圆形)区域的面积 $S_c$。例如对方形区域有:

$$S_c \approx d_{\max}^2 \approx \left(\frac{R\lambda}{b_1}\right)^2 = \frac{R^2}{b_1^2}\lambda^2。\tag{7.3.33}$$

由上式可见,光场的相干面积 $S_c$ 正比于光源平面到给定波前的距离的平方 $R^2$,反比于光源横向宽度 $b_1$ 的平方。显然,由于 $l_1^2$ 可视为光源的面积,比值 $l_1^2/R^2$ 实际上就是光源对给定波前中心所张的空间立体角。因此式(7.3.33)意味着:光场的相干面积与光源对给定波前中心所张立体角成反比。光源面积越小,距离给定波前越远,则相干面积越大,空间相干性越好。

光源的空间相干性也可以用相干范围孔径角 $\Delta\theta_0$ 来表征,其定义如下:

$$\Delta\theta_0 \approx \frac{d_{\max}}{R} \approx \frac{\lambda}{b_1}。\tag{7.3.34}$$

上式表明,对于给定波长的单色扩展光源,其相干孔径角与光源的横向宽度 $b_1$ 成反比。光源的横向宽度越小，则相干孔径角越大，因而光源的空间相干性越好。点光源具有最大的空间相干性。又由于相干孔径角与给定波前到光源平面的距离 $R$ 成正比，因此，对于给定的相干孔径角，所考虑的波前距离光源越远，则光源的横向相干范围越大。

以下是几种常见光源的空间相干性：①太阳光是一个自然光源，其绝对面积很大。但由于太阳与地球的距离远远大于太阳的直径，所以，从地球上来看，太阳具有很大的相干面积，是一个很好的点光源。②远处的日光灯、白炽灯以及建筑工地上使用的人造小太阳，由于其横向线度远小于光源到观察场点的距离，也可以近似看作点光源。③有些手电灯泡和小功率卤素灯泡的发光面积很小，在实验室内有限的距离下，也可以按点光源处理。④一般激光器发出的光束很细，是一种近乎理想的点光源，所以，激光具有很高的空间相干性。

## 7.4 时间相干性

### 7.4.1 光源的发光特性

从同一光源发出的两束光产生干涉时，干涉条纹的可见度不仅决定于光束比，并且决定于两束光的光程差，即两光束的时间差。光源的这种性质决定于它的时间相干性。

光是由光源中原子或分子运动状态发生变化时辐射出来的，每个原子或分子都是一个发光基元，它们每次发出的光波只有短短的一列，持续时间极短，通常为 $10^{-10} \sim 10^{-9}$s，有的甚至短到 $10^{-12} \sim 10^{-11}$s 以下。宏观看到的或测量检测到的光波是大量发光基元所发出的大量波列在一段时间的平均效应。一般情况下，这些发光基元是各自独立地发出一个个波列的，这些波列的频率、相位和振动方向都不尽相同。同一个发光基元所发出的波列具有大致相同的频率、相位和振动方向。例如，激光器内的发光基元所发出的波列都具有基本相同的频率、相位和振动方向。即便在这种情况下，由于波列是有限长的，激光器发射的激光也不具有完全的相干性。例如，激光的有限长波列经过分振幅法分成两束等振幅的波列后再次相遇而产生干涉时，就会出三种不同的情况：当两路波列光程差为零时，它们将同时到达观测屏上，两列波完全重叠，并产生 $V=1$ 的最大条纹可见度；当两路波列光程差大于波列长度时，它们在观察屏上不能相遇，两波列不能重叠，各自在屏上形成一片均匀的亮场，条纹可见度 $V=0$；当两路波列光程差大于零、小于波列长度时，它们将先后到达观测上，两波列将部分重叠，其中重叠部分产生干涉、而不重叠部分不发生干涉，条纹可见度将在 0 与最大值 1 之间，其干涉条纹可见的高低将取决于它们重叠的程度，光程差越小，重叠越多，则可见度越高，如图 7.4.1 所示，这三种情况分别称为完全相干、不相干和部分相干。

为了研究光场的时间相干性，需要考察从光源发出的光波在空间同一点不同时间的相干性。通常是将光源发出的同一束光波分为两束，让它们经历不同的路程后再相遇，这可以用迈克耳逊干涉仪来实现。

在杨氏干涉实验中，空间相干性和时间相干性都起作用。如果图 7.3.1 中的初级光源 $S_0$ 为一个位于轴上的、具有有限带宽的点光源，那么时间相干性将是主要的，这时 $P_1$ 和 $P_2$ 点处的光振动将相同，两点间的互相干函数将变成自相干函数，即 $\Gamma_{12}(\tau) = \Gamma_{11}(\tau) = \Gamma_{22}(\tau) = \Gamma(\tau)$，$\gamma_{12}(\tau) = \gamma_{11}(\tau) = \gamma_{22}(\tau) = \gamma(\tau)$。

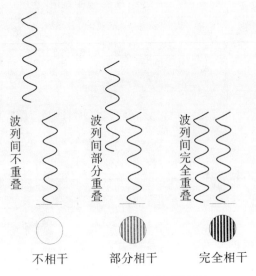

图 7.4.1 有限长度波列的干涉

在理想的单色光场中,空间任一点 $P$ 的振动的振幅是不变的,而其相位随时间作线性变化。但在实际光源所产生的光场中,$P$ 点的振幅和相位都是随机涨落的,其涨落速度基本上取决于光源的有效频谱宽度 $\Delta\nu$,只有当时间间隔 $\tau$ 比 $1/\Delta\nu$ 小得多时,振幅才会大体保持不变。在这样一个时间间隔内,任何两个分量的相对相位变化都比 $2\pi$ 小得多,并且这些分量的叠加所代表的振动在这个时间间隔内的表现,就像平均频率为 $\bar{\nu}$ 的单色光波一样。由 $\tau_c = 1/\Delta\nu$ 所决定的时间称为相干时间,$l_c = v\tau_c$ 称为相干长度,$v$ 为光在介质中的传播速度。相干时间 $\tau_c$ 越长,也就是光源的谱线宽度愈窄(即单色性愈好),则时间相干性也就越大;反之,则时间相干性小。

也可从另一个角度来理解相干时间。例如,设想在一窄带点光源的半径上有两个分开的点 $P_1$ 和 $P_2$,若相干长度 $l_c$ 比两点间距 $r_{12}$ 大得多,那么单个波列可以伸展在这个区间上,于是 $P_1$ 点的振动和 $P_2$ 点的振动是高度相关的。反之,若 $r_{12}$ 比 $l_c$ 大得多,那么在距离 $r_{12}$ 内会排下许多个波列,每个波列的相位都是不相关的。在这种情况下,空间两点的振动在任何时刻都是彼此无关的。无论用相干时间 $\tau_c$ 还是用相干长度 $l_c$ 来考虑光场的相干性,其本质都是由光波的频谱宽度引起的。

## 7.4.2 迈克耳逊干涉仪

通过考察迈克耳逊干涉仪中光波的干涉可以更精确地描述和定义时间相干性。迈克耳逊干涉仪是由迈克耳逊(Michelson)提出并加以发展的一种最典型的分振幅双光束干涉装置。在图 7.4.2 所示的迈克耳逊干涉仪中,从单色光源 $S_0$ 发出的经准直透镜 $L_1$ 后形成平行光束入射到分光板 $BS_1$(半透半反的平面玻璃板)上,$BS_1$ 把入射光束分成强度几乎相等的反射光束和透射光束,分别垂直入射平面镜 $M_1$ 和 $M_2$ 上,$M_1$ 和 $M_2$ 包括两块以 45°角交叉的反射平面镜。反射光束经过 $M_1$ 的光通过分束器 $BS_2$,透射光束经补偿板 C 后射到 $M_2$ 的光被分光板

BS₂ 反射，又被分光板 BS 的半透明表面反射，这两束光在空间上相重叠而发生干涉，干涉光会聚于测微目镜 L₂ 的焦点处而入射到探测器 D 上。M₂ 借助于步进电机精确地沿着镜面法线方向往复移动，从而使经过 M₁ 和 M₂ 的两束光产生光程差。由于反射光束在到达 L₂ 以前，穿过分光板三次，但透射光束在到达 L₂ 之前仅穿过一次，在 BS₂ 和 M₂ 之间再放入补偿板 C，是为了补偿在两光束间由此产生的光程差，以保证光在干涉仪的两支光路中通过玻璃的光程相同。这就要求 C 必须和 BS 有相同的厚度和相同的折射率，而且两者彼此必须严格地平行(在制造时，先将一整块玻璃板磨成两面严格平行的光学平面，然后将它割成完全相同的两块)。当然，实际系统会加入准直透镜 L₁ 和会聚透镜 L₂ 等光学元件以改善整个光学系统的性能。探测器位于干涉场内，这样一来，入射到探测器上的光强取决于干涉仪两支光路中的光的干涉。

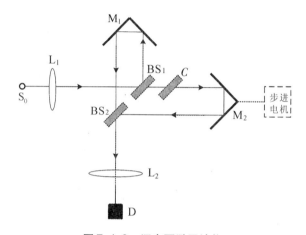

图 7.4.2 迈克耳逊干涉仪

由于光束 1 和光束 2 在分束镜镀银面上的反射性质刚好相反，故两者存在附加光程差为 $\Delta S_\lambda = \pm \dfrac{\lambda}{2}$。于是，两束光在相遇点的总光程差为：

$$\Delta S = l\cos\theta \pm \frac{\lambda}{2} \text{。} \tag{7.4.1}$$

式中：$\theta$ 为入射角。当光程差 $\Delta S$ 满足条件：

$$\Delta S = l\cos\theta \pm \frac{\lambda}{2} = \pm m\lambda \quad (m = 0, 1, 2, 3, \cdots) \tag{7.4.2}$$

时，该点干涉光强取极大值；当光程差 $\Delta S$ 满足条件：

$$\Delta S = l\cos\theta \pm \frac{\lambda}{2} = \pm(2m+1)\lambda \quad (m = 0, 1, 2, 3, \cdots) \tag{7.4.3}$$

时，该点干涉光强取极小值。

取入射角 $\theta = 0$，可得干涉图样中心条纹出现极大值和极小值的条件分别为：

$$\Delta S_{\max} = l \pm \frac{\lambda}{2} = \pm m\lambda \quad (m = 0, 1, 2, 3, \cdots), \tag{7.4.4}$$

$$\Delta S_{\min} = l \pm \frac{\lambda}{2} = \pm(2m+1)\lambda \quad (m = 0, 1, 2, 3, \cdots)\text{。} \tag{7.4.5}$$

由上两式可见，增大两反射镜到分束镜中心的距离差 $l$，将使中心干涉条纹级次及条纹密度随之增大。

当满足等倾干涉条件时，由迈克耳逊干涉仪可以观察到一组同心圆环形条纹图样，如图 7.4.3(a) 所示。此时，移动动镜 $M_2$，干涉图样中心将不断涌入或涌出条纹。并且，中心涌出或涌入一个条纹对应动镜 $M_2$ 的位移大小为 $\Delta l = \pm \lambda/2$。

当满足等厚干涉条件时，由迈克耳逊干涉仪可以观察到一组等间距直线条纹，如图 7.4.3(b) 所示。在交线处，$l=0$，$\Delta S = \lambda/2$，故对于任何波长，交线处为暗纹。因此，若采用白光照射，则干涉图样呈现以全暗条纹（交线处）为对称中心向两边展开的彩色条纹。这给实验中调整迈克耳逊干涉仪两干涉臂等光程差提供了一种简单而有效的判据。当我们能够通过移动动镜 $M_2$ 看到这种形状的干涉图样时，说明此时两反射镜表面中心到分束镜镀银面中心的距离相等。

（a）等倾干涉图样

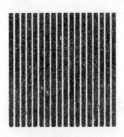
（b）等厚干涉图样

图 7.4.3  迈克耳逊干涉仪的干涉图样

## 7.4.3 时间相干性的描述

如果可移动反射镜 $M_2$ 从两束光路等光程的位置开始移动，其效果相当于在两支光路中引入了时间的相对延迟。反射镜每移动 $\lambda/2$，入射到探测器上的光强变化一个周期。由于实际光源不是理想单色光，总是具有一定的光谱宽度的，这样，如果两束光路的光程差超过一定范围，干涉条纹的可见度就会下降到零。对于某些特种光源，当继续移动 $M_2$ 加大程差，又能产生干涉条纹，只不过可见度已很小了。下面把光信号用解析信号构成的随机过程表示，对迈克耳逊干涉实验作出理论解释。

为了研究光源 $S_0$ 发出的波场在空间 $P$ 点场的时间相干性，在迈克尔逊干涉仪中，先用一开有小孔 $P$ 的不透明屏挡住光场，只露出 $P$ 点。从 $P$ 点发出的光波分别经干涉仪的两臂到达 $D$ 点相互干涉，用探测器 $D$ 测出光强。设两臂之差为 $h$，则两光路的光程差为 $2h$。这就相当于把 $t$ 时刻 $P$ 点的场与 $(t+2h/c)$ 时刻 $P$ 点的场进行叠加，即同一点不同时刻的场发生干涉。移动 $M_2$ 就相当于改变 $\tau = 2h/c$，于是可对任何 $\tau$ 进行测量。探测器探测到的光强分布与 $\tau$ 的函数关系如图 7.4.4 所示。当 $\tau$ 由 0 增大到 $\tau_c$ 时，干涉条纹的可见度下降到 0，如果用波列模型来解释，就意味着这时由光源发出的两列光波错开的距离正好等于光波的相干长度，也即波列的长度。然而在图 7.4.4 中看到，当 $\tau$ 继续增大时，干涉条纹又出现了，虽然可见度不大。这一现象不能用上述模型加以说明，显示了波列模型的局限性。现在用随机过程的统计方法对实验现象加以讨论，并对干涉条纹的分布给出合理的解释。

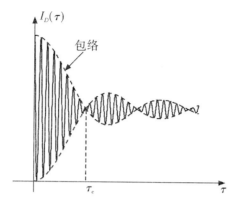

图 7.4.4　探测器上的光强度与 $\tau$ 的关系

用解析信号构成的随机过程来表示光源发出的光信号。用 $u(t)$ 表示由 $P$ 点发出的解析信号，由于 $P$ 点位置是固定的，故可将 $P$ 点的场写成只含时间变量的函数。$u(t)$ 经分束器后通过两支光路到达探测器 D。在 D 处的两束光的解析信号分别为 $K_1 u(t)$ 和 $K_2 u(t+\tau)$，其中 $K_1$ 和 $K_2$ 是由两支光路的透过率所决定的实数，$\tau = 2h/c$ 是时间延迟。这样，探测器上的叠加解析信号为：

$$u_D(t) = K_1 u(t) + K_2 u(t+\tau)。 \tag{7.4.6}$$

探测器 D 只对照射到它上面的光强产生响应，而且通常是慢响应时间的。这样，探测器所测量到的光强需要对时间求平均，即

$$I_D = \langle u_D(t) u_D^*(t) \rangle = \langle |K_1 u(t) + K_2 u(t+\tau)|^2 \rangle$$
$$= K_1^2 \langle |u(t)|^2 \rangle + K_2^2 \langle |u(t+\tau)|^2 \rangle + K_1 K_2 \langle u(t+\tau) u^*(t) \rangle + K_1 K_2 \langle u^*(t+\tau) u(t) \rangle。 \tag{7.4.7}$$

假设光场是平稳的和各态历经的，统计量的平均与时间原点无关，时间平均与统计平均相同。则由 $P$ 点发出的光强可表示为：

$$I_0 = \langle |u(t)|^2 \rangle = \langle |u(t+\tau)|^2 \rangle。 \tag{7.4.8}$$

解析信号 $u(t)$ 的自相关函数 $\Gamma(\tau)$ 称为光振动的自相干函数，在各态历经条件假设下可用时间平均代替，即

$$\Gamma(\tau) = \langle u(t+\tau) u^*(t) \rangle。 \tag{7.4.9}$$

将式(7.4.9)和式(7.4.8)代入式(7.4.7)得：

$$I_D = (K_1^2 + K_2^2) I_0 + 2 K_1 K_2 I_0 \mathrm{Re}\{\Gamma(\tau)\}。 \tag{7.4.10}$$

由于 $I_0 = \Gamma(0)$，用它来归一化，便可得到复相干度为：

$$\gamma(\tau) = \frac{\Gamma(\tau)}{\Gamma(0)}。 \tag{7.4.11}$$

显然：

$$\gamma(0) = 1, \quad 0 \leq |\gamma(\tau)| \leq 1。 \tag{7.4.12}$$

这样，式(7.4.10)可写成：

$$I_D = (K_1^2 + K_2^2) I_0 + 2 K_1 K_2 I_0 \mathrm{Re}\{\gamma(\tau)\}。 \tag{7.4.13}$$

若认为两路光的透过率相等，即 $K_1 = K_2 = K$，更进一步如果不考虑吸收，即 $K = 1$，则式(7.4.10)和式(7.4.13)变为：

$$I_D(\tau) = 2I_0 + 2I_0\text{Re}\{\Gamma(\tau)\} = 2I_0(1 + \text{Re}\{\gamma(\tau)\})。 \quad (7.4.14)$$

由于 $u(t)$ 是解析信号，于是它的自相关函数 $\Gamma(\tau)$ 也是具有单边频谱的解析信号。当然，复相干度 $\gamma(\tau)$ 也是一个解析信号，也具有单边频谱。前面曾用 $\hat{G}(\nu)$ 表示与其对应的归一化功率谱密度，它与 $\gamma(\tau)$ 构成一对傅里叶变换。即

$$\gamma(\tau) = \int_0^\infty \hat{G}(\nu) e^{i2\pi\nu\tau} d\nu。 \quad (7.4.15)$$

对于窄带光，$\gamma(\tau)$ 可以写成：

$$\gamma(\tau) = |\gamma(\tau)| e^{i[2\pi\bar{\nu}\tau + \alpha(\tau)]}。 \quad (7.4.16)$$

式中：$\bar{\nu}$ 是光波的中心频率。于是式(7.4.14)可写成：

$$I_D(\tau) = 2I_0\{1 + |\gamma(\tau)|\cos[2\pi\bar{\nu}\tau + \alpha(\tau)]\}。 \quad (7.4.17)$$

由式(7.4.11)所表示的干涉图的条纹可见度为：

$$V = \frac{2K_1K_2}{K_1^2 + K_2^2}|\gamma(\tau)|。 \quad (7.4.18)$$

当两支光路透过系数相等时，可见度为：

$$V = |\gamma(\tau)|。 \quad (7.4.19)$$

干涉条纹的可见度反映了上述迈克尔逊干涉仪的探测器中相叠加的两个不同时刻的光振动之间的相关性，这也就是光场的时间相干性，具体来说它可以用自相关函数 $\Gamma(\tau)$ 和复自相干度 $\gamma(\tau)$ 来描述。

实际光源发出的光的谱线从来都不是严格单色的，而是在中心频率附近有一定的分布，这种分布的线型通常称为谱线形状。对具有一定谱分布函数的准单色光，可用功率谱密度函数 $G(\nu)$ 或归一化的功率谱密度 $\hat{G}(\nu)$ 来表示光源的谱分布，常见的谱线形状有矩形线型、高斯线型和洛伦兹线型三种，其归一化(曲线包围的面积为1)的谱密度函数的表达式分别为：

$$\hat{G}(\nu) = \frac{1}{\Delta\nu}\text{rect}\left(\frac{\nu - \bar{\nu}}{\Delta\nu}\right), \quad (7.4.20)$$

$$\hat{G}(\nu) = \frac{2\sqrt{\ln 2}}{\sqrt{p}\Delta\nu} e^{-\frac{4\ln 2}{\Delta\nu^2}(\nu - \bar{\nu})^2}, \quad (7.4.21)$$

$$\hat{G}(\nu) = \frac{2p\Delta\nu}{[2p(\nu - \bar{\nu})]^2 + (p\Delta\nu)^2}, \quad (7.4.22)$$

式中，$\Delta\nu$ 称为谱线的宽度，对矩形线型为矩形的底边宽度，对高斯线型和洛伦兹线型，为半高宽。矩形线性是理想的线性，有利于理论处理的问题的简化。在低压气体中可见光范围内的多普勒加宽所引起的线型是高斯线性。自发辐射弛豫过程的存在导致谱线的纯辐射加宽，其线形是洛伦兹线形。由原子或分子间碰撞引起的碰撞加宽的谱线通常也是洛伦兹线形的。

用角频率和波长来表示光谱宽度有，有如下关系：

$$\Delta\omega = 2\pi\Delta\nu, \quad \Delta\lambda = |\lambda_2 - \lambda_1| = -\frac{c}{\nu^2}\Delta\nu。 \quad (7.4.23)$$

三种不同的形式中，相对半宽是完全相同的，即有：

$$\left|\frac{\Delta\nu}{\nu}\right| = \left|\frac{\Delta\omega}{\omega}\right| = \left|\frac{\Delta\lambda}{\lambda}\right|. \tag{7.4.24}$$

将式(7.4.20)~(7.4.22)代入式(7.4.15)式作傅里叶变换,可求得这些线型的复相干度。

对矩形线型有:

$$\gamma(\tau) = \mathrm{sinc}(\Delta\nu\tau)\mathrm{e}^{\mathrm{i}2\pi\bar{\nu}\tau}, \tag{7.4.25}$$

其模为:

$$|\gamma(\tau)| = |\mathrm{sinc}(\Delta\nu\tau)|. \tag{7.4.26}$$

sinc 函数是偶函数,其函数值在零点两侧符号相反,也就是说,当 sinc 函数的值从一瓣到另一瓣时,式(7.4.16)中的 $\alpha(\tau)$ 在 0 和相比 $\pi$ 间跳变,即有

$$\alpha(\tau) = \begin{cases} 0 & 2m < |\Delta\nu\tau| < 2m+1 \\ \pi & 2m+1 < |\Delta\nu\tau| < 2m+2 \end{cases} \quad (m = 0, 1, 2, \cdots). \tag{7.4.27}$$

对高斯线型有:

$$\gamma(\tau) = \mathrm{e}^{-\left(\frac{\pi\Delta\nu\tau}{2\sqrt{\ln 2}}\right)^2} \mathrm{e}^{\mathrm{i}2\pi\bar{\nu}\tau}, \tag{7.4.28}$$

与式(7.4.16)相比,可得:

$$|\gamma(\tau)| = \mathrm{e}^{-\left(\frac{\pi\Delta\nu\tau}{2\sqrt{\ln 2}}\right)^2}, \quad \alpha(\tau) = 0. \tag{7.4.29}$$

对洛伦兹线型有:

$$\gamma(\tau) = \mathrm{e}^{-\pi\Delta\nu|\tau|}\mathrm{e}^{\mathrm{i}2\pi\bar{\nu}\tau} \tag{7.4.30}$$

与式(7.4.16)相比,可得:

$$|\gamma(\tau)| = \mathrm{e}^{-\pi\Delta\nu|\tau|}, \quad \alpha(\tau) = 0. \tag{7.4.31}$$

三种光谱线型和复相干度模的图形如图 7.4.5 所示。

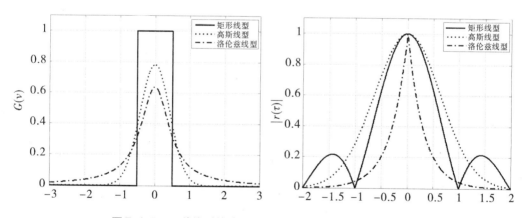

图 7.4.5　三种线型的功率谱密度(左)和复相干度的模(右)

## 7.4.4 相干时间和相干长度

通常采用相干时间(coherence time)或相干长度(coherenct length)来描述光源的时间相干性,这是光源的一个重要指标。当知道所使用的光源的相干长度后,就可以根据这一数据来

合理地安排光路布局，使来自同一光源的诸光束的光程差限制在光源的相干长度允许范围内。这样可以使各个记录点处两光束都有很好的相干性，以保证记录的质量。一般而言，当两光束的光程差超过了相干长度时，都得不到很好的干涉条纹。所以，在布置干涉实验中的光路时，必须使需要产生干涉的两光束的相差小于相干长度，这是通常做与干涉有关的实验时必须遵守的准则。特别是，为了获得最佳的条纹可见度，需要将两束光的光程调到相等，即使它们之间的光程差为零或接近于零，常称等光程或零程差配置。

可用复相干度来精确地定义相干时间，用复相干度定义相干时间的方法很多。曼德尔（Mandel）将相干时间定义为：

$$\tau_c = \int_{-\infty}^{\infty} |\gamma(\tau)| d\tau 。 \tag{7.4.32}$$

要使上式的定义有意义，就要求 $\tau_c$ 具有与 $\frac{1}{\Delta\nu}$ 有相同的数量级。对于前面给出的三种线型，其相干时间也不同。对高斯线型有：

$$\tau_c = \sqrt{\frac{2\ln 2}{\pi}} \frac{1}{\Delta\nu} \approx 0.664 \frac{1}{\Delta\nu}; \tag{7.4.33}$$

对洛伦兹线型有：

$$\tau_c = \frac{1}{\pi \Delta\nu} \approx 0.318 \frac{1}{\Delta\nu}; \tag{7.4.34}$$

对矩形线型有：

$$\tau_c = \frac{1}{\Delta\nu} 。 \tag{7.4.35}$$

在一般的实际应用中，常用式（7.4.35）来估计相干时间。

玻恩（Born）和沃尔夫（Wolf）的定义为：

$$\tau_c = \left[ \frac{\int_{-\infty}^{\infty} \tau^2 |\Gamma(\tau)|^2 d\tau}{\int_{-\infty}^{\infty} |\Gamma(\tau)|^2 d\tau} \right]^{\frac{1}{2}} 。 \tag{7.4.36}$$

另外，在全息图的记录中，通常在干涉条纹的可见度不低于70%时，方可得到较高质量的全息图。因此，常以如下定义

$$|\gamma(\tau_c)| \equiv \frac{1}{\sqrt{2}} \approx 0.707 \tag{7.4.37}$$

为条件，而条纹可见度降低到第一个零值，也就是以干涉条纹消失的极限条件定义相干时间：

$$|\gamma(\tau_c)| \equiv 0 。 \tag{7.4.38}$$

这种定义既简洁方便，也便于计算，还可用于物理学基本概念的分析中。

以上用不同的方式定义相干时间，其结果相差并不大，其值通常同属一个数量级。

相干时间为 $\tau_c$ 时，其相应的路程差为：

$$l_c = v\tau_c 。 \tag{7.4.39}$$

式中：$v$ 为光在介质中的传播速度；$l_c$ 就称为相干长度，或更严格地讲，称为光的纵向相干长度。由式（7.4.24），可得：

$$l_c = \nu\left(\frac{\bar{\lambda}}{\Delta\lambda}\right)\bar{\lambda}. \tag{7.4.40}$$

对于具有窄谱线的较高单色性的热光源，如气体放电产生的光，其典型的谱宽 $\Delta\nu$ 约为 $10^8$ Hz 量级，相应的相干时间 $\tau_c$ 约为 $10^{-8}$ s，相干长度 $l_c$ 约为 3 m。对于稳定的激光光源，$\Delta\nu$ 约为 $10^4$ Hz 量级，相应的相干时间 $\tau_c$ 约为 $10^{-4}$ s，相干长度 $l_c$ 约为 30 km。所以，一般地，单色性越好的光源，相干时间越长，其相干长度也越长。

## 7.5 准单色条件下的干涉和互强度

### 7.5.1 准单色光的干涉

在时间相干性和空间相干性同时存在的情况下，研究光的传播、衍射、干涉等性质是十分复杂的。为了在杨氏干涉实验中将入射到观察点 $Q$ 的场用针孔上的场（适当延迟）的加权和来简单表示，首先必须假定光是窄带的，其次需假定光的相干长度远大于所涉及范围内的最大光程差，这就是所谓的准单色光条件（quasi-monochromatic condition）：①窄带条件：频带宽度 $\Delta\nu$ 远小于平均频率 $\bar{\nu}$，即 $\Delta\nu \ll \bar{\nu}$。②小光程差条件：光程差远小于相干长度，或时差远小于相干时间，即

$$l_c \gg \Delta S = r_2 - r_1 \quad \text{或} \quad \tau_c \gg \tau = \frac{\Delta S}{c} = \frac{r_2 - r_1}{c}. \tag{7.5.1}$$

式中：$\Delta S$ 为两相干光束在研究场点的光程差；$\tau$ 为相应的时差。此条件应在研究的空间范围内都被满足。满足准单色条件的光源称为准单色光源（quasi-monochromatic light source）。

对实际光源发出的具有一定谱分布函数的准单色光，可用功率谱密度函数 $G(\nu)$ 来表示光源的谱分布，这样，准单色光的干涉条纹与光源的光谱线型有关，这样干涉强度分布为：

$$I(\Delta S) = 2\int G(\nu)\left[1 + \cos\left(\frac{2\pi\nu}{c}\Delta S\right)\right]\mathrm{d}\nu. \tag{7.5.2}$$

式中：$\Delta S$ 为光程差。对每一条光谱线来说，在某一频率 $\bar{\nu}$ 附近的小范围 $\Delta\nu$ 之外，$G(\nu)$ 的值很小，可略去。这样可作变量变换 $\tilde{\nu} = \nu - \bar{\nu}$，则 $G(\tilde{\nu}) = G(\bar{\nu} + \tilde{\nu}) = G(\nu)$，这样有：

$$\begin{aligned}
I(\Delta S) &= 2\int G(\tilde{\nu})\left[1 + \cos\left[(\bar{\nu} + \tilde{\nu})\frac{2\pi}{c}\Delta S\right]\right]\mathrm{d}\tilde{\nu} \\
&= 2\int G(\tilde{\nu})\mathrm{d}\tilde{\nu} + 2\int G(\tilde{\nu})\cos\left(\frac{2\pi\tilde{\nu}}{c}\Delta S\right)\cos\left(\frac{2\pi\bar{\nu}}{c}\Delta S\right)\mathrm{d}\tilde{\nu} \\
&= I_0 + I_1(\Delta S)\cos\left(\frac{2\pi\bar{\nu}}{c}\Delta S\right) - A_2(\Delta S)\sin\left(\frac{2\pi\bar{\nu}}{c}\Delta S\right).
\end{aligned} \tag{7.5.3}$$

式中：

$$I_0 = 2\int G(\tilde{\nu})\mathrm{d}\tilde{\nu}; \tag{7.5.4a}$$

$$I_1(\Delta S) = 2\int G(\tilde{\nu})\cos\left(\frac{2\pi\tilde{\nu}}{c}\Delta S\right)\mathrm{d}\tilde{\nu}; \tag{7.5.4b}$$

$$I_2(\Delta S) = 2\int G(\tilde{\nu})\sin\left(\frac{2\pi\tilde{\nu}}{c}\Delta S\right)\mathrm{d}\tilde{\nu}. \tag{7.5.4c}$$

对一条光谱来说，$G(\tilde{\nu})$ 仅在 $\tilde{\nu} \ll \bar{\nu}$ 时才不为 0。因此，$I_1(\Delta S)$ 和 $I_2(\Delta S)$ 与 $\cos\left(\dfrac{2\pi \bar{\nu}}{c}\Delta S\right)$ 和 $\sin\left(\dfrac{2\pi \bar{\nu}}{c}\Delta S\right)$ 相比，变化要缓慢得多。故在求极值时，这种变化可以忽略。在良好的近似下，$I$ 的极值可由下式求得：

$$\frac{\mathrm{d}I}{\mathrm{d}\Delta S} \approx \frac{2\pi}{c}\left[I_1(\Delta S)\sin\left(\frac{2\pi \bar{\nu}}{c}\Delta S\right) + I_2(\Delta S)\sin\left(\frac{2\pi \bar{\nu}}{c}\Delta S\right)\right] = 0$$

求得。这样极值满足如下条件：

$$\tan\left(\frac{2\pi \bar{\nu}}{c}\Delta S\right) = -\frac{I_2}{I_1} \text{。} \tag{7.5.5}$$

这样，可求得 $I$ 的极值为：

$$I_{极值} = I_0 \pm \sqrt{I_1^2 + I_2^2} \text{。} \tag{7.5.6}$$

由可见度的定义，可得：

$$V(\Delta S) = \frac{\sqrt{I_1^2 + I_2^2}}{I_0} \text{。} \tag{7.5.7}$$

这样，式 (7.5.9) 变为：

$$I(\Delta S) = I_0\left\{1 + \frac{\sqrt{I_1^2 + I_2^2}}{I_0}\cos\left[\arctan\left(-\frac{I_2}{I_1}\right) + \frac{2\pi \bar{\nu}}{c}\Delta S\right]\right\} \text{。} \tag{7.5.8}$$

所以，可见度函数曲线是归一化强度曲线 $I/A_0$ 的包络。

如果 $G(\tilde{\nu})$ 是对称分布的偶函数，则式 (7.5.10) 中 $I_2(\Delta S)$ 的被积函数为奇函数，故有 $I_2 = 0$，这时，可见度为：

$$V(\Delta S) = \frac{|I_1|}{I_0} \text{。} \tag{7.5.9}$$

下面以 $G(\nu)$ 为矩形谱分布为例，来求解准单色光的干涉强度分布。对矩形谱分布有：

$$G(\nu) = \begin{cases} I_0 & \bar{\nu} - \dfrac{\Delta \nu}{2} < \nu < \bar{\nu} - \dfrac{\Delta \nu}{2} \\ 0 & \text{其他} \end{cases} \tag{7.5.10}$$

如图 7.5.1(a) 所示。

由于 $\Delta \nu \ll \bar{\nu}$，在宽度为 $\mathrm{d}\nu$ 频带内，光波强度为 $G(\nu)\mathrm{d}\nu$，其干涉强度分布为：

$$\mathrm{d}I(\nu) = 2G(\nu)[1 + \cos(k\Delta S)]\mathrm{d}\nu = 2G(\nu)\left[1 + \cos\left(\frac{2\pi\nu}{c}\Delta S\right)\right]\mathrm{d}\nu \text{。} \tag{7.5.11}$$

则总干涉强度分布为：

$$I(\Delta S) = \int_{-\infty}^{\infty} \mathrm{d}I(\nu) \text{。} \tag{7.5.12}$$

于是有：

$$\begin{aligned}
I &= \int_{\nu - \Delta\nu/2}^{\nu + \Delta\nu/2} 2G(\nu)\left[1 + \cos\left(\frac{2\pi\nu}{c}\Delta S\right)\right]\mathrm{d}\nu \\
&= 2G\Delta\nu\left[1 + \frac{\sin(2\pi\Delta\nu\Delta S/c)}{2\pi\Delta\nu\Delta S/c}\right]\cos(2\pi\bar{\nu}\Delta S/c) \\
&= 2G\Delta\nu\left[1 + \operatorname{sinc}\left(\frac{2\Delta\nu}{c}\Delta S\right)\right]\cos(2\pi\bar{\nu}\Delta S/c) \text{。}
\end{aligned} \tag{7.5.13}$$

由于 $\Delta\nu \ll \bar{\nu}$，因此式(7.5.13)中的余弦函数相对于它前面的 sinc 函数因子是快变函数，这个因子为慢变振幅包络，其干涉强度分布和干涉图样如图 7.5.1(b)和(c)所示，从图中可以看出，其与双波长的干涉图样是很相似的，所不同的是振幅包络的函数形式不同。

条纹的可见度函数为：

$$V = \mathrm{sinc}\left(\frac{2\Delta\nu}{c}\Delta S\right)。 \qquad (7.5.14)$$

从图 7.5.1(b)中可以看出，可见度随着 $\Delta\nu$ 的增宽而变小，在

$$\Delta\nu = m\frac{c}{2\Delta S} \quad (m = \pm 1, \pm 2, \cdots) \qquad (7.5.15)$$

处，$V = 0$。当观测点的位置不同时，可见度在屏中央最好，此时 $V = 1$，其值随远离屏而逐渐下降。

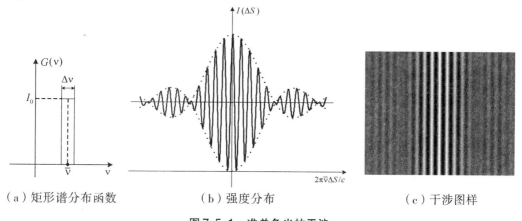

(a) 矩形谱分布函数　　(b) 强度分布　　(c) 干涉图样

图 7.5.1　准单色光的干涉

从上面的结果可以看出，由于条纹可见度包含了光源的光谱分布信息，因此，可以通过测量可见度曲线来测定光源的光谱分布，对光谱分布作傅里叶变换，就可得到光源的时域线型。利用这种干涉方法，通过对条纹可见度的测量来求出光源的光谱。这就是自 20 世纪 60 年代以来发展起来的傅里叶变换光谱学。

## 7.5.2　傅里叶变换光谱技术

如果光波的功率谱密度已知，由迈克耳逊干涉仪观察到的干涉图特征就可完全确定。利用干涉图和功率谱密度之间的关系，通过测量干涉图来确定未知的入射光的功率谱密度，就是傅里叶变换光谱术的基础。

由傅里叶变换光谱术得到光谱，首先必须测量干涉图。通常是在干涉仪的控制下，可动反射镜从零程差的位置移到大程差的范围内，将光强作为这个过程的时间函数进行测量。同时，把所得到的干涉图数字化，这可利用快速傅里叶变换技术，由数字傅里叶变换得到光谱。

傅里叶变换光谱技术由傅里叶变换干涉仪来实现，通常也称为傅里叶变换光谱仪。图 7.5.2 所示的为一傅里叶变换光谱仪的光路，这种光路实际上是在迈克耳逊干涉的基础上发展起来的一种干涉光谱仪。光源 $S_0$ 发出的球面光波经过斩波器后再经消色透镜 $L_1$ 准直后，

再经分束镜 BS 分成等强度的两平行光束。其中反射光束经固定反射镜 $M_1$ 原路反射,透射光束经可移动反射镜 $M_2$ 原路反回,两束反射光束两次分别经分束镜 BS 透射和反射后重合,并被消色差透镜 $L_2$ 会聚到探测器上。

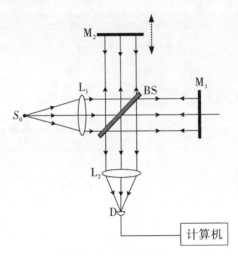

图 7.5.2　傅里叶变换光谱仪的光路

为简单起见,在式(7.4.13)中令 $K_1 = K_2 = K = 1$。于是有:

$$I_D = 2I_0 + \Gamma(\tau) + \Gamma^*(\tau), \tag{7.5.16}$$

即

$$\begin{aligned} I(\tau) &= I_D(\tau) - 2I_0 = \Gamma(\tau) + \Gamma^*(\tau) \\ &= \int_0^\infty G(\nu)e^{i2\pi\nu\tau}d\nu + \int_0^\infty G(\nu)e^{-i2\pi\nu\tau}d\nu = 2\int_0^\infty G(\nu)\cos(2\pi\nu\tau)d\nu。 \end{aligned} \tag{7.5.17}$$

其中利用了功率谱为实函数的性质。由于在迈克耳逊干涉仪中将 $\tau$ 换为 $-\tau$ 时,干涉强度不变,所以 $I_D(\tau)$ 是 $\tau$ 的偶函数,因而 $I(\tau)$ 也是 $\tau$ 的偶函数。实偶函数的傅里叶变换也是实偶函数,由实偶函数的余弦变换性质,由式(7.5.17)得出:

$$G(\nu) = 2\int_0^\infty I(\tau)\cos(2\pi\nu\tau)d\tau。 \tag{7.5.18}$$

用迈克耳逊干涉仪记录下 $I(\tau)$,再借助于傅里叶余弦变换就可获得光源的光谱分布,这种方法称为傅里叶变换光谱术。

在实际测量中得到式(7.5.16)表示的 $\tau$ 的函数 $I_D(\tau)$ 以后,将得到的干涉图数字化再作一次数字傅里叶变换,通常使用快速傅里叶变换方法。图 7.5.3(a)所示为用迈克耳逊干涉仪测量而得到的干涉图,图中横坐标为干涉仪两臂的程差。由这幅干涉图得到的功率谱密度分布如图 7.5.3(b)所示。

传统的直接测量光谱的仪器有棱镜光谱仪、法布里—珀罗干涉仪、光栅光谱仪等。与它们比较,傅里叶变换光谱术不是一种直接的方法。根据色散原理,用一个普通的棱镜光谱仪或光栅光谱仪也可直接得到光源的光谱。但这种方法有一个缺点,即在每一波长位置上只能接收光源总能量的极小一部分(该波长所含的那部分)。这一缺点对于微弱光源(如某些红外信号测量)成为严重问题。在傅里叶变换光谱术中,探测器在任何时刻接收的都是光源全波段所有波场联合作用的结果,因而充分利用了光源能量。另外,傅里叶变换光谱术有更高的

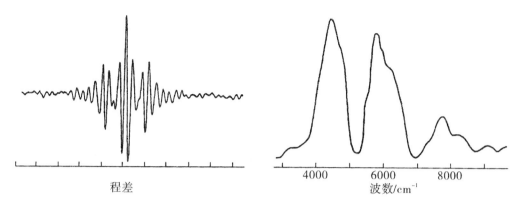

图 7.5.3　由傅里叶变换光谱得到的结果

分辨率，它取决于可动反射镜的最大移动距离。正是由于这些优点，傅里叶变换光谱术已成为从近红外到远红外甚至毫米波区最有力的光谱分析方法，广泛用于物质结构、天体物理、工业检测、环境监护等许多领域。虽然傅里叶光谱技术取得到了很大的成功，但也有不足。例如在测量干涉光强时干涉仪测量臂移动范围有限，不可能使时间延迟满足无限大的要求，结果使得探测器接收到的光谱分布与光源的实际分布有差别。为了在计算频谱时有较高的分辨率，需要测出在很大光程差条件下的干涉图，而当光程差很大时，干涉图的可见度很小，因此进入探测器的光的频谱与进入干涉仪的光的频谱有差别。

### 7.5.3　准单色光的互强度

小光程差条件的实质，是在感兴趣的观察范围内，条纹的可见度是一个常数，这样，就可简化互相干函数和复相干度的形式。在准单色条件下，互相干函数和复相干度可以近似分解为与程差有关和与程差无关的两个因子的乘积。时间相干性对互相干函数和复相干度的影响只包含在与程差有关的因子中，与程差无关的因子则只描述空间相干性对互相干函数和复相干度的影响，而与时间相干性无关。这样可简化对许多问题的分析。特别是在某些条件下，可以单独研究空间相干性的传播问题。

下面仍然以杨氏双孔实验为基础，来研究准单色光源情况下光场的相干特性。两解析信号的互相关函数仍为解析信号，且具有单边频谱，这就是式(7.2.26)所表示的关系，即

$$\Gamma_{12}(\tau) = \int_0^\infty G_{12}(\nu) e^{-i2\pi\nu\tau} d\nu = e^{-i2\pi\bar{\nu}\tau} \int_0^\infty G_{12}(\nu) e^{-i2\pi(\nu-\bar{\nu})\tau} d\nu。 \quad (7.5.19)$$

考虑到第一个条件，在满足$|\nu-\bar{\nu}|\ll\bar{\nu}$的频率范围内，$G_{12}(\nu)$才有明显不为零的值，或者说式(7.5.19)中对积分的主要贡献来自很窄的频率范围 $\Delta\nu$ 内。这个很窄的范围 $\Delta\nu$ 决定了相干时间$\tau_c$。根据准单色的第二个条件，必有 $\tau\ll 1/\Delta\nu$，$\Delta\nu\tau\ll 1$。因此在这两个条件下，公式(7.5.24)积分中的指数函数近似等于1，即由于 $\nu-\bar{\nu}\approx 0$，所以 $e^{-i2\pi(\nu-\bar{\nu})\tau}\approx 1$，因而有：

$$\Gamma_{12}(\tau) \approx e^{-i2\pi\bar{\nu}\tau} \int_0^\infty G_{12}(\nu) d\nu。 \quad (7.5.20)$$

当 $\tau=0$ 时，有：

$$\Gamma_{12}(0) = \int_0^\infty G_{12}(\nu) d\nu。 \quad (7.5.21)$$

将上式代入式(7.5.20)，可得：

$$\Gamma_{12}(\tau) \approx \Gamma_{12}(0) e^{-i2\pi\bar{\nu}\tau}。 \tag{7.5.22}$$

这样，互相干函数$\Gamma_{12}(\tau)$就被分解成为与时间差无关的$\Gamma_{12}(0)$和与时间差有关的$e^{-i2\pi\bar{\nu}\tau}$两项。其中，与时间差无关的$\Gamma_{12}(0)$定义为互强度(mutual intensity)，用$J_{12}(P_1, P_2; 0)$表示，即：

$$J_{12} = (P_1, P_2, 0) \equiv \langle u(P_1, t) u^*(P_2, t) \rangle \equiv \Gamma_{12}(0)。 \tag{7.5.23}$$

互强度是时间差$\tau=0$时的互相干函数，表示同时刻光波波阵面上两个点之间的相干性，描述光场的"同时异地"的空间相干性。将$J_{12}(P_1, P_2; 0)$用符号$J_{12}$表示，则根据互强度的定义，有：

$$J_{11} = \Gamma_{11}(0) = I_1, \quad J_{22} = \Gamma_{22}(0) = I_2。 \tag{7.5.24}$$

式(7.5.21)可改写为：

$$\Gamma_{12}(\tau) \approx J_{12} e^{-i2\pi\bar{\nu}\tau}。 \tag{7.5.25}$$

将上式代入(7.2.13)，可将复相干度也分解为与时间差无关和有关的两项：

$$\gamma_{12}(\tau) = \frac{\Gamma_{12}(\tau)}{\sqrt{\Gamma_{11}(0)\Gamma_{22}(0)}} = \frac{\Gamma_{12}(\tau)}{\sqrt{I_1 I_2}} \approx \frac{\Gamma_{12}(0)}{\sqrt{I_1 I_2}} e^{-i2\pi\bar{\nu}\tau}$$

$$= \frac{J_{12}}{\sqrt{J_{11} J_{22}}} e^{-i2\pi\bar{\nu}\tau} = \gamma_{12}(0) e^{-i2\pi\bar{\nu}\tau}。 \tag{7.5.26}$$

式中：$\gamma_{12}(0)$是时间差$\tau=0$的复相干度，用符号$\mu_{12}(P_1, P_2; 0)$表示，称为复空间相干度或复相干因子，即

$$\mu_{12}(P_1, P_2, 0) \equiv \gamma_{12}(0) = \frac{\Gamma_{12}(0)}{\sqrt{\Gamma_{11}(0)\Gamma_{22}(0)}} \approx \frac{J_{12}}{\sqrt{J_{11} J_{22}}} = \frac{J_{12}}{\sqrt{I_1 I_2}}。 \tag{7.5.27}$$

显然$J_{12}(P_1, P_2; 0)$和$\mu_{12}(P_1, P_2; 0)$都表示同一时刻光波波阵面上$P_1$和$P_2$两个点之间的空间相干性，只是后者是归一化的而已。也可将式(7.5.26)表示为：

$$\gamma_{12}(\tau) = \gamma_{12}(0) e^{-i2\pi\bar{\nu}\tau} \approx \mu_{12} e^{-i2\pi\bar{\nu}\tau}。 \tag{7.5.28}$$

式中：

$$\mu_{12} = |\mu_{12}| e^{i\alpha_{12}(0)}。 \tag{7.5.29}$$

称为复空间相干度(系数)。于是式(7.5.28)最后可写成：

$$\gamma_{12}(\tau) = |\mu_{12}| e^{i[-2\pi\bar{\nu}\tau + \alpha_{12}(0)]}。 \tag{7.5.30}$$

显然$\mu_{12}$满足：

$$0 \leq |\mu_{12}| \leq 1。 \tag{7.5.31}$$

这就是说，在准单色条件下互相干函数$\Gamma_{12}(\tau)$和复相干度$\gamma_{12}(\tau)$可以用式(7.5.22)和式(7.5.28)来表示。于是在准单光条件下，图7.3.1中杨氏双孔衍射的观测屏上$Q$点的光强，即光场干涉定律变成：

$$I(Q, r) = I_1(Q) + I_2(Q) + 2\sqrt{I_1(Q)I_2(Q)} |\mu_{12}| \cos[\alpha_{12}(0) + 2\pi\bar{\nu}\tau)]。 \tag{7.5.32}$$

以上是在准单色光条件下得到的结果，$|\mu_{12}|$和$\alpha_{12}(0)$都是与光程差$\Delta S$或时间差$\tau$无关的量。它们纯粹决定于光场的空间相干性，而与时间相干性无关。若$I_1(Q)$与$I_2(Q)$在该观察点近似为恒量，则在该区域干涉图样具有几乎恒定的可见度和相位。这样，准单色光的干涉条纹可见度为：

$$V = \frac{I_{\max} - I_{\min}}{I_{\max} + I_{\min}} = \frac{2\sqrt{I_1(Q)I_2(Q)}}{I_1(Q) + I_2(Q)} |\mu_{12}|。 \quad (7.5.33)$$

若两支光路的光强相等，即 $I_1(Q) = I_2(Q)$，则有：

$$V = |\mu_{12}|。 \quad (7.5.34)$$

由式(7.5.32)可以看出，准单色光场的特点似乎类似于频率为 $\bar{\nu}$ 的严格单色光场，其区别在于准单色光场的干涉条纹的可见度和位置分别取决于复相干度的模和相位。测量出干涉条纹的可见度就可以确定复相干因子 $\mu_{12}$ 的模 $|\mu_{12}|$。

干涉条纹的最大值(干涉条纹位置)由下列条件确定：

$$\alpha_{12}(0) + 2\pi\bar{\nu}\tau = \alpha_{12}(0) + \frac{2\pi}{\lambda}(r_2 - r_1) = 2m\pi \quad (m = 0, \pm 1, \pm 2, \cdots)。 \quad (7.5.35)$$

因此可以确定复相干因子 $\mu_{12}$ 的相位 $\beta_{12}$。由式(7.5.33)可以看出，准单色光条件下干涉条纹形式上与频率为 $\bar{\nu}$ 的单色光相似，但实质上这两者是不同的。准单色光条件下得到的干涉条纹对比度和位置分别取决于复相干因子的模 $|\mu_{12}|$ 的相位 $\beta_{12} - 2\pi\bar{\nu}\tau$。复相干因子的模满足关系式 $0 \leq |\mu_{12}| \leq 1$，令

$$\phi_{12} = \alpha_{12}(0) - \frac{\pi}{\lambda D}(\rho_2^2 - \rho_1^2), \quad (7.5.36)$$

在 $y = 0$ 和 $I_1(x, 0) = I_2(x, 0) = I_0$ 的情况下，得到观察平面上的光强分布为：

$$I(x, 0) = 2I_0 \left[ 1 + |\mu_{12}| \cos\left( \phi_{12} + \frac{2\pi}{\lambda D} x \Delta \xi \right) \right]。 \quad (7.5.37)$$

对不同的 $\phi_{12}$，作出 $x$ 轴上光强分布 $I(x, 0)$ 与 $x$ 的函数图形，如图 7.5.4 所示，图中已经假定了相干涉的两束光的强度之和为 1。由图中可以看出，当 $|\mu_{12}| = 0$ 时，干涉条纹消失，两个准单色光波是非相干叠加的；当 $|\mu_{12}| = 1$ 时，条纹最清晰，对比度最大，是相干情况；当 $0 < |\mu_{12}| < 1$ 时，两个光波是部分相干的。

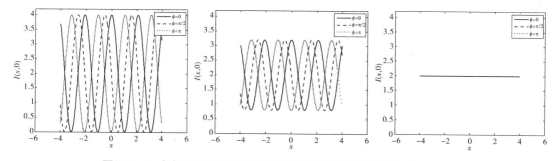

**图 7.5.4 复相干因子的模和幅角取不同值时的干涉条纹图样($I_1 = I_2$)**

在前面，为了描述有限带光和准单色光条件下的干涉问题，定义了一系列的参量和函数，借助于这些量去描述干涉条纹的可见度，它们也反映了光场的时间或空间相干性，现将它们总结于表 7.5.1 中。

表 7.5.1　各种相干性量度的名称和定义

| 符号 | 名称 | 定义 | 相干性 | 示意图 |
|---|---|---|---|---|
| $\Gamma_{12}(\tau)$ | 互相干函数 | $\Gamma_{12}(\tau) = \langle u_1(P_1, t+\tau) u_2^*(P_2, t) \rangle$ | 空间相干性及时间相干性 | |
| $\gamma_{12}(\tau)$ | 复相干度 | $\gamma_{12}(\tau) = \dfrac{\Gamma_{12}(\tau)}{\sqrt{\Gamma_{11}(0)\Gamma_{22}(0)}}$ | | |
| $\Gamma_{11}(\tau)$ | 互相干函数 | $\Gamma_{12}(\tau) = \langle u_1(P_1, t+\tau) u_1^*(P_1, t) \rangle$ | 时间相干性 | |
| $\gamma_{11}(\tau)$ | 复相干度 | $\gamma_{12}(\tau) = \dfrac{\Gamma_{11}(\tau)}{\Gamma_{11}(0)}$ | | |
| $J_{12}$ | 互强度 | $J_{12} = \Gamma_{12}(0) = \langle u_1(P_1, t) u_2^*(P_2, t) \rangle$ | 准单色光的空间相干性 | |
| $\mu_{12}$ | 复相干因子 | $\mu_{12} = \gamma_{12}(0) = \dfrac{J_{12}}{\sqrt{J_{11}J_{22}}}$ | | |

## 7.6　互相干函数的传播和广义惠更斯原理

在准单色光条件下，由于互相干函数和复相干度可分解为与光程差有关和与光程差无关的两个因子的乘积，而光场的空间相干性只包含在与光程差无关的因子中，这就为单独研究空间相干性的传播提供了条件。下面我们将考察互相干函数光波传播过程中具有的特性。

### 7.6.1　互相干函数的传播定律

互相干函数反映了空间中两点光波场之间的相关程度，随着光波在空间中的传播，互相干函数也随之传播。互相干函数传播的意思是指，当光波在空间传播时，其详细结构会发生变化，互相干函数的详细结构也以同样的方式在变化。传播最基本的物理本质是光波服从波动方程，这里，我们在惠更斯—菲涅耳原理的基础上，通过求解波动方程的解来研究互相干函数的传播问题。在讨论这个问题之前，引述一下非单色光场的衍射积分公式。

一个单色光波入射到一个无限大表面 $\Sigma$ 上，如图 7.6.1 所示，可借助于 $\Sigma$ 上的光场表示出右边场中一点 $Q$ 的复振幅。根据惠更斯—菲涅耳原理，可写出 $Q$ 点的复振幅表达式：

$$u(Q) = \frac{1}{i\lambda} \iint_\Sigma u(P) K(\theta) \frac{e^{i2\pi r/\lambda}}{r} ds. \tag{7.6.1}$$

考虑入射到面 $\Sigma$ 上的光场是一个非单色光波，在 $\Sigma$ 面上的光场分布为 $\tilde{u}(P, t)$，与其对应的解析信号为 $u(P, t)$。$\Sigma$ 面上的光场分布在其右边场中 $Q$ 点处产生的光场用 $\tilde{u}(Q, t)$ 表示，其对应的解析信号为 $u(Q, t)$，可以证明 $u(Q, t)$ 可由 $\Sigma$ 面上的场分布 $u(P, t)$ 表示出来，即

$$u(Q, t) = \iint_{\Sigma} \frac{\mathrm{d}u(P, t-r/c)/\mathrm{d}t}{2\pi c r} K(\theta) \mathrm{d}s, \qquad (7.6.2)$$

对于中心波长为 $\bar{\lambda}$ 的窄带光，上式可简化为：

$$u(Q, t) = \iint_{\Sigma} \frac{u(P, t-r/c)}{\mathrm{i}\bar{\lambda} r} K(\theta) \mathrm{d}s。 \qquad (7.6.3)$$

现在讨论互相干函数的传播问题。如图 7.6.2 所示，若有任意相干性的光波从左向右传播，已知在 $\Sigma_1$ 面上的互相干函数为 $\Gamma(P_1, P_2, \tau)$。如何得到 $\Sigma_2$ 面上的互相干函数 $\Gamma(Q_1, Q_2, \tau)$ 的表达式，这相当于已知针孔 $P_1$ 和 $P_2$ 的杨氏干涉结果时，预测针孔 $Q_1$ 和 $Q_2$ 的杨氏干涉实验结果。

这里仅限于讨论窄带光的情形，$\Sigma_2$ 面上的互相干函数定义为：

$$\Gamma(Q_1, Q_2, \tau) = \langle u(Q_1, t+\tau) u^*(Q_2, t) \rangle。 \qquad (7.6.4)$$

通过窄带光传播规律（式(7.6.3)），便可以把 $\Sigma_2$ 面上的光场同 $\Sigma_1$ 面上的光场联系起来，于是有：

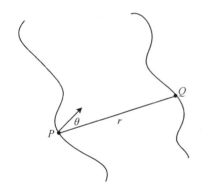

图 7.6.1 传播的空间几何关系

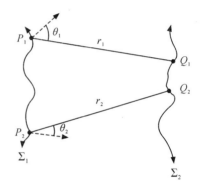

图 7.6.2 互相干传播的几何关系

$$u(Q_1, t) = \iint_{\Sigma_1} \frac{u(P_1, t+\tau-r_1/c)}{\mathrm{i}\bar{\lambda} r_1} K(\theta_1) \mathrm{d}s_1, \qquad (7.6.5)$$

$$u^*(Q_2, t) = \iint_{\Sigma_2} -\frac{u(P_2, t+\tau-r_2/c)}{\mathrm{i}\bar{\lambda} r_2} K(\theta_2) \mathrm{d}s_2。 \qquad (7.6.6)$$

上两式中：$\theta_1$，$\theta_2$ 分别是 $r_1$，$r_2$ 与该点处波面法线的夹角。将式(7.6.5)和式(7.6.6)代入式(7.6.4)，并交换积分及求平均的次序，可得：

$$\Gamma(Q_1, Q_2; \tau) = \iint_{\Sigma_1}\iint_{\Sigma_2} \frac{\langle u(P_1, t+\tau-r_1/c) u^*(P_2, t-r_2/c)\rangle}{\bar{\lambda}^2 r_1 r_2} K(\theta_1) K(\theta_2) \mathrm{d}s_1 \mathrm{d}s_2。$$

$$(7.6.7)$$

被积函数中的时间平均可借助于 $\Sigma_1$ 面上的互相干函数来表示。对于一个平稳随机过程，式(7.6.7)中的被积函数中的时间平均为：

$$\langle u(P_1, t+\tau-r_1/c) u^*(P_2, t-r_2/c) \rangle = \Gamma\left(P_1, P_2; \tau + \frac{r_2-r_1}{c}\right)。 \qquad (7.6.8)$$

于是就可得到窄带条件下互相干传播的基本定律：

$$\Gamma(Q_1, Q_2; \tau) = \iint_{\Sigma_1} \iint_{\Sigma_2} \Gamma\left(P_1, P_2; \tau + \frac{r_2 - r_1}{c}\right) \frac{K(\theta_1)}{\bar{\lambda} r_1} \frac{K(\theta_2)}{\bar{\lambda} r_2} ds_1 ds_2 \text{。} \quad (7.6.9)$$

对于宽带光，与式(7.6.9)相对应的关系式为：

$$\Gamma(Q_1, Q_2; \tau) = -\iint_{\Sigma_1} \iint_{\Sigma_2} \frac{\partial^2}{\partial \tau^2} \Gamma\left(P_1, P_2; \tau + \frac{r_2 - r_1}{c}\right) \frac{K(\theta_1)}{2\pi c r_1} \frac{K(\theta_2)}{2\pi c r_2} ds_1 ds_2 \text{。} \quad (7.6.10)$$

式(7.6.9)适用于窄带条件，现在对它作进一步的限制以适用于准单色条件。为此先求最大光程差远小于相干长度。在这个假设下，我们会找到相应的互强度的传播规律。当准单色条件被满足时，按定义 $\Sigma_2$ 面上的互强度为：

$$J(Q_1, Q_2) = \Gamma(Q_1, Q_2; 0) \text{。} \quad (7.6.11)$$

在式(7.6.9)中令 $\tau = 0$，并由式(7.5.25)可以看出：

$$\Gamma\left(P_1, P_2; \frac{r_2 - r_1}{c}\right) = J(P_1, P_2) e^{i 2\pi \frac{r_2 - r_1}{\bar{\lambda}}} \text{。} \quad (7.6.12)$$

于是可得：

$$J(Q_1, Q_2) = \iint_{\Sigma_1} \iint_{\Sigma_2} J(P_1, P_2) e^{\frac{i 2\pi}{\bar{\lambda}} (r_2 - r_1)} \frac{K(\theta_1)}{\bar{\lambda} r_1} \frac{K(\theta_2)}{\bar{\lambda} r_2} ds_1 ds_2 \text{。} \quad (7.6.13)$$

这就是准单色近似下互强度的传播规律。式(7.6.13)可以看作部分相干场中强度传播的惠更斯—菲涅耳原理。它与描述单色光场传播的惠更斯—菲涅耳公式极为相似，其原因在于互强度的传播也满足亥姆霍兹方程。

让式(7.6.13)中的 $Q_1 \to Q_2$，即当 $Q_1$，$Q_2$ 重合为一点 $Q$ 时，便得到 $\Sigma_2$ 面上的强度分布 (图7.6.3)为：

$$I(Q) = \iint_{\Sigma_1} \iint_{\Sigma_2} J(P_1, P_2) e^{\frac{i 2\pi}{\bar{\lambda}} (r_2 - r_1)} \frac{K(\theta_1)}{\bar{\lambda} r_1} \frac{K(\theta_2)}{\bar{\lambda} r_2} ds_1 ds_2 \text{。} \quad (7.6.14)$$

上式表示 $Q$ 点的光强等于 $\Sigma_1$ 面上每一点对场所作的贡献之和。每个点对场产生的响应为 $e^{\frac{i 2\pi}{\bar{\lambda}} (r_2 - r_1)} \frac{K(\theta_1)}{\bar{\lambda} r_1} \frac{K(\theta_2)}{\bar{\lambda} r_2}$，每一点所作的贡献依赖于这两点的光强和复空间相干度 $\mu(P_1, P_2)$。

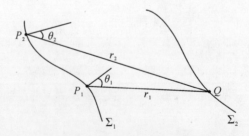

图 7.6.3　计算互强度的几何关系

为了得到以上各个重要结论，使用了关系式(7.6.5)和式(7.6.6)，而这两个关系式均是由惠更斯—菲涅耳原理出发得到的。因此，互相干性和互强度的传播定理也必须满足推导惠更斯—菲涅耳原理时所作的假设，特别是距离 $r_1$ 和 $r_2$ 都必须远大于波长 $\bar{\lambda}$。

## 7.6.2 互相干函数的波动方程

设 $u(P;t)$ 为光场的解析信号,在真空中,解析函数的实部 $u^r(P;t)$ 满足波动方程:

$$\nabla^2 u^r(P;t) - \frac{1}{c^2}\frac{\partial^2}{\partial t^2}u^r(P;t) = 0。 \tag{7.6.15}$$

对上式的两边作希尔伯特变换,并交换算符的次序后得到:

$$\nabla^2 u^i(P;t) - \frac{1}{c^2}\frac{\partial^2}{\partial t^2}u^i(P;t) = 0。 \tag{7.6.16}$$

式中:$u^i(P;t)$ 是 $u^r(P;t)$ 的希尔伯特变换式。因此解析信号 $u(P;t)$ 的实部和虚部均满足波动方程。

$u_1(P_1,t+\tau)$ 与空间点 $P_1(x_1,y_1,z_1)$ 有关,$u_2(P_2,t)$ 与空间点 $P_2(x_2,y_2,z_2)$ 有关。这样有:

$$\nabla_1^2 \Gamma_{12}(\tau) = \nabla_1^2 \langle u_1(P_1,t+\tau)u_2^*(P_2,t)\rangle = \langle \nabla_1^2 u_1(P_1,t+\tau)u_2^*(P_2,t)\rangle。 \tag{7.6.17}$$

式中:

$$\nabla_1^2 \equiv \frac{\partial^2}{\partial x_1^2} + \frac{\partial^2}{\partial y_1^2} + \frac{\partial^2}{\partial z_1^2}; \tag{7.6.18}$$

$$\nabla_1^2 u_1(P_1,t+\tau) = \frac{1}{c^2}\frac{\partial^2 u_1(P_1,t+\tau)}{\partial(t+\tau)^2}。 \tag{7.6.19}$$

由导数的基本定义可以证明:

$$\frac{\partial^2 u_1(P_1,t+\tau)}{\partial(t+\tau)^2} = \frac{\partial^2 u_1(P_1,t+\tau)}{\partial \tau^2}。 \tag{7.6.20}$$

这样,可得:

$$\nabla_1^2 \Gamma_{12}(\tau) = \langle \frac{1}{c^2}\frac{\partial^2 u_1(P_1,t+\tau)}{\partial(t+\tau)^2}u_2^*(P_2,t)\rangle = \langle \frac{1}{c^2}\frac{\partial^2 u_1(P_1,t+\tau)}{\partial \tau^2}u_2^*(P_2,t)\rangle。 \tag{7.6.21}$$

而 $u_2^*(P_2,t)$ 与 $\tau$ 无关,故有:

$$\nabla_1^2 \Gamma_{12}(\tau) = \langle \frac{1}{c^2}\frac{\partial^2 u_1(P_1,t+\tau)}{\partial \tau^2}u_2^*(P_2,t)\rangle = \frac{1}{c^2}\frac{\partial^2}{\partial \tau^2}\langle u_1(P_1,t+\tau)u_2^*(P_2,t)\rangle。 \tag{7.6.22}$$

于是有:

$$\nabla_1^2 \Gamma_{12}(\tau) - \frac{1}{c^2}\frac{\partial^2}{\partial \tau^2}\Gamma_{12}(\tau) = 0。 \tag{7.6.23a}$$

变换计时起点,令 $t' = t - \tau$,即 $t = t' + \tau$,于是,互相干函数可写为:

$$\Gamma_{12}(\tau) = \langle u_1(P_1,t')u_2^*(P_2,t'-\tau)\rangle,$$

把 $t'$ 写回 $t$,即有:

$$\Gamma_{12}(\tau) = \langle \nabla_1^2 u_1(P_1,t+\tau)u_2^*(P_2,t)\rangle。$$

这里,$u(P_1,t)$ 与 $\tau$ 无关,于是同理可得:

$$\nabla_2^2 \Gamma_{12}(\tau) - \frac{1}{c^2} \frac{\partial^2}{\partial \tau^2} \Gamma_{12}(\tau) = 0。 \tag{7.6.23b}$$

式中：

$$\nabla_2^2 \equiv \frac{\partial^2}{\partial x_2^2} + \frac{\partial^2}{\partial y_2^2} + \frac{\partial^2}{\partial z_2^2}。 \tag{7.6.24}$$

所以，$\Gamma_{12}(\tau)$ 也是按式(7.6.23)的波动方程来传播的。它们各自描述了光场在某点 $P_1$（或 $P_2$）在另一点 $P_2$（或 $P_1$）固定的情况下，随时间参量 $\tau$ 改变时互相干函数的变化。在准单色光条件下，由于式(7.5.25)中的 $J_{12}$ 与时间差 $\tau$ 无关，将式(7.5.25)对变量 $\tau$ 求偏微分两次，可得：

$$\frac{\partial^2}{\partial \tau^2} \Gamma_{12}(\tau) \approx -(2\pi \bar{\nu}) J_{12} \mathrm{e}^{-\mathrm{i} 2\pi \bar{\nu} t}。 \tag{7.6.25}$$

又

$$\nabla_1^2 \Gamma_{12}(\tau) = \nabla_1^2 (J_{12} \mathrm{e}^{-\mathrm{i} 2\pi \bar{\nu} t}) = (\nabla_1^2 J_{12}) \mathrm{e}^{-\mathrm{i} 2\pi \bar{\nu} t}。 \tag{7.6.26}$$

将上两式代入式(7.6.23a)，可得：

$$\nabla_1^2 J_{12}(\tau) + \bar{k}^2 J_{12}(\tau) = 0, \tag{7.6.27a}$$

同理可得：

$$\nabla_2^2 J_{12}(\tau) + \bar{k}^2 J_{12}(\tau) = 0。 \tag{7.6.27b}$$

式中：$\bar{k} = 2\pi/\bar{\lambda}$，为平均波数。式(7.6.27)是准单色光场中用来描述空间相干性传播的基本规律，也就是说，互强度也按照亥姆霍兹方程传播的。

### 7.6.3 互谱函数的传播

由式(7.2.28)，互谱函数是互相干函数的傅里叶变换：

$$\Gamma_{12}(\tau) = \int_{-\infty}^{\infty} G_{12}(\nu) \mathrm{e}^{-2\pi \nu \tau} \mathrm{d}\nu。 \tag{7.6.28}$$

将上式代入式(7.6.23)，并交换微分和积分次序可得：

$$\int_{-\infty}^{\infty} \left( \nabla_1^2 - \frac{1}{c^2} \frac{\partial^2}{\partial \tau^2} \right) G_{12}(\nu) \mathrm{e}^{-\mathrm{i} 2\pi \nu \tau} \mathrm{d}\nu = 0。 \tag{7.6.29}$$

上式左边的积分式中的积分函数为0，才能保证上式对一切时间延迟 $\tau$ 和所有互谱密度均成立，对被积函数进行简单运算可得：

$$\nabla_1^2 G_{12}(\tau) + \left( \frac{2\pi \nu}{c} \right)^2 G_{12}(\tau) = 0, \tag{7.6.30a}$$

$$\nabla_2^2 G_{12}(\tau) + \left( \frac{2\pi \nu}{c} \right)^2 G_{12}(\tau) = 0。 \tag{7.6.30b}$$

比较式(7.6.30)和式(7.6.27)，互谱密度 $G_{12}(\nu)$ 与互强度 $J_{12}(\nu)$ 所满足的传播方程组在形式上相似，所不同的是式(7.6.27)中频率用的是中心频率 $\bar{\nu}$，而式(7.6.30)中用的是 $\nu$。因此，欲求互谱密度的解，可参考互强度的对应结果。

## 7.7 范西泰特—策尼克定理及其应用

互强度和复相干度是描述单色光辐射场的基本物理量。一个扩展非相干准单色光源所产生的光场的互强度和复相干度的计算可由范西泰特—策尼克(Van Cittert-Zernike)定理来描述。这一定理首先由范西泰特在1934年确定,之后又由策尼克于1938年用一种较简单的方法得出,是近代光学中最重要的定理之一。后来霍普金斯(Hopkins)又把范西泰特—策尼克定理推广到了更普遍的情形。

## 7.7.1 范西泰特—策尼克定理

如图7.7.1所示,平面$P_o$和平面$P_i$相互平行,相距为$d$。$\Sigma_o$是位于$x_o$-$y_o$平面上的由大量相互独立的辐射体集合而成的一个非相干的光源,即光场是一个扩展准单色初级光源。由$\Sigma_o$发出的光传播后照明与它平行的另一平面$P_i$,这两个平面之间充满了均匀介质。光源的线度比$P_o$到$P_i$间的距离$d$小得多。$P_1$和$P_2$是光源上的任意一点,它与平面$P_i$观测区域内两点$Q_1$和$Q_2$的距离分别为$\overline{P_1Q_1}$和$\overline{P_2Q_2}$,它们与$O_oO_i$方向之间的夹角分别为$\theta_1$和$\theta_2$。光由$P_o$面传播到$P_i$面时,面上任何一点$Q_1$或$Q_2$的光振动都是由$\Sigma_o$上各点贡献叠加而成的。因此,即使$\Sigma_o$上的光场是非相干的,在$\Sigma_o$上的各点对$Q_1$和$Q_2$点的光振动之间都存在一定的联系,也就是有一定的相干性。

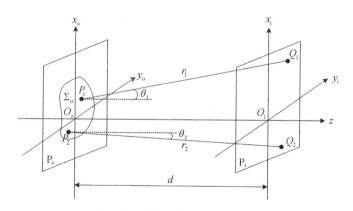

图7.7.1 范西泰特—策尼克定理的几何关系

现在要求出$P_i$面上任意两点$Q_1$和$Q_2$的互强度和复相干系数。扩展光源$\Sigma_o$上的互强度$J(P_1,P_2)$和观测面$P_i$上的互强度$J(Q_1,Q_2)$由下式关联:

$$J(Q_1,Q_2) = \iint_{\Sigma_o}\iint_{\Sigma_o} J(P_1,P_2) e^{-\frac{i2\pi}{\lambda}(r_2-r_1)} \frac{K(\theta_1)}{\lambda r_1} \frac{K(\theta_2)}{\lambda r_2} ds_{o1} ds_{o2}。 \qquad (7.7.1)$$

上式无论在$\Sigma_o$上用$J(P_1,P_2)$所表示的$P_1$和$P_2$两点的初始的相干性状态如何都是成立的。由互强度的定义式可知,扩展光源上任意两点$P_1$和$P_2$的互强度为:

$$J(P_1,P_2) = \langle u(P_1,t)u^*(P_2,t)\rangle, \qquad (7.7.2)$$

对于空间非相干光源的这种特殊情况,两个不同点的光振动是统计无关的,因而有:

$$J(P_1,P_2) = \kappa I(P_1)\delta(|P_1-P_2|)。 \qquad (7.7.3)$$

式中:$\kappa$是量纲为长度平方的常数,当只考虑空间的相对强度时,可令$\kappa=1$。将式(7.7.2)代入式(7.7.1),并假定$P_1 \to P_2$时,两者相重合的点用$P$表示,应用$\delta$函数的筛选性质,便可得到观察屏幕上的互强度为:

$$J(Q_1, Q_2) = \iint_{\Sigma_o} I(P) e^{\frac{i2\pi}{\lambda}(r_2 - r_1)} \frac{K(\theta_1)}{\lambda r_1} \frac{K(\theta_2)}{\lambda r_2} ds_o \, _o \tag{7.7.4}$$

在小角度假设下，有 $K(\theta_1) \approx K(\theta_2) \approx 1$，于是当光波在自由空间传播时，上式变为：

$$J(Q_1, Q_2) = \frac{1}{\lambda^2} \iint_{\Sigma_o} I(P) e^{\frac{i2\pi}{\lambda}(r_2 - r_1)} \frac{1}{r_1 r_2} ds_o \, _o \tag{7.7.5}$$

为了理解上式的物理意义，令

$$U(P) = I(P) \frac{e^{2i\pi r_2/\lambda}}{\lambda^2 r_2}, \tag{7.7.6}$$

则式(7.7.4)化为：

$$J(Q_1, Q_2) = \iint_{\Sigma_o} U(P) \frac{e^{-\frac{i2\pi}{\lambda} r_1}}{r_1} ds_o \, _o \tag{7.7.7}$$

式中互强度 $J(Q_1, Q_2)$ 表示被一个扩展的准单色非相干光源照明的平面 $P_i$ 上 $Q_2$ 处光场和 $Q_1$ 处光场在 $\tau = 0$ 时的相关度，等式右边从形式上就是用惠更斯—菲涅耳原理所描述的衍射积分。式(7.7.6)中的 $U(P)$ 可以等效地看成分布于衍射孔径上的光的复振幅，该孔径的大小和形状同光源的一样。由式(7.7.6)可看出，照明此孔径的是一个会聚于 $Q_2$ 点，孔径处波阵面上振幅分布的大小与光源 $\Sigma_o$ 上的强度分布 $I(P)$ 的大小成正比的一个球面波。这个等效的球面波通过孔径 $\Sigma_o$ 衍射后，在 $Q_1$ 处的贡献就等于 $J(Q_1, Q_2)$。

假设光源和观察区的线度与两者之间的距离 $d$ 相比很小，则有 $r_1 r_2 = d^2$；在傍轴近似下，设 $P$ 点坐标为 $(x_o, y_o)$，$Q_1$ 和 $Q_2$ 的坐标分别为 $(x_{i1}, y_{i1})$ 和 $(x_{i2}, y_{i2})$，则有：

$$r_1 = \sqrt{d^2 + (x_{i1} - x_o)^2 + (y_{i1} - y_o)^2} \approx d + \frac{(x_{i1} - x_o)^2 + (y_{i1} - y_o)^2}{2d},$$

$$r_2 = \sqrt{d^2 + (x_{i2} - x_o)^2 + (y_{i2} - y_o)^2} \approx d + \frac{(x_{i2} - x_o)^2 + (y_{i2} - y_o)^2}{2d} \, _o$$

当 $P$ 点在有限的光源范围 $\Sigma_o$ 之外时，有 $I(x_o, y_o) = 0$，因此式(7.7.7)中的积分限可扩展到无限大，于是有：

$$J(x_{i1}, y_{i1}; x_{i2}, y_{i2}) = \frac{e^{i\psi}}{(\lambda d)^2} \iint_{-\infty}^{\infty} I(x_o, y_o) e^{-\frac{2\pi}{\lambda d}(\Delta x_i x_o + \Delta y_i y_o)} dx_o dy_o \, _o \tag{7.7.8}$$

式中：$\Delta x_i = x_{i2} - x_{i1}$；$\Delta y_i = y_{i2} - y_{i1}$。相位因子 $\psi$ 为：

$$\psi = \frac{\pi}{\lambda d}[(x_{i2}^2 + y_{i2}^2) - (x_{i1}^2 + y_{i1}^2)] = \frac{\pi}{\lambda z}(\rho_2^2 - \rho_1^2) \, _o \tag{7.7.9}$$

式中：$\rho_1 = \sqrt{x_{i1}^2 + y_{i1}^2}$，$\rho_2 = \sqrt{x_{i2}^2 + y_{i2}^2}$ 分别是点 $(x_{i1}, y_{i1})$ 和 $(x_{i2}, y_{i2})$ 离光轴的距离。式(7.7.8)就是范西泰特—策尼克定理的最后形式。为使用方便，可将式(7.7.8)作归一化处理，为此需先求出 $Q_1$ 和 $Q_2$ 点的光强度。在使用非相干准单色光源的大多数实际应用中，观测平面上 $Q_1$ 和 $Q_2$ 点的光强度为：

$$I(Q_1) = J(Q_1, Q_1), \quad I(Q_2) = J(Q_2, Q_2) \, _o \tag{7.7.10}$$

令 $x_{i1} = x_{i2}$，$y_{i1} = y_{i2}$，则 $\Delta x_i = 0$，$\Delta y_i = 0$，则由式(7.7.8)便可得出 $Q_1$ 点或 $Q_2$ 点的强度表达式，显然它们是相等的，即

# 第7章 部分相干光的干涉和衍射

$$I(x_{i1}, y_{i1}) = I(x_{i2}, y_{i2}) = \frac{1}{(\lambda d)^2} \iint_{-\infty}^{\infty} I(x_o, y_o) dx_o dy_o \text{。} \tag{7.7.11}$$

则有：

$$\sqrt{I(Q_1)I(Q_2)} = \sqrt{I(x_{i1}, y_{i1})I(x_{i2}, y_{i2})} = \frac{1}{(\lambda d)^2} \iint_{-\infty}^{\infty} I(x_o, y_o) dx_o dy_o \text{。} \tag{7.7.12}$$

于是便得到菲涅耳衍射近似条件下范西泰特—策尼克定理的归一化表达式为：

$$\mu(Q_1; Q_2) = \mu(x_{i1}, y_{i1}; x_{i2}, y_{i2}) = \frac{J(x_{i1}, y_{i1}; x_{i2}, y_{i2})}{\sqrt{I(x_{i1}, y_{i1})I(x_{i2}, y_{i2})}}$$

$$= \frac{e^{i\psi} \iint_{-\infty}^{\infty} I(x_o, y_o) e^{-\frac{2\pi}{\lambda z}(\Delta x_i x_o + \Delta y_i y_o)} dx_o dy_o}{\iint_{-\infty}^{\infty} I(x_o, y_o) dx_o dy_o} \text{。} \tag{7.7.13}$$

令 $\xi = \frac{\Delta x_i}{\lambda z}$，$\eta = \frac{\Delta y_i}{\lambda z}$，则上式可写为：

$$\mu(Q_1; Q_2) = \frac{e^{i\psi} F\{I(x_o, y_o)\}|_{\xi=\frac{\Delta x_i}{\lambda z}, \eta=\frac{\Delta y_i}{\lambda z}}}{\iint_{-\infty}^{\infty} I(x_o, y_o) dx_o dy_o} \text{。} \tag{7.7.14}$$

上式表明：当光源本身的线度以及观察区域的线度都比二者间的距离小得多时，观测区域 $\Sigma_i$ 上的复相干度 $\mu(Q_1; Q_2)$ 除因子 $e^{i\psi}$ 和比例常数外，正比于光源上强度分布的归一化二维傅里叶变换。

相位因子 $e^{i\psi}$ 并不影响复相干系数的模 $|\mu(Q_1, Q_2)|$，也就是说不影响判断 $Q_1$ 和 $Q_2$ 两点在杨氏干涉实验中产生干涉条纹的可见度。$\mu(Q_1, Q_2)$ 只和观察平面上选定的 $Q_1$ 和 $Q_2$ 两点的坐标差 $\Delta x_i$，$\Delta y_i$ 有关。此外，式(7.7.14)中的相位因子 $e^{i\psi}$ 在如下几种情况下便可略去：① 当 $Q_1$ 和 $Q_2$ 两点到光轴的距离相等时，$\psi = 0$，这时有 $e^{i\psi} = 1$；② 当光源平面 $P_o$ 和观测平面 $P_i$ 的距离 $d$ 很大，即满足 $d \gg \frac{2}{\lambda}(\rho_2^2 - \rho_1^2)$ 时，$\psi \ll \frac{\pi}{2}$，这时 $e^{i\psi} \approx 1$；③ 当 $Q_1$ 和 $Q_2$ 两点在一个以光源为中心、半径为 $d$ 的参考球面上时，$e^{i\psi} = 1$。

$\mu(Q_1, Q_2)$ 和 $I(P)$ 之间存在着傅里叶变换关系，这种运算关系类似于夫琅禾费衍射。但范西泰特—策尼克定理只涉及傍轴近似，因而在更宽的空间范围内成立，在衍射问题中对菲涅耳衍射和夫琅禾费衍射都适用。

在推导范西泰特—策尼克定的公式时，假定了光源所在的平面与观测平面之间充满了均匀介质。更普遍的情况下，介质是不均匀的，或者介质是由若干折射率不同的均匀区域相连接而组成的。

在 $Q_1$，$Q_2$ 介质的透射函数可以定义为：

$$K(P, Q_1, \bar{\nu}) = \frac{1}{i\bar{\lambda} r_1} e^{i\bar{k}r_1}, \quad K(P, Q_2, \bar{\nu}) = \frac{1}{i\bar{\lambda} r_2} e^{i\bar{k}r_2} \text{。} \tag{7.7.15}$$

根据惠更斯—菲涅耳原理，它表示一个位于光源 $\Sigma_o$ 上，以 $P$ 点为中心的面元构成的准单色光源在 $Q_1$，$Q_2$ 点所引起的复振动。这个准单色点光的中心波长为 $\bar{\lambda}$，中心频率为 $\bar{\nu}$，中心波数为 $\bar{k}$，具有单位强度和零相位，与 $Q_1$ 点相距 $r_1$，与 $Q_2$ 点相距 $r_2$。这样，式(7.7.5)所表示的互强度为：

$$J(Q_1, Q_2) = \kappa \iint_{\Sigma_o} I(P) K(P, Q_1, \bar{\nu}) K^*(P, Q_2, \bar{\nu}) \mathrm{d}s_o。 \tag{7.7.17}$$

将上式归一化，有：

$$J(Q_1, Q_2) = \frac{\kappa}{\sqrt{I(Q_1)I(Q_2)}} \iint_{\Sigma_o} I(P) K(P, Q_1, \bar{\nu}) K^*(P, Q_2, \bar{\nu}) \mathrm{d}s_o。 \tag{7.7.18}$$

令

$$U(P, Q_1) = \mathrm{i}\kappa^{1/2} K(P, Q_1, \bar{\nu}) \sqrt{I(Q_1)},\ U(P, Q_2) = \mathrm{i}\kappa^{1/2} K(P, Q_2, \bar{\nu}) \sqrt{I(Q_2)},$$

于是有：

$$J(Q_1, Q_2) = \iint_{\Sigma_o} U(P, Q_1) U^*(P, Q_2) \mathrm{d}s_o, \tag{7.7.19}$$

$$\mu(Q_1, Q_2) = \frac{1}{\sqrt{I(Q_1)I(Q_2)}} \iint_{\Sigma_o} U(P, Q_1) U^*(P, Q_2) \mathrm{d}s_o。 \tag{7.7.20}$$

上两式就是霍普金斯公式，它具有类似范西泰—策尼克定理的作用，可以用来计算不均匀介质存在的空间中任意位置的互强度和复相干因子，而不必直接应用平均过程。这一公式对解决仪器中的光学相干性问题很有用处。

### 7.7.2 相干面积

从范西泰特—策尼克定理出发可以导出准单色扩展光源相干性的量度，即空间相干性。由于复相干系数的模只与 $x_i - y_i$ 平面两点的坐标差 $\Delta x_i$，$\Delta y_i$ 有关，由此可定义相干面积 $A_c$ 为：

$$A_c = \iint_{-\infty}^{\infty} |\mu(\Delta x_i, \Delta y_i)|^2 \mathrm{d}\Delta x_i \mathrm{d}\Delta y_i。 \tag{7.7.21}$$

它在性质上完全类似于式(7.4.29)所定义的相干时间 $\tau_c$。

可以证明，对于形状任意、面积为 $A_s$ 的均匀非相干准单色光源，在离光源 $d$ 处的相干面积为：

$$A_c = \frac{(\bar{\lambda}d)^2}{A_s} \approx \frac{(\bar{\lambda})^2}{\Omega_s}。 \tag{7.7.22}$$

式中：$\Omega_s$ 是光源对观察区原点所张的立体角，上式可以由范西泰特—策尼克定理得以证明。

范西泰特—策尼克定理的一个重要应用，是分析一个亮度均匀、非相干准单色、半径为 $a$ 的圆盘形扩展光源的相干性，如图 7.7.2 所示，显然这样的光源的强度分布可用圆域函数来表示，即

$$I(x_o, y_o) = I_0 \mathrm{circ}\left(\sqrt{x_o^2 + y_o^2}/a\right), \tag{7.7.23}$$

在极坐标系下，有：

$$I(x_o, y_o) = I_0 \mathrm{circ}(r_o/a)。 \tag{7.7.24}$$

对观测平面 $x_i - y_i$，设

$$\Delta x_i = x_{i1} - x_{i2} = \bar{\lambda} z \rho \cos\phi,\ \Delta y_i = y_{i1} - y_{i2} = \bar{\lambda} z \rho \sin\phi。 \tag{7.7.25}$$

因此有：

$$\rho = \frac{\sqrt{\Delta x_i^2 + \Delta y_i^2}}{\lambda z} = \frac{l}{\lambda z}. \tag{7.7.26}$$

式中：$\rho$ 为频域中的极坐标半径；$l = \sqrt{\Delta x_i^2 + \Delta y_i^2}$，是两点间的距离。由式(7.7.14)，有

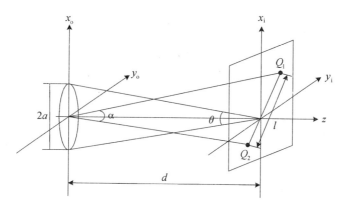

图 7.7.2　均匀圆形光源照明平面屏幕

$$\mu(Q_1, Q_2) = \frac{\mathrm{e}^{\mathrm{i}\psi} F\{I_0 \mathrm{circ}(r_o/a)\}|_{\xi = \frac{\Delta x_i}{\lambda d}, \eta = \frac{\Delta y_i}{\lambda d}}}{\iint_{-\infty}^{\infty} I_0 \mathrm{circ}(r_o/a) \mathrm{d}s}. \tag{7.7.27}$$

上式中分母部分为：

$$\iint_{-\infty}^{\infty} I_0 \mathrm{circ}(r_o/a) \mathrm{d}s = I_0 \pi a^2. \tag{7.7.28}$$

分子部分由傅里叶—贝塞尔变换可得：

$$B\{I_0 \mathrm{circ}(r_o/a)\} = 2\pi I_0 \int_0^a r_o \mathrm{J}_0(2\pi r_o \rho) \mathrm{d}r_o.$$

令 $r_o' = 2\pi r_o \rho$，并利用第一类零阶和一阶贝塞尔函数的积分关系 $\int_0^x \alpha \mathrm{J}_0(\alpha) \mathrm{d}\alpha = x \mathrm{J}_1(x)$，于是得：

$$B\{I_0 \mathrm{circ}(r/a)\} = \frac{I_0}{2\pi\rho^2} \int_0^{2\pi a\rho} r_o' \mathrm{J}_0(r_o') \mathrm{d}r_o' = I_0 \pi a^2 \frac{2\mathrm{J}_1(2\pi a\rho)}{2\pi a\rho}. \tag{7.7.29}$$

将式(7.7.28)和式(7.7.29)代入式(7.7.27)，得：

$$\mu(Q_1, Q_2) = \mathrm{e}^{\mathrm{i}\psi} \left[\frac{2\mathrm{J}_1(2\pi a\rho)}{2\pi a\rho}\right]. \tag{7.7.30}$$

上式中因子 $\mathrm{e}^{\mathrm{i}\psi}$ 取决于坐标 $(x_{i1}, y_{i1})$ 和 $(x_{i2}, y_{i2})$。为了确定这个相位因子，假定在观测面上取 $Q_2(x_{i2}, y_{i2})$ 为坐标原点，即有 $x_{i2} = 0, y_{i2} = 0$，则有 $l = \sqrt{\Delta x_i^2 + \Delta y_i^2} = \sqrt{x_{i1}^2 + y_{i1}^2}$，这时有：

$$\psi = \frac{\pi(x_{i1}^2 + y_{i1}^2)}{\lambda d} = \frac{\pi l^2}{\lambda d}. \tag{7.7.31}$$

上式中的第二个因子仅仅取决于两点之间的距离 $l$。这样复相干系数的模 $|\mu(Q_1, Q_2)|$ 仅取决于 $\Delta x_i$ 和 $\Delta y_i$。令

$$\Phi = 2\pi a\rho = \frac{2\pi a l}{\lambda d} \approx \frac{\pi l}{\lambda}\theta. \tag{7.7.32}$$

式中：$\theta \approx 2a/d$，是光源直径 $2a$ 对 $Q_1$ 和 $Q_2$ 连线中心点的张角（光源的角直径），如图7.7.2所示。$Q_1$ 和 $Q_2$ 两点间的距离为 $l = \sqrt{\Delta x_i^2 + \Delta y_i^2}$，$Q_1$ 和 $Q_2$ 两点相对于光源中心点的张角（孔径角）为 $\alpha$，故有 $\alpha \approx l/d$，于是式(7.7.32)也可以写为：

$$\Phi \approx \frac{2\pi a}{\lambda} \alpha 。 \tag{7.7.33}$$

图7.7.3显示了 $|\mu(Q_1, Q_2)|$ 与 $\Phi$ 的关系曲线，由图可见，$\Phi$ 值越小，$|\mu(Q_1, Q_2)|$ 值越大。因此，减小光源角直径 $\theta$ 或减小孔径角 $\alpha$，即减小光源的尺寸 $a$，或减小 $Q_1$ 和 $Q_2$ 两点之间的距离 $l$，或增大两个平面之间的距离 $d$，都可以提高 $Q_1$ 和 $Q_2$ 两点的空间相干性。这时，即使光源在不同的发光点之间完全不相关，每一个点源在 $Q_1$ 和 $Q_2$ 两点产生的光振动的相位差接近于相等，它们各自在 $Q_1$ 和 $Q_2$ 两点产生的干涉图样基本重合，因而，$Q_1$ 和 $Q_2$ 两点仍然可以是高度相干的。对于点光源的理想情况，$|\mu(Q_1, Q_2)|$ 等于最大值1。即点光源有完全的空间相干性。假定点 $Q_1$ 和 $Q_2$ 相应于一个不透明屏上的针孔，且在屏后一定距离上观察干涉条纹，根据 $|\mu(Q_1, Q_2)|$ 的特征可以预示在每一个可能的针孔间距下得到的条纹特征。

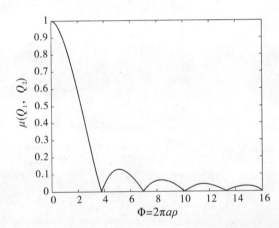

图7.7.3 复空间相干度的模 $|\mu(Q_1, Q_2)|$ 随 $\Phi$ 的关系曲线

从上面的讨论可知，随着 $\Phi$ 值从取小值增大，条纹可见度会单调下降。假设以干涉条纹恰好消失的零点位置来定义空间相干宽度。当 $\Phi = 2\pi a\rho = 0$ 时，$|\mu(Q_1, Q_2)| = 1$，当 $\Phi$ 由 0 开始增大，光场的相干性随之下降，一阶贝塞尔函数 $J_1(\Phi)$ 的零点为 3.833，7.061，…，即 $\Phi \approx 3.833$ 时，$|\mu(Q_1, Q_2)|$ 到达第一个零值。此时，干涉条纹恰好消失，其相应的双孔间距为：

$$l_c = \frac{3.833}{\pi} \frac{\lambda}{\theta} = 1.220 \frac{\lambda}{\theta} 。 \tag{7.7.34}$$

这个间距称为空间相干宽度或横向相干宽度。或相应的孔径角为：

$$\alpha = 0.610 \frac{\lambda}{a} 。 \tag{7.7.35}$$

若将杨氏双孔对准这两点，即双孔的间距为 $l_c$，或双孔恰好位于孔径角 $\alpha$ 的两边沿，则屏后面的光场将没有任何干涉条纹。这时，无论观测屏放在什么位置，都是一片均匀的亮点。对应的 $Q_1$ 和 $Q_2$ 两点的光场是完全不相干的。当 $\Phi$ 值继续增大，又可见到干涉条纹，不过可见度大大降低。

例如，太阳是一个热光源，将它看成一个平均波长 $\bar{\lambda} = 550$ nm 的均匀圆盘状态非相干光源，它对地面的张角 $\alpha = \dfrac{2a}{d} \approx 0°32'$ (0.0093 rad)，由式(7.7.34)可得 $l_c \approx 0.072$ mm。

### 7.7.3 范西泰特—策尼克定理的应用例子

**1. 迈克耳逊测星干涉仪**

范西泰特—策尼克定理的一个重要应用就是用来确定星体的角直径。利用光场的空间相干性质，可以测量宇宙中星体的直径和双星的间距。由于星体距离地球非常遥远，所以它们的角直径非常小，约为 $10^{-7}$ rad。因此，在地球上观察星体发出的光的横向相干宽度为数米量级。要确定像星体这类遥远光源的角直径，可以采用图 7.7.4 所示的双孔间距可变的杨氏双孔干涉装置。假定星体可以看作准单色的均匀圆形光源，连续改变双孔间距，测出干涉条纹可见度由最大降为 0 时的 $l_c$ 之值，即可测量出横向相干宽度。于是，根据式(7.7.35)就可以计算出星体的角直径。

将待测星体看成一个准单色均匀非相干光源，由式(7.7.35)，当观察平面上 $\overline{Q_1Q_2}$ 增大到 $d$ 使得可见度第一次降为 0 时，星体的角直径为 $\alpha = \dfrac{1.22\bar{\lambda}}{d}$。如果待测星体的角直径 $\alpha = 0.05''$，由星体发出的光的平均波长 $\bar{\lambda} = 550$ nm，则干涉条纹的可见度第一次为 0 时，由式(7.7.34)可得 $l_c \approx 2.8$ m。制作直径这样大的望远镜在工艺上是很困难的，在价格上是很昂贵的。为了解决这一困难，迈克尔逊提出并使用了如图 7.7.5 的装置，现在称之为迈克耳逊测星干涉仪。

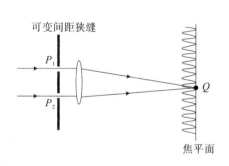

图 7.7.4 星体角直径的测量

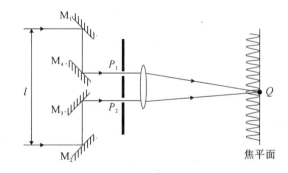

图 7.7.5 迈克耳逊测星干涉仪

迈克耳逊根据斐佐(Fizeau)早先的一个建议，第一个用干涉方法测定星体角直径。如图 7.7.5 所示，其中的反射镜用来增大两个孔的间距，在望远物镜前放置一个开有双孔的光阑，双孔位置对称于光轴。用两个相距很远的可移动反射镜 $M_1$ 和 $M_2$ 收集来自遥远星体的光线，反射光再经过反射镜 $M_3$ 和 $M_4$ 反射，分别通过双孔进入物镜，在物镜后焦面上形成干涉图样。反射镜 $M_1$ 和 $M_2$ 之间的距离就相当于双间距 $l$。连续移动反射镜，当干涉条纹的可见度降为 0 时，这时 $M_1$ 和 $M_2$ 之间的距离就等于横向相干长度，即 $l = l_c \approx 1.220\bar{\lambda}/\theta$。

图7.7.5所示的装置中,外伸的两个反射镜 $M_1$, $M_2$ 可以在一根长导轨上移动。这根长导轨装在威尔逊山天文台的100英寸反射望远镜上,迈克耳逊用它来测量参宿四(猎户座 $\alpha$)的角直径。在1920年12月一个寒冷的夜晚,当他将 $l$ 调到121英寸即307.33 cm时,来自这棵橙色星的光形成的干涉条纹第一次消失了。取 $\bar{\lambda} = 570$ nm时,由式(7.7.35)可求得:

$$\beta \approx \frac{1.220\bar{\lambda}}{l_c} = (1.220 \times 570 \times 10^{-9}/3.073)\,\text{rad} \approx 2.26 \times 10^{-7}\,\text{rad} = 0.047''_{\circ}$$

利用由视差法测定的距离,得出参宿四的直径约为2.4亿英里,其直径约为大阳直径的280倍。

迈克耳逊测星干涉仪也可用于测量双星的角间距。为了测量更小的星体,可移动反射镜的间距必须更大,这是测量干涉仪结构上的主要困难。类似的装置在射电天文学中被广泛应用来测定天体射电源的大小。

### 2. 汤姆逊—沃耳夫衍射计

汤姆逊(Thompson)和沃耳夫(Wolf)曾采用如图7.7.6所示的装置(被称为汤姆逊—沃耳夫衍射计,diffractometer)来研究光源尺度变化以及双孔间距变化对复相干度 $|\mu(Q_1,Q_2)|$ 的影响。汤姆逊—沃耳夫实验在部分相干理论中具有重要意义,因为它通过修改杨氏实验验证了部分相干态的各种特性,该装置可作为一种称为衍射计的仪器来使用。汤姆逊—沃耳夫当初研制衍射计的目的是为了用光学衍射方法来解决X射线的结构分析。在图7.7.6中,$S_0$ 是直径为 $2a_0$ 的准单色非相干扩展光源,通过透镜 $L_0$ 成像于针孔 $S_1$ 处。$S_1$ 的直径为 $2a_1$,若 $L_0$ 足够大,则 $S_1$ 处的光场可以看成一个不相干的光源。$S_1$ 处于 $L_1$ 的焦平面上,经过 $S_1$ 处的光通过 $L_1$ 后就变成了平行光。在不透明的屏 P 上开有两个直径均为 $2a$ 的圆孔,其中心位于 $P_1$ 和 $P_2$。由这两个圆孔产生的衍射光通过透镜 $L_2$ 后在其后焦面 F 上相干涉,在面 F 上所观察到的光强分布是由 $P_1$ 和 $P_2$ 两个圆孔出射、复相干因子为 $\mu(Q_1,Q_2)$ 的两个部分相干光叠加所产生的。为了便于用夫琅禾费衍射的方法进行分析,设与面 P 的法线成 $\varphi$ 角的衍射光在 $Q$ 点相聚,以 $P_1$ 和 $P_2$ 间的距离 $l$ 及聚焦面 F 上的点 $Q$ 为参数,如图7.7.7所示。参照式(7.2.18),光强分布为:

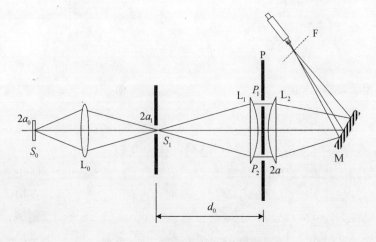

图7.7.6 汤姆逊—沃耳夫衍射计

$$I(Q, l) = I_1(Q) + I_2(Q) + 2\sqrt{I_1(Q)I_2(Q)}|\mu(Q, Q)|\cos(\beta_{12} - \delta)_\circ \tag{7.7.36}$$

式中：各符号含义与式(7.2.18)是相同的。由于两孔的直径相同，所以它们大小相等。具体来说，它们由半径为 $a$ 的圆孔的夫琅禾费衍射图样给出：

$$I_1(Q) = I_2(Q) = \left(\frac{2J_1(\Phi)}{\Phi}\right)^2_\circ \tag{7.7.37}$$

式中：$\Phi = \dfrac{2\pi a}{\lambda}\sin\varphi_\circ$

式(7.7.36)中的 $\delta$ 表示图7.7.7中所示的两光束到达 $Q$ 点的相位差，将 $\bar{\nu} = c/\bar{\lambda}$ 和 $\tau = P_2N/c = (l\sin\varphi)/c$（$N$ 是 $P_1$ 到 $P_2$ 处衍射光线的垂足），代入 $\delta = 2\pi\bar{\nu}\tau$，可得：

$$\delta = \frac{2\pi}{\bar{\lambda}}l\sin\varphi_\circ \tag{7.7.38}$$

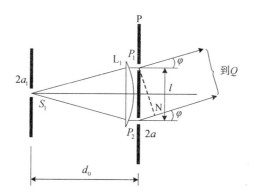

图7.7.7 衍射计焦平面内强度分布的计算

设 $L_1$ 紧靠屏 P，因此可以认为 $S_1$ 到 $L_1$ 和到 P 的距离相近，均为 $d_0$，它就是透镜 $L_1$ 的焦距。式(7.7.36)中的复相干因子 $\mu$ 描述半径为 $a_1$ 的准单色非相干光源照明的屏 P 上 $P_1$，$P_2$ 两点光场的相干性，由范西泰特—策尼克定理，有：

$$\mu_{12} = e^{i\psi}\frac{2J_1(\Phi)}{\Phi}_\circ \tag{7.7.39}$$

式中 $\psi$ 和 $\Phi$ 的表达式如下：

$$\psi = \frac{\pi}{\lambda d_0}(l_1^2 - l_2^2); \tag{7.7.40}$$

$$\Phi = 2\pi a_1 a = \frac{2\pi a_1 l}{\lambda d_0}_\circ \tag{7.7.41}$$

式中：$l_1$，$l_2$ 分别表示 $P_1$，$P_2$ 点与光轴的距离。当两孔中心关于轴对称时有 $l_1 = l_2$，因而有 $e^{i\psi} = 1$，于是式(7.7.39)简化为：

$$\mu_{12} = \frac{2J_1(\nu)}{\nu}_\circ \tag{7.7.42}$$

由于 $\mu_{12} = |\mu_{12}|e^{i\beta_{12}}$，从式(7.7.42)看出，这里所表示的 $\mu_{12}$ 是一个实数，可能取正值，也可能取负值。$\mu_{12}$ 也可以表示成

$$\mu_{12} = e^{i\beta_{12}} \left| \frac{2J_1(\Phi)}{\Phi} \right| \tag{7.7.43}$$

的形式，这时相应的 $\beta_{12}$ 取值为：

$$\beta_{12} = \begin{cases} 0 & \frac{2J_1(\Phi)}{\Phi} > 0 \\ \pi & \frac{2J_1(\Phi)}{\Phi} < 0 \end{cases} \tag{7.7.44}$$

当孔 $P_1$，$P_2$ 中心之间的距离 $l$ 逐渐加大，即随着两个干涉光束之间的复相干因子 $\mu_{12}$ 的改变，在焦面上所观测到的干涉图样的结构会如何变化呢？引入参数

$$C = \frac{\overline{\lambda} d_0}{2\pi a_1 a}, \tag{7.7.45}$$

式(7.7.38)所表示的 $\delta$ 变成：

$$\delta = \frac{2\pi}{\lambda} l \sin\varphi = C\Phi_1 \Phi_2 \text{。} \tag{7.7.46}$$

由上面的讨论，可得焦平面上 $Q(\varphi)$ 点的强度的表达式如下：

$$I(Q, l) = 2\left[\frac{2J_1(\Phi_1)}{\Phi_1}\right]^2 \left\{ 1 + \left[\frac{2J_1(\Phi_2)}{\Phi_2}\right] \cos[\beta_{12}(\Phi_2) - C\Phi_1\Phi_2] \right\} \text{。} \tag{7.7.47}$$

由上式可得光强的极大值和极小值分别为：

$$I_{\max}(Q, l) = 2\left[\frac{2J_1(\Phi_1)}{\Phi_1}\right] \left\{ 1 + \left[\frac{2J_1(\Phi_2)}{\Phi_2}\right] \right\}, \tag{7.7.48a}$$

$$I_{\min}(Q, l) = 2\left[\frac{2J_1(\Phi_1)}{\Phi_1}\right] \left\{ 1 - \left[\frac{2J_1(\Phi_2)}{\Phi_2}\right] \right\} \text{。} \tag{7.7.48b}$$

当 $\beta_{12} = \pi$，中心处的强度是相对的极小值；当 $\beta_{12} = 0$ 时，中心处的强度是极大值。复相干因子的模随双孔距离的变化如图 7.7.8 所示。

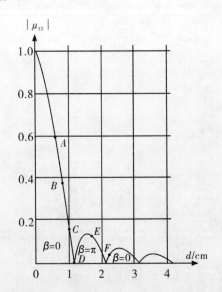

图 7.7.8 部分相干光的双光束，相干度作为衍射计中两个被照明的小孔距离 $l$ 的函数

## 习 题 7

**7.1** 用迈克耳逊干涉仪进行精密测长,光源波长 600 nm,其谱线宽度为 $10^{-4}$ nm,探测器的灵敏度为 1/10 条纹。问这台仪器测长精度是多少?一次测长量程是多少?

**7.2** 计算下列光源的相干长度。

(1)高压 Hg 灯的绿线,波长 $\lambda = 546.1$ nm,线宽 $\Delta\lambda = 5$ nm。

(2)He-Ne 激光器发出的光,波长 $\lambda = 633.0$ nm,线宽 $\Delta\lambda = 2\times10^{-8}$ nm。

**7.3** (1)在杨氏双缝实验中,若以一单色线光源照明,设线光源为平行狭缝,光在通过狭缝以后光强之比为 1:2,求产生的干涉条纹的可见度。

(2)若以直径为 0.1 mm 的一段钨丝作为杨氏干涉实验的光源,光的波长 $\lambda = 550.0$ nm,为使横向相干宽度大于 1 mm,双缝必须与灯丝相距多远?

**7.4** 如题图所示的杨氏干涉实验中,扩展光源 $S_0$ 的宽度为 $b$,光源波长为 $\lambda = 589.3$ nm,针孔 $P_1$、$P_2$ 大小相同,相距为 $d$,光源到小孔和小孔到观测屏的距离相等,即 $z_0 = 1$ m。

(1)当 $d = 2$ mm,计算 $b = 0$ 增大到 $b = 0.1$ mm 时,观测屏上可见度的变化范围。

(2)设 $b = 0.2$ mm,$z_0$ 不变,当可见度第一次为 0 时,$d$ 为多少?

(3)当 $b = 0.2$ mm,$d = 3$ mm 时,求观测面上 $z$ 轴附近的可见度函数。

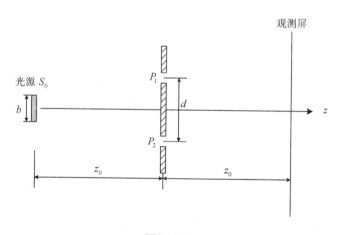

题 7.4 图

**7.5** 有两束振幅相等且相干的平行光,在原点处这两束光的初相位均为 0,偏振方向均垂直于 $xOy$ 平面,这两束光的入射方向与 $x$ 轴的夹角大小相等,如题图所示,对称地斜射在记录面 $yOz$ 上,光波波长为 633 nm。

(1)作出 $yOz$ 平面,并在该平面上大致画出干涉条纹的形状。

(2)当两束光的夹角为 5°和 15°时,求 $yOz$ 平面上干涉条纹的间距和空间频率。

(3)设 $yOz$ 平面上记录面物质的空间分辨率为 2000 条/mm,若要记录干涉条纹,问上述相干涉的两束光波波矢方向的夹角最大不能超过多少?

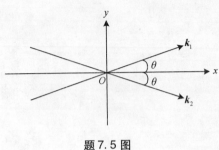

题 7.5 图

7.6 如题图所示，$S_0$ 为单色点光源，$P_1$，$P_2$ 为大小相同、相距为 $d$ 的小孔，透镜的半径为 $a$，焦距为 $f$，$P_1$，$P_2$ 关于 $z$ 轴对称。

(1) 若在观测平面上看到干涉条纹，条纹的形状和间距如何？

(2) 当观测屏的位置 $z$ 开始增大，求在观测面上观察到的条纹横向总宽度，条纹总数与 $z_0$ 的关系如何？

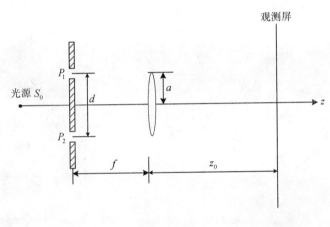

题 7.6 图

7.7 在杨氏双孔实验中，双孔间距为 $d$，孔所在平面与观测屏的距离为 $z_0$，光源为一双谱线，发出波长为 $\lambda_1$ 和 $\lambda_2$ 的强度均为 $I_0$ 的光。

(1) 求观测屏上条纹的可见度函数。

(2) 求在可见度变化的一个周期中干涉条纹变化的次数。

(3) 如果 $\lambda_1 = 589.0$ nm，$\lambda_1 = 589.6$ nm，$d = 2$ mm，$z_0 = 50$ cm，求条纹第一次消失及可见度函数第一次为 0 时在观测屏上的位置。

7.8 如题图所示的光源的光谱分布规律，图中以波数 $k$ 为横轴，波数的中心值为 $k_0$，在光谱宽度 $\Delta k$ 范围内 $F(k)$ 不变。将从光源来的光分成强度相等的两束，设这两束光再度相遇时的偏振方向相同，光程差为 $\Delta S$，试求：

(1) 两光束干涉后所得光强与光程差 $\Delta S$ 的关系式；

(2) 干涉条纹的可见度与光程差 $\Delta S$ 的关系式；

(3) 可见度的第一个零点所对应的光程差 $\Delta S$。

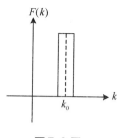

题 7.8 图

7.9 在杨氏干涉实验中，光源为发光强度相同、波长分别为 $\lambda_1$ 和 $\lambda_2$ 的双谱线点光源，而且 $|\lambda_2 - \lambda_1| \ll \frac{1}{2}(\lambda_2 + \lambda_1)$，双孔距离为 $d$，双孔屏到光源和观测屏的距离分别为 $d_1$ 和 $d_2$。

(1) 若双孔位置在 $x + \frac{d}{2}$ 和 $x - \frac{d}{2}$，求出双孔屏上的光场互相干函数 $\Gamma_{12}(\tau)$、复相干系数 $\gamma_{12}(\tau)$ 以及 $\Gamma_{12}(0)$ 和 $\gamma_{12}(0)$。

(2) 若双孔位置在 $\frac{d}{2}$ 和 $-\frac{d}{2}$，试给出观测屏上干涉条纹的强度和可见度的表达式。

7.10 用光强均匀分布波长 $\lambda = 589.3$ nm 的单色扩展光源做杨氏双缝实验。在光源面上加宽度为 $a$，双缝间距为 0.5 mm，双缝屏到光源与观测屏间的距离分别为 5 cm 和 50 cm。

(1) 请给出双缝上光场的相干度。

(2) 观测屏上相距也为 0.5 mm 的两点的光场相干度又为多少？这两点连线垂直于狭缝。

(3) 观测屏上要获得可见度为 0.8 的清晰条纹，$a$ 的大小有何种限制？

(4) 当光源面上加正弦型振幅光栅，它的透过率函数为 $\frac{1}{2} + \frac{1}{2}\cos(2\pi\xi/b)$，且光栅上的条纹平行于双缝。光源面可以看作无限大。试给出此时观测屏上的条纹强度分布。$b$ 为何值时，条纹仍然十分清晰。

7.11 考察用宽带光做杨氏干涉实验。

(1) 试证明观察屏上的入射光场可表示为：

$$u(Q, t) = K_1 \frac{\mathrm{d}}{\mathrm{d}t} u\left(P_1, t - \frac{r_1}{c}\right) + K_2 \frac{\mathrm{d}}{\mathrm{d}t} u\left(P_2, t - \frac{r_2}{c}\right)。$$

式中：$K_i = \iint_{\text{第}i\text{个针孔}} \frac{k(\theta_i)}{2\pi c r_i} \mathrm{d}s_i \approx \frac{k(\theta_i) A_i}{2\pi c r_i}$，$i = 1, 2$，而 $A_i$ 为第 $i$ 个针孔的面积。

(2) 利用 (1) 的结果证明照射到屏幕上的光强度可表示为：

$$I(Q) = I_1(Q) + I_2(Q) - 2K_1 K_2 \mathrm{Re}\left\{\frac{\partial^2}{\partial \tau^2} \Gamma_{12}\left(\frac{r_2 - r_1}{c}\right)\right\}。$$

式中：$I_i(Q) = K_i^2 \left\langle \left|\frac{\mathrm{d}}{\mathrm{d}t}\left(P, t - \frac{r_i}{c}\right)\right|^2 \right\rangle$，$i = 1, 2$。

(3) 证明当入射光为窄带光时，上式简化为：

$$I(Q) = I_1(Q) + I_2(Q) - 2K_1 K_2 \mathrm{Re}\left\{\Gamma_{12}\left(\frac{r_2 - r_1}{c}\right)\right\}。$$

式中: $K_i$ 为纯虚数 $K_i = \iint \dfrac{k(\theta_i)}{i\lambda r_i}\mathrm{d}s_i$ 的模, $i = 1, 2$。

7.12 如题图所示的为一劳埃德(Lloyd)镜干涉实验的光路图。一点光源置于一全反射平面镜上距离 $S$ 处，在距该点源 $d$ 处的屏幕上观测干涉条纹。光源的复相干度为 $\gamma(\tau) = e^{-\pi\Delta\nu|\tau|}e^{-i2\pi\bar{\nu}\tau}$。假设 $S \ll d$, $x \ll d$, 并考虑反射时场的符号变化(偏振方向平行于反射镜)。试求：

(1)干涉条纹的空间频率；

(2)假设相干的两束光具有相等的强度，干涉条纹作为 $x$ 函数的可见度。

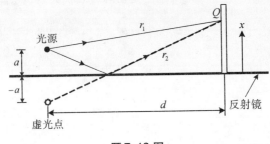

题 7.12 图

7.13 若光波的波长宽度为 $\Delta\lambda$，频率宽度为 $\Delta\nu$，试证明：$|\Delta\nu/\nu| = |\Delta\lambda/\lambda|$。设光波的 $\bar{\lambda} = 632.8$ nm, $\Delta\lambda = 2\times10^{-8}$ nm, 试计算它的频宽 $\Delta\nu$。若把光谱分布看成矩形线型，那么相干长度 $l_c$ 是多少？

7.14 设迈克耳逊干涉仪所用的光源为 $\lambda_1 = 589$ nm, $\lambda_2 = 589.6$ nm 的钠双线，每一谱线的宽度为 $0.01$ nm。

(1)试求光场的复相干度的模。

(2)当移动一臂时，可见到的条纹总数大约为多少？

(3)可见度有几个变化周期，每个周期有多少条纹？

7.15 假定气体激光器以 $M$ 个等强度的纵模振荡。其归一化功率谱密度可表示为：

$$\hat{G}(\nu) = \dfrac{1}{M}\sum_{m=-(M-1)/2}^{(M-1)/2}\delta(\nu - \bar{\nu} + m\Delta\nu).$$

式中: $\Delta\nu$ 是纵模间隔, $\bar{\nu}$ 为中心频率, 并假定 $M$ 为奇数。

(1)证明复相干因子的模为: $|\gamma(\tau)| = \left|\dfrac{\sin(M\pi\Delta\nu\tau)}{M\sin(\pi\Delta\nu\tau)}\right|$。

(2)若 $N = 3$，且 $0 \leq \tau \leq 1/\Delta\nu$，画出 $|\gamma(\tau)|$ 与 $\Delta\nu\tau$ 的关系曲线。

7.16 在杨氏双孔干涉实验中(见题图)，用缝宽为 $a$ 的准单色缝光源照明，其均匀分布的辐射光强为 $I_0$，中心波长 $\lambda = 600$ nm。

(1)写出距照明狭缝 $d$ 处的间距为 $l$ 的双孔 $P_1$ 和 $P_2$(不考虑孔的大小)之间的复相干因子表达式。

(2)若双孔均在与狭缝垂直的 $x$-$y$ 平面内且 $a = 0.1$ mm, $d = 1$ m, $l = 3$ mm, 求观察屏上的杨氏干涉条纹的对比度。

(3)若 $d$ 和 $l$ 仍然取上述值，要求观察屏上干涉条纹的对比度为 $0.41$，缝光源的宽度应为多少?

(4) 若将光源用 $x-y$ 平面内两个相距为 $a$ 的准单色点光源代替,如何表达 $P_1$ 和 $P_2$ 两点之间的复相干因子?

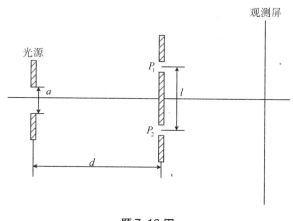

题 7.16 图

7.17 一准单色点光源照明与其相距为 $d$ 的平面上任意两点 $P_1$ 和 $P_2$,试问在傍轴条件下,这两点之间的复相干因子模为多大?

7.18 有单位长度上光强为 $I_0$、宽度为 $b$ 的均匀狭长的光源,应用范西泰特—策尼克定理求此光源的空间相干长度,并说明如何使此光源的空间相干长度接近 1。

# 第 8 章 光学全息

本章讲述光学全息的基本原理、全息图的主要类型、全息记录介质及计算全息等方面的知识。全息记录不仅可用于光学波段，也可用于电子波、X射线、微波和声波等，只要波动过程在形成干涉图样时具有足够的相干性即可。本章内容在可见光范围内，所以称为光学全息。

## 8.1 全息术概述

普通照相是根据几何光学的成像原理，将空间物体成像在一个平面上，记录的是光场的强度，这样，自然是失去了光场的相位信息。如果使用某种方法，能够同时记录物体光波的振幅和相位的信息，并在一定条件下再现这些信息，就可以看到物体的三维像。即使实际的物体已经移开了，仍然可以看到原始物体本身具有的"全部"现象，包括三维感觉和视差。利用干涉原理，将物体发出的光波以干涉条纹的形式记录下来，使物光波前的"全部"信息都贮存在记录介质中，这样所记录下的干涉图样被称为"全息图"。"全息(hologram)"一词来源于希腊字"holos"和"gramme"，前者的意思是"整个"或"完整"，后者的意思是"信息"或"书信"，因此，全息的意思就是"完全"的信息。在这里所谓的"完全"就是指包括了光的振幅信息和相位信息。当用光波照射全息图时，由衍射原理就可重现出原始物光波，从而形成逼真的三维像。这个波前记录和重现的过程就称为全息术或全息照相。就物理本质而言，全息照相的基本规律并未超出传统波动光学的范围，它仍然是以波动光学的干涉和衍射理论作为基础的。

从成像角度来说，全息照相是一种特殊的三维立体照相技术，用此技术拍摄的记录了物光的光强和相位信息的相片即为全息图。在一定条件下，照明这张全息图就能再现物光波前。在文献中，有多种关于全息技术的称呼，如全息照相(holography)、全息技术、全息术等。自从这种技术发明以来，全息术已成为信息光学最活跃的领域之一。各种类型的全息图、全息元件和设备、全息检测方法和显示技术得到了发展，各种全息记录材料和全息产品获得了应用，越来越多的科技、教育工作者和工艺美术师们建立起了全息实验室和全息博物馆，并开展了大量的学术研究和应用探索。尤其是模压全息技术的发展使全息产品走向产业化，并开始深入人们的日常生活领域。全息照相术正以最活跃、最新和增长最快的高级技术工业之一的姿态出现于世界。

### 8.1.1 全息术的发展简史

全息照相术是英籍匈牙利科学家伽伯(Gabor，1900—1979)发明的。1947年伽伯在英国帝国科技工学院从事电子显微镜研究，当时电子显微镜的理论分辨率极限是 0.4 nm，由于没有记录相位信息，实际只能达到 1.2 nm，比分辨原子晶格所要求的分辨率 0.2 nm 差了很多。由于电子透镜的像差比光学透镜要大得多，限制了成像分辨率的提高。为了降低电子显微镜的像差，提高和改进图像的分辨率，伽伯设想记录一张不经任何透镜的、用物体衍射的电子波制作的曝光照片（即全息图），使它能保持物体的振幅和相位信息，然后用可见光照明全息图来得到放大的物体像。由于光波的波长比电子波的波长高 5 个数量级，这样，再现物体时就可获得 $10^5$ 倍的放大率（$M = \lambda_光/\lambda_电$）而不会出现任何像差，所以这种无透镜两步成像的方法可期望获得更高的分辨率。进一步地，伽伯在 1948 年提出了一种用光波记录物光波的振幅和相位的方法，并用实验证实了这一想法，从而开辟了光学研究中的一个崭新领域，他也因此获得 1971 年诺贝尔物理学奖。随后，艾纳（Haine）和戴森（Dyson）沿着伽伯的方向继续研究全息术在电子显微镜中的应用，并提出了修正方案。20 世纪中叶，许多科学家都进一步发展和丰富了全息术与理论，如 50 年代罗杰斯（Rogers）将全息术扩展到无线电波长的范围，洛曼（Lohmann）把通讯的思想引入全息术中，利思（Leith）等人将全息理论应用于雷达研究，等等。

从 1948 年伽伯提出全息照相的思想开始一直到 50 年代末期，全息照相都是用汞灯作为光源，是非相干性光源。再就是采用同轴全息术，这样的全息图由于 ±1 级衍射波分不开，从而存在"孪生像"问题，不能获得好的全息图，再现时原始像和共轭像也分不开。这是全息术的萌芽时期，为第一代全息图。

1960 年激光出现，提供了一种单色性和相干性都很好的光源，是制作全息图理想的光源。1962 年美国密执安大学雷达实验室的科学家利思和乌帕特尼克斯（Upatnieks）将通信理论中的载频概念推广到空域中，对伽伯全息术进行了改进，提出了"斜参考光法"，即离轴全息术。这种方法不像伽伯全息术那样以物体直接透射光作为参考光，而是单独引入分离的倾斜照射的参考光波。用这种方法采用氦氖激光器成功拍摄了第一张三维物体的激光透射全息图。用离轴的参考光与物光干涉形成全息图，再利用离轴的参考光照射全息图，使全息图产生三个在空间相互分离的衍射分量，其中一个复制出原始物光。这样产生的全息图可以看到清晰的三维像。产生孪生像的衍射波在方向上分离，不再互相干扰。这就解决了第一代全息图所遇到的问题，产生了用激光记录、激光再现的第二代全息图，使全息术在沉睡了十几年之后得到新生，进入了迅速发展时期，相继出现了多种全息方法，并在信息处理、全息干涉计量、全息显示、全息光学元件等领域得到广泛应用。这一样时期全息术的发展得益于高相干度激光的出现。

1962 年苏联科学家丹尼苏克（Denisyuk）提出了反射全息图的方法，第一次采用普通的白炽灯照明全息图来观察全息像。由于用脉冲红宝石激光器可产生纳秒量级强、短脉冲激光，这样，人们开始用激光脉冲全息记录运动的物体，如飞行子弹、喷射微粒、飞虫等，该方法后来开创了激光脉冲全息人物肖像的应用。1965 年，鲍威尔（Powell）、斯泰特森（Stetson）提出全息干涉术，物体施加应力前后经两次全息曝光，再现的全息像上的等高线显示出物体变形的状况，这在材料的无损检测、流场分析等方面得到应用。

1968 年，本顿（Benton）发明了彩虹全息术，这一发明可用白光观察全息图，看到记录物体的彩虹图，这是全息术的重要进展。由于激光再现的全息图失去了色调信息，为在一定的条件下赋予全息图以鲜艳的色彩，人们利用激光记录和白光再现全息图，这就是第三代全息图，如反射全息、像全息、彩虹全息及模压全息等。

激光的高度相干性要求全息拍摄过程中各个元件、光源和记录介质的相对位置严格保持不变，并且相干噪声也很严重，这给全息术的实际使用带来了种种不便。于是，科学工作者们又回过头来继续探讨白光记录的可能性。第四代全息图将会是以白光记录和白光再现为主流的全息图，它将使全息术最终走出实验室，进入广泛的实用领域。

除了用光学干涉方法记录全息图外，还可用计算机和绘图设备画出全息图，这就是计算全息。计算全息是利用数字计算机来综合的全息图，不需要物体的实际存在，只需要物光波的数学描述，因此具有很大的灵活性。

全息术不仅可以用于光波波段，也可以用于电子波、X 射线、声波和微波波段。实际上，利思和乌帕特尼克斯的离轴全息概念就是来自微波领域的旁视雷达——微波全息图。正如伽伯在他荣获诺贝尔奖时的演说中所指出的，利思在雷达中用的电磁波长比光波长 10 万倍，而光波又比伽伯等人在电子显微镜中所用的电子波长长 10 万倍。他们分别在相差 $10^{10}$ 倍波长的两个方向上发展了全息照相术。

作为光学中的一门交叉学科，全息术在科学技术的许多方面都得到应用，如光学信息处理、信息存储、集成光学、微光学、精密干涉测量和全息检测等领域。

## 8.1.2 全息照相的基本特点

与普通照相术相比，全息照相术的主要特点有如下几个方面。

(1) 全息图能进行波面的记录和再现，最突出的特点为由它能形成三维立体像。一张全息图看上去很像一扇窗子，当通过它观看时，感觉物体的三维图像就在眼前。如果观察者的头部上下、左右移动时，就可以看到物体的不同侧面。所看到的整个景像是那样的逼真，完全没有普通照片给予人们的隔膜感。

(2) 全息图具有弥漫性。用漫射型物体所制成的全息图，与透镜成像不同的是物体上的点与全息图上的点之间没有对应关系，而全息底片上的每一点都受到被拍摄物体各部位发出的光的作用，所以其上每一点都记录了整个物体的全部信息，因而具有空间的弥漫性。即使底片被打碎成若干小碎片，用其中任何一个小碎片仍可重现所拍摄物体的完整像，只是视场的大小或像的强度有所变化。即碎片越小，重现景像的亮度和分辨率也就越低。这就好比通过一个小窗口观看物体时所出现的情况。如用一张带有小孔的黑纸板遮住一幅全息图的不同部位，所观察到的重现像都是相同的。改变小孔的大小，只是使观察到的重现像的亮度和分辨率有所变化而已。

(3) 全息图可进行多次记录。对于一张全息相片，记录时的物光和参考光以及重现时的重现光，三者应该是一一对应的。如果重现光与原参考光有区别（如波长、波面或入射角不同），就得不到与原物体完全相同的像。当入射角不同时，像的亮度和清晰度会大大降低。入射角改变稍大时，像将完全消失。利用这一特点，就可在同一张全息底片上对不同的物体记录多个全息图像，只需每记录一次后改变一下参考光相对于全息底片的入射角即可，即由于空间频率的变化而能在一张全息图上重复记录一个物体的不同侧面或几个不同物体的信息。用多个波长的物光和参考光进行记录和重现，则可以在全息干板上记录彩色像。如果使重现光与原参考光的波长不同，重现像的尺寸就会改变，得到放大或缩小的像；如果重现光波面形状相对于原参考光发生了变化，则有可能获得畸变的像，就像在哈哈镜里看到的像

(4) 全息图不用透镜也能成像，且可同时得到虚像和实像。全息图本身就起着成像元件的作用，全息图的成像虽无透镜成像带来的像差，但由于背景噪声的存在，成像也不会是完美的。

(5) 全息图信息存储量大，且光学信息可交换。由于可以立体利用感光材料，因而在小的空间可存储巨量的信息。记录全息图所用的感光材料乳剂有一定的厚度，因此能记录更多的信息，还能够进行全息图的复制与转印。如果用某些物体信息对参考光进行调制，再现时，物光含有的信息和参考光的信息可相互交换，由此可实现全息加密。

(6) 全息图可以用作光学信息处理技术中的空间滤波器。

(7) 不论全息底片的反差特性如何，再现像与原物光强弱情况总是非常接近；即使使用高反差的底片，再现像色调仍不受损失。这在普通照相技术中是不可能达到的。

全息相片是一种全新的照片。全息照相术从根本上改进了传统的照相术，已经成为当代一些科学家、艺术家获得完整的自然信息的重要手段，并显示出巨大的应用潜力。但全息照相术的实现需要一些特别的装置，而且条件也比较严格。例如通常需采用相干性好的光源，如激光；需要使用高分辨率的全息干板，一般要求在 1000～3500 lin/mm 以上。另外，全息相照会产生散斑噪声，从而使像质变差；而且除体全息外，全息衍射的效率通常较低。

## 8.1.3 全息图的类型

全息图的类型可以从不同的角度分类。分类实际上不是严格的，而是相互穿插、相互渗透的。

(1) 按参考光波与物光波主光线是否同轴分类，可分为同轴全息图与离轴全息图。在记录同轴全息图时，物体中心和参考光源位于通过全息底片中心的同一条直线上。同轴全息术的优点是光路简单，对激光器模式要求较低，从而激光的输出能量可得到增强。其缺点是在重现时，原始像和共轭像在同一光轴上不能分离，两个像互相重叠，产生所谓的"孪生像"。这一缺点限制了它的使用范围。为了消除同轴全息图孪生像的相互干扰，可以采用离轴全息术。

(2) 按全息图的结构与观察方式分类，可分为透射全息图与反射全息图。透射全息图在拍摄时物光与参考光从全息底片的同一侧射来，反射全息图在拍摄时物光与参考光分别从全息图两侧射来。当被照明重现时，对透射全息图，观察者与照明光源分别在全息图的两侧；对反射全息图，观察者与照明光源则在同一侧。透射全息图的优点是影像三维效果好、景深大、幅面宽，形象极其逼真。因而这种全息图可用于工程现场拍摄大型结构，在科教方面可制作三维挂图。

(3) 按全息图的复振幅透射率分类，可分为振幅型全息图和相位型全息图。振幅型全息图是指乳胶介质经感光处理后，其吸收率被干涉场所调制，干涉条纹以浓淡相同的黑白条纹被记录在全息干板上；重现时，黑色部分吸收光从而造成损失，未被吸收的部分衍射成像。故这种全息图又称为吸收型全息图。相位型全息图又分为折射率型和表面浮雕型两种。前者是以乳胶折射率被调制的形式记录下干涉图形，重现时，光经过折射率变化的乳胶而产生相位差；后者则是使记录介质的厚度随曝光量改变，折射率不变。照明光通过相位型全息图时,仅仅其相位被调制,无显著吸收,故一般得到的重现像较为明亮。

(4)按全息干板与物的远近关系分类,由于衍射可以分为近场衍射即菲涅耳衍射、远场衍射即夫琅禾费耳衍射,因此有菲涅耳全息图、像面全息图(image plane hologram)和傅里叶变换全息图,如图8.1.1所示。菲涅耳全息图是指物体与全息干板 H(又称为全息底片)的距离较近(菲涅耳衍射区内)时所拍摄的全息图;像面全息图是指用透镜将物的像呈现在全息干板上所拍摄的全息图;傅里叶变换全息图是指把物体进行傅里叶变换后,在其频谱面上拍摄其空间频谱的全息图。

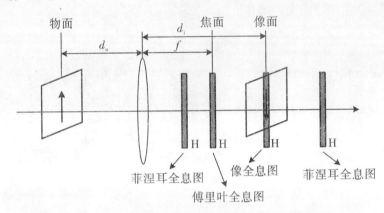

图 8.1.1 按全息干板与物的远近关系的全息图的分类

(5)按所用重现光源分类,可分为激光重现全息图和白光重现全息图。早期的透射式全息图需要用激光重现。现在,许多新型的全息图都可用白光重现,如反射全息图、像面全息图、彩虹全息图、真彩色全息图和合成全息图等。

(6)按记录介质乳胶的厚度分类,可分为平面全息图和体积全息图。平面全息图指二维全息图,只需考虑在平面上的振幅透射率分布,而无需考虑乳胶的厚度。当记录材料的厚度是条纹间距的若干倍时,则在记录材料体积内将记录下干涉条纹的空间三维分布,这样就形成体积全息图。

## 8.1.4 光学全息的应用

经过几十年的发展,到今天,全息术已在许多领域获得了广泛的应用。全息照相的应用可归结为下面几个主要方面:①全息显示(holographic display);②全息干涉计量学(holographic interferometry);③全息光学元件(holographic optical element,HOE);④全息信息存储(holographic information storage);⑤全息信息处理(holographic information processing);⑥全息显微术(holographic microscopy)。

## 8.1.5 基本术语

为了描述记录介质的特性,先引入一些术语。
(1)光强度。在单位时间内通过垂直于波的传播方向上单位截面积的能量,即波的能流密度称为光强度，通常用符号 $I$ 表示。在国际单位中光强度单位为坎德拉，简称坎(cd)。坎德拉是在 101325 Pa 压力下，处于铂凝固温度的黑体，在 $1/600000 \ m^2$ 表面垂直方向上的光强度。但在照相技术中，通常用光功率为单位更为方便。

(2) 曝光量。曝光量表示在记录介质表面上单位面积所接受光能的多少。它等于光强度 $I$ 与曝光时间 $\tau_E$ 的乘积，用 $E_\nu$ 表示，即

$$E_\nu = I\tau_E \text{。} \tag{8.1.1}$$

曝光量通常用 $\mu J/cm^2$ 或 $mJ/cm^2$ 作单位。

(3) 振幅透射率。对于全息图或透明照片来说，透射光的复振幅与入射光的复振幅之比，称为复振幅透射率。振幅透射率一般是复数，即

$$t(x, y) = t_0(x, y) e^{i\phi(x,y)} \text{。} \tag{8.1.2}$$

式中：$t_0(x, y)$ 和 $\phi(x, y)$ 分别是复振幅透射率的振幅和相位。

(4) 强度透射率。透射光强度与入射光强度之比称为强度透射率，即

$$t_I(x, y) = \left\langle \frac{I'_0(x, y)}{I_0(x, y)} \right\rangle \text{。} \tag{8.1.3}$$

式中：$I_0(x, y)$ 和 $I'_0(x, y)$ 分别为显影后胶片上 $(x, y)$ 点的入射光强和透射光强，尖括号表示局域平均。由式(8.1.2)，也可有 $t_I = t_0^2$。在线性吸收的条件下，吸收率为

$$I' = I_0 e^{-2\alpha L} \text{。} \tag{8.1.4}$$

式中：$\alpha$ 是吸收系数；$L$ 为吸收材料的厚度。显然，底片吸收越厉害，厚度越大，透射率就越低。

(5) 光密度。光密度(optical density)也称为黑度(darkness 或 blackness)，等于强度透射率倒数的对数，即

$$D = \lg \frac{1}{t_I} \text{。} \tag{8.1.5}$$

在线性吸收条件下，$D = 2\alpha L \lg e \approx 0.869\alpha L$。

光密度的测量通常采用平行光束，分别测出入射光强和透射光强，相除后取对数即可得光密度之值。

(6) H-D 曲线。照片曝光特性通常用光密度 $D$ 与曝光量 $E_\nu$ 对数之间的关系曲线 $E_\nu - D$ 来表示，该关系曲线称为 H-D 曲线(以 Hurter-Driffield 命名)，图 8.1.2 所示的是负片的典型 H-D 曲线，显然它是非线性的。由式(8.1.1)，用 $t_I$ 为纵坐标时，就可得到 $t_I - D$ 关系曲线，纵坐标对数时，其线型与 H-D 曲线是一样的。在线性区，有关系式：

$$D = \gamma \lg E_\nu - D_0 \text{。} \tag{8.1.6}$$

式中：$D_0$ 是线性区段的直线的延长线与 $D$ 轴交点的光密度值。H-D 曲线的线性区域在照相术中常被用到，直线的斜率 $\gamma = \tan\alpha$ 称为反差系数，是表征胶片的一个重要参数。$\gamma$ 值大的胶片称为高反差胶片(通常 $\gamma = 2 \sim 3$)，反之称为低反差胶片(通常 $\gamma \leq 1$)，$\gamma$ 值越高说明反差越大。乳胶、显影剂的类型以及显影时间等因素都会影响 $\gamma$ 值。

H-D 曲线在肩部达到饱和，在这里随着曝光量的增加，密度不再变化。过了肩部，即曝光量超过 $E_\nu^S$，就是过饱和区了，此处出现反转现象，即曝光量增大时，黑度反而降低。但当曝光量小于 $E_\nu^T$ 时，光密度与曝光量无关。光密度有一个极小值 $D_{\min}$，它是未曝光部分经显影后出现的黑度，俗称"灰雾"。所以，这个区域也称为灰雾区。而在曲线的趾部，密

度开始随曝光量的增加而增加,但曝光不足。

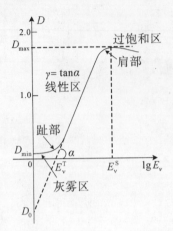

图 8.1.2　负片 $H-D$ 曲线

特性曲线表示与记录介质有关的一些物理量之间的关系。在普通照相中常用 $E_v-D$ 曲线,在全息术中常用 $t_1-E_v$ 曲线。

(7) 灵敏度和光谱灵敏度。不同记录材料在曝光后经过正常化学处理达到同样的振幅透射率(或光密度)所需要的曝光量是不同的,反映了不同的记录材料对光辐射的灵敏程度。为了描述记录材料的感光灵敏程度,引入灵敏度(sensitivity)这个物理量。灵敏度是指记录介质在接受光的作用后,其响应的灵敏程度。对感光材料,灵敏度是指曝光后经过正常化学处理下达到一定透射率(或光密度)所需要的曝光量,即单位面积所需要的光能量。为了便于比较,常以曝光后乳胶在正常化学处理下达到振幅透射率 $|t|=0.5$ 或 $D=0.6$ 所需的曝光量作为衡量乳胶灵敏度的参照标准。

因为记录过程是一种光化学作用过程,光子的能量与波长有关,波长愈长,光子的能量愈小。通常每一种记录介质都有一个波长的红限,波长大于红限的光不能起光化学作用。另外,每一种记录介质都有它的吸收带,在吸收带内的波长才能起光化学作用,这就是光谱灵敏度(spectral sensitivity)或色灵敏度(color sensitivity)。

普通照相胶片的灵敏度用感光度表示,我国执行的标准制(GB 制)用度作单位,与德国工业标准制(DIN 制)相同,与美国标准制(ASA)不同。GB 制和 DIN 制都是每差三个数,感光度相差 1 倍。

在全息术中,要使记录介质感光必须满足波长低于 $\lambda_0$ 或频率大于 $\nu_0$,且波长必须在记录介质吸收带内,还必须达到一定的曝光量。记录介质的灵敏度用下式表示:

$$S=\frac{\sqrt{\varsigma}}{V\overline{E}_v}。 \tag{8.1.7}$$

式中:$\varsigma$ 是衍射效率;$V$ 是曝光强度的条纹可见度;$\overline{E}_v$ 是平均曝光量。式(8.1.7)表明在获得相同的衍射效率的情况下,所需要的 $V$ 值和 $\overline{E}_v$ 值愈小时愈灵敏。灵敏度的单位常用 $cm^2/mJ$ 表示。

(8) 分辨率。记录介质的分辨率是指它所能记录的光强空间调制的最小周期,其单位是 lin/mm。这对普通照像来说要求并不高,其分辨率一般在 $10^2$ lin/mm。对于全息记录介质来说，因为记录物光和参考光的干涉条纹，所以对分辨率要求较高。对傅里叶变换全息，由平面全息图理论，分辨率通常在 $10^2 \sim 10^3$ lin/mm 之间；对菲涅耳平面全息图或透射体全息图，其空间频率通常要求在 $3 \times 10^3$ lin/mm 以上。

全息材料的分辨率与两束记录光束之间的夹角有关。一般来说，要求记录反射型全息材料的分辨率比透射型高。使用的记录光波的波长越短，对记录材料分辨率的要求也就越高。对记录介质分辨率的要求，通常取决于全息图中最精细的光栅结构，它与物体本身的大小和物体中心与参考点源的距离有关，而与物体本身的精细结构无关。

## 8.2 全息照相的基本原理

用干涉方法得到的像平面上光波的振幅和相位信息，存在于物像之间光波经过的任一平面上。如果在这些平面上能记录携带物体全部信息的波前，并在一定条件下再现物光波的波前，那么，从效果上看，相当于在记录时被"冻结"在记录介质上的波前从全息图上"释放"出来，然后继续向前传播，以产生一个可观察的三维像。如果不考虑记录过程和再现过程在时间上的间隔和空间上存在的差异，再现光波与原始光波是没有区别的。因此，由光波传递信息而构成物体的过程被分解为两步：波前记录与波前再现，这是全息术的核心。

### 8.2.1 全息照相的基本过程

图 8.2.1(a)所示的是常见的记录全息图光路布置。由激光器发出的光经过分束镜 BS 分成两束：一束光经过反射镜 $M_1$ 反射、扩束镜 $L_1$ 扩束后，用来照明待记录的物体，这束光称为物光束；另一束光经反射镜 $M_2$ 反射、扩束镜 $L_2$ 扩束后，直接照射到全息干板 H，这束光称为参考光束。当参考光与来自物体表面的散射光照射到全息干板上时，产生相干叠加而得到精细的干涉条纹被记录在全息干板上，从而形成一张全息图底片。全息图底片经过显影、

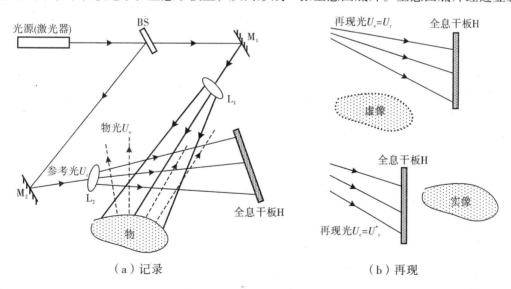

(a) 记录　　　　　　　　　　(b) 再现

图 8.2.1　全息图和记录和再现原理

定影处理后,当用原参考光照明时,光通过全息图后产生衍射,衍射光之间的干涉形成与物体光波完全相同的光波,从而得到原物的清晰的像。这就是全息图的再现(hologram reconstruction),如图 8.2.1(b) 所示。即使把原来的物体取走,再现时仍可形成原来物体的像。再现波前被观察者的眼睛截取,则其效果就和观察原始物体的真实三维像一样。当观察者改变其观察方位时,景像的配置便发生变化,视差效应是非常明显的。同时,当观察点由景像中的较近处改变到较远处时,观察者的眼睛必须重新调焦。如果全息图的记录和再现都是用同一单色光源来完成的,那么,不存在任何视觉标准能够用以区别真实的物体和再现的像。

### 8.2.2 波前记录

现有记录光信息的介质都只对光强产生响应。如果要记录物光波波前的相位信息,就必须设法把相位信息转换成强度的变化来记录,最常用的方法就是干涉法。图 8.2.2 显示了干涉法记录波前的过程,传播到记录介质所在的 $x-y$ 平面上的物光波波前 $U_o(x,y)$ 和参考光波波前 $U_r(x,y)$ 的复振幅可表示为:

$$U_o(x, y) = \tilde{U}_o(x, y) e^{-i\phi_o(x,y)}, \tag{8.2.1}$$

$$U_r(x, y) = \tilde{U}_r(x, y) e^{-i\phi_r(x,y)}, \tag{8.2.2}$$

式中:$\tilde{U}_o(x,y)$ 和 $\tilde{U}_r(x,y)$ 分别是物光波和参考光波的实振幅;$\phi_o(x,y)$ 和 $\phi_r(x,y)$ 分别是物光波和参考光波的相位。

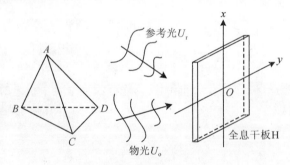

图 8.2.2 波前记录过程

这样,全息干板 H 所在平面上光场的复振幅为:

$$U(x, y) = U_r(x, y) + U_o(x, y)。 \tag{8.2.5}$$

则被记录光强为:

$$\begin{aligned}I(x, y) &= |U(x, y)|^2 = U(x, y)U^*(x, y) = |U_r(x, y) + U_o(x, y)|^2 \\ &= |U_r(x, y)|^2 + |U_o(x, y)|^2 + U_r(x, y)U_o^*(x, y) + U_r^*(x, y)U_o(x, y)。\end{aligned} \tag{8.2.6}$$

将式(8.2.1)和式(8.2.2)代入上式,可得:

$$\begin{aligned}I(x, y) &= |U_r(x, y)|^2 + |U_o(x, y)|^2 \\ &\quad + 2\tilde{U}_o(x, y)\tilde{U}_r(x, y)\cos[\phi_r(x, y) - \phi_o(x, y)]。\end{aligned} \tag{8.2.7}$$

式中:第一项是参考光波在记录平面上产生的光强分布,一般都选用比较简单的平面波或球面波,为常数或近似于常数,这一项构成记录平面上的亮背景。第二项是物光波的自相干项,通常它是不均匀的,一般都让它比参考光波弱得多,当物为一点时,它在记录平面上近似为一常数。这两项基本上是常数,作为偏置项。第三项为干涉项,与物光和参考光的相对相位差有关,它描述了物光经参考光调制后,在记录平面上所产生的干涉条纹的光强度的分布情况,包含有物光波的振幅和相位信息。参考光波作为一种高频载波,其振幅和相位都受到物光波的调制(调幅和调相)。参考光波的作用是使物光波波前的相位分布转换成干涉条纹的强度分布。可见,总光强 $I(x, y)$ 中包含了物光 $U_o(x, y)$ 的振幅和相位信息。

## 8.2.3 记录过程的线性条件

常用的记录介质是银盐感光干板,对两个波前的干涉图样曝光后,经显影、定影处理得到全息图。因此,全息图实际上就是一幅干涉图。

胶片用于非相干光学系统时,由于非相干系统是以强度作为传递基本量的,因而要求将胶片曝光时的入射光强线性变换为显影后透明片的强度透射率。但是由于负片的强度透射率与曝光强度之间的关系总是非线性的,为了得到线性关系,需要通过接触翻印,得到一张正片。即用第一张负片紧贴在另一张未曝光的胶片上,然后用一非相干光照射,这样在特定情况下,可以使正片的强度透射率与光强成正比,把它放入非相干系统中,就实现了强度的线性变换。

在相干光学系统中,振幅是系统传递的基本量。这就要求将曝光光强线性变换为显影后透明片中的振幅透射率。在全息术中,再现的是物光波,即物光波的复振幅,因而直接用振幅透射率对曝光量(用线性标尺)的关系曲线来表示底片的曝光特性较为方便,如图 8.1.2 所示。当光通过全息干版不同区域所引起的相位延迟差别很小时,振幅透射率可以表示为:

$$t(x, y) = \sqrt{\tau_E(x, y)} \quad (8.2.8)$$

于是有:

$$t(x, y) = CI^{-\gamma/2} = C|U|^{-\gamma} \quad (8.2.9)$$

式中:$U$ 是曝光期间入射光场的复振幅;$C$ 为常数。

用作全息记录的感光材料很多,最常用的是由细微粒卤化银乳胶涂敷的超微粒干板,也就是通常所指的全息干板。全息干板的作用相当于一个线性变换器,在记录全息图时,通常总是参考光光强比物光的光强大得多,物光可以看作加在参考光这个偏置上的调制项,它把曝光期间内的入射光强线性地变换为显影后负片的振幅透射率,控制曝光时间 $\tau_E$,将曝光量变化范围控制在全息干板 $t-E_v$ 曲线的线性区域的中心附近。此外,全息干板还需具有足够高的分辨率,以便能记录全部入射光的空间结构。这样,显影后底片(即全息图)的振幅透射率 $t(x, y)$ 与曝光光强分布成正比,可表示为:

$$t(x, y) = t_0 + \beta E_v = t_0 + \beta[\tau_E I(x, y)] = t_0 + \beta' I(x, y) \quad (8.2.10)$$

式中:$t_0$ 和 $\beta$ 均为常数,$\beta$ 是 $t-E_v$ 曲线直线部分的斜率;$\beta'$ 为曝光时间 $\tau_E$ 和 $\beta$ 的乘积。对于负片和正片,$\beta'$ 分别为正值和负值。如果全息图的记录未能满足线性记录的条件,将影响再现光波的质量。

如果要线性地记录物光波,应使 $|\tilde{U}_r \pm \tilde{U}_o|^2$ 和曝光时间的乘积即曝光量 $E_v$ 的极大值和极小值对应于 $t-E_v$ 曲线线性区域的两端,$t-E_v$ 曲线线性区域两端的范围称为线性动态范围,

在这里记录的全息图可以得到最高的衍射效应，并且再现像清晰。也就是说，$\tilde{U}_r$ 和 $\tilde{U}_o$ 之间有一个最佳的比值，把 $|U_r|^2/|U_o|^2$ 称为参物光比。通常参考光和物光的强度比在 2:1～10:1 的范围为宜，过大时会使衍射效率降低。实际记录时，需根据具体情况来确定两光束的强度比。例如，制作全息光栅、全息透镜等光学元件时光强比最好是 1:1，单次曝光的全息干涉实验的光强比最好是 3:1。

假定参考光的强度在整个记录表面是均匀的，将式(8.2.6)代入式(8.2.10)，可得：
$$t(x, y) = t_0 + \beta'[|U_r(x, y)|^2 + |U_o(x, y)|^2 + U_r^*(x, y)U_o(x, y) + U_r(x, y)U_o^*(x, y)]$$
$$= t_b + \beta'|U_o(x, y)|^2 + \beta'U_r^*(x, y)U_o(x, y) + \beta'U_r(x, y)U_o^*(x, y)。 \quad (8.2.11)$$
式中：$t_b = t_0 + \beta'|U_r(x, y)|^2 = t_0 + \beta'I_r(x, y)$，表示参考光产生的均匀偏置透射率。

## 8.2.4 波前再现

波前再现是使记录时被"冻结"在全息干板上的物光波波前在一定条件下重现，构成与原物波前完全相同的新的波前继续传播，形成三维立体像的过程。波前的再现是以全息图对再现光场的衍射为基础的。为了从总光强中恢复或重构物光的信息，需用一束已知确定性质的光照射全息图，称之为再现光波(照明波)。它在全息图所在平面上的复振幅分布 $U_c(x, y)$ 可表示为：
$$U_c(x, y) = \tilde{U}_c(x, y)\mathrm{e}^{\mathrm{i}\phi_c(x, y)}。 \quad (8.2.12)$$
这样，透过全息图的光场为：
$$U(x, y) = U_c(x, y)t(x, y)$$
$$= t_b U_c(x, y) + \beta'|U_o|^2 U_c(x, y) + \beta'(U_r^* U_o)U_c(x, y) + \beta'(U_r U_o^*)U_c(x, y)$$
$$= U_1(x, y) + U_2(x, y) + U_3(x, y) + U_4(x, y)。 \quad (8.2.13)$$
式中各项 $U_c$ 前的系数，可以看作一种波前变换或一种运算操作。一般而言，如果它们各自的系数中含有二次相位因子，则说明被作用的波前相当于经过了一个透镜的聚散；如果系数中出现了线性因子，则说明被作用的波前经过了一个棱镜的偏转；如果系数中既含有二次相位因子又含有线性相位因子，则说明被作用的波前相继经过透镜的聚散和棱镜的偏转。究竟是哪一种情况，要看全息记录时的参考光波与再现时的再现光波之间的关系。式(8.2.13)就是全息照相的基本方程，由式中可见，在全息图出射面上的衍射光波波前是由四个分波场组成，下面说明各项的意义。

(1) $U_1 = t_b U_c$。由于参考光波通常采用简单的球面波或平面波，故 $t_b$ 可近似为常数，因此引起底片上的反应是均匀一致的。也就是说，$U_1$ 中系数 $t_b$ 的作用仅仅是改变照明光波 $U_c$ 的振幅，并不改变 $U_c$ 的特性，即分波场 $U_1$ 就是振幅被衰减了的再现光波的波前，显然它的传播方向与再现光波相同。

(2) $U_2 = \beta'|U_o|^2 U_c$。其中的 $I_o = |U_o|^2$，是物光波单独存在时在底片上造成的强度分布，通常是不均匀的，故 $U_2$ 代表振幅受到物光波调制的再现光波的波前。这实际上是再现光波 $U_c$ 被物光波自相干图样所衍射，它的波前传播方向相对照射光波还将产生弥散，但因为物光波自相干图样的空间频率很低，弥散角一般很小，这使照明波多少有些离散而出现杂光，是一种"噪声"信息。这是一个需要处理的项，如在实验上适当调整照明度，能使 $I_o$ 与

$I_r$ 相比成为次要因素。

$U_1$ 和 $U_2$ 基本上保留了再现光波的特性，代表与再现光波相同的透射光场，称为全息图衍射场中的零级衍射，也称为晕轮光波场。

(3) $U_3 = \beta' U_r^* U_o U_c$。当再现光波与参考光波完全相同，即 $U_c = U_r$ 时，则有：

$$U_3 = \beta' |U_r|^2 U_o。 \qquad (8.2.14)$$

因为参考光波的强度 $I_r = |U_r|^2$ 是均匀的，所以除了相差一个常数因子 $\beta'$ 外，$U_3$ 是原来物光波波前的准确再现，它与在波前记录时原始物体发出的光波的作用完全相同。当这一光波传播到观察者眼睛里时，观察者可以看到原物的形像。由于原始物光波是发散的，所以观察到的是物体的虚像，如图 8.2.3(a) 所示。这一项称为全息图衍射场中的 +1 级衍射。

当再现光波与参考光波的共轭光波相同时，即 $U_c = U_r^*$，则有：

$$U_3 = \beta' U_r^{*2} U_o。 \qquad (8.2.15)$$

这时，$U_3$ 也再现了物光波波前，给出原始物体的一个虚像，但由于受 $U_r^{*2}$ 的调制，虚像会产生变形。

(4) $U_4 = \beta' U_r U_o^* U_c$。当再现光波与参考光波完全相同，即 $U_c = U_r$，这样有：

$$U_4 = \beta' U_r^2 U_o^*。 \qquad (8.2.16)$$

$U_r^2$ 中的相位因子一般无法消除。如果两者都是平面波，则其相位因子是一个线性相位因子，使 $U_4$ 波成为并不严格与原物镜像对称的会聚波，人们在偏离镜像对称位置的某处仍然可以接收到一个原物的实像。如果照明光波与参考光波是球面波，则因式中有二次相位因子使 $U_o^*$ 波发生聚散，随之发生位移和缩放，人们在偏离镜像对称位置的某处可能接收到一个与原物大小不同的实像。所以，我们称 $U_4$ 这一项为全息图衍射场中的 $-1$ 级衍射。

当 $U_c = U_r^*$，则有：

$$U_4 = \beta' |U_r|^2 U_o^*。 \qquad (8.2.17)$$

这时，$U_4$ 再现了物光波波前的共轭波，给出原始物体的一个实像，如图 8.2.3(b) 所示。

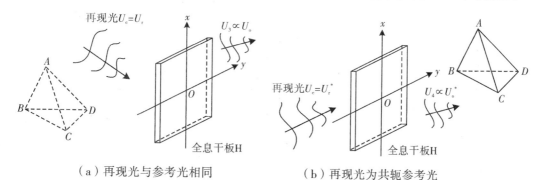

(a) 再现光与参考光相同　　　　(b) 再现光为共轭参考光

图 8.2.3　波前再现

只有当再现光波与参考光波均为正入射的平面波时，入射到全息图上的相位才可取为零。这时 $U_3$ 和 $U_4$ 中的系数均为实数，无附加相位因子，全息图衍射场中的 ±1 级光波才严格地镜像对称。由共轭光波 $U_4$ 所产生的实像，对观察者而言，该实像的凸凹与原物体正好相反，因而给人以某种特殊感觉，这种像称为赝（视）像（pseudoscopic imgae）。

波前记录是物光波波前与参考光波波前的干涉记录，它使振幅和相位调制的信息变成干涉图的强度调制；这种全息图被再现光照射时，它又起一个衍射光屏的作用。正是由于光波通过这种衍射光屏而产生的衍射效应，使全息图上的强度调制信息还原为波前的振幅和相位信息，再现了物光波波前。因此，波前记录和波前再现的过程，实质上是光波的干涉和衍射的结果。

无论选择哪种再现方式，除了我们感兴趣的那个特定场分量（即当 $U_c = U_r$ 时的 $U_3$ 及 $U_c = U_r^*$ 时的 $U_4$ 项）外，总是伴随三项附加的场分量。波分量 $U_3$ 既然是原来物光波波前 $U_o$ 的一个重建，那么在观察者看来，$U_3$ 一定是从原来物体发生的波，尽管物体早就移开了。因此，在重建时如果用参考波 $U_r$ 来照明，就可以把透射波分量 $U_3$ 看作形成物体的一个虚像。相仿地，重建时如果用参考光波的共轭 $U_r^*$ 来照明，波分量 $U_4$ 也形成一个像，但这里是一个实像，相应于光在空间的实际聚焦。考虑仅由一个点光源构成的物体，更复杂的物体的相应结果可由点光源的解的线性叠加来得到，因此，将波前记录和波前再现的过程看成一个系统变换，以记录时的物波场为输入，以再现的再现波场为输出，这个系统所实现的变换是高度非线性的。但是，如果把记录时的物光波波前作为输入，再现时的透射场的单项分量 $U_3$ 或 $U_4$ 作为输出，那么这样定义的系统就是一个线性系统。采用线性系统的概念将有助于简化对全息成像过程的分析。

从上所述可知，每次再现过程中，当再现光波 $U_c$ 确定之后，衍射光中通常只有一项是有用的信息，其余各项则成为背景噪声。因此，保证各衍射项在空间分离就成为全息术中一个重要的问题。只有使全息图衍射光波中各项有效分离，才能得到可供利用的再现像，这和参考光的方向选取有着直接关系。根据物光和参考光的方向来区分，全息图可以分为同轴全息图(on-axis hologram)和离轴全息图(of-axis hologram)。

## 8.2.5 同轴全息图

伽伯最初所提出和实现的全息图就是同轴全息图，所以，有时也把同轴全息图称为伽伯全息图，其记录过程如如图 8.2.4(a)所示。物体为高度透明的，用准直平面波相干照明该物体，对一个高度透明的物体，透射光由两个分量组成：一是由 $t_0$ 项透过的一个强而均匀的平面波，它相当于波前记录时的参考波；二是由透射变化 $\Delta t(x, y)$ 形成的弱的散射波，它相当于波前记录时的物光波。这样透射光场可以表示为：$t(x, y) = t_0 + \Delta t(x, y)$，其中 $t_0$ 是一个相对大的平均透射率；$\Delta t$ 表示围绕平均值 $t_0$ 的波动变化，且有 $|\Delta t| \ll t_0$。因此，由于物体的高平均透射率 $t_0$，在某种意义上，物体本身就提供了所需要的参考波。直接透射光与散射光相互干涉产生一个强度图样，这个图样既取决于散射波 $U_o(x, y)$ 的振幅，也取决于其相位。

在线性记录条件下，显影后所得到的全息图的振幅透射率可由(8.2.11)式得到，如果用振幅为 $\widetilde{U}_c$ 的平面波垂直照明全息图，则透射光场可以用四项场分量之和表示为：

$$U(x, y) = \widetilde{U}_c t(x, y) = \widetilde{U}_c t_b + \beta' \widetilde{C} |U_o(x, y)|^2$$
$$+ \beta' \widetilde{U}_c U_r^* U_o(x, y) + \beta' \widetilde{U}_c U_r U_o^*(x, y)。 \tag{8.2.18}$$

同轴全息记录方案下上式各项的意义为：第一项是透过全息图的受到均匀衰减而未受到散射的平面波；第二项正比于弱的散射光的光强，可以忽略不计，因为我们前面假设了 $|\Delta t| \ll$

$t_0$，也就意味着$|U_o(x,y)| \ll U_r$；第三项正比于原始散射波$U_o(x,y)$的场分量，这个波看起来是从原来物体的一个虚像(位于离全息图距离$z_0$处)发生的，再现了原始物光波波前，产生原始物体的一个虚像；第四项正比于$U_o^*(x,y)$，这将在全息图另一侧与虚像对称位置产生物体的实像，位于透明底片的和虚像相反的另一面，离透明底片的距离为$z_0$，如图8.2.4(b)所示。

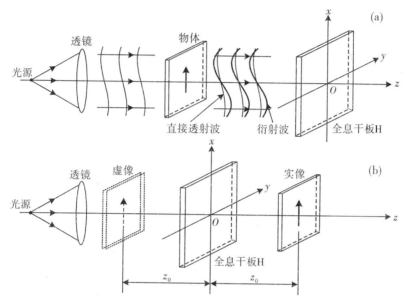

图8.2.4 同轴全息图的记录(a)与再现(b)

式(8.2.18)中四个场分量都在同一方向上传播，且有一相干背景$\tilde{U}_c t_b$伴随着，直接透射光大大降低了像的衬度，且虚像和实像相距为$2z_0$，构成不可分离的孪生像。当对实像聚焦时，总是伴随一离焦的虚像，反之亦然。孪生像的存在也大大降低了全息像的质量。另外，同轴全息图还有一个最大的局限性，就是必须假定物体是高度透明的，否则第二项场分量将不能忽略，这极大地限制了同轴全息图的应用范围。

由式(8.2.18)可以看到，透明底片的正负使参与成像的光波相对于相干背景有不同的符号，对正片$\beta'$为正，对负片$\beta'$为负。由于在最后观察过程中成像波要和背景发生干涉，所以正片全息图产生衬度为正的像，负片全息图则产生衬度为负(即衬度相反)的像。另外，对这两种情形中的任何一种，实像波都是虚像波的共轭，并且当这两个波中的一个与均匀背景干涉时，发生进一步的衬度反转是可能的，这随物的相位结构而定。对一个具有恒定相位的物，正的全息图透明片会产生一个正像，负的全息图透明片会产生一个负像。

伽伯的同轴全息图显然存在明显的不足。首先是由于假设了物体是高透明的，如果这个假设不能用，则全息图还会多一个分量，即$U_2 = \beta' \tilde{U}_c |U_o|^2$。也就是说，当物体不是高透明的，其平均透射率很低，则这个分量会成为透射项中最大的透射项，从而可能使较弱的像完全湮没。因此，同轴全息图只能对透明背景上的不透明部分的物体成像，对不透明背景上的透明部分的物体却不能成像。这显然限制了同轴全息图的应用。第二个不足是由它产生重叠的孪生像，而不是一个像，而且这两个像是不可分离的。当对实像聚焦时，总是伴随着一个

离焦的虚像；同样，观察者对虚像聚焦的同时也看到由实像引起的一个离焦像。因此，即使对于高透明物体，其像的质量也将由于这个孪生像的存在而降低。为了解决这一问题，曾提出过很多方法，其中以离轴全息图最为成功。

只要物体光束、参考光束和全息底板的中心都位于同一条连线上，且两束相干光沿同一个方向传播，并记录下干涉图样，这样得到的全息图都可以称为共轴全息图。如图 8.2.5 所示，以球面波为例，物光和参考光均为点光源，它们与全息图中心都位于同一根轴线上。如果这根轴线与全息图正交，则全息图上的干涉条纹为一组同心圆环；如果这根轴线与全息图不正交，则全息图上的干涉条纹为一组同心椭圆环。当然，参考光也可以是平行光束，如果平行光的传播方向与物体中心和全息图中心两点的连线相平行，也形成同轴全息图。

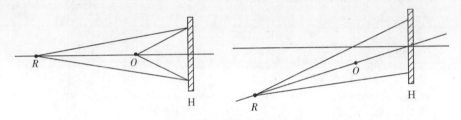

图 8.2.5　同轴全息图光路

同轴全息图对光源的相干性和系统的稳定要求都不高，再现像的横向色差也趋于 0。但由于同轴全息图再现时，原始像和共轭像都在同一方向传播，互相干扰，因而不能观察到清晰的原始像。不过，采用同轴全息拍摄粒子场或较小的透明物都可以得到效果不错的全息图。因为在这种情况下产生的共轭像在观测面上已经弥散成一片光强很微弱的背景光。又如，采用参考光的共轭光作为再现光观测一个微粒的实像时，它对应的虚像处于很远距离的一个平面上，因此，该虚像的衍射光在到达这个被观测微粒的实像所在平面上时，光强已被极大地衰减而变得非常微弱了，从而呈现为一个十分微弱的背景光。因此，同轴全息术常用于粒子场全息测试中。它只用一束光照射粒子场，被粒子衍射的光作为物光，其余未被衍射的透过光作为参考光。

### 8.2.6　离轴全息图

为了解决同轴全息图中所存在的问题，1962 年美国密执安大学雷达实验室的利思和乌

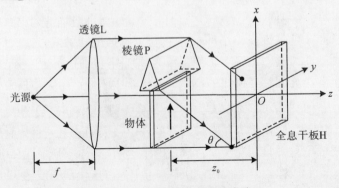

图 8.2.6　记录离轴全息图的光路

帕特尼克斯提出了离轴全息图，也称为倾斜参考光全息图。这种方法与伽伯同轴全息图之间的主要差别是：不把物体直接透射光当作参考光，而是专门引入一个单独的不同的参考光，并且，这束参考光成倾斜角射入，而不是与物体——光轴共线。记录离轴全息图的光路如图 8.2.6 所示，准直光束一部分直接照射振幅透射率为 $t(x_o, y_o)$ 的物体，另一部分经物体之上的棱镜 P 偏折，以倾角 $\theta$ 投射到全息干板上。

全息干板表面上记录到的是物体的透射光和倾斜参考光（平面波）这两束光相干叠加的结果，即记录平面光场的振幅和光强分别为：

$$U(x, y) = \widetilde{U}_r e^{-i2\pi\eta_{r0}y} + U_o(x, y), \tag{8.2.19}$$

$$I(x, y) = \widetilde{U}_r^2 + |U_o(x, y)|^2 + \widetilde{U}_r U_o(x, y) e^{i2\pi\eta_{r0}y} + \widetilde{U}_r U_o^*(x, y) e^{-i2\pi\eta_{r0}y}。 \tag{8.2.20}$$

式中：参考波的空间频率 $\eta_{r0} = \sin\theta/\lambda$。把式(8.2.1)代入上式，有：

$$I(x, y) = \widetilde{U}_r^2 + \widetilde{U}_o^2(x, y) + \widetilde{O}(x, y)^2 + 2\widetilde{U}_r \widetilde{U}_o(x, y) \cos[2\pi\eta_{r0}y - \phi_o(x, y)]。 \tag{8.2.21}$$

上式表明，物光波波前的振幅 $U_o(x, y)$ 和相位 $\phi_o(x, y)$ 分别作为频率为 $\eta_{r0}$ 的空间载波的振幅调制和相位调制而被记录下来。如果载波频率足够高，由这幅干涉图就可以完全恢复物光的振幅和相位。在满足线性记录的条件下，所得到的全息图的振幅透射率应正比于曝光期间的入射光强，即

$$\begin{aligned}t(x, y) &= t_b + \beta' |U_o|^2 + \beta' \widetilde{U}_r U_o e^{i2\pi\eta_{r0}y} + \beta' \widetilde{U}_r U_o^* e^{-i2\pi\eta_{r0}y} \\ &= t_1 + t_2 + t_3 + t_4。\end{aligned} \tag{8.2.22}$$

假定再现光路如图 8.2.7 所示，全息图由一束垂直入射、振幅为 $\widetilde{U}_c$ 的均匀平面波照明，透射光场可写成下列四个场分量之和：

$$\begin{aligned}U(x, y) &= \widetilde{U}_c t(x, y) = t_b \widetilde{U}_c + \beta' \widetilde{U}_c |U_o|^2 + \beta' \widetilde{U}_c \widetilde{U}_r U_o e^{i2\pi\eta_{r0}y} + \beta' \widetilde{U}_c \widetilde{U}_r U_o^* e^{-i2\pi\eta_{r0}y} \\ &= U_1 + U_2 + U_3 + U_4。\end{aligned} \tag{8.2.23}$$

分量 $U_1$ 是经过急减的照明光波，代表沿底片轴线传播的平面波。分量 $U_2$ 是一个透射光锥，主要能量方向靠近底片轴线，形成晕轮光，光锥的扩展程度取决于 $U_o(x, y)$ 的带宽。分量 $U_3$ 正比于原始物光波波前 $U_o(x, y)$ 与一平面波相位因子即线性指数因子 $e^{i2\pi\eta_{r0}y}$ 的乘积，正

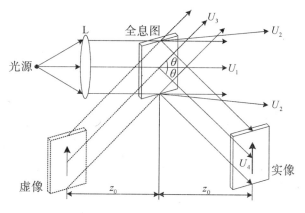

图 8.2.7　离轴全息图的再现

比于就意味着该项将在透明片左侧相距 $z_0$ 处形成物体的一个虚像,线性指数因子 $e^{i2\pi\eta_{t0}y}$ 表示原始物光波将以向上倾斜的平面波为载波,即这个虚像偏离光轴一个角度 $\theta$。同理,分量 $U_4$ 正比于共轭波 $U_o^*(x,y)$,线性指数因子 $e^{-i2\pi\eta_{t0}y}$ 表示实像偏离光轴一个角度 $-\theta$,即物波的共轭波波前将以向下倾斜的平面波为载波,在底片的另一侧距离底片 $z_0$ 处形成物体的一个实像。

从图 8.2.7 可以看到,再现的物光波波前 $U_o$ 和物光波共轭波波前 $U_o^*$,二者具有不同的传播方向,并且还和分量 $U_1$ 和 $U_2$ 分开。参考光和全息图之间的夹角 $\theta$ 越大,分量 $U_3$ 和 $U_4$ 也就与 $U_1$ 和 $U_2$ 分得越开。由此可见,在离轴全息图的重构过程中仍然会生成孪生像,但它们在方向上是相互分离的,并且孪生像和分量波 $U_1$ 和 $U_2$ 也是分开的。这种分离就是因为采用了具有一个倾斜角的参考光。当然,要将孪生像明显地分开,就要使物光与参考波之间的夹角大于某一个值,该值称为最小参考角。当参考光的倾斜角大于这一角度时,孪生像就不再相互干扰。

另外,由于虚像和实像可以在物透明片产生的相干背景不出现的条件下观察,因而分量波 $U_3$ 和 $U_4$ 所带的特定符号就无关紧要了。透明片可以是正的,也可以是负的,在每种情况下都只得到一个正像。实际上一般都采用负片,因为制作透明正片需要两步过程。

也可以从全息图所具有的宽间频谱的分布来考察这四个场分量,以便对孪生像完全分离的条件给出一个定量的解释。如图 8.2.7 所示的重构光路中,如果要使孪生像彼此分开并和光轴近傍的透射光分开,那么参考光相对于物光的倾斜角 $\theta$ 必须大于某一最小角 $\theta_{\min}$。

当式(8.2.23)的后两项——透射率 $t_3$ 和 $t_4$,即全息图透射的虚像项和实像项的空间频谱不相互重叠,并且与 $t_1$ 和 $t_2$ 的空间频谱也不相互重叠的最低载波频率为 $\eta_{t0}$ 时,由 $\eta_{t0}$ 可以确定出最小参考角。如果频谱不重叠,原则上可以用一个正透镜对全息图振幅透射率进行傅里叶变换,在焦面上用适当的光阑消除不需要的频谱分量,然后进行第二次傅里叶变换,以得到所需要的那一部分透射光导致生成孪生像。当然,实际上很少用空间滤波操作来分离孪生像,但使用空间滤波器的论据对寻求两个像分离所需的充分条件提供了一个概念明晰而又简单的方法。

假定 $T_1$,$T_2$,$T_3$,$T_4$ 分别表示全息图被再现时透射光场四个透射率 $t_1$,$t_2$,$t_3$,$t_4$ 的空间频谱,并忽略全息图底片的有限孔径,这样有:

$$T_1(\xi,\eta) = F\{t_1(x,y)\} = t_b\delta(\xi,\eta), \tag{8.2.24a}$$

$$T_2(\xi,\eta) = F\{t_2(x,y)\} = \beta' G_o(\xi,\eta) \star G_o(\xi,\eta), \tag{8.2.24b}$$

$$T_3(\xi,\eta) = F\{t_3(x,y)\} = \beta' \widetilde{U}_r G_o(\xi,\eta-\alpha), \tag{8.2.24c}$$

$$T_4(\xi,\eta) = F\{t_4(x,y)\} = \beta' \widetilde{U}_r G_o^*(-\xi,-\eta-\alpha)。 \tag{8.2.24d}$$

式中:$G_o(\xi,\eta) = F\{\widetilde{U}_o(x,y)\}$。因为表征物体到全息图传播过程的传递函数是纯相位函数,所以 $G_o$ 的带宽和物体的带宽相同。假定物的最高空间频率为 $B$,带宽为 $2B$,则物体的频谱和全息图四项场分量的频谱如图 8.2.8 所示。其中,$T_1$ 是频域平面 $\xi$-$\eta$ 原点上的一个 $\delta$ 函数;$|T_2|$ 是正比于 $|G_o|$ 的自相关函数,以原点为中心,其频率扩展到 $2B$,带宽扩展到 $4B$;$|T_3|$ 和 $|T_4|$ 互成镜像,带宽为 $2B$。$|T_3|$ 正比于 $|G_o|$,且中心频率移到 $(0,\eta_{t0})$;$|T_4|$ 则正比于 $|G_o|$ 的镜像,且中心频率移到 $(0,-\eta_{t0})$。因此,要使 $|T_3|$,$|T_4|$ 和 $|T_2|$ 相互不重叠,空间滤波必然满足下列条件:

$$\eta_{r0} \geq \frac{2B+4B}{2} = 3B \text{。} \tag{8.2.25}$$

将 $\eta_{r0} = \sin\theta/\lambda$ 代入上式，可得到 $\theta$ 的最小值为：

$$\theta_{\min} = \arcsin(3B\lambda) \text{。} \tag{8.2.26}$$

当 $\theta$ 超过最小参考角 $\theta_{\min}$ 时，实像和虚像即彼此分离，互不干扰，成像波也不会与背景光干涉叠加。这样，透明底片无论是正片或负片，都可以得到和原物衬度相同的像。

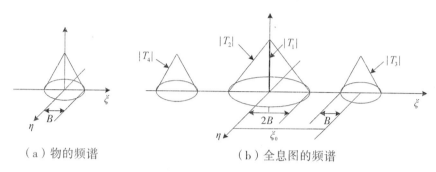

（a）物的频谱　　　　　　　　（b）全息图的频谱

图 8.2.8　再现光波的频谱

当参考光比物光强得多时，这个要求可以放松一些。由于 $T_2$ 项是由来自物的每一点和来自物的所有其他点的光的干涉所产生的，而 $T_3$ 和 $T_4$ 都是由参考光和物光的干涉所引起的，当物光的强度远弱于参考波时，$T_2$ 就比 $T_1$，$T_3$ 或 $T_4$ 小得多，因而可以忽略不计。这时最小参考角只要使 $T_3$ 和 $T_4$ 彼此分离就行了，即这时最小参考角为：

$$\theta_{\min} = \arcsin(B\lambda) \text{。} \tag{8.2.27}$$

这里选用了垂直入射的平面波作为再现光波，它既不是原始参考光波，也不是原始参考光波的复共轭，但仍然同时得到一个实像和虚像。实际上，重构照明所需的条件并不要求那么严格。但考虑乳胶厚度对重构的波前的影响时，选用任意方向的平面波照明全息图，只有当记录介质的厚度与全息图上干涉图样的横向结构尺寸差不多时，对再现光波的性质才有严格要求。

离轴全息图所给出的再现像由于不受其他各项的干扰，像的衬度好，像上没有叠加背景光，无论负片或正片都能得到和原物衬度正反相同的像；记录物体也不必是高度透明的。

由于激光技术的发展，利思和乌帕特尼克斯用时间和空间相干性都极好的激光成功地将全息成像技术推广到了三维成像，得到了三维景物的全息图。

## 8.3 基本全息图

从 8.2 节可以看到，全息成像技术需要至少两步来完成：第一步是以光的干涉原理为基础的物体全息图的记录过程，第二步是以光的衍射原理为基础的物体图像的再现过程。所以，全息光学的理论是光的干涉和衍射的综合。这一节，讲述几类最为基本和常见的全息图。

### 8.3.1 基元全息图

如果物体有一定大小，则自相干的效果就较为复杂。有一定大小的物体可看成由无数个物点(实际计算时,可取 $m$ 个点)所构成,照射物体的光波被物点散射,投射到记录平面上的物光波就是物点散射子波在记录平面上的复振幅 $U_{om}(x,y)$ 叠加的结果,即

$$U_o(x,y) = \sum_m U_{om}(x,y)。 \tag{8.3.1}$$

这样,物光波的自相干的光强分布为:

$$I_o(x,y) = U_o(x,y)U_o^*(x,y) = \sum_m |U_{om}|^2 + 2\sum_{m \neq n} U_{om} U_{on}^*。 \tag{8.3.2}$$

上式中的第一项是各物点在记录平面上产生的非相干光强之和,这是构成记录平面背景光强的又一来源;第二项为不同物点光波的互相干项。通常,可以认为各物点对照射光波的散射是无规律的,因而各物点散射的光波的相位分布是统计相关的,这些光波之间的相干光强遵从统计规律,它们互相干的结果在记录平面上形成空间频率很低的干涉图样,并直接叠加在物光与参考光干涉所产生的条纹上。

显然,如果将物光波用式(8.3.1)表示,并代入式(8.2.7),则相干项就是各物点发出的波前与参考光波的干涉。基于这一点,在全息照相的理论分析中,通常以物点代表物体,再以点光源发射的光波为参考光,这样形成的全息图称为基元全息图。

实际的全息图记录到的通常是形状复杂的干涉条纹。为了研究这些干涉条纹图的特性与规律,需要先了解基元全息图的条纹结构,其他复杂的结构则可看成这些简单结构的组合。在拍摄全息图时,所用的参考光波总是可以人为地采用具有简单形式的平面波或球面波,物体的形状却很复杂,所以全息图的干涉花样一般是复杂的,但也是有规律的。它不外乎是平面波与平面波、平面波与球面波、球面波与球面波三种干涉中的一种。所谓基元全息图,是指由单一物点发出的光波与参考光波干涉所构成的全息图。于是,任何一种全息图均可以看作许多基元全息图的线性组合。了解了基元全息图的结构和作用,就可以深入地理解整个全息图的记录和再现的机理。

从空域的观点来看,物体可以看成一些相干点源的集合,物光波波前是所有点源发出的球面波与参考光波相干涉,所形成的基元全息图称为基元波带片;从频域的观点来看,物光波可以看成许多不同方向传播的平面波(即角谱)的线性叠加,每一平面波分量与参考平面波干涉而形成的基元全息图是一些平行直条纹,这样的基元全息图称为基元光栅。当然,对线性系统,才能用叠加原理来进行讨论。

不考虑实际光路,只是一般地考察参考光波 $U_r$ 与物光波 $U_o$ 的干涉。在图 8.3.1 中,(a)是参考光波和物光波均为平面波的情形,条纹的峰值强度面是平行的等间距平面,面间距 $d$ 与光束的夹角有关;(b)是参考光波为平面光波、物光波为发散球面波的情形,峰值强度面是一族旋转抛物面;(c)是参考光波和物光波均为发散球面波的情形,峰值强度面是旋

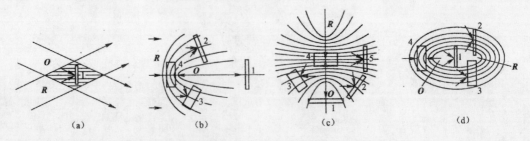

图 8.3.1 基元全息图

转双曲面，转轴为两个点光源的连线；(d)是一个发散的球面波和一个会聚的球面波相干涉的情形，峰值强度面是一族旋转椭圆面，两个点源的位置是旋转椭圆面的焦点。

在图 8.3.1 中用实线表示记录物体的位置，位置不同，基元全息图的结构也不同。图 8.3.1 中，(a)是傅里叶变换全息图的结构。在(b)～(d)中，在位置 1 是同轴全息图，条纹是中心疏、边缘密的同心圆环；在位置 2 是离轴全息图；在位置 3 是透射体积全息图；在位置 4 是反射体积全息图。参考光波与物光波自两边入射在记录介质上。图 8.3.1(c)中的位置 5 是无透镜傅里叶变换全息图。

## 8.3.2 平面波全息图

### 1. 干涉条纹的记录

在全息干板记录发自同一光源平面波的干涉条纹所得到的全息图称为全息光栅(holographic grating)，如果干涉条纹为余弦函数或正弦函数分布时，通常也称为余弦光栅或正弦光栅。这是最简单的一类全息图，但在光学信息处理中有着广泛的应用。

两束平面光的干涉，当在记录平面的中心处程差为零，记录平面距离中心最远处小于光源的相干长度时，复自相干度可近似为 $|\gamma(\Delta S)| \approx |\gamma(0)| = 1$。于是，干涉条纹的可见度为：

$$V = \frac{2\sqrt{I_1 I_2}}{I_1 + I_2}|\gamma(\Delta S)| \approx \frac{2\sqrt{I_1 I_2}}{I_1 + I_2}|\gamma(0)| = \frac{2\sqrt{B}}{1 + B}. \tag{8.3.3}$$

式中：$B$ 为光束强度比。当 $V = 1$，干涉条纹的质量最好，除了要求复自相干度的模为 1 外，为了得到高质量的清晰的干涉条纹，通常还要求满足两光束在记录平面上有相同的偏振方向、光程差为 0，以及两束光的光强比 $B = 1$，即 $I_1 = I_2$。在实际的记录过程中，不可能在记录平面上处处都满足两光束等光程，通常是保证在记录材料的中心处具有零程差，而在离开中心的最远处保证最大程差不超过光源的相干长度通常就能符合要求了。同样，记录平面处处达到光束比 $B = 1$ 也是不可能的，而且考虑到线性记录的需要，通常也应该避免光束比恰好等于 1，以防止记录强度不在线性区内，通常是取两光束在记录材料中心的光束比近似等于 1，而记录平面其他位置的光束比大部分都不是 1 而是接近 1。实际上，可能只有极少部位光束比为 1，但这对整个全息图的质量影响不大。

为了清晰地记录下干涉条纹，除了对条纹的可见度有所要求外，还必须根据条纹的空间频率来选择合适的记录材料。由基础光学可知，干涉条纹的空间频率为：

$$\xi = \frac{\Delta k}{2\pi} = \frac{1}{d} = \frac{2\sin\theta}{\lambda}. \tag{8.3.4}$$

式中：$\Delta k = |k_2 - k_1|$；$\lambda$ 为两束平面波的波长；$d$ 为条纹间距；$\theta$ 为两束光的夹角。可见，空间频率与夹角有关，夹角越大，空间频率也越大。所以，在记录全息光栅时，先要预先估算干涉条纹的空间频率，选择分辨率大于条纹空间频率的记录材料。

实际上，不可能将干涉条纹的强度信息 100% 转移到记录介质中。通常用调制传递函数 MTF 来描述记录介质对光强信息的转移程度，其定义为：

$$M(\xi) = M_H(\xi)/V. \tag{8.3.5}$$

式中：$M_H(\xi)$ 为与 $V$ 处于相同位置的全息图振幅调制度。对理想的记录材料，调制传递函数

$M(\xi)=1$,而实际材料的 $M(\xi)<1$。显然,$M(\xi)$ 的值越大,记录材料的性能就越好;反之就越差。因此,可以用 $M(\xi)$ 反映记录材料性能的优劣。$M(\xi)$ 是条纹空间频率的函数,随着空间频率的增大而减小。当空间频率高于某一值时,$M(\xi)$ 就会降低到记录介质无法记录到条纹的程度。遇到要记录空间频率信息时,应特别注意材料的性能。

### 2. 全息光栅的原理

如图 8.3.2(a)所示,均为平面波的物光和参考光可表示为 $U_\text{o} = \hat{U}_\text{o} e^{ikx\sin\theta_\text{o}}$, $U_\text{r} = \hat{U}_\text{r} e^{ikx\sin\theta_\text{r}}$。这两束光入射到记录介质 H 上,则在记录平面上的复振幅为:

$$U(x) = U_\text{o} + U_\text{r} = \hat{U}_\text{o} e^{ikx\sin\theta_\text{o}} + \hat{U}_\text{r} e^{ikx\sin\theta_\text{r}}; \qquad (8.3.6)$$

光强分布为:

$$\begin{aligned} I(x) &= |U_\text{o} + U_\text{r}|^2 = \hat{U}_\text{o}^2 + \hat{U}_\text{r}^2 + \hat{U}_\text{r}\hat{U}_\text{o} e^{ikx(\sin\theta_\text{o}-\sin\theta_\text{r})} + \hat{U}_\text{r}\hat{U}_\text{o} e^{-ikx(\sin\theta_\text{o}-\sin\theta_\text{r})} \\ &= \hat{U}_\text{o}^2 + \hat{U}_\text{r}^2 + 2\hat{U}_\text{r}\hat{U}_\text{o}\cos[kx(\sin\theta_\text{o}-\sin\theta_\text{r})]。 \end{aligned} \qquad (8.3.7)$$

显然干涉条纹的形式是余弦型的,条纹峰值由 $\dfrac{2\pi}{\lambda}x(\sin\theta_\text{o}-\sin\theta_\text{r})=2m\pi$ 决定,这是一组与 $x$ 轴垂直的平行直线,条纹间距为:

$$\Delta X = \frac{\lambda}{\sin\theta_\text{o}-\sin\theta_\text{r}}。 \qquad (8.3.8)$$

当两束光的夹角越大时,干涉条纹越密。这样的基元全息图的结构可以看作余弦振幅光栅,光栅的空间频率为 $\Delta X$ 的倒数,即有:

$$\xi = \left|\frac{1}{\Delta X}\right| = \left|\frac{\sin\theta_\text{o}-\sin\theta_\text{r}}{\lambda}\right| = \left|\frac{\sin\theta_\text{o}}{\lambda}-\frac{\sin\theta_\text{r}}{\lambda}\right| = |\xi_\text{o}-\xi_\text{r}|。 \qquad (8.3.9)$$

式中:$\xi_\text{o}$ 和 $\xi_\text{r}$ 分别为两个平面波的空间频率。当对称入射时,即 $\theta_\text{o}=-\theta_\text{r}$,这样有:

$$\xi = \left|\frac{\sin\theta_\text{o}}{\lambda}+\frac{\sin\theta_\text{o}}{\lambda}\right| = 2\xi_\text{o}。 \qquad (8.3.10)$$

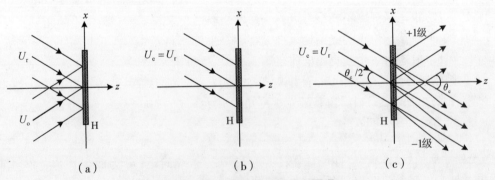

图 8.3.2 全息光栅的记录和再现

全息记录底片经显影、定影等线性处理后,负片的复振幅透射率正比于曝光量,即

$$t = t_b + \beta'\hat{U}_\text{o}^2 + \beta'\hat{U}_\text{r}\hat{U}_\text{o} e^{ikx(\sin\theta_\text{o}-\sin\theta_\text{r})} + \beta'\hat{U}_\text{r}\hat{U}_\text{o} e^{-ikx(\sin\theta_\text{o}-\sin\theta_\text{r})}。 \qquad (8.3.11)$$

用传播方向与 $z$ 轴夹角为 $\theta_\text{c}$ 的再现光 $U_\text{c} = \hat{U}_\text{c} e^{ikx\sin\theta_\text{c}}$ 平面波照明基元光栅,将产生零级衍射和正负一级衍射光,即

$$U = U_c t = (t_b + \beta' \widehat{U}_o^2) \widehat{U}_c e^{ikx\sin\theta_c} + \beta' \widetilde{R} \widehat{U}_o \widehat{U}_c e^{ikx(\sin\theta_o - \sin\theta_r + \sin\theta_c)}$$
$$+ \beta' \widehat{U}_r \widehat{U}_o \widehat{U}_c e^{-ikx(\sin\theta_o - \sin\theta_r - \sin\theta_c)} = U_0 + U_{+1} + U_{-1} \circ \tag{8.3.12}$$

如果 $\theta_c = \theta_r$，即沿原参考光方向照射全息图，如图 8.3.1(b) 所示，则有：

$$U = U_c t = (t_b + \beta' \widehat{U}_o^2) \widehat{U}_c e^{ikx\sin\theta_c}$$
$$+ \beta' \widehat{U}_r \widehat{U}_o \widehat{U}_c e^{ikx\sin\theta_o} + \beta' \widehat{U}_r \widehat{U}_o \widehat{U}_c e^{-ikx(\sin\theta_o - 2\sin\theta_r)} \circ \tag{8.3.13}$$

由式(8.3.13)可见，透射的三个光向不同方向传播：第一项是零级衍射波，表示照明光照直前进的透射平面波，当然，振幅有所下降；第二项是 +1 衍射波，是原始物光平面波分量的准确复现；第三项是 $-1$ 级衍射波，是方向进一步向下偏转的物光波的共轭波。如果进一步假定 $\theta_c = \theta_r = 0$，则有：

$$U = U_c t = (t_b + \beta' \widehat{U}_o^2) \widehat{U}_c + \beta' \widehat{U}_r \widehat{U}_o \widehat{U}_c e^{ikx\sin\theta_o} + \beta' \widehat{U}_r \widehat{U}_o \widehat{U}_c e^{-ikx\sin\theta_o} \circ \tag{8.3.14}$$

则正、负一级衍射光分别是物光波平面波分量及其共轭波，在零级光波两侧向 $\pm\theta_o$ 方向传播。

物光波所包含的各个平面波分量都可以和参考平面干涉产生各自的基元光栅，整个全息图是许多不同频率、条纹取向不同的基元光栅的线性组合。用原参考光照明全息图，每个基元光栅可在 $\pm 1$ 级衍射光方向再现其相应的物光波平面波分量及其共轭波，这些平面波分量再线性叠加起来，就恢复了原始物光波波前及其共轭波波前，以产生虚像或实像。

全息记录时，如果要不丢失信息，就要求能记录下物光所有的空间频率成分。由式(8.3.10)可知对记录介质分辨率的要求是：

$$\xi \geq |\xi_o - \xi_r|_{\max} \circ \tag{8.3.15}$$

通常记录的是很密的条纹，如果采用卤化银乳胶，其分辨率一般在 3000 lin/mm 以上。

### 3. 相位全息图

平面全息图有振幅调制和相位调制两种，因而全息光栅有振幅型和相位型两大类。平面全息图的复振幅透射率一般是复数，它描述光波通过全息图传播对振幅和相位所受到的调制，可表示为：

$$t(x, y) = t_0(x, y) e^{i\phi(x,y)} \circ \tag{8.3.16}$$

式中：$t_0(x, y)$ 为振幅透射率；$\phi(x, y)$ 表示相位延迟。当感光材料曝光时，复振幅透射率的模 $t_0$ 和 $\phi$ 都随之变化。

当相位延迟与坐标 $(x, y)$ 无关，即为常量时，有：

$$t(x, y) = t_0(x, y) e^{i\phi_0} \circ \tag{8.3.17}$$

这表明照射光波通过全息图时，仅仅是振幅被调制，可称之为振幅全息图（振幅型全息光栅）或吸收全息图。$e^{i\phi_0}$ 不影响透射波前的形状，分析时可以略去。

但如果全息图的透射率 $t_0$ 与坐标 $(x, y)$ 无关，为常数，则有：

$$t(x, y) = t_0 e^{i\phi(x,y)} \circ \tag{8.3.18}$$

照明光波通过全息图时，受到均匀吸收，仅仅是相位被调制，可称之为相位全息图（相位型全息光栅）。

相位全息图可以用多种记录介质拍照，最简单的制取方法是将用银盐干版制成的振幅全息图经过漂白工艺而成。相位全息图有两种类型：一种是记录介质的厚度改变，折射率不变，称为表面浮雕型；另一种是记录物质的厚度不变，折射率改变，称为折射率型。

例如，将银盐干版制成的振幅全息图放在鞣化漂白槽中，可将曝光部分的金属银除去，并使银粒周围的明胶因鞣化而膨胀，其膨胀的程度由银粒子的多少而定。这样在干燥以后，曝光部分的明胶较未曝光部分更厚，成为浮雕型的相位全息图。

另一种漂白工艺是用氧化剂将金属银氧化为透明的银盐，其折射率与明胶不同，成为折射率型的相位全息图。常用的氧化剂有铁氰化钾、氯化汞、氯化铁、重铬酸铵及溴化铜等。近来有用溴蒸汽漂白的，也可以得到良好的效果。

为了理解相位全息图的性质，下面分析物光和参考光都是平面波的情形。这两束平面波相干涉产生基元光栅，由式(8.3.7)可得到曝光强度为：

$$I(x) = |U_r|^2 + |U_o|^2 + 2\widetilde{U}_r\widetilde{U}_o\cos[kx(\sin\theta_o - \sin\theta_r)]$$
$$= |U_r|^2 + |U_o|^2 + 2\widetilde{U}_r\widetilde{U}_o\cos(2\pi\bar{\xi}x)_\circ \tag{8.3.19}$$

式中：$U_r$ 和 $U_o$ 分别为物光和参考光的振幅；$\bar{\xi}$ 为干涉条纹的频率，即光栅的空间频率，它由物光的空间频率 $\xi_o$ 和参考光的空间频率 $\xi_r$ 决定，即：

$$\bar{\xi} = \left|\frac{\sin\theta_o}{\lambda} - \frac{\sin\theta_r}{\lambda}\right| = |\xi_o - \xi_r|_\circ \tag{8.3.20}$$

在线性记录条件下，相位变化与曝光光强成正比，这样便有：

$$\phi(x) \propto |U_r|^2 + |U_o|^2 + 2\widetilde{U}_r\widetilde{U}_o\cos(2\pi\bar{\xi}x) = \phi_0 + \phi_1\cos(2\pi\bar{\xi}x)_\circ \tag{8.3.21}$$

式中：$\phi_0 = |U_r|^2 + |U_o|^2$；$\phi_1 = 2\widetilde{U}_r\widetilde{U}_o$。在忽略吸收并略去常数相位的情况下，相位全息图的复振幅透射率可表示为：

$$t(x) = e^{i\phi_1\cos(2\pi\bar{\xi}x)}_\circ \tag{8.3.22}$$

这是一个余弦型相位光栅，应用第一类贝塞函数的积分公式，上式可以表示为傅里叶级形式，即有：

$$t(x) = \sum_{m=-\infty}^{m=\infty} i^m J_m(\phi_1)e^{i2\pi m\bar{\xi}x}_\circ \tag{8.3.23}$$

用振幅为 $\widetilde{U}_c$ 的平面波垂直照明全息图，则透射光场分布为：

$$U(x) = \widetilde{U}_c t(x) = \widetilde{U}_c \sum_{m=-\infty}^{m=\infty} i^m J_m(\phi_1)e^{i2\pi m\bar{\xi}x}_\circ \tag{8.3.24}$$

从上式可以看出，相位全息图包含许多级衍射，每一级衍射的平面波的空间频率为 $n\bar{\xi}$，相对振幅决定于 $J_m(\phi_1)$。当 $m=0$ 时，表示直接透射光，即

$$U_0 = \widetilde{U}_c J_0(\phi_1)_\circ \tag{8.3.25}$$

当 $m=\pm 1$ 时，对应于所需要的成像光波，即有：

$$U_{+1} = i\widetilde{U}_c J_1(\phi_1)e^{i2\pi\bar{\xi}x}, \tag{8.3.26}$$

$$U_{-1} = i^{-1}\widetilde{U}_c J_{-1}(\phi_1)e^{-i2\pi\bar{\xi}x} = i\widetilde{U}_c J_1(\phi_1)e^{-i2\pi\bar{\xi}x}_\circ \tag{8.3.27}$$

由上两式可见，当用原参考光照明相位全息图时，正、负一级衍射光波分别再现原始物光波及其共轭光波。

### 4. 平面全息图的衍射效率

全息图的衍射效率直接关系到全息再现像的亮度,其定义通常为全息图的一级衍射成像光通量与照明全息图的总光通量之比。

(1)振幅全息图的衍射效率。记录条纹为余弦型振幅型时,其振幅透射率为:

$$t(x) = t_0 + t_{01}\cos(2\pi\xi_0 x) = t_0 + \frac{1}{2}t_{01}(e^{i2\pi\xi_0 x} + e^{-i2\pi\xi_0 x})。 \quad (8.3.28)$$

式中:$\xi_0$ 为全息图上条纹的空间频率;$t_0$ 为平均透射系数;$t_{01}$ 为调制幅度,它与记录时参考光和物光光束之比以及记录介质的调制传递函数有关。

在理想情况下 $t(x)$ 可在 0 到 1 之间变化。当 $t_0 = 1/2$,$t_1 = 1/2$ 时,能达到最大变化范围,此时有:

$$t(x) = \frac{1}{2} + \frac{1}{2}\cos(2\pi\xi_0 x) = \frac{1}{2} + \frac{1}{4}(e^{i2\pi\xi_0 x} + e^{-i2\pi\xi_0 x})。 \quad (8.3.29)$$

假定用振幅为 $\widetilde{U}_c$ 的平面波垂直照明全息图,则透射光场为:

$$U(x) = \widetilde{U}_c t(x) = \frac{1}{2}\widetilde{U}_c + \frac{1}{4}\widetilde{U}_c(e^{i2\pi\xi_0 x} + e^{-i2\pi\xi_0 x})。 \quad (8.3.30)$$

与再现像有关的正、负一级衍射光的强度为 $(\widetilde{U}_c/4)^2$。因此,衍射效率为:

$$\varsigma = \frac{(\widetilde{U}_c/4)^2 S_H}{\widetilde{U}_c^2 S_H} = \frac{1}{16} = 6.25\%。 \quad (8.3.31)$$

式中:$S_H$ 表示全息图上照明光的照明面积。事实上,并不存在一种记录介质能使 $t$ 从 0 到 1 之间变化的整个曝光量范围都是线性的。因而,在线性记录条件下正弦型振幅全息图的衍射效率比 6.25% 还要小,所以 6.25% 是最大衍射效率。

如果全息图不是余弦型的,如透明和不透明各占一半时,$t(x)$ 是 $x$ 的矩形函数。如果坐标原点选在不透明部分的中心处,周期为 $x_0$(频率 $\xi_0 = 1/x_0$)时,透射率函数的傅里叶级数展开为:

$$t(x) = \frac{1}{2} + \frac{2}{\pi}\cos(6\pi\xi_0 x) - \frac{2}{\pi}\sin(6\pi\xi_0 x) + \cdots。 \quad (8.3.32)$$

矩形函数的零级和 ±1 级为

$$t(x) = \frac{1}{2} + \frac{2}{\pi}\cos(2\pi\xi x_0) = \frac{1}{2} + \frac{1}{\pi}(e^{i2\pi\xi_0 x} + e^{-i2\pi\xi_0 x})。 \quad (8.3.33)$$

当用振幅为 $\widetilde{U}_c$ 的平面波垂直照明全息图时,透射光场为:

$$U(x) = \widetilde{U}_c t(x) = \frac{1}{2}\widetilde{U}_c + \frac{1}{\pi}\widetilde{U}_c(e^{i2\pi\xi_0 x} + e^{-i2\pi\xi_0 x})。 \quad (8.3.34)$$

其正、负一级衍射效率为:

$$\varsigma = \frac{(\widetilde{U}_c/\pi)^2 S_H}{\widetilde{U}_c^2 S_H} = \frac{1}{\pi^2} = 10.13\%。 \quad (8.3.35)$$

由此可见,矩形函数全息图一级像的衍射效率较正弦型全息图的为高。但矩形光栅具有较高级次的衍射波。计算机产生的全息图就可能是矩形光栅型全息图。这样，我们看到通过改变透射函数的波型，就可适当提高衍射效率。例如，用非线性显影可以提高一级像的衍射效率。

(2) 相位全息图的衍射效率。两束平面波干涉而产生的正弦型相位光栅全息图的透射率可表示为：

$$t(x) = e^{i\varphi_1 \cos(2\pi\xi_0 x)} \text{。} \tag{8.3.36}$$

式中：$\varphi_1$ 为调制度；$\xi_0$ 为相位光栅的空间频率。根据贝塞尔函数的积分公式 $e^{ix\cos\theta} = \sum_{m=-\infty}^{\infty} i^m J_m(x) e^{-im\theta}$，可把式(8.3.36)写成级数形式，即

$$e^{i\varphi_1 \cos(2\pi\xi x)} = \sum_{m=-\infty}^{\infty} i^m J_m(\varphi_1) e^{-i2\pi m\xi_0 x} \text{。} \tag{8.3.37}$$

当用振幅为 $\widetilde{U}_c$ 的平面波垂直照明全息图时，透射光场为：

$$U(x) = \widetilde{U}_c t(x) = \widetilde{U}_c \sum_{m=-\infty}^{\infty} i^m J_m(\varphi_1) e^{-i2\pi m\xi_0 x} \text{。} \tag{8.3.38}$$

第 $n$ 级的衍射效率为：

$$\varsigma = \frac{\widetilde{U}_c^2 |J_m(\varphi_1)|^2 S_H}{\widetilde{U}_c^2 S_H} = |J_m(\varphi_1)|^2 \text{。} \tag{8.3.39}$$

对于成像光束，通常感兴趣的是正、负一级衍射。当 $\varphi_1 = 1.85$ 时，$J_1(1.85) = 0.582$ 为最大值。由此可计算出一级衍射像的最大衍射效率为 33.9%，这时零级和其他衍射级的衍射效率均小于正、负一级。由于相位全息图的衍射效率比振幅全息图高得多，能够产生更明亮的全息再现像，从而使人们对相位全息图产生了浓厚的兴趣。

矩形光栅形式的相位全息图的衍射效率，其正、负一级的最大衍射效率为：

$$\varsigma_1 = (2/\pi)^2 = 40.4\% \text{。} \tag{8.3.40}$$

总之，不管是振幅全息图还是相位全息图，矩形函数形式的衍射效率都比正弦型的高。用计算机制作的全息图大多是矩形波函数形式的。

### 5. 复合全息光栅的制作

复合光栅是指两套取向一致，但空间频率有微小差异的一维正弦光栅用全息方法叠合在同一张底片上制成的光栅。制作复合光栅的光路如图 8.3.3 所示。由氦—氖激光器发出的激光经分束镜 BS、反射镜 $M_1$ 和 $M_2$ 后再扩束形成两束一定夹角的相干光投射到全息干板上，当扩束镜与干板的距离足够远时，干板上接收到的可近似看成平行光。干板架置于一个能在水平面内转动的平台上。第一次曝光时，干板对于两束光呈对称状态；第二次曝光前将平台转过一微小角度 $\Delta\theta$，曝光后经处理便得到复合光栅。

设第一次曝光得到的光栅的频率为 $\xi_{01}$，第二次曝光得到的光栅的频率应该为：

$$\xi_{02} = \xi_{01} \cos\Delta\theta \text{。} \tag{8.3.41}$$

两套光栅复合的结果，会在其表面产生明显的莫尔条纹，条纹密度取决于 $\Delta\xi_0 (=\xi_{01} - \xi_{02})$ 的大小，$\Delta\xi_0$ 越大，莫尔条纹越密。根据全息学原理，复合光栅的振幅透射率应正比于两次曝光强度之和，即

$$T_f(\xi, \eta) = t_0 + t_{01}\cos(2\pi l_1 \xi) + t_{02}\cos(2\pi l_2 \xi) \text{。} \tag{8.3.42}$$

式中：$\xi = \dfrac{x_f}{\lambda f}$；$\eta = \dfrac{y_f}{\lambda f}$；$l_1 = \xi_{01}\lambda f$；$l_2 = \xi_{02}\lambda f$。

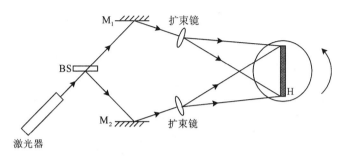

**图 8.3.3　微分滤波器的制作光路**

## 8.3.3　点源全息图

对于点源的记录所形成的点源全息图(point soure holograms)，由于再现过程中全息图能产生二次相位变换，这一性质很像波带片，所以可以通过分析所谓的基元波带片来分析整个全息图，其处理要用到菲涅耳近似。

**1. 点源全息图的记录**

两相干单色点光源所产生的干涉图实质上就是一个点源全息图，即波带片型基元全息图。记录光路如图 8.3.4 所示。

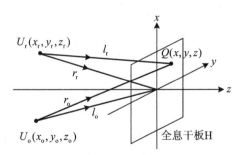

**图 8.3.4　点源全息图的记录**

假定物光波和参考波分别是从点源 $U_o(x_o, y_o, z_o)$ 和点源 $U_r(x_r, y_r, z_r)$ 发出的球面波，波长分别为 $\lambda_o$ 和 $\lambda_r$，全息干板位于 $z=0$ 的 $x$-$y$ 平面上。在全息图平面上物光、参考光和再现光的复振幅分别为：$U_o(x, y) = \tilde{U}_o(x, y)e^{i\phi_o(x,y)}$，$U_r(x, y) = \tilde{U}_r(x, y)e^{i\phi_r(x,y)}$，$U_c(x, y) = \tilde{U}_c(x, y)e^{i\phi_c(x,y)}$。光波的相位是一个相对值，到达记录平面的相位以坐标原点为参考点来计算，按惯例，观测点处光波复振幅的相位，用相对于坐标原点处的相位差值表示。如果差值为正，则表示该点相位滞后于原点；如果差值为负，则表示该点相位超前于原点。如图 8.3.4 所示，全息干板 H 所在的像平面上任意一点 $Q$ 有：

$$\phi_o(x, y) = -\mathbf{k} \cdot (\mathbf{r}_o - \mathbf{l}_o), \tag{8.3.43}$$

$$\phi_r(x, y) = -\mathbf{k} \cdot (\mathbf{r}_r - \mathbf{l}_r)。\tag{8.3.44}$$

式中：$\mathbf{k}$ 为记录时光波的波矢量；$\mathbf{r}_o$，$\mathbf{r}_r$ 分别表示物点和参考点光源到 $Q$ 点的矢径；$\mathbf{l}_o$，$\mathbf{l}_r$ 分别为它们到坐标原点的矢径。

原点处物光的相位为：

$$\phi_o(x, y) = \frac{2\pi}{\lambda_o} \left( \sqrt{(x-x_o)^2 + (y-y_o)^2 + z_o^2} - \sqrt{x_o^2 + y_o^2 + z_o^2} \right)。\tag{8.3.45}$$

令 $x_o^2 + y_o^2 + z_o^2 = l_o^2$，则上式可简化为：

$$\phi_o(x, y) = \frac{2\pi}{\lambda_o} \left\{ l_o \left[ 1 + \frac{(x^2 + y^2) - 2(xx_o + yy_o)}{l_o^2} \right]^{1/2} - l_o \right\}。\tag{8.3.46}$$

当

$$\frac{\pi}{4\lambda_o l_o^3} [ (x^2 + y^2) - 4(x^2 + y^2)(xx_o + yy_o) + 4(xx_o + yy_o)^2 ]_{max} \leqslant 1(\mathrm{rad}) \tag{8.3.47}$$

时，由菲涅耳近似可得到：

$$\phi_o(x, y) = \frac{\pi}{\lambda_o l_o} [ x^2 + y^2 - 2(xx_o + yy_o) ]。\tag{8.3.48}$$

类似地，参考光与再现光的相位函数可写为：

$$\phi_r(x, y) = \frac{\pi}{\lambda_r l_r} [ x^2 + y^2 - 2(xx_r + yy_r) ], \tag{8.3.49}$$

$$\phi_c(x, y) = \frac{\pi}{\lambda_c l_c} [ x^2 + y^2 - 2(xx_c + yy_c) ]。\tag{8.3.50}$$

即两个点源与记录干板的距离满足菲涅耳条件时，可近似地用球面波的二次曲面来描述球面波。

在傍轴近似条件下，即假定 $x^2 + y^2 \ll z_o^2(z_r^2, z_c^2)$，并设物光波和参考光的波长相同，即 $\lambda_o = \lambda_r = \lambda_0$，于是式(8.3.48)～(8.3.50)可简化为：

$$\phi_o(x, y) = \frac{\pi}{\lambda_0 z_o} [ x^2 + y^2 - 2(xx_o + yy_o) ], \tag{8.3.51}$$

$$\phi_r(x, y) = \frac{\pi}{\lambda_0 z_r} [ x^2 + y^2 - 2(xx_r + yy_r) ], \tag{8.3.52}$$

$$\phi_c(x, y) = \frac{\pi}{\lambda_c z_c} [ x^2 + y^2 - 2(xx_c + yy_c) ]。\tag{8.3.53}$$

这样，全息图平面上物光、参考光和再现光的复振幅分别为：

$$U_o(x, y) = \widehat{U}_o \mathrm{e}^{\frac{i\pi}{\lambda_0 z_o}(x^2 + y^2 - 2xx_o - 2yy_o)}, \tag{8.3.54}$$

$$U_r(x, y) = \widehat{U}_r \mathrm{e}^{\frac{i\pi}{\lambda_0 z_r}(x^2 + y^2 - 2xx_r - 2yy_r)}, \tag{8.3.55}$$

$$U_c(x, y) = \widehat{U}_c \mathrm{e}^{\frac{i\pi}{\lambda_c z_c}(x^2 + y^2 - 2xx_c - 2yy_c)}。\tag{8.3.56}$$

全息图的干涉条纹的特性记录了物体光波的相位，所以，可以用式(8.3.48)、(8.3.49)或式(8.3.51)、(8.3.52)的相位表达式来分析基元全息图的结构特性，即干涉条纹的形状和疏密程度。

## 2. 点源全息图的条纹特性

(1) 离轴全息图。可以通过研究相位差函数 $\Delta\phi = \phi_o - \phi_r$ 或光程差函数 $\Delta S = \dfrac{\lambda_o(\phi_o - \phi_r)}{2\pi}$ 来分析全息图的条纹形状和空间频率特性，由式(8.3.48)和式(8.3.49)可得记录平面 $x$-$y$ 上任何一点处的光程差为：

$$\Delta S = (x^2 + y^2)\left(\frac{1}{2z_o} - \frac{1}{2z_r}\right) - x\left(\frac{x_o}{z_o} - \frac{x_r}{z_r}\right) - y\left(\frac{y_o}{z_o} - \frac{y_r}{z_r}\right)。 \tag{8.3.57}$$

当光程差为波长的整数倍，即 $\Delta S = m\lambda_0$（$m = 0, \pm 1, \pm 2, \cdots$）时为峰值强度的位置，这时有：

$$(x^2 + y^2) - 2x\frac{z_r x_o - z_o x_r}{z_r - z_o} - 2y\frac{z_r y_o - z_o y_r}{z_r - z_o} - \frac{2n\lambda_0 z_o z_r}{z_r - z_o} = 0。 \tag{8.3.58}$$

可见干涉条纹是一族同心圆。将上式化成圆的标准方程，其圆心的坐标和曲率半径分别为：

$$x_0 = \frac{z_r x_o - z_o x_r}{z_r - z_o}, \quad y_0 = \frac{z_r y_o - z_o y_r}{z_r - z_o}, \tag{8.3.59}$$

$$R_0 = \sqrt{\left(\frac{z_r x_o - z_o x_r}{z_r - z_o}\right)^2 + \left(\frac{z_r y_o - z_o y_r}{z_r - z_o}\right)^2 + \frac{2n\lambda_0 z_o z_r}{z_r - z_o}}。 \tag{8.3.60}$$

由于 $x_0 \neq 0$，$y_0 \neq 0$，说明条纹的圆心不在原点，所以全息图所记录的干涉条纹是圆弧的一部分。这是一般离轴全息图的情况。

由空间频率的定义可知，条纹的空间频率是单位距离内光程差改变的波长数，由式(8.3.57)中的 $\Delta S$ 分别对 $x$，$y$ 求偏导，就可求得 $x$，$y$ 方向的空间频率分别为：

$$\xi = \frac{1}{\lambda_0}\frac{\partial \Delta S}{\partial x} = \frac{1}{\lambda_0}\left[x\left(\frac{1}{z_o} - \frac{1}{z_r}\right) - \left(\frac{x_o}{z_o} - \frac{x_r}{z_r}\right)\right], \tag{8.3.61}$$

$$\eta = \frac{1}{\lambda_0}\frac{\partial \Delta S}{\partial y} = \frac{1}{\lambda_0}\left[y\left(\frac{1}{z_o} - \frac{1}{z_r}\right) - \left(\frac{y_o}{z_o} - \frac{y_r}{z_r}\right)\right]。 \tag{8.3.62}$$

如果点源 $U_o$ 和 $U_r$ 都位于 $x$-$z$ 平面内，则有 $y_o = y_r = 0$，式(8.3.62)变为：

$$\eta = \frac{y}{\lambda_0}\left(\frac{1}{z_o} - \frac{1}{z_r}\right)。 \tag{8.3.63}$$

从上式可以看出，全息图在 $y$ 方向的空间频率是很低的，而在 $x$ 方向的空间频率却很高。在全息图中心处（$x = 0$）的空间频率为：

$$\xi = -\frac{1}{\lambda_0}\left(\frac{x_o}{z_o} - \frac{x_r}{z_r}\right)。 \tag{8.3.64}$$

可见，其周围的条纹空间频率有少许变化，干涉图的特性如图8.3.5所示。

(2) 同轴全息图。当物光和参考光两个点光源同轴放置时，并令 $x_o = y_o = x_r = y_r = 0$，由式(8.3.57)可得：

$$\Delta S = (x^2 + y^2)\left(\frac{1}{2z_o} - \frac{1}{2z_r}\right)。 \tag{8.3.65}$$

整理成如下形式：

$$x^2 + y^2 - \frac{\Delta S 2 z_o z_r}{z_o - z_r} = 0。 \tag{8.3.66}$$

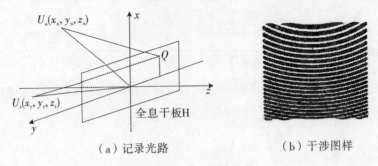

(a) 记录光路　　　　　　（b) 干涉图样

图 8.3.5　点源离轴全息

上式是圆心在记录平面坐标原点上的圆的方程,其半径为:

$$R_0 = \sqrt{\frac{\Delta S 2 z_o z_r}{z_o - z_r}} \text{。} \tag{8.3.67}$$

当 $\Delta S = m\lambda_0$ ($m$ 为整数)时,

$$R_0 = \sqrt{\frac{2m\lambda_0 z_o z_r}{z_o - z_r}} \text{。} \tag{8.3.68}$$

得到干涉条纹为亮条纹,是一族同心圆,如图 8.3.6 所示。条纹的空间频率为:

$$\xi = \frac{R_0}{\lambda_0}\left(\frac{1}{z_o} - \frac{1}{z_r}\right) \text{。} \tag{8.3.69}$$

从上式可以看出,空间频率与半径成正比,这意味着半径越大,空间频率也越大,因而条纹也越密集。这里,要注意记录介质的最大分辨率。

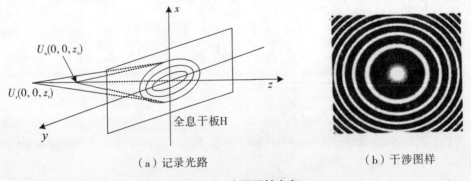

(a) 记录光路　　　　　　（b) 干涉图样

图 8.3.6　点源同轴全息

(3) 点源无透镜傅里叶变换全息图。当物光和参考光两个点光源处于同一平面时,即有 $z_o = z_r = z_0$,当 $\Delta S = m\lambda_0$ ($m$ 为整数)时,由式 (8.3.57) 可得:

$$x\frac{x_o - x_r}{z_0} + y\frac{y_o - y_r}{z_0} + m\lambda_0 = 0 \text{。} \tag{8.3.70}$$

上式是直线方程,可见干涉条纹是一簇平行等间距的直线,这样得到的干涉条纹图样称为傅里叶变换全息图。干涉条纹在 $x$, $y$ 方向的空间频率分别为:

$$\xi = \frac{x_r - x_o}{\lambda_0 z_0}, \quad \eta = \frac{y_r - y_o}{\lambda_0 z_0} \text{。} \tag{8.3.71}$$

显然，条纹在全息图法线方向的空间频率为 $\dfrac{\sqrt{(x_r-x_o)^2+(y_r-y_o)^2}}{\lambda_0 z_0}$。

如两个点光源位于 $x-z$ 平面，则有：

$$x\dfrac{x_o-x_r}{z_0}+m\lambda_0 = 0。 \quad (8.3.72)$$

这时干涉条纹为平行于 $y$ 轴的一族直线，如图 8.3.7 所示。

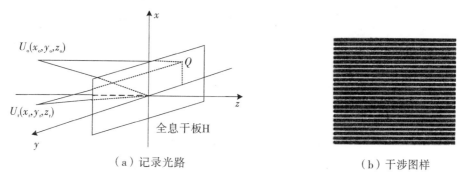

图 8.3.7　点源无透镜傅里叶变换全息

**3. 点源全息图的物像关系和再现**

（1）像点和物点的坐标关系。由式（8.3.54）和式（8.3.55），可得记录平面上光场的复振幅为：

$$U(x,y)=U_o(x,y)=\widetilde{U}_o e^{\frac{i\pi}{\lambda_0 z_o}(x^2+y^2-2xx_o-2yy_o)} + \widetilde{U}_r e^{\frac{i\pi}{\lambda_0 z_r}(x^2+y^2-2xx_r-2yy_r)}; \quad (8.3.73)$$

光强分布为：

$$I(x,y)=|U(x,y)|^2=|U_r|^2+|U_o|^2+\widetilde{U}_r\widetilde{U}_o^* e^{-\frac{i\pi}{\lambda_0 z_o}(x^2+y^2-2xx_o-2yy_o)+\frac{i\pi}{\lambda_0 z_r}(x^2+y^2-2xx_r-2yy_r)}$$
$$+\widetilde{U}_r^*\widetilde{U}_o e^{\frac{i\pi}{\lambda_0 z_o}(x^2+y^2-2xx_o-2yy_o)-\frac{i\pi}{\lambda_0 z_r}(x^2+y^2-2xx_r-2yy_r)}。 \quad (8.3.74)$$

在线性记录条件下，全息图复振幅透过率由式（8.2.11）决定，这样有：

$$t(x,y)=t_b+\beta'|U_o|^2+\beta'\widetilde{U}_r\widetilde{U}_o^* e^{-\frac{i\pi}{\lambda_0 z_o}(x^2+y^2-2xx_o-2yy_o)+\frac{i\pi}{\lambda_0 z_r}(x^2+y^2-2xx_r-2yy_r)}$$
$$+\beta'\widetilde{U}_r^*\widetilde{U}_o e^{\frac{i\pi}{\lambda_0 z_o}(x^2+y^2-2xx_o-2yy_o)-\frac{i\pi}{\lambda_0 z_r}(x^2+y^2-2xx_r-2yy_r)} = t_1+t_2+t_3+t_4。 \quad (8.3.75)$$

在再现过程中，全息底片由位于 $(x_c,y_c,z_c)$ 的点源发出的球面波照明，再现光波波长为 $\lambda_c$，其二次曲面近似表达式由式（8.3.56）所表示。在全息透射图中，重要的是式（8.3.75）中的后项，即

$$U_3(x,y)=t_3(x,y)U_c(x,y)=\beta'\widetilde{U}_r\widetilde{U}_o^*\widetilde{U}_c e^{i\pi\left(\frac{1}{\lambda_0 z_r}-\frac{1}{\lambda_0 z_o}+\frac{1}{\lambda_c z_c}\right)(x^2+y^2)}$$
$$\times e^{-i2\pi\left[\left(\frac{x_r}{\lambda_0 z_r}-\frac{x_o}{\lambda_0 z_o}+\frac{x_c}{\lambda_c z_c}\right)x+\left(\frac{y_r}{\lambda_0 z_r}-\frac{y_o}{\lambda_0 z_o}+\frac{y_c}{\lambda_c z_c}\right)y\right]} \quad (8.3.76)$$

和

$$U_4(x,y)=t_4(x,y)U_c(x,y)=\beta'\widetilde{U}_r\widetilde{U}_o^*\widetilde{U}_c e^{i\pi\left(\frac{1}{\lambda_0 z_r}-\frac{1}{\lambda_0 z_o}+\frac{1}{\lambda_c z_c}\right)(x^2+y^2)}$$
$$\times e^{-i2\pi\left[\left(\frac{x_r}{\lambda_0 z_r}-\frac{x_o}{\lambda_0 z_o}+\frac{x_c}{\lambda_c z_c}\right)x+\left(\frac{y_R}{\lambda_0 z_R}-\frac{y_o}{\lambda_0 z_o}+\frac{y_c}{\lambda_c z_c}\right)y\right]}。 \quad (8.3.77)$$

式（8.3.76）和式（8.3.77）的相位项中，$x$ 和 $y$ 的二次项是傍轴近似的球面波的相位因子，给出了再现像在 $z$ 方向上的焦点；$x$ 和 $y$ 的一次项是倾斜传播的平面波的相位因子，给出了再

现像离开 $z$ 轴的距离。因此它们给出了再现光波的几何描述：一个向像点 $(x_i, y_i, z_i)$ 会聚或由像点 $(x_i, y_i, z_i)$ 发散的球面波。这些球面波在 $x$-$y$ 平面上的光场傍轴近似具有下列标准形式：

$$e^{\frac{i\pi}{\lambda_c z_i}(x^2 + y^2 - 2xx_i - 2yy_i)} \tag{8.3.78}$$

式中：$z_i$ 为正表示点 $(x_i, y_i, z_i)$ 发出的发散球面波，$z_i$ 为负表示向点 $(x_i, y_i, z_i)$ 会聚的球面波。将它们含 $x$，$y$ 的二次项和一次项系数与式(8.3.76)和式(8.3.77)比较，采用比较系数法就可求出物像关系如下：

$$\frac{x_i}{z_i} = \frac{x_c}{z_c} \pm \mu\left(\frac{x_o}{z_o} - \frac{x_r}{z_r}\right), \tag{8.3.79a}$$

$$\frac{y_i}{z_i} = \frac{y_c}{z_c} \pm \mu\left(\frac{y_o}{z_o} - \frac{y_r}{z_r}\right), \tag{8.3.79b}$$

$$\frac{1}{z_i} = \frac{1}{z_c} \pm \mu\left(\frac{1}{z_o} - \frac{1}{z_r}\right)。 \tag{8.3.79c}$$

式中：$\mu = \frac{\lambda_c}{\lambda_0}$。由此，可以确定像点坐标为：

$$x_i = \frac{z_i}{z_c}x_c \pm \mu\left(\frac{z_i}{z_o}x_o - \frac{z_i}{z_r}x_r\right) = \frac{x_c z_o z_r \pm \mu(x_o z_r - x_r z_o)}{z_o z_r \pm \mu(z_r - z_o)}, \tag{8.3.80a}$$

$$y_i = \frac{z_i}{z_c}y_c \pm \mu\left(\frac{z_i}{z_o}y_o - \frac{z_i}{z_r}y_r\right) = \frac{y_c z_o z_r \pm \mu(y_o z_r - y_r z_o)}{z_o z_r \pm \mu(z_r - z_o)}, \tag{8.3.80b}$$

$$z_i = \left[\frac{1}{z_c} \pm \mu\left(\frac{1}{z_r} - \frac{1}{z_o}\right)\right]^{-1} = \frac{z_c z_o z_r}{z_o z_r \pm \mu(z_r - z_o)}。 \tag{8.3.80c}$$

式中："±"中的"+"号适用于分量波 $U_3$，是原始像项；"−"号适用于分量波 $U_4$，是共轭项。当 $z_i$ 为正时，再现像是虚像，位于全息图的左侧；当 $z_i$ 为负时，再现像是实像，位于全息图的右侧。

在成像过程中，物体坐标的变化会引起像坐标的改变。式(8.3.80a)对 $x_o$ 求导或式(8.3.80b)对 $y_o$ 求导，可得波前再现过程产生的像的横向放大率为：

$$M_t = \left|\frac{dx_i}{dx_o}\right| = \left|\frac{dy_i}{dy_o}\right| = \mu\left|\frac{z_i}{z_o}\right| = \frac{1}{1 - \frac{z_o}{z_r} \pm \frac{z_o}{\mu z_c}}; \tag{8.3.81}$$

像的纵向放大率为：

$$M_l = \frac{M_t^2}{\mu}。 \tag{8.3.82}$$

把普通透镜的物像关系与式(8.3.81)相比较，可得：

$$\frac{1}{f_H} = \pm\mu\left(\frac{1}{z_o} - \frac{1}{z_r}\right)。 \tag{8.3.83}$$

式中：$f_H$ 是全息图的像方焦距；正、负号分别对应原始像和共轭像。由此可见，菲涅耳全息图除记录了物体的信息外，还兼有正、负透镜或成像的作用，故重现过程无需加透镜即能自行成像。

(2) 离轴全息图的再现。可以用多种不同的方法实现离轴全息图的再现，一般的形式如图8.3.8(a)所示。如果参考光和照明光均为平行光的情况时，如图8.3.8(b)所示，这时，

$z_r$, $z_c \to \infty$,所以像的位置不能由式(8.3.80)求出。如果将式中的 $\frac{x_o}{z_o}$, $\frac{x_r}{z_r}$, $\frac{x_c}{z_c}$, $\frac{x_i}{z_i}$ 等都用三角函数表示(如图8.3.9所示的几何关系),在近轴条件有 $z_i = OQ$,则有:

$$\sin\theta_i = \frac{x_i}{z_i}, \quad \sin\varphi_i = \frac{y_i}{z_i}。 \tag{8.3.84}$$

对参考光和物光也有与上式相同的关系。由式(8.3.67)得到这种情况下的物像关系为:

$$\sin\theta_i = \sin\theta_c \pm \mu(\sin\theta_o - \sin\theta_r), \tag{8.3.85a}$$

$$\sin\varphi_i = \sin\varphi_c \pm \mu(\sin\varphi_o - \sin\varphi_r), \tag{8.3.85b}$$

$$z_i = \frac{z_c z_o z_r}{z_o z_r \pm \mu(z_r - z_o)}。 \tag{8.3.85c}$$

当 $z_c$, $z_r \to \infty$,$z_o$ 为有限值时,式(8.3.85)变为:

$$\sin\theta_i = x_o \pm \frac{z_o}{\mu}(\sin\theta_c \mp \sin\theta_r), \tag{8.3.86a}$$

$$y_i = y_o \pm \frac{z_o}{\mu}(\sin\theta_c \mp \sin\theta_r), \tag{8.3.86b}$$

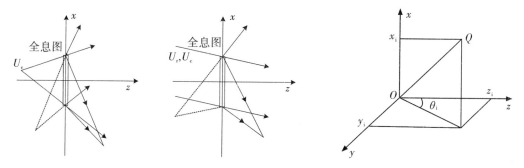

图8.3.8 离轴全息图的再现    图8.3.9 物光点、参考光点和像点的坐标关系

$$z_i = \pm \frac{z_o}{\mu}。 \tag{8.3.86c}$$

当参考光波和再现光波都是沿 $z$ 轴传播的完全一样的平面波时,$\theta_r = \theta_c = \varphi_r = \varphi_c = 0$,也即 $x_r = x_c = 0$,$y_r = y_c = 0$,$z_r = z_c = \infty$,$\lambda_0 = \lambda_c$ 时,有:

$$z_i = \mp z_o, \quad x_i = x_o, \quad y_i = y_o, \quad M_t = 1。$$

可见,此时得到的两个像点位于全息图两侧对称位置,一个是原始像(实像),一个是共轭像(虚像),并且与 $z$ 轴的距离相等,放大率为1。

(3) 同轴全息图的再现。如果物点和参考点位于 $z$ 轴上,即 $x_o = x_r = y_o = y_r = 0$,这时,在线性记录的全息图中,式(8.3.75)的后两项为:

$$t_3 = \beta' \widetilde{U}_r \widetilde{U}_o^* e^{\frac{i\pi}{\lambda_0}\left(\frac{1}{z_r} - \frac{1}{z_o}\right)(x^2+y^2)}, \tag{8.3.87}$$

$$t_4 = \beta' \widetilde{U}_r \widetilde{U}_o^* e^{-\frac{i\pi}{\lambda_0}\left(\frac{1}{z_r} - \frac{1}{z_o}\right)(x^2+y^2)}。 \tag{8.3.88}$$

这时透射率的峰值出现在其相位为 $2\pi$ 整数倍的地方,由上两式得:

$$\pm \frac{\pi}{\lambda_0}(x^2+y^2)\left(\frac{1}{z_r} - \frac{1}{z_o}\right) = 2m\pi \quad (m = 0, \pm 1, \pm 2, \cdots),$$

即

$$x^2 + y^2 - 2m\lambda_0 \frac{z_o z_r}{z_o - z_r} = 0。$$

可见，此时所形成的干涉条纹是一族同心圆，圆心位于原点，为同轴全息图，其半径为：

$$R_0 = \sqrt{2m\lambda_0 \frac{z_o z_r}{z_o - z_r}}。 \tag{8.3.89}$$

这种情形下的同轴全息图的再现又可以分为如下两种情况。

(1) 当再现光波与参考光波完全相同时，即 $x_c = x_r$，$y_c = y_r$，$z_c = z_r$，$\lambda_0 = \lambda_c$。由式(8.3.80)可得由 $U_3$ 和 $U_4$ 分量所对应的两个像点 $(x_{i1}, y_{i1}, z_{i1})$ 和 $(x_{i2}, y_{i2}, z_{i2})$ 的坐标为：

$$x_{i1} = x_o, \quad y_{i1} = y_o, \quad z_i = z_o, \quad M = 1; \tag{8.3.90a}$$

$$x_{i2} = \frac{x_o z_r - 2x_r z_o}{z_r - 2z_o}, \quad y_{i2} = \frac{y_o z_r - 2y_r z_o}{z_r - 2z_o}, \quad z_{i2} = \frac{z_r z_o}{2z_o - z_r}, \quad M = \left|1 - \frac{2z_o}{z_r}\right|^{-1}。 \tag{8.3.90b}$$

上式表明，分量波 $U_3$ 产生物点的一个虚像，像点的空间位置与物点重合，横向放大率为1，它是原物点准确的再现。分量波 $U_4$ 可以产生物点的实像或虚像，它取决于 $z_{i1}$ 的正负。当 $z_r < 2z_o$ 时，$z_{i1} > 0$，产生虚像；当 $z_r > 2z_o$ 时，$z_{i1} < 0$，产生实像。在通常情况下，此像的横向放大率不等于1。

(2) 当再现光波为共轭参考光波时，即 $x_c = x_r$，$y_c = y_r$，$z_c = -z_r$，$\lambda_0 = \lambda_c$。由式(8.3.80)可得由 $U_3$ 和 $U_4$ 分量所对应的两个像点 $(x_{i1}, y_{i1}, z_{i1})$ 和 $(x_{i2}, y_{i2}, z_{i2})$ 的坐标为：

$$x_{i1} = \frac{2z_o x_r - z_r x_o}{2z_o - z_r}, \quad y_{i1} = \frac{2z_o y_r - z_r y_o}{2z_o - z_r}, \quad z_{i1} = \frac{z_r z_o}{z_r - 2z_o}, \tag{8.3.91a}$$

$$x_{i2} = x_o, \quad y_{i2} = y_o, \quad z_{i2} = -z_o。 \tag{8.3.91b}$$

式(8.3.91)表明，分量波 $U_3$ 产生物点的一个实像，像点与物点的空间位置相对于全息图镜面对称。因此，观察者看到的是一个与原物形状相同，但凸凹互易的赝视实像。分量波 $U_4$ 可以产生物点的虚像，也可以产生物点的实像，这取决于 $z_{i2}$ 的正负。

这表明，即使用轴外照明光源再现，同轴全息图产生的各分量衍射波仍然沿同一方向传播，观察时相互干扰。图8.3.10给出了点源同轴全息图再现的情况。

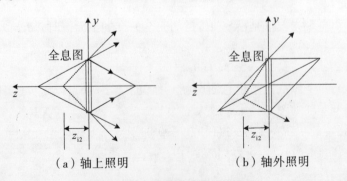

(a) 轴上照明　　　　　(b) 轴外照明

图8.3.10　点源同轴全息的再现

## 8.3.4 菲涅耳全息图和夫琅禾费全息图

当全息干板位于物体衍射光场的菲涅耳衍射区时(近场),记录平面上物光分布为物体的菲涅耳衍射,得到的全息图就称为菲涅耳全息图。上面所讨论的基元全息图(基元波带片)适用于菲涅耳全息图。菲涅耳全息图适合记录三维的漫反射物体。全息记录时,激发器发出的激发分成两束:扩束后一束直接照射照相干板,作为参考光;另一束照射物体,产生的漫反射光照射置于近场的照相干板,作为物光与参考光干涉,显影处理后得到菲涅耳全息图,可以再现物体的三维像。

菲涅耳全息图是将记录介质放在距离物体有限远处,从物体反射或透射的光传到记录介质处与参考光产生干涉而形成全息图。实际全息图制作中大部分都属于菲涅耳全息图,它是用满足菲涅耳条件的衍射光制作的全息图,再现时也按菲涅耳条件。

全息记录时,使全息干板位于物体衍射光场的夫琅禾费衍射区(远场),记录平面上物光分布为物体的夫琅禾费衍射,得到的全息图是夫琅禾费全息图。夫琅禾费全息图可把物体与全息干板的距离均视为无限远。如用一透镜放在物体与干板之间,物体位于透镜焦平面附近,这样物体就等效于放在无限远处,物体反射或透射的光传到记录介质处与参考光发生干涉,从而到全息图。上节所讨论的全息图的情况,既适用于菲涅耳全息图,也适用于夫琅禾费全息图。为了对菲涅耳全息图和夫琅禾费全息图有一个量级的概念,下面作一个简单的分析。

设位于物平面 $x_o$-$y_o$ 的一个平面物体,全息记录平面为 $x$-$y$,两平面平行用相距 $z_0$,中心都位于原点。物平面复振幅为 $U_o(x_o, y_o)$,物光在菲涅耳衍射区到达全息记录平面的复振幅为:

$$U(x, y) = \frac{e^{i2\pi z_0/\lambda}}{i\lambda z_0} \iint_\infty U_o(x_o, y_o) e^{i\pi[(x-x_o)^2+(y-y_o)^2]/z_0\lambda} dx_o dy_o \text{。} \tag{8.3.92}$$

在夫琅禾费衍射区,$z_0$ 比物体的线度要大许多,这样可以忽略上式中的 $x_o$,$y_o$ 的二次项,从而在夫琅禾费衍射区的分布为:

$$U(x, y) = \frac{e^{i2\pi z_0/\lambda} e^{i\pi(x^2+y^2)/z_0\lambda}}{i\lambda z_0} \iint_\infty U_o(x_o, y_o) e^{i2\pi(xx_o/z_0\lambda + yy_o/z_0\lambda)} dx_o dy_o \text{。} \tag{8.3.93}$$

在物光的菲涅耳衍射区,物光衍射光场强度分布随距离变化很快;到达夫琅禾费衍射区后,物光衍射光强度分布不再有大的变化。满足如下条件:

$$\frac{\pi}{\lambda z_0}(x_o^2 + y_o^2) \leq \pi, \quad 即 \quad z_0 \gg \frac{1}{\lambda}(x_o^2 + y_o^2) \tag{8.3.94}$$

时,才能拍摄到夫琅禾费衍射图。由 4.4.2 的讨论可知,这个条件是比较苛刻的,通常在实验室条件下难以满足。所以,通常得到的都是菲涅耳全息图。如果使用透镜,可以将物光的夫琅禾费衍射区缩短到透镜焦距的量级。所以夫琅禾费全息图有用透镜和不用透镜两种。

## 8.3.5 傅里叶变换全息图

物体的光信号可以在空域中表示,也可以在频域中表示。也就是说,物体或图像的光信息既表现在它的物光波中,也蕴涵在它的空间频谱内。因此,用全息方法可以在空域中记录物光波,也可以在频域中记录物频谱。物体或图像频谱的全息记录称为傅里叶变换全息图。

### 1. 傅里叶变换全息图的原理

傅里叶变换全息图不是记录物体光波本身,而是记录物体光波的傅里叶频谱。利用透镜的傅里叶变换性质,将物体置于透镜的前焦面,在照明光源的共扼像面位置就可得到物光波的傅里叶频谱,再引入参考光与之干涉,通过干涉条纹的振幅和相位调制,在干涉图样中就记录了物光波傅里叶变换光场的全部信息,包括傅里叶变换的振幅和相位。这种干涉图称为傅里叶变换全息图。

记录这种全息图可以采用平行光照明和点光源照明两种基本方式。下面以平行光照明方式为例进行分析,记录光路如图 8.3.11(a)所示。设物光分布为 $U_o(x_o, y_o)$,则物光波的频谱为:

$$U_o(\xi, \eta) = \iint_{-\infty}^{\infty} U_o(x_o, y_o) \, e^{-i2\pi(\xi x_o + \eta y_o)} dx_o dy_o 。 \tag{8.3.95}$$

式中:$\xi = x/\lambda f$, $\eta = y/\lambda f$, 是空间频率;$f$ 是透镜焦距;$x$, $y$ 是后焦面上的位置坐标。设平面参考光是由位于物平面上点 $(0, -b)$ 处的点源产生的,其复振幅可用 $\delta$ 函数表示为:

$$U_r(x_o, y_o) = U_{r0}\delta(0, y_o + b); \tag{8.3.96}$$

它在后焦面上形成的光场分布为:

$$F\{U_r(x_o, y_o)\} = U_{r0} e^{i2\pi b \eta} 。 \tag{8.3.97}$$

后焦面上总的光场复振幅分布为:

$$U(\xi, \eta) = U_o(\xi, \eta) + U_{r0} e^{i2\pi b \eta}; \tag{8.3.98}$$

光强为:

$$I(\xi, \eta) = U_{r0}^2 + |U_o|^2 + U_{r0} U_o e^{-i2\pi b \eta} + U_{r0} U_o^* e^{i2\pi b \eta} 。 \tag{8.3.99}$$

在线性记录条件下,全息图的复振幅透射率为:

$$t(\xi, \eta) = t_b + \beta' |U_o|^2 + \beta' U_{r0} U_o e^{-i2\pi b \eta} + \beta' U_{r0} U_o^* e^{i2\pi b \eta} 。 \tag{8.3.100}$$

如果用振幅为 $\widetilde{U}_c$ 的平面波垂直照射全息图,则透射光波的复振幅为:

$$U(\xi, \eta) = t_b \widetilde{U}_c + \beta' \widetilde{U}_c |U_o|^2 + \beta' \widetilde{U}_c U_{r0} U_o e^{-i2\pi b \eta} + \beta' \widetilde{U}_c U_{r0} U_o^* e^{i2\pi b \eta} 。 \tag{8.3.101}$$

式中:第三项是原始物的空间频谱;第四项是共扼频谱。这两个谱分布分别以两列平面波为载波,而向不同方向传播,这样就以离轴全息的方式再现了物光波的傅里叶变换。

为了得到物体的再现像,必须对全息图的透射光场作一次逆傅里叶变换。为此,在全息图后方放置透镜,使全息图位于透镜前焦面上,在透镜后焦面上将得到物体的再现像,再现光路如图 8.3.11(b)所示。由于透镜只能作正变换,所以这里取反演坐标,并假定再现和记录透镜的焦距相同,于是后焦面上的光场分布为:

$$U(x, y) = F\{U(\xi, \eta)\} = \iint_{-\infty}^{\infty} U(\xi, \eta) e^{-i2\pi(\xi x + \eta y)} d\xi d\eta 。 \tag{8.3.102}$$

将式(8.3.101)代入式上式,有:

$$\begin{aligned} U(x, y) &= F\{U(\xi, \eta)\} \\ &= \iint_{-\infty}^{\infty} (t_b \widetilde{U}_c + \beta' \widetilde{U}_c |U_o|^2 + \beta' \widetilde{U}_c U_{r0} U_o e^{-i2\pi b \eta} + \beta' \widetilde{U}_c U_{r0} U_o^* e^{i2\pi b \eta}) e^{-i2\pi(\xi x + \eta y)} d\xi d\eta 。 \end{aligned}$$
$$\tag{8.3.103}$$

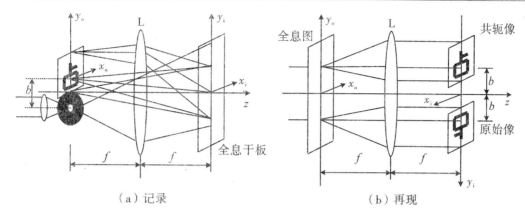

图 8.3.11　傅里叶变换全息

式(8.3.103)包含四项,第一项为:

$$U_1(x, y) = \iint_{-\infty}^{\infty} t_b \widetilde{U}_c e^{-i2\pi(\xi x + \eta y)} d\xi d\eta = t_b \widetilde{U}_c \delta(x, y) ; \quad (8.3.104)$$

第二项为:

$$U_2(x, y) = \iint_{-\infty}^{\infty} \beta' \widetilde{U}_c |U_o|^2 e^{-i2\pi(\xi x + \eta y)} d\xi d\eta 。 \quad (8.3.105)$$

将式(8.3.95)代入式(8.3.105),可得:

$$U_2(x, y) = \beta' \widetilde{U}_c \iint_{-\infty}^{\infty} U_o(x_o, y_o) U_o^*[x_o - (-x), y_o - (-y)] dx_o dy_o 。 \quad (8.3.106)$$

应用坐标反演,即 $x_1 = -x, y_1 = -y$,得到:

$$U_2(x, y) = \beta' \widetilde{U}_c \int_{-\infty}^{\infty} U_o(x_o, y_o) U_o^*(x_o - x_1, y_o - y_1) dx_o dy_o$$

$$= \beta' \widetilde{U}_c U_o(x_1, y_1) \bigstar U_o(x_1, y_1) 。 \quad (8.3.107)$$

同理,可得第三项、第四项在反演坐标中的形式为:

$$U_3(x, y) = \iint_{-\infty}^{\infty} \beta' \widetilde{U}_c U_{r0} U_o e^{-i2\pi b\eta} e^{-i2\pi(\xi x + \eta y)} d\xi d\eta = \beta' \widetilde{U}_c U_{r0} U_o(x_1, y_1 - b), \quad (8.3.108)$$

$$U_4(x, y) = \iint_{-\infty}^{\infty} \beta' \widetilde{U}_c U_{r0} U_o^* e^{i2\pi b\eta} e^{-i2\pi(\xi x + \eta y)} d\xi d\eta = \beta' \widetilde{C} U_{r0} U_o^*(-x_1, -y_1 - b) 。 \quad (8.3.109)$$

于是有:

$$U(x_1, y_1) = t_b \widetilde{U}_c \delta(x, y) + \beta' \widetilde{U}_c U_o(x_1, y_1) \bigstar U_o(x_1, y_1)$$

$$+ \beta' \widetilde{U}_c U_{r0} U_o(x_1, y_1 - b) + \beta' \widetilde{U}_c U_{r0} U_o^*(-x_1, -y_1 - b) 。 \quad (8.3.110)$$

式中:第一项是 $\delta$ 函数,表示直接透射光经透镜会聚在像面中心产生的亮点;第二项是物分布的自相关函数,形成焦点附近的一种晕轮光;第三项是原始像的复振幅,中心位于反射坐标系的 $(0, b)$ 处;第四项是共扼像的复振幅,中心位于反射坐标系的 $(0, -b)$ 处。第三项、第四项都是实像。设物体 $y$ 方向上的宽度为 $w_y$,则第二项自相关函数的宽度为 $2w_y$,原始像和共轭像的宽度均为 $w_y$。因此,欲使再现像不受晕轮光的影响,必须使 $b \geq \frac{3}{2} w_y$,在安排记录光路时应该保证这一条件。

实现傅里叶变换还可以采用球面波照明方式，使物体置于透镜的前焦面，在点源的共轭像面上得到物光分布的傅里叶变换。用倾斜入射的平面波作参考光，也能记录傅里叶变换全息图。重现时，也可以用球面波照明全息图，利用透镜进行逆傅里叶变换，在点源的共轭像面上实现傅里叶变换全息图的再现。图 8.3.12 给出了采用这种方法的记录和再现光路。

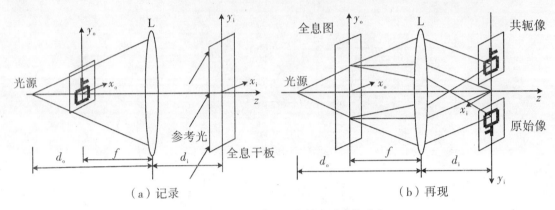

图 8.3.12　球面波照明的傅里叶变换全息

两种记录和再现的方法是完全独立的，既可以采用平行光入射记录、球面波照明再现，也可以采用球面波入射记录、平行光照明再现。

此外，由于傅里叶变换全息图记录的是物谱图，而不是物本身，对于大部分低频物来说，其频谱都非常集中，直径仅 1 mm 左右，记录时如果用细光束作为参考光，可使全息图的面积小于 2 mm$^2$，所以这种全息图特别适用于密度全息存储。

傅里叶变换全息图所记录的干涉条纹的排列是有序的，这一点特别适用于计算全息。

傅里叶变换全息图的光能集中在原点附件，为避免暴光不均匀，在调节光路时可使干板稍稍离焦，以便得到线性处理的全息图。

当物不是处于透镜的前焦面上时，后焦面上得到的不再是物光分布的傅里叶变换而是其夫琅禾费衍射，二者只相差一个相位因子。因而所有记录傅里叶变换全息图的系统只要改变其参考光的波面曲率，所记录的全息图就是夫琅禾费全息图。

### 2. 准傅里叶变换全息图

在图 8.3.13 所示的光路中，平行光垂直照射物体，透镜紧靠物体放置，参考点源与物体位于同一平面上，在透镜后焦面处放置记录介质。根据透镜的傅里叶变换性质，可以得到全息图的物光分布为：

$$U(x, y) = \tilde{C}' e^{ik\frac{x^2+y^2}{2f}} \iint_{-\infty}^{\infty} U_o(x_o, y_o) e^{-i2\pi(\xi x_o + \eta y_o)} dx_o dy_o = C' e^{ik\frac{x^2+y^2}{2f}} U_o(\xi, \eta) 。$$

(8.3.111)

式中：$\xi = x/\lambda f$；$\eta = y/\lambda f$。由于式(8.3.111)出现了二次相位因子，使物体的频谱产生了一个相位弯曲，因而全息图平面上的物光并不是物体准确的傅里叶变换。设参考点位于 $(0, -b)$ 处，参考点源的表达式为 $U_{r0}\delta(x_o, y_o+b)$，这样，在全息图平面上的参考光分布为：

$$r(x,y) = e^{ik\frac{x^2+y^2}{2f}} \iint_{-\infty}^{\infty} U_{r0}\delta(x_o, y_o+b) e^{-i2\pi(\xi x_o+\eta y_o)} dx_o dy_o = U_{r0} e^{ik\frac{x^2+y^2+2by}{2f}} \, 。 \quad (8.3.112)$$

在线性记录条件下,全息图的复振幅透射率为:

$$\begin{aligned} t &= t_b + \beta'|U_o|^2 + \beta' U_{r0} U_o e^{ik\frac{x^2+y^2}{2f}} e^{ik\frac{x^2+y^2+2by}{2f}} + \beta' U_{r0} U_o^* e^{ik\frac{x^2+y^2}{2f}} e^{ik\frac{x^2+y^2+2by}{2f}} \\ &= t_b + \beta'|U_o|^2 + \beta' U_{r0} U_o e^{-i2\pi b\eta} + \beta' U_{r0} U_o^* e^{i2\pi b\eta} \, 。 \end{aligned} \quad (8.3.113)$$

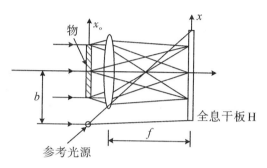

图 8.3.13 准傅里叶变换全息图的记录

式(8.3.113)与式(8.3.100)所表示的傅里叶变换全息图的透射率完全相同,并且球面参考波的二次相位因子抵消了物体频谱的相位弯曲。因此,尽管到达全息图平面的物光场不是物体准确的傅里叶变换,但由于参考光波的相位被补偿,我们仍然能得到物体的傅里叶变换全息图,故称为准傅里叶变换全息图。如果不考虑记录过程的光路安排,则准傅里叶变换全息图与傅里叶变换全息图具有相同的透射率函数,因此再现方式也完全相同。

由此可见,上面为我们在使用参考光波的形式时,提供了一种额外的灵活性方式,我们甚至可以采用空间调制的参考光来记录一个全息图。全息术的某些应用,如信息的保密存储、文字翻译等,就是根据这一原理。

**3. 无透镜傅里叶变换全息图**

如图 8.3.14(a)所示,参考光束是从和物体共面的一个点发出的一个球面波。用这种特殊光路所记录的全息图可称为无透镜傅里叶变换全息图。

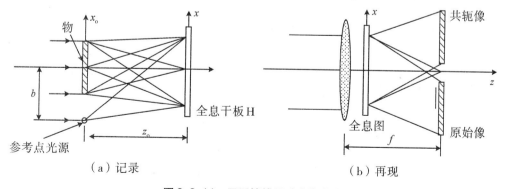

(a) 记录  (b) 再现

图 8.3.14 无透镜傅里叶变换全息

下面我们分析一下这类全息图。成像过程仍然保持线性特性,但这里只考虑基元全息图，即考虑成像系统对单个物点的响应，而不是对一个平面物光束的响应。用 $(x_r, y_r)$ 和 $(x_o, y_o)$ 各自代表参考光束和物光束的点光源的坐标，它们在乳胶上对应的复振幅分布可写为：

$$U_r(x, y) = \tilde{U}_r e^{i\frac{\pi}{\lambda z_0}(x^2 + y^2 - 2xx_r - 2yy_r)}, \tag{8.3.114}$$

$$U_o(x, y) = \tilde{U}_o e^{i\frac{\pi}{\lambda z_0}(x^2 + y^2 - 2xx_o - 2yy_o)}。 \tag{8.3.115}$$

这样，曝光时的入射光强为：

$$\begin{aligned} I(x, y) &= |U_r|^2 + |U_o|^2 + U_r^* U_o e^{i\frac{\pi}{\lambda z_0}(x^2 + y^2 - 2xx_r - 2yy_r)} e^{i\frac{\pi}{\lambda z_0}(x^2 + y^2 - 2xx_o - 2yy_o)} \\ &\quad + U_r U_o^* e^{i\frac{\pi}{\lambda z_0}(x^2 + y^2 - 2xx_r - 2yy_r)} e^{-i\frac{\pi}{\lambda z_0}(x^2 + y^2 - 2xx_o - 2yy_o)} \\ &= |U_r|^2 + |U_o|^2 + \tilde{U}_r \tilde{U}_o \cos\left\{2\pi\left[\frac{x_o - x_r}{\lambda z_0}x + \frac{y_o - y_r}{\lambda z_0}y\right]\right\}。 \end{aligned} \tag{8.3.116}$$

由式(8.3.116)，可以理解无透镜傅里叶变换全息图的含义。由坐标为 $(x_o, y_o)$ 的物点发出的光波与参考光干涉，形成一个正弦型条纹图样，其空间频率为：

$$\xi = \frac{x_o - x_r}{\lambda z_0}, \quad \eta = \frac{y_o - y_r}{\lambda z_0}。 \tag{8.3.117}$$

因此，对于这些特殊的记录光路，物点坐标和全息图上的空间频率之间具有一一对应关系，这样一种变换正是傅里叶变换运算的特征，但没有用变换透镜就完成了，所以称为无透镜傅里叶变换全息图。由式(8.3.117)可见，物点离参考点越远，空间频率越高。大致地，只有坐标满足条件

$$\sqrt{(x_o - x_r)^2 + (y_o - y_r)^2} \leq \lambda z \xi_{\max} \tag{8.3.118}$$

的那些物点的像，才能在再现中出现。式(8.3.118)中 $\xi_{\max}$ 为乳胶片的最高空间频率。

为了从这个全息图得到像，可用相干照明底片，并在后面加一正透镜，如图8.3.14(b)所示。在式(8.8.89)中，令 $z_c = \infty$ 及 $z_o = z_r$，全息图本身所形成的两孪生像都位于离底片无穷远处。正透镜使无穷远处的像再现在透镜的后焦面上。

## 8.4 其他几种类型的全息图

除了前面介绍的几类全息图外，下面再讲述其他几类在实际应用中有着重要应用的全息图。

### 8.4.1 像全息图

**1. 像全息图的制作**

如果在透镜的成像平面上放置全息干板，参考光不经过透镜而直接入射到记录介质，这样拍摄到的全息图称为像全息图(image hologram)。物体靠近记录介质，或利用成像系统使物成像在记录介质附近，或者使一个全息图再现的实像靠近记录介质，都可以得到像全息图。

在记录像全息图时，如果物体靠近记录介质，则不便于引入参考光，因此，可以采用透

镜将物体成像到全息干板上，如图 8.4.1(a) 所示。另一种方式是利用全息图的再现实像作为像光波，即先对物体记录一张菲涅耳全息图，称为主全息图，然后用参考光波的共轭光波照明全息图，再现物体的实像。实像的光波与制作像全息图时的参考光波叠加，得到像全息图。因此，这种方法包括两次全息记录和一次再现的过程，如图 8.4.1(b) 所示。

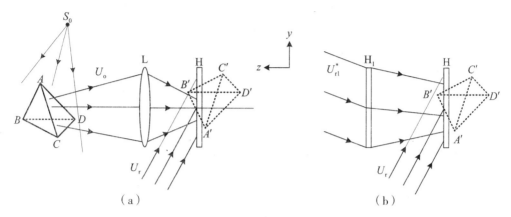

图 8.4.1　像全息图记录光路

如果用与参考光相同的单色光波照明，由图 8.4.1(a) 的记录光路可知，参考光位于 $y-z$ 平面内，即参考点源的坐标为 $(0, y_r, z_r)$。物也是一个位于 $y-z$ 平面的平面物体，故其坐标为 $(0, y_o, z_o)$。由于再现光与参考光相同，即 $U_c = U_r$，所以有 $x_c = x_r = 0$，$y_c = y_r < 0$，$z_c = z_r < 0$。由式 (8.3.80) 中的第二组，及式 (8.3.81) 放大率公式，可得：

$$x_i = x_o = 0, \quad y_i = y_o, \quad z_i = z_o < 0, \quad M = \frac{z_i}{z_o} = 1 。 \tag{8.4.1}$$

由此可见，再现的原始像是与原物具有相同位置和大小的实像。

由式 (8.3.67) 中的第一组，可得：

$$x_i = 0, \quad \frac{1}{z_i} = \frac{1}{z_r/2} - \frac{1}{z_o}, \quad \frac{y_i}{z_i} = \frac{y_r}{z_r/2} - \frac{y_o}{z_o} 。 \tag{8.4.2}$$

由 $x_i = 0$ 可知，共轭像位于 $y-z$ 平面。又因为 $|z_r/2| > |z_o|$，故由 $\frac{1}{z_i} = \frac{1}{z_r/2} - \frac{1}{z_o}$ 可知 $z_i > 0$，且 $|z_o|$ 很小，故 $z_i$ 也很小，即共轭像是一个位于全息图左边的且很靠近全息图的虚像。对于式 $\frac{y_i}{z_i} = \frac{y_r}{z_r/2} - \frac{y_o}{z_o}$，对特殊点 $y = y_o$，即 $y_i > 0$，所以虚像位于 $z$ 轴的上方。

由以上分析可见，像全息图用原参考光照明时，它所再现的三维立体像，一部分是虚的，一部分是实的，并以全息片为分界面。像全息图的另一特点是：由于记录时物点与像点一一对应，虽经参考光波的调制仍不失此对应关系，因此记录介质的局部损坏将使存储在该部分上的信息丢失。

像全息图的主要特点是对照明光源的大小单色性要求低，可以用非单色光源再现。对于平面物体，可以用白光光源照明再现，再现像无色差；对于三维物体，在全息图像面上的再现像是消色差的，离开这一平面，点由于色散而产生弥散，色弥散斑的大小与像点到全息图的距离成比例，也就是从全息图平面起向外逐渐模糊。像全息图广泛用于图像的全息显示中。

## 2. 再现光源宽度的影响

任一全息图都可以是许多具有波带片结构的基元全息图的叠加,当用白光照明再现时,再现光的方向因波长而异,再现像点的位置也随波长而变化,其变化量取决于物体到全息图平面的位置。这是因为,用白光再现一张普通的离轴全息图时,由于记录的波带片是离轴部分的,条纹间距很小,有高的色散,从而使像模糊。像全息图记录的是波带片的中心部分,而波带片的这一部分条纹间距较大,色散大大减小。当物体严格位于全息图平面上,再现像也位于全息图平面上,表现为消色差,它不随照明波长而改变。当照明光源方向改变时,像的位置也不变,只是像的颜色有所变化。物体上远离全息图的那部分,其像也远离全息图,这些像点有色差并使像模糊。不过,如果物体到全息图的距离较小时,用白光再现仍能得到质量相当好的像。从基元全息图的结构,即基元波带片和基元光栅,不难理解全息图的色散效应。

为了理解上述现象,需要对光的光谱宽度对再现像的影响加以讨论。当参考光和再现光均为平行光时,$z_r$和$z_c$均为无穷大,而且$x_r$,$x_c$,$y_r$,$y_c$都可能为无穷大(倾斜平行光)。这样一来,使用式(8.6.80)便发生了困难。这就需要用式(8.3.86)。下面从式(8.3.86)出发讨论再现光波长$\lambda_c$变化时,再现像在$x$方向的色散情况。$y$方向和$z$方向的讨论类似,只是$z$方向的色散必须由式(8.3.79c)得出。假设全息记录时,采用光的波长为$\lambda_0$,再现光的波长为$\lambda_c \sim \lambda_c + \delta\lambda_c$,光谱宽度为$\delta\lambda_c$。由于全息图中波带片的色散,使得对应的$\theta_i$角变化了$\delta\theta_i = \delta\lambda_c \dfrac{d\theta_i}{d\lambda_c}$,可以认为再现像由于色散在$x$方向产生的展宽线度为:

$$\delta x_i = z_i \delta \theta_i = z_i \delta \lambda_c \frac{d\theta_i}{d\lambda_c}。 \tag{8.4.3}$$

由上式可以求出$\dfrac{d\theta_i}{d\lambda_c}$,并将它代入式(8.3.85a),并注意到$\cos\theta_i \approx 1$,于是得:

$$\Delta x_i = \pm \frac{\Delta \lambda_c}{\lambda_2}(\sin\theta_o - \sin\theta_r)z_i。 \tag{8.4.4}$$

对于确定的物点,式(8.4.4)中的$(\sin\theta_o - \sin\theta_r)$是常量,再现像展宽与$\delta\lambda_c$和$z_i$的乘积成正比。当$z_r$和$z_c$确定后,$z_i$又可以根据式(8.3.79c)由$z_o$决定。在一定条件下,$|z_o|$很小时,$|z_i|$也很小,即使$\delta\lambda_c$有较大值,$\Delta x_i$仍然足够小。当$|z_i| \to 0$时,可用白光再现。

## 3. 色模糊

对于像全息图,再现光源的光谱宽度对像清晰程度仍然是有影响的。因为实际上总不能使物上所有点均能满足$|z_o|$为很小。这时一个物点不是对应一个像点,而是对应一个线段。这种由于波长的不同而产生的像的扩展叫作像的色模糊。即使$z_o$足够小,当$\Delta\lambda$相当大时,仍然会形成不可忽视的色模糊。当色模糊量大于观察系统(多数情况是人眼)的最小分辨距时,再现像变得完全模糊不清了。要想使再现像清楚,一方面要进一步减小$|z_o|$,另一方面要限制再现光源的光谱带宽。

如图8.4.2所示,H是全息图,$U_c$是再现光,其波长范围是$\lambda_c \sim \lambda_c + \Delta\lambda_c$,物点$U_o$再现后在$x$方向上的展宽分别为$\lambda_c$和$\lambda_c + \Delta\lambda_c$的再现像,$I_2$是$\lambda'_2$的再现像,展宽的大小可由

式(8.4.4)计算得到。由于 $|\sin\theta_o - \sin\theta_r| < 2$，这样，可令 $\sin\theta_o - \sin\theta_r = 1$，这样的假设对估算结果影响不大。用人眼观察时，还需要考虑人眼瞳孔孔径的限制，这一般会减小色模糊的影响。如图 8.4.2，人眼在距 H 的距离为 $z_V$ 的地方观察，瞳孔直径为 $D$，则像上一点发出的光只有一个小光锥能进入人眼，在 $x$-$z$ 平面内其角距离为 $\delta\alpha$，而 $\delta\alpha = \dfrac{D}{z_V}$，这样就限制了进入人眼的波长范围，即有：

$$\delta x_i = z_i \delta\alpha = z_i \frac{D}{z_V} \text{。} \tag{8.4.5}$$

又由式(8.4.4)可得：

$$\delta\lambda_c = \frac{\lambda_c}{\sin\theta_o - \sin\theta_r} \frac{\delta x_i}{z_i}, \tag{8.4.6}$$

将式(8.4.3)代入式(8.4.6)有：

$$\delta\lambda_c = \frac{D}{z_V} \frac{\lambda_c}{\sin\theta_o - \sin\theta_r} \text{。} \tag{8.4.7}$$

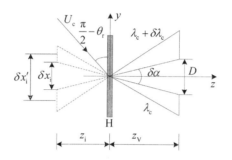

**图 8.4.2　色模糊与眼瞳直径的关系**

例如，人眼的最小辨角 $\delta\alpha$ 约为 $1' \approx 0.00029$ rad，白昼瞳孔直径 $D = 2$ mm。如果在明视距离 250 mm 处观察全息图，则由公式(8.6.6)可得：

$$z_V \delta\alpha = \delta x_i = z_i \frac{D}{z_V} \text{。}$$

即

$$z_i = \frac{z_V^2}{D} \delta\alpha = \frac{250^2}{2} \times 0.00029 \approx 9.1 (\text{mm}) \text{。}$$

也就是最大允许距离为 9.1 mm。

### 4. 再现光源大小的影响

通常，用点光源照明全息图时，点物的再现像也是点像，如果照明光源的线度增加，像的线度也会增加。但是，当物体接近全息记录介质时，再现光源的线度可以增大，再现像的线度不变。如果来自点光源的一个球面波与一个平面波干涉，所形成的条纹图样为波带片干涉图。它由亮暗相间的同心圆环组成，中心条纹间距大，边缘条纹间距小。全息图相当于被记录物体上每一点源发出的光波与参考光波之间的干涉所产生的诸多波带片的总和。当物(或像)移近记录介质平面时，波带片的横向尺寸逐渐变小，直到物体上的点位于全息记录介质平面上时，波带片即变为物体本身。因为通常的离轴全息图所形成的波带片的界限被减小,参考光束的空间变化不会使波带片的形状有本质上的变化,所以参考光波的相位变动就不重要了,再现光的线度将不受限制。因此,在再现过程中,相位的变动不是很重要的,可将扩展光源用于再现。

如图 8.4.3 所示,当采用扩展光源照明全息图,假定在 $x$ 方向上再现光源的宽度为 $\delta x_c$,则像在 $x$ 方向相应增宽 $\delta x_i$,由式(8.3.79a),可得:

$$\delta x_i = z_i \frac{\delta x_c}{z_c} \approx z_i \delta \theta \qquad (8.4.8)$$

式中:$\delta \theta$ 为再现光源的角宽度。

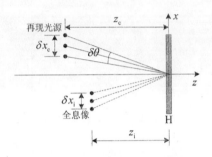

图 8.4.3　再现光源大小产生的线模糊

又当 $\lambda_0 = \lambda_c$,$z_c = z_r$,由式(8.3.79c)可知,$z_i = z_o$,当物距 $z_o$ 很小时,像距 $z_i$ 也很小,即靠近全息图。当物距 $z_o$ 趋于零时,像距 $z_i$ 也趋于零,于是 $\delta x_i$ 也趋于零。也就是说,这时光源的宽度不会影响再现像的质量。所以,再现光源的宽度不影响再现像的清晰度,也就是可以采用扩展光源照明。

一般情况下,$z_o \neq 0$,但这时线模糊仍然小于人眼的分辨极限。例如,人眼的平均视角分辨率一般为 $1'$,如果在 1 m 距离观察再现像,线模糊允许值为 0.3 mm。当 $z_i = z_o = 10$ mm 时,再现光源的角宽度应为 $1°40'$。

## 8.4.2　彩虹全息

本顿(Benton)于 1969 年首先用二步法制成彩虹全息图。1978 年美籍华裔学者陈选和杨正寰提出了一步彩虹全息术,使彩虹全息图制作程序大大简化,且降低了噪声,但视场和景深较小。以后,又有不少学者作了改进,提出了多种彩虹全息图技术,并使彩虹全息图获得日益广泛的应用。

彩虹全息和像全息一样,也可以用白光照明再现。不同的是,像全息的记录要求成像光束的像面与记录干板的距离非常小,而彩虹全息没有这种限制。彩虹全息是利用记录时在光路的适当位置加狭缝,再现时同时再现狭缝像,观察再现像时将受到狭缝再现像的限制。当用白光照明再现时,对不同颜色的光,狭缝和物体的再现像位置都不同,在不同位置将看到不同颜色的像,颜色的排列顺序与波长顺序相同,犹如彩虹一样,因此这种全息技术称为彩虹全息彩虹(rainbow hologram)。彩虹全息可以分为二步彩虹全息和一步彩虹全息。

### 1. 二步彩虹全息

如图 8.4.4 所示,二步彩虹全息图记录过程的第一步是对要记录的物体摄制一张菲涅耳离轴全息图 $H_1$,称为主全息图;第二步是用参考光的共扼光 $U_{r1}^*$ 照明 $H_1$,产生物体的赝实像,凹凸性与所记录的物体相反。在 $H_1$ 的后面置一水平狭缝 S,实像与狭缝面之间放置全息干板 H,用会聚的参考光 $U_{r2}$ 记录第二张全息图 H,这张全息图就叫作彩虹全息图。

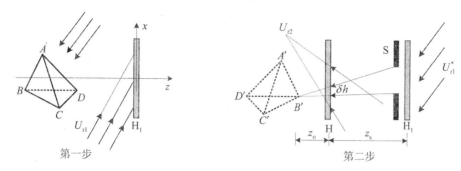

图 8.4.4  彩虹全息图的记录

如果用共轭参考光 $U_{r2}^*$ 照射彩虹全息图 H,则产生第二次赝像,由于 H 记录的是原物的赝实像,所以再现的第二次赝像对于原物来说是一个正常的像;与原物的再现像一起出现的是狭缝的再现像,它起一个光阑的作用。

彩虹全息的再现光路如图 8.4.5 所示,如果眼睛位于狭缝的位置,就可以看到物体的再现虚像。眼睛位于其他位置时,则由于受到光阑的限制,不能观察到完整的像。如果用白光束照明彩虹全息图,则每一种波长的光都形成一组狭缝像和物体像,其位置按公式(8.5.20)~(8.5.22)计算。一般地说,狭缝像和物体像的位置随波长连续变化。如果观察者的眼睛在狭缝像附近沿垂直于狭缝方向移动时,将看到颜色按波长顺序变化的再现像。如果观察者的眼睛位于狭缝后方适当位置时,由于狭缝对视场的限制,通过某一波长所对应的狭缝只能看到再现像的某一条带,其色彩与该波长对应。同波长相对应的狭缝在空间是连续的,因此,所看到的物体像就具有连续变化的颜色,像雨后天空中的彩虹一样。图 8.4.5 给出了相应于红、绿、蓝三种颜色的狭缝像位置和相应的再现像位置示意图。

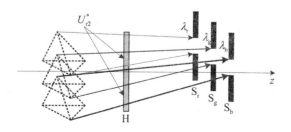

图 8.4.5  白光再现彩虹全息图

在记录全息图 H 时,物光束受到狭缝 S 的限制,只是一束细光束投射在 H 上,因而对应物点 $B'$ 的信息在全息图的 $y$ 方向上只占了一小部分 $\delta h$。对于这一部分全息图,也可以叫作线全息图,如图 8.4.4(b)所示,设狭缝宽为 $a$,则线全息图的宽度为:

$$\delta h = \frac{z_o a}{z_o + z_s}。 \tag{8.4.9}$$

由于物点的全息图的大小在垂直方向 $x$ 上受到限制,在水平方向 $y$ 上不受限制,因此,再现像在 $x$ 方向失去了立体感,在 $y$ 方向仍有立体感。由于人眼是在水平方向上的,所以并不影响立体感。

二步彩虹全息的优点是视场大,但由于在制作彩虹全息图时,需要经过两次采用激光光源的记录过程,斑纹噪声大,故直接应用有困难。所以,后来发展了一步彩虹全息术。

### 2. 一步彩虹全息

从二步彩虹全息的记录和再现过程可知,彩虹全息图的本质是要在观察者与物体再现像之间形成一个狭缝像,使观察者通过狭缝看物体,以实现白光再现。根据这一原理,可以用一个透镜使物体和狭缝分别成像,使全息干板位于两个像之间的适当位置。如图 8.4.6(a)所示,狭缝位于透镜的焦点以内,在狭缝同侧得到其放大正立虚像。如果物体在焦点以外,则物体的像在透镜另一侧,这时的光路结构本质上与二步彩虹全息中第二次记录时相同。再现时用参考光的共轭光照明,形成狭缝的实像和物体的虚像,眼睛位于狭缝像处可以观察到再现的物体虚像。再现光路如图 8.4.6(c)所示。在一步彩虹全息中,也可以把物体和狭缝放在透镜焦点以外,使它们在透镜另一侧成像,记录时仍将全息干板置于物体像和狭缝像之间,如图 8.4.6(b)所示。

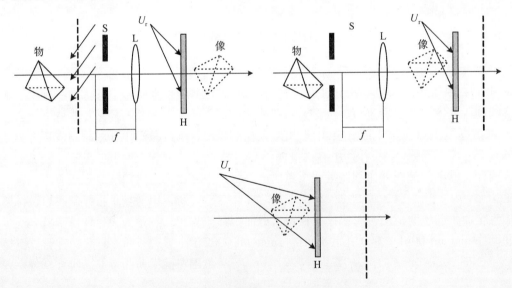

图 8.4.6 一步彩虹全息的记录与再现

### 3. 彩虹全息的色模糊

彩虹全息图可以用白光再现出单色像,这种单色像与激光的再现单色像是不同的,它包含了一个小的波长范围 $\Delta\lambda$。设在某一固定位置所观察到的单色像的波长是从 $\lambda$ 到 $\lambda + \Delta\lambda$,则 $\Delta\lambda/\lambda$ 称为像的单色性。另外,根据点源全息图理论知道,像点的位置与波长有关,在 $\Delta\lambda$ 的波段内,一个物点不是对应一个像点,而是对应一个线段 $\Delta L$。这种由波长不同而产生的像的扩展,叫作像的色模糊。

(1) 像的单色性。一个物点的全息图是一个线全息图，其宽度为 $\Delta h$，如图 8.4.7 所示，这个线全息图在 $y$ 方向的空间频率很高，在与狭缝平行的 $x$ 方向的空间频率却很低，所以只讨论在 $y$ 方向的单色性。

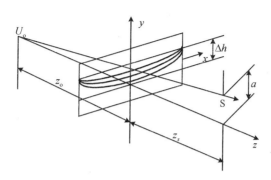

**图 8.4.7　点物的线全息图**

如图 8.4.8 所示，用白光照射全息图，经 $\Delta h$ 的衍射后，对不同波长的光形成的像点位置不同。假定人眼位于 $E$ 处，与全息图的距离为 $z_E$，瞳孔直径为 $D$，这样人眼所能观察到的两个极端波长 $\lambda$ 和 $\lambda'$ 所对应的像点位于 $I_\lambda$ 和 $I_{\lambda'}$，对于 $\lambda$ 和 $\lambda'$ 这两种波长形成的狭缝像位于 $S_\lambda$ 和 $S_{\lambda'}$ 处。由此可见，波长为 $\lambda$ 的光是从 $\Delta h$ 和 $S_\lambda$ 开口的下端进入人眼瞳上端的，波长为 $\lambda'$ 的光是从 $\Delta H$ 和 $S_{\lambda'}$ 开口的上端进入人眼瞳孔下端的。由图 8.4.12 可知，$\Delta H$ 对这两种波长所产生的色散角为 $\Delta \theta_I$，并有：

$$\Delta \theta_I = (D + a)/z_E。 \tag{8.4.10}$$

设 $\Delta h$ 在 $y$ 方向上的空间频率为 $\eta$，则由光栅光程可得：

$$\sin\theta_I - \sin\theta_R = \eta\lambda, \tag{8.4.11}$$

$$\cos\theta_I \cdot \Delta\theta_R = \eta\Delta\lambda, \tag{8.4.12}$$

两式相除可得：

$$\frac{\Delta\lambda}{\lambda} = \frac{\cos\theta_I \cdot \Delta\theta_I}{\sin\theta_I - \sin\theta_R}。 \tag{8.4.13}$$

当物点靠近 $z$ 轴时，$\theta_I$ 很小，可令 $\cos\theta_I = 1$，$\sin\theta_I = 0$。这样有：

$$\left|\frac{\Delta\lambda}{\lambda}\right| \approx \frac{\Delta\theta_I}{\sin\theta_R} = \frac{D+a}{z_E\sin\theta_R}。 \tag{8.4.14}$$

在彩虹全息中，当然是 $\Delta\lambda$ 愈小愈好。这就要求：狭缝窄（$a$ 小），观察距离远（$z_E$ 大），参考光束倾斜度大，或者说全息图的空间频率较高，等等。

(2) 像的色模糊。图 8.4.9 和图 8.4.8 相同，只是画出了两个极端波长的边缘光线。在这种情况下，一个物点在 $\Delta\lambda$ 波长范围内像点变成一段弧线 $\overset{\frown}{I_\lambda I_{\lambda'}}$，用眼睛观察时，这段弧线的视宽度为 $\Delta I$，称为色模糊。其在 $y$ 和 $z$ 方向的分量 $\Delta y$ 和 $\Delta z$ 分别称为 $y$ 和 $z$ 的色模糊分量。求 $\Delta y$ 和 $\Delta z$ 可根据点源全息图的物像关系式计算。用近似方法来计算 $\Delta I$ 公式为：

$$\Delta I = (z_s + z_o)\Delta\alpha = (z_s + z_o)\frac{\Delta h}{z_s} \approx \frac{z_o a}{z_s}。 \tag{8.4.15}$$

在上式的简化过程中，应用了式 (8.8.9)，并且这里的 $z_o$，$z_s$ 表示绝对值。由式 (8.4.15) 可见，当 $z_o = 0$ 时，色模糊等于零，这就是像全息图的情况。当 $z_o \neq 0$ 时，则要求 $z_o$ 小、狭缝

窄和 $z_s$ 大。$z_o$ 小，即是景深小；$z_s$ 大则要求记录时狭缝 S 靠近成像透镜的前焦点，这样就又限制了视场的大小。狭缝窄则记录时激光斑纹影响大，所以选择恰当的缝宽和缝到底片的距离 $z_s$，对获得一张好的全息图是很重要的。

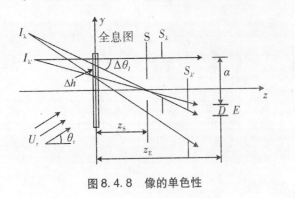

图 8.4.8　像的单色性

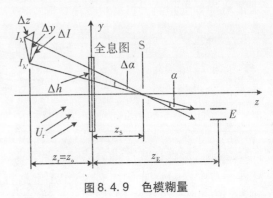

图 8.4.9　色模糊量

综上所述，对于彩虹全息图，需要特别注意以下几点：

(1) 由于记录彩虹全息时用一个狭缝，使光能损失很大，因而狭缝的宽度应适当选择。缝太宽，重现时会产生"混频"现象，色彩不鲜艳；缝太窄，则通光量过小，影响效率。经验表明，狭缝宽度以 $5\sim 8$ mm 为宜。

(2) 在记录彩虹全息图时，由于成像光束受到狭缝的限制，物体确定点的信息只记录在全息图沿缝方向上很狭小的区域，故彩虹全息图在垂直于缝的方向上失去立体感，其碎片已无法重现完整的物体像。

(3) 从记录光路中所示情况看，当物竖直放置、狭缝水平放置时，参考光必须从斜上方自上而下入射，这给实际的光路调节造成困难。因此，在记录时要将物体水平横卧，狭缝竖直放置，参考光平行于全息平面斜入射即可。观察重现时，全息图片要在面内旋转 90°，以便于双眼上下移动观察，选择不同颜色的准单色像。

## 8.4.3　体积全息

物光波和参考光波发生干涉时，在全息图附近的空间形成三维干涉条纹。如果不考虑记录材料厚度的影响，而把全息图的记录完全作为一种二维平面图像来处理，这种类型的全息图称为平面全息图 (plane hologram)，有时也称为薄全息图 (thin hologram)。当考虑记录材料厚度的影响来处理三维干涉条纹时，就形成了体积全息图 (volume hologram)，有时也称为厚全息图 (thick hologram)。可见，体积全息图和平面全息图是按全息记录介质的厚度分类的。体积全息图又可分为透射式、反射式、振幅型和相位型等。体积全息图因衍射效率高、对波长及角度的布拉格效应强、可用白光再现等特性而得到广泛应用。体积全息图的特性与平面全息图有较大的不同，因而理论分析的方法也有所区别。

**1. 体积全息图与平面全息图的区分**

对同一厚度记录材料，全息图当作平面全息图来处理还是当作体积全息图来处理，取决于所记录的干涉条纹间距与记录材料厚度的相对大小。定性上来区分，通常将记录介质的乳胶厚小于干涉条纹间距的全息图称为平面全息图，而将记录介质厚度大于记录条纹间距的全息图称为体积全息图。当记录材料的厚度是条纹间距的若干倍时，则在记录材料体积内将记录下干涉条纹的空间三维分布，形成等间距的三维空间面簇，称为体积光息栅（volume holographic grating）。

当物光波矢量和参考光波矢量的夹角小于 90°，且记录介质厚度较薄时，为平面全息图；当物光波矢量和参考光波矢量的夹角大于 90°，且记录介质厚度较厚时，为体积全息图；当物光波矢量和参考光波矢量的夹角小于 90°，且记录介质又有一定厚度时，需要用克莱因（Klein）参量 $Q$ 来区分。其定义为：

$$Q = \frac{2\pi\lambda_0 h}{n_D d} \tag{8.4.16}$$

式中：$d$ 为干涉条纹间距；$h$ 和 $n_D$ 分别为记录材料经显影、定影后的厚度和折射率；$\lambda_0$ 是记录用光的波长。根据体积全息图的理论，通常满足 $Q \geq 10$ 的全息图为体积全息图，即乳胶厚度满足关系式 $h \geq 10 \frac{n_D d^2}{2\pi\lambda}$。当 $Q < 10$ 时，则有平面全息图。

一般的全息干板乳胶层厚度约为 15 μm。干涉条纹的周期取决于物光波和参考波之间的夹角。可能是几个波长，也可能是半个波长。实际上，一张全息图常常包含不同间隔的条纹结构，它可能同时具有两种全息图的性质。

体积全息图对于照明光波的衍射作用如同三维光栅的衍射一样。按物光和参考光入射方向和再现方式的不同，体积全息图可分为两种：一种是当物光和参考光在记录介质的同一侧入射，得到透射全息图，再现时由照明光的透射光成像；另一种是物光和参考光从记录介质的两侧入射，得到反射体积全息图，再现时由照明光的反射光成像，用这种方法记录的全息图不仅可以再现单色像，也可用白光照射得到彩色像，并且此彩色像只在很小的角度范围或波长范围内才能被观察到。

薄全息图只有透射型再现方式，而厚全息图有透射型再现和反射型再现两种。反射型再现的全息图又称为反射全息图（reflection hologram）。

### 2. 透射体积全息图

体积全息图在记录介质内干涉条纹平面的取向和间距决定于物光和参考光的方向。下面以物光波和参考光波均为平面波为例来说明透射体积全息图干涉条纹的特性。如图 8.4.10 所示，两个平面波的波矢量位于 $x-z$ 平面，设物光波和参考光波与记录介质所在平面的法线的交角分别为 $\vartheta_o$ 和 $\vartheta_r$，$\theta_o$ 和 $\theta_r$ 分别为物光波和参考光波在记录介质内的传播矢量与 $z$ 轴的夹角，由折射定律，有：

$$\frac{\sin\vartheta_o}{\sin\theta_o} = \frac{\sin\vartheta_r}{\sin\theta_r} = n_D \tag{8.4.17}$$

在记录介质内物光波和参考光波产生的总光场的复振幅分布为：

$$U(x, z) = \tilde{U}_o e^{i2\pi(x\xi_o + z\zeta_o)} + \tilde{U}_r e^{i2\pi(x\xi_r + z\zeta_r)} \tag{8.4.18}$$

式中：$\xi_o = \frac{\sin\theta_o}{\lambda_0}$，$\zeta_o = \frac{\cos\theta_o}{\lambda_0}$，$\xi_r = \frac{\sin\theta_r}{\lambda_0}$，$\zeta_r = \frac{\cos\theta_r}{\lambda_0}$，分别为物光和参考光的空间频率在 $x$ 和 $z$ 方面的分量，$\lambda_0$ 为在记录介质内物光波和参考光波的波长。则总强度的空间分布为：

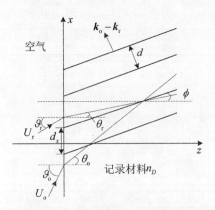

图 8.4.10 透射体积全息图的记录

$$I(x,z) = |U(x,z)|^2 = \tilde{U}_r^2 + \tilde{U}_o^2 + 2\tilde{U}_r\tilde{U}_o\cos\{2\pi[x(\xi_o-\xi_r)+z(\zeta_o-\zeta_r)]\}。 \tag{8.4.19}$$

在线性记录条件下,记录介质内振幅透射率的空间分布为:

$$\begin{aligned}t(x,y,z) &= t_b + \beta'2\tilde{U}_r\tilde{U}_o\cos\{2\pi[x(\xi_o-\xi_r)+z(\zeta_o-\zeta_r)]\}\\ &= t_b + \beta'2\tilde{U}_r\tilde{U}_o\cos[(\boldsymbol{k}_o-\boldsymbol{k}_r)\cdot\boldsymbol{r}]。\end{aligned} \tag{8.4.20}$$

干涉条纹的等强度面方程为:

$$(\boldsymbol{k}_o-\boldsymbol{k}_r)\cdot\boldsymbol{r} = 2\pi[x(\xi_o-\xi_r)+z(\zeta_o-\zeta_r)] = C。 \tag{8.4.21}$$

式中: $C$ 为常数。由式(8.4.19)可见,条纹等强度面在 $x$ 和 $z$ 方向的空间频率分别为:

$$\xi = \xi_o - \xi_r,\quad \zeta = \zeta_o - \zeta_r。 \tag{8.4.22}$$

等强面沿 $x$ 和 $z$ 方向的间距,即空间周期在 $x$ 和 $z$ 轴的分量分别为:

$$d_x = \frac{1}{\xi_o - \xi_r} = \frac{\lambda_D}{\sin\theta_o - \sin\theta_r} = \frac{\lambda_0}{\sin\varphi_o - \sin\varphi_r}, \tag{8.4.23a}$$

$$d_z = \frac{1}{\zeta_o - \zeta_r} = \frac{\lambda_D}{\cos\theta_o - \cos\theta_r}。 \tag{8.4.23b}$$

$t(x,y,z)$ 取极大值和极小值的条件分别为:

$$x(\xi_o-\xi_r) + z(\zeta_o-\zeta_r) = m, \tag{8.4.24}$$

$$x(\xi_o-\xi_r) + z(\zeta_o-\zeta_r) = m + \frac{1}{2}。 \tag{8.4.25}$$

上两式中: $m = 0, \pm 1, \pm 2, \cdots$。上述两个方程各自确定一组与 $xOz$ 平面垂直的彼此平行等距的平面。对 $t(x,y,z)$ 取极大值的平面波,显影时乳胶析出的银原子数目也最多。这些平面相对于 $z$ 轴的倾角 $\phi$ 满足:

$$\tan\phi = \frac{\mathrm{d}x}{\mathrm{d}z} = \frac{\zeta_o-\zeta_r}{\xi_o-\xi_r} = \frac{\cos\theta_o - \cos\theta_r}{\sin\theta_o - \sin\theta_r} = -\frac{-2\sin\dfrac{\theta_o+\theta_r}{2}\sin\dfrac{\theta_o-\theta_r}{2}}{2\cos\dfrac{\theta_o+\theta_r}{2}\cos\dfrac{\theta_o-\theta_r}{2}} = \tan\frac{\theta_o+\theta_r}{2}。 \tag{8.4.26}$$

由上式可知, $\phi = \dfrac{\theta_o+\theta_r}{2}$。也就是说,在乳胶层内 $t(x,y,z)$ 相等的平面平分物光波和参考光波传播方向所构成的夹角，表明干涉场中具有等强度的平面都平行于两个波矢量夹角的二等分面，形成一组垂直于 $x$-$z$ 平面的体积光栅。在特殊情况下，$\theta_r = -\theta_o$，即 $\theta_r = 2\pi - \theta_o$，这时物光与参考光相对于 $z$ 轴对称，这时有：$\xi_r = -\xi_o$，$\zeta_r = \zeta_o$，光栅平面方程变为：

$$t(x, y, z)|_{\max}: 2\xi_o x = m, \tag{8.4.27a}$$

$$t(x, y, z)|_{\min}: 2\xi_o x = m + \frac{1}{2}。 \tag{8.4.27b}$$

且光栅平面垂直于 $x$ 轴光栅的间距 $d$ 为：

$$d = \frac{1}{2\xi_o} = \frac{\lambda}{2\sin\theta_o}。 \tag{8.4.28}$$

再现时用平面光波照明全息图，将体积光栅中的每个银层看作一面具有一定反射能力的平面反射镜，它按反射定律把一部分入射的光能量反射回去，如图 8.4.11 所示。

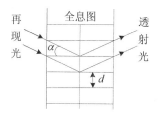

**图 8.4.11　再现光路**

透射型再现的全息图称为透射全息图（transmission hologram）。设照明光波的传播方向与银层平面的夹角为 $\alpha$，相邻银层平面反射光波之间的光程差为 $\Delta S = 2d\sin\alpha$。显然，只有当 $\Delta S$ 为再现光波长的整倍数时，反射光波才能相干叠加，从而产生一个明亮的再现像，其条件为：

$$2d\sin\alpha = \pm\lambda。 \tag{8.4.29}$$

上式称为布拉格条件，与式（8.4.28）对比可知，只有

$$\alpha = \pm\theta_o \tag{8.4.30}$$

或

$$\alpha = \pm(\pi - \theta_o) \tag{8.4.31}$$

时才能得到明亮的再现像。

以上所述表明：当用与参考光相同的光波照明时，再现波的传播方向与物光波传播方向一致，这时给出物体的虚像。如果用一束与参考光传播方向相反的光波照射全息图，则再现波的传播方向与原始物光波相反，这种共扼物光波将产生原来物体的一个实像。当然，如果用原始物光波或者共轭物光波照明全息图，则可分别再现参考光波或共轭参考光波。

由于记录时物光波与参考光波位于记录介质同侧，这种体积全息的银层结构近似垂直于乳胶表面，再现时反射光波位于全息图两侧，故形象地将这种全息图称为透射体积全息图。透射体积全息图具有对角度灵敏的特性，即当照明光波的方向偏离布拉格条件时，衍射像很快消失，所以体积全息图可用于多重记录。

### 3. 反射全息图

如果记录体积全息图时，物光和参考光来自记录材料两侧近似相反方向，如图 8.4.12

(a)所示，那么，这两束光的相干叠加问题可以作为驻波问题来处理。这时条纹平面垂直于光波传播方向，相邻两平面的间距为 $\lambda/2$。显影后与干涉条纹对应的是一系列彼此平行、相距 $\lambda/2$ 的银层平面，这些银层平面对波长为 $\lambda$ 的光具有很强的反射能力，相当于干涉滤波器。由于这种全息图对波长具有很高的选择性，因此可以用白光照明再现出单色像。再现时，如果照明光与参考光方向相同，则反射光与物光传播方向相同，再现出原物体的一个虚像，如图 8.4.12(b) 所示。如果照明光与参考光共轭，即从反面照射全息图，则反射光与原始物光传播方向相反，再现出原物体的一个实像，如图 8.4.12(c) 所示。再现像的光波波长与记录时一样，照明白光中其余波长的光不满足布拉格条件，只能透过乳胶或被部分吸收。在实际显影和定影过程中，乳胶会发生收缩，银层平面间距离要减小，因而再现像的色彩会向短波方向移动。

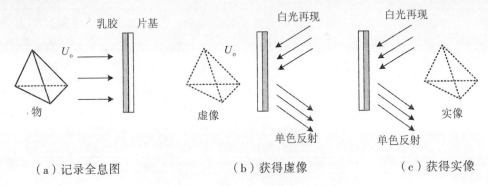

（a）记录全息图　　　　　（b）获得虚像　　　　　（c）获得实像

图 8.4.12　反射体积全息的记录与再现

记录反射型全息图时，物光和参考光在全息记录介质的异侧，也常采用对称入射的方式，如图 8.4.13 所示，其干涉条纹的空间频率为：

$$\xi = \xi_o - \xi_r = \frac{\sin\theta_o}{\lambda_D} - \frac{\sin\theta_r}{\lambda_D} = 0,$$

$$\zeta = \zeta_o - \zeta_r = \frac{\cos\theta_o}{\lambda_D} - \frac{\cos\theta_r}{\lambda_D} = \frac{2\cos\theta_r}{\lambda_D}。 \tag{8.4.32}$$

即干涉条纹平面与记录介质面相平行，如图 8.4.13 所示。条纹间距为：

$$d = d_z = \frac{1}{\zeta} = \frac{1}{\zeta_o - \zeta_r} = \frac{\lambda_D}{2\cos\theta_r} = \frac{\lambda_D}{2\sqrt{1-\sin^2\theta_r}} = \frac{\lambda_0}{2\sqrt{n_D^2-\sin^2\theta_r}}。 \tag{8.4.33}$$

反射型体积全息图 $\vartheta_r$ 的取值可以在 $0°\sim 90°$ 间变化，相应的干涉条纹间距可以在 $\frac{\lambda_0}{2n_D}\sim \frac{\lambda_0}{2\sqrt{n_D^2-1}}$ 之间变化。如果照明光沿原参考光方向入射在反射型体积全息图上，考虑沿反射角方向反射的光束 I 经过第二个散射层的光束 II，如图 8.4.14 所示，这两束光的光程差 $\Delta S$ 为：

$$\Delta S = 2n_D \overline{AB} - \overline{AD} = \frac{2n_D d}{\cos\theta_r} - \overline{AC}\sin\vartheta_r$$

$$= \frac{2n_D d}{\cos\theta_r} - 2d\tan\vartheta_r \cdot \sin\vartheta_r = 2n_D d\cos\theta_r。 \tag{8.4.34}$$

两束光相长叠加的条件是：

$$2n_D d\cos\theta_r = \lambda_0 \quad 或 \quad 2d\cos\theta_r = \lambda_D。 \tag{8.4.35}$$

由 $\theta_r + \alpha = \dfrac{\pi}{2}$，故得：

$$2d\sin\alpha = \lambda_D。 \tag{8.4.36}$$

这正是布拉格条件。即按原参考光方向，以原波长照明体积全息图，入射在全息图乳胶内的光波方向正好满足布拉格条件。

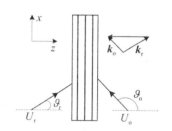

图 8.4.13　反射型体积全息图的记录

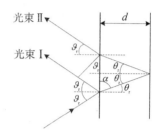

图 8.4.14　反射型体积全息图的再现

#### 4. 体积全息图的衍射效率

体积全息衍射图的处理方法，需从麦克斯韦方程出发，由耦合波理论才能得到较完善的结果。耦合波理论是根据记录介质在有调制情况下的电光或光学参数直接解方程组，从而求出各种情况下的衍射效率。一阶耦合波理论是近似的，二阶耦合波理论是更严格的衍射理论。这里，只讲述其部分结果。

(1) 透射型体积全息图的衍射效率。对于纯相位型的记录介质，光栅是相位调制的。透射型体积全息图有无吸收和有吸收两种，即

$$\alpha = \alpha_0 + \Delta\alpha\cos(\boldsymbol{k}_F \cdot \boldsymbol{r}), \tag{8.4.37}$$

$$n = n_0 + \Delta n\cos(\boldsymbol{k}_F \cdot \boldsymbol{r})。 \tag{8.4.38}$$

式中：$\Delta\alpha$ 和 $\Delta n$ 分别为记录介质的吸收系数和折射率调制度。无吸收相位全息图使用纯相位记录介质，吸收系数 $\alpha_0 = \Delta\alpha = 0$，但 $n_0 \neq 0$，$\Delta n \neq 0$；对有吸收的相位全息图使用纯吸收记录介质，吸收系数 $\alpha_0 \neq 0$，但 $\Delta\alpha = 0$，$n_0 \neq 0$，$\Delta n \neq 0$。

对纯相位记录介质，在对称记录下，并且再现光以布拉格角 $\theta_B$ 入射，无吸收和有吸收时的衍射效率分别为：

$$\eta = \sin^2\Theta, \quad \eta = e^{-\frac{2\alpha_0 h}{\cos\theta_B}}\sin^2\Theta。 \tag{8.4.39}$$

式中：

$$\Theta = \frac{\pi \Delta n h}{\lambda_0 \cos\theta_B}。 \tag{8.4.40}$$

由上两式可见，衍射效率是随量 $\Theta$ 周期性变化的，图 8.4.15 显示了 $\Theta$ 为 $\pi/4$，$\pi/2$，$3\pi/4$ 时衍射效率随入射角的变化曲线。如当 $\Theta = \pi/2$，即

$$\Delta n h = \frac{\lambda_0 \cos\theta_B}{2} \tag{8.4.41}$$

时，可以看到，当光程差改变量达到 $\dfrac{\lambda}{2}$ 时，衍射效率可达 100%，即使 $\Delta n$ 的变化很小，而

$h$ 足够大，$\eta$ 也可以很高。从图 8.4.15 中可以看出，令 $\chi=0$ 时为布拉格角入射，对 $\Theta = \pi/2$，此时 $\eta$ 有极大值，当 $\chi = 2.7$ 时，$\eta$ 就降为 0。

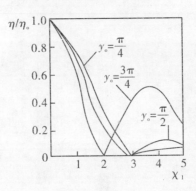

图 8.4.15 纯相位记录介质相对衍射效率

当 $\chi$ 对应照明光偏离布拉格入射角一个小的角度 $\Delta\theta_B$ 时，全息衍射效率 $\eta$ 就降为 0，体积全息图的这一特性称为角度的灵敏性。

例如：$n_0 = n_D = 1.52$，$h = 15~\mu m$，$\Theta = \pi/2$，$m = 1$，折射角 $\theta_B = 19.2°$，$\lambda_0 = 632.8~nm$，有：

$$\chi = \frac{\Delta\theta_B k_F h}{2} \tag{8.4.42}$$

当 $\chi = 2.7$ 时，由上式可求得 $\Delta\theta_B = 2°5'$，由折射定律求出对应的空气中的角度 $\Delta\theta_0 = 3°12'$。这就说明，当用原记录波长 $\lambda_0$ 的再现光照明时，以 $\theta_0 = 30°$ 入射时衍射效率 $\eta$ 理论上可达 100%。如果空气中的入射角 $\theta_0 < 26°48'$ 或 $\theta_0 > 33°12'$，则全息图的衍射效率 $\eta$ 下降为 0。其实，记录介质乳胶厚度 $h$ 越大，$\chi$ 不变时，$\Delta\theta_B$ 还要更小。

所以，透射型体积全息图可以多重记录，只要每次记录时物光和参考光之间夹角改变 $2\Delta\theta_B$，再现像便互不干扰。

对纯吸收介质则形成振幅型全息图，它只有吸收调制，无相位调制。在线性记录的条件下，由式(8.4.37)，乳胶的吸收率是按余弦规律变化的，式中的 $\alpha_0$ 是介质平均吸收系数，$\Delta\alpha$ 是吸收系数的调制幅度，$k_F$ 是条纹面法线方向的传播矢量。从式(8.4.49)可看出，当 $\alpha_0 = \Delta\alpha$ 时，$\eta$ 最大。利用求极值的方法，最后可得 $\eta$ 的最大值为 3.7%。这就是纯吸收记录介质的理论最大衍射效率。

(2) 反射型体积全息图的衍射效率。反射型体积全息图包括无吸收和有吸收两种。无吸收相位全息图使用纯相位记录介质，吸收系数 $\alpha_0 = \Delta\alpha = 0$，但 $n_0 \neq 0$，$\Delta n \neq 0$；有吸收相位全息图使用纯相位吸收记录介质，吸收系数 $\alpha_0 = 0$，但 $\Delta\alpha \neq 0$，$n_0 \neq 0$，$\Delta n \neq 0$。

对纯相位记录介质，当再现光波满足布拉格入射条件时，即取衍射最大的情况，同理，只要 $\Delta nh$ 足够大，理论上 $\eta_{max}$ 可达 100%。图 8.4.16 为反射全息图的 $\eta$-$\chi$ 曲线。图中参数为：$\Theta = \pi/2$，当 $\chi = 3.5$ 时，$\eta \to 0$，此时 $\theta_B = 80°$。由此可见，由于 $\Delta\lambda \ll \lambda$，因而，反射全息图可用白光照明再现。与透射全息图相比较，可见反射全息图对波长偏离更灵敏，而透射全息图对角度偏离更灵敏。

振幅型反射全息图属纯吸收型全息图，吸收系数 $\Delta\alpha$，$\alpha_0 \neq 0$，$n_0 \neq 0$，$\Delta n = 0$。当调制度

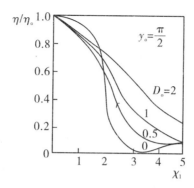

图 8.4.16 反射体积全息图相对衍射效率

最大时，$\Delta\alpha = \alpha_0$，$\eta_{max} = 7.2\%$。记录振幅型反射全息图，全息图的平均光密度 $D$ 要接近于 2，才能得到较高的衍射效率。

实际上，记录介质大多不是纯相位型或纯吸收型的记录介质，而是混合型的。如用银盐干板漂白处理后的相位全息图，多半是混合型的，同时有振幅调制和相位调制。这些全息图的衍射效率公式更加复杂，这也是体积全息图衍射效率总不能达到理论值的缘故。

## 8.4.4 模压全息图

所谓模压全息图（embossed hologram）是表面载有浮雕全息图的坚硬金属模版压印在加热软化的塑料上形成的。将记录在光刻胶、光导热塑、未坚膜的重铬酸盐明胶等浮雕相位型材料上的全息图（通常是彩虹全息图或像全息图），用白光显示得到模压全息图。用电铸的方法将模压全息图复制在一块金属模版上，再用这块金属模版压印在加热软化的塑料薄片或塑料薄膜上，这样就将浮雕全息图转印在塑料薄片或塑料薄膜上，因为它是用金属模版压印而成的，故称为模压全息图。印在透明塑料上形成透射型全息图，如果在浮雕表面上涂敷反光材料则形成反射全息图。在塑料薄片或塑料薄膜上事先通过真空镀铝，在其基底镀一层铝反射层可加强反射光，这就制成可以白光显示的反射型全息图。模压全息是 20 世纪 70 年代提出的用模压方法复制全息图的一项新技术，与凸版印刷术类似，故又称为全息印刷术。全息印刷术的发明，解决了全息图的复制问题，可以大规模生产，使全息图迅速商品化，使全息术走进社会，走进千家万户。模压全息术是建立在多种学科与技术综合基础上的高新精细加工技术，涉及全息技术、计算机辅助成图技术、制版技术、表面物理、电化学、精密机械加工等，技术水平要求高，制作工艺复杂，制作设备也较为昂贵，因而模压全息图较难仿制，这样可应用于制作防伪商标、银行卡等防伪标记。

全息图的模压复制技术始于 20 世纪 70 年代末，是由美国无线电公司（RCA）提出来的，其后在美、欧、日各国获得了迅速发展。我国的模压全息从 20 世纪 80 年代开始起步，目前也得到了很大的发展和广泛的应用。

### 1. 模压全息图的制作

模压全息图的制作，从技术上说可以分为三个阶段，即白光再现浮雕型全息图的制作、电铸金属模板和模压。

(1) 白光再现浮雕全息图的制作。模压全息图需要在白光下再现观察,所以用作母板的全息图多采用彩虹全息图。为了作电铸金属模板的母板,彩虹全息图还必须记录成相位型浮雕全息图。记录介质有多种,通常采用光致抗蚀剂,相应的光源必须用较大功率的氦—镉激光器(波长为 441.6 nm)或者氩离子激光器(波长为 547.9 nm)。

(2) 电铸金属模板。电铸金属模板简称电铸,也称电成型,目的是将光致抗蚀剂母板上的精细浮雕全息干涉条纹精确"转移"到金属镍板上,以便在模压机上作为印压模板,对热塑性薄膜进行大批量复制。其过程分为四步,即铸前清洗、敏化或活化处理、制作化学镀层和电铸。

电铸成型的金属板与光致抗蚀剂剥离并清洗干净,就得到了所需的镍原板。将镍原板纯化后翻铸成多个镍板,即可供模压使用。

(3) 模压。模压也称压印,即在一定压力和温度下,利用专用模压机将镍板上的全息干涉条纹印刷到聚氯乙烯等热塑料薄膜上以制成模压全息图。再将模压全息图表面镀铝(或直接将干涉条纹压印到镀铝塑料膜上),使之成为反射再现全息图,便于人们观察。

### 2. 全息烫印箔

除了模压全息图外,近年来国际上又发展了一种全息烫印箔(hot stamping foil)产品,它是把模压全息技术与常规的电化铝技术相结合而成的。全息烫印箔仍保留全息照相独有的三维成像特性,它与模压全息的主要区别是:它是把信息压入涂覆于聚酯膜载体薄膜上的特殊树脂层中,并利用叠层结构中的粘合层,通过烫印机直接熔接于衬底(不需要重新粘贴),因而几乎感觉不到实际存在的膜层厚度。全息烫印箔较之普通模压全息图更能提高生产效率,并且具有更加华丽的外观和更可靠的防伪功能。

### 3. 动态点阵全息图

近年来,随着计算机的快速发展,计算机与全息技术的结合越来越紧密,一些新型的、具有鲜明动感的全息图在这一形势下应运而生。这类全息图最初称为动态衍射图或衍射光学可变图像(diffractive optically variable image devices, DOVIDs),近年来逐步发展成一类动态点阵全息图,人们称它们为动态全息图(kineform、kinegram、movigram)、像素全息图(pixegram、exelgram)和点阵全息图(dot matrix hologram)等。这种全息图是由大量不同的微小衍射单元即光栅点组成。这些光栅的条纹密度、取向和排列按一定规律分布,由计算机设计和控制,应用激光进行制作。

动态衍射图像具有一系列的优点:①醒目的动感,给使用者以深刻的印象。它的动感由计算机设计,制作前可预先在计算机屏幕上观察动感效果。②高衍射效率。③亮度高。④观察时对照明光的要求较低,即对照明光源的面积、照明的方向性和亮度等均无特殊要求。在宽光源或弱光源下也能看到较明亮、清晰的图像。⑤很难用通常的全息照相的方法仿制,因此这类全息图特别适用于制作防伪标识。现在,对高安全产品,均应采用热烫印 DOVIDs 模压全息图。

## 8.5 全息记录介质

在全息图的制作过程中，除了对光的相干性有一定的要求外，另一个重要的问题是照相记录介质的有限动态范围。振幅透射率与曝光量之间的关系曲线只在曝光量的有限范围内是线性的。平均曝光量最好选在这个线性区域的中点。但是，有些物体，如表面相当粗糙的透明片，全息图上就有可能会有显著的区域的曝光量远远超出线性区域而进入非线性区域，这种非线性显然是会造成重构像的像质下降的。因此，了解全息记录介质的特性是十分必要的。

最早用的记录介质是与普通照像干版相似的超微粒卤化银乳胶，卤化银乳胶既可以制作振幅全息图，又可以通过漂白成为相位全息图，而且保存期长。但随着全息术的发展，新的记录介质不断出现。目前所用的全息记录介质除卤化银乳胶外，还有重铬酸盐明胶、光致抗蚀剂、光致聚合物、光导热塑料、光折变材料、液晶等。

### 8.5.1 记录介质的特性曲线

在全息术中衍射效率是一个很重要的参数，全息图曝光量 $E_v$ 和条纹可见度 $V$ 都会影响衍射效率，用特征曲线可以很好地来描述全息记录材料的这种特性。特征曲线有两种：一种是 $E_v$ 为参量的 $\sqrt{\eta}-V$ 曲线，即不同曝光量下衍射效率与可见度的关系；另一种是 $V$ 为参量的 $\sqrt{\eta}-E_v$ 曲线，即不同可见度况下衍射效率与曝光量的关系。理想全息记录介质的两类特性曲线如图 8.5.1 和图 8.5.2 所示。

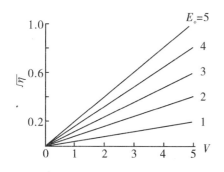
图 8.5.1　理想全息记录材料的 $\sqrt{\eta}-V$ 曲线

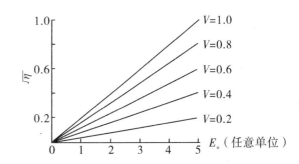
图 8.5.2　理想全息记录材料的 $\sqrt{\eta}-E_v$ 曲线

一般情况下，当然要求全息记录材料是线性响应的，即全息记录材料中干涉图形的光学特性与曝光量是成比例的。但实际上，任何一种全息记录材料都会存在着非线性效应，如果偏离线性的程度比较大，或者说，全息记录材料的线性程度较差，对衍射后图像的质量可能会产生严重影响。具有线性记录特性的全息材料是理想的记录材料。严格地说，到目前为止还没有一种记录材料能很好地满足上述的所有要求。对实际的材料，以理想材料为标准而提出一些基本要求。这些基本要求通常有：①峰值衍射效率至少大于 80%；②在空间频率 1000～6000 周/mm 的范围内，能够得到高可见度的干涉条纹；③在较高温度和相对湿度条件下良好的稳定性；④由于散射和吸收造成的光损耗小于 5%；⑤足够的光谱或者角带宽。其具体的技术指标如表 8.5.1 所示。

表 8.5.1 理想全息记录材料的技术指标

| 性能 | 技术指标 | 性能 | 技术指标 |
|---|---|---|---|
| 折射率调制 | $(\Delta n)t \geq \lambda/2$；$(\Delta n)_{max}=0.1$ | 光灵敏度 | $\geq 50\ mJ/cm^2$ |
| 厚度 | $5 \sim 20\ \mu m$ | 寿命 | $>1000\ h$ |
| 散射和吸收损失 | <5% | 空间分辨率 | 6000 cy/mm |
| 孔径的大小 | 500 mm × 500 mm | | |

## 8.5.2 常见的全息记录介质

用于全息照相的记录介质，其性能指标越接近理想状态，其性能也就越优越，但从实用的角度来说，还需要考虑重复使用性、价格性能比高等因素。表 8.5.2 列出几种常见全息记录介质特性。

表 8.5.2 常用全息记录介质的种类

| 记录介质 | 记录过程的机制 | 处理方法 | 调制方式及全息图的类型 | 可否重复使用 | 保存时间 |
|---|---|---|---|---|---|
| 卤化银乳胶 | 吸收光子还原为金属银，形成潜像 | 湿，化学漂白 | 光密度改变 振幅型或相位型 | 不可 | 永久 |
| 重铬酸盐明胶 | 光致铰链反应 | 湿，化学 | 折射率改变 折射率相位型 | 不可 | 密封后永久 |
| 光致聚合物 | 光致聚合反应 | 不用，后曝光及后加热，湿 | 折射率改变 折射率相位型或表面浮雕型 | 不可 | 永久 |
| 光致抗蚀剂 | 形成有机酸、光致铰链、光致聚合、光致分解 | 湿，化学或热空气 | 表面浮雕型 | 不可 | 永久 |
| 光导热塑料 | 产生热塑料变形，形成带电场的静电潜像 | 电晕放电及加热 | 表面浮雕型 | 可 | 永久 |
| 光致变色材料 | 线偏振光诱导 | 湿，化学或不用 | 双折射率变化型 | 不可，可 | 永久，几个月或几分种 |
| 光折变晶体 | 离子、电子俘获 | 不用 | 折射率改变 折射率变化型 | 可 | 几分钟或几个月 |

### 1. 卤化银乳胶

成形的卤化银乳胶全息干板产品由乳剂层、底层、基板和防光晕层组成，俗称银盐干板，如图 8.5.3 所示。乳胶层是全息干板的感光层，是将颗粒极细的卤化银颗粒混合弥散在明胶中，再加上适量防散染料剂和光敏剂配制而成，其厚度通常为 6～15 μm；底层用胶把乳剂层与基底更牢固地黏附在一起，以防止乳剂层脱落；基板通常是厚度为 1～1.5 mm 玻璃板或胶片；防光晕层涂在基板的背面，是为了防止曝光时背面反射光引起的光晕而造成影像不清或产生微弱附加的干涉条纹，但用于专门记录反射全息图的厚全息干板则不应用这一层。

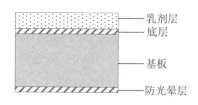

图 8.5.3 卤化银乳胶全干板的结构

常用的卤化银为 AgBr，其红限为 $\lambda_0 = 500$ nm，而明胶的吸收带在小于 $\lambda_0$ 的短波区，所以纯 AgBr 乳胶只对短波长敏感。为了使 AgBr 乳胶对其他波长的光也敏感，就需加入一种称为光敏化剂的染料，这种染料在 AgBr 乳胶红限以外的波长有吸收带。

卤化银的记录过程分三步：①潜像的形成。当照明射在卤化银乳胶上的光的频率大于其红限时，卤素离子吸收光子而释放出电子（如：$Br^- + \hbar\omega \rightarrow Br + e^-$），银离子吸收电子被还原为金属银（$Ag^+ + e^- \rightarrow Ag$）。这样析出的银以微粒形式弥散在乳胶中，银微粒的数量随曝光量增加而增加。实际上这样直接析出的银微粒的数量是很少的，仅形成一种潜像。②显影。通过显影过程使用上述析出银的位置成为还原中心，这可使大量的银离子还原为金属银，这时，随着银粒子密度不同吸收也不同，于是产生了影像。有析出银的地方比没有析出银的地方还原反应要快得多，因此，有曝光的地方经显影后黑度大。③定影。定影过程是将乳胶中未曝光部分和曝光部分残留的卤化银除掉。定影之前先用停显液停显，以中和显影的碱性，防止继续显影。停显过程还可以延长定影液的使用期限。

用卤化银乳胶制成的振幅型全息图可通过漂白工艺转换成相位全息图以提高衍射效率。浮雕型相位全息的漂白工艺是将曝光部分的银粒除去，使银微粒周围的明胶被鞣化，鞣化程度正比于沉积的银。在湿的时候未曝光部分的明胶吸收的水分较多，因而厚于鞣化的部分；在干燥的过程中鞣化的部分干得快，将吸收未曝光部分明胶中的水分。待全部干燥后，鞣化过的部分变硬，未曝光部分明胶变薄，这样制作成浮雕型全息图。折射率型相位全息图的漂白工艺是用氧化剂将金属银氧化为透明的银盐，使折射率与曝光部分的明胶不同。常用的氧化剂有氯化汞（$HgCl_2$）、三氯化铁（$FeCl_3$）、铁氰化钾（$K_3Fe(CN)_6$）、重铬酸铵[$(NH_4)_2Cr_2O_7$]、溴化铜（$CuBr_2$）等，其中以铁氰化钾漂白效果最好。另外还一种溴蒸气干漂白法，对平面全息图其衍射效率可达 20%，对体积全息图可达到 70%。

由伽伯发明的第一张全息图是用卤化银胶片制成的。卤化银一直是最常用的一种全息记录材料，它具有很高的感光灵敏度和分辨率，有宽的光谱灵敏区，通用性强。细微粒的卤化银材料能拍摄一般照片，超微粒的卤化银材料能记录各种类型的全息图。通过曝光和显影直接得到的是振幅型全息图，衍射效率很低，但经过漂白以后可获得高衍射效率的全息图。目前超微粒的卤化银已普遍用于全息术中，简称为全息干版。除了上述的优点外，全息干版使用期长，制成的全息图能长期保存；其缺点是不能擦除后重复使用，湿显影处理程序较繁琐。

卤化银乳胶的性质如下：

(1) 可以实现高灵敏度和高分辨率；但随着分辨率的增加，灵敏度会明显下降。因此，也需要更大的曝光量。

(2) 图8.5.4是Kodak 649F胶片在不同曝光比($K$)条件下振幅透射率与曝光量的关系曲线。从图中可以看出，在最佳曝光量是70 $\mu J/cm^2$条件下，都可以保持线性记录。

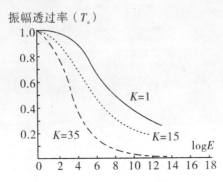

图8.5.4　Kodak 649F胶片的特征曲线

(3) 在正常显影条件下，卤化银乳胶的厚度大约会膨胀15%。厚度的这种变化会造成再现成像的漂移，并使分辨率下降。

(4) 通过漂白方法可以把卤化银乳胶的振幅全息元件转换为相位全息元件，这是卤化银乳胶材料的一个非常重要的性质。通过这种变换，可以使全息光学元件获得较高的衍射效率。

全息照相干板和普通照相胶片虽然都是由卤化银制成的，但全息照相干板的分辨率要高得多，通常大于2000周/mm。普通照相胶片的分辨率到200周/mm已是较高的了。

### 2. 重铬酸盐明胶

重铬酸盐明胶称简DCG。重铬酸盐明胶作为照相材料已有很长的历史，是一种很好的相位型记录介质，既可制作浮雕型全息图，又可制作折射型全息图，且能够得到较高的衍射效率。重铬酸盐明胶最早用于照相和印刷技术中是利用其厚度的变化，同样的原理可以用于制作浮雕型全息图。将明胶溶液加入少量的重铬酸盐溶液就成为光敏的。曝光的部分变硬，较未曝光的部分难溶于水中。用水洗显影可以将未曝光的部分洗去，便形成浮雕型全息图。不过这样制成的全息图并没有很高的衍射效率。如果在重铬酸盐明胶中加入适当的硬化剂，明胶变硬难溶于水，这样在曝光以后通过用水显影就可以得到折射率型的全息图，具有很高的衍射效率。

重铬酸盐明胶可以涂布成厚1~20 $\mu m$的感光介质，既可拍平面全息图，也可拍体积全息图，透射型与反射型的也均可。重铬酸盐明胶的截止波长$\lambda_0 \approx 540$ nm，所以注意选择适合的记录光源的波长。对平面全息图和体积全息图，重铬酸盐明胶的空间频率分别约为1000 lin/mm和3000 lin/mm。

重铬酸盐明胶因为具有高衍射效率和低噪声的特点，适合于制造全息光学元件和反射全息图。最简单的全息光学元件是衍射光栅，可以用两个平面光波相干涉的条纹来记录。较为复杂的元件是全息透镜,一般是用一个平面波和一个球面波或者两个球面波进行记录。多重记录是全息的一个特点,重铬酸盐明胶特别适合于多重全息元件。近期 DCG 版的发展是研制红敏版和多色版,制作真彩色反射全息图和多波长全息元件。

重铬酸盐明胶是一种很好的相位型记录介质,将全息图记录在该介质上时,其光学特性接近理想状态。适当地记录和处理全息图可使它具有很小的吸收和散射。用重铬酸盐明胶片来记录体积全息图,其衍射效率可高达 90% 以上。

重铬酸盐明胶与卤化银感光材料不同,它受光照部分不变黑,故再现全息图时不吸收光,就能够制成衍射效率高的二维或三维相位全息图。

重铬酸盐明胶的不足之处是:灵敏度低,而且灵敏波长在蓝光部分,因而可以先用银盐干板拍摄全息图,然后用重铬酸盐明胶进行复制;存放较难,极易潮解,所以使用时通常应现配现用,自行制备。

### 3. 光致聚合物

聚合作用是一种化学反应,在聚合过程中,小分子或单体结合成大分子或聚合物。感光性高分子全息记录材料大致分为光聚合型、光交联型和光分解型三大类。光聚合型以光致聚合物作为全息记录材料,具有高灵敏度、高分辨率、高衍射效率、高信噪比、光谱响应宽、加工简便、宽容度大、存储稳定等优点,是一种比较理想的记录材料。因此光致聚合物受到人们的极大重视,成为目前研究和开发的热门。

光聚合是用光化学方法产生自由基或离子引发单体发生聚合的反应。单体可以直接受光激发引起聚合,也可由光引发剂或光敏剂受光作用引发单体聚合,后者又称光敏引发聚合。激光全息记录材料一般均采用光敏引发聚合。光引发聚合是光引发剂首光吸收光子跃迁到激发态,在激发态发生光化学反应生成活性种子(自由基或离子),这些活性种子引发单体聚合;光敏引发聚合是光敏剂首先吸收光子跃迁到激发态,在激发态的光敏剂与引发剂之间发生能量转移或电子转换,由引发剂产生活性种子,这种活性种子再引发单体聚合。这两种光聚合都有链锁反应的链增长过程,光反应的量子效率可通过链锁过程得到放大,一般可达到 $10^2 \sim 10^9$,因此可获得高灵敏度激光全息记录材料。

光致聚事物的记录过程是曝光后由中、小分子或单体组合成大分子聚合物。光致聚合物的光灵敏度高于光致抗蚀剂和光电材料,但低于卤化银乳胶。它可以制作折射率型全息图,也可以制作浮雕型相位全息图。光致聚合物的优点是干显影和快速处理,可得到高分辨的全息图,产生的像有较好的保真度并可长期保存。

### 4. 光致抗蚀剂

光致抗蚀剂是另一类型的感光性高分子全息记录材料,也称为光刻胶,它是一种相位型记录介质。一般用胶厚度较薄,可在其表面形成浮雕型平面全息图。光刻胶一般采用正性胶,显影液通常为浓度小于 1% 的氢氧化钠(NaOH)溶液,且常用稀释法显影。经光照射后,光致抗蚀剂涂层中发生化学变化,随着曝光量的不同产生不同的溶解力,用合适的溶剂显影可使未曝光或曝光区加速溶解。使曝光部分溶解的称为正性光致抗蚀剂,使未曝光部分溶解的称为负性光致抗蚀剂。在全息术中使用正性光致抗蚀剂,可以得到高质量浮雕全息图。如果在其表面镀一层金属,便成了反射全息图,其再现与透射全息图的再现像成镜像关系。浮雕全息图可用作大批量模压复制全息图的母版，所以是一种很重要的全息记录材料。

目前光致抗蚀剂广泛应用于原版浮雕全息图的制作，这种相位型记录介质在光照射下通过显影后可形成表面带浮雕的图像。光刻胶可以用离心甩胶的方法制成微米量级的薄膜，如匀胶机转速达到 4000 r/min，则可制成 1 μm 厚的薄胶，其收缩及变形都很小，衍射效率较高，是制作平面全息图的良好介质。

光致抗蚀剂可分为负性胶和正性胶两类。负性胶是曝光的部分由于吸收了光，变得不溶解，经显影后未曝光的部分被溶掉。正性胶是曝光的部分由于吸收了光，通过显影后，曝光的部分变成可溶性的而被溶解掉。

光致抗蚀剂平面全息图的衍射效率理论上可达 34%～40%，但其极限分辨率较低，光刻胶的分辨率在 1500 lin/min 左右。

### 5. 光导热塑料

光导热塑料是一种浮雕型相位记录介质，其结构如图 8.5.5 所示，在玻璃基底上涂一层透明的导体，如氧化锡，其上是一层透明的光电导体，最上面一层是热塑料。

图 8.5.5　光导热塑料

光导热塑料是一种新型的记录材料，它的记录过程形成带电的静电潜像，使热塑料产生变形，最终形成表面浮雕型全息图。其基本过程如下：①敏化。在暗室中，用高压电网充电，在热塑料和透明导体之间建立上千伏的电势差。②曝光。物光和参考光在其表面形成干涉条纹，曝光部分的光电导体放电。③再充电。光电导体在光照下导通放电后，需再次充电。④显影。加热使热塑料软化，受热软化以后的塑料在电场作用下变形。⑤定影。即冷却，最终形成浮雕型相位全息图。⑥擦除。适当加热，恢复到原来的情况后冷却，因而光导热塑料可以擦除后再重复使用。

光导热塑料对可见光敏感，可以干显影加热，衍射效率高，是比较理想的平面全息图记录材料。但它的分辨率低，一般小于 2000 lin/min，空间频率在 600～1400 lin/min 之间的衍射效率较高，但高质量的薄膜制造困难。

### 6. 光致变色材料

光致变色材料简称光色材料，它在曝光的时候能够发生可逆的颜色变化。大多数固体、液体、有机晶体和无机化合物都具有这种性质。用这种材料作全息记录介质不需要显影，而且可用热或光学的方法擦除后重复使用。但光色材料的灵敏度要差一些。

光色材料具有无颗粒特征，分辨率仅受记录光波长的限制。并且，如果光功率足够强时，则不必采用干法或湿法显影，而只需光照就可在原位记录或擦除全息图。光色材料还具有较宽的动态范围，而且它比光折变晶体的最大折射率变化高出两个数量级。

### 7. 光折变材料

在光照射下使材料的折射率随光强的空间分布而发生变化的效应称为光折变效应，具有这种特性的材料称为光折变材料。光折变效应是发生在光电材料内部的一种复杂光电过程。在光照射下，具有一定杂质或缺陷的电光晶体内部形成与辐照光强空间分布对应的空间电荷分布，并且由此产生相应的空间电荷场。由于线性电光效应，最终在晶体内部形成折射率的空间调制，即在晶体内部写入折射率调制的相位光栅，同时，入射光受到自写入相位光栅的衍射作用被实时读出。由此可见，光折变晶体中的折射率相位光栅是动态光栅，使光折变材料适合于进行实时全息记录，并且光折变材料中的全息图还可以通过一系列技术加以固定。这种可写入、可读出、可擦除、可固定的优良性能，也使光折变材料成为全息存储的重要材料。光折变材料可分为光折变晶体和光折聚合物，前者为无机材料，后者为有机材料。下面主要就光折变晶体的特性加以简要的说明。

光折变晶体在光辐射作用下通过光生载流子的空间分布使折射率发生变化。当一束适当波长的光入射到晶体上，晶体中将产生电荷载流子（电子或空穴）。由于扩散、漂移、光生伏特等效应单独作用或综合作用，载流子将在晶体点阵中迁移，直到被陷阱俘获于新的位置。由于产生的空间电荷在晶体中引起了电场强度分布，该电场通过电光效应使晶体的折射率发生相应的改变。

光折变晶体的成像在非均匀的光场照射下，通过较为复杂的光电过程，最终形成一种折射率分布与原光场强度相对应的像。随后人们又发现，通过一定的均匀光照射或加热的方法，可以使晶体恢复原态。而光折变晶体的光擦除，是指晶体被其灵敏波长的均匀光照射后，陷阱中被俘获的电子再次被激发，并在晶体内重新分布，导致晶体内相位光栅消失，从而使光折率晶体完全恢复常态。在某些情况下，可能擦除灵敏度比写入灵敏度要低得多，这就意味着写入时间与擦入时间常会不对称。

光折变晶体可分为三类。

(1) 铁电晶体：主要有铌酸锂（$LiNbO_3$）、钽酸锂（$LiTaO_3$）、钛酸钡（$BaTiO_3$）、铌酸钾（$KNbO_3$）、钽铌酸钾（KTN）、铌酸钡钠（BNN）、铌酸锶钡（SBN）和钾纳铌酸锶钡（KNSBN）等。这类晶体电光系数大，可提供高的衍射效率、自泵浦反射和两波耦合增益；但响应速率慢（50 ms～1 s），而且不易得到大尺寸、高光学质量的晶体。

(2) 非铁电晶体：主要有硅酸铋（BSO，$Bi_{12}SiO_{20}$）、锗酸铋（BGO，$Bi_{12}GeO_{20}$）和钛酸铋（BTO，$Bi_{12}TiO_{20}$）等。这类晶体容易得到大尺寸、光学高质量的晶体，响应速度快（10～100 ms），光折率灵敏度大；但电光系数较小。

上述两类晶体材料的能隙大，光谱响应区处于可见光的中段。

(3) 化合物半导体：主要有磷化铟（InP）、砷化镓（GaAs）、磷化镓（GaP）、碲化镉（CdTe）、硫化镉（CdS）、硒化镉（CdSe）和硫化锌（ZnS）等。这类材料载流子浓度高、响应速度快，但电光系数小。它们的光谱响应区处于 0.9～1.35 μm 的近红外波段或 0.6～0.7 μm 的橙—红波段。

光折变晶体的成像是由于在非均匀光场的照射下，通过复杂的光电过程，最终形成一种折射率分布与原光场强度相对应的像。虽然这种成像机制还没有完全弄清楚，但可采用一般光折变晶体内的杂质、空位或缺陷充当电荷的施主或受主。当晶体在光场照射下，光激发电荷进入邻近的能带。光生载流子在带中或因浓度梯度扩散,或在电场作用下漂移,或由光电伏特效应而运动,迁移的电荷可以被重新俘获,经过再激发,再迁移,再俘获,最终形成了与光场强度分布相对应的空间电荷分布。这些光致分离的空间电荷按照泊松(Poisson)方程产生相应的空间电荷场。如果晶体不存在对称中心,空间电荷场将通过线性电光效应在晶体内形成折射率在空间的非均匀分布,即所谓成像过程。如果用两束相干光干涉产生的调制光强照射光折变晶体,最终将形成一种折射率位相光栅。

目前已发现多种光折变材料,其性能也得到了广泛而深入的研究。光折变材料也有多方面的应用,从全息应用角度,主要关心如下几个方面的特性:

(1) 光谱响应。用于全息存储的光折变材料应当对常用的光源的波长是敏感的。有些光折变材料经过适当的掺杂,可使敏感波长的覆盖范围从近紫外到近红处波段。

(2) 动态范围。动态范围是指最大折射率可以改变的范围,是指当光照时间与响应时间相比为足够长时所达到的折射率的变化。这一特性决定了给定体积中所能存储的全息图的数目。最大折射率调制度取决于材料的参量:晶体折射率、有效电光系数和最大空间电荷场。对于给定的晶体,通过选择合适的光栅间距,可使空间电荷场优化。

(3) 灵敏度。光折变灵敏度定义为在记录的初始阶段,每单位体积内吸收单位能量所引起的折射率的改变。灵敏度表征了材料对入射光能的利用程度。全息材料的灵敏度更实用的定义是在单位厚度(通常是 1 mm)的晶体中记录衍射为 1% 的光栅所需要的能量密度。不同的光折变晶体灵敏度的范围为 $10^{-1} \sim 10^3$ mJ/cm$^2$。

(4) 存储持久性。全息图的存储持久性可用暗存时间来表征。暗存储时间是指记录以后在黑暗条件下初始折射率变化的分布仍然保留的时间。电光晶体通常有较大的介电常量,并且是高度绝缘的。它们的暗存时间从数秒到数年不等。存储持久性较长的材料适合用于实时信号处理、相干光放大和光学相位共轭。然而,只读存储器要求长的存储持久性,在这种情况下可以采用固定(定影)技术,将电子的空间电荷图样转换成稳定的离子电荷图样。

(5) 晶体尺寸及光学质量。大容量全息存储问题需要尺寸较大和光学质量非常好的晶体。目前灵敏度最高的材料是 KTN,但其光学质量较差,而 SBN 晶体内总有一些"生长条纹",所以在实际应用中很难得到尺寸较大、光学质量又非常好的晶体。

(6) 空间分辨率。大部分光折变晶体是单晶,其空间分辨率原则上由陷阱间的距离决定。在未掺杂的晶体中,记录的全息图分辨率一般可达 1000 lin/min,通过掺杂,其分辨率可再提高 1~2 个数量级,此时陷阱间距仅为 10 nm,这对全息存储记录已经足够了。

(7) 散射噪声。散射噪声是光折变晶体的本质性问题。晶体材料内部任何缺陷都会使入射光线散射球面子波,这些散射波又会与初始的入射波相干涉,形成噪声相位光栅。同时,入射光作为读出光通过噪声光栅的自衍射,会产生放大的散射光,并且与晶体中存在的多束散射光同时写入多组相位光栅。由于散射光在空间的无规则分布,因此,这些相位光栅叠加成噪声光栅。散射噪声降低了晶体材料的空间分辨率,使像质变坏,并且减少了可存储的全息图数目。通过在光折变晶体内掺入锌、镁等杂质,可以有效地克服铌酸锂中的一些"扇形"散射噪声。

## 8.6 计算全息

用光学的方法来制作全息图需要用真实物体产生的物光与参考光干涉来实现。随着计算机和电子技术的发展,用计算机来制作全息图已成为全息术中一种重要的方法,即先通过计算,然后在绘图、打印设备上绘图,最终可转化为透明片而得到全息图就称为计算全息图(computer-generated hologram,CGH)。计算全息图不仅可以记录真实物体发出物光的振幅和相位,也可以记录现实世界不存在的物体。只要知道物光波的数学描述,就可以用计算机去制作全息图,并用光学手段再现出波前,产生物体的像。计算全息的灵活性不仅大大拓宽了全息术的应用范围,而且为光学信息处理中复数滤波器的制作开辟了新的途径。计算全息是先用计算机制作全息图,然后用光学方法再现。

### 8.6.1 计算全息图的制作

计算全息图的制作过程主要包括抽样、计算、物光信息的处理、编码、全息图的绘制等步骤。

**1. 抽样和计算**

计算物体在所选定的全息图平面上产生的光场复振幅分布(即物函数)和全息图通常都为空间的连续分布函数。由于计算机只能处理离散的数据,因而首先需要应用抽样定理将连续函数离散化。在计算过程中,先要考虑物函数和全息图所需要的抽样点数。所需计算的是离散形式表示的物体所发出的光场在全息图平面上抽样的离散序列。通常采用快速傅里叶变换算法,根据需要对物场进行离散菲涅耳变换或离散傅里叶变换。计算物体在全息图平面上的光场分布,以便在全息图制成后实现波前再现,首先要对物体和全息图抽样,计算每个抽样点的振幅和相位值。

设空间连续的物函数为 $U_o(x_o, y_o)$,其傅里叶变换的频谱函数为 $U_i(\xi, \eta)$,可分别表示为:

$$U_o(x_o, y_o) = \begin{cases} \hat{U}_o(x_o, y_o) e^{i\phi(x_o, y_o)} & |x_o| \leq L_{x_o}, \ |y_o| \leq L_{y_o} \\ 0 & \text{其他} \end{cases} \tag{8.6.1}$$

$$U_i(\xi, \eta) = \begin{cases} \hat{U}_i(\xi, \eta) e^{i\phi(\xi, \eta)} & |\xi| \leq L_\xi, \ |\eta| \leq L_\eta \\ 0 & \text{其他} \end{cases} \tag{8.6.2}$$

式中:$L_{x_o}$,$L_{y_o}$ 和 $L_\xi$,$L_\eta$ 分别为物平面和全息图面的大小。上式表明,物函数 $U_o(x_o, y_o)$ 在空间中大小是有限的,这样,从物理意义上来说,它在空间频率域中也是近似有限的。可以这样来理解,即物函数在空间是缓慢变化的,所以其空间频率域中的高频部分可以近似为零。

在 $x_o$,$y_o$ 方向选抽样点时,由抽样定理可知,其抽样间距要满足 $l_{x_o} \leq 1/L_\xi$,$l_{y_o} \leq 1/L_\eta$,这样,共有抽样单元数分别为 $M = L_{x_o}/l_{x_o}$,$N = L_{y_o}/l_{y_o}$ 个。这样,离散的物函数可写为:

$$U_{omn} = U_o(ml_x, nl_y) \tag{8.6.3}$$

式中:$m$,$n$ 为单元的序数,且有 $-M/2 \leq m \leq M/2 - 1$,$-N/2 \leq n \leq N/2 - 1$;$U_{omn}$ 为物函数

$U_o(x_o, y_o)$ 在样点处的值。如图 8.6.1 所示。当 $l_{x_o} = 1/L_\xi$，$l_{y_o} = 1/L_\eta$ 时，$l_{x_o}$，$l_{y_o}$ 为物体的最小分辨率距离。物体抽样数目应等于物体的空间—带宽积 $SW$，即

$$N = SW = M \times N = (L_{x_o} \times L_{y_o})(L_\xi \times L_\eta)。 \tag{8.6.4}$$

式中：$L_{x_o} \times L_{y_o}$ 是物体的空间尺寸；$L_\xi$ 和 $L_\eta$ 是物在 $\xi$ 和 $\eta$ 方向的频带宽度。

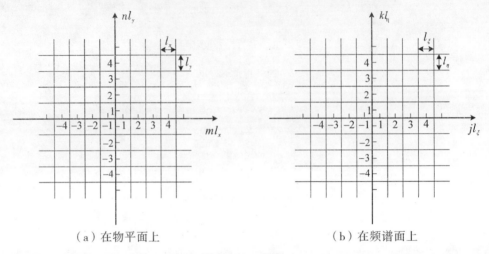

（a）在物平面上　　　　　　　　（b）在频谱面上

图 8.6.1　抽样

全息图的抽样和对物体的抽样相似。在傅里叶变换全息图中，全息图在物体的空间频谱面上，抽样间距 $l_\xi$ 和 $l_\eta$ 满足抽样条件即 $l_\xi \leqslant \dfrac{1}{L_{x_o}}$，$l_\eta \leqslant \dfrac{1}{L_{y_o}}$，$l_\eta \leqslant \dfrac{1}{\Delta y}$。在频谱面上的坐标可离散化为 $\xi = jl_\xi$，$\eta = kl_\eta$，其中 $j$，$k$ 分别为 $\xi$，$\eta$ 方向的抽样序数，$-J/2 \leqslant j \leqslant J/2 - 1$，$-K/2 \leqslant k \leqslant K/2 - 1$。全息图平面上的波函数的样点值为：

$$U_{ijk} = U_i(jl_\xi, kl_\eta)。 \tag{8.6.5}$$

抽样总数为：

$$J \times K = (L_\xi \times L_\eta)(L_{x_o} \times L_{y_o}) = M \times N。 \tag{8.6.6}$$

由此可见，全息图的抽样数至少要等于物体的分辨单元数，或者说，全息图的空间—带积宽至少要与物体的空间—带积宽相同。

通常全息图平面的抽样数目应至少等于物体的抽样数目。由于计算机的存储量、运算速度及绘图仪的分辨率的限制，常常达不到需要的抽样数目，会丢失物光信息，使再现像质量下降。只用采用高速、大容量计算机和电子束、离子束、激光扫描仪等高分辨率绘图设备，才能制作出高质量的计算全息图。

### 2. 物光信息的处理

在确定了抽样数和抽样间隔后，需要计算物体在全息图平面产生的光场分布。利用离散傅里叶变换式，对傅里叶变换全息图有：

$$U_{ijk} = \sum_{m=-M/2}^{M/2-1} \sum_{n=-N/2}^{n_y-1} U_{omn} e^{-i2\pi\left(\frac{jm}{M} + \frac{kn}{N}\right)}。 \tag{8.6.7}$$

式中：$U_h$ 和 $U_0$ 分别为位于透镜前后焦面的物体和全息图平面光场的二维抽样阵列。采用快速傅里变换算法（FFT）可以对式(8.6.7)进行快速度计算。

对菲涅耳全息图，可利用傅里叶变换形式的菲涅耳衍射公式计算，物体的离散二维分布先和一个离散的二次相位函数相乘，然后再经离散傅里叶变换得到全息图平面的离散的光场分布。

光波经过一个传播过程就可以从物体到全息图，到达全息图的光场复振幅函数对应于物函数的某种变换，计算全息由计算机来完成物函数到全息图的某种变换。对不同的全息输入法，变换的方式自然也有所不同：①对菲涅耳全息图，需计算物函数经菲涅耳衍射到达全息图的函数分布。②对像全息图，由于到达全息图平面的是物体的几何像，因而只需对物函数作傅里叶变换的计算即可。③对傅里叶变换全息图，需先计算物函数的傅里叶变换，得到全息图平面的光场复振幅函数。确确定了物函数的抽样数和抽样间距后，各抽样点的 $U_o(ml_x, nl_y)$ 就可计算得到，然后对这样的离散函数作傅里叶变换。

**3. 编码和绘制**

对计算出的全息图上各抽样点的振幅和相位值通过计算机适当编码，目的是把离散形式的空间复值函数用实的非负函数表示，便于最终记录在作为计算全息图的透明片上。

经抽样、计算得到全息图平面的抽样阵列 $U_i$，下一步就是要把它记录在透明片上。通常，经过绘图、缩版记录的强度信息，不能直接记录全息图抽样点的振幅和相位值。计算全息图的编码，正是要找到某种方法，使得在透明片上能够通过对振幅透射率的调制，记录每个抽样点的振幅和相位，按选择的编码方法绘图后，照相缩版，可得到最终的计算全息图。再用相干光照明，可再现所期望的物体波前。

## 8.6.2 计算全息图的绘制与再现

**1. 绘制和缩版**

把经过编码的全息图的透射率分布通过绘图仪、激光打印机或电子束刻版得到最终的计算全息图。在选择编码方案时，要考虑到绘图设备的输出特性，多数绘图设备可以在记录平面任意位置写出小方块图形，最终制得二元的计算全息图。透射率分布只有透明（1）和不透明（0）两个取值，如果小方块内有灰阶变化，则可制得振幅型计算全息图。目前采用的把全息图记录为透明片的方法决定了所制成的计算全息图大多是薄的平面全息图。

**2. 再现**

计算全息图的再现方法是由全息图的类型来确定的，它还与编码方法有关。如果用平行的相干光垂直或倾斜照明傅里叶计算全息图，其直射光是一个亮点，两边是分别是正、负一级再现像，以及高级次像，由 8.3.2 可知，一级像的衍射效率比正弦型振幅全息图稍高一些。

## 8.6.3 迂回相位全息图

用光栅光谱仪研究光源的光谱成分时，假如光栅不规则，存在栅距误差，光谱面上将出现所谓"鬼线"，这种现象一度使光谱学家大为困惑和烦恼。但是，人们后来发现这种不规则光栅的"缺点"可以用来实现对光波的相位调制。1965 年布朗恩（Brown）和罗曼（Lohmann）提出的迂回相位全息图就是在不规则光栅衍射理论的基础上产生的。

如图 8.6.2 示，如果平面波垂直照射线光栅，假定栅距 $d$ 恒定，每一级衍射波都是平面波，等相位面垂直于这个衍射方向的平面。设第 $m$ 级的衍射角为 $\theta_m$，由光栅方程可知，在 $\theta_m$ 方向上相邻光线的光程差为：

$$\Delta S_m = d\sin\theta_m = m\lambda。 \qquad (8.6.8)$$

如果光栅和栅距有误差，如在某一位置，栅距增大 $\Delta d$，该处沿 $\theta_m$ 方向上相邻光线的光程差变为：

$$\Delta S'_m = (d+\Delta d)\sin\theta_m。 \qquad (8.6.9)$$

$\theta_m$ 方向的衍射光波在该位置处引入的相应相位延迟为：

$$\phi_m = \frac{2\pi}{\lambda}(\Delta S'_m - \Delta S_m) = \frac{2\pi}{\lambda}\Delta d\sin\theta_m = 2\pi m\frac{\Delta d}{d}。 \qquad (8.6.10)$$

通常称 $\phi_m$ 为迂回相位。从上式可以看出，迂回相位的大小与栅距的偏移量 $\Delta d$ 和衍射级次 $m$ 成正比，与入射光的波长 $\lambda$ 无关。由于光栅不规则错位，栅缝的衍射光和其他同方向衍射光在相位上产生差异的效应就称为迂回相位效应。这样，通过局部改变光栅栅距的办法，就可以在某个衍射方向上得到所需的相位调制，只需要根据这个相位函数调节空间各栅缝的位置就可以了。

迂回相位效应可用来制作二元计算全息图。在每个抽样点单元中有一个通光孔径，使孔径的面积正比于抽样点的振幅值，即把空间振幅调制转化为空间脉冲面积调制。一般选择矩孔作为通光孔径（如图 8.6.2 所示），令宽度恒定，只要高度随抽样点振幅值变化就行。

假定全息图平面共有 $J \times K$ 个抽样单元，则在全息图上待记录的光场的复振幅的取样点的值为：

$$U_{ijk} = \hat{U}_i(jl_\xi, kl_\eta) e^{i\phi(jl_\xi, kl_\eta)}。 \qquad (8.6.11)$$

通常把实振幅 $\hat{U}_i$ 归一化，$0 \leq \hat{U}_i \leq 1$ 为归一化振幅。在全息图每个抽样单元内放置一个矩形通光孔径，通过改变孔径的面积来编码复数波面的振幅。改变通光孔径中心与抽样单元中心的位置来编码相位，这种编码方法如图 8.6.3 所示。图中矩形孔径的宽度为 $L_x \delta x$，$L_x$ 是个常数，矩形孔径的高度是 $L_{mn}\delta y$，与归一化振幅成正比。$P_{mn}\delta y$ 是孔径中心与单元中心的距离，并与抽样点的相位成正比。孔径参数与复值函数的关系如下：

$$L_{mn} = A_{mn}, \quad P_{mn} = \frac{\phi_{mn}}{2\pi m}。$$

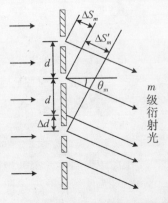

图 8.6.2　不规则光栅的衍射

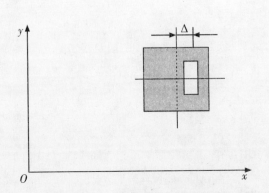

图 8.6.3　全息图上一个抽样单元

相位编码则是根据迂回相位效应改变每个通光孔径中心相对该抽样单元中心的位置 $\Delta$，使其正比于抽样点的相位值，也就是把空间相位调制转化为空间脉冲调制。这样就可以用实的非负函数表示离散形式的空间复值函数。

这种编方式在 $x$，$y$ 方向分别采用脉冲位置调制和脉冲宽度调制。在确定了每个抽样单元开孔尺寸和位置后，就可以用计算机控制绘图设备产生原图。通常的绘图仪可以实现这种编码表示，在每个抽样单元中指定的经量化的位置，按量化步长控制尺寸，画出黑色小条块。经照相缩版，这些黑色条块就变为透明的矩形透光孔，得到所需分辨率和尺寸的二元计算全息图。

计算全息图的再现方法与光学全息图相似，观察范围应限于沿 $x_o$ 某个特定的衍射级，因为仅在这个衍射级方向上，全息图才能再现所期望的光波前 $U_o(x_o, y_o)$。为了使所期望的波前与其他衍射级次上的波前有效地分离，一般可以在频率平面偏离光轴的位置放置一个小孔作为带通滤波器，让选定的衍射级通过，而挡掉其余衍射级，以便于观察。再现的过程可看作解码的过程。空间脉冲面积调制（一维情况则是脉冲宽度调制）和空间脉冲位置调制的信息又分别还原为光波前的振幅和相位分布。由此可以看出，把通信系统中的脉冲调制技术移植到光学中来是很有意义的。

由于在迂回相位编码方法中，透射率只有 0 或 1 两个值，为二元计算全息图，因而制作简单，噪声较弱，抗外界干扰能力强，对于照相底片的非线性效应不敏感，并可多次复制而不失真，因而有着较为广泛的应用。

李威汉（Lee Wai-Han）于 1970 年提出了一种延迟相位抽样全息图，为四阶迂回相位编码方法。其基本思路：复平面上点的复数值可用它在实轴和虚轴上的投影合成，最多只有两个分量取非零值。使全息图的正、负实轴分别对应的相位为 0 和 $\pi(-\pi)$，正、负虚轴分别对应的相位为 $\pi/2$ 和 $3\pi/2(-3\pi/2)$。所以，可以把每个抽样单元等分为四个子单元，它们表示的相位依次相差 $\pi/2$，每个子单元的振幅透射率正比于复数在实轴或虚轴上的投影，可用灰阶或开孔面积调制每个子单元的透射率。图 8.6.4 表示复平面上的复数及其编码。

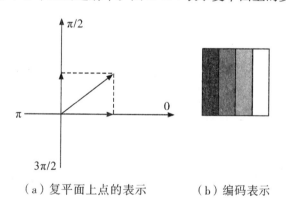

(a) 复平面上点的表示　　(b) 编码表示

图 8.6.4　四阶迂回相位编码方案

全息图上待记录的一个样点的复振幅可以沿图中四个相位方向分解为四个正交分量：

$$U_i(j, k) = U_{i1}(j, k)\mathbf{r}^+ + U_{i2}(j, k)\mathbf{i}^+ + U_{i3}(j, k)\mathbf{r}^- + U_{i4}(j, k)\mathbf{i}^-。 \qquad (8.6.12)$$

式中：

$$\mathbf{r}^+ = e^{i0}, \quad \mathbf{r}^- = e^{i\pi}, \quad \mathbf{i}^+ = e^{i\pi/2}, \quad \mathbf{i}^- = e^{i3\pi/2} \qquad (8.6.13)$$

为复平面上的四个基矢。$U_{i1}(j,k)$，$U_{i2}(j,k)$，$U_{i3}(j,k)$，$U_{i4}(j,k)$是实的非负数，对一个样点，这四个分量中只有两个分量为非零值，因此要描述一个样点的复振幅，只要在这个子单元中用开孔大小或灰度级来表示就行了。

伯克哈特(Burckand)进而提出三阶迂回编码方法：在复平面上用三个基矢就可以表征平面上任一复矢量，因此全息图的一个单元可以分为三个子单元，分别可以用它在依次相差$3\pi/2$的三个轴上的投影合成，即分别表示复平面上相位差为$3\pi/2$的三个基矢。这样一来，就可以在三个子单元中用开孔面积或灰度等级来表示振幅分量的大小，所以每个抽样单元只要等分为三个子单元即可。如图8.6.5所示

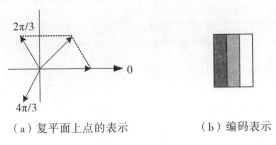

（a）复平面上点的表示　　　　（b）编码表示

图8.6.5　三阶迂回相位编码

如果用计算机控制有灰阶输出的绘图仪绘制全息图，或者由计算机控制有灰度变换的显微密度计显示，然后再记录在照相底片上，这样可得到灰阶计算全息图。它和光学全息图一样受到底片非线性效应的影响。

## 8.6.4　计算全息干涉图

光学全息图本质上是物光和参考光的干涉图。如果物光波为：

$$U_o(x,y) = \tilde{U}_o(x,y) e^{i\phi(x,y)}, \tag{8.6.14}$$

参考光为倾斜平面波为：

$$U_r(x,y) = U_r(x,y) e^{i2\pi x/L}。 \tag{8.6.15}$$

在线性记录条件下，全息图的透射率为：

$$t(x,y) = \tilde{U}_r^2(x,y) + \tilde{U}_o(x,y) + 2\tilde{U}_r \tilde{U}_o(x,y) \cos[(2\pi x/L) - \phi(x,y)]。$$
$$\tag{8.6.16}$$

如果用计算机把干涉条纹的位置计算出来，经绘图、缩版后，就可以得到计算全息干涉图。由于绘图仪的性能，需要把余弦条纹的干涉图转化为二元干涉图，才适合绘图。这相当于让一个非线性硬限幅器对其作非线性处理（图8.6.6）。如果输入函数为$\cos(2\pi x/L)$，偏置函数为$\cos\pi q$，输出函数$h(x)$为宽波为$qL$的方波函数，其展开成为傅里叶级数的形式为：

$$h(x) = \sum_{n=-\infty}^{\infty} \frac{\sin(m\pi q)}{m\pi} e^{im2\pi x/L}。 \tag{8.6.17}$$

如果硬限幅函数的输入为$\cos[(2\pi x/L) - \phi(x,y)]$，偏置函数为$\cos\pi q(x,y)$，则输出函数为：

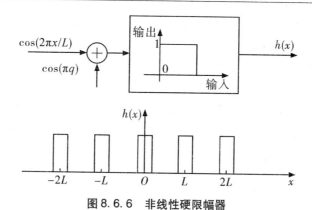

图 8.6.6 非线性硬限幅器

$$h(x,y) = \sum_{n=-\infty}^{\infty} \frac{\sin[m\pi q(x,y)]}{m\pi} e^{im[2\pi x/L - \varphi(x,y)]} \, 。 \quad (8.6.18)$$

式中：$q(x, y) = \frac{1}{\pi}\arcsin \widetilde{U}_o(x, y)$，输出函数为二元的矩阵脉冲序列（如图 8.6.7 所示）。脉冲宽度调制和脉冲位置调制分别对应于物体的振幅和相位。

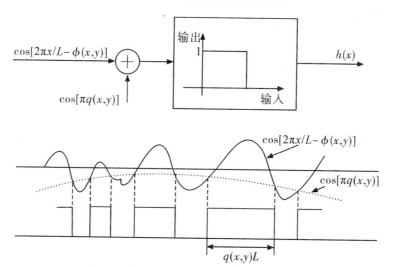

图 8.6.7 硬限幅器产生的脉冲宽度调制和脉冲位置调制

如果用单位振幅的平面波垂直照明式(8.6.18)所表示的计算全息干涉图，考虑 1 级衍射光波，如 $m = -1$，透射光波为：

$$U(x, y) = \frac{\sin[\pi q(x, y)]}{\pi} e^{-i[(2\pi x/T) - \phi(x,y)]} = \frac{\widetilde{U}_o(x, y)}{\pi} e^{i\phi(x,y)} e^{-i2\pi x/L} \, 。 \quad (8.6.19)$$

从上式可以看出，$e^{-i2\pi x/L}$表示的载波方向完全再现出物光波前，包括其振幅和相位。

二元计算全息函数的取值为 0 或 1，满足输出函数 $h(x, y) = 1$ 的条件为：

$$\cos[(2\pi x/L) - \phi(x, y)] \geq \cos\pi q(x, y), \quad (8.6.20)$$

即

$$-\frac{q(x, y)}{2} \leq \frac{x}{L} - \frac{\phi(x, y)}{2\pi} + n \leq \frac{q(x, y)}{2} \quad (n = 0, \pm 1, \pm 2, \cdots) \, 。 \quad (8.6.21)$$

式(8.6.21)确定了计算全息干涉图上条纹的位置和形状。求解这个基本方程,确定画线边界,就可以用计算机控制绘图仪画出干涉图。

当物光波只有相位变化时,可令 $q=0$,这时由式(8.6.21)可得:

$$(2\pi x/L) - \phi(x, y) \geq 2n\pi \quad (n=0, \pm 1, \pm 2, \cdots)。 \tag{8.6.22}$$

此时,可以用细线条绘制全息图。计算全息干涉图特别适合于再现纯相位变化的物波。

载波的空间频率为 $1/L$,其大小的选择与光学记录的离轴全息图相同。为使各级衍射光有效分离,应使 $1/L$ 大于物光波最高空间频率的 3 倍。

例如,要绘制一个球面波的二元全息图,相位函数为:

$$\phi(x, y) = \frac{\pi}{\lambda R}(x^2 + y^2)。 \tag{8.6.23}$$

式中:$R$ 为球面波的曲率半径。由前面可知 $x$ 和 $y$ 方向的局部空间频率分别为:

$$\xi_x = \frac{1}{2\pi}\frac{\partial \phi(x, y)}{\partial x} = \frac{x}{\lambda R}, \quad \eta_y = \frac{1}{2\pi}\frac{\partial \phi(x, y)}{\partial y} = \frac{y}{\lambda R}。 \tag{8.6.24}$$

上式表明,局部空间频率随 $x$,$y$ 线性变化,最大空间频率位于边沿。

### 8.6.4 相息图

相息图也是一种计算全息图,但它和一般的计算全息图有明显的不同:它只记录物光波的相位,而把物光波的振幅当作常数。当物光波在全息图平面上的振幅分布近于常量,如漫散射物体的光波场,相位是其主要信息,这样是可行的。假定记录的物光波为:

$$U_o(x, y) = \tilde{U}_{o0} e^{i\phi(x,y)}。 \tag{8.6.25}$$

这是一个纯相位函数。一般计算全息图是把光波信息转化为全息图的透射率变化或干涉图形记录在胶片上,而相息图是将光波的相位信息以浮雕形式记录在胶片上。具体的制作过程是:对相位函数抽样,对抽样值取模数 $2\pi$ 的余数,即在 $0 \sim 2\pi$ 之间取值;然后,以 $M$ 级灰阶对相位值进行编码。并用精密波器将相位变化以光强形式记录在感光胶片上;曝光后的胶片经显影和漂白处理,可得到相息图。对感光胶片的曝光量、显影和漂白过程均应严格控制,才能使胶片上光学厚度的变化与所需记录的相位分布相匹配。图 8.6.8 左端是一个球面波相息图的示意图,很像光学菲涅耳透镜,它的作用与左端的平凸透镜相同。

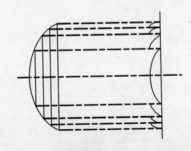

图 8.6.8 球面透镜和球面波的相息图

相息图的优点是衍射效率特别高。照明相息图后再现出单一的波面,没有共轭像或多余的衍射级次。因此,它在原理上可以看成由计算机控制制作的复杂透镜。到目前为止,相息图还只能由计算机控制产生，而不能直接应用光学的方法来实现。

# 习　题　8

8.1　证明：如果一平面物体的全息图记录在一个与物体相平行的平面内，则最后所得到的像将在一个与全息图平行的平面内。（为简单起见，可设参考光为一平面波。）

8.2　在共轴全息记录中，如果物体是透射率为 $t = t_0 + \Delta t (\Delta t \leqslant t_0)$，且高度透明的。试求：（1）用振幅为 $A$ 的平面光照射到物上，记录时全息干板 H 上的复振幅与光强分布；（2）求线性记录条件下全息图的复振幅透过率函数；（3）如用振幅为 $B$ 的平面光照射全息图，试求并分析再现的各光波场。

8.3　如图 8.3.2 所示，用两束波长为 $\lambda_0$ 的对称的相干平行光照射全息干板摄制全息光栅，经处理过，全息干板的强度透射率与曝光时的光强具有以下的线性关系：$t(x, y) = a - bI(x, y)$，其中 $a, b$ 为常数。若两束光的夹角为 $\theta$ 时，求该全息光栅的光栅常数。

8.4　如图 8.3.2 所示，物光和参考光均为平行光的平面光，对称入射到记录介质 $\Sigma$ 上，即 $\theta_\mathrm{o} = -\theta_\mathrm{r}$，两者之间的夹角为 $\theta = 2\theta$。

（1）求出全息图上干涉条纹的形状和条纹间距公式；

（2）当采用 He-Ne 激光记录时，试计算夹角为 $\theta = 1°$ 和 60° 时，条纹间距分别是多少？某感光胶片厂生产的全息记录干板，其分辨率为 3000 条/mm，试问 $\theta = 60°$ 时此干板能否记录下其干涉条纹？

（3）如图 8.3.2(b) 所示，当采用的再现光波 $U_\mathrm{c} = U_\mathrm{r}$ 时，试分析 0，±1 级衍射的出射波方向，并作图表示。

8.5　用 532 nm 激光拍摄反射全息图，全息干板乳胶厚度至少大于条纹间隔 2.5 倍，且每幅全息图占用 $\dfrac{\pi}{360}$ 的角宽度。如换作乳胶厚度为 1 μm 的全息干板，那么在同一全息干板上能记录多少幅全息图？

8.6　以一列单色平面波的传播方向平行于 $xz$ 平面并与 $z$ 轴成 $\theta$ 角，如下图所示。①写出原始光波和共轭光波的表达式，并说明其传播方向；②写出原始光波和共轭光波在 $z = 0$ 的平面上的表达式，再讨论它们的传播方向。

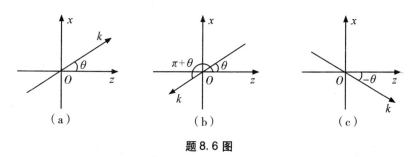

题 8.6 图

8.7　制作一全息图，记录时用的是氩离子激光器波长为 488.0 nm 的光，成像时则是用波长为 632.8 nm 的 He-Ne 激光器的光：

（1）设 $z_\mathrm{c} = \infty$，$z_\mathrm{r} = \infty$，$z_\mathrm{o} = 10$ cm，问像距 $z_\mathrm{i}$ 是多少？

(2) 设 $z_c = \infty$，$z_r = 2z_0$，$z_0 = 10$ cm，问 $z_i$ 是多少？放大率 $M$ 是多少？

8.8 用波长为 632.8 nm 的 He–Ne 激光器的光摄制一张菲涅耳全息图，已知 $z_r = -30$ cm，$z_c = 30$ cm，如果再现光仍为波长为 632.8 nm 的光，试求如下三种情形的 $z_0$：(1) 欲使再现像都是实像；(2) 欲使再现象都为虚像；(3) 欲使原始像为实像，共轭像为虚像。

8.9 证明：如果 $\lambda_2 = \lambda_1$，$z_c = z_r$，则得到一个放大率为 1 的虚像；如果 $\lambda_2 = \lambda_1$，$z_c = -z_r$，则得到一个放大率为 1 的实像。

8.10 散射物体的菲涅耳全息图的一个有趣性质是：全息图上局部区域的划痕和脏迹并不影响原始物体的再现，甚至取出全息图的一个碎片，仍能完整地再现原始物体的像。这一性质称为全息图的冗余性。

(1) 应用全息照相的基本原理，对这一性质加以说明。
(2) 碎片的尺寸对再现原始物体的质量有哪些影响？

8.11 见下图(a)，点源置于透镜前焦点，全息图可以记录透镜的像差。试证明：用共扼参考光照明[(图b)]可以补偿透镜像差，在原点源处产生一个理想的衍射斑。

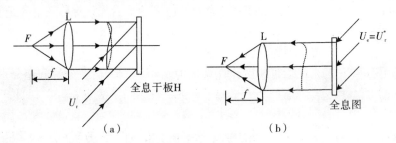

题 8.11 图

8.12 下面列举了几种底片的 MTF 的近似截止频率：

| 型号 | | 线/mm |
|---|---|---|
| Kodak | Tri-x | 50 |
| Kodak | 高反差片 | 60 |
| Kodak | SO-243 | 300 |
| Agfa | Agepam FF | 600 |

设用 632 nm 波长照明，采用无透镜傅里叶变换记录光路，参考点和物体离底片 10 cm。如果物点位于某一大小的圆（在参考点附近）之外，则不能产生对应的像点，试对每种底片估计这个圆的半径大小。

8.13 证明下图(a)和(b)的光路都可以记录物体的准傅里叶变换全息图。

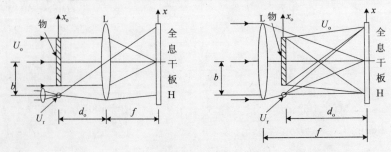

题 8.13 图

8.14  彩虹全息照相中会加入一个狭缝,这个狭缝的作用是什么?为什么彩虹全息图的色模糊主要发生在与狭缝垂直的方向上?

8.15  说明傅里叶变换全息图的记录和再现过程中,可以采用平行光入射和点光源照明两种方式,并且这两种方式是独立的。

8.16  曾有人提出用波长为 0.1 nm 的辐射来记录一张 X 射线全息图,然后用波长为 600.0 nm 的可见光来再现像。选择如下图(上部)所示的无透镜傅里叶变换记录光路,物体的宽度为 0.1 mm,物体和参考点源之间的最小距离选为 0.1 mm,以确保孪生像和"同轴"干涉分离开。X 射线底片放在离物体 2 cm 处。

(1) 投射到底片上的强度图案中的最大频率(周/mm)是多少?

(2) 假设底片分辨率足以记录所有的入射强度变化,有人提议用下图(下部)所示的通常方法来再现成像。为什么这个实验不会成功?

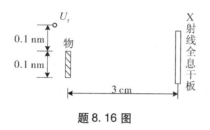

题 8.16 图

8.17  用正入射的平面参考波记录轴外物点 $U_o(0, y_o, z_o)$ 发出的球面波,用轴上同波长点源 $U_c(0, 0, z_c)$ 发出的球面波照射全息图以再现物光波波前。试求:

(1) 两个像点的位置及横向放大率 $M$;

(2) 如果 $y_o = 5$ cm,$z_o = 50$ cm,$z_c = 100$ cm,像点的位置和横向放大率以及像的虚实。

8.18  如题图所示为对称记录反射全息图的光栅结构,记录介质的折射率为 $n$,求干涉条纹间距 $d$。

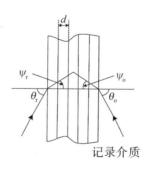

题 8.18 图

# 第 9 章 光学信息处理技术

## 9.1 引 言

所谓光学信息，是指光的振幅、强度、相位、频率（或波长）和偏振态等。光学信息处理是一个广泛的领域，是现代信息处理技术中一个重要的组成部分。通常光学信息处理是指基于光学空间频谱的分析，利用傅里叶综合技术，通过空域或频域的调制，借助空间滤波技术对光学信息进行处理，广泛应用于二维图像的处理等方面。通过光学方法对信息进行处理，还可以实现各种变换和运算等操作。

可以从不同角度对光学信息技术进行分类，如由所处理的系统是否满足线性条件，可分为线性处理技术和非线性处理技术；从使用的光源相干性可分为相干光处理、非相干光处理、部分相干光及白光处理技术。

光学信息处理是古老又崭新的技术。早在1859年，佛科(Foucault)在实验中除去直接透射光，而保留散射光或衍射光，建立了刀口检验技术。通常认为德国科学家阿贝(Abbe，1840—1905)的工作是光学信息处理的开端。在1873年，阿贝提出了二次成像理论及其相应的实验，为光学信息处理打下了一定的理论基础，是空间滤波与光学信息处理的先导。

1935年，物理学家泽尼克(Zernike，1888—1966)发明了相衬显微镜，将相位分布转化为强度分布，成功地直接观察到微小的相位物体——细菌，用光学方法实现了图像处理，解决了由于染色而导致细菌大量死亡的问题。泽尼克的成功为光学信息处理技术的发展做出了新的贡献。泽尼克因此荣获了1953年度的诺贝尔物理学奖。

1946年，法国科学家杜费(Duffieux，1891—1979)把光学成像系统看作线性滤波器，用傅里叶方法成功地分析了成像过程，发表了他的名著《傅里叶变换及其在光学中的应用》。稍后，艾里斯(Elias)等人的经典论文《光学与通信理论》、《光学处理的傅里叶方法》以及奥尼尔(O'Neil)的论文《光学中的空间滤波》相继发表，为光学信息处理提供了有力的数学工具，并为光学与通信科学的结合奠定了基础。

在20世纪50年代初期，法国科学家麦尔查(Maréchal)等利用相干光空间滤波改善照片的质量。1963年，范德拉格特(Vander Lugt)提出了复数空间滤波的概念，使光学信息处理进入了一个广泛应用的新阶段。60年代激光器的诞生和激光技术的发展，为光学信息处理提供了强有力的手段，从而使信息光学进入了一个高速发展的时期。卡充纳(Cutrona)等对综合孔径雷达收集的数据用光学方法处理得到了高分辨率的地形图。1965年，罗曼(Lohmann)和布劳恩(Brown)用计算机技术控制绘图仪制作空间滤波器，在特征识别方面得到重要的应用。

虽然在20世纪50年代初，物理学家已经越来越认识到电气工程领域的某些方面与光学有密切的关联。但直到50年代末和60年代初，通信学家才逐渐认识到，空间滤波系统可以有效地应用于更普遍的数据处理问题。从 60 年代开始，相干光学处理技术已应用于许多不同的领域，如傅里叶光谱学、地震波分析等。

激光提供了极好的相干光源，使相干光学信息处理得到了很好的发展。到 20 世纪 70 年代，人们发现了相干噪声对光信息处理的影响，因而人们随后发展了非相干光处理和白光处理技术。80 年代以后，随着高新技术的蓬勃兴起，人类进入了一个"信息爆炸时代"，要求对超大量信息具有快速处理的能力。例如，核武器设计、战略防御计划、中长期天气预报、空间技术、气体动力学、机器人视觉、人工智能等许多方面都对数据处理提出了超高速和超大容量的要求。几乎同时发展起来的电子计算机技术随着电子功能器件的日益完善，以其速度快、使用方便而一度成为信息处理的主要手段。然而，由于其自身的先天性局限，如"冯·诺依曼瓶颈"问题、RC 问题、时钟歪斜问题、电磁场干扰问题、互联带宽问题等限制，要想完成这种高速计算已显得力不从心，即使当前最先进计算机也难以满足时代提出的要求。光以其速度快、抗干扰能力强、可大量并行处理等特点逐渐显示出其独特的优越性。在光学信息处理基础上发展起来的光计算研究及其相关技术已为该领域注入了新的生命，成为十分活跃的一个学科方向。

光学信息处理的内容极其丰富，涉及的面也极其广泛。限于课程的学时，这里只讨论一些最基本、最典型的处理方法。

## 9.2 相干光信息处理

在相干光学信息处理中，光学滤波是重要的手段，为了达到某一处理目标，可设计一个合适的空间滤波器，滤波器的数学表达式称为滤波函数。空间滤波(spatial filtering)是在光学系统的空间频率平面上放置适当的滤波器，去掉或选择通过某些空间频率，或改变它们的振幅和相位，从而使平面物体的像按需要得到改善。空间滤波是基于阿贝成像原理的一种光学信息处理方法，它用空间频谱的语言分析物光场的结构信息，通过有意识地改变物频谱的手段来产生所期望的像。例如，采用滤波处理的图像，通过去除高频噪声与干扰、图像边缘增强、线性增强以及去模糊等手段，从而可以有效地改善图像的质量。

### 9.2.1 阿贝成像理论和阿贝—波特实验

1873 年阿贝在研究相干照相条件下显微镜的成像机理时，提出了一个基于波动光学，而不是几何光学的成像概念。首次提出了一个与几何光学成像传统理论完全不同的成像概念。阿贝所提出的透镜成像的原理以及随后的阿贝—波特实验在傅里叶光学早期发展历史上具有重要的地位。这些实验简单而且漂亮，对相干光成像的机理、频谱的分析和综合的原理作出了深刻的解释。同时，这种用简单模板作滤波的方法，直到今天，在图像处理中仍然有广泛的应用价值。

按照阿贝的理论，物体就相当于一个衍射光栅，因而在决定像平面上任意一特定点的复振幅时，不仅要考虑透镜的孔径上每个面元的贡献，而且还要考虑物体上每个面元的贡献。也就是说，从物到像的过程，要进行两次积分，一次是对物平面的，一次是对孔径平面的。在阿贝的理论中，先是计算物体所产生的衍射，再考虑孔径的作用。当然，也可以将次序倒过来，结果是一样的。也就是说，在相干照明下透镜成像过程可分为两步：第一步是物面上发出的光波经透镜，在其后焦面上产生夫琅禾费衍射，得到第一次衍射像；第二步根据惠更斯—菲涅耳原理，焦平面上的衍射像的各点作为新的相干波源，由它发出的次波在像面上干涉而构成物体的像，称为第二次衍射像。这就是阿贝成像原理，也常称为"阿贝二次衍射成像理论"。成像的这两个步骤本质上就是两次傅里叶变换。

图 9.2.1 是透镜二次衍射成像原理图。当光源发出的相干单色平面波平行照射到物平面 $x_o - y_o$ 上时，将会在透镜 L 的后焦面 $x_f - y_f$（也称为频谱面）上形成物的夫琅禾费衍射，即得到物的频谱，这是第一次成像过程，也就是进行了一次傅里叶变换；如果物的频谱能不加阻挡地通过系统孔径，则光波从频谱面 $x_f - y_f$ 到像平面 $x_i - y_i$ 传播时，实际上是完成了第二次夫琅禾费衍射，这等于又进行了一次傅里叶变换。当像面取反射坐标时，第二次变换可视为傅里叶逆变换。经过上述两次变换，在像面上形成的便是物体的像。

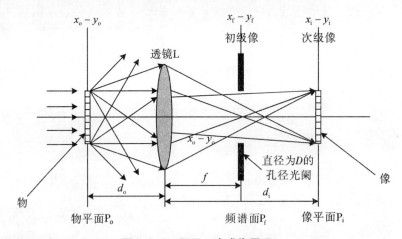

图 9.2.1 阿贝二次成像原理

对显微镜系统，物平面 $P_o$ 十分接近透镜 L 的物方焦平面。因此像距比显微镜系统中物镜的焦距 $f$，以及置于平面 $P_f$ 的孔径光阑的直径 $D$ 都要大得多，所以，从频谱平面 $P_f$ 到像平面 $P_i$ 的衍射也可看作夫琅禾费衍射，或者是从频域到空域的又一次傅里叶变换，在 $P_i$ 平面上将综合出物体的像。如果在 $P_f$ 平面上加一个掩模板，有意改变物的频谱分布，则最后综合出的像将发生相应的变化。

根据傅里叶分析可知，频谱面上光场分布与物的空间频谱结构密切相关，原点附近分布着物的低频信息，即傅里叶低频分量；离原点较远处，分布着物的较高的频率分量，即傅里叶高频分量。因此，由阿贝的二次衍射成像理论可通过频谱面的各种运算来实现像的综合，阿贝的研究工作是早期光信息处理的成功范例。现今，光学技术已得到了很好的发展，有了良好的相干光源，要从实验上验证阿贝的理论已是一个简单的实验。但在 100 多年前，这一理论经过 20 多年后，才在 1893 年由阿贝本人和 1906 年由波特通过实验得到了验证，这就是著名的阿贝—波特实验。实验时，物面采用正交光栅（即细丝网格状物），用相干单色平行光照明；频谱面上放置不同的滤波器，以改变物的频谱结构，在像面上可观察到各种与物不同的像。他们的部分实验内容及结果如图 9.2.2 所示，用相干平面波照射二维网格物体，在透镜 L 后焦面上形成网格物体的二维周期性排列的频谱。如果对各个频谱成分不加限制，经过从焦平面到像平面的二次衍射，像面上将综合出网格物体的像，如图9.2.2(a)所示。如果特意改变物的频谱，就可以得到不同的像分布。图9.2.2(b)是用水平方向的狭缝取出水平方向的频谱，综合出的像是垂直方向的一维光栅。图9.2.2(c)是滤波器是垂直狭缝时，频谱图上的纵向分布是物的横向结构的信息，综合出的像是水平方向的一维光栅。图9.2.2(d)零频分量是一个直流分量，它只代表像的本底。图9.2.2(e)阻挡零频分量，在一定条件下可使像发生衬度反转。图9.2.2(f)采用选择型滤波器，可望完全改变像的性质。上述实验现象可以用傅里叶分析方法进行解释。实验结果充分证明了阿贝成像理论的正确性，也充分证明了傅里叶分析的正确性。像的结构直接依赖于频谱的结构，只要改变频谱的组分，便能够改变像的结构，如仅允许低频分量通过时，像的边缘锐度降低；仅允许高频分量通过时，像的边缘效应增强。

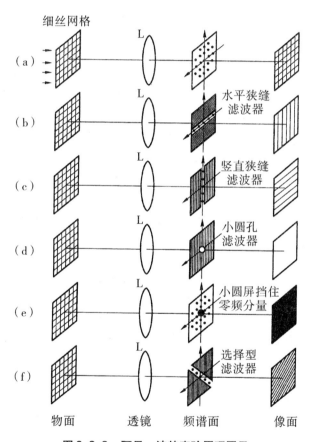

图 9.2.2　阿贝—波特实验原理图示

## 9.2.2　空间频率滤波的傅里叶分析

为了理解阿贝—波特实验，利用透镜的傅里叶变换特性可对空间滤波作傅里叶分析。假定图 9.2.1 中的物是一维矩形光栅，位于透镜的前焦面之前，到透镜的距离为 $d_o$；在透镜后 $d_i$ 处得到光栅的像。一维光栅振幅透射率函数的表达式见式(4.6.20)和(4.6.21)。若光栅的总宽度为 $L$（图9.2.3(a)），则有：

$$t(x_o) = [(1/L_0)\text{rect}(x_o/a) * \text{comb}(x_o/L_0)]\text{rect}(x_o/L)。 \tag{9.2.1}$$

用单色平面波垂直照射光栅时，光栅后表面光场的复振幅 $U'_o(x_o) = t(x_o)$，在频谱面 $P_f$ 上得到它的傅里叶变换为：

$$U_f(\xi) = F\{U'_o(x_o)\} = F\{t(x_o)\} = T_o(\xi) = \frac{aL}{L_0}\sum_{m=-\infty}^{\infty}\text{sinc}\left(\frac{am}{L_0}\right)\text{sinc}\left[L\left(\xi - \frac{m}{L_0}\right)\right]$$

$$= \frac{aL}{L_0}\left\{\text{sinc}(L\xi) + \text{sinc}\left(\frac{a}{L_0}\right)\text{sinc}\left[L\left(\xi - \frac{1}{L_0}\right)\right] + \text{sinc}\left(\frac{a}{L_0}\right)\text{sinc}\left[L\left(\xi + \frac{1}{L_0}\right)\right] + \cdots\right\}。$$
$$\tag{9.2.2}$$

式中：$\xi = x_f/(\lambda f)$，$\lambda$ 为光波的波长；$f$ 为物镜的焦距；$x_f$ 为焦平面上的位置坐标。式 (9.2.2) 中的第一项为零级谱，第二、三项分别为正、负一级谱，后面依次为高级频谱（图 9.2.3(a)）。

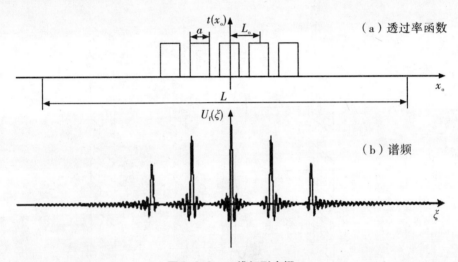

图 9.2.3 一维矩形光栅

如果不进行空间滤波，则全部频谱分量通过，输出面 $P_i$ 上光场的复振幅正比于式 (9.2.2) 的傅里叶逆变换（取反射坐标），即

$$U_i(x_i) \propto F^{-1}\{U_f(\xi)\} = \int_{-\infty}^{\infty} U_f(\xi) e^{-ik\frac{x_i}{d_i}x_f} dx_f$$

$$= \sum_{m=-\infty}^{\infty}\int_{-\infty}^{\infty}\text{sinc}\left(\frac{am}{L_0}\right)\text{sinc}\left[L\left(\frac{x_f}{\lambda f} - \frac{m}{L_0}\right)\right]e^{-ik\frac{x_i}{d_i}x_f}dx_f$$

$$= \sum_{m=-\infty}^{\infty}\text{sinc}\left(\frac{am}{L_0}\right)\int_{-\infty}^{\infty}\sum_{m=-\infty}^{\infty}\text{sinc}\left[L\left(\frac{x_f}{\lambda f} - \frac{m}{L_0}\right)\right]e^{-ik\frac{x_i}{d_i}x_f}dx_f$$

$$= \sum_{m=-\infty}^{\infty}\text{sinc}\left(\frac{am}{L_0}\right)\text{rect}\left(\frac{f}{d_i}\frac{x_i}{L}\right)e^{-i2\pi m\frac{f}{d_i}\frac{x_i}{L}}。 \tag{9.2.3}$$

如果使 $d_i = f$，这样有：

$$U_i(x_i) = \sum_{m=-\infty}^{\infty}\text{sinc}\left(\frac{am}{L_0}\right)\text{rect}\left(\frac{x_i}{L}\right)e^{-i2\pi m\frac{x_i}{L_0}} = \text{rect}\left(\frac{x_i}{L}\right)\sum_{m=-\infty}^{\infty}\text{sinc}\left(\frac{am}{L_0}\right)e^{-i2\pi m\frac{x_i}{L_0}}$$

$$= \text{rect}\left(\frac{x_i}{L}\right)\left[1 + 2\sum_{m=-\infty}^{\infty}\text{sinc}\left(\frac{am}{L_0}\right)cos\left(2\pi m\frac{x_i}{L_0}\right)\right], \tag{9.2.4}$$

即
$$U_i(x_i) = \left[\sum_{m=-\infty}^{\infty}\text{rect}\left(\frac{x_i - mL_0}{a}\right)\right]\text{rect}\left(\frac{x_i}{L}\right)。 \quad (9.2.5)$$

上式与式(9.2.1)比较是完全相同的，可见，如果不计物镜的孔径大小的效应，所有频谱参与成像，得到的像与物完全相同。

采用狭缝或开孔式二进制(0，1)光阑作为空间滤波器，这是一个通光孔，将其置于频谱面上，其振幅透射率函数为：

$$T_f(\xi) = \begin{cases} 1 & |\xi| < 1/L \\ 0 & \text{其他} \end{cases}。 \quad (9.2.6)$$

下面分四种情况来讨论。

(1) 只让零频分量通过。如果采用一个宽度小到只让零频分量通过参与像平面的成像的狭缝作滤波器，在滤波器后，仅有式(9.2.4)中的第一项通过，其余项均被挡住，因此频谱面后的光振幅为：

$$U'_f(\xi) = U_f(\xi)T_f(\xi) = \frac{aL}{L_0}\text{sinc}(L\xi)。 \quad (9.2.7)$$

对上式作傅里叶逆变换，得到像平面上的光场的振幅为：

$$U_i(x_i) = F^{-1}\{U'_f(\xi)T_f(\xi)\} = \frac{a}{L_0}\text{rect}\left(\frac{x_i}{L}\right)。 \quad (9.2.8)$$

上式表明像平面被均匀照亮，形成一个强度均匀的亮区，其振幅衰减为$a/L_0$，亮区宽度为$L$，与光栅的总宽度相同，光栅的周期性结构完全消失，这与图9.2.2(d)的实验结果相符。其原理示意图如图9.2.4(a)所示。

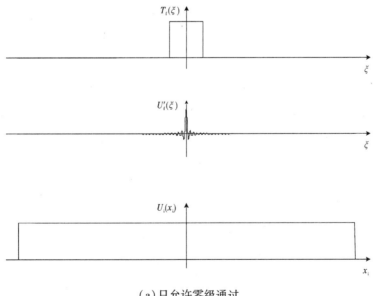

(a) 只允许零级通过

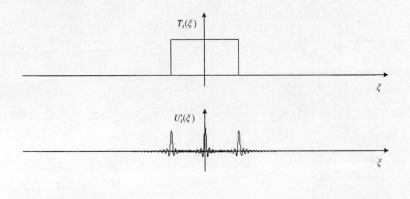
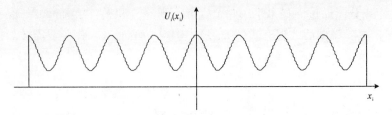

(b) 只允许零级和正、负一级谱

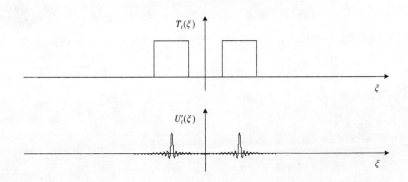
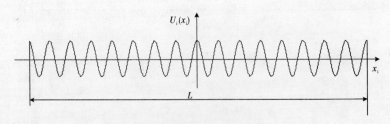

(c) 只允许正、负二级谱

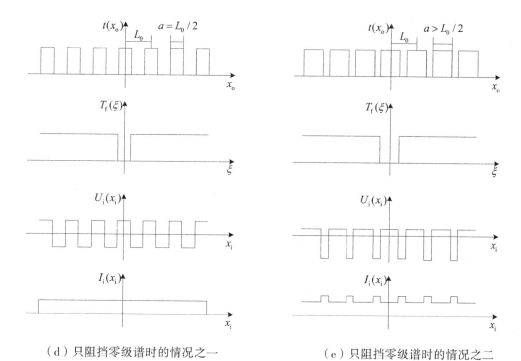

(d) 只阻挡零级谱时的情况之一　　(e) 只阻挡零级谱时的情况之二

图 9.2.4　空间滤波的作用

(2) 只让零级和正、负一级频谱分量通过。使用较宽的滤波器，以至于使滤波后的光场复振幅为式(9.2.2)的前三项到达像平面，干涉产生光栅的像。即有：

$$U'_f(\xi) = U_f(\xi) T_f(\xi)$$
$$= \frac{aL}{L_0}\left\{\text{sinc}(L\xi) + \text{sinc}\left(\frac{a}{L_0}\right)\text{sinc}\left[L\left(\xi - \frac{1}{L_0}\right)\right] + \text{sinc}\left(\frac{a}{L_0}\right)\text{sinc}\left[L\left(\xi + \frac{1}{L_0}\right)\right]\right\}. \quad (9.2.9)$$

对上式作傅里叶逆变换，得到像平面上的光场的振幅为：

$$U_i(x_i) = \frac{a}{L_0}\text{rect}\left(\frac{x_i}{L}\right) + \text{sinc}\left(\frac{a}{L_0}\right)\text{rect}\left(\frac{x_i}{L}\right)e^{i2\pi x_i/L_0} + \text{sinc}\left(\frac{a}{L_0}\right)\text{rect}\left(\frac{x_i}{L}\right)e^{-i2\pi x_i/L_0}$$
$$= \frac{a}{L_0}\left[1 + 2\text{sinc}\left(\frac{a}{L_0}\right)\cos\left(\frac{2\pi x_i}{L_0}\right)\right]\text{rect}\left(\frac{x_i}{L}\right). \quad (9.2.10)$$

分析上式可知，在零级项所贡献的本底的基础上，像与物的周期相同，但振幅分布不同，没有高频信息，强度分布被拉平，像的可见度降低，像的结构变成了余弦振幅光栅，这是由于失去高频信息而造成边缘锐度消失的缘故，如图9.2.4(b)所示。

(3) 只让二级频谱分量通过。采用双狭缝作滤波器，只允许正、负级频谱分量通过，由式(9.2.2)有：

$$U'_f(\xi) = U_f(\xi) T_f(\xi)$$
$$= \frac{aL}{L_0}\text{sinc}\left(\frac{2a}{L_0}\right)\left\{\text{sinc}\left[L\left(\xi - \frac{2}{L_0}\right)\right] + \text{sinc}\left(\frac{a}{L_0}\right)\text{sinc}\left[L\left(\xi + \frac{2}{L_0}\right)\right]\right\}. \quad (9.2.11)$$

对上式作傅里叶逆变换，得到像平面上的光场的振幅为：

$$U_i(x_i) = \frac{2a}{L_0}\text{sinc}\left(\frac{2a}{L_0}\right)\text{rect}\left(\frac{x_i}{L}\right)\cos\left(\frac{4\pi x_i}{L_0}\right). \quad (9.2.12)$$

显然，这时像的结构为余弦光栅，像振幅的周期是物周期的 1/2，即像平面线条数是物的线条数的 2 倍，实验中观察到的输出一般表现为强度分布，因而像强度分布周期应是物周期的 1/4，如图 9.2.3(c)所示。

(4) 阻挡零频分量，其他频谱分量全部通过。用一小圆屏作为滤波器，大小刚好可以只阻挡零级，而使其他频谱通过而到达像平面干涉成像。因此频谱面后的光振幅为：

$$U'_f(\xi) = U_f(\xi) T_f(\xi) = U_f(\xi) - \frac{aL}{L_0}\text{sinc}(L\xi)。 \tag{9.2.13}$$

对上式作傅里叶逆变换，即有：

$$U_i(x_i) \propto F^{-1}\{U'_f(\xi)\} = F^{-1}\{U_f(\xi)\} - F^{-1}\left\{\frac{aL}{L_0}\text{sinc}(L\xi)\right\} = t_o(x_i) - \frac{a}{L_0}\text{rect}\left(\frac{x_i}{L}\right)$$

$$= \left[\text{rect}\left(\frac{x_i}{L_0}\right) * \frac{1}{L_0}\text{comb}\left(\frac{x_i}{L_0}\right)\right]\text{rect}\left(\frac{x_i}{L}\right) - \frac{a}{L_0}\text{rect}\left(\frac{x_i}{L}\right)。 \tag{9.2.14}$$

经过傅里叶变换后，像的分布有两种可能的情况：①当 $a = L_0/2$ 时，即光栅的缝宽等于缝间不透光部分的宽(缝隙)时，直流分量为 0.5，像的振幅分布具有周期结构，其周期与物周期相同，但强度是均匀的，没有变化，看不到条纹结果，如图 9.2.4(d)所示；②当 $a > L_0/2$ 时，即光栅的缝宽大于缝间不透光部分的宽时，直流分量大于为 0.5，原来的亮区变成了暗区，暗区却变成了亮区，像的振幅分布向下错位，强度分布出现衬度反转，如图 9.2.4(e)所示。

以上理论分析与实验结果完全相符，可见利用空间滤波技术可以成功地改变像平面的光场分布，从而使用像的结构发生变化。

如果图 9.2.1 中的物是一个二维矩形光栅，位于透镜的前焦面之前，到透镜的距离为 $d_o$；在透镜后 $d_i$ 处得到光栅的像。设二维矩形光栅的透光的矩形孔的长和宽分别为 $a$ 和 $b$，两孔之间的中心距离为 $L_0$ 和 $W_0$。设其中一个矩形孔位于坐标系原点处，则其振幅透射率函数为：

$$t_0(x_o, y_o) = \text{rect}\left(\frac{x_o}{a}, \frac{y_o}{b}\right), \tag{9.2.15}$$

整个二维矩阵光栅的振幅透射率函数可用梳状函数来描述，对无限大光栅网络的情况，有：

$$t(x_o, y_o) = \text{rect}\left(\frac{x_o}{a}, \frac{y_o}{b}\right) * \text{comb}\left(\frac{x_o}{L_0}, \frac{y_o}{W_0}\right)。 \tag{9.2.16}$$

如果用单色单位振幅的相干平面波垂直入射照射光栅，则光栅后表面的光场的复振幅为：

$$U'_o(x_o, y_o) = t(x_o, y_o) = \text{rect}\left(\frac{x_o}{a}, \frac{y_o}{b}\right) * \text{comb}\left(\frac{x_o}{L_0}, \frac{y_o}{W_0}\right)。 \tag{9.2.17}$$

在频谱面 $P_f$ 上的光场复振幅分布就是 $U_o(x_o, y_o)$ 的傅里叶变换，即有：

$$U_f(\xi, \eta) = F\{U'_o(x_o, y_o)\} = C\text{sinc}(a\xi, b\eta)\text{comb}(L_0\xi, W_0\eta)。 \tag{9.2.18}$$

式中：$C$ 为一常数，上式表明，频谱面光场复振幅分布为矩孔夫琅禾费衍射图样的二维点阵。

对有限大小的光栅，可引入光瞳函数为 $P(x_o, y_o)$，则式(9.2.17)变为：

$$U'_o(x_o, y_o) = \left[\text{rect}\left(\frac{x_o}{a}, \frac{y_o}{b}\right) * \text{comb}\left(\frac{x_o}{L_0}, \frac{y_o}{W_0}\right)\right]P(x_o, y_o)。 \tag{9.2.19}$$

这时有：

$$U_f(\xi, \eta) = F\{P(x_o, y_o)\} * [C\mathrm{sinc}(a\xi, b\eta)\mathrm{comb}(L_0\xi, W_0\eta)]。 \quad (9.2.20)$$

如果在频率域内取如图 9.2.5(a) 所示的长和宽分别为 $L'$ 和 $W'$ 的狭缝式，其滤波函数为：

$$T_f(\xi, \eta) = \mathrm{rect}\left(\frac{\xi}{L'}, \frac{\eta}{W'}\right)。 \quad (9.2.21)$$

用这个二元滤波器进行滤波，置于频谱面 $P_f$ 上，则无限光栅衍射光波经过狭缝滤波后的复振幅分布为：

$$U'_f(\xi, \eta) = U_f(\xi, \eta) T_f(\xi, \eta)。 \quad (9.2.22)$$

上式所表达的滤波函数经过傅里叶逆变换后，得到像面 $P_i$ 上的光场的振幅为：

$$U_i(x_i, y_i) = F\{U'_f(\xi, \eta)\} = U_f(x_i, y_i) * t_f(x_i, y_i)。 \quad (9.2.23)$$

式中：$t_f(x_i, y_i)$ 为 $T_f(\xi, \eta)$ 的傅里叶逆变换，即

$$t_f(x_i, y_i) = F^{-1}\{T_f(\xi, \eta)\} = L'W'\mathrm{sinc}(L'x_i, W'y_i)。 \quad (9.2.24)$$

这样，式(9.2.18)变为：

$$\begin{aligned}U_f(x_i, y_i) &= F^{-1}\{C\mathrm{sinc}(a\xi, b\eta)\mathrm{comb}(L_0\xi, W_0\eta)\} \\ &= \mathrm{rect}\left(\frac{x_i}{a}, \frac{y_i}{b}\right) * \mathrm{comb}\left(\frac{x_i}{L_0}, \frac{y_i}{W_0}\right)。\end{aligned} \quad (9.2.25)$$

将式(9.2.24)和式(9.2.25)代入式(9.2.23)，可得输出面 $P_i$ 上的像光场复振幅为：

$$\begin{aligned}U_i(x_i, y_i) &= \mathrm{rect}\left(\frac{x_i}{a}, \frac{y_i}{b}\right) * \mathrm{comb}\left(\frac{x_i}{L_0}, \frac{y_i}{W_0}\right) * [L'W'\mathrm{sinc}(L'x_i, W'y_i)] \\ &= \left[\mathrm{rect}\left(\frac{x_i}{a}\right) * \mathrm{comb}\left(\frac{x_i}{L_0}\right) * L'\mathrm{sinc}(L'x_i)\right] \times \left[\mathrm{rect}\left(\frac{y_i}{a}\right) * \mathrm{comb}\left(\frac{y_i}{W_0}\right) * W'\mathrm{sinc}(W'y_i)\right]。\end{aligned}$$

$$(9.2.26)$$

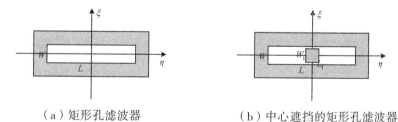

(a) 矩形孔滤波器　　　　(b) 中心遮挡的矩形孔滤波器

图 9.2.5　二元振幅滤波器

对于宽度相当窄的狭缝，即相对来说 $L' \to \infty$ 足够大，而 $W' \to 0$ 又足够小。这样，式(9.2.26)中的 $L'\mathrm{sinc}(L'x_i) = \dfrac{\sin(\pi L'x_i)}{\pi L'x_i} \to \delta(x_i)$ 趋于一个 $\delta$ 函数，所以，式(9.2.26)中乘号前的第一项为：

$$\begin{aligned}\mathrm{rect}\left(\frac{x_i}{a}\right) * \mathrm{comb}\left(\frac{x_i}{L_0}\right) * L'\mathrm{sinc}(L'x_i) &= \mathrm{rect}\left(\frac{x_i}{a}\right) * \mathrm{comb}\left(\frac{x_i}{L_0}\right) * \delta(x_i) \\ &= \mathrm{rect}\left(\frac{x_i}{a}\right) * \mathrm{comb}\left(\frac{x_i}{L_0}\right)。\end{aligned} \quad (9.2.27)$$

式(9.2.26)中乘号后面的一项，由于 $W'$ 足够小，可以认为 $W'\mathrm{sinc}(W'y_i)$ 在足够大的坐标区

间内趋于 1。显然，1 与 $\mathrm{rect}\left(\dfrac{y_\mathrm{i}}{b}\right)*\mathrm{comb}\left(\dfrac{y_\mathrm{i}}{W_0}\right)$ 的卷积仍为恒值。这样，在 $y_\mathrm{i}$ 方向上就没有光场起伏的变化，$x_\mathrm{i}$ 方向上将出现宽度为 $a$、周期为 $b$ 的垂直 $x_\mathrm{i}$ 轴的条纹。这说明，水平狭缝滤波后，得到垂直方向条纹的像结构。同理，垂直狭缝滤波后，得到水平方向条纹的像结构。由此可见，一个方向相当窄的狭缝相当一维的矩形孔。

用上述分析方法同样可以解释阿贝—波特实验中的衬度反转。这时，在频谱面内，放置了如图 9.2.5(b) 所示的空间滤波器。狭缝中心有一块长和宽分别为 $L_1'$ 和 $W_1'$ 的不透光部分。这时，滤波函数为：

$$T_\mathrm{f}(\xi,\ \eta)=\mathrm{rect}\left(\dfrac{\xi}{L'},\ \dfrac{\eta}{W'}\right)-\mathrm{rect}\left(\dfrac{\xi}{L_1'},\ \dfrac{\eta}{W_1'}\right)。 \tag{9.2.28}$$

## 9.2.3 空间滤波器的种类及应用

在光信息处理中，滤波器通常为一种模片，放置在频谱面上，使输入光信号的空间频率发生所需要的变化，进而使输出光信息，也就是通常意义上的像产生一定的变化，这样就实现了对输入光信号的处理。空间滤波器的透射率函数一般可表示为：

$$t_\mathrm{f}(x,\ y)=t_{\mathrm{f}0}(x,\ y)\mathrm{e}^{\mathrm{i}\phi(x,y)}。 \tag{9.2.29}$$

根据透射率函数的性质，滤波器分为振幅型和相位型两类，可根据需要选择不同的滤波器。

**1. 振幅型滤波器**

振幅型滤波器只改变傅里叶频谱的振幅分布，不改变它的相位分布，可用 $t_{\mathrm{f}0}(x,\ y)$ 表示。它是一个振幅分布函数，其归一化的值可在 $0\sim1$ 的范围内变化。如可以用感光胶片作为振幅滤波器，制作时按所需的函数分布控制底片的光量分布，从而使胶片的透射率变化正比于 $t_{\mathrm{f}0}(x,\ y)$，放置在频谱面的透射光场的空间频率的振幅分布得到调制。

如果振幅型滤波器的透射率只取 0 或 1 两个值，即

$$t_{\mathrm{f}0}(x,\ y)=\begin{cases}1 & \text{在某区域内}\\ 0 & \text{其他区域}\end{cases}。 \tag{9.2.30}$$

则称之为二元振幅空间滤波器。对"1"的区域，相应的空间频率的光全部通过，而"0"的区域的光全部不通过。可根据实际使用要求来改变成像系统中像场不同空间频率中的光强分布，常见的有如图 9.2.6 所示的四种。

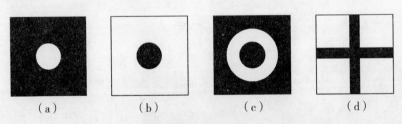

图 9.2.6 二元振幅滤波器（黑色代表"0"，白色代表"1"）

(1) 低通滤波器。用于滤去频谱面中的高频分量，只允许低谱分量通过。使用低通滤波器可以挡住高频噪声，图9.2.6(a)所示是它的一般结构，具体形状及尺寸可根据需要自行设计，以阻挡高频为目的。

低通滤波器主要用于消除图像中的高频噪声。例如，电视图像照片、新闻传真照片等往往含有密度较高的网点，这些网点通常周期短、频率高，从而使频谱分布展宽。用低通滤波器可有效地阻挡高频成分，以消除网点对图像的干扰，但由于同时损失了物的高频信息而使像边缘模糊。如图9.2.7(a)是在图像上叠加了具有光栅结构的高频噪声，把这个图像的透明片放在输入平面上，然后用准直的相干光照明，在频谱面上得到的空间频谱成分，其低频成分分布在频谱面的原点附近，高频成分则远离原点。这样，可以用一个带小孔的不透明模板，放在频谱面上，孔的中心置于坐标原点，这样，低频成分通过小孔，高频成像被阻拦，这样构成的低通滤波器，也称为针孔滤波器。这样，输出像不再带有高频成分，一张带有高频噪声的照片，经低通滤波后这种噪声被成功地消除了，滤波后的图像不再出现光栅结构，如图9.2.7(b)所示。

(a) 原始输入图像　　　　　　(b) 滤掉高频后的输出像

图9.2.7　用低通滤波器消除图像中的高频干扰

(2) 高通滤波器。用于滤除频谱面中的低频分量，允许高频分量通过。高通滤波器可以用来增强像的边缘，或实现衬度反转。其大体结构如图9.2.6(b)所示，中央光屏的尺寸由物体低频分布的宽度而定。

图9.2.8(a)和(b)分别是原始输入像和经高通滤波器后的输出像。从图中可以看出，由于图像的边缘包括较多的高频成分，滤波后的结果突出了边缘，这在图像处理中称为边缘增强。

(a) 原始输入图像　　　　　　(b) 滤掉低频后的输出像

图9.2.8　用高通滤波器处理后的图像

(3) 带通滤波器。用于选择某些空间频率分量通过，阻挡另一些频率分量，其基本形式如图9.2.6(c)所示。可用于抑制周期性号中的随机噪声、消除正交光栅上污点、缩短光栅的周期等。

(4)方向滤波器。这实际上也是一种带通滤波器，只是带有较强的方向性，用来阻挡（或允许）一定方向上的空间频率分量通过，其基本形式如图9.2.6(d)所示。方向滤波器可以用来滤掉不需要的频率，以凸显图像的某些方向性特征。

### 2. 相位型滤波器和泽尼克相衬显微镜

相位型滤波器只改变空间频率的相位分布，而相应的振幅分布不变。由于不改变振幅分布，因此入射光场的能量不会损失。相位滤波器可用于观察相位物体。所谓相位物体，是指物体本身只存在折射率的分布不均或表面高度的分布不均。相位滤波器可以将相位型物转换成强度型像的显示。

相位滤波器通常采用真空镀膜的方法制作，但工艺的限制，得到复杂的相位分布变化很困难，所以只有当所要求的相位变化相当简单时，才能成功地实现和使用。也可通过在频谱面上插入一块厚度适当的透明板，实现空间频谱分量的相位调制。

用普通显微镜将无法观察这种相位物体。只有将相位信息变换为振幅信息，才有可能用肉眼直接观察到物体。1935年泽尼克发明了相衬显微镜，解决了相位到振幅的变换。相位滤波器主要用于将相位型物转换成强度型像的显示。例如，用相衬显微镜观察透明生物切片；利用相位滤波系统检查透明光学元件内部折射率是否均匀，或检查抛光表面的质量；等等。

显微术中观察的许多物体为相位型或弱相位型（如未染色的细菌），它对入射光的效应是产生一个与空间位置有关的相移，因此，在普通的显微镜中无法直接观察。尽管已经出现了一些观察相位型物体的方法，如中心暗场法(dark field)和纹影法(schlieren)，但这些方法所观察到的强度分布与物体的相移不成线性关系，因而不能定量分析物体的相位分布。

1953年，泽尼克(Zernike)根据阿贝的二次衍射成像原理，提出了直接观察相位物体的相衬法，这种方法观察到的像强度与物体的相位呈线性关系。相衬显微镜即是根据这一原理设计的。

设相位型物体的透射率系数为：

$$t_f(x, y) = e^{i\phi(x,y)}。 \qquad (9.2.31)$$

即对光没有吸收，振幅不会发生变化，只使光经过相位物体后相位产生一个移动。用相干光照明时，设放大率为1，不考虑系统出射光瞳和入射光瞳有限大小的效应，为使强度与相位的变化成线性关系，要求物体厚度不同引起的相位的变化$\Delta\phi$远小于$2\pi$，此时透过物体的光场的振幅为：

$$U(x, y) \propto e^{i\phi(x,y)} = e^{i[\phi_0 + \Delta\phi(x,y)]} = e^{i\phi_0} e^{i\Delta\phi(x,y)}。 \qquad (9.2.32)$$

式中：$\phi_0$为光通过物体产生的平均相移。对于相位变化$\Delta\phi(x, y)$小于1 rad的弱相位物体，可对式(9.2.32)中的$e^{i\Delta\phi(x,y)}$项作泰勒展开，忽略高次项后，有：

$$e^{i\Delta\phi(x,y)} \approx 1 + i\Delta\phi(x, y)。 \qquad (9.2.33)$$

上式代入式(9.2.32)，可得：

$$U(x, y) \propto e^{i\phi_0} + i\Delta\phi(x, y)e^{i\phi_0}。 \qquad (9.2.34)$$

式中的第一项是透射光中均匀的背景，代表通过物体后产生的平均相移$\phi_0$，相当于光传播在物体平均厚度传播时引起的相移，是相对强的透射光；第二项则是较弱的偏离光轴的衍射光。两项经透镜在像平面上干涉成像。当用普通显微镜观察物体时，像的强度分布为：

$$I(x, y) = |U(x, y)|^2 = |e^{i\phi_0} + i\Delta\phi(x, y)e^{i\phi_0}|^2 = 1 + [\Delta\phi(x, y)]^2 。 \tag{9.2.35}$$

由于 $\Delta\phi(x, y)$ 是个很小的量，则其二次项 $[\Delta\phi(x, y)]^2$ 就更小，因而有：

$$I(x, y) = 1 + [\Delta\phi(x, y)]^2 \approx 1 。 \tag{9.2.36}$$

从上式可以看出，这将观察不到由 $\Delta\phi(x, y)$ 引起的衍光强。泽尼克分析其原因发现，这是由于弱的衍射项和强的背景项之间相位差为 $\pi/2$。如果改变这两项间相位上的正交关系，使之发生同相相长干涉，就可能产生与 $\Delta\phi(x, y)$ 成线性关系的像的强度变化。对式(9.2.33)作傅里叶变换，得到透射光波的频谱为：

$$U(\xi, \eta) = \delta(\xi, \eta) + i\Delta\Phi(\xi, \eta) 。 \tag{9.2.37}$$

式中：第一项是均匀背景光的频谱，它是位于显微镜后焦点的一个亮点，第二项是衍射光的频谱，表现为以后焦点为中心的一个光斑，这两项的相位正交。在频谱平面上加入一个变相板可以改变这两项之间相位上的正交关系，实现与相移 $\Delta\phi(x, y)$ 成线性关系的像的强度变化。

采用空间滤波技术，采用相位滤波器可以改变透射光两项之间的相位差，将相位的变化转换为光的强度的变化，这种变换又称为幅相变换。泽尼克认识到本底在焦面上将会聚成轴上的一个焦点，而第二项衍射光为空间频率较高的成分，它们偏离焦点散射。因此，他提出在焦平面上放一块变相板（即空间频率滤波器），调制焦点附近本底光与衍射光的相位，从而改变两者之间的相位差。简单的变相板可以在玻璃基片中心滴一小滴透明电介质溶液制成。根据变相板对物体频谱调制性质的不同，相衬技术可以分为三类：正相衬、负相衬和提高反衬度的相衬法。

（1）正相衬。用附加相移为 $\pi/2$ 的变相板为滤波器，相当于式(9.2.37)乘以相位滤波透射率函数 $t_f = e^{i\pi/2} = i$，即滤波后像的频谱为：

$$U(\xi, \eta) = i[\delta(\xi, \eta) + \Delta\Phi(\xi, \eta)] 。 \tag{9.2.38}$$

经过二次衍射成像，像面上光场的复振幅为：

$$U(x, y) = i + i\Delta\phi(x, y) 。 \tag{9.2.39}$$

强度分布为：

$$I(x, y) = |i + i\Delta\phi(x, y)|^2 = 1 + 2\Delta\phi(x, y) + \Delta\phi^2(x, y) \approx 1 + 2\Delta\phi(x, y) 。 \tag{9.2.40}$$

上式表明，观察到的像强度与物体的相位成正比，而且强度背景更亮，所以称为正相衬。

（2）负相衬。变相板引入的附加相移为 $3\pi/2$ 或 $-\pi/2$，同前面的推导一样，像面上的光强度分布为：

$$I(x, y) = |i - i\Delta\phi(x, y)|^2 \approx 1 - 2\Delta\phi(x, y) 。 \tag{9.2.41}$$

这里观察到的像强度与物体的相位之间仍成正比，但是与正相衬相比，像的强度较背景为暗，像的衬度发生了反转，称为负相衬。

无论是正相衬还是负相衬，与相位成比例的强度项 $2\Delta\phi(x, y)$ 是叠加一均匀的亮背景上，这称为明场法。由于这种相衬法原理成立的条件为 $\Delta\phi(x, y) \ll 1$，这样才可以忽略二次项 $[\Delta\phi(x, y)]^2$，所以应用明场法时，观察到的像反衬度较低。

（3）提高反衬度的相衬法。为了改善前两种方法像的对比度小的问题，以突出 $\Delta\phi(x, y)$ 引起的光强变化，可采用振幅相位复合滤波器。这种变相板除了能对中心分布的零频成分引入 $\pm\pi/2$ 的相移，对零频成分还有部分吸收。设振幅衰减系数为 $\kappa(\kappa < 1)$，按前面的分

析,有:
$$U(\xi, \eta) = i[\pm\kappa\delta(\xi, \eta) + \Delta\phi(\xi, \eta)]. \quad (9.2.42)$$

其傅里叶逆变换为:
$$U(x, y) = i[\pm\kappa + \Delta\phi(x, y)]. \quad (9.2.43)$$

像面上的强度分布可表示为:
$$I(x, y) = |i[\pm\kappa + \Delta\phi(x, y)]|^2 \approx \kappa^2 \pm 2\kappa\Delta\phi(x, y). \quad (9.2.44)$$

式中: ±分别表示正相衬和负相衬。和明场法相比,像的反衬度由 $2\Delta\phi$ 变为 $2\Delta\phi/\kappa$,即 $\kappa$ 越小,反衬度越大。特别是当 $\kappa$ 趋于零时,信号项 $2\kappa\Delta\phi$ 也相应趋于零,此时原来被略去的 $\Delta\phi^2$ 项显得重要起来,不能再略去。当 $\kappa = 0$(变相板中心完全不透光)时,像的强度可表示为:
$$I(x, y) = \Delta\phi^2(x, y). \quad (9.2.45)$$

虽然应用这种方法观察到的强度起伏较小,且不再与 $\Delta\phi(x, y)$ 保持线性关系,但由于不存在亮的背景,像的反衬度更好。这种方法称为暗场法。当 $\Delta\phi(x, y)$ 不太小时,这种方法很有实用价值。

### 3. 复数滤波器

复数滤波器对空间频率各分量的振幅和相位分布同时调制,滤波透射率函数如式(9.2.29)表示的复函数形式。它的应用很广泛,但在一般方法制造时难以用任意却简单的图样来同时控制振幅透射率和相位透射率,直到1963年由范德拉格特(Vander Lugt)用全息方法制作出一个复数空间滤波器,所以也称为全息滤波器。

### 4. 数字合成滤波器

有些空间滤波问题,其脉冲响应及滤波器函数都不是简单的函数,这时就要将系统的脉冲响应应用计算机进行快速傅里叶变换的运算,然后通过图像输出装置制作在感光板上。这种数学合成滤波器可以是透光与不透光的二元状态,也可以是具有灰度等级的多元状态,有很大的灵活性,有着广泛的应用前景。

### 5. 光学系统补偿滤波器和照片质量的改善

在20世纪50年代初,法国科学家开始用相干光滤波的方法改善照片。其中以巴黎大学研究所麦尔查(Marechal)的工作最为著名,他的工作强有力地促进了人们对光学信息处理的兴趣。麦尔查认为照片中的各种不希望有的缺陷是由产生照片的非相干成像系统的光学传递函数中相应的缺陷引起的。他推想,如果把相底片放在一个相干光学系统内,在这个系统的焦面上插入适当的衰减板和移相板,就可以合成一个补偿滤波器,从而至少能部分地消除那些不希望要的缺陷。虽然原来的成像系统的传递函数可能很差,但是这个传递函数与补偿系统的(振幅)传递函数的乘积将有希望得出一个更加令人满意的总体频率响应。他们的研究结果表明,只要衰减掉物频谱的低频分量,那么像中的微小细节就会得到强烈的突出,在消除像模糊方面也显得相当成功。这时原来的成像系统离焦很厉害,产生的脉冲响应(在几何光学近似下)是一个均匀的圆形光斑,即点扩散函数为:

$$h(r) = \frac{1}{\pi a^2}\mathrm{circ}\left(\frac{r}{a}\right)。 \tag{9.2.46}$$

式中：$a$ 为圆形光斑半径；$\frac{1}{\pi a^2}$ 为一归一化因子。将上式作傅里叶—贝塞尔变换，可得：

$$H(\rho) = B\left\{\frac{1}{\pi a^2}\mathrm{circ}\left(\frac{r}{a}\right)\right\} = \frac{1}{\pi a^2}2\pi\int_0^a rJ_0(2\pi\rho)\mathrm{d}r = 2\frac{J_1(\pi a\rho)}{\pi a\rho}。 \tag{9.2.47}$$

式中：$\rho = \sqrt{\xi^2 + \eta^2}$，是极坐标下的空间频率变量。上式所表达的传递函数的高频损失，而且在某一中间频率区域，$H$ 为负值，即传递函数的的符号发生了反转。麦尔查等人采用图 9.2.9(a) 所示的组合滤波器，放在透镜的频谱面上补偿这个带有缺陷的传递函数 $H$，补偿滤波器由安放在相干滤波系统的焦面上的一块吸收板和一块移相板组合，其中吸收板用来衰减很强的低频峰值，以提高像的对比度，突出细节。移相板使 $H$ 的第一个负瓣的相位移动 $\pi$，以纠正对比度反转。图 9.2.9(b) 表明原来的传递函数和补偿后的传递函数。这样，就可以使输出图像的像质得到一定的改善。

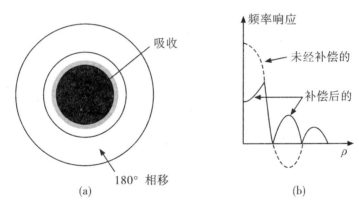

图 9.2.9　像模糊的补偿

如果用一个简单的空间滤波器，可以抑制与印刷照片的点染法相伴而来的周期结构。点染法与周期性抽样有类似之处。用这种方法印刷的图片的频谱，有一种很像的周期性结构。在滤波系统的焦平面上加一个光圈，就能够只让以零频率为中心的谐波频带通过，从而去掉图像的周期性结构，而同时让全部所需的图像数据通过。

从上述可以看出，照片质量的改善是对用非相干光折得的一幅照片通常采用相干光的系统来滤波。为了保证所用的是线性系统，从而传递函数概念维持有效，必须使被引入相干系统的振幅正比于我们要对之进行滤波的图像的强度。

## 9.2.4　基于相干照明的空间滤波系统

空间频率滤波是相干光学处理中一种最简单的方式，它利用了透镜的傅里叶变换特性，把透镜作为一个频谱分析仪，利用空间滤波的方式改变物的频谱结构，继而使像得到改善。空间滤波所使用的光学系统实际上就是一个光学频谱分析系统，其形式有许多种，介绍常见的两种类型。

### 1. 三透镜系统

相干光学信息处理系统的结构是根据具体的图像处理要求而定的，种类繁多，这里只介绍最基本的一种。由于相干处理是在频域进行调制，通常采用三透镜系统，通常称为 $4f$ 系统。三个透镜的相互关系如图 9.2.10 所示，图中 $S_0$ 为相干点源，其中 $L_1$，$L_2$，$L_3$ 分别起着准直、变换和成像的作用；滤波器置于频谱面（即变换透镜 $L_2$ 后焦面），有时为讨论方便，可令三透镜焦距均相等。$P_o$，$P_f$ 和 $P_i$ 平面分别为输入面、变换（调制）面和输出面，也可称为物面、频谱面和像面，它们的空间位置和间距如图中所示，其中 $f_1$，$f_2$，$f_3$ 分别是三个透镜的焦距。输入图像信号置于 $P_o$ 平面，由点源 S 发出的球面波经 $L_1$ 准直后垂直照明 $P_o$ 平面，在 $P_f$ 平面上将得到频谱。将 $P_i$ 平面的坐标反转，可在 $P_i$ 平面上得到频谱的傅里叶逆变换。如 $P_f$ 平面上不加任何滤波措施，$P_i$ 平面上将得到与输入图像相似的几何像。

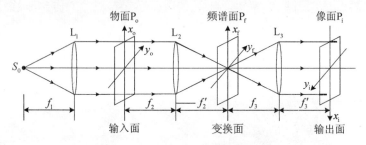

图 9.2.10　透镜光学频谱分析系统

设物的透射率为 $t(x_o, y_o)$，用振幅为 1 的单色光波照射，在 $P_f$ 平面上置一透射率为 $T_f(\xi, \eta)$ 的空间滤波器，则达到 $P_f$ 平面前的光场和 $P_f$ 平面后的光场分别为：

$$U_f = F\{t(x_o, y_o)\} = T(\xi, \eta), \tag{9.2.48}$$

$$U_f'(\xi, \eta) = T(\xi, \eta) T_f(\xi, \eta)。 \tag{9.2.49}$$

式中：$\eta = y_f/(\lambda f_2)$；$\xi = x_f/(\lambda f_2)$；$\lambda$ 为单色点光源波长；$f_2$ 是变换透镜 $L_2$ 的焦距。输出面由于实行了坐标反转（如图 9.2.10），得到的应是 $U_f'(\xi, \eta)$ 的傅里叶逆变换为：

$$U_i(x_i, y_i) = F^{-1}\{U_f'(\xi, \eta)\} = F^{-1}\{T(\xi, \eta) T_f(\xi, \eta)\}$$
$$= F^{-1}\{T(\xi, \eta)\} * F^{-1}\{T_f(\xi, \eta)\} = t(x_i, y_i) * t_f(x_f, y_f)。 \tag{9.2.50}$$

上式表明输出面得到的结果是物的几何像与滤波器逆变换的卷积，即 $P_i$ 平面上得到的是输入图像与滤波器逆变换的卷积。由此可知，改变滤波器的振幅透射率函数，可望改变几何像的结构。

### 2. 二透镜系统

如果取消准直透镜 $L_1$，直接用单色点光源照明，可以用两个透镜构成空间滤波系统。图 9.2.11 是两种二透镜系统的示意图。图 9.2.11(a) 中，单色点光源 S 与频谱面对于 $L_1$ 是一对共轭面（$1/d_o + 1/d_1 = 1/f_1$），物面和像面分别置于 $L_1$ 前焦面和 $L_2$ 后焦面。图 9.2.11(b) 所示是另一种二透镜系统，单色点光源与频谱面相对于 $L_1$ 仍保持共轭关系。物面在 $L_1$ 后紧贴透镜放置，在 $L_2$ 前紧贴透镜放置频谱面，像面和物面对于 $L_2$ 又是一对共轭面。根据透镜的傅里叶变换性质可知，与 $4f$ 系统一样，在这两种系统中，频谱面得到的是物的傅里叶谱，而像面上的光场复振幅仍满足公式(9.2.50)所示关系。实际的系统中，为了消除像差，很少使用单透镜实现傅里叶变换，而多用透镜组。

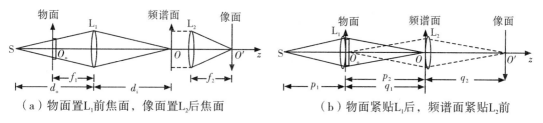

(a) 物面置$L_1$前焦面，像面置$L_2$后焦面　　(b) 物面紧贴$L_1$后，频谱面紧贴$L_2$前

图 9.2.11　二透镜空间滤波系统

## 9.2.5　多重像的产生

利用正交光栅调制输入图像的频谱，有望得到多重像的输出。设输入图像为 $U_o(x_o, y_o)$，置于 $P_o$ 平面；$P_1$ 平面放置一正交朗奇光栅，其振幅透射率为：

$$T_f(\xi,\eta) = \sum_{m=-\infty}^{\infty} \text{rect}\left(\frac{\xi - md}{d/2}\right) \sum_{n=-\infty}^{\infty} \text{rect}\left(\frac{\eta - nd}{d/2}\right)。 \quad (9.2.51)$$

式中：$d$ 为光栅常数。上式也可写成卷积形式，即为：

$$T_f(\xi, \eta) = \frac{1}{d}\text{rect}\left(\frac{\xi}{d/2}\right) * \text{comb}\left(\frac{\eta}{d}\right) \frac{1}{d}\text{rect}\left(\frac{\xi}{d/2}\right) * \text{comb}\left(\frac{\eta}{d}\right)。 \quad (9.2.52)$$

在 $P_1$ 平面后的光场将是图像频谱和光栅透射率的乘积，为：

$$U_1'(\xi, \eta) = F\{U_o(x_o, y_o)\} T_f(\xi, \eta)。 \quad (9.2.53)$$

由式(9.2.50)可知 $P_i$ 平面得到的输出光场为两者逆变换的卷积，即

$$U_i(x_i, y_i) = U_o(x_i, y_i) F^{-1}\{T_f(\xi, \eta)\}。 \quad (9.2.54)$$

将式(9.2.52)代入上式，略去繁杂的计算过程和无关紧要的常系数，最终可得到：

$$U_i(x_i,y_i) = U_o(x_i,y_i) * \sum_{m=-\infty}^{\infty}\text{sinc}\left(\frac{x_i - m/d}{2/d}\right) * \sum_{n=-\infty}^{\infty}\text{sinc}\left(\frac{y_i - n/d}{2/d}\right)。 \quad (9.2.55)$$

式中：用两项的卷积形成一个 sinc 函数的阵列，事实上它可近似地看成 δ 函数阵列，物函数与之卷积的结果是在 $P_i$ 平面上构成输入图形的多重像(图 9.2.12)。需要说明的是，上面的推导过程忽略了光栅孔径和透镜孔径的影响，但这无碍于对多重像产生过程的物理概念的理解。

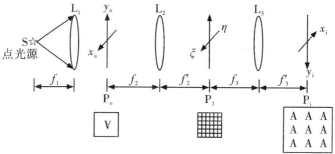

图 9.2.12　产生多重像的光学系统

## 9.3 相干光信息处理的应用

如果采用相干光照射,在空间频率滤波的基础上,通过空间频域的调制,即对输入光信号的频谱进行复空间滤波,得到所需要的输出。相干光学信息处理是光学信息处理的一个重要组成部分,有着丰富的内容,这一节对一些基本的应用作一简单的介绍。

### 9.3.1 相关光学系统

光学相关系统由光学滤波系统和频谱分析系统串联组成,如图9.3.1所示。

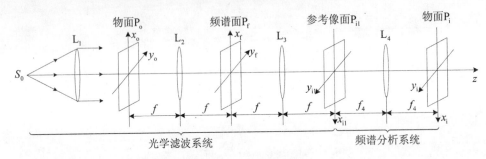

**图 9.3.1 光学相关系统**

在输入面 $P_o$ 放置一个物体,其透射率函数即输入函数为 $t_1(x_o, y_o)$,用单位振幅的轴上平行光照明,透过物体且在物面上透过光场的复振幅为:

$$U'_o(x_o, y_o) = t_1(x_o, y_o) 。 \tag{9.3.1}$$

$U'_o$ 经过透镜 $L_2$ 和 $L_3$ 之后与参考像平面 $P_{i1}$ 上的透射率函数 $t_2(x_{i1}, y_{i1})$ 相乘,若取光学滤波系统的横向放大率为1,通过参考像面 $P_{i1}$ 后的复振幅为:

$$U'_{i1}(x_{i1}, y_{i1}) = t_1(x_{i1}, y_{i1}) t_2(x_{i1}, y_{i1}) 。 \tag{9.3.2}$$

光场 $U'_{i1}$ 再经过透镜 $L_4$ 进一次傅里叶变换,这样,在 $L_4$ 的后焦面上光场的频谱为:

$$F\{U'_{i1}(x_{i1}, y_{i1})\} = F\{t_1(x_{i1}, y_{i1}) t_2(x_{i1}, y_{i1})\}$$

$$= \iint_\infty t_1(x_{i1}, y_i) t_2(x_{i1}, y_{i1}) e^{-i2\pi(x_{i1}\xi + y_{i1}\eta)} dx_{i1} dy_{i1} 。 \tag{9.3.3}$$

在输出像面 $P_i$ 的零频处,即 $\xi = 0$,$\eta = 0$ 处接收信号,则上式变为:

$$F\{U'_{i1}(x_{i1}, y_{i1})\}|_{\xi=0, \eta=0} = \iint_\infty t_1(x_{i1}, y_{i1}) t_2(x_{i1}, y_{i1}) dx_{i1} dy_{i1} 。 \tag{9.3.4}$$

如果有一光电或机械控制系统,使物 $t_1$ 以某一恒定速度 $v$ 运动,并令 $\alpha = v_{x_o} t$,$\beta = v_{y_o} t$,$v_{x_o}$,$v_{y_o}$ 分别为 $x_o$,$y_o$ 方向上的速率分量,则由式(9.3.4)可得:

$$R_{t_1 t_2}(\alpha, \beta) = \iint_\infty t_1(x_{i1} + \alpha, y_{i1} + \beta) t_2(x_{i1}, y_{i1}) dx_{i1} dy_{i1} 。 \tag{9.3.5}$$

比较式(2.6.1)关于互相关的定义可知,上式即为函数 $t_1$ 和 $t_2$ 的互相关,可见,通过上面的过程完成了两个函数的相关运算。

在实际的系统中,如果用胶片记录,则记录的光强不可能为负值,所以,就需要对输入

函数 $t_1$ 加上一直流分量 $B$,使输入函数恒满足 $B+t_1(x_o,y_o) \geq 0$。为了消除引入直流分量的影响,要在频谱面 $P_f$ 加上一个小光阑,阻止直流偏置分量的通过。

只用两个透镜也能完成两个函数的相关运算,图 9.3.2 所示是一种紧凑型光学相关系统。当物 $t_1(x_o,y_o)$ 沿 $x_o$、$y_o$ 方向分别以速度 $v_{x_o}$、$v_{y_o}$ 运动时,另一个物 $t_2(x_o,y_o)$ 紧贴物 $t_2(x_o,y_o)$ 后,这样透过物 $t_1$ 后的光场的振幅为 $t_1(x_o+\alpha,y_o+\beta)t_2(x_o,y_o)$,经过透镜 $L_2$ 后,其后焦面上的光场的振幅为:

$$F\{t_1(x_o+\alpha,y_o+\beta)t_2(x_o,y_o)\} = \iint_\infty t_1(x_o+\alpha,y_o+\beta)t_2(x_o,y_o)e^{-i2\pi(x_o\xi+y_o\eta)}dx_o dy_o。$$

(9.3.6)

在透镜 $L_2$ 的频谱面 $P_f$ 的零频处,即 $\xi=0$,$\eta=0$ 处接收信号,则由上式可得:

$$R_{t_1t_2}(\alpha,\beta) = \iint_\infty t_1(x_o+\alpha,y_o+\beta)t_2(x_o,y_o)dx_o dy_o。 \qquad (9.3.7)$$

当两个物函数相同时就得到自相关函数。显然,相关函数值取决于第一个物所移动到的位置,而且当两个函数完全重合时,即相关函数的值最大。由于互相关的值总是小于自相关的值,因此,可以用这一方法来进行图像的识别与检出。

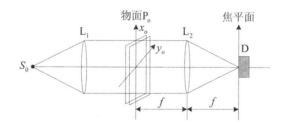

图 9.3.2　二透镜光学相关系统

## 9.3.2　图像的相加和相减

在光信息处理的实际应用中,有时需要通过不同图像的相加与相减来获取某些信息。图像相减操作在许多方面已得到应用,例如,同一地面区域不同时期拍摄的相片进行相减,可以得到地面物体变化的信息;通过对卫星拍摄的照片的相减处理,可用于监测海洋面积的改变、陆地板块移动的速度,可用于监测地壳运动的变迁(如山脉的升高或降低),还可用于对各种自然灾害灾情的监测(如森林大火、洪水等灾情的发展);对侦察卫星发回的照片进行相减操作,可提高监测敌方军事部署变化的敏感度和准确度;还可用于对人体内部器官的检查,可通过对不同时期的 X 光片进行相减处理,可及时发现病变的所在;可用于检测工件的加工,把检测工件与标准件图片相减,可检查工件外形加工是否合格,并能显示出缺陷之所在;等等。

实现图像相加和相减的方法很多,有用一维光栅进行调制的,也有用复合光栅进行调制的,还有用散斑照相方法进行调制的。这里用光栅调制为例介绍如何对两幅图像进行相加、相减。

可以采用如图 7.2.16 所示的 $4f$ 相干光学处理系统,将需要进行相加、相减两幅图像 A

和 B 相对于 $x_o$ 对称地置于 $4f$ 系统的输入面 $P_o$ 上，其中心分别位于 $x_o = \pm l$ 处，如图 9.3.3 所示。设图像 A 和 B 的透射率函数分别为 $t_{oA}(x_o - l, y_o)$ 和 $t_{oB}(x_o + l, y_o)$，用单位振幅的单色平面波垂直相干光照明时，物面后光场的复振幅为：

$$U'_o(x_o, y_o) = t_{oA}(x_o - l, y_o) + t_{oB}(x_o + l, y_o)。 \quad (9.3.8)$$

则经过透镜变换后，在频谱面上得到光场的复振幅为：

$$U_f(\xi, \eta) = F\{t_{oA}(x_o - l, y_o) + t_{oB}(x_o + l, y_o)\} = T_{oA}(\xi, \eta)e^{-i2\pi l\xi} + T_{oB}(\xi, \eta)e^{i2\pi l\xi}。 \quad (9.3.9)$$

式中：$T_{oA}(\xi, \eta)$ 和 $T_{oB}(\xi, \eta)$ 分别为 $t_{oA}(x_o, y_o)$ 和 $t_{oB}(x_o, y_o)$ 的频谱函数。

在谱频面 $P_f$ 上放一空间频率为 $l$ 的余弦光栅作为空间滤波器，其振幅透射率为：

$$T_f(\xi, \eta) = 1 + 2\cos(2\pi\xi l + \phi_0) = 1 + e^{i(2\pi\xi l + \phi_0)} + e^{-i(2\pi\xi l + \phi_0)}。 \quad (9.3.10)$$

式中：$\phi_0$ 为光栅的初相位，取决于光栅相对于坐标原点的位置，该光栅的频谱包括零级、正一级和负一级三项。频谱面后光场的复振幅为：

$$U'_f(\xi, \eta) = U_f(\xi, \eta)T_f(\xi, \eta) = [T_{oA}(\xi, \eta)e^{-i2\pi l\xi} + T_{oB}(\xi, \eta)e^{i2\pi l\xi}]$$
$$\times [1 + e^{i(2\pi l\xi + \phi_0)} + e^{-i(2\pi l\xi + \phi_0)}] = T_{oA}(\xi, \eta)e^{-i2\pi l\xi} + T_{oB}(\xi, \eta)e^{i2\pi l\xi}$$
$$+ T_{oA}(\xi, \eta)e^{i\phi_0} + T_{oB}(\xi, \eta)e^{i(4\pi l\xi + \phi_0)} + T_{oA}(\xi, \eta)e^{-i(4\pi l\xi + \phi_0)} + T_{oB}(\xi, \eta)e^{-i\phi_0}。$$
$$(9.3.11)$$

对上式作傅里叶逆变换，得到像平面上光场的复振幅为：

$$U_i(x_i, y_i) = t_{oA}(x_i - l, y_i) + t_{oB}(x_i + l, y_i) + t_{oA}(x_i - 2l, y_i)$$
$$+ t_{oB}(x_i + 2l, y_i) + t_{oA}(x_i, y_i)e^{i\phi_0} + t_{oB}(x_i, y_i)e^{-i\phi_0}。 \quad (9.3.12)$$

上式中右边包含六项，表示在像面上得到六个像。对于一个中心在 $x_o = l$ 的图像，经光栅在频域调制后，可在输出面上得到三个像，零级像位于 $x_i = l$ 处，正、负一级像对称分布于两侧，由于 $\xi$ 受 $l/(\lambda f)$ 的限制，因而必有一级像处在输出面的原点处，另一级中心在 $x_i = 2l$ 处。同理，对中心位于 $x_o = -l$ 的图像，它在输出面的三个像分别分布于 $x_i = -2l$，$-l$，0 位置。因此，A 的正一级像与 B 的负一级像在像面原点重叠。由于照明光是相干的，该处光振幅应是两者光振幅的代数和，当光栅的初始相位不同时，会得到不同的调制结果。

当 $\phi_0 = 0$ 时，式(9.3.12)变为：

$$U_i(x_i, y_i) = t_{oA}(x_i - l, y_i) + t_{oB}(x_i + l, y_i) + t_{oA}(x_i - 2l, y_i)$$
$$+ t_{oB}(x_i + 2l, y_i) + [t_{oA}(x_i, y_i) + t_{oB}(x_i, y_i)]。 \quad (9.3.13)$$

可见在输出面中心位置实现图像的相加，即调制光栅的零点位处于原点时，在像面上得到相加的结果。

当 $\phi_0 = \pi/2$ 时，式(9.3.12)变为：

$$U_i(x_i, y_i) = t_{oA}(x_i - l, y_i) + t_{oB}(x_i + l, y_i) + t_{oA}(x_i - 2l, y_i)$$
$$+ t_{oB}(x_i + 2l, y_i) + [t_{oA}(x_i, y_i) - t_{oB}(x_i, y_i)]。 \quad (9.3.14)$$

可见在输出面中心位置实现图像的相减，这时相当于调制光栅的 1/4 周期处于原点位置时，可在像面得到图像相减的结果。

把复合光栅放置在频谱面上，在适当条件下也可实现实现图像的相加、相减。设两套光栅的空间频率分别为 $\xi_0$ 和 $\xi_0 - \Delta\xi_0$，由于莫尔效应，在复合光栅表面可见到粗大的条纹结构，称为"莫尔条纹"。将图像 A，B 对称置于输入面上坐标原点两侧，间距为 $2l$，并使它满

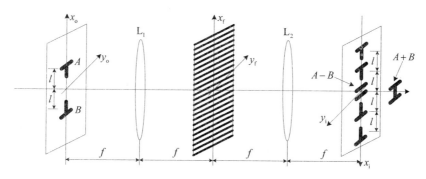

图 9.3.3　用一维光栅调制实现图像相加和相减运算

足关系式：

$$2l = \Delta \xi_0 \lambda f \text{。} \tag{9.3.15}$$

在频谱面后得到复合光栅透射率 $T_f(\xi, \eta)$ 与图像频谱的乘积为：

$$U'_f(\xi, \eta) = T(\xi, \eta) T_f(\xi, \eta) \text{。} \tag{9.3.16}$$

式中：$T$ 表示将 A，B 看成同一幅图像时的频谱。根据傅里叶变换原理，$P_i$ 平面上光场的复振幅为：

$$U_i(x_i, y_i) = F^{-1}\{T(\xi, \eta)\} * F^{-1}\{T_f(\xi, \eta)\} \text{。} \tag{9.3.17}$$

因为 $T_f(\xi, \eta)$ 由两套光栅复合而成，因而它的傅里叶逆变换应包括六项，即每套光栅都各有一个零级、一个正一级和一个负一级衍射斑，式(9.3.16)运算的结果将出现六重图像，其位置受两套光栅的空间频率和透镜焦距 $f$ 及照射光波长的制约。从式(9.3.16)容易推算出：当复合光栅相对坐标原点的位移量等于半个莫尔条纹时，两个正一级像的相位差等于 $\pi$，该处得到图像 A，B 相减的结果；当复合光栅恢复到坐标原点位置时，两个像的相位差为 0，得到图像 A，B 相加的结果。用这种方法实际图像的相加减时，待处理图像的尺寸不得大于 $2l$，否则会出现图像的重叠而干扰相减结果。

除上述两例外，图像相减操作还可用空域调制方法。例如，利用朗奇光栅对图像负片加以调制，用两次曝光法将 A，B 两个图像记录在同一张底片上。只是前、后两次曝光之间将光栅的位置横向位移半个周期。使 A，B 两个图像的相同部分维持原状，相异部分被光栅所调制，然后在频谱面上用高通滤波，可在像面上得到 A，B 的相减输出。

## 9.3.3　图像边缘增强

利用高通滤波可使像边缘增强，但由于光能量损失太大，因而使像的能见度大大降低，减弱了信号。利用光学微分法可以得到较满意的结果。人的视觉对于物的轮廓十分敏感，轮廓也是物体的重要特征之一，只要能看到轮廓线，便可大体分辨出是何种物体。因而如果将模糊图片（如透过云层的卫星照片、雾中所摄影片）进行光学微分，勾画出物体的轮廓来，便能加以识别，这在军事侦察上颇为有用。微分滤波用于相位型物体，也有应用价值。例如，可用光学微分检测透明光学元件内部缺陷或折射率的不均匀性，也可用于检测相位型光学元件的加工是否符合设计要求，等等。

光学微分的光路系统仍采用 4f 系统，将需要进行光学微分的图像 $t(x_o, y_o)$ 放置于输入面的原点位置，它的傅里叶变换为 $T(\xi, \eta)$，根据傅里叶变换的微商定理式(2.7.18)，可得 $t(x_o, y_o)$ 对 $x_o$ 的微分的傅里叶变换为：

$$F\left\{\frac{\partial t(x_o, y_o)}{\partial x_o}\right\} = \mathrm{i}2\pi\xi T(\xi, \eta) \text{。} \tag{9.3.18}$$

显然，置于频谱面上的滤波器的振幅透射率应为：

$$T_f(\xi, \eta) = \mathrm{i}2\pi\xi = \mathrm{i}2\pi\frac{x_f}{\lambda f} \text{。} \tag{9.3.19}$$

从上式可以看出，只要滤波器的振幅透射率满足正比于 $x_f$，即可达到微分的目的，就可实现光学微分。

由式(9.3.19)可知，当复合光栅中心相对于坐标原点有一位移量恰好等于半条莫尔条纹时，$T_f(\xi, \eta) \propto x_f$ 的条件成立，说明复合光栅可以起到微分滤波器的作用。由式(9.3.19)所表示的复合光栅来实现光学微分时，透射率函数可写为：

$$T_f(\xi, \eta) = 1 + \cos[2\pi(l+\varepsilon)\xi] - \cos(2\pi l\xi) \text{。} \tag{9.3.20}$$

式中：$\xi = \frac{x_f}{\lambda f}$；$l = \lambda f \xi_0$，$\xi_0$ 为其中一组光栅条纹的频率；$\varepsilon$ 为一很小的量。对式(9.3.20)作傅里叶逆变换，即可得滤波器的脉冲响应函数为：

$$t_f(x_i, y_i) = F^{-1}\{T_f(\xi, \eta)\} = \delta(x_i, y_i) + \frac{1}{2}[\delta(x_i + l + \varepsilon, y_i) - \delta(x_i + l, y_i)]$$

$$+ \frac{1}{2}[\delta(x_i - l - \varepsilon, y_i) - \delta(x_i - l, y_i)] \text{。} \tag{9.3.21}$$

将作为微分滤波器的余弦复合光栅 $T_f(\xi, \eta)$ 置于频谱面上，则输出面 $P_i$ 上的光场复振幅为：

$$U_i(x_i, y_i) = F^{-1}\{T(\xi, \eta)T_f(\xi, \eta)\} = t(x_i, y_i) * t_f(x_i, y_i) = t(x_i, y_i) * \delta(x_i, y_i)$$

$$+ \frac{1}{2}t(x_i, y_i) * [\delta(x_i + l + \varepsilon, y_i) - \delta(x_i + l, y_i)]$$

$$+ \frac{1}{2}t(x_i, y_i) * [\delta(x_i - l - \varepsilon, y_i) - \delta(x_i - l, y_i)]$$

$$= t(x_i, y_i) + \frac{1}{2}[t(x_i + l + \varepsilon, y_i) - t(x_i + l, y_i)] + \frac{1}{2} * [t(x_i - l - \varepsilon, y_i) - t(x_i - l, y_i)] \text{。}$$

$$\tag{9.3.22}$$

由微分的定义，有：

$$\frac{\partial t}{\partial x_i} = \frac{1}{\varepsilon}\{t[x_i \pm (l+\varepsilon), y_i] - t(x_i \pm l, y_i)\} \text{。} \tag{9.3.23}$$

当 $\varepsilon$ 很小时，式(9.3.23)的两项正比于沿 $x_i$ 的微分。它们的中心位于 $(\pm l, 0)$ 处。构成复合光栅的两组光栅条纹，由于频率的差以及 $\pi$ 相位差，使得输入物体经系统产生正一级或负一级像的位置略微错开后相减，就实现了微分计算，得到了边缘增强的输出图像。

图9.3.4以矩形函数为例图示了 $t(x_i, y_i)$ 和强度 $I_i(x_i, y_i)$。从图中可以看到，为了使两个微分项不与中间输入函数的像重叠在一起，参数 $l$ 或 $\xi_0$ 的取值应根据待处理图像沿 $x_i$ 方向上的宽度来确定。

置于原点的物的频谱受一个一维正弦光栅调制，在输出面可得到三个衍射像：零级像在

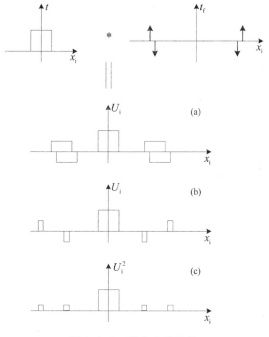

图 9.3.4　图像光学微分

原点，正、负一级像对称分布于两侧，其间距 $l$ 由光栅的空间频率 $\xi_0$ 确定：$l = \xi_0 \lambda f$，其中 $f$ 为透镜焦距。当用复合光栅调制后，除了上述的三个像外，另一套空间频率为 $\xi_0 - \Delta\xi_0$ 的光栅也将调制出三个衍射像。除零级像与前面的零级像重合外，正、负一级像也对称分布于两侧，它们的间距 $l_1$ 由这一套光栅的空间频率 $\xi_0 - \Delta\xi_0$ 决定：$l_1 = (\xi_0 - \Delta\xi_0)\lambda f$。由于 $\Delta\xi_0$ 很小，所以 $l$ 与 $l_1$ 相差也很小，使两个同级衍射像沿 $x_i$ 方向只错开很小的距离。当复合光栅位置调节适当时，可使两个同级衍射像正好相差 π 相位，相干叠加时重叠部分相消，只余下错开的部分，因为沿 $x_i$ 方向的线度很小，因而转换成强度时形成很细的亮线，构成了光学微分图形。图 9.3.5 画出了图像分别沿 $x_i$ 方向和 $y_i$ 方向进行微分的过程。

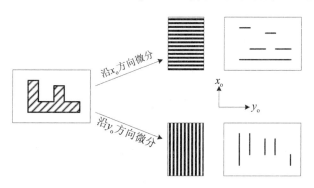

图 9.3.5　光学微分处理过程

同理，可以用二维的复合光栅滤波器实现图像的二维微分。微分滤波器还可用于对相位型物体进行光学微分，勾画出相位物的边缘。

## 9.3.4 光学图像识别

对光学图像的特征加以识别,是图像处理的一个极其重要的应用方面。这种识别大多体现在输出光信号出现较高的峰值,尽管目标本身并无明显的峰值,然而它的自相关必然出现较其他信号强得多的峰值。据此,可从众多噪声信号中识别出感兴趣的目标。特征识别的关键元件是匹配滤波器(matched filter)。特征识别的方法已有很多,这里仅介绍傅里叶变换法。

所谓匹配滤波器,是指与输入信号相匹配的滤波器。换言之,该滤波器的振幅透射率 $T_f(\xi, \eta)$ 与输入信号 $t(x_o, y_o)$ 的傅里叶变换 $T(\xi, \eta)$ 应相互共轭,即有:

$$T_f(\xi, \eta) = T^*(\xi, \eta) \tag{9.3.24}$$

将匹配滤波器置于 $4f$ 系统的 $P_f$ 平面,其后的光场复振幅为:

$$U_f = T(\xi, \eta) * T^*(\xi, \eta) \tag{9.3.25}$$

这样,像平面 $P_i$ 的复振幅为:

$$U_i(x_i, y_i) = t(x_i, y_i) * t^*(-x_i, -y_i) = t(x_i, y_i) \star t(x_i, y_i) \tag{9.3.26}$$

上式表明,在 $P_i$ 平面得到物的自相关,呈现为一个亮点。如果输入光信号 $t_o \neq t_f$,则像平面得到类似下式所示结果:

$$U_i(x_i, y_i) = t(x_i, y_i) * t_f^*(-x_i, -y_i) = t(x_i, y_i) \star t_f(x_i, y_i) \tag{9.3.27}$$

这是两个不同图像的互相关运算,在 $P_i$ 平面上呈现为一个弥散的亮斑。

匹配滤波器是物函数的傅里叶变换的复共轭,因而用全息法制作较为方便,可以用于计算全息术制作,也可用于光全息法制作。这里仅介绍用光全息制作的方法。

第一步先将与之匹配的目标物 $t(x_o, y_o)$ 制版透明片。用光全息法制作它的傅里叶变换全息图。全息图的振幅透射率函数与曝光强度成正比,可表达为:

$$T_f(\xi, \eta) = |T(\xi, \eta) U_r(\xi, \eta)|^2 = |T(\xi, \eta)|^2 \\ + U_{r0}^2 + U_{r0} T(\xi, \eta) e^{-i2\pi l\xi} + U_{r0} T^*(\xi, \eta) e^{i2\pi l\xi} \tag{9.3.28}$$

式中:$U_r$ 是平面参考光的空间频谱;$U_{r0}$ 是平面参考光的振幅;$l$ 是参考点源的位置参数。式(9.3.28)中第四项内的 $T^*$ 就是所希望的匹配滤波器的振幅透射率。显然,将这样一张傅里叶变换全息图置于滤波平面上,必将在输出面 $P_i$ 的特定位置出现识别的结果,即前面所说的自相关亮点或互相关模糊斑。

利用傅里叶变换手段进行光学图像的特征识别处理,依然可采用 $4f$ 系统。图 9.3.7 是特征识别系统示意图。

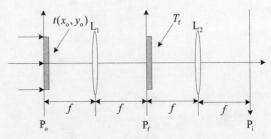

**图9.3.7** 用傅里叶变换实现特征识别的光学系统

光学图像识别的应用十分广泛。例如，已为人们熟悉的指纹识别、信息锁对"钥匙"的识别、大量文字资料中特殊信息的提取等；再如，智能机器人对目标图像的识别、智能机械手对传送带上不合格零件的识别和剔除、空中不明身份飞行物的识别（如对飞机机型、机种的快速识别）等。这都为光学图像识别带来广阔的应用前景。但值得说明的是，用傅里叶变换匹配滤波手段进行图像的特征识别处理有其局限性。由于匹配滤波器对被识别图像的尺寸缩放和方位旋转都极其敏感，因而当输入的待识别图像的尺寸和角度取向稍有偏差或滤波器自身的空间位置稍有偏移时，都会使正确匹配产生的响应急剧降低，甚至被噪声所湮没，使识别发生错误。

为了解决这一困难，多年来，研究者们又发明了多种实现特征识别的变换手段。例如，利用梅林变换解决物体空间尺寸改变的问题，利用圆谐展开解决物体的转动问题，利用哈夫变换实现坐标变换，等等。再结合傅里叶变换匹配滤波操作，使其更完善、更实用。近年来，随着空间光调制器的研究和发展，各种实时器件开始进入应用阶段，用这些器件代替特征识别系统中的全息匹配滤波器，可实现图像的实时输入、滤波和输出。现今正在兴起的神经网络型光计算，在图像识别方面将更具应用前景。

## 9.3.5 图像消模糊

使模糊图像变清晰，这在实际中是有意义的。摄影中发生了移动或由于云层或雾的干扰等，都会引起照片的模糊。利用图像消模糊操作，可恢复清晰的图像。

模糊图像可看成一个理想图像和造成像模糊的点扩散函数的卷积，可表达为：

$$U_{i模糊}(x_i, y_i) = U_{i理想}(x_i, y_i) * t_f(x_i, y_i), \tag{9.3.29}$$

消模糊过程实际上是进行图像解卷积运算，对上式作傅里叶变换可得：

$$U_{i模糊}(\xi, \eta) = U_{i理想}(\xi, \eta) T_f(\xi, \eta)。\tag{9.3.30}$$

如在 4f 系统的频谱面放置一个逆滤波器，使其透射率满足 $T_f^{-1}$，则在 $P_f$ 后得到的光场复振幅为：

$$U_f'(\xi, \eta) = U_{i理想}(\xi, \eta) T_f(\xi, \eta) T_f^{-1}(\xi, \eta) = U_{i理想}(\xi, \eta)。\tag{9.3.31}$$

显然，由于逆滤波器抵消了造成像模糊的因素，因而在输出面将得到理想图像。

$T_f^{-1}$ 可用全息方法制作，但直接制作较为困难，可通过以下变换：

$$T_f^{-1} = \frac{1}{T_f} = \frac{T_f^*}{T_f^* T_f} = \frac{T_f^*}{|T_f|^2} = T_f^* |T_f|^{-2}。\tag{9.3.32}$$

用全息方法分别制作 $T_f^*$ 和 $|T_f|^{-2}$，然后将两者对准叠合，便得到 $T_f^{-1}$。$T_f^*$ 可利用 9.3.4 中介绍的制作匹配滤波器的方法制作；$|T_f|^{-2}$ 可通过控制照相底片处理过程中的条件实现，具体方法是将照相底片置于 $t_f(x, y)$ 的频谱面上拍摄其频谱的全息图，化学处理时严格控制 $\gamma$ 值，使 $\gamma = 2$，这样便使底片透射率与 $|T_f|^{-2}$ 成正比。将两个滤波器对准叠合，即构成了所需的逆滤波器。

但是也应该看到，$t_f$ 的获得并不是容易的。仅如果事先已知形成模糊的原因（如位移速度或转动情况等），便可用数学方法得到 $t_f$。而如果事先并不知道形成模糊的原因及有关数据，则 $t_f$ 将无法得到，这就是光学消模糊技术目前还不能得到广泛应用的原因之一。另外，相干处理噪声对图像消模糊是很不利的，因而对于消模糊而言，更多采用非相干处理方法。

图像消模糊的光学装置仍采用 $4f$ 系统，$U_{i模糊}$ 置于输入面，逆滤波器 $T_f^{-1}$ 置于频谱面，在输出面上得到理想的消模糊图像。

## 9.3.6 综合孔径成像

成像分辨率的极限都是受到衍射效应的限制。直接通过增大孔径 $D$，可以在一定程度上提高成像的分辨率，但如果用小孔径系统来达到大孔径的分辨率，这就是综合孔径成像的基本思想。具体的做法是：用许多小孔径的物镜，代替一个大孔径的物镜聚光，使大孔径范围的平等光聚在焦点上。目前综合孔径成像方法有三类：①干涉法，通过测量物光场的复相干度，以获取物的信息；②孔径组合法，用多个孔透镜作为大孔径透镜的部件，取其成像的相干叠加，从而获得物的高频信息；③相干编码法，把物光波的振幅和相位分布以编码形式记录下为，再通过解码重现物体的图像。下面简单介绍一下相干编码法的一个应用，即综合孔径雷达，这是光学信息处理技术在 20 世纪 60 年代就得到成功应用的典型。

用航空摄影技术从高空拍摄地形图常会遇到很多困难，如受风、雾、云等气候因素干扰，但是如果用雷达系统"摄影"，可以避开这些难题。用机载侧视雷达系统，通过发射雷达信号，并记录从地面目标反射的作为时间函数的回波，可以精确地分辨该目标相对航线的位置。使用一个方位范围极窄的雷达波束，原则上可以分辨方位，其方位分辨率大致为 $\lambda r/D$（$\lambda$ 为雷达信号的波长，$r$ 为雷达天线到目标的距离，$D$ 为天线孔径的航向尺寸）。但是雷达图不便于应用，必须变换为光学图像才能直接观察。由于微波波长比可见光波波长大 3～4 个量级，要想使雷达图达到光学摄影所要求的高分辨率，相应地，机载天线尺寸必须达几十甚至几百米，这是无法实现的。

借助于综合孔径技术可以用有限的小尺寸天线综合出一个大孔径天线。办法是让飞机携带一个小侧视天线，在飞机运动过程中以一个较宽的雷达信号扫描地面目标，沿航线在一系列特定位置上发射雷达脉冲，这些"位置"可看成一架大的线性天线中的一个"单元"。从地面目标返回的雷达信号借助另一束频率恒定的"参考波"，将振幅和相位同时都记录下来。这样，沿航线每个位置得到的记录，可看成从线性阵列的一个单元得到的信号。用相干叠加方法对每个单元的信号进行适当处理，最后综合成一幅可变换为光学图像的高分辨率"雷达数据图"。飞机载有宽波束天线，天线固定指向与飞行航线垂直的方向。假设在两次抽样脉冲之间飞机飞过的距离小于 $\pi/\Delta p$（$\Delta p$ 是地面反射波的空间带宽）。那么，周期脉冲就可提供距离的信息和精密的方位分辨。

综合孔径雷达技术巧妙地把光学信息处理技术应用到实际中，并由此推广到逆综合孔径雷达技术。用这种处理方法可从固定的台架上或从运动的台架上获得运动目标的图像，这在实际应用中也是有意义的。

随着数字处理技术的迅速发展，将综合孔径雷达技术与数字技术相结合，用于空间技术已取得极大进展。据查，美国卫星用这一技术制作的照片，能清楚地显示出观察地区的地貌，其分辨率之高，就连飞驰在街上的小轿车都能清晰可辨。

## 9.4 非相干光信息处理

采用相干光源可以使光学系统实现许多复杂的光学图像的处理。但是由于相干光对于系统中光学元件的缺陷、尘埃、污迹等都极其敏感，因而相干系统不可避免地存在相干噪声而降低了它的处理能力。如果用非相干光源照明，则可以大大抑制相干噪声的产生，因而它也是光学信息处理中的一个重要组成部分。

由于用了非相干光源照明，使得系统中各点的光振动之间没有固定的相位差，它们是统计无关的，因而该系统对复振幅不是线性的，只对强度是线性的。大多数非相干处理系统都是根据几何光学原理设计的，因而操作较为简便。用非相干处理系统可进行图像的多种运算和处理。

### 9.4.1 相干光与非相干光处理的比较

相干光处理系统利用透镜傅里叶变换性质，能在特定平面上提供输入信息的空间频谱，在这个频谱面上放置滤波器，可以方便而巧妙地进行频域综合，实现空间滤波。然而它存在几个固有的缺点：首先是相干噪声问题。漫散表面在相干光照明下，会在输出平面产生散斑；光学元件上的灰尘、划痕及其他表面缺陷也会在输出平面上产生各种衍射图样。这些噪声明显降低了输出图像的质量。其次是输入和输出上存在问题。由于信息以光场的复振幅分布的形式在系统中传递和处理，这就妨碍了普通的阴极射线管和发光二极管阵列作为输入器件。虽然可以用照相胶片作为输入透明片，但为了消除乳胶和片基厚度变化引入的附加相位起伏，应采用专门的装置——液门(由两块光学平板组成，在两块平板之间插入胶片和注入折射率匹配油)。如果采用空间光调器来实现非相干光—相干光转换，对其光学质量和动态范围的要求十分苛刻。此外，在探测相干系统的输出时，由于只能作强度记录，失去了输出的相位信息。这一损失有时也会限制系统的应用。

非相干光处理不产生散斑效应。它对于光学元件上的灰尘或其他表面缺陷的影响也不敏感。在相干系统中，物体被单一方向波照明，物体信息承载在一个光学通道上，它对噪声很敏感。例如，透镜表面上的一粒灰尘就会挡住来自物体某一部位射来的光线，使该部位信息丢失，而在输出面产生灰尘的衍射图样。对于非相干系统，如果在某一通道中，由于透镜表面的灰尘挡掉了来自物体某一部位的信息，它还可以从另外的通道传递到输出面。显然，由于采用扩展光源，信息可以有更多的通道传输，增大了系统的冗余度，大大削弱了噪声的影响。

非相干系统的输入、输出信息都是光场的强度分布，都是实值函数。电视图像、发光二极管阵列、自发光或漫反射物体(如印有文字图像的纸张)等都可以用作输入。使用胶片时，仅考虑强度透射率，自然不受乳胶和片基厚度变化的影响，不需要使用液门，也不需要更复杂的昂贵的空间光调制器作非相干—相干光的转换。这不仅使系统用起来简便，而且大大拓宽了应用范围。一般说来，非相干系统较之相干在物理上更容易实现。

但由于输入、输出限于实的非负函数，这就为非相干系统处理双极性(具有正、负值)函数和复值函数带来了困难，需要采用一些特殊的方法。例如，为了实现极性运算，一种方法是加足够大的偏置量(均匀光强),使所有负值信号变为非负的;也可以采用多通道综合,即对信号的正、负部分分别按正函数处理,然后再用电子学方法相减,这种方法可以推广到处理复值函数。

非相干光处理系统不像相干光处理系统那样有一个频谱面,所以不便于对输入函数的频谱进行直接滤波,这是又一个主要缺点。总的说来,非相干光处理虽然比相干光处理操作简便,但它运算的灵活性远不如相干光处理。

## 9.4.2 基于衍射的非相干光处理

**1. 非相干空间滤波系统**

在相干处理系统中,可以由直接改变透镜后焦面上的振幅透射率来综合所需要的滤波操作,当使用非相干光照明时,由于非相干系统的光瞳函数和光学传统函数之间也存在一个简单的自相关函数关系,所以实现频域综合处理也是非相干处理方法之一。

在相干光学信息处理的典型 $4f$ 系统中,第一个透镜对输入物进行傅里叶变换,第二个透镜进行傅里叶逆变换。第一个透镜的后焦面即傅里叶变换域,又称为傅里叶平面或频谱面。因此,物体的傅里叶变换可以在傅里叶平面上看到。如果物体是光栅,则在傅里叶平面上可以看到各个频谱项。然后,当用非相干光源照明时,傅里叶平面上的傅里叶变换图像就消失了。这一情形与杨氏干涉仪类似,当使用非相干光照明时,杨氏条纹就消失了。这是否意味着在非相干光学系统中,不能实现空间滤波呢?下面我们可以看到,尽管傅里叶变换看不到,但仍然可以实现空间滤波。

图 9.4.1 所示为典型的非相干空间滤波系统,可以用类似于分析相干系统的方法来分析其工作原理。输入与输出强度分布间的关系可以表示为:

$$I_i(x_i, y_i) = I_o(x_o, y_o) * h_1(x_i, y_i) \tag{9.4.1}$$

式中:$h_1$ 为系统的强度点扩散函数。对上式作傅里叶变换,有:

$$I_i(\xi, \eta) = I_o(\xi, \eta) H_1(\xi, \eta) \tag{9.4.2}$$

式中:$I_i(\xi, \eta)$ 和 $I_o(\xi, \eta)$ 分别为输入和输出的归一化光强频谱;$H_1(\xi, \eta)$ 为系统光学传递函数。

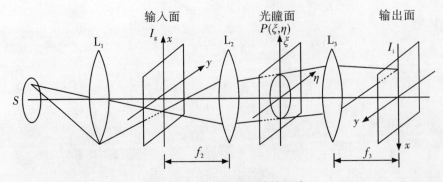

图 9.4.1 非相干空间滤波系统

非相干空间滤波器是改变输入光强频谱中各频率余弦分量的对比和相位关系。只要根据所需的输入—输出关系，在频域综合所需光学传递函数，等效于在空域综合点扩散函数，就可以实现各种形式的滤波。从点扩散函数到光学传递函数的基本概念可知，这种非相干空间滤波是基于衍射的。由式(6.4.30)，衍射受限系统的光学传递函数为：

$$H_1(\xi, \eta) = \frac{\iint_{-\infty}^{\infty} P(\lambda d_i \alpha, \lambda d_i \beta) P[\lambda d_i(\xi + \alpha), \lambda d_i(\eta + \beta)] d\alpha d\beta}{\iint_{-\infty}^{\infty} P(\lambda d_i \alpha, \lambda d_i \beta) d\alpha d\beta}。 \qquad (9.4.3)$$

因而，问题归结为：根据系统所需的光学传递函数或点扩散函数设计光瞳函数。

相干系统中有一个物理上的实实在在的频谱面，通常光瞳面（或放置其他滤波器的平面）与频谱面重合。非相干系统中关系没有这样直接，光瞳函数与传递函数之间通过自相关相联系。如果光瞳面上仅有一个简单的孔径，系统就是非相干成像系统，也可看作低通滤波器。如果光瞳面上放置其他形式的滤波器，$P$ 应该等于滤波器的透射率函数。对滤波器的位置精度要求不像相干系统那么苛刻。非相干系统的频域综合存在两个明显的缺点：首先，由于光学传递函数是自相关函数，频域综合只能实现非负的实值脉冲响应；其次，由所需的传递函数确定光瞳函数的解不是唯一的，如何由光学传递函数确定最简单的光瞳函数的步骤可能并不知道。

非相干光处理系统经常利用光学孔径（如单缝、圆孔、光栅、透镜等）所对应的夫琅禾费衍射图样的强度分布进行光的信息处理。其方法是：点物被光学系统所在的振幅像，是系统入射光瞳的光场分布（即光瞳函数）的夫琅禾费衍射的复振幅分布。光瞳函数不同，点物的像所对应的光强分布就不同。因此，通过改变光瞳函数，就可以调整点物的衍射强度分布，从而达到实现改变信息的目的，如整形、空间滤波等的处理。

### 2. 切趾术

由于非相干处理的信息是强度信息，如果用显微镜观看细小的物点，用非相干光照明时，如果两物点一强一弱，而且靠得很近，在像平面上，若较强物点的艾里斑的次极大与较弱物点的艾里斑的中央主极大重叠，这时后者就可能被前者所掩盖而误认为它不存在，如图9.4.2(a)所示。如果能用某种方法抑制强点物那个突出的次极大，那么就能使强点物附近的弱物点的像显现出来。这可以通过改变显微镜的光瞳函数来实现。如果在透镜的入射光瞳处放置一块掩模板，其透过光场分布为高斯型分布。如图9.4.3(d)上部所示矩形孔径所形成的光栅孔，即其透射率光场由中心沿半径向外逐渐减弱，结果点物像的光强分布就被"改

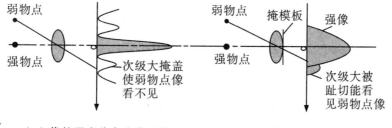

（a）像的强度分布为艾里斑　　　　（b）像的强度分布为高斯分布

图9.4.2　用切趾术实现对艾里斑的处理

造"成如图 9.4.3(d)下部和图 9.4.2(b)所示的高斯型分布。于是,原来的艾里斑的次极大处变得平坦,使邻近的弱点物的像得以显现。这就好像把艾里斑的"脚趾"给切除了一样,所以称之为切趾术(apodization)。

图 9.4.3 显示了不同衍射孔径的傅里叶光学信息处理形式,图中上排是典型的孔径,下排是对应孔径的夫琅禾费衍射的光强分布,图中的波型说明了典型的切趾术实现光学信息处理的效果。

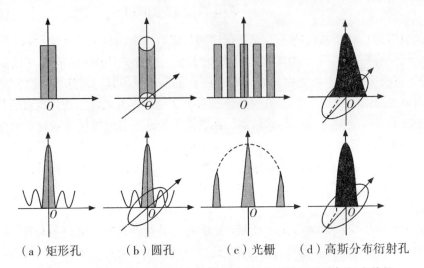

(a)矩形孔　　(b)圆孔　　(c)光栅　　(d)高斯分布衍射孔

图 9.4.3　不同衍射孔上所对应的夫琅禾费光衍射光强分布切趾术效果

在非相干成像系统中,点物在像面上的响应称为强度点扩散函数。例如对一个单透镜的成像系统,如果孔径光阑紧贴透镜放置,则孔径光阑也是出瞳。我们知道,凡在照明点源(点物看作点源)的像面上接收的衍射场都为夫琅禾费衍射,所以其强度分布就是强度点扩散函数:

$$h_I(r) = \left[\frac{2J_1(2\pi ar/\lambda d_i)}{2\pi ar/\lambda d_i}\right]^2 。 \tag{9.4.4}$$

式中:$a$ 为圆形孔径的半径,$r$ 为像面上距理想像点的距离;$d_i$ 为光瞳(出瞳)面到像面的距离,但不是一般意义下的像距;$\lambda$ 为照明光的波长。由于其中央亮斑点有绝大部分能量,根据瑞利判据,系统分辨本领完全决定于中央亮斑的半径。次级亮环的峰值仅是中央峰值的 1.75%,可以忽略它的影响。

但是,这个分辨率判据仅仅适用于分辨两个等强度的点物。如果两个点物强度差别很大,像面上亮点物产生艾里斑图样的次级亮环相对于暗点物艾里斑的峰值,就不再是可以忽略的,这会影响我们判断暗点物的存在。例如,观测天狼星附近很弱的伴星,光谱测量中观察很弱的附属谱线,就会遇到这种困难。切趾术正是为克服这一困难而提出的。

由于光瞳边界透射率呈阶跃变化,导致高级衍射环产生。要削去点扩散函数的趾部(次级亮环),应把光瞳的透射率分布改变为缓变形式。例如采用高斯型透射率,点扩散函数也将是高斯型分布,就能够满意地消除次级亮环的影响。从光学传递函数考察,这是增大低频 MTF 值,削弱高频传递能力的结果。图 9.4.4 中对切趾前后的光瞳函数、点扩散函数和 MTF 曲线作了比较。

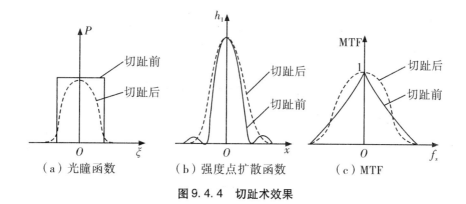

(a) 光瞳函数　　　(b) 强度点扩散函数　　　(c) MTF

图 9.4.4　切趾术效果

图 9.4.5 是实现切趾术的光学处理系统，图中 L 为望远物镜，孔径光阑 D 紧贴物镜放置，被观察的远方物体在其后焦面上产生的像是孔径函数的夫琅禾费衍射图样，其强度分布如图 9.4.4(b) 中的实线所示。为了既不增加孔径 D，又使中央亮斑之外的次极大被切掉，可在孔径处安放一片玻璃制成的很薄的平行平板 P（称为掩模板），在其上面镀上非均匀的吸收膜层，使它的振幅透射率从中心到边缘逐渐减小，呈高斯分布规律，如图 9.4.4(a) 的虚线所示。这样，孔面上光场的分布就由原来的均匀分布变成了高斯分布，所以后焦面上的衍射斑也就是高斯函数的傅里叶变换了。由第 2 章可知，它仍然是高斯分布的，如图 9.4.4(c) 所示，中央亮斑的宽度虽然略有宽，但它的边缘次极大已经被切掉了。

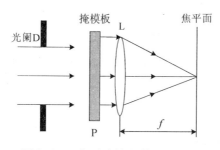

图 9.4.5　切趾术的光学处理系统

用经切趾术后的系统来观察等强度的两个点物，由于强度点扩散函数中央亮斑增宽，根据瑞利判据的规定，分辨率实际上会降低。

### 3. 功率谱相关器

图 9.4.6 所示为用于字符识别的功率谱相关器的光路图。系统的频谱面前半部是傅里叶变换器，频谱面后半部是非相干相关器。透明片放在 $P_{o1}$ 平面，用准单色光相干照明，$P_f$ 面上光场复振幅分布是 $t_1$ 的空间频谱 $T_1(\xi, \eta)$。在频谱面上放置漫射体以消除光场相干性，$P_f$ 面强度分布正比于 $t_1$ 的功率谱：

$$I_f \propto |T_1(\xi, \eta)|^2 。 \tag{9.4.5}$$

系统的后半部变为非相干空间滤波系统。光瞳平面 $P_{o2}$ 上放置振幅透射率为 $t_2(x_{o2}, y_{o2})$ 的透明片，点扩散函数为 $t_2$ 的功率谱为：

$$h_{12} \propto |T_2(\xi, \eta)|^2 。 \tag{9.4.6}$$

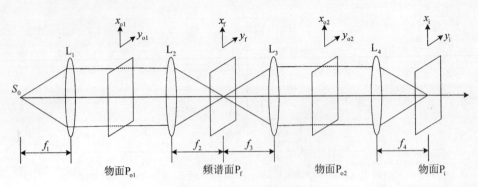

图 9.4.6 功率谱相关器

略去常系数，系统最终的输出可以写为：

$$I_i(x_i, y_i) = I_f * h_{12} = \iint_{-\infty}^{\infty} |T_1(\alpha, \beta)|^2 |T_2(\xi - \alpha, \eta - \beta)|^2 d\alpha d\beta 。 \tag{9.4.7}$$

输出强度分布是 $t_1$ 和 $t_2$ 的功率谱的卷积。如果 $t_1$ 和 $t_2$ 之一取镜面反射的几何位置放入系统，则得到 $t_1$ 和 $t_2$ 功率谱的互相关为：

$$I_i(x_i, y_i) = I \iint_{-\infty}^{\infty} |T_1(\alpha, \beta)|^2 |T_2(\alpha - \xi, \beta - \eta)|^2 d\alpha d\beta 。 \tag{9.4.8}$$

由于不同特征的信息功率谱存在差异，功率谱相关运算可实现特征识别。例如 $t_2$ 代表已知标准特征的信息，一系列待判断的信息记录在一些透明片上，顺序放入 $t_1$ 的位置。当输入与光瞳平面标准特征相同时，输出平面将产生相关峰值。

功率谱相关器的优点在于输入函数 $t_1$ 的位置变化仅在频谱中引入相位因子，对功率谱并没有影响。此外，可以用标准信号作为 $t_2$ 直接放在光瞳平面，这种简单性给我们带来极大方便。其缺点是有些字符的功率谱可能十分相似，如数字"6"和"9"，遇到这种情况就难于识别了。

**4. 衍射最小强度检出滤波器**

衍射最小强度检出滤波器也称为沃尔特(Wolter)衍射最小强度检出滤波器，是非相干衍射处理技术的一个应用例子。这种滤波器是在光瞳面上建立适当的相位分布，从而改变系统的成像性质。把一个矩形光瞳分成两半，其中一半蒸镀了产生 $\pi$ 相位差的透明薄膜。于是，光学系统的光瞳函数如图 9.4.7(a)所示，即有：

$$P(\xi) = \begin{cases} 1 & 0 < \xi < \xi_0 \\ -1 & -\xi_0 < \xi < 0 \end{cases} \tag{9.4.9}$$

这种情况下，光学系统的脉冲响应函数为：

$$h(x) = \int_{-\infty}^{\infty} P(\alpha) e^{-i2\pi\alpha(x/\lambda f)} d\alpha = \left| \int_{-\xi_0}^{0} (-1) e^{-i2\pi\alpha(x/\lambda f)} d\alpha + \int_{0}^{\xi_0} (+1) e^{-i2\pi\alpha(x/\lambda f)} d\alpha \right|$$

$$= \frac{1}{i\pi(x/\lambda f)} \{1 - \cos[2\pi\xi_0(x/\lambda f)]\} = \frac{2\sin^2[\pi\xi_0(x/\lambda f)]}{i\pi(x/\lambda f)}$$

$$= \frac{2\xi_0}{i} \frac{\sin^2[\pi\xi_0(x/\lambda f)]}{\pi\xi_0(x/\lambda f)} 。 \tag{9.4.10}$$

强度点扩散函数为：

$$h_I(x) = 4\xi_0^2 \left[ \frac{\sin^2[\pi\xi_0(x/\lambda f)]}{\pi\xi_0(x/\lambda f)} \right]^2 \text{。} \tag{9.4.11}$$

图 9.4.7(b) 显示了上式的函数图形，从图中可以看出，在 $x=0$ 处有一极锐的暗线。图 9.4.7(c) 是用式(9.4.11)算出的系统的 OTF 的形状，其特征是 $\xi$ 的中间部分下降，相位反转的高频区域却保持理想值。如果用这样的光学系统产生接近于点光源或线光源的物体像，则在像的中心将出现很窄的暗线，用它测量物体的位置特别有利。这种方法用于摄谱仪中可以求出光谱线的正确位置，而用于测量显微镜中可用来测量狭缝的小孔的位置。

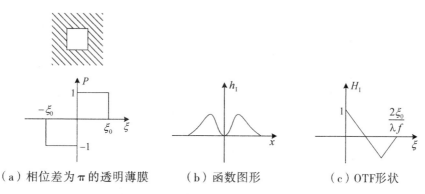

（a）相位差为 π 的透明薄膜　　（b）函数图形　　（c）OTF 形状

**图 9.4.7　衍射最小强度检出滤波器**

可以用空间—带宽积表示非相干处理系统的信息容量，即

$$SW = S_0 S_f \text{。} \tag{9.4.12}$$

式中：$S_0$ 表示输入物体的最大处理面积；$S_f$ 为系统有限通频带面积。$SW$ 实际上代表了系统能处理的物面上独立像素的数目。每一个像素由一个实数（光强值）确定，所以系统的自由度等于空间—带宽积。

### 9.4.3　基于几何光学的非相干光处理

有一些非相干处理系统完全基于几何光学原理，忽略了衍射效应。实现两个函数的卷积、相关是光学信息处理中最基本的运算。在相干光学处理系统中，这类运算是通过空间频率域的相乘运算和两次傅里叶变换完成的；在非相干光学处理系统中，按照卷积和相关运算的几何原理，利用透镜的成像性质，即可以完成这一类运算。

#### 1. 基于几何成像的光学处理系统

基于几何成像的非相干光学处理系统如图 9.4.8 所示。强度透射率为 $t_I(x,y)$ 的透明片位于输入面 $P_o$ 上。在 $P_o$ 面相对成像透镜 $L_1$ 的成像共轭面 $P_f$ 上放置强度透射率为 $h_I(x,y)$ 的透明片。$P_f$ 面经透镜 $L_2$ 之后，把透射光会聚在探测器 D 所在像面上形成缩小的像，这个透镜称为积分透镜。设用轴上平行光照明，$t_I(x,y)$ 受到均匀非相干光源照明，经透镜成像在 $P_f$ 面成像后，那么透明片 $h_I(x,y)$ 后的光强分布正比于两个函数的乘积 $t_I(x,y)h_I(x,y)$。设 $L_1$ 的横向放大率为 $-1$，那么探测器 D 所接收的总光强为：

$$I_i(0,0) = \iint_{-\infty}^{\infty} t_1(x,y) h_1(x,y) \mathrm{d}x\mathrm{d}y 。 \quad (9.4.13)$$

上式就是基于几何成像的非相干光处理的基本运算关系式，各种实际应用都是建立在此基础上的，其中应用最多的实现卷积及相关运算。

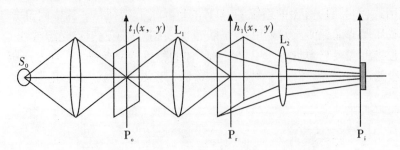

图 9.4.8　几何成像法的非相干光学处理光路

### 2. 用扫描法实现相关和卷积运算

为了实现两个函数的卷积，透明片 $t_1(x,y)$ 可不取镜面反射位置放置，并令 $t_1(x,y)$ 以恒速度 $v$ 移动，探测器的响应是时间 $\tau$ 的函数，令 $\alpha = v_x\tau$，$\beta = v_y\tau$，$v_x$，$v_y$ 分别是沿 $x$，$y$ 方向的速率分量，则探测器处的总光强为：

$$I(\alpha,\beta) = C\iint_{-\infty}^{\infty} t_1(x-\alpha, y-\beta) h_1(x,y) \mathrm{d}x\mathrm{d}y 。 \quad (9.4.14)$$

一般来说，对不同时刻 $\tau$，其输出的光强 $I(\alpha,\beta)$ 不同。

### 3. 用投影法实现相关和卷积运算

为了避免机械或电子扫描法带来的麻烦，可以采所谓的投影法来实现相关和卷积运算，这是历史上很早就被采用的一种非相干处理方法。其典型系统如图 9.4.9 所示。均匀漫射光源位于透镜 $L_1$ 前焦面，紧贴 $L_1$ 后面和紧贴 $L_2$ 前面分别放置强度透射率为 $t_1(x,y)$ 和 $h_1(x,y)$ 的透明片，两者距离为 $d$，输出平面位于 $L_2$ 的后焦面，通常在这个面上放置胶片或二维阵列检测器进行记录。

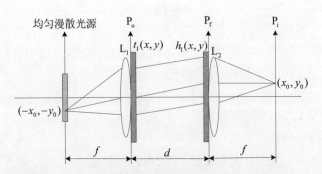

图 9.4.9　投影法实现卷积和相关的光学处理系统

考虑由光源上某一点 $(-x_0, -y_0)$ 发出的光，经透镜 $L_1$ 准直后倾斜出射后，经过第一张透明片再投影到第二张透明片上。在第二张透明片后的光强分布为 $t_1\left(x-\dfrac{d}{f}x_0, y-\dfrac{d}{f}y_0\right)h_1(x, y)$，$L_2$ 把光束会聚到输出平面的 $(x_0, y_0)$ 点，输出光强为：

$$I_i(x_0, y_0) = \iint_{-\infty}^{\infty} t_1\left(x-\frac{d}{f}x_0, y-\frac{d}{f}y_0\right)h_1(x, y)\mathrm{d}x\mathrm{d}y, \quad (9.4.15)$$

这样就实现了两个实函数的互相关运算。如果第一张输入透明片按镜面反射的几何位置放入，输出光强度为：

$$\begin{aligned}&I_i(x_0, y_0)\\&= \iint_{-\infty}^{\infty} t_1\left(\frac{d}{f}x_0-x, \frac{d}{f}y_0-y\right)h_1(x, y)\mathrm{d}x\mathrm{d}y,\end{aligned} \quad (9.4.16)$$

则实现了两个函数的卷积运算。

这种系统的优点是简单易行，可用于图像识别、图像增强等非相干处理。

基于几何成像的扫描法法和投影法并非频域综合方法，两个函数的运算是在空域进行的。两个函数在同一平面上相乘是靠成像函数或投影来实现的，因而必须假定这种过程是完善的，即忽略了衍射效应，系统完全是按几何光学原理设计的。其缺点是 $f(x, y)$ 的空间结构越细，则得到的相关值误差越大。因为从 $f(x, y)$ 到 $h(x, y)$ 完全是按几何投影考虑的，忽略了结构的衍射，而结构越细，衍射越显著，因此用这种系统处理图像的分辨率是受限制的。存在的衍射效应必定限制了系统的空间—带宽积或信息容量。因为当输入图像尺寸一定时，空间—带宽积愈大，意味着空间结构愈精细，通过第一张透明片的光衍射得愈厉害，输出将大大偏离几何光学规律给出的结果。就衍射的影响来看，投影法较之成像法更为严重。

## 9.5 部分相干光信息处理

实现部分相干光光学信息处理可以采用多种不同的原理与方法，但应用较为广泛的方法是杨振寰最早提出的消色差部分相干光处理系统，又称为白光光学处理系统。白光信息处理技术是近年来发展很快而且备受人们关注的技术。由于白光处理技术在一定程度上吸收了相干处理和非相干处理的优点，因而在应用上取得了明显的效果。

相干光学处理因其能对振幅进行运算而能完成许多复杂的信息处理工作。但其运算结果受到相干噪声的损害，正如伽伯所指出的，相干噪声是光学信息处理的主要问题。相干光源价格较为昂贵，光学处理的环境要求较为苛刻，这些因素都限制了相干处理的进一步推广。

非相干处理采用准单色扩展光源，系统线性传递的基本量是光强分布。这通常存在两方面限制：一方面是系统中没有能给出输入频谱的确定的频谱面，滤波操作不够方便和直接；另一方面是脉冲响应是非负的实函数，在实现双极性运算时就需与电子学系统结合作混合处理。

白光信息处理采用宽谱带白光光源，这不存在相干噪声，某种程度上还保留了相干处理系统对复振幅进行处理的能力，运算灵活性好。它特别适于处理彩色图像或信号，近年来受到愈来愈多的重视。白光信息处理系统采用光谱连续分布的白光点光源，同时在紧贴输入面后放置一正弦衍射光栅。这样既提高了系统的时间相干性，同时又可在频谱面上分离不同波长对应的空间频率。因此，白光信息处理系统不仅可以实现相干光处理系统的各种运算，而且可以对图像进行假色编码等。

## 9.5.1 白光处理系统的工作原理

图 9.5.1 为典型的白光信息处理系统,它类似于图 9.2.15 所示的 $4f$ 系统。图中,$S_0$ 为白光点光源,通常是白光光源经聚光镜所成的像上加小孔构成宽谱线点光源,经透镜 $L_1$ 准直后作为照明光。$P_o$,$P_f$,$P_i$ 分别为系统的输入面、频谱面和输出面。由于系统在宽谱线下工作,变换透镜 $L_2$,$L_3$ 应为严格消色差的傅里叶透镜。输入面上放置一透明物,用一光栅紧贴输入面之后,用来调制输入信号。

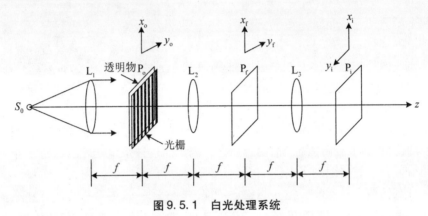

图 9.5.1 白光处理系统

白光信息处理的工作原理是按照部分相干理论中的互强度来描述光场中空间任意两点复振幅的相关程度。根据部分相干理论,对照明光源中某一确定波长 $\lambda$,由式(7.7.8)可得输入面的互强度为:

$$J(x_{o1}, y_{o1}; x_{o2}, y_{o2}) = C \iint_{-\infty}^{\infty} \delta(x_0, y_0) e^{-\frac{2\pi}{\lambda f}(\Delta x_0 x_0 + \Delta y_0 y_0)} dx_0 dy_0 = C。 \quad (9.5.1)$$

式中:$\delta(x_0, y_0)$ 为轴上点光源;$(x_{o1}, y_{o1})$ 和 $(x_{o2}, y_{o2})$ 分别表示输入面上不同的两点;$C$ 为常数因子。如果透明物的振幅透射率函数为 $t(x_o, y_o)$,紧贴其后的衍射光栅为余弦光栅,其振幅透射率函数为:

$$t_g(x_o) = 1 + \cos 2\pi \xi_0 x_o。 \quad (9.5.2)$$

式中:$\xi_0$ 为光栅的频率。假定可以忽略物体本身的色散性质,即认为对于不同波长,透射率不变。对某一波长 $\lambda$ 的载波,相应于该波长的出射互强度为:

$$\begin{aligned} J'(x_{o1}, y_{o1}; x_{o2}, y_{o2}; \lambda) &= J(x_{o1}, y_{o1}; x_{o2}, y_{o2}; \lambda) t(x_{o1}, y_{o1}) \\ &\cdot t^*(x_{o2}, y_{o2})(1 + \cos 2\pi \xi_0 x_{o1})(1 + \cos 2\pi \xi_0 x_{o2}) \\ &= C t(x_{o1}, y_{o1}) t^*(x_{o2}, y_{o2})(1 + \cos 2\pi \xi_0 x_{o1})(1 + \cos 2\pi \xi_0 x_{o2})。 \end{aligned} \quad (9.5.3)$$

这样,可得到频谱面上的互强度为:

$$\begin{aligned} &J(\xi_1, \eta_1; \xi_2, \eta_2; \lambda) \\ &= \iiint_{\infty} J'(x_{o1}, y_{o1}; x_{o2}, y_{o2}; \lambda) e^{-i2\pi(x_{o1}\xi_1 + y_{o1}\eta_1 - x_{o2}\xi_2 + y_{o2}\eta_2)} dx_{o1} dy_{o1} dx_{o2} dy_{o2} \\ &= C \iint_{\infty} t(x_{o1}, y_{o1})(1 + \cos 2\pi \xi_0 x_{o1}) e^{-i2\pi(x_{o1}\xi_1 + y_{o1}\eta_1)} dx_{o1} dy_{o1} \end{aligned}$$

$$\cdot C \iint_\infty t^*(x_{o2}, y_{o2})(1 + \cos 2\pi\xi_0 x_{o2}) e^{-i2\pi(x_{o2}\xi_2 + y_{o2}\eta_2)} dx_{o2} dy_{o2}$$
$$= [C_1 T(\xi_1, \eta_1) + C_2 T(\xi_1 - \xi_0, \eta_1) + C_3 T(\xi_1 + \xi_0, \eta_1)]$$
$$\cdot [C_1 T(\xi_2, \eta_2) + C_2 T(\xi_2 - \xi_0, \eta_2) + C_3 T(\xi_2 + \xi_0, \eta_2)]^*。 \tag{9.5.4}$$

式中：$T(\xi, \eta)$ 为 $t(x_o, y_o)$ 的傅里叶变换，频率坐标与空间坐标的关系为 $\xi = \dfrac{x_f}{\lambda f}$，$\eta = \dfrac{y_f}{\lambda f}$。当 $\xi_1 = \xi_2 = \xi$，$\eta_1 = \eta_2 = \eta$ 时，则有：

$$J(\xi, \eta; \lambda) = [C_1 T(\xi, \eta) + C_2 T(\xi - \xi_0, \eta) + C_3 T(\xi + \xi_0, \eta)]$$
$$\cdot [C_1 T(\xi, \eta) + C_2 T(\xi - \xi_0, \eta) + C_3 T(\xi + \xi_0, \eta)]^* = I_f(\xi, \eta; \lambda)。 \tag{9.5.5}$$

显然，频谱面上的复振幅为：

$$U_f(\xi, \eta; \lambda) = C_1 T(\xi, \eta) + C_2 T(\xi - \xi_0, \eta) + C_3 T(\xi + \xi_0, \eta)。 \tag{9.5.6}$$

可见，输入面和频谱面的复振幅满足傅里叶变换关系，因而这样的光信息处理系统是线性的。频谱面上的总光强为对所有波长的积分，即有：

$$I_f(\xi, \eta) = \int I_f(\xi, \eta; \lambda) d\lambda。 \tag{9.5.7}$$

由上式可以看出，频谱面上某点的光强与波长有关。由于使用了宽频谱的光源，不同波长的空间频率可能会产生重叠。±1 级谱的中心位于 $(\pm\lambda\xi_0, 0)$。假如考虑波长间隔为 $\Delta\lambda$ 两个波长 $\lambda_1$ 和 $\lambda_2$，不同波长光的 ±1 级谱存在的横向偏移量为：

$$\Delta x_f = \Delta\lambda\xi_0。 \tag{9.5.8}$$

如果输入信号的空间频率带宽为 $\Delta\xi$，不同波长的物体频谱能够分离的条件是：

$$\Delta\lambda\xi_0 \gg \Delta\xi\,\overline{\lambda\xi}, \tag{9.5.9}$$

即

$$\dfrac{\Delta\lambda}{\overline{\lambda}} \gg \dfrac{\Delta\xi}{\xi_0}。 \tag{9.5.10}$$

式中：$\overline{\lambda}$ 为平均波长。显然，只要光栅频率 $\xi_0$ 远大于输入信号的带宽 $\Delta\xi$，就可以不考虑各波长频谱间的重叠。由此可以在频谱面 $P_f$ 独立对一种或几种取离散值的波长，如同相干处理那样进行滤波操作。例如，对波长为 $\lambda_m$ ($m = 1, 2, \cdots, M$) 的物体频谱，可以采用滤波函数为 $T_{fm}\left(\dfrac{x_f - \lambda_m\xi_0}{\lambda_m\xi}, \dfrac{y_f}{\lambda_m\xi}\right)$ 的滤波器。为便于讨论，假定各个滤波器都放在同一衍射级，实现对不同波长的 +1 级谱的处理，同时挡掉其余衍射级。略去常系数，对波长 $\lambda_m$ 的谱为 $T\left(\dfrac{x_f - \lambda_m\xi_0}{\lambda_m\xi}, \dfrac{y_f}{\lambda_m\xi}\right) T_{fm}\left(\dfrac{x_f - \lambda_m\xi_0}{\lambda_m\xi}, \dfrac{y_f}{\lambda_m\xi}\right)$。对于白光光源来说，波长变化是连续的。每个滤波器在 $x_f$ 方向上对准单色光（如波长范围为 $\Delta\lambda_m$）起作用。经透镜 $L_2$ 作傅里叶逆变换，对于 $\lambda_m$ 波长的照明光，输出平面强度分布近似为：

$$\Delta I_m \approx \Delta\lambda_m |t(x_i, y_i) * t_{fm}(x_i, y_i; \lambda_m)|^2。 \tag{9.5.11}$$

式中：$t_{fm}$ 是第 $m$ 个滤波器的脉冲响应。不同波长的输出在 $P_i$ 面上按强度非相干叠加，得：

$$I(x_i, y_i) \approx \sum_{m=1}^{M} \Delta I_m = \sum_{m=1}^{M} \Delta\lambda_m |t(x_i, y_i) * t_{fm}(x_i, y_i; \lambda_m)|^2。 \tag{9.5.12}$$

更严格的讨论涉及部分相干理论，即对每种准单色场，以互强度为系统线性传递的基本量来进行分析。而对于了解白光处理的基本过程，上述近似分析已经足够了。

白光处理系统采用点源(如小孔光阑)提高空间相干性。利用光栅的色散本领,使各波长产生的信号频谱分离,以便对各波长的谱独立滤波,从而提高了时间相干性。如果在信号频谱后加滤色片,还可以进一步改善时间相干性,提高滤波器在 $x_f$ 方向滤波的精度。尽管采用了白光光源,系统的滤波操作十分类似于相干处理系统,只是最终输出是各波长输出分量的强度叠加。正因为如此,系统既具有相干系统的运算能力,又没相干噪声。

从谱面考虑,可供选择的滤波参数不仅包括振幅、相位,还包括了不同的波长(时间频率)。由于多波长传输,又增大了系统的冗余度,提高了信噪比。

事实上,几个滤波器不需要都放在同一个衍射级上。由于光栅的多级衍射(采用朗奇光栅或正交光栅),$M$ 个滤波器会有更多的位置可供选择,这相当于进一步增加了可供频域操作的通道数。当然,由于不同衍射级相对能量不同,各波长输出分量叠加时应考虑不同的比例系数。

## 9.5.2 相关检测和图像相减

可用类似于相干光处理的方法,用白光处理系统进行相关检测和图像相减。

### 1. 相关检测

用傅里叶全息方法制作匹配滤波器,其中参考光为 $U_r e^{i2\pi b\eta_m}$。对确定波长 $\lambda_m$,所对应的空间频率的空间滤波器的振幅透射率函数为:

$$T_f(\xi, \eta) \propto T^*(\xi_m, \eta_m) e^{i2\pi b\eta_m}。 \tag{9.5.13}$$

当把上述滤波器放置在 $\xi = \xi_0$ 的光栅衍射级上时,则滤波后的复振幅为:

$$U_f(\xi, \eta; \lambda) = T(\xi - \xi_0, \eta) \sum_{m=1}^{M} T_f(\xi_m - \xi_0, \eta_m)。 \tag{9.5.14}$$

输出面上光场的复振幅为:

$$U_i(x_i, y_i; \lambda) = \iint T(\xi - \xi_0, \eta) \sum_{m=1}^{M} T_f(\xi_m - \xi_0, \eta_m) e^{i2\pi(\xi x_i + \eta y_i)} d\xi d\eta。 \tag{9.5.15}$$

则光强为:

$$I_i(x_i, y_i) = \int U_i^2(x_i, y_i; \lambda) d\lambda。 \tag{9.5.16}$$

如果选择载波光栅的空间频率 $\xi_0$ 足够高,且滤波器 $T_f(\xi_m - \xi_0, \eta_m)$ 在频谱面上所占波长范围比较小,并假定不同波长之间是非相干,便可得到:

$$I_i(x_i, y_i) = \sum_{m=1}^{M} \Delta\lambda_m U_i^2(x_i, y_i; \lambda) = \sum_{m=1}^{M} \Delta\lambda_m [t_m(x_i, y_i) e^{2\pi\xi_0 x_i} \star t_m(x_i, y_i - b)]。$$
$$\tag{9.5.17}$$

即得到了输入函数的自相关项,其坐标中心位于 $(0, b)$ 附近。由此,可实现信号的相关检测。

### 2. 图像相减

设两幅透射率函数分别为 $t_1$ 和 $t_2$ 的相减图像沿 $y_0$ 方向相距 $2l$ 放置在输入面上,并紧贴输入物体放置空间频率为 $\xi_0$ 的余弦光栅。这样，透过输入面光场的复振幅为：

$$U_o(x_o, y_o) = [t_1(x_o, y_o - l) + t_2(x_o, y_o + l)][1 + \cos(2\pi\xi_0 x_o)]; \quad (9.5.18)$$

相应于波长 $\lambda$ 的频谱面上光场的复振幅为：

$$U_f(\xi, \eta; \lambda) = T_1(\xi, \eta)e^{-i2\pi l\eta} + T_2(\xi, \eta)e^{i2\pi l\eta} + T_1(\xi - \xi_0, \eta)e^{-i2\pi l\eta}$$
$$+ T_2(\xi - \xi_0, \eta)e^{i2\pi l\eta} + T_1(\xi + \xi_0, \eta)e^{-i2\pi l\eta} + T_2(\xi + \xi_0, \eta)e^{i2\pi l\eta}。 \quad (9.5.19)$$

当在 $\xi = \xi_0$ 处放置频率为 $\eta$、振幅透射率函数为 $T_f(\eta) = 1 + \sin(2\pi l\eta)$ 的正弦光栅作为滤波器，并设滤波器在频谱面上所占波长范围 $\Delta\lambda$ 很小，则透过频谱面光场的复振幅为：

$$U_f(\xi, \eta) \approx \Delta\lambda[T_1(\xi - \xi_0, \eta)e^{-i2\pi l\eta} + T_2(\xi - \xi_0, \eta)e^{i2\pi l\eta}]T_f(\eta)$$
$$= \Delta\lambda\left\{T_1(\xi - \xi_0, \eta)e^{-i2\pi l\eta} + T_2(\xi - \xi_0, \eta)e^{i2\pi l\eta}\right.$$
$$\left. - \frac{i}{2}T_1(\xi - \xi_0, \eta)e^{-i2\pi l\eta}(e^{i2\pi l\eta} - e^{-i2\pi l\eta}) - \frac{i}{2}T_2(\xi - \xi_0, \eta)e^{i2\pi l\eta}(e^{i2\pi l\eta} - e^{-i2\pi l\eta})\right\}$$
$$= \Delta\lambda\left\{T_1(\xi - \xi_0, \eta)e^{-i2\pi l\eta} + T_2(\xi - \xi_0, \eta)e^{i2\pi l\eta} + \frac{i}{2}[T_2(\xi - \xi_0, \eta) - T_1(\xi - \xi_0, \eta)]\right.$$
$$\left. + \frac{i}{2}T_1(\xi - \xi_0, \eta)e^{-i4\pi l\eta} - \frac{i}{2}T_2(\xi - \xi_0, \eta)e^{i4\pi l\eta}\right\}。 \quad (9.5.20)$$

输出面上的复振幅为：

$$U_i(x_i, y_i) \approx \Delta\lambda\left\{t_1(x_i, y_i - l) + t_2(x_i, y_i + l)\right.$$
$$\left. + \frac{i}{2}[t_2(x_i, y_i) - t_1(x_i, y_i)] + \frac{i}{2}[t_1(x_i, y_i - 2l) - t_2(x_i, y_i + 2l)]\right\}e^{i2\pi\xi_0 x_i}。 \quad (9.5.21)$$

式中第一个方括号内为 $t_1$ 和 $t_2$ 相减的结果，其中心位于光轴之上。如果将滤波光栅在频谱面上沿 $\eta$ 方向移动 1/4 周期，则有 $T_f(\eta) = 1 + \cos(2\pi l\eta)$，这样便可得到 $t_1$ 和 $t_2$ 相加的结果。

## 9.5.3 黑白图像的假彩色编码

人的视觉对灰阶的分辨率不超过 15~20 个层次，但对彩色层次的分辨能力高得多。假彩色编码就是人为地赋予黑白图像以各种色彩的一种技术。它对遥感图像、医学图像的判读和分析有着重要意义。

假彩色编码的实质是把一个光强度调制的信号变换为不同波长调制，或者说不同时间频率调制的信号。信息的内容不变，但存在形式发生了变化。如果直接对信号透明片上不同光密度赋予不同色彩，则是等密度假彩色编码；如果对信号所包含的不同空间频率成分赋予不同色彩，则是等空间频率假彩色编码。

### 1. 等空间频率假彩色编码

将密度分布即复振幅透射率为 $t_o(x_o, y_o)$ 的黑白透明片与正交二维光栅叠在一起放置在白光处理系统的输入面上。正交二维光栅的透射率函数为：

$$t_g(x_o, y_o) = 1 + \frac{1}{2}\cos 2\pi\xi_0 x_o + \frac{1}{2}\cos 2\pi\eta_0 y_o。 \quad (9.5.22)$$

式中：$\xi_0$，$\eta_0$ 分别是光栅在 $x_o$，$y_o$ 方向上的空间频率。对某一波长 $\lambda$，光栅后的光场的复振幅为：

$$U'_o(x_o, y_o) = t_o(x_o, y_o) t_g(x_o, y_o)。 \tag{9.5.23}$$

在频谱面上相应于该波长的光场的复振幅为：

$$U_f(\xi, \eta) = T(\xi, \eta; \lambda)$$
$$+ \frac{1}{4}[T(\xi-\xi_0, \eta) + T(\xi+\xi_0, \eta) + T(\xi, \eta-\eta_0) + (\xi, \eta+\eta_0)]。 \tag{9.5.24}$$

式中：$T(\xi, \eta)$ 为输入信号 $t_o(x_o, y_o)$ 的频谱，$\xi = \dfrac{x_f}{\lambda f}$，$\eta = \dfrac{y_f}{\lambda f}$。

白光照明下，由于光栅的调制作用，沿 $x_f$，$y_f$ 轴出现了四个呈彩虹颜色的信号一级谱。因为 $\xi = \dfrac{x_f}{\lambda f}$，$\eta = \dfrac{y_f}{\lambda f}$，相应不同波长 $\lambda$ 的空间频率的位置不同，各一级衍射谱呈彩虹状，所以可用如图 9.5.2 所示的一维空间滤波器来进行假彩色化，如果低频和高频分别为蓝色和红色，此时，透过频谱面的复振幅为：

$$U_f(\xi, \eta) = T_R(\xi-\xi_0, \eta)T_{f1}(\eta) + T_R(\xi, \eta-\eta_0)T_{f1}(\xi)$$
$$+ T_B(\xi+\xi_0, \eta)T_{f2}(\eta) + T_B(\xi, \eta+\eta_0)T_{f2}(\xi)。 \tag{9.5.25}$$

式中：$T_R$ 和 $T_B$ 分别为选择的红色及蓝色信号谱；$T_{f1}$ 和 $T_{f2}$ 为一维的空间滤波器。这样，输出面上相应的复振幅为：

$$U_i(x_i, y_i; \lambda) = \iint [T_R(\xi-\xi_0, \eta)T_{f1}(\eta) + T_R(\xi, \eta-\eta_0)T_{f1}(\xi)]d\xi d\eta$$
$$+ \iint [T_B(\xi+\xi_0, \eta)T_{f2}(\eta) + T_B(\xi, \eta+\eta_0)T_{f2}(\xi)]d\xi d\eta。 \tag{9.5.26}$$

如果二维光栅的空间频率 $\xi_0$，$\eta_0$ 足够高，则输出面上的光强分布近似为：

$$I_i(x_i, y_i) \approx \Delta\lambda_R |t_R(x_i, y_i)e^{i2\pi\xi_0 x_i} * t_{f1}(y_i) + t_R(x_i, y_i)e^{i2\pi\eta_0 y_i} * t_{f1}(x_i)|^2$$
$$+ \Delta\lambda_B |t_B(x_i, y_i)e^{i2\pi\xi_0 x_i} * t_{f2}(y_i) + t_B(x_i, y_i)e^{i2\pi\eta_0 y_i} * t_{f2}(x_i)|^2。 \tag{9.5.27}$$

式中：$\Delta\lambda_R$ 和 $\Delta\lambda_B$ 分别为信号的红色和蓝色光谱密度；$t_{f1}$，$t_{f2}$ 分别为 $T_{f1}$，$T_{f2}$ 的脉冲响应。也就是说，在频谱面上安放高、低通滤波器，使某一颜色的低频成分和另一颜色的高频成分通过，输出平面上物体的低频和高频信息将呈现出不同颜色，即由两个非相干的像在输出面上合成了彩色编码的像。如果采用各种带通滤波器让不同颜色通过，就可以得到色彩更丰富的假彩色图像。

### 2. 等密度假彩色编码

黑白透明片和正交光栅仍如上例放在白光处理系统的输入平面 $x_o$-$y_o$ 上，在频谱面 $x_f$-$y_f$ 两个呈彩虹颜色的一级谱处放置滤波器，其中红色滤波器是一个简单的红滤色片，另一个绿色滤波器是由一个绿色滤波片和红色频带中心位置的 $\pi$ 相位滤波器组成，如图 9.5.3 所示。让红色和绿色波长相应的频谱能通过系统，同时遮挡掉其他波长的信号频谱，并在绿色频谱带中心放置 $\pi$ 相位滤波器，以产生对比反转的负像。像面 $x_i$-$y_i$ 上，绿色负像和红色正像重合在一起，强度叠加的结果给出等密度假彩色编码像，并随着密度变化呈现出不同颜色。

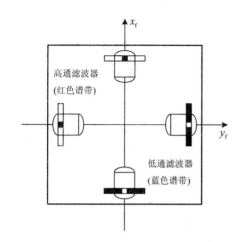

图9.5.2 等空间频率假彩色编码的滤波器

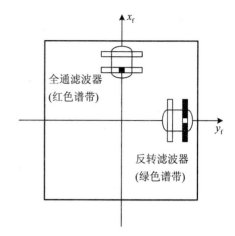

图9.5.3 等密度假彩色编码的滤波器

红色滤波器和带 $\pi$ 相位滤波器的绿色滤波器的数学表达式分别为：

$$T_f(\xi) = \begin{cases} -1 & \xi = 0 \\ 1 & 其他 \end{cases}, \tag{9.5.28}$$

$$T_f(\eta) = \begin{cases} -1 & \eta = 0 \\ 1 & 其他 \end{cases}. \tag{9.5.29}$$

于是在频谱面上滤波后的光场的频谱分布为：

$$U_f(\xi, \eta; \lambda) = T_R(\xi - \xi_0, \eta) + T_R(\xi, \eta - \eta_0) + T_G(\xi - \xi_0, \eta) T_f(\eta)$$
$$+ T_G(\xi, \eta - \eta_0) T_f(\xi). \tag{9.5.30}$$

这样，在输出面上的复振幅为：

$$U_i(x_i, y_i; \lambda) = F\{T_R(\xi - \xi_0, \eta) + T_R(\xi, \eta - \eta_0)\}$$
$$+ F\{T_G(\xi - \xi_0, \eta) T_f(\eta) + T_G(\xi, \eta - \eta_0) T_f(\xi)\}. \tag{9.5.31}$$

如果光栅频率足够高，则上式可近似为：

$$U_i(x_i, y_i; \lambda) = (e^{i2\pi\xi_0 x_i} + e^{i2\pi\eta_0 x_i}) t_R(x_i, y_i) + (e^{i2\pi\xi_0 x_i} + e^{i2\pi\eta_0 y_i}) t_G^m(x_i, y_i). \tag{9.5.32}$$

式中：$t_G^m(x_i, y_i)$是绿色的对比度反转像，即有：

$$t_G^m(x_i, y_i) = t_G^m(x_i, y_i) - 2\langle t_G^m(x_i, y_i) \rangle. \tag{9.5.33}$$

式中：$\langle t_G^m(x_i, y_i) \rangle$表示$t_G^m(x_i, y_i)$的集平均或系统平均。由于像$t_R$和$t_G^m$分别来自光源中不同颜色的光谱带，假定它们之间是非相干的，则输出面的强度分布为：

$$I_i(x_i, y_i) = \int U_i^2(x_i, y_i; \lambda) d\lambda = \Delta\lambda_R I_R(x_i, y_i) + \Delta\lambda_G I_G^n(x_i, y_i). \tag{9.5.34}$$

式中：$I_R(x_i, y_i)$是红色正像；$I_G^n(x_i, y_i)$是绿色负像；$\Delta\lambda_R$和$\Delta\lambda_G$分别是红色和绿色的光谱宽度。当这两个像重合在一起时就得到了密度假彩色编码的像，原物中密度最小处呈红色，密度最大处呈绿色，中间部分呈粉红、黄、浅绿等色，密度相同的地方颜色相同。

已有许多方法实现了黑白图像的假彩色化，其中常用而典型的等密度假彩色编码方法为相位调制假彩色编码方法，这种方法可分为光栅取样、漂白处理和白光信息处理中滤波调制三个步骤。

记录有图像的黑白透明片先用线光栅调制，即用周期为 $l$ 的罗奇光栅与输入图像重叠在一张复制底片上均匀曝光。罗奇光栅的透射率函数为：

$$t_g(x_o, y_o) = \text{rect}(2x_o/l) \bigstar \frac{1}{l}\text{comb}(x_o/l)。 \tag{9.5.35}$$

设输入图像密度为 $D_o(x_o, y_o)$，则经光栅抽样后所得负片的密度分布 $D(x_o, y_o)$ 为：

$$D(x_o, y_o) = \{[D_0' - \gamma D_o(x_o, y_o)] - D_0\} t_g(x_o, y_o) - D_0。 \tag{9.5.36}$$

式中：$D_0$ 是底片的灰雾密度；$D_0'$ 是与曝光条件有关的常数；$\gamma$ 是底片的反差系数。这样，一张矩形级数光栅底片的光密度可以简记为：

$$D(x_o, y_o) = \begin{cases} D_0 & t_g = 0 \\ D_0' - \gamma D_o(x_o, y_o) & t_g = 1 \end{cases}。 \tag{9.5.37}$$

将经抽样所得到的负片进行漂白处理，并适当控制漂白工艺，可以得到近似满足光程差正比于底片密度的效果，即有：

$$\Delta S(x_o, y_o) = \begin{cases} \Delta S_0 = \kappa D_0 & t_g = 0 \\ \Delta S_0' = \kappa[D_0' - \gamma D_o(x_o, y_o)] & t_g = 1 \end{cases}。 \tag{9.5.38}$$

式中：$\kappa$ 是与漂白工艺有关的常数。光程差 $\Delta S$ 所对应的相位延迟为：

$$\varphi(x_o, y_o) = \begin{cases} \varphi_0 = 2\pi\Delta S_0/\lambda & t_g = 0 \\ \varphi_0' = 2\pi\Delta S_0'/\lambda & t_g = 1 \end{cases}。 \tag{9.5.39}$$

式中：$\varphi_0$ 为均匀相位延迟。这样，图像的密度信息就转化为相位信息，就可得到由输入图像信息所调制的相位光栅。把 $\varphi_0'$ 写成：

$$\varphi_0' = \varphi_0 + \Delta\varphi_0。 \tag{9.5.40}$$

由于密度变化速率远低于调制光栅频率，可认为在某一局部，相位延迟 $\Delta\varphi_0$ 相对恒定，因而可近似按矩形相位光栅分析，其复振幅透射率为：

$$t(x_o, y_o) = e^{i\Delta\varphi(x_o,y_o)} = \begin{cases} t_0 = e^{i\varphi_0} = e^{i2\pi\kappa D_0/\lambda} & t_g = 0 \\ t_0' = e^{i\varphi_0 + \Delta\varphi_0} & t_g = 1 \end{cases} \tag{9.5.41}$$

这样，可得到编码的相位光栅的振幅透射率为：

$$t(x_o, y_o) = (t_0' - t_0)\text{rect}(2x_o/l) \bigstar \frac{1}{l}\text{comb}(x_o/l) + t_0$$

$$= (e^{i\varphi_0 + \Delta\varphi_0} - e^{i\varphi_0})\text{rect}(2x_o/l) \bigstar \frac{1}{l}\text{comb}(x_o/l) + e^{i\varphi_0}。 \tag{9.5.42}$$

最后，在白光处理系统中进行滤波解调。即将编码相位光栅放在白光信息处理系统的输入平面上，则频谱面上光场的复振幅为：

$$U_f(\xi, \eta; \lambda) = \sqrt{I_0(\lambda)}T(\xi, \eta)。 \tag{9.5.43}$$

式中：$I_0(\lambda)$ 为入射单色光强度；$T(\xi, \eta)$ 为 $t(x_o, y_o)$ 的傅里叶变换，其空间频率 $\xi = x_f/\lambda f$，$\eta = y_f/\lambda f$，$f$ 是傅里叶变换透镜的焦距。这样，可得：

$$U_f(\xi, \eta; \lambda) = \sqrt{I_0(\lambda)}(e^{i\varphi_0 + \Delta\varphi_0} - e^{i\varphi_0})\frac{a}{l}\sum_{m=-\infty}^{\infty}\text{sinc}(am/l)\delta(\xi - m/l, \eta)$$

$$+ e^{i\varphi_0}\delta(\xi, \eta)。 \tag{9.5.44}$$

当取光栅的零级谱，即 $m = 0$ 时，有：

$$U_{\mathrm{f}}(\xi,\ \eta;\ \lambda) = \sqrt{I_0(\lambda)} \left[ (\mathrm{e}^{\mathrm{i}\varphi_0+\Delta\varphi_0} - \mathrm{e}^{\mathrm{i}\varphi_0}) a/l + \mathrm{e}^{\mathrm{i}\varphi_0} \right] \delta(\xi,\ \eta), \qquad (9.5.45)$$

第 $m$ 级谱，即 $m \neq 0$ 时，为：

$$U_{\mathrm{f}}(\xi,\ \eta;\ \lambda) = \sqrt{I_0(\lambda)} (\mathrm{e}^{\mathrm{i}\varphi_0+\Delta\varphi_0} - \mathrm{e}^{\mathrm{i}\varphi_0}) \frac{a}{l} \mathrm{sinc}(am/l) \delta(\xi - m/l,\ \eta)_{\circ} \qquad (9.5.46)$$

如果在频谱面上放置分别只让零级谱和 $m$ 级谱通过的滤波器，则在输出平面上光场的复振幅分布为：

$$U_{\mathrm{i}}(x_{\mathrm{i}},\ y_{\mathrm{i}};\ \lambda) = \begin{cases} \sqrt{I_0(\lambda)} \left[ (\mathrm{e}^{\mathrm{i}\varphi_0+\Delta\varphi_0} - \mathrm{e}^{\mathrm{i}\varphi_0}) a/l + \mathrm{e}^{\mathrm{i}\varphi_0} \right] & m = 0 \\ \sqrt{I_0(\lambda)} (\mathrm{e}^{\mathrm{i}\varphi_0+\Delta\varphi_0} - \mathrm{e}^{\mathrm{i}\varphi_0}) \frac{a}{l} \mathrm{sinc}(am/l) \mathrm{e}^{\mathrm{i}2\pi x_{\mathrm{i}} m/l} & m \neq 0 \end{cases}, \qquad (9.5.47)$$

则光强的强度为：

$$I_{\mathrm{i}}(\Delta\varphi_0;\ \lambda) = \begin{cases} I_0(\lambda) \left[ 1 - 2(a/l)(1 - a/l) \right] (1 - \cos\Delta\varphi_0) & m = 0 \\ I_0(\lambda) 2(a/l)^2 \mathrm{sinc}^2(am/l)(1 - \cos\Delta\varphi_0) & m \neq 0 \end{cases}_{\circ} \qquad (9.5.48)$$

由上式可见，像面上的强度分布只与相位差 $\Delta\varphi_0$ 和波长 $\lambda$ 有关。当光栅满足 $a = l/2$ 时，频谱中没有偶数级，因而只能选择零级或奇数级，这样上式可以简化为：

$$I_{\mathrm{i}}(\Delta\varphi_0;\ \lambda) = \begin{cases} \dfrac{I_0(\lambda)}{2}(1 - \cos\Delta\varphi_0) & m = 0 \\ \dfrac{I_0(\lambda)}{(m\pi)^2}(1 - \cos\Delta\varphi_0) & m\ \text{为奇数} \end{cases}, \qquad (9.5.49)$$

由 $\Delta\varphi_0 = \dfrac{2\pi}{\lambda}\Delta S$，则有：

$$I_{\mathrm{i}}(\Delta S;\ \lambda) = \begin{cases} \dfrac{I_0(\lambda)}{2}\left[ 1 - \cos\left(\dfrac{2\pi}{\lambda}\Delta S\right) \right] & m = 0 \\ \dfrac{I_0(\lambda)}{(m\pi)^2}\left[ 1 - \cos\left(\dfrac{2\pi}{\lambda}\Delta S\right) \right] & m\ \text{为奇数} \end{cases}_{\circ} \qquad (9.5.50)$$

上式表明，对于每个衍射级次，输出图像的强度随波长和光程差而变化。图 9.5.4(a) 和 (b) 分别给出了三种波长的零级和 1 级的输出强度的归一化光强随光程差 $\Delta s$ 的变化曲线。

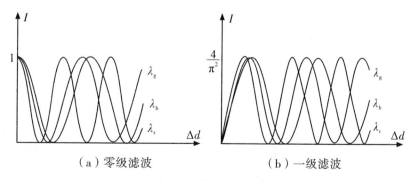

图 9.5.4 输出面光强与光程差的关系曲线

如果只用红、绿和蓝三色光照明，则强度输出的是三种色光输出的非相干叠加，即有：

$$I_{\mathrm{i}}(\Delta S) = I_{\mathrm{i}}(\Delta S;\ \lambda_{\mathrm{R}}) + I_{\mathrm{i}}(\Delta S;\ \lambda_{\mathrm{G}}) + I_{\mathrm{i}}(\Delta S;\ \lambda_{\mathrm{B}}); \qquad (9.5.51)$$

当采用白光光源照明时，则有：

$$I_{\mathrm{i}}(\Delta S) = \int I_{\mathrm{i}}(\Delta S;\lambda)\mathrm{d}\lambda 。 \tag{9.5.52}$$

可见，输出面上光强是 $\Delta S$ 的函数。由于在编码和漂白处理时，已使光程差随输入密度而变化，因此就可得到按输入图像密度变化的假彩色编码，即得到彩色输出图像。这种编码方法输出图像色度丰富，饱和度也很好，在低衍射级次（包括零级）输出的情况下，也能得到彩色效果很好的输出图像，光强度利用率高、噪声低、图像亮度好，在遥感技术、生物医学、气象等图像处理中得到应用。

## 9.6 非线性光信息处理

前面所述的各种光信息处理技术，都是对图像作线性处理，在实际应用，有时会需要作非线性的处理。下面作一些简单的介绍。

### 9.6.1 $\theta$ 调制

阿尔米达奇（Armitage）和罗曼（Lohmann）提出了 $\theta$ 调制的方法，是对彩色图像进行光栅编码和空间滤波解码的技术。其基本原理是把待处理图像按灰度等级分区，对不同灰度等级的区域用不同取向（即不同的方位角 $\theta$）的一维光栅预先进行调制（振幅或相位调制），得到一张 $\theta$ 调制片。

一张透明胶片上的图像往往含有不同的部分，它们的密度是不同的，用光栅对图像中这些部分进行调制，把等密度部分放入等方位角的光栅。图 9.6.1(a)所示是一幅待处理的黑白图像，按灰度等分为 Ⅰ、Ⅱ、Ⅲ 和 Ⅳ 部分，这四部分用不同取向的一维光栅进行处理调制，密度由小到大所用的光栅分别为 0°、45°、90° 和 135°，如图 9.6.1(b)所示。

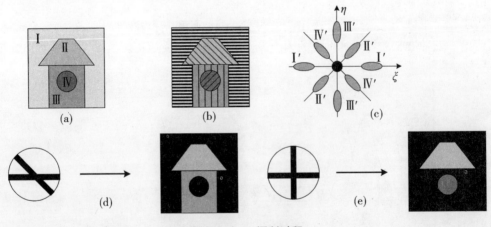

图 9.6.1 $\theta$ 调制过程

这样制成的输入透明片放入 $4f$ 系统中的输入面上，如果采用单色相干光源照明，则在频谱面上可以观察到数个不同的光栅衍射级。在频谱面上与图像各区域相对应的频谱成分出现在不同方位上，在不同方位角上可以抽取不同区域的像，这样图像的不同灰度区域被不同角度取向的光栅所调制，因此，不同灰度对应不同光栅的衍射级。如图 9.6.1(c)所示，Ⅰ、Ⅱ、Ⅲ和Ⅳ部分的空间频率分别被调制到频谱面分离的Ⅰ′、Ⅱ′、Ⅲ′和Ⅳ′的位置，也就是说，在频谱面上可得到四个方向的衍射斑，处于中心位置的为 0 级衍射斑，四个方向的衍射斑分别包含了Ⅰ、Ⅱ、Ⅲ和Ⅳ这四个区域的信息。每个方向的衍射斑都是该方向正交的光栅和相应图像部分的频谱的卷积，如Ⅰ区域被水平方向的光栅调制，所以垂直方向的衍射斑是水平方向的光栅频谱与Ⅰ区域的频谱的卷积。这样就可以在频谱面上对图像进行适当的处理了。如用图 9.6.1(d)左边所示的狭缝作为滤波器，即阻挡住Ⅰ′、Ⅳ′这两对频谱，就在输出面上得到了图 9.6.1(d)右边所示的图，Ⅰ、Ⅳ区域是黑色的，其他区域是灰度等级不变的图像。同理，如用图 9.6.1(e)左边所示的狭缝作为滤波器，即阻挡住Ⅰ′、Ⅲ′这两对频谱，就在输出面上得到了图 9.6.1(d)右边所示的图，Ⅰ、Ⅲ区域是黑色的，其他区域是灰度等级不变的图像。

如果各区域代表不同的灰阶，输出则是等密度切片。如果频谱面所用滤波器的透射率是方位角的非线性函数，则可以改变输出图像中各区域相对灰阶分布，实现非线性处理。滤波的图片与光栅取向是非线性关系，因而输出图像与原始输入图像之间也存在非线性关系。

如果把调制后的图片放在非相干光学处理系统的输入面，在频谱面上也可以观察到数个不同的光栅衍射级，只不过是调制在某一光栅衍射级中的空间频谱按波长在频谱面上散布，根据波长由长及短依次靠近频率平面中心。如果在频谱波上不同的光栅衍射级上用不同颜色的滤光片进行滤波，则输出图像不同的区域将带有不同的色彩，这样就可以实现空间假彩色编码了。

当系统用白光点光源照明时，不同方位的频谱均呈彩虹颜色。如果在滤波器上开一些小孔，在不同的方位角上小孔可选取不同颜色的频谱，每个区域对应一种色彩，这就可得到一个假彩色化的输出图像。

由于缺乏简单易行的方法对图像的不同灰阶进行光栅编码，尤其是连续灰阶变化的图像，限制了 θ 调制技术许多方面的应用。尽管如此，θ 调制的原理推广到彩色胶片存储、黑白胶片拍摄彩色图像等应用中，也获得了很好的应用。

由于彩色胶片使用的化学染料存在褪色问题，不能长久保存；黑白胶片则是可以长期保存的。这样，可以将彩色的图像信息用黑白胶片保存，然后采用光学信息处理技术将彩色信息还原。

可以用取向不同的光栅对颜色进行编码，以实现彩色图像的编码和存储。如图 9.6.2 所示，按彩色胶片、滤色片、朗奇光栅和黑白胶片的顺序紧密接触曝光。滤色片分别采用红、绿、蓝三色，对每一种滤色片，光栅取不同的方向。三次曝光在同一张黑白胶片上，在三次曝光过程中，要保持彩色胶片和黑白胶片相对位置不变，然后经显影、定影处理后得到一张彩色编码的黑白胶片，它存储了原来彩色胶片上包括颜色在内的全部信息。将经上述过程编码的黑白胶片放在 $4f$ 白光信息处理系统的输入面上，由于黑白胶片被三个不同取向的光栅所调制，在频谱面上，其频谱分布在三个不同的取向上，分别载有红、绿、蓝三种颜色的信息。采用的滤波器与 θ 调制类似。在不同的方向开三个通光孔，适当选择它们的位置，使其让红、绿、蓝三种颜色的光分别通过。各个小孔所透过的颜色与编码记录一一对应，在输出面上合成原彩色图像。这样用光信息处理的手段还原了黑白胶片中的彩色信息，即解码过程。由于是采用白光处理，因而频谱面上得到彩色谱带。为了使色彩更纯，可以在三个通光孔处加相应波长的滤色片。

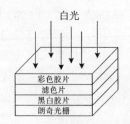

图9.6.2　彩色胶片的保存

## 9.6.2　半色调网屏技术

半色调网屏是由局部透光的圆点或线的周期阵列组成的，是印刷工业图像复制过程中常用的一种元件。这种网屏最初的平均透射率约为1/2，故称为半色调网屏。马克特等人首先将半色调网屏技术用于光学中的非线性处理，即把待处理的光学图像用印刷术中的网屏技术进行编码，得到与原图片为非线性关系的编码图片。半色调网屏技术用于光学处理可实现指数、对数运算，也可以实现其他非线性处理，具有较高的灵活性和处理效果。

图9.6.3为用半色调网技术制作图片示意图。待编码的图片用均匀光照明，照明光透过原始图片的半色调网屏，透过半色调网屏的光入射到紧贴它的硬限幅感光胶片上，即感光胶片的$\gamma$值很高，为高反差负片。

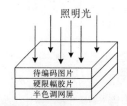

图9.6.3　半色调网屏的曝光过程

为论述简化起见，仅考虑一维空间的情况，编码过程如图9.6.4所示。图9.6.4(a)为待处理图片的透射率函数$U(x)$，图9.6.4(b)为半色调网屏的透射率函数$t(x)$，待处理图片和半色调网屏叠放在一起的透射率曲线如图9.6.4(c)所示，可以表达为：

$$U'(x) = U(x)t(x)。 \qquad (9.6.1)$$

由于硬限幅胶片为高反差胶片，曝光量一旦超过临界值时，经显影、定影处理后，胶片的相应部分就会成为不透明状态，低于阈值能量的部分则透明，从而得到一张由半色调网屏编码的二元图片，如图9.6.4(d)所示，称为半色调网屏负片或半色调图片，其透射率函数为：

$$t_h(x) = \begin{cases} 1 & U' < t_c \\ 0 & U' > t_c \end{cases}。 \qquad (9.6.2)$$

式中：$t_c$为照明光强在一定条件下，当感光胶片曝光量达到临界值时待处理图片和半色调网屏叠放在一起的临界透射率。上式可改写为：

$$t_h(x) = \frac{1}{2}\{1 + \text{sgn}[U'(x) - t_c]\}。 \qquad (9.6.3)$$

从图 9.6.5(c)中可以看出,对于超过 $t_c$ 的透射率,在硬限幅胶片上经显影、定影处理后就会不透明,其透射率曲线如图 9.6.5(d)所示。这样,连续灰度变化的图像就编码为二元色调图像了。将式(9.6.1)代入式(9.6.3),可得:

$$t_h(x) = \frac{1}{2}\{1 + \text{sgn}[U(x)t(x) - t_c]\}。 \tag{9.6.4}$$

上式表明,待处理图像的透射率函数 $U(x)$ 与经过半色调网屏处理后的编码图像的透射率函数之间是非线性关系。这样就实现了对输入图像的非线性处理。

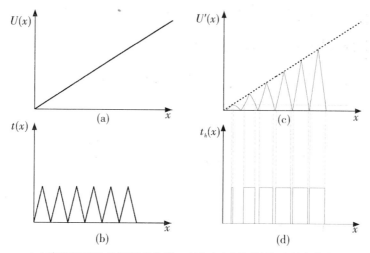

(a)待处理图片的透射率曲线;(b)半色调网屏的透射率曲线;
(c)待处理图像与半色调网屏叠在一起时的透射率曲线;(d)得到的二元色调图像的透射率曲线

图 9.6.4　半色调屏对图像的编码过程

由式(9.6.4)可以看出,当改变半色调网屏的透射率 $t(x)$ 或临界透射率 $t_c$ 时,就可以改变 $f(x)$ 和 $t_h(x)$ 之间的非线性关系。这样,就可以通过改变 $t(x)$ 或 $t_c$ 来实现预想的非线性处理了。显然,这种非线性处理具有良好的灵活性。

下面分析一下图 9.6.4 的一个具体的例子。假设图 9.6.4(a)中的图像射射率是线性函数,图 9.6.4(b)中半色调网屏的透射率函数是周期性的三角函数,图 9.6.4(c)是二者的乘积。假定 $t_c$ 在许多个空间周期内无变化,于是在胶片上产生了如图 9.6.5 所示的半色调网屏图像透射率 $t_h(x)$,它具有等距 $l$ 的不透明部分,周期为 $a$。如果此透射率曲线在空间无限延伸,那么其表达式为:

$$t_h(x) = \text{rect}\left(\frac{x}{l-a}\right)\sum_{m=-\infty}^{\infty}\delta(x-ma)。 \tag{9.6.5}$$

然后,再对经半色调网屏处理得到的二元色调图像进行第二次非线性处理。第二次非线性处理是将二元色调图像置于 $4f$ 系统的输入面。当半色调网屏的周期足够小时,就可以认为透明片中任一局部区域内的振幅透射率的宽度近似相同,如图 9.6.4(d)所示。则在频谱面上的光场分布为式(9.6.5)的傅里叶变换:

$$T_h(\xi) = F\{t_h(x)\} = \sum_{-\infty}^{\infty}\delta\left(\xi - \frac{m}{a}\right)\left(1 - \frac{a}{l}\right)\text{sinc}\left(m\frac{l-a}{l}\right)。 \tag{9.6.6}$$

上式表明，半色调网屏图片所具有的信息经过透镜后，式中的每一项表示一个被调制的光栅衍射级次，都是频率域中的一个孤立谱，形成一系列空间频谱，其中心点分别是 $0$，$\pm\dfrac{\lambda f}{a}$，$\pm\dfrac{2\lambda f}{a}$，$\cdots$，$\pm\dfrac{m\lambda f}{a}$，$\cdots$，$m$ 为衍射级。如果使所有的衍射级都通过，则在输出面上形成与半色调网屏图片同样分布的像。如果在频谱面上放置一个带狭缝的掩膜板作为滤波器，适当地选取狭缝位置，让所要求的光栅衍射级次通过，取 $m$ 通过，则输出面上的光场分布为：

$$T_{hm} = \begin{cases} \delta(\xi)\left(1-\dfrac{a}{l}\right) & m=0 \\ \delta\left(\xi-\dfrac{m}{a}\right)\left(1-\dfrac{a}{l}\right)\mathrm{sinc}\left(m\dfrac{l-a}{l}\right) & m\neq 0 \end{cases} \tag{9.6.7}$$

再经过 $4f$ 系统的逆傅里叶变换后，像面上的光场分布为：

$$U_{i0} = F^{-1}\left\{\delta(\xi)\left(1-\dfrac{a}{l}\right)\right\} = 1-\dfrac{a}{l}, \tag{9.6.8}$$

$$U_{im} = F^{-1}\left\{\delta\left(\xi-\dfrac{m}{a}\right)\left(1-\dfrac{a}{l}\right)\mathrm{sinc}\left(m\dfrac{l-a}{l}\right)\right\} = \dfrac{\sin\left[\pi m\left(1-\dfrac{a}{l}\right)\right]}{\pi m}\mathrm{e}^{-\mathrm{i}2\pi x_i m/l}。 \tag{9.6.9}$$

强度分布为：

$$I_{i0} = |U_{i0}|^2 = \left(1-\dfrac{a}{l}\right)^2, \tag{9.6.10}$$

$$I_{im} = |U_{im}|^2 = \dfrac{\sin^2\left[\pi m\left(1-\dfrac{a}{l}\right)\right]}{(\pi m)^2}。 \tag{9.6.11}$$

由上式可以看出，经上述处理过程实现了第二次非线性处理，即当初始输入光强为 $I_o$（透过待处理图像）时，经过半色调网屏非线性处理和第二次非线性处理，最得到输出光 $I_{im}$。两次非线性处理过程可用图 9.6.5 所示的曲线加以说明，图中实线表示从 $I_o$ 以归一化脉冲宽度 $(l-a)/l$ 的非线性变换，虚线表示从归一化脉冲宽度 $(l-a)/l$ 到最后输出光强 $I_{im}$ 的非线性变换。图中显示了 $m=2$ 时的曲线情况，同时也给出了输入光强分别为 $I_o^1$ 和 $I_o^2$ 经两次非线性变换后的输出光强 $I_{im}^1$ 和 $I_{im}^2$。

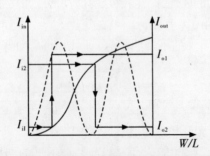

图 9.6.5　输入光强与输出光强的非线性关系

半色调网屏非线性处理技术不仅可以用到对数、指数、模数转换和逻辑等运算中，而且可以用于图像灰度分层和假彩色编码。与 $\theta$ 调制相比，半色调网屏非线性处理技术较为灵活，应用也就更加广泛。

## 习 题 9

9.1 利用阿贝成像原理导出相干照明条件下显微镜的最小分辨距离公式,并同非相干照明下的最小分辨距离公式比较。

9.2 空间光学滤波器的类型主要有哪几种?典型的空间滤波系统有哪些?双透镜即 $4f$ 系统组成的条件是什么?它能实现哪些功能?简述光栅在 $4f$ 系统中的滤波过程。

9.3 试讨论相干光学处理、非相干光学处理和白光光学处理的特点和局限性。

9.4 利用余弦光栅作滤波器实现图像相减,当光栅透射率最小值处与频谱面上坐标原点重合时,是否能够通过改变输入两图像的相对位置也达到图像相减的目的?如果不能,为什么?如果能,又为什么?

9.5 要清除掉某个图像中小于 0.1 mm 的麻点,应如何进行滤波处理?

9.6 就已经介绍的数种假彩色编码方法:半色调屏调制、空间滤波图像反转和相位调制假彩色编码,说明每种方法的特点,讨论在每种方法中图像密度信息转变成彩色信息的过程、处理的实时性以及彩色化效果。

9.7 在滤波系统中的输入面上放有一组字符为 $A, B, C, \cdots, Z$ 的透明片,试设计制作去掉字符 $A$ 的滤波器,并用数学形式进行分析。

9.8 设计一个空间滤波器,滤去题图所示图像中的水平横线,并说明原理。

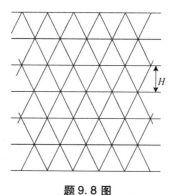

题 9.8 图

9.9 在阿贝—波特实验中,画出如题图(a)所示的输入图像的频谱分布图,用何种类型的空间滤波器才得到题图(b)所示的输出图像?画出该种滤波器的示意图。

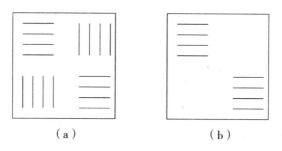

题 9.9 图

9.10 在 4f 系统输入平面处放置 40 线/mm 的光栅,入射光波长为 632.8 nm,为了使频谱面上至少能够获得 ±5 级衍射斑,并且相邻衍射间距不少于 2 mm,求透镜的焦距和直径。

9.11 把边长分别为 1 cm 和 1.5 cm 的正方形孔的二幅图像 A 和 B 对称地放置在题图所示的光学系统的输入面上,用波长 $\lambda = 500.0$ nm 的相干光照明,透镜焦距 $f = 50$ cm。

(1) 如果在频谱面上放置余弦光栅波用为空间滤波器,要在输出面上得到 A − B 图像,其最小空间频率为多少?

(2) 若其他条件不变,最小空间频率为 200 mm$^{-1}$ 时,频谱面上的坐标原点与滤波光栅的 1/4 周期处重合,求输出面上的光强分布。

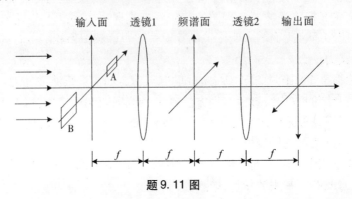

题 9.11 图

9.12 利用 4f 系统做阿贝—波特实验,设物函数 $t(x_o, y_o)$ 为一正交光栅:

$$t(x_o, y_o) = \left[ \text{rect}(x_o/a_1) * \frac{1}{b_1}\text{comb}(x_o/b_1) \right]\left[ \text{rect}(y_o/a_2) * \frac{1}{b_2}\text{comb}(y_o/b_2) \right]。$$

其中,$a_1$, $a_2$ 分别为 $x_o$, $y_o$ 方向上缝的宽度;$b_1$, $b_2$ 则是相应的缝间隔。频谱面上得到如题图 (a) 所示的频谱。分别用题图 (b),(c),(d) 所示的 3 种滤波器进行滤波,图中带斜线部分为不透明部分,求输出面上的光强分布。

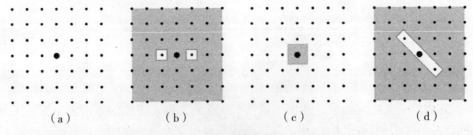

题 9.12 图

9.13 用相衬法观测一相位物体,设人眼可分辨的最小可见度 $V = 0.03$,所用光波波长 $\lambda = 600$ nm。试问:当相位板上零级谱的振幅透射率为 1 时,可观察到的最小相位变化是多少?当振幅透射率为 0.01 时,可观察到的最小相位变化又是多少?

9.14 用相衬法来检测一块透明玻璃的不平度,用 $\lambda = 632.8$ nm 的光照明,设人眼能分辨的最小可见度 $V = 0.03$,玻璃的折射率为 1.52,求在下面两种情况下玻璃的不平度:

(1) 使用完全透明的相位板;

(2) 使用光强透射率为 1/25 的相位板。

9.15 在泽尼克相衬显微镜中,焦平面上相移点对光会部分吸收,其强度透射率等于 $\alpha$

$(0<\alpha<1)$ 时,求观察到的像强度表示式。

**9.16** 用 CRT 记录一帧图像透明片,设扫描点之间的间隔为 0.2 mm,图像最高空间频率为 10 线/mm。如欲完全去掉离散扫描点,得到一帧连续灰阶图像. 那么空间滤波器的形状和尺寸应当如何设计? 输出图像的分辨率如何? 设傅里叶变换物镜的焦距 $f=1000$ mm,光的波长为 $\lambda=632.8$ nm。

**9.17** 某一相干处理系统输入面的孔径是边长为 30 mm 的方孔,第一个变换透镜的焦距为 100 mm,照明光波长为 632.8 nm。假定频谱面模片结构的精细程度可与输入频谱相比较,问此模片在焦平面上的定位必须精确到何种程度?

**9.18** 振幅透射率函数为 $t(x_o, y_o) = e^{i\alpha[1+\cos(2\pi\xi_0 x_o)]}$ 的余弦分布相位物体,$\alpha=0.02°$,在相干照明的下,用 4f 光信息处理系统,如果在滤波器面上使零频分量额外增相位 $\pi/2$,求输出平面上的光强分布及可见度。如果滤波器除增加 $\pi/2$ 的额外相位外,吸收系数 $\alpha=0.4$,求此条件下像强度分布的可见度,计算过程可忽略 $\alpha^2$ 项。

**9.19** 用 4f 光信息处理系统通过匹配滤波器作特征识别,物 $U_i(x_i, y_i)$ 的匹配滤波器为 $\tilde{U}_i(\xi, \eta)$。当物在输入平面上平移后可表示为 $U_o(x_o-a, y_o-b)$ 时,证明输出平面上相关亮点的位置坐标为 $x_i=a, y_i=b$。

**9.20** 在阿贝—波特实验的光学系统中,如果物的振幅透射率函数 $t(x_o)$ 为题图所示的形式,$l=4d$。如果在焦平面上放置一个空间滤波器,阻挡住光轴中心的光斑,其余成分全部通过,求像平面光强分布的表达式并图示之。

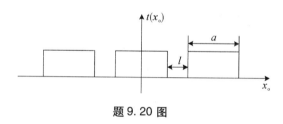

题 9.20 图

**9.21** 在 4f 系统中,输入物是一个无限大的矩形光栅,设光栅常数 $l=4$,线宽 $a=1$,最大透射率为 1,且不考虑透镜有尺寸的影响。

(1) 写出傅里叶频谱面上的频谱分布表达式。
(2) 写出输出面上的复振幅和光强分布表达式。
(3) 在频谱面上放置一高通滤波器,挡住零频分量,写出输出面上的复振幅和光强分布表达式。
(4) 将一个 $\pi$ 相位滤波器 $T_f(x_f, y_f) = \begin{cases} e^{i\pi} & x_f, y_f \leq a_0, b_0 \\ 0 & \text{其他} \end{cases}$ 放在频谱面的原点上,式中 $a_0, b_0$ 为一很小的常数,写出输出面复振幅和光强的表达式。

**9.22** 在 4f 系统中,用平行相干光照明一个相位型物体,其透射率函数为 $t(x_o, y_o) = e^{i\varphi(x_o, y_o)}$,在系统焦平面上放置一块厚度均匀的强度透射率函数为 $t_f^1(x_f, y_f) = a(x_f^4 + 2x_f^2 y_f^2 + y_f^4)$ 的衰减板,求出像强度与物的相位关系。

**9.23** 振幅透射率函数为 $t_1(x_o, y_o)$ 和 $t_2(x_o, y_o)$ 的两张输入透明片放在一个会聚透镜之前,其中心位于坐标 $(x_o=0, y_o=L/2)$ 和 $(x_o=0, y_o=-L/2)$ 上,如题图所示,把透镜后焦面上的强度分布记录下来,由此制得一张 $\gamma=2$ 的正透明片。把显影、定影后的正透明片放在同一透镜之前,进行再次变换。证明透镜的后焦面上的光场振幅分布中包含有含有 $t_1$ 和 $t_2$ 的互相关项,说明在什么条件下,互相关项可以从其他输出分量中分离出来。

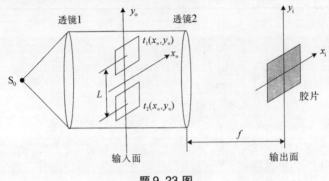

题 9.23 图

9.24 在照相时,如果相片的模糊只是由于物体在曝光过程中的匀速直线运动造成的,运动的结果使像点在底片上的位移为 0.5 mm。

(1) 试写出造成模糊的点扩展函数 $h(x,y)$。
(2) 如果要对该相片进行消模糊处理,试写出逆滤波器的透射率函数。
(3) 说明实际制作这样的滤波器有什么困难,如何解决?

9.25 题图显示了一个半色调屏的强度透射率分布,现使用准直白光把这个屏与一个高反差胶片接触曝光,假定曝光量阈值是在 $E_h=0.6$ 处。

(1) 确定记录后的胶片的透射率分布。
(2) 将记录后的透明片放置在 $4f$ 系统的输入平面上,求在频谱面上的光场分布。

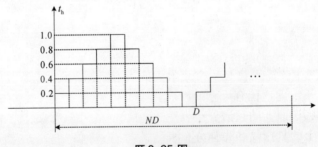

题 9.25 图

9.26 把如题图所示振幅滤波器与相位滤波器叠合在一起,构成合成滤波器。它可在相干光学处理系统中用来实现光学微分,试说明理由。

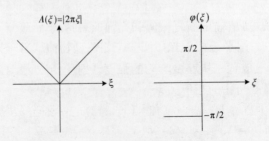

题 9.26 图

9.27 题图为一投影式非相干光卷积运算装置，由光源 $S_0$ 和散射板 D 产生均匀的非相干光照明，$t_1(x,y)$ 和 $t_2(x,y)$ 为相距 $d$ 的两张透明片，在与 $t_2(x,y)$ 相距微小距离 $\delta d$ 的平面 P 上可以探测到 $t_1(x,y)$ 和 $t_2(x,y)$ 的卷积。

(1) 写出此装置的系统点扩散函数。
(2) 写出 P 平面上光强分布 $U_p(x,y)$ 的表达式。
(3) 如果 $t_1(x,y)$ 的空间宽度为 $l_1$，$t_2(x,y)$ 的空间宽度为 $l_2$，求卷积的空间宽度。

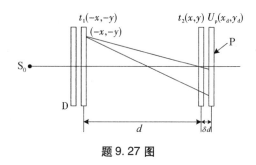

题 9.27 图

9.28 如题图所示，要设计一个非相干散焦的空间滤波系统，使得它的传递函数的第一个零点落在 $\xi_0$ 的频率上。假定要进行滤波的数据放在一个直径为 $D$ 的圆形透镜前面距离 $2f$ 处，求"误聚焦距离" $\delta f$ 用 $f$，$D$，$\xi_0$ 表示时各为多少？

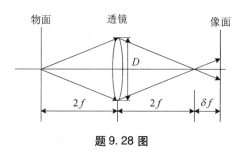

题 9.28 图

9.29 用一个单透镜系统对图像进行 $\theta$ 调制假彩色编码，如题图所示。已知调制物的光栅空频率为 100 线/mm，物离透镜的距离为 20 cm，图像的边长为 6 cm 的正方形，设工作波长范围为 444.4～650.0 nm。问透镜的孔径至少应多大才能在频谱面上可成功地实现滤波操作？。

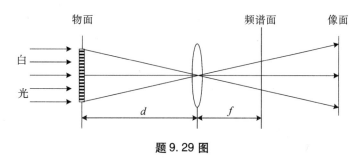

题 9.29 图

# 参 考 文 献

## 一、基础教材
1. 苏显渝，等．信息光学[M]．2版．北京：科学出版社，2011
2. 王仕璠．信息光学理论与应用[M]．3版．北京：北京邮电大学出版社，2013
3. 吕乃光．傅里叶光学[M]．2版．北京：机械工业出版社，2006
4. 梁瑞生，吕晓旭．信息光学[M]．2版．北京：电子工业出版社，2008
5. 李俊昌，熊秉衡．信息光学教程[M]．北京：科学出版社，2011
6. 刘继芳，忽满利．现代光学[M]．2版．西安：西安电子科技大学出版社，2012
6. 卡松玲，等．傅里叶光学[M]．北京：兵器工业出版社，1989
7. Goodman J W．傅里叶光学导论[M]．3版．秦克诚，等译．北京：电子工业出版社，2006

## 二、数学基础
1. 张元林．工程数学—积分变换[M]．4版．北京：高等教育出版社，2003
2. 罗纳德·N 布雷斯布韦尔．傅里叶变换及其应用[M]．3版．殷勤业，张建国，译．西安：西安交通大学出版社，2005
3. 加斯基尔 J D．线性系统·傅里叶变换·光学[M]．北京：人民教育出版社，1981
4. 吴大正．信号与线性系统分析[M]．北京：高等教育出版社，2005
5. 拉兹 B P．线性系统与信号[M]．刘树棠，王薇洁，译．西安：西安交通大学出版社，2006

## 三、进一步读物
1. 陈家璧，等．光学信息技术原理及应用[M]．2版．北京：高等教育出版社，2009
2. 李俊昌，熊秉衡．信息光学理论与计算[M]．北京：科学出版社，2009
3. 宋丰华．现代空间光电信息处理技术及应用[M]．北京：国防工业出版社，2004
4. 谢建平，明海，王沛．近代光学基础[M]．北京：高等教育出版社，2006
5. 宋贵才．现代光学[M]．北京：北京大学出版社，2014
6. 谢敬辉，廖宁放，曹良才．傅里叶光学与现代光学基础[M]．北京：北京理工大学出版社，2007
7. 是度芳，等．现代光学导论[M]．武汉：湖北科学技术出版社，2003
8. 季家镕．高等光学教程——光学的基本电磁理论[M]．北京：科学出版社，2007
9. 宋菲君．近代光学信息处理[M]．2版．北京：北京大学出版社，2014
10. 羊国光，宋菲君．高等物理光学[M]．2版．合肥：中国科技大学出版社，2009
11. 于美文．光全息学及其应用[M]．北京：北京理工大学出版社，1996

12. 龚勇清，何兴道. 激光原理与全息技术[M]. 北京：国防工业出版社，2010

13. 周海宪，程云芳. 全息光学——设计、制造和应用[M]. 北京：化学工业出版社，2006.

14. Fancis T S Yu, Jutamulia S, Shi Zhuo Yin. 光信息技术及应用[M]. 冯国英，等译. 北京：电子工业出版社，2006

15. Ersoy O K. Diffraction, fourier, and imaging[M]. Hoboken, New Jersey: John Wiley & Sons Inc, 2007

16. Roger L Easton Jr. Fourier methods in imaging[M]. Hoboken, New Jersey: John Wiley & Sons Ltd, 2010